STAATLICHE MUSEEN ZU BERLIN

DIE BILDWERKE DES DEUTSCHEN MUSEUMS

HERAUSGEGEBEN

IM AUFTRAG DES GENERALDIREKTORS

VON

THEODOR DEMMLER

BERLIN UND LEIPZIG 1930

DRUCK UND VERLAG VON WALTER DE GRUYTER & CO.

VORMALS G. J. GÖSCHENSCHE VERLAGSHANDLUNG — J. GUTTENTAG, VERLAGSBUCHHANDLUNG — GEORG REIMER
KARL J. TRÜBNER — VEIT & COMP.

DRITTER BAND

DIE BILDWERKE IN HOLZ, STEIN UND TON

GROSSPLASTIK

BEARBEITET VON

THEODOR DEMMLER

MIT DEN ABBILDUNGEN SÄMTLICHER BILDWERKE

BERLIN UND LEIPZIG 1930

DRUCK UND VERLAG VON WALTER DE GRUYTER & CO.

VORMALS G. J. GÖSCHEN'SCHE VERLAGSHANDLUNG — J. GUTTENTAG, VERLAGSBUCHHANDLUNG — GEORG REIMER
KARL J. TRÜBNER — VEIT & COMP.

Druck von Walter de Gruyter & Co., Berlin W 10

VORWORT

Der III. Band des vorliegenden Katalogwerks sollte ursprünglich alle Bildwerke in Holz, Stein und Ton enthalten. Allein der Stoff erwies sich als zu groß, eine Teilung war nötig. Ich habe mich entschlossen, die in unserer Sammlung besonders reich vertretene Kleinplastik auszuscheiden und sie dem vierten, dem Schlußband vorzubehalten. Der künstlerische Charakter der »Kabinettstücke«, den E. F. Bange in der Einleitung zu seinem Tafelwerk »Die Kleinplastik der deutschen Renaissance in Holz und Stein« umschrieben hat, wird so eindrucksvoller hervortreten, als wenn sie zwischen den für Altäre und zum Schmuck der Architektur geschaffenen Skulpturen verstreut sind. Der 4. Band erscheint noch in diesem Jahre.

Von dem Katalog Wilhelm Vöges, der vor zwanzig Jahren den damaligen Bestand der Sammlung in vorbildlicher Weise publiziert hat [1], sind nicht nur die sorgfältigen Beschreibungen der einzelnen Stücke übernommen worden, sondern auch ein großer Teil der Abbildungen. Das bedingt hie und da eine gewisse Ungleichheit in der Illustrierung, die in Kauf genommen werden muß. Ich war bemüht, die neuen Abbildungen dem kleiner und handlicher gewordenen Format anzupassen, und gleichzeitig das Druckbild so gleichmäßig und ruhig zu gestalten als möglich. — Die Vögesche Einteilung habe ich beibehalten, doch unter Hinzufügung einiger Unterteilungen; ich hoffe, man wird die Zerlegung der Gotik von 1300—1430 in drei Abschnitte und die Einfügung eines Übergangskapitels zwischen »weichem« und »eckigem« Stil durch den Stoff gerechtfertigt finden.

Auf eine neue Numerierung der Kunstwerke habe ich, wie in Band I und II, verzichtet, vielmehr jedem Stück im Text und in der Abbildung nur die Inventarnummer gegeben, die ihm dauernd verbleibt. Wer ein Stück nach der Nummer aufzusuchen wünscht, findet am Schluß ein Verzeichnis nach der Nummernfolge, ebenso eine Übersicht über die schon bei Vöge behandelten Stücke.

Bei den Literaturangaben ist angestrebt, das Wesentliche vollständig zu geben, ältere Artikel in Zeitschriften usw. aber nur dann, wenn sie nicht in der zitierten Literatur schon enthalten und mühelos aufzufinden sind. Die amtlichen Denkmälerbeschreibungen sind der Einfachheit halber mit dem Wort »Inventar« und dem geographischen Titel des betreffenden Bandes angeführt. Kürze war geboten vor allem bei kritischen Auseinandersetzungen; ich habe nur bei wichtigen Stücken, wo die wissenschaftliche Erörterung noch im Fluß ist, meine Stellungnahme mit wenigen Worten begründet. Für alles weitere muß auf die Spezialliteratur verwiesen werden. Im besonderen bilden die »Amtlichen Berichte«[2] und das »Jahrbuch« der Preußischen Kunstsammlungen eine notwendige Ergänzung unserer wissenschaftlichen Kataloge.

In den letzten zwei Jahrzehnten hat trotz der Ungunst der Zeiten der systematische Ausbau der Skulpturensammlung wesentliche Fortschritte gemacht. Daß die Wissenschaft mit neuem Eifer sich in den Dienst der Erforschung der heimischen Kunstdenkmäler stellte, ist den Erwerbungen selbst ebenso zugute gekommen wie ihrer kunstgeschichtlichen Einordnung und Wertung. Auch die Bestände anderer Museen, in München, Stuttgart, Nürnberg, Münster i. W. und die der ehemaligen Sigmaringer Sammlung sind in neuer, trefflich illustrierter Bearbeitung vorgelegt worden.

---

[1]) Beschreibung der Bildwerke der christlichen Epoche. Band IV. Die Deutschen Bildwerke und die der anderen cisalpinen Länder. Bearbeitet von Wilhelm Vöge. Berlin 1910. Dieses Werk wird durchweg mit „Vöge“ zitiert.

[2]) Die »Amtlichen Berichte« führen seit dem 41. Jahrgang (1919—20) den Obertitel »Berliner Museen«.

Lehrreiche Ausstellungen, wie die in Darmstadt (1914 und 1927) in Cöln (1925) in Wien (1926) in Breslau (1926) und Marburg (1928) haben den Reichtum der älteren deutschen Kunst weiten Kreisen neu zum Bewußtsein gebracht. Wenn nun von diesem Jahr ab das Deutsche Museum in Berlin in ein eigenes Gebäude übersiedelt, und auch äußerlich selbständig neben die älteren Sammlungen tritt, so darf man von der Erfüllung dieses jahrzehntealten Wunsches wohl ein Doppeltes erwarten: auf der einen Seite wird die auf das Wesentliche der deutschen Kunst gerichtete Sammelarbeit der letzten Jahrzehnte in ihren Ergebnissen klarer und sinnvoller ans Licht treten, als dies in der verstreuten und allzu engen Aufstellung im Kaiser-Friedrich-Museum möglich war. Der Name »Deutsches Museum« gibt aber nicht nur einen Tatbestand wieder, in ihm liegt auch ein Anspruch, ein hohes Ideal, das noch lange nicht verwirklicht ist. Und insofern bedeuten unsere Bestände, wie sie in dem jetzt abgeschlossenen Katalogwerk beschrieben sind, einen Anfang, nicht einen Abschluß. So gewiß, schon aus Raumgründen, die Zahl der Kunstwerke nicht über ein gewisses Maß hinaus vermehrt werden kann, so kann doch das Ziel der Sammlung, den Wert der alten deutschen Plastik und Malerei ins Licht zu rücken, nur erreicht werden durch eine dauernde Erhöhung des Niveaus. Die Gemäldegalerie zählt heute an ausgestellten Bildern nicht wesentlich mehr, als vor hundert Jahren bei ihrer Begründung. Ihr Zuwachs an innerem Reichtum weist die Richtung auch für die zukünftige Arbeit an der Skulpturensammlung.

Die Staatlichen Museen haben bei der Erfüllung ihrer nationalen und kulturellen Aufgaben in wachsendem Maß sich der tatkräftigen Hilfe von Kunstfreunden und Stiftern erfreuen dürfen. Mit besonderem Stolz und mit tiefer Dankbarkeit dürfen wir in der plastischen Sammlung vor allem unseres großen Gönners Dr. James Simon in Berlin gedenken. Viele Abteilungen der Staatlichen Museen rühmen sich seines Interesses. Uns hat er zweimal, 1904 und 1914, je eine geschlossene Sammlung von Kunstwerken zugewendet. Während die erste fast ausschließlich italienische Arbeiten enthielt, war die zweite, später zusammengebrachte, die lange die Zierde des Simonschen Hauses bildete, der nordischen Kunst gewidmet. Deutsche und französische Bildwerke bilden mit ausgewählten Stücken der Malerei und des Kunstgewerbes ihren Hauptbestand. Der vorliegende dritte Band unseres Katalogs beschreibt auch die Skulpturen dieser Sammlung, mit Ausnahme der Kleinplastik. Die Einordnung in unsere Bestände war hier im Katalog das Gegebene. Ihr Umfang und Wert wird besonders in den Abschnitten über die Niederlande und Nordfrankreich (S. 330 ff.) deutlich, wo sie reicher und gewählter sind, als was wir vorher besaßen. Im Deutschen Museum ist die Simonsche Schenkung geschlossen in drei Räumen des Obergeschosses aufgestellt; nur einzelne Werke, wie die zwei großen französischen Madonnenstatuen des 14. Jahrhunderts, haben im Saal des Mittelalters im Erdgeschoß ihren Platz gefunden. — Möchte das Beispiel des Stifters nicht vereinzelt bleiben, der noch in Zeiten allgemeiner Not großherzig seine Schätze der Öffentlichkeit überließ!

Die Bearbeitung des vorliegenden Bandes hat manche Unterbrechung erlitten; sie konnte aber nun auch alles aufnehmen, was bis zum Anfang dieses Jahres erworben worden ist, und ebenso konnte sie die zahlreiche Literatur zur deutschen Plastik sich noch zunutze machen, die seit dem Kriege sich angesammelt hat. Gerne gedenke ich der wertvollen Mitarbeit zahlreicher junger Fachgenossen, die nacheinander als Volontäre in der Abteilung tätig waren, und fast alle durch größere und kleinere Beiträge ihr Interesse bekundeten. Zu besonderem Dank bin ich verpflichtet für die ersten Abschnitte Frau Dr. Henschel-Simon und Dr. Rudolf Verres, für die späteren Dr. E. F. Bange; der letztere hat auch die Korrektur des ganzen Bandes mitgelesen. Um das Register haben sich Dr. Wieschebrink und Dr. Medding bemüht. Den Museumsdirektoren, vor allem Herrn Geheimrat Halm vom Bayerischen Nationalmuseum, sei für ihre Hilfe durch Photographien und wissenschaftliche Notizen aufrichtiger Dank gesagt.

Berlin, im Juni 1930. **Demmler**

INHALTS-VERZEICHNIS

DIE BILDWERKE DES HOHEN MITTELALTERS

(11.—13. JAHRHUNDERT)

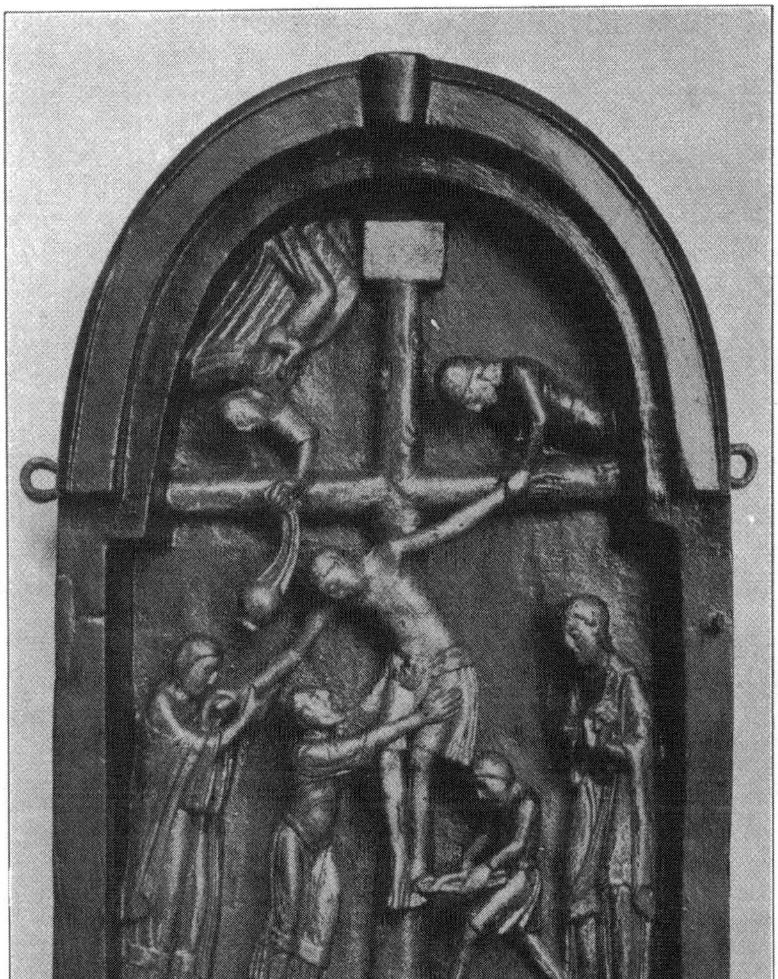

3145

3145. Altärchen mit der Kreuzabnahme Christi (Vöge 2). Der Körper Christi gleitet vom Kreuz, aufgefangen von dem l. stehenden bärtigen Joseph von Arimathia. Die l. Hand ist noch am Kreuzesstamm befestigt; Nikodemus, in halber Figur oben sichtbar, ist im Begriff sie zu lösen. Ein Knecht, in kurzem Rock weitausschreitend, löst mit einer Zange den Nagel am l. Fuß. Maria steht am l. Rande, die Hand Christi liebkosend, ihr gegenüber Johannes, die Hände ringend

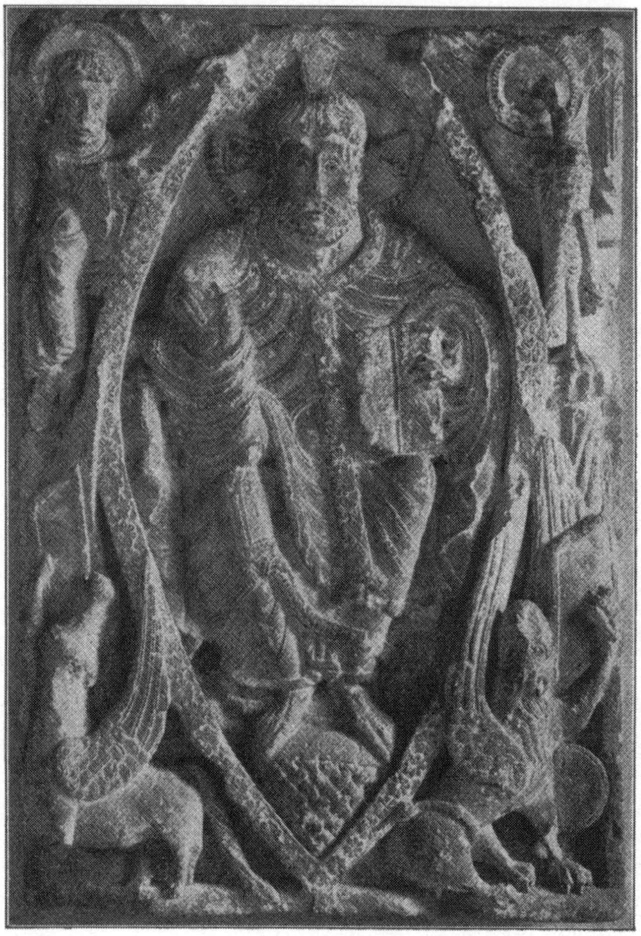

2651

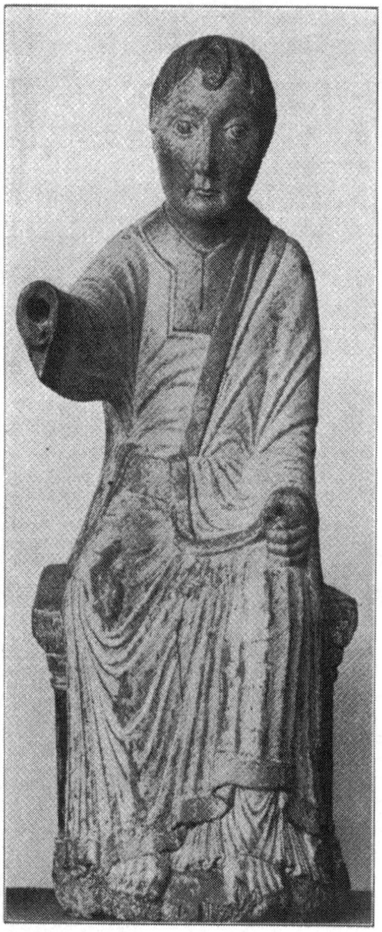

2969

Oben l. schwebt ein Engel herab, ein Räuchergefäß schwingend. In überhöhtem Rundbogen geschlossen. Abb. S. 1.

Hochrelief. Birnbaum. H. 26,7, Br. 17,7. — Die Figuren mit der schweren Umrahmung aus einem Stück geschnitten, ein dem unteren Rande vorgelegter Holzstreifen aus späterer Zeit entfernt. Der Kopf des Nikodemus ergänzt. — Ohne Bemalung. Ältere Farbreste fanden sich nicht bei Entfernung der neuen Bemalung. — Erworben 1908 in Merzig.

Rheinisch, 2. H. 11. Jahrhundert. In dem fast freiplastischen Reliefstil, in der Bildung der Gesichter und der Falten auch der Tür von S. Maria im Kapitol in Köln verwandt. Mittelstück eines kleinen Klappaltars, wie die Löcher unten an dem Bogenlauf zeigen, in welche die Bandstifte der Flügel faßten. — Zur Ikonographie vgl. Revue de l'Art Chrétien 1907, 310 (Sanoner) und Rampendahl, Ikonographie der Kreuzabnahme (Diss. Berlin 1916).

2651. Christus in der Mandorla, umgeben von den Evangelistensymbolen (Vöge 34). Segnend, in Vorderansicht, in der Linken das aufgeschlagene Buch haltend. Das Übergewand ist zum r. Knie emporgezogen; die Paenula schmückt vorn ein Bordürenstreifen, mit Rosetten besetzt, wie die Mandorla. Unter dem abgerundeten Fußbrett ein geflochtenes Polster. Die Evangelistensymbole halten Schriftbänder, der Adler außerdem eine Rolle. Der Nimbus des Rindes merkwürdig verschoben. Am unteren Rande ein Wulst, am r. Rande ein Stück Randleiste, das sich nach oben nicht fortsetzt.

Halbrelief. Kalkstein. H. 81, Br. 58. Die Augensterne aus Glas eingesetzt. Verletzungen an den Händen Christi, den Füßen der Tiere, dem Kopf des Adlers, an den Rändern. — Auf der Rückseite ist die gleiche Darstellung flüchtig angelegt. — Erworben 1902 in Straßburg i. E. (aus dem französischen Kunsthandel).

Spanisch, Mitte 12. Jahrh. — Vielleicht bildete das Relief die Schmalseite eines Sarkophages wie in S. Junien bei Limoges (Abb. Kingsley Porter, Romanesque Sculpture of the Pilgrimage Roads 1923, 450—52) oder die Mitte eines Antependiums wie in Airvault (ebenda Abb. 964). Das Relief ist vom Stil des Languedoc nur abhängig, ohne ihn selbst zu vertreten (vgl. die andersartige, ikonographisch-gleiche Darstellung in S. Sernin in Toulouse [ebd. 296]). Die Stilmerkmale der Apostel des Benediktinerinnenklosters in Santiago (ebd. 705—708) und des (späteren) Kapitells aus Sahagun (ebd. 768) finden sich in ihm vereinigt.

2969. Sitzender Engel (aus einer Darstellung der Frauen am Grabe) (Vöge 3). In langer, weitärmeliger Tunika und in den Gürtel geschobenem antiken Mantel thront er auf einem von vier Säulen getragenen Sitz; die (fehlende) Rechte war redend erhoben, die auf dem Knie liegende Linke hielt offenbar ein Szepter; die Füße auf halbkreisförmigem Fußbrett. Die Säulen des Thrones mit Würfelknäufen und umgestülpten Würfeln als Basen.

Wandstatue. Pappelholz. H. 62. Hohl; Rücken und l. Körperseite nur wenig bearbeitet. Mit Resten alter Bemalung. Gewand und Mantel weiß; Bordüren und Gürtel golden, z. T. von roter Linie begleitet, am Halse mit roter Rautenmusterung. Sitzplatte, Knäufe, Basen grün und rot, das Grün später übermalt; Fußbrett rot. Die fehlenden Flügel, die r. Hand, das Zepter und der vorstehende Teil des l. Daumens waren aus besonderen Stücken. Auf dem Scheitel eine (jetzt geschlossene) Bohrung. — Erworben 1904 in München. Aus der Sammlung Konradi auf Schloß Miltenberg bei Aschaffenburg. (Katalog I, Nr. 199.)

Niederrheinisch (Kölner Gegend), um 1170. — Anscheinend für Profilansicht nach r. gearbeitet, den von r. herannahenden Frauen sich zuwendend und vielleicht von einem »Heiligen Grabe« stammend. Nicht, wie die Herkunft vermuten läßt, mainfränkisch, sondern niederrheinisch. Eng verwandt und wahrscheinlich von derselben Hand ist eine schöne thronende Madonna mit dem Kinde in Kloster Hoven, Kreis Euskirchen (Inventar IV, 4, S. 93 f. und Taf. VII, dort zu früh, in die erste Hälfte des 12. Jahrhunderts gesetzt); sie stammt aus der Kapelle von Marsdorf bei Frechen im Landkreise Köln; vgl. Vöge in den Monatsheften f. Kunstwissenschaft 1908 S. 1113. Unter den sonst in Deutschland erhaltenen Werken zeigen weder die von Wenke herangezogenen Madonna in Münster (Museum, Nr. 126) noch das Tympanon im Trierer Dom, auf das Beenken a. a. O. S. 196 hinweist, nähere Verwandtschaft. Eine Darstellung der Frauen am Grabe, wohl etwas älter als unser Engel, z. B. in Gustorf Kr. Grevenbroich; Abb. bei Beenken, Romanische Skulptur in Deutschland (1924) S. 165.

2739. Christus zwischen den Aposteln. Westempore der Klosterkirche zu Gröningen (Vöge 1). Bärtig, mit ausgebreiteten Armen sitzt Christus, die Wundmale zeigend, auf dem Regenbogen. Um den nackten Oberkörper ist der Mantel gelegt, von den Armen hängt nach beiden Seiten eine Schriftrolle, auf der das »venite benedicti, ite maledicti« stand. Die Apostel, jetzt zehn, ursprünglich zwölf und zu je dreien auf vier Bänke verteilt, thronen l. und r., feierlich, mit aufgeschlagenen Büchern; links, Christus zunächst, Petrus mit großer Tonsur, grauhaarig, rechts, rothaarig, Paulus. Alle sind barfuß bis auf den zweiten von l., der kostbare Sandalen trug (die Riemen mit Schmuck von edlen Steinen), auch allein eine eingemeißelte Bordüre am Mantel zeigt. Oben ein Gesims mit einfacher Rankenwelle, die über dem Kopfe Christi durch eine Rosette unterbrochen wird. Auf dem Regenbogen, an den Bänken Edelsteinbordüren. Abb. S. 6 u. 7.

Halbrelief. Zementartiger Stuck von großer Härte. H. (ohne das ergänzte Sockelgesims) 127, Br. 660. Der mittlere Teil der Brüstung kreisförmig ausladend. Der erste Apostel von l., der dritte von

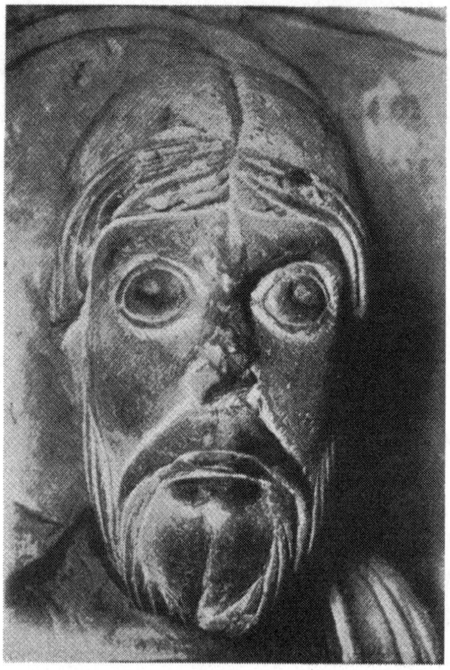

2739 (Ausschnitt) S. 5

r. fehlen. Die fünf erhaltenen Köpfe beschädigt; Füße meist abgeschlagen. Mehrere Stücke der Grundfläche ergänzt; zwei Löcher für Balken neben Petrus und Paulus. Reste alter Bemalung und Vergoldung: Spuren von Gold an der letzten Sitzstütze rechts; wahrscheinlich waren die Sitze, der Regenbogen, die Nimben vergoldet. Auf dem ockerfarbenen (?) Grund l. Spuren eines Bogenfrieses. An den Mänteln und Gewändern Reste von Rot, Rotbraun, Hellblau, Olivgrün, Grau. Die Rankenwelle ockerfarben mit roten Früchten, die Reste darunter hellblau. — Erworben 1902.

Niedersächsisch, um 1170. — Aus der ehemaligen Benediktinerkirche in Gröningen (Kreis Oschersleben). Diente als Emporenbrüstung über einer in das Mittelschiff der Kirche apsidenartig vorspringenden (nachträglich eingebauten) Krypta. Auf der Brüstung ist das obere Drittel eines Jüngsten Gerichtes dargestellt, dessen untere Teile auf die Apsis gemalt waren. Ztschr. f. chr. Kunst 1889 S. 345 (Sommer); Inventar Prov. Sachsen Kreis Oschersleben 1891 S. 95; Goldschmidt, Jahrb. d. Preuß. Kunstsammlungen 21 (1900) S. 228; Feigel, Monatshefte f. K.-Wiss. 1909 I S. 217; Creutz, Die Anfänge des monumentalen Stils in Norddeutschland 1910, S. 63; Beenken, Romanische Skulptur in Deutschland 1924, S. 136; Erich Meyer, Die sächsische monumentale Steinplastik. Diss. Berlin 1924, S. 88. Die Datierung übereinstimmend mit A. Goldschmidt a. a. O.

362. Emporschwebender Engel, Evangelistensymbol (Vöge 32). Geflügelt, mit Nimbus und Buch, mit dem bärtigen Gesicht eines Mannes, schwebt er von einer Wolkenschicht nach links empor, den Blick zurückgewandt. Oben der profilierte Rand der Platte.

Hochrelief. Kalkstein. H. 52,5. Br. 32. Spuren früher Bemalung: grün an Mantel und Flügeln; rotbraun an den Wolken und dem Reliefgrund. — Erworben 1865 aus der Sammlung Essingh in Cöln.

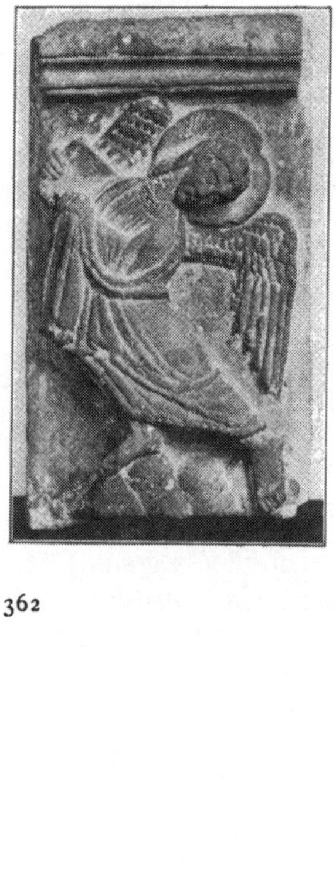

362

Westdeutsch (Niederländisch?), 2. H. 12. Jahrhundert. Zur Ikonographie vgl. das Tympanon im Kreuzgang von S. Servais in Maestricht. Abb. bei Ligtenberg, Roman. Steinplastik in den nördl. Niederlanden I (1918) Tafel II.

7771. Johannes der Evangelist; zu einem Jüngsten Gericht oder einer Kreuzigung gehörig. Stehend, frontal, die Knie etwas vorgedrückt. Die R. erhoben, den Kopf leicht in ihrer Richtung gewendet, drückt er mit der L. ein Buch an den Körper. Gewand mit breitem, faltigem Gürtel. Darüber der Mantel, der in einer Schleife über den l. Arm gelegt ist. Die Haare, in Streifen geteilt, die in Löckchen endigen, legen sich wie eine Kappe glatt über den Kopf. Abb. S. 8.

Statue. Lindenholz. H. 78. Die z. T. erhaltene Fassung alt, doch nicht mehr die ursprüngliche. R. hohl. Die Nasenspitze fehlt, der r. Fuß beschädigt. — Erworben 1917 aus der Versteigerung Georg Schwarz, Berlin.

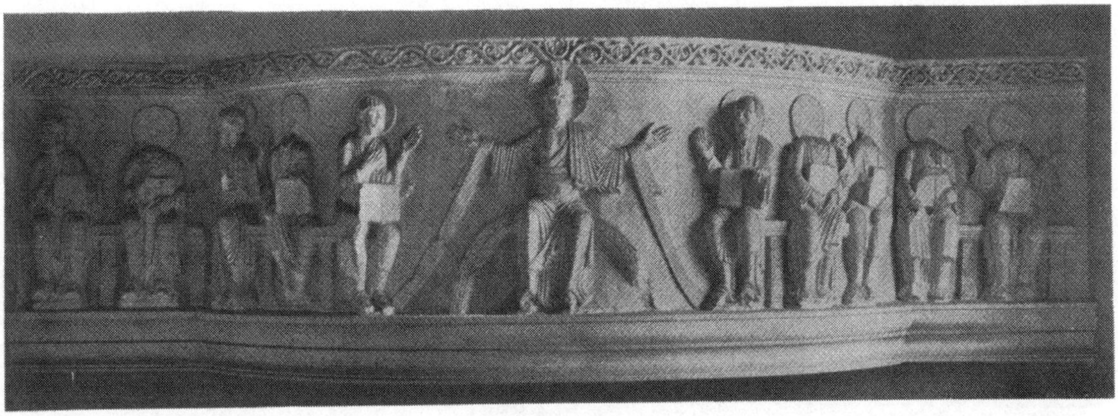

2739 S. 5

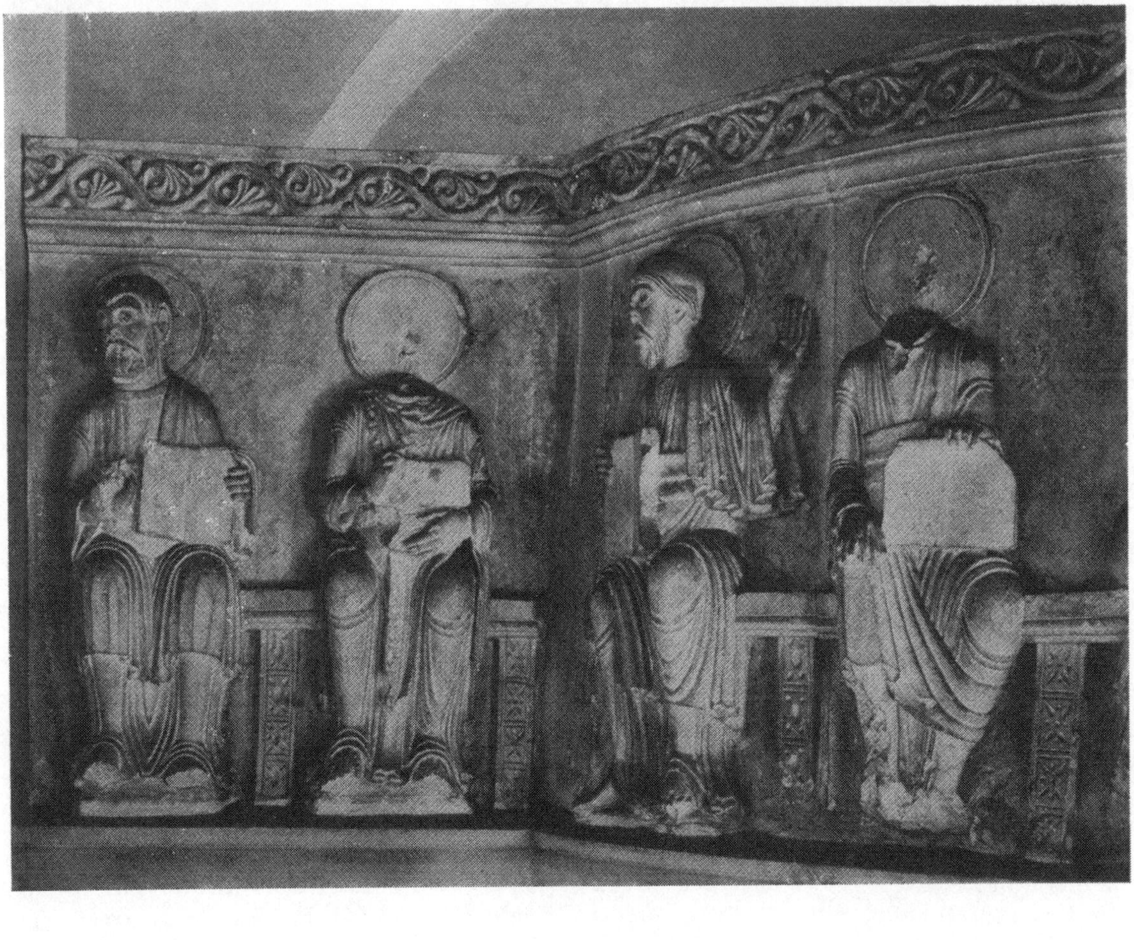

2739 (Ausschnitt) S. 5

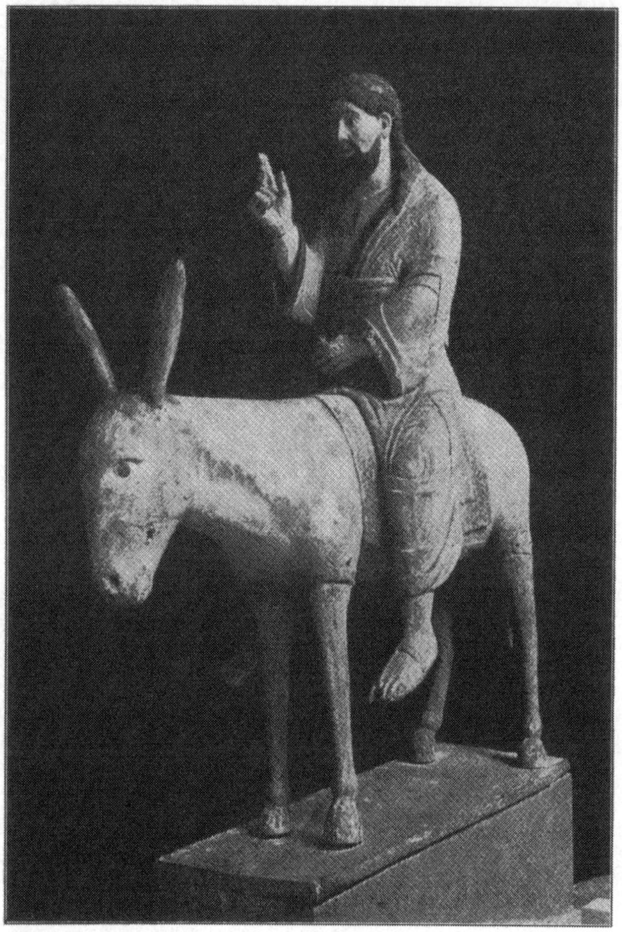

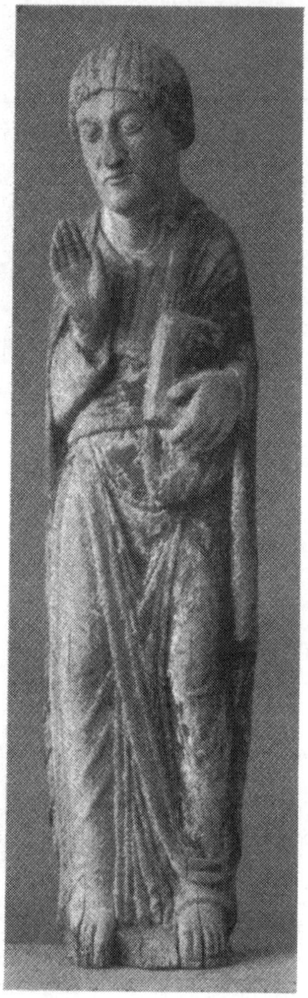

2766 7771 S. 6

Deutsch, Ende 12. Jahrhundert. Nach dem Katalog der Sammlung Schwarz (Nr. 1) aus Landshut stammend; doch kölnischen Werken nächstverwandt. Vgl. vor allem das Tympanon von S. Pantaleon und für die Haartracht das von S. Caecilien (Abb. Beenken a. a. O. S. 179 u. 171).

2766. Christus auf dem Esel (Palmesel) (Vöge 31). Bärtig, Sandalen an den Füßen, sitzt er rittlings auf dem Tier, mit der Rechten segnend, mit der Linken das eine Ende des um die Hüfte geschlungenen Gewandstücks haltend.

Freigruppe. Pappelholz. H. 165 (ohne das Fußbrett). Die Figur zum Abheben. Die Rechte Christi, die Ohren und die Beine des Esels aus besonderen Stücken. — Bemalung erneuert. Gewand und Mantel blau, das Gewandstück um die Hüfte rot. Decke des Tieres mit gelbem, braun gemustertem Rande. — Erworben 1904 als Geschenk des Herrn J. Rosenbaum in Frankfurt a. M.

Niederbayrisch, Ende 12. Jahrhundert. — Aus einer Kirche bei Landshut. Das älteste bekannte Stück der Gattung neben dem wenig jüngeren aus Steinen, im Züricher Landesmuseum. Stückelberg, Festschrift zur Eröffnung des Historischen Museums, Basel 1894, S. 22. Beenken, Romanische Skulptur in Deutschland (1924) S. 134. — Stückelbergs Vermutung, das Züricher Stück möchte trotz seines romanischen Charakters im 14. Jahrhundert entstanden sein, dürfte höchstens für die Figur des Tieres zutreffen, nicht für den Christus. Beenken rückt das Berliner Exemplar mit dem Alpirsbacher Lesepult und der Gröninger Empore zusammen, und datiert es 1170—1180. Allein die Bildung der Haare und Gewandfalten ist bei dem Christus auf dem Esel doch wesentlich fortgeschrittener; der Aufbau des Körpers

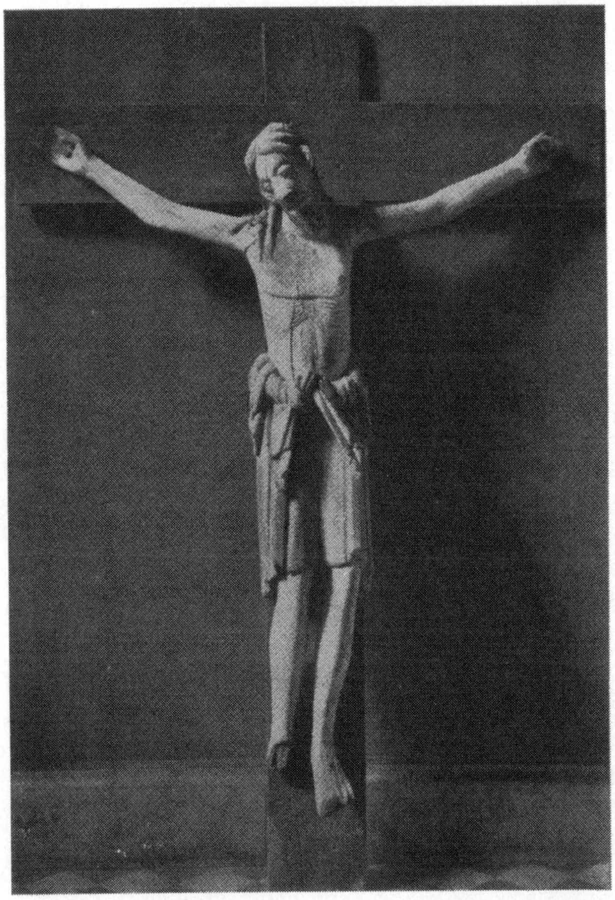

3137

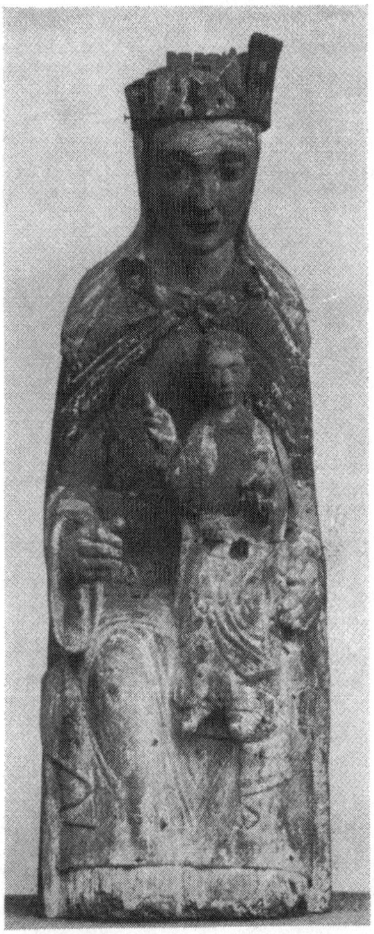

2559

verrät ein Erstarken des Gefühls für das spezifisch Plastische. Das Einzelne ist voluminöser, das Ganze weniger starr. Fast um eine Generation muß das Landshuter Werk jünger sein.

2559. Thronende Maria mit dem Kinde (Vöge 30). Mit Krone, Kopftuch und Mantel sitzt sie, ursprünglich wohl ein Szepter in der R. haltend, auf einem Lehnsitz mit Kissen. Das segnende Kind auf ihrem l. Knie hält eine Kugel in der Linken.

Wandgruppe. Lindenholz. H. 83. Rücken hohl. Oberkörper und Hände des Kindes, die R. der Madonna aus besonderen Stücken gearbeitet. Es fehlt die Schließe des Mantels. Der obere Saum und der Gewandsaum sind abgestoßen. Die beschädigte Krone ist ergänzt. Die alte Bemalung mehrfach, zuletzt ziemlich roh, erneuert. — Erworben 1900 als Geschenk eines Ungenannten.

Süddeutsch (Regensburg?), um 1200. — Stammt angeblich aus dem Schottenkloster zu Regensburg.

3137. Christus am Kreuz (Vöge 29). Mit geöffneten Augen, den bärtigen Kopf nach l. neigend, mit Lendenschurz und vier Nägeln.

Freifigur. Weidenholz. H. etwa 160 (ohne das Kreuz). Reste alter Bemalung. An den nackten Teilen Spuren von Stoffüberzug. Hände und Füße schadhaft. — Erworben 1900 in München.

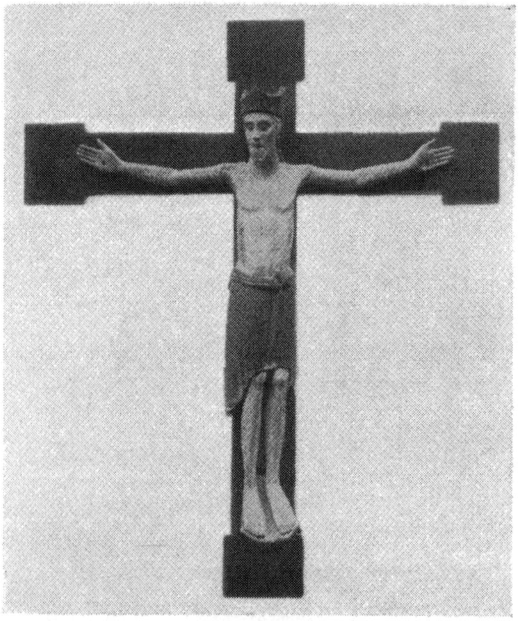

7810

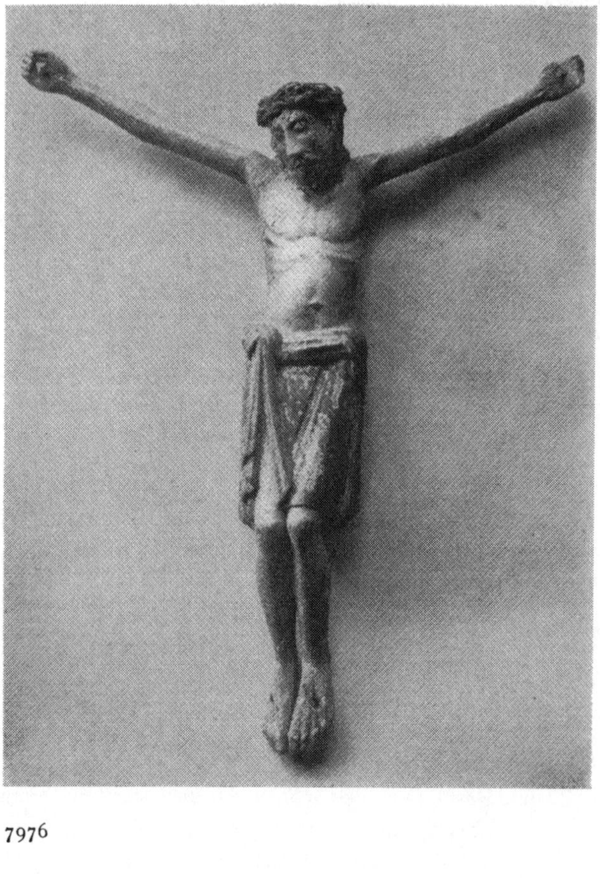

7976

Süddeutsch, um 1200. — Das Stück befand sich lange in einer kleinen Münchener Sammlung und dürfte süddeutscher Herkunft sein. Verwandt ein Kruzifixus des Germanischen Museums (Kat. Josephi Nr. 202).

7810. Christus am Kreuz. Stehend, die Füße nebeneinander auf das Suppedaneum gesetzt. Langer, rechts geknoteter Schurz. Bärtig mit geschlossenen Augen. Dreigezackte Krone.

Wandfigur. Lindenholz. H. 105. Beide Arme, der r. Unterschenkel und der l. Fuß ergänzt. Das Kreuz modern. Erneuerte Bemalung. — Erworben 1918 durch Tausch vom Provinzialmuseum in Halle.

Sächsisch, um 1200. — Aus Unterröblingen. Vgl. Inv. Prov. Sachsen, Mansfelder Seekreis S. 335 f. Flechsig, Beschreibung der mittelalterlichen Holzbildwerke . . . des Provinzialmuseums in Halle 1912, S. 9.

7976. Christus am Kreuz. Hängend, die Füße nebeneinander gestellt und die Knie zur Seite gerückt. Der Schurz ist an der r. Hüfte geknotet und öffnet sich über dem Schenkel. Bärtig, mit geschlossenen Augen. Seitenwunde und natürliche Dornenkrone.

Wandfigur. Weidenholz. H. 94,5, Br. 85. Alte Fassung mit späteren Überarbeitungen. Seitenwunde und Dornenkrone barocke Zutaten. Die Arme aus besonderen Stücken, ebenso Stückungen am r. Knie und an beiden Füßen. — Erworben 1921 in Frankfurt (Main).

Süddeutsch, Anfang 13. Jahrhundert.

5931. Säugende Maria. Auf einem mit Kissen bedeckten Thron sitzend, reicht sie dem Kind, das sie im Mantelbausch hält, die linke Brust. Das Kind legt den r. Arm steil an den Körper der Mutter, in der L. hält es eine Kugel. Polygonale Grundplatte.

Wandgruppe. Weidenholz. H. 57. Rückseite ausgehöhlt. Farblos. Es fehlt der r. Unterarm des Kindes. — Erworben 1909 in München.

Süddeutsch, Mitte 13. Jahrhundert. — Verwandte Gruppen im Nat.-Mus. München; am nächsten steht die säugende Maria M. A. 149 (Katalog von 1924, Nr. 80), doch ist auch bei dieser die Herkunft unbekannt.

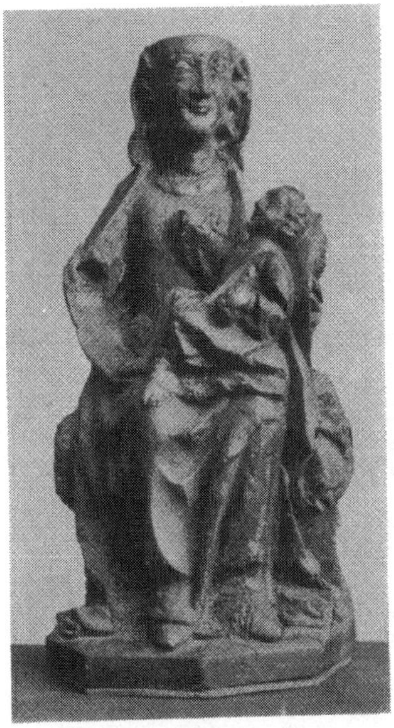

3186

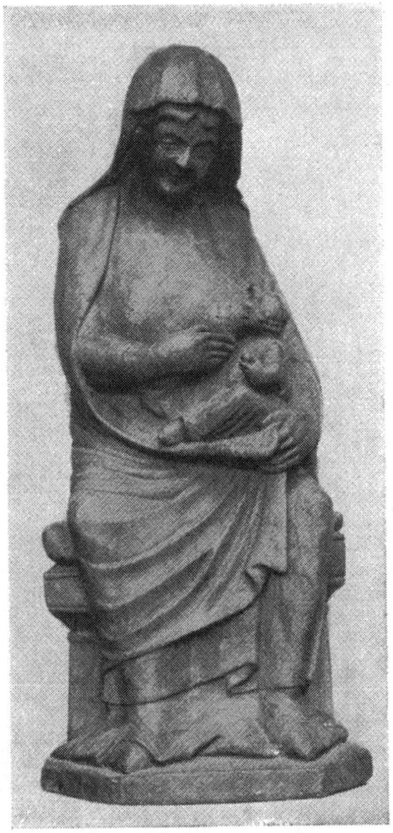

5931

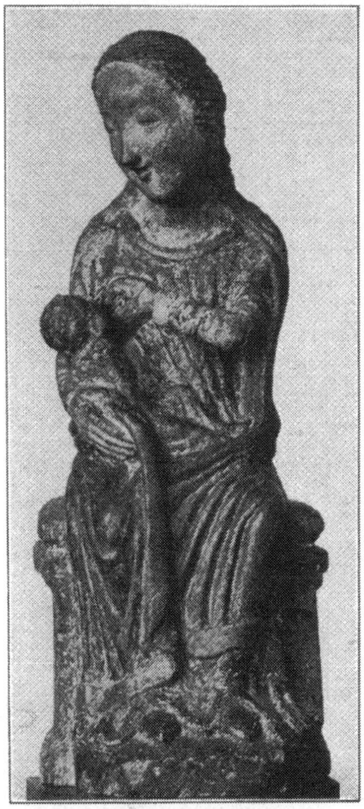

1789

1789. Säugende Maria (Vöge 4). Auf einem mit Kissen belegten Thron sitzend, reicht sie dem Kind, das sie leicht in ihrem Mantel birgt, die r. Brust. Dieses legt die L. an die Brust der Mutter.

Wandgruppe. Lindenholz. H. 40,9. Rückseite glatt. Der r. Arm des Kindes fehlt. Spuren alter Vergoldung und Bemalung. Kirschrotes Gewand, z. T. weiß übermalt; Mantel, ursprünglich vergoldet, roter Grund, blau übermalt — Erworben 1890 in Leipzig. Geschenk des Herrn R. von Kaufmann.

Mittelrheinisch (?), Mitte 13. Jahrhundert. — Ein verwandtes Stück im German. Museum: Wilm, Mittelalterliche Plastik im German. National-Museum (1922) Abb. 15.

3186. Thronende Maria mit dem Kinde (Vöge 36). In Vorderansicht, mit langen Locken, Kopftuch u. (jetzt fehlender) Krone; mit der l. Hand den Mantel empornehmend, stützt sie den sich zurücklehnenden Knaben, der, in der Linken eine Kugel, den Segen erteilt; beide lächeln. Einfach profilierter Thron mit giebelförmiger Rückseite.

Wandgruppe. Lindenholz. H. 33. Rückseite flüchtig bearbeitet. Der r. Arm der Madonna und die r. Hand des Kindes fehlen, der Oberteil des Kopfes mit der Krone ist gerade abgeschnitten. Die Fußspitzen der Madonna und Teile der Fußplatte ergänzt. Überarbeitungen am Gewand. — Mit Spuren alter Bemalung. — Erworben 1908 in Mainz. Geschenk eines Ungenannten.

Mittelrheinisch 13. Jahrhundert.

7089. Christus am Kreuz. Bärtig, mit Dornenkrone, den Kopf nach l. gewandt. Der Leib nach der gleichen Seite ausweichend; der Lendenschurz über der l. Hüfte geknotet, die Beine gekreuzt, die Füße mit einem Nagel befestigt. Abb. S. 13.

Wandfigur. Eichenholz. H. 260, Br. 165. Unterarme fehlen, Füße und linker Unterschenkel sind stark zerstört. Reste von Bemalung, meist Kreidegrund, darüber Teile von Farbschichten verschiedener Zeiten. — Erworben 1913 von der St. Moritz-Kirchengemeinde in Naumburg. Vermutlich das alte Triumphkreuz der Moritzkirche.

Obersächsisch, um 1220. — Inv. Prov.Sachsen, Kreis Naumburg (1903) S. 222. A. Goldschmidt, Das Naumburger Lettnerkreuz im Kaiser-Friedrich-Museum im Jahrbuch der Pr. Kunstsammlungen 36 (1915) S. 137. Außer den dort angeführten sächsischen Stücken ist als weiteres Stück aus dem Elbe-Gebiet der Crucifixus in Arendsee (Kr. Osterburg) zu nennen, 1 m hoch, mit sehr gut erhaltenem Kreuz. Vgl. 7090.

7090. Maria unter dem Kreuz (zur vorigen Nr. gehörig). Oberkörper und Kopf nach r. gedreht, steht sie in den Knien leicht nachgebend; die r. Hand liegt mit der Fläche nach außen vor der Brust, die L. führt das Tränentuch zur Wange. Der Mantel ist über den Kopf gezogen. Sie tritt auf eine Schlange.

Wandfigur. Eichenholz. H. 165. Rücken ausgehöhlt. Alte, nicht ursprüngliche Bemalung. Reste von Vergoldung. Ursprünglich ganz vergoldet?

Obersächsisch, um 1220. — Vgl. 7089. — Steht innerhalb der sächsischen Gruppe der Maria des Halberstädter Triumphkreuzes am nächsten; das Motiv des Tränentuches kommt sonst nicht in der Plastik, nur in der Buchmalerei der Zeit vor.

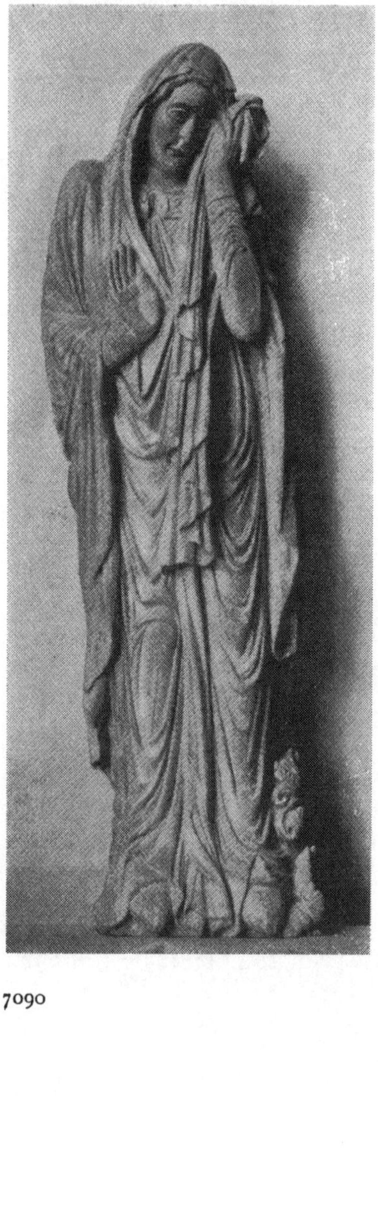

7090

3053. Thronende Maria mit dem Kinde (Vöge 38). Sie sitzt in Vorderansicht auf einem Thron ohne Lehne, das Kind, ebenfalls nach vorn gewendet, auf ihrem l. Knie; es segnet, in der Linken eine Kugel haltend. Die beschuhten Füße der Madonna, deren Mantel zugleich als Kopfschleier dient, ruhen auf einem Drachen; das Gewand hält ein Riemen zusammen. Abb. S. 14.

Wandgruppe. Eichenholz. H. 81. Rückseite ausgehöhlt. Spuren alter Bemalung. Ergänzt die Nasenspitze, der Mund der Madonna, ihre Krone, ein Streifen über dem l. Auge des Kindes, seine Rechte, sein l. Fuß. Die Gesichter etwas überarbeitet. — Erworben 1907 in Köln; angeblich aus dem Besitz einer westfälischen Familie in Koblenz.

Niederländisch (Brabant), Mitte 13. Jahrhundert. — Derselben Schule angehörig wie die vierge miraculeuse von Laeken (Annales de la Société d'archéologie de Bruxelles VIII, 31) und gleichzeitig mit dieser, vgl. Vöge, Amtliche Berichte 39 (1908) S. 170 mit seitlicher Abbildung unseres Stückes. Ferner sind verwandt: je eine Madonna in Lüttich, S. Jean, abgebildet bei Helbig, La sculpture . . . aux pays de Liège . . . 2. Aufl. (1890) Tafel 15, in der Sammlung Stoclet, Brüssel, Photogr. Folkwang-Verlag 6464, im Schnütgen-Museum Köln (Witte, Tafel 26,1), in der Sammlung Michels, Köln, abgebildet bei Lüthgen, Rhein. Kunst . . aus Kölner Privatbesitz (1921), Tafel 30 f., und noch andere Stücke.

5863 A. 8417. Altarschrein aus dem Mindener Dom: Christus, Maria, Apostel u. Heilige. Im jetzigen Zustand ein rechteckiger Kasten mit einem breiten Mittelvorbau und

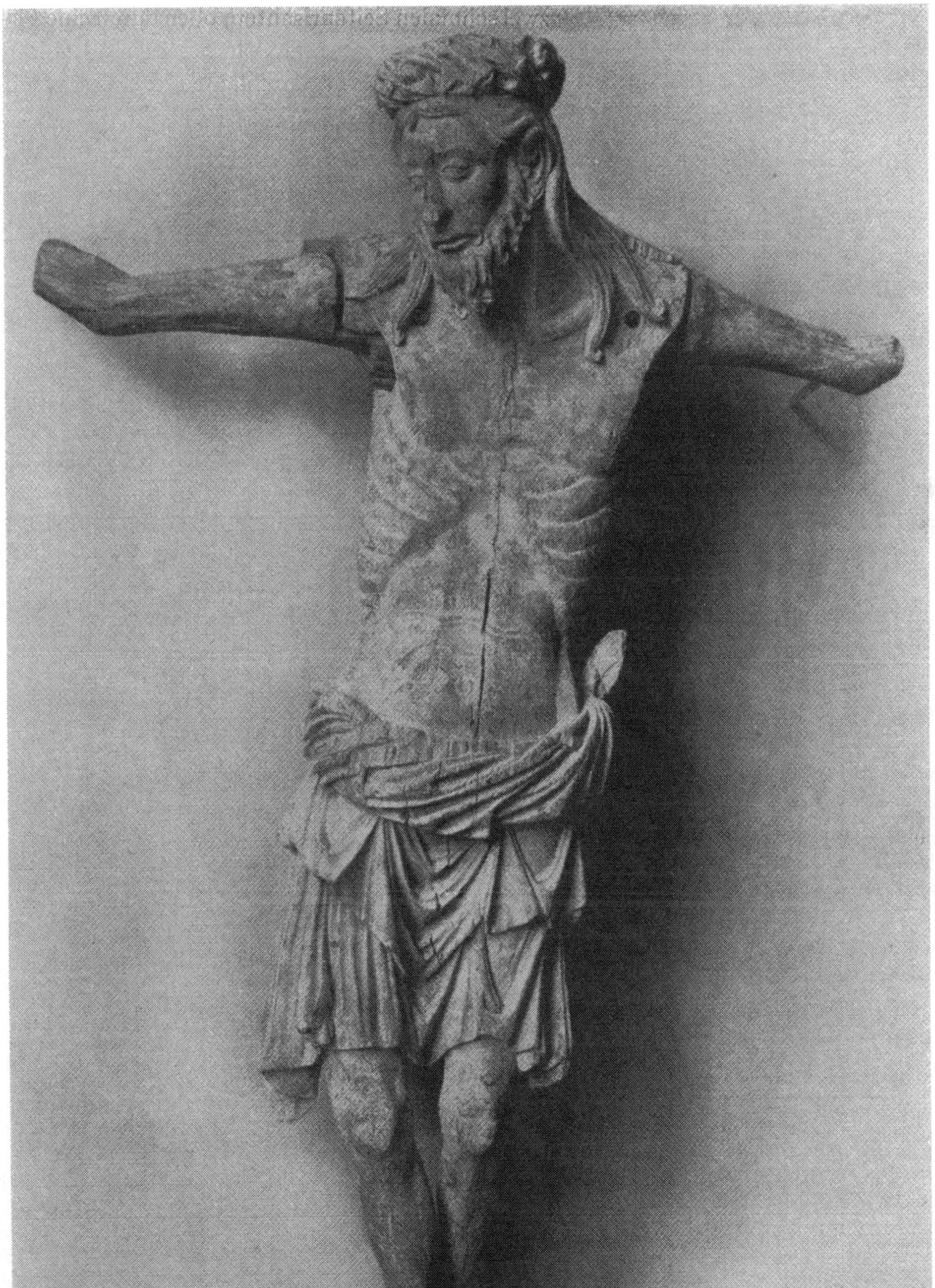

7089

S. 11

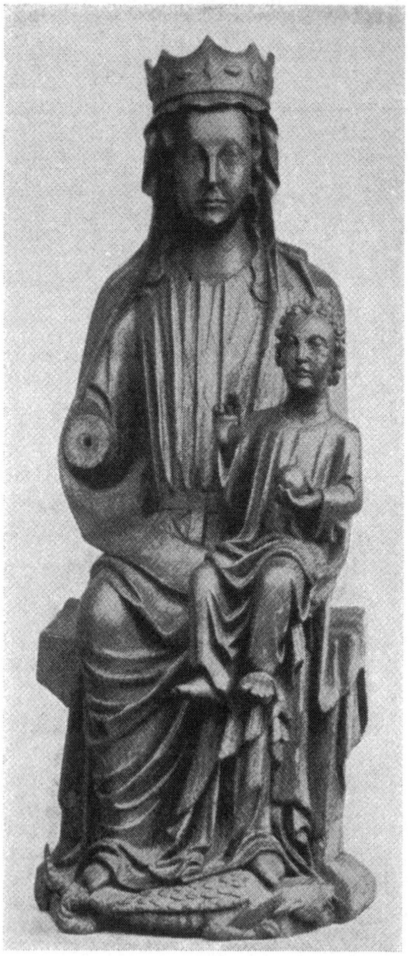

3053 S. 12

zwei schmalen Seitenrisaliten, oben durch eine Platte abgedeckt. An Front und Schmalseiten Kleeblattbogen in zwei Geschossen vor durchlaufender Rückwand. In den Nischen der Schauseite waren 18 Sitzfigürchen (Christus Maria krönend, Apostel, männliche Heilige und Bischöfe) und 10 Standfigürchen, in den Nischen der Schmalseiten scheinen zusammen 12 weitere Standfigürchen gewesen zu sein. Die Standfigürchen setzten sich aus Priestern, Rittern und Frauen zusammen. In den Bogenzwickeln Engel, Adler und Andeutungen des himmlischen Jerusalem, über den Arkaden Kerbschnittbänder.

Hochrelief. Eichenholz. H. 71, Br. 260, Tiefe 45. H. der Sitzfiguren 22,5—24, der Standfiguren 24—25, Christus und Maria 27. Von den insgesamt wohl 40 ehemals vorhandenen Nischenfigürchen fehlen im Altar selbst 18, und zwar 15 Stand- und 3 Sitzfigürchen; je 2 Standfigürchen sind im Kestner-Museum zu Hannover und im Museum für Kunst und Gewerbe in Hamburg, die übrigen Nischenfigürchen sind verschollen. — Reste der ursprünglichen Bemalung und Vergoldung: Architekturteile und Rückwand golden, Leibungen rot, an den Kapitellen schwarze Zeichnung. — Erworben 1909 von der Domkirchengemeinde in Minden; zusammen mit dem später darüber errichteten Altarschrein (s. diesen unten Nr. 5863 B: S. 54). Die Nr. 8417 (Abb. S. 15) wurde 1928 aus Kölner Privatbesitz erworben, gehört jedoch zum ursprünglichen Bestand des Altars.

Westfälisch, um 1260. Ursprünglich ein halbierter Reliquienschrein (mit nur einer Schauseite); zu ergänzen ist ein Pultdach in der Längsrichtung, durchschnitten von einem Giebeldach über dem Mittelbau, die Ansätze erhalten. Die Deckplatte ist Zutat des 15. Jahrhunderts. Das Innere diente ursprünglich zur Aufbewahrung von Reliquien. Ein ähnlicher Aufbau, doch ohne Figurenschmuck, im Kloster Loccum in Hannover. — Münzenberger und Beißel, Zur Kenntnis und Würdigung mittelalterlicher Altäre Deutschlands (1886—95) I S. 39. Inventar Westfalen Kr. Minden (1902) S. 71. — Wrangel, Det medeltida Bildskapet fran Lunds Domkyrkas Högaltare. (Lund und Leipzig 1915) S. 73. — Kohlhaussen im Jahrbuch für Kunstsammler III (1923) S. 48. E. Simon im Jahrbuch der Pr. Kunstsammlungen 48 (1927) S. 209 ff. Die dort S. 210 Anm. 2 genannten Frauenfigürchen sind modern. Über die ursprüngliche Anordnung vgl. noch Verres im Jahrbuch d. preuß. Kunstsammlungen 49 (1928).

8246—49. Vier Propheten-Statuen von der Westfront der Trierer Liebfrauenkirche.

8246. Bärtig, mit zugespitzter Kappe und in die Stirn fallendem Haar. Der Mund leicht geöffnet. Der Mantel, vom Rücken her unter dem r. Arm zur l. Hüfte geführt, wird vom l. Arm gehalten. — Gewandung stark verwittert. Beide Unterarme und die Vorderseite des r. Oberarms fehlen, die Nase ist bestoßen. — H. 187. Abb. S. 17.

8247. Bartlos, mit runder Kappe, das Haar in die Stirn fallend. Der Mantel, die r. Schulter bedeckend, wird um den r. Arm zur Linken geführt, die ihn zusammen mit einem Spruchband hält. — Der r. Unterarm fehlt, ebenso die l. Hand samt dem Handgelenk, die auf der Abb. sicht-

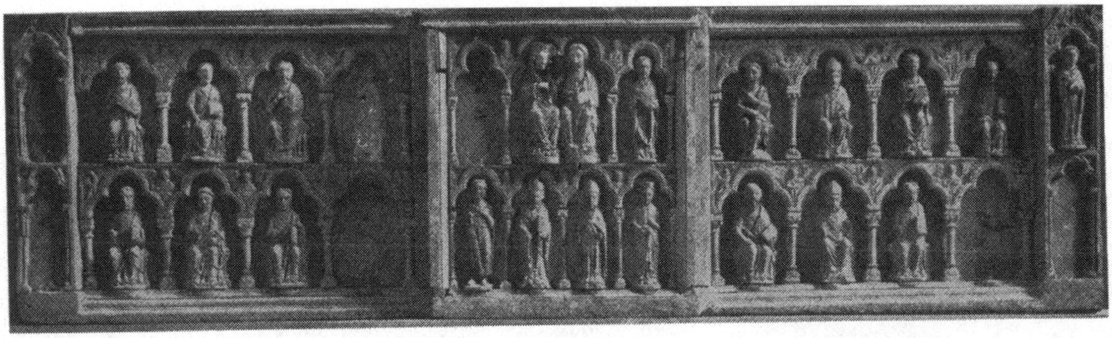

5863 A S. 12

bare Hand, eine Zementergänzung des 19. Jahrhunderts; jetzt entfernt. Gewand stark verwittert. — H. 185. Abb. S. 17.

8248. Bärtig, mit runder Kappe, das Haar in die Stirn fallend. Gegürtetes Gewand, der beide Schultern bedeckende Mantel von beiden Armen gehalten. Die r. Hand wird unter dem emporgehaltenen Mantelstoff deutlich, die linke, im 19. Jahrhundert schlecht ergänzt, jetzt entfernt. — H. 184. Abb. S. 17.

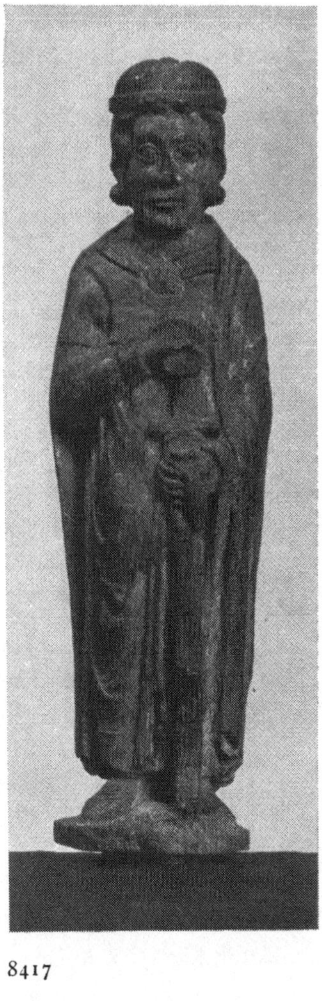

8417

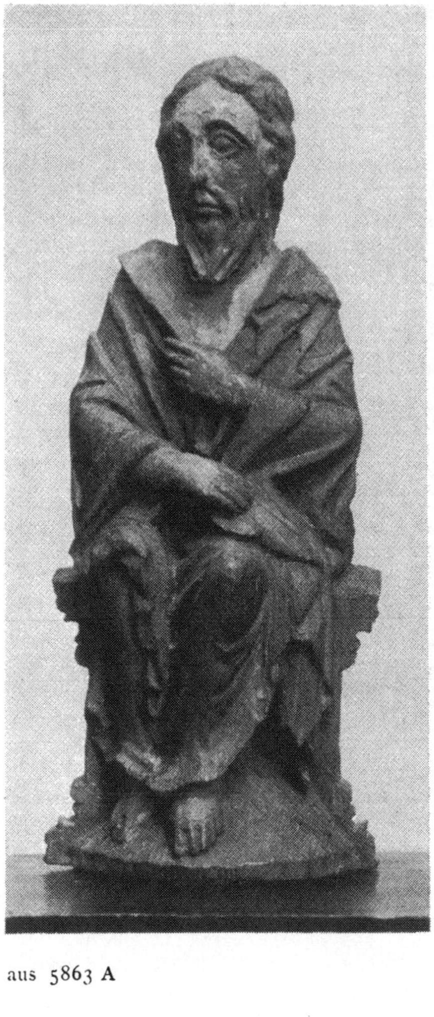

aus 5863 A

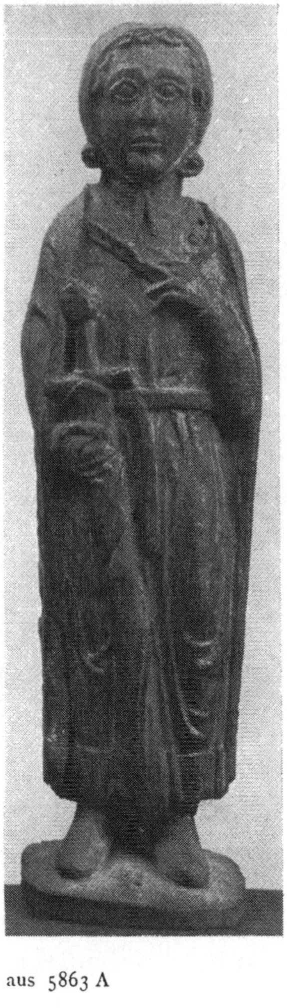

aus 5863 A

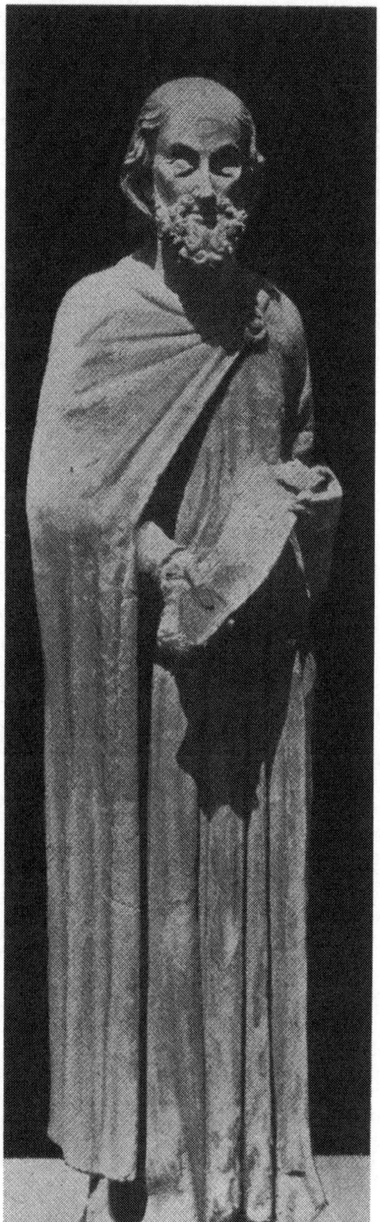

8249

8249. Barhaupt, mit lockigem Bart und kahler Stirn, den Mund leicht geöffnet. Gegürtetes Gewand, der Mantel an der l. Schulter mit einer Schließe zusammengehalten. Der l. Arm rafft den Mantel leicht in die Höhe. — H. 185. Die Unterarme und das Spruchband, Ergänzungen des 19. Jahrhunderts, jetzt entfernt.

Wandstatuen. Sandstein von Jaumont. Die Rückseiten flach. Erworben 1916 von der Liebfrauenkirche in Trier. — Daß die Köpfe durchweg besser erhalten sind als die Gewänder, rührt daher, daß sie unter den Baldachinen mehr Wetterschutz genossen.

Trier, Mitte 13. Jahrhundert. — Die Propheten bilden die mittlere Reihe des außen um das Westportal angeordneten Statuenzyklus. Oben die Verkündigung, dann vier Propheten, unten Noah und Abraham. Die ganze Statuenreihe, deren Oberfläche seit Jahren durch Verwitterung zerfiel, wurde 1916 für die Staatlichen Museen erworben. 1921 wurden die Verkündigungsfiguren und die Erzväter nach Trier zurückgebracht; sie befinden sich im Dommuseum (vgl. Demmler in Kunstchronik 33 [1921] S. 167 ff.). Die Statuen, die mit der Erbauung der Kirche gleichzeitig sind, stehen unter dem Einfluß der Reimser Schule; doch sind die Beziehungen nicht so eng, daß einer der dort arbeitenden Meister als Urheber in Betracht käme. Bestimmtere Ähnlichkeiten, vor allem im Fall der Gewänder, zeigen die Apostelstatuen aus S. Jacques l'Hôpital in Paris, die jetzt im Cluny-Museum aufbewahrt werden. — Der vierte Prophet (8249) ist augenscheinlich von anderer Hand wie die übrigen, ihm läßt sich der (im Gesicht und in der Haltung weniger fein belebte) König Childebert aus S. Germain des Prés in Paris zu Seite stellen (Louvre, Katalog Nr. 89). Für Reims s. Vitry, La cathédrale de Reims, Band I etwa Tafel 13, 14, 39, 40. Über die Restaurierungen an der Westseite der Liebfrauenkirche vgl. Berichte über die Tätigkeit der Prov.-Kommission für die Denkmalpflege in der Rheinprovinz, Heft IX, S. 18 ff. (1904). Ein Gipsabguß des ganzen Portals wurde 1902 auf der Kunsthistorischen Ausstellung in Düsseldorf gezeigt. — Vgl. Paul Clemen, Die rheinische und westfälische Kunst auf der Kunsthistorischen Ausstellung zu Düsseldorf (1902). Abb. 4. S. 6. von Oppen in »Berliner Museen« 49 (1928) S. 54.

7772. Christus, thronend; aus einer Marienkrönung. Nach l. gewandt, den r. Arm erhoben, auf dem Haupt eine Krone. Abb. S. 18.

Wandfigur. Eichenholz. H. 65. Rückseite ausgehöhlt. Beide Unterarme fehlen größtenteils. Durch Verwitterung und Wurmfraß mitgenommen; dazu bestoßen (Krone, Füße, Sockel). Gesicht und Hals in moderner Zeit mit dem Messer und durch Kitten geglättet, jedoch im Formcharakter nicht wesentlich verändert. Reste weißen Anstrichs aus späterer Zeit. — Erworben 1917 in Berlin; Auktion Georg Schwarz.

Nordfranzösisch, 2. Hälfte 13. Jahrhundert. Von Swarzenski (Aukt.-Katal. Slg. J. Noll, Prestel-

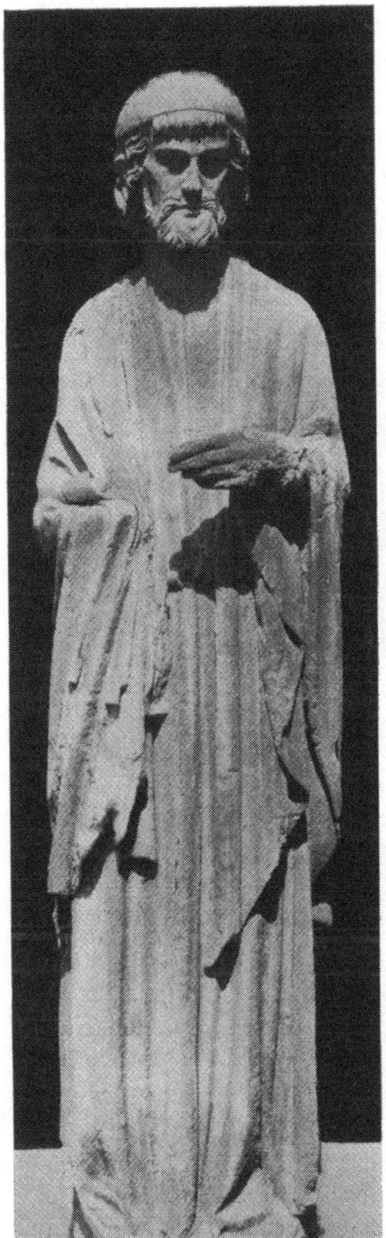
8248 S. 15

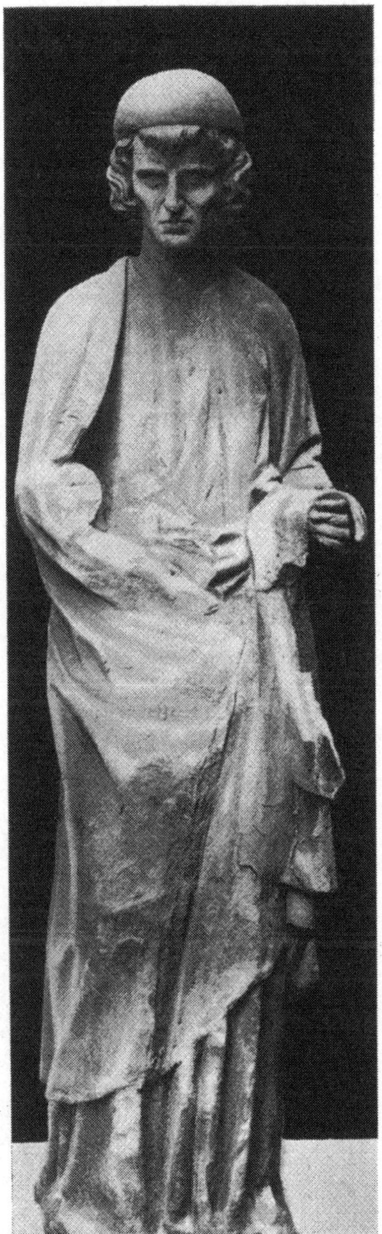
8247 S. 14

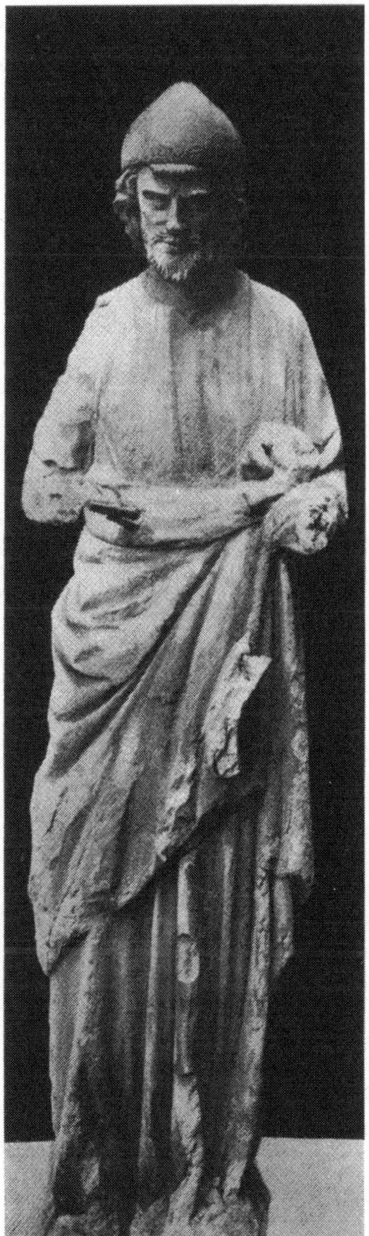
8246 S. 14

Frankf. 1912, Nr. 1 mit Abb.) unter Betonung französischen Einflusses als deutsch um 1300 angesprochen (unter Vorbehalt dem Straßburger Kunstkreis eingefügt), doch eher Weiterbildung der nach Straßburg ausgestrahlten nordfranzösischen Kunst innerhalb letzterer selbst. Die Bestimmung Fritz Goldschmidts (Aukt.-Kat. Slg. G. Schwarz, Cassirer-Helbing-Berlin 1917, Nr. 7 mit Abb.) auf niederdeutsch 1. Hälfte 14. Jahrh. nicht näher beweisbar. Das Holz, von der Mooreiche, steht der Lokalisierung nach Frankreich durchaus nicht im Wege.

7696. Der Evangelist Johannes, sitzend, in Mantel und über dem Gürtel gebauschtem Gewand, mit lockigem, von einem Band zusammengehaltenem Haar. Er schreibt mit der R. auf einem Schriftband in seinem Schoß. In der Mitte der Brust eine jetzt gefüllte Öffnung für ein Schmuckstück.

Wandfigur. Eichenholz. H. 53. Stark verwittert und rissig. Der l. Unterarm und Teile der r. Hand fehlen. Reste einstiger Fassung, besonders an den nackten Teilen. — Erworben 1915 als Geschenk.

Nordfrankreich, 2. H. 13. Jahrhundert.

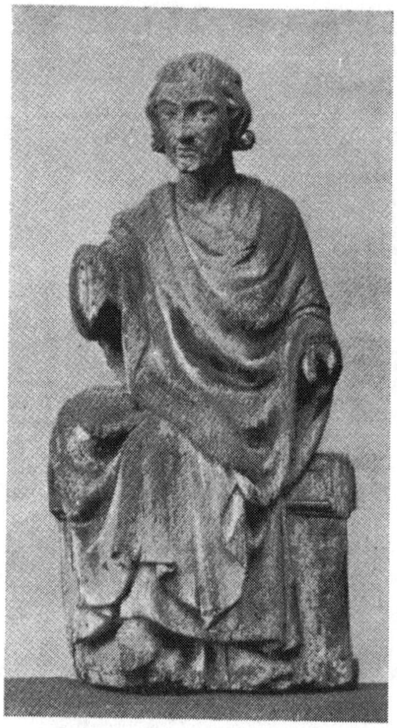

7772 S. 16

8011. Maria mit dem Kinde, stehend, mit ausgebogener l. Hüfte, das r. Bein zurückgesetzt, den Kopf zur r. Schulter geneigt, den Blick jedoch dem Kinde zugewandt. Gegürtetes Gewand, der Mantel um den r. Ellbogen zur l. Hüfte geführt. Kopftuch. Das Kind bekleidet. Der Kopf für eine (jetzt fehlende) Metallkrone abgearbeitet.

Statuette, Buchsbaumholz. H. 49. Rückseite flach. Alte, beschädigte Fassung und Reste neuerer Farbschichten. Es fehlen der r. Unterarm der Madonna, der l. Arm des Kindes mit einem Teil der Schulter sowie ein Stück seines l. Fußes. Aus der Fußplatte und dem r. Fuß der Mutter ein Stück herausgebrochen. — Erworben 1918 (Sammlung J. Simon).

Nordfranzösisch, um 1260—70. — Nach U. Middeldorf einem Kreise von Madonnen der Ile de France zugehörig, zu denen u. a. auch die bekannte Elfenbeinstatuette der stehenden Madonna aus der Sainte Chapelle im Louvre gehört.

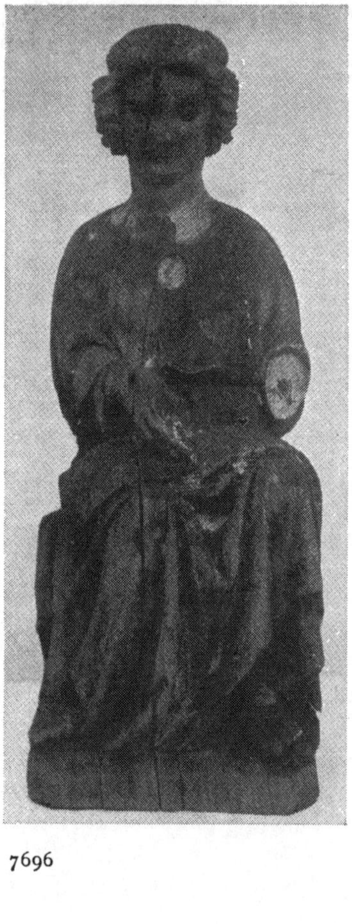

7696

3113. Stehender Engel (Vöge 39). Lächelnd, nach l. sich wendend. Langes gegürtetes Gewand, den von einem Riemen zusammengehaltenen Mantel mit der Rechten emporziehend, im Haar ein Band.

Statue. Eichenholz. H. 81,5. Die Rückseite ist flüchtiger bearbeitet, die ziemlich kleinen Löcher für die Flügel auf den Schultern, wie einige schadhafte Stellen mit Gips ausgefüllt, ein Loch oben auf dem Kopf durch einen Holzpflock geschlossen. Nase leicht beschädigt. Hände und Füße abgestoßen, der von den Händen ehemals gehaltene Gegenstand fehlt. — Mit Resten von Bemalung (blauer Rock, roter Mantel), die jedoch nicht die ursprüngliche ist. — Erworben 1908 in München.

Nordfranzösisch, um 1260. Angeblich zuletzt in Clermont (Oise) in der Nische eines Hauses (vgl. La République de l'Oise, 17. Juni 1906). — Nächstverwandt ein Leuchterengel im Louvre (Kat. 1922, Nr. 100, H. 83), von Vöge als Gegenstück zu dem in Berlin angesprochen (Amtl. Berichte 29 (1908) S. 170 ff.); und ein zweiter, aus S. Germer-Oise im Pariser Musée des arts décoratifs, Abb. bei Vitry et Brière Tafel 83,5. Seit 1919 besitzt der Louvre noch einen weiteren, besonders schönen Engel aus der Reihe, der durch weicher gerundete Falten sich etwas von den obigen entfernt,

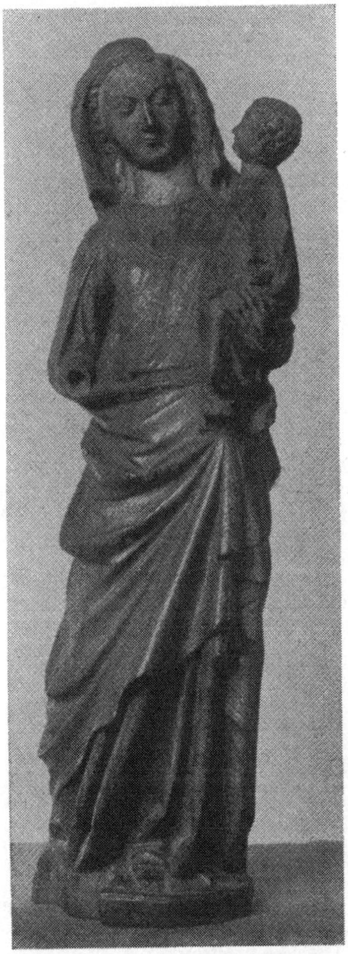

8011

s. Le Musée du Louvre depuis 1914, Paris 1919, Taf. 9; wichtiger jedoch die offenkundige Verwandtschaft, die mit dem Hinweis auf Reims (Engel bei Vitry, La cathédrale de Reims Tafel 19) allein nicht erklärt ist; der Reimser wirkt fortgeschrittener als alle Holzengel, die unter sich eine, vielleicht in der Oisegegend zu lokalisierende Gruppe bilden.

3144. Weibliche Heilige (Vöge 41). Stehend, vor sich hinblickend, mit der Rechten in den Brustriemen des Mantels fassend, in der Linken ein Gebetbuch; in langem, gegürtetem Gewand und Kopftuch. Die Plinthe an den Ecken abgeschrägt. Abb. S. 20.

Wandstatuette. Alabaster. H. 31,5 ohne den zugehörigen, 6,3 cm hohen, profilierten, an den Ecken abgeschrägten Sokkel. An der Fußplatte rechts beschädigt. — Ohne Bemalung. — Erworben 1906. Geschenk der Herren Duveen in London.

Englisch oder französisch, Ende 13. Jahrhundert.

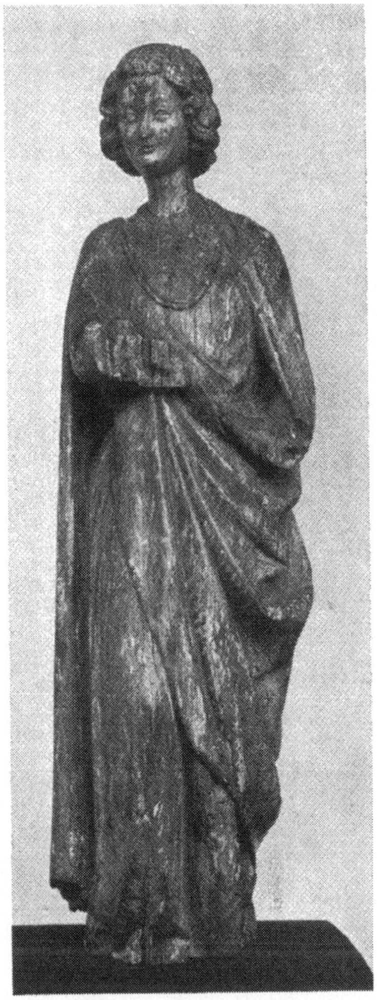

3113

3023. Thronende Maria mit dem Kinde (Vöge 40). In Vorderansicht, mit Krone, Kopfschleier und Mantel, hält sie auf dem l. Arm das Kind. Die Mäntel vorn durch ein breites Band zusammengehalten. Der Thron ist an den Seitenwandungen durch Kleeblattarkaden, in zwei Etagen, durchbrochen. Auf dem Sitz, dessen Ecken kleine Blattvoluten bezeichnen, ein flaches Kissen; das Fußbrett an den Ecken abgeschrägt. An dessen Friese die Spuren einer Inschrift (O virgo sancta Maria, ora pro nobis). Abb. S. 20.

Wandgruppe. Pappelholz. H. 150. Rückseite ausgehöhlt. Mit Resten der alten Vergoldung, Versilberung (am Thron) und Bemalung. Erneuert ist diese an den Fleischteilen und an mehreren Stellen des Gewandes. Ergänzt sind beide Hände und Unterarme der Madonna (Ärmelansätze in Gips), ferner der l. Fuß und beide Unterarme des Kindes. — Erworben 1906 in Paris.

Südfranzösisch, 2. Hälfte 13. Jahrhundert. — Aus Le Vigan (Gard), in den Cevennen gelegen.

3198. Jugendlicher Heiliger unter einem Baldachin (Vöge 77). Stehend, in Vorderansicht, in der R. ursprünglich ein Attribut haltend, die L. im Redegestus halb erhoben. In gegürtetem Rock, Mantel und Schuhen. Der auf zwei schlanken Säulen ruhende Baldachin öffnet sich nach vorn in einem Rundbogen, nach den Seiten in Spitzbogen; die Bogen mit Nasen. Abb. S. 21.

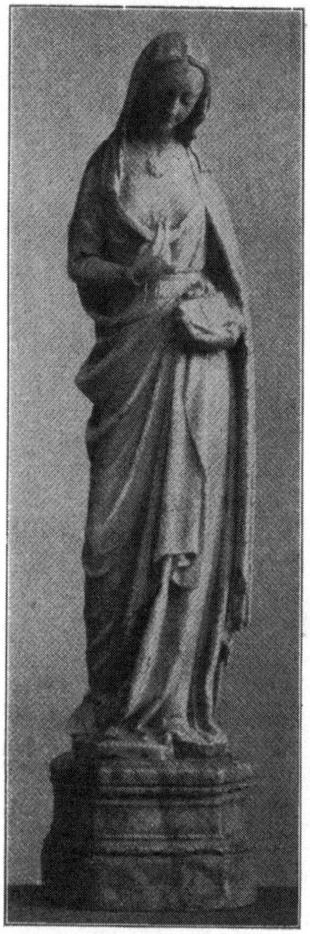

3144 S. 19

Wandstatue. Kiefernholz. H. 123,5. Baldachin H. 175,5. Reste alter Vergoldung, Versilberung und Bemalung. Vergoldet der Mantel (mit hellblauem Futter), der Gürtel, die Säume des silbernen Rockes. Um die vergoldete Rückwand des Baldachins, in die der Nimbus eingraviert ist, zieht sich eine Blütenkante auf rotem Grund. Die Medaillons in den Zwickeln waren anscheinend mit Schmuckscheiben gefüllt. — Die Finger sind angestückt, mit Ausnahme des Daumens, des Zeigefingers und des kleinen Fingers der l. Hand. — Erworben 1908.

Sächsisch (Lausitz) um 1300. — Aus der Kirche von Steinkirchen bei Lübben i. d. Lausitz. Spuren an der Rückwand des Baldachins zeigen, daß Flügel vorhanden gewesen sind; danach wäre die Figur das Mittelstück eines Baldachinaltars gewesen.

7092. Maria mit dem Kinde, sitzend auf kissenbelegter Bank, frontal aufgerichtet, lächelnd geradeausblickend. Auf ihrem l. Oberschenkel sitzt das Kind mit aufgeschlagenem Buche, bekleidet mit einem Hemdchen. Maria in Gewand, Mantel u. Kopftuch mit daraufsitzender Krone.

Wandgruppe. Weidenholz. H. 85. — An der Rückseite in ganzer Tiefe ausgehöhlt. Jetzt mit späterer, z. T. auf altem Kreidegrund sitzender Bemalung von schlechtem Erhaltungszustand. Es fehlen der Kopf und l. Unterarm des Kindes sowie der r. Unterarm Mariae; ihre Nasenspitze ergänzt. — Erworben 1913 aus der Moritzkirche in Naumburg.

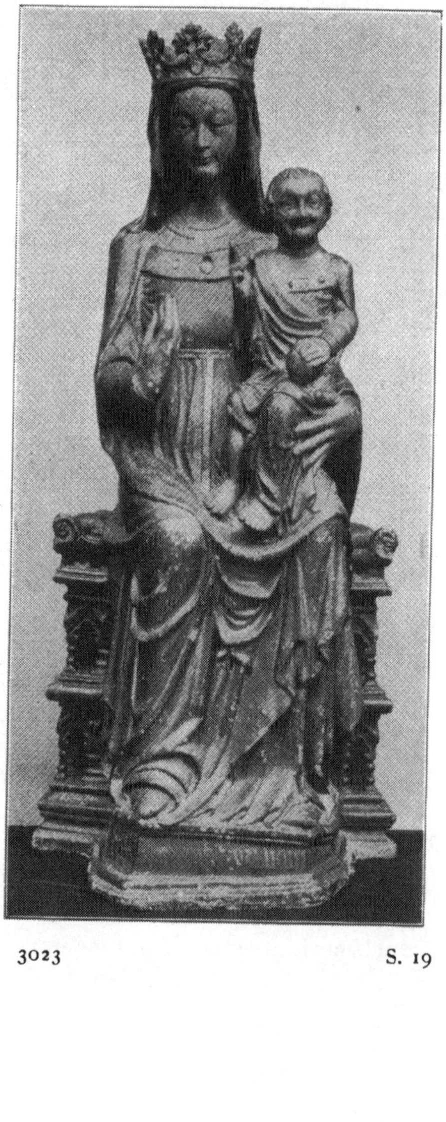

3023 S. 19

Sächsisch, Anfang 14. Jahrhundert. — Vgl. Inv. Prov. Sachsen Heft 24 (Stadt Naumburg) S. 25. Wohl in Anlehnung an ein westdeutsches Vorbild (Gnadenbild?), das, wenngleich selbst unbekannt, wenigstens in mehreren Repliken erhalten ist. Darunter ein Kultbild, noch am alten Orte: die Madonna im Hochaltar des Aachener Münsters (Inv. Rheinprovinz X, 1 S. 144 Abb. S. 146). Aus derselben Werkstatt ein Exemplar, das 1922 im Frankfurter Liebighaus ausgestellt war (Wilm, Die got. Holzfigur, 1923, Taf. 23). Hierhier gehört auch eine ca. 1340 entstandene Madonna der ehem. Sammlg. Georg Schwarz (versteig. 1917 in Berlin, Auktionskatalog Nr. 5, früher Slg. Bourgeois-Köln). Die Bestimmung letzterer auf westrheinisch richtig, doch besteht kein Zusammenhang mit der Sulzmatter Madonna.

5546. Maria mit dem Kinde. Stehend, die vorgeschobene l. Hüfte ausgebogen, den r. Fuß zur Seite gesetzt. Die vorgestreckte r. Hand hielt wohl ein Szepter. Gegürtetes Gewand. Das Kind bekleidet. Der Mantel durch ein

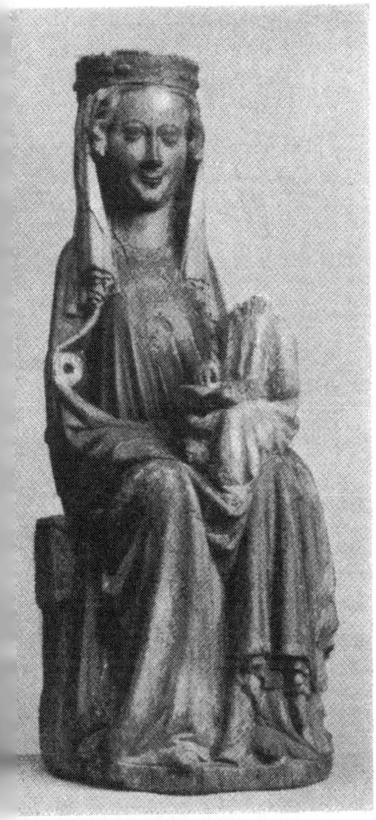

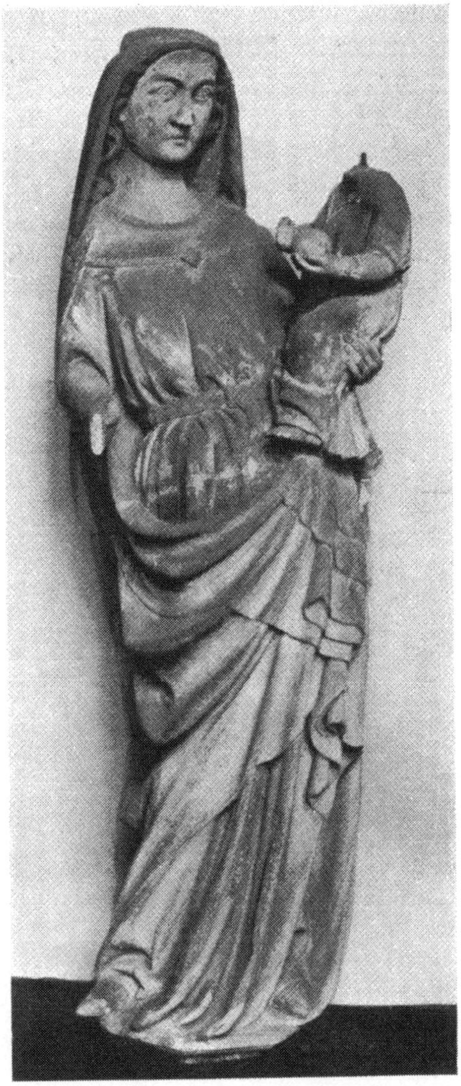

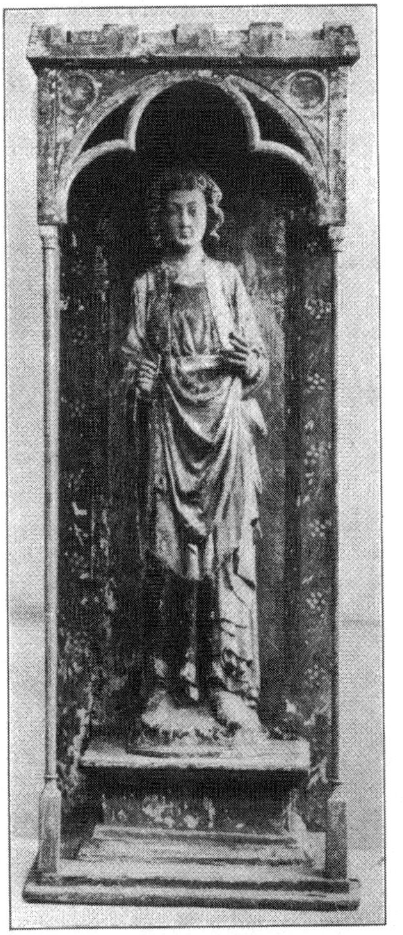

092 5546 3198 S. 19

über die Brust laufendes Band, in dessen Mitte ein Schmuckstück, lose zusammengehalten. Polygonale Fußplatte.

Wandfigur. Sandstein. H. 146. Rücken flach. — Es fehlen bei Maria die Finger der r. Hand und die Krone, beim Kind der Kopf und die Finger der r. Hand. Ergänzt die Nasenspitze, r. Fußspitze, kl. Teile des Gewandes der Maria, der r. Fuß und Teile am l. Arm des Kindes. — Reste alter, mehrfach erneuerter Fassung. — Erworben 1908 in Straßburg.

Elsässisch um 1300. Aus Molsheim, angeblich von der alten Kirchenfassade (die jetzige Kirche ist vom Anfang des 17. Jahrhunderts).

2422. Thronende Maria mit dem Kinde und den Evangelistensymbolen. (Vöge 46.) Mit Krone, Kopftuch und Mantel; das Kind auf dem l. Arm haltend, in der rechten ein Lilienszepter. Das bis zu den Hüften nackte Kind trägt einen Blumenkranz im Haar; es umfaßt mit beiden Händen der Mutter Antlitz. An den Seiten des Thrones die vier Evangelistensymbole mit Schriftbändern; r. Engel und Ochse, jener zu Maria emporzeigend, l. Adler und Löwe. Eine spitzbogige Nische in der Brust der Maria diente zur Bergung einer Reliquie.

Wandgruppe. Sandstein. Die Rückseite unbearbeitet. H. 131. Spuren alter Bemalung, besonders an den nackten Teilen. Nase und Krone beschädigt, das Szepter abgebrochen (aus besonderem Stück?); Rückseite des Throns nebst Teilen der Evangelistensymbole abgeschnitten. — Erworben 1899 in Würzburg.

Fränkisch, um 1300. — Angeblich aus der Klosterkirche des Dorfes Zell, wie Nr. 1893, 1894 (S. 39f.), jedoch älter und ohne stilistischen Zusammenhang mit diesen. Verwandt eine sitzende Madonna aus Schweinfurt, jetzt im German. Museum (Kat. Josephi Nr. 1), im Stil jedoch fortgeschrittener.

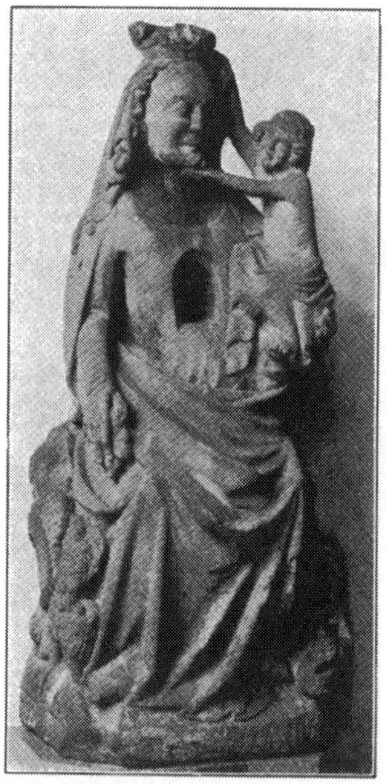

2422 S. 21

DIE BILDWERKE
DES SPÄTEN MITTELALTERS

(14. UND FRÜHES 15. JAHRHUNDERT)

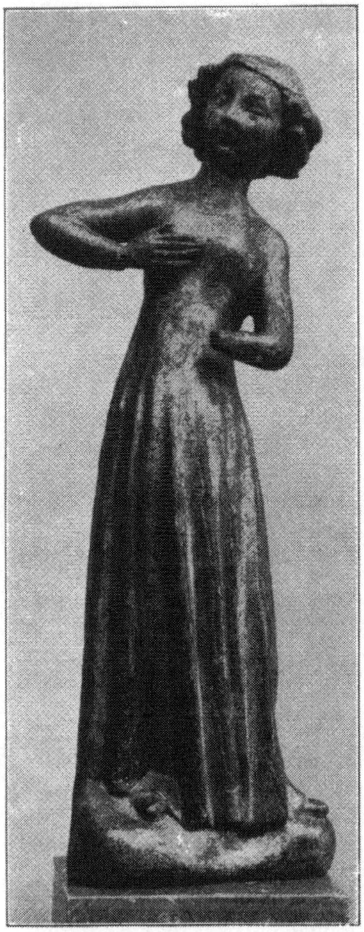

2647

Die erste Hälfte des 14. Jahrhunderts

1. Französische und westdeutsche Arbeiten

2647. Törichte Jungfrau (Vöge 90). Auf welligem Boden stehend, den Lockenkopf in den Nacken werfend u. etwas zurückgebeugt; anscheinend einem Partner gegenüber gedacht. Das gürtellose, anschließende Kleid läßt den Hals frei; im Haar liegt ein Band.

Statuette, vollrund. Nußbaumholz. H. 29,5. Die r. Hand ergänzt (?), die l. fehlt. Im Rücken durch Wurmfraß beschädigt. — Mit alter Vergoldung (Kleid, Stirnband, Schuhe und Sockel) und Bemalung; Rückseite ungefaßt. — Erworben 1901 in Paris.

Französisch, um 1300. — Irrtümlich von Kiesslinger, Zur Gesch. d. got. Plastik in Österreich (1923) S. 16, als ehemaliger Bestandteil des Hochaltars von St. Stephan in Wien angesprochen. Zur Darstellung vgl. vor allem Straßburg, Westportal. (Otto Schmitt, Tafelwerke Band II, Taf. 131 ff.)

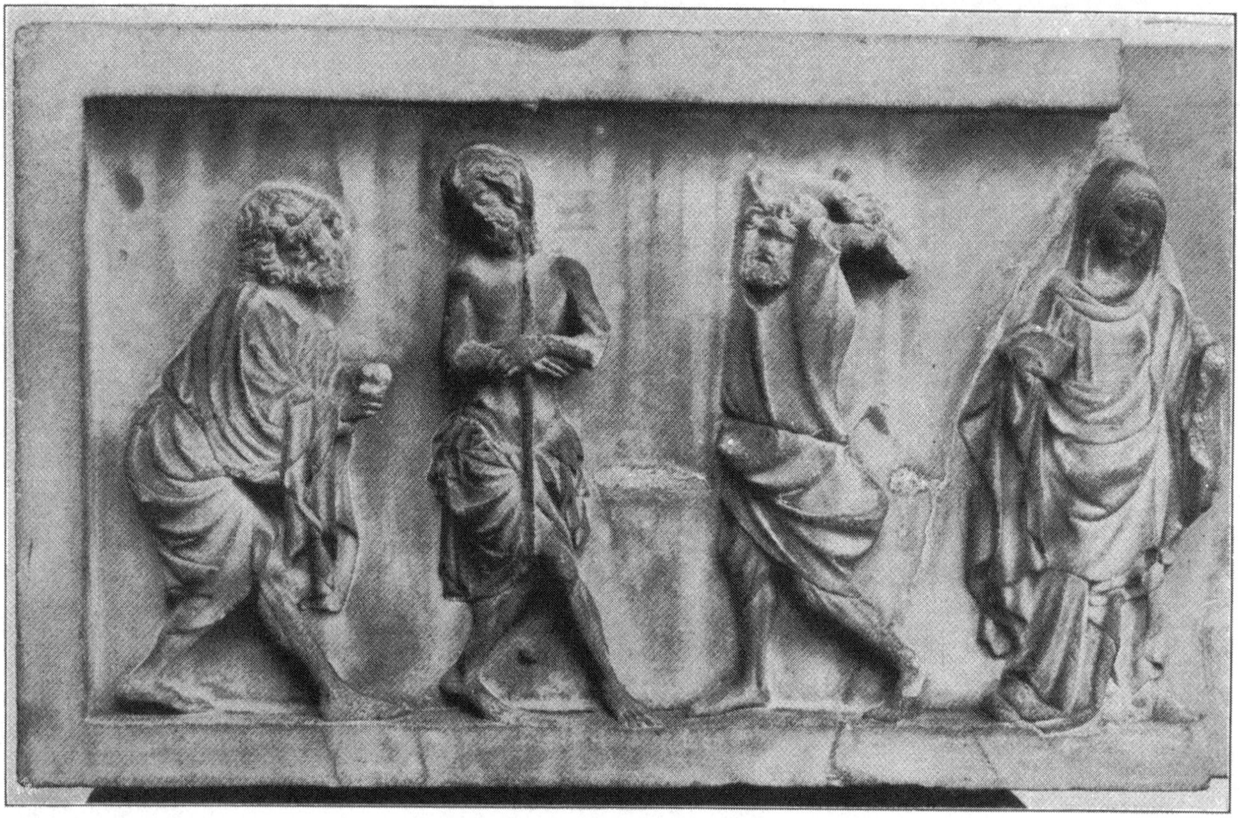

2791 (linke Hälfte)

2791. Altaraufsatz mit der Geißelung Christi, der Kreuzigung und Grablegung (Vöge 91). Links die Geißelung. Christus, mit überkreuzten Händen an eine dünne Säule gebunden, steht in Schrittstellung, den Kopf nach l. dem einen Schergen zuwendend, dessen Geißel eben auf ihn niederfährt, während der zweite, rechts, zum Streich ausholt. Die Schergen in aufgeschürzten Röcken, der linke mit einem darüber geschlagenen Tuch. — Rechts die Grablegung. Über Christi Leichnam, den Joseph von Arimathia und ein bärtiger Apostel in die Tumba legen, neigt sich, in der Mitte stehend, Nikodemus, aus einer Kanne Salböl auf Christi Seitenwunde gießend. Neben ihm stehen, wehklagend, Maria und Johannes. — Von der Kreuzigung in der Mitte sind nur die klagenden Gestalten von Maria und Johannes erhalten; mit Büchern in den Händen. Um das Ganze läuft ein glatter Rand, der über den Köpfen von Maria und Johannes absetzt.

Halbrelief. Carrarischer Marmor. Die l. Hälfte H. 37, Br. 62,5, die rechte Br.65,8. Ohne Bemalung. Kleine Beschädigungen an den Nasen, Händen und Attributen. Das Retabel hat länger in der Erde gelegen; die l. Platte ist hinterwaschen; das Stück mit der Madonna abgebrochen. — Erworben 1903 in Paris.

Französisch, um 1320—1330. — Angeblich aus Saint-Valery-sur-Somme im Departement de la Somme, doch nach Mitteilung von George Durand in Amiens ohne Analogie in der dortigen Gegend. Die von Koechlin, Un retable français du XIVe siècle au Musée de Berlin, Monuments Piot XVI (1909) S. 85 ff. und Tafel XI, zum Vergleich herangezogenen Arbeiten stehen stilistisch unserem Retabel nicht näher.

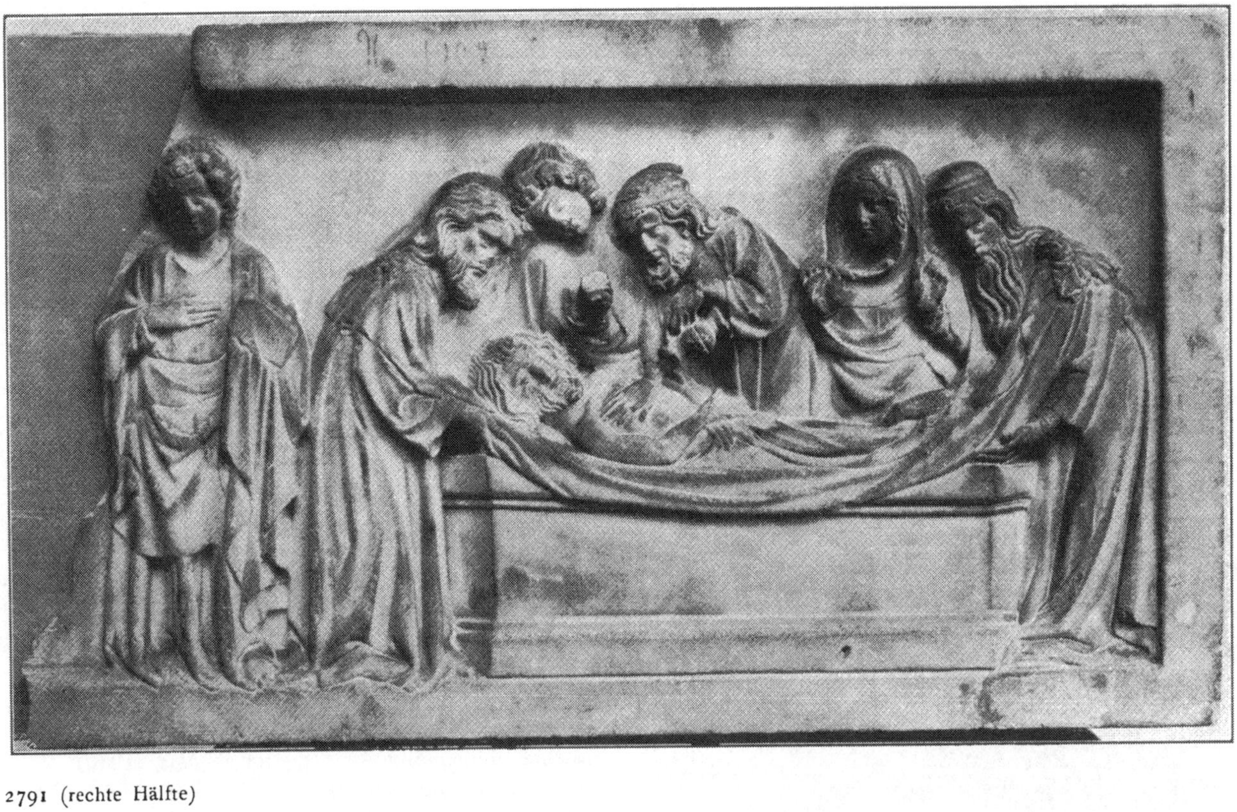

2791 (rechte Hälfte)

8323. Maria mit dem Kinde. Sie steht mit leicht ausgebogener l. Hüfte und blickt geradeaus. Der Kopf ist leise nach rechts geneigt. Auf dem l. Arm das halbbekleidete Kind. Maria trägt ein gegürtetes Gewand aus dünnem Stoff, das den Hals frei läßt, und einen Mantel. Um die gescheitelten und gewellten Haare legt sich das Kopftuch, darüber trägt sie eine hohe Krone, deren Reif abwechselnd mit Zacken und großen dreieckig zulaufenden Blättern besetzt ist. In der R. der Rest eines Lilienzepters. Das Kind hält in der L. einen Apfel; mit der R. zieht es den Zipfel des Kopftuchs zu sich herüber. Dünne gerundete Standfläche. Abb. S. 29.

Wandstatue. Nußbaumholz. H. 174. Rücken flach bearbeitet. Die Standfläche unwesentlich bestoßen. Ein Stückchen des Gewandes beim r. Fuß wieder angefügt. Ergänzt der kl. Finger der r. Hand. Die ursprüngliche Fassung — Gewand, Außenseite des Mantels und Krone vergoldet, Kopftuch, Tuch des Kindes und Innenseite des Mantels sowie der Apfel weiß — ist von späterer Übermalung befreit. Die Säume des Gewandes und Mantels waren mit Glasflüssen besetzt, wie Spuren zeigen. — Erworben 1923 für die Sammlung J. Simon. Früher Sammlung B. Oppenheim-Berlin, Boy (1900) und Lowengard (1903).

Nordfranzösisch (Ile de France) um 1340. — Schule von Paris, vgl. Vöge im Jahrb. d. preuß. Kunstslgn. 29 (1908) S. 217 ff. Zu den spezieller verwandten Stücken gehört außer den dort genannten Arbeiten auch eine sitzende Maria mit dem Kinde aus Joigny bei Sens im Louvre (Kat. Nr. 141), veröffentlicht von A. Michel in den Monuments Piot XVIII, Paris 1910, Taf. X. Verwandt auch unsere Nr. 8010 (s. folg. Nr.). — B. Oppenheim, Originalbildwerke aus meiner Sammlung, Berlin 1907, Taf. 36. – Bode im »Kunstwanderer« 1923 S. 36 f.

8010. Stehende Maria mit dem Kinde. In gegürtetem Gewand und Mantel, Kopftuch und Krone. In der r. Hand der Rest eines Szepters. Das Kind, mit Röckchen bekleidet, sitzt auf ihrem

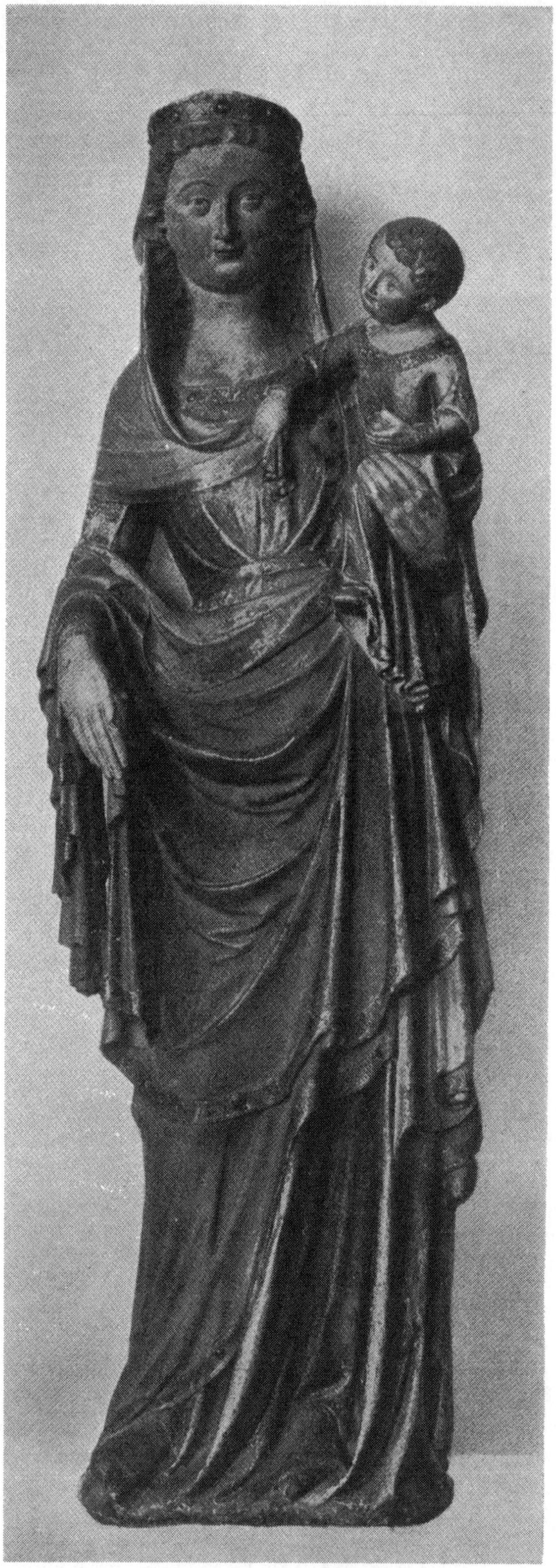

8010 S. 27

l. Arm und ergreift mit der Rechten einen Zipfel ihres Kopftuches; in seiner l. Hand ein Apfel. Niedrige Standfläche.

Wandstatue. Kalkstein. H. 169. Rücken flach bearbeitet. — Die Spitze des r. Fußes der Maria und die Zacken der Krone abgebrochen, der Zeigefinger ihrer l. Hand etwas beschädigt. — Mit erneuerter Bemalung (Gewand Mariae und Röckchen des Kindes dunkelbraun-violett, Mantel und Kopftuch blau) und Vergoldung (Säume und Krone). Die Säume der Kleidung und die Krone der Mutter sowie die Säume am Röckchen des Kindes gemustert und mit farbigen Glasflüssen verziert. — Erworben 1918. Sammlung J. Simon. Früher im Besitz des Lord Caledon.

Nordfranzösisch (Ile de France), gegen Mitte 14. Jahrhundert. — Gehört zu dem gleichen Kreis wie die vorhergehende Nr. 8323. Vgl. im Louvre (Katalog von 1922) vor allem die Steinstatue Nr. 139 aus der Gegend von Troyes, erworben 1905, veröffentlicht von Michel in den Monuments Piot. XVIII (1910), Tafel XI, und die dort S. 118f. genannten Stücke. — Weiterhin: Michel in Musées et Monuments de la France I (1906) S. 5 und Tafel 2. Vöge, Jahrbuch der Preuß. Kunstsammlungen 29 (1908) 217 ff. Volbach, Amtl. Berichte 41 (1920) 205.

5887. Stehende Maria mit dem Kinde. In Gewand, Mantel, Kopftuch und Krone. Das Kind mit nacktem Oberkörper, in der L. ein Vögelchen, die Rechte streckt es nach dem Munde der Mutter aus. Abb. S. 30.

Statue. Vollrund. Gelblicher Kalkstein. H. 73,5. Rücken summarisch behandelt. Einige Kronenzacken bestoßen. Es fehlen die Finger der Rechten und zwei der Linken Mariae und die Spitze ihres r. Fußes. — Mit mehreren späteren Fassungen (blaugrüne und rote Töne) in größeren Resten. —An den Schultern Mariae befestigt ein barocker Reifennimbus. — Erworben 1910 in Straßburg. Geschenk W. v. Bodes.

Lothringisch, um 1330—40. — Angeblich aus Molsheim im Elsaß stammend. Das Stück gehört zu einer Gruppe lothringischer Madonnen, von denen die in St. Dié (Vosges, Abb. Vitry-Brière Taf. XCIII,3), wohl kurz nach 1300 entstanden, die früheste sein dürfte.

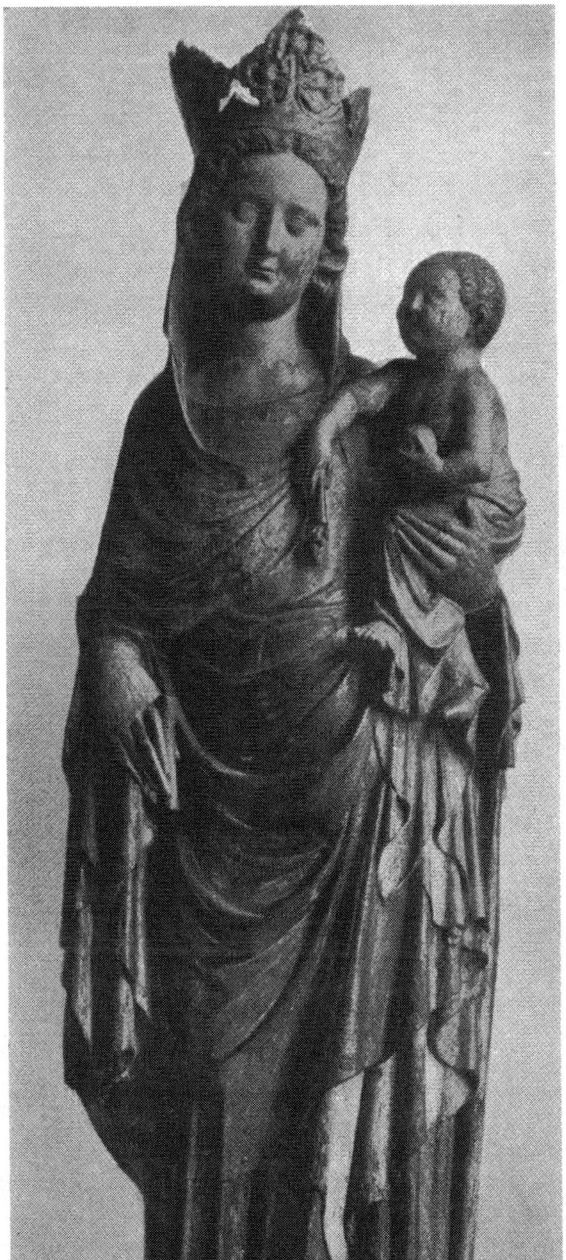

8323 S. 27

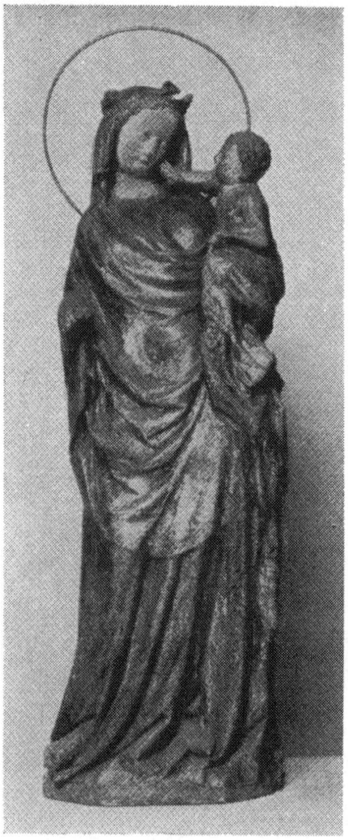

5887 S. 28

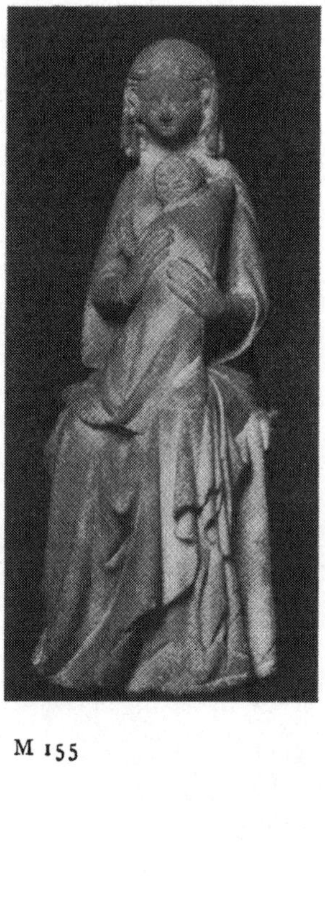

M 155

Auf deutschem Boden sind u. a. zu nennen je eine Madonna im Trierer Provinzialmuseum (aus Kloster Machern, Abb. in der Beilage zu den Bonner Jahrbüchern Heft 125, Bonn 1919 Taf. VII) und im Kölner Kunstgewerbemuseum: E. Lüthgen, Gotische Plastik in den Rheinlanden, Bonn 1921, S. 31. Verwandt ist auch unsere Madonna 7689 (s. unten).

M 155. **Maria mit dem Kinde.** Auf profiliertem Thron, dessen Sitzbrett mit Rosetten verziert, nach vorn gewandt u. das Kind mit beiden Händen umfassend, das auf ihrem Schoß stehend sich ihr ganz zuwendet u. aus ihrer l. Brust trinkt. Gegürtetes Gewand, Mantel, Kopftuch, das auf dem Scheitel nicht geglättet ist, weil ursprünglich durch eine Krone verdeckt. Das Kind in langem Hemdchen.

Freistatuette. Kalkstein. H. 47,5. Ohne Fassung. Der Kopf Mariae einschl. l. Schulter war abgebrochen und ist wieder angefügt. — Erworben 1918 im Berliner Kunsthandel. Eigentum des Kaiser-Friedrich-Museums-Vereins.

Französisch, I. Hälfte des 14. Jahrhunderts.

7689. Stehende Maria mit dem Kinde. In gegürtetem Gewand, Mantel, Kopftuch und Zackenkrone mit reichem Flachornament. Sie hält das mit einem Hemdchen bekleidete Kind mit beiden Händen vor ihrer stark ausgebogenen l. Hüfte. Das Kind fast en face, ein wenig auswärts gewandt, senkt den Kopf, und hält mit beiden Händen eine Krone, wie wenn es jemand krönen wollte. Niedrige Standfläche.

Wandstatue. Savonnière (stumpf weißlicher) — Kalkstein. H. 98. An der Rückseite flacher und teilweise nicht bearbeitet. Die Standfläche ringsum sehr bestoßen, intakt nur die l. Hälfte der Vorderkante; bestoßen ferner die Gewandung unten rechts und der r. Fuß. Die Krone Mariae hinten beschädigt, bei der vom Kind gehaltenen fehlt die Vorderzacke. – In den Faltentiefen Reste von (alter?) Bemalung. – Erworben 1915. Früher Slg. Molinier, Paris; Slg. Julius Böhler, München.

Lothringisch, um 1330. – Auf lothringischem und deutschem Boden eine Reihe verwandter Werke; s. E. Simon in den Amtl. Berichten 44 (1923), S. 79 ff. und G. Weise, Mittelalterl. Bildw. des Kaiser-Friedr.-Mus. S. 61 ff. Das von beiden herangezogene Material läßt sich noch erheblich vermehren: zugehörig ist u. a. eine Madonna der Sammlung R. v. Schnitzler in Köln; ausgestellt 1927 im Kölner Kunstverein, im Katalog »Mittelalterliche Kunst aus Kölner Privatbesitz« als »Kölnisch, unter lothringischem Einfluß« bezeichnet (Nr. 20). Vgl. auch Nr. 5887 (S. 28). — Die Beschädigung der Fußplatte erschwert die Nachprüfung, ob sich rechts ursprünglich ein zu krönender Heiliger oder dgl. befunden hat. — Vgl. im Cluny-Museum die Madonnenstatue Nr. 284, im Provinzialmuseum Trier die aus Kloster Machern.

2301. Maria mit dem Kinde (Vöge 88). Stehend, ein Lilienzepter in der Rechten, wendet sie ihr Haupt dem Kinde zu, das, halb-

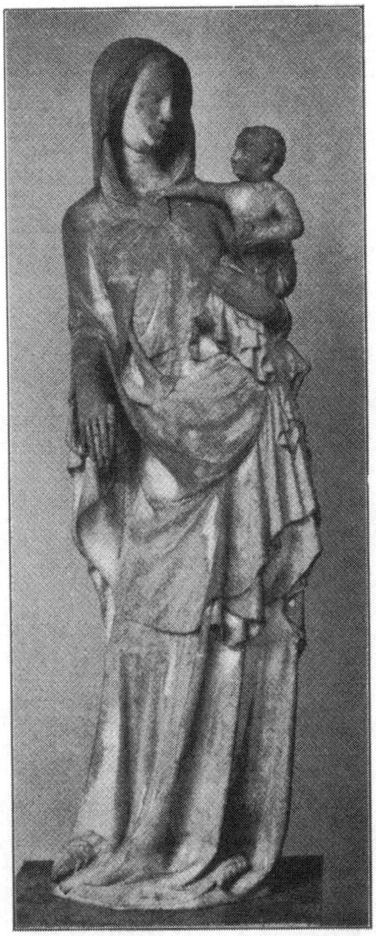

2301

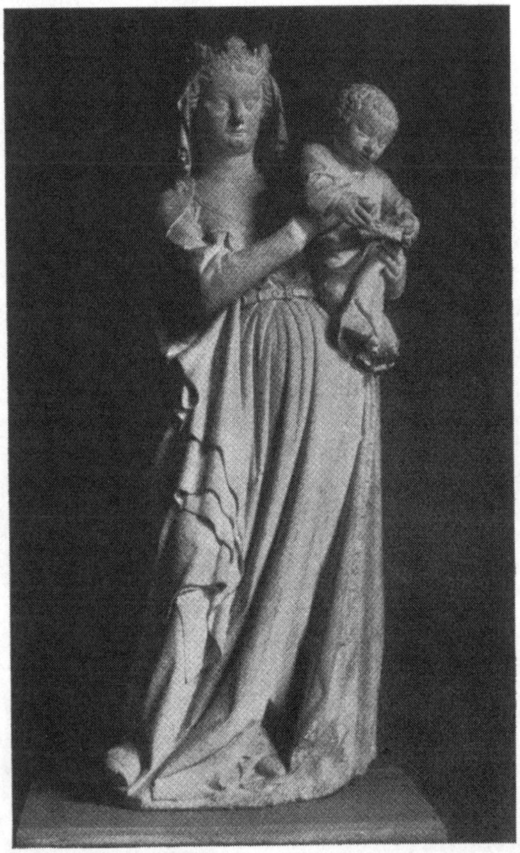

7689

bekleidet, auf ihrem l. Arm sitzt. Es faßt, einen Vogel in der L. haltend, an die vierpaßartige Spange der Mutter, die den (zugleich als Kopfschleier dienenden) Mantel zusammenhält. Die Fußplatte an den Ecken abgeschrägt.

Wandstatue. (Wohl italienischer) Marmor. H. 145. Die Rückseite ausgehöhlt. Aus zwei Blöcken bestehend. Die fehlende Lilienblüte war aus besonderem Stück. — Ohne Bemalung. — Erworben 1896. Geschenk.

Französischer oder flandrischer Meister in Italien um 1320. — Aus Pisa stammend. Von Vöge (Jahrbuch der Preuß. Kunstsammlungen 1908, S. 217 f.) bereits als cisalpine Arbeit erkannt. Außer der von ihm herangezogenen und abgebildeten Marmormadonna der Antwerpener Kathedrale sind als verwandt zu nennen je eine marmorne Madonna im Museum zu Lille (abgebildet von Koechlin in der Gaz. des Beaux Arts 1903 II, S. 338) und im Metropolitan Museum in New York (Bulletin of the Metr. M. Vol. XX, 1925, S. 39 f. mit Abb.). Arbeiten des Stils in Holz sind u. a. zwei Evangelisten im Diözesan-Museum zu Lüttich (Abb. bei Baum in: Clemen, Belg. Kunstdenkmäler, München 1923, Bd. I, Taf. 22). Bode (Kunstwanderer 1923, S. 36 f.) nimmt einen unter franz. Einfluß stehenden Italiener als Verfertiger des Berliner Exemplars an. Middeldorf und Weinberger haben (im »Pantheon« 1928, S. 187) unsere Figur in einen Kreis verwandter, doch etwas geringerer Marmorskulpturen in Carrara und Sarzana eingefügt, die alle durch einen stark französischen Einschlag von der gleichzeitigen toskanischen Skulptur sich unterscheiden und ihrerseits

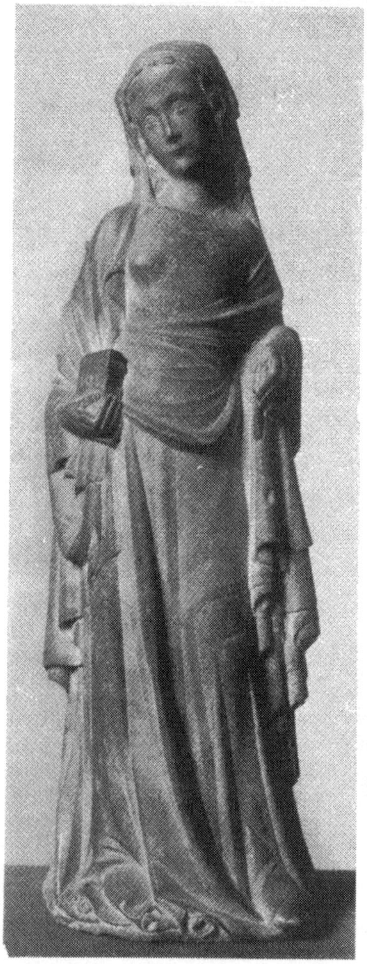

7778

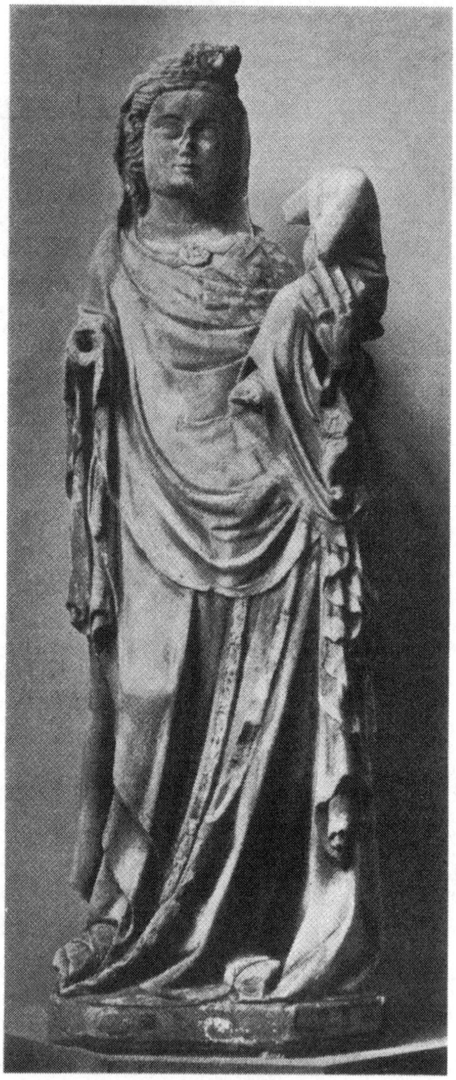

5587

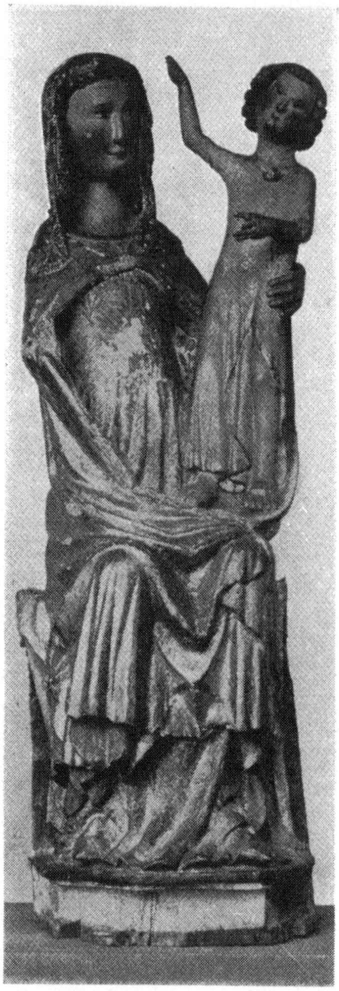

467

auf Bildwerke französischer Herkunft in Massa Marittima eingewirkt haben. Die Frage bleibt offen, ob es sich um eine französische Werkstatt in Carrara handelt, oder ob nur der Hauptmeister (dem unsere Madonna zuzuschreiben wäre) in französischer Schulung groß geworden ist. — Die Fuge zwischen den beiden Blöcken entweder modern oder aus Verwendung zweier Marmorstücke zu erklären.

7778. Weibliche Heilige (Maria aus einer Verkündigungsgruppe?). Stehend, mit ausgebogener r. Hüfte, eingezogener l. Schulter und nach l. geneigtem Kopf, die Arme dicht am Körper und eng in Gewand und Mantel gewickelt; Kopftuch mit gezacktem Rand. Sie hält in der R. ein Buch, in der L. den Stiel einer (verschwundenen) Lilie.

Wandfigur. Kalkstein. H. 77. Rücken flach bearbeitet. Reste alter, erneuerter Bemalung, besonders an Haaren, Halsausschnitt und Säumen. — Erworben 1917 auf der Auktion Georg Schwarz, Berlin. Früher Sammlung Alphonse Cannes, Paris.

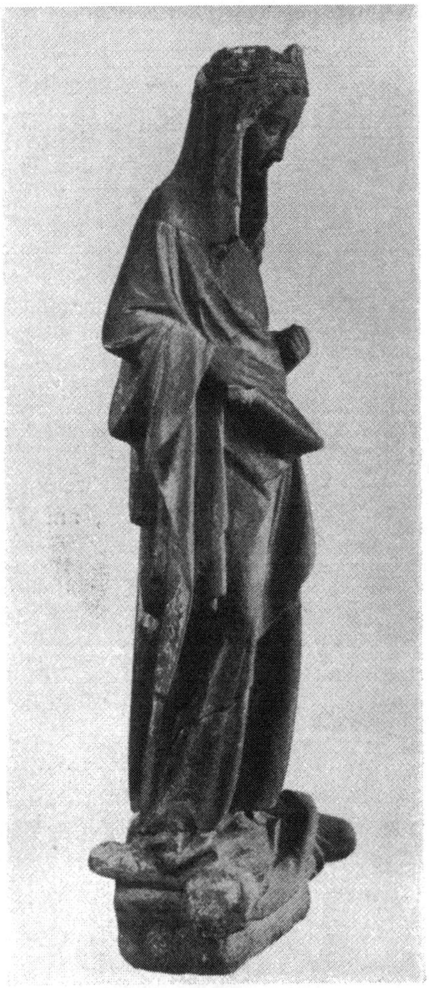

8406

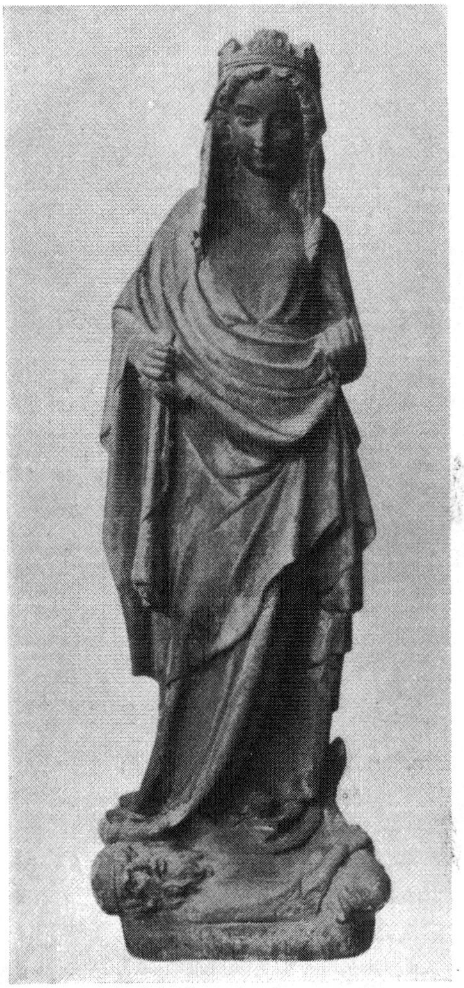

8406

Französisch, 1. Hälfte des 14. Jahrhunderts. — Der Auktions-Katalog (Berlin 1917, Nr. 103, bearbeitet von Fr. Goldschmidt) setzt das Stück in die 2. Hälfte des 14. Jahrhunderts.

5587. Maria mit dem Kinde. Stehend, mit ausgebogener l. Hüfte, den Oberkörper zurückgelehnt und mit der l. Schulter zurückweichend. Der Mantel quer über dem Oberkörper hängend, das Kind halbbekleidet. Das Gewand am Hals mit einer Schließe geschmückt, der Gürtel mit aufgelegten Mustern.

Wandstatue. Kalkstein. Rücken flach bearbeitet. H. 115. Es fehlen: r. Hand mit einem Teil des Armes der Maria, der Kopf und beide Unterarme des Kindes; beschädigt Nase, Krone, l. Hand und Gewand der Maria, die Füße des Kindes. Haar, Krone und Säume zeigen Spuren der alten, z. T. gemusterten Vergoldung. — Erworben 1909 in Straßburg.

Elsässisch, um 1320—30. — Angeblich aus einer elsässischen Kirche bei Maursmünster (Kr. Zabern).

8406. Hl. Katharina. Mit leicht nach vorn geneigtem Haupt auf der Gestalt des Kaisers stehend, in gegürtetem Gewand, Mantel, Kopftuch und Krone. Die R. hält das Schwert, die L. einen Zipfel des herübergenommenen Mantels. Der Kaiser liegt auf dem Rücken, den

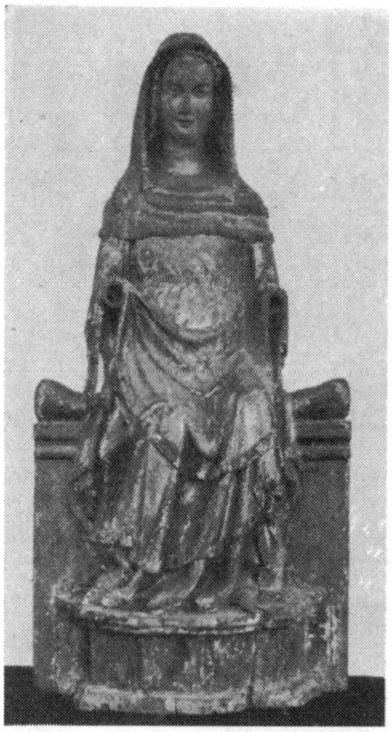

3090

bärtigen, gekrönten Kopf nach vorn gewandt, die Beine gekreuzt, mit der r. Hand den r. Unterschenkel fassend. Unregelmäßig begrenzter Bodenausschnitt. Abb. S. 33.

Wandfigur. Sandstein. H. 97. Rückseite flach bearbeitet. Die Krone für sich gearbeitet und um einen Wulst gelegt, der mit der Figur aus einem Stück genommen ist; im Material mit dem Übrigen übereinstimmend, ist sie, falls nicht überhaupt original, wenig später wieder hinzugefügt worden. — Die Figur war oberhalb des Kaisers durchgebrochen und ist neu zusammengefügt. Die Endigung des Schwertgriffs mit dem zugehörigen Daumen und Zeigefinger neu. Es fehlt die Klinge des Schwertes; die Parierstange bestoßen, ebenso beide Füße und einige Kronenzacken. An zwei ausschleifenden Faltenzügen vorn am Boden je ein Stück ausgebrochen, ebenso an einer Stelle des Mantels auf dem Rücken. Die Figur des Kaisers am r. Ellbogen, am r. Knie und an der Nasenspitze etwas beschädigt; ihr l. Unterarm fehlt. — Mit Resten von Bemalung in mehreren Schichten; zu unterst am Gewand ein vielleicht altes Rot, am Mantel ein späteres Blau. — Erworben 1927 in Berlin.

Französisch um 1330—40.

2. Süddeutsche Arbeiten

467. Thronende Maria mit dem Kinde (Vöge 43). Das Kind steht in schräg geschlitztem Röckchen auf ihrem l. Knie und breitet die Arme aus, um die Mutter zu umfangen, doch sein Kopf ist nach vorn gewendet. Maria mit Kopftuch, schmalem Stirnband und vorn geknüpftem Mantel. Das Kopftuch mit gekräuseltem Doppelsaum. Das Fußbrett unregelmäßig abgeschrägt. Abb. S. 32.

Wandgruppe. Lindenholz. H. 126. — Die Rückseite glatt, der Thron ausgehöhlt. Der Unterarm des Kindes aus besonderen Stücken; die Perlen des Stirnbandes einzeln eingestiftet. — Vergoldung (der blaugefütterte Mantel, Musterung und Saum des Kinderkleides) und Bemalung aus späterer Zeit. Das rotbraune, weiß gestreifte Kopftuch war wie Schuhe und Rocksaum früher silbern; weißes Gewand, mit roten und blauen Blumen bemalt und schwarzer Strichelung. Mantel, Kopftuch, Kinderkleid mit Leinenüberzug; Mantelränder z. T. aus der doppelt genommenen Leinwand geformt. — Erworben 1887. Geschenk des Herrn Anton Henoch in Berlin.

Süddeutsch, Anfang des 14. Jahrhunderts.

3090. Thronende Maria (Vöge 47). Etwas nach r. gewendet, sitzt sie lächelnd auf einer kissenbelegten Thronbank. Der Mantel ist über den r. Unterarm geschlagen, das Kopftuch mit gewellten Säumen wie ein Kragen um die Schultern gelegt. Wahrscheinlich stand das Kind auf ihrem l. Knie. An den Ecken abgeschrägtes Fußbrett.

Wandstatue. Pappelholz. H. 120. Die Rückseite ausgehöhlt. Kopf und Hals aus besonderem Stück; desgleichen die (fehlenden) Hände. — Mit einigen kleinen Bestoßungen am Kopftuch und etwas größeren am Fußbrett. — Über der alten Vergoldung spätere Übermalung in Rot und Blau. Leinenüberzug; gepreßte Bordüren mit eingesetzten farbigen Glasstücken. — Erworben 1902 in Freiburg (Baden). Geschenk eines Ungenannten.

Schwäbisch, um 1320—30. Aus Oberschwaben stammend. Verwandt, aber wohl etwas später die Maria aus Mauren (O.-A. Böblingen) im Stuttgarter Museum (Kat. von Baum 1917, S. 103) und eine

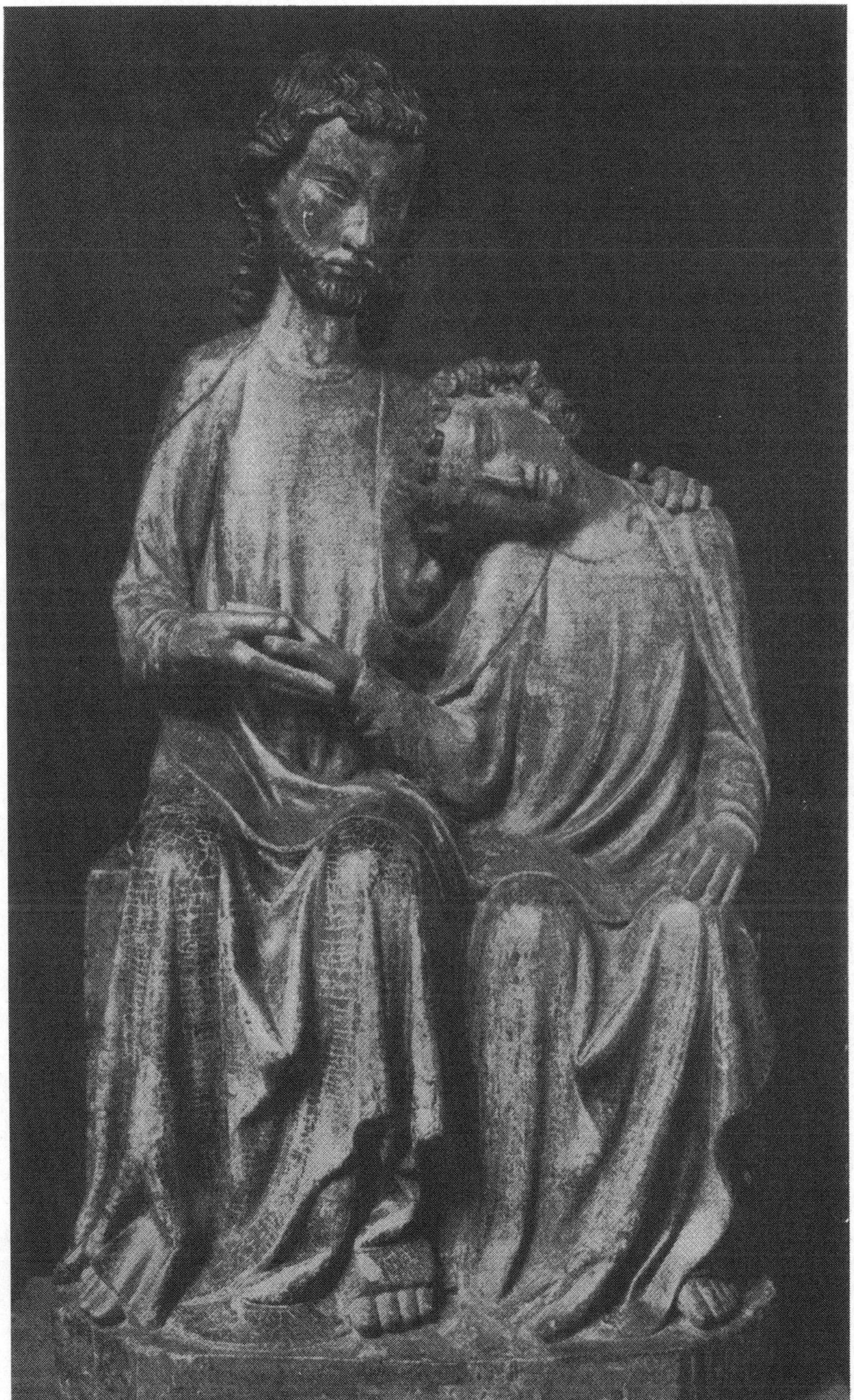

7950 S. 36

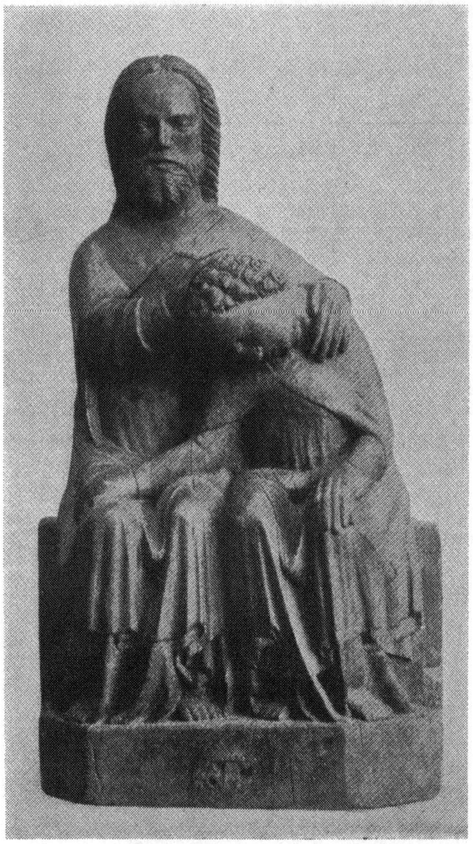

7724

weitere der ehem. Slg. Leinhaas (Aukt.-Kat. Helbing 1908, Nr. 3, Taf. I) aus Schwäbisch-Gmünd. Die von Baum herangezogene Maria der ehem. Slg. Roettgen-Bonn (Katalog Nr. 70, Taf. 5) dagegen wohl eher kölnisch. Vgl. Verres im »Pantheon« (1928), S. 361.

7724. Jesus und Johannes. Jesus sitzt aufrecht, frontal, der (kleinere) Johannes sitzt neben ihm und ist mit dem Haupt an die Brust des Herrn gesunken, der seine Hände auf Kopf und Schulter des Jüngers ruhen läßt.

Wandgruppe. Lindenholz. H. 88,5. Rücken ausgehöhlt. Bemalung im 19. Jahrhundert getilgt. — Erworben 1916 aus Privatbesitz in Schwäbisch-Gmünd.

Schwäbisch, 14. Jahrhundert. — Aus Hüttlingen O.-A. Aalen stammend. Vgl. die Angaben bei 7950. Enger verwandt mit der Gruppe aus Sulzdorf (ebenfalls O.-A. Aalen) im Stuttgarter Schloßmuseum; s. über letztere Baum im Stuttg. Katal. Nr. 29. Unter den von Volbach (Amtl. Ber. 40 (1918), S. 9 ff.) herangezogenen Stücken ist näher die Madonna aus Mauren (O.-A. Böblingen) verwandt (Stuttg. Katal. Nr. 51). Genauere Datierung schwierig, da das Stück einen etwas rückständigen Eindruck macht. Es ist nicht identisch mit dem im Württ. Denkmälerwerk (Jagstkreis) S. 24 genannten.

7950. Jesus und Johannes. Christus sitzt frontal, den Kopf leicht zu dem an seiner Seite sitzenden, kleineren Johannes geneigt, der sein Haupt an Christi Brust legt. Dessen l. Hand ruht auf der l. Schulter des Johannes; sie legen ihre r. Hande zu leiser Berührung in einander. Abb. S. 35.

Wandgruppe. Eichenholz. H. 89, Br. 45. Rücken hohl. Mit alter Bemalung und Vergoldung, die teilweise abgerieben ist, so daß dort der Kreidegrund zutage liegt. Einzelne kleine Bestoßungen lassen Leinwandüberzug darunter erkennen. Gewänder und Außenseiten der Mäntel golden, Mantelinneres rot, Haar Christi dunkel-, das des Johannes hellbraun. Grüne Farbreste an den Kleidern deuten auf eine Neubemalung in älterer Zeit. Moderne Erneuerungen in Rot am Sockel und am Mantelinnern beider Gestalten. — Erworben 1920 aus dem Waisenhaus Nazareth bei Sigmaringen, dessen Vorstand die Gruppe einige Jahre zuvor in der weiteren Umgebung gekauft hatte. In Sigmaringen von vielfacher Übermalung gereinigt.

Oberschwäbisch, Anfang 14. Jahrh. — Vgl. Baum im Stuttg. Katalog 1917, S. 23 ff. und 81 ff., sowie ders. in Gotische Bildwerke Schwabens (1921) S. 54 ff.; Demmler in Kunst und Künstler (1921) S. 203 ff.; Volbach in den Amtl. Berichten 40 (1918) S. 11; Verres ebda 46 (1925), S. 10 ff. Futterer im »Schwäbischen Museum« 1928, S. 1 ff. Verres im »Pantheon« Juli 1928. Vgl. auch Nr. 3140, 7724, 2020. — Ilse Futterer hat a. a. O. den Nachweis unternommen, daß die heute in Antwerpener Privatbesitz befindliche Jesus-Johannes-Gruppe von einem Meister Heinrich von Konstanz für das Dominikanerinnenkloster Katharinenthal (zwischen Konstanz und Schaffhausen) geschaffen sei, und daß sie als Urbild des einen Typus dieses Gnadenbildes zu gelten habe; [den anderen, archaischeren Typ vertritt vor allem das aus Schülzburg stammende Exemplar, früher in der Berliner Sammlung B. Oppenheim, heute bei A. S. Drey in München]. Die Gruppe unseres Museums gehört dann zu den Abwandlungen des Typus I. — Auch wenn man den Beweis für die Herkunft der Antwerpener Skulptur

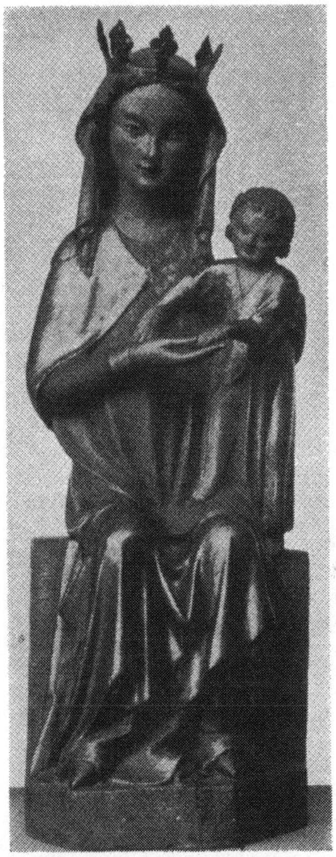
2020

vom Bodensee als gelungen ansieht, muß der 2. These widersprochen werden. I. Futterer verkennt, daß die Sigmaringer Gruppe niemals als eine vereinfachende Abschrift der Antwerpener erklärt werden kann — sie setzt vielmehr einen anderen geistigen Mutterboden voraus. Die dargestellten Typen mystischer Frömmigkeit sind grundverschieden; dies zu zeigen, war der Zweck meiner Studie vom Jahre 1921, die ich in allem Wesentlichen heute noch vertrete. Es ist nicht möglich, »Sigmaringen« aus »Antwerpen« abzuleiten; die allen Beobachtern auffallende Ähnlichkeit der Grundkonzeption muß auf ein gemeinsames Vorbild zurückgehen. Es ist mir keineswegs sicher, daß »Antwerpen« älter sein muß; wohl aber ist es sicher, daß die sinnliche und die herbe, rein religiös orientierte Strömung in der Mystik jener Tage nebeneinander hergehen. Der Künstler, der das Ideal der letzteren so rein zu gestalten wußte, wie dies in dem Berliner Werk geschehen ist, besitzt mindestens dasselbe Maß schöpferischer Fähigkeit wie der andere, dem unter dem Eindruck der französischen Kunst das lebenswarme, der »Welt« und ihren Empfindungen näherstehende Gnadenbild gelang. Die Möglichkeit, daß es sich um zwei Arbeiten desselben Künstlers aus verschiedenen Zeiten handelt (so Verres an der zuletzt genannten Stelle), möchte ich nicht ganz ausschließen.

2020. Thronende Maria mit dem Kinde (Vöge 42). In Krone, Kopfschleier und vorn genesteltem Mantel; dem Kinde, das vom Thron auf ihren l. Schenkel klettert, die Rechte hinhaltend. Es trägt ein vorn geschlitztes Röckchen. Das Fußbrett abgeschrägt.

Wandgruppe. Lindenholz. H. 84. Rückseite ausgehöhlt. Ein Stück von der r. Schulter bis zum Ellenbogen angesetzt. An der vielleicht alten Krone fehlen zwei Zacken. — Vergoldung und Bemalung erneuert. Der goldene Mantel blau-, der goldene Kinderrock rotgefüttert; das rote Kleid der Maria mit schwarzen Punkten; der gelbe Thron mit brauner Strichelung. — Erworben 1893 in München. Geschenk des Herrn Arthur Gwinner in Berlin.

Oberschwäbisch (Bodensee), um 1320. — Eng verwandt mit den frühen Jesus-Johannes-Gruppen; vgl. Verres in den Amtl. Berichten 46 (1925), S. 10 ff.

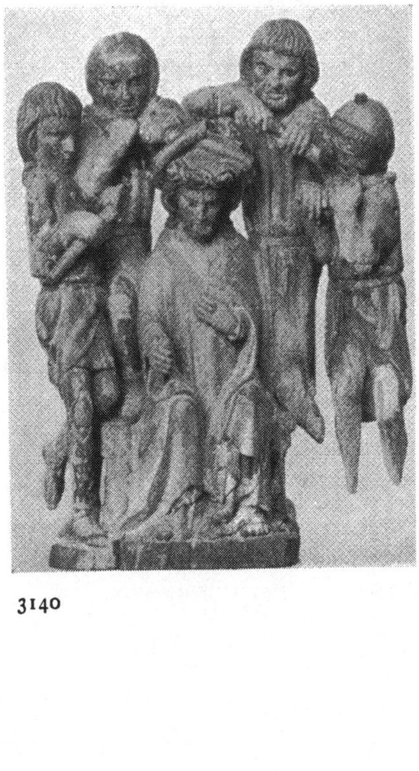
3140

3140. Dornenkrönung Christi (Vöge 79). Das (abgebrochene) Szepter in der Rechten, die Linke vor der Brust, sitzt Christus auf dem Thron in langem Gewand und vorn genesteltem Mantel. Vier Schergen in Beinlingen und halblangen (z. T. aufgeschürzten) Röcken drücken mit überkreuz gelegten Knütteln die Dornenkrone in seine Stirn.

Hochrelief. Eichenholz. H. 62, Br. 43, Tiefe 14. Rückseite ausgehöhlt. Rechts unten beschädigt, die Knüttel zerbrochen. — Mit Resten von erneuerter Bemalung. — Erworben 1900 in Konstanz.

Oberschwäbisch, frühes 14. Jahrhundert. — Von einem der frühen Schnitzaltäre, die in Süddeutschland nur in Bruchstücken erhalten sind. Unser Stück gehört mit mehrerer erhaltenen, die sich nach dem Bodensee lokalisieren lassen, eng zusammen. Vgl. die Artikel in den Amtl. Berichten der Staatl. Museen: Baum in Jahrg. 42 (1921) 59ff. dann E. Simon und R. Verres in Jahrg. 46 (1925) S. 9 und S. 10.

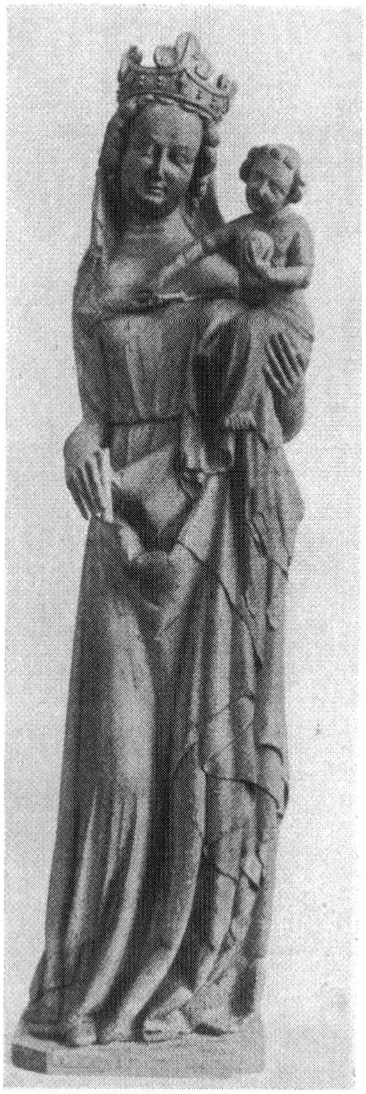

7723

7723. Maria mit dem Kinde. Stehend, in Gewand, Mantel, der auf der Brust durch eine Kette zusammengehalten wird, Kopftuch und Krone. In ihrer Rechten der Rest eines Szepters. Das Kind mit nacktem Oberkörper, auf ihrem l. Arm sitzend. Es hält in der Linken eine Kugel und greift mit der Rechten in die Kette. Vierseitige, an den vorderen Ecken abgeschrägte Standplatte.

Wandfigur. Lindenholz. H. 150. — Rückseite hohl. Der r. Unterarm der Mutter und der l. des Kindes angestückt, für sich gearbeitet auch die Krone. Einige Teile des Mantels der Mutter und die Zehen am l. Fuß des Kindes ergänzt, ebenso der hintere Teil der Standplatte. — Abgelaugt. — Erworben 1916 aus der Sammlung Harsch in Schwäb.-Gmünd als Geschenk der Bode-Stiftung.

Schwäbisch, um 1320. Aus der Klosterkirche zu Kirchheim im Ries (s. Baum im Stuttg. Kat. 1917, S. 355; die Datierung auf ca. 1340, Baum, Got. Bildw. Schwabens 1921, Nr. 30, wohl zu spät). — Nach Volbach (Amtl. Ber. 40, 1918, Sp. 5 ff.) wären die Steinfiguren einer Madonna in Tüngental, O.-A. Hall, und des hl. Michael in Hall (beide abgeb. im Stuttg. Kat. S. 10) verwandt. Die Krone und die rechte Hand der Maria sind nicht, wie dort angegeben, ergänzt. — Vgl. Bode im »Kunstwanderer« 1923, S. 36f. — Die von Weise vorgeschlagene Zusammenstellung der Statue mit der Plastik des Bethlehem-Portals in Huy (Mittelalterl. Bildwerke des Kaiser-Friedrich-Museums, Reutlingen 1924, S. 115 f.) ist nicht überzeugend. Die Augen vor allem sind bei dem Berliner Stück weit geöffnet, die Augenlider nicht gesenkt; die sonst angeführten Übereinstimmungen vielen Werken der Zeit gemeinsam.

8023. Maria mit dem Kinde, auf kissenbelegter Bank sitzend, den Kopf leicht nach r. gewandt und über das Kind hinwegblickend, in gegürtetem Gewand, Mantel mit Brustriemen u. Kopftuch, auf dem eine Krone sitzt. Das mit einem Hemdchen bekleidete Kind auf ihrem l. Oberschenkel, von ihrer L. an seiner l. Schulter gehalten, während ihre R. unter sein Füßchen geschoben ist; des Kindes Oberkörper und Kopf zur Mutter gedreht; es faßt in ihr Kopftuch unterhalb ihres Halses.

Wandgruppe. Eichenholz. H. 53, Br. 30. — Rücken flach, die Bank am Rücken ausgehöhlt. Es fehlt der Daumen der r. Hand Mariae. Der Sockel ist in der Mitte unten durchbohrt; eine Bohrung auf dem Kopfe Mariae. — Mit jetzt zutage liegendem Kreidegrund, auf dem Reste der alten Fassung; Kopftuch, Krone und Äußeres des Mantels der Maria sowie das Hemdchen des Kindes waren golden, das Inkarnat im Gesichte der Mutter erneuert; Reste wohl späterer Bemalung (blaugrün und rot) am Gürtel. — Erworben 1918 (Sammlung J. Simon).

Südwestdeutsch, 1. Hälfte 14. Jahrhundert. In den Amtl. Berichten 41 (1920) S. 209 ist als Beispiel für den französischen Typus, der dieser Nr. zugrunde liegt, die Madonna aus der Slg. Bossy genannt (jetzt im Louvre, Kat. von 1922, Nr. 143, Abb. Tafel IX). Das Gewand ist ihm gegenüber

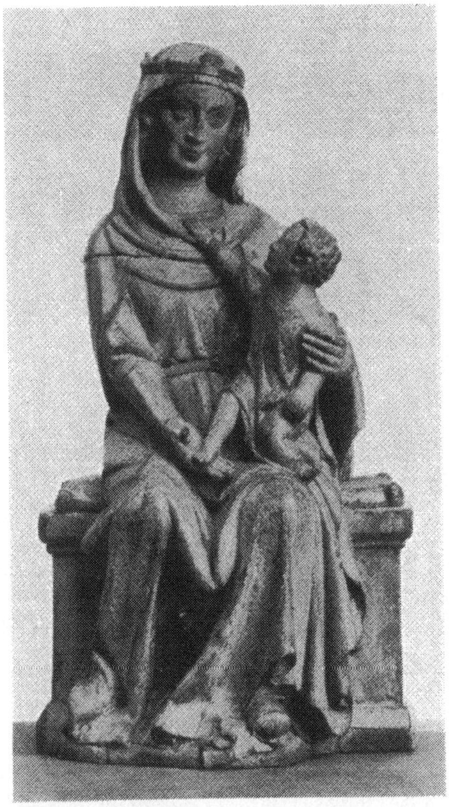

8023

einfacher und schwerer, die Figur in Haltung und Ausdruck bürgerlicher geworden. Genauere Lokalisierung im südwestlichen Deutschland zurzeit noch nicht möglich.

5935. Maria mit dem Kinde. Stehend, mit ausgebogener r. Hüfte, das bekleidete Kind auf dem r. Arm, in der erhobenen L. eine Kugel. Maria trägt über dem Gewand einen Mantel, der auf der Brust durch eine glasflußgeschmückte Schließe zusammengehalten wird, sowie ein Kopftuch.

Statuette. Lindenholz. H. 63. Vollrund. Erneuerte alte Fassung. Kopf oben abgeplattet. Es fehlt der l. Unterarm des Kindes. — Erworben 1909 in München.

Süddeutsch, 1. Hälfte 14. Jahrhundert.

1893. 1894. Zwei hl. Könige, aus einer Gruppe der Anbetung (Vöge 44, 45). Der eine (1893) in leicht geschwungener Haltung, das bärtige Haupt nach links emporwendend, hält in der L. den Fuß eines Gefäßes. Der lange Überwurf mit Kapuze, der schräg gerafft ist, ist links bis zur Achsel geschlitzt; die Füße beschuht. Der andere (1894) mit leicht vorgestelltem l. Fuß, bartlos, das Haupt gekrönt, blickt ebenfalls nach r. empor; in der L. ein Horn, in der R. die Handschuhe. Kapuze u. Schuhe wie bei 1893. Abb. S. 40.

Wandstatuen. Sandstein. H. 170 und 172. – Rückseiten kaum bearbeitet, der Block zwischen den Füßen belassen. Bemalung im 19. Jahrhundert überstrichen. Bei 1893 fehlen l. Unterarm und Oberteil des Gefäßes; beide waren wohl schon ursprünglich angestückt. Im Fuß des Gefäßes Bohrung für einen Dübel. Bei 1894 waren die l. Hand und ein Stück der Plinthe abgebrochen; es fehlt die l. Fußspitze. — Erworben 1891 in Würzburg.

Fränkisch, gegen die Mitte des 14. Jahrhunderts. — Angeblich aus Zell bei Würzburg, wo sich ein Prämonstratenser-Kloster (Oberzell) und ein Nonnenkloster desselben Ordens (Unterzell) befanden; vgl. Nr. 2422 S. 21. Die Aufstellung vermutlich an einzelnen Pfeilern, wie öfters in dieser Gegend (Würzburg, Ochsenfurt, Nürnberg).

7911. Maria mit dem Kinde, stehend, mit ausgebogener l. Hüfte, über der sie das halbbekleidete Kind in Schulterhöhe trägt, und etwas zurückgenommenem Oberkörper. In der an den Körper gehaltenen R. ein Rosenblütenzweig. Sie ist bekleidet mit Gewand, Mantel u. Kopftuch, auf dem ein Kronreif sitzt. Abb. S. 40.

Wandstatue. Sandstein. H. 101. Rücken flach. Die Oberfläche verwittert, Unterpartie und Sockel mehrfach bestoßen. Geringe Reste wohl späterer Bemalung. — Erworben 1919 in Frankfurt a. M. Geschenk eines Ungenannten.

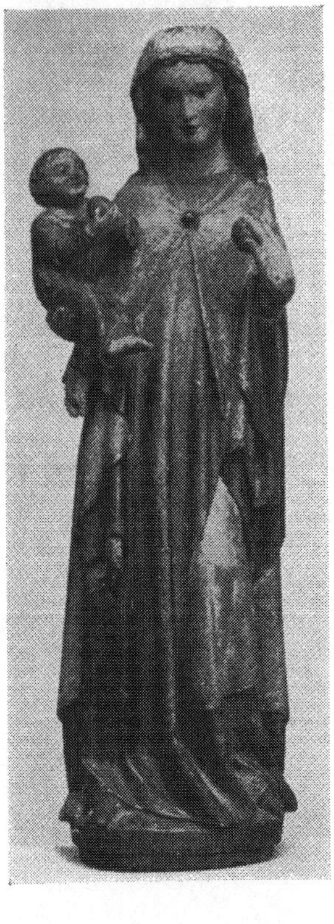

5935

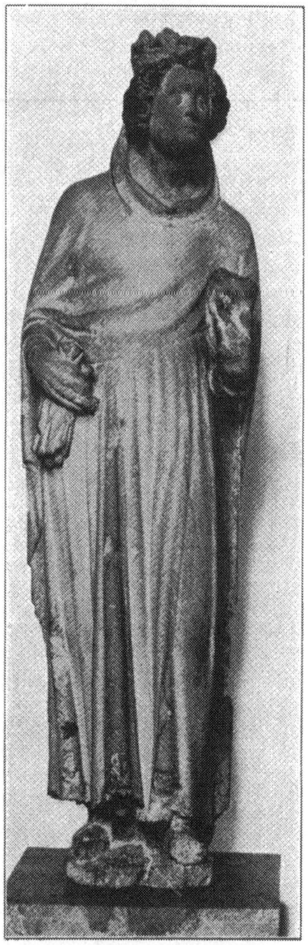

1894 S. 39

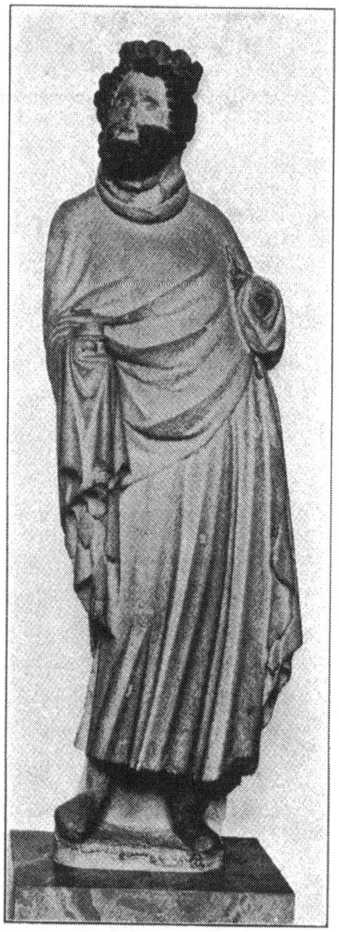

1893 S. 39

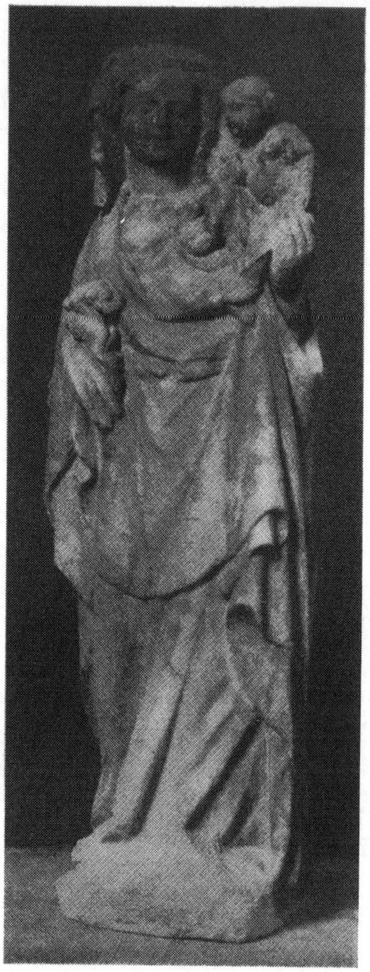

7911 S. 39

Fränkisch, um 1330—40. — Die Statue wurde 1917 in Berlin im Anschluß an die Sammlung Georg Schwarz versteigert. Der Katalog (von Fritz Goldschmidt, bei Cassirer-Helbing) nennt sie »mittelrheinisch«. Sie ordnet sich aber zwanglos in eine fränkische Gruppe ein, als deren frühestes Beispiel man die Bildwerke an der Nordpforte von S. Sebald bezeichnen kann (vgl. Höhn, Nürnberger Gothische Plastik 1922, Tafel 1—4, 26, 27. Bier, Nürnbergisch-fränkische Bildnerkunst, 1922, Tafel 24, 26, 31). Etwa gleichzeitig mit unserem Stück eine Madonna im Fränk. Luitpold-Museum, Würzburg, bei welcher Knapp im Münchner Jahrbuch Bd. X (1916) S. 114 bereits an die Brauttür von S. Sebald erinnert.

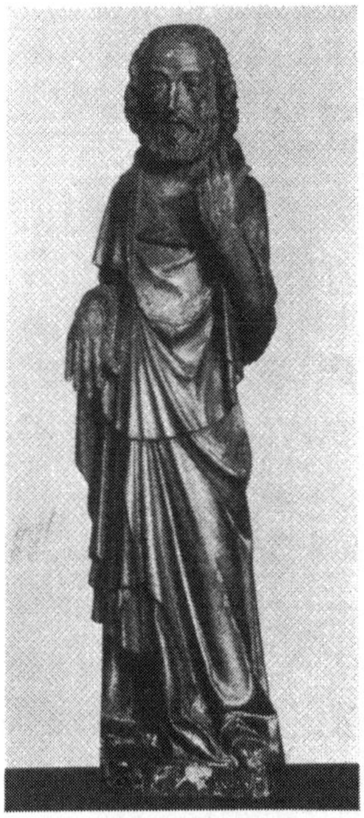

K 6960

3. Niederrhein und Norddeutschland

K. 6960. Der Apostel Andreas. Stehend, auf unregelmäßig polygonaler Standplatte. Die r. Hand abwärts, die l. aufwärts gehalten, so, daß ein Andreaskreuz als ursprüngliches Attribut angenommen werden muß.

Statuette. Nußbaumholz. H. 57,5. Rückseite flach behandelt. Die r. Hand wieder angefügt. Die Standplatte mit drei älteren Bohrungen (je eine unten, in der Mitte und an zwei Seiten). — Ursprüngliche Vergoldung am Gewand und am Mantel (am Rücken nur der Kreidegrund). Im übrigen erneuerte Bemalung: Inkarnat, dunkelbraunrotes Mantelfutter, grüne, an den Seiten rote Standplatte; die Vergoldung des Haares neu. —. Kunstkammer. Erworben 1865 aus der Kölner Sammlung Essingh. 1926 aus dem Schloßmuseum (Kunstgewerbemuseum) überwiesen.

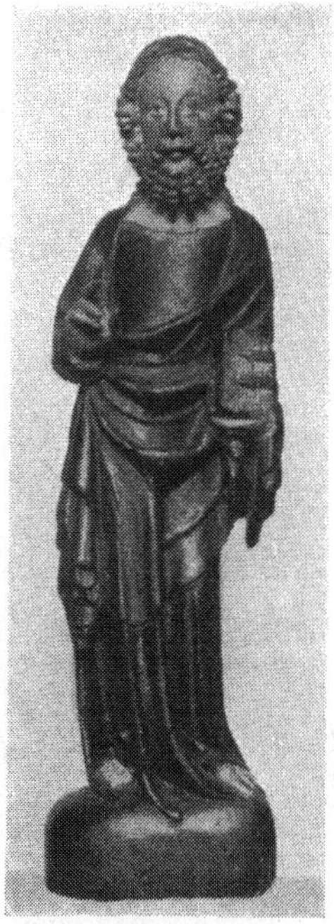

3038

Kölnisch um 1330/40. Offenbar aus einem Schnitzaltar in der Art des St. Ursula-Altars in Marienstatt (Abb. Lübbecke, die got. Kölner Plastik, Straßb. 1910 Tafel 4 u. 5), des Klarenaltars im Kölner Dom (B. Hertel, die Bildwerke des Kölner Doms I, Berlin 1923 Taf. 36 ff.) etc. Von diesem Altar scheint nichts weiter erhalten.

3038. Stehender Apostel (Vöge 81). Bärtig, mit tief auf den Rücken herabfallendem Lockenhaar; in Gewand u. Mantel, ein Buch in der Linken, die Rechte erhoben.

Freistatuette. Eichenholz. H. 49. Am abgeflachten Hinterkopf ein Holzpflock (für einen Nimbus). Fünf Bohrungen am Kopfe (eine davon wieder ausgefüllt). Ergänzt die Nase, die r. Hand. — Bemalung und Vergoldung aufgefrischt. — Erworben 1906. Geschenk eines Ungenannten.

Kölnisch um 1330—1340. — Von Vöge als Christus angesprochen, jedoch wohl eher Apostel u. später zu einem Christus umgearbeitet (Hand mit Segensgestus, Abflachung des Kopfes u. Anbringung eines Nimbus); von einem andern, ebenfalls nicht ursprünglichen Nimbus die Bohrlöcher. Anscheinend aus einem Schnitzaltar mit den 12 Aposteln (vgl. die Altäre in Marienstatt und St. Aposteln in Köln).

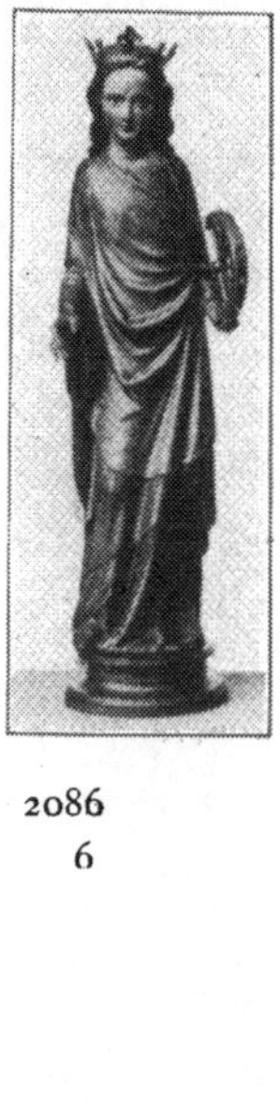

2086

2086. Weibliche Heilige, als Katharina ergänzt (Vöge 72). Gekrönt, in Gewand und Mantel; die Rechte hielt wohl das Schwert.

Statuette. Nußbaumholz. H. 80,5. — Die Rückseite bearbeitet. Die rechte, ergänzte Hand und der obere, ergänzter, Teil des Rades jetzt entfernt. — Alte Vergoldung und Bemalung freigelegt: Gewand mit braun und rotem Rankenmuster auf z. T. gepreßtem Goldgrund; Mantel golden mit blauem Futter. — Kunstkammer. 1893 vom Kunstgewerbemuseum überwiesen.

Kölnisch um 1330.

2019. Maria mit dem Kinde (Vöge 71). Sie sitzt in Mantel und gegürtetem Gewande auf einem Thron mit Kissen, dem auf ihr l. Knie tretenden Kinde einen Apfel hinhaltend. Der Mantel breitet sich r. über das Kissen aus;

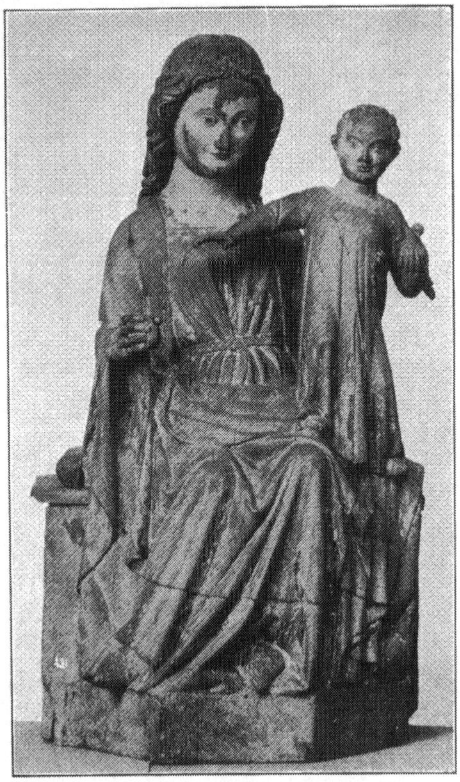

2019

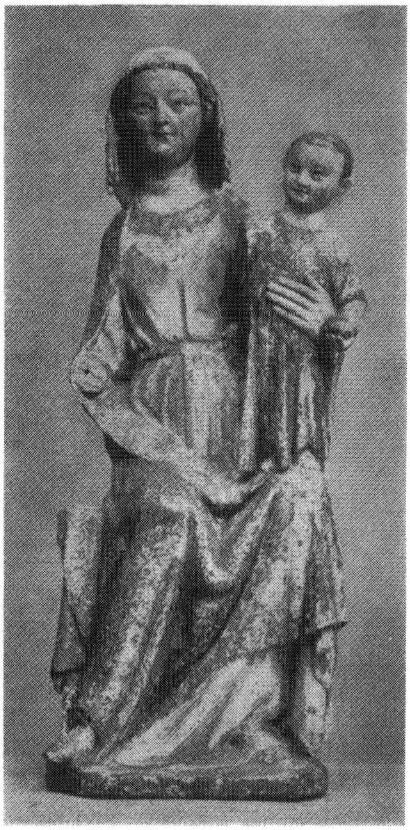

8012

das Kind im Hemd und vorn geschlitztem Röckchen, die Madonna ursprünglich mit einer Krone.

Freigruppe. Lindenholz. H. 89,5. Br. 52, 5. Der Thron mit Ausnahme des aus dem Achteck genommenen Sockels für sich gearbeitet und aus Brettern zusammengefügt. Die r. Hand mit dem Apfel aus besonderem Stück. Auf dem Kopf Marias ursprünglich eine Bohrung. Ergänzt die Arme des Kindes (mit Ausnahme des l. Oberarms). Mit Resten alter Vergoldung und Bemalung. Vergoldet die Haare, die Gewänder, der Mantel; das Futter blau; l. am Mantel Spuren einer gepreßten Bordüre; Thron braun gemustert. — Erworben 1893 in München. Geschenk des Herrn Martin Heckscher.

Kölnisch, 2. Viertel des 14. Jahrhunderts — Verwandte Gruppen finden sich ziemlich häufig in den rheinischen Kirchen und als rheinische Werke in den Museen; die meisten zusammengestellt im Stuttgarter Katalog 1917, S. 77 ff., unter Nachweis früherer Zusammenstellungen. — Ursprünglich französ. Typus, von Frankreich namentlich in Köln übernommen, aber auch in Belgien und in verschiedenen deutschen Landschaften. Zu vergleichen in unserer Sammlung 2020 (S. 37). Das Apfelmotiv ist selten bei Madonnen dieses Typs, gewöhnlich halten sie ein Szepter.

8012. Maria mit dem Kinde; aufgerichtet auf einer Bank sitzend, geradeaus blickend, in gegürtetem Gewand, Mantel und Kopftuch, auf dem ehemals eine Krone saß, wie der Wulst erkennen läßt. Das Gewand am Halse mit einer Borte besetzt, der Mantel auf den Schultern liegend und l. um den Unterarm herum quer über den Schoß geführt. Auf ihrem l. Oberschenkel das Kind, stehend, mit einem Hemdchen bekleidet, in der L. einen Apfel.

Wandgruppe. Nußbaumholz. H. 66. Es fehlen der r. Unterarm Mariae (ehemals wohl mit Szepter) u. der r. Arm des Kindes. Mit Resten alter Fassung (Inkarnat, das etwas übergangen ist, und Vergoldungsspuren am Gewand), die im übrigen erneuert ist (der Mantel außen rot, innen blau, das Kopftuch weiß, das Hemdchen des Kindes blaugrün). — Erworben 1918 (Sammlung J. Simon).

Kölnisch, 2. Viertel des 14. Jahrhunderts. — In den Amtl. Berichten 41 (1920) S. 208 als französisch 14. Jahrh. angesprochen; vgl. jedoch Kölnische Büstenreliquiare, u. a. in St. Kunibert-Köln (Abb. Lübbecke, Die got. Kölner Plastik, Straßburg 1910 Taf. VIII).

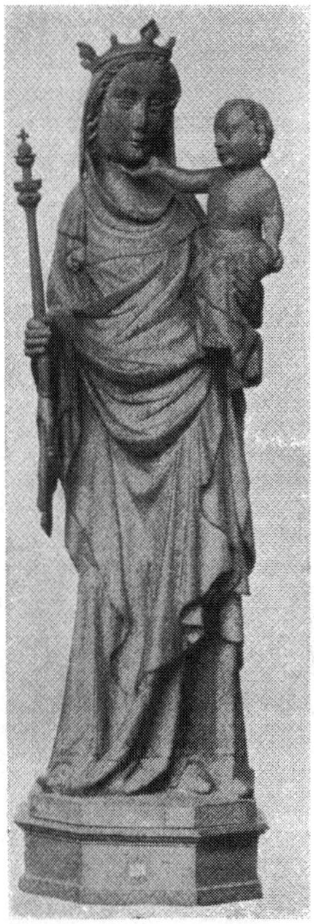

373

373. Maria mit dem Kinde (Vöge 69). Stehend, mit Krone, Kopfschleier und Mantel, das Szepter in der Rechten, wendet sie sich dem halbbekleideten Kinde auf ihrem l. Arm zu. Dieses streichelt ihr das Kinn, eine Frucht in der Linken haltend.

Wandstatuette, Eichenholz. H. 83. Rückseite summarisch bearbeitet. Ergänzt die r. Hand mit dem Szepter, die Krone und ein Stückchen des Mantels unterhalb der R. Die Fußpartie und die achtseitige Standplatte aus besonderem Stück (wohl ebenfalls hinzuergänzt). Mit Spuren alter Bemalung (Schurz des Kindes, Mantel, Kopfschleier), bei deren Entfernung die Oberfläche in Mitleidenschaft gezogen wurde. — Kunstkammer.

Niederrheinisch (Kölnisch?) um 1340. — Laut ehemaligem Vermerk auf dem Kopfe aus Köln stammend.

5586. Thronende Maria mit dem Kinde. Auf kissenbelegter Thronbank. In Gewand, Mantel, Kopftuch und Krone. In ihrer R. ein abgebrochener Stiel (wohl von einer Lilie). Das Kind, ganz bekleidet mit einem Röckchen, steht auf ihrem l. Oberschenkel und will mit dem l. Bein vorwärtsschreiten. Seine Linke hält einen Apfel. Die Gesichter von Mutter und Kind nach r. seitwärts gewandt. Niedrige Standfläche. Abb. S. 44.

Hochrelief ohne Grund. Eichenholz. H. 57. Br. 28,5. Rückseite glatt. Einige kleinere Bestoßungen (an der Krone usw.). Auf moderner Sockelplatte. — Reste späterer Bemalung. — Erworben 1909 in Köln.

Niederrheinisch-Kölnisch um 1340.

8035. Maria mit dem Kinde (»vierge ouvrante«). In aufrechter frontaler Haltung thronend, auf dem l. Knie das mit einem Hemdchen bekleidete, segnende Kind, ebenfalls in frontaler Haltung, stehend, in der R. der Mutter ehemals ein Szepter. Sie trägt Kopftuch mit Krone, gegürtetes Gewand und Mantel. — Die Statue ist im unteren Teil vorn auseinanderzuklappen nach Art eines Triptychons. Die Innenseiten der Flügel sind bemalt mit den Figuren der Verkündigung, l. der Engel mit Spruchband: ave Maria, rechts die Madonna mit Kopftuch und Buch. Das Mittelstück zeigt oben den unteren Teil einer Kugel, die wohl die Sonne darstellt; unten befand sich die plastische Figur Christi, die jetzt fehlt. Erhalten der auf die Rückwand aufgemalte große Kreuznimbus. Abb. S. 44.

Wandstatue. Pappelholz. H. 110. Rücken flach. Die gesamte Fassung überstrichen, die Farben der Malerei richtig erneuert. Die Krone anscheinend ohne Reste alter Fassung, der Mantel war außen vergoldet. Im Inneren zeigt die Sonne alte Vergoldung; der Engel olivgrünes Gewand und roten (innen gelben) Mantel, die Maria rotes Gewand, olivgrünen Mantel, weißes Kopftuch, der Nimbus ist rot gerändert, die Kreuzbalken grün, die Zwischenräume zu Dreipässen gestaltet. Der übrige Teil des Mittelstücks trägt jetzt schwarze Farbe auf dem bloßen Kreidegrund, mit Ausnahme des Mittel-

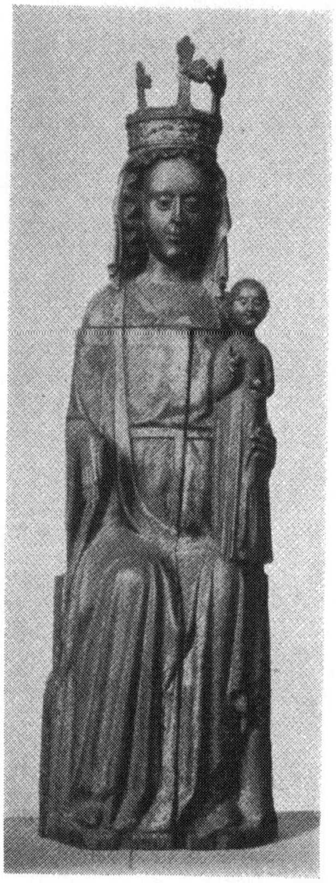

8035 S. 43

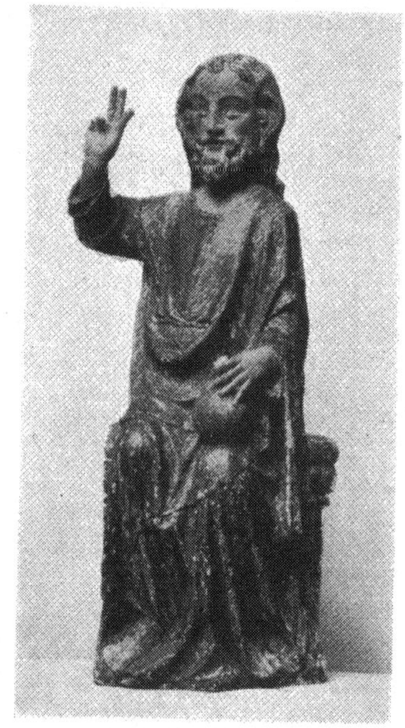

7019

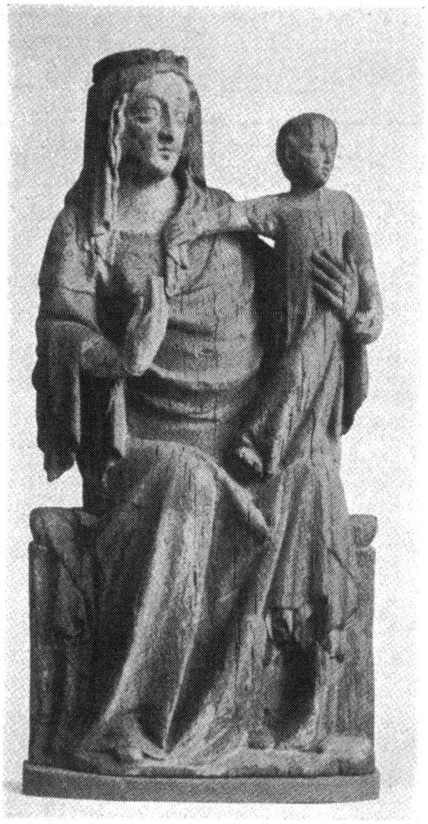

5586 S. 43

stücks, vor dem sich die Skulptur befand. In der Mitte des Nimbus sowie unterhalb derselben an zwei Stellen je eine Bohrung. — Erworben 1918 (Sammlung J. Simon).

Deutsch (Kölnisch?) 1. Hälfte des 14. Jahrhunderts.

7019. Christus aus einer Marienkrönung; auf kissenbelegtem Thron nach l. gewandt sitzend, die R. zum Segen erhoben, in der L. die Weltkugel mit dem Kreuz. Gegürtetes Gewand. Bart und Haupthaar gelockt.

Wandfigur, Eichenholz. H. 47. Vollrund, Thron hohl, der fünfte und ein Stück des vierten Fingers der l. Hand und das Kreuz abgebrochen. Alte Fassung mit späteren Erneuerungen (am Mantel). — Erworben 1911 in Frankfurt (Main).

Kölnisch um 1320—1330. — Angeblich aus Kloster Bornhofen bei Boppard. Den Kölner Domchor-Statuen nächstverwandt: wohl aus der gleichen Werkstatt.

3139. Krönung Mariae (Vöge 70). Der gekrönte Christus, r. neben Maria auf einer schlichten Bank thronend, setzt ihr die Krone auf das Haupt, in der Linken die Weltkugel haltend. Maria erhob anbetend die Hände. Eine gotische Blattrosette hält vorn ihren Mantel zusammen. Der Sockel, auf dem die Füße ruhen, ist vorn und an den Seiten mit Vierpaßmaßwerk belebt.

Wandgruppe. Eichenholz. H. 56, Br. 33,5. Die Rückseite wenig bearbeitet. Aus zwei Stücken; an der Krone Mariae bemerkt man noch ein paar Finger der r. Hand Christi. Es fehlen beide Unterarme Mariae, der r. Christi; die Nase Christi beschädigt. Mit geringen Spuren alter Vergoldung und Bemalung in den Faltentiefen des Gewandes Mariae. — Erworben 1903 in Köln.

Norddeutsch um 1330-40. — Solche Marienkrönungen kleinen Maßstabs kommen als Mittelstück an rheinischen Schreinen vor, zwischen Apostelstatuetten; doch fehlt eine engere stilistische Verwandtschaft mit dieser Gruppe (Oberwesel, Marienstatt).

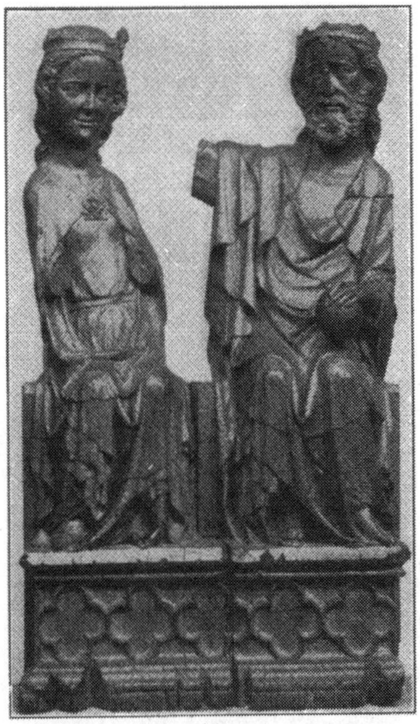

3139

7975. Gekreuzigter Christus. In frontal-symmetrischer Haltung, in der nur die geringe Wendung des Hauptes nach l. eine Ausnahme macht, hing Christus an dem (fehlenden) Kreuze. Die Oberschenkel bedeckt ein Schurz, der vor der r. Hüfte geknotet ist; die Unterschenkel und die durchbohrten Füße stehen dicht nebeneinander. Die Augen geöffnet. Auf dem Haupte eine Königskrone mit abwechselnd breiteren und schmaleren Zacken. In der Mitte der Brust eine jetzt leere ovale Vertiefung zum Einlassen einer Reliquie. Auf der r. Brustseite die Seitenwunde.

Wandfigur. Eichenholz. H. 120. Rückseite hohl. Auf dem Scheitel eine Bohrung. Es fehlen die Arme von den Schultern an. Die Kronenzacken, von denen die größeren eingesetzt waren, abgestoßen. Ergänzt der l. Fuß größtenteils, der r., in dem ein Holznagel steckt, etwa zur Hälfte; ferner die Nase. — Mit Resten späterer Bemalung. — Erworben 1921 in Frankfurt a. M.

Norddeutsch, etwa 1. Hälfte des 14. Jahrhunderts. Früher Sammlung W. Carl-Frankfurt a. M. (Versteigerung 1919 in Frankfurt a. M., Aukt-Kat. Nr. 9 mit Abb.). Von F. Lübbecke daselbst irrig als verwandt angesehen mit dem späteren Schnitzaltar aus Landkirchen auf Fehmarn vom Ende des 14. Jahrhunderts (Kiel, Thaulow-Mus.), doch ist der Bestimmung auf Norddeutschland beizutreten.

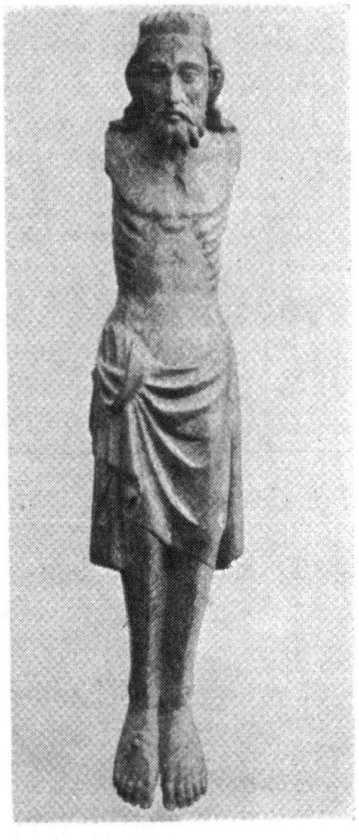

7975

Die zweite Hälfte des 14. Jahrhunderts

8027. Thronende Maria mit dem Kinde. Sitzend, auf kissenbelegtem Thron, der aus Brettern zusammengefügt ist, mit der beringten Linken einen Mantelzipfel um das l. Beinchen des neben ihr stehenden nackten Kindes schlingend, das im Begriff ist, auf ihren Schoß zu steigen. Ihre R. hielt, wie die Haltung erkennen läßt, ein Szepter. Gegürtetes Gewand, Mantel mit Brustriemen. Der vor die Thronbank gesetzte Sockel (aus 3 Seiten des Achtecks) bildet mit dem Hohlraum des Thrones und der ausgehöhlten Unterpartie der Madonna zusammen einen einheitlichen, hinten durch eine Tür zu öffnenden Raum zur Aufbewahrung von Reliquien. Der Sockel durch Vierpaßmaßwerk vergittert.

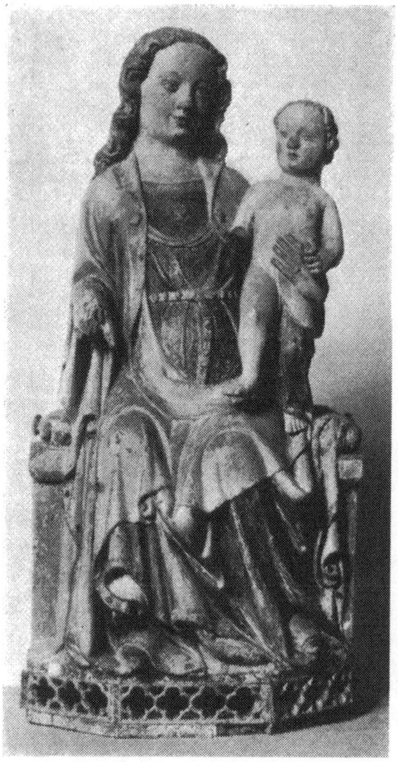

8027

Freigruppe. Nußbaumholz. H. 92, Br. 45. Rücken der Maria flach bearbeitet. Alte Fassung unter späterer Bemalung wieder freigelegt; teilweise Kreidegrund an der Oberfläche. Der Mantel sowie das Haar golden, das Gewand dunkel-rotbraun mit goldenem Muster (Adler in Rundfeldern), Mantelfutter rot. Der Mantelsaum mit aufgesetzten Kreideornamenten und mit farbigen Glasflüssen verziert. Die Thronbank golden. — Es fehlen die Finger der Rechten Mariae bis auf den Daumen, ebenso der r. Unterarm des Kindes; ergänzt sein r. Oberarm sowie die r. Fußspitze, dazu ein Stück der unteren Sockelplatte rechts. Leichte Beschädigungen durch Wurmfraß. — Erworben 1918 (Sammlung J. Simon).

Kölnisch um 1350—60. — Von dem gleichen Typus wie Nr. 2019 (s. S. 41 f.). — Aus der Werkstatt der zwischen 1349 u. 1362 entstandenen marmornen Kölner Dommensa (vgl. zu letzterer Lübbecke, die Gotische Kölner Plastik 1907 S. 67 ff.), namentlich der Gruppe der Verkündigung und dem König David (jetzt im Wallraff-Richartz-Museum) nahestehend. — Amtl. Berichte 41 (1920) 213.

8043. Maria mit dem Kinde. Auf profiliertem Sockel von rechteckigem Grundriß stehend, in der Haltung und Drapierung ähnlich wie 8028 (S. 47) doch der Mantel beide Schultern der Mutter bedeckend. Das Kind unbekleidet und frontal sitzend; es hält in der R. einen Apfel. Abb. S. 47.

Wandstatuette. Nußbaumholz. Mit dem Sockel aus einem Stück. Das ganze hinten ausgehöhlt. H. (insgesamt) 64. Die

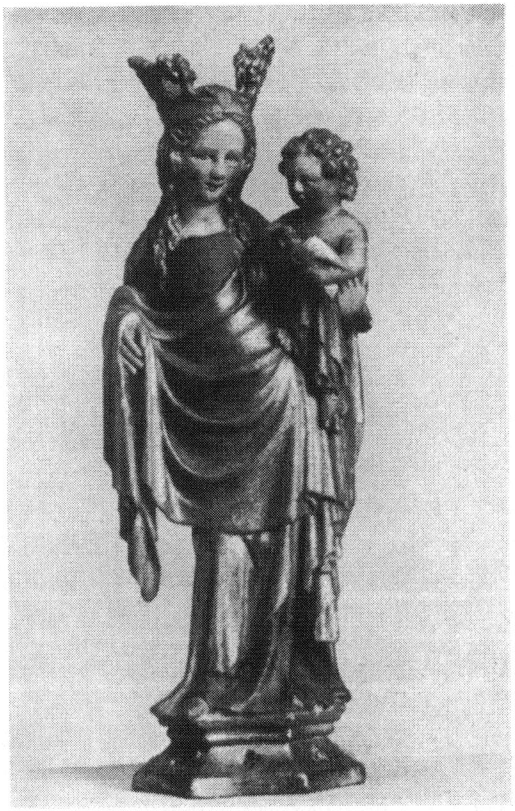

8028

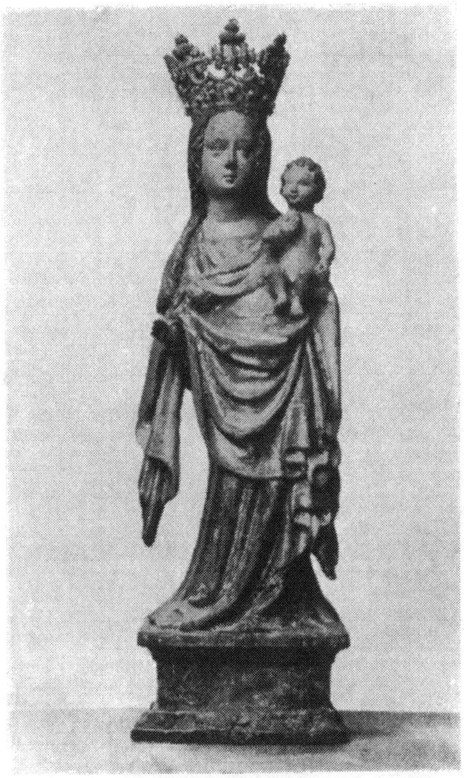

8043

ganze Bemalung erneuert. Ergänzt die vordere Ecke des Sockels unten rechts. — Erworben 1918 (Sammlung J. Simon).

Kölnisch, Ende 14. Jahrhundert. Mit der folgenden Nr. 8028 zu einem Kreis von Madonnenstatuetten gehörig, die für die Kölner Plastik der letzten Zeit des 14. Jahrhunderts charakteristisch sind.

8028. Maria mit dem Kinde. Auf achtseitigem Sockel, dessen Seiten leicht nach innen geschwungen sind, stehend, mit ausgebogener l. Hüfte, über der sie das Kind trägt. Die R. hielt ein Szepter. Bekleidet mit Gewand und Mantel, der die r. Schulter und Brustseite freiläßt. Auf dem bis tief in den Rücken herabfallenden Haar eine große Krone. Das Kind, mit nacktem Oberkörper und in Dreiviertelprofil, hält in den Händen ein Vögelchen.

Freistatuette. Nußbaumholz. H. 29 einschl. Sockel, mit ihm aus einem Stück. Die Fassung, bis auf größere Partien des Mantels. u. Sockels, erneuert (Untergrund rot, Mantel, Haar, Krone, Vögelchen und Sockel golden); dem Rücken des Kindes ist ein goldenes rotgerandetes Kreuzchen aufgemalt. — Es fehlen das Szepter sowie zwei Zacken der Krone, eine dritte beschädigt. Der Kreidegrund an einigen Stellen abgestoßen (speziell am Mantel unterhalb der R.). In der Mitte des Sockels eine Bohrung, eine kleine auf dem Scheitel. — Erworben 1918 (Sammlung J. Simon).

Kölnisch um 1390—1400. — Diese und die vorangehende Nr. 8043 gehören zu einer Gruppe ähnlicher Madonnen-Statuetten, die z. T. auf der Kölner Jahrtausendausstellung 1925 vereinigt waren (Katalog S. 176). Verwandt vor allem ein Stück im Suermondt Museum, Aachen, und in der Sammlung L. Seligmann, Köln. Zwei größeren Formats in den Kirchen von Buschbell u. Siegburg schließen sich in weiterem Abstand an.

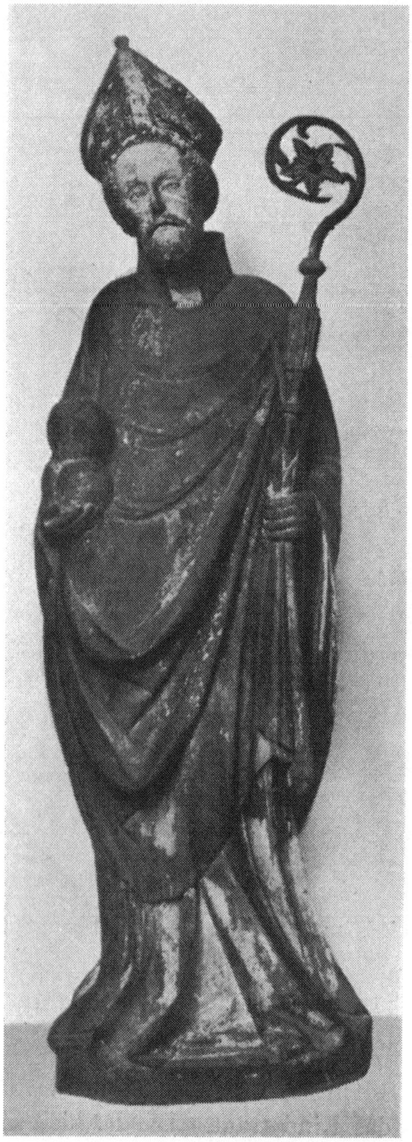

3087

3087. Der hl. Nikolaus (Vöge 61). In Alba, Kasel und Mitra steht er, das bärtige Haupt nach l. neigend, in leicht geschwungener Haltung da, in der Linken den Bischofsstab, in der Rechten die drei goldenen Äpfel. Am l. Arm das Manipel.

Wandstatue. Lindenholz. H. 143. Rücken hohl; im Innern unten ein mit Holzkeilen befestigtes altes Querholz mit Loch für einen Zapfen. Mit Resten von Vergoldung und Bemalung, die im Gesicht am besten erhalten ist. Reste von Leinenüberzug; an der Mitra Rosetten aus Blei, mit Nägeln befestigt, die Glasflüsse herausgebrochen. Die l. Hand und der Stab ergänzt. — Erworben 1907 in München.

Böhmisch, Ende 14. Jahrhundert. — Nach Dr. Hermann Schweitzer war die Statue früher im Augsburger Kunsthandel. Doch weisen die meisten Analogien auf Böhmen und das angrenzende bayrische Gebiet. Erich Wiese erinnert speziell an den Petrus in Sliwitz: Abb. Kunsttopogr. Böhmen XIII (1902), S. 165.

366. Ein Fürst (Vöge 54). Stehend, in Brustpanzer, fest um den Hals schließendem Mantel und Barett, in der L. den viereckigen Schild, in der R. wohl ursprünglich ein Fähnlein, den energischen Kopf beobachtend nach rechts drehend. Unter dem Brustpanzer ein vorn verschnürter lederner Lendner, unter diesem ein Kettenhemd; an dem mit Metallbuckeln beschlagenen Ringgürtel, dem Dupsing, hängen Schwert und Dolch, letzterer r. an einem Riemen. Arme und Beine in Eisenschienen, Hände in Handschuhen. Am Barett vorn 3 Nägel (vom Kreuz Christi) und ein Schriftstreifen.

Wandstatue. Sandstein. H. 113. Rückseite glatt, der Mantel fällt bis auf den Sockel herunter. Spitze des Dolches abgebrochen; Schwertknauf und Fußspitzen ergänzt. — Erworben 1881 in Nürnberg.

Meister vom Schönen Brunnen (sogenannter »Heldenmeister«). Nürnberg um 1390. — Die schon von Pückler-Limpurg, Die Nürnberger Bildnerkunst um die Wende des 14. und 15. Jahrhunderts (1904) S. 56 f. ausgesprochene Zuweisung ist richtig. Die Statue stammt von einem Nürnberger Hause bei S. Sebald und war früher als der »hl. Georg von Nürnberg« bekannt. Doch liegt weder eine Darstellung des hl. Georg vor, noch die Karls IV. (vgl. Anzeiger des Germ. Nat. Mus. 1900, S. 192). Vielmehr handelt es sich ebenso wie beim Schönen Brunnen um einen Fürsten oder Helden. Weitere Litt. s. Josephi, Katalog des Germanischen Museums (1910) Nr. 12.

365. Drei Prophetenköpfe (Vöge 53). Bärtig, von nachdenklichem Ausdruck; bei »Jeremias« ist der Mantel über das Haar gezogen; die beiden anderen tragen eine Zipfelmütze, unter der bei dem einen eine Stirnlocke hervortritt. Abb. S. 50.

Ursprünglich vollrund. Die Hinterköpfe mehr oder weniger weggeschlagen. Nur an einem Kopf noch ein Teil des Halses vorhanden. Sandstein. H. 21; 22,5 und 25,5. Bei zweien die Nasenspitze ergänzt. — Mit Spuren roter Färbung an den Lippen. — Erworben 1886 in Nürnberg. Geschenk der Herren A. Thieme in Leipzig und B. Suermondt in Aachen. Abb. S. 50.

Nürnberg Ende des 14. Jahrhunderts. Meister vom Schönen Brunnen (sog. Prophetenmeister). Die drei Köpfe stammen von den Prophetenstatuen, die das Obergeschoß des Schönen Brunnens in Nürnberg umgaben (1385 bis 1396 unter Heinrich dem Balirer errichtet). 1393 erhielt H. Vogel »wahrscheinlich für Bemalen und Vergolden der Propheten« 3 Pf. Heller; vermutlich sind die Statuen schon in den achtziger Jahren begonnen; vgl. Pückler-Limpurg, Die Nürnberger Bildnerkunst um die Wende des 14. und 15. Jahrhunderts (1904) S. 49 ff., ferner Josephi Katalog Germ. N.M. unter Nr. 12; H. Höhn, Nürnberger Gotische Plastik (1922) Anm. 34—36.

Leihgabe: Kopf des Evangelisten Johannes. Mit anliegendem Haar, das am Rande des Gesichts in gedrehte Locken übergeht. Der schmale Mund mit vollen Lippen. Die Augäpfel hinter stark entwickelten Lidern. Schlanker gebogener Hals. Abb. S. 50.

Vollrund. Sandstein. H. 23. Die Nase fehlt fast ganz; Kinn und einige Locken bestoßen. Der Abschnitt des Halses liegt ungefähr an seinem unteren Ansatz. — Leihgabe des Hochstifts Meißen.

Sächsisch. 14. Jahrhundert. — Bruchstück einer Statue, die bis Ende 19. Jahrhunderts unversehrt am Südportal des Meißener Domes stand; alte Aufnahmen der Meßbildanstalt (Nr. 372, 15 und 23) zeigen den Standort. Bei der Renovierung der Kirche herabgenommen. Vgl. Inventar von Sachsen Heft 40 (Meißen) 1919, S. 151 ff. (Figur 230, 236). Die Gesamthöhe der Figur betrug (laut Inv.) 130 cm. Sie ist im Inventar irrtümlich als Johannes der Täufer bezeichnet.

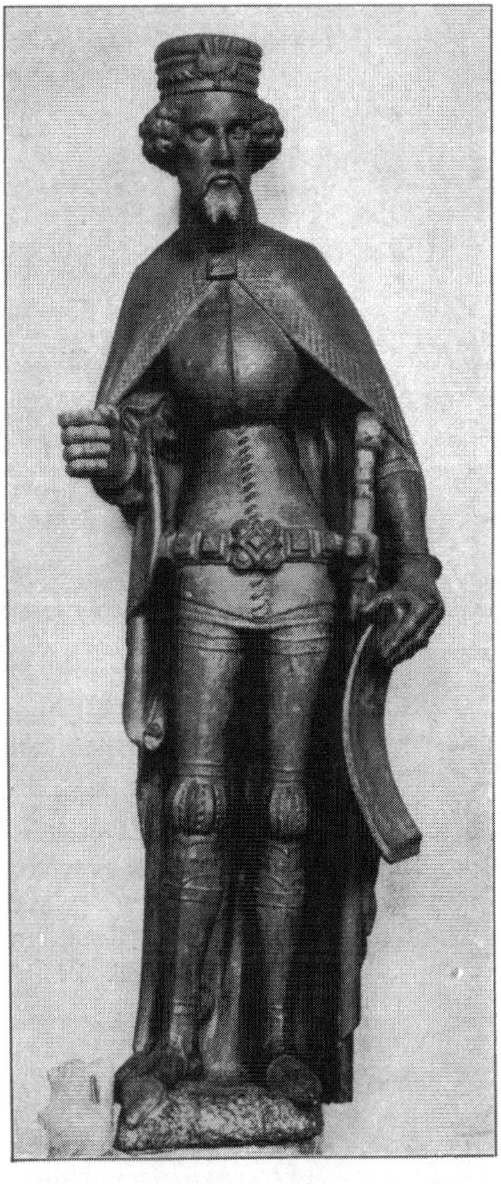

366 S. 48

5946. Maria mit dem Kinde, stehend, mit ausgebogener l. Hüfte, das nackte Kind mit beiden Händen unterhalb ihrer l. Schulter haltend. Der auf der Brust von einer Schließe zusammengehaltene Mantel über dem Gewand vorn doppelt hängend. Auf dem stark gelockten Haar eine Krone. Das Kind hält mit der Linken einen Vogel am Hals. Abb. S. 51.

Wandstatue. Lindenholz. H. 134. Rückseite ausgehöhlt. R. Hand und Fuß des Kindes fehlen, sein Gesicht, der l. Fuß, der Kopf des Vogels und die Krone Mariae beschädigt. — Der Mantel alt vergoldet, das Futter blau, Gewand: Reste von dunkel-rot mit weißen Mustern. — Erworben 1911 von der Kirchengemeinde St. Spiritus in Egeln, Kr. Wanzleben (westl. von Magdeburg).

Sächsisch (Magdeburger Meister) Ende 14. Jahrhundert. Vgl. Inventar der Provinz Sachsen Kr. Wanzleben S. 92, Abb. 41. Die genaue Bestimmung der Entstehungszeit stößt auf Schwierigkeiten: einerseits fehlt es an Analogien aus jener Gegend, andererseits hat der Meister sicher unter dem Eindruck

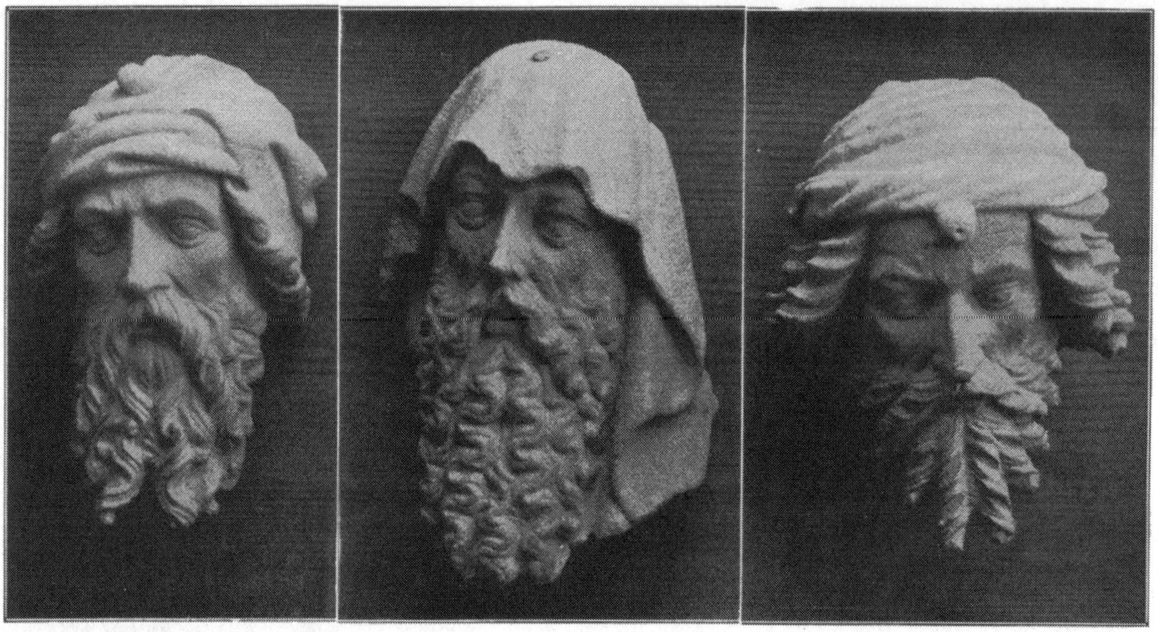

365 S. 48

der Magdeburger Steinplastik des XIII. Jahrhunderts gestanden. Vgl. zu der Kopfform die Abbildung des Kopfes vom Kaiser-Otto-Denkmal bei Paatz im Jahrbuch der Preuß. Kunstsammlungen 46 (1925) S. 96.

8399. Hl. Elisabeth. Stehend; mit geneigtem Haupt, nach unten blickend. In der linken Hand hält sie eine Schale. Sie ist bekleidet mit einem enganliegenden Gewand, einem weiten faltigen Mantel, der den Oberkörper vorn frei läßt und unter dem linken Arm zusammengenommen wird, und einem am Rande gekräuselten Kopftuch, das auch noch die Schultern bedeckt. Wandstatue. Lindenholz. H. 112. Rückseite glatt. Beschädigungen am oberen Rand des Kopftuchs, an der Stirn, Nase und am Mund. Es fehlt die rechte Hand und die vordere Hälfte der Schale, die von

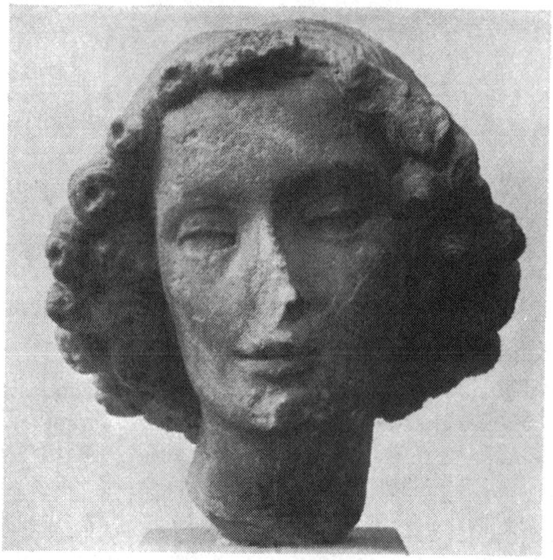

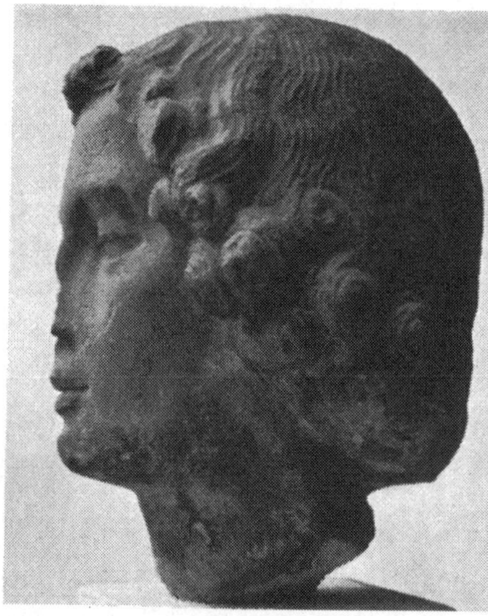

Leihgabe S. 49 Leihgabe

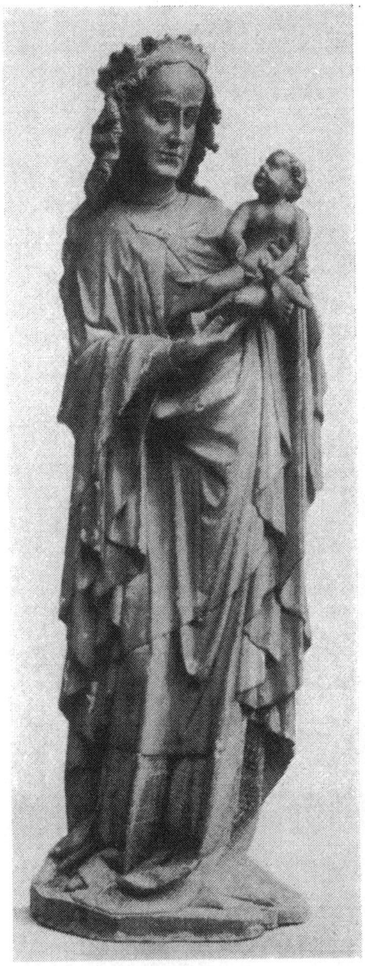

5946 S. 49

der linken Hand gehalten wird. Weitere Beschädigungen am vorderen Rand der Falten in der Mitte und am Fußende rechts. In der Mitte der Figur ein Sprung. Alte Fassung in weiß und gold; die Säume z. T. mit roten Streifen. — Erworben 1927. Überwiesen von dem Herrn Minister für Landwirtschaft, Domänen und Forsten.

Sächsisch, 2. Hälfte 14. Jahrhundert. — Aus Freiburg a. d. Unstrut, Schloßkapelle. Wohl zu einem verlorenen Altar gehörig.

7670—72. Christus, Maria und Johannes d. T. (aus einer Gerichtsdarstellung). Christus (7670) in frontaler Haltung thronend, die (ergänzten) Unterarme in spitzem Winkel nach vorn erhoben, den Mantel um die Schultern und über den Schoß gelegt. In der r. Brustseite die Lanzenwunde, an den Füßen die Nägelwunden. Maria (7671) und der Täufer (7672) schräg nach vorn von links bzw. rechts ihm zugewandt auf Wolken kniend, die Gesichter nach vorn gekehrt, die (ergänzten) Unterarme bittend vor die Brust erhoben. Maria in Gewand, Mantel und Kopftuch, Johannes in Mantel. Abb. S. 52.

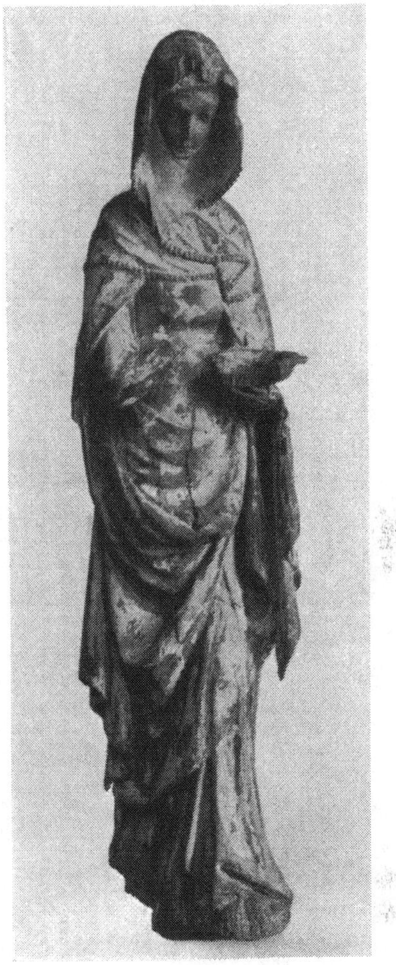

8399

Wandgruppe. Lindenholz. Christus H. 104, Maria u. Johannes je H. 95. Rücken hohl. Die Figur Christi aus 2 Stücken in der Mitte zusammengesetzt. Ergänzt (außer den Unterarmen aller Figuren): bei Christus die Nasenspitze, die Vorderhälften beider Füße (mit den Wundmalen) und die Mitte der Thronbank (zwischen den Schenkeln Christi); bei Maria die Nase samt Ober- und einem kleinen Teil der Unterlippe, an jeder Seite des Gesichts ein Stück des Kopftuchs; bei Johannes der l. Fuß. — Im Nacken jeder Figur eine Bohrung, die mit einem Zapfen ausgefüllt ist. — Reste von Leinwanduntergrund, Spuren späterer Bemalung. — Erworben 1915 als Geschenk eines Ungenannten.

Schwäbisch, 14. Jahrhundert. — Aus dem südlichen Schwarzwald. Einzelzüge in der Bildung der Gesichter erinnern an spätere Zeit. Es könnte sich um ein archaisierendes Werk aus dem Anfang des 15. Jahrhunderts handeln. Vgl. die Figuren aus S. Georgen, Rottweil, Lorenzkapelle: Katalog von Baum: Die Bildwerke der Rottweiler Lorenzkapelle (1928) Nr. 38—43.

7773. Christus aus einer Marienkrönung. Auf schmaler Bank mit Lehne thronend, die R. zum Segnen erhoben, in der L. die Weltkugel. Krone, Mantel, auf der Brust mit einer Schließe zusammengehalten. Auf dreiseitigem Sockel. Abb. S. 52.

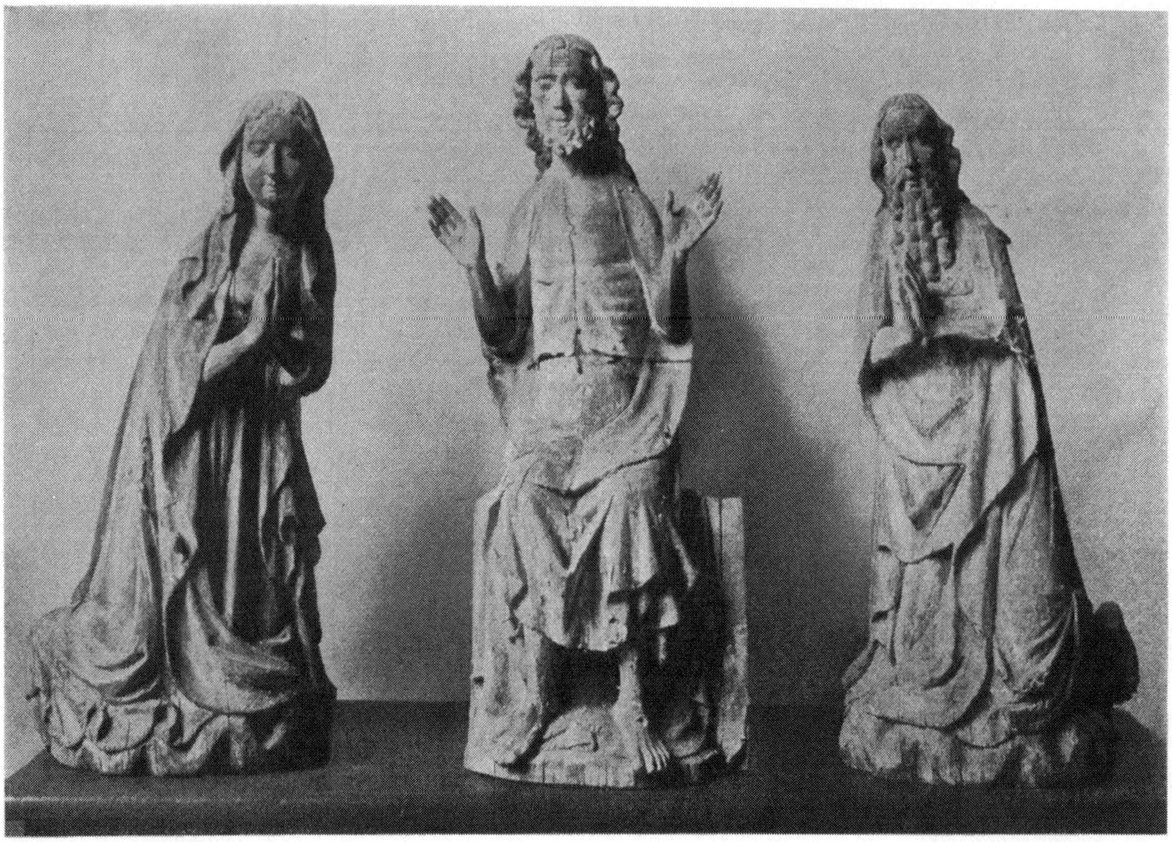

7670—72 S. 51

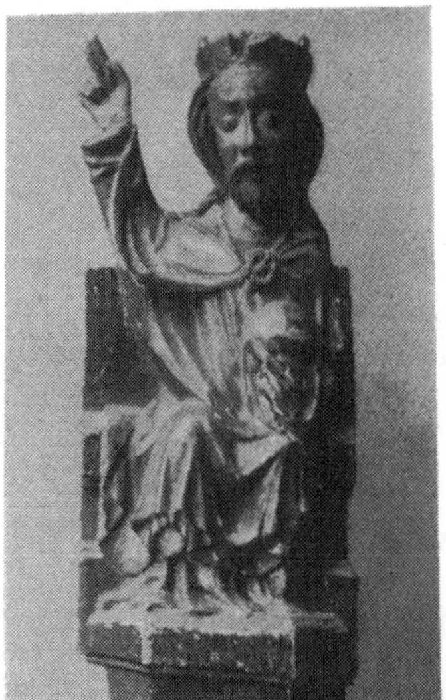

7773

Hochrelief. Lindenholz. Rückseite ausgehöhlt. H. 53. Alte aufgefrischte, z. T. beschädigte Fassung. — Erworben 1917 aus der Auktion G. Schwarz (Katalog Nr. 9).

Süddeutsch, 2. Hälfte 14. Jahrhundert. Die im Auktionskatalog herangezogenen Analoga sind dem Stück nicht näher verwandt.

424. Jacobus der Ältere (Vöge 50). Langbärtig, mit Pilgerhut; in der vom Mantel verhüllten Linken die Pilgermuschel haltend.

Wandstatuette. Lindenholz. H. 59,5. R. ausgehöhlt. Bemalung erneuert. Auf unregelmäßiger Fußplatte; die r. Hand ist abgebrochen. — Erworben 1881 in München. Geschenk eines Ungenannten.

Mitteldeutsch (?) um 1400.

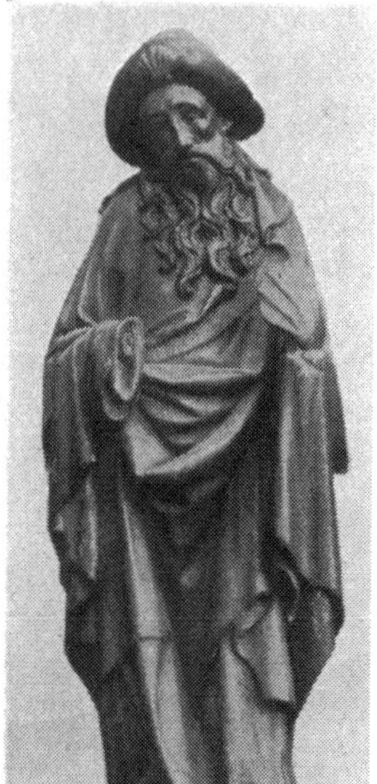

424

8022. Hl. Michael, auf dem Teufel stehend; das Haupt leicht geneigt, beide Arme erhoben. Wandstatue. Nußbaumholz. H. 110,5. Rückseite flach bearbeitet. Alte, mehrfach erneuerte Bemalung und Vergoldung. Die Säume mit Steinen verziert. Gesicht und Gewandfutter in dunkel rauchiger Patina. — Es fehlen die Attribute, und der r. Arm (mod. Ergänzung, jetzt entfernt). Ergänzt sind die Fingerspitzen der l. Hand, sowie der Oberleib des Teufels, dessen Beine links sichtbar sind. Der unten verwitterten Figur ist ein dünnes Brettchen unterlegt. — Erworben 1918 (Sammlung J. Simon).

Französisch (?) Ende 14. Jahrhundert. — »Holzbildwerke aus Berliner Privatbesitz« (1904) Nr. 7, Tafel 4. — Ausstellung des Kaiser-Friedrich-Museums-Vereins 1906, Katalog 161 (mit Tafel).

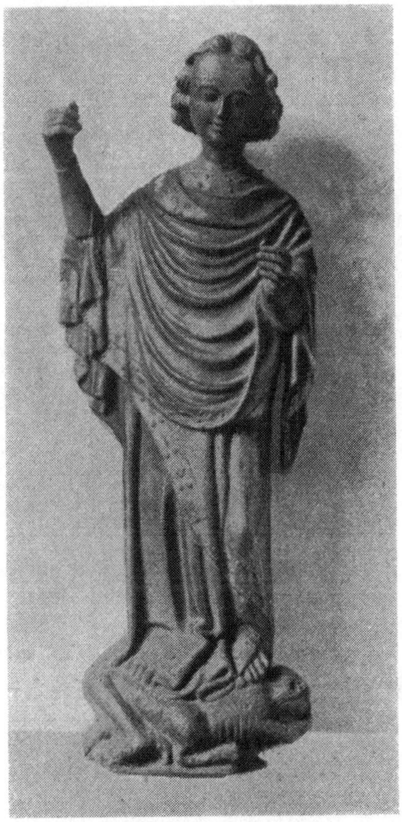

8022

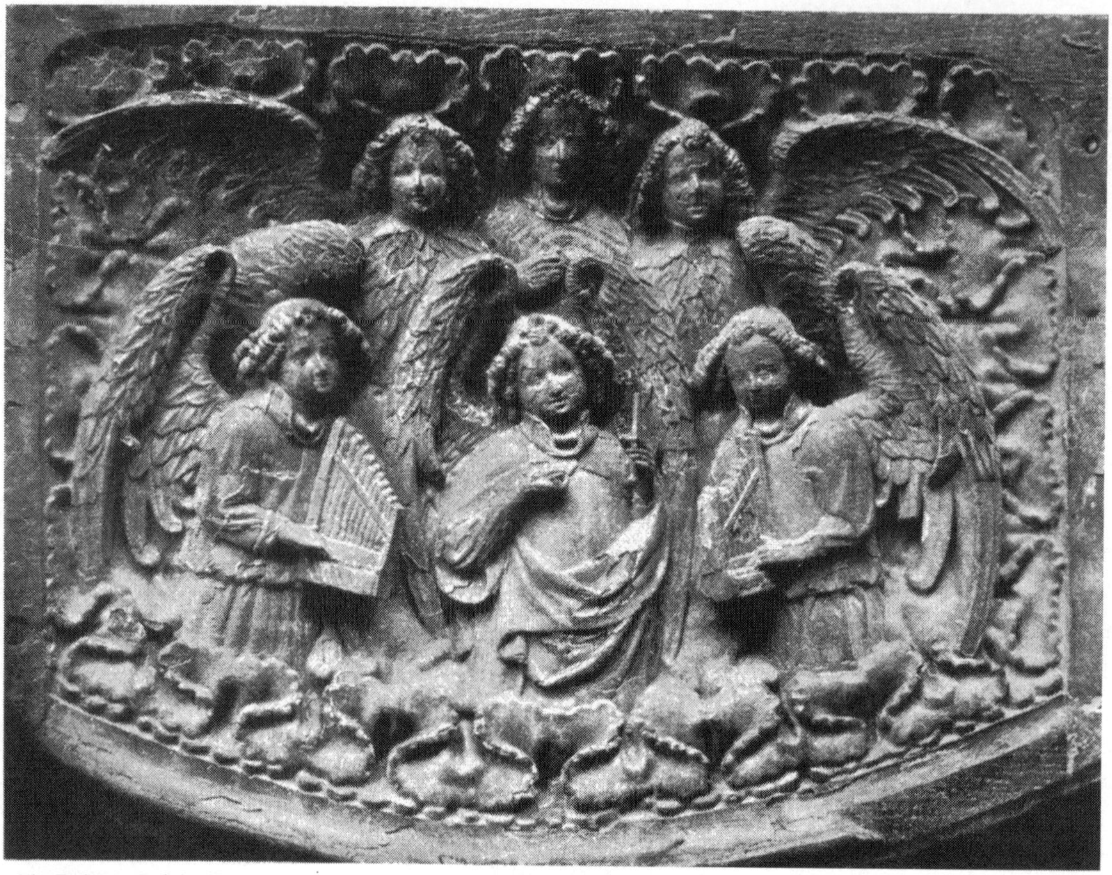

5863 B (Ausschnitt)

Der Beginn des 15. Jahrhunderts

1. Norddeutschland

5863 B. Flügelaltar aus dem Dom zu Minden in Westfalen (Oberteil), vgl. Nr. 5863 A. S. 12. Rechteckiger Schrein mit Flügeln. Auf allen vier Seiten ein breiter Rahmen mit Inschrift. In der Mitte des Schreins ein dreiteiliger Baldachin, darunter die Krönung Mariae durch Christus in einem konzentrischen, mit den Reliefdarstellungen der neun Engelchöre besetzten Doppelkreis. Die Engel sind mit den verschiedensten Musikinstrumenten ausgestattet, die zum größten Teil erhalten sind. Der Engelchor unten (s. Abb.) ist größer als die übrigen und hat einen eigenen Baldachin, der zugleich Christus und Maria als Sockel dient. Auf einer Leiste, die nur an dem Mittelkreis aussetzt, stehen im Schrein rechts und links je zwei, in den Flügeln je vier Apostel, bekrönt von zweigeschossigen Baldachinen; zwischen ihnen Fialen. Die Sockelleiste selbst, auf der die Apostel stehen, ist an der Vorderseite in eine Reihe runder Medaillons zwischen Blattwerk in durchbrochener Arbeit aufgelöst. In den Medaillons Vierpässe mit schriftbandhaltenden Halbfiguren: Helden des Alten Testaments, wie die Inschriftreste in der Hohlkehle erkennen lassen; z. T. mit Kronen, Ringgürteln, Taschen versehen.

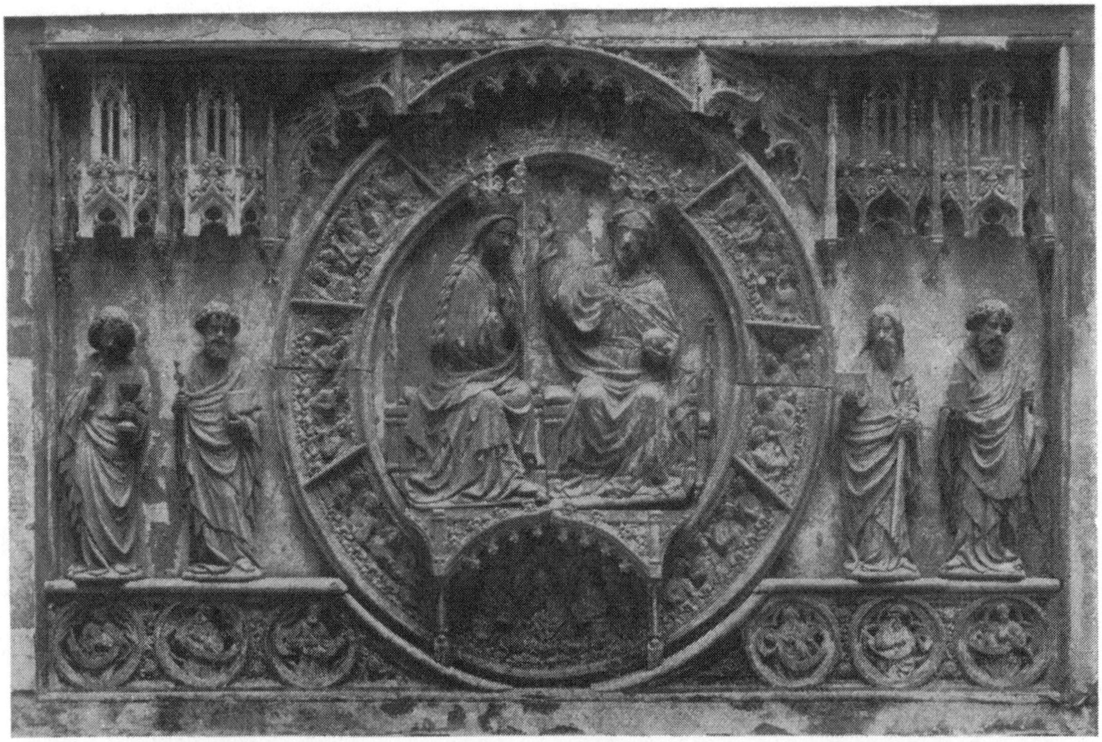

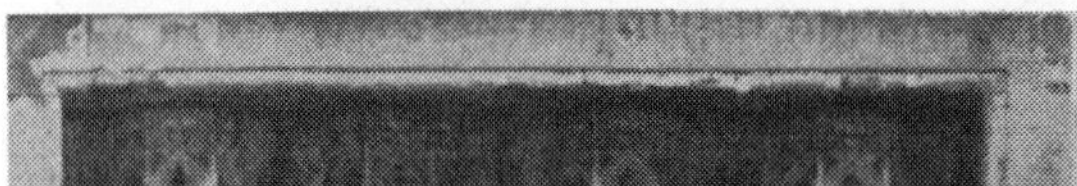

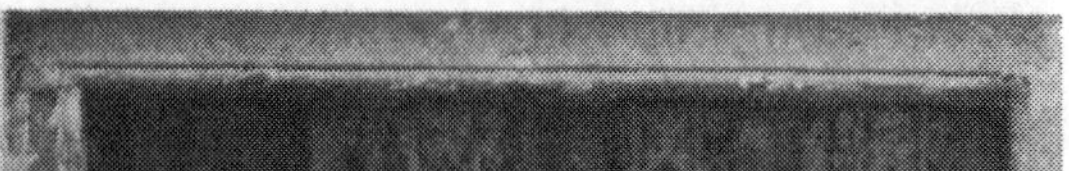

5863 B

Hochrelief. Eichenholz. Schreinhöhe 180, Breite 274, bei geöffneten Flügeln 548. Reste der alten Fassung sind erhalten vor allem im Mittelschrein und an der Sockelleiste sowie auf den Rahmen. Die Apostelfiguren, die Baldachine und die Rückwände sind scharf geputzt. An einzelnen Stellen Leinwandüberzug. Als Farben sind, abgesehen vom Inkarnat und von ganz seltenem Grau, fast nur Gold und Blau verwendet, Gold für die Gewänder, meist auch für die Haare, sowie für die Musikinstrumente, Blau für das Gewandfutter, die Engelwolken, die Hohlkehlen der Rahmungen usw. Eine Inschrift, von der nur geringe Bruchstücke erhalten sind, füllt die Innenfläche des Rahmens bei Schrein und Flügeln, sie ist in sorgfältiger Vergoldung auf Leinwand-, Kreide- und Bolusgrund ausgeführt. Die spätgotischen Lettern, ebenso die Randleisten heben sich glatt von gepunztem Grunde ab. Lesbar ist noch folgendes: am l. Flügel: audite preces supplicii qui celum dei ... sque ei celum ... vos apostolicos; am Mittelschrein: Hic pia mater ... regem ... maria ... pud ...; am rechten Flügel: te iram exivit ... in cives orbis terrae ... – An der Rückseite des Rahmens entspricht dieser Inschrift eine ebenfalls sorgfältig gemalte Ornamentfüllung (erhalten nur in kleinen Resten). Das Ornament, Ovale mit Rahmenlinien, ist schwarz auf rotem Grund aufgetragen; am breiten Rand tritt die Vergoldung zutage. Im übrigen sind die Rückwände jetzt leer. – Erworben 1909 in Minden (Westfalen).

Niedersächsisch, Anfang 15. Jahrhundert. — Aus dem Dom in Minden, Westfalen. Über den als Predella verwendeten älteren Teil des Altars siehe 5863 A (oben S. 14). Von der dort angegebenen Literatur ist auch hieher zu ziehen: Münzenberger u. Beissel a. a. O.; Inventar von Westfalen a. a. O.; Wrangel S. 60, 133. Habicht (Mittelalterliche Plastik Hildesheims, Straßburg 1917, S. 133 ff.) hat behauptet, der Altar stamme aus einer Hildesheimer Werkstatt. Indessen finden sich Altäre mit ähnlicher Anordnung nicht bloß in Northeim, S. Sixtus (Habicht Abb. 57), sondern ebenso in Werben a. Elbe (Doering-Voß, Meisterwerke ... in Thüringen, Tafel 60), ferner aus früherer Zeit in Turin (Museo Civico, aus den Alpentälern von Piemont), aus etwas späterer Zeit ein Fragment in München, National-Museum (Inv. Nr. 4092).

7632—45. 8408. Die Figuren des Möllner Altars: Krönung Mariae, zwölf Apostel, Maria mit dem Kinde. — Abb. S. 57. 58.

7644. Krönung Mariae. Auf einer durch drei Fialen abgeteilten Bank sitzt links Maria, gekrönt, mit gefalteten Händen. Sie wendet sich zu Christus, der, neben ihr sitzend, die Rechte zum Segensgestus erhebt und die Linke auf die Weltkugel legt. Die Fialen des Sitzes und die Zacken der Kronen sind neu. – H. 70, B. 58.

7632. Johannes. Lockiges Haar mit Tonsur. Mit der Rechten den Kelch segnend. Sockel mit tiefen Einkerbungen. – H. 64. Abb. S. 57.

7633. Apostel. Mit gelocktem Haar und großer Tonsur. In der Rechten ein Buch, die Linke hielt ein jetzt fehlendes Attribut. Sockel ähnlich behandelt wie bei Johannes, dem diese Figur auch sonst — im Gegensatz zu den übrigen Aposteln — stilistisch nahesteht. — H. 65. Abb. S. 57.

7634. Apostel. Mit gelocktem Haar und Tonsur. Der Mantel ist über der Brust gestrafft. Die Rechte ist zum Segensgestus erhoben; mit der Linken hält er einen (neuerdings hinzugefügten) Stab. – H. 65.

7635. Apostel. Bartlos. Er weist mit der Rechten auf das dem Beschauer entgegengestreckte aufgeschlagene Buch, das von der linken Hand gehalten wird. – H. 65.

7636. Bartholomäus. Er hält den Kopf, der hinten vom Mantel bedeckt wird, leicht geneigt. Mit der Linken faßt er ein Buch, mit der Rechten ein Messer, dessen Klinge ergänzt ist. – H. 64.

7637. Andreas. Er hat den rechten Fuß leicht vorgesetzt, hält in der Linken ein Buch, mit der Rechten hält er das (neuerdings ergänzte) Kreuz. — H. 65.

7638. Petrus. Der Körper ist nach links ausgebogen, der Kopf leicht nach r. oben gewandt. In der Linken hält er ein Buch, in der Rechten den (ergänzten) Schlüssel. — H. 65.

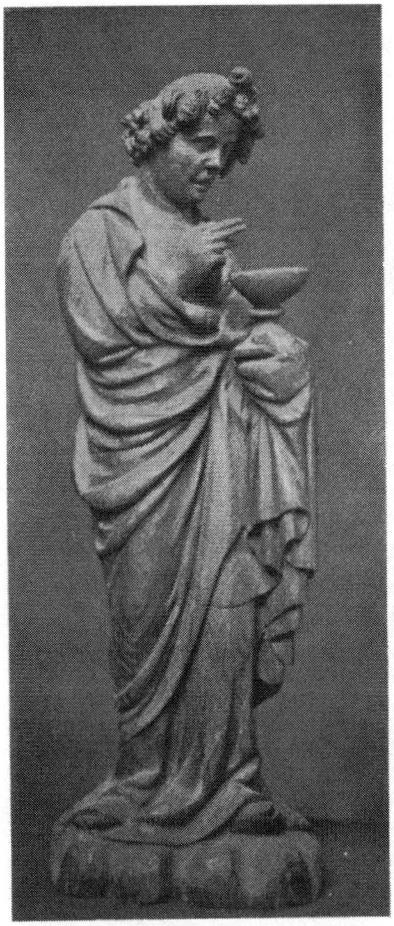

7632

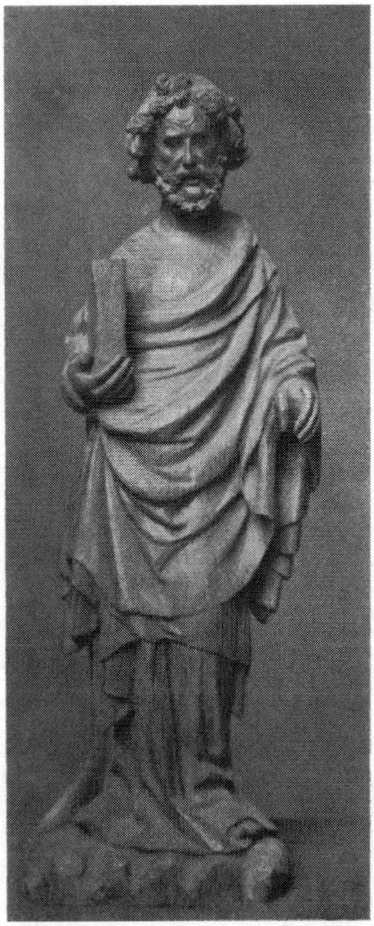

7633

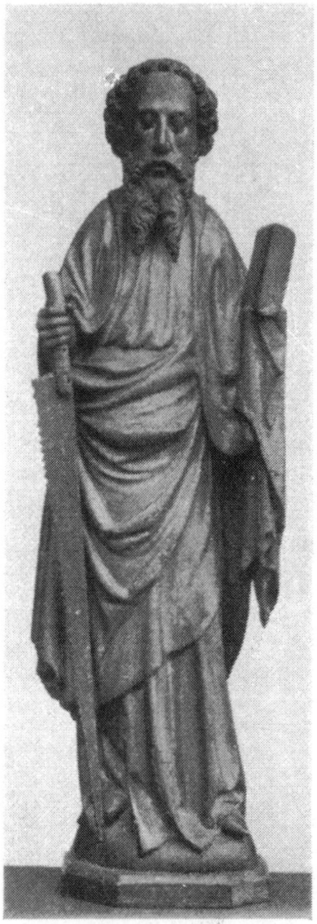

8408

7639. Apostel. Der Körper ist nach links ausgebogen. Der Mantel hängt mit einem Zipfel über den rechten Arm. In der Linken hält er ein Buch, mit der rechten Hand faßt er einen (ergänzten) Stab. — H. 65.

7640. Judas Taddäus. Das in geradlinigen Falten herunterfließende Gewand wird in der Mitte durch einen Gürtel zusammengehalten. In der Linken hält er ein Buch, in der Rechten eine (ergänzte) Keule. — H. 65.

7641. Paulus. Hält den Kopf leicht nach links gewandt, in der Rechten ein Buch, in der Linken ein Schwert. — H. 65.

7643. Jakobus der Ältere. Der Unterkörper ist in Seitenansicht gegeben, Oberkörper und Kopf drehen sich nach vorn. In der rechten Hand ein Buch; die Linke hält den (ergänzten) Pilgerstab mit der Muschel. — H. 65.

8408. Simon. Sein Mantel ist unterhalb der Brust in bauschigen Falten um die Hüften geschlungen. In der rechten Hand hält er die (ergänzte) Säge, in der linken ein Buch. — H. 63. Unter der Bodenfläche ein polygonaler Sockel, der bei den andern Figuren fehlt. — Originalfassung (vgl. unten). Abb. s. oben.

7645. Maria mit dem Kinde. Mit Krone und langem Lockenhaar. Das Kleid über der Brust straff gespannt; der Mantel ist mit einer Schließe zusammengehalten. Das bekleidete Kind

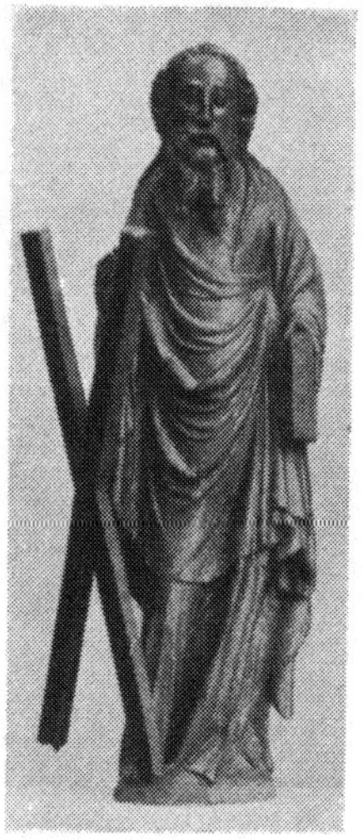
7637

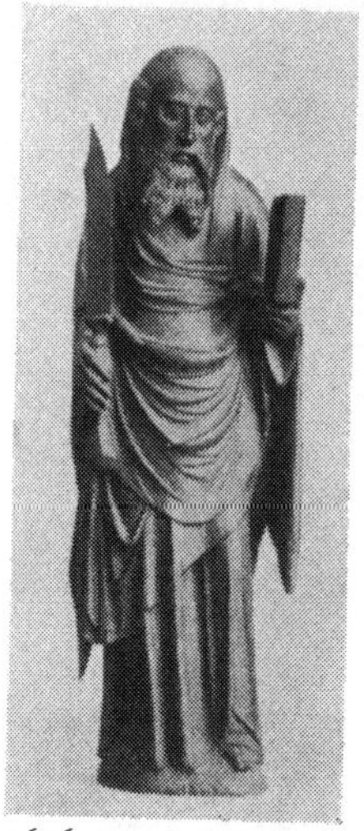
7636

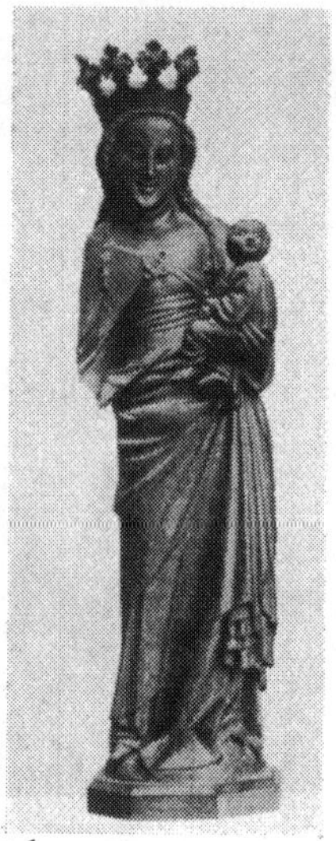
7645

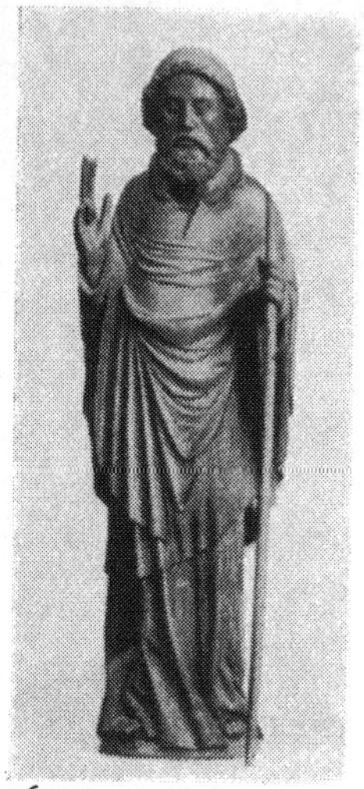
7634

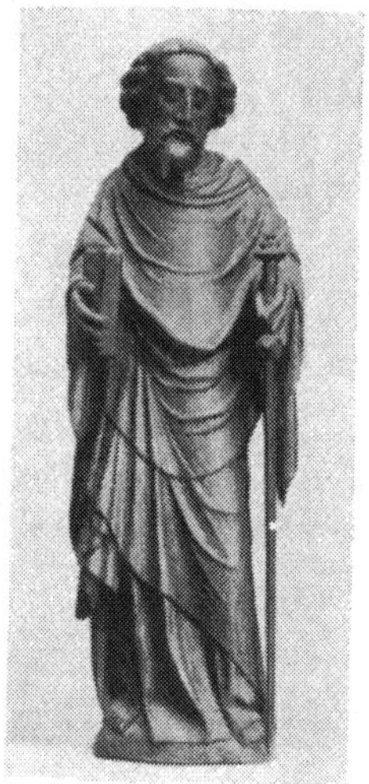
7641

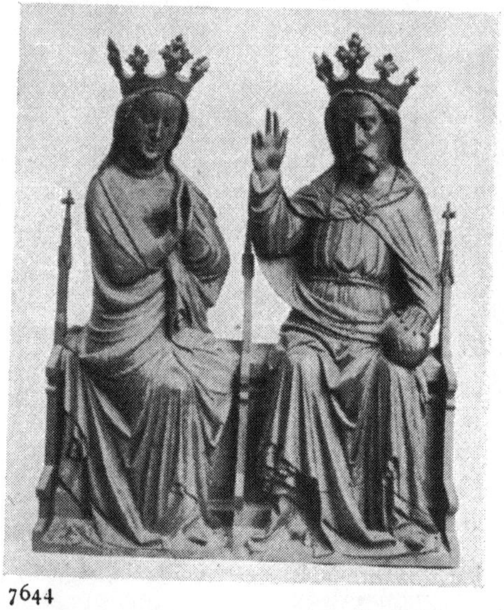
7644

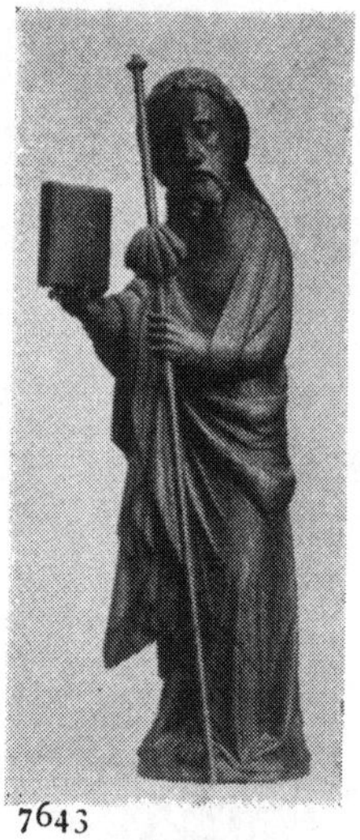
7643

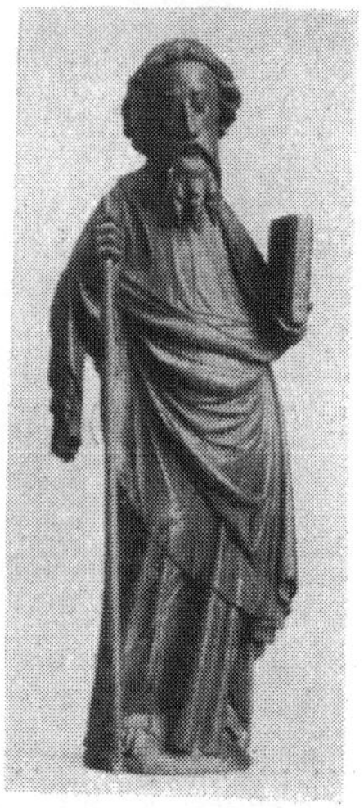
7639

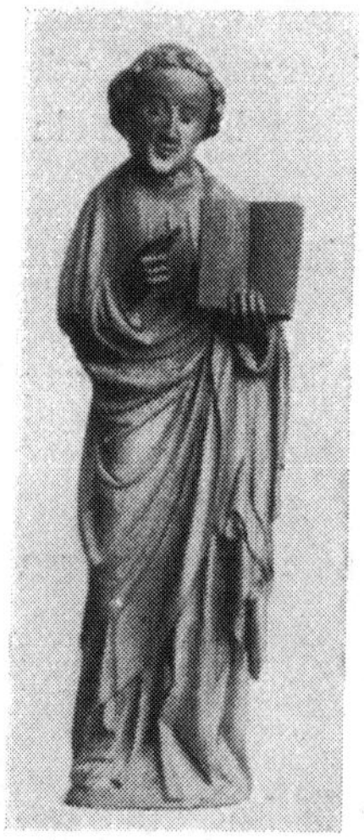
7635

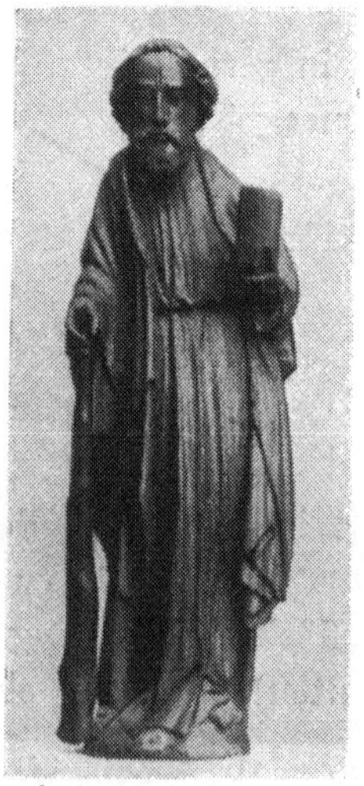
7640

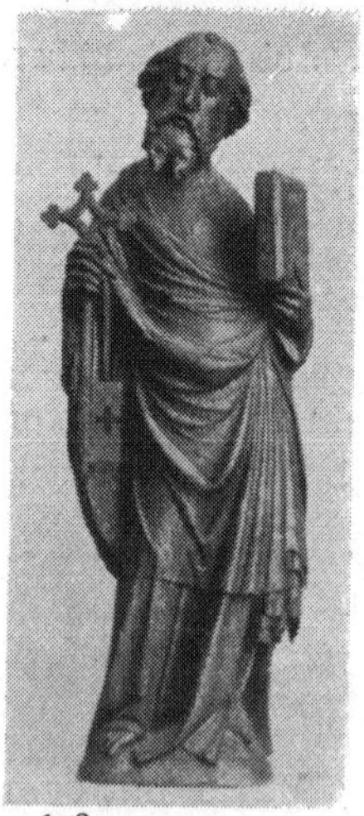
7638

hält die Rechte segnend erhoben, mit der Linken faßt es einen Apfel. Szepter und die Zacken der Krone sind neu. — H. 72.

Wandfiguren. Eichenholz, abgelaugt. Rücken hohl. Mit einer Ausnahme ist die alte Bemalung im 19. Jahrhundert entfernt. Die erhaltene Originalfassung des Apostels Simon (8408) ist folgende: Kreidegrund, Gewand und Mantel golden, dunkelbraunes Futter, dunkelgrüne Standplatte, rotes Buch, roh aufgemalte Augen. — Die aus dem Kloster Marienwohld bei Mölln stammenden Figuren sind 1913 durch Tausch vom Bayrischen National-Museum in München für das Berliner Museum erworben; 8408 wurde 1928 aus Berliner Privatbesitz angekauft.

Lübeck, Anfang 15. Jahrh. — Die Krönung Mariae und die zwölf Apostel sind Figuren eines Flügelaltars, in dessen Bekrönung möglicherweise die Maria mit dem Kinde angebracht war. — Aus der Reihe der Figuren gehören 7632 und 7633 (Abb. S. 57) einem Meister, der dem Schnitzer der übrigen deutlich überlegen ist. Von den anderen zeigen 7634, 7636, 7637 eine mehr ins einzelne gehende Haarbehandlung: einzelne Strähnen und Locken sind herausgeschnitten; beim Rest ist das Haar durch wenige Kerben gegliedert. — Der Altar entstammt einer Lübecker Werkstatt. Verwandt sind Altarfiguren in Bremen, ein Altar in Kirchdorf auf Poel (vgl. Hartlaub u. Inv. Mecklenb.-Schwerin II, 232), ferner einzelne Figuren aus den Altären in Ystad und Lund (Abb. bei Wrangel 69, 2. Figur, 70, 2. Figur, 72). — Lotz, Kunsttopographie (1862) I, S. 447. — Bode, Gesch. der Deutschen Plastik (1885), S. 106. — Goldschmidt, Lübecker Malerei und Plastik (1889), S. 10. — Inventar Herzogt. Lauenburg (1890), S. 109 f., 123. — Katalog des Bayr. Nat.-Mus. München (1896) VI, Nr. 538—52. — Hartlaub, Ztschr. f. bild. Kunst 24 (1913), S. 127 und 31 (1920), S. 57. — Wrangel, De medeltida Bildskapet (1915), S. 132 f. — Struck, Mitt. d. Ver. f. Lübeck. Gesch. u. Altertumsk. 13. Heft (1918), Nr. 7 u. 8. — Ders., Jahrb. d. Mus. f. Kunst u. Kulturgesch. zu Lübeck IV—VII (1920), S. 111.

7646. Verkündigungsengel. Stehend mit ausgebogener linker Hüfte, den r. Fuß zurückgestellt; in den Händen hielt er ein jetzt fehlendes Attribut.

Wandfigur. Eichenholz, abgelaugt. Rücken bearbeitet. H. 68. Hände neu. Flügel fehlen. Der Kopf in der Barockzeit überarbeitet. Beschädigungen am linken Fuß. — Erworben 1913.

Lübisch, um 1400. — Gleicher Herkunft wie die vorangehenden Möllner Apostel, doch nicht von demselben Altar.

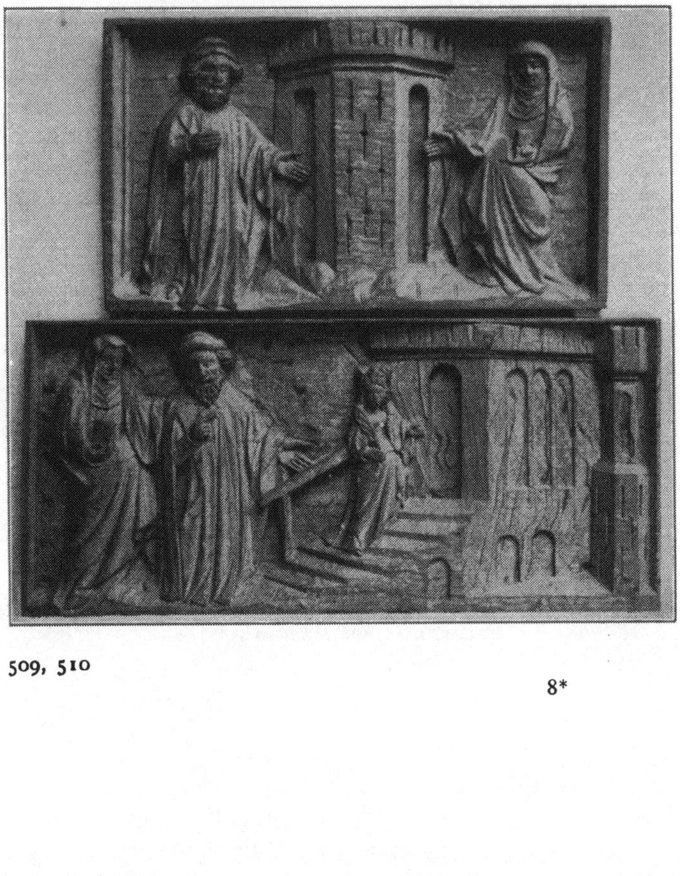

509, 510

509—512. Vier Szenen aus der Geschichte Mariae (Vöge 84—87).

509. Begegnung an der Goldenen Pforte. Joachim in glockenförmigem, rechts geschlitztem Überwurf und Kappe, Anna in Mantel und Kinntuch, ein Buch in der Linken, stehen, die Hand ausstreckend, einander gegenüber, l. und r. des Portals, das die Mitte einnimmt. Gerillte Krempe.

510. Mariae Tempelgang. Sie steigt, gekrönt, einen Palmenzweig in der Rechten, nach r. die Stufen des Tempels empor, sich nach vorn

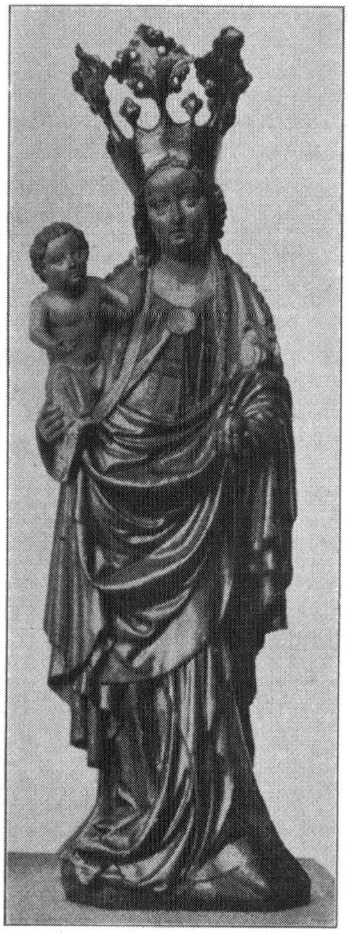

372

drehend. Links, am Fuße der Treppe, Joachim und Anna. Der Tempel zinnenbewehrt.

511. Darstellung Christi im Tempel. Er steht im Hemdchen segnend auf dem Altartisch, von der Mutter gehalten, dem Priester zugewandt, der von r. mit dem Messer herantritt. Hinter ihm ein Diakon mit Sprengwedel und Weihwasser, hinter Maria eine Jungfrau mit einer Kerze und eine Frau mit dem Taubenkorb. Ganz l. Architektur, Fenster mit Fischblasenmuster.

512. Die Flucht nach Ägypten. Maria sitzt, nach r. gewandt, auf dem Esel, das Kind in ihrem Mantel bergend. Joseph führt das Tier am Zaum. Links ein Baum. Einfache Krempe.

Halbreliefs. Eichenholz. Nr. 509: H. 24,3, Br. 43,7; Nr. 510: H. 24,2, Br. 55; Nr. 511: H. 23,7, Br. 51,7; Nr. 512: H. 23,5, Br. 46,7. Bohrungen in den Ecken (bei Nr. 510 links in den Ecken und rechts auf der Fläche). Ergänzungen: Nr. 509 der linke Daumen Joachims und die Krempe rechts; Nr. 510 Joachims l. Daumen und Kleinigkeiten an den Rändern; Nr. 511 kleine Ausbesserungen; gerissen. Nr. 512: der Rand l. und r. ergänzt. — Kunstkammer. Erworben 1848.

Norddeutsch, 15. Jahrhundert.

372. Maria mit dem Kinde (Vöge 83). Stehend mit hoher Krone, das segnende Kind im r. Arm, in der Linken einen Reichsapfel; in das über dem Mantel liegende Schultertuch (den herabgesunkenen Kopfschleier) hat sie den Unterkörper des Kindes gehüllt. An den Ecken abgeschrägte Plinthe.

Wandstatuette. Lindenholz. Rückseite ausgehöhlt. H. 90,5. Mit alter, aber erneuerter Vergoldung und Bemalung. Vergoldet die Krone, Mantel, Mantelfutter, Gewand und Haare. Goldgemusterter Gürtel und Plinthe grün. Spuren leinenen Überzugs an der Plinthe. Ergänzt die l. Hand mit dem Apfel, die Arme des Kindes, die Zacken der Krone. Die Plinthe l. unterlegt. — Erworben 1884. Geschenk eines Ungenannten.

Märkisch, um 1400. — Aus einer Kirche der Mark Brandenburg.

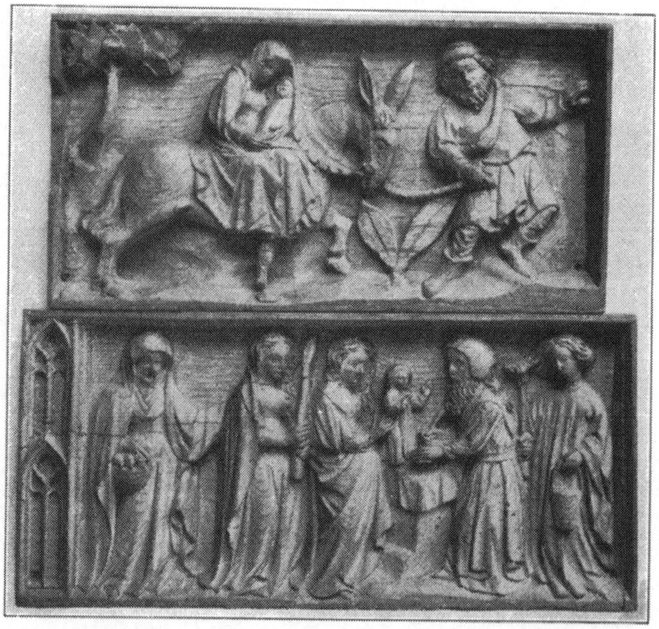

511, 512

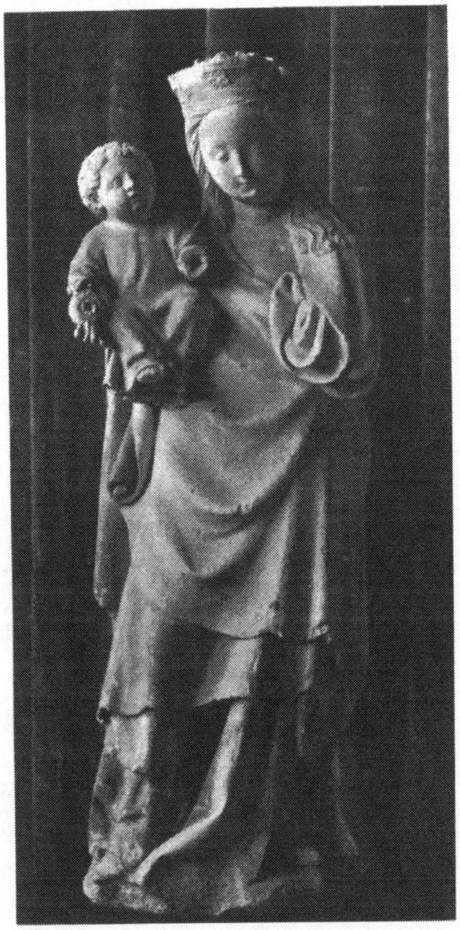

7946

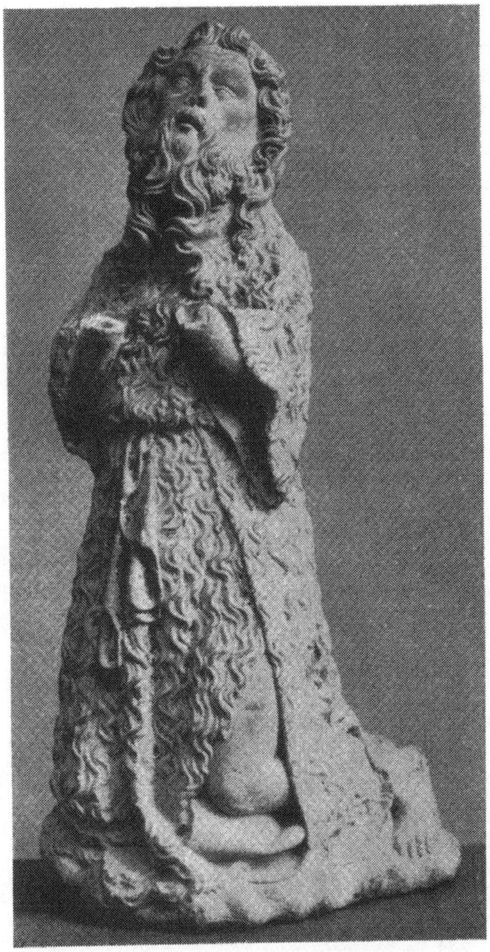

3002

7946. Maria mit dem Kinde. Stehend, das mit einem Röckchen bekleidete Kind auf dem r. Arm. In Gewand, Mantel und Krone, die mit Rosetten auf einem Rautenband besetzt ist. Das Kind hält in der Rechten eine Breikachel. Auf einer Standfläche, die am Rande knorpelartig behandelt ist.

Wandfigur. Sandstein. H. 80,5. Rückseite flach bearbeitet. Im Rücken eine viereckige Öffnung, wohl zum Befestigen an einer Wand. Es fehlen die linken Hände des Kindes und der Mutter, die aus besonderen Stücken waren; die Krone und die Standfläche vorn samt einem Stück des Mantels bestoßen. Kleinere Beschädigungen an der Gewandung. — Das Untergewand der Mutter mit größeren Resten späterer Bemalung (rot); Spuren von Farbe an ihrem Mantel (blau) und am Röckchen des Kindes (rot). — Erworben 1920 im Münchener Kunsthandel.

Westfälisch, um 1410. Verwandt einer Anzahl Madonnen, die in Westfalen erhalten sind, so in Bontkirchen, Kreis Brilon (Phot. des Provinzialkonservators der Provinz Westfalen), in Privatbesitz in Wewer bei Paderborn (Inv. Paderborn S. 153 mit Zeichnung), in der Gaukirche zu Paderborn (Abb. ebda. Taf. 73, 3) sowie sonstigen Arbeiten, von denen ein Teil zusammengestellt ist bei A. Pescatore, Der Meister der bemalten Kreuzigungsreliefs, Straßburg 1918.

3002. Johannes der Täufer (aus einem Jüngsten Gericht). Er kniet, den Kopf emporrichtend, auf einer Wolke in weitärmeligem, gegürtetem Fellkleide.

Wandstatuette. Baumberger Sandstein. H. 38,5. Die Hände, welche fehlen, waren aus besonderen Stücken. Mit Spuren von Vergoldung (das Fellkleid) und Bemalung (die Haare grau, das Futter des Gewandes rosa). — Erworben 1906. Geschenk des Herrn Dr. Karl Krüger.

Westfälisch, um 1430—40. Aus dem Dorfe Hagen bei Osnabrück. — Vom Meister des Sakraments häuschens in der Johanniskirche zu Osnabrück; s. Verres in Amtl. Berichte 47 (1926), S. 62. Dort auch die ältere Literatur.

2. Köln, Niederrhein, Niederlande

5593. Ein Prophet oder Apostel. Hoch aufgerichtet, nach links blickend, sitzt er mit zurückgenommenem rechtem Fuß, während das linke Bein vom Knie abwärts schräg nach dem rechten herübergedreht ist. Den Daumen der rechten Hand hat er in ein Buch gelegt, das er aufrecht auf dem Knie festhält. Ein weiter Mantel hüllt die ganze Gestalt ein und läßt nur Hals und Hände frei. Haupt- und Barthaar gelockt und stark abstehend, der Kopf oben abgearbeitet.

Wandfigur. Eichenholz. H. 28. Am Rücken ist das Gewandmotiv, in leichter Abflachung, durchgeführt. Reste älterer Bemalung im Gesicht (weiß), Augen und Haaren (schwarz), Mantel (graugrün). Es fehlt rechts der Abschluß der Figur vom Knie abwärts, außerdem die l. Hand, der Lockenkranz, der vorn die Stirn bekrönte; außerdem kl. Beschädigung am Haupthaar und an der Nase. — Erworben 1909. Geschenk des Herrn Julius Böhler in München.

Flandern, Anfang 15. Jahrhundert.

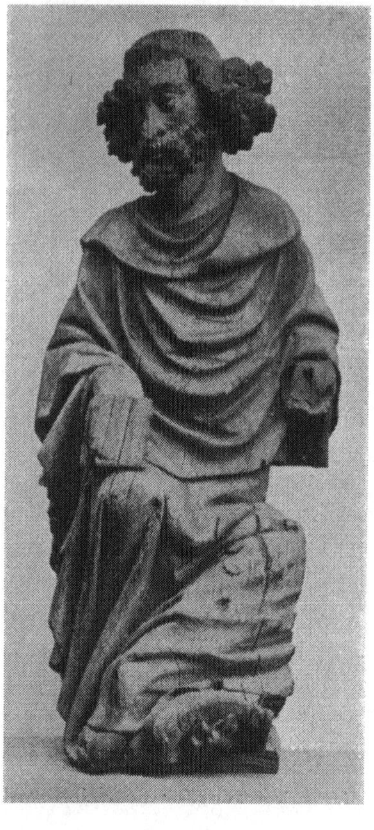

5593

7732. Christus (aus einer Marienkrönung). Nach links gewendet auf einem Thron sitzend, die R. segnend erhoben, in der L. die Weltkugel. Bärtig, in gegürtetem Gewand und offnem Mantel. Die Fußplatte an beiden Ecken abgeschrägt.

Wandstatuette. Nußbaumholz. H. 32, Br. 17. Rücken flach bearbeitet. Einige Beschädigungen am Gewand mit Wachs ausgefüllt. Schöne alte Vergoldung. Gesicht und Haare dunkel patiniert. — Erworben 1916. Geschenk eines Ungenannten.

Rheinisch, um 1400. — Angeblich aus Mainz. Zur zeitlichen und ikonographischen Einordnung sei auf den Gottvater des Retabels von Hackendover hingewiesen (Abb. bei Destrée, Etude sur la Sculpture brabançonne. Bruxelles 1864. S. 77).

7009. Maria mit dem Kinde. Stehend, den Leib nach r. ausgebogen und vorgeschoben, so daß eine S-Kurve nach der Tiefe entsteht. Kopftuch mit gefälteltem Rand, darüber der Ansatz für die jetzt fehlende Krone; langer, bis zum Boden fallender Mantel. Das halb bekleidete Kind ergreift das Kopftuch der Mutter.

Statuette. Nußbaumholz. H. 52,5. Rücken flach bearbeitet. Mit Resten alter Bemalung. Die r. Hand Mariae und die l. Schulter des Kindes fehlen. Der Sockel und ein Stück des Gewandes aus anderem Holz angestückt. — Erworben 1911 in Köln.

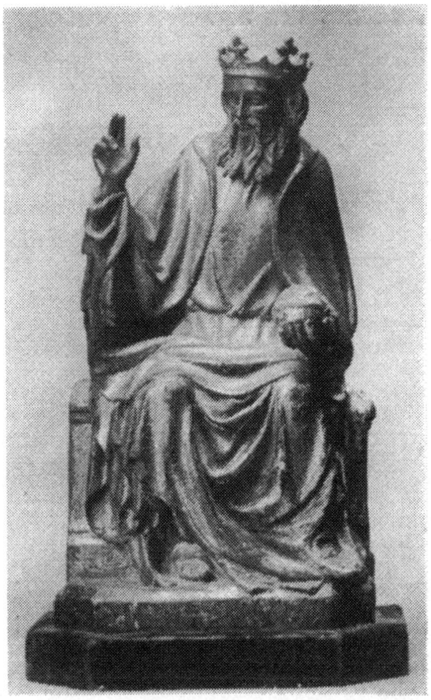

7732

Niederrhein um 1400. — Nach Witte (Zeitschr. f. christl. Kunst XXV (1912), S. 397) eine zeitgenössische, vielleicht kölnische Kopie nach dem Gnadenbild der Madonna »Ster der See« in Maestricht. Verwandt die Madonna in St. Gereon (?) Köln, Phot. Rhein. Lichtbildstelle 1387.

7942. Der Kalvarienberg. An einem Astkreuz, auf dessen Spitze ein Pelikan mit seinen Jungen in einem Nest aus Blättern sitzt, hängt der Gekreuzigte, in der Brust die offene Seitenwunde. Das Kreuz erhebt sich frei über der in Relief gearbeiteten Berghöhe und wächst aus dem als Ölbaum gestalteten Baume des Lebens hervor. Unterhalb des Baumes ein Totenschädel. Links Maria, ohnmächtig zusammenbrechend, und zwei Frauen, die sie stützen, rechts Johannes der Evangelist, im Maßstab größer als diese Figuren, in Profilstellung sitzend, aufwärtsblickend und zugleich auf eine Schriftrolle das Evangelium schreibend. Rechts anschließend, an der Ecke, kniet frontal ein geistlicher Stifter, mit betend zusammengelegten Händen und emporgerichtetem Blick, im Maßstab kleiner als die übrigen Figuren. Der Grund mit Ölbäumen bestanden. — Das Ganze auf einem Sockel mit profilierter Deck- und Fußplatte, der vorn und an den Schmalseiten mit Malereien geziert ist: auf der Vorderseite links und rechts je ein Spitzbogenfenster mit einem Wappen; die Wappen stimmen untereinander überein und bestehen aus 4 Feldern, von denen zwei einen schwarzen Vogel und zwei ein muschelartiges (?) Gebilde zeigen. In der Mitte der Vorderseite ein weiteres Fenster, in dessen unterem Teil das Monogramm I h S eingepunzt ist. Zwischen den Fenstern sind vier Nischen mit je einer Heiligendarstellung in Halbfigur: gewappneter Heiliger (St. Gereon?), St. Johannes Bapt., eine weibliche Heilige und ein hl. Bischof, an der linken Schmalseite ein hl. Bischof mit einer Stifterin (?), an der Schmalseite ein weiterer hl. Bischof. Abb. S. 65.

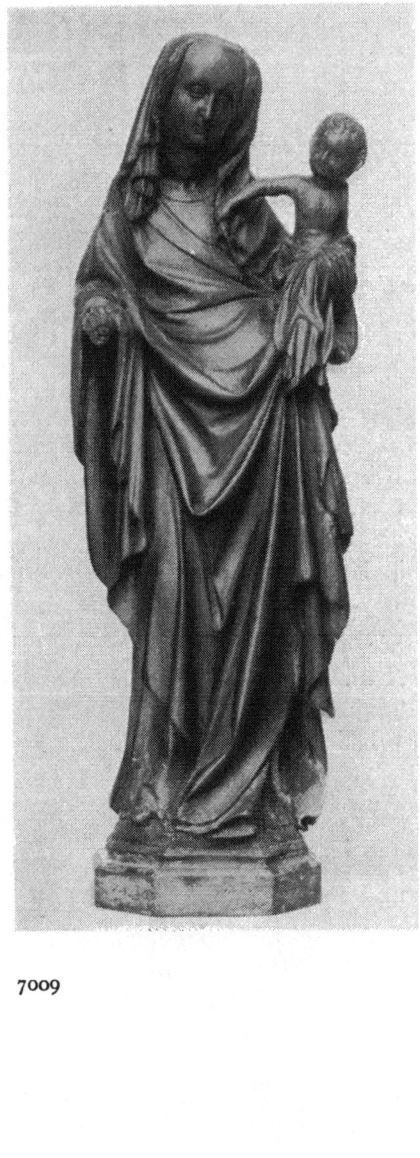

7009

Wandgruppe. Eichenholz. H. (gesamt) 117, Br. 47,5. Das Kruzifix vollrund; die Figuren unten in Hochrelief, die Rückseite flach. Das Kreuz, das Nest des Pelikans und die Seiten des Hügels aus besonderen Stücken. Die Arme Christi ergänzt. — Die Schnitzgruppe mit großen Resten alter Vergoldung und kleineren späterer Bemalung. Die Malerei des Sockels zeigt in der Architektur und in den gepunzten Hintergründen der Figuren Gold und in den Gewändern der letzteren verschiedene Temperafarben. — Erworben 1920 aus der Slg. B. Oppenheim-Berlin. Früher in der Sammlung Thewalt-Köln.

Niederrheinisch oder niederländisch, Anfang des 15. Jahrhunderts. Ohne speziellere Verwandte in der Plastik Kölns und des Niederrheins; auch das Wappen ist noch nicht für diese Gegend nachgewiesen. Zur Lokalisierung gibt der Stilcharakter der Malereien Anlaß in Verbindung mit der allgemeinen stilistischen Haltung der Schnitzgruppe, dem Eichenholz und der ehemaligen Zugehörigkeit zu einer Kölner Sammlung. Ungewöhnlich die Verschiedenheit in den Maßstäben der Figuren und die Betonung der Evangelistentätigkeit; der Christuskörper altertümlich. — Aukt.-Kat. Slg. Thewalt (Versteig. Köln 1903) Nr. 716. B. Oppenheim, Originalbildwerke aus meiner Sammlung, Berlin 1907, Nr. 1, Taf. 1.

8034. Schildhaltender Engel. Stehend in gegürtetem Gewand mit weitem Kragen. Unter den halblangen Ärmeln des Obergewandes, die mit breiter Borte abschließen, kommen die Ärmel eines enganschließenden Untergewandes hervor. Lockige Frisur mit hinten abstehendem Haarkranz. Die R. hält eine Lilie, die L. liegt leicht auf dem fast bis zur Mitte der Figur reichenden, oben wagerechten, unten spitzbogig abschließenden Schild.

Wandfigur. Holz. Hinten ausgehöhlt. Geringe Reste von Fassung: Gold auf rot am Gewand; das aufgemalte Muster scheint später. Es fehlt eine Blüte und der untere Teil des Stengels der Lilie; ferner kleine Teile in den Locken und an der Nase. — Erworben 1918 (Sammlung J. Simon).

Niederländisch oder nordfranzösisch, Anfang des 15. Jahrhunderts.

3) Mittelrhein und Franken

3118. Maria mit dem Kinde auf der Mondsichel (Vöge 74). Stehend, das Antlitz etwas nach r., dem nackten Kinde zuwendend, das einen Apfel in der L., auf ihrer l. Hand sitzt. In gegürtetem Gewand, vorn genesteltem Mantel, Kopfschleier und Krone. In der nach unten gewendeten Mondsichel ein weibliches Gesicht mit gekräuseltem Haar und Kinnbinde.

Wandstatue. Gebrannter Ton. H. 112. Rückseite glatt. An den Säumen Bohrungen (für Metallperlen?). Das zugehörige, im Brand etwas dunkler geratene Kind und die l. Hand der Mutter, auf der es sitzt, waren wie die fehlende R. für sich geformt und gebrannt. Quadratische Ausschnitte an der Rückseite der Madonna wie des Kindes, zur Befestigung. Die Füße und die r. Hand des Kindes wie die r. Hand der Madonna fehlen; Zacken der Krone, der Mondsichel abgestoßen. Unter dem z. T. entfernten Anstrich die Spuren alter Bemalung und Vergoldung. — Erworben 1907 in Mainz.

Mittelrheinisch, um 1420. — Aus Dromersheim bei Bingen. Die künstlerische Herkunft hat zuerst Vöge richtig bestimmt: Amtl. Berichte 29 (1908), Sp. 315. Die Gruppe mittelrheinischer Tonplastiken, zu der das Stück gehört, hat Rauch 1910 und 1914 im Kalender »Hessenkunst« zusammengestellt. Weitere Literatur bei Pinder im Handbuch der Kunstwissenschaft, Die deutsche Plastik I, S. 157. Vgl. auch die folgende Nr. 8038.

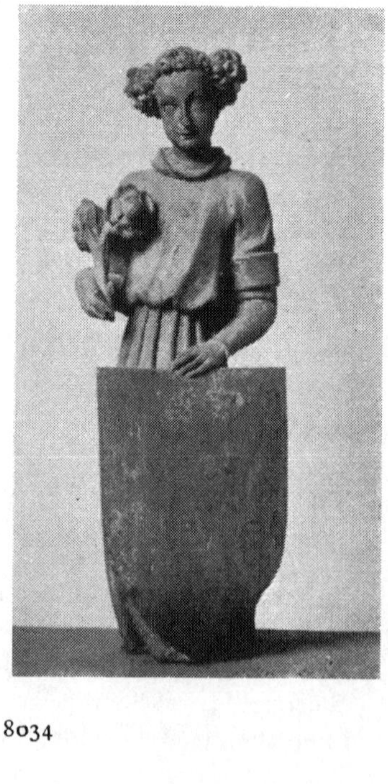

8034

7025. Maria mit dem Kinde. Stehend mit ausgebogener l. Hüfte und nach l. geneigtem Haupt. Das Kind, nackt, sitzt gerade gerichtet mit gekreuzten Beinchen auf ihrem l. Arm. Maria hält in der Rechten einen Apfel. Sie ist bekleidet mit Gewand,

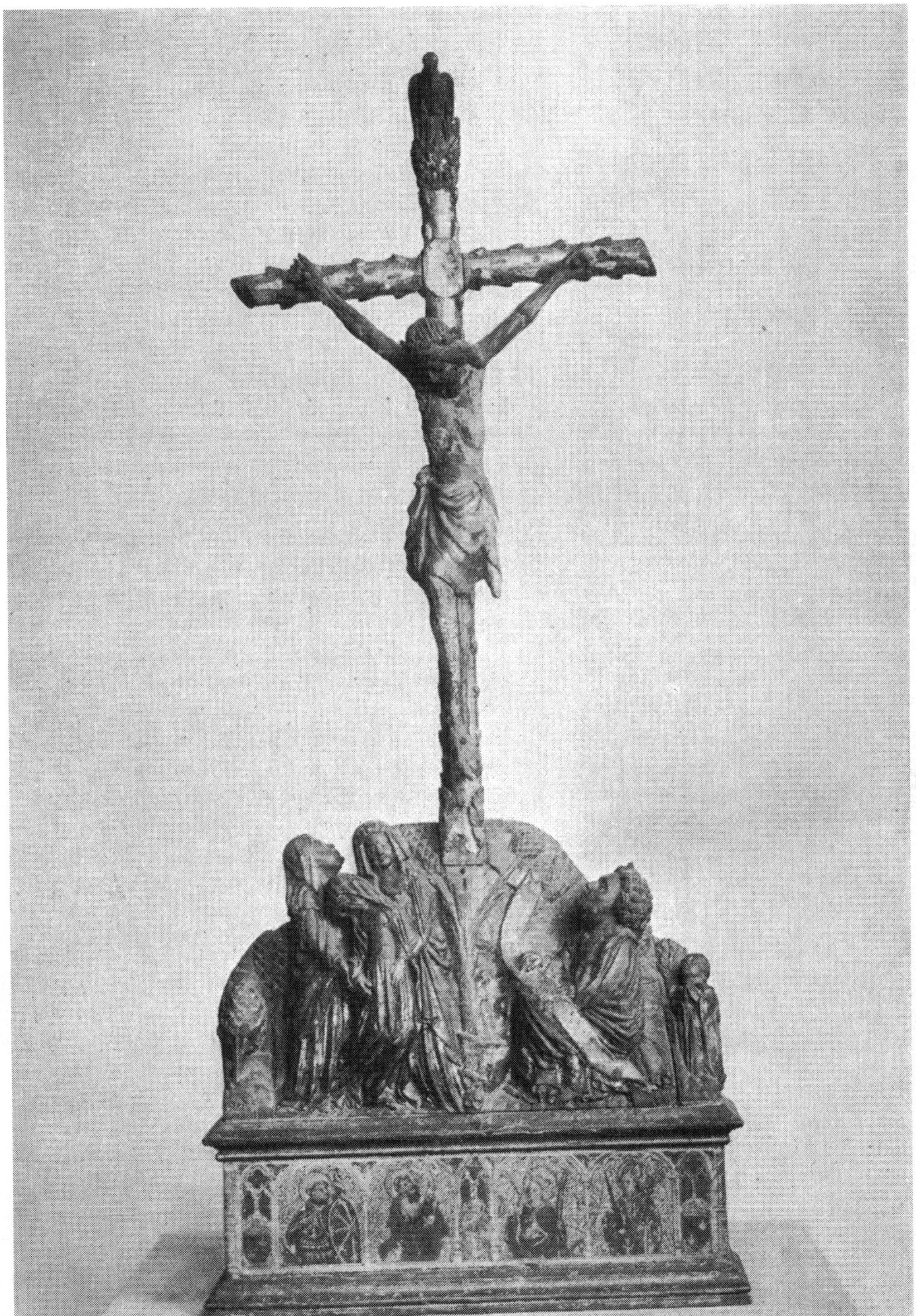

7942

S. 63

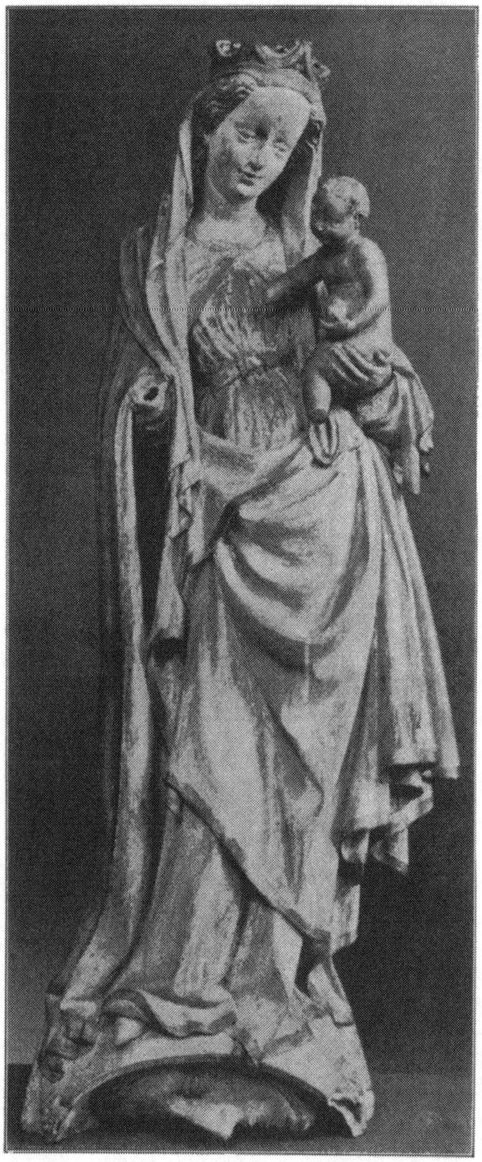

3118 S. 64

Mantel u. Kopftuch. Auf dem Haupt eine hohe Krone. Polygonale Standplatte.

Wandfigur. Lindenholz. H. 83. Rückseite flach. Die Fußplatte an einigen Stellen beschädigt, die Spitze des r. Fußes Marias und die l. große Zehe des Kindes fehlen. Die Krone mit Bestoßungen und (geringfügigen) Ausbesserungen. — Unter der späteren, z. T. wieder entfernten Bemalung Reste der ursprünglichen: das Gewand (jetzt rot) und der Mantel (jetzt blau) waren vergoldet, das Kopftuch (jetzt grün) war wohl weiß. Die Krone mit größeren Resten der alten Vergoldung. — Erworben 1912 im Mainzer Kunsthandel.

Wohl mittelrheinisch um 1410—1420.

8038. Maria mit dem Kinde. Stehend, in gegürtetem Gewand, Mantel, Kopftuch und Krone, das nackte Kind auf ihrem l. Arm, den r. Arm erhoben. Auf niedriger (neuer) Standfläche.

Wandstatue. Gebrannter Ton. H. 88. Die Rückseite hohl. Es fehlen die Rechte Marias, der ganze r. Arm des Knaben, seine l. Hand mit einem Stück des Unterarms und der r. Unterschenkel samt einem Stück des Oberschenkels. Die Standfläche, aus Holz, modern; die Krone mit dem Scheitel des Kopfes in neuerer Zeit in Holz ergänzt, ebenso ein Stückchen des Mantels unterhalb des r. Armes Marias. — Mit späterer Bemalung über Resten der alten (Mantel ursprünglich golden, jetzt blau, Gewand in Rot, das erneuert ist, Kopftuch weiß, jetzt gelb). — Erworben 1918 (Sammlung J. Simon).

Süddeutsch, um 1430. Von Volbach in den Amtl. Berichten 41 (1920) S. 217 als schwäbisch angesprochen, jedoch eher mittelrheinisch. In der Körperhaltung verwandt unserer Madonna aus Dromersheim (3118) und den beiden weiblichen Heiligen in der Pfarrkirche zu Bingen (Abb. Hessenkunst 1910, S. 13).

367. Zwei anbetende Könige (Vöge 52). Der vordere öffnet knieend das (ergänzte) Kästchen in seiner Rechten; der hinter ihm Stehende legt die Linke beteuernd auf die Brust, in der Rechten den Rest eines Gefäßes; seine Lippen sind geöffnet. Beide Figuren barhaupt, bärtig, in Mantel. Die Fußplatte aus dem Achteck genommen. Abb. S. 68.

Wandgruppe. Gebrannter Ton. H. 73. Die Rückseite ausgehöhlt. Das Ganze aus mehreren großen Bruchstücken wieder zusammengesetzt. Ergänzt die Hände mit den Geräten, die Finger an der l. Hand des zweiten, die kleine Zehe am r. Fuß des ersten Königs und z. T. die Platte. — Kleine Ausbesserungen an den Falten. — Ohne Spuren von Bemalung. — Erworben 1858 (Kunstkammer).

Mittelrheinisch (?), um 1430. Bisher für nürnbergisch gehalten; doch weisen Vöge (Kat. Nr. 52) und Josephi (Nürnberger Kat. S. 53) bereits auf die andersartige Technik der Nürnberger Tonapostel hin, deren Meister Pückler-Limburg (Die Nürnberger Bildnerkunst um die Wende des

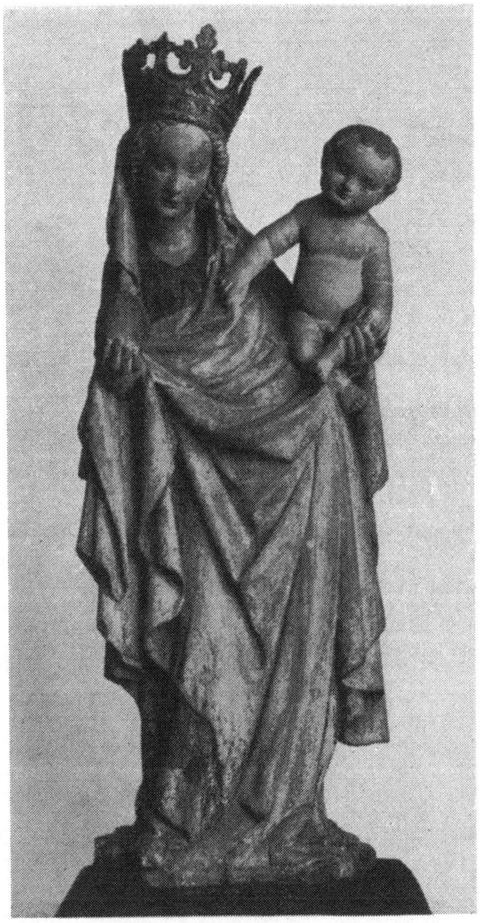

7025

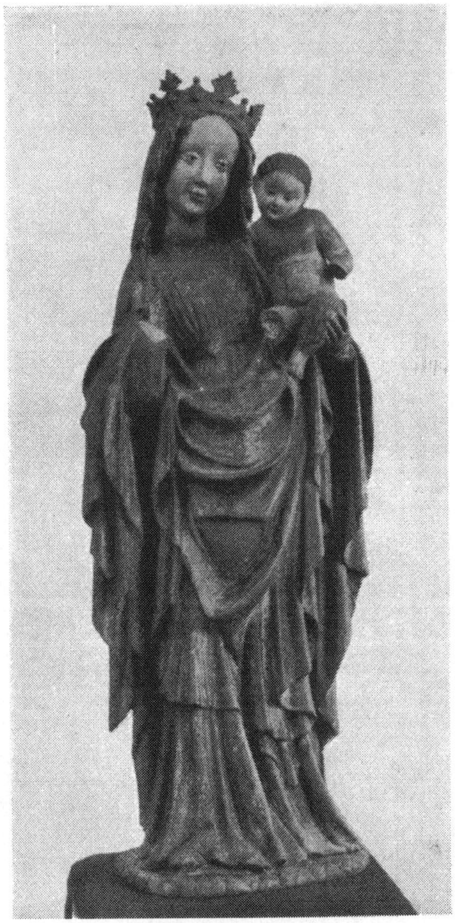

8038

S. 64

14. und 15. Jahrh., Straßburg 1904, S. 69 f.) die Gruppe zugeschrieben hatte. Der mittelrheinischen Tonplastik weit eher zuzurechnen als der nürnbergischen, vgl. namentlich die Kreuztragung aus Lorch in der Slg. Figdor-Wien (Abb. Back, Mittelrheinische Kunst, Frankfurt a. M. 1910, Taf. XVII ff., Pinder, Die deutsche Plastik des 15. Jahrhunderts, München 1924, Taf. 3—5) und den Propheten in Bingen (Abb. Hessenkunst 1910, S. 11). Den andersartigen Charakter unserer Gruppe gegenüber den Tonaposteln in Nürnberg betont neuerdings auch Pinder (Handb. d. Kunstwissenschaft, Deutsche Plastik I, S. 151).

370. Der Erzengel Michael (Vöge 51). Er stößt mit beiden Händen dem Drachen die Lanze in den Rachen, den r. Fuß auf seinen Schwanz setzend. Ein mit Rosen besetztes Band schmückt das Haar; auf dem Zeugstreifen, der den Mantel vorn zusammenhält, sitzt eine große kreuzförmige Spange; der anschließende Rock ist vorn verschnürt. Abb. S. 68.

Wandstatue. Sandstein. H. 135. Spuren von Bemalung. Die Haare schwarz. Ergänzt: unterer Teil der Nase, Flügel, bis auf die unteren Enden, Lanzenschaft, bis auf das Stück zwischen den Händen; außerdem Kopf und Hals des Drachen. — Erworben 1881 in Nürnberg.

Nürnberg. Anfang 15. Jahrhundert. — Aus dem Innern eines Nürnberger Hauses. Verwandt ein aus dem Imhoffschen Hause stammender Engel des German. Museums, Katalog Josephi Nr. 34, Abb. bei Bier, Nürnbergisch-fränkische Bildnerkunst (1922), Abb. 34.

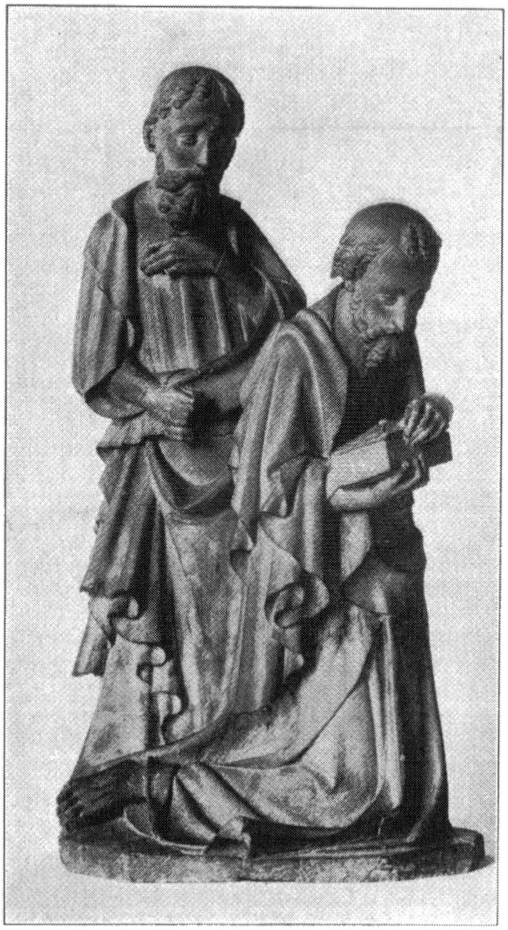

367 S. 66

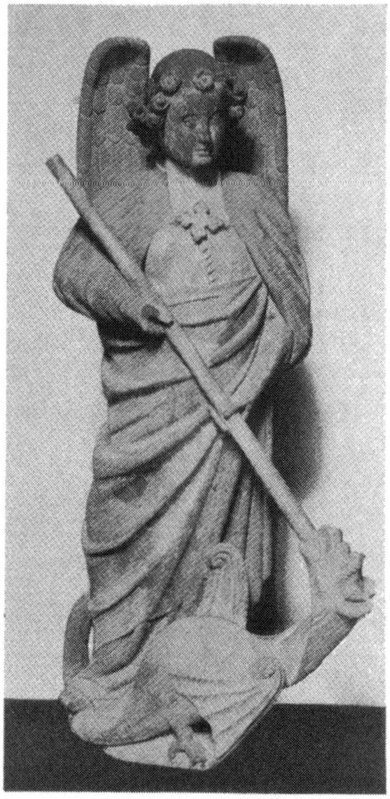

370 S. 67

8033. Hl. Ritter. Stehend, r. Hand zur Brust erhoben, mit der L. den Schild fassend. Mütze mit hochgeschlagener Krempe, Leibrock mit Dupsing. Abb. S. 70.

Wandfigur. Lindenholz. H. 112. Rückseite ausgehöhlt. Die alte, etwas aufgefrischte Bemalung ist erhalten am Kopf. Gewand und Beine sind scharf geputzt, so daß nur geringe Reste von Rot am Schild und am Rock geblieben sind. — Erworben 1918 (Sammlung J. Simon).

Mittelrheinisch um 1430. — Wohl aus demselben Altar wie ein hl. Martinus aus Lorch am Rhein, jetzt im Wiesbadener Museum. Vgl. Volbach, Amtl. Berichte 1 (1920) 215-16. Nassauische Heimatblätter 20 (1917) S. 61.

d) Südostdeutschland

(Alpenländer, Böhmen, Schlesien)

2970. Der hl. Georg (Vöge 60). Ein Tuch um den Kopf, das Schwert gegen den Drachen erhebend, auf dem er steht. Den Harnisch, unter dem am Halse der Kettenpanzer hervorschaut, bedeckt ein kurzer, enganschließender Leibrock mit weiten, zurückgestreiften Ärmeln; darüber liegt ein breiter, mit Metall beschlagener Ringgürtel.

Statue. Lindenholz. H. 87 (bis zum Scheitelpunkt) fast vollrund. Mit Resten der alten Vergoldung (Rüstung, Gürtel, das Kreuz auf der Brust), Versilberung (das Kreuz auf dem Rücken) und Bemalung (der Leibrock war rot). Der Drache aus besonderem Stück. Auf dem Kopfe eine Bohrung. Nase und Unterarme ergänzt, von dem Drachen, Kopf, Vorderfüße, Schwanz. — Erworben 1904 in Frankfurt.

Tirol Anfang 15. Jahrhundert. — Aus einer Kapelle in Südtirol. Vgl. den Georg Nr. 227 des Münchener Nationalmuseums; (Katalog von 1924). In der Anlage noch mehr verwandt der würzburgische Georg, ebenda Nr. 228, aus Sandstein. Pinder (im Handbuch der Kunstwissenschaft, Deutsche Plastik I, S. 187), urteilt, daß die Figur an »Augenblicklichkeit und Leben« die entsprechenden böhmischen weit übertrifft; und daß sie räumlicher gedacht ist als diese.

5929. Hl. Michael. Stehend, mit dem l. Fuß leicht ausschreitend; die R. holt mit dem Schwert aus, in der Linken die Waage. Enganliegender, über den Beinen geschlitzter Mantel. Weite Ärmel und Dupsing. Lockiges Haar mit Stirnreif. Abb. S. 70.

Statue. Lindenholz. H. (bis zum Scheitel) 75. Mit der Achteckfußplatte aus einem Stück. Rückseite flach bearbeitet. Abgelaugt. Reste der alten Bemalung im Gesicht, Reste von (späterem?) Rot an den Beinen, von Blau am Mantelfutter. Die Waage ist eine Ergänzung. — Erworben 1911 in München.

Tirol um 1400. — Ein bärtiger Ritter, der sich 1916 in der Sammlung Colli in Innsbruck befand, ist von der gleichen Hand. Pinder im Handbuch der Kunstwissenschaft (Deutsche Plastik I, 180): »von wunderbarem Flusse; — noch viel von der Undurchdringlichkeit und Massivität des 14. Jahrhunderts«.

8036. Martinusgruppe. Der Heilige steht, das l. Bein vorgesetzt, und blickt zu dem mit einem Lendentuch bekleideten, knieenden Bettler hinunter, im Begriff seinen Mantel mit dem (jetzt fehlenden) Schwert, in der Rechten, zu zerteilen. Enganliegendes, bis zu den Knien reichendes Gewand mit Dupsing, Mantel mit Schließe zusammengehalten. Mütze mit Krempe. Abb. S. 70.

Wandfigur. Lindenholz. H. 84. Rückseite flach bearbeitet. Alte, z. T. aufgefrischte, neuerdings freigelegte Bemalung: Mantel vergoldet, Futter dunkelblaugrün, Leibrock rot mit schwarzem Adlermuster, unterer Rand der Baretts vergoldet. Lendentuch des Bettlers weiß mit roten Streifen. — Erworben 1918 (Sammlung J. Simon).

Böhmisch (?) Anfang 15. Jahrhundert.

2185. Maria mit dem Kinde in Halbfigur (Vöge 59). Das Kind auf den Händen haltend, lächelnd zu ihm niederblickend; ihr Kopfschleier dient ihm als Schurz; es streichelt mit der Linken der Mutter Kinn. Offenbar trug diese eine Krone. Die Haare der Madonna vorn in Locken gedreht. Auf kräftig profiliertem, vorn flachbogig ausladendem Untersatz mit folgender Aufschrift:

Diße Bldnus Ist Von Unser Frau
stifterin Anno 1220 gestiftet worden.

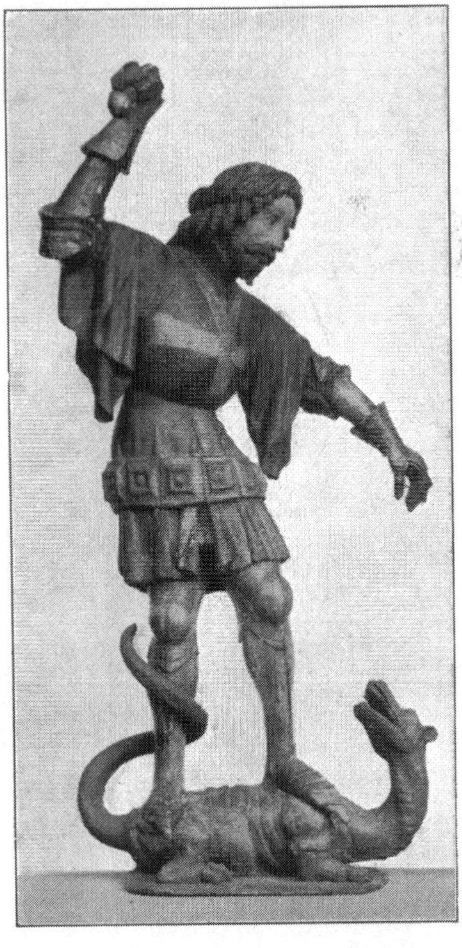

2970

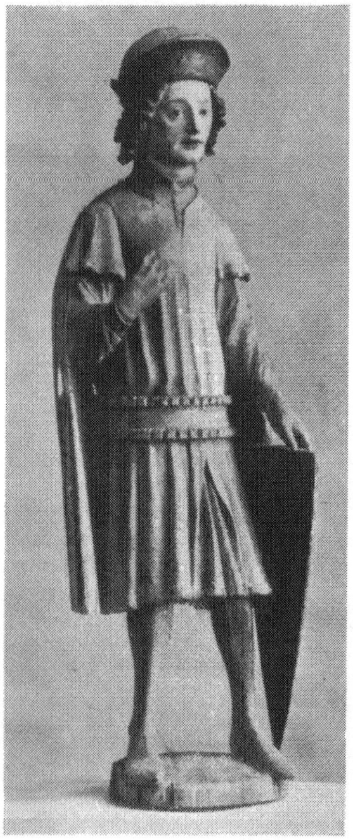

8033 S. 68

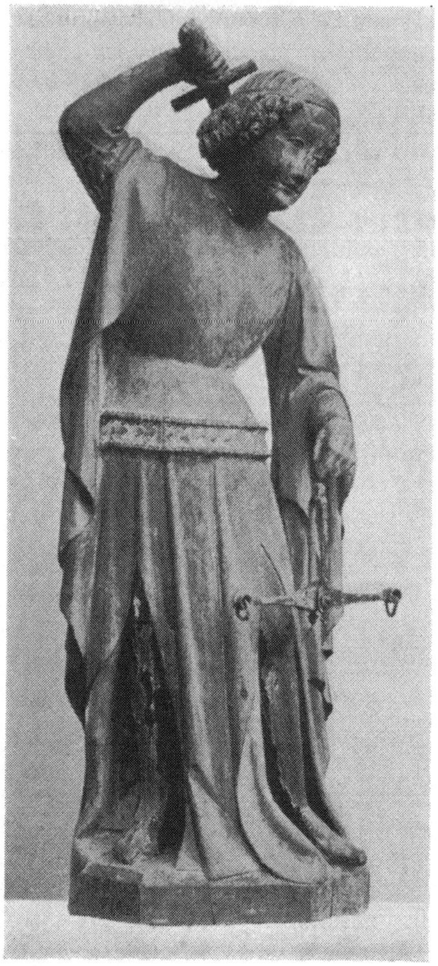

5929 S. 69

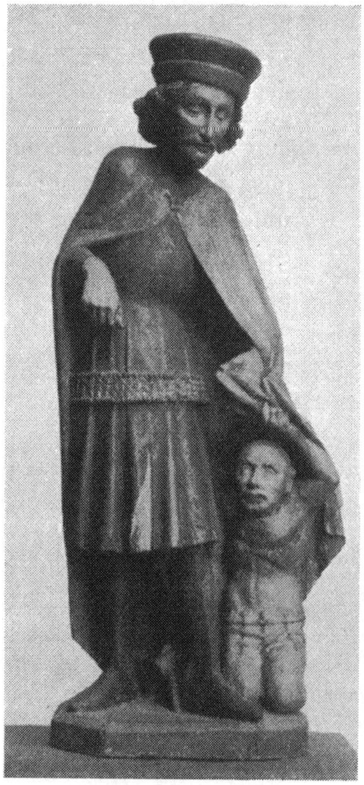

8036 S. 69

Wandgruppe. Gebrannter Ton. H. 52, Br. 49. Figur und Untersatz getrennt hergestellt und dann verbunden. Auf dem Kopfe eine Bohrung. Der unbearbeitete Rücken mit rechteckiger Öffnung nach dem hohlen Innern. Es fehlt der r. Unterarm des Kindes sowie ein Fingerglied an der l. Hand Marias. — Alte Fassung. Mantel, Gewand, Haare und die vorstehenden Profile des Sockels vergoldet; Kopf tuch (später) gelb überstrichen; Mantelfutter blau (erneuert). Die heutigen Buchstaben der Aufschrift sind wohl im 17. Jahrh. aufgetragen, aber seither noch erneuert und verändert worden. — Erworben 1894 in München. Geschenk des Herrn Martin Heckscher in Wien.

Böhmisch, Anfang 15. Jahrhundert. Auffallend an die halbfigurigen Madonnengemälde der böhmischen Schule erinnernd, vgl. das der ehem. Thomaskirche in Brünn bei Prokop, Die Markgrafschaft Mähren, Wien 1904, II, 629. Auch Pinder (Handbuch der Kunstwissenschaft, Deutsche Plastik I S. 171) hält die Tongruppe für sicher böhmisch.

7731. Maria aus einer Verkündigung. Frontal gerichtet stehend, blickt sie von dem aufgeschlagenen Buch in ihrer Rechten geradeaus auf. Die Linke, die das Kopftuch mit gekräuseltem Saum zur l. Seite hinüberzieht, ist an die Brust gelegt. Im Haar ein glatter Stirnreif. Auf fünfseitiger Standplatte. Abb. S. 72.

Wandfigur. Kalkstein. H. 73. Rücken flach. Der Kopf wieder angefügt. Ein Stückchen des Kopftuchs in der Höhe der l. Schulter und die Spitze der großen Schüsselfalte unter dem l. Knie ergänzt.

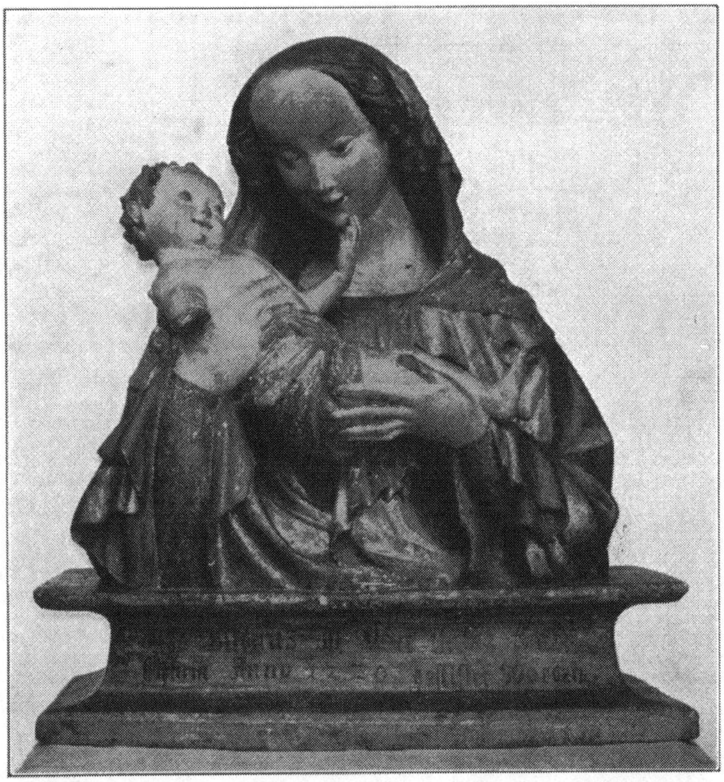

2185 S. 69

Der Kopf hat in späterer Zeit eine Krone getragen, wie Bohrlöcher zeigen. Geringfügige Bestoßungen an Säumen, einzelnen Faltenrücken u. dgl. — Mit geringen Spuren von Bemalung. — Erworben 1916 in München.

Salzburgisch - südbayerisch um 1420—1430. Aus der Gegend von Berchtesgaden stammend, laut Mitteilung des Vorbesitzers. Zum Kreise der sog. »Schönen Madonnen« gehörend. Am nächsten verwandt eine Steinmadonna in Winhöring (Bezirksamt Altötting, Abb. Inv. Fig. 265), s. Pinder, im Jahrbuch der preuß. Kunstslgn. 44 (1923) S. 160 u. derselbe im Handbuch der Kunstwissenschaft »Die deutsche Plastik« I 1924 S. 187 mit Abb. der beiden Stücke. Kieslingers Annahme (Zur Geschichte der got. Plastik in Österreich I, 1923 S. 28), unsere Figur sei steirisch, trifft schwerlich zu. — Daß es sich nicht um eine Heilige handelt, wie Pinder (im Handbuch) meint, erhellt aus dem Fehlen einer Krone (der Stirnreif ist nicht etwa der Rest seiner abgemeißelten Krone, denn er wird hinten vom Kopftuch verdeckt) und aus der Haltung der l. Hand. Der fehlende Engel kam wohl von links, wie z. B. in der Tongruppe im Hochaltar von St. Martin zu Landshut (Abb. Inv. Niederbayern, Stadt Landshut Taf. III).

8366. Heilige Agnes. Stehend. Gegürtetes Gewand; Mantel, dessen Säume sich vorn breit umlegen, Schapel. Die Linke hält das Lamm, die Rechte faßt den Mantel. Auf achtseitiger Fußplatte. Abb. S. 72.

Wandfigur. Kalkstein (wohl Offenstetter Stein). H. 78,5. Die Rückseite flach bearbeitet. — Kopf und Brust des Lammes und vier Finger der Linken fehlen. Der Kopf der Heiligen oberhalb des Schapels (wohl später) abgearbeitet. Die Nase unten z. T. erneuert. Kleinere Bestoßungen der Standplatte und der Mantelsäume. Größere Reste nicht ursprünglicher Bemalung: Untergewand und Mantel rot, Mantelfutter blau, Säume u. Gürtelschnalle vergoldet. An Haar und Schapel Reste von Vergoldung und Farbe. — Erworben 1925 als Geschenk Sr. Exzellenz W. v. Bode. Früher in der Sammlung Dr. Oertel-München.

Bayerisch (Regensburg) um 1430. Versteig.-Kat. der Sammlung Oertel 1913 Nr. 18 B Taf. 18.

7094. Maria mit dem Kinde. Stehend, in gegürtetem Gewand, Mantel, Kopftuch und Krone. Mit beiden Händen das Kind haltend, um dessen l. Beinchen ein Zipfel ihres Kopftuches geschlungen ist. Das Kind sonst nackt; es stemmt sich mit seinem Oberkörper und Köpfchen leicht zurück und greift mit der R. in das Kopftuch, die L. hält einen Apfel. Auf zugehörigem achtseitigem Sockel mit vorstehender Deck- und Fußplatte. Abb. S. 73.

Wandfigur. Lindenholz. H. der Figur (ausschl. Krone) 81, des Sockels 10. Rückseite flach. Der Wulst der Krone und letztere selbst, aus Draht und Glasperlen, später. Am Sockel unten l. eine Er-

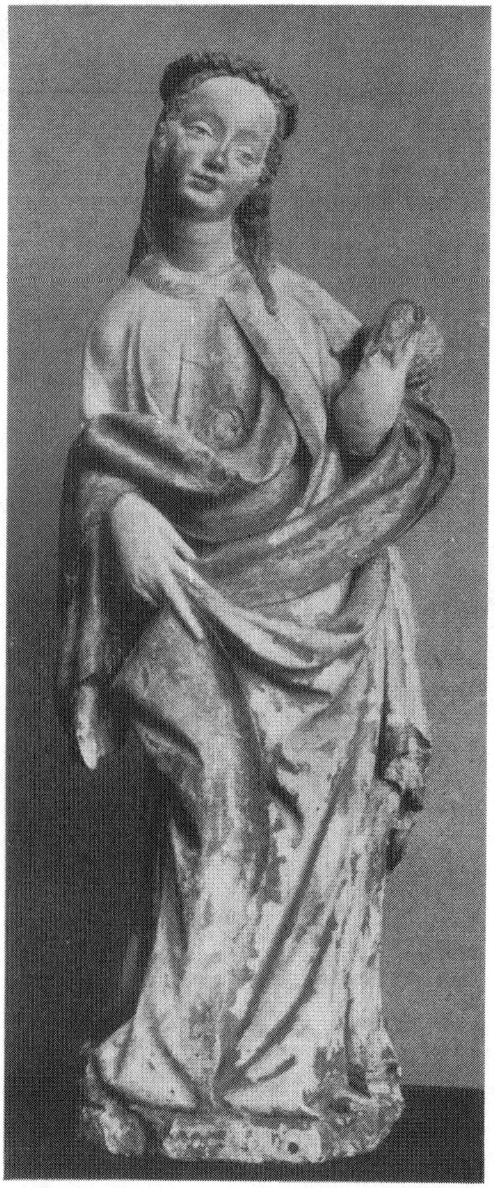

8366 S. 71

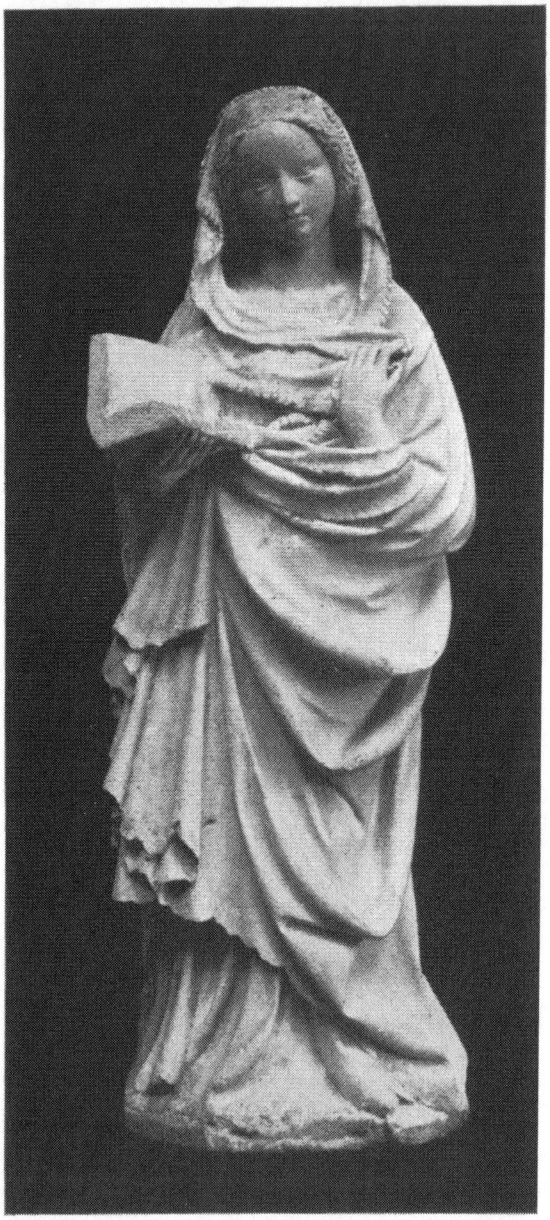

7731 S. 70

gänzung (auf der Abb. fehlend). — Mit der ursprünglichen (wieder freigelegten) Vergoldung (Gewand und Mantel) und Bemalung (weißes Kopftuch: Inkarnat); nur das Blau des Mantelfutters und die Bemalung des Sockels erneuert. — Erworben 1913 in München. Geschenk eines Ungenannten.

Wohl bayerisch, um 1430. Zum weiteren Kreise der »Schönen Madonnen« gehörig, wie die Bewegung des Kindes u. die Lagerung der Mantelfaltenzüge unten zeigt. Zu den »Schönen Madonnen« vgl. W. Pinder im Jahrbuch der Preußischen Kunstsammlungen 44 (1923) S. 147 ff.

8042. Maria mit dem Kinde auf der Mondsichel. Maria steht und hält mit beiden Händen das Kind wagerecht vor sich. Der Blick ist sinnend in die Ferne gerichtet. Auf dem oben ausge-

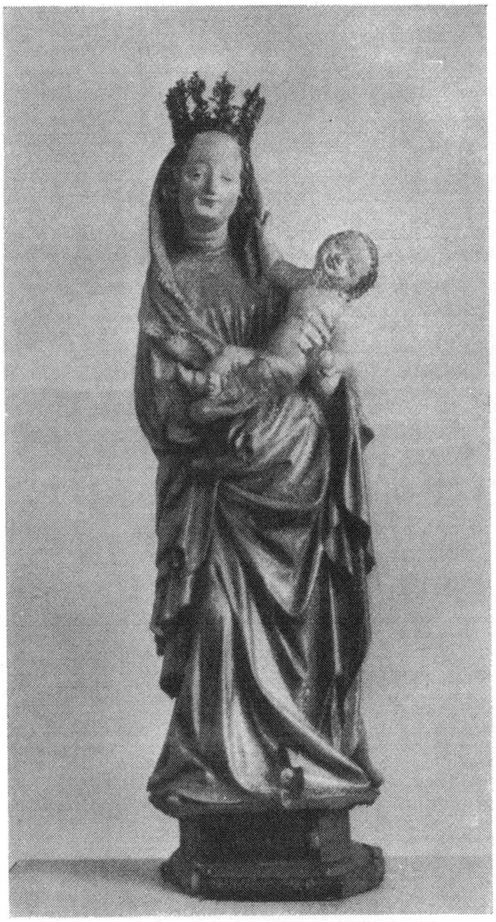

7094 S. 71

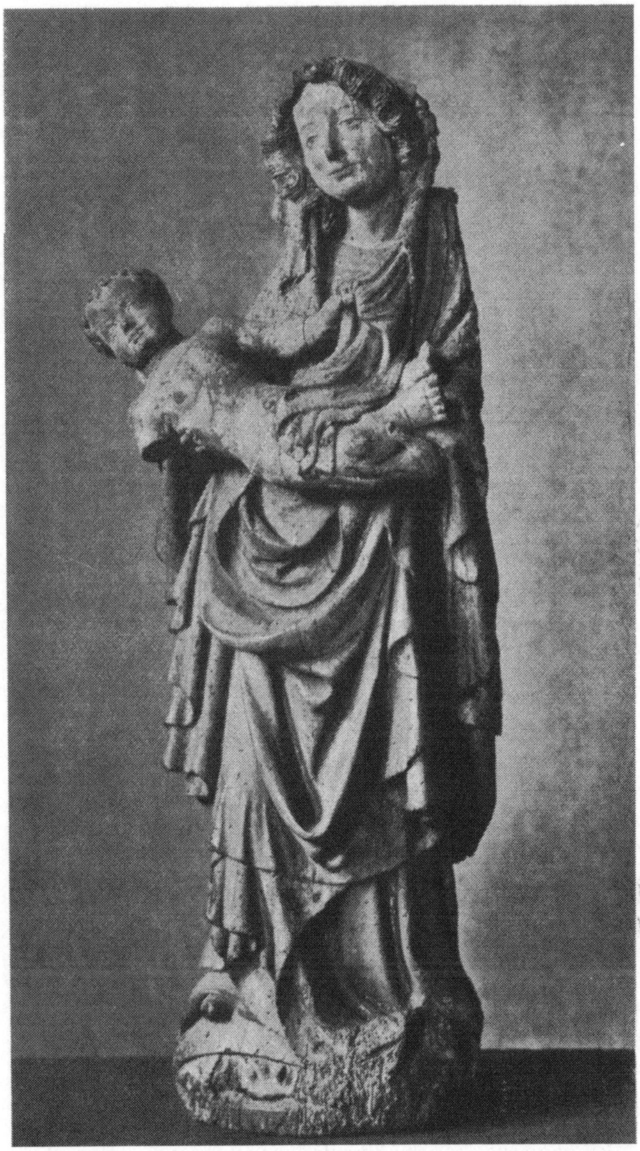

8042

höhlten Kopf saß ursprünglich eine Krone. Volles, gewelltes Haar umrahmt in starkem Relief das jugendlich weiche Gesicht. Darüber ein Kopftuch, dessen eines langes Ende von dem Kinde gefaßt wird und über seinen Unterkörper herabgleitet. Die Gestalt der Maria ist ganz eingehüllt in einen weiten Mantel, dessen weiches welliges Faltenwerk in der Mitte vor dem Leib zwei tiefe Faltenschüsseln, rechts und links zwei senkrechte Gehänge bildet, die von den Unterarmen herabkommen. Am Boden verlaufen die Linien in schwungvoller Rundung. Das Gewand wird sichtbar am Hals und an den Seiten von den Armen abwärts. Maria setzt den rechten Fuß auf eine Mondsichel, in die ein Gesicht mit Kinnband in flachem Relief einbeschrieben ist.

Wandstatue. Lindenholz. H. 95. Der Rücken ausgehöhlt. Das Holz ist an mehreren Stellen stark verwurmt. Es fehlen: ein Stück von der l. Schulter abwärts und der rechte Arm des Kindes unter-

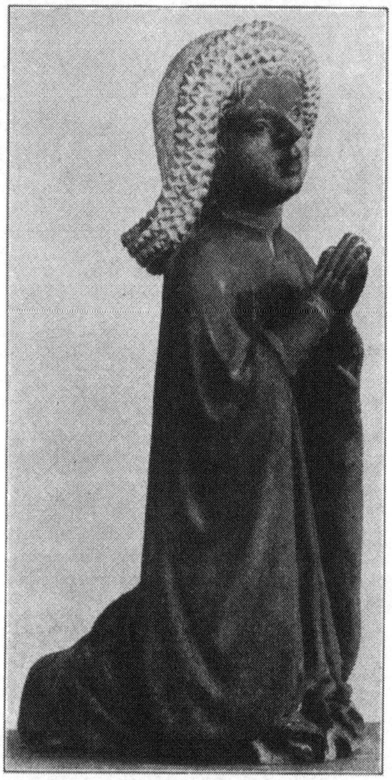

378

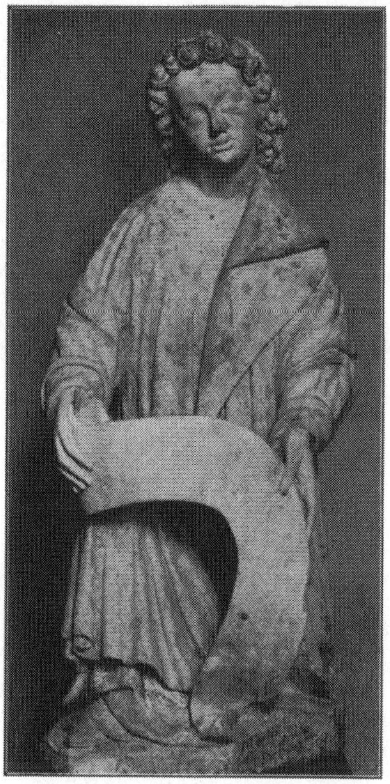

5542

halb des Schultergelenks. Die Standplatte, mit der Figur aus einem Stück, gerundet, ist am ganzen Rand durch Wurmfraß und Vermorschung beschädigt. Von der alten Bemalung sind folgende Reste erhalten: Ziegelrot (am Gewand; erneuert), der Mantel war blau, das Futter grün, vom Inkarnat fast nur Reste des Kreidegrundes, ebenso beim Kopftuch, das Spuren älterer Übermalung zeigt. — Erworben 1918 (Slg. J. Simon).

Schwäbisch, Anfang des 15. Jahrhunderts. Aus Hundersingen in Oberschwaben.

378. Kniende Stifterin (Vöge 63). In langem Gewand mit Hängeärmeln wendet sie sich mit betend erhobenen Händen nach rechts. Das gescheitelte, gewellte Haar bedeckt eine Haube mit vierfach gekräuseltem Saum. Die Unterärmel mit Knöpfen besetzt.

Wandstatue. Sandstein. H. 55. Linke Körperseite unbearbeitet. Reste alter Bemalung: Gewand schwarz, Haube weiß, Gürtel rot. — Erworben 1885 in München. Geschenk des Herrn A. Thiem.

Bayrisch, um 1400.

5542. Kniender Engel, aus einer Verkündigung (Vöge 65). Mit vorgesetztem r. Fuß und leicht nach l. geneigtem Haupt, in den Händen ein breites Schriftband. Der Mantel fällt von der l. Schulter in reicher Faltenkaskade auf den Rücken herab. Die Fußplatte ist an den Ecken abgeschrägt.

Statue. Kalkstein. H. 86,5. Rückseite flüchtiger bearbeitet. Spuren alter Bemalung: blauer Mantel, rotes Gewand. Auf dem Rücken zwei rechteckige Einschnitte für die Flügel; auf der Brust eine feine Bohrung für ein Schmuckstück. An der Plinthe ist rechts ein Stück abgeschlagen, ebenso am unteren Ende des Schriftbandes. Die Nase ergänzt. — Erworben 1908.

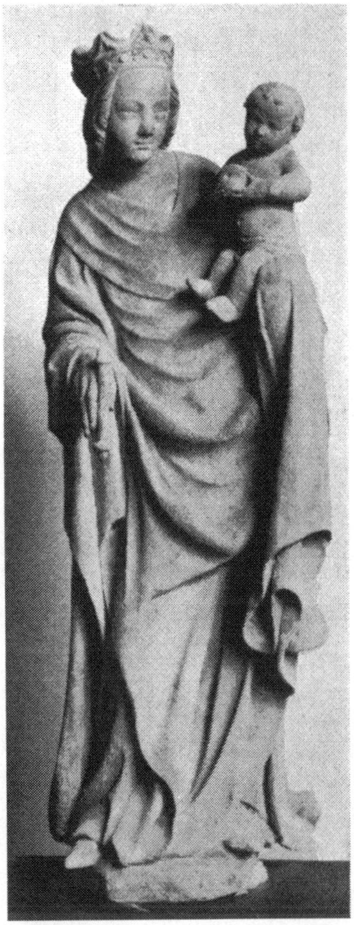

5545

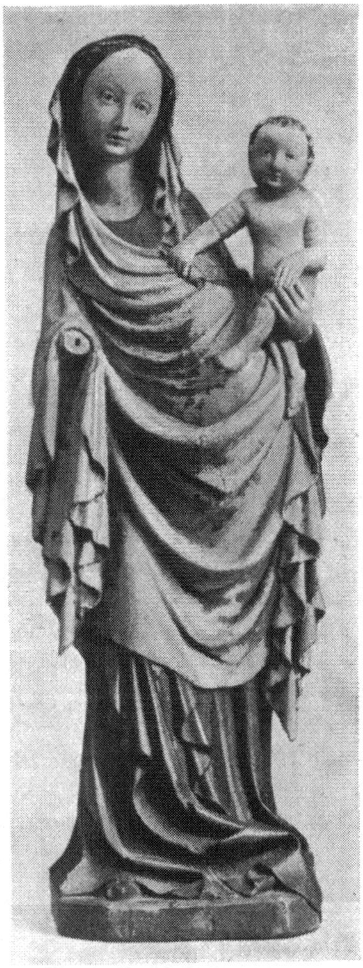

7056

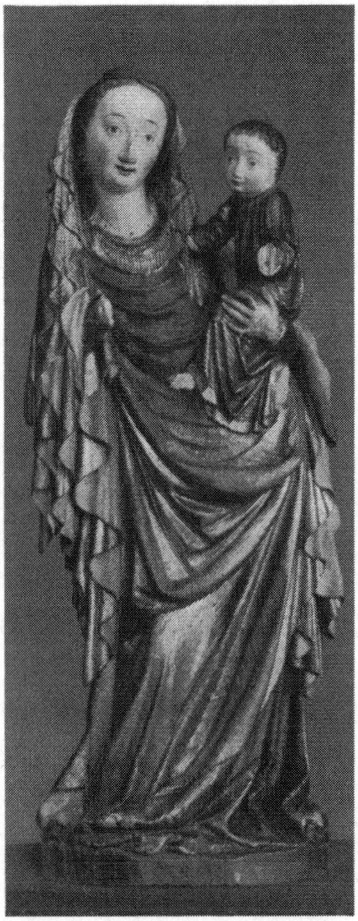

1993

S. 76

Bayrisch, Anfang des 15. Jahrhunderts. — Nah verwandt dem Stifterinnengrabmal der Adelheid von Sulzbach in Baumburg. Vgl. Kunst und Kunsthandwerk XVI (1913), S. 442, 443. Es könnte sich wohl um ein Werk desselben Meisters handeln. — Unsere Figur stammt aus der Gegend von Dingolfing. Vgl. Bode, Amtl. Berichte 30 (1908), S. 6.

5545. Maria mit dem Kinde (Vöge 64). Stehend, den Blick nach rechts, dem Kinde zuwendend, das nackend, nur mit einem Lendentüchlein bekleidet, auf ihrer Linken sitzt, in den Händen einen dicken Apfel haltend. Mit Krone und langen, auf den Rücken herabfallenden Locken; in der Rechten das Ende eines Szepters; der Mantel fällt über die linke Hand. Die Fußplatte unregelmäßig polygonal.

Wandstatue. Sandstein. Rücken flach bearbeitet. H. 88,5. Spuren von Bemalung an Gewand und Krone. Der obere Teil des Szepters fehlt. Die rechte Hand ergänzt. — Erworben 1908 in München.

Bayrisch, um 1400. — Aus der Münchner Gegend; vgl. Bode, Amtl. Berichte 30 (1908), S. 6.

7056. Maria mit dem Kinde; Maria stehend, mit Kopftuch und über beide Arme fallendem Mantel. Das nackte Kind, mit der Rechten nach dem Kopftuch greifend, sitzt mit gekreuzten

Beinen auf der vorgeschobenen linken Hüfte. Der Kopf der Maria ist oben für eine Krone leicht abgearbeitet. Die Ränder des Mantels fallen von beiden Unterarmen in Gehängen mit wellenförmigen Rändern herunter. Abb. S. 75.

Wandstatue. Lindenholz. H. (mit Sockelplatte) 92. Aus einem Stück mit der an den Ecken abgeschrägten Sockelplatte, auf der das Gewand sich bis zum Rand ausbreitet. — Die alte Fassung in späterer Zeit erneuert. Auf dem jetzt weißen Kreidegrund des Mantels erhebliche Reste von Vergoldung. Es fehlt die rechte Hand der Maria. — Erworben 1913 aus der Sammlung Oertel.

Bayrisch-tirolisch (Inngegend) um 1420—30. Versteigerungs-Katalog der Sammlung Dr. Oertel-München, Nr. 24. Tafel 9. Vgl. Pinder im Handbuch der Kunstwiss.: Deutsche Plastik I, S. 188. Die Figur scheint aus dem jetzt zu Bayern gehörigen Teil des Inntals zu stammen.

1993. Maria mit dem Kinde (Vöge 49). Stehend, Kopfschleier und Mantel über dem Gewand. Das mit einem Röckchen bekleidete Kind auf dem l. Arm. Der Mund ist leicht geöffnet; Mutter und Kind blicken nach vorn, auf den Beschauer; der Kopfschleier ist um den Hals gelegt. Auf vorn flachgerundeter Standplatte. Abb. S. 75.

Wandstatue. Pappelholz. H. 97. Die Höhlung der Rückseite später ausgefüllt. Die linke Hand der Mutter erhalten, die übrigen, im 19. Jahrh. schlecht ergänzt, sind jetzt beseitigt, ebenso die moderne Krone. Der Kopf Mariae oben abgearbeitet. Alte, in jüngster Zeit freigelegte Fassung: Untergewand rot, Mantel vergoldet, sein Futter blau, Schleier weiß mit roter Streifung, Kinderkleid golden mit roter Streifung. — Erworben 1892 in München. Geschenk eines Ungenannten.

Süddeutsch (bayerisch?) Anfang des 15. Jahrhunderts.

5601. Hl. Agnes. Stehend, in Gewand, Mantel mit Schließe und Krone. Die Rechte hielt wohl einen Palmenzweig, die Linke zur Brusthöhe erhoben und von einem Zipfel des Mantels überdeckt, darauf das Lamm. Auf sechsseitiger Fuß- und einer darunter befindlichen etwas größeren Standplatte.

Wandfigur. Lindenholz. H. 79. Rückseite hohl. Die untere Platte später (aus Tannenholz). Rechts unten ein Stück des Gewandes und der Fußplatte ergänzt, ebenso die Krone. — Mit der alten Vergoldung (Mantel) und erneuerter Bemalung (Inkarnat, blaues Mantelfutter); an einigen kleineren Stellen der Leinenüberzug zutage liegend. — Erworben 1909 in München.

Süddeutsch (wohl oberbayerisch) um 1430.

5865. Bärtiger Apostel (wohl Petrus). Mit ausgebogener linker Hüfte stehend, in Gewand und Mantel. Lockiges Haupt- und Barthaar (der Schädel oben kahl). Die Rechte hielt vermutlich den Schlüssel, die Linke das Buch. Die Füße nackt. Auf achtseitiger, etwas ungleichmäßiger Standplatte.

Wandfigur. Lindenholz. H. 98,5. Die Rückseite flach bearbeitet. Figur und Platte aus einem Stück. Beide Hände und Teile der Unterarme fehlen. Die Zehen des r. Fußes bestoßen. In der Platte neben dem l. Fuß ein Riß. — Mit größeren Resten der wieder freigelegten alten Vergoldung auf dem Kreidegrund, der teilweise zutage liegt und an einigen kleineren Stellen abgestoßen ist. Die Bemalung des Gewandes später (z. T. rot, z. T. blau). — Erworben 1909 als Geschenk eines Ungenannten.

Oberbayerisch (Chiemgau) Anfang des 15. Jahrhunderts. Mit einer Gruppe oberbayrischer Apostelfiguren engstens verwandt: außer den im Katalog des Bayerischen Nat.-Mus. (1924) unter Nr. 154 genannten ist noch ein Johannes Ev. (1921 im Münchener Kunsthandel, H. 91) anzuführen. Da die Figuren auch in den Maßen usw. übereinstimmen, rühren sie möglicherweise aus einem Altar her (die Höhe des Apostels im Frankfurter Liebighaus, Nr. 20 des Verzeichnisses von 1910, beträgt, entgegen der irrigen Angabe von Wolter-Burger, 95). Der Apostel Nr. 154 des Bayerischen National-Museums selbst weicht bei aller Ähnlichkeit in der Form der Standfläche von den übrigen ab.

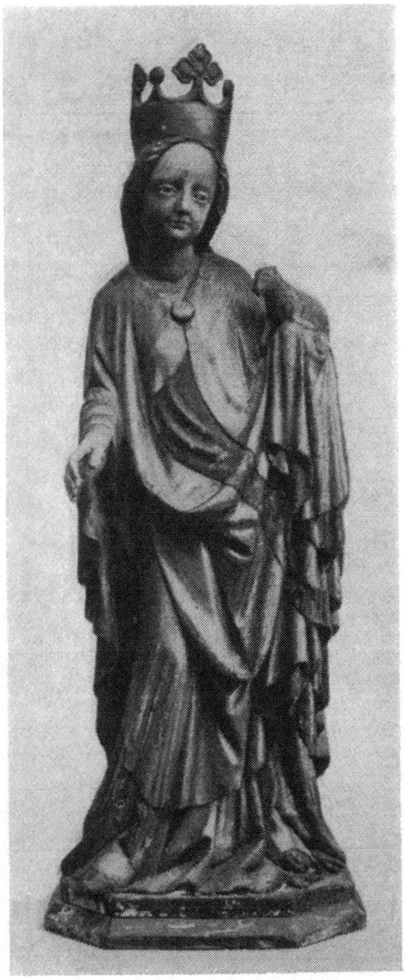

5601

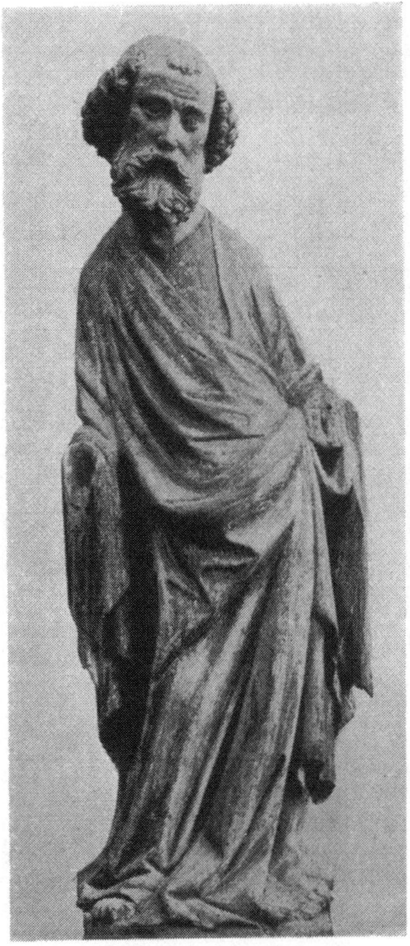

5865

7073. Hl. Abt, auf einfacher Thronbank sitzend, die sich vorn zu einer abgeschrägten Sockelplatte erweitert. Individuell durchgebildeter Kopf, mit kurz geschnittenem lockigem Haupt- und Barthaar, vorquellenden Augen und abstehenden Ohren; Mitra; Krummstab (nur der mittlere Teil mit Sudarium alt). Die Linke liegt mit gespreizten Fingern auf einem halbgeöffneten Buch. Über der Alba, die den Hals frei läßt, ein stoffreicher Chormantel, der über dem rechten Arm in reicher Fältelung herabfällt und sich auch über die Thronbank und an der Sockelplatte, die Füße verhüllend, ausbreitet. Der Kopf nach rechts geneigt, die Hüfte in derselben Richtung nach auswärts gedreht. Abb. S. 78.

Wandstatue. Pappelholz. H. 124. Sockelbreite 61. Hinten ausgehöhlt und auf beiden Seiten mit Tannenholz angestückt. — Alte Bemalung und Vergoldung, verschiedentlich aufgefrischt. Alba rot, Außenseite des Chormantels jetzt weiß mit breitem goldenem Rand, ebenso das Schweißtuch und die Handschuhe. Das Futter zeigt goldene Blumen und Sternmuster auf dunkelblauem Grunde. Unten am Fußbrett ist die Farbe abgestoßen. Ergänzt die Krümmung des Abtstabs. — Erworben 1913 als Geschenk der Bode-Stiftung.

Steierisch um 1420. — In der Klosterkirche zu Seckau angeblich eine zugehörige kleine Stifterfigur. Eine in allgemeinen Zügen verwandte Petrusfigur, die den Jünger als thronenden Papst darstellt, befindet sich in der Sammlung Dr. Weiler, Charlottenburg.

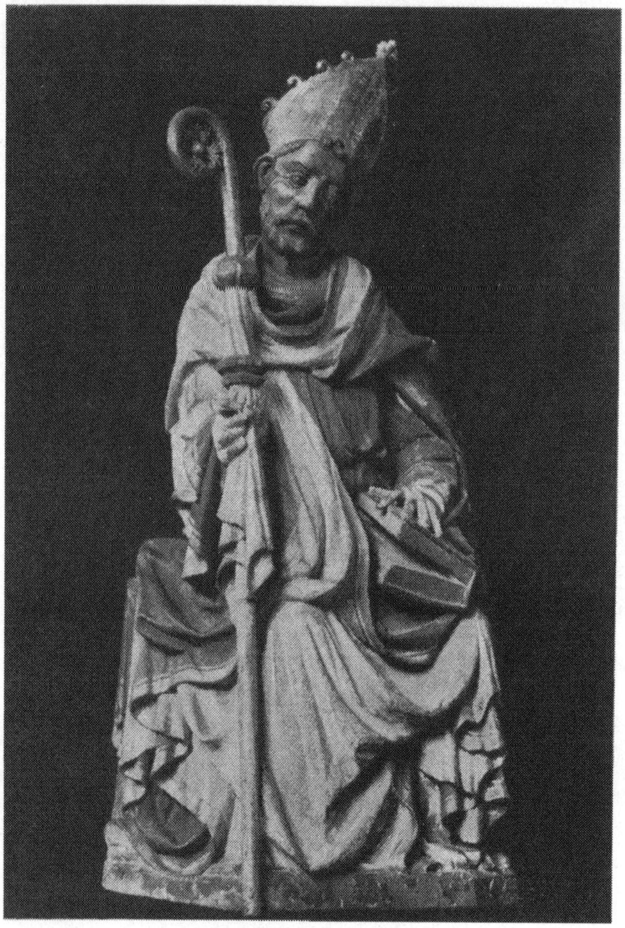

7073

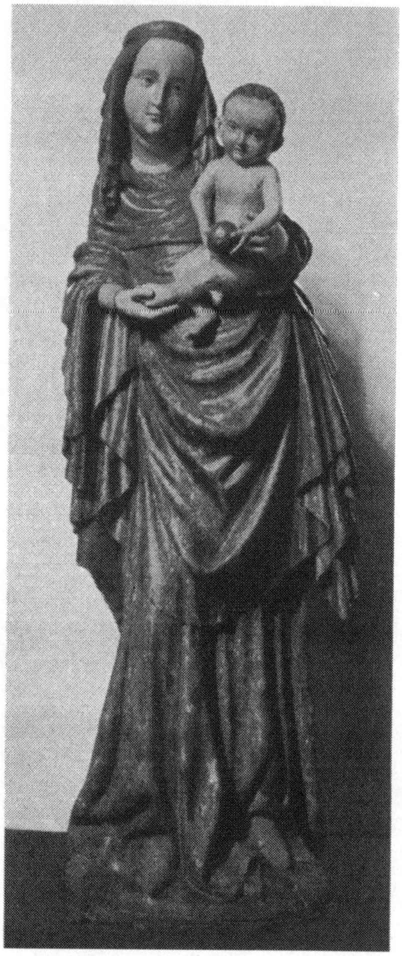

8032

S. 77

8032. Große Madonnenstatue. Maria steht auf gerundeter Fußplatte. Die linke Hüfte ist stark ausgebogen, der Blick schräg nach vorn gerichtet; mit der Linken hält sie das nackte Kind in der Höhe der Hüfte fest. Sie trägt über dem Gewand einen bis zum Knie herabreichenden Überwurf, der über den rechten Arm gelegt ist, vorn herübergezogen und vom linken Unterarm festgehalten wird. Kopftuch mit wellenförmiger Saumlinie, einfacher Kronreif. Lange Faltengehänge auf beiden Seiten des Körpers. Das Kind, um dessen Körper ein schmales Band geschlungen ist, hält mit beiden Händen eine Kugel. Es hat wolliges Lockenhaar.

Wandstatue. Pappelholz. H. 175,5. Mit ausgeführter Rückenbearbeitung. Alte, neuerdings freigelegte Fassung: Kleid blau (mehrfach erneuert) mit Sternenmuster. Mantel und Kopftuch ganz versilbert; mit Resten späterer Übermalung. Ergänzt der l. Fuß des Kindes und die r. Hand der Madonna. — Erworben 1922 in Heidelberg. Gehört zur Sammlung J. Simon.

Schlesisch um 1430. — Die Vermutung, daß es sich um ein südostdeutsches Stück handelte, ist durch Erich Wieses Forschungen, und dann noch durch die Breslauer Ausstellung von 1926, wo die Statue zwischen schlesischen Werken stand, voll bestätigt worden. Mit Recht hat Wiese darauf hingewiesen, daß hier eine der Übertragungen des Typus »Schöne Madonna« in ein billigeres Material (Holz) und in eine etwas bürgerlichere Auffassung vorliegt. Vgl. manche süddeutschen Stücke unserer Sammlung, z. B. 8042, 8366, 7094, wo Ähnliches zu sagen wäre. Spezifisch schlesisch ist nicht nur die pla-

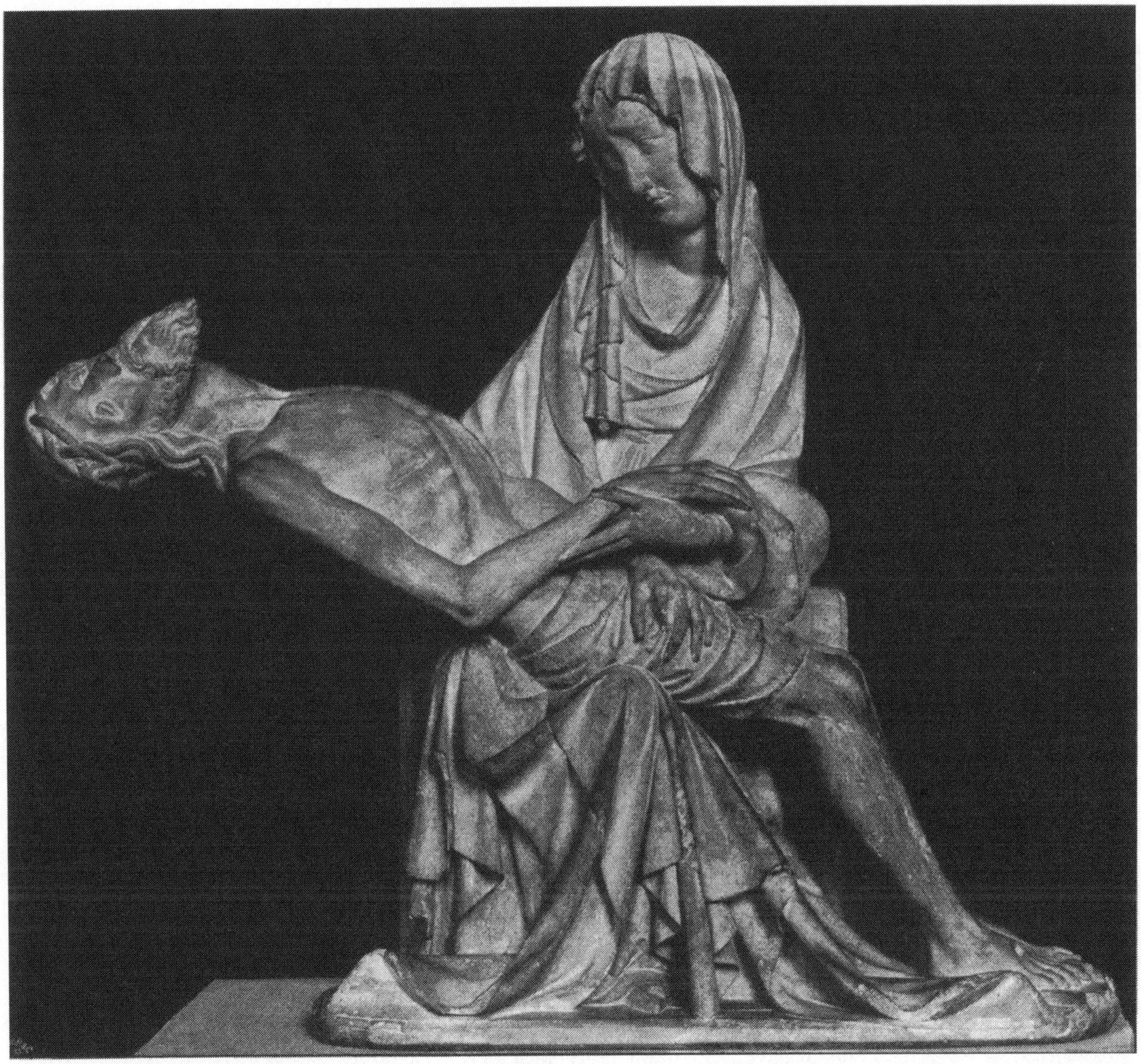

2743

stische Art der Rückenbearbeitung, sondern, wie die Breslauer Ausstellung 1926 an sehr instruktiven Beispielen zeigte, auch die Fassung mit Silber ist im Mittelalter dort oft angewendet worden. In dem Tafelwerk über die Breslauer Ausstellung urteilt Wiese daher, daß das »Schlesisch-Böhmische der schönen Madonnen« in unserem Stück besonders deutlich hervortrete. Vgl. »Schlesische Malerei und Plastik des Mittelalters« herausgegeben von Braune und Wiese (1929) Nr. 55 ff., besonders 57 und 63. In Wieses früherer Arbeit »Schlesische Plastik« (1923) s. Text S. 47, 83, Tafel 42, 43.

2743. Vesperbild (Vöge 55). Den Leichnam Christi auf den Knien haltend, sitzt Maria in Mantel, Kopfschleier und gegürtetem Gewande auf einem Thron, den Blick nach links, dem Antlitz des Sohnes zugewendet. Der Mantel breitet sich am Boden unter Christi Füßen aus. Der zur rechten Schulter emporgezogene Schleier zeigt wie das Lendentuch Christi gewellte Säume. Die niedrigen, vorn abgerundeten Wangen des Thrones durch rundbogige, rechts mit Fischblasen gefüllte Blendfenster gegliedert. Die Fußplatte an den überstehenden Ecken abgerundet.

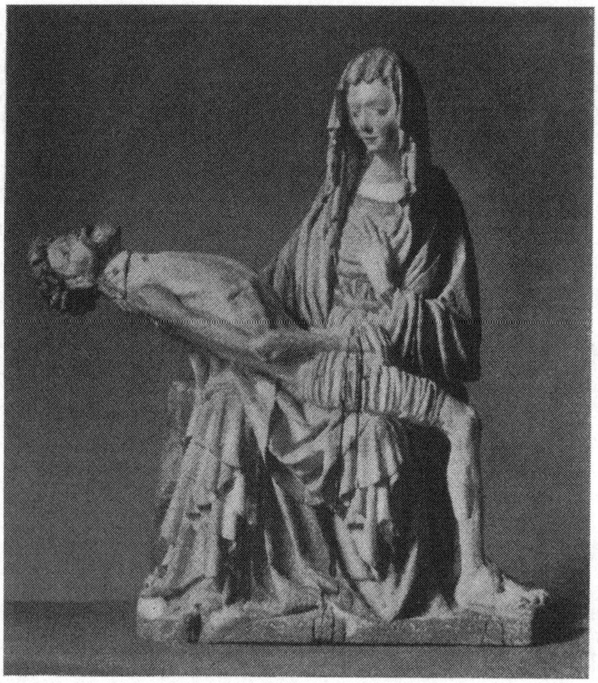

8041

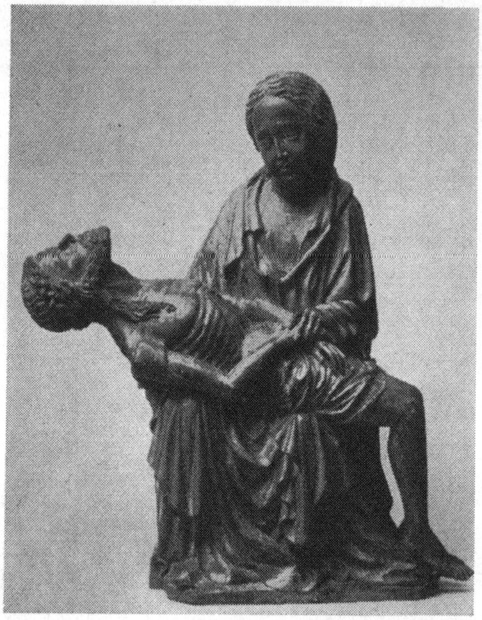

7719

Wandgruppe. Weißer Kalkstein. H. 77. Die Rückseite ausgehöhlt. Die Dornen der Dornenkrone waren einzeln, aus Holz, eingesetzt. Das Fußbrett ausgebessert. Der Zeigefinger der l. Hand Christi abgestoßen. Geringe Spuren von Vergoldung (die Haare der Madonna) und Bemalung (Mantel blau, die Tücher weiß, am Thron rot). — Erworben 1903 in Wien.

Südostdeutsch, um 1400. Aus Baden bei Wien. Über den Typus und die verwandten Gestaltungen vgl. Demmler in Amtl. Berichte 42 (1921), S. 117 ff.; ferner, abgesehen von der dort angeführten Literatur noch die Ausführungen von Pinder im Handbuch der Kunstwissenschaft, Deutsche Plastik I, S. 171—177.

8041. Vesperbild. Maria sitzt, die linke Hand auf die Brust gelegt, mit gerade aufgerichtetem, etwa zurückgenommenen Oberkörper und wendet sich nach links dem Leichnam ihres Sohnes zu, der auf ihren Knien liegt. Sein nach links weit herausragender Oberkörper wird von ihrer rechten Hand unterstützt, während die Beine des Toten auf dem am Boden sich ausbreitenden Gewand Mariae ruhen.

Wandgruppe. Lindenholz. H. 72, Br. 57. Rücken ausgehöhlt. Alte, mehrfach derb erneuerte Bemalung: Mantel blau mit grünem Futter, Gewand rot mit vergoldeten Säumen, Kopftuch und Lendentuch weiß. Die Gruppe, die in der Mitte durchgebrochen war und vor längerer Zeit wieder zusammengefügt wurde, zeigt noch jetzt mehrere klaffende Risse. Es fehlt ein Teil von der l. Hand Christi, mehrere Nägel von der Dornenkrone und ein Stück des Lockenhaares auf beiden Seiten. — Erworben 1918 (Sammlung J. Simon).

Bayerisch (?), um 1420—1430. Näher verwandt der Gruppe steinerner Vesperbilder (Breslau, Museum, aus der dortigen Elisabethkirche; Magdeburg, Dom, usw.), deren Entstehungszentrum genauer festzustellen noch nicht gelungen ist. Die Literatur zur Pietàfrage s. bei unserer Nr. 2743.

7719. Vesperbild. Maria hält den Körper Christi mit der Rechten im Rücken, die Linke ist sanft auf die über dem Schoß gekreuzten Hände des Toten gelegt. Das rechte Knie Mariae ist höher gestellt als das linke, um den Leichnam zu stützen. Der Körper der Madonna ist entsprechend

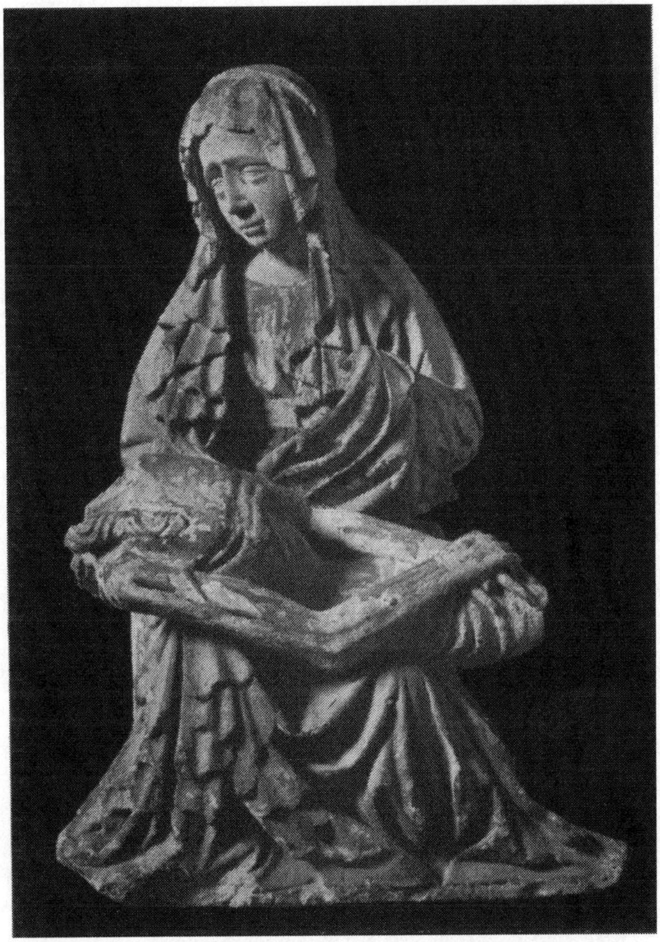

7982

verschoben; ihr Haupt ist nur wenig nach links geneigt. Der Blick geht nach vorn. Christus mit Dornenkrone, langen Locken, kurzem gekräuseltem Bart. Die Säume des Lendentuches geriefelt. Die Haare Marias sind oben glatt abgearbeitet; es ist zu vermuten, daß hier früher ein Kopftuch saß. Langer stoffreicher Mantel, der am Hals in breitem Ausschnitt das Gewand sehen läßt und über die Knie in weich gerundeten Falten herabfällt.

Wandgruppe. Lindenholz. H. 52. Rücken hohl. Die alte Bemalung im 19. Jahrhundert durch scharfes Putzen entfernt. Spuren von Rot, Blau, Grün erhalten. Ergänzt das Nasenbein beider Figuren, die Füße Christi und der untere Rand des Sockels. — Erworben 1916. Geschenk eines Ungenannten. Aus Freiburger Privatbesitz.

Oberrheinisch (Freiburger Gegend), 1. Hälfte des 15. Jahrhunderts. Die in Amtl. Berichte 42 (1921), S. 126 ausgesprochene Datierung »nach 1450« ist etwas zu modifizieren. Zweifellos ist das Stück ein Nachzügler. Aber der Gewandstil der zwanziger und dreißiger Jahre des Jahrhunderts ist so fein und verständnisvoll angewandt, daß die Gruppe doch wohl vor 1450 entstanden sein muß. Sie gehört in die Stilstufe vor der Braunauer Pietà unserer Sammlung (vgl. unten Nr. 7669).

7982. Vesperbild. Maria sitzt auf einfacher unprofilierter Steinbank und hält auf ihrem Schoß den Körper des toten Christus, den sie mit der Rechten unter dem Nacken stützt. Rotes Kopftuch, hochgegürtetes Obergewand, darüber ein stoffreicher blauer Mantel. Die geriefelten Säume des Kopftuchs und des Mantels (am rechten Knie) fallen mit gewellten Rändern herab. Der Oberkörper Mariae ist aufgerichtet, der Blick des leicht geneigten Hauptes geht über den Toten hinweg. Das linke Knie liegt tiefer als das rechte.

Wandgruppe. Harter zementartiger Stuck. H. 95. Rücken hohl. Die Bemalungsreste wohl in der Hauptsache barocken Datums. Es fehlt bei Maria die l. Hand, die aus besonderem Stück gearbeitet war; von der R. mehrere Fingerspitzen; außerdem der Kopf Christi, die l. Schulter und beide Beine unterhalb des Lendenschurzes. Die Vorderglieder der Finger an der r. Hand fehlen alle, einige auch an der l. Hand. Der untere Rand einschließlich des Gewandes ist mehrfach bestoßen. Keine Fußplatte. — Erworben 1921. Geschenk eines Ungenannten.

Deutscher Meister in Italien, 1. Drittel 15. Jahrhundert. — Aus Friaul stammend; den süd-

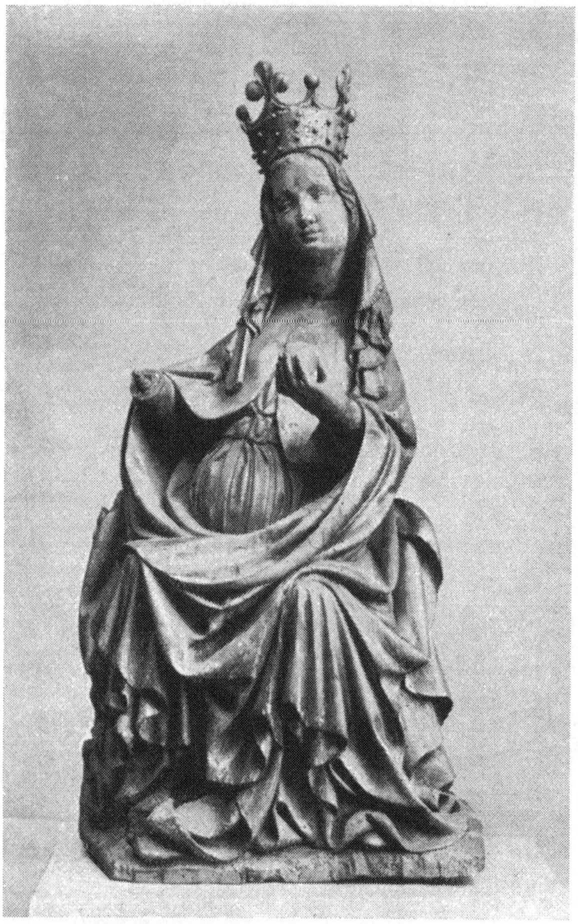

5874

deutschen und südostdeutschen Stücken nächstverwandt. Das Material scheint eher auf Entstehung in Italien als auf Export zu deuten. Vgl. Demmler, Amtl. Berichte 42 (1921), S. 117 ff. und die dort angeführten weiteren Beispiele von Vespergruppen in Oberitalien.

5874. Thronende Maria. Mit zurückgelehntem, nach rechts geschwungenem Oberkörper und etwas zurückgenommenem rechten Bein sitzt sie auf einer Bank im gegürtetem Gewand, Mantel und am Rande geriefeltem Kopftuch; auf dem leicht nach links geneigten Haupt eine mit Holzperlen besteckte Krone. Das Kind scheint wenigstens mit einem Füßchen mitten auf dem Schoße der Mutter gestanden zu haben. Die Funktionen der jetzt fehlenden Hände Marias einzeln nicht mehr sicher zu bestimmen (die Linke mit dem Apfel modern). Die Bank geht nach vorn in eine ungleichseitige dreieckige Fußplatte über.

Wandfigur. Lindenholz. H. 95, Br. 51. Mit Bank und Fußplatte aus einem Stück. Der Rücken der Figur glatt, die Bank hinten ausgehöhlt und am Boden mit einem später hinzugefügten Brett versehen. Zum mindesten an der l. Seite der Bank war eine jetzt fehlende Anstückung (dort Dübellöcher vorhanden). Am Unterkinn und Hals ist ein Stück in Gips ergänzt und zusammen mit dem Gesicht in Fleischfarbe überstrichen. Es fehlt das Kind und die r. Hand Marias; ihre Linke samt dem Apfel ergänzt, ebenso die Zacken der Krone und Teile des Haars. Zahlreiche kleinere Ausbesserungen an der Gewandung und der Fußplatte. — Die alte Fassung entfernt. — Erworben 1909 in Mainz.
Südostbayrisch-Salzburgisch um 1430—40. Von Rauch (Hessenkunst 1914 S. 6 Anm. 1) für mittelrheinisch gehalten; er bezeichnet ihr Gesicht irrtümlich als eingefügte Tonmaske. An verwandten Madonnen sind zu nennen eine unbekannter Herkunft im Bayer. Nat.-Mus. zu München (Kat. v. 1924 Nr. 165 Abb. Taf. 88 und 90), die Muttergottes aus Hallein (Salzkammergut) im Landesmuseum zu Darmstadt (Abb. Monatshefte für Kunstwissenschaft V, 1912 Taf. 102) und eine, mehr werkstattlicher Qualität, unbekannter Herkunft, im Bayer. National-Museum München (Kat. Nr. 153 Taf. 82). Vgl. die Bemerkungen im Münchener Katalog unter Nr. 165.

e) Südwestdeutschland
(Schwaben und Oberrhein)

5896. Geburt Christi. Maria sitzt hoch aufgerichtet, nach rechts gewendet, im Bett und blickt abwärts zu dem nackten Jesuskind, das sie mit beiden Händen faßt und zum Bad hinabreicht. Rechts am Fußende des Bettes sitzt Joseph, ein alter Mann mit welligen, anliegenden Barsträhnen; auf dem Haupt Mütze mit Sendelbinde; er schläft und stützt das abgewandte

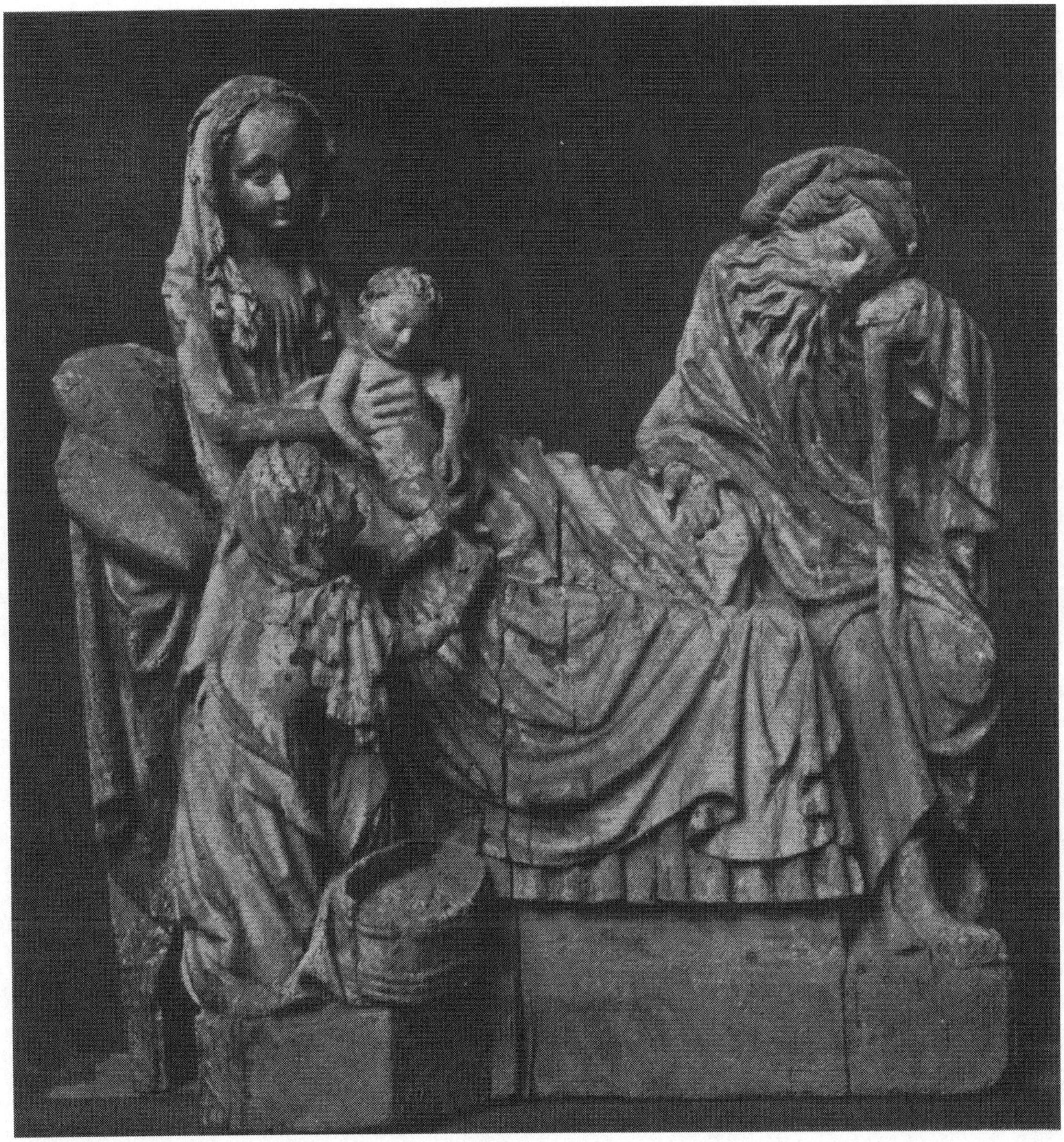

5896

Haupt auf die linke Hand, diese auf die Krücke seines Stockes. Seine rechte Hand liegt auf dem Bett. Im Vordergrund links eine junge Frau, die mit aufgestütztem linken Knie sich emporrichtet, und mit beiden Händen das Kind in Empfang nimmt. Vor ihr rechts die Holzbütte mit dem Badewasser. — Beide Frauen tragen Kopftücher mit gefälteltem Rand und langärmelige Gewänder, die Hebamme noch einen Überwurf. Auf dem Bett ein Tuch, das vorn in regelmäßigen senkrechten Falten herabfällt, zwei hohe Kissen, eine Decke, die den Körper der Maria von der Hüfte abwärts bedeckt und in Querfalten vorn herabhängt.

Wandgruppe. Nußbaumholz. H. 76. Br. 73. Aus einem Stück mit der 9 cm hohen Standplatte. Die Rückseite ganz ausgehöhlt, mehrere Eisenbänder halten die Brüche zusammen. Die Gruppe, die offenbar lang im Freien gestanden hat, zeigt drei senkrechte Risse und etliche vermorschte Stellen.

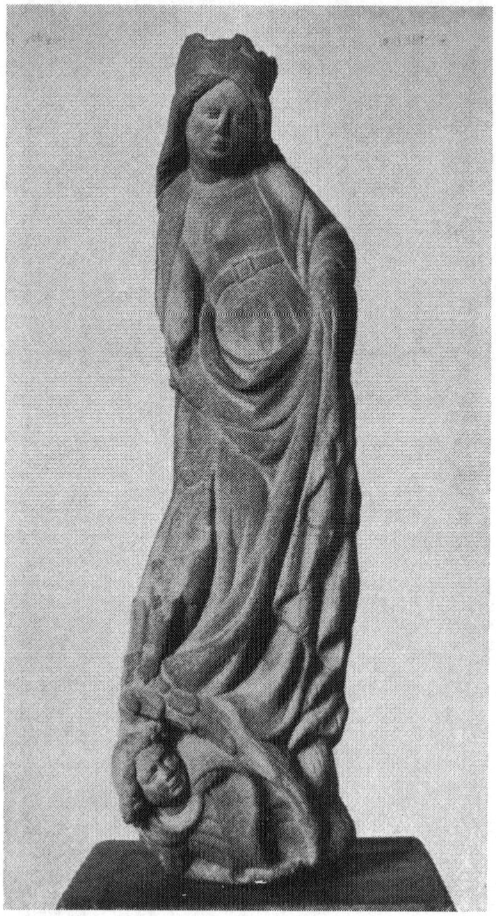

7964

Es fehlt ein größeres dreieckiges Stück links unten. Stark beschädigt der r. Fuß Josephs und seine Hände. Bei der Knienden fehlt ein Finger an jeder Hand, der r. Unterarm ist durchgebrochen. Die ursprünglichen Farben mehrfach übermalt und vom Regen verwaschen. — Erworben 1910 in Straßburg.

Elsässisch, Anfang 15. Jahrhundert. Pinders Angabe (im Handbuch der Kunstwissenschaft Deutsche Plastik I, 195) die Gruppe stamme aus Mutzig, ist ohne sichere Bestätigung. — Eine Aufzählung plastischer Darstellungen des Themas bei Baum, Stuttgarter Museumskatalog (1910) S. 80.

7964. Hl. Dorothea. In stark ausgeschwungener Haltung auf einem zusammengekauert liegenden Engel stehend, der mit beiden Händen ein Schriftband hält. Auf dem l. Fittich des Engels stand der Knabe, nackt, frontal gesehen. — Die Heilige, mit gegürtetem Gewand und Mantel bekleidet, nimmt mit der Linken den letzteren auf, während die abgebrochene Rechte wohl die Hand des Kindes faßte. Auf ihrem Haupt eine Krone.

Wandfigur. Sandstein. H. 66. Rückseite ausgehöhlt. An der r. Körperseite der Heiligen ein Stück Kehle u. Wulst; die Figur scheint also in der Leibung eines Portals gesessen zu haben. Es fehlt der Oberkörper des Knaben u. sein r. Oberschenkel, ferner der r. Unterarm der Heiligen. Kleinere Bestoßungen; — Spuren blauer und roter Farbe. — Erworben 1920 aus der Sammlung B. Oppenheim-Berlin.

Schwäbisch (Bodenseegegend) um 1400—1410. Kommt (laut Kat. der Sammlung Oppenheim, Nachtrag 1911 Nr. 118 Taf. 61) aus Mimmenhausen am Bodensee und soll früher in Kloster Salem gewesen sein.

5556. Gruppe von Trauernden, aus einer Kreuzigung. — Maria, die mit Haupt und Körper zurücksinkt, wird von zwei Frauen gehalten. Diese, die eng beisammen stehen, greifen unter Marias Mantel und stützen die Ohnmächtige unter den Armen. Marias Augen und Mund sind geschlossen. Die Arme sind steif, krampfartig abwärts gestreckt. Sie trägt über dem gegürteten Gewand einen vorn offenen Mantel, und ein auch den Hals umschließendes Kopftuch, das die Stirn in weitem welligem Umriß einhüllt. Der Blick der Frau rechts geht ziemlich gerade aus, ihr Mund ist zum Sprechen geöffnet. Die andere blickt nach links in die Höhe und weint laut. Charakteristisch ist bei allen drei Gestalten die starke Zusammenziehung der Stirnfalten. Die Seitenfiguren tragen offenes Haar, ein am Hals mit Borte abschließendes Gewand und darüber den Mantel. Die Gewänder schleifen am Boden und verhüllen die Füße.

Wandgruppe. Lindenholz. H. 116. Br. 56. Rückseite ganz ausgehöhlt. Die Gruppe ist aus einem Stück Holz geschnitzt. Der untere Rand stark bestoßen und vermorscht. Kl. Beschädigungen an den Faltengehängen, besonders unter der r. Schulter der Maria, am Kopftuch. Marias linker Unterarm fehlt. Ihr Kopf hat eine Bohrung für einen Nimbus; vorn auf der Brust eine Vertiefung, in der (ursprünglich?) ein Schwert gesteckt haben wird. Alte Bemalung, öfters erneuert: bei Maria rotes

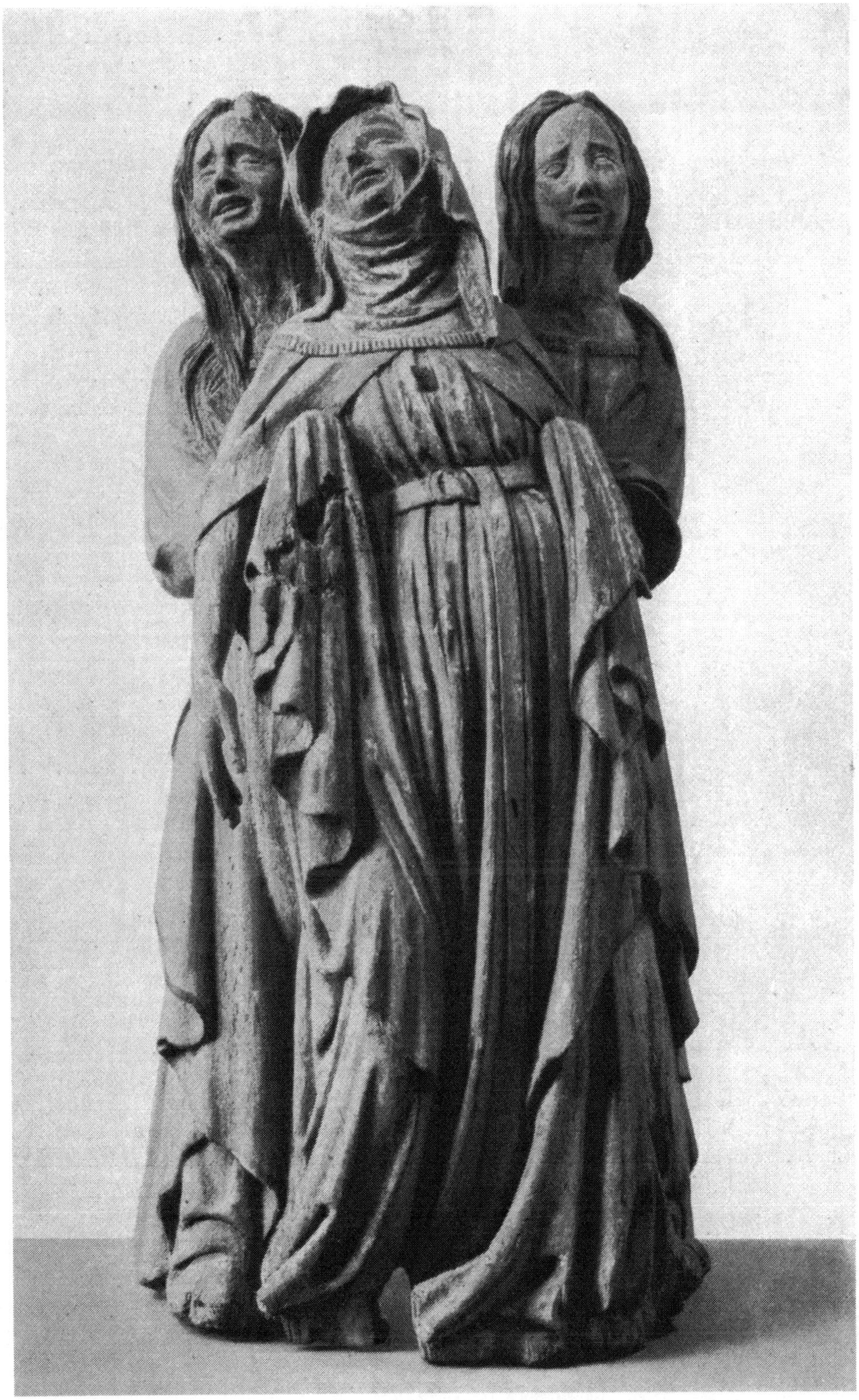

5556

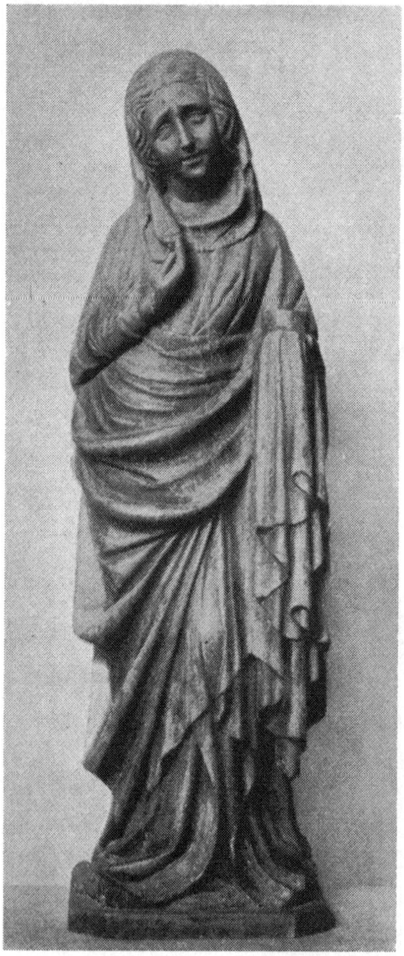

7725

Gewand, blauer Mantel, weißliches Kopftuch. Die rechte Eckfigur rotes Gewand, grüner Mantel, die Klagende links in gelbem Mantel. — Erworben 1912 aus Oberschwaben.

Oberschwäbischer Meister, Anfang 15. Jahrhundert. — Aus Mittelbiberach, angeblich aus einer Feldkapelle, die jedoch kaum der ursprüngliche Aufstellungsort gewesen sein wird. — Die Gruppe ist seit ihrem Erscheinen im Deutschen Museum oft abgebildet und besprochen worden; doch ist es nicht gelungen, die Hand des Meisters noch in andern erhaltenen Werken wiederzufinden. Am nächsten verwandt ist die Gruppe von drei trauernden Frauen und Johannes, in Buchau am Federsee (also unweit der Fundstelle unserer Gruppe). Auf sie hat Weise hingewiesen (Mittelalterliche Bildwerke des K. F. M S. 7 mit Abb.). Die weiterhin von ihm herangezogenen Stücke stehen zu sehr abseits. — Daß es sich bei unserem Exemplar um drei Frauen handelt, ergibt sich nicht nur aus der Analogie vieler zeitgenössischer Gruppen (vgl. Museen in Breslau, in München, und das Kölner Stück 7942 unserer Sammlung, S. 63); es zeigt sich auch an der übereinstimmenden Kleidung beider Seitenfiguren; das kurze Haar der Figur rechts ist abgebrochen. Für die Art, wie Johannes zu den drei Frauen tritt, bietet gerade Buchau (s. o.) ein lehrreiches Beispiel.

7725. Trauernde Magdalena. Stehend; in Gewand, Mantel und am Rand geriefeltem Kopftuch, das den oberen Teil des Kopfes mit dem gescheitelten Haar freiläßt. Die Rechte ist unter dem Kopftuch, die Linke unter dem Mantel verborgen; letztere hält den Rest des Salbgefäßes. Polygonale Fußplatte.

Wandfigur. Lindenholz. H. 105. Rückseite ausgehöhlt. Es fehlt der obere Teil des Salbgefäßes. Die Standplatte modern. — In den Vertiefungen der Gewandung geringe Spuren der weggeputzten Bemalung. — Erworben 1916 als Geschenk der Bodestiftung.

Schwäbisch um 1430. — Aus der Sammlung des Pfarrers Harsch in Schwabsberg. Die vom üblichen Typus abweichende Faltenlagerung des Mantels ähnelt der bei der Kalksteinmadonna in der Altertümersammlung zu Horb (Abb. Weise, Die got. Holzplastik um Rottenburg, Horb und Hechingen I, Tübingen 1921 Nr. 36f.) und den von dieser beeinflußten holzgeschnitzten Madonnen in Bisingen u. Weildorf (Hohenzollern, Abb. ebda Nr. 35 u. 46—48) sowie einer Madonna im Besitz des Bildhauers Lösel in Leutkirch (Abb. Weise, Mittelalterliche Bildwerke des K. F. M. 1924, S. 61). Tatsächlich ist in der Neckargegend eine Anzahl Skulpturen (namentlich in Poltringen, O. A. Herrenberg, vgl. Weise, Die got. Holzplastik ... S. 31 ff., Abb. 24—29, 31—34) mit unserer Magdalena näher verwandt (vgl. vor allem den Johannes in Poltringen, Abb. 28), wenngleich wohl keine von der nämlichen Hand ist. G. Otto, Die Ulmer Plastik des frühen 15. Jahrh., Tübingen 1924, S. 62 will in unserer Figur eine Arbeit aus der Werkstatt des Meisters des Dornstädter Altars sehen. Über die Madonna in Horb vgl. Pinder im Jahrb. der Preuß. Kunstsammlungen 44, 1923, S. 160f. und Otto a. a. O. S. 24ff.

7729. Christus als Kreuzträger. Nach l. schreitend wendet er den gebeugten Oberkörper und das Haupt mit geöffnetem Munde nach vorn. Tief herabgezogene Dornenkrone aus geflochtenen Zweigen mit einzelnen erhaltenen Dornen. Das Kreuz ruhte auf dem Nacken, die r. Hand

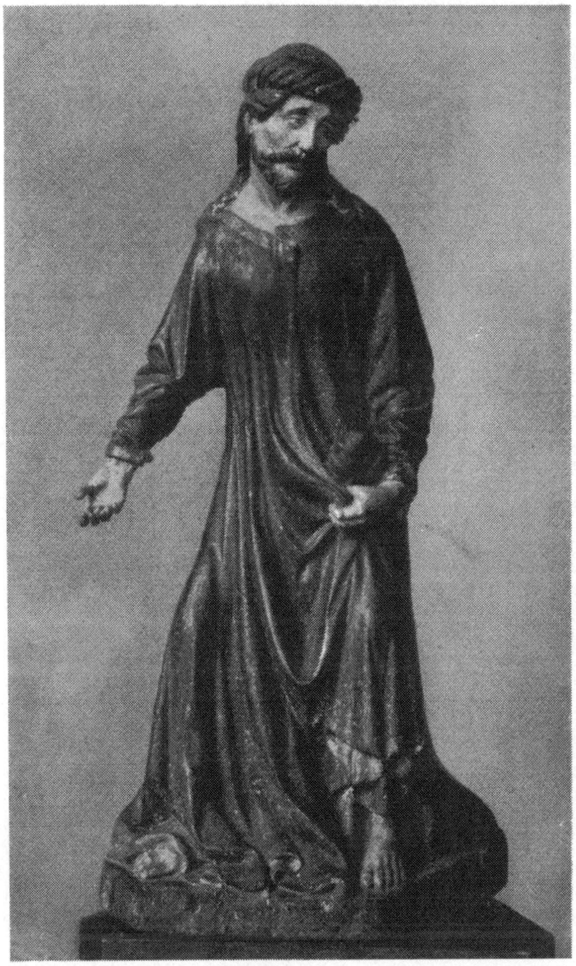

7729

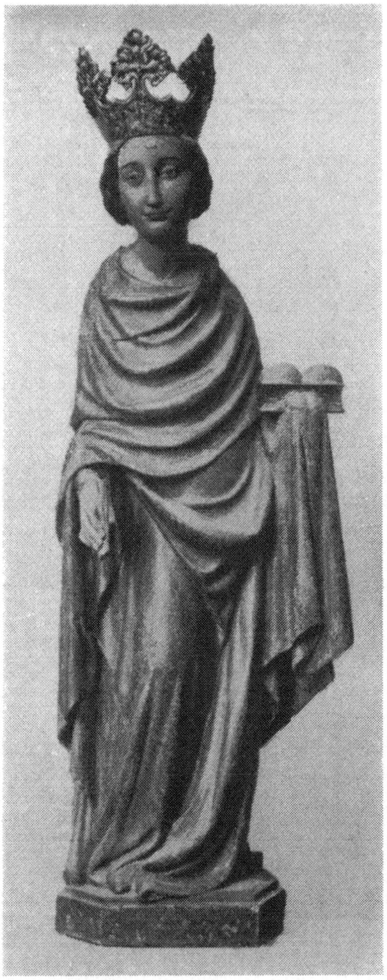

5916

stützte wahrscheinlich den Querbalken an seinem einen Ende. Die Linke rafft den Mantel. Polygonale, vorn in einen stumpfen Winkel zulaufende Fußplatte.

Wandfigur. Lindenholz. H. 131. Mit der Fußplatte aus einem Stück. Die Figur im Rücken ausgehöhlt. Es fehlt das Kreuz, das in einer Einkerbung im Nacken lag und durch einen Zapfen hinten festgehalten wurde (dort ein Dübelloch). Die r. Hand wieder angefügt. Die Bemalung (Mantel braunrot mit goldener Borte und blauer Innenseite) mit Erneuerungen. — Erworben 1916 in Osnabrück. Geschenk eines Ungenannten.

Schwäbisch, um 1420—30. Stammt, nach Mitteilung des Bildhauers Lösel in Leutkirch, aus Herlazhofen bei Leutkirch. — Volbach in Amtl. Ber. 41 (1919—20), Sp. 131 ff.; Baum, Got. Bildw. Schwabens Nr. 63; Pinder im Handbuch der Kunstwissenschaft, Deutsche Plastik I, S. 194 hält es für möglich, daß die Figur in einen größeren szenischen Zusammenhang gehört.

5916. Hl. Agathe. Stehend, mit der unregelmäßig polygonalen Fußplatte aus einem Stück. Mit hoher Krone und im Nacken aufgestecktem, seitlich geflochtenem Haar. Ein weiter Mantel hüllt die Gestalt ein, ist vorn über die Brust gezogen und fällt über den r. Arm ab. Die unter dem Mantel verborgene L. hält ein Buch, auf dem die beiden abgeschnittenen Brüste liegen.

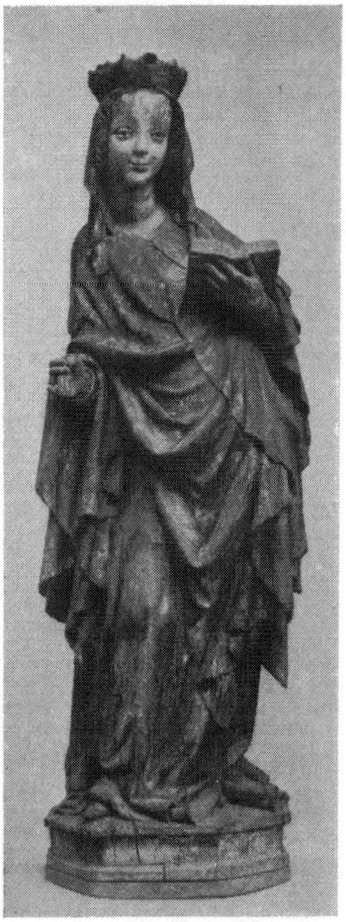

5921

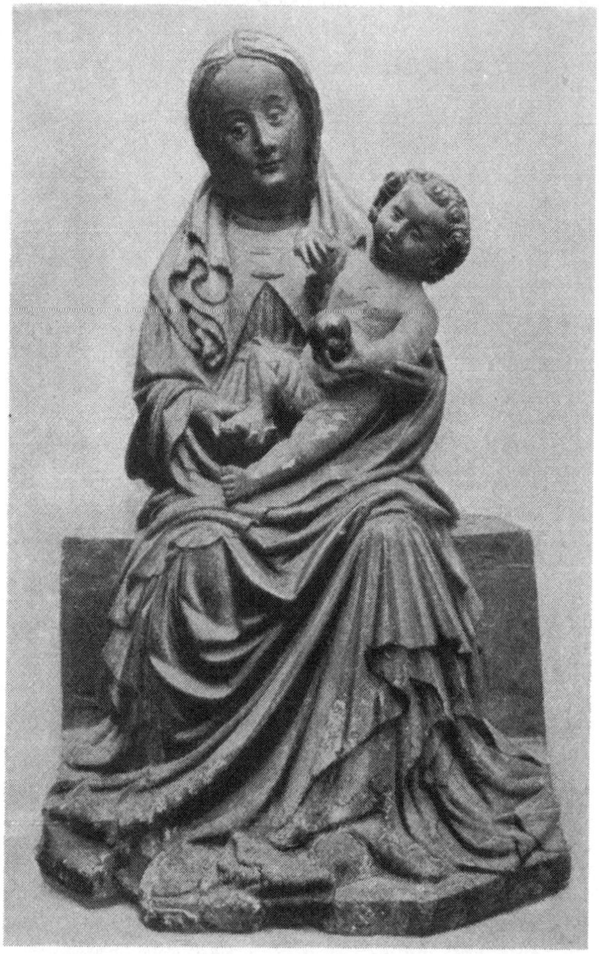

7032

Wandstatue. Lindenholz. H. 123. Rücken ausgehöhlt. Alte Bemalung auf Leinenüberzug. Von der Vergoldung an Krone und Mantel sind wesentliche Reste erhalten. Die r. Hand mit dem unteren Ende eines Lilienszepters ergänzt. — Erworben 1910 in München.

Oberschwäbischer Meister um 1430. — Die Figur stammt aus Pfärrich, O.-A. Wangen in Oberschwaben. Sie könnte der Größe nach demselben Altar angehören wie die Muttergottes aus Pfärrich, Nr. 42 des Stuttgarter Museums, Abb. Katalog von Baum (1917), S. 95; doch ist sie nicht von derselben Hand. Größere Ähnlichkeit besteht mit den beiden Figuren gleicher Herkunft, die sich im Bayer. National-Museum in München befinden; Katalog (1924) Nr. 218/19, Taf. 113. — In der Bildung des weichen, vollen Gesichts, dem Steilabfall der Schultern und in der Anordnung des Mantels erscheint ferner eine Madonna in Frankfurter Privatbesitz (Schmitt-Swarzenski Bd. I, Abb. 34) eng verwandt. Vgl. auch die folgende Nr. 5921.

5921. Weibliche Heilige. Stehend, über dem Kopftuch eine Krone, mit Buch und weitem Mantel. Aus einem Stück mit dem profilierten halben Achtecksockel, unter denen sich ein modernes Fußbrett befindet. Linke Hüfte ausgebogen. Der stoffreiche Mantel ist über den l. Unterarm emporgezogen und staut sich am Boden in eckigen Brüchen.

Wandstatue. Lindenholz. H. 110,5. Rücken ausgehöhlt. Reste der alten Bemalung auf Leinwandgrund. Die Zacken der Krone fehlen. — Erworben 1909. Geschenk.

Oberschwäbisch um 1430. — Von den zwei Madonnen, die Pinder (im Handbuch der Kunstwissenschaft, Deutsche Plastik. I S. 195 f.) mit dieser Figur zusammengestellt, erscheint mir die eine (Katalog der Sammlung Oertel, Tafel 4, Nr. 21) näher verwandt; die andere steht vielmehr unserer hl. Agathe nahe (vgl. 5916, S. 87). Entstanden sind beide Figuren in Oberschwaben, nahe dem Bodensee. Eine Aufteilung des (ziemlich umfangreichen) Materials unter einzelne Werkstätten ist (abgesehen vom Eriskircher Meister) noch nicht versucht worden.

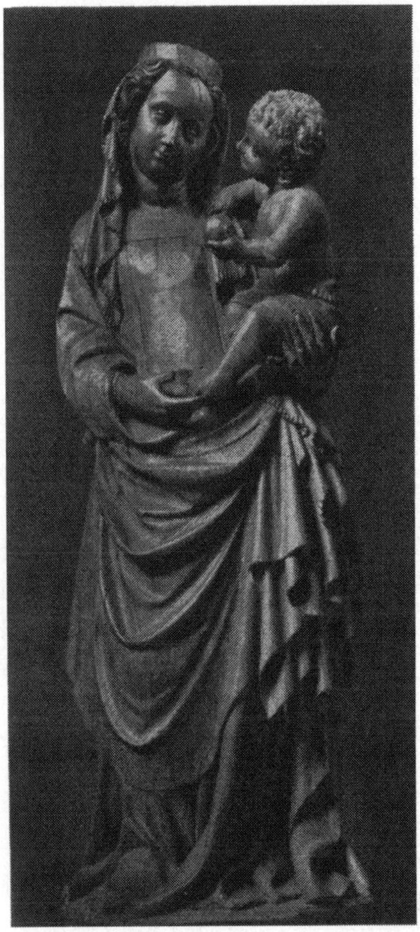

8024

7032. Thronende Maria mit dem Kinde. Sie sitzt auf einer rückwärts abgeschrägten, schlichten Bank. Über das gescheitelte offene Haar ist im Nacken lose ein Kopftuch mit breitem, geriefeltem Rand gelegt, das vorn auf beiden Seiten wellenförmig herabfällt. Sie trägt ein in der Hüfte gegürtetes Gewand, darüber den Mantel, der auf der Brust durch ein ovales Schmuckstück zusammengehalten eng anliegt, im übrigen aber mit großen Stoffmassen die Gestalt einhüllt, beide Arme umschließt und in reicher Gliederung mit wellenförmigen Gehängen an beiden Knien auf den Sockel herabfällt, wo er sich bis zum Rand ausbreitet. Mit den beiden aus dem Mantel hervorkommenden Händen hält sie das nackte Kind am linken Arm und rechten Füßchen fest. Das Kind, in spielender Bewegung nach vorn gewendet, hält in der Linken einen Apfel.

Wandgruppe. Lindenholz. H. 116,5, Br. 71. Innen ausgehöhlt, der Rücken Marias mit einem Brett verschlossen. Alte, neuerdings freigelegte Bemalung, mehrfach in späterer Zeit übergangen: Haare dunkelbraun, Mantel und Kleid jetzt blau auf Kreidegrund, Spuren alter Vergoldung am Mantel; Bruststück rot, ebenso die Thronbank, an deren oberem Rand Reste einer gemalten Borte mit aufgelegten Mustern sich befinden; Kopftuch weiß mit dunkelgrünem Rand. Es fehlt der r. kleine Finger und der r. große Zeh des Kindes. An der Vorderseite des Sockels sind mehrere Stücke ausgebrochen. — Erworben 1912 in Freiburg i. B.

Süddeutsch, um 1430. — Aus dem südlichen Schwarzwald, Gegend von Freiburg; der schwäbischen Plastik der Zeit eng verwandt, wie noch aus den etwas späteren Beispielen erkennbar, die Gerstenberg der Multscherwerkstatt zuweist (»Das schwäbische Museum«, 1927, Heft 1). Gleichzeitig etwa die Gruppe aus Weilderstadt im Stuttgarter Museum, Kat. Nr. 68. Abb. auch bei Baum, Deutsche Bildwerke des Mittelalters (1923) Nr. 49. Im Kopftyp ähneln unserer Figur sehr eine Maria im Ährenkleid und eine hl. Barbara, beide im Spital zu Rottenburg (Weise, Die got. Holzplastik um Rottenburg, Horb und Hechingen, Abb. 22 und 21).

8024. Maria mit dem Kinde. Stehend, den Kopf dem Kinde zugeneigt, das auf ihrem linken Arm sitzt, und dessen linkes Füßchen sie mit der Rechten faßt; Gewand, Mantel und am Rande geriefeltes Kopftuch, ehedem darüber eine Metallkrone. Das Kind, mit dem schräg gehaltenen Köpfchen der Mutter zugewandt, faßt mit der rechten Hand das Kopftuch und hält in der Linken einen Apfel. Sein Schurz mit Randriefelung. Polygonale profilierte Standplatte.

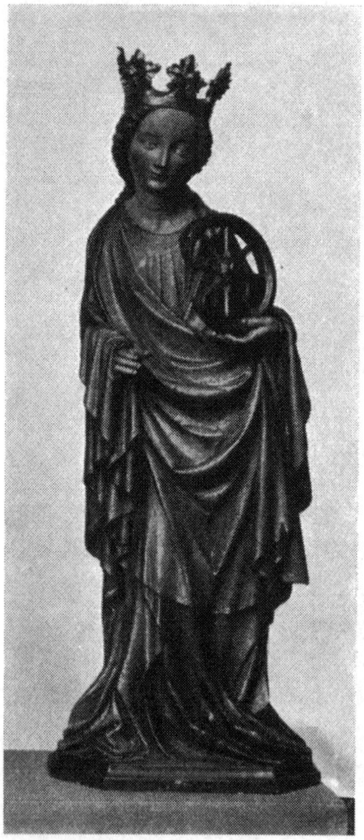

2018

Wandfigur. Lindenholz. H. 119. Figur und Standplatte aus einem Stück. Der ausgehöhlte Rücken durch ein Brett verschlossen. Auf der Brust früher Öffnung für eine Reliquie. Mit einigen Beschädigungen durch Wurmfraß und Vermorschung. Es fehlen der vierte und der halbe kleine Finger an der rechten Hand Marias, die Zehen am linken Füßchen des Kindes und der kleine Finger seiner linken Hand; der rechte Daumen Marias durchgebrochen. Bestoßungen an der Fußspitze Marias, an den Gewandendigungen und am Rand der Standplatte, von der in der Hauptsache nur der Oberteil mit der Hohlkehle erhalten, während der untere modern ergänzt ist. — Die alte Bemalung entfernt. Reste von Kreidegrund und Spuren von blauer Farbe in den Vertiefungen des Gewandes, von roter in der Hohlkehle der Standplatte. — Erworben 1918. Sammlung J. Simon.

Schwäbisch, um 1430—1440. Von G. Weise, Mittelalterliche Bildwerke des K. F. M. (1924) S. 21 f. mit einer Madonna in der Klosterkirche von Weingarten (Oberschwaben) mit Recht zusammengestellt.

2018. Hl. Katharina (Vöge 48). Gekrönt, in der Linken das Rad, blickt sie stehend vor sich hin, das Haupt zur linken Schulter neigend.

Wandstatue. Lindenholz. H. 101. Glatte Rückseite. Die Plinthe mit den schleifenden Säumen ergänzt. — Die Bemalung und Vergoldung erneuert. Der Mantel vorn irrtümlich blau (wie das Futter), statt rot; die goldene Kante auf dem Futter angebracht. — Erworben 1893 in München. Geschenk des Herrn G. Güterbock.

Deutsch, Anfang 15. Jahrhundert. Von Vöge als süddeutsch angesehen, jedoch vielleicht eher einem mitteldeutschen Kunstkreis angehörig.

Anhang I. Bildwerke aus Alabaster

8017. Trauernder. Stehend, den Kopf mit etwas grimassierendem Schmerzensausdruck zur Seite geneigt, die Arme über der Brust gekreuzt. Unterkleid mit geknöpften Ärmeln, Kapuze. Vom Gewand nur die an den Ellbogen herabhängenden geschlitzten Ärmel sichtbar. Darüber ein langer Mantel, der an den Schultern kurze Pelerinen zeigt.

Wandfigur. Alabaster. H. 29.5. Rücken glatt. — Die Füße ergänzt. Einige kleine Bestoßungen. — Mit größeren Resten von Vergoldung an den Säumen und am Haar. Spuren späteren Rots an der Gewandung. — Erworben 1918. (Sammlung J. Simon.)

Englisch (?), 1. Hälfte 14. Jahrhundert. Von einer Tumba. Von Volbach in den Amtl. Ber. 41 (1919/20), S. 210 als französisch um 1400 bezeichnet; doch weist die Tracht in die erste Hälfte des 14. Jahrhunderts.

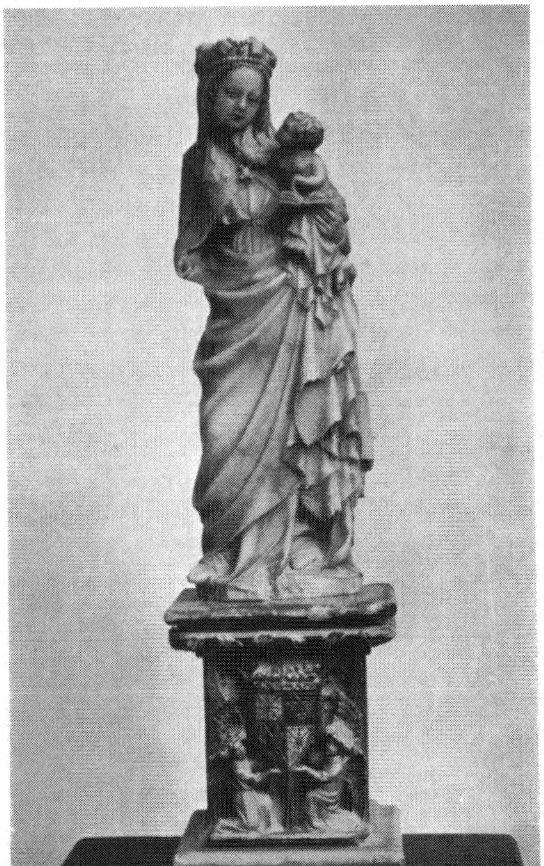

8018

8018. Maria mit dem Kinde. Stehend mit ausgebogener linker Hüfte, das Kind auf dem linken Arm. Es hat auf den Knien ein aufgeschlagenes Buch liegen, in dem es mit der Linken blättert, während die Rechte an das Kinn der Mutter faßt. Maria in gegürtetem Gewand, Mantel mit Schließe, Kopftuch und Zackenkrone (mit Perlrand oben und unten und mit Steinen in der Mitte); das Kind halbbekleidet. Unregelmäßig polygonale Standplatte. — Auf einem Sockel, der aus profilierter Fuß- und Deckplatte und fast würfelförmigem, rings mit Maßwerk geschmücktem Körper besteht. An der Vorderseite zwei kniende Engel mit emporgehaltenem geviertem Wappenschild: oben l. und unten r. Doppelkreuz, oben r. und unten l. drei Lilien, von denen eine durch einen Schrägbalken

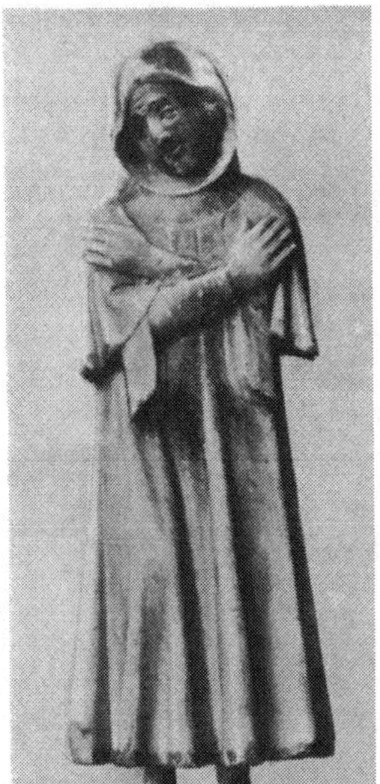

8017

von den beiden anderen getrennt ist. Der Schild gekrönt; die Krone mit Steinbesatz und Lilienzacken.

Statuette. Die Vorderseite des Sockels Hochrelief. Alabaster. H. der Statuette 50,5, des Sockels 24. Die Statuette im Rücken bearbeitet, fast freiplastisch. Sie und der Sockel getrennt gearbeitet. Die Ornamentierung der Krone Marias und der Schildkrone ist aus dem Stein genommen. — Es fehlt der r. Unterarm Marias; Mantelsäume, Standplatte, Sockel, Kronenzacken etwas bestoßen. Kopf des Kindes wieder angefügt. — Figur und Sockel mit Resten alter Vergoldung am Lilienmuster des Mantelsaums; an den übrigen Teilen erneuert. Augen und Lippen farbig getönt, die Lilienfelder des Wappens grün. — Erworben 1918. Sammlung J. Simon.

Französisch (oder italienisch?) 14. Jahrhundert. Figur und Sockel gehören zusammen, wie u. a. aus dem übereinstimmenden Steinbesatz an den Kronen hervorgeht. Das Wappen das der Familie Anjou. Die Statuette in Anlehnung an französische Madonnen der 1. Hälfte des 14. Jahrhunderts entstanden, falls sie nicht dieser Zeit noch angehört. — Ausstellung des Kaiser-Friedrich-Museums-Vereins 1906, Nr. 162. Amtl. Ber. 41 (1920), 207.

371. Auferstehung Christi (Vöge 94). Mit Mantel und Lendentuch steigt Christus aus dem Sarkophag, in der Linken die Kreuzfahne, mit der Rechten segnend. Sein Fuß tritt auf einen am Boden liegenden Krieger. Weiter vorn ein anderer; beide schlafen, während ein dritter, auf dem Sarkophagrand sitzend, zu erwachen scheint. Ein vierter, ihm gegenüber, hockt mit aufgestütztem Ellbogen.

Hochrelief. Alabaster. H. 50, Br. 24. Der untere Rand polygonal heraussspringend. Einige Risse. — Mit Resten der alten Vergoldung und Bemalung. Vergoldet das Haar, die Säume, Teile der Rüstungen, der Grund; in dem letzteren sind kleine Kreise ausgespart und mit gelben Tupfen ausgefüllt; der Nimbus mit Weiß und roten Flammen auf grünem Grund. Das Erdreich mit den in dieser Schule beliebten Blumen aus weißen und roten Punkten, auf grüner Folie; Gewänder und Rüstungen bis auf die Säume und das rote Futter unbemalt. — Erworben 1861. Geschenk des Herrn Dr. Ritter von Meyer.

Englisch, Ende 14. Jahrhundert. Aus derselben Schule wie Nr. 777. Der Sitz der Schule, die nicht die einzige, wenn auch vielleicht die größte war, wahrscheinlich Nottingham. Englische Alabasterware wurde im 14. u. 15. Jahrhundert in großem Umfang ausgeführt. Die Werke dieser Art finden sich daher häufig in Frankreich, etwas seltener kommen sie in Deutschland (Westfalen, am Rhein und an der Ostsee), in Norwegen, Rußland, Italien und Sizilien vor. — Von einem Passionsaltar. Eine Zusammenstellung vollständig erhaltener Altäre bei Maclagan im Burlington Magazine 36, 1920, S. 53 ff.; dort auch die Litt. über die englische Alabasterplastik.

777. Das Haupt Johannes des Täufers (Vöge 95). Aufrecht, in strenger Vorderansicht, in einer Schale; die klein gebildeten Figuren des Petrus (links) und des Thomas von Canterbury stehen wie Wächter davor; zwischen ihnen, scheinbar an Petrus emporstrebend, das Lamm.

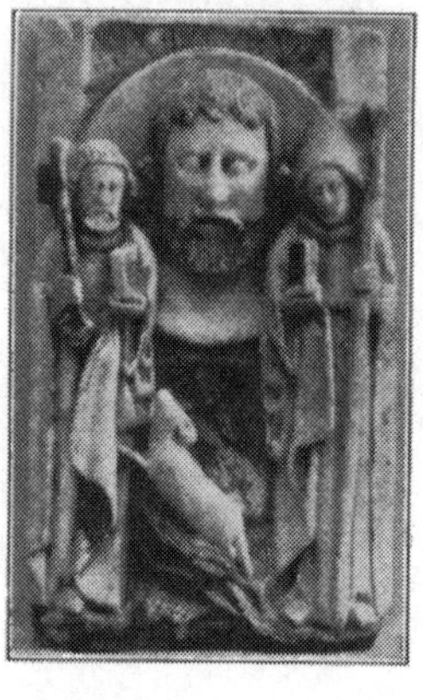

777

Hochrelief. Alabaster. H. 25, Br. 14,5. Ohne Rand; der Saum l. und r. schräg abgearbeitet; auf der Rückseite unten ein keilförmiges Stück herausgeschnitten. — Mit Resten der alten Bemalung. Statt der Vergoldung ist hier an Haaren und Säumen Goldbraun verwendet, oben als Folie Braungelb, mit roter Blattmusterung. An den Gewändern waren nur die Säume und das Futter (dunkelgrün und rot) bemalt. Das Erdreich dunkelbraun mit denselben Blumen wie auf Nr. 371. — Erworben 1887 in Venedig.

Englisch, 1. Hälfte 15. Jahrhundert. Aus derselben Schule wie Nr. 371, vgl. dort. Über diese in England häufig vorkommenden Darstellungen des Johannishauptes vgl. Hope

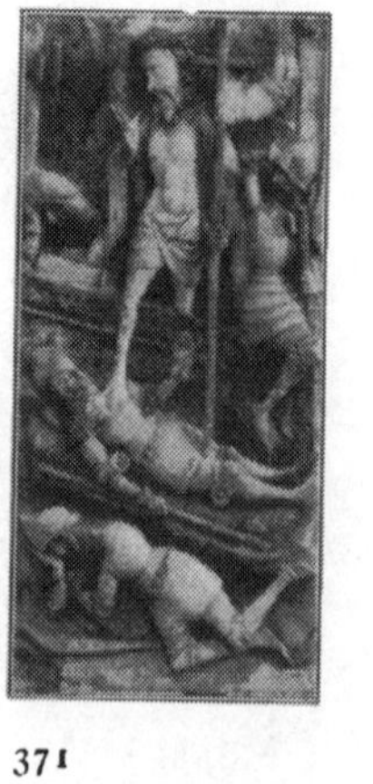

371

in Archaeologia, Bd. LII, 1890, 2. ser., Bd. II, S. 669 ff.

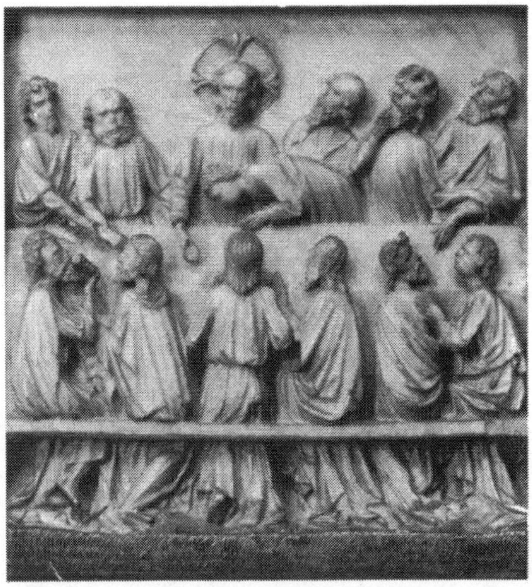

8019

8019. Das Abendmahl. An einem Tisch, dessen Langseite dem Beschauer zugekehrt ist, sitzen Christus und je sechs Apostel; bei der vorderen Reihe ist die Bank sichtbar. Christus, mit dem Kreuznimbus, reicht das Brot nach vorn herüber; zu seiner Linken Johannes, an seiner Brust ruhend, an der andern Seite Petrus. Unten ein Bodenstreifen, der die Struktur von Grasboden hat. In zugehörigem hochstehendem Rahmen mit Hohlkehle.

Hochrelief. Alabaster. H. (insgesamt) 20, Br. 20. Der Rahmen besonders gearbeitet und aus vier Leisten zusammengesetzt. — Spuren von Rot an den Mündern einiger Apostel. Der Boden grün. — Erworben 1918. (Sammlung J. Simon.)

Westdeutsch, Anfang des 15. Jahrhunderts. Den Apostelreihen in Frankfurt a. M. und in Schwerte nahestehend. Im Bayer. Nat.-Museum das Fragment einer sehr eng verwandten Darstellung derselben Szene (Kat. 1924, Nr. 297, Abb. Taf. 143). Volbach in Amtl. Ber. 41 (1920), S. 211. Swarzenski im Städeljahrbuch I 1921, S. 183 und S. 199, Nr. 2; letzterer hält das Relief für westfälisch.

8020. Vesperbild. Maria sitzt auf einfacher Bank. Mit dem Oberkörper etwas zurückweichend, blickt sie nach dem Toten, der auf ihrem l. Knie aufruht, und faßt ihn mit der R. unter dem dornengekrönten Haupt; ihre Linke ruht bei der Seitenwunde. Der Oberkörper des starren Leichnams leicht emporgenommen, die Beine vom Knie ab senkrecht. Wundmale an den Händen und Füßen. Maria trägt ein Kopftuch mit geriefeltem Saum und einen weiten Mantel, dessen Stoff sich am Boden ausbreitet, Christus ein Lendentuch mit ebenfalls geriefeltem Rand. Ovaler gewölbter Erdbodenausschnitt.

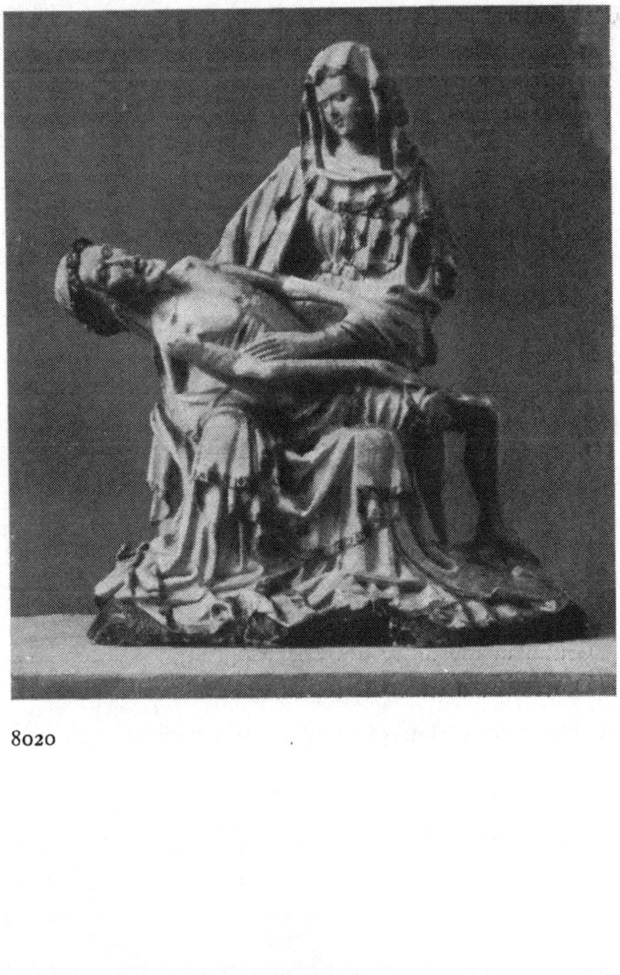

8020

Wandgruppe. Alabaster. H. 24,5, Br. 21,5. Der Rücken Marias flach bearbeitet, die Bank hinten ausgehöhlt. Auf der Unterseite des Bodens zwei Bohrlöcher für Zapfen. — Es fehlt das r. Bein Christi vom Schurz abwärts, die Dornenkrone beschädigt. Am r. Oberarm Christi, an den Kniefalten Marias, an ihrem l. Fuß und den Falten dort sowie vorn am Boden geglättete Bestoßungen. — Mit späterer (erneuerter?) Teilbemalung (Säume vergoldet, Dornenkrone u. Erdboden grün, Wunden u. Lippen rot). — Erworben 1918. (Slg. J. Simon.)

Westdeutsch, um 1430—1440. Vom Vorbesitzer 1917 in München erworben.

Angeblich aus dem Isartal kommend. Swarzenski im Städeljahrbuch I, 1921 S. 205 Nr. 7 nimmt ein Modell des Kreuzigungsmeisters als zugrunde liegend an, mit dessen Arbeiten große Verwandtschaft besteht. (Vgl. auch die vorangehende Nr. 8019).

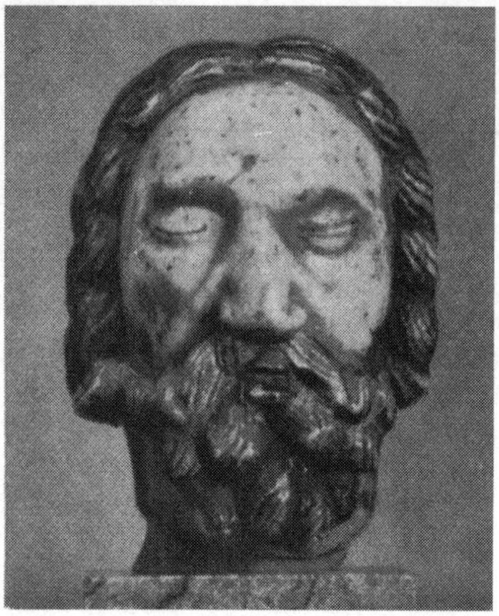

7774

7774. Das Haupt Johannes des Täufers. Mit starken Haupt- und Barthaarlocken. Die Augen im Tode geschlossen, die Wangen eingefallen (die Backenknochen heraustretend). Die Nase hat plattgedrückte Form.

Vollrund. Alabaster. H. 10,5. Der Hinterkopf etwas summarischer behandelt. Am Hals unten ein Stückchen ausgebrochen. Mund und Bart durch einen Riß etwas beschädigt. In nicht zugehöriger Holzschüssel. — Mit größeren Resten späterer Bemalung (Haar braun, Lippen u. Wangen rot). — Erworben 1917 in Berlin (aus der Sammlung Georg Schwarz).

Westdeutsch (?), 1. Hälfte des 15. Jahrhunderts. Aukt.-Kat. der Slg. Georg Schwarz, Berlin 1917 Nr. 18; als Herkunft dort Worms angegeben. Nicht englisch (vgl. z. B. dagegen unsere Nr. 777).

8021. Die Verkündigung. Maria kniet nach l. gewandt, den Oberkörper nach vorn gedreht, an einem Betpult mit aufgeschlagenem Buch, auf dem ihre Hände liegen. In ihrem Rücken das Fragment eines Baumes. Sie trägt Gewand, Mantel und Kopftuch. Großer Scheibennimbus. Rechts hat sich der Engel auf sein l. Knie niedergelassen; in seinen Händen ein auf den Boden herabhängendes Spruchband. Jede Figur für sich auf einem Terrainstück. Gemeinsamer, möglicherweise ursprünglicher Sockel, vorn und an den Seiten profiliert.

Wandgruppe. Alabaster. H. 17,5, Br. des Sockels 19,2. Die Figur Marias im Rücken flach behandelt, der Engel mehr vollrund. Jede Figur für sich gearbeitet u. auf den Sockel aufgesetzt. Es fehlt der obere Teil des Baumes, der kurz über der Verästelung abgebrochen ist. Die Figur Marias unten an zwei Stellen gekittet. Die Flügel des Engels fehlen, die Endigung des Spruchbandes unten wieder angefügt. Im Sockel oben zwischen beiden Figuren eine Bohrung, wohl für eine Lilienvase. — Mit Spuren von Vergoldung an den Haaren. Die Bodenausschnitte u. die Sockeloberfläche mit neuer grüner Farbe. — Erworben 1918 (Sammlung J. Simon).

Deutsch 1. Hälfte 15. Jahrhundert. — Swarzenski im Städeljahrbuch I (1921) S. 195 Nr. 2.

8401. Die Verkündigung. Maria kniet nach r. an einem Betpult mit Buch, auf dem ihre Linke liegt; die Rechte ist zur Brust geführt. Sie trägt ein Gewand mit rosettenbesetztem Gürtel und Mantel mit Schließe. Ihr Haupt mit großem Scheibennimbus, im Haar ein schmaler Reif. Links der Engel kniend, mit großen Flügeln, in Alba und Dalmatika, in der (jetzt fehlenden) Linken ein Spruchband Aufsteigender felsiger Grund, in dem rechts, über dem Pult, ein Einhorn sichtbar wird. Auf profiliertem Sockel.

Hochrelief. Alabaster. H. insgesamt 23. Relief u. Sockel hinten flach; sie gehören zusammen u. sind jedes für sich gearbeitet. Der l. Unterarm des Engels, der aus besonderem Stück war, fehlt; ebenso ein Teil des Reliefgrundes rechts. Verschiedene Bestoßungen (Spruchband, r. Hand Gabriels, der Nimbus, der Mantelsaum vorn, der Sockel). — Mit größeren Resten späterer Vergoldung (Haar, Säume, Nimbus, Flügel) u. ebensolcher Bemalung (Gewand Mariae blau, der Mantel rot, ebenso das Pult, der Grund u. die Mitte des Sockels grün). — Alter Besitz.

Deutsch, drittes Viertel 15. Jahrhundert.

8400. Die Geburt Christi. Maria sitzt aufrecht auf einem hohen, kastenförmigen, quer nach

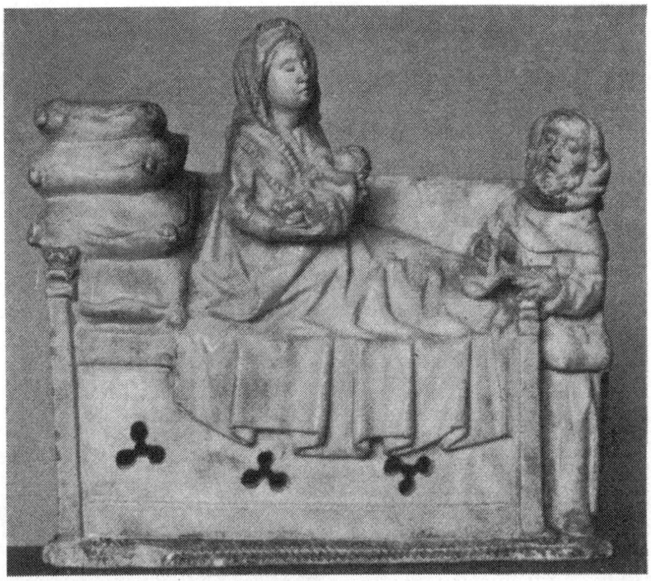

8400

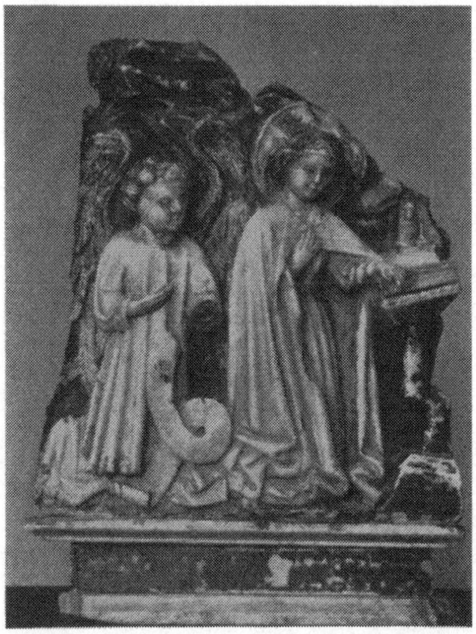

8401

r. stehenden Bett und hält mit beiden Händen das Kind, das an ihrer l. Brust trinkt. Sie trägt über dem Gewand ein am Rande gekräuseltes Kopftuch, dessen unteres Ende sich um die Hüften des sonst nackten Kindes schlingt, und liegt unter einer Decke. Hinter ihrem Rücken vier Kissen übereinander. Am Fußende des Bettes steht Joseph, in Kapuzenmantel und mit einer Tasche an der linken Hüfte, in den Händen einen Topf mit Stiel und einen Löffel. Die Längsseite des Bettes vorn und am Kopfende mit ausgeschnittenen Dreipässen; hinten ein Stück Wand

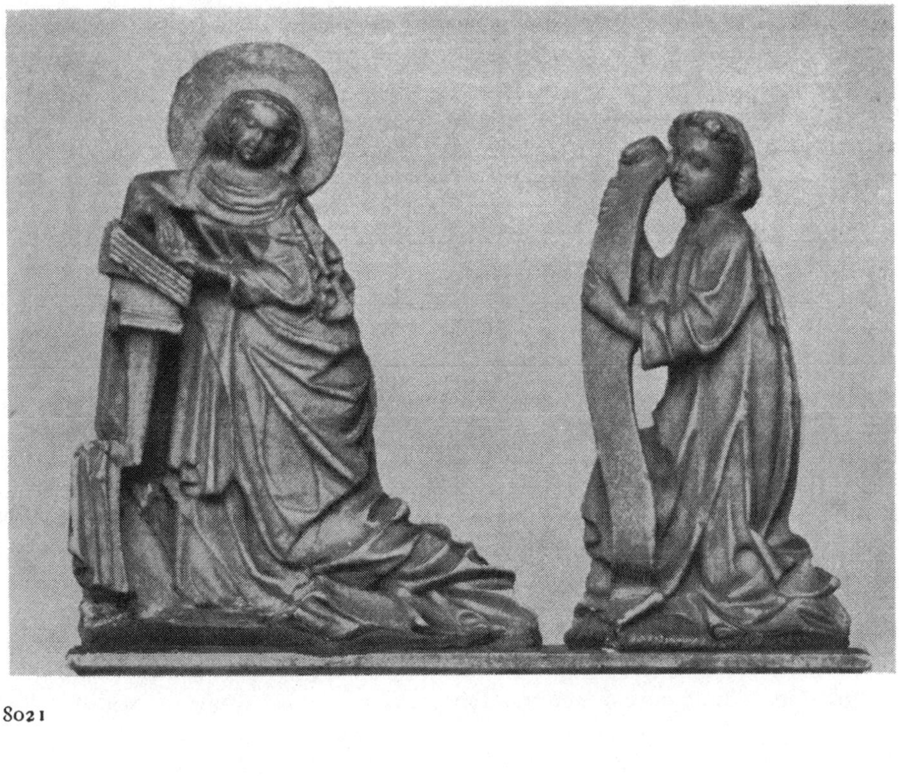

8021

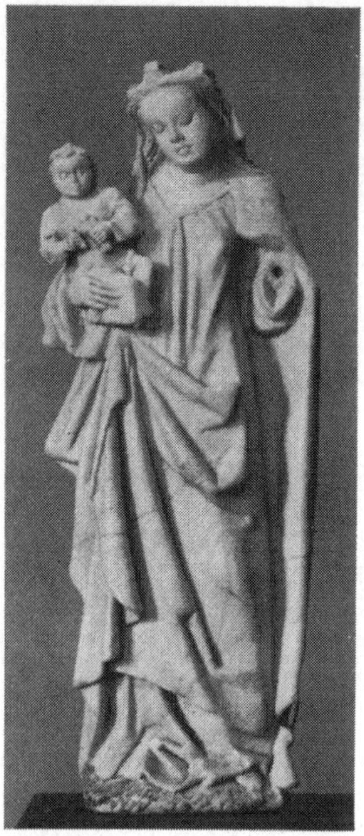

779

aufsteigend. Vierseitige Bodenfläche mit grasbodenartiger Struktur.

Wandgruppe. Alabaster. H. 20,2, Br. 22. Rückseite glatt. Das Bett von unten hohl. Oben auf der Bettdecke eine Bohrung. Wenige unwesentliche Bestoßungen. — Reste grüner Farbe am Boden. — Alter Besitz.

Deutsch, wohl nach der Mitte des 15. Jahrhunderts. Verwandte Arbeiten: Die Gruppe der Handwaschung Pilati, ehem. in der Slg. B. Oppenheim-Berlin, (Tafelwerk Nachtrag 1911 Nr. 137 Taf. 80, dort irrtümlich als englisch angesehen) und die Grablegung Christi im German. Nationalmuseum zu Nürnberg (Swarzenski im Städeljahrbuch I, 1921, S. 203, XX mit Abb.).

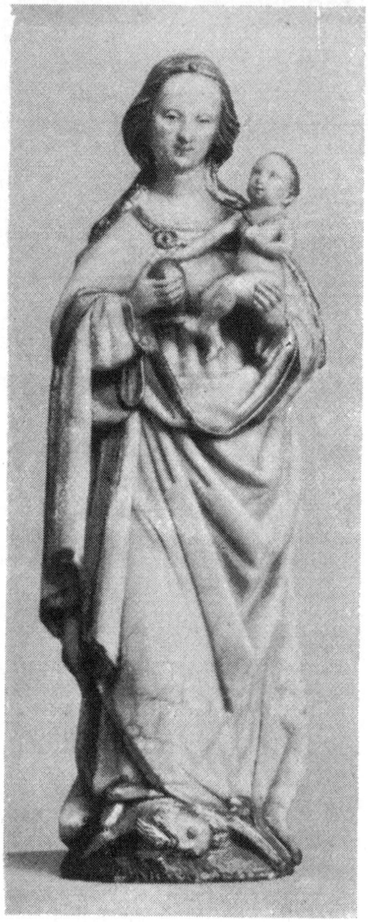

8078

779. Maria mit dem Kinde. Stehend, in Gewand, Mantel, Kopftuch und Krone; das Kind, das mit einem Röckchen ganz bekleidet ist und in den Händen ein Vögelchen hält, auf dem rechten Arm. Auf einem unregelmäßig begrenzten Stück Erdreich.

Statuette. Wandfigur. Alabaster. H. 28. Rücken flach bearbeitet. Es fehlt der l. Unterarm Marias, der besonders angesetzt war. Die Krone bestoßen. — Reste grüner Farbe am Erdreich. Erworben 1849 in Köln. Kunstkammer.

Niederländisch oder Deutsch, 2. Hälfte 15. Jahrhundert. Verwandt eine Madonna im Budapester Museum. (Swarzenski im Städeljahrbuch I, 1921 S. 193 Nr. 11 mit Abb.).

8078. Maria mit dem Kinde auf der Mondsichel. Stehend, in gegürtetem Gewand und Mantel, im lang auf den Rücken herabfallenden Haar einen Reif, das nackte Kind auf dem l. Arm. Dieses faßt mit der Linken nach seinem Halskettchen, mit der Rechten nach einem Apfel, den ihm die Mutter reicht. Abwärts gekehrte Mondsichel mit bärtigem männlichem Kopfe darin und ansteigendes ovales Erdbodenstück.

Statuette, Wandfigur. Alabaster. H. 28. Rückseite flacher behandelt. Im Erdboden von unten eine Bohrung. — Die Köpfe von Mutter u. Kind wieder angefügt. Das Kind am l. Ellbogen u. der l. Hand bestoßen. — Mit erneuerter Teilbemalung. Vergoldet das Haar an allen drei Köpfen, Säume, Gürtel, Apfel, Kettchen, versilbert die Mondsichel; Boden grün, Lippen rot, Augensterne braun. Reste späteren Rots auf den Wangen Marias. — Erworben 1918. Sammlung J. Simon.

Niederländisch (oder Deutsch), 2. Hälfte 15. Jahrhundert. Im Gewandstil unserer Nr. 779 verwandt.

2769. Maria mit dem Kinde auf der Mondsichel (Vöge 347). Stehend, wie das Kind vor sich niederblickend, das, im Hemd, in der Linken eine Traube haltend (?), auf ihrem l. Arme sitzt, ihren Nacken umfassend. Maria mit langen Locken und einer Krone; am Saume ihres Mantels, wie am Halsausschnitt von Christi Hemd eine Schriftbordüre, nur z. T. einen Sinn ergebend (oben links ece ancila domin fiat . . .). Die Fußplatte aus dem Achteck mit leicht konkaven Seiten.

Wandstatue. Alabaster. H. 88,5. Die Rückseite unbearbeitet. Der l. Fuß des Kindes, die Krone, die Sichel etwas verletzt. Haare, Krone und Schuhe vergoldet, der Saum dunkelbraun. Erworben 1903 in Köln (Sammlung Thewalt). Geschenk des Herrn Dr. James Simon.

Niederländisch oder niederrheinisch um 1480. Angeblich aus der Kölner Gegend. Swarzenski im Städeljahrbuch I, 1921, S. 193 Nr. 16.

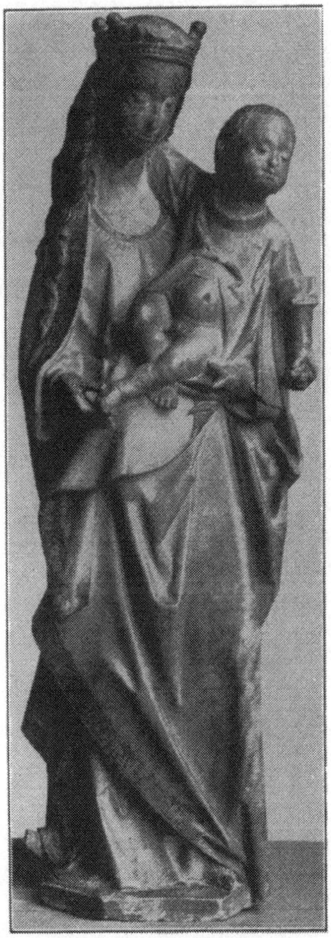

2769

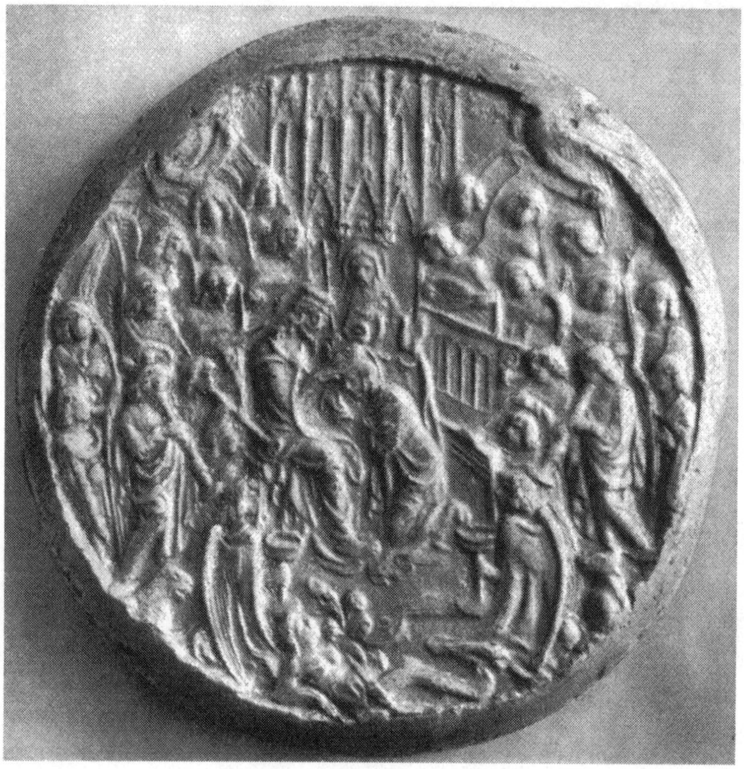

784

Anhang II. Alte Nachbildungen in Ton, Stuck, Papiermasse

784. Krönung der Maria. Auf einem Thron mit hoher Baldachinarchitektur an der Rückseite und einer nach vorn rechts und links ausstrahlenden Seitenbank sitzt in der Mitte Gottvater, ungekrönt, in der Rechten das Szepter, die Linke segnend erhoben. Auf der linken Bank sitzt Christus, gekrönt, eine Krone der Mutter aufsetzend, die mit gekreuzten Händen, die leere Bank rechts im Rücken, vor ihm kniet. Alle drei Personen mit Scheibennimben, ebenso die Taube des hl. Geistes über dem Haupte Marias. An der Stufe des Thrones rechts und links kniet je ein kandelaberhaltender Engel, vorn in der Mitte liegt die nackte Figur der Eva mit einem Zweige in der Linken. Rechts und links des Thrones stehen Engel mit Posaunen und verschiedenen Saiteninstrumenten. An vier Stellen des Randes, in gleichem Abstande voneinander, werden Teile der vier Evangelistensymbole sichtbar.

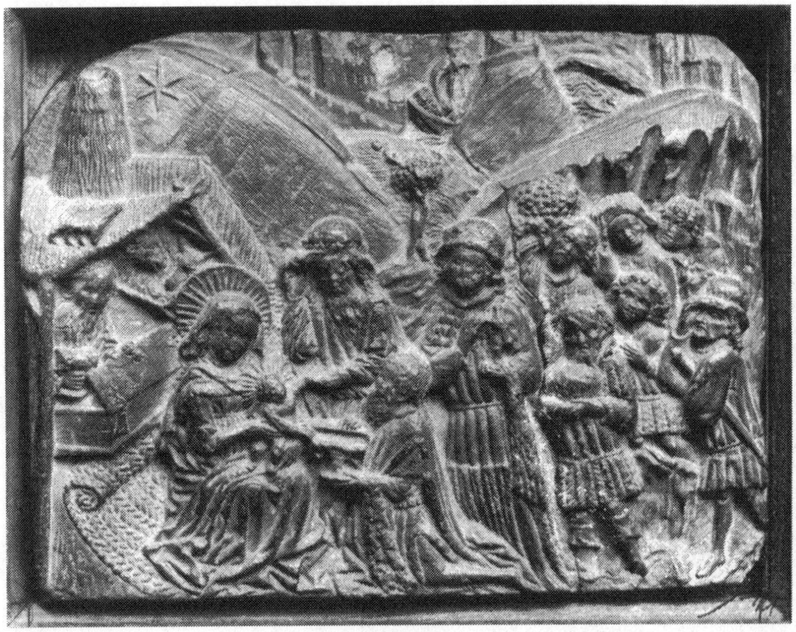

5543

Flachrelief. Gebrannter rötlicher Ton. Rund. Dm. (ohne den ungleichmäßig abgeformten Rand) 15,2—15,8, Gesamtdm. 17,3—17,7. Einige kleine Bestoßungen. — Mit hellrötlichem Farbüberzug aus neuerer Zeit und darüberliegender Vergoldung. — Erworben 1889 in Oberitalien.

Burgundisch, um 1400. Von W. v. Bode in den Amtlichen Berichten 38 (1917), 315 ff. als alter (flauer) Abdruck des Bodens einer verschollenen, vermutlich goldenen Schale bestimmt, deren Meister dem Kreis der burgundischen Künstler des Herzogs Johann von Berry angehört und dem »Meister der Kaisermedaillen« mindestens sehr nahesteht. Weitere Literatur s. a. a. O.

5543. Anbetung der Könige (Vöge 66). Vor der strohgedeckten Hütte sitzt links Maria auf einer geflochtenen Matte; der nackte Knabe auf ihrem Schoß greift in das Gefäß, das Melchior kniend darbringt; die Linke reicht er dankend Balthasar, der den Hut lüftet. Während der jüngste der Könige mit einem Gefolge von sechs Dienern weiter rechts steht, ist Joseph links, in der Hütte, dabei, das Geschenk Balthasars in eine Truhe zu setzen. Die z. T. tief gegürteten Röcke zeigen reichen Besatz von Zaddelwerk am Schoß, am Kragen und an den Ärmeln. Im Grunde ein See, mit Schiffen belebt, von Burgen und festen Orten umgeben.

Halbrelief. Gelblicher Kalkstein. H. 16,3, Br. 21,8. An der linken oberen Ecke abgerundet. Rechts gebrochen. Die Gesichter z. T. verrieben. — Erworben 1908 in Berlin.

Süddeutsch (unter burgundischem Einfluß) um 1440. Nach einer Notiz auf der Rückseite 1860 im Schloßberg zu Neunburg (Oberpfalz) gefunden und deshalb von Vöge versuchsweise als bayerisch bestimmt; dagegen Bode in den Amtlichen Berichten 38 (1917), 325 f.

7039. Thronende Maria mit dem Kinde. Über den Schultern dreier schwebender Engel, die in ihren Händen Spruchbänder halten, sitzt Maria auf einem runden Polster, während ihr Körper zugleich auf ihrem linken Knie ruht. Das Kind an ihrer r. Seite, bekleidet mit Schurz, den die Mutter mit der Linken rafft. Maria in Gewand, Mantel, Kopftuch und Krone. An den beiden Enden des Kissens je eine große Quaste. Einfacher Grund. Abb. S. 100.

Hochrelief. Stuck. H. 45, Br. 34. In originalem Tabernakelrahmen aus Holz. Dieser war vergoldet

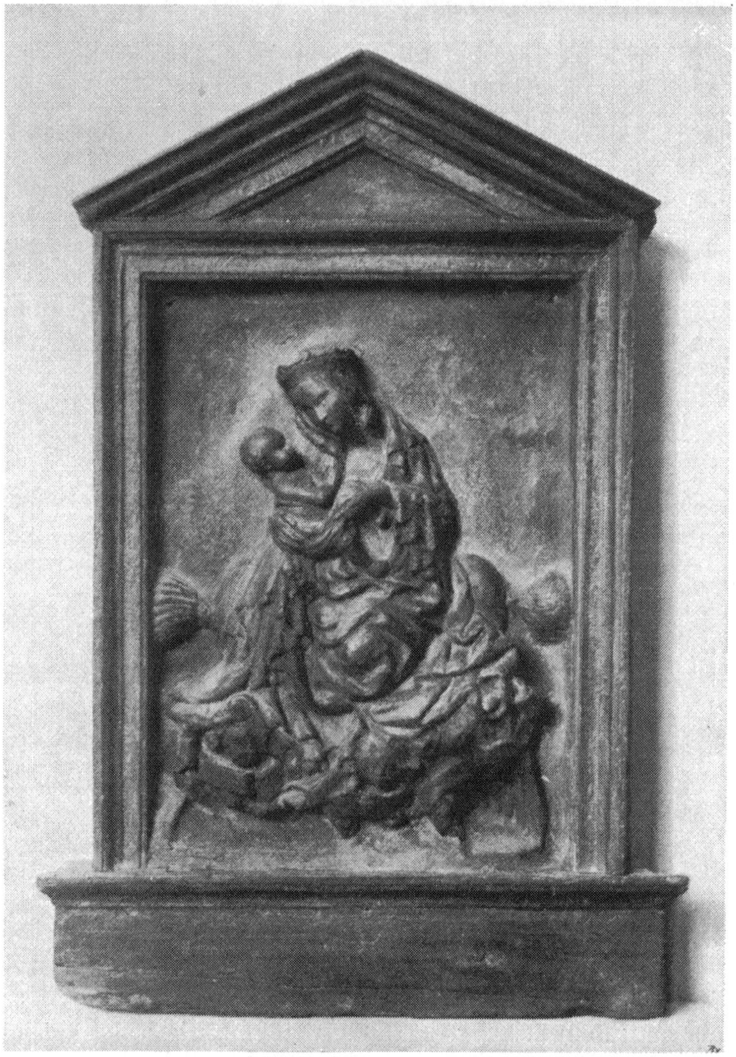

7039 S. 99

(große Reste von Kreidegrund und Gold) und ist am unteren Rande, wo die abschließende Leiste fehlt, in späterer Zeit mit roter und schwarzer Farbe bestrichen. Die Fassung des Reliefs stark nachgedunkelt und teilweise ausgebessert. Der Mantel Marias war rot, ebenso das Kissen. — Die Gesichter der Engel in der Abformung undeutlich geraten. — Erworben 1912. Geschenk des Herrn Antonio Salvadori in Venedig.

Süddeutsch (wohl bayrisch oder tirolisch), Anfang des 15. Jahrhunderts. Das Original vielleicht in Holz geschnitzt. Die Nachbildung wahrscheinlich in Italien gefertigt. Italienisch auch der Rahmen, bei dem W. v. Bode (Amtl. Ber. 33 (1912) 307) an Entstehung in Padua denkt. Das Relief ähnelt in der Komposition und in Einzelmotiven wie den Engeln usw. unserem Relief 8394 (folgende Nr.) so, daß ein Zusammenhang zwischen beiden Stücken anzunehmen ist.

8394. Thronende Maria mit dem Kinde. Sie sitzt auf einem runden Polster und hält das unbekleidete Kind mit beiden Händen. Ihr Gewand ist durch einen rosettenbesetzten Gürtel unter der Brust zusammengehalten, darüber Kopftuch und ein über den Kopf gezogener Mantel. Unter ihren Füßen werden die Köpfe dreier Engel mit einem Spruchband sichtbar; letzteres ist unten von einem mit Sternchen verzierten Wolkenstreifen begleitet. In den beiden oberen Ecken zwei halbfigurige Engel, die der Madonna eine Krone aufsetzen, über Wolken, die ebenso wie das Wolkenband unten verziert sind. Der Grund mit Sternchen geschmückt.

Halbrelief. Gebrannter rötlicher Ton. H. 41, Br. 28. Durchgebrochen und wieder zusammengefügt. An den Rändern bestoßen, besonders an den Ecken r. oben u. l. unten, von der rechten Hand des Kindes fehlt ein Teil. — Ohne Fassung. — Erworben 1927 in München.

Komposition süddeutsch (wohl bayrisch oder tirolisch), Anfang des 15. Jahrhunderts; das Original vielleicht in Holz geschnitzt. Die Nachbildung wahrscheinlich in Italien entstanden. Vgl. unser Stuckrelief 7039 (vorige Nummer), doch mutet der Stilcharakter stärker italienisch an als bei dem Stuckrelief.

7949. Christus am Kreuz zwischen Maria und Johannes. Vier Engel fangen in Kelchen das Blut Christi auf, ein fünfter lehnt sich auf den Titulus des Kreuzes. In den oberen Ecken Sonne u.

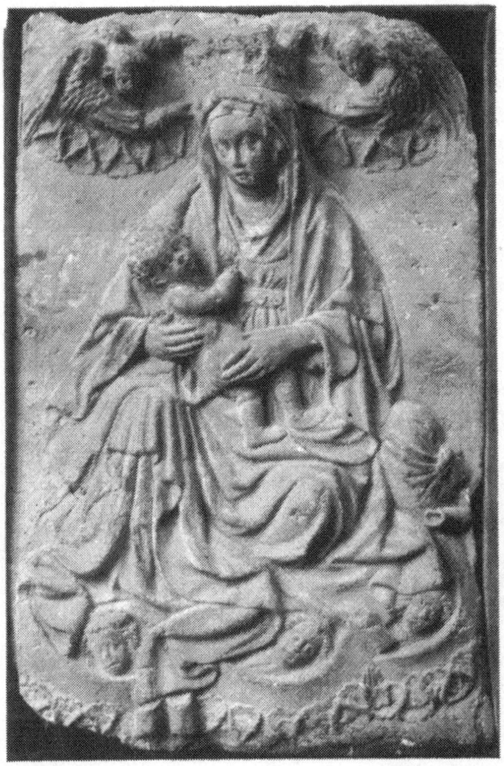

8394

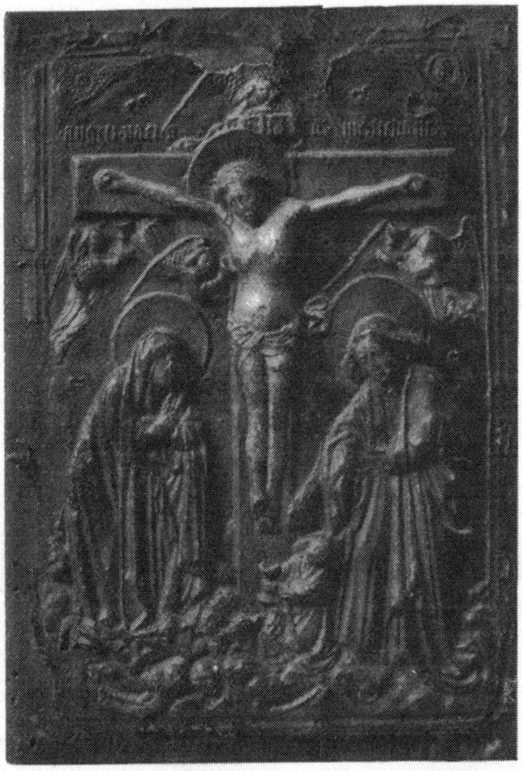

7949

Mond. Felsiger Boden mit Gebeinen. Oberhalb des Querbalkens des Kreuzes in gotischen Minuskeln die Inschrift: angeli pacis am(ar)e flebant (nach Jes. 33, 7). Leicht erhöhter profilierter Rand oben und an den Seiten.

Relief. Papiermasse. H. 34, Br. 24,5 ausschließlich eines darunter befindlichen etwas größeren originalen Eichenholzbrettes. Das Relief auf Leinwand, mit starker Schnur auf dem ca. 8—10 mm starken Brett an den vier Seiten befestigt. Letzteres der Länge nach gerissen und oben in der Mitte zweimal gelocht. Der Körper Christi in Hochrelief, ebenso die Köpfe und Schultern Marias, Johannis und der Engel; im übrigen Flachrelief. Ursprünglich sicher gerahmt. An den Rändern seitlich und oben fehlen Teile des Reliefs; oben und am l. Rande reichen diese Beschädigungen bis in den Reliefgrund hinein. — Mit der alten, seither dunkler gewordenen Bemalung. Maria in bräunlichem Gewand, blaugrünem, innen rotem Mantel, Johannes in blaugrünem Gewand und bräunlichem, innen rotem Mantel, die Engel rot und weiß, der Boden grün, der Grund dunkel und der Rand rot. Die Nimben waren vergoldet. — Erworben 1920 in München.

Nordniederländisch (Utrecht?), um 1460—1480. Dieselbe Komposition als Tonrelief im Landesmuseum zu Münster (Burkhard Meier in »Westfalen« 7, 1915, S. 129 Nr. 9. und im Skulpturenkatalog des Museums zu Münster Nr. 119 Taf. XXVIII); ferner im Stuttgarter Museum (Baum im Stuttg. Katalog Nr. 368), im Utrechter Museum (Meier Nr. 10) und in der Nikolauskirche zu Gardelegen. Unser Relief ist nach Baum (Altschwäbische Kunst, Augsburg 1923 S. 5 f.) schwäbischer Provenienz. Ob, wie Baum annimmt, eine noch unbekannte graphische Vorlage den Reliefs zugrunde liegt, erscheint nicht sicher.

7749. Der Gnadenstuhl. Gottvater auf dem Regenbogen sitzend, den Leichnam Christi neben sich haltend. Beide mit großen Scheibennimben, in denen zwischen großen Strahlen kleinere

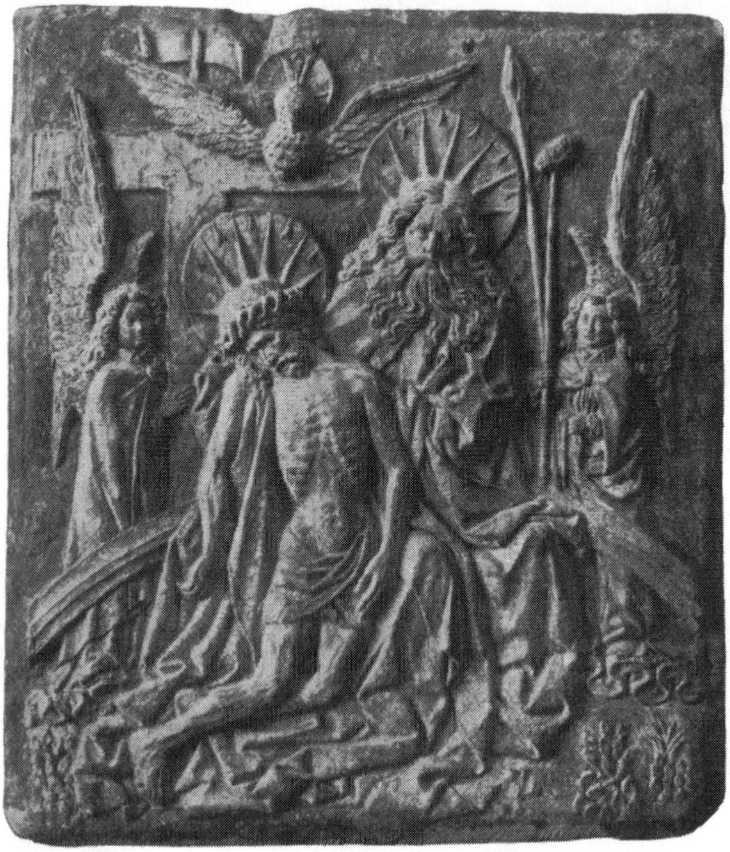

7749

pfeilspitzenartige erscheinen. Über dem Haupte Christi die nimbierte Taube schwebend. Zu Seiten der Gruppe stehend je ein Engel auf Wolken, mit den Leidenswerkzeugen. Mit Blumen bewachsener Boden.

Halbrelief von rechteckiger Form. Gebrannter grauer Ton. H. 24,1, Br. 21,8. — Gekittet. Oben an zwei Stellen gelocht. — Der Grund mit Resten blauer und grüner, an den Gewändern der Engel Spuren roter Farbe. — Erworben 1916. Geschenk eines Ungenannten.

Niederländisch, um die Mitte des 15. Jahrhunderts. Das Vorbild kann noch etwas älter sein. Es gibt ein in den Maßen ungefähr übereinstimmendes, von Vredis signiertes Tonrelief mit der gleichen Darstellung im Landesmuseum zu Münster (vgl. zu letzterem Meier in »Westfalen« VII, 1915 S. 131 Nr. 31 und im Skulpturenkatalog des Landesmuseums Nr. 114 Taf. XXVIII). Unsere Ausformung zeigt in den Gesichtszügen wie auch im Hintergrund, dem die Sternchen u. a. Merkmale fehlen, nicht die Hand des Judocus Vredis (vgl. auch W. v. Bode in den Amtl. Ber. 38 (1917) 318 ff.). Die Reliefs in Papiermasse mit derselben Darstellung (Meier in »Westfalen« a. a. O. S. 129 Nr. 18) sind nicht unerheblich größer. Außer dem Gipsabguß in Utrecht (Meier Nr. 12) ist ein weiterer in unserer Sammlung (H. 36,3, Br. 28,4 ohne den mitabgegossenen Rahmen; einer Notiz auf der Rückseite zufolge aus Köln).

7841. Maria im Rosenhag. Maria sitzt in einem Blumengarten, der links mit Rosen-, rechts mit Nelken- und vorn mit Erdbeerpflanzen bestanden ist, auf einer Rasenbank vor einer Mauer, über der ein Brokatstoff mit Granatapfelmuster liegt. Sie hält mit beiden Händen das auf ihrem linken Oberschenkel sitzende nackte Kind, das mit der Linken eine Nelkenblüte greift. Ihr Haupt ist von einem Nimbus, einem Strahlenkranz, umgeben, um den sich ein Wolkenband mit Sternchen legt. Der übrige Teil des Grundes ist oben mit Rankenwerk bedeckt, in den Ecken l. Rosen-, r. Nelkenblüten. Das Bildfeld seitlich und oben von sternchenbesetzter Hohlkehle umschlossen, unten von einer Leiste, unter der sich ein Rankenband mit der Inschrift befindet: VIDI COLVBA CCVDABAT EA FLOES ROSAR E LILIA COVALLIV, darunter in der Mitte die Inschrift: F. IVDOCVS VREDIS CARTVS. Breiter Rand, an allen vier Seiten nach außen gerundet.

Hochrelief. Gebrannter Ton (weißlicher Pfeifenton). H. 52, Br. 38. In altem Eichenholzrahmen. Das Relief war durchgebrochen und ist wieder zusammengefügt. — Ohne Fassung. — Erworben 1918 durch Tausch mit dem Kunstgewerbemuseum; von diesem 1884 im Kunsthandel zu Münster angekauft.

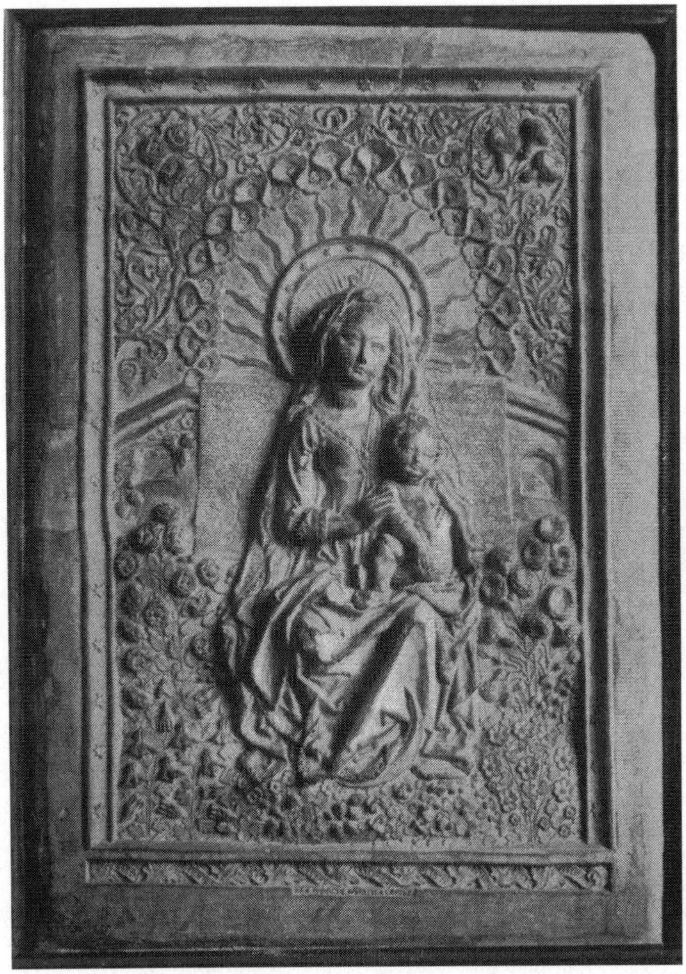

7841

Westfälisch, Anfang 16. Jahrhundert. — Judocus Vredis (ursprünglich Jost Pelsers, Prokurator der Karthause Wedderen bei Dülmen 1507, Vikar und Prior 1531 bis zu seinem Tode 1540) ist als Verfertiger kleiner Reliefs aus gebranntem Ton bekannt, für die er meist ältere Vorlagen graphischer oder anderer Art verwendete. B. Meier hat in »Westfalen« 7 (1915) 105 ff. seine Arbeiten zusammengestellt. — Bei unserem Stück ist der Hintergrund eigene Erfindung, das (wohl süddeutsche) Vorbild der Maria ist nicht nachweisbar. Eine Variante mit anderem Hintergrund im Schloßmuseum Berlin und im Landesmuseum Münster. Ferner zwei Exemplare eingemauert an den Chorwänden der Jesuitenkirche in Münster. — Die Inschrift ist aus Worten des Hohen Liedes frei zusammengesetzt. — Vgl. außer B. Meier noch die ältere Schrift von A. Wormstall, Judocus Vredis und das Karthäuserkloster zu Wedderen (1896).

8090. Hl. Christophorus. Zwischen den beiden felsigen Ufern schreitet der Heilige nach links, wo der Eremit mit einer Laterne vor einer Höhle steht. Mit beiden Händen faßt er den Baumstamm; auf den Schultern das Christuskind in Röckchen und Mantel, die Rechte segnend erhoben, in der Linken die Weltkugel mit dem Kreuz; das Haupt mit Scheibennimbus, der am Rand die Inschrift trägt: ihessus verlotter der mensc .... Statt des Himmels Rankenmustergrund, eingefaßt von der Inschrift: O.Kristo(f)fel..die.di.daghes.aensiet.quader.doet.en.sterft. hi.des.daghes.niet. Das Ganze seitlich und oben eingefaßt von profilierter rosettenverzierter Rahmung. Abb. S. 104.

Hochrelief. Gebrannter Ton. H. ca. 36, Br. ca. 26 (im Brande etwas ungleichmäßig geworden). Das Muster des Hintergrundes in flachem Relief. Mit der Rahmung aus einem Stück. Einige Bruchstellen repariert. — Die alte Bemalung erneuert. Haar und Nimbus des Kindes sowie Gewand des Heiligen vergoldet, sein Mantel grün mit roter Innenseite, Rock des Kindes rot, sein Mantel und die Kutte des Eremiten schwärzlich. Die Ufer gelblich, das Wasser grünlich, der Hintergrund rot. — Erworben 1918 (Sammlung J. Simon). Früher in der Sammlung Lanna-Prag.

Niederländisch (Utrecht), nach 1450. Befand sich ursprünglich in St. Stephan zu Wien (s. J. Leisching im Kat. der Slg. Lanna Nr. 533) und wurde deshalb zunächst für österreichisch angesehen (s. Leisching a. a. O.), sodann für eine Arbeit des Judocus Vredis (H. Voß in Cicerone I, 1909 S. 445 Anm., ferner Aukt.-Kat. der Slg. Lanna I, 1909 Nr. 624 Taf. 63). Von Meier in Zeit-

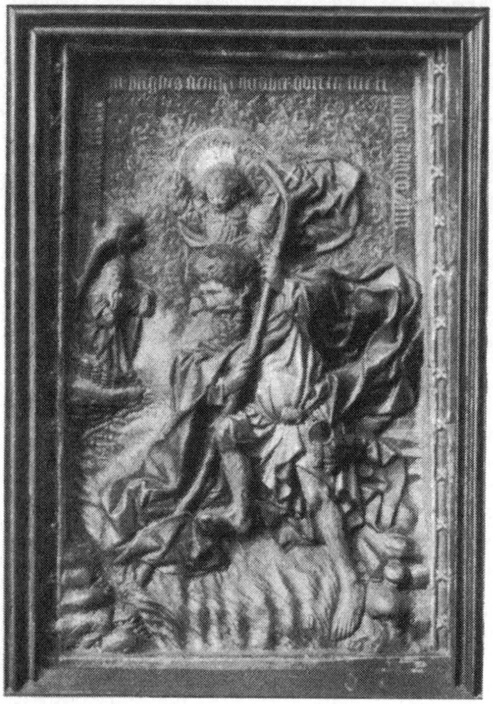

8090 S. 103

schrift »Westfalen« VII, 1915 S. 129 Nr. 14 richtig unter den Utrechter Tonreliefs eingeordnet. Die Übereinstimmung des nur in diesem einen Exemplar bekannten Stückes mit den übrigen Utrechter Arbeiten liegt u. a. im Gesichtstyp des Kindes (vgl. die von Meier zusammengestellten Figürchen und Reliefs weiblicher Heiliger), in der Form und Anordnung der Inschriften, in der Verzierung des Nimbus und im Muster des Hintergrunds. Außerdem ist der Dialekt der beiden Legenden holländisch. (Die Randinschrift gibt die allgemeine Auffassung wieder, derzufolge der Anblick einer Christophorus-Darstellung vor plötzlichem Tode an dem betreffenden Tage schützte).

8100. Kreuztragung Christi. Christus schreitet nach rechts, das Kreuz ruht auf seiner linken Schulter, das Haupt, mit Scheibennimbus, ist zum Beschauer gewendet. Vorn faßt ein barhäuptiger Mann in Wams und offener Hose am Kreuz mit an, am Fuß hilft Simon von Kyrene es tragen. Rückwärts und an den Seiten fünf Krieger und ein Mann mit turbanartiger Kopfbedeckung. Aufsteigender landschaftlicher Grund, aus dem oben die zinnenbekrönte Stadt Jerusalem aufragt.

Hochrelief. Gebrannter grauer Ton. H. 48, Br. 49. Es fehlen einige Stücke an den Rändern oben und rechts sowie der rechte Unterarm eines Kriegers und die rechte Hand eines zweiten. Kleine Bestoßungen. — Mit reicher alter wohlerhaltener Vergoldung (Gewand Christi, Nimbus, Rüstungen und Helme der Soldaten) und möglicherweise ebenfalls alter Vergoldung des Bodens und der Berghänge in größeren Resten. Die übrige Bemalung erneuert. — Erworben 1918 (Sammlung J. Simon). Früher angeblich in der Sammlung Fr. Lippmann-Berlin.

Nordniederländisch (Utrecht?), 2. Hälfte des 15. Jahrhunderts. Einziges bekanntes Exemplar seiner Art. Siehe die Bemerkungen zum folgenden Stück (8101), mit dem es zu einer Folge zusammengehört.

8101. Grablegung Christi. Der Leichnam liegt auf einem Tuch, das am Kopfende von einem bärtigen Manne, am Fußende von einem Mönch gehalten wird, ausgestreckt am Boden. Hinter dem Toten die trauernde Maria, sitzend, zwischen den knienden Figuren des Johannes, der die linke Hand tröstend auf ihren Arm legt, und einer Frau. Dahinter nebeneinander Magdalena, mit geöffnetem Salbgefäß, und eine Frau, die die Hände betend aneinanderlegt. Vorn vor dem Leichnam zwei Salbgefäße am Boden stehend. Rechts im Mittelgrunde, von Felsen und Bäumen eingefaßt, das offene Grab, oberhalb die Stadt Jerusalem, mit Zinnen, am oberen Rand aus dem Grund herausragend. In der Mitte aufsteigender landschaftlicher Grund, dessen oberer Rand nach links abfällt; die linke Partie des Grundes nicht erhalten.

Hochrelief. Gebrannter grauer Ton. H. 49, Br. 44. Es fehlt das linke Drittel des Hintergrundes und die linke untere Ecke, ferner an der Kopfbedeckung des Bärtigen der rückwärtige Teil. Wenige unwesentliche Bestoßungen. — Mit reicher alter wohlerhaltener Vergoldung an der Mehrzahl der Gewänder; die in größereren Resten am Boden und im Landschaftsgrunde vorhandene Vergoldung möglicherweise ebenfalls ursprünglich. Die farbige Bemalung erneuert. — Erworben 1918 (Sammlung J. Simon). Früher angeblich in der Sammlung Fr. Lippmann-Berlin.

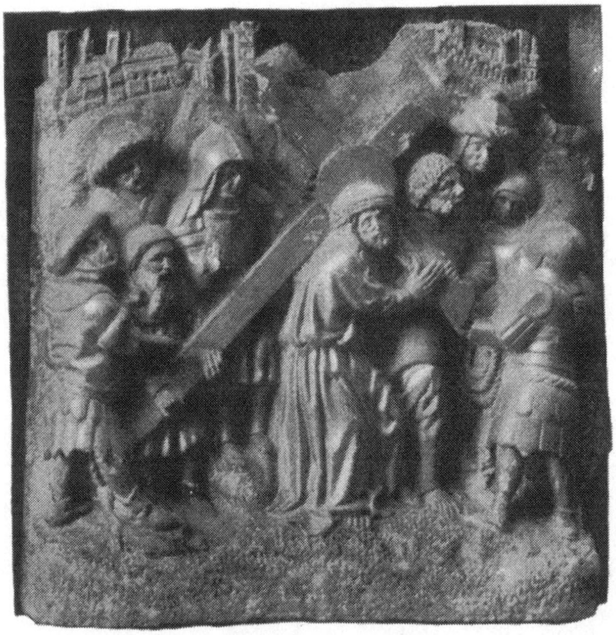

8100

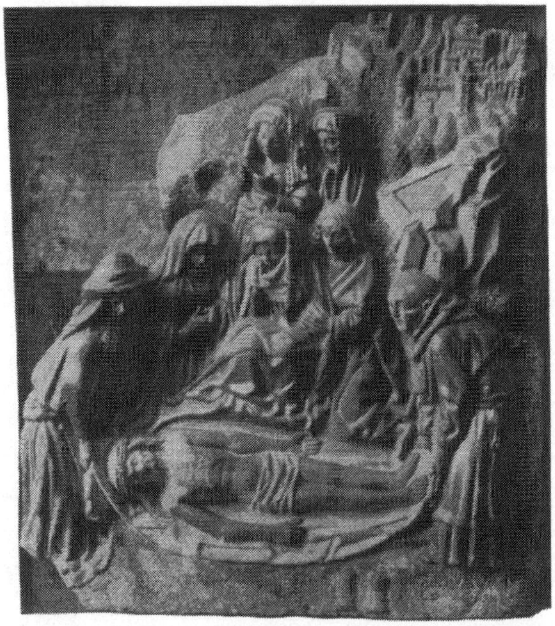

8101

Nordniederländisch (Utrecht?), 2. Hälfte 15. Jahrhundert. Im Erzbischöfl. Museum zu Utrecht das sehr ähnliche, jedoch nicht identische Exemplar eines Tonreliefs mit der gleichen Darstellung, veröffentlicht von B. Meier in »Westfalen« VII, 1915 S. 129 Nr. 11 mit Abb. Taf. 7; die Angabe Meiers, es handle sich in Utrecht um ein Relief ohne Grund, ist irrtümlich; es fehlt ihm nur jetzt der obere Teil des Hintergrundes. — Vgl. die zugehörige, vorangehende Nr. 8100.

7660. Die Verkündigung. Vor einer mit Draperie und Kissen belegten Bank sitzt Maria in einem zweifensterigen Raum mit gerundeter Holzdecke. Ihr Haupt mit großem Scheibennimbus, an dessen Rand das sich wiederholende Wort maria ringsum eine reliefierte Inschrift bildet; die rechte Hand ist vor die Brust geführt, die linke hält ein aufgeschlagenes Buch auf dem Schoß. Von links ist der Engel durch die offene Tür eingetreten und hat sich aufs rechte Knie niedergelassen. In seiner Rechten ein Spruchband mit unleserlich gewordener gemalter Aufschrift. Durch das rechte Fenster dringt ein Strahl mit der Taube des hl. Geistes und dem nackten Christusknäblein zur Jungfrau. In der Mitte des Raumes ein Tisch mit runder Platte, darauf eine Lilienvase, ein Buch und ein Gefäß oder Kästchen. In der Wand rechts ein Kamin. Am Türbalken der Wand links eine reliefierte Inschrift. Am Oberrande des Reliefs eine schmale rosettenbesetzte Kehle, am Unterrande die reliefierte Inschrift ave gracia plena dominus tecum.

Halbrelief. Gebrannter grauer Ton. H. 49, Br. 35,5. Gekittet. Eine Ecke unwesentlich bestoßen. — Mit der alten Bemalung: Untergewänder Marias und des Engels rot, Mantel Marias blau, der des Engels und die Draperie über der Bank grün. Die Säume und die Engelflügel mit Resten von Vergoldung. Die Wände des Raumes in dunklen braunen Tönen. In neuem vergoldetem Holzrahmen. — Erworben 1914. Geschenk des Herrn Stefano Bardini in Florenz. Abb. S. 106.

Niederländisch, Ende 15. Jahrhundert. Die Komposition, nach dem Mérode-Altar des Meisters von Flémalle, in Einzelheiten jedoch von diesem abweichend. Vgl. Meier in »Westfalen« 7 (1915) S. 128 Nr. 6 mit Abb. unseres Stückes, das nach seiner Ansicht vielleicht erst in Italien die Bemalung erhalten hat. — Vgl. auch Meier Nr. 7, 39 und 45. Unser Relief wegen des Auftauchens in Italien früher für italienisch gehalten, doch ist der Pfeifenton der gleiche wie bei den zahlreichen niederländischen und westfälischen Tonreliefs des 15. und 16. Jahrhunderts.

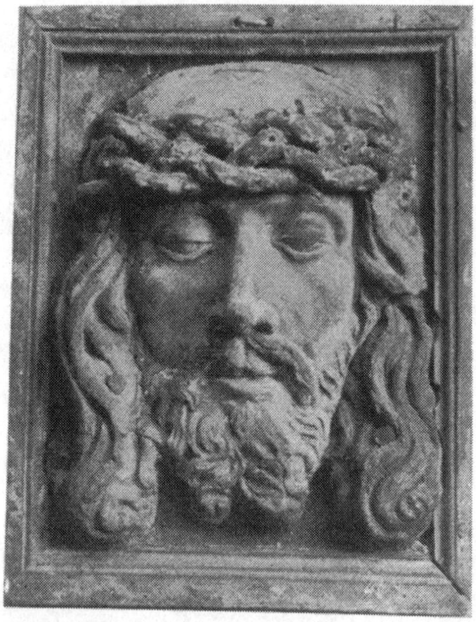

8291

8291. Schweißtuch der Veronika. Das Antlitz Christi mit halb geschlossenen Lidern, die Stirn von der stachligen Dornenkrone umwunden. Das Haupthaar begleitet in welligen Linien die Seiten und endigt in gedrehten Locken. Der Bart läßt die Oberlippe in der Mitte, die Unterlippe an den Seiten frei, die Lippen sind kaum geöffnet.

Halbrelief. Gebrannter rötlicher Ton. H. 25,5, Br. 20,5. Auf Holzgrund, mit profiliertem altem Rahmen. — Auf jeder Seite war ein Stück des Haares abgebrochen und ist wieder angefügt. Die Dornenkrone an beiden Rändern beschädigt; es fehlen mehrere der eingesetzten hölzernen Dornen. — Farbspuren. Die Dornenkrone mit größeren Resten grüner Farbe. — Erworben 1922. Geschenk des Herrn H. Heilbronner in Berlin.

Süddeutsch, Mitte 15. Jahrhundert.

774. Der hl. Hieronymus (Vöge 299). Von einem Vierpaß umschlossen sitzt Hieronymus als Kardinal an seinem Schreibpult, im Begriff, dem rechts stehenden Löwen den Dorn aus der Tatze zu ziehen. Auf dem Pult ein Lichtschirm. Hinter dem Heiligen ein Vorhang, von zwei Engeln gehalten.

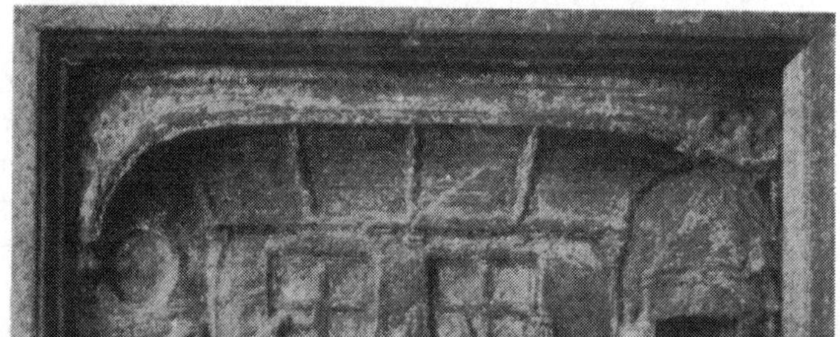

7660 S. 105

Flachrelief. Gebrannter grauer Ton. Rund. Dm. 22. An mehreren Stellen des Randes beschädigt. Mit Resten alter Vergoldung. — Erworben 1886 in Nürnberg.

Niederländisch (?), 2. Häfte des 15. Jahrhunderts. Von Vöge versuchsweise als westfälisch (15. Jahrh.) von W. v. Bode in den Amtl. Ber. 38 (1917) 322 f. als niederländische Arbeit aus dem frühen 15. Jahrh. bezeichnet. In der ehemaligen Fürstl. Hohenzollernschen Sammlung zu Sigmaringen ein aufs engste verwandtes Relief mit dem hl. Lukas im Vierpaß, Katalog von Sprinz (Stuttg. 1925) Nr. 24 Taf. 12 als »schwäbisch (?), 2. Hälfte 15. Jahrh., Solnhoferstein H. 11, Br. 11 cm«. Es ist jetzt vierseitig mit abgerundeten Ecken. Entsprechend war wohl das Vorbild für unser Hieronymusrelief.

7041. Maria mit dem Kinde in Halbfigur. In Gewand und Mantel.

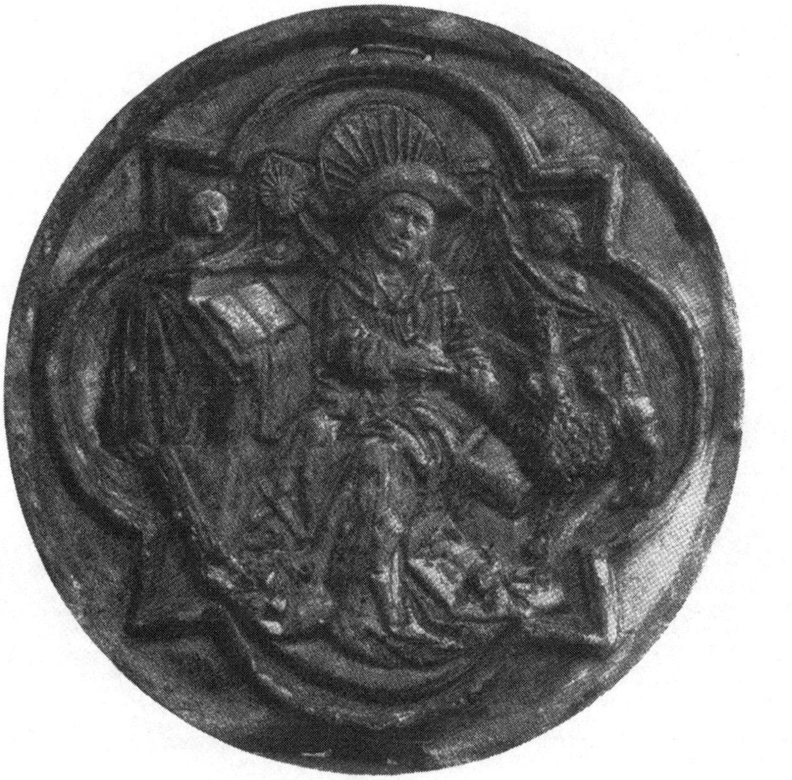

774

Das nackte Kind, in horizontaler Lage von den beiden Händen der Mutter gehalten, blickt geradeaus zum Beschauer und greift mit der Linken in den Mantel Marias, mit der Rechten hält es eine Strähne ihres Haars gefaßt. Maria neigt ihr Haupt ein wenig nach links. Zwei Engel schweben über ihr, im Begriff, ihr eine Krone aufzusetzen. Unten in den Ecken links und rechts Wolken. Unterer Abschluß: rechteckiger Sockel. Abb. S. 108.

Hochrelief. Stuck. H. 39,5, Br. 26. In reichverziertem und vergoldetem italienischem Tabernakelrahmen, der aus verschiedenen alten und einigen neuen Teilen zusammengesetzt und nicht ursprünglich zugehörig ist. Das Relief gut erhalten. Seine Bemalung in größeren Resten von mehreren Schichten übereinander erhalten; so zeigt der Mantel Marias jetzt Blau, darunter Rot und unter diesem Gold (letzteres ursprünglich?), ihr Gewand Rot (erneuert), die Engel Rot und Blaugrün übereinander. Der Grund braun. — Erworben 1912. Geschenk des Herrn G. Sangiorgi in Rom.

Komposition süddeutsch, 2. Hälfte des 15. Jahrhunderts. Stuckausformung italienisch um 1500. Das Original, das nach W. von Bode Amtl. Ber. 33 (1912) 307 in Holz gearbeitet war, ist verschollen. Daß unser Exemplar, das aus Italien kommt, auch dort entstand, geht schon aus dem Sockel mit großer Wahrscheinlichkeit hervor. Ein zweites Exemplar befand sich vor einigen Jahren im Frankfurter Kunsthandel.

7659. Die Geburt Christi. Maria kniet nach r. gewendet in der Ecke eines Gartens anbetend vor dem Kind, das nackt auf einem Zipfel ihres Gewandes liegt. Hinter dem Zaun aus Flechtwerk vier anbetende Engel. Links Joseph mit der Kerze, hinter ihm die Ruine des Stalles mit dem Kopf des Ochsen; darüber ein Hirt mit seiner Herde, der die Botschaft von dem Engel entgegennimmt. In der Mitte oben die Gruppe dreier lobsingender Engel in Halbfiguren, rechts die Halbfigur Gottvaters über Wolken. Abb. S. 108.

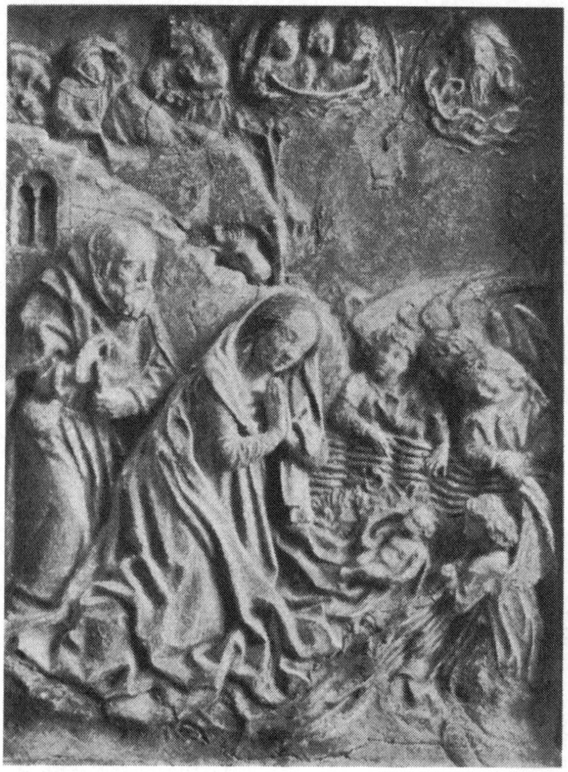

7659 S. 107

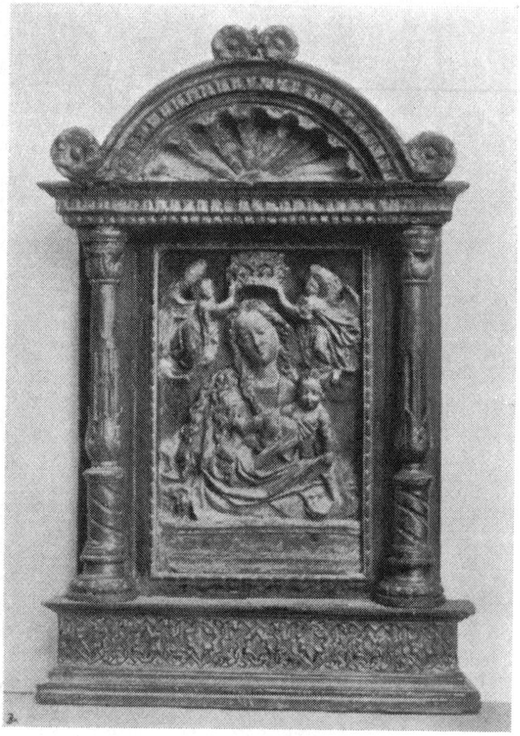

7041 S. 106

Hochrelief. Stuck. H. 30,5, Br. 24. Einige Risse und kleine Ausbesserungen. Mit erneuerter Bemalung. Maria in rotem Kleid, grünblauem Mantel und weißem Kopftuch, Joseph in bräunlichem Gewand und rotem Mantel. Die Engel in roten und weißen Gewändern. — Erworben 1914 als Geschenk des Herrn Stefano Bardini in Florenz.

Süddeutsch um 1470. — Das Original, wohl in Holz gearbeitet, verschollen. Die Nachbildung vermutlich italienische Arbeit.

8395. Die Geburt Christi. Im Vordergrund vor einer Mauer kniet Maria, die Arme auf der Brust gekreuzt; rechts liegt das Kind in spitzovaler Mandorla und, wie die Mutter, mit Scheibennimbus, von drei knienden anbetenden Engeln umgeben. Links kniet Joseph. Hinter der Mauer tauchen zwei Hirten auf. Links der Stall mit Ochs und Esel. Als Hintergrund aufsteigende felsige Landschaft, darin rechts die beiden helfenden Frauen, über einen Zaun aus Flechtwerk steigend, und in der Mitte die Verkündigung an die Hirten. Oben links und rechts je eine Burg.

Halbrelief. Papiermasse. H. 36,5, Br. 31. An den vier Ecken abgeschrägt und dort teilweise ergänzt. Im Innern ein paar kleine Beschädigungen und Ausbesserungen. — Mit alter, größtenteils erneuerter Bemalung. Das Kleid der Maria, eines Engels und einer der Frauen blau, ebenso die Kapuze Josephs; sein Überwurf, die Mauer und die Wände usw. des Stalles waren vergoldet. Ein Engel, die zweite Frau und die Hirten in roter Kleidung. Die Landschaft grün. — Erworben 1927 in Frankfurt a. M.; früher im Besitz von I. Dettlinger in Freiburg i. Br.

Oberrheinisch, 2. Hälfte des 15. Jahrhunderts. Von Dettlinger in Lahr bei Offenburg erworben. Die Komposition aus den Stichen des Meisters E. S. (L. 20—23) zusammengesetzt. Vgl. B. Meier in Zeitschr. »Westfalen« VII, 1915 S. 129 Nr. 17 mit Abb. unseres Stückes Taf. 15. Zu den Tonreliefs mit der gleichen Darstellung (Meier Nr. 8) ist seither ein Exemplar in Frankfurt a. M., Privat-

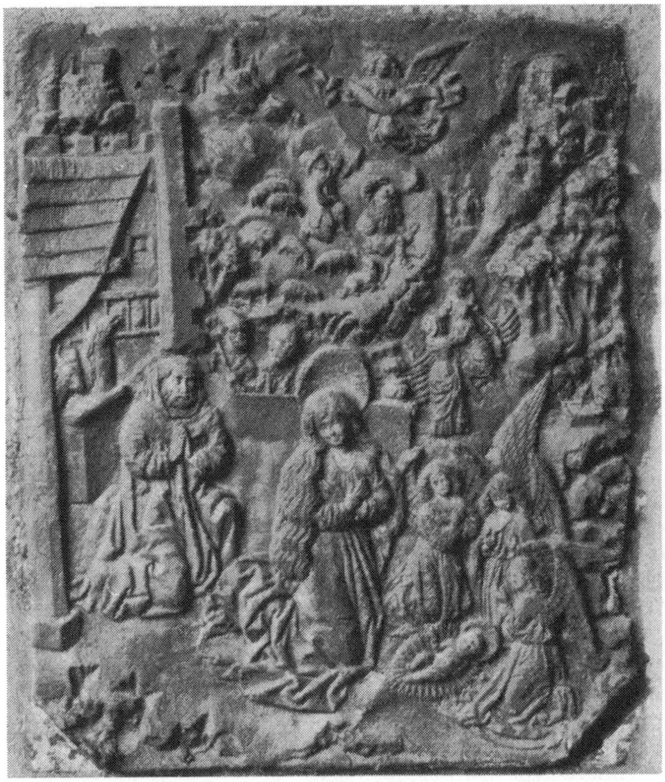

8395

besitz (Schmitt-Swarzenski, Meisterwerke I, 1921 Nr. 94) noch hinzugekommen. — Die Gruppe der beiden Frauen im Mittelgrunde von Meier irrtümlich als Heimsuchung gedeutet. Die Reliefs mit der Geburt Christi nach Stichen des Meisters E. S. sind von Meier versuchsweise unter die holländischen Arbeiten eingereiht worden, doch dürfte unser Exemplar mit seiner Herkunft aus Lahr eher auf eine südwestdeutsche Gegend deuten, in der die Stiche des Meisters E. S. besonders verbreitet waren.

7983. Die Geburt Christi. In einem Garten kniet Maria, frontal, mit betend zusammengelegten Händen, vor dem Kinde, das auf einem von zwei Engeln emporgehobenen Zipfel ihres Mantels liegt. Links ein weiterer Engel, r. Joseph kniend. Der Garten rechts von dem Stalle, mit Ochs und Esel an der Futterraufe, in der Mitte von einem Felshang und l. von einem Zaun aus Flechtwerk begrenzt; im Mittelgrund die beiden helfenden Frauen über den Zaun hinwegsteigend. Auf dem Felsen, dessen Höhe von einer Burg bekrönt ist, die Verkündigung an die Hirten. Links über der Landschaft die Gruppe dreier lobsingender Engel. Abb. S. 110.

Hochrelief. Stuck. H. 30, Br. 24. Mit mehreren Rissen und Beschädigungen; die Gesichter bis auf die der Maria und eines Engels bestoßen, die Wand des Stalles r. schadhaft, es fehlt der Esel. — Mit Resten erneuerter Bemalung. — In (zugehörigem?) profiliertem Kastenrahmen aus Holz mit neuer Vergoldung. — Erworben 1921 in Italien. Geschenk eines Ungenannten.

Oberrheinisch, 2. Hälfte des 15. Jahrhunderts. Weitere Exemplare, von besserer Erhaltung, in der Hohenzollernschen Sammlung zu Sigmaringen (Kat. v. Sprinz 1925 Nr. 26, Taf. 14, Papiermasse als »linksrheinisch, Gegend von Kolmar«) und in der Slg. Böhler-München (O. Schmitt, Oberrhein. Plastik 1924 S. 26 und Taf. 29 l.). Das Original, vielleicht eine Holzschnitzerei, verschollen. Alte Wiederholung mit kleinen Abweichungen in Baden-Baden, Stiftskirche. (Photo Kratt, Karlsruhe, Nr. 7104). Die Stucknachbildung wohl in Italien entstanden. Eine Anknüpfung an die Stiche des Meisters E. S. (L. 120, L. 136 und L. 196) (Schmitt a. a. O.) liegt nicht vor; doch besteht eine allgemeine landschaftliche

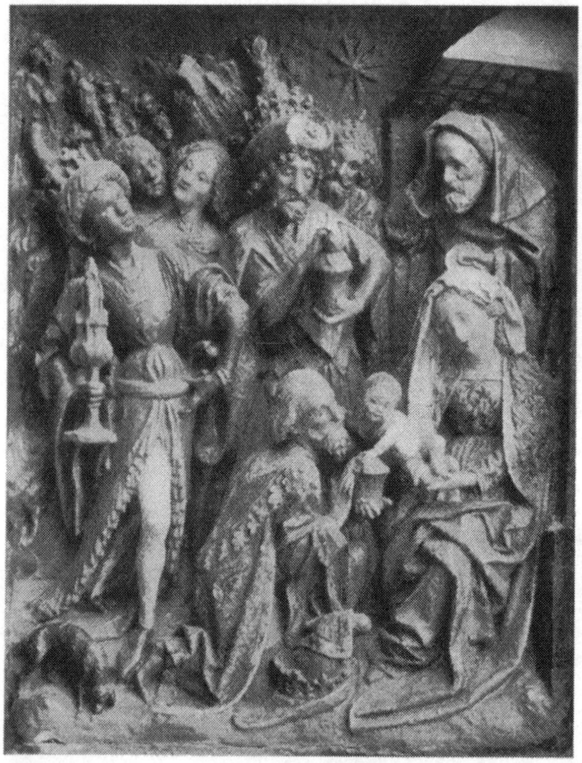
7051

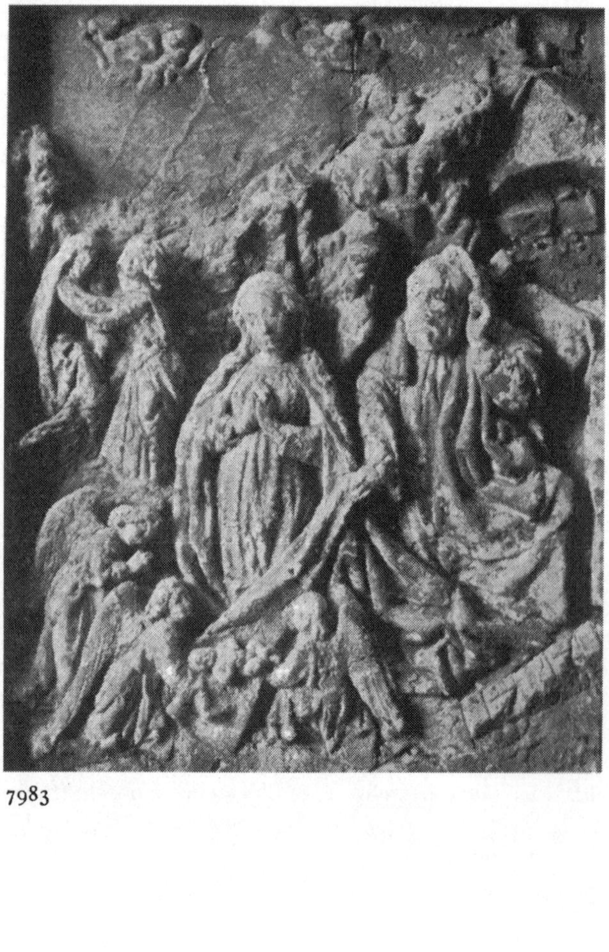
7983

Verwandtschaft zwischen E. S. und dem Schöpfer des Reliefs.

7051. Anbetung der Könige. Vor dem Stall, aus dem Joseph heraustritt, sitzt rechts Maria, nach links gerichtet. Zu dem knienden König Kaspar, dessen Gabe, ein Deckelgefäß, das lebhaft bewegte Kind berührt. Im Mittel- und Hintergrund die beiden andern Könige und das Gefolge.

Hochrelief. Stuck. H. 37, Br. 31. Das Dach des Stalles in Gips ergänzt. In (zugehörigem?) profiliertem Kastenrahmen aus Holz. Das Relief mit (teilweise erneuerter) Bemalung und Vergoldung. Die Kleidung und das Haar Marias, das Gewand Josephs, der Mantel Kaspars und Teile an der Kleidung der anderen Könige sowie die Kronen vergoldet, das Gewand Marias und der Mantel Kaspars außerdem mit aufgemaltem rotem Granatapfelmuster. Marias Kopftuch weiß, Josephs Mantel grün, die Kleider der stehenden Könige dunkelviolett, weiß und grünlich. — Erworben 1913 in Freiburg i. Br. Geschenk der Bodestiftung.

Elsässisch (Schule von Kolmar), Ende des 15. Jahrhunderts. -O. Schmitt, Oberrheinische Plastik im ausgehenden Mittelalter, Freiburg 1924, S. 27 Anm. 15 mit Abb. unseres Stückes Taf. 29 r., führt ein weiteres Exemplar in der Slg. Böhler-München an. — Das Original, vielleicht ein Holzrelief, verschollen. Die Angabe bei Schmitt a. a. O. Anmerkung zu Tafel 29 b über eine Wiederholung in Holz in Baden-Baden gehört in Wirklichkeit zur vorhergehenden Nummer (Geburt Christi) 7983. Vgl. die folgende Nr. 3031.

3031. Christus am Ölberg (Vöge 167). Inmitten der drei schlafenden Apostel kniet Christus, nach rechts, an einem Felsen, die Hände erhebend. Der Kelch steht vor ihm, neben demselben ein betender Engel. Im Grunde links Jerusalem, davor eine Schlucht mit dem Zuge der Kriegsknechte, an dessen Spitze Judas und ein Gewappneter, im Begriff, den Zaun des Gartens zu überschreiten.

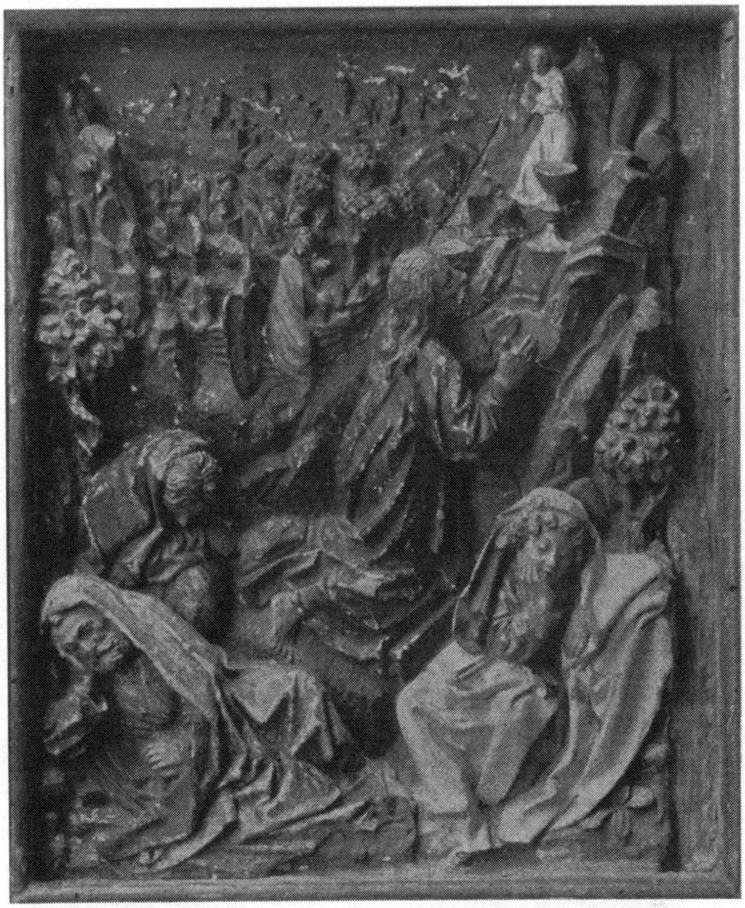

3031

Hochrelief. Stuck. H. 32, Br. 24,5 (ohne den nicht zugehörigen profilierten Kastenrahmen aus Holz). Einige Risse und kleine Verletzungen. Mit alter Vergoldung und Bemalung. An den Gewändern rötliches Purpur, Weiß, Gelb und Gold vorherrschend; der Mantel Petri mit gepreßtem Brokatmuster. Erworben 1904 in Florenz.

Elsässisch (Schule von Kolmar), Ende des 15. Jahrhunderts. Aus Borgo S. Sepolcro stammend. Ein zugehöriges, nur wenig kleineres Relief der Anbetung der Könige in der Sammlung J. Böhler in München (in Rom erworben und gleichfalls aus Borgo stammend); es entstammt wohl der gleichen Form wie unser Relief 7051. Die elsässische, wahrscheinlich kolmarer Herkunft dieser Reliefs ergibt der Vergleich mit der Ölbergszene des Kaysersberger Passionsaltars (1518 vom Rat der Stadt bei Meister Hanssen von Kolmar bestellt). Das Berliner Relief ist geistreicher als das größere Holzrelief des Altares und nicht von derselben Hand, aber offenbar aus derselben Schule und von dem etwas jüngeren Altarmeister verwertet worden, vgl. Vöge, Amtl. Berichte 29 (1908) 146.

7661. Maria mit dem Kinde in Halbfigur. Maria, in offenem Lockenhaar, vor einem Brokatvorhang, über dem r. und l. je ein Engel in Halbfigur mit Laute bzw. Handorgel erscheint, neigt den Kopf nach links und hält mit beiden Händen das fast nackte Kind. Mit der l. Brust säugt sie das Kind. Ihr Scheibennimbus trägt die Inschrift: EGO.SVM.MATER.MISERICORDIE. Das Kind mit Kreuznimbus. Die Halbfigur unten von der Mondsichel begrenzt, die links ein Stück des Mantels überschneidet und selbst an zwei Stellen vom Mantel überschnitten wird. In den Ecken unten je eine ornamentale Verzierung. Abb. S. 112.

Flachrelief. Stuck. H. 18,5, Br. 12,5. In profiliertem Rahmen mit Perlstab, der einer späteren Zeit entstammt. Das Relief war gebrochen und ist wieder zusammengefügt. — Mit alter Vergoldung (Brüstung, Mantel, Nimben, Engel) und Bemalung (Haar braun, Gewand Marias jetzt bräunlich, ebenso die Mondsichel, Hintergrund oben blaugrün). — Erworben 1914. Geschenk des Herrn Stefano Bardini in Florenz.

Komposition oberrheinisch um 1480—1500. Das Stuckrelief wohl italienisch.

7848. Flügelaltärchen. Das Mittelstück nahezu ein Quadrat, durch ein hohes Giebelfeld überhöht, enthält unten reliefiert die Pietà, im Giebel die Einhornjagd als Rundrelief. Die Flügel innen je mit zwei Rundreliefs: links eine profane Darstellung (Paar im Freien) und St. Hubertus,

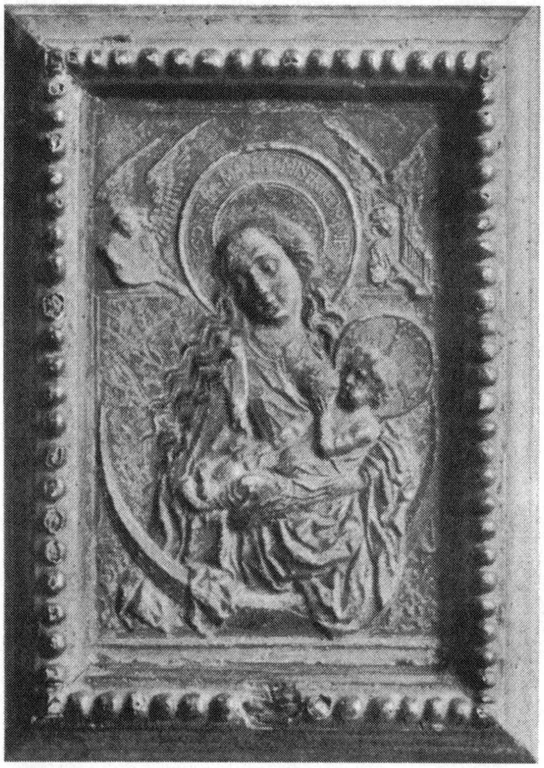

7661

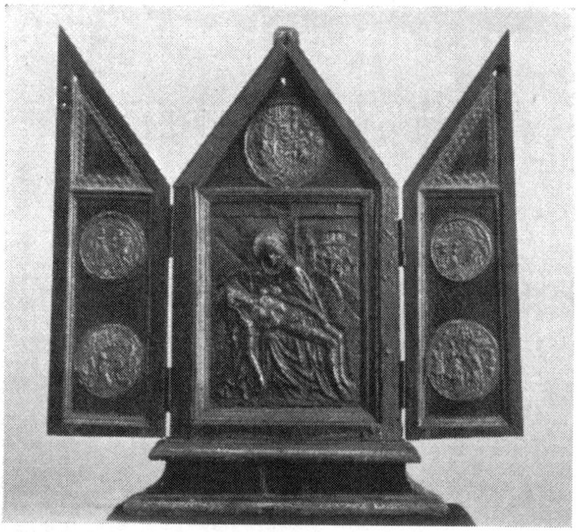

7848

rechts die Geburt Christi und die Anbetung der Könige. Auf den Außenseiten der Flügel je ein hl. Mönch gemalt. Predella mit profilierter Deckplatte und kleiner Reliquiennische.

Flachrelief. Papiermasse, der Schrein Holz. H. des letzteren 61,5, Br. (geschlossen) 31. Das Relief der Pietà 26,7: 21, Dm. der Rundreliefs zwischen 8,2 und 12,5. — Die Pietà mit farbiger alter Bemalung: bräunliches Gewand, blauer Mantel, die Nimben gelb, die Landschaft grün, die Architekturen weißlich mit roten Dächern. Die Rundreliefs gelb, ebenso die Leisten, die die grün gehaltenen Felder umgeben. Das Rahmenwerk und die Predella rot. Die Gemälde sehr stark nachgedunkelt. — Erworben 1918. Geschenk des Herrn Max Heilbronner-Berlin.

Süddeutsch, Anfang des 16. Jahrhunderts. Das Vesperbild aus einer Hohlform gewonnen, von der sonst keine Ausformungen bekanntgeworden sind. Die Rundreliefs sind Ausformungen mittelrheinischer Model, vgl. Bode und Volbach im Jahrbuch der preußischen Kunstslgn. 39 (1918) S. 108 f. Die Darstellungen der Einhornjagd (Verzeichnis Bode-Volbach Nr. 39) und des hl. Hubertus (Nr. 48) sind auch sonst bekannt, die Anbetung der Könige (Bode-Volbach Nr. 5 A) entspricht annähernd einer anderen (Nr. 4, im Gegensinne), während die Geburt Christi (Nr. 3 A) und das Paar (Nr. 78 A) sonst unbekannt sind; vgl. dazu auch Bode in den Amtl. Berichten 40 (1919) S. 188 f.

DIE BILDWERKE DER NEUZEIT

(MITTE 15. — ANFANG 19. JAHRHUNDERT)

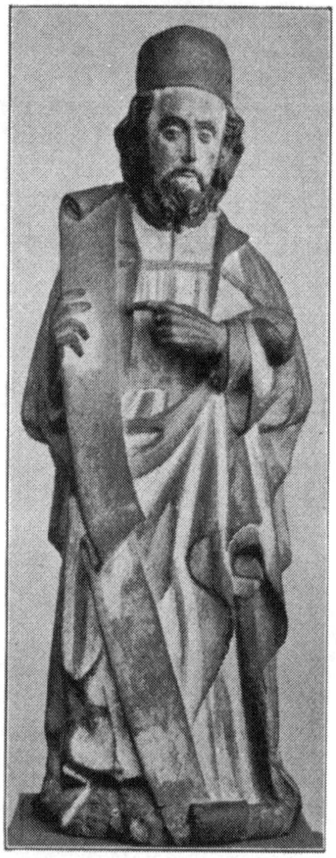

369

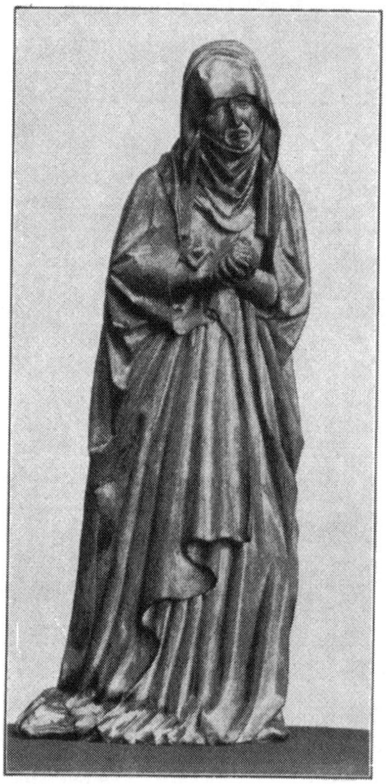

368

Die Bildwerke von 1430—1530

1. Die Zeit des Übergangs (Mitte des 15. Jahrhunderts)

368. Klagende Maria, aus einer Kreuzigungsgruppe (Vöge 57). Sie steht gebeugt, etwas nach rechts gewendet, mit zusammengepreßten Händen und weinend verzerrten Zügen. In Kinntuch und Kopfschleier, über den der lange Mantel gelegt ist.

Wandstatuette. Gebrannter Ton. H. 74. Die Rückseite ausgehöhlt. An der Rückseite des Kopfes eine Bohrung. Kleine Ergänzungen an den Säumen und Falten. — Spuren alter Bemalung. Das Gewand war feuerrot, der Mantel (oder das Mantelfutter) hellblau. — Kunstkammer. Erworben 1855. Aus Nördlingen.

Nürnbergisch (?), 2. Viertel des 15. Jahrhunderts. Von Graf Pückler-Limburg, Die Nürnberger Bildnerkunst (1904) S. 128 für Nürnberg in Anspruch genommen.

369. Ein Prophet (Vöge 56). Stehend, in schlichter Kappe, deutet er mit dem Zeigefinger auf das lange, von der Schulter zu den Füßen reichende Schriftband in seiner Rechten. Der Mantel durch eine Schnur mit Quaste zusammengehalten, am Kragen des gegürteten Gewandes zwei Knöpfe. Gefurchte Stirn, gewelltes Haupt- und Barthaar.

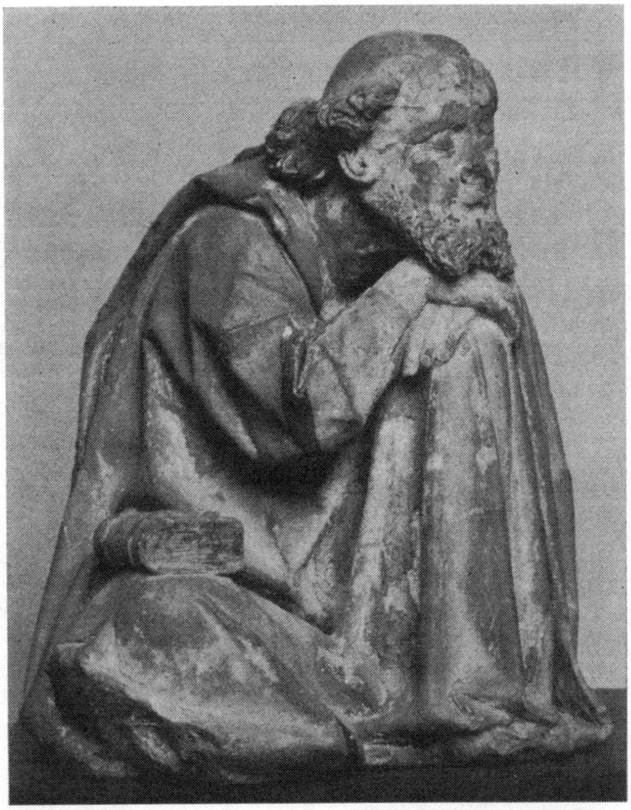

8329

Wandstatue. Gebrannter Ton. H. 86. Rückseite hohl. Die r. Fußspitze abgestoßen. Die linke Hand neu. — Mit Resten alter Bemalung. Mantel und Mantelfutter waren blau, die Kappe braun, anscheinend auch das Gewand. — Kunstkammer. Erworben 1858 in Nürnberg.

Nürnbergisch, um 1430. Graf Pückler-Limburg, Die Nürnberger Bildnerkunst, Straßburg 1904, S. 76 bringt die Figur mit den drei stehenden Aposteln im German. Nat.-Mus. zu Nürnberg in Verbindung (Kat. v. Josephi Nr. 87—89, Abb. Taf. VII), was wohl richtig ist.

8329. Der Apostel Petrus (von einem Ölberg). Nach rechts gewandt ungefähr im Dreiviertelprofil sitzend schläft er, das linke Knie aufgestützt. Die Hände liegen kreuzweis auf dem Knie; auf ihnen ruht das Kinn des weit vorgestreckten Kopfes. Kahles Haupt mit Stirnlocke, seitlich und hinten von Haar umrahmt; Bart. Ein Buch liegt auf dem wagrecht ausgestreckten r. Oberschenkel; der Unterschenkel einwärts gestreckt. Gewand mit darübergezogenem Mantel.

Wandfigur. Gebrannter Ton. H. 44, Br. 38,5. Hohl, die Rückseite offen. Auf dem Scheitel an der l. Seite dicht oberhalb des Haarkranzes ein schon ursprünglich vorhandenes Loch. — Die l. Gesichtshälfte, die Nase und das Buch beschädigt, ebenso ein Faltengrat im Rücken. Kleinere Bestoßungen der Oberfläche im Gesicht und in der Kleidung. — An einigen Stellen des Mantels grüne Glasur (beim r. Ellbogen, bei der r. Schulter und beim r. Oberschenkel); sie dürfte im Brennofen von darüber stehenden glasierten Tongefäßen oder Kacheln herabgetropft sein. Reste wohl späterer Farbe auf der Kleidung, den Fleischteilen und dem Haar. — Erworben 1924 in Berlin.

Süddeutsch (wohl bayerisch), um 1440.

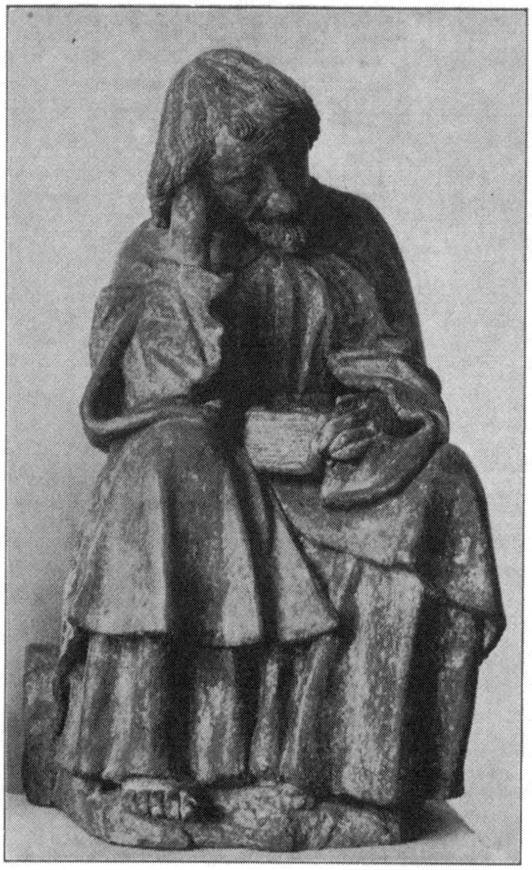
2709

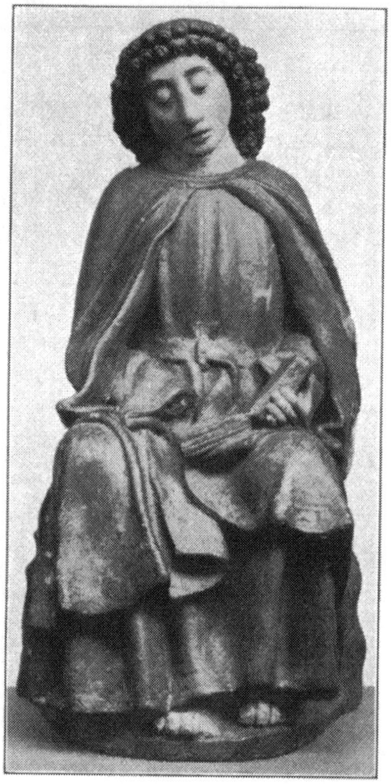
2710

2709—2710. Zwei Jünger von einem Ölberg (Vöge 67 und 68).

2709. Jakobus d. Ä. Er sitzt, den bärtigen Kopf in die r. Hand gestützt, schlummernd auf einer Erdscholle, in der Linken ein geschlossenes Buch. Das Haupthaar umgibt den Kopf in leicht gewellten Strähnen. Am Halsausschnitt des Gewandes zwei Knöpfe; die Plinthe vorn abgerundet.

2710. Johannes. Auf einer Erdscholle sitzend, liest er in einem Buche, das aufgeschlagen auf seinem l. Knie ruht. Die Haare, vorn zu Löckchen gedreht, umrahmen das Gesicht mit einem doppelten Kranz. Der Mantel ist vorn durch ein Band zusammengehalten, die Fußplatte vorn abgerundet.

Wandstatuen. Gebrannter Ton. H. 52 bzw. 64. Rückseiten hohl. Der linke Fuß des Jacobus abgestoßen, ebenso ein Stück seines linken Daumens. Die rechte Hand des Johannes fehlt; sein Kopf war abgebrochen und ist wieder angefügt, einige Haarlocken sind bestoßen, ebenso die rechte große Zehe; kleine Bestoßungen am Gewand. — Jakobus mit Spuren alter Bemalung. Das Gewand war hellblau, Mantel und Futter rot; der Bucheinband grün wie der Boden; Johannes mit erneuerter Bemalung. Das Gewand zeigt Grün, der Mantel Rot, beides in mehreren Schichten, Säume und Gürtel vergoldet. — Erworben 1902 in Frankfurt a. M.

Süddeutsch, um 1450. Die von Josephi im Katalog des German. Nat.-Mus. S. 49 angenommene Verwandtschaft unseres Jakobus mit den drei stehenden Aposteln im Germ. Mus. (Jos. Nr. 87—89) bestätigt sich nicht. In der ehem. Slg. H. Benario-Berlin war ein sitzender Jakobus d. Ä. aus Ton von 51 cm Höhe, den Volbach (Die mittelalterlichen Bildwerke der Sammlung Benario (1923) Nr. 51 Taf.

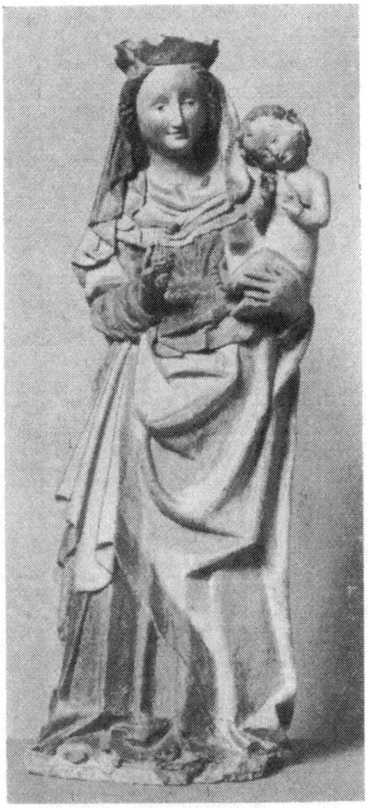

8039

XXXIV, ferner Aukt.-Kat. von 1927, Nr. 36 Taf. 22) der gleichen Ölberggruppe wie unseren Jakobus zuweisen wollte, was wegen der Gleichheit der Personen freilich nicht angeht. Eine Verwandtschaft aller drei Figuren besteht jedoch sicher; es ist sehr wohl möglich, daß eine der beiden Jakobusfiguren mit unserem Johannes einer Ölberggruppe angehört hat. — In allgemeinerem Sinne verwandt sind Apostelfiguren aus Ton in den ehem. Berliner Sammlungen F. Lippmann (Johannes und Jakobus, Aukt.-Kat. 1912 Nr. 155 f.) und E. Schweitzer (Petrus, Aukt.-Kat. 1918 Nr. 79 a, zuletzt Slg. Benario, Aukt.-Kat. 1927 Nr. 66), die offenbar zu einem gemeinsamen Ölberg gehörten und auf die Vöge in unserm Zusammenhange hinwies; die beiden Figuren der Slg. Lippmann sollen aus Kloster Lorch stammen.

8039. Maria mit dem Kinde. Stehend, den nackten Knaben auf dem linken Arm, die Rechte war in Hüfthöhe vorgestreckt und hielt wohl eine Weintraube. Das Kind mit gekreuzten Beinchen sitzend; in seiner ergänzten Linken jetzt ein Vögelchen, dem es vor den offenen Schnabel mit der (ergänzten) Rechten eine Weinbeere hinhält. Maria in gegürtetem Gewand, Mantel, Kopftuch und Krone.

Wandfigur. Gebrannter Ton. H. 86,5. Rückseite flach bearbeitet. Hohl, von unten her offen. Vorn unter den Füßen der Rand zu drei Seiten eines Vierecks geformt. Er ist bestoßen, ebenso die Krone; seitlich neben dem linken Unterschenkel der Mutter ein Stückchen ausgebrochen. Die rechte Hand der Maria fehlt; eine schlechte spätere Ergänzung derselben in Holz jetzt wieder beseitigt. Die beiden Unterarme des Kindes ergänzt. — Mit der alten Vergoldung (Gewand, breiter Mantelsaum und Krone) und dem alten Inkarnat, über dem Reste eines späteren Anstrichs liegen. Mantel und Kopftuch zeigen große Reste späteren Blaus über dem alten, teilweise erhaltenen Kreidegrund. Unter dem Blau des Mantels schimmern an einigen Stellen Spuren alter Vergoldung durch. Auf dem Gold des Gewandes Reste eines späteren Rot. — Erworben 1918. Sammlung J. Simon.

Mittelrheinisch, um 1440. Ein Ausläufer der mittelrheinischen Tonskulpturen aus dem ersten Drittel des 15. Jahrh., der sich zeitlich und stilistisch etwa an eine Madonna der Sammlung O. Henkell in Wiesbaden von ca. 1430 anschließt (Abb. Schmitt-Swarzenski, Meisterwerke . . . I 1921 Nr. 41), die wiederum etwas später als unsere Madonna aus Dromersheim ist (3118, S. 66). Vgl. auch die folgende Madonna 7718. Verwandt die Tonbüste einer Heiligen der ehem. Slg. Dr. Oertel-München (Aukt.-Kat. Berlin 1913 Nr. 180), jetzt im Städtischen Mus. zu Frankfurt a. M. — Die rechte Hand Marias war wie bei allen Madonnen dieser Gruppe für sich gearbeitet.

7718. Maria mit dem Kinde. Stehend, das nackte Kind auf dem linken Arm. Die rechte Hand der Mutter war in Hüfthöhe leicht vorgestreckt und wird eine Traube gehalten haben. In Gewand und Mantel, der auf der Brust durch eine jetzt fehlende Schließe zusammengehalten war. Das Kind, fast en face, hält mit der Linken einen Vogel eng an seine Brust, die Rechte liegt auf der Brust der Mutter und hält eine Beere. Gerundete Standfläche. Abb. S. 118.

Wandfigur. Gebrannter Ton. H. 152, Rückseite flach bearbeitet. Von unten her hohl. Für die am Körper anliegende rechte Hand der Maria, das Glied des Kindes, die Mantelschließe, die jetzt fehlen, sind Zapfenlöcher vorhanden. Es fehlt ferner der Oberteil vom Schädel der Maria; mehr oder minder

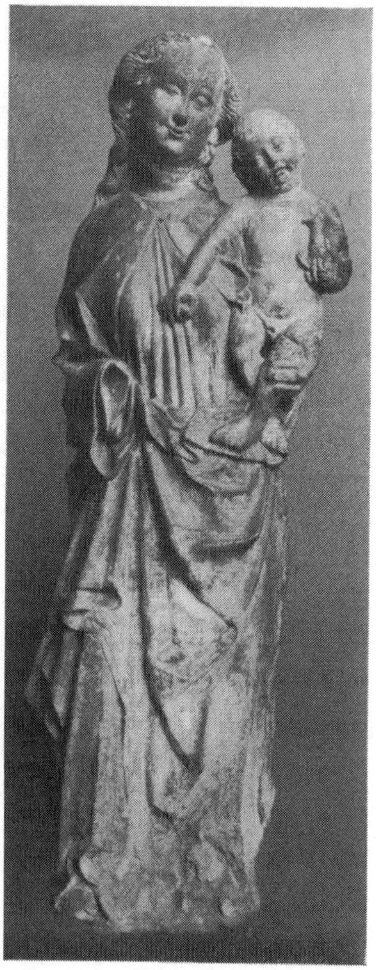

7718 S. 117

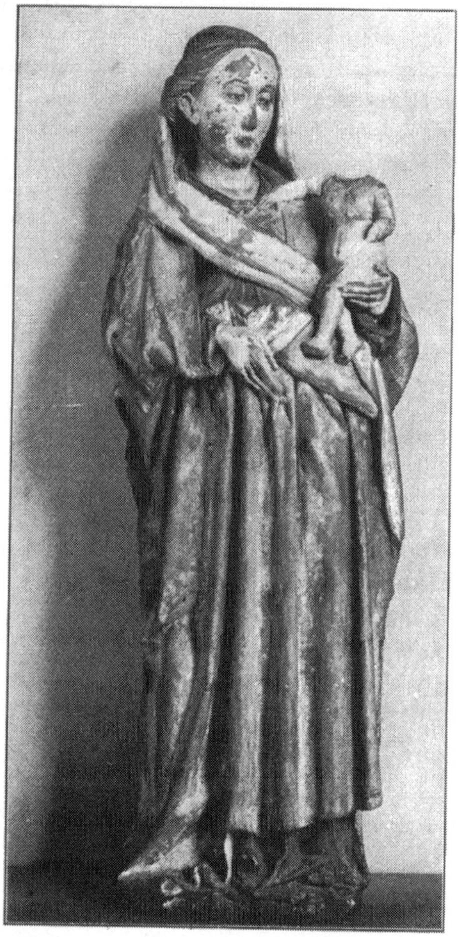

3117

stark bestoßen sind: ihre linke Hand, das l. Knie des Kindes und seine Schädeldecke, die Gewandpartie rechts unten und die Standfläche. Kleine Schäden an den Gewandfalten. — Mit Spuren des alten Kreidegrundes, darauf ein wohl späteres Blau in Resten auf der Außenseite des Mantels. Spuren von Rot auf den Lippen des Kindes. — Erworben 1916 in Frankfurt a. M.

Mittelrheinisch, um 1440. Verwandt mit unserer Madonna 8039, der gleichen Gruppe und Stilstufe angehörend; das Kind ähnelt, im Gegensatz zu 8039, im Typus dem Kind der Dromersheimer Madonna (3109) sowie dem in der Anbetung der Könige zu Carden a. d. Mosel (Abb. »Hessenkunst« 1914 S. 3). Vgl. die vorhergehende Nr. 8039.

3117. Maria mit dem Kinde (Vöge 251). Maria steht, den Blick halb nach rechts dem nackten Kinde zuwendend, das sie auf ihrem linken Arme trägt; es stützt die Rechte auf die Brust der Mutter, die mit der rechten Hand den Mantel hält. In langem anschließenden Kleide; das lange Ende des Kopftuchs diagonal von links nach rechts gleitend; auf der Brust eine gotische Blattspange; ein schmales Stirnband auf dem gescheitelten Haar, auf dem eine Krone ruhte.

Wandstatue. Gebrannter Ton. H. 113,5. Hohl, die Rückseite offen. Auf dem Kopf sind neun Löcher senkrecht eingebohrt, zur Befestigung der Krone. Die Nasenspitze ergänzt; von der linken Schulter zum rechten Ellbogen geht ein Bruch. Der Kopf und die linke Hand des Kindes fehlen, kleine Beschädigungen an den Händen und am Kopftuch. — Erworben 1907 in München.

Niederbayerisch, um 1460. Verwandt den allerdings geringeren und wohl auch etwas früheren Tonskulpturen am Südostportal der St. Jakobskirche in Straubing (Inv. Niederbayern Bd. VI S. 20 ff., mit Abb.), vgl. speziell die Maria der Verkündigung dort. Unsere Figur wurde von Vöge mit ca. 1480 wohl etwas zu spät angesetzt; die von ihm herangezogene Pietà aus Ton im Bayrischen National-Museum, aus Kranzberg bei Freising, ist später als unsere Madonna.

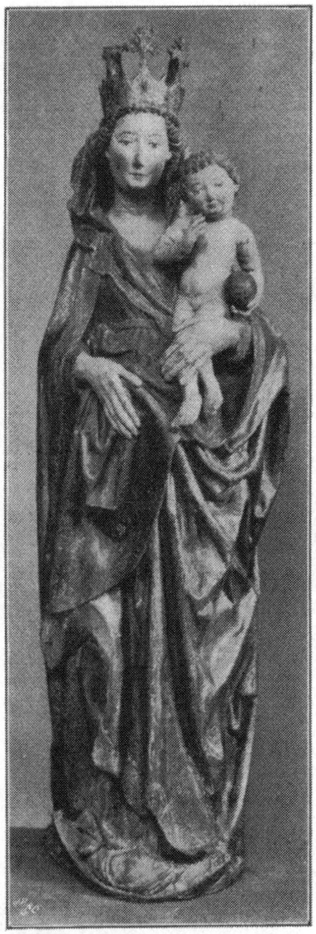
3180

3180. Maria mit dem Kinde, auf der Mondsichel (Vöge 101). Stehend, vor sich niederblickend; das nackte, segnende Kind auf dem linken Arme, mit der Rechten den in knittrigen Falten sich umschmiegenden Mantel haltend. Auf dem Kopftuch (mit gefälteltem Rand) eine Krone mit hochstieligen gotischen Blättern. Offenes Haar, gegürtetes Gewand.

Wandfigur. Gebrannter Ton. H. 130. Die Rückseite, auch Kopf und Rücken des Kindes ausgehöhlt. Auf den Kronreif waren für sich geformte Verzierungen aufgestiftet, die jetzt fehlen. Einige Zacken der Krone und die Spitzen der Mondsichel abgebrochen. — Reste alter Bemalung und Vergoldung; der goldene Mantel mit dunkelgrünem Futter; das Gewand zeigt ein in den Ton gepreßtes Brokatmuster. — Erworben 1908. Geschenk des Herrn Julius Böhler in München.

Schwäbisch (Ulm), um 1460—70. Aus Munderkingen an der Donau, südwestlich von Ulm.

M. 80. Thronende Maria, aus einer Marienkrönung (Vöge 235). In Mantel, langem Kopfschleier mit gefälteltem Rand, auf dem Haupt die Krone, sitzt sie auf einer mit Kissen belegten Bank, das Haupt nach rechts geneigt, die linke Hand nach der Seite ausgestreckt. Zwei Engel mit Chorhemden und Stolen halten hinter ihr einen Vorhang empor, der sich auf dem Thron ausbreitet. An seinem linken Zipfel eine Quaste. Abb. S. 120.

Wandgruppe. Lindenholz. H. 113,5. Rückseite ausgehöhlt. Rechts abgeschnitten, dort setzte die andere Hälfte der Komposition an. Leichte Beschädigungen; die r. Hand Marias fehlt. — Reste alter Vergoldung (Mantel, Krone, Vorhang, Stolen und Säume) und Bemalung. Auf dem Menniggrund des Vorhangs ein eingraviertes Granatapfelmuster. — Erworben 1907 in München. Eigentum des Kaiser-Friedrich-Museums-Vereins.

Meister des Freisinger Hochaltars, um 1440—50. Aus der Kirche von Greimharting bei Prien am Chiemsee (von einem Renaissance-Altar). Von W. Vöge als oberbayerisch angesprochen. Von F. Wolter im Jahrbuch des Vereins für christl. Kunst in München I (1911) S. 17, mit Recht der gleichen Hand gegeben wie die Schnitzfiguren aus dem ehem. Hochaltar des Domes zu Freising: Katalog des Bayer. Nat.-Mus. (1924) Nr. 188 ff. und des Stuttgarter Museums (1917) Nr. 85. Der 1443 aufgestellte Freisinger Altar wurde von Jakob Kaschauer in Wien geliefert, doch wird dieser Künstler in den Urkunden stets nur Maler genannt. Es ist daher zweifelhaft, ob die Nachricht über den Freisinger Altar ». . tabula . . . quam fecit Jacobus Cashauer« die Gleichsetzung mit dem Schnitzer der Freisinger Altarstatuen (Wolter a. a. O. S. 12) wirklich gestattet. Der Schnitzer war aber wohl auch kein Bayer; eher ein österreichischer Künstler; tatsächlich hat man weitere eigenhändige Arbeiten von ihm auf bayerischem Boden nicht mehr gefunden, wohl aber Verwandtes, das in anderen Werkstätten unter dem Eindruck des importierten Freisinger Altarwerks entstand. So die stehenden Madonnen bei

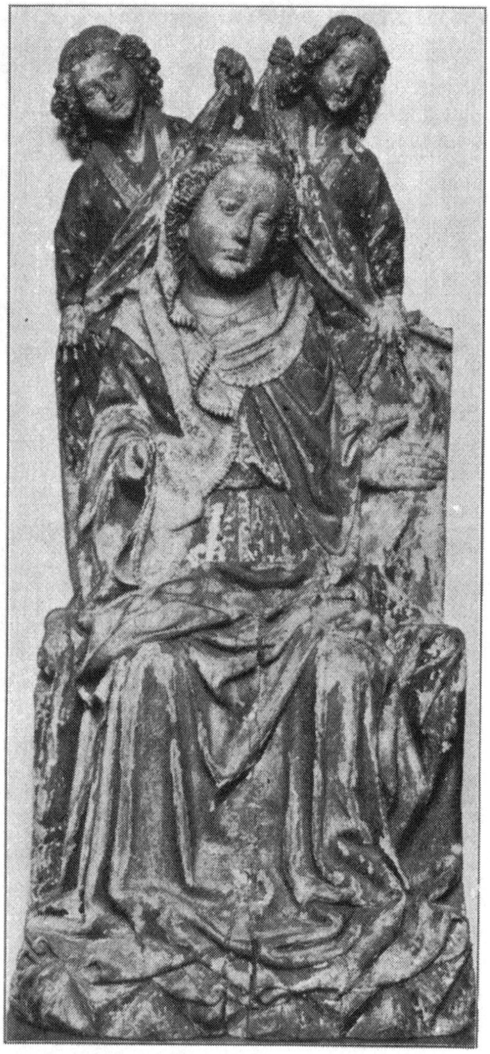

M. 80 S. 119

Wolter a. a. O. S. 18 ff., auch eine sitzende Madonna, ehem. Slg. Roettgen-Bonn (Aukt.-Kat. 1912 Nr. 245 Taf. 12, dort irrtümlich nieder- statt oberbayrisch genannt), neuerdings auf der Versteigerung der Sammlung I. Mühsam-Berlin wieder begegnend (Aukt.-Kat. 1926 Nr. 126 Taf. 15). Auch unser Erzengel Michael (7086, s. u.) zeigt den Einfluß des Meisters in späterer Zeit. Wie die Krönungsgruppe nach Greimharting gelangte, ist unklar; möglicherweise aus Freising durch Vermittlung eines dorther stammenden Geistlichen. Wolters (a. a. O. S. 17) hält die Zugehörigkeit zum Freisinger Hochaltar selbst für möglich; sie ist aber sehr unwahrscheinlich, vor allem wegen der Aushöhlung der Rückseite. — Auf österreichischem Gebiet ist ein Relief der Geburt Christi in der Burgkapelle zu Galgóc (Abb. in dem ungarischen Inventarwerk von Divald, Magyarorzság Müvészeti Emlékei, Budapest 1927 Nr. 158) später als der Freisinger Altar. Zu geringwertig, um Aufschluß zu geben, sind Steinfragmente in Wiener Privatbesitz (s. F. Kieslinger in »Belvedere« Bd. IV 1923 S. 107 Nr. 57—59, Abb. Taf. 26 u. 28).

8049. Weibliche Heilige. Stehend. Stirntuch mit vier feingetollten Säumen, Ärmelgewand, Kinntuch und Kopfschleier. Die Linke rafft das Kleid leicht, die rechte, jetzt fehlende Hand war erhoben und hielt ein Attribut (Kirchenmodell?). Auf vierseitiger Standplatte mit abgeschrägten Vorderecken und ungleichmäßiger Höhe.

Wandstatue. Zirbelholz. H. 159. Rückseite ausgehöhlt. Die fehlende r. Hand war aus besonderem Stuck. — Mit der alten Vergoldung (Gewand) und Bemalung (Stirn- und Kinntuch, die eine feine, die Gewebestruktur wiedergebende Oberflächenbearbeitung haben, weiß, das Kopftuch dunkel). — Erworben 1918. Sammlung J. Simon.

Salzburgisch, um 1450—60. F. Kieslinger, Die mittelalterl. Plastik in Österreich (1926) S. 128 äußert kurz die Vermutung, es könne sich um einen Bestandteil des jetzt zerteilten und teilweise untergegangenen ehemaligen Hochaltars der Wallfahrtskirche S. Leonhard bei Tamsweg handeln. Eine Nachprüfung 1928 hat mir diese Vermutung bestätigt. Nicht so sehr die jetzt einzeln aufgehängte Madonnenstatue, als die an den Hochwänden des Schiffes angebrachten Flügelreliefs zeigen allernächste Verwandtschaft mit unserer Figur: vgl. besonders eine Frauenfigur des Reliefs der Beschneidung, das unterhalb der Geburtsdarstellung angebracht ist (Hände, Umrahmung des Gesichtes, Gewandfalten). Für den Faltenstil sind auch die zwei bärtigen Männer links auf dem Relief: Darbringung im Tempel zu vergleichen. Tamsweg gehört von alters her zur Salzburger Diözese und hat von dorther, nicht von dem nahen steirischen Murthal seine künstlerischen Kräfte bezogen. — Abbildungen der Skulpturen von S. Leonhard in der Österreichischen Kunsttopographie Band 22 (1929) Bezirk Tamsweg, S. 235, 242 f.

2631. Thronender Bischof (Vöge 62). Das leicht geneigte Haupt, mit der Mitra geschmückt, blickt etwas nach links; die Rechte hält den Bischofsstab, in der erhobenen Linken fehlt jetzt das Attribut.

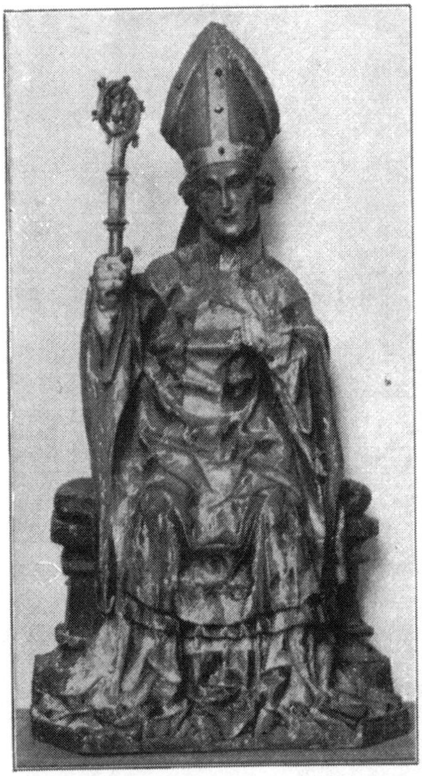

2631

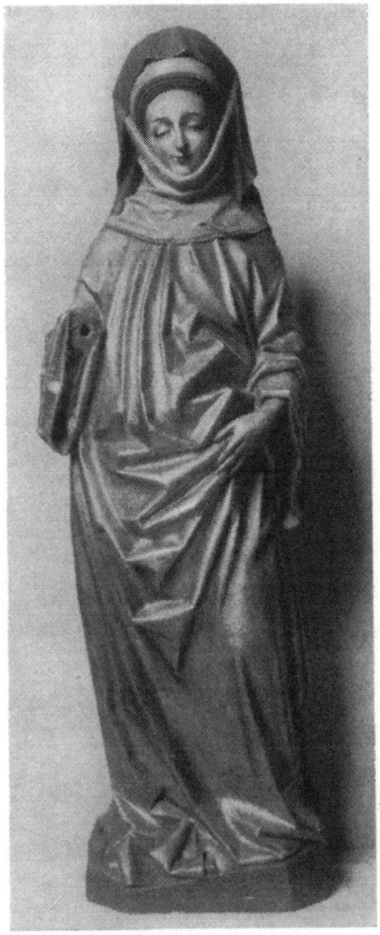

8049

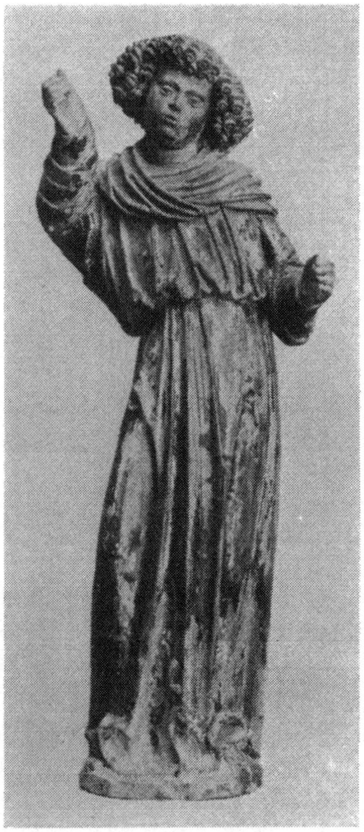

7022

Unten breitet sich die Alba reichfaltig über die Füße wie die an den Ecken abgeschrägte Fußplatte des gotischen, mit einem Kissen bedeckten Thrones aus.

Wandstatue. Pappelholz. H. 147. Die Rückseite flüchtig bearbeitet. Der Stab aus besonderem Stück; auch die Hände und rechts und links ein Stück an Thron und Fußplatte sind alt angestückt. Der Teil des Stabes unterhalb der Hand fehlt. — Mit Resten alter Vergoldung (Säume der Mitra und der Gewänder, Pallium, Stab, Haare), Versilberung (Mitra, Schaft des Stabes) und Bemalung. Goldsäume mit leicht eingepreßten Blätterkanten; die Glasflüsse in Metallfassung. Die kirschrote Kasel mit grauem Blütenmuster, Dalmatika grün; der Thron lichter Ocker mit brauner Strichelung. Spuren von Stoffüberzug an der Kasel, dem Kissen, wie unter der Vergoldung der Tiara. — Erworben 1902 in München.

Bayerisch, um 1440—1450. Früher in Moosburg in Oberbayern.

7022. Der hl. Michael. Barfuß, stehend mit leicht zurückgebogenem Oberkörper und ausgebogener linker Hüfte, in Humerale und Alba. Reiches Haar in spiralförmigen Locken. Die emporgehobene Rechte hielt ehedem wohl eine Lanze, die in Hüfthöhe vorgestreckte Linke die Waage. Auf polygonaler Standplatte.

Wandfigur. Nadel-(Zirbel?)holz. H. 84,5. Rückseite bearbeitet. — Die linke Hand nicht sicher alt. — Mit Resten roter Farbe. — Erworben 1912 in Frankfurt a. M.

Alpenländisch, letztes Drittel des 15. Jahrhunderts.

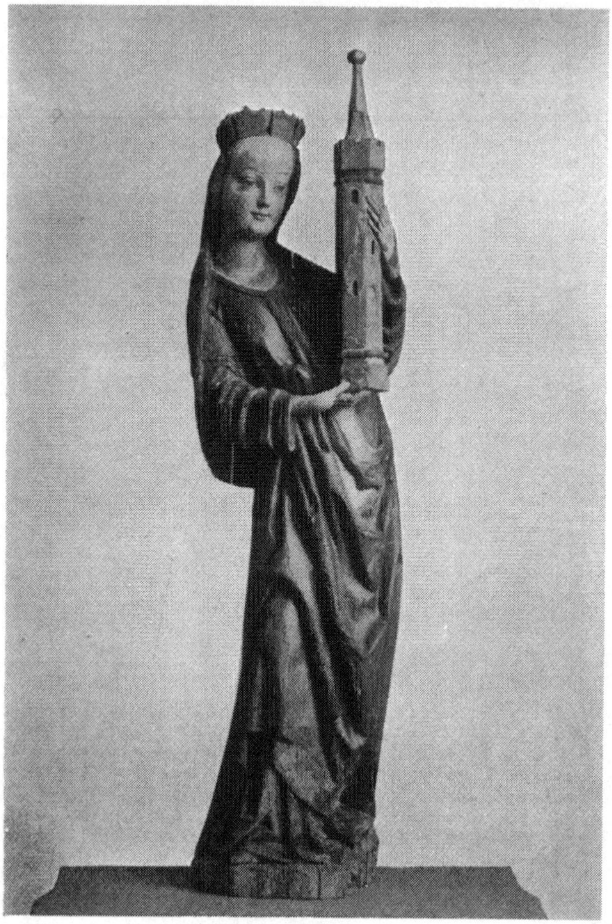

7837

7837. Hl. Barbara. Stehend, mit ausgebogener linker Hüfte, mit beiden Händen den Turm tragend. Gekrönt. Die Kleidung besteht aus einem Ärmelgewand, das auf dem rechten Arm emporgehoben wird, und einem darunter liegenden Unterkleid. Auf unregelmäßig polygonaler Fußplatte.

Wandfigur. Lindenholz. H. (bis zur Krone einschl.) 98. Rückseite ausgehöhlt. Die Turmspitze ergänzt. Krone mit Beschädigungen. — Mit der alten Vergoldung des Gewandes, das innen blau bemalt war. Das Unterkleid rot. Erneuertes Inkarnat. Die Fassung beschädigt, so daß an verschiedenen Stellen das Holz zutage liegt. — Erworben 1918 als Geschenk eines Ungenannten. Aus dem Frankfurter Kunsthandel.

Breslauer Meister um 1470. — Vgl. Braune und Wiese, Schlesische Malerei und Plastik des Mittelalters (1929) Text S. 39, Nr. 89. 90. Tafel 71. — Unsere Figur war 1926 in Breslau auf der Ausstellung schlesischer kirchlicher Malerei und Plastik mit zusammengehörigen Skulpturen ausgestellt. Von derselben Hand eine Katharina und eine Maria, beide jetzt in den Breslauer Museen. Die Maria stammt aus der Sammlung Benario, vgl. Demmler, Vorrede zum Auktionskatalog Benario, Berlin, Lepke 1927, und Tafel 10, Nr. 10. — Aus derselben Werkstatt die (geringeren) Figuren des Goldschmiedealtars von 1473 in Breslau.

5923. Die Himmelfahrt der Maria-Magdalena. Aufrecht stehend auf den Fittichen eines Engels, dessen Hände betend zusammengelegt sind. Ihr Haupthaar deckt den ganzen Körper und läßt nur das Gesicht, die betend zusammengelegten Hände und die nackten Füße frei. Von zwei

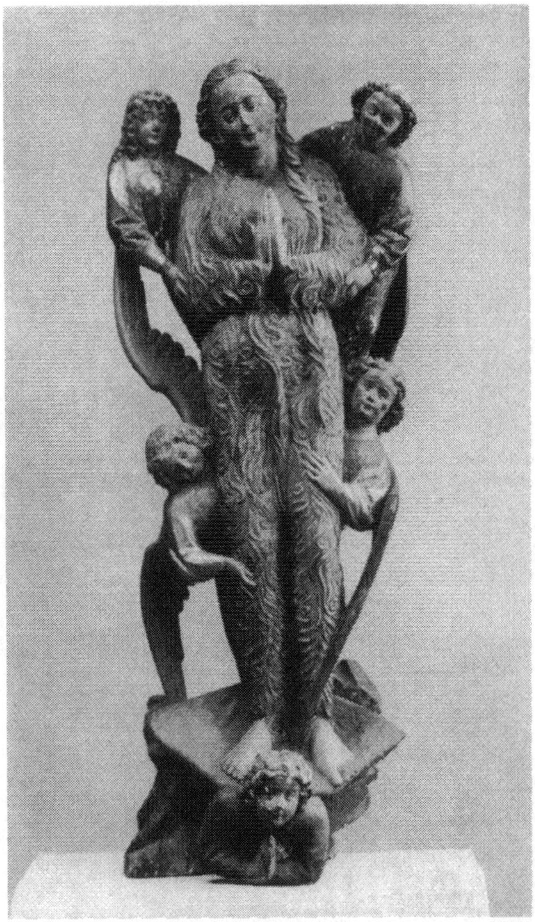

5923

Engelpaaren seitlich unterstützt, von denen das untere Paar sie an den Schenkeln, das obere an den Armen hält. Der Engel zu Füßen wächst mit dem Oberkörper aus einem zerklüfteten Felsblock heraus.

Wandgruppe. Lindenholz. H. 133. Rückseite ausgehöhlt. — Mit reicher, alter Vergoldung (Haarkleid Marias, Gewänder der mittleren Engel). Die Gewänder der oberen Engel versilbert (links) bzw. dunkelviolett bemalt (rechts), beides wohl in ursprünglichem Zustande. Das Rot der Gewandung beim unteren Engel erneuert, ebenso die Bemalung der Flügel (blau bzw. rot bzw. grün) sowie das Inkarnat aller Figuren. — Erworben 1910. Die Herkunft ließ sich nicht feststellen.

Hans Multscher (ca. 1400—1467). — Eigenhändiges Frühwerk um 1435; namentlich in den verschieden charakterisierten Engelköpfen von großer Meisterschaft. Im einzelnen vgl. für die Proportionen und die schlichte Haltung der Hauptfigur, ohne merkliche Ausbiegung, die Leibungsengel des Kargaltars im Ulmer Münster von 1433; Abb. Gerstenberg, H. Multscher (1928), S. 22 f., für das Motiv der Kombination mit einem Engel zu Füßen das Grabsteinmodell für Ludwig den Gebarteten von 1435 im Bayer. Nat.-Mus. zu München (Abb. Gerstenberg a. a. O. S. 61); der Kopf des Engels rechts oben ähnelt sehr denen der Schildknappen vom Ulmer Rathaus (Abb. Gerstenberg a. a. O. S. 53 ff.), der des Engels rechts in der Mitte ist dem des Seraphs zu Füßen Gottvaters auf dem genannten Grabsteinmodoll eng verwandt. Die Bildung der Hände Marias begegnet ähnlich auf dem gemalten Wurzacher Altar des Berliner Museums, vgl. besonders

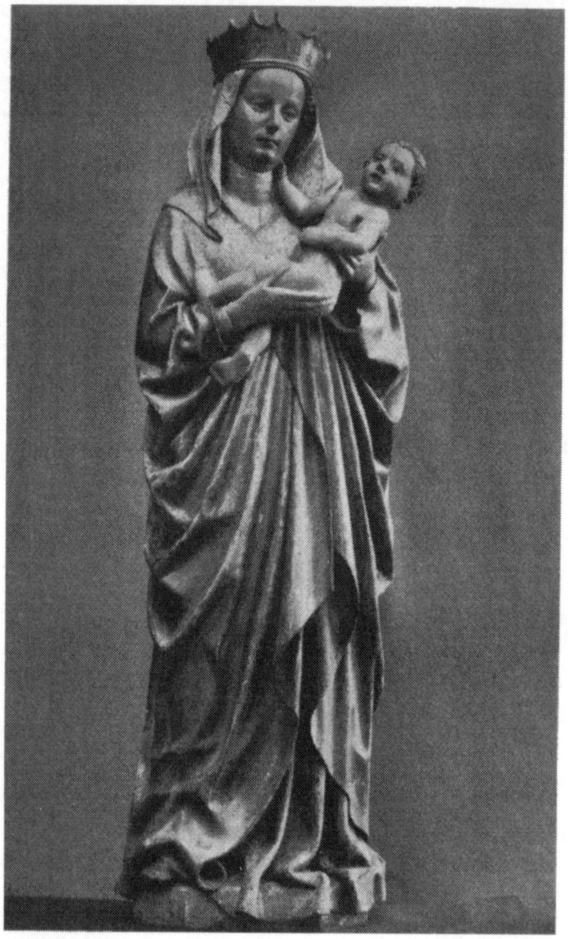

8340

die Hände Marias bei der Pfingstdarstellung. — Verres, Amtl. Berichte 49 (1928) S. 108 ff. und Nachtrag ebenda (1929).

8340. Maria mit dem Kinde. Stehend, in aufrechter Haltung, die linke Körperhälfte zurückgenommen (s. u.), in Gewand, Mantel, Kopftuch und Krone, mit beiden Händen das nackte Kind in schräger Lage haltend; seine rechte Hand liegt am Hals der Mutter, die Linke auf seinem Leib, der Kopf ist leicht zum Beschauer gekehrt. Auf polygonaler Standplatte.

Wandfigur. Lindenholz. H. 116. Rückseite ausgehöhlt. — Mit einigen kleinen Rissen. Die Krone früher mit aufgesetzten Ornamenten verziert. — Ausgezeichnete Original-Fassung, wieder freigelegt: Mantel, Krone und Gewandsaum am Boden vergoldet, Mantelfutter blaugrün, Gewand rot, Kopftuch weiß, Standplatte grün. — Erworben 1924 als Geschenk des Herrn I. Rosenbaum in Frankfurt a. M.

Ulmisch, um 1450—60. Früher im Bayer. Nat.-Museum zu München, vgl. Katalog von 1896 Bd. VI, Nr. 646 Taf. XIV (dort als »Spätzeit des 15. Jahrh., fränkisch?«). Die Entstehung in der Nähe Multschers ist außer Zweifel, vgl. auch K. Gerstenberg, H. Multscher (1928) S. 151, der das Stück, gleichzeitig mit der von ihm in die Zeit um 1440 datierten Madonna in Landsberg a. L. setzt. Doch erinnert der Kopftyp sehr an die hl. Jungfrauen des Sterzinger Altars, abgebildet ebda. S. 160 ff.; dieser wurde in Ulm gefertigt und 1459 aufgestellt. Im Gewand verfolgt unser Meister andere Ziele. Die eigenartige Drehung des ganzen Körpers, die einen Teil der (vom Beschauer linken) Seite noch in die Vorderansicht einbezieht, findet sich selten. Pinder, der einige analoge, etwas frühere, Würzburger Figuren bespricht, erklärt sie aus dem »Bedürfnis, Gewand zu zeigen«; er sieht hier einen Ersatz für die symmetrischen Gehänge, mit denen die vorhergehende Stilphase arbeitete (Mittelalterliche Plastik Würzburgs, 2. Aufl. 1924, S. 144 f.). Bemerkenswert ist jedenfalls das Fehlen jeder Ausbiegung der Hüfte, die dem Meister mit der erstrebten feierlichen Ruhe nicht vereinbar schien. Die leise Drehung tritt vielleicht an ihre Stelle, um die Erscheinung der Figur zu beleben.

7953. Maria mit dem (jetzt fehlenden) **Kinde, auf der Mondsichel.** Stehend, mit ausgebogener linken Hüfte, in Gewand, Mantel und Kopftuch, über dem ehemals noch eine Krone saß. Mit der rechten Hand die von beiden Seiten kommenden Ränder des Mantels vor der Körpermitte zusammenhaltend; die Linke hielt das Kind. Auf polygonaler Standplatte, an der vorn reliefiert die Mondsichel mit weiblichem, von Kinn- und Stirntuch umhülltem Kopf erscheint.

Wandfigur. Lindenholz. H. 87. Rückseite ausgehöhlt. — Es fehlt der linke Unterarm mit dem Kind und die Krone; sie war um den Wulst auf dem Scheitel herumgelegt und besonders gearbeitet. Kleine Bestoßungen an den Säumen. — Die Fassung fehlt jetzt bis auf ein paar Reste des alten Kreidegrundes mit Spuren verschiedener Bemalungen übereinander; am Mantel zu unterst ein wohl originales Rot, dagegen die Reste von Rot am Gewand und am Hals neu. — Erworben 1920 in München.

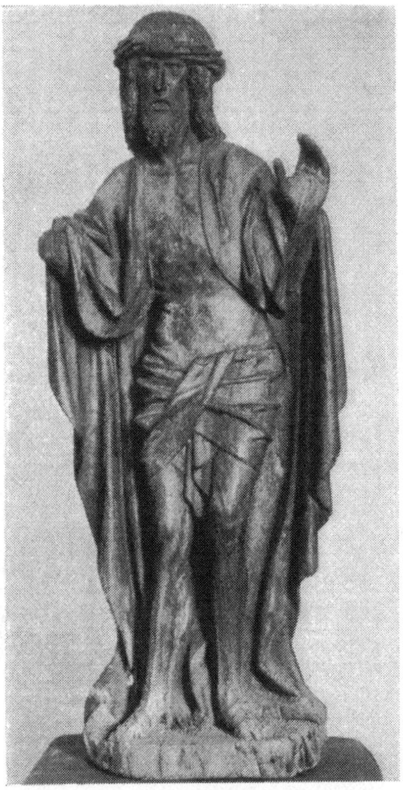

8134

Ulmisch, um die Mitte des 15. Jahrhunderts. Kreis Hans Multschers. Eine genauere Datierung, wie sie Gerstenberg, H. Multscher (1928) S. 122, mit ca. 1440 vorschlägt, bleibt jedoch schwierig.

8134. Christus als Schmerzensmann. Stehend auf sechsseitiger Standplatte, mit leicht eingeknickter rechter Hüfte, etwas vorgebeugtem Oberkörper und aufgerichtetem dornengekröntem Haupt. In Lendenschurz und Mantel, der, die Vorderseite freilassend, auf Schultern und Oberarmen liegt, in einfachen Längsfalten über die Rückseite läuft und über die Platte fällt, wo er sich in eckigen Brüchen staut. Der Mund zum Sprechen geöffnet, die Hände mit den Wundmalen in Schulterhöhe erhoben. In der rechten Brustseite die tiefsitzende Seitenwunde, an den Füßen die Nägelmale.

Wandfigur. Lindenholz. H. 70. Rückseite voll bearbeitet. Figur und Platte aus einem Stück. — Die rechte Hand fehlt. Platte und Füße vorn etwas vermorscht. Kleine Beschädigungen am Mantel unten. — Von der ursprünglichen Bemalung nichts erhalten. Spuren

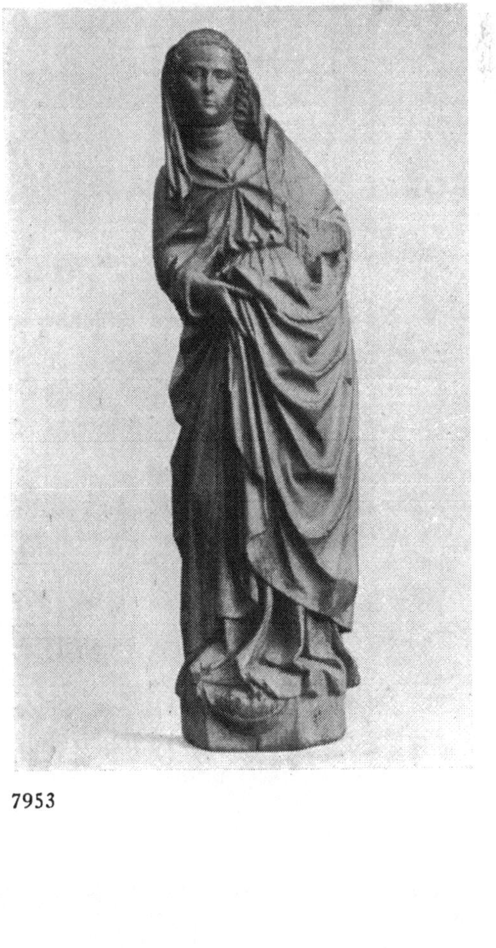

7953

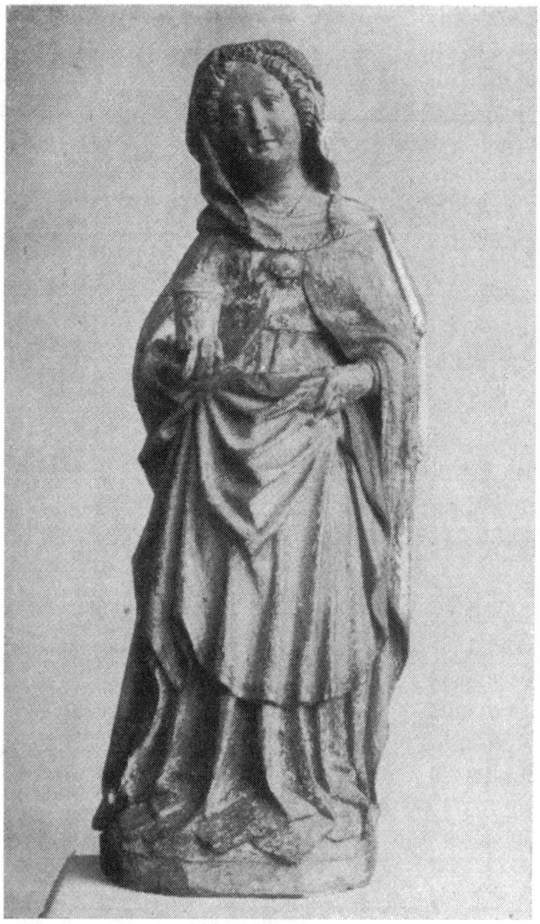

7751

späterer blauer Farbe am Mantel. — Erworben 1918. Sammlung J. Simon.

Ulmisch um 1440. — Frühwerk der Multscherwerkstatt. Zu vergleichen das eigenhändige Werk Multschers im Hessischen Landesmuseum Cassel, das ebenfalls einen Schmerzensmann darstellt.

7751. Maria Magdalena. Stehend, in Gewand, Mantel und Kopftuch mit gekräuseltem Rand, in der etwas vorgestreckten Rechten das Salbgefäß, mit der Linken den quer über den Unterkörper gezogenen Mantel haltend. Dieser ist oben durch eine ovale Schließe zusammengehalten. Ihr Haupt ist leicht nach links geneigt. Auf polygonaler Standplatte.

Wandfigur. Lindenholz. H. 72 ausschließlich einer zweiten, später unterlegten Standplatte. Rückseite ausgehöhlt samt der Standplatte, die aus einem Stück mit der Figur gefertigt ist. — Auf dem Kopf eine wieder geschlossene Bohrung von einem späteren Nimbus. — Mit Spuren originaler Vergoldung auf dem Gewand, Mantel und am Rande des Kopftuches. Darüber große Farbreste aus späterer Zeit. — Erworben 1916 in München.

Schwäbisch, Mitte 15. Jahrhundert. Pinder (Die deutsche Plastik II, S. 326) macht aufmerksam auf die Unterchiede von der spezifisch Multscherischen Formgebung und hält die Entstehung in einer Allgäuer Werkstatt für möglich. Die jetzt im Stuttgarter Museum befindliche große Magdalenenstatue aus Wörishofen bietet in der Tat Vergleichspunkte im Schema der Gewandung, doch ist sie wie der Kopf zeigt, von anderer Hand (Abbildung Katalog der Sammlung Dr. Oertel Nr. 96 Tafel 60).

7726. Maria Magdalena. Stehend, in Gewand und Mantel, der durch einen kurzen Riemen auf der Brust zusammengehalten wird. Mit beiden Händen das Salbgefäß vor der Brust haltend; die rechte Hand vom Mantel bedeckt, das Haupt leicht zur linken Schulter geneigt. Auf dem rundlichen Bodenausschnitt breitet sich der Mantel, die Füße fast ganz verdeckend, nach rechts in eckigen Brüchen aus.

Wandfigur. Lindenholz. H. 91, ohne ein später hinzugefügtes Standbrett. Rückseite flach bearbeitet. Im Rücken war ein 45 cm hohes und 7 cm breites Stück einmal herausgeschnitten und ist wieder eingefügt worden. Fassung durch scharfes Putzen entfernt. — Erworben 1916 als Geschenk der Bodestiftung. Aus der Sammlung des Pfarrers Harsch in Schwabsberg.

Schwäbisch (ulmisch oder oberschwäbisch), um 1440.

8143. Bischof, Büste. Der Kopf leicht zur linken Schulter geneigt. Amictus mit kragenartigem Besatz am Halse und Pluviale, das durch eine vierseitige Schließe zusammengehalten wird. Zwischen letzterer und dem Abschnitt, der etwas unter der Mitte der Oberarme liegt, eine rund-

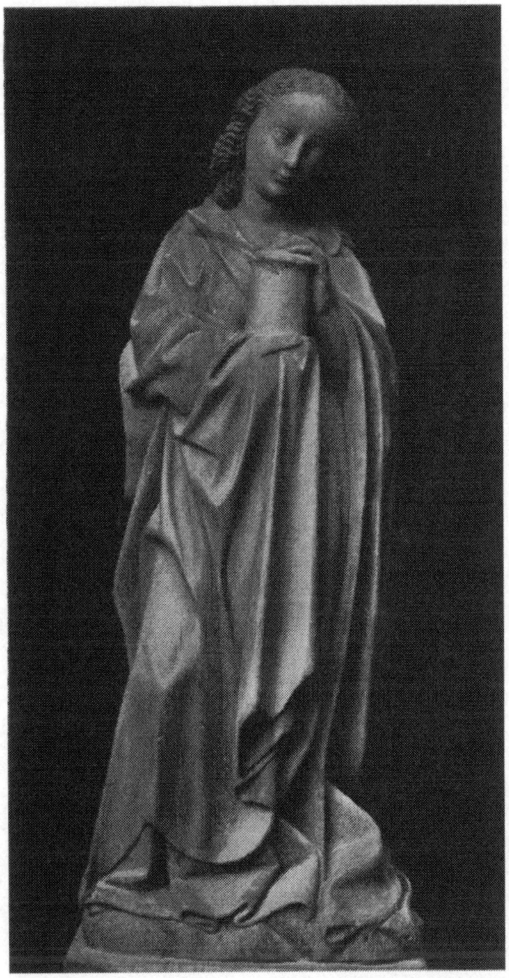

7726

bogige Reliquiennische mit Falz zum Verschließen. Auf dem Haupt hohe Mitra, deren Faszien auf den Rücken herabfallen. Schneckenartig gedrehte Locken. Auf achtseitiger Plinthe. Abb. S. 128.

Wandbüste. Lindenholz. H. (ohne Plinthe) 64. Rückseite summarischer bearbeitet. Von unten her bis in den Kopf hinein ausgehöhlt. Die Plinthe zusammengesetzt und nicht ursprünglich zugehörig. Von ihrer z. T. noch vorhandenen Verzapfung mit der Büste rühren zwei Anbohrungen der Oberfläche vorn her. Nach der Schnittfläche zu schließen ist die Büste durch Zerteilen einer ganzen Figur gewonnen worden. Auch die Reliquiennische ist später angebracht. Die r. Schulter mit zwei durchgehenden Bohrungen nebeneinander. Zwei weitere Bohrungen zwischen den Flügeln der Mitra. Von der Schließe ist nur die Rahmung erhalten. Die Mitra an der hinteren Spitze beschädigt. — Die Fassung mit verschiedenen Bestoßungen. Große Reste der alten Vergoldung und ihres Bolusgrundes am Pluviale und an der Mitra, Reste späterer blauer Farbe am Amikt, an den Feldern der Mitra und an der Plinthe. Das Inkarnat und die Haarfarbe erneuert. — Erworben 1918. Sammlung J. Simon.

Schwäbisch, um die Mitte des 15. Jahrhunderts. Vom Geschenkgeber in München erworben, wohin das Stück aus Toulouser Privatbesitz gelangt war; ursprünglich wohl durch französische Händler in Süddeutschland erworben. Katalog der Ausstellung des Kaiser Friedrich-Museums-Vereins 1914. Nr. 211. Amtliche Berichte 41 (1920) 187 mit Abb.

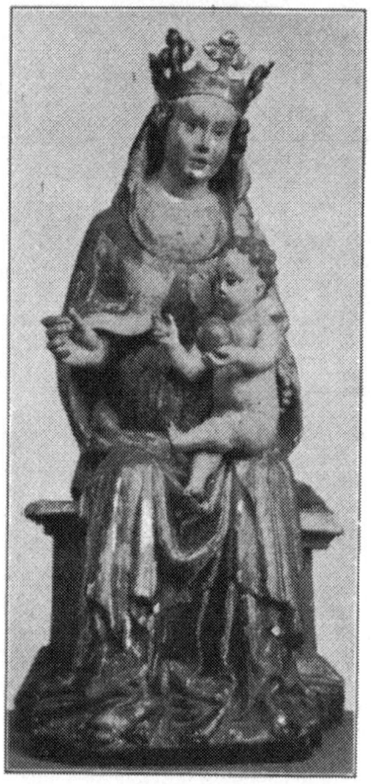

M. 97

M. 97. Thronende Maria mit dem Kinde (Vöge 58). In Mantel, Kopfschleier und Krone, das Haupt zur linken Schulter neigend; ursprünglich ein Szepter in der Rechten tragend. Der nackte Knabe sitzt mit übereinander geschlagenen Beinen auf ihrem linken Knie, mit der Rechten segnend, in der Linken eine Kugel haltend. Einfache Thronbank mit vorgelegter sechsseitiger Fußplatte.

Wandgruppe Pappelholz. H. 59. Die Rückseite unbearbeitet. Das Kind ist aus besonderem Stück, desgl. die linke Hand der Madonna, die Füße des Kindes. — Mit größeren Resten der alten Vergoldung an der Außenseite des Mantels; die übrige Fassung erneuert und beschädigt. — Erworben 1908. Eigentum des Kaiser-Friedrich-Museums-Vereins.

Süddeutsch um 1440. Angeblich aus Nürnberg stammend.

7680. Die hl. Katharina. Stehend, in Gewand, das am spitzen Brustausschnitt das Unterkleid sehen läßt, und Mantel, der den Rücken und die Seiten bedeckt und die Vorderseite freiläßt. Mit der Rechten nimmt sie den Mantel empor und hält das Rad, die Linke hielt ehedem ein Schwert oder wahrscheinlicher eine Palme. Auf dem Haupt eine Krone. Auf einer Standplatte, deren ursprüngliche Form nicht mehr erkennbar ist.

Wandfigur. Lindenholz. H. 86. Rückseite hohl. Der Sockel, aus einem Stück mit der Figur, durch Wurmfraß und Bestoßungen beschädigt, desgl. die Krone, der die Zacken fehlen. Kleinere Schäden am Gewand. — Alte Fassung: Mantel vergoldet, Gewand weinrot, das Inkarnat erneuert. — Erworben 1915 in München. Geschenk.

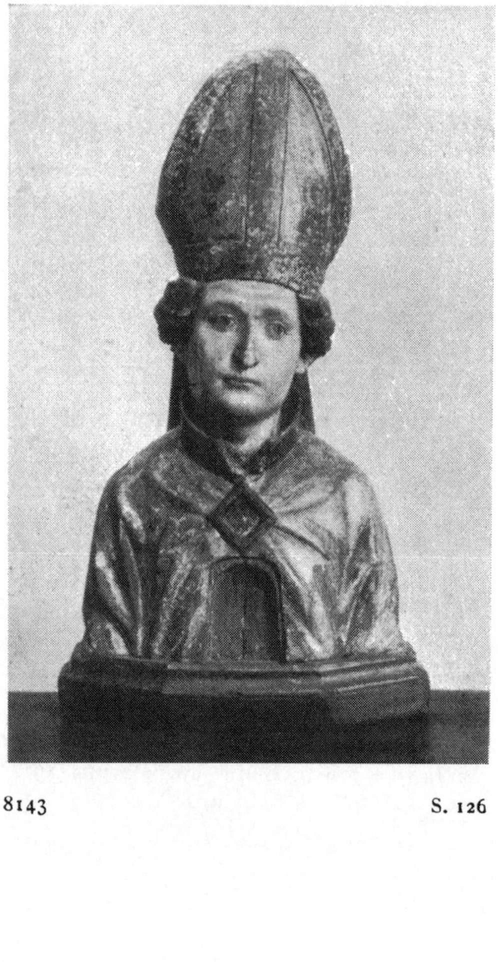

8143 S. 126

Süddeutsch, nach der Mitte des 15. Jahrhunderts. Vielleicht elsässisch.

8040. Gruppe der Apostel Petrus und Jakobus d. Ä. (von einem Ölberg). Beide sitzen in aufrechter Stellung schlafend nebeneinander auf rundlichem Terrainausschnitt, in Gewand und Mantel, barhäuptig. Petrus, kenntlich am kahlen Schädel mit Haarkranz und Stirnlocke, sitzt ein wenig tiefer als Jakobus.

Wandgruppe. Lindenholz. H. 65. Rückseite ausgehöhlt. Etwas vermorscht, namentlich vorn am Boden. Einige Risse. Die Nasen und einige Finger der linken Hand Petri beschädigt. Auf den Scheiteln je eine tiefe, breite Bohrung. — Ohne Bemalung bis auf ganz geringe Spuren von Rot am Mantel des Petrus. — Erworben 1918. Sammlung J. Simon.

Süddeutsch (bayrisch oder schwäbisch), um die Mitte des 15. Jahrhunderts.

7091. Christus am Ölberg. Kniend mit leicht zurückgenommenem Haupt, die Hände betend zusammengelegt. Die Gestalt ist umschlossen von einem langen Gewand mit weiten Ärmeln,

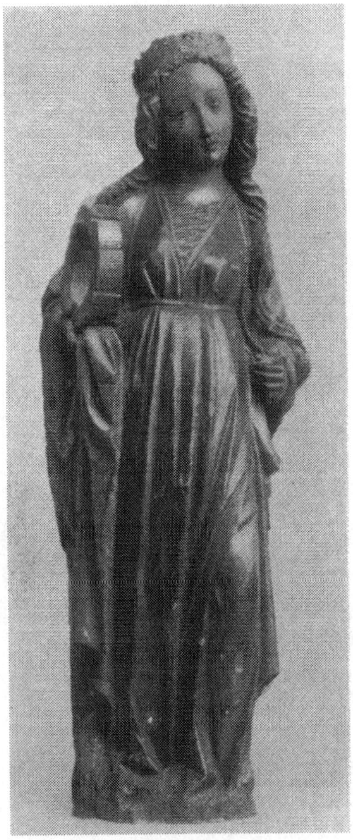

7680

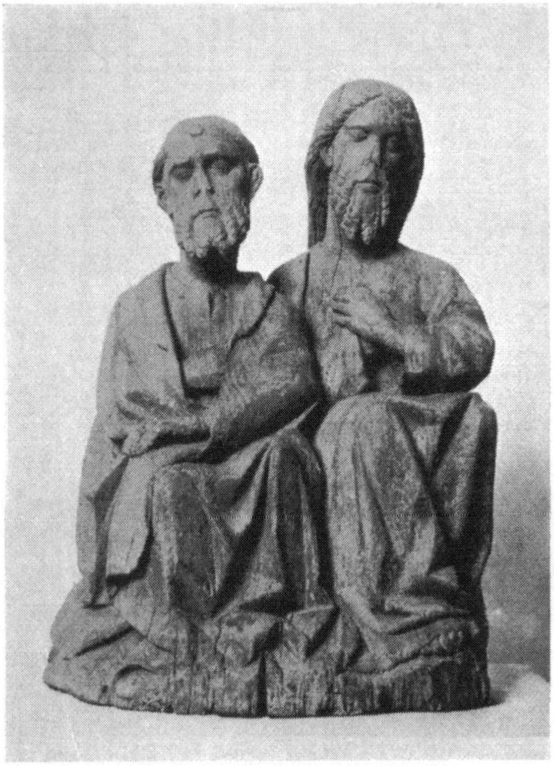

8040

auf das im Rücken und den Schultern das strähnige, unten in Locken endigende Haupthaar herabfällt. Lockiges kurzes Barthaar. Der Mund leicht geöffnet. Abb. S. 130.

Vollrund. Eichenholz. H. 170. Mit stärkeren Beschädigungen im Gesicht (Nase) und am Rande des Bodens. Mehrere Bestoßungen am Haar, an den Fingerspitzen und am Faltenwerk. — Farbreste. — Erworben 1914 von der St. Moritzkirchengemeinde in Naumburg.

Sächsisch, 1. Hälfte des 15. Jahrhunderts; vielleicht am Anfang dieser Zeit entstanden, jedenfalls aber wohl nicht im 13. Jahrhundert, wie Bergner im Inventar der Provinz Sachsen XXIV, Stadt Naumburg, 1903 S. 224 Taf. 13 anzunehmen scheint. Von dem Ölberg ist im übrigen nichts erhalten. Trotz ihrer rundplastischen Anlage war die Figur offenbar vor einer Wand aufgestellt, und zwar fast en face, worauf der summarisch behandelte Rücken hinweist. — In der Krypta des Doms zu Brandenburg a. Havel ebenfalls ein etwa lebensgroßer Christus von einem Ölberg, Holz, wohl gleichfalls aus dem 15. Jahrhundert.

7014. Die Einhornjagd. Im Garten mit zinnenbesetzter Mauer und geschlossener Pforte sitzt die Jungfrau, dem Einhorn, das die Vorderbeine auf ihren Schoß legt, Zuflucht gewährend. Außen naht von links der Engel als Jäger, geflügelt, das Hifthorn blasend, in der Rechten den Jagdspeer. Zu seinen Füßen drei Jagdhunde mit Schriftbändern. Im Mittelgrund und vor der Mauer verteilt finden sich, zum Teil mit Schriftbändern versehen: der Brunnen des Lebens, der Altar mit dem grünenden Stabe Aarons inmitten der dürren Stäbe, der elfenbeinerne Turm Davids, das Fell Gideons und der goldene Korb. Über der Mauer rechts wird die nimbierte Halbfigur Gottes sichtbar, links Mauern und Türme der Stadt. Abb. S. 130.

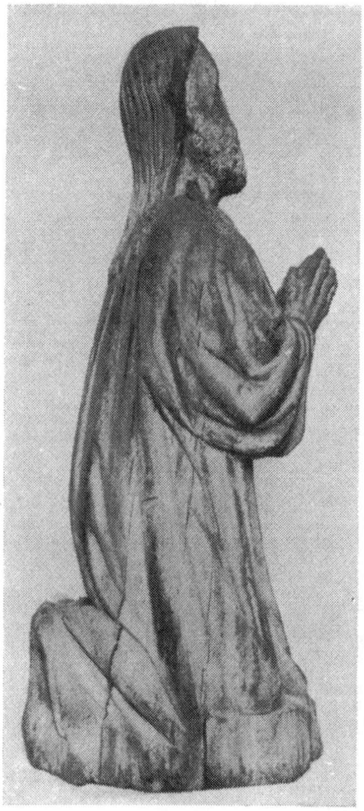

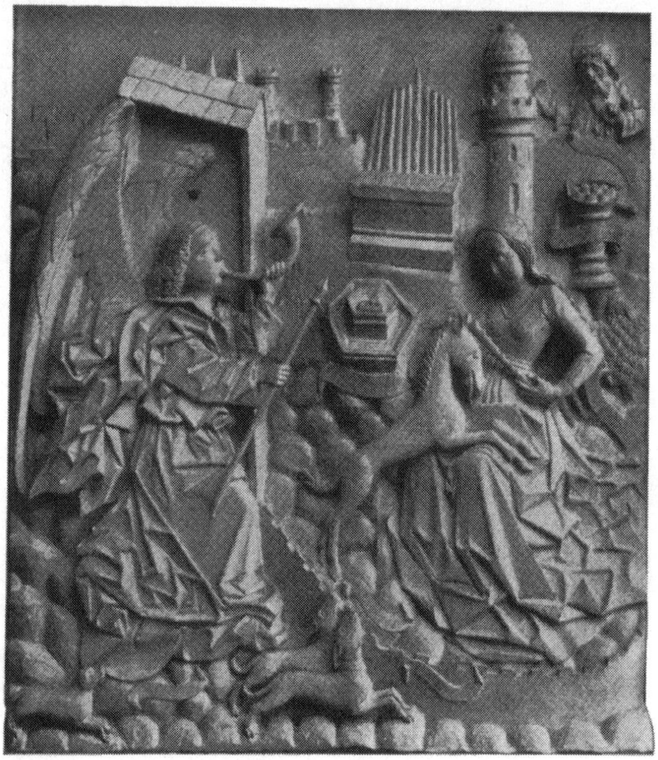

7091 7014

Hochrelief. Tannenholz. H. 92, Br. 80. Der obere Rand als Silhouette ohne Hintergrund. Kleine Ergänzungen am Altar, am Schriftband des Korbes, am Körper des Einhorns. Ergänzt wahrscheinlich auch die rechte Hand des Engels mit dem Speer. — Jetzt ohne Fassung, an deren Stelle ein graugelber Farbüberzug des 19. Jahrhundert. — Erworben 1911. Geschenk eines Ungenannten.

Altmärkisch, 2. Hälfte des 15. Jahrhunderts Aus Neulingen, Kr. Osterburg, in der Altmark. Als Vorlage hat die Ausformung eines wohl mittelrheinischen Models gedient; vgl. über diesen Bode und Volbach im Jahrbuch der preuß. Kunstsammlungen 39 (1918) S. 129 unter Nr. 39, mit Abb. Taf. IV, 4; ein Abdruck von oder nach diesem Model u. a. auf dem Altärchen J. 7848 unseres Museums, s. S. 112. Auf den Model geht an weiteren Nachbildungen u. a. eine Bronzeplakette, jetzt in der Sammlung Dr. Figdor-Wien, zurück, veröffentlicht u. a. von W. v. Molthein in »Kunst u. Kunsthandwerk« X (1907) Abb. S. 637; s. a. H. v. d. Gabelentz im Jahrbuch d. preuß. Kunstsammlungen 34 (1913) S. 216. Fast die gleiche Darstellung findet sich auf Bildteppichen, so (im Gegensinn) auf einem Exemplar unserer Sammlung Simon (A. 499); über letzteres H. Schmitz in Amtl. Ber. 41 (1920) S. 222 ff. mit Abb. Unser Relief geht wohl nicht direkt, sondern auf dem Umweg über einen Bildteppich auf den Model zurück. Vielleicht erklärt sich so auch außer dem ungleichmäßigen Reliefgrad die veränderte Haltung des Engels, des Tieres usw. und die starke Knittrigkeit der Faltengebung, die wie eine übertreibende Nachahmung nach einer Vorlage im sog. eckigen Stile wirkt. Der Schnitzer hätte dann auch das viereckige Feld schon in seiner speziellen Vorlage angetroffen. Den brennenden Dornbusch, in dem der Herr erscheint, hat der Schnitzer wohl nicht verstanden und deshalb fortgelassen. — Zur Ikonographie vgl. P. Albert in der Zeitschrift »Schauinsland« 25 (1898) S. 68 ff., St. Beißel, Geschichte der Verehrung Marias in Deutschld. während des Mittelalters, (1909) S. 480 ff. und eine ungedruckte Dissertation von H. Graff, Münster (Westfalen) 1923.

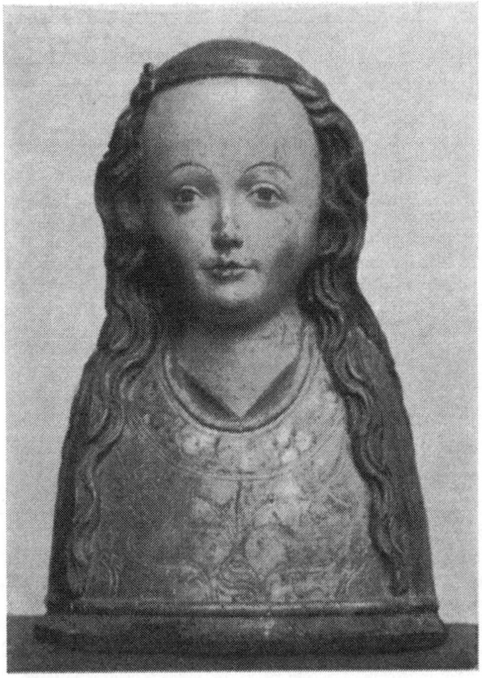

8030

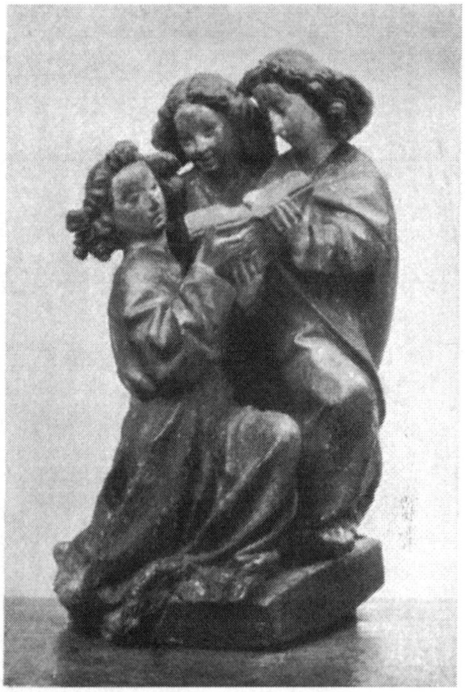

8108

8030. Büste einer Heiligen. Langes gescheiteltes Haar, auf dem Kopf und im Rücken schlicht, an den Seiten gewellt, an den Schultern in je zwei Strähnen geteilt; Stirnreif mit Rosetten. Der Oberkörper, mit kaum angedeuteter Artikulierung der anliegenden Oberarme, ist von einem Mantel mit eingepreßtem Muster (Ranken und Blätter) eingehüllt. Am Halse wird das Gewand sichtbar. Am unteren Rand vorn und seitlich durch Wulst und Kehle abgeschlossen.

Wandbüste. Lindenholz. H. 28,5. Rückseite flach bearbeitet. Ohne Öffnung für Reliquien. — Einige der geschnitzten Rosetten fehlen, die vorhandenen und der Reif hinten beschädigt. Vorn am unteren Abschluß ein Stück ausgebrochen. Auf dem Scheitel eine (wieder ausgefüllte) kleinere Bohrung. — Mit erneuerter Vergoldung (Mantel) und ebensolcher Bemalung (weinrotes Gewand am Hals; Inkarnat). Am Halsausschnitt des Mantels eine aufgemalte grüne Ranke. — Erworben 1918. Sammlung J. Simon.

Thüringisch, drittes Viertel des 15. Jahrhunderts. Zu einer Folge von Reliquienbüsten gehörig, von der sich zwei weitere im Erfurter Städtischen Museum befinden (A. Overmann, Die älteren Kunstdenkmäler . . . der Stadt Erfurt, Erfurt 1912 Nr. 137; Phot. Stoedtner 51 088). Als Provenienz gibt Overmann die Altarpredella der Kirche eines von ihm nicht näher genannten Ortes bei Erfurt an; neuerem Vernehmen nach ist es die Kirche zu Sömmerda bei Erfurt. — Ein weiteres thüringisches Stück abgebildet bei Baum, Die Sammlung Hubert Wilm in München (1929) Nr. 66.

8108. Gruppe dreier singender Engel. In halb kniender Stellung sind drei Engel dicht aneinander gerückt. Die beiden äußeren halten ein aufgeschlagenes Buch in den Händen und singen mit leicht geöffnetem Munde daraus, indem der Engel rechts mit dem rechten Zeigefinger die Stelle im Buch zeigt. Der mittlere, hintere Engel blickt über das Buch hinweg. Alle drei tragen Alben, der mittlere und rechte außerdem noch das Pluviale.

Wandgruppe. Lindenholz. H. 36, Blocktiefe 22. Die Rückseite zeigt in ihrem größten Teil die unbearbeitete runde Blockfläche, nur im Rücken des rechten Engels ist ein Stück weggenommen und geglättet. Im einzelnen ist der linke Engel vollrund, der mittlere fast vollrund gehalten. Polygonale, vorn

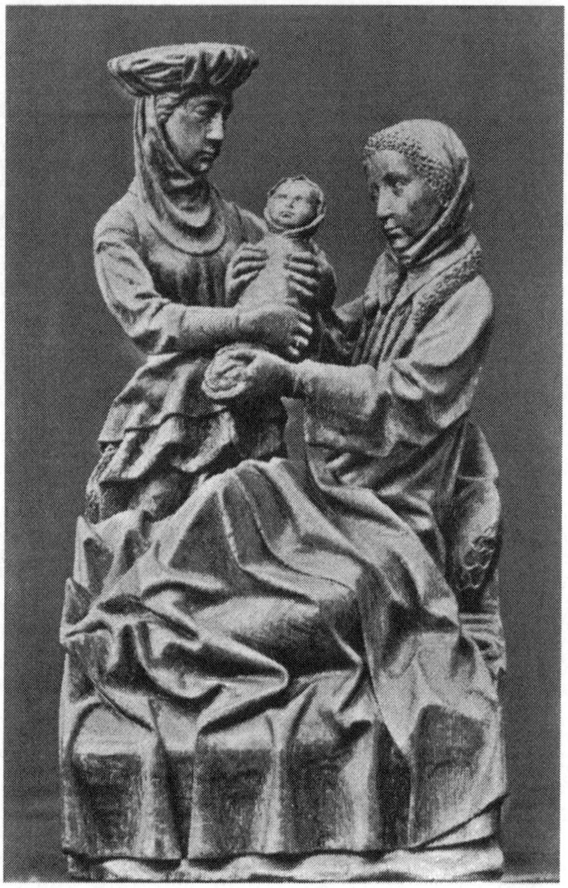

8333

und rechts seitlich ergänzte Standfläche, die innen ausgehöhlt ist. Die Flügel der Engel fehlen; der linke hatte zwei, die beiden andern je einen Flügel. Die unterste Gewandpartie des linken Engels beschädigt. — Mit großen Resten späterer Bemalung in mehreren Schichten. Der Saum am Pluviale des rechten Engels zeigt Reste urprünglicher Vergoldung. — Erworben 1918. Sammlung J. Simon.

Südniederländisch (?), um die Mitte des 15. Jahrhunderts. Aus einem Schnitzaltar, vermutlich zu einer Geburt Christi gehörig. F. Winkler, der die Gruppe in den Amtl. Berichten 47 (1926) S. 5 ff. bespricht, denkt an stilistische und szenische Zusammengehörigkeit mit einem Relief der Geburt Christi, das neuerdings in den Louvre gelangt ist. Doch sind nicht nur Einzelheiten wie die Gesichter verschieden, sondern auch die Reliefhöhe. Winkler datiert 1430—40. — Ilse Futterer tritt neuerdings in »Oberrheinische Kunst« (1928) für Oberrheinische Herkunft ein.

8333. Die Geburt Marias. — Die hl. Anna ruht mit emporgerichtetem Oberkörper auf dem Bett und nimmt aus den Händen einer links hinter der Bettstatt stehenden Frau das ganz eingewickelte Kind entgegen. Sie trägt Unter- und Oberkleid, ihr Kopf ist eingehüllt in ein doppelt gelegtes am Rand stark gekräuseltes Kopftuch, das auf die Schultern fällt und unter dem Kinn zusammengeknüpft ist. Über dem Unterkörper eine Decke, die vorn herabfällt; hinter dem Rücken ein Kissen. Die Begleiterin trägt über dem Kleid einen gefütterten, vorn hochgenommenen Mantel, Kinnbinde, und einen Turban von ungewöhnlicher Form, unter dem seitwärts das Haar sichtbar wird. (Ein ähnlicher Turban auf dem Gemälde Aelbert von Ouwaters in Berlin, sowie bei Dirk Bouts, Mannalese und Passahmal in Löwen, Peterskirche.)

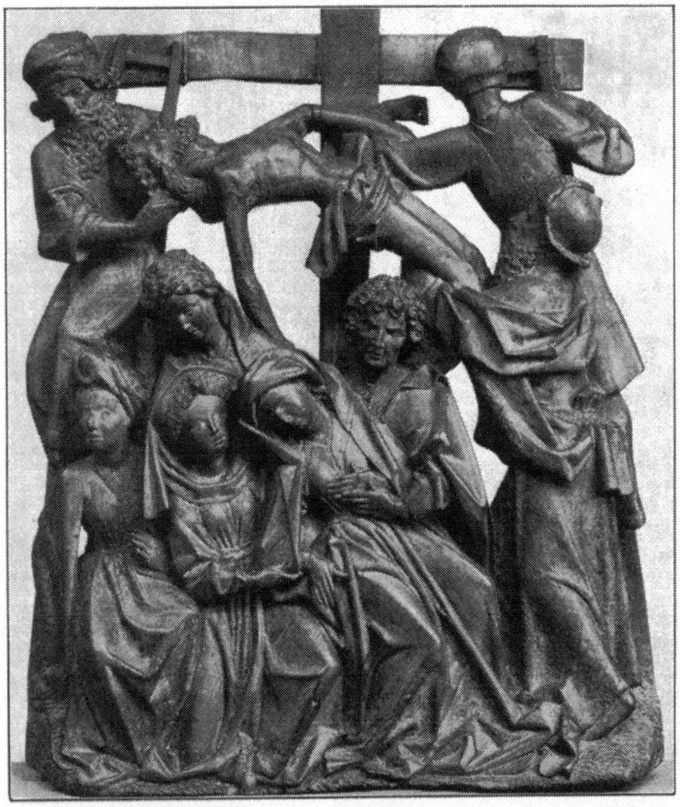

507

Hochrelief ohne Grund. Eichenholz. H. 46,5. Br. 26. Rückseite glatt, die leicht vorgeneigten Oberkörper der Frauen fast vollrund. Jetzt ohne Fassung. — Erworben 1924 in Berlin.

Nordniederländischer Meister um 1450—60. Früher in der Berliner Sammlung Benoit Oppenheim (Tafelwerk von 1907 Nr. 60 Tafel 30). Aus einem Schnitzaltar, von dem noch eine weitere Darstellung erhalten ist: die ebenso eindrucksvolle Begegnung von Anna und Joachim, jetzt im Rijksmuseum in Amsterdam; Abb. bei Vogelsang-van Notten, Die Holzskulptur in den Niederlanden, II (1912) Nr. 6 Tafel 1; ebenfalls 46 cm hoch.

507. Kreuzabnahme Christi (Vöge 348). Nikodemus und ein vom Rücken gesehener Bartloser steigen mit dem Leichnam von den an an die Kreuzarme gelegten Leitern, während Joseph von Arimathia, von rechts herzutretend, den Körper auffängt. Am Fuße des Kreuzes Maria, ohnmächtig zusammenbrechend, von Johannes und einer der Marien gestützt, Magdalena und die dritte Maria hinter ihr.

Reliefgruppe. Nußbaumholz. H. 56, B. 43,5. Rückseite ausgehöhlt. Ohne Bemalung; der Schaft des Kreuzes ergänzt, die Arme z. T. stark wurmstichig. Die Wurmlöcher in späterer Zeit verkittet. — Kunstkammer. Erworben 1846.

Niederländischer Meister Mitte 15. Jahrhundert. — Die Gruppe gehört, gleich der vorangehenden, zu den seltenen niederländischen Skulpturen, die noch ganz unter dem Eindruck der altniederländischen Kunst der ersten Jahrhunderthälfte, im besonderen der Werke Rogiers, stehen. Durch die feierliche Ruhe der Komposition, wie durch die Stärke und Innerlichkeit des Ausdrucks heben sie sich von den zahllosen Werken ab, die vor und nach 1500 für in- und ausländischen Bedarf an Altären geschnitzt wurden.

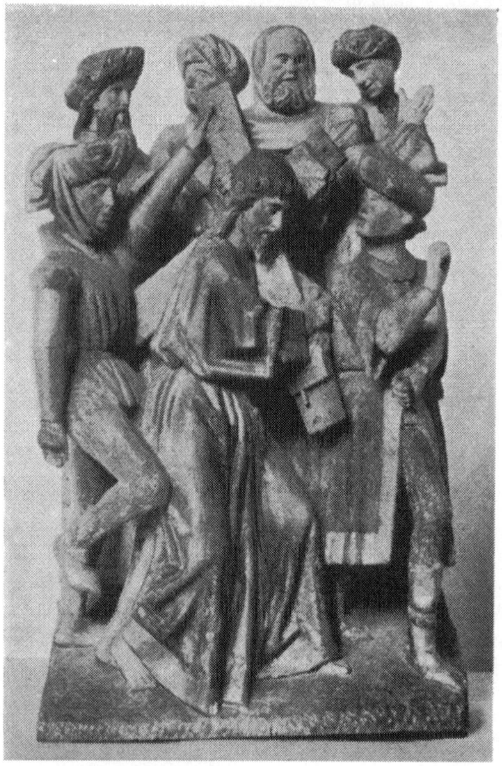

8094

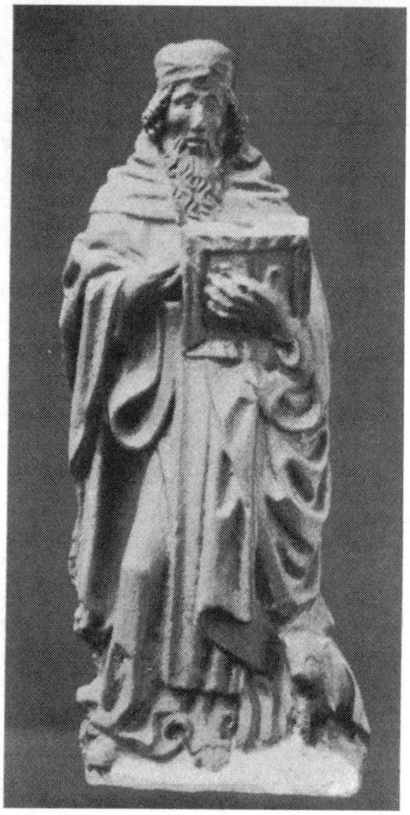

7701

8094. Die Kreuztragung Christi. In der vorderen Reihe schreitet Christus, das Kreuz auf der linken Schulter, nach rechts, ein vorausgehender Scherge zieht ihn mit einem am Kreuz befestigten, jetzt fehlendem Strick vorwärts, während ein nachfolgender zweiter Scherge ihn mit Kniestößen antreibt. In der zweiten, die vordere etwas überragenden Reihe vier weitere Begleiter.

Hochrelief. Nußholz. H. 46, Br. 27. Rückseite hohl. Kleine Beschädigungen an zwei Endigungen des Kreuzes und an der r. Hand des nachfolgenden Schergen. — Mit der reichen alten Vergoldung (Gewand Christi usw.) und größtenteils alter Bemalung. — Erworben 1918. Sammlung J. Simon.

Südniederländisch oder nordfranzösisch Mitte des 15. Jahrhunderts. Im weiteren Sinne verwandt und auch etwa gleichzeitig mit den Reliefs des Hochaltars in der Katharinenkirche zu Schwäbisch-Hall und den mit diesen zusammengehörigen Arbeiten (vgl. über sie Baum, im Stuttgarter Katalog 1917 S. 38 ff.).

7701. Der hl. Antonius der Eremit. Stehend über Flammen, die aus dem Erdboden schlagen. Geradeaus blickend, in Kutte mit Unterkleid, auf dem Kopf eine Kappe. Er blättert mit der Rechten in einem Buch, das die Linke aufgeschlagen hält. Neben seinem linken Fuß das Schwein, an seiner rechten Seite der Teufel. Unregelmäßig begrenzte Standfläche.

Wandfigur. Graurötlicher Sandstein. H. 45. Rückseite flach bearbeitet. Kleinere Bestoßungen am Faltenwerk und an der rechten Hand des Heiligen, am rechten Vorderbein des Schweines. Mit Resten von Bemalung in mehreren Schichten. — Erworben 1915 als Geschenk eines Ungenannten. Früher im Kölner Kunsthandel.

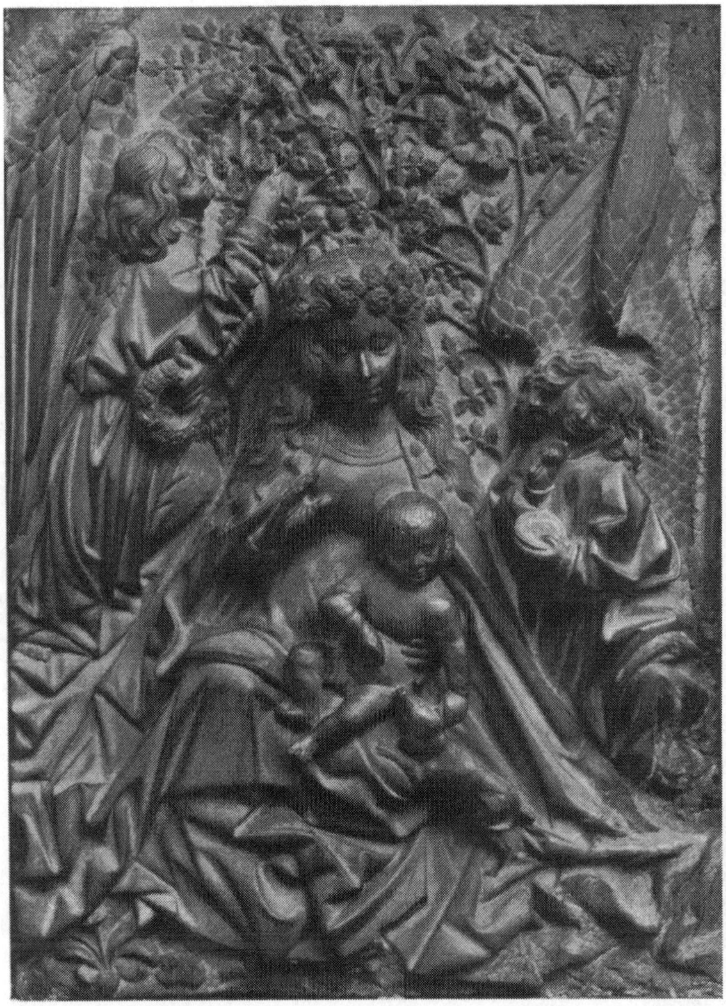

2095

Niederländisch (?) um 1460. Das Steinmaterial ist im niederrheinischen Gebiet wohl kaum nachzuweisen. Vielleicht zum Schmuck eines Sakramentshauses gehörend.

2095. Maria im Rosenhag (Vöge 301). Einen Rosenkranz im Haar, sitzt sie, den nackten Knaben auf dem Schoß, am Boden. Er hält einem Hund, der zu ihm aufspringt, einen Bissen hin, ihn am Ohre fassend, während Maria abwehrend, die Hand erhebt. Ein kniender Engel, rechts, der in den Händen einen Brocken und eine kleine Schale hält, scheint ebenfalls den Hund zu füttern, der rechts pflückt stehend, mit emporgezogenem Knie, Rosen von der Hecke im Grunde und hält in der Linken einen Kranz aus Rosen.

Hochrelief. Gelblicher Kalkstein. H. 40, Br. 29,5. An der rechten Kante wie der linken oberen Ecke mit Gips ergänzt. — In neuerer Zeit mit mattgrauer Farbe getönt. — Erworben 1893 in Paris. Geschenk eines Ungenannten.

Niederländisch oder französisch um 1440—50. Vorn auf einem Steine, nachträglich eingraviert, ein L. — War von W. Vöge als »Richtung des Judocus Vredis«, von W. v. Bode (Amtl. Berichte 28, 1917, Sp. 325 als oberrheinisch angesehen worden (das Material dort versehentlich als Schiefer bezeichnet).

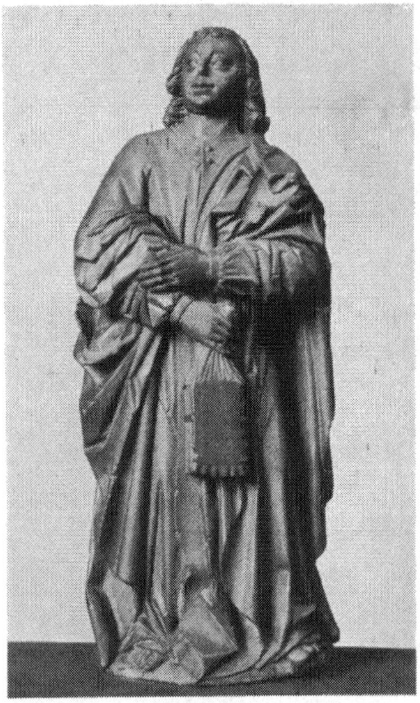

8412

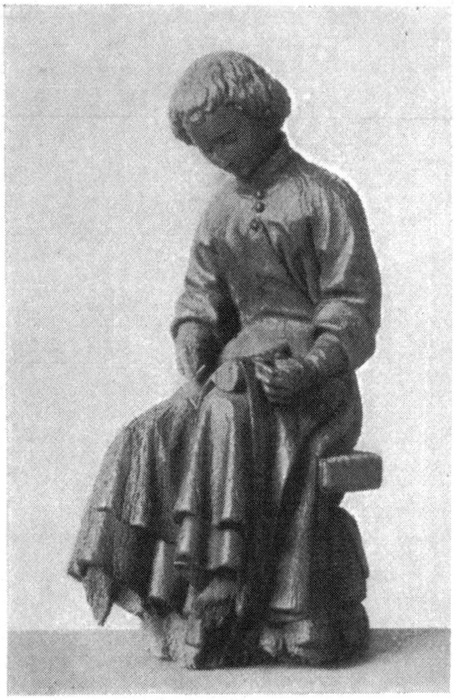

8054

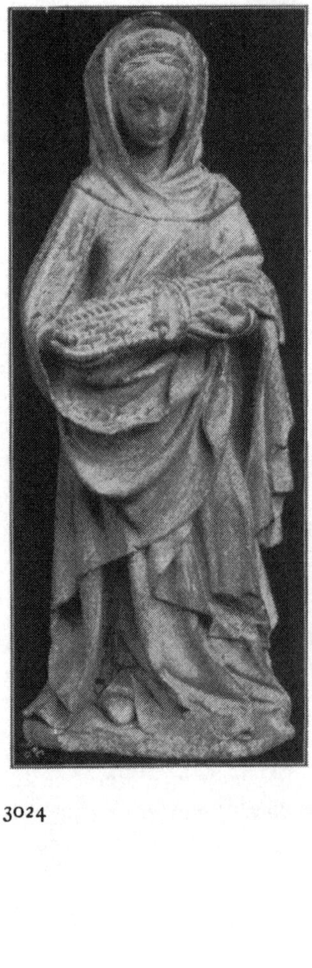

3024

Die Einordnung in einen westlichen Stilkreis sicher zutreffend; nach den Kopftypen zu schließen außerdeutsch. Der Kalkstein ist ähnlich dem unserer Madonna 5887 (S. 30).

8412. Johannes der Evangelist. Stehend, in Unterkleid und Mantel, der die rechte Schulter mit dem Oberarm und vorn, bis auf einen schmalen Streifen in der Mitte, den Unterkörper freiläßt. Barfuß. Die Rechte hält den Buchbeutel vor der Körpermitte, die Linke liegt auf dem über den rechten Unterarm geschlungenen Mantelzipfel. Niedrige polygonale Standfläche.

Wandfigur. Gelblicher Sandstein. H. 55,5. Rückseite rund, ohne Bearbeitung. Kleine Bestoßungen an der Standfläche, den Zehen des l. Fußes und dem Faltenwerk. Die Vorderseite mit späterem, hellbraunem Farbüberzug. — Erworben 1928. Geschenk des Herrn Dr. Wendland in Berlin.

Südliche Niederlande oder Burgund, 2. Hälfte des 15. Jahrhunderts. — Die Vorbilder des Stückes liegen in der Malerei der 1. Jahrhunderthälfte (Jan van Eyck, bzw. Konrad Witz). Doch scheint die Behandlung der Gewandfalten für spätere Entstehung zu sprechen.

8054. Der hl. Crispinianus. Sitzend bei der Schusterarbeit auf dreiseitigem Schemel, barhäuptig, in Überkleid mit hochstehendem Kragen und zurückgeschlagenen Ärmeln, darüber ein im Rücken zusammengebundener Schurz. Der Heilige blickt auf einen Schuh, der auf seinem linken Oberschenkel liegt und durch einen Riemen

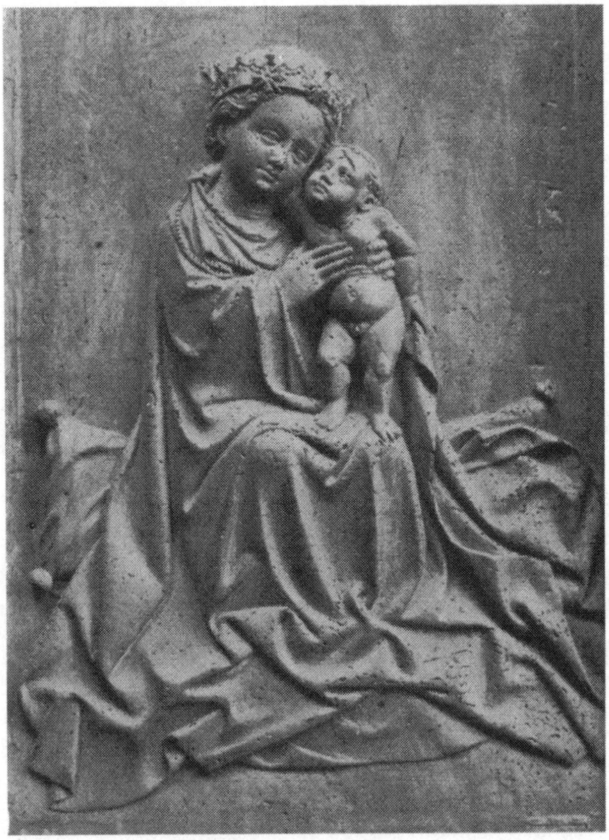

5901

festgehalten ist. Die rechte Hand hielt ein Werkzeug. Unter dem Schemel ein Paar Schuhe und Schustergerät.

Freifigur. Nußbaumholz. H. 52. Mit einigen stärkeren Beschädigungen: es fehlen die rechte Hand, der rechte Fuß, die Spitze des linken Fußes und die ganze vordere Partie des Bodenausschnitts. Die Spitze des Schuhes auf dem linken Knie ist abgestoßen, der Schoß zeigt eine Aushöhlung. Die Oberfläche an einigen Stellen vermorscht und durch Wurmfraß beschädigt. — Von der beseitigten alten Fassung noch Spuren des Kreidegrundes. Jetzt braun gebeizt. — Erworben 1918. Sammlung J. Simon.

Französisch, 1. Hälfte des 15. Jahrhunderts. Amtl. Ber. 41 (1920) S. 201 mit Abb.

3024. Die Tochter Pharaos (?) (Vöge 350). Sie hält stehend den kleinen Moses, der in Windeln gewickelt, in einem Korbe liegt, auf beiden Händen und blickt auf ihn herab. Über dem gescheitelten Haar liegt eine mit Edelsteinen besetzte Haube, darüber ein Kopftuch; der kleine Moses zeigt Ansätze von Hörnern auf der Stirn.

Statue, Sandstein. H. 69. Die Rückseite weniger eingehend bearbeitet. Die Nase des Kindes ist angesetzt. Verletzungen an den Faltenrändern. Die Plinthe an den Ecken abgerundet. — Mit Spuren von Bemalung. — Erworben 1906 in Paris.

Französisch, 1. Hälfte des 15. Jahrhunderts, vielleicht burgundisch, wie bereits Vöge für möglich hielt; doch war dessen Datierung auf ca. 1500 zu spät.

5901. Sitzende Maria mit dem Kinde. Sie sitzt auf einem Kissen und hält mit beiden Händen das auf ihrem linken Knie stehende nackte Kind, das mit seinem rechten Ärmchen ihren

Nacken umschlingt. Mit der Rechten greift es an den Schleier der Mutter, der unterhalb ihres Halses liegt, mit der Linken faßt es einen Saum des am Boden weit ausschleifenden und sich stauenden Mantels.

Halbrelief mit vierseitigem glattem Grund, dessen Seitenränder gekehlt sind. Lindenholz. H. 71, Br. 41. — Bis auf Spuren von Blau am Mantel jetzt ohne Fassung. Maria mit rosettenbesetzter, alter Krone aus Blei. — In neuem vergoldeten Rahmen. — Erworben 1910. Geschenken eines Ungenannten.

Süddeutsch, vielleicht mittelrheinisch, um 1440.

2. Die Zeit von 1460—1530

a) Der Oberrhein

5898. Anna Selbdritt. Anna und Maria in weite Mäntel gehüllt, deren untere Enden über die Knie gelegt sind, so daß die Zipfel in der Mitte unter den Füßen des Kindes zusammenstoßen, sitzen auf einer Bank und sind mit den zurückgenommenen Oberkörpern dem nackten Kinde zugewendet. Dieses macht seine ersten Gehversuche vom Schoß der Mutter zur Großmutter und wird von Maria mit beiden Händen leicht gehalten, während Anna seine Händchen ergreift. Maria trägt auf dem offenen, zur Seite wellig herabfließenden Haar einen Reif, Anna Kopftuch, Hals- und Kinnbinde.

Wandgruppe, hellroter Sandstein, H. 0,65, Br. 0,60. Von modernem, grauem Ölfarbenanstrich befreit. Nase der Maria vorn beschädigt. Am Gewandsaume der Anna und vorne am Sockel fehlen kleine Stücke. Am linken Daumen der Anna ist die obere Spitze abgebrochen. Farbspuren an den Lippen und Augen. — Erworben 1910 in Straßburg.

Nicolaus Gerhaert von Leiden. Das Werk stammt aus der letzten Zeit des Straßburger Aufenthaltes des Meisters, um 1467. Nach einer Mitteilung Otto Wertheimers stand es früher in Trimbach bei Weißenburg im Elsaß, in einer Nische am Pfarrhaus. Von dieser Aufstellung, die gewiß nicht die ursprüngliche war, dürfte der frühere Ölfarbanstrich herrühren. — Demmler, Jahrbuch der Preuß. Kunstsammlungen 42 (1921) S. 20 ff.

5597/8. Zwei männliche Halbfiguren. Beide auf eine vorgekragte Brüstung mit spätgotischem Profil sich stützend; jedoch nicht Gegenstücke. Abb. S. 140.

5597. Der Bartlose, sinnend nach rechts emporblickend, trägt auf dem durchbrochen gearbeiteten Lockenhaar eine turbanartige Kopfbedeckung. Sein Mantel, dessen breiter Kragen den Hals frei läßt, ist vorne mit einer Rosette geschlossen. Der reiche Stoff staut sich an den Ärmeln in kräftigen Brüchen.

5598. Der Bärtige, der mit geöffnetem Munde sich lebhaft herausneigt und den Kopf scharf nach rechts dreht, trägt über dem Lockenhaar eine Art Hut mit vorne aufgebogener und eingerollter Krempe, und einer Quaste als oberem Abschluß. Aufgestülpte Nase, durchfurchtes Gesicht, kurzer lockiger Vollbart. Mantel mit rund um den Hals laufendem Saum aus Pelz, geschlitzte, mit großen Knöpfen versehene Oberärmel.

Die beiden Hände des Bartlosen sowie der rechte Unterarm des Bärtigen, die aus besonderen Stücken gearbeitet werden sollten, fehlen. Die Ansatzflächen sind gerauht. Bei beiden Büsten sind die Brüstungen als Werkstücke gearbeitet, die in einen Mauerverband eingesetzt werden können.

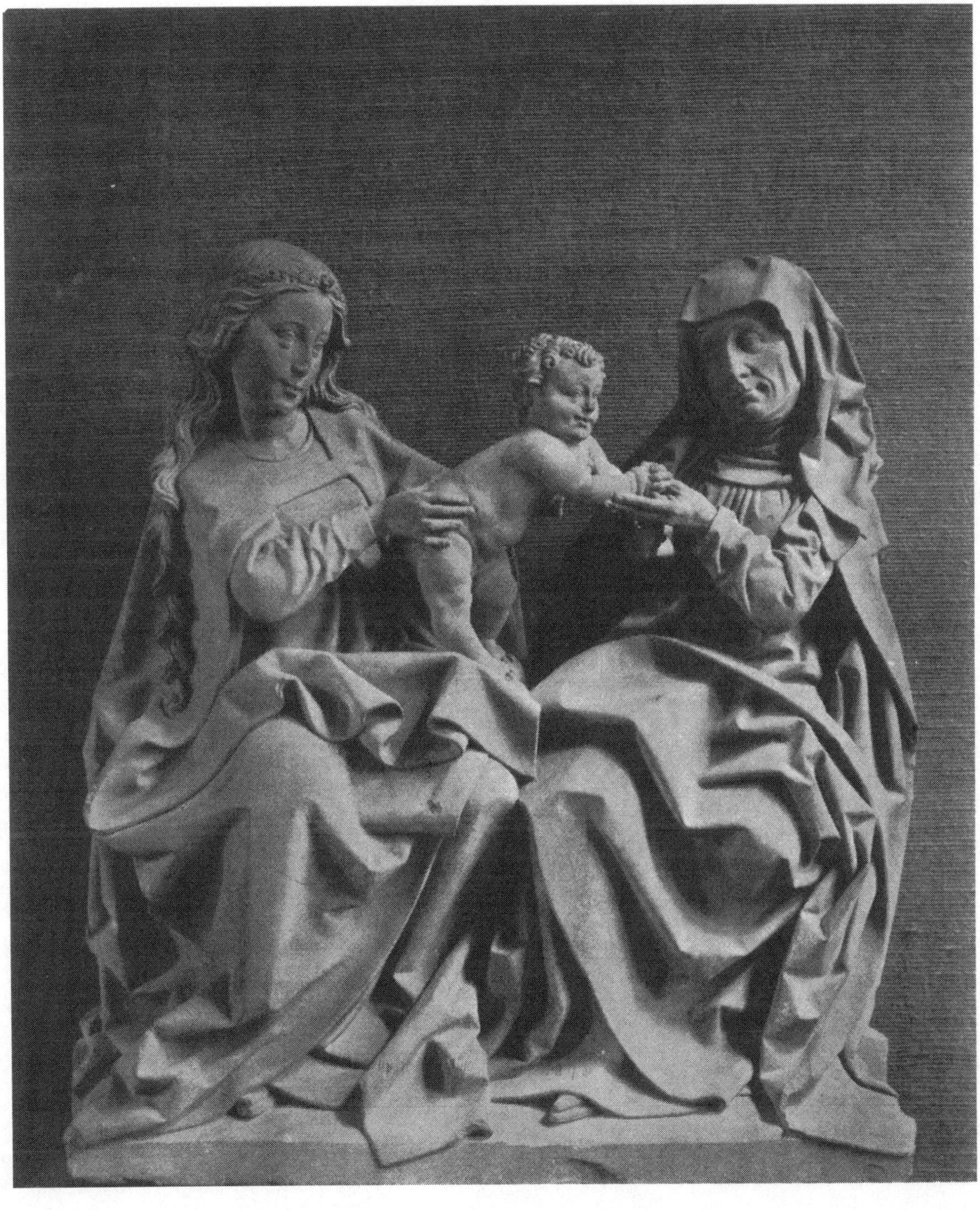

5898

Grauer Sandstein. 5597: H. 67 mit Sockel, Br. 54. 5598: H. 66 mit Sockel, Br. 53. Rückseite aufgerauht, bei dem bartlosen leicht gehöhlt. Beim Bartlosen fehlt ein Stück des vom r. Handgelenk herabfließenden Mantelsaumes; kleine Bestoßungen bei beiden Brüstungsplatten und auf der Mitte der Brust. — Erworben 1909 in Straßburg (Elsaß).

Straßburger Meister, Nachfolger Nicolaus Gerhaerts, um 1470, vgl. Demmler, Amtl. Berichte

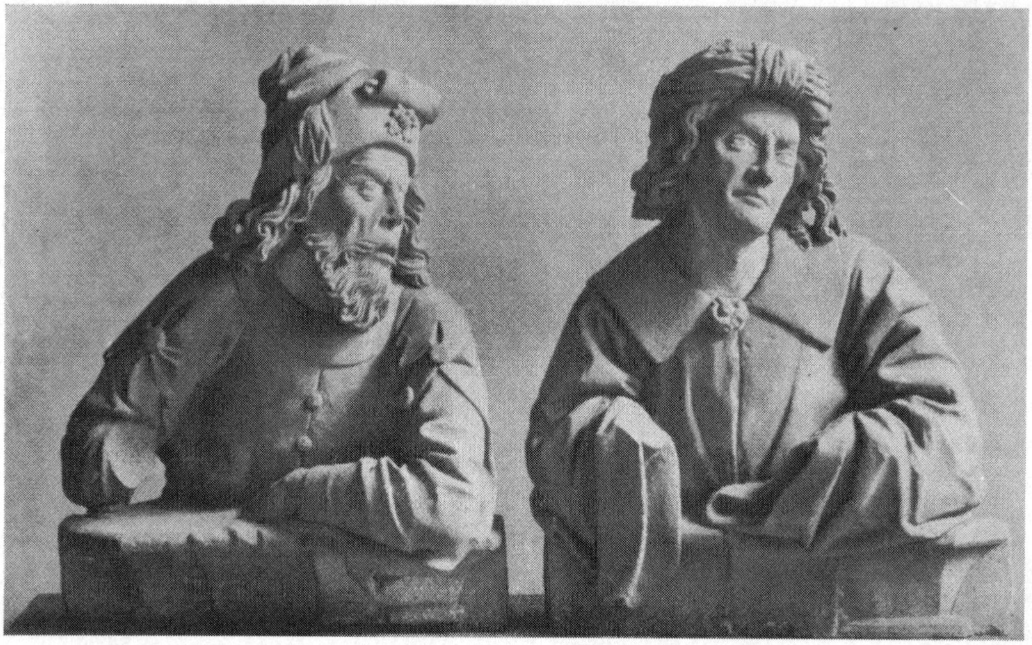

5597. 5598 S. 138

45 (1924) S. 68 ff. Die Büsten befanden sich lange Zeit auf einem elsässischen Landgut. Daß sie ursprünglich für das Straßburger Münster bestimmt waren, ist sehr wahrscheinlich.

7655. Martinus mit dem Bettler. Der Heilige, nach links reitend, hat den Oberkörper dem Beschauer zugewandt. Mit der Rechten ist er im Begriff, seinen Mantel zu teilen. Vor ihm der Bettler, dessen l. Arm in einer Binde liegt und der, mit der rechten Hand das Pferd am Zügel haltend, zu dem Heiligen aufblickt. Der Bettler in zerrissenem, kurzen Kittel mit einem Gürtel, an dem eine Feldflasche hängt. Der Kopf ist mit einer runden Kappe bedeckt. Der Heilige trägt über enganliegendem Wams einen weiten Mantel, der vorn von einer Agraffe zusammengehalten wird und an der Rückseite ein Kapuze mit einer Quaste zeigt. Auf dem Kopfe ein mit einer Feder verzierter Lorbeerkranz. Das prunkvolle breite Sattelzeug ist mit Rosetten verziert. Auf Terrainsockel. Ein Felsstück als Rückenstütze.

Freigruppe. Kalkstein. H. 68,5. Br. 55. T. 35. Rückseite voll bearbeitet. Reste der alten Bemalung freigelegt. — Ein Stück des l. Beines des Heiligen und das darunter liegende Aststück waren abgebrochen und sind wieder eingesetzt. Das l. Ohr des Pferdes und die Feder am Kopfputz des Heiligen gekittet. — Erworben 1914 als Geschenk des Herrn Julius Böhler in München.

Oberrhein, um 1480. Von O. Wertheimer ist die Gruppe (Pantheon 1929, S. 115 ff.) mit überzeugenden Gründen in die Nähe des Meisters gerückt worden, der die drei im Straßburger Frauenhaus, aus Molsheim stammenden Reliefs mit Darstellungen aus der Jugendgeschichte Christi gearbeitet hat. Auch hier sind ebenso wie bei den Molsheimer Reliefs Beziehungen zu den Niederlanden bezeichnend, zumal in ikonographischer Beziehung. Der recht ungewöhnliche Kopfschmuck ist auch sonst nachzuweisen, und zwar in den Niederlanden am Grabmal Diepholt des sog. Marientodmeisters im Utrechter Dom, der seinerseits wieder die engsten Beziehungen zum Molsheimer Meister aufweist.

8409. Engel mit Leidenswerkzeug (Säule). Stehend, in lebhafter Bewegung Oberkörper und Kopf nach rechts wendend, hält er mit der Linken die Säule am Schaft und stützt den erhobenen rechten Unterarm auf das Kapitell. Volles Lockenhaar zu beiden Seiten des Gesichts.

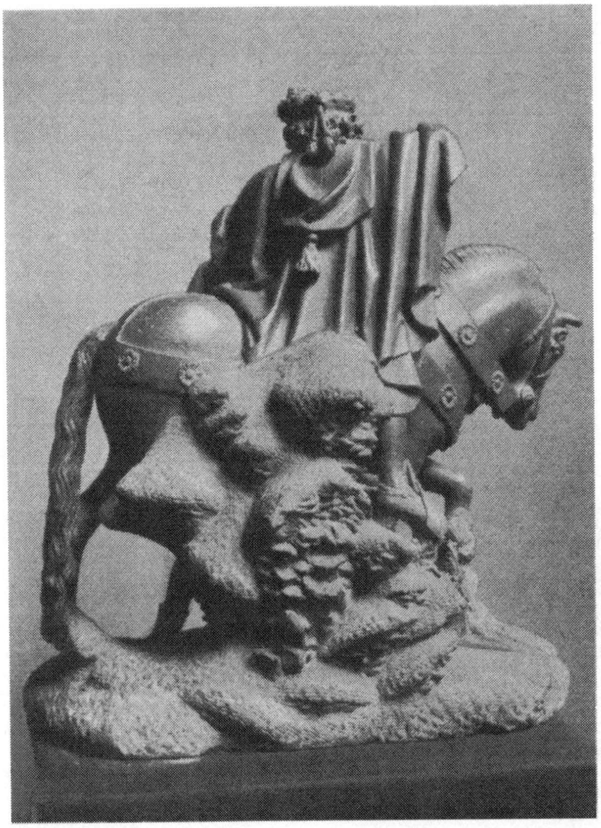

7655

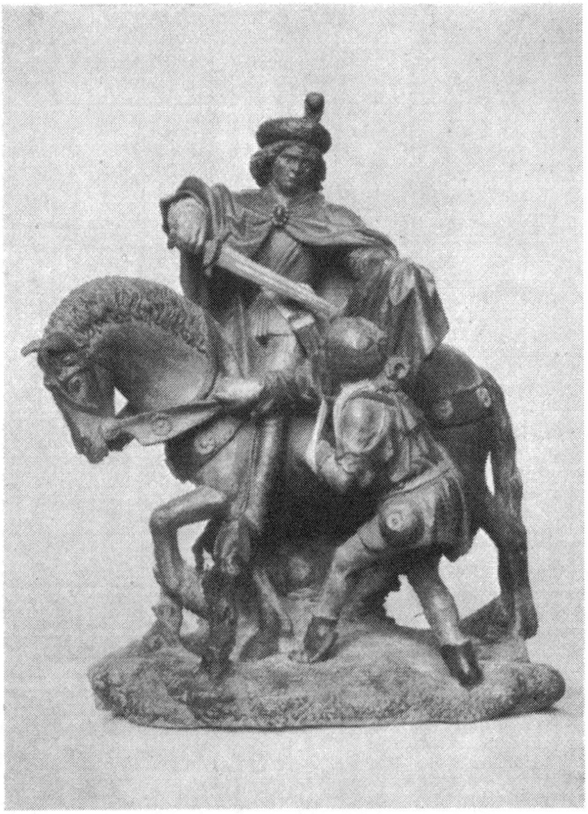

7655

Alba und Dalmatika vom Wind aufgewühlt. Unregelmäßig polygonale Standplatte, über die Gewand und Fußspitze rechts überstehen. Hinter den Schultern werden die beiden abwärtsgerichteten, zusammengelegten Flügel sichtbar. Abb. S. 142.

Sandsteinstatuette. H. 24,5. Ohne Fassung. Nach der Art wie die Figur hinten und links abgearbeitet ist, muß sie in einer Hohlkehle unter einem Baldachin gestanden haben, vielleicht an entsprechende Werkstücke angeschafft gewesen sein. Vorne, 5 cm über dem unteren Rande, eine kreisrunde Bohrung. An der Nase fehlt vorne ein kleines Stück. Unbedeutende Bestoßungen an den Haaren. Von der Säule fehlt der untere Teil. — Erworben 1928 in Berlin.

Oberrheinischer, wohl Straßburger Meister, Ende des 15. Jahrhunderts. — Früher in der Sammlung B. Oppenheim-Berlin (Tafelwerk, Bd. I, Taf. 22).

M. 138. Maria mit dem Kinde. Mit vorgeschobenem rechtem und zurückgenommenen linkem Knie sitzt Maria auf einer Bank; mit der Rechten hält sie das nackte Kind leicht auf ihrem Schoß fest. Welliges offenes Haar mit darübergelegtem gesäumtem Kopftuch. Oben ist der Kopf glatt; hinten eine alte (?) Einkerbung wie für eine Krone. Über dem gegürteten Gewand ein auf der Brust durch ein Band zusammengehaltener weiter Mantel, der in groß disponierten Falten über die Arme und die Knie gelegt ist und am Boden sich ausbreitet. Abb. S. 143.

Wandfigur. Lindenholz. Rückseite hohl. H. 40; Br. 28,5. Die früher noch vorhandene Bemalung aus späterer Zeit wurde vom Vorbesitzer gründlich entfernt. Die Farbspuren in den Augen der Mutter

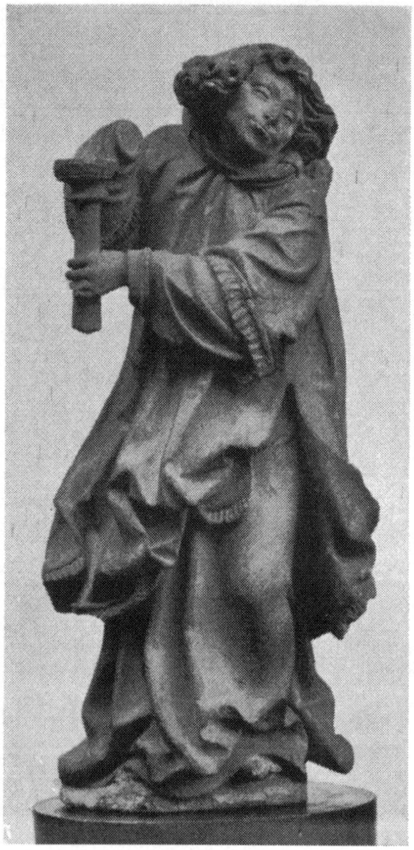

8409 S. 140

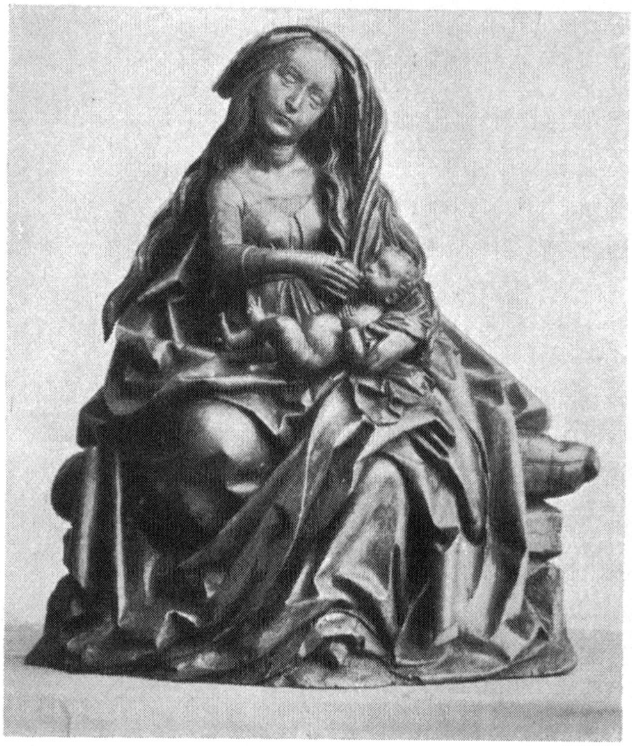

408

und des Kindes sind alt; es fehlen bei Maria die linke Hand, bei dem Kinde der rechte Arm und der linke Unterarm; der rechte Fuß des Kindes ist ergänzt. — Erworben 1915 aus Freiburger Privatbesitz. Eigentum des Kaiser-Friedrich-Museums-Vereins.

Oberrheinisch. Ende des 15. Jahrhunderts. — Die Anordnung der Draperie weist auf einen Meister, der noch unter dem Eindruck der Werke Nicolaus Gerhaerts und seiner Schule stand. — Berichte des K.-F.-M.-Vereins 1915/16, S. 15 (Abb. S. 16).

408. Maria mit dem Kinde (Vöge 151). Maria sitzt auf einem Felsstück, über den ein großes Kissen gebreitet ist, das Kind liegt nackt auf ihrem Schoß; über ihr offenes, üppiges Haar, das über den Rücken herabfällt, legt sich ein feingefälteltes Kopftuch.

Gruppe. Lindenholz. H. 39. Rücken bearbeitet. Farbspuren an Augen und Mund. Das Kind mit der linken Hand der Maria aus besonderem Stück. Die Arme und der rechte Fuß des Kindes, ebenso die rechte Hand der Maria mit der Saugflasche ergänzt. An der Rückseite ein großes Stück alt eingesetzt. — Erworben 1882 in München.

Oberrheinischer Meister aus der Schule Nicolaus Gerhaerts; um 1480. Demmler, Der Meister der Dangolsheimer Maria, Jahrbuch der preuß. Kunstsammlungen 46 (1925) S. 176 mit Ansicht der Rückseite. Wertheimer, Studien zur Geschichte der oberrheinischen Plastik, Münchener Diss., weist die Gruppe der Konstanzer Gerhaertschule zu.

7016. Maria mit dem Kinde. Die Mutter in Halbfigur, mit Kronreif und Kopftuch mit gekräuseltem Rand, gegen ihre Rechte geneigt. Das nackte Kind, von Maria mit preziöser

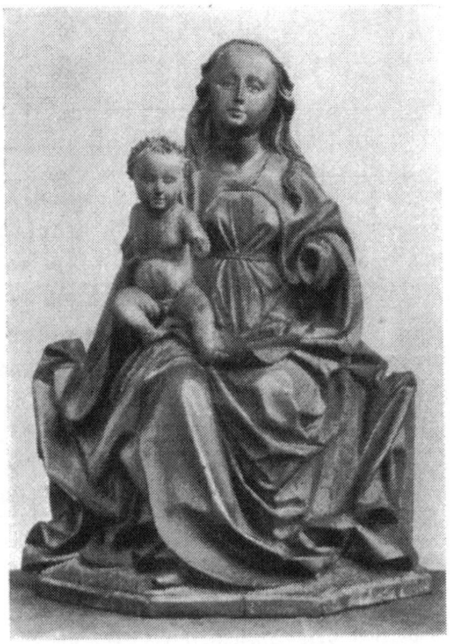

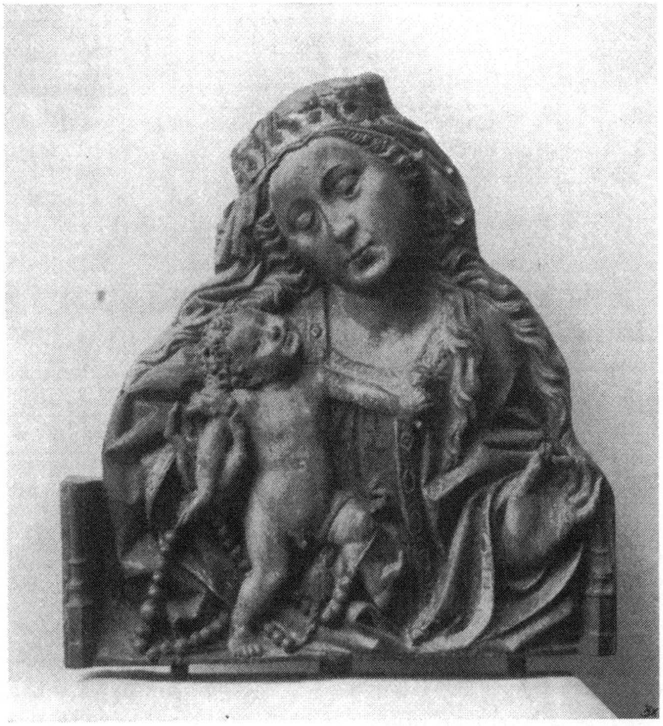

M. 138 S. 141 7016

Geste an seinem rechten Oberarm gehalten, hat sich bei seinen Gehversuchen auf der Brüstung mit seinen Beinchen in den Rosenkranz verwickelt. Die linke Hand der Maria hielt ursprünglich eine Blume. Der Saum des Mantels ist mit Steinen besetzt.

Relief. Nußbaumholz. H. 52, Br. 52. Alt bemalt, Gewand goldgemustert, Mantel blau mit goldenem Saum, innen grün; diese Farben erneuert. Fragment: es fehlt die gesamte Umrahmung, eine chorartige Nische mit Gewölbe von korbbogenartigem Querschnitt, die eine alte Wiederholung in Colmar noch besitzt (s. u.). Die Rosettenreihe am oberen Rande der Krone, die Steine am Reif, das Attribut in der Linken fehlen. — Erworben 1911 als Geschenk.

Oberrheinisch um 1470—80. Hausmann, Elsässische Kunst-Denkmäler, Taf. 14, bezeichnet im Text S. 23 das im Museum in Kolmar befindliche Exemplar irrtümlich als Holzrelief; vgl. Demmler, Amtl. Ber. 35 (1914) S. 216 ff. In Wirklichkeit handelt es sich um eine alte Stuckwiederholung unseres seiner Umrahmung damals noch nicht beraubten Stückes. Das Stuckrelief stammt aus Straßburg. Die Lokalisierung der Komposition am Oberrhein wird gestützt durch den als netzgewölbten Chor ausgestalteten Hintergrund, ein Lieblingsmotiv der oberrheinischen Kunst. Zu der feierlich gezierten Haltung der Hände vgl. die bei Geisberg (Meister der Graphik, Bd. X, 2. Aufl. Taf. 67) abgebildete Berliner Handzeichnung einer weiblichen Halbfigur vom Meister E. S. Weiterhin je eine Hand auf den Stichen L. 78, II desselben Meisters (Geisberg Taf. 54) L. 82 (ebenda Taf. 51). Die Handzeichnung könnte auch für den Gesichtstyp unserer Maria anregend gewesen sein.

7055. Maria mit dem Kinde, sogenannte **Dangolsheimer Madonna.** Der spiralförmig emporstrebende Körper ist mit einem enganliegenden, unter der Brust gegürteten Gewand bekleidet. Den weiten Mantel hat Maria mit ihrer Linken, die das Füßchen des Kindes hält, am Saume ergriffen und scharf angezogen, wobei der Stoff umgedreht und das Futter nach vorne gekehrt wird. Unter dem emporgezogenen Mantelzipfel wird das Gewand mit dem hervortretenden Knie und der linken Fußspitze sichtbar. Die andere Hälfte des Mantels fällt von der linken Schulter über den linken Arm glatt herunter und staut sich am Boden in tief eingeschnittenen, eckigen Falten. Üppiges, bis über die Hüften herabfallendes Haupthaar in frei herausgearbeiteten Locken. Das Schleiertuch, dessen Rand geriefelt ist, umrahmt den Kopf, ist am Halse über den Haaren herumgeschlungen und fällt mit einem Zipfel am Rücken, mit dem andern, längeren, über den Kopf des Kindes parallel der Mantelkante herab. Die Mutter blickt schräg nach abwärts auf das Kind, das sich im nächsten Augenblick im Dunkel des Kopftuches verstecken wird. Das Kind hat korkzieherartige, ebenfalls stark plastisch gearbeitete Locken. Die unregelmäßige, achteckige Standplatte hat einen vorkragenden Oberteil, dessen Seiten flach gekehlt sind. Der Mantel fällt rechts über die Sockelplatte herab.

Wandstatue; Nußbaumholz. H. 102 (H. d. Sockels, 6 H. bis zum Einschnitt der Taille 60). Rücken voll bearbeitet: das Motiv der Mantel-Falten ist vollständig durchgeführt, nur die herabfallenden Locken und das Kopftuch sind am Rücken summarisch behandelt. — Durch Wurmfraß und Vermorschung geschädigte Stellen an den Kanten der Standplatte und an den Endigungen des Mantels, aber nur an der linken Seite. Das herabfallende Ende des Kopftuches durchgebrochen; ein weiterer Riß am Körper unterhalb des Kindes. Es fehlen am rechten Fuß drei Zehen, am linken die große Zeh. Der rechte Daumen der Maria ist durchgebrochen und geflickt. Am Rücken in Schulterhöhe ist ein längliches, rechteckiges Stück (alt) eingesetzt. Bei mehreren Haarsträhnen sind die Endigungen abgebrochen. Kleinere Beschädigungen in den Locken des Kindes und am Rande des Kopftuches. — Von der alten Bemalung sind wesentliche Teile erhalten, bzw. wieder freigelegt: Kopftuch weiß, Haar schwarz. Das heutige Karminrot des Inkarnates ist wohl nicht das ursprüngliche, wohl aber die tiefrote Farbe der Lippen. In Resten erhalten die vergoldete Damastmusterung des Gewandes und die Vergoldung des Mantels auf Kreide und Bolusgrund. Erhebliche Reste in blauer Übermalung; die Standfläche zeigt oben neues Rot über altem Grün. Kleine Brandschäden an der Gewandfalte links von der sichtbaren Fußspitze. — Erworben 1913 (aus Slg. Oertel); Geschenk der Bodestiftung.

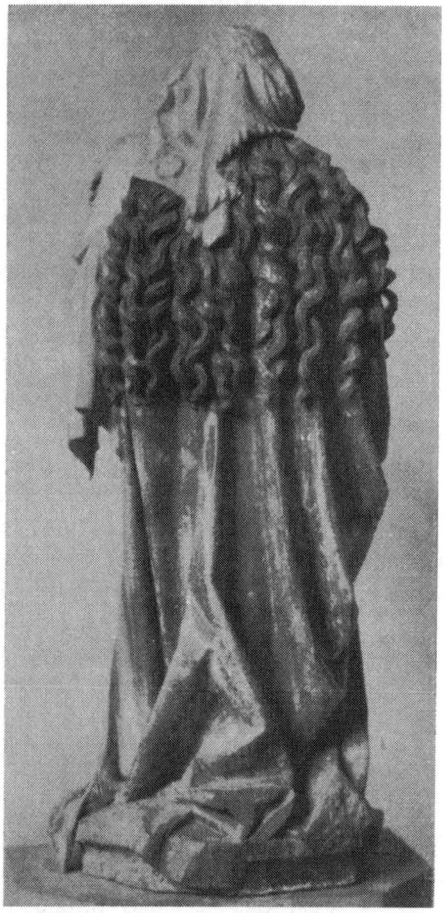
7055 (Rückseite)

Straßburger Meister um 1470. — Hauptwerk dieses Meisters, dem wahrscheinlich auch der Nördlinger Altar zuzuschreiben ist. In Dangolsheim war die Statue, ehe sie in den Kunsthandel kam. Nach einer lokalen Tradition stand sie ursprünglich in der Kirche des Benediktinerklosters Schwarzach Kr. Baden-Baden. Auch dieses liegt im Straßburger Kunstgebiet. — Die Zuschreibung an Simon Lainberger, die in der Literatur noch fast überall festgehalten wird, ist überholt; vgl. Demmler im Jahrbuch der Preuß. Kunstsammlungen 46 (1925) S. 164 ff. Der Meister gehört sicher an den Oberrhein; der Nördlinger Altar muß, wenn er von ihm geschaffen ist, in Straßburg bestellt sein. — Ältere Literatur: Katalog der Versteigerung Dr. Oertel, Berlin 1913, Nr. 172. Mehrere Abb. auf Tafeln. Demmler, Amtl. Berichte 35 (1914) S. 161. — A. Goldschmidt, Sitzungsberichte der Berliner Kunstgeschichtl. Gesellschaft 1916, S. 10. — Zürcher, Amtl. Berichte 41 (1920) S. 250 ff. — Pinder, Zeitschrift für bildende Kunst 1921, S. 129. — O. Schmitt, Oberrheinische Plastik im ausgehenden Mittelalter (1924) S. 27 Tafel 39 ff.

2240. Weibliche Heilige (Vöge 166). Sie zieht den schweren Mantel, der in eckigen Brüchen sich staut und

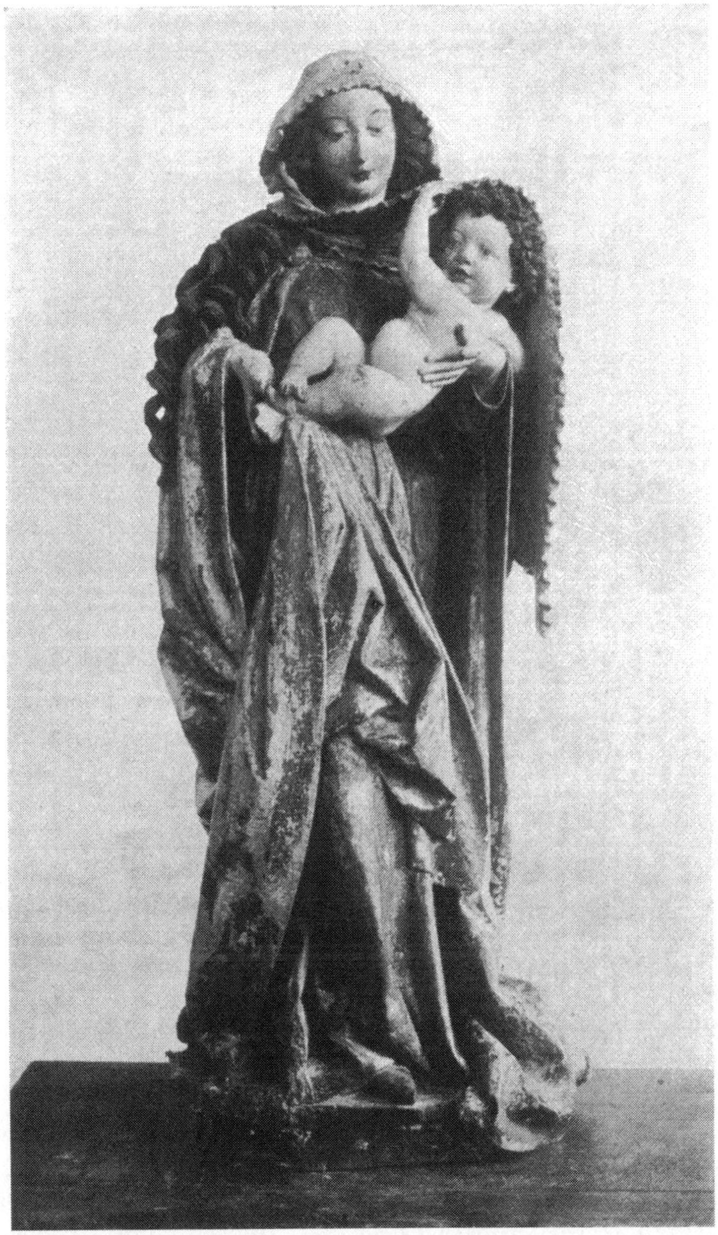

7055

am Boden sich ausbreitet, mit dem rechten Arm empor. Vom linken Arm fällt ein Mantelsaum in glattem Flusse herunter. Auf den gelösten Locken ein Kopftuch, dessen Ende am Rücken herabfällt. In gegürtetem, pelzbesäumtem Gewande, mit spitzem Halsausschnitt. Die rechte Hüfte ist nach vorne und nach der Seite verschoben, die rechte Schulter emporgezogen. Das Mantelmotiv ist am Rücken vollkommen durchgeführt. Die gelockten Haare fallen, fast rundplastisch gearbeitet, in drei schweren Strähnen über den Mantel herab. Standplatte: rechteckiges Terrainstück mit abgerundeten Ecken. Abb. S. 146.

Statuette, vollrund. Lindenholz, H. 57. Auf dem Kopfe eine jetzt geschlossene Bohrung. Es fehlen die Hände mit den Attributen; die in der Abb. noch vorhandenen Ergänzungen sind abgenommen; kleine

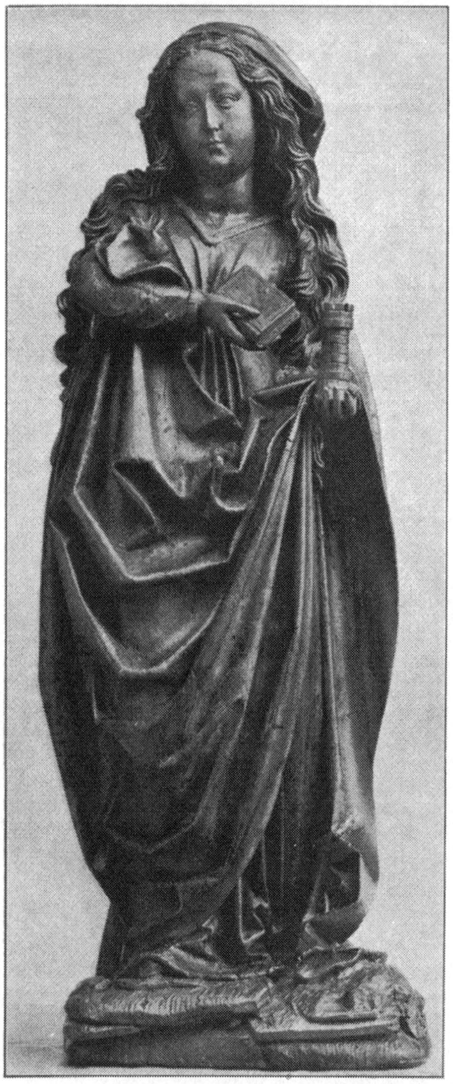

2240 S. 144

Stücke am Faltenwerk und am Sockel ergänzt. — Erworben 1895. Geschenk des Herrn Markus Kappel. Aus Kolmarer Privat-Besitz.

Meister der Dangolsheimer Maria (7055), eng verwandt mit dem Lautenbacher Hochaltar. — Vöge, Amtliche Berichte 29 (1908) S. 147. — Demmler, Jahrbuch der Preuß. Kunstsammlungen 46 (1925) S. 164 ff. — Vgl. auch die Nr. 8330 (unten S. 160).

8387. Maria aus einer Anbetung (Bruchstück). Sie kniet mit zusammengelegten Händen auf einem unregelmäßig gerundeten Rasenstück. Das leicht geneigte Haupt ist dem rechts vor ihr am Boden liegenden Kinde zugewendet. Das gescheitelte Haar umgibt in großen Wellen den Kopf und fließt zur Seite die rechte Schulter herab. Die Haarmasse ist durch leichte, parallele Rillen gegliedert. Über dem gegürteten Gewande liegt ein Mantel, dessen rechte Hälfte sich vorne auf dem Boden in schweren Brüchen nach links ausbreitet, während die linke vom Arm am Körper festgehalten wird.

Wandfigur. Lindenholz. H. 70,5. Rückseite ausgehöhlt. Es fehlen beide Hände vom Handgelenk an. Die rechts herabfließende Kante des Mantels ist durch einen Schnitt gewaltsam beschädigt. Die für sich gearbeitete Figur ist der einzige Rest einer Anbetungsgruppe. — Ausgezeichnete alte Bemalung auf Leinwandgrund, größtenteils erhalten; alt insbesondere das Inkarnat mit gemaltem Haar an den Schläfen, das zur plastischen Haarmasse überleitet; ferner die Vergoldung der Haare, des Mantels und der breiten Säume am Hals und an den Ärmeln, die letzteren mit ausgesparten Punkten verziert. Das Futter des Mantels zeigt ein dunkles Braunrot, das Gewand erhebliche Reste von Damastmusterung; das Rasenstück ist grün. — Erworben 1926.

Oberrheinischer Meister, Ende 15. Jahrhunderts. — Früher Sammlung Oertel. Versteigerungskatalog Nr. 100 Tafel 170. Angeblich aus Kloster Wonnenthal bei Kenzingen. O. Schmitt, Oberrheinische Plastik im ausgehenden Mittelalter S. 26 Tafel 28.

8336. Halbfigur eines Propheten. Mit leicht geneigtem Haupt, hinter einem Pult, von dem vorne ein Teppich herabhängt, und auf dem ein aufgeschlagenes Buch liegt. Der Blick ist nach links abwärts gerichtet, der Mund geöffnet; die geöffnete Hand liegt mit erklärender Geste auf dem Buch. Auf dem Haupt glatt anliegende Kappe, darüber ein Turban. Abb. S. 148.

Relief. Lindenholz. H. 51,5, Br. 27, T. 13,5. Rücken glatt. Alte Bemalung: Gewand und Teppich blau; Kopfputz und Mantel: Reste von Gold auf rotem Grund mit Erneuerung; Kopfbedeckung rot, Pult dunkelrot, Buchdeckel ziegelrot. — Erworben 1924 aus Berliner Privatbesitz.

Oberrheinischer Meister, Anfang 16. Jahrhunderts. — Katalog der Sammlung B. Oppenheim-Berlin 1907, Nr. 15, Taf. 11. — Demmler, Amtliche Berichte 45 (1924) S. 71.

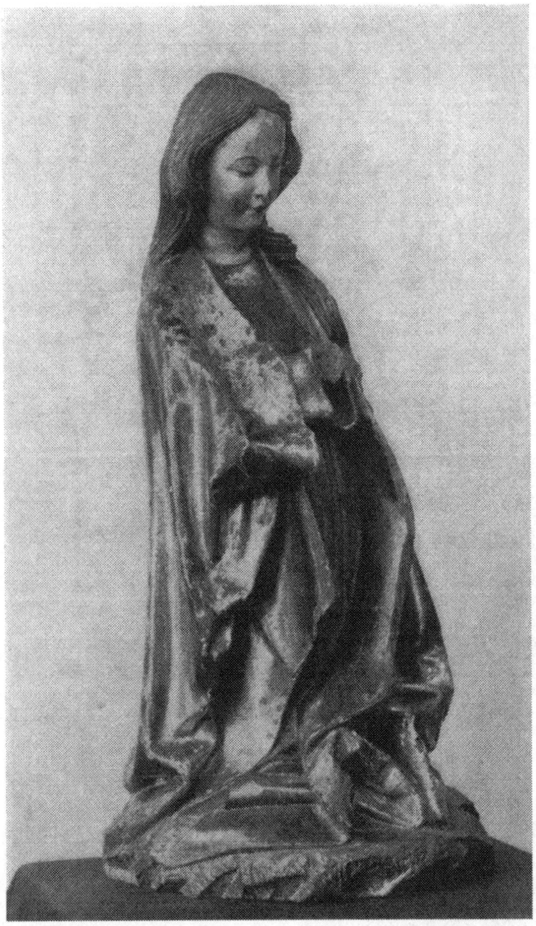

8387

7095. Hl. Stephanus. Lässig stehend, den Kopf zurückgenommen, wobei die Halsmuskeln sichtbar werden; etwas nach oben blickend, die linke Hüfte leicht nach außen gedreht. Mit der Linken drückt er ein Buch an sich, zwischen dessen Blätter er einen Finger gesteckt hat; die Rechte hielt den emporgezogenen Gewandbausch fest, auf dem die fünf Steine liegen. Reiches Lockenhaar umrahmt das Gesicht; die Alba fällt über den mit einer Hohlkehle stark profilierten Achteck-Sockel herab, die Dalmatika darüber zeigt gefranste Ränder an den Armöffnungen und an dem Schlitz rechts unten. Abb. S. 148.

Wandstatue. Lindenholz. H. 105. Vollrund, doch mit flach ausgeführter und auch in der Bemalung vernachlässigter Rückseite. Aus einem Stück mit dem Sockel. Wohlerhaltene alte Bemalung: Alba rötlich braun, Dalmatika ganz vergoldet, kleine Schäden im Gesicht. Es fehlt die (zeitweise modern ergänzte) rechte Hand; kleine Stellen an den Locken und ein Stück hinten am Sockel. Vorn unten eine Ecke angestückt. — Erworben 1913 in München.

Oberrheinisch, Ende des 15. Jahrhunderts. — Den beiden folgenden Nummern in der Stimmung wie in den Einzelheiten (Hand) sehr verwandt, doch nicht vom selben Meister und, nach der Behandlung des Gewandes am Sockel zu schließen, wohl früher.

7693/4. Zwei männliche Heilige (Gegenstücke), stehend auf geschichteten Terrainstücken, barfuß.

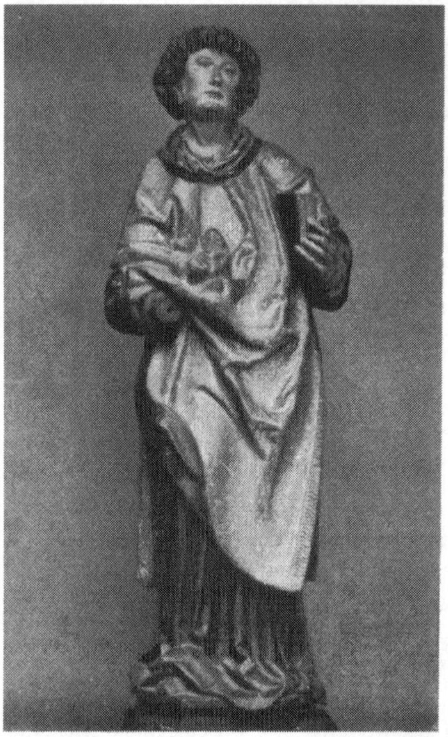

7095 S. 147

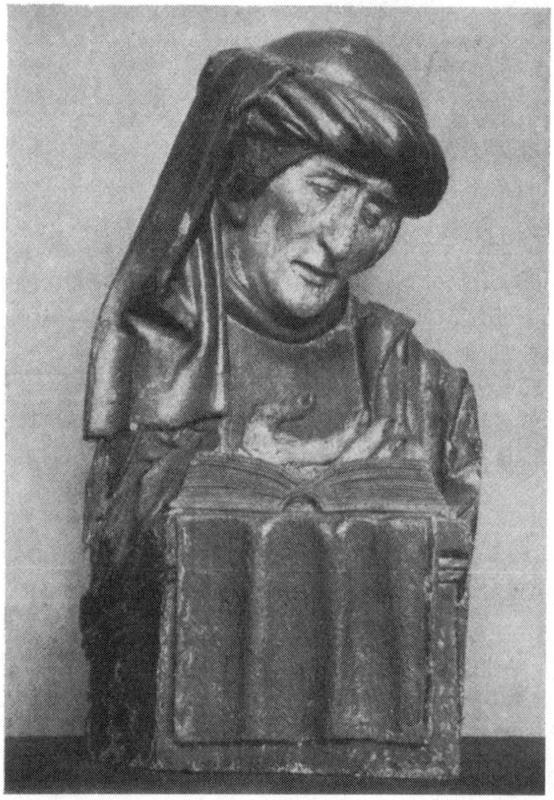

8336 S. 146

7693. Der Bartlose, der mit beiden Händen ein Buch hält, hat aufgehört zu lesen und blickt geradeaus. Der Turban liegt auf der rechten Schulter. Das albenartige Obergewand läßt nur die Ärmel des Untergewandes sehen. Sein Kopf ist von kurzen Locken umgeben.

Wandfigur. Lindenholz. H. 149. Rückseite ausgehöhlt. Bedeutende Reste alter Bemalung: Obergewand gold, Futter rot, Turban gold auf rotem Grund, Untergewand grün. Sockel modern. — Erworben 1915 in München.

7694. Der Bärtige blickt in das Buch, das er in seiner rechten Hand hält. Der unter dem Hals geschlossene Mantel fällt von seiner rechten Schulter herab und ist über den linken Unterarm geschlagen. Unter dem Mantel ein gegürtetes Untergewand. Lange Locken fallen auf die Schultern.

Wandfigur, Lindenholz, H. 147. Rückseite ausgehöhlt. Alte Bemalung: Obergewand gold, Untergewand grün, Futter rot. Die linke Hand fehlt. Sockel modern. — Erworben 1915 in München.

Nicolaus von Hagenau (?), um 1510. Vgl. Demmler, Amtliche Berichte 45 (1924) S. 68 ff. — Schmitt, Oberrheinische Plastik, Taf. 71. — Die Angabe in den Amtlichen Berichten, daß die Hände ergänzt seien, läßt sich nicht aufrechthalten. Besonders ähnlich die zweifellos alte Hand einer Statue Johannes des Täufers in Berliner Privatbesitz.

7010. Maria mit dem Kinde. Auf rundlicher, naturalistisch behandelter Standfläche. Sie steht mit vorgestreckter und ausgebogener linken Hüfte und hält mit beiden Händen das Kind schräg vor ihrer Brust. Gescheiteltes Lockenhaar, das in gewellten Strähnen über beide Schultern fällt. Über dem Kleid, dessen senkrechte regelmäßige Faltenzüge vorne sichtbar werden, trägt sie einen pluviale-artigen Mantel, der am Halsausschnitt mit einem Bande zusammengehalten wird. Er hängt über dem rechten Arm frei herab, unter dem linken wird er emporgenommen und an den Körper angedrückt. Ein großes dreieckiges Stück wird vorne emporgezogen. Abb. S. 150.

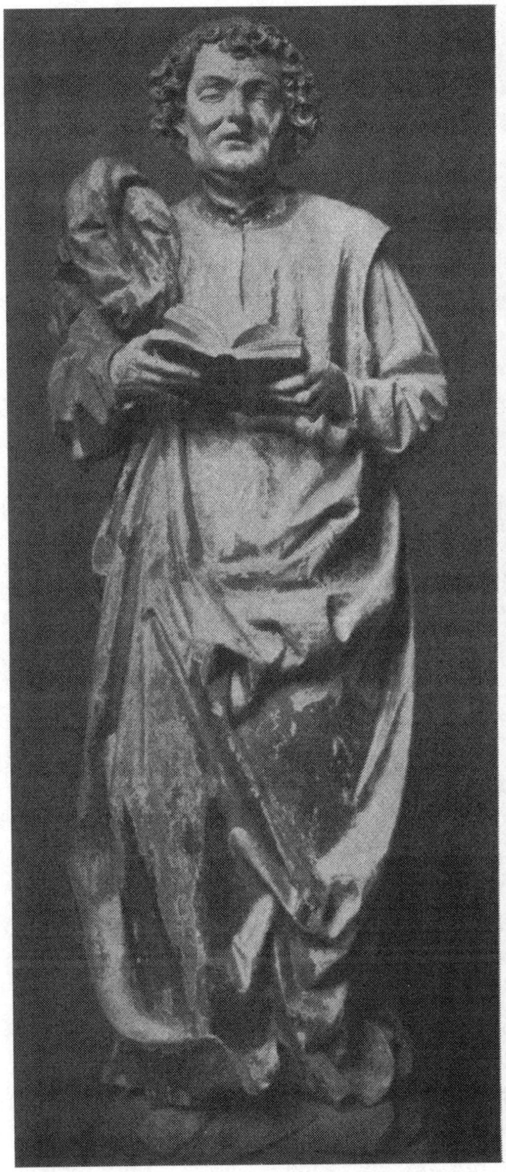
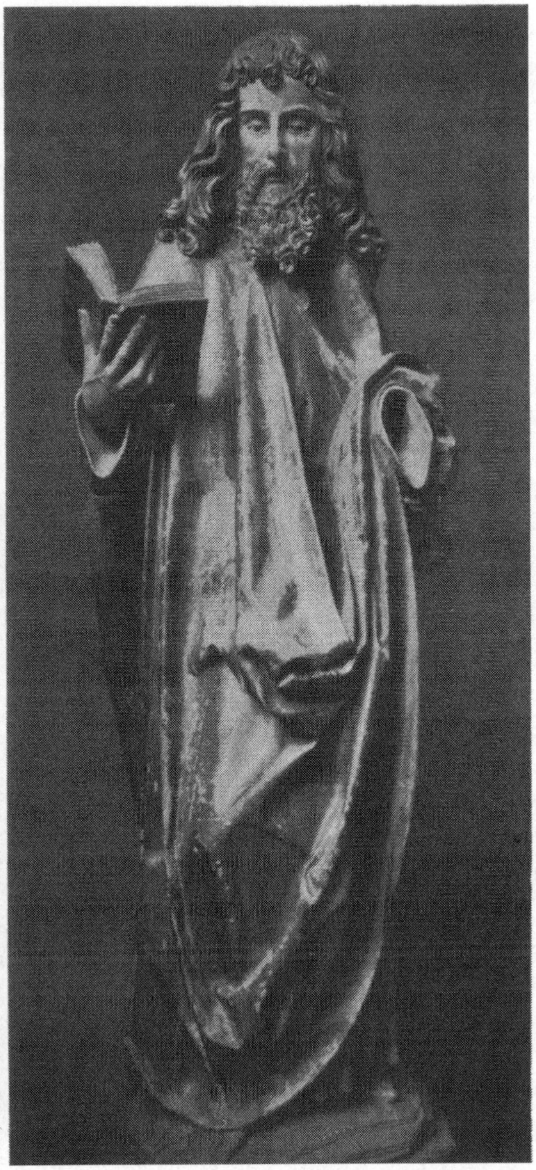

7693 7694

Wandstatue. Lindenholz. H. 133. Rücken ausgehöhlt. Von dem frei herabhängenden Teil des Mantels links sind mehrere Stücke ausgebrochen; ebenso an der von der linken Hand herabführenden, freistehenden Kante. Es fehlen an der rechten Hand der Maria zwei Finger, beim Kinde die rechte Hand und der rechte Arm. Von der alten Bemalung sind erhebliche Reste wieder freigelegt: Gewand rot, Mantel ursprüngl. gold; Futter ursprünglich wohl blau. Der vorne heraufgenommene Mantelzipfel zeigt den alten Kreidegrund. Inkarnat und Haarfarbe größtenteils alt. — Erworben 1911. Geschenk.

Oberrheinischer Meister um 1500. Vgl. die Madonna in Jechtingen, bes. im Kopftyp: Cl. Sommer in »Oberrheinische Kunst« I, 1925/26, S. 13 ff., Taf. X.

7054. Der schlafende Krämer. Im Vordergrund rechts liegt ein bärtiger Mann schlafend am Boden. Er trägt einen Mantel mit Kapuze, die den kahlen Kopf mit Stirnlocke freiläßt, geknüpfte

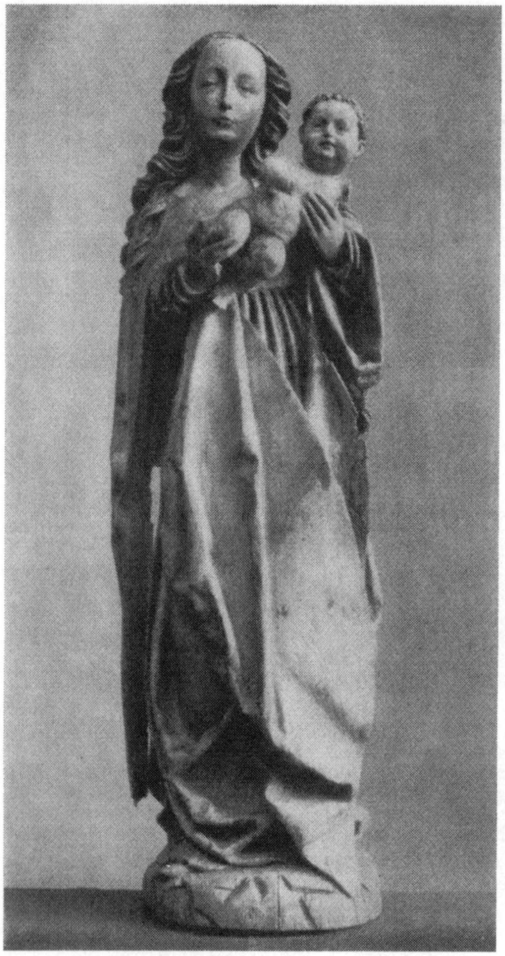

7010 S. 148

Beinlinge an den Waden, breite Schuhe (aus dem linken schauen die Zehen hervor), Umhängetasche, Rosenkranz. Im Mittelgrunde lehnt sein gefüllter Tragkorb an einem Baum; ein Hund macht sich über die heraushängenden Würste her. Weiter links ein gemauerter Brunnentrog, quadratisch, das Wasser kommt aus einer Quelle mit Mauerfassung durch eine Rinne herab und fließt unten aus. Links vom Brunnen kniet ein Mann, bartlos, auf dem Haupt eine spitz zulaufende Mütze, am Gürtel eine Ledertasche, die als Fratze gebildet ist. Er trägt über dem Untergewand mit reichen, gepufften Ärmeln einen bis zu den Knien reichenden Rock, der den Hals freiläßt. Die nackten Beine stecken in Sandalen. In der Rechten hält er eine bauchige, mit Stöpsel verschlossene Flasche, mit der Linken deutet er auf den Schlafenden: es scheint, daß er die geleerte Weinflasche mit Wasser nachgefüllt hat. — Reicher landschaftlicher Hintergrund mit Felsen und Laubbäumen; Ausblick auf eine Burg links oben, eine Einsiedelei, rechts zwischen Felsen, bestehend aus Kapelle und Häuschen; ganz am Rande rechts ein Zaun mit Pforte, durch den der Weg zu einem Gehöft führt. Allerlei Getier: ein Eichhörnchen, eine Eidechse, ein Häschen, dieses sitzt vor einem Brot, das aus dem Tragkorb gefallen ist. Oberhalb des Schläfers zieht eine Schnecke eine mächtige Inschrifttafel am Hang empor. Auf ihr stehen jetzt, gemalt, die Worte: ERNEVWERT IM IOR MDCXII. Von einer zweiten, darunter befindlichen, ebenfalls gemalten Inschrift ist nur zu erkennen: Anno 1568. Am Brunnentroge vorn eingeschnitten die Zahlen der ursprünglichen Datierung: 1510. — Alte gekehlte Randleiste aus einem Stück mit dem Relief. Moderner Goldrahmen.

Flachrelief. Lindenholz. H. 53, Br. 96. In der Mitte und in der linken Hälfte je ein senkrechter Sprung. Wohlerhaltene Bemalung des 16. Jahrhunderts. — Erworben 1913 in München. Früher Sammlung Eckerle in Colmar. Geschenk der Bode-Stiftung.

Hans Bongart, der Meister des Kaysersberger Altars. 1510. Vgl. Demmler, Amtliche Berichte 53 (1914) S. 165 ff. Abb. auch bei Hausmann, Elsässische Kunstdenkmäler, Tafel 52. Die Deutung auf S. Rochus (S. 24 daselbst) ist nicht haltbar. — Der Schnitzer des Kaysersberger Altars ist neuerdings von Rott (Zeitschrift für die Geschichte des Oberrheins N. F. Band 43, 1929, S. 56 ff.) mit dem Meister Hans Bongart identifiziert worden, der vor 1912 schon in Colmar ansässig war und 1549 starb. Vgl. Band IV unseres Katalogs zu M. 98.

5594. Hl. Dorothea, in langhängendem Untergewand und weitem, vor der Brust zusammengehaltenem Mantel, auf Grasboden stehend. In der Linken hält sie das Körbchen, an der Rechten

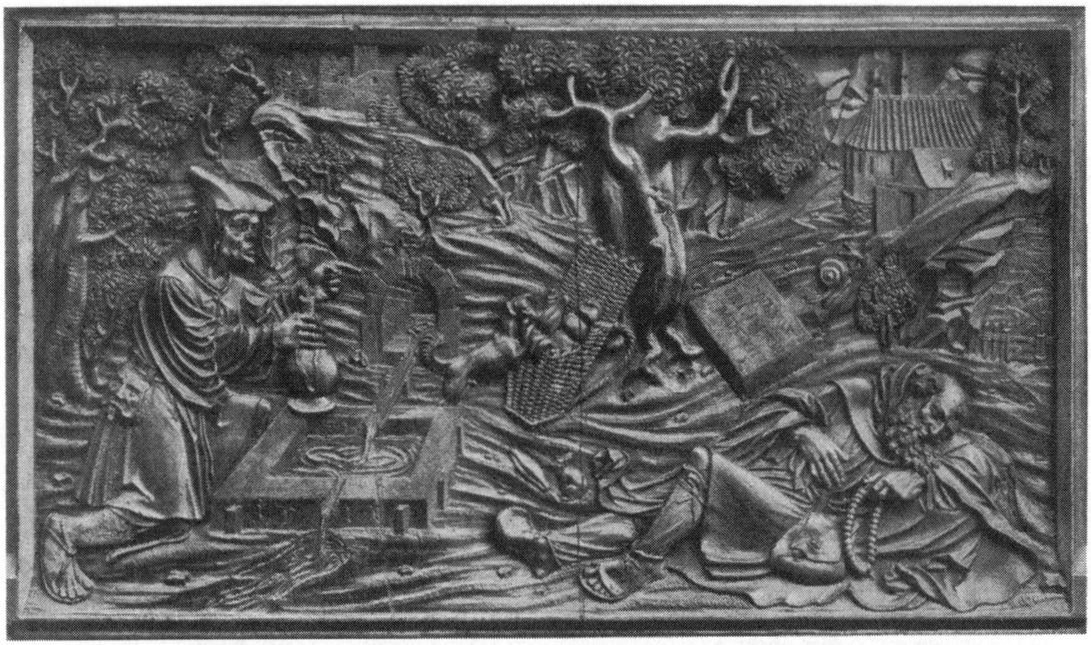

7054

führt sie den Christusknaben. Das mit einer Tuchbinde umwundene Haar fließt lang über Rücken und beide Schultern herab. Der Mantel ist im Bausch zwischen Körper und rechtem Arm gerafft, das Gewand des Kindes fliegt nach rückwärts und läßt das nackte Körperschen sehen. Abb. S. 152.

Statuette. Lindenholz. H. 43; vollrund. — Abgebrochen die Finger der rechten Hand des Knaben, kleine Stellen am Mantel rechts unten auf der Erde. Dem Boden ist ein hinten erhöhtes Stück untergelegt. Ergänzt ein Stück des Mantelsaumes unter der linken Hand. Spuren alter und jüngerer Bemalung, Kopfbinde gelb, Mantel rot, Untergrund blau und dunkelgrün, Gewand des Kindes hellgrün, Boden grün. — Erworben 1909. Geschenk des Herrn Julius Böhler, München.

Oberrheinisch (?), Ende des 15. Jahrhunderts; vielleicht vom Bodensee. Das Motiv des geschlitzten Röckchens bei dem Kinde kommt am Oberrhein in der Plastik öfters vor (vgl. unsere Nr. 5551, S. 66; ebenso den Altar in Lautenbach); es scheint auf den Meister E. S. zurückzugehen, der es bei dem Jesuskind mit dem Neujahrswunsch (1466—67) verwendet, ebenso auch bei seinen gefiederten Engeln. Auch die Anordnung des Haares, die spitzigen Brüche der Gewandfalten bei der Heiligen, ferner ein Motiv wie das unter dem rechten Arm festgeklemmte Mantelstück sehen aus wie eine späte, nicht mehr ganz verstandene Einwirkung des oberrheinischen Stechers; vgl. Geisberg, der Meister E. S. 2. Aufl. (1924) Tafel 53. L. 50. Tafel 26, L. 31. Tafel 52, L. 164 II.

8151. Allegorische Frauengestalt. Sitzend auf einer profilierten, kissenbelegten Bank. Der Oberkörper hoch aufgerichtet, das Haupt leicht nach links geneigt; der Blick geht in die Ferne. Das Motiv der beiden Kniee tritt unter dem Mantel, der stoffreich und faltenreich über den Schoß gelegt ist und am Boden sich ausbreitet, deutlich hervor. Die Figur trägt auf dem offenen lockigen Haar, das über Brust und Schultern herabfällt, eine Blattkrone mit Rosetten, um den Hals eine doppelt geschlungene Kette, an der in Gürtelhöhe ein Medaillon mit männlicher Maske hängt. Unter dem Mantel, der vorne offen ist, wird das gegürtete Gewand sichtbar. Großer spitzer Halsausschnitt mit umgeschlagenem Rand und darunter sichtbarem Hemd mit Saum. Mit der

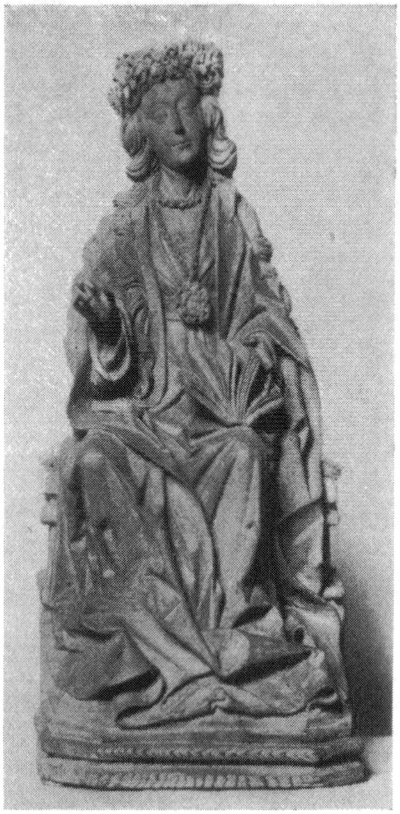

8151

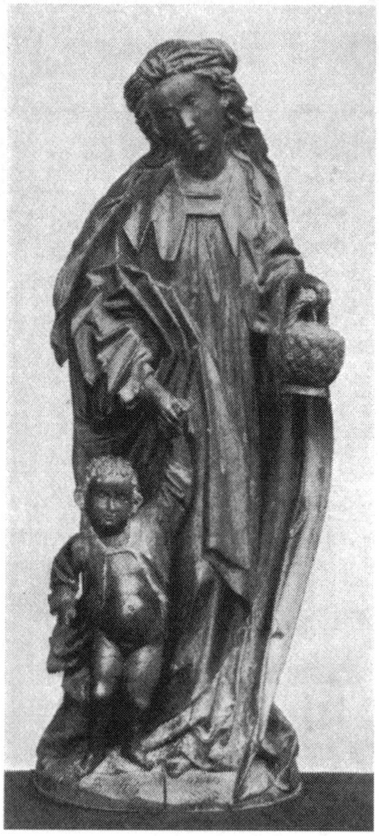

5594 S. 151

Linken blättert sie in einem halb aufgeschlagenen Buch auf ihrem Schoß; die Rechte hielt ursprünglich ein Szepter. Die Standfläche unterhalb der Füße, aus einem Stück mit der Figur und der Bank, ist oben mit Terrainandeutung, unten mit einem Profil versehen. Darunter befindet sich der ebenfalls alte Sockel mit einem aus Wulst und Hohlkehle gebildeten Profil (aus besonderem Stück). Die vorderen Ecken abgeschrägt.

Wandfigur. Lindenholz. (Sockel Kiefernholz). H. 68 (mit Sockel). Rücken glatt. Abgelaugt. Die Kronenzacken abgebrochen. Das Szepter in der Rechten fehlt. Unbedeutende Beschädigungen und eine neue kleine Anstückung am Buch. Die zwei vordersten Glieder vom vierten und fünften Finger der rechten Hand sind ergänzt. — Erworben 1918. Sammlung J. Simon. Früher Pariser Privatbesitz (Frau Goldschmidt).

Oberrheinisch (?) um 1490. — Es scheint, daß es sich hier nicht um die Darstellung einer Heiligen handelt, so wie etwa die der feierlich thronenden Katharina des Bayr. Nationalmuseums, die man dem Daniel Mauch zugeschrieben hat, Abb. bei Gröber, Schwäbische Skulptur der Spätgotik (1922) Nr. 22; dagegen spricht ebenso die merkwürdige Kronenform, wie das Fehlen von Attributen außer Szepter und Buch. Eher dürfte eine allegorische Gestalt wie Dürers »Philosophia« in dem Holzschnitt B. 130 gemeint sein. Wie die schmale, hochgereckte Gestalt und die Spitzwinkligkeit der Gewandfalten ohne weiteres erweist, ist unsere Figur sicher früher entstanden als jenes auf 1502 zu datierende Blatt; und eine ganze Generation früher als die um 1525 anzusetzende Heilige von Mauch. — Der plastische Stil mit der gewählten, etwas pretiösen Haltung, ebenso dem reichen, gut disponierten Gewandmotiv paßt am ehesten an den Oberrhein, ohne daß ich bis jetzt eine bestimmte Werkstatt namhaft machen könnte.

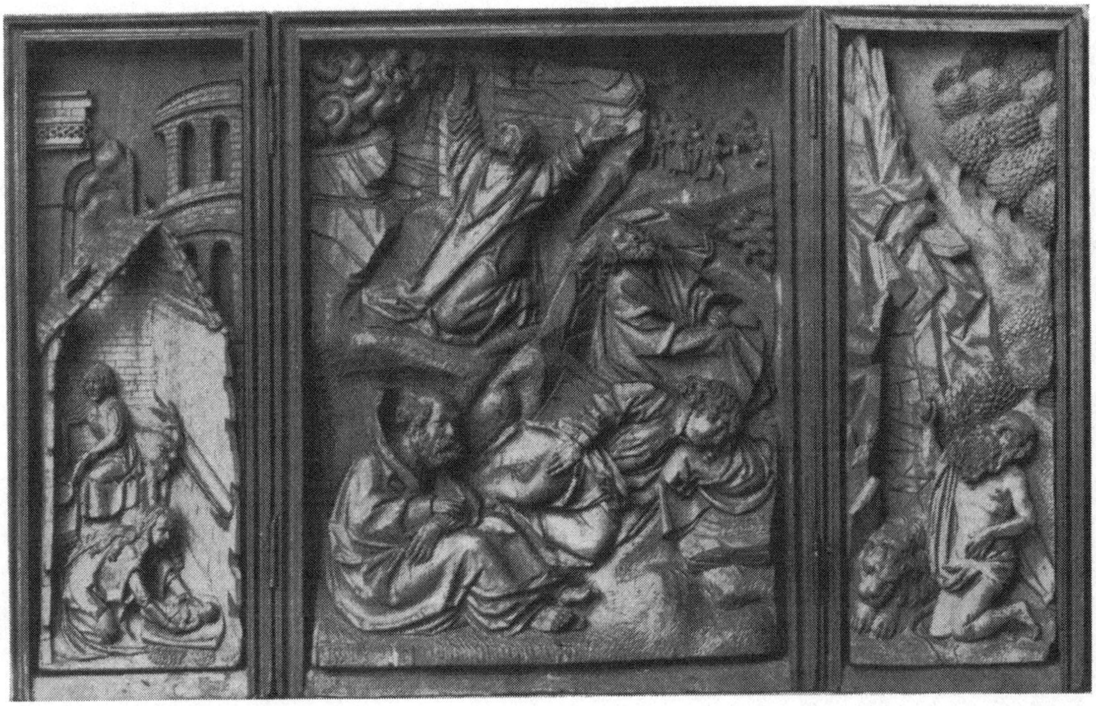

460

460. Flügelaltärchen mit Christus am Ölberg, der hl. Familie und Hieronymus (Vöge 161). Im Schrein die Ölbergszene. Vorn die schlafenden Jünger, links Petrus, rechts Johannes und, hinter ihm, Jacobus. Im Mittelgrunde kniet Christus nach links, mit hocherhobenen Armen; in der Wolke über ihm zwei nackte Engel mit dem Kelche. Rechts im Grunde Judas mit den Kriegsknechten. Linker Flügel: in einem Stall, hinter dem antike Baureste aufragen, kniet vorn Maria, das Kind auf ein Kissen am Boden legend; hinter ihr Joseph, einen Brei kochend, rechts von ihm Ochs und Esel an der Krippe. Rechter Flügel: Hieronymus, nur mit einem Tuche bekleidet, kniet nach links vor einer Höhle; der Löwe liegt neben ihm; baumreiche Landschaft. Auf der Mitteltafel links unten die Signatur:

Hochrelief. Lindenholz. H. 47,5 (ohne den Schrein), Br. (die Mitteltafel) 37 (die Flügel) 16. Ergänzt die rechte Hand Christi, Petri rechter Fuß, die Arme der Engel, der Kelch; die Unterarme Josephs (linker Flügel). Spuren alter Bemalung. — Kunstkammer. Erworben 1843.

Oberrheinisch (?) 1513. Der Christus der Ölbergszene nach dem Stich B. 4 in Dürers Kupferstichpassion von 1508.

7969. Hl. Hieronymus. Der Heilige kniet nach links gewendet vor einem Crucifix, in der rechten Hand einen Stein. Hinter ihm kommt der Löwe zum Vorschein. Das Gewand bedeckt nur den Unterkörper und den rechten Arm. Mantel und Hut hängen rechts hinter ihm an einem Baumstumpf. Im Hintergrund hohe blattreiche Bäume, die eine Kapelle mit Glockenstuhl umgeben. Dahinter rechts oben eine Landschaft mit emporziehendem Reiter und Packpferd. Oberer Abschluß Bäume, Hügel, Schloß und Kirche. Abb. S. 154.

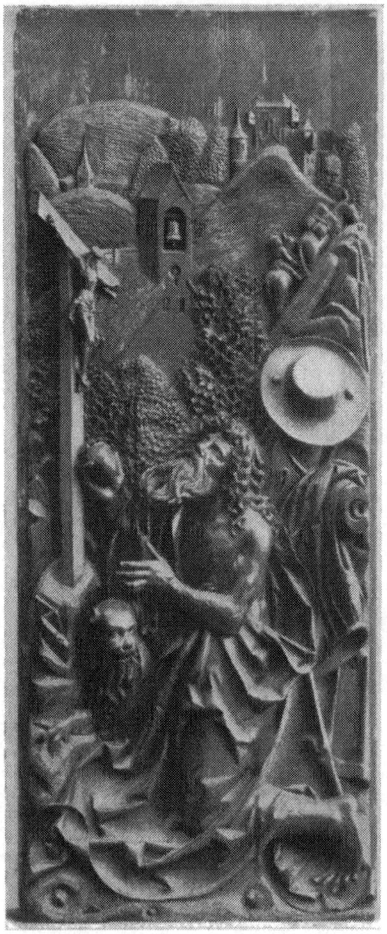

7969 S. 153

Hochrelief. Lindenholz. H. 125, Br. 55; braun gebeizt. Aus drei Teilen vertikal zusammengesetzt und auf ein modernes Brett aufgeleimt. Die Finger der linken Hand ergänzt. — Erworben 1920 in Hamburg. Früher Sammlung Uhlmann daselbst.

Oberrheinischer Meister um 1520. — Für die späte Datierung spricht der Crucifixus, für die Lokalisierung die Behandlung der Bäume und die charakteristische Anordnung des Hintergrundes.

1843. Christus am Ölberg (Vöge 165). Christus kniet in der Mitte an einem Felsen, rechts am Abhang liegen schlafend die drei Jünger, Petrus vorn, mit dem Schwert. Im Mittelgrunde die Gartenmauer, mit einem Spalier bewachsen. Um Mauer und Fels herum zieht sich der Zug der bewaffneten Juden: man sieht ihn oben das Tor der Stadt verlassen; an der Spitze, vorn links, schreitet Judas, sich sträubend und von den Kriegsknechten vorwärts gedrängt; zu seinen Füßen ein Wasserlauf mit einem Steg. Neben dem Stadttor oben links ein weites Bogenfenster, mit der Szene der Fußwaschung; gegenüber rechts die Schädelstätte. Signiert H an der Zipfelmütze eines der Krieger links am Rande.

Hochrelief. Lindenholz. H. 49, Br. 36,5. Die Lanzen und Piken aus Metall. Der rechte Unterarm des Judas fehlt; kleine Verletzungen an den Falten des Mantels Petri. Auf der Felsspitze war anscheinend aus besonderem Stück der Engel mit dem Kelch aufgesetzt. — Erworben 1891 in New Orleans (vgl. 1842 im Abschnitt Schwaben, S. 218).

Monogrammist H. Um 1490. Verwandt, vielleicht von derselben Hand die Gruppe Christus und Thomas in Frankfurter Privatbesitz: Schmitt-Swarzenski, Band I (1921) Nr. 105.

7647. 7648. Zwei musizierende Engel.

7647. Engel mit Gitarre, in weitem Untergewand mit Ärmeln und über den rechten Arm herabhängendem Mantel, nach links auf Grasboden kniend, den Kopf nach seiner rechten Schulter geneigt, auf der das lockige Haar breit aufliegt. Abb. S. 156.

Wandstatuette, Rücken flach, Lindenholz, H. 49,5, Br. 37. — Wurmstichig; Zerstörungen am Gewand an der linken Schulter und am Mantelsaum unter dem rechten Arm; es fehlt der dritte Finger der rechten Hand, zwei Fingerspitzen an der linken, zwei Zehen des linken Fußes. — Alte Bemalung im Gesicht, Reste an den Händen. — Erworben 1913 aus dem Bayerischen Nationalmuseum, München.

Oberrheinisch (?), um 1500. — Zurückgehend auf Schongauer B. 106: Mandolinenspieler (Krümme eines Bischofsstabes). — Katalog des Bayerischen National-Museums, Bd. VI (1896) Nr. 1172 Taf. XIV.

7648. Engel mit Viola. Untergewand mit Ärmeln; weiter Mantel, der sich auf dem Grasboden rechts staut. Kniend nach links gewandt und nach links aufblickend. Das Lockenhaar, um das ein gedrehtes Banddiadem liegt, weht nach rechts rückwärts hoch. Abb. S. 156.

Wandstatuette. Lindenholz. H. 50,5. Br. 33,2. Rückseite flach. — Wurmstichig; Zerstörungen rechts an dem vom Rücken fallenden Mantel und an dem Mantelbausch an der Erde, links und vorne

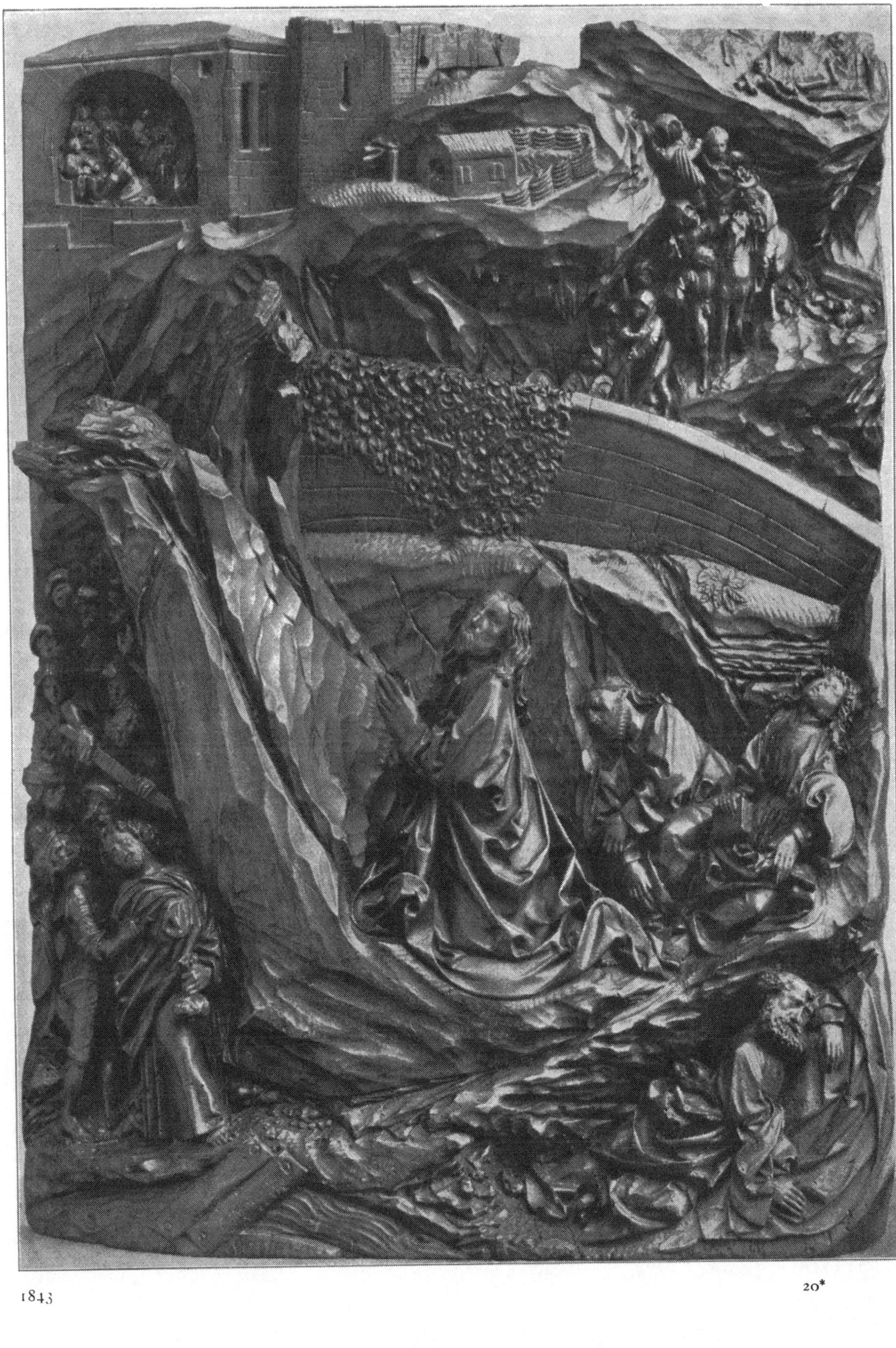

1843

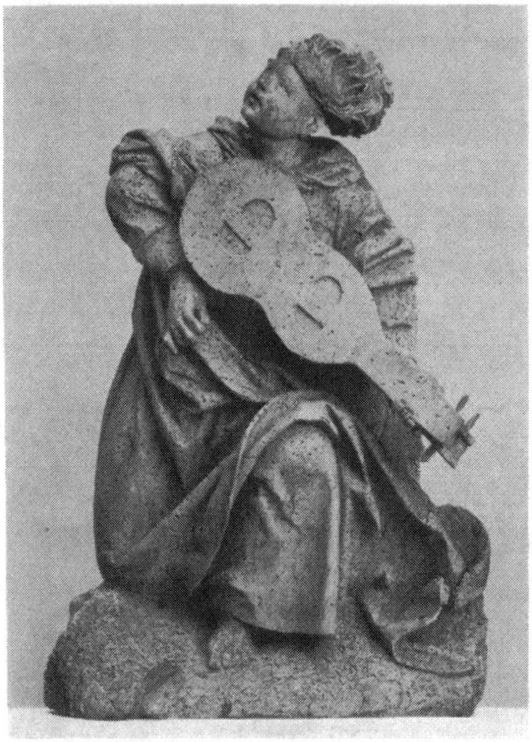

7648 S. 154

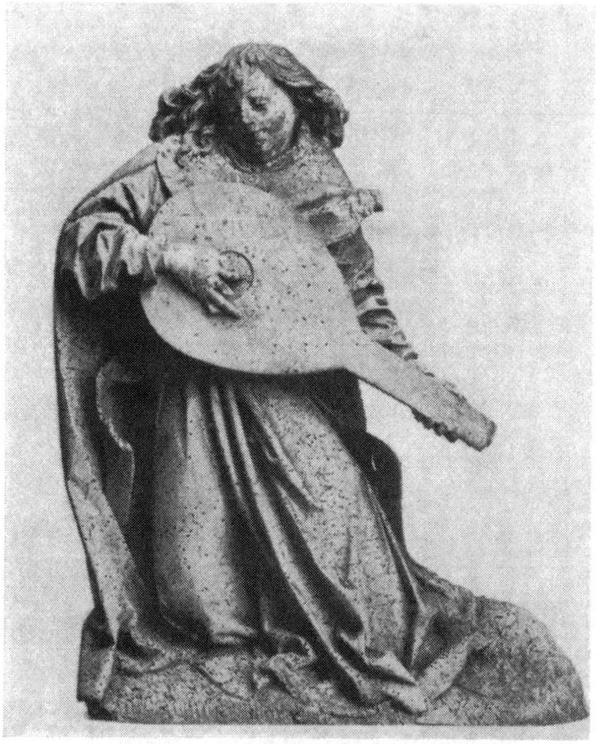

7647 S. 154

am Grasboden. Abgebrochen der Daumen der linken Hand; es fehlt der Geigenbogen. — Alte Bemalung im Gesicht. — Erworben 1913 aus dem Bayerischen Nationalmuseum, München.

Oberrheinisch (?) um 1500. — Zu dem vorhergehenden Stück gehörig.

7067. Sitzende Maria mit dem Kinde. In Vorderansicht, den Kopf nach rechts geneigt, den Blick gesenkt. Über dem gegürteten Gewand mit flachem Halsausschnitt liegt der Mantel, der über die Knie gelegt ist und sich am Boden ausbreitet. Kräftige Faltenbildung, die den Körper klar hervortreten läßt. Das nackte Kind, das von der Mutter mit beiden Händen auf dem rechten Knie leicht festgehalten wird, blickt nach vorn, während Oberkörper und Arm hinweisend nach links gewendet sind. Die als Masse behandelten, oben leicht gewellten Haare der Mutter umrahmen breit das Gesicht und fallen in gewellten Strähnen über die Schultern. Unregelmäßig polygonale Standplatte mit einer einspringenden Ecke.

Wandgruppe. Lindenholz. H. 94,5 Br. 55. Rücken ausgehöhlt, nachträglich mit einem Brett verschlossen und einer flachgerundeten Nische angepaßt. Bei dem Kinde fehlt der Daumen der rechten Hand und die ganze Linke. In dem linken Fuß ein Bohrloch, auf dem Kopfe der Maria eine wieder geschlossene Bohrung. — Alte Bemalung mit Erneuerung: das jetzige Blau des Gewandes und das Rot des Mantels mit Blumenmusterung entstammen späterer Zeit; das alte Inkarnat ist freigelegt, doch nur teilweise erhalten. Von der Vergoldung der Haare sind noch Reste vorhanden. — Erworben 1912 in Freiburg.

Meister des Schnewlin-Altars im Freiburger Münster (Hans Wydyz?) um 1515. Vgl. Demmler, Amtliche Berichte 35 (1914) S. 213 ff. und neuerdings Clemens Sommer in »Oberrheinische Kunst« III (1929) S. 94 ff. Ich halte es für möglich, daß die Gruppe eigenhändig ist, Sommer denkt an einen Nachfolger.

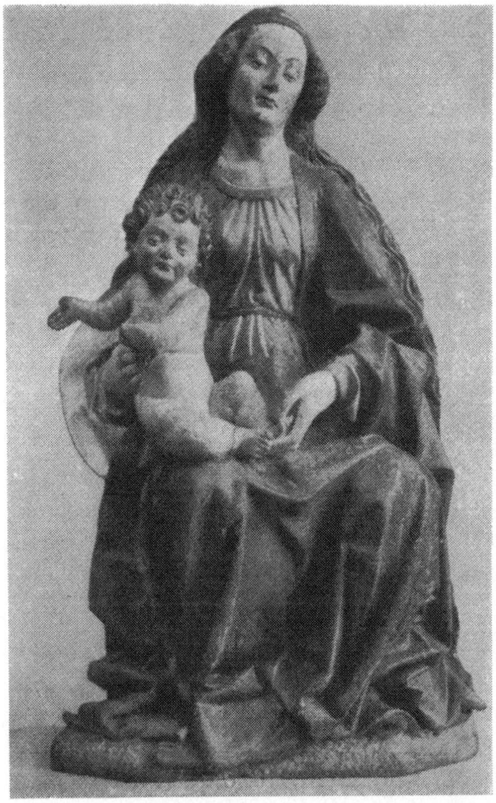

7067

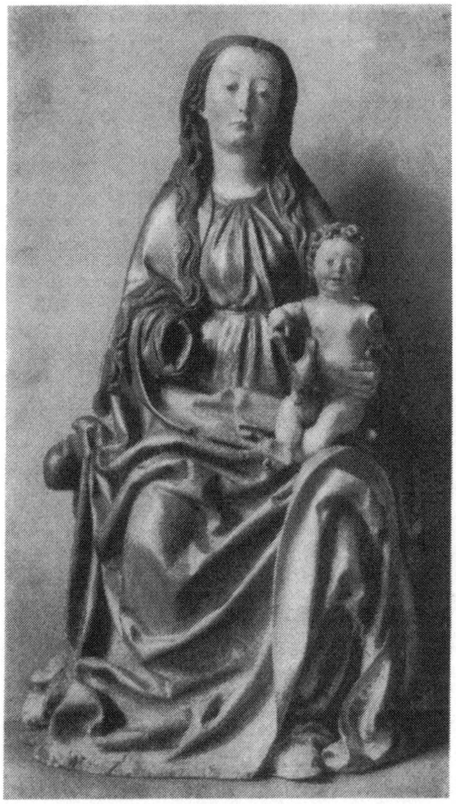

8183

8183. Maria mit dem Kinde; auf einer mit Polster belegten Bank sitzend. Mit hoch aufgerichtetem Oberkörper vor sich hinblickend, umfaßt sie leicht mit der linken Hand das auf ihrem linken Knie sitzende nackte Kind, das mit einem Vogel spielt. Offenes welliges Haar, von dem zwei Strähnen vorne herabfließen. Über dem gegürteten Gewand mit flachem Halsausschnitt liegt ein stoffreicher Mantel, der über beide Knie gelegt ist, das linke Bein samt dem linken Fuß frei läßt und sich am Boden ausbreitet. Der spitze Fuß steckt in einer Holztrappe.

Wandgruppe. Lindenholz. H. 125, Br. 66. Rücken ausgehöhlt und in flacher Rundung geschlossen. Es fehlt die rechte Hand der Maria, vom Kinde der linke Arm und die Zehen des Fußes, vom Vogel der linke Flügel. Links und rechts Anstückungen, mehrere Teile am Gewand und an der Unterkante ausgebrochen. — Alte Bemalung mit Erneuerungen: Gewand rot, die jetzige Vergoldung des Mantels und der Säume im wesentlichen modern. — Erworben 1918. Sammlung J. Simon.

Freiburger Meister, in der Art des Schnewlin-Meisters, um 1510—20. Vgl. Nr. 7067.

7831. Hl. Urban. Der Papst, in vollem Ornat, blickt mit leicht nach links geneigtem Haupte nach vorne. Die Tiara, jetzt glatt, trug früher drei Kronreife übereinander. Seine beiden Hände in Handschuhen; die rechte segnend, die linke hielt den Stab. Der Chormantel ist vorne über der Alba zusammengehalten, fällt über die Arme herunter und bildet auf dem Sockel breite wellige Falten. Auf den Säumen Buchstaben, größtenteils ohne Sinn bis auf: TS URBA (die letzten Buchstaben sind durch den Kragen verdeckt). Polygonaler Sockel mit Rankenornament zwischen zwei Profilen. Abb. S. 158.

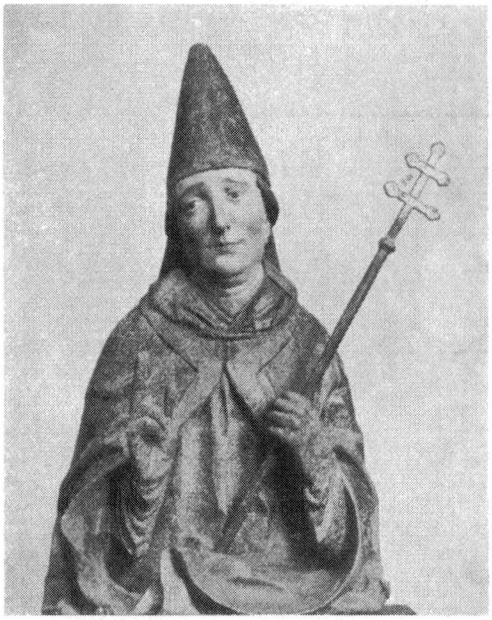

7831 S. 157

Büste. Lindenholz. H. 84,5 (ohne Sockel). Rückseite bearbeitet. Bedeutende Reste alter Bemalung auf Leinwandgrund, Mantel gold mit rotem Futter, Untergewand gold, Kragen gold und rot. Die Tiara aus einem besonderen Stück gearbeitet. Es fehlt der Reichsapfel, der den oberen Abschluß bildete. Sockel nicht zugehörg, aber alt, die Figur in Zapfen eingelassen. Ergänzt die rechte Hand. — Erworben 1917 im Elsaß. Geschenk eines Ungenannten.

Elsässisch um 1500. — Angeblich aus Gebweiler.

425. Flügelaltar mit der Anbetung der Könige (Vöge 168). Mittelschrein: In der Mitte sitzt Maria mit dem nackten Kinde; es wendet sich lebhaft nach rechts, dem knienden Melchior das bartlose Gesicht streichelnd; zwei Begleiter mit seiner Gabe und Krone stehen hinter ihm. Von links tritt Balthasar heran, in der Linken seine Kappe; ein Diener, der ihm das Szepter trug, hebt ihm von dem Becher den Deckel. Hinter Balthasar der Mohrenkönig, ein kostbares, auf einem Fuße montiertes Horn in der Hand, mit der beringten Linken einem Mohrenknechte die Krone übergebend. Der Landschaftshintergrund — ummauerte Stadt mit Kuppeln und Dächern, Bäumen, Reiterzug auf Felsweg — umzieht den oberen Rand des Reliefs; vorn links ein Hund.

Linker Flügel. Oben die Geburt Christi. Über Maria, Joseph und den Hirten, die dem Kinde huldigen, schweben vier nackte Engel, aus einem großen Notenblatt singend. In der Landschaft die Verkündigung an die Hirten. Dahinter ein von felsigen, stadtbekrönten Ufern umrahmter See. — Unten die Beschneidung in einer Säulenhalle mit spätgotischen Gewölben. Der Hohepriester, auf einem gotischen Thron, den zwei sitzende Löwen krönen, hält das Kind, über einer Schale, auf dem Schoß. Am Schulterkragen des die Beschneidung vornehmenden Priesters die Buchstaben:

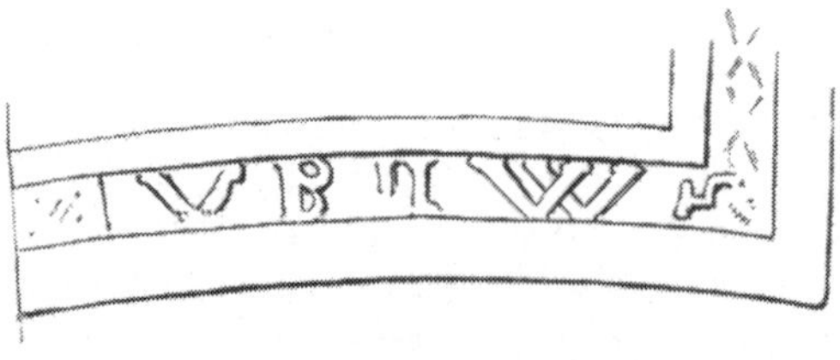

Rechts und links des Thrones ein Diener mit einem Kandelaber; hinter ihnen links Maria und Joseph; rechts, durch ein Fenster schauend, ein kahlschädliger Alter, die Hände faltend (der Stifter).

Rechter Flügel. Oben die Marter der Zehntausend. In Anschluß an Dürers Holzschnitt B. 117. Vorn ist die Blendung des Bischofs, rechts im Grunde sind die Kriegsknechte fortgelassen. Gegen den einen der an den Baum Gefesselten (in der Mitte) holt ein Krieger mit Schwert aus. — Unten die hl. Sippe. In der Mitte sitzt Anna, dem auf Mariens Schoße stehenden Christkind die Arme entgegenstreckend, auf den Seitenflügeln der Bank links Maria Cleophae mit ihren vier Kindern, deren jüngstem die Brust reichend. Hinter ihr lehnt ihr Mann. Rechts sitzt Maria Salomae mit ihren beiden Söhnen und dem Gatten. Hinter der Hauptgruppe ein Bärtiger mit Turban und

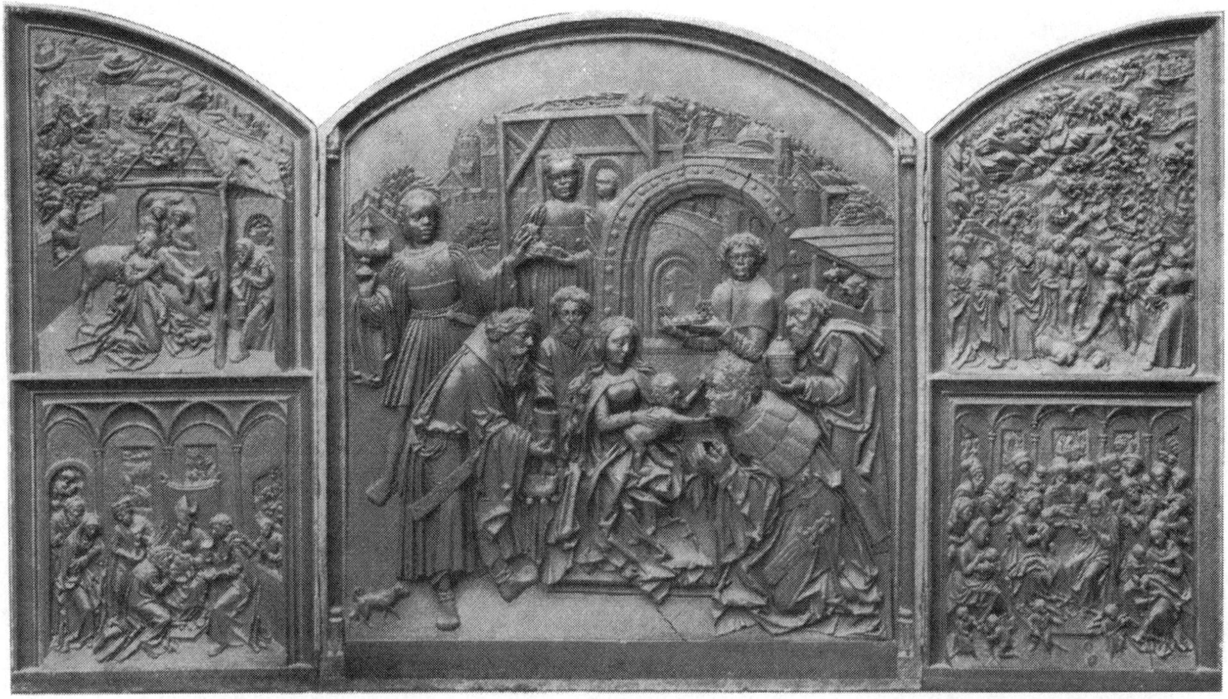

425

eine alte Frau, wohl die Eltern der hl. Anna, rechts von ihnen deren drei Gatten und ein Ehepaar mit einem kleinen Kinde; links Elisabeth, den Johannesknaben auf dem Arm (kenntlich an dem Lamm auf einem kleinen Buche in seiner Linken), Joseph, den Kopf in die Hand stützend, und Zacharias. Den Schauplatz bildet ein Saal mit gotischem Rippengewölbe, durch dessen Fenster man auf Häuser und Bäume blickt.

Auf der Rückseite der Mitteltafel befindet sich ein rohes Gemälde mit der Überschrift (in gotischer Minuskel): Die Erschinung und Legent des helgen ErtzEngels Sant Michels. 1516. Der Erzengel steht auf der Spitze eines Berges oberhalb eines Marienaltares, einem Bogenschützen erscheinend, dessen Pfeil auf diesen zurückkehrt; rechts eine Prozession mit Marienfahne, das Tor einer Stadt verlassend.

Unten Michael mit der Seelenwage zwischen Nicolaus und Erasmus (links), Magdalena und Elisabeth.

Halbreliefs. Lindenholz. H. (in der Mitte des im Stichbogen abschließenden Mittelfeldes) 172, Br. (bei geschlossenen Flügeln) 157. Das Mittelfeld aus drei, von oben nach unten laufenden Stücken gearbeitet und auf einen Holzgrund vernagelt; jedes der Reliefs auf den Flügeln aus je zwei Stücken zusammengesetzt. Offenbar fehlt auf der Mitteltafel der Baldachin. — Erworben um 1874.

Oberrheinisch (Basel) von 1516. — Nach Mitteilung von Dr. Rud. Burckhardt stammt der Altar aus Kloster Wettingen bei Baden, einige Stunden von Basel, wohin ihn Niklaus Grünenzweig und seine Gattin 1516 gestiftet haben. — Die Grünenzweig waren eine alte, kunstsinnige Basler Familie, die seit 1476 in dem Badeort Baden einen stattlichen Hof besaß; 1516 ist Niklaus dort als letzter seines Geschlechts gestorben. — Bei der Säkularisierung des Klosters im Jahre 1843 erwarb von Speyr in Basel den Altar, der in den sechziger Jahren weiter verkauft wurde. — Laut handschriftlichen Bemerkungen des Herrn von Speyr in Basel war auf den Außenseiten der Flügel rechts der hl. Christophorus mit dem knienden Stifter Niklaus Grünenzweig nebst dessen Wappen und dem Wappen von Wettingen dargestellt, links der hl. Hieronymus mit Grünenzweigs Gattin, einer geb. Engelhardt aus Zürich, und deren Wappen. Der

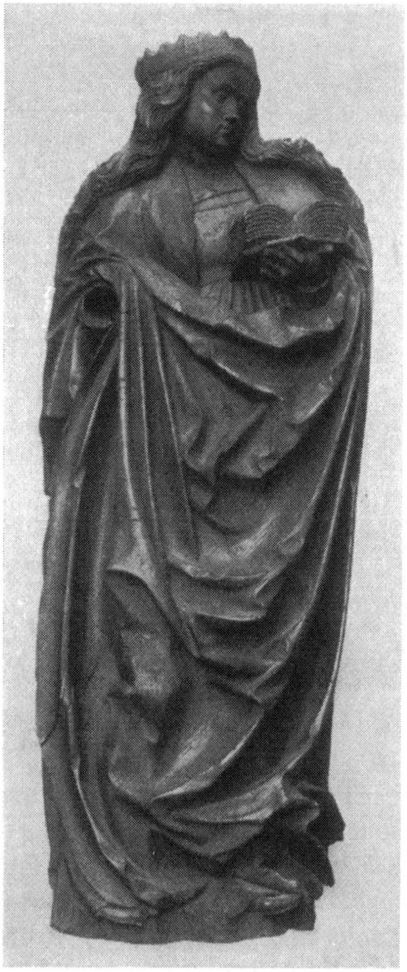

8330

kniende Stifter zeigte nach v. Speyr dieselben Züge, wie der kniende Melchior rechts auf dem Anbetungsrelief der Mitteltafel. — Im Historischen Museum in Basel findet sich von derselben Hand wie unser Altar ein Relief, das die Marter des Stephanus darstellt. Es stammt aus dem Kloster S. Urban, Kanton Luzern.

8330. Weibliche Heilige. Stehend; mit einer Krone auf dem vollen offenen Haar, das über die Schultern herabfällt. Fleischiges Gesicht, ebensolche Hand. Über dem in der Hüfte gegürteten Gewand ein weiter Mantel, der am Hals mit einem Band zusammengehalten und vorn vom linken zum rechten Arm herübergezogen wird. Der ganze untere Teil der Figur wird eingenommen von dem breit ausgeführten Motiv des herabfallenden Mantelstoffs. Am Boden kommen die Fußspitzen zum Vorschein, die in breiten Schuhen stecken. Die gespreizte linke Hand, auf der ein aufgeschlagenes Buch liegt, taucht aus dem Mantelbausch hervor. Die linke Schulter ist in charakteristischer Weise emporgezogen; der Oberkörper nach rechts ausgebogen.

Relieffigur. Lindenholz. H. 83; Br. 32. Rücken flach gehöhlt und stark verwurmt. Von der Standplatte, die aus einem Stück mit der Figur ist, fehlt infolge Verwitterung der ganze vordere Rand. Weiter fehlt die rechte Hand, die aus besonderem Stück gearbeitet war. Auf moderner Plinthe. Der linke herabfallende Mantelsaum an einer Stelle durchbrochen, ein weiteres Stück des Saums fehlt am Rücken infolge von Verwitterung. Die alte Bemalung getilgt bis auf geringe Reste von Rot und Blau. — Erworben 1924 in Berlin.

Oberrheinischer Meister um 1530. — Die Figur wirkt im Aufbau und in den Einzelmotiven (abgesehen von der Wendung des Kopfes) wie eine Übersetzung der weiblichen Heiligen des Dangolsheimer Meisters (2240. S. 146.) in den Stil der entwickelten Renaissance.

8160. Die Verkündigung. Maria und der Engel, beide mit vollen, einander ähnlichen Gesichtszügen, sind über Eck angeordnet; die Grundfläche bildet ein nach vorne vorspringendes rechtwinkliges Dreieck, so daß beide Köpfe stark dem Beschauer zugekehrt sind. Rechts Maria kniend, die Hände vor der Brust, mit der Linken in den Mantel greifend, der glatt von ihren Schultern herabfällt und am Boden reiche Falten bildet. Das gescheitelte, gleichmäßig gerillte Haar fließt in reicher Lockenfülle offen herab, eine Strähne liegt vorne auf dem Mantel. Vor ihr senkrecht in die Tiefe führend ein Lesepult mit aufgeschlagenem Buch, davor ein Topf mit Blumen. Links der Engel, der sich aufs Knie niederläßt, im Diakonengewand, die Dalmatika am Rande gefranst, stark vom Winde gebauscht; die Falten mit tiefen Unterschneidungen. Das reiche Lockenhaar umschließt gerundet den Hinterkopf. In der Linken das Szepter, der rechte Arm war im Redegestus erhoben.

Wandgruppe. Lindenholz. H. 23, Br. 29, T. 12,5. Rückseite glatt. Die frühere Bemalung durch Ablaugen entfernt. An der Alba des Engels rote, am Mantel der Maria blaue Farbspuren; ebenso Reste

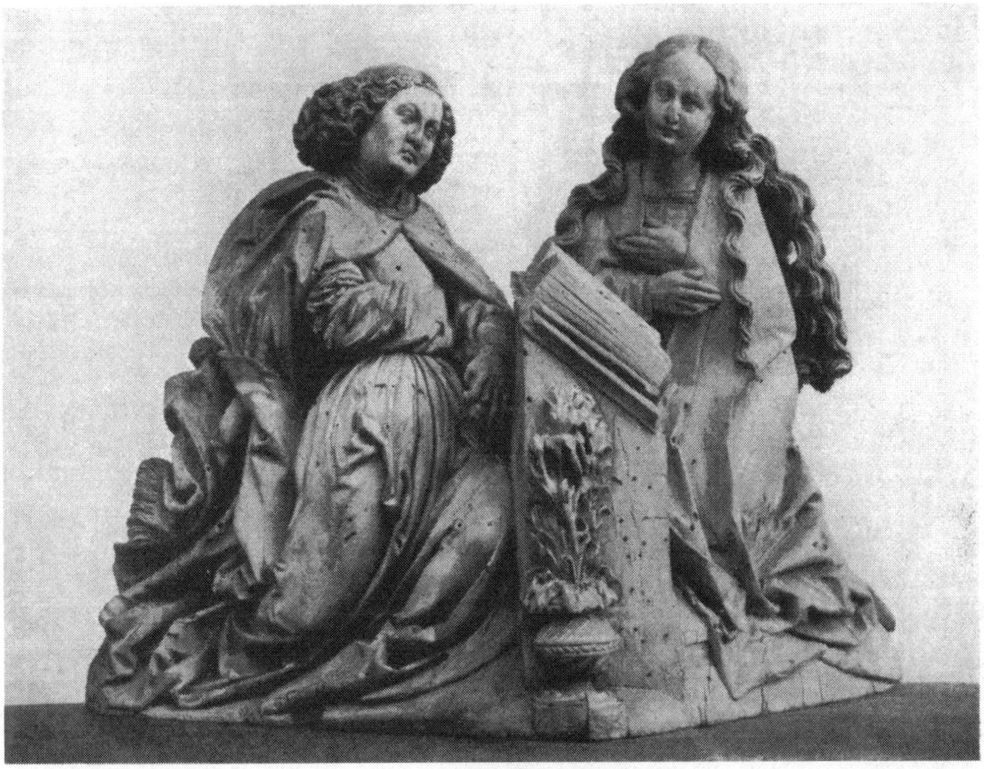

8160

von Gold in ihrem Haar. Die Blumen zeigen Spuren von Grün (Stengel) und Weiß (Blüten). Lippen rot, Augensterne schwarz. Es fehlt die rechte Hand des Engels, der obere Teil seines Szepters. Kleine ausgebrochene Stellen am Gewand und am unteren Rande; linke Ecke abgebrochen. An der vorderen Spitze unten ein Stück ergänzt. Nase der Maria bestoßen. Wurmstichig. Auf dem Rücken zwei Dübellöcher zur Befestigung. — Erworben 1918 (Sammlung J. Simon.)

Oberrheinisch, (Hans Wydyz?) um 1500. Trotz der gesicherten Herkunft des Stückes aus dem Clara-Kloster in Heilbronn a. N. — vgl. Demmler: Amtliche Berichte 41 (1920), S. 190—92 — hat Cl. Sommer in der »Oberrheinischen Kunst« 1928 (Heft 1) die Autorschaft des H. Wydyz in Freiburg auf Grund stilistischer Merkmale wahrscheinlich gemacht.

b) Der Mittelrhein

8252. Hl. Bischof, auf niedriger achteckiger Sockelplatte, ungefähr en face stehend, das Haupt mit der Mitra etwas nach links gewandt; in der Rechten, die über dem Pontifikalhandschuh an Daumen und Mittelfinger beringt ist, ein Buch haltend. Abb. S. 162.

Wandfigur, Rückseite ausgehöhlt. Lindenholz, H. 173. Es fehlt die linke Hand, die ein Pedum gehalten haben wird und mit einem Zapfen angedübelt war. Abgebrochen die Spitzen des Daumens und vierten Fingers der Rechten und die zwei Schließen des Buches; aus der Sockelplatte sind einige Stücke herausgebrochen, an der Rückseite klafft ein größerer Riß in der Mitra und setzt sich zwischen den Schultern fort. Unterhalb des rechten Unterarmes eine schadhafte Stelle modern verschmiert, im übrigen leichte Beschädigungen durch Wurmfraß. — Abgelaugt (vorher mit barockem, dunkelbraunem Anstrich, von dem noch Spuren); von der ursprünglichen Fassung keine Reste mehr. — Erworben 1921 aus der Sammlung B. Oppenheim-Berlin (Nr. 125 des Tafelwerks, Nachtragband Taf. 68; die dort mit-

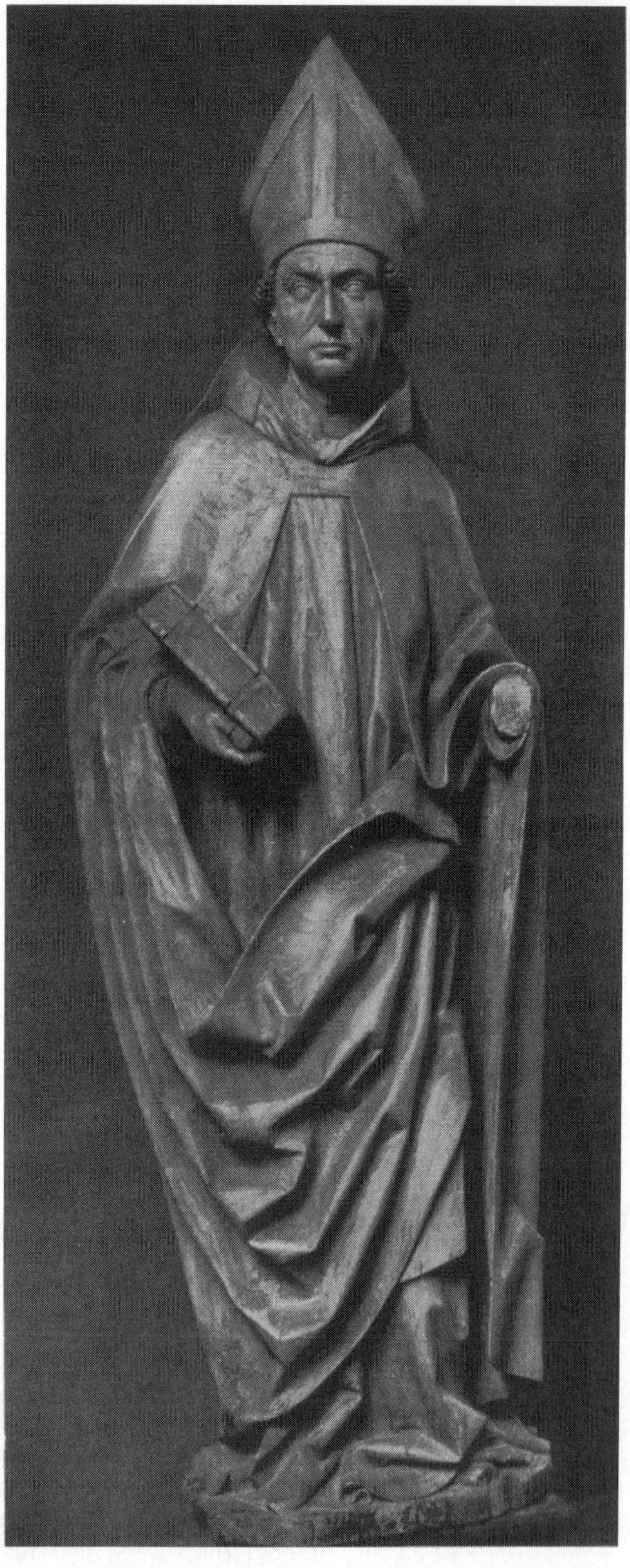

8252 S. 161

abgebildete Hand war samt dem Pedum ergänzt, sie ist wieder beseitigt worden). — Sammlung J. Simon.

Mittelrheinischer Meister um 1480—90. Nahe verwandt ein hl. Bischof, früher in Sigmaringen, jetzt in Frankfurt a. M., Städtische Galerie. (Vgl. H. Sprinz, Die Bildwerke der fürstlichen Hohenzollernschen Sammlung zu Sigmaringen, Stuttgart-Zürich 1925 Nr. 58.). — Vielleicht schwäbisch?

396. Mariae Heimsuchung; Flucht nach Ägypten; Johannes auf Patmos (Vöge 298). Links die Heimsuchung. Elisabeth, von rechts aus einem Torbau schreitend, hat Mariae Rechte mit beiden Händen gefaßt; im Grunde eine Burg. — In der Mitte die Flucht nach Ägypten. Joseph führt den Esel mit Mutter und Kind nach rechts hin zwischen Felsen hindurch. Im Grunde eine hochgelegene Stadt, links davon ein Hirt, bei seinen Schafen gelagert. — Rechts, durch einen Felsen getrennt, Johannes der Ev., in einer Einöde kniend und an der Offenbarung schreibend. Man erkennt auf dem Felsen vor ihm die Füße des Adlers.

Hochrelief ohne Grund. Lindenholz. H. 50, Br. 119 (ohne den späteren Rahmen). Ergänzt die Hände Josephs, die Ohren des Esels, die rechte Hand des Johannes. Mit Resten alter Vergoldung (die Mäntel mit blauem und schwarzem Futter) und Bemalung (die Gewänder dunkelkarmin). An der Rückseite und linken Seitenwand des Schreines rote und blaue Ranken. — Erworben 1888 in Worms.

Mittelrheinisch um 1500. Verwandt, wenn auch nicht näher, den von L. Juppe (nachweisbar 1486—1538 in Marburg a. d. Lahn) 1511—14 gefertigten Altären aus Eichenholz im Querhaus von St. Elisabeth in Marburg (vgl. H. Neuber, Ludwig Juppe, Marburg 1915, S. 179 Anm.). Wohl etwas vor den

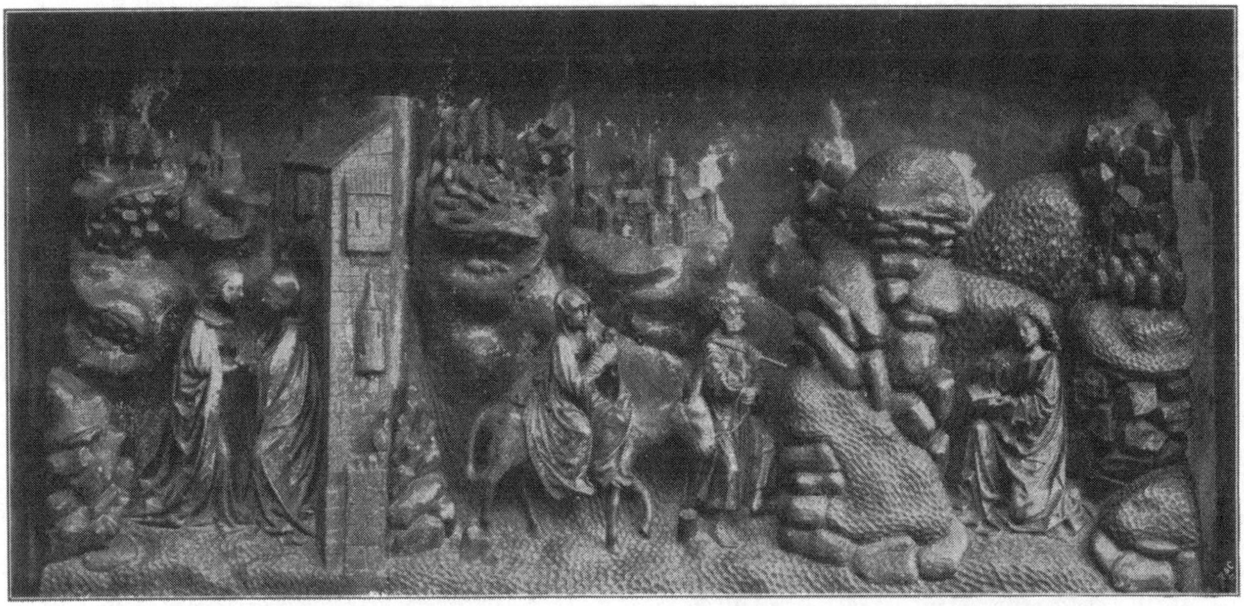

396

Marburger Altären entstanden. Die Erwerbung in Worms läßt vielleicht Vöges Bestimmung »hessisch« auf das mittelrheinische Gebiet erweitern. Unser Relief kann ebensowohl Predella wie selbständiger Altar gewesen sein.

5553. Christus am Ölberg (Vöge 170). Christus kniet rechts, zu dem am Abhang stehenden Kelch aufblickend; links sitzen die drei Jünger schlafend am Boden; Johannes stützt den Kopf mit beiden Händen, Petrus mit der Linken, in der Rechten hält er das Schwert. Jakobus schlummert auf dem rechten Ellenbogen. Im Hintergrund kommt Judas mit den Häschern durch das Gartentor.

Hochrelief ohne Grund. Lindenholz. H. (ohne den modernen Kasten) 18.5, Br. 29.5. Aus zwei annähernd gleichgroßen Stücken. Abgebrochen der Kelch, ein Stück vom Schwertgriff und eines aus dem Boden zu Füßen Christi. — Alte Vergoldung (Gewänder, Felsen, Zaun) und Bemalung. Die Gewandsäume mit Schriftstreifen, die in roter oder in blauer Lasurfarbe ausgespart sind. Gesichter des Judas und der Häscher neubemalt. — Erworben 1908 in München.

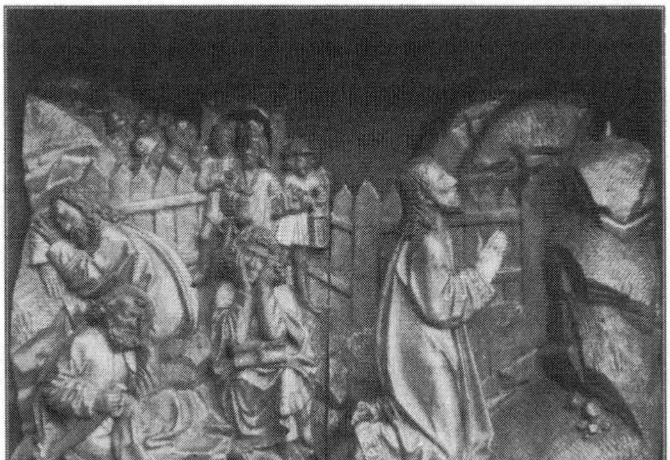

5553

Mittelrheinisch (?), Anfang des 16. Jahrhunderts. — Angeblich aus der Gegend von Worms. In der Disposition wie in Einzelmotiven (Stellung des Jacobus, Gestalt des Zauns mit den zugespitzten Brettern) scheint eine Erinnerung an den berühmten Straßburger Ölberg von 1498 anzuklingen.

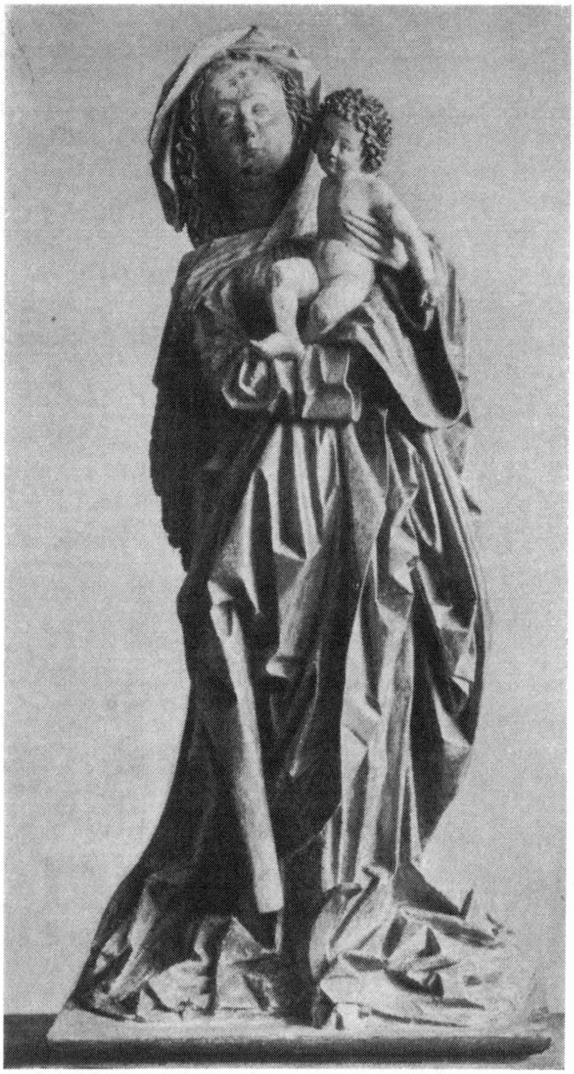

8337

8337. Maria mit dem Kinde. Stehend, die Hüften nach vorn und rechts geschoben, hält sie das auf der Rechten sitzende nackte Kind mit der Linken leicht unter der Schulter fest. Über dem langärmeligen Gewande mit enger Einschnürung an der Hüfte liegt ein Mantel, der am Rücken glatt herabfällt und rechts bis zur Hüfte emporgenommen ist. Vorne fällt ein ungefähr ovaler Zipfel vom rechten Arm herab. Am Boden breitet sich das Gewand über die ganze Standplatte aus. Über dem reichen Lockenhaar, das bis über die Hüften herabhängt, ein lose gelegtes Kopftuch, das im Halbkreis das Gesicht umgibt und über die rechte Schulter fällt. Am Boden die Mondsichel.

Wandstatue. Lindenholz. H. 98. Rückseite ausgehöhlt. Die alte Bemalung in erheblichen Resten erhalten und von moderner Übertünchung befreit. Die Haare bei Mutter und Kind vergoldet. Mantel außen gold, Futter rot; Gewand grün; Inkarnat alt, bei dem Kinde in vorzüglicher Erhaltung. — Dem Kinde fehlt der rechte Arm, die linke Hand ist ergänzt. Kleine Anstückungen an den Rändern des Mantels. Auf modern profiliertem Sockel. — Erworben 1924 aus Privatbesitz.

Oberhessischer Meister, um 1480. — Aus Sachsenberg (Waldeck). Ausgestellt 1928 in Marburg. Oberrheinischer Einfluß auf die Komposition ist unverkennbar. Die Heimat des Stückes liegt am äußersten Nordende der Mainzer Diözese und Einflußsphäre.

7722. Petrus. In vorschreitender Bewegung innhehaltend, blickt er mit kaum geneigtem Haupt nach links unten. Das Haupt mit Stirnlocke und lockigem Bart. Der Hals frei, von den bloßen Füßen kommt der rechte vorne unter dem Gewand, die linke Ferse an der Rückseite zum Vorschein. Um das gegürtete und mit Knöpfen geschlossene Gewand ist in freiem Schwung ein Mantel geworfen, aus dem der rechte Arm und die rechte Hälfte des Oberkörpers hervorsieht. Auf der Brust ist der Mantel mit einer Agraffe (mit einem Bilde des Petrus) zusammengehalten. Der vom Rücken herabfallende Teil des Mantels wird vom linken Arm hochgenommen und an die Hüfte angedrückt. Der Saum des Mantels ist mit Steinen besetzt. Der Apostel hält in der Rechten den Schlüssel, in der Linken ein Buch.

Statue. Sandstein. H. 123. Mit durchgeführter Rückenbehandlung. Die Rückseite ist nur oben an den Schultern etwas abgeflacht. Reste alter Bemalung: Rot am Mantel, Gelb bzw. Gold an den Knöpfen

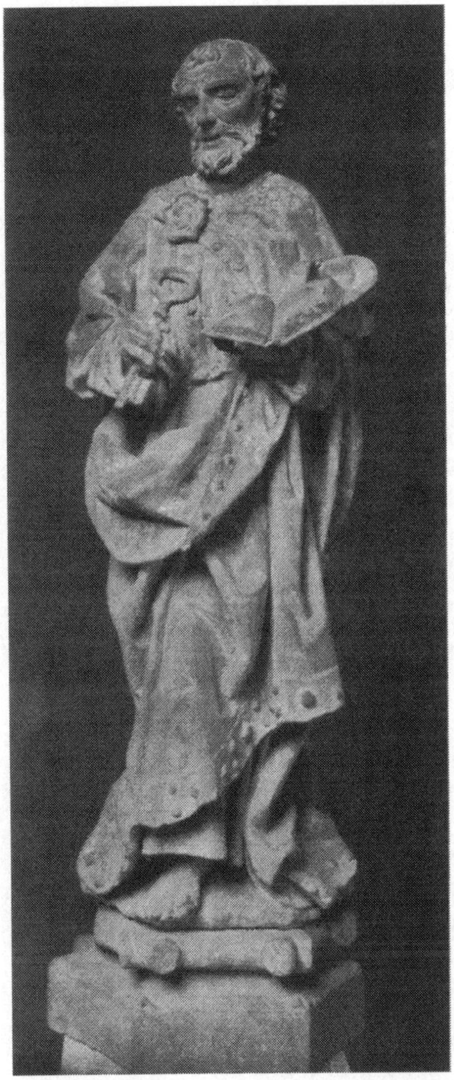

7722

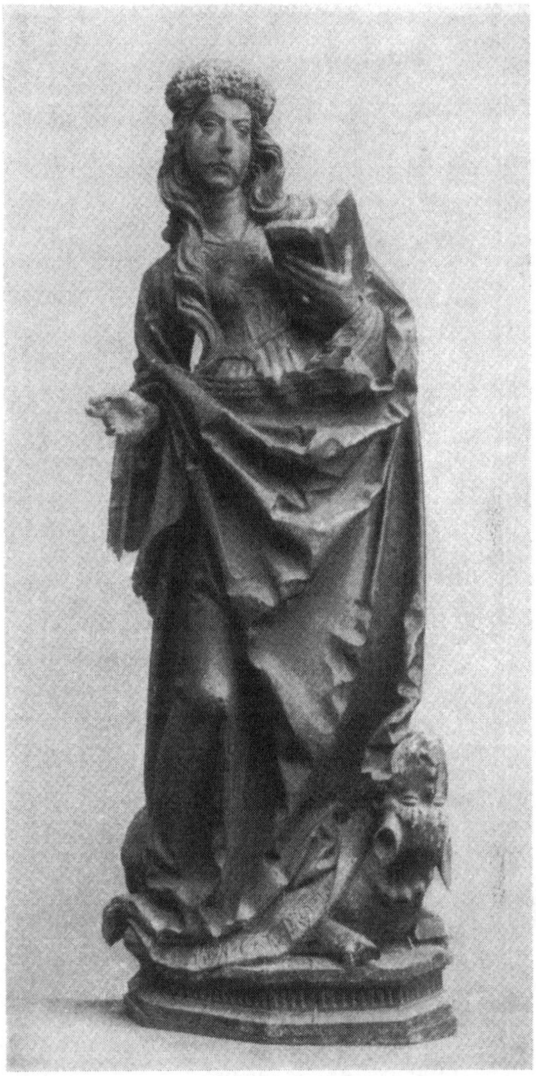

5910

und Säumen, sowie am Schnitt des Buches. Der Kopf ist nach Bruch wieder angefügt, ebenso die Hände; bei den letzteren die Ansatzstellen und einzelne Teile in Gips ergänzt, gleichfalls der Griff des Schlüssels (der Bart aus Eisen). Am rechten Fuß sind zwei Zehen bestoßen, die eine in Gips ergänzt. Einzelne Stellen am Mantelsaum (Rückseite) ausgebrochen. — Auf altem sechseckigem Steinpostament mit konkaver Einziehung der Seiten, darüber Kehle und Wulst aus ineinandergesteckten Ästen; der Wulst an zwei Stellen beschädigt. — Erworben 1916 in Frankfurt a. M.

Mittelrheinisch, Ende des 15. Jahrhunderts.

5910. Margareta. Stehend, mit S-förmiger Biegung des Körpers. In der Linken ein Buch, die erhobene Rechte jetzt leer. Reiches Lockenhaar, das über beide Schultern vorne herabfällt; auf dem Haupt ein doppelter Kranz mit Rosetten. Über dem genestelten und gegürteten Gewand ein weiter Mantel, der am Rücken befestigt, um den linken Arm geschlungen, vorn herübergezogen und mit dem herabhängenden Ende über den rechten Unterarm gelegt ist. Der

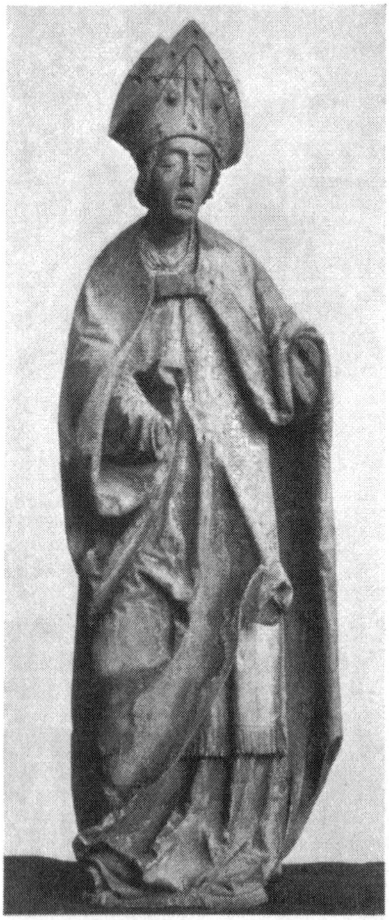

7982

Saum trägt oben ornamentale Verzierung, unten die Inschrift: Margareta ora pro no(bis). Am Sockel kommt rechts unter dem Mantel der Drache hervor, den Kopf nach oben gedreht. — Mit dem unregelmäßig polygonalen, profilierten Sockel aus einem Stück. Abb. S. 165.

Wandstatue. Lindenholz. H. 107,5 (mit Sockel). Rückseite ausgehölt. Alte Bemalung mehrfach aufgefrischt, Säume vergoldet. An dem links herabfallenden Mantelende fehlt vorne ein größeres Stück. Kleine bestoßene und vermorschte Stellen am unteren Mantelsaum und an den Rändern des Buches. Dem Drachen fehlen beide Vorderfüße, am Kopf mehrere Bestoßungen. — Erworben 1911. Geschenk.

Mittelrheinisch um 1520. Meister aus der Schule Hans Backoffens. Von P. Kautzsch in den Amtl. Berichten der Staatl. Museen 32 (1910) 27 ff. eingehend analysiert und der Backoffenschule zugewiesen. Die dort hervorgehobene besondere Verwandtschaft mit den Steinskulpturen in Halle (Dom) und Hessental bei Aschaffenburg bezieht sich vorwiegend auf die Struktur der Gewandfalten.

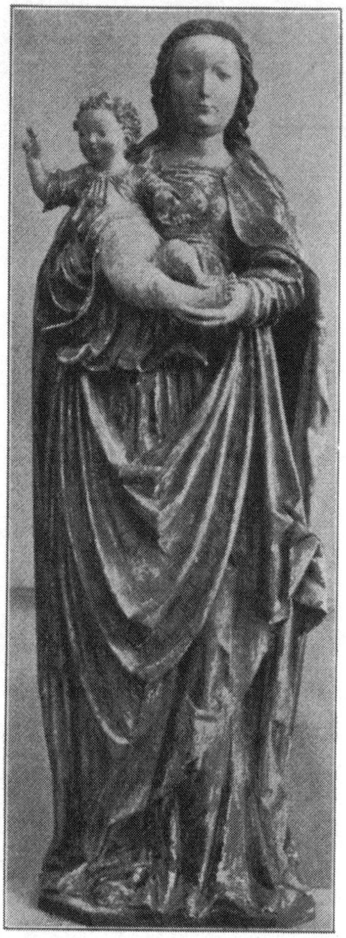

5551

7962. Hl. Bischof, stehend, mit gesenktem Blick und redend geöffnetem Mund. Er trägt die Mitra, die mit Steinen verziert ist, und über Alba und Dalmatika einen Chormantel, der links heraufgenommen und angedrückt wird, während er rechts über den Unterarm herabfällt.

Wandstatue. Lindenholz. H. 116. Rückseite ausgehöhlt. Reste alter Bemalung: Pluviale gold, Futter rot (früher blau), Mitra gold, Inkarnat sehr nachgedunkelt. Es fehlen der linke Unterarm mit dem Krummstab und die rechte Hand. Am Sockel, am Rand des Pluviales (unten rechts) und an der Mitra sind kleine Stücke ergänzt. — Erworben 1920 aus Münchner Privatbesitz.

Mittelrheinischer (?) Meister aus der Nachfolge Hans Backoffens, um 1530—40. Verglichen mit der vorhergehenden Nr. 5910 zeigt diese Figur eine noch spätere Stilstufe.

5551. Maria mit dem Kinde (Vöge 172). Stehend, in feierlicher Vorderansicht, das Kind auf beiden Händen tragend. Das gescheitelte, mit flachen Rillen versehene Haar der Maria fällt offen über die Schultern. Das Diadem der Madonna zeigt auf dem Reif eine gotische, um einen Stab gewundene Blattwelle. Das Kind in einem vorn auseinanderflatternden, gegürteten Hemdchen, das den Unterkörper freiläßt. Abgeschrägte Plinthe.

Wandstatue. Lindenholz. H. 157. Rückseite ausgehöhlt. Auf dem Haupte der Maria eine Bohrung. Der linke Unterschenkel des Kindes nebst den daran haftenden Fingern der Madonna aus besonderem Stück eingesetzt. Ergänzt die Hände des Kindes, die Zehen an seinem rechten Fuß, der rechte Daumen der Madonna. Der untere Abschluß mit den am Boden sich stauenden Falten ergänzt. Die Bemalung und Vergoldung ist besonders am Mantel der Maria erneuert, dagegen ist das alte Inkarnat trefflich erhalten; ebenso die Vergoldung am Hemdchen des Kindes und das dunkelgrüne Futter am Gewand der Maria. — Erworben 1908 in Mainz.

Mittelrheinisch, um 1525. — Das seltene Motiv des spitzwinklig sich öffnenden Hemdchens bei dem Christkind kommt beim Lautenbacher Altar, also einem berühmten oberrheinischen Werk vom Ende des 15. Jahrhunderts, vor. Vgl. Jahrbuch der Preuß. Kunstsammlungen 46 (1925) S. 175 f. und unsere Nr. 5594, S. 151.

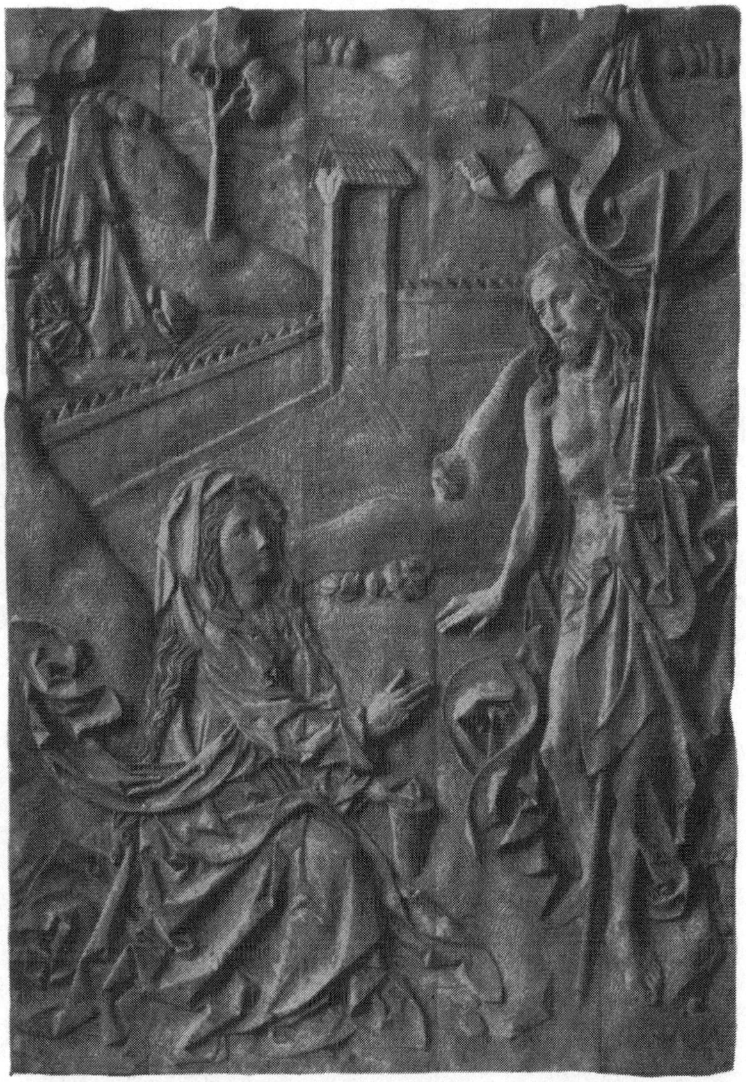

2628

c) Würzburg und Unterfranken

Tilman Riemenschneider, Bildhauer in Holz und Stein

geboren zu Osterode am Harz wohl um 1460, tätig seit 1483 in Würzburg Mitglied des Rates, 1520 Bürgermeister daselbst. Gestorben Würzburg 8. Juli 1531

2628. Christus, Magdalena erscheinend (Vöge 200). Kniend, die Linke auf die am Boden stehende Salbbüchse legend, blickt Magdalena zu Christus auf, der in Lendentuch und Mantel vor ihr steht. In der Linken die Kreuzfahne, wehrt er ihr mit der Rechten. Den Garten umgibt ein Bretterzaun; dahinter sieht man in felsiger Landschaft den schlafenden Petrus am Eingang des Grabes.

Flachrelief. Lindenholz. H. 143,5, Br. 101,5. Mehrere Finger der Hände ergänzt, an der rechten Hand der Magdalena fehlt der kleine Finger. Mehrfach ausgebrochen und hinterlegt. Nach dem Wortlaut des Kontraktes ursprünglich bemalt; die Farbenreste stammen von späteren Restaurationen; alt sind nur die

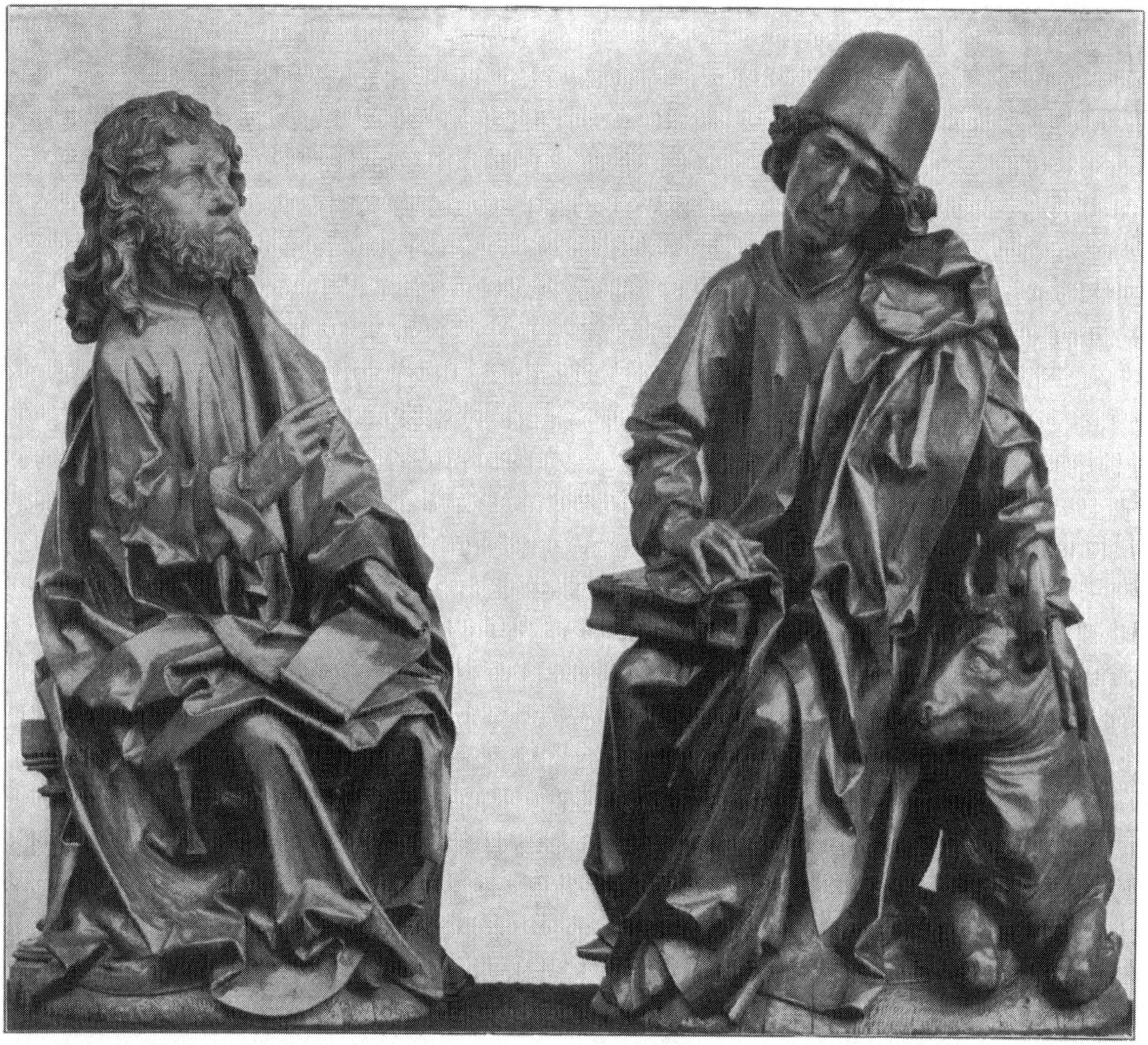

402. 403

mit schwarzer Farbe lavierten Augensterne. »Der Künstler brachte sie wohl an zur Beurteilung der Wirkung, bevor er die Farbe auftrug« (Benoit Oppenheim, Originalbildwerke a. m. Sammlung, Berlin 1907), oder auch zur Orientierung für den Maler. — Erworben 1901 in Berlin. Aus der Sammlung Sattler auf Schloß Mainberg.

Eigenhändig, 1490—92. Von dem frühesten urkundlich beglaubigten Werke Riemenschneiders, dem Magdalenenaltar der Pfarrkirche zu Münnerstadt in Unterfranken (angedingt a. 26. Juni 1490, vollendet wahrscheinlich im Herbst 1492). Die Gartenszene bildete die untere Hälfte des rechten Flügels, über ihm befand sich die Szene: Christus als Gast bei dem Pharisäer Simon, von Magdalena gesalbt. Dieses letztere Relief kam beim Verkauf der Sammlung Sattler an B. Oppenheim in Berlin, von da 1923 in die Sammlung G. Bollert in Charlottenburg. Die Magdalenenstatue ist seit 1901 im Münchner Nationalmuseum. Die übrigen Teile des Altars, darunter die zwei Reliefs des linken Flügels noch in der Münnerstadter Kirche. Abbildungen am besten bei Justus Bier, Tilmann Riemenschneider, Bd. I. Die frühen Werke (1925) Abb. 4 ff. Text S. 9 ff. Weitere Literatur, außer dem Tafelwerk der Sammlung B. Oppen-

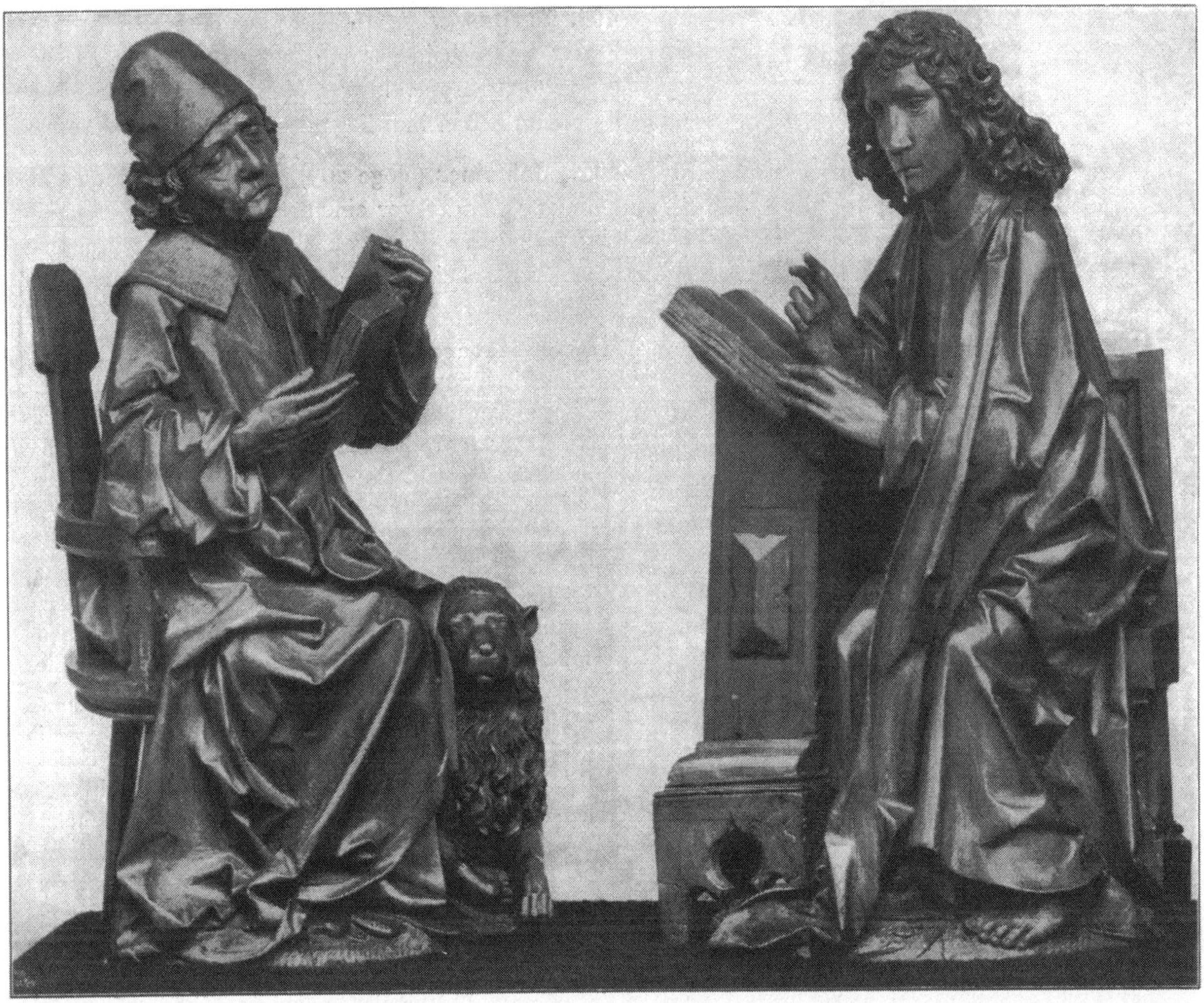

404. 405 S. 170

heim (s. oben): Tönnies, Leben und Werke des Würzburger Bildschnitzers Tilman Riemenschneider (1900) S. 68 ff. Repertorium für Kunstwissenschaft 24, S. 468. H. Schrade, Tilman Riemenschneider (1927) S. 34 ff., besonders S. 42. Unsere Szene stellt eine freie Umbildung des Schongauerschen Stiches B. 26 ins Relief und in Riemenschneiders besondere Empfindungsweise dar.

402—405. Die vier Evangelisten (Vöge 202—205), auf Bänken sitzend, Markus auf einem Lehnstuhl.

402. Matthäus (Vöge 202), bärtig, mit weichem Lockenhaar, erhebt lehrend die Rechte, in der Linken eine Schriftrolle haltend. Langer, am Hals durch einen Knopf zusammengehaltener Rock, darüber ein Mantel.

403. Lukas (Vöge 203), bartlos, neigt nachdenklich das Haupt zur linken Schulter; die Linke liegt auf dem Nacken des neben ihm liegenden Stieres, die Rechte auf dem geschlossenen Evangelienbuch. Über dem Rock ein schurzartiges Gewandstück, das auf der Schulter mit Schnüren zusammengehalten ist. Darüber der Mantel, auf der linken Schulter zu einem Faltenknäuel zusammengeschoben.

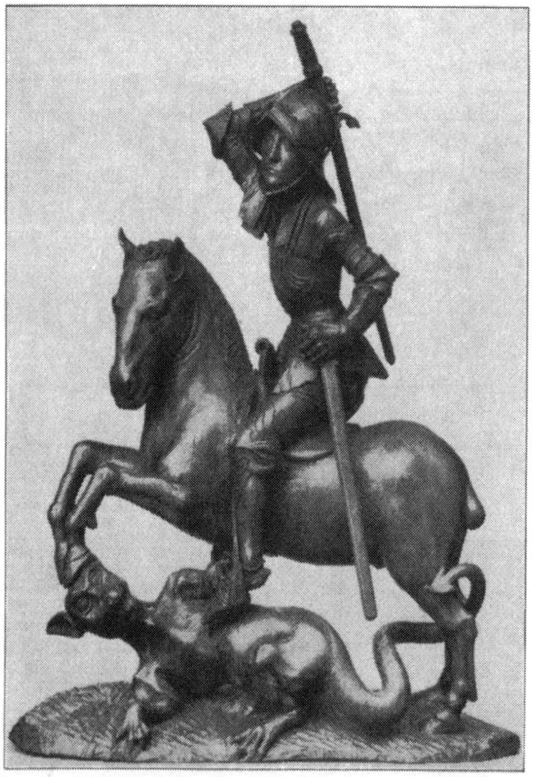

414

404. Markus (Vöge 204) liest aus dem Evangelium vor, es in beiden Händen haltend. Wie Lukas bartlos; Kappe, langer Mantel mit Pelzkragen. Rechts neben ihm liegt der Löwe. Abb. S. 169.

405. Johannes (Vöge 205), jugendlich, sitzt nach links gewendet vor einem Lesepult mit dem aufgeschlagenen Evangelienbuch; die Rechte erhebend scheint er daraus vorzutragen. Der Mantel liegt auf beiden Schultern. Abb. S. 169.

Wandstatuen. Lindenholz. H. 72 bis 78. Die Rückseiten ausgehöhlt, die des Markus unbearbeitet. Bohrungen auf den Köpfen. Ergänzt bei Matthäus die Finger der rechten Hand, der Daumen der linken, Stückchen am Halsausschnitt, an den Falten des rechten Ärmels und den Säumen und das äußerste Ende der Rolle; außerdem ist im Gesicht ein Riß, in den an der Stirn ein Streifen eingesetzt ist; bei Markus die Finger der rechten Hand, zwei Finger der linken, die linke Pranke des Löwen; Stücke am Ohr desselben und an den Säumen, an der Schulternstütze der Lehne ein Stück links, an der trefflich erhaltenen Lukasgruppe das linke Ohr und das linke Horn des Stieres; bei Johannes die linke Hand bis auf den Nagel des dritten Fingers und drei Finger der Rechten, die vordere und die linke Wandung des Pults (in Tannenholz) und die obere linke Ecke des Buches. — Die Figuren wurden 1502 von V. Stoß bemalt; im 18. Jahrhundert versilbert, 1887 gereinigt und modern, in zwei braunen Tönen, gebeizt. An Farbspuren finden sich: olivgrün am rechten Ärmel des Matthäus (Unterseite), am Buch des Lukas (Unterseite), am Mantel des Johannes (Unterseite); schwarz am Stuhl des Markus; rot im Auge des Stieres. Die Augen waren vor der Bemalung schwarz laviert und weiß aufgelichtet; über dieser Lavierung liegen vereinzelte Farbenreste (rechtes Auge des Lukas, linkes Auge des Johannes). — Erworben 1887 in Wien.

Eigenhändig. 1490—92. Aus der Predella des Münnerstädter Altars. Vgl. J. Bier, a. a. O. S. 30 ff., wo auf Grund der stilistischen Übereinstimmung, der Komposition und der erhaltenen Farbreste, die auf eine urkundlich gesicherte, 1502 von Veit Stoß ausgeführte Bemalung (a. a. O. S. 15) zurückgehen, die Zugehörigkeit unserer Figuren zum Münnerstädter Altar nachgewiesen wird. Danach haben sie von links nach rechts in der Folge Matthäus, Lukas, Markus, Johannes gestanden und zwar derart, daß Matthäus dem Lukas und Markus dem Johannes zugekehrt war. Die beiden fehlenden Symbole des Matthäus und Johannes, Engel und Adler, sind über den einander zugewandten Aposteln schwebend zu denken. Vgl. ferner Ed. Tönnies, Leben und Werke des Würzburger Bildschnitzers Tilmann Riemenschneider, Straßburg 1900, S. 251 ff. Demmler in Tilmann Riemenschneider (»Meisterwerke in Berlin« o. I. Verlag I. Bard) S. 8.

414. Der hl. Georg (Vöge 209). In Helm und Plattenrüstung auf einem schweren Gaul nach links sprengend, mit dem Schwert gegen den Lindwurm am Boden ausholend, der im Begriff ist, sich zu ihm umzudrehen.

Gruppe. Lindenholz. H. 78. Rückseite minder sorgfältig bearbeitet. Alte Stückungen (der rechte Unterarm). Ergänzt das Schwert (bis auf das Stück in der Hand), die Schwertscheide, das linke Ohr des Pferdes, das rechte des Drachen, dessen Zunge und Schwanzende, wie eine Zehe am linken Vorderfuß;

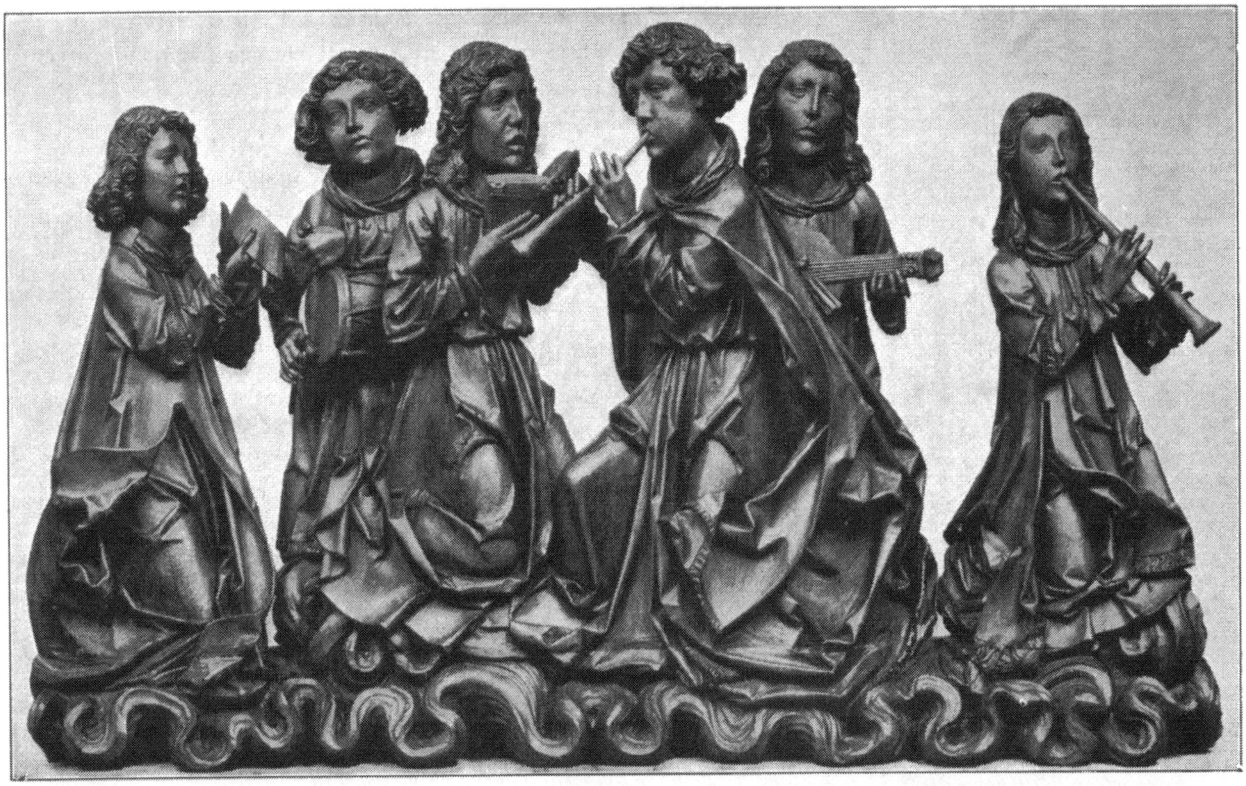

1559

an der Rückseite einelne Stücke eingesetzt, desgleichen eins in einen Riß an der Brust des Pferdes. Kleinere Beschädigungen durch Wurmfraß. — Erworben 1887 in Würzburg. Schwache Spuren der schwarz lavierten Augensterne.

Eigenhändig. Um 1500. — Für die »Unritterlichkeit« des Ritters (vgl. Demmler a. a. O. S. 8) verweist Schrade Anhang Anmerkung 208 mit Recht auf den Schaumberg der Würzburger Marienkapelle (um 1500). Auch der Hinweis auf die Ähnlichkeit des schildhaltenden Engels rechts auf dem Scherenberg-Grabdenkmal des Würzburger Doms (1496—99) erscheint zutreffend. Dagegen vermag ich die gleichfalls von Schrade behauptete enge Verwandtschaft mit Adam Krafts S. Georg am Hause Theresienstraße 23 in Nürnberg (Höhn, Nürnberger gotische Plastik, 1922, S. 72) nicht zu sehen. Es erscheint nicht glaubhaft, daß beide Arbeiten auf das dort genannte graphische Vorbild, den Stich B. 33 des Franz von Bocholt, zurückgehen.

1559. Das Engelkonzert (Vöge 207). Sechs Engel knien in geistlichen Gewändern auf einem Wolkenstreifen. Die beiden Sänger, mit Meßbuch und Notenblatt, werden von den übrigen mit Mandoline, Trommel und zwei Schalmeien begleitet. Der Schalmeibläser in der Mitte ist im Chormantel, der rechts und der Sänger links in der Dalmatika, die übrigen in Alben.

Hochrelief ohne Grund. Lindenholz. H. 48,5, Br. 83. Die Mittelgruppe und die Engel links und rechts aus besonderen Stücken gearbeitet und auf dem ergänzten Wolkenkranz mit Holzpflöcken befestigt; auch zwei Hände der Schalmeibläser aus besonderen Stücken. Auf einem der Köpfe eine Bohrung. Ergänzungen an den Fingern, den Schalmeien sowie der Notenrolle; auch die Trommelstöcke sind neu. Schwache Farbenreste an den Lippen. Spuren schwarzer Lavierung der Augen. — Erworben 1889 in München. Geschenk des Herrn A. Thiem.

Eigenhändig. Aus der Zeit des Blutaltars in Rothenburg o. T. (1500—1504). Die Dar-

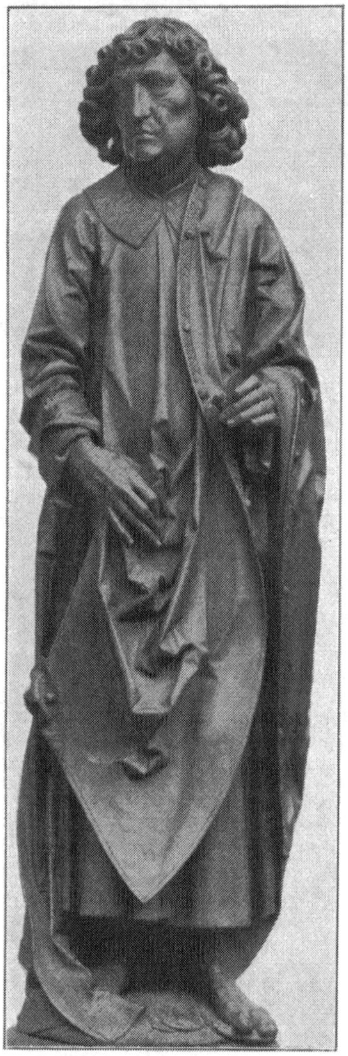

3027

stellung ist vermutlich der Rest aus einer Geburt Christi. Ausführliche Charakteristik bei Schrade a. a. O. S. 106 f. vgl. auch Demmler a. a. O. S. 8 f.

3027. Der Apostel Matthias (Vöge 201). Stehend, in langem Rock mit Pelzkragen, das bartlose Lockenhaupt halb nach links wendend, in der Rechten den Zipfel des Mantels. Inschriften in Kapitalen an den Säumen. Am Mantelsaum links unten beginnend: O · ERBARME O MARIA · DV · MVDER · ALLE | MARIA · GRACIA | | ON · HEILEIGER · SANT · MATIAS · PIT · G Am r. Saum: O MARIA · HILE · VNS · AVS · ALLER · NOT · DENS · PIT ·

Wandstatue. Lindenholz. H. 104,5. Rückseite unbearbeitet. Auf dem Kopf eine Bohrung. Ergänzt die linke Hand, an der rechten zwei Finger; Kleinigkeiten an der Nase, den Locken; die Zehen des linken Fußes. — Braun gebeizt; von der entfernten alten Bemalung haben sich Spuren am Mund und am Rock (grün) erhalten; die Augensterne schwarz laviert. — Erworben 1905 in Frankfurt a. M.

Eigenhändig; aus der Zeit des Creglinger Altars, an dessen Apostel der Kopftypus, die Faltenmotive, die Bordüre erinnern. — Aus der Sammlung von Savigny. Vgl. L. Kämmerer in dem Werk über die Renaissance-Ausstellung aus Berliner Privatbesitz (1908), S. 77; Tafel 18. Abgebildet auch in dem Tafelwerk: Deutsche und niederländische Holzbildwerke aus Berliner Privatbesitz, herausgegeben von der Kunstgesch. Gesellschaft Berlin (1904) Nr. 58, Tafel 30. — Weber, Riemenschneider 3. Aufl. (1911) S. 234. Schrade a. a. O. Anmerkung 423. Demmler a. a. O. S. 10.

409. Die klagenden Marien, von einer Beweinung Christi (Vöge 210). Beide knien, im Mantel; die eine streckt, nach rechts gewendet, die Hände aus; ein Kopftuch liegt auf dem gelösten Haar, aus den kurzen Ärmeln fallen die weiten Ärmel des Hemdes; die zweite trocknet, sich halb nach links wendend, die Tränen mit dem langen Ende der Sendelbinde; über dieser trägt sie eine Wulsthaube.

Wandgruppe. Lindenholz. H. 57. Ergänzt ein paar Finger und Fingerspitzen an den Händen der Frau rechts. Die heutige Vergoldung und Bemalung entstammt einer sorgfältigen Erneuerung in der Spätrenaissance. Gewand der Frau rechts silbern mit blauem Granatmuster. — Erworben 1883 in München.

Um 1500—1510. — Von einem schwäbischen Genossen Riemenschneiders. — Wahrscheinlich Gegenstück zu der Beweinungsgruppe der Sammlung Albert Figdor-Wien, die aus drei Figuren besteht und im Stil wie in den Maßen übereinstimmt. Die Figdor'sche Gruppe kommt aus Wiblingen bei Ulm; daß Riemenschneider dorthin einen Altar geliefert hat, ist nicht wahrscheinlich. Es kommt hinzu, daß der Schnitzer unserer Gruppe die Frau links kopiert hat aus der Beweinungsgruppe, die Nicolaus von Hagenau 1501 für den Fronaltar des Straßburger Münsters schuf; Abb. bei Otto Schmitt, Oberrheinische Plastik, Tafel 76. Ein Vergleich mit der eigenhändigen Gruppe zweier Frauen im Stuttgarter Museum (Katalog von Baum, Nr. 238, Tafel 20) zeigt deutlich die Verschiedenheit der ausführenden Hände. Die Figdorsche Gruppe abgebildet bei Leisching, Figurale Holzplastik I Tafel 18. — Demmler in der Zeitschrift »Die Kunst« 23 (1922) S. 200, Bier, Riemenschneider, Band II (1930) S. 100 ff. Schrade, a. a. O. S. 150.

2931. Christus am Kreuz (Vöge 217). Er neigt das dornengekrönte Haupt auf die rechte Schulter, der Mund ist geöffnet; die langen Enden des Lendenschurzes flattern im Winde.

Freifigur. Lindenholz. H. 72,5. Die Brustwarzen wie die Dornen der Krone gesondert eingesetzt; auf dem Haupt eine Bohrung. Ergänzt die Arme (von einer anderen Restauration stammen die Achselstreifen). Ergänzt ferner Teile an der Krone, die Locke rechts und ein paar Fingerspitzen, das rechte flatternde Ende des Schurzes, eine Zehe des linken Fußes sowie ein Streifen auf diesem Fuß. Kreuz modern. — Jetzt farblos. Spuren grüner Farbe am Lendenschurz und der Krone, von Rot am Munde. — Erworben 1905. Geschenk des Herrn Karl v. d. Heydt. Eigenhändig. Aus der mittleren Zeit des Meisters. Früher Sammlung Piloty-Würzburg, dann auf der Münchener Renaissance-Ausstellung.

Nach einer wahrscheinlich auf Professor Piloty zurückgehenden Angabe aus einem kleinen fränkischen Ort, vielleicht aus Arnstein stammend. Dagegen hat Weber (Riemenschneider, 3. Aufl., S. 239) die Angabe, daß das Stück zu einer Kreuzigungsgruppe gehört, die früher den Kreuzaltar der Stiftskirche zu Aschaffenburg schmückte. Die beiden zugehörigen Figuren, Maria und Johannes, erwarb v. Hefner-Alteneck in dieser Stadt im Jahre 1850. Sie sind jetzt, nach mehrfachem Besitzwechsel, getrennt. Die Maria befindet sich in der Sammlung v. Pannwitz in Holland (Katalog Bd. II, von O. v. Falke, 1927 Nr. 116 Taf. 26), der Johannes im Museum zu Aschaffenburg. Stili-

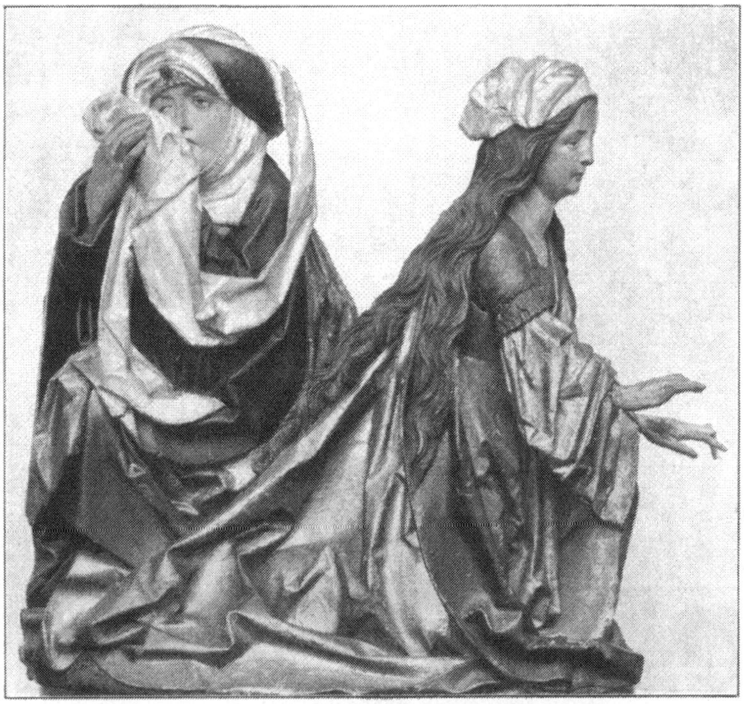

409

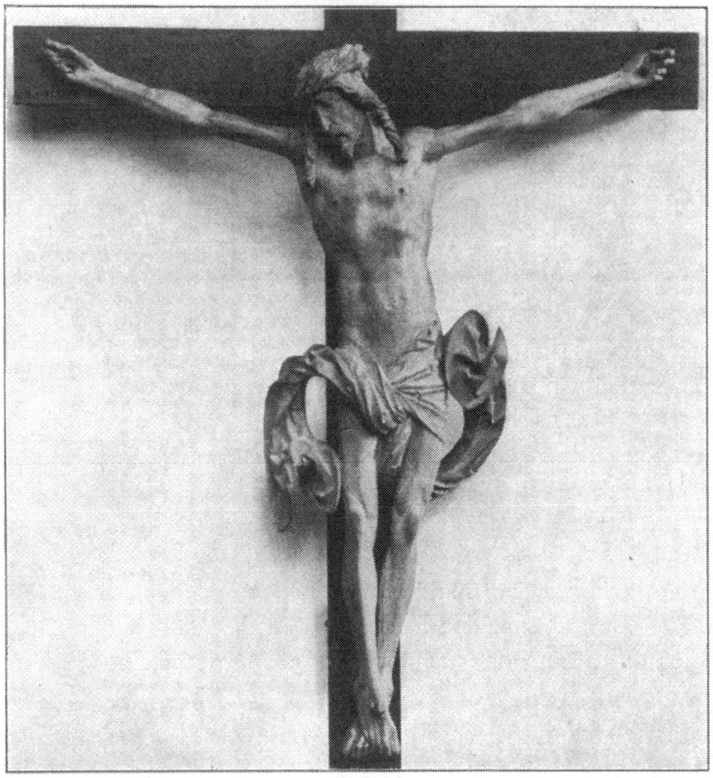

2931

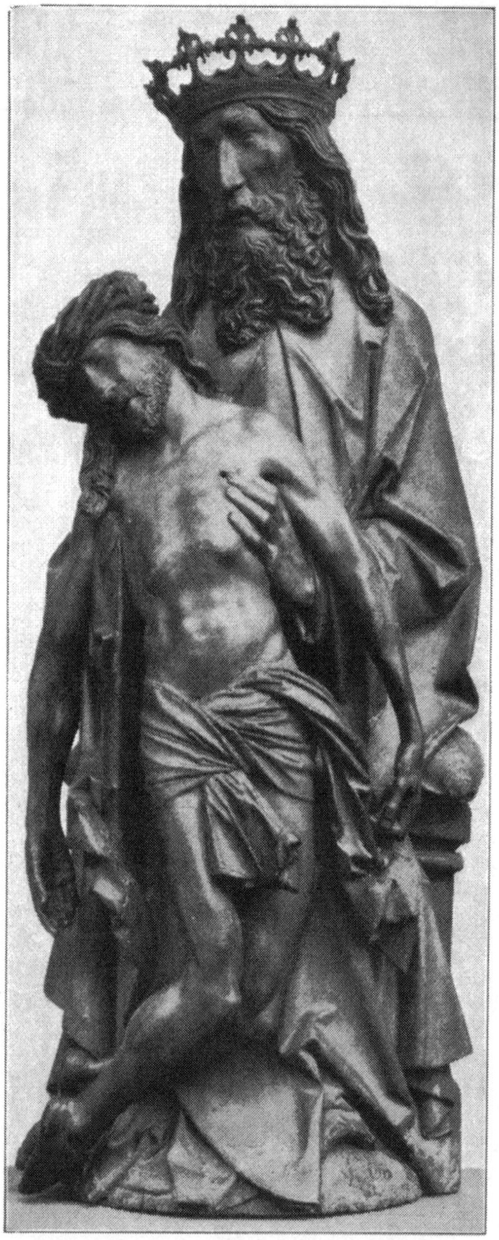

2549

stisch paßt der Kruzifixus sehr gut zu der Maria, und zwar sowohl in der Behandlung des flatternden Lendentuches, wie in dem leidenschaftlich gesteigerten Ausdruck. Auch das Format spricht für Webers Annahme; vgl. seine Abb. a. a. O. S. 240. Die Eigenhändigkeit des Stücks, von dessen Eindruck alte Nachbildungen zeugen, so auch unsere Nr. 7018, S. 183, würde ohne die Ergänzungen noch deutlicher hervortreten. Angezweifelt wurde sie von Vöge, Monatshefte für Kunstwissenschaft 1910, S. 242, anerkannt u. a. von Friedländer, Repertorium 1901, S. 326. Zeitschrift für bildende Kunst 1902, S. 32.

2549. Gottvater mit dem Leichnam Christi; sog. Gnadenstuhl, Darstellung der Dreifaltigkeit (Vöge 206). In langem Gewand und vor der Brust geknüpftem Mantel sitzt Gottvater, gekrönt, auf dem Kissen eines Thronsitzes; den nur mit dem Lendentuch bedeckten Leichnam stützt er unter den Achseln mit beiden Händen, die linke unter dem Mantel bergend. Die plastische Andeutung der Wundmale ist an der linken Hand vergessen; die Taube des hl. Geistes fehlt.

Wandgruppe. Die Rückseite ausgehöhlt. Lindenholz. H. 185. Die Brustwarzen, die Dornen der Krone aus besonderen Stücken eingesetzt. Die linke Brustwarze fehlt. Auf dem Kopf Gottvaters eine Bohrung. Die Krone ergänzt. Mit alter Bemalung und Vergoldung (z. T. unter späterem Anstrich). Mantel und Lendentuch waren vergoldet, jener hat grünes, dieses blaues Futter; roter Rock; gestreiftes Kissen. — Erworben 1900 in München.

Eigenhändig. Aus der Zeit um 1516, wo der Steinacher Crucifixus entstand. — Daß der in der Anlage ähnliche Gnadenstuhl des Hochaltars von Münnerstadt nicht eigenhändig ist, zeigt gerade der Vergleich mit unserem reifen und edlen Werk. Vgl. Bier a. a. O. (1925) S. 56, Tafel 24. Inventar: Bezirksamt Kissingen, S. 153. Der Steinacher Crucifixus, urkundlich gesichert und datiert, ist abgebildet bei Weber a. a. O. (1911) S. 154, und im Inventar Bezirksamt Kissingen Tafel XXI.

401. Maria mit dem Kinde auf der Mondsichel (Vöge 215). Stehend, in langem Gewande, Mantel und Kopfschleier, den Blick etwas nach links wendend. Der Schleier ist vom Kopf gesunken und umfängt leicht das nackte Kind, das seine Enden mit beiden Händen gefaßt hält.

Wandfigur. Lindenholz. H. 121. Die Rückseite ausgehöhlt. Die linke Hand Mariae angestückt. Ergänzt der linke Arm des Kindes, drei Zehen an seinen Füßen, an der linken Hand der Madonna der kleine Finger, der Mantelzipfel unten und kleinere Stücke an der Gewandung sowie die rechte Hälfte der Mondsichel. Am Kopfschleier und an den Locken einzelnes in Gips ergänzt. — Moderne braune Beizfarbe. Mit Resten anscheinend alten Kreidegrundes auf dem Kopf und am Gewande Mariae sowie am Christuskörper. — Erworben 1883 in Tauberbischofsheim.

Charakteristisches eigenhändiges Werk der Spätzeit. Von Tönnies a. a. O. noch einem tüchtigen Nachahmer Riemenschneiders zugeschrieben. Für die Eigenhändigkeit treten ein Demmler, a. a. O. S. 11 und Hubert Schrade a. a. O. S. 167 ff., der in diesem Werk das Schlußergebnis von Riemenschneiders Entwicklung in bedeutendster Form verkörpert findet. Vgl. auch bei Schrade im Anhang die Anmerkung 397.

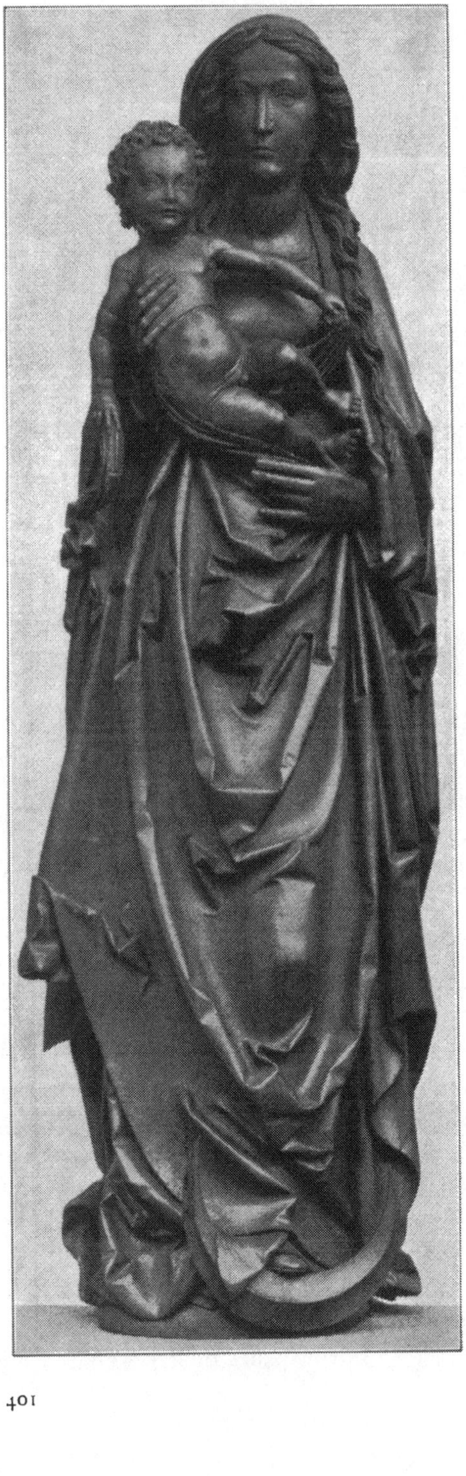

401

M. 137. Vespergruppe. Maria auf profilierter Bank sitzend, hat den Leichnam Christi, dessen Oberkörper ein wenig nach vorn herausgedreht ist, auf dem Schoß; mit der Rechten stützt sie sein Haupt, die Linke greift in das Kopftuch. Der vorn herabhängende Arm Christi im Ellbogengelenk verdreht, so daß die innere Handfläche (mit Wundenmal) nach vorn sieht. Kopftuch der Maria und Lendentuch Christi mit gewellten Säumen.

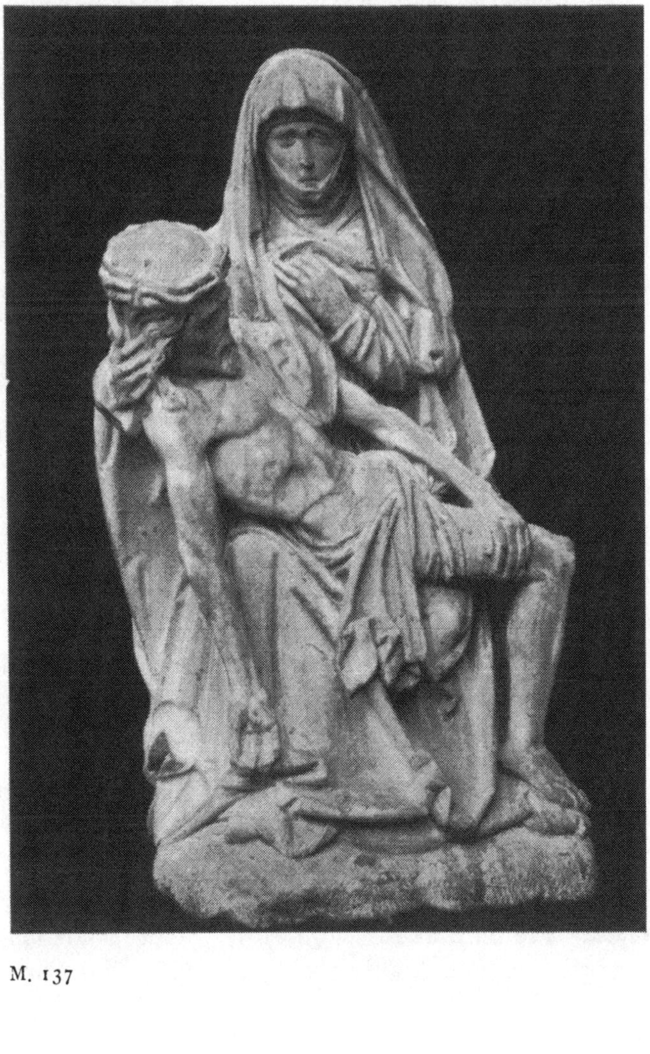

M. 137

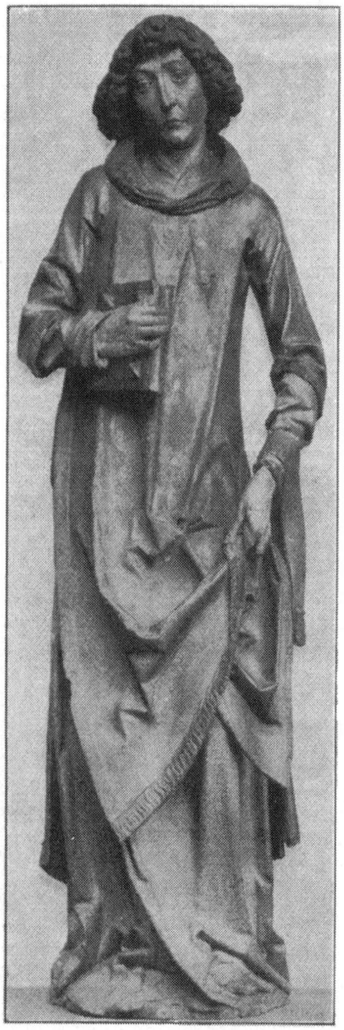

2302

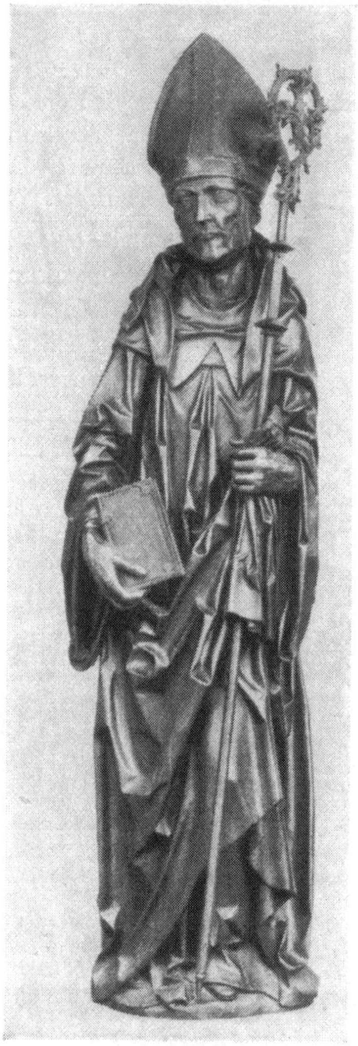

411

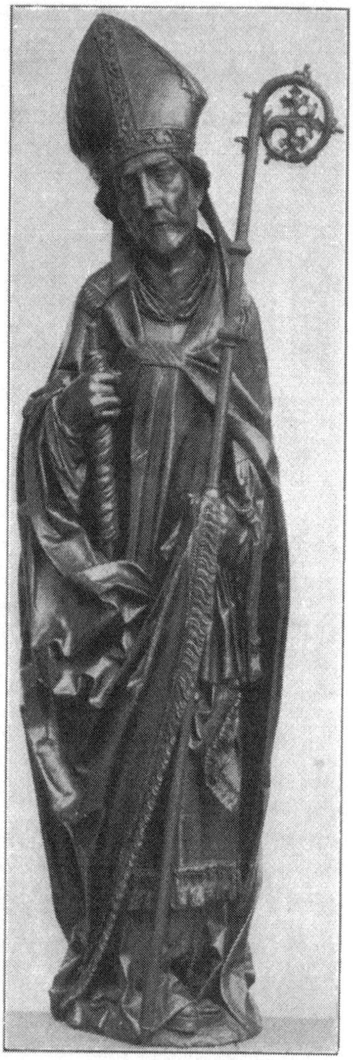

410

Wandgruppe. Sandstein. H. 48. Rückseite glatt. Die Nase Christi und die Finger seiner Rechten abgestoßen, ebenso einige kleinere Stellen in der Gewandung der Mutter. Ohne Spuren von Fassung. — Erworben 1915 von Frau Professor Piloty in Würzburg. Eigentum des Kaiser-Friedrich-Museums-Vereins.

Eigenhändig oder alte Replik eines eigenhändigen Vorbildes um 1520. Auktionskatalog der Slg. Robert Piloty 1911 Nr. 331 Taf. II. — Berichte des Kaiser-Friedrich-Museums-Vereins über 1915—16, S. 15. Verzeichnis 1922, Nr. 72. — Weiterbildung der Lindenholz-Pietà in der Würzburger Franziskanerkirche (Abb. Weber a. a. O. S. 72). Der Fortschritt gegenüber diesem Werk, der sich in dem Zusammenschluß der Komposition und in der Vertiefung des Ausdrucks kundgibt, ist am ehesten dem Meister selbst zuzutrauen, über dessen Stil das Werk auch zeitlich nicht hinausführt: vgl. für die Einzelheiten des Kinntuches und des Gesichtes der Maria die sehr nahestehende Pietà des Münchener Nationalmuseums (Nr. 704 im Katalog von 1896).

2302. Ein hl. Diakon (Vöge 216). Stehend mit langen Locken und Tonsur, in der Rechten ein Buch, mit der Linken die Dalmatika emporнehmend.

Wandstatue. Lindenholz. H. 125. Die Rückseite unbearbeitet. Der rechte Daumen, der Saum der Dalmatika beschädigt. Zwischen Daumen und Zeigefinger der Linken scheint ein Palmzweig zu fehlen (runde Bohrung zwischen Daumen und Dalmatika). Mit alter Vergoldung (Dalmatika, Manipel, Humerale, Schnitt und Beschlag des Buches), Versilberung (Halssaum der Alba) und Bemalung. Graue Alba, rotes Buch, schwarze Fransen. — Erworben 1896 in München. Geschenk des Herrn R. Lessing.

Wohl eigenhändig. Spätzeit. Aus Tauberbischofsheim. Die Johannesstatue in Hannover, die in der Erfindung unserer nahe verwandt, doch im Gegensinne entworfen ist, entstammt etwas früheren Jahren als unser Spätwerk. Tönnies a. a. O. S 262. Weber 3. Aufl. (1911) S. 237. Demmler a. a. O. S. 11. Schrade, Anhang Anm. 293 tritt unter Vorbehalt dafür ein, daß es sich um ein »eigenhändiges Meisterwerk nach 1510« handeln könnte. Eine weitere Replik, geringer, ebenfalls im Gegensinn, früher in Graz, jetzt in Nürnberger Privatbesitz.

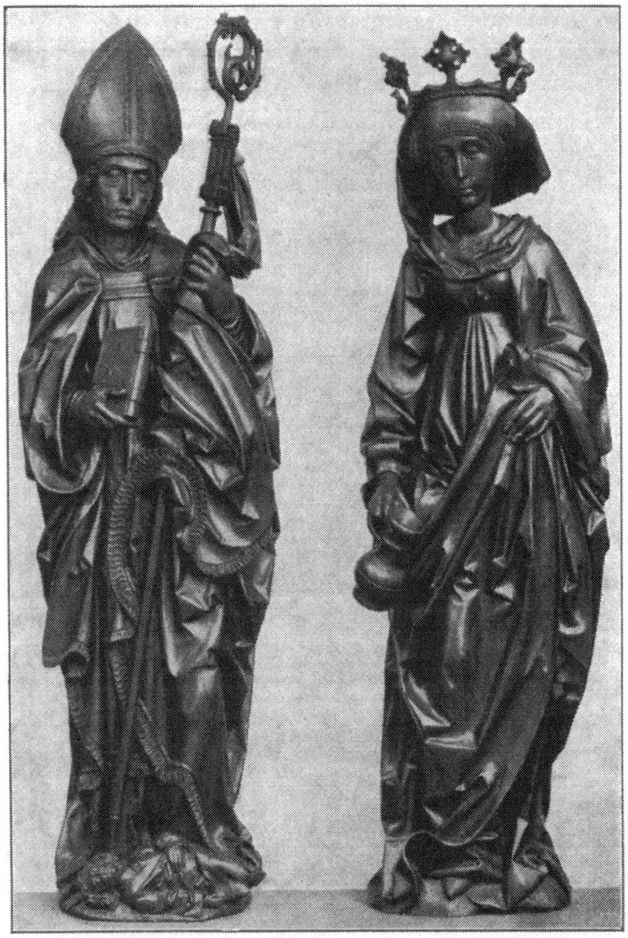

412. 413 S. 178

410—413. Vier Altarfiguren aus Kitzingen (Vöge 211—214).

410. Der hl. Erasmus (Vöge 211). Der Heilige steht in reichgegliedertem Chormantel, auf dem Haupt die Mitra, in leicht geschwungener Haltung auf einer niedrigen Bodenplatte. Der Kopf ist nach links geneigt. In der Rechten hält er die Winde, in der Linken den Krummstab. Beide Hände in Handschuhen. Chormantel und Dalmatika mit gefransten Borten. Die Alba fällt über den Sockel herab.

Wandstatue. Lindenholz. H. 126. Rückseite hohl. Das Holz des Kopfes ist vielfach gerissen. Der größte Teil der rechten Hand mit dem Attribut, der Krummstab und die hintere Spitze der Mitra sind ergänzt. Die dunkelbraune moderne Beize, die 410—413 nach Verlust der alten Farbe erhalten hatten, ist jetzt entfernt.— Erworben 1886 in Würzburg.

Eigenhändig um 1500. Die Figur stand zusammen mit Nr. 411, 412 und 413 in Nischen auf einem Altar der Pfarrkirche zu Kitzingen. Sie trägt ebenso wie die folgende Nummer alle Merkmale der Eigenhändigkeit; im Gesicht erscheint durch das Putzen manches Charakteristische verwischt. Vgl. Weber, Riemenschneider, 3. Auflage (1911) S. 236 f. Justus Bier hatte in seinem »Riemenschneider«, Bd. I (1925) S. 55 die Figur zunächst einem Schüler, dem Meister des Münnerstädter Johannes, gegeben, sich jedoch später nach brieflicher Mitteilung von ihrer Eigenhändigkeit überzeugt. Die Ähnlichkeit des Erasmus mit dem dort abgebildeten S. Wolfgang in Rothenburg o. d. T. ist in der Tat schlagend.

411. Ein heiliger Abt (Vöge 212). Bekleidet mit Alba und Chormantel mit Kapuze, steht er in leichter Biegung des Körpers auf einer niedrigen Bodenplatte. In der herunterhängenden Rechten ein Buch, in der Linken der Krummstab, auf dem Kopf die Mitra.

Wandstatue. Lindenholz. H. 131. Rückseite hohl. Ergänzt sind die rechte Hand mit dem Buch, Zeigefinger und Daumenspitze der linken Hand und der Bischofstab. Die Locken an den Schläfen in Gips. — Erworben 1886 in Würzburg.

Eigenhändig (?) um 1500. Herkunft wie 410, 412 und 413. Vgl. 410. Von der Nr. 411 gilt Ähnliches, wie dort. Nur hat die Statue durch das Restaurieren im 19. Jahrhundert noch mehr gelitten. Nach Weber und Tönnies handelt es sich um den hl. Benedikt.

412. Der hl. Valentin (Vöge 213). Der Heilige steht in Bischofstracht mit gefransten Säumen da, den Krummstab in der linken, ein Buch in der rechten Hand (ergänzt), den mit der Mitra bedeckten Kopf etwas nach rechts geneigt. Vor seinen Füßen liegt ein mit einem kurzen Rock bekleideter Knabe tot oder in Krämpfen. Abb. S. 177.

Wandstatue. Lindenholz. H. 150. Rückseite hohl. Ergänzt sind die rechte Hand mit dem Buch, die vordere Spitze der Mitra und Details am Mantel sowie an der Figur des Knaben das Gesicht, die Finger der rechten Hand und die Spitze des rechten Fußes. Ein Stück der Bodenplatte unterhalb des Knabenkopfes ausgebrochen. Die alte Bemalung entfernt. — Vgl. 410. — Erworben 1886 in Würzburg.

Werkstattgenosse Riemenschneiders um 1500. Herkunft aus Kitzingen wie Nr. 410, 411 und 413, Gegenstück zu 413. R. Verres (mündl. Mitteilung) weist auf die Verwandtschaft des Stückes mit dem einen der Bischöfe im Mainzer Dom hin, die aus der Muttergottes-Kapelle stammen: Abb. bei Kautzsch, Der Mainzer Dom I (1925) 105. Diese sind bedeutender als unser Valentinus und in den Einzelheiten komplizierter; doch zeigt das Gemeinsame, daß nicht Riemenschneider der Schöpfer unserer Statue sein kann (so noch Tönnies S. 257), sondern ein Meister mit eigener Formensprache, der mit ihm zusammen arbeitete.

413. Die hl. Elisabeth (Vöge 214). Die Heilige steht leicht nach links gewendet da und trug in der gesenkten Rechten einen Krug, mit der Linken hat sie den über der linken Schulter liegenden Mantel um den Rücken herumgezogen und drückt das Ende gegen den Körper. Unter dem Mantel ist sie mit einem eng anliegenden, dicht unter der Brust geschnürten Gewand bekleidet. Ein viermal um den Kopf gewundenes, an den Säumen fein ornamentiertes Tuch fällt links herab und ist rechts über die Schulter gelegt. Auf dem Kopf eine Krone. Abb. S. 177.

Wandstatue. Lindenholz. H. 145,5. Rücken hohl. Es fehlt die rechte Hand mit dem Krug. Ergänzt einige Fingerspitzen der Linken, die Kronenzacken, die Nasenspitze. Die alte Bemalung entfernt. — Erworben 1886 in Würzburg.

Werkstatt Tilmann Riemenschneiders um 1500. Herkunft wie Nr. 410, 411 und 412. Gegenstück zu 412, vielleicht von derselben Hand.

407. Maria mit dem Kinde auf der Mondsichel (Vöge 208). Stehend, in Kopfschleier, Mantel und langem, pelzgesäumtem Gewande, das Haupt nach rechts dem Kinde zuneigend. Diese faßt mit der Linken das Ende des Kopftuches, das von der rechten Schulter zur linken Hand der Maria hinübergleitet und hat die Rechte segnend erhoben.

Wandstatue. Lindenholz. H. 143. Die Rückseite ausgehöhlt. An der rechten Seite des Kopftuches eine alte Stückung (?). Ergänzt ein Teil des Kopftuches (linke Seite), die rechte Hand der Madonna, der rechte Arm des Kindes, an seiner linken Hand drei Finger, sein linkes Beinchen abwärts vom Knie und sein rechter Fuß. An der linken Hand der Madonna ein Streifen eingesetzt. Einige der Locken des Kindes in Gips ergänzt. — Jetzt braun gebeizt. Die Figur, die vor 50 Jahren noch eine weiße Fassung aus dem 18. Jahrhundert hatte, ist von einem Restaurator der 80er Jahre in ihrem Bestand schwer geschädigt und falsch ergänzt worden. Die fast intakte rechte Hand der Maria, die den linken Fuß des Jesuskindes berührte, der rechte Arm und beide Beine des Kindes, an denen nur kleine Stücke fehlten, wurden ganz entfernt und beim Ergänzen willkürlich verändert. Gleichzeitig wurde ein Schleiertuch, das sich um die Lenden und die rechte Schulter des Kindes schlang, entfernt; dieses war wohl eine barocke Zutat. Über den alten Zustand unterrichtet eine Photographie im Besitz des Museums. — Spuren schwarzer Lavierung

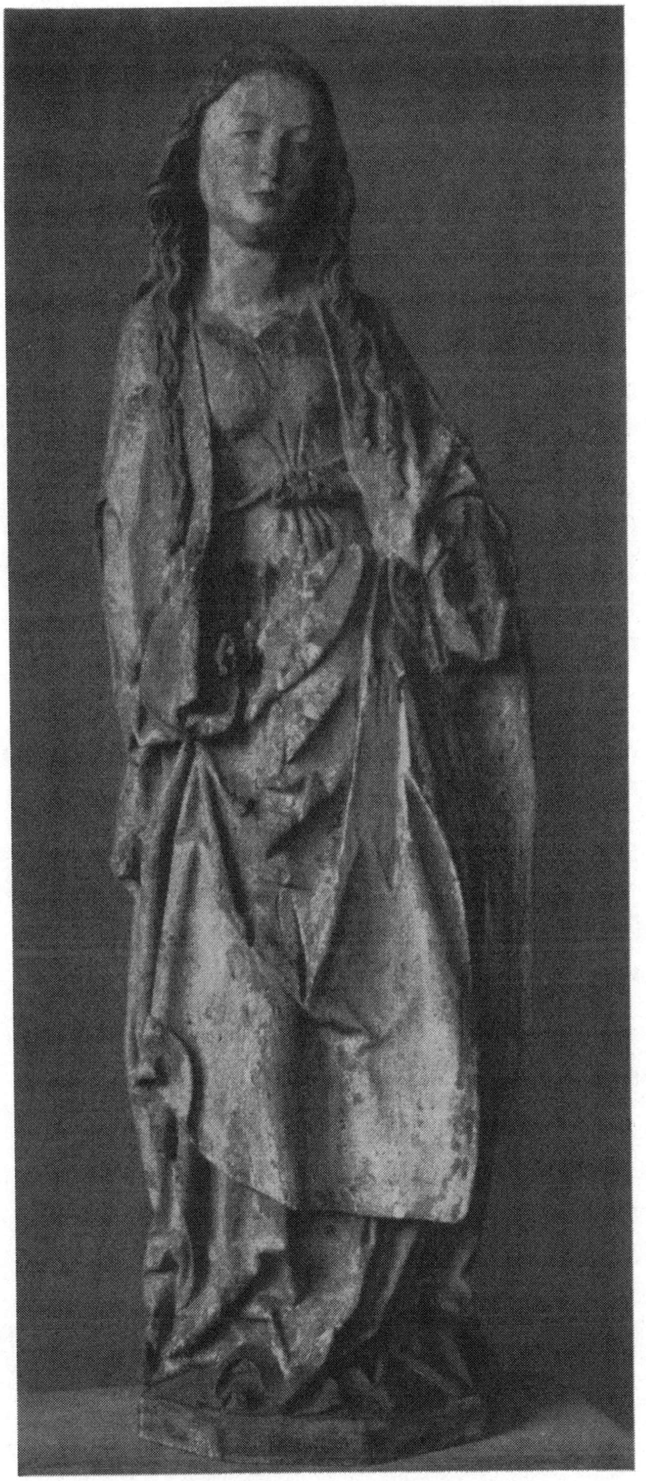

8411 S. 180

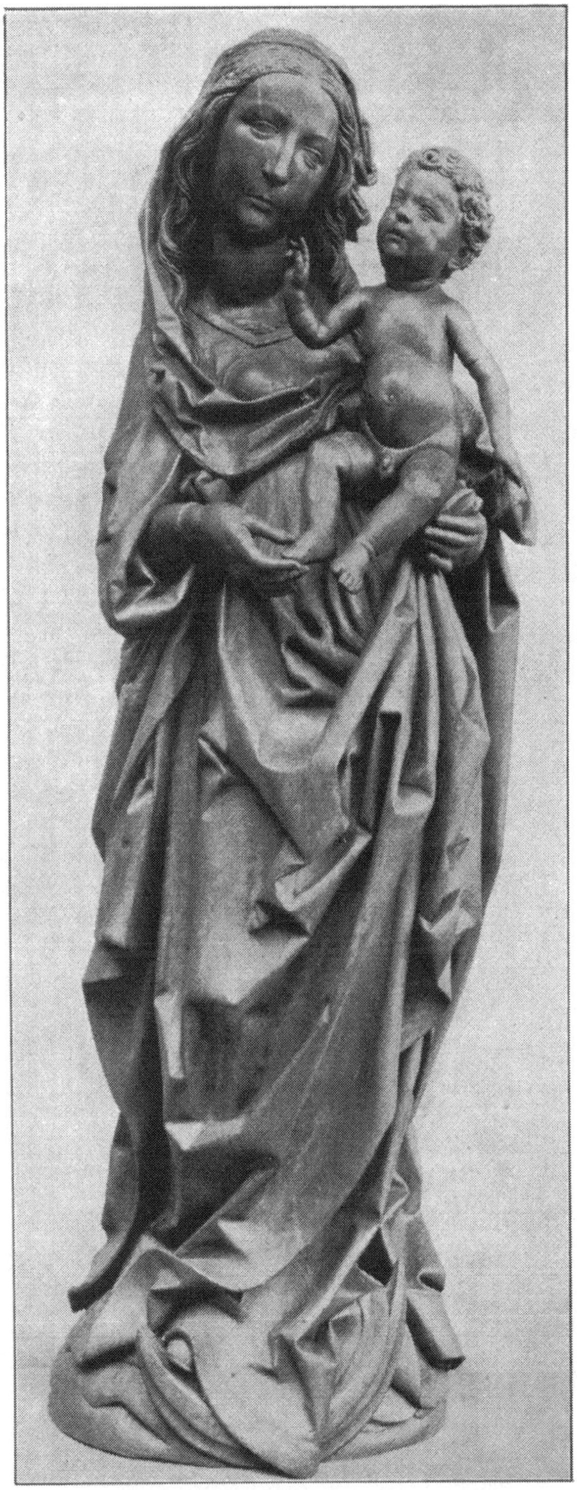

407

der Augensterne. — Erworben 1884 in Tauberbischofsheim. Nach Weber (Riemenschneider 3. Aufl. [1911] S. 236) aus Werbach (im Taubertal nahe bei Tauberbischofsheim).

Unterfränkischer Meister um 1500. — Der Schnitzer dieser Statue war mit Riemenschneiders Stil sicher vertraut, was schon in der Formgebung bei dem Christuskind offenbar wird. Aber einer Zuschreibung an R. selbst widerspricht die räumlich-plastische Konzeption der Statue: die uns erhaltenen Werke Riemenschneiders haben weniger reale Körperlichkeit; sie sind mehr auf Reliefwirkung angelegt. Der Ausdruck des Gesichtes scheint durch scharfes Putzen gelitten zu haben. — Die Urheberschaft Riemenschneiders hat schon Tönnies bezweifelt; neuerdings ist Schrade (a. a. O. Anm. 402) mit Entschiedenheit gegen sie aufgetreten.

8411. Große Marienstatue. Maria steht in leicht geschwungener Haltung; das volle Haar fällt gelöst über den Nacken und die Schultern. Der Kopf ist etwas nach rechts geneigt, der Blick schweift in die Ferne. Sie trägt ein enganliegendes, bis auf die Füße reichendes und unter der Brust geschnürtes Gewand, das vorn an der Schnürung zu einigen Falten zusammengeschoben ist. Über dem Gewand liegt in leichtem Wurf ein langer, weiter, unter den Armen geraffter Mantel.

Wandstatue. Lindenholz. H. 170. Rückseite hohl. Das Holz ist an vielen Stellen durch Fäulnis zerfressen und gespalten, besonders an den Gewandpartien über dem Leib und an den abgebrochenen Armen. Es fehlen beide Unterarme mit den Händen sowie das von ihnen getragene Kind, ferner der untere Abschluß, der samt dem Sockel modern ergänzt ist; kenntlich an der dunkleren Bemalung. Der Kopf ist für eine Krone zurechtgeschnitten. Die alte Fassung, bei der Beseitigung der neueren Übermalung freigelegt, ist ziemlich verwaschen: Gewand hell-zinnober, Mantel blau, lila gefüttert., Inkarnat zart rosa mit graugrünen Tönen. — Erworben 1928 in Berlin. Abb. S. 179.

Schwäbischer Werkstattgenosse Tilman Riemenschneiders. Würzburg um 1515. — Die Figur stand früher, aber sicher nicht ursprünglich, als Hausmadonna auf einer Konsole am Brunnenhaus in Thüngersheim am Main, zwischen Würzburg und Gemünden. Sie war mehrfach übermalt und schlecht ergänzt, wie die Abb. im Inv. von Unterfranken, B. A. Würzburg (1911) Fig. 113 zeigt. Die ergänzten Teile sind wieder entfernt. — Die starken Beschädigungen stammen z. T. aus dem Jahre 1860 von einem Versuch, die Figur zu stehlen. Vgl. A. Weber, Til Riemenschneider, S. 155. — Daß die Statue in Riemenschneiders Atelier entstand, kann, ganz abgesehen von dem früheren Aufstellungsort, angesichts des stilistischen Befundes nicht bezweifelt werden. Ihre hohe Qualität und gewisse Einzelheiten der Haarbehandlung wie des Gewandes sprechen für Eigenhändigkeit. Andererseits sind der sinnlich unbefangene Ausdruck des Gesichtes, der lockere, von scharfen Brüchen freie Fall der Gewandung, das lässig bequeme, entspannte Stehen der Figur Züge, die in den erhaltenen Werken Riemenschneiders vereinzelt erscheinen. Sie weisen nach Schwaben, wo Riemenschneider sicher die stärksten Eindrücke empfing, ehe er sich in Würzburg niederließ. Da es nicht angeht, die Figur in die Zeit vor dem frühesten gesicherten Werk, also vor 1490 zu setzen, so wird man vielleicht eher an einen schwäbischen Mitarbeiter Riemen schneiders zu denken haben. Zu den Übereinstimmungen Riemenschneiderscher mit schwäbischen Werken vgl. vor allem Vöge, Monatshefte für Kunstwissenschaft II (1909) S. 19. Neuerdings Bier, Tilman Riemenschneider I, die frühen Werke (1925) S. 3. Schrade, Tilman Riemenschneider (1927) S. 69 ff.

7071. Hl. Sebastian. Der Heilige, der einen kurzen Kinnbart trägt, ist außer mit dem Lendentuch mit einem Mantel bekleidet. Mit einem Strick sind beide Arme und der Leib an einem Baum gefesselt.

Wandstatue. Lindenholz. H. 116. Rückseite des Baumes abgeflacht und ausgehöhlt. Es fehlen die Pfeile, von denen einer in der mittleren Stirnlocke saß. Die drei ersten Zehen des linken Fußes waren abgebrochen und sind wieder angefügt. — Die spätere Fassung zum größten Teil beseitigt, die ursprüngliche nur zum Teil erhalten. Das Inkarnat war grünlich-weiß, die Augensterne schwarz und braun, das Haar braun, der Schurz wahrscheinlich weiß, der Mantel vergoldet (daher die jetzt zutage liegende rote Untermalung), Baum und Erdboden grün. Stücke späterer Leinwand an dem Baum. — Erworben 1913 in Frankfurt a. M. Geschenk der Bodestiftung.

Nachfolger des Tilman Riemenschneider, Anfang 16. Jahrhunderts. In Haltung und Drapierung näher als die beiden Exemplare im Bayrischen National-Museum, München steht unserem das im Fränk. Luitpold-Museum zu Würzburg.

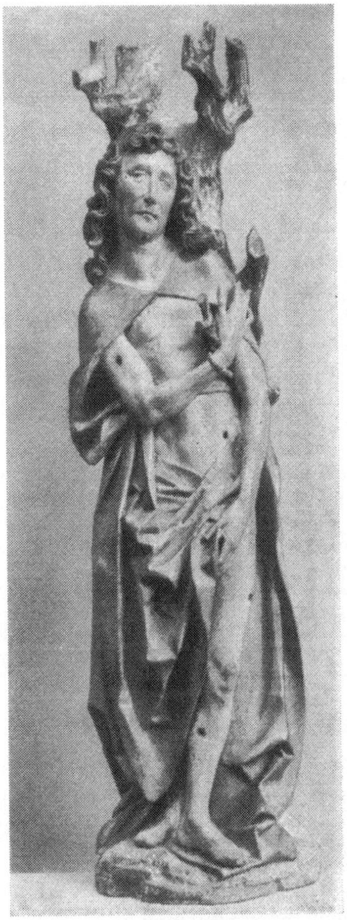

7071

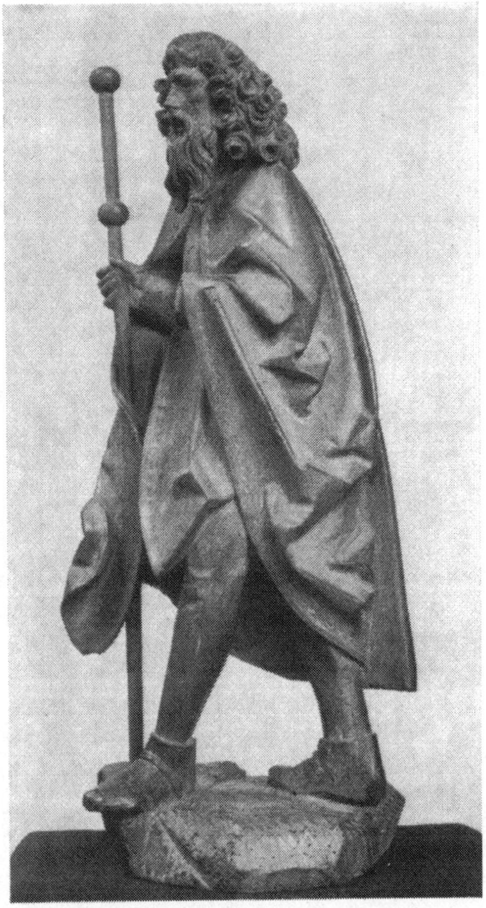

8118

8118. Hirte, aus einer Anbetung des Kindes. Mit auswärts gedrehtem linkem Bein nach links schreitend, den Mund redend geöffnet. Reiches lockiges Haupt- und Barthaar. Über die Schultern ist ein ärmelloser Mantel geworfen, der vom linken Arm emporgenommen wird. In der rechten Hand ein Stab. Die Schuhe sind mit Riemen zusammengehalten. Mit der Standplatte aus einem Stück.

Wandfigur. Lindenholz. H. 57. Rückseite glatt. Fassung entfernt, Reste von Rot an der Rückseite. Es fehlt die (früher falsch ergänzte) linke Hand. An der rechten sind die den Stab umfassenden Finger und ein schmales Stück der Innenfläche ergänzt. Von dem Stab sind nur die Ansätze am Mantel alt. Vorn am Mantel eine alte Stückung. Spitze des linken Fußes ergänzt. Die Standplatte links abgeschnitten, wo eine andere früher anschloß. — Erworben 1918. Sammlung J. Simon.

Werkstatt Tilman Riemenschneiders, um 1500. — Wohl ursprünglich zu einer Predellengruppe der Geburt Christi gehörig. Zum Stil vgl. besonders die beiden Gruppen: »Anbetung der Könige« und »Zwölfjähriger Jesus im Tempel« am Creglinger Altar. Das eingepreßte Bogenfriesmuster der Säume findet sich oft in R.s Werkstatt. — Früher Sammlung Hans Schwarz, Wien.

406. Maria, das Kind anbetend (Vöge 218). Sie kniet, halb nach links, barhaupt in einer Ruine; das nackte Kind liegt auf dem Saum ihres Mantels, der über das Stroh am Boden gebreitet ist. Im Grunde ein gekuppeltes Fenster, durch das zwei Hirten schauen, der eine mit einem Horn in der Hand. Rechts oben eine Anhöhe mit Schafen und einer Ziege. Abb. S. 182.

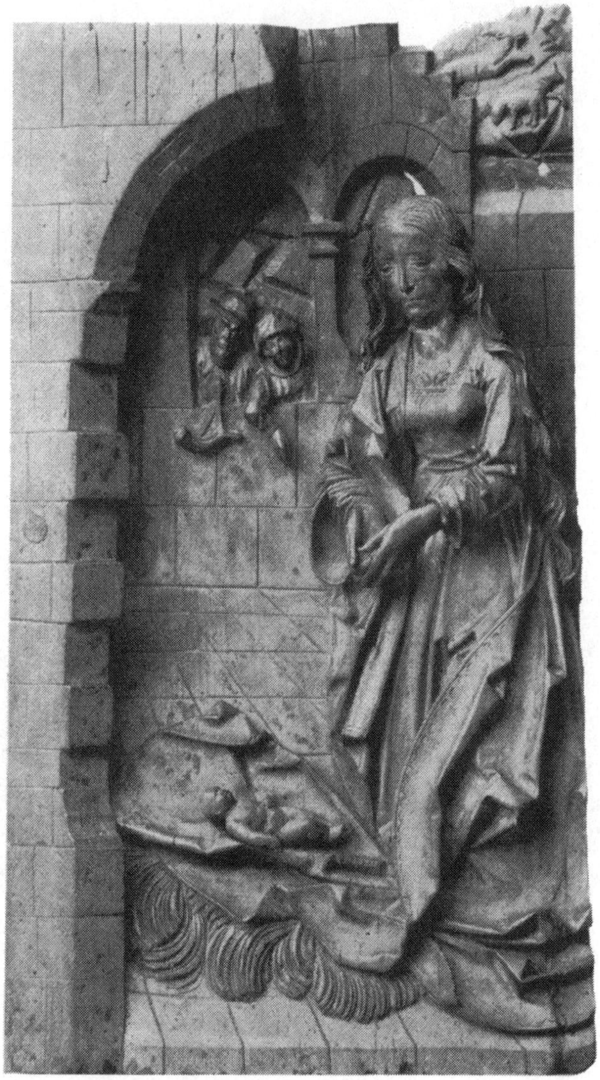

406 S. 181

Hochrelief. Lindenholz. H. 55,3, Br. 31,5. Spuren der schwarz lavierten Augensterne. Alte Stückung an der Architektur. Das Kind ungeschickt ergänzt; in die Landschaft ein Stück eingesetzt. — Kunstkammer. Erworben 1845.

Unterfränkisch, Schule Riemenschneiders. Um 1500. — Teil einer Darstellung, die sich rechts fortsetzte. Nach dem Typus der Madonna aus der Zeit des Creglinger Marienaltars. Bode, Geschichte der deutschen Plastik, S. 166; Tönnies a. a. O. S. 222; Weber a. a. O. 3. Aufl. (1911).

8117. Maria aus einer Verkündigung. Maria kniet, in der Linken ein aufgeschlagenes Buch, nach rechts; Oberkörper und Kopf sind nach vorn gewendet. Mit der Rechten nimmt sie den Mantelsaum auf. Links vor dem äußersten Faltenzipfel eine Vase, leer.

Flachrelief. Lindenholz. H. 68, Br. 66. Rings ausgeschnitten aus einem Relief. Außer der Mantelecke rechts unten nur Kleinigkeiten im Mantel modern ergänzt. Geringe Farbreste (Blau auf dem Mantel). Die Augensterne mit schwarzer Farbe laviert. In modernem Rahmen. — Erworben 1918 (Sammlung J. Simon).

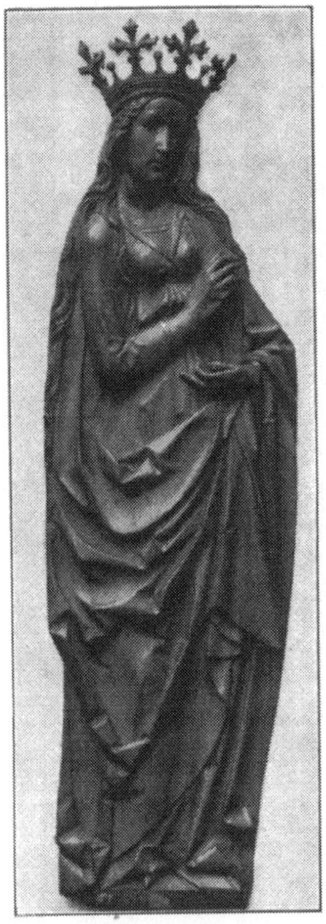

2708

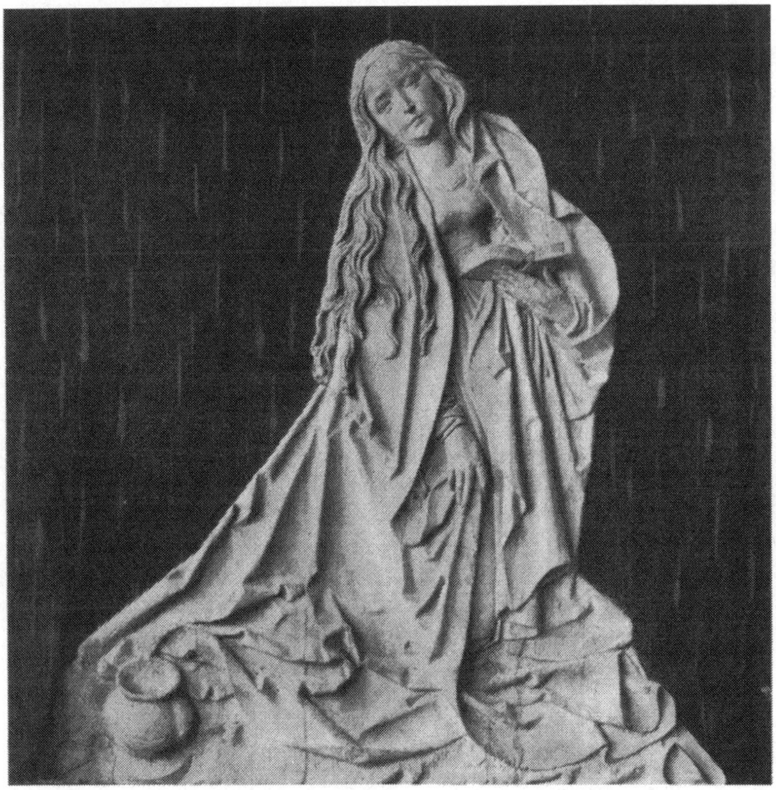

8117

Schüler des Tilman Riemenschneider. Anfang 16. Jahrhunderts. — Früher Sammlung Piloty-Würzburg (Auktions-Katalog 1911 Nr. 330, Taf. 1). — In weitgehender Übereinstimmung mit der Maria in der Rundfigurengruppe des Verkündigungsaltars der 1492—1504 erbauten Kirche zu Bibra (Sachsen-Meiningen), der eine besonders gute Werkstattarbeit darstellt. Unser Stück übersetzt die Formen der Bibraer Maria ins Flachrelief; da es in Einzelheiten dem Meister näher steht, ohne eigenhändig zu sein (vgl. den Schnitt des Gesichtes), so darf man vielleicht auf ein Riemenschneidersches Original schließen, das den Werken in Berlin und Bibra zugrunde liegt.

2708. Stehende Heilige (Vöge 219). Eine Krone auf den offenen Locken, wendet sie Kopf und Schultern leicht nach rechts; der Mantel ist über den linken Arm geworfen; in den Händen hielt sie ein Attribut (eine Kerze?).

Flachrelief ohne Grund. Lindenholz. H. 95. Die Zacken der Krone und Kleinigkeiten an den Fingern der rechten Hand ergänzt. Spuren grüner Bemalung an der linken Seite des Mantels; Spuren der schwarz lavierten Augensterne. — Erworben 1902 in München.

Werkstatt Tilman Riemenschneiders. Um 1500. Weber a. a. O. 3. Auflage (1911) S. 240.

7018. Cruzifixus. Das Haupt mit der Dornenkrone ist nach links geneigt, der Mund geöffnet, zwei Locken fallen auf die Schulter herab. Das Lendentuch rechts geknotet mit herabhängendem Zipfel, vorn umgeschlagen. Abb. S. 184.

Statue. Lindenholz. H. 70. Vollrund, alte Bemalung abgelaugt. — Arme fehlen, ergänzt der Nagel an den Füßen und die Zehen. Zwei Bohrungen im Rücken, eine durchgehend. Der Kopf stark wurmstichig. — Erworben 1911 in München.

Nachfolger Tilman Riemenschneiders; um 1520. — Entstanden unter dem Einfluß von Werken Riemenschneiders. Vgl. vor allem unsere Nr. 2931, S. 173, weiterhin den Cruzifixus in Dettwang.

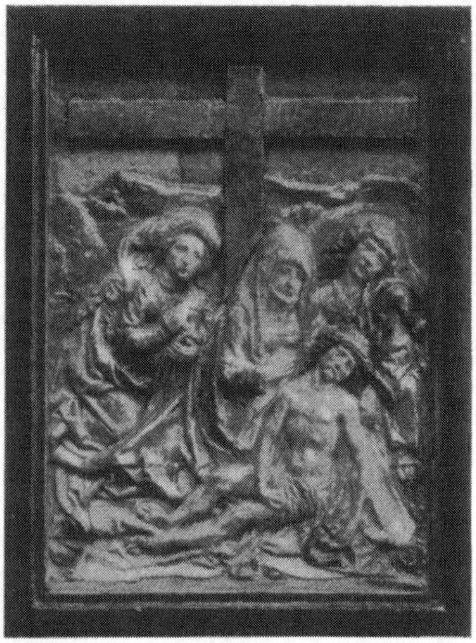

416

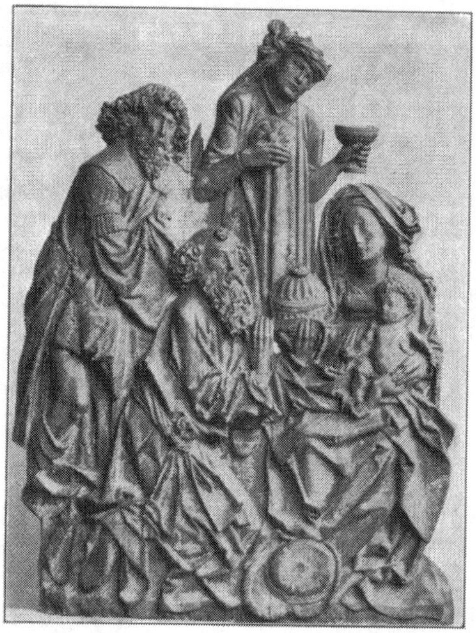

465

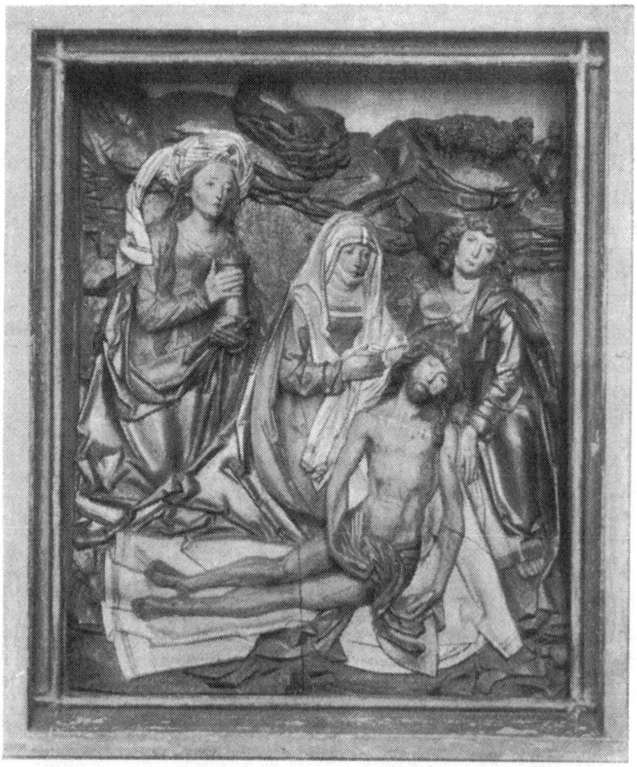

2418

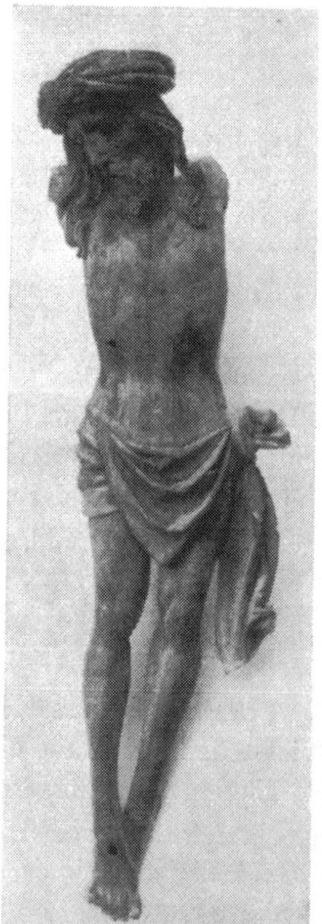

7018 S. 183

416. Beweinung des Leichnams Christi (Vöge 221). Christus liegt am Fuße des Kreuzes auf einem Laken, gestützt von Johannes und Maria, die den Zipfel ihres Kopftuches in der Rechten hält. Links kniet, vornübergebeugt, Magdalena mit dem Salbgefäß.

Halbrelief. Papiermasse. H. 26,5, Br. 19,5, mit alter Fassung, deren barocke Übermalung z. T. wieder entfernt ist. Auch die Rahmung ist alt. — Erworben 1888. Geschenk des Herrn Professors A. Hauser †.

Nach Tilmann Riemenschneider, Anfang des 16. Jahrhunderts. Verkleinerte Wiederholung des Beweinungsreliefs der Pfarrkirche zu Heidingsfeld v. J. 1508, doch nicht direkt auf dieses, sondern auf eine Werkstattreplik in der Art der ehemals in der Sammlung Streit in Kissingen befindlichen zurückgehend (vgl. die Schenkel Christi).

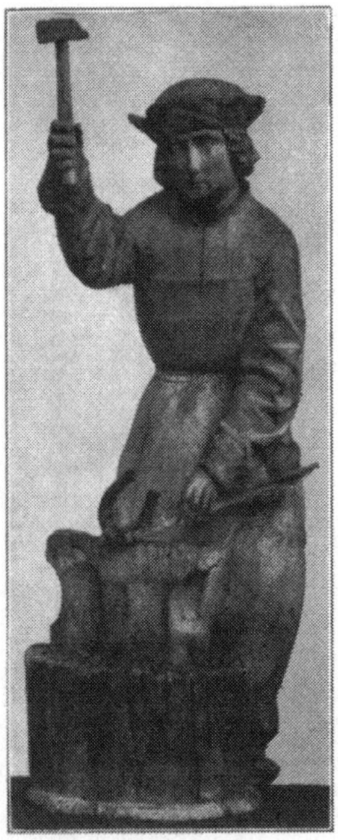

2706 S. 186

2418. Beweinung des Leichnams Christi (Vöge 220). Er liegt vorn auf einem Laken am Boden, gestützt von dem rechts knienden Johannes. In der Mitte kniet Maria, das Ende ihres Kopftuches in der Rechten haltend, links hinter ihr Magdalena, in turbanartigem Kopfputz, die Salbbüchse in den Händen. Hinten, am felsigen Hang, ein Fuchs.

Hochrelief. Lindenholz. H. 78, Br. 64. In modernem Kastenrahmen. Vergoldung und Bemalung aufgefrischt. — Erworben 1899 in München. Geschenk eines Ungenannten.

Werkstatt Tilmann Riemenschneiders, nach 1508. Wiederholung der Beweinungsreliefs von 1508 in der Pfarrkirche zu Heidingsfeld in kleinerem Maßstab, mit geringen Abweichungen.

465. Anbetung der Könige (Vöge 225). Rechts sitzt Maria, das nackte Kind auf dem Schoß, in der Rechten das Deckelgefäß des vor ihr knienden Kaspar. Weiter zurück steht der Mohr mit einer Sendelbinde, die Rechte mit dem Deckel eines Pokals, links Melchior.

Flachrelief ohne Grund. Lindenholz. H. 83, Br. 62,5. Aus mehreren Brettern; die fehlende Rechte Melchiors war wohl ursprünglich angestückt. Mit Resten der alten Vergoldung (Mantel der Madonna, Teile an den Gewändern der Könige, Bordüren, Gerät, Haar) und Bemalung, die unter barockem Anstrich wieder hervorgeholt worden sind. Ergänzt die linke Seite des Mohren (vom Schlüsselbein senkrecht abwärts) bis zum Pokal einschließlich, ferner der Mantelzipfel Mariä rechts unten. — Erworben 1882 in London.

Unterfränkisch, Nachfolger Riemenschneiders, Anfang des 16. Jahrhunderts. Das Relief ist eine leicht abgewandelte Wiederholung des im Museum von Würzburg ausgestellten Reliefs eines Riemenschneiderschülers, das zeitlich in die Nähe des Blutaltars zu setzen ist (Tönnies a. a. O. S. 223, Phot. Gundermann 182).

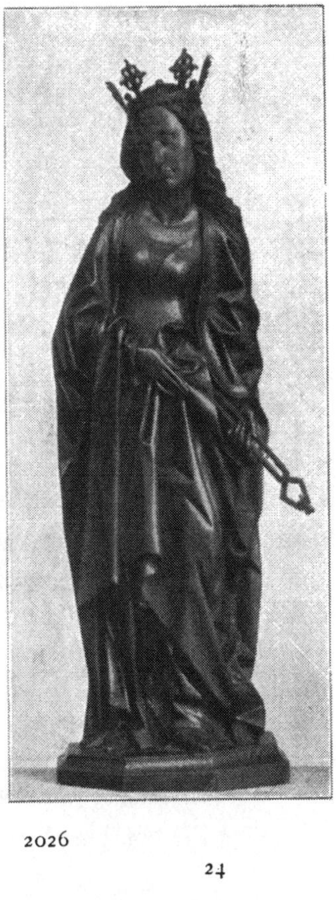

2026

2026. Die hl. Apollonia (?) (Vöge 232). Stehend, im Mantel, das gekrönte Haupt leicht nach links wendend, in der Linken die Zange mit dem Zahn.

Wandstatue. Reliefartig. Lindenholz. H. 88 (ohne die moderne Basis). Ohne Bemalung. Ergänzt die Nase, die Linke mit der Zange, ein Streifen an der linken Körperseite, die Füße, die Zacken der Krone. Kleine

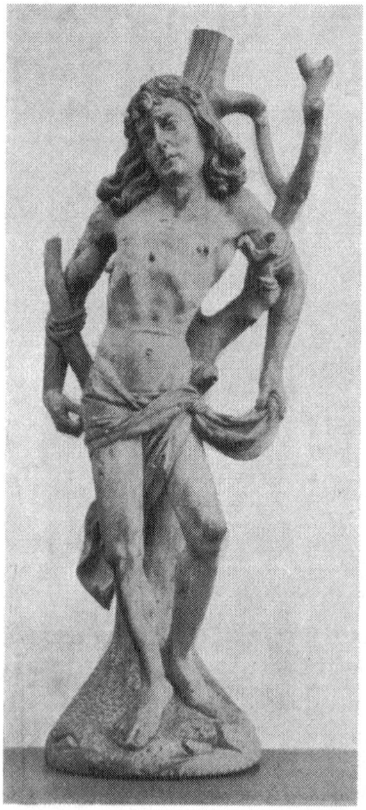

5592

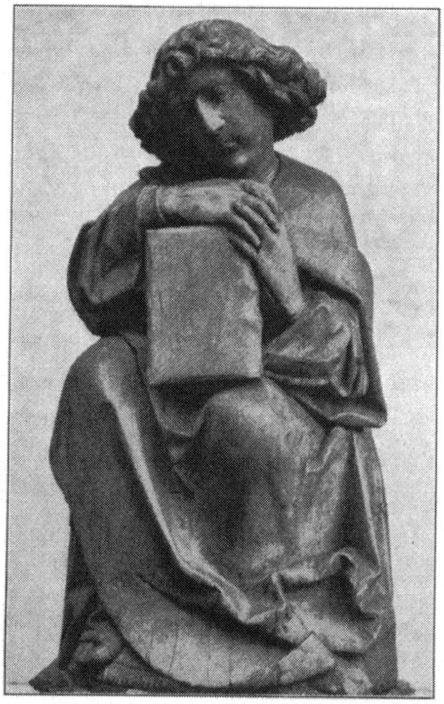

380

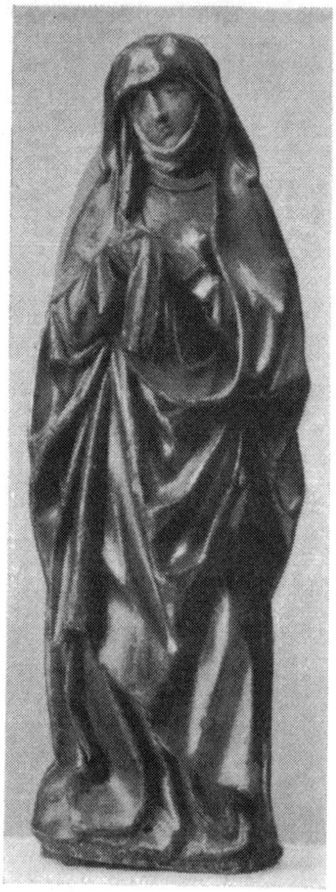

8131

Ausbesserungen an den Falten und Säumen. — Erworben 1893 in München. Geschenk des Herrn W. v. Dirksen.

Unterfränkisch (?) um 1500. Das Stück ist nicht, wie der Katalog von Vöge angab, Gegenstück zu 2027.

2706. Der hl. Eligius (Vöge 223). Am Amboß stehend, in Schurzfell, langem, mit Pelzmanschetten versehenem Rock und Pelzkappe; er schwingt den Hammer, das Hufeisen mit einer Zange auf den Amboß legend. Abb. S. 185.

Wandstatue. Lindenholz. H. 74. Die Rückseite unbearbeitet. Mit Spuren alter Bemalung an den Haaren, am Schurzfell und Ärmel. Aus einem Stück bis auf Hufeisen und Zange; die Kappe ursprünglich mit einem Knopf. Ergänzt die Daumen und der obere Teil des Hammers. — Erworben 1902 in München.

Unterfränkisch. Anfang des 16. Jahrhunderts.

8131. Trauernde Maria. Maria steht auf einer dünnen Bodenplatte mit leicht nach links geneigtem Haupt. Sie ist in einen langen, weiten Mantel gehüllt, dessen oberer Teil als Kapuze über den Kopf gezogen ist; darunter trägt sie ein um Kopf und Hals gebundenes Kopftuch, dessen eines Ende nach links herunterhängt und von der rechten Hand Mariae gefaßt wird. Die Linke liegt auf der Brust.

Wandstatuette. Lindenholz. H. 34,5. Rückseite flach. Vorn dicht über der Bodenplatte ein Bohrloch. Die alte Vergoldung und Bemalung ziemlich vollständig erhalten (Mantel: gold mit blauem Futter, Kopftuch: weiß, Bodenplatte: grün). — Erworben 1918. Sammlung J. Simon.

Fränkisch mit schwäbischem Einschlag, um 1500.

380. Schlafender Johannes aus einer Ölberggruppe (Vöge 222). Er sitzt mit geschlossenen Augen, den reich gelockten Kopf nach links geneigt, und hat die gefalteten Hände auf ein Buch gelegt, das auf sein linkes Knie gestützt ist. Er ist in einen vorn genestelten Mantel eingehüllt.

Wandstatue. Birnbaumholz. H. 62 (ohne Sockel). Rückseite ausgehöhlt. Bemalung entfernt bis auf schwache Spuren roter Farbe am Mantel. Zwischen der Figur und dem modernen Sockel ist vorn ein flaches Brett neu eingesetzt. — Kunstkammer. Erworben 1846.

Fränkisch mit schwäbischem Einschlag, Anfang 16. Jahrhundert. — Die von Vöge verzeichnete Herkunft aus »Bayern« könnte sich wohl nur auf das heute zu Bayern gehörige Franken beziehen.

5592. Sebastian. Der Heilige, der mit beiden Armen an einen vielästigen Baumstumpf gefesselt ist, steht auf rundlichem, abschüssigen Terrainsockel. Er ist nackt und faßt mit der Linken das Ende des um die Hüfte geschlungenen Lendentuches, dessen anderer Zipfel nach hinten ausschwingt. Langes auf die Schultern fallendes Lockenhaar, zahlreiche Pfeilwunden. Ausdrucksvoll und zart modellierter Körper mit stark herausgedrücktem Brustkorb.

Wandfigur. Lindenholz. H. 51. Aus einem Stück. Die alte Bemalung weggeputzt, die Pfeile abgebrochen. — Erworben 1909 in Frankfurt a. M.

Fränkischer Meister unter Einfluß Tilman Riemenschneiders, um 1500. — Entwurf und Einzelausführung lassen auf einen reifen, selbständigen Meister schließen. Doch gelang es noch nicht, andere Werke seiner Hand festzustellen.

d) Nürnberg, Mittel- und Oberfranken

M. 135. Wappenfigur Imhof-Muffel. — Die Mädchengestalt steht in leicht geschwungener Haltung mit vorgesetztem rechtem Bein auf einer Bodenplatte und hält in der Rechten das Imhofsche, in der Linken das Muffelsche Wappen. Das lange, volle Haar fällt breit über den Rücken, zwei Strähnen nach vorn. Sie trägt ein bis auf die Füße reichendes Gewand mit langen Ärmeln, das dicht unter der Brust mit einem schmalen Band gegürtet ist; in dem dreieckigen Brustausschnitt wird das Hemd sichtbar. Abb. S. 188.

Statue, vollrund. H. 46. Gelblicher Sandstein, stellenweise mit dunkler Tönung. An der oberen linken Ecke des Muffelschen Wappens ist ein Stück abgestoßen; kleine Beschädigungen an den Falten des Gewandes. — Erworben 1914. Eigentum des Kaiser-Friedrich-Museums Vereins.

Adam Kraft, Steinbildhauer, tätig in Nürnberg

geboren vermutlich in Nürnberg um 1455—60, gestorben in Schwabach bei Nürnberg 1508 oder 1509.

Um 1486. — Von der Treppe des Imhofschen Hauses in Nürnberg. Geschaffen wohl im Auftrag Hans Imhofs des Jüngeren, der 1486 Catharina Muffel heiratete. Vgl. Th. Demmler, Eine Wappenfigur von Adam Kraft. Amtliche Berichte 36 (1914) S. 45.

386—91. Sechs Szenen aus dem Leben Christi, aus der Rosenkranztafel in Nürnberg. (Vöge 173—178).

386. Verkündigung an Maria. Von links tritt der Engel im Diakonengewande zu Maria, die unter einem Baldachin an ihrem Betpulte kniet, die Hand auf die Brust legend. Über dem Szepter des Engels, um das sich ein Spruchband legt, erscheint der segnende Gottvater mit der Weltkugel. Abb. S. 189.

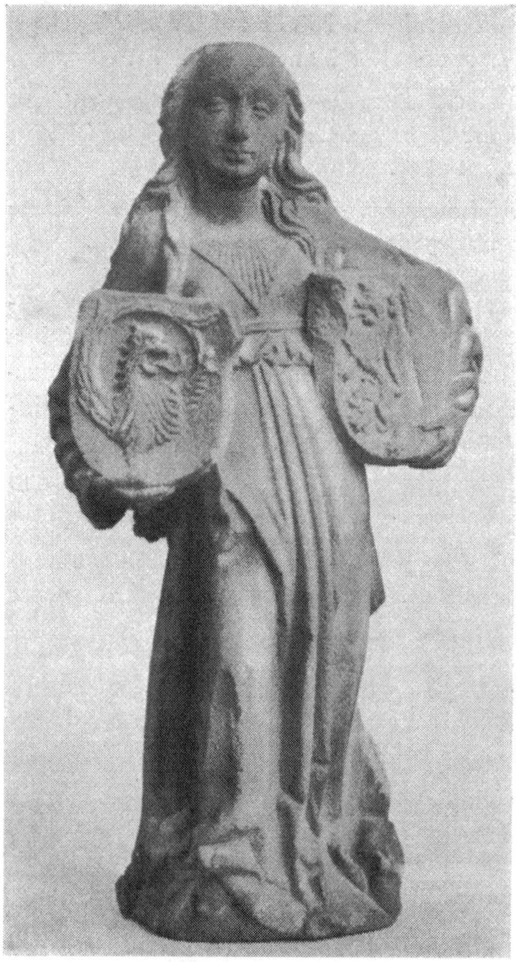

M. 135 S. 187

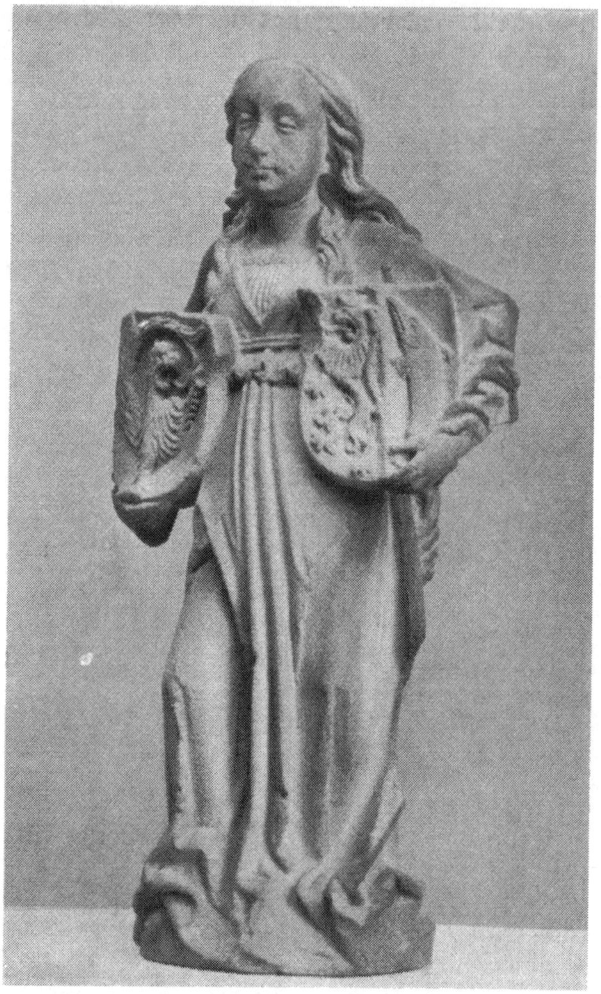

M. 135 S. 187

387. Kreuztragung. In der Mitte ist Christus unter dem Kreuz ins Knie gesunken; er blickt hinter sich, wo Veronika mit dem Schweißtuch, Johannes und Maria stehen, letztere von Johannes gestützt, die Hände faltend. Simon von Kyrene erfaßt das Kreuz, während rechts zwei Kriegsknechte Christus antreiben.

388. Kreuzigung. Christus, mit geschlossenen Augen, nach links geneigt; Maria und Johannes ringen die Hände; unter Marias Mantelsaum Adams Schädel, im Hintergrunde die Zinnen und Türme der Stadt.

389. Kreuzabnahme. Simon von Kyrene steigt von der Leiter, den Leichnam umfassend, dessen Arme Maria ergreift. Joseph von Arimathia, von rechts herantretend, stützt seine Füße. Hinter ihm und Maria je eine der heiligen Frauen und Johannes, der Maria hält.

390. Grablegung. Simon von Kyrene und, am Boden kniend, Joseph von Arimathia, legen den Leichnam in den Sarkophag, dem sich von rechts Maria nähert, die Arme vor der Brust kreuzend, begleitet von Johannes mit der Dornenkrone. Von rechts eine der heiligen Frauen, auf den Knien; links, ebenfalls kniend, Maria Magdalena mit der Salbbüchse.

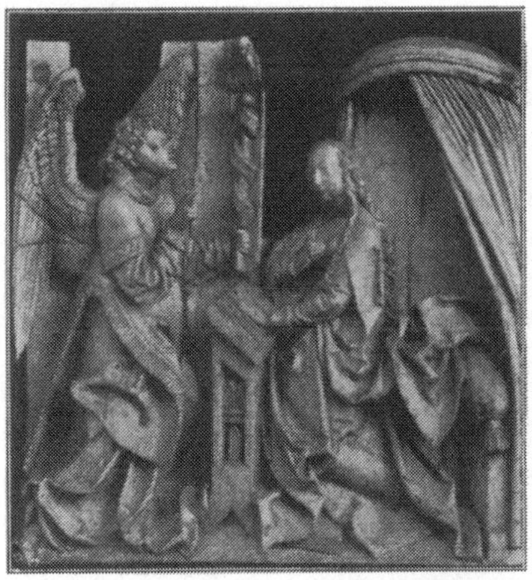

386 S. 187

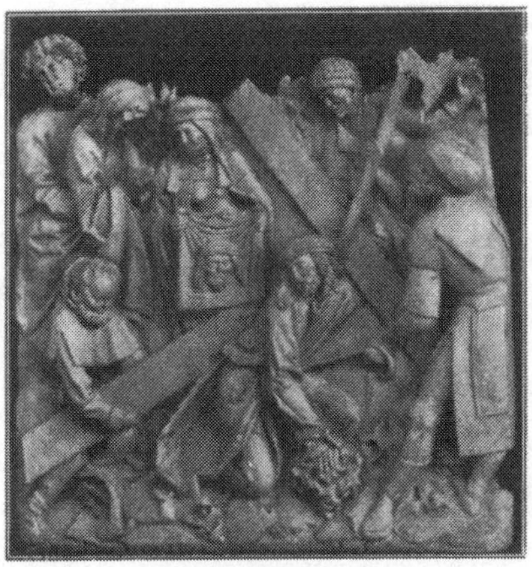

387

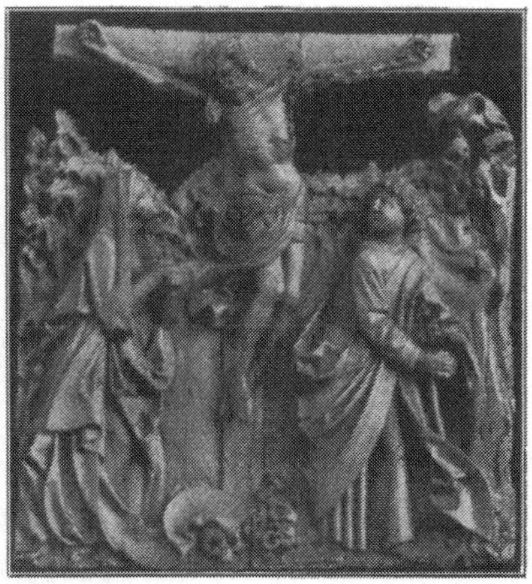

388

391. Ausgießung des hl. Geistes. Maria sitzt inmitten der Apostel mit gefalteten Händen, dem links knienden Johannes zugewendet, der ihr ein aufgeschlagenes Buch hinhält; die übrigen elf knien ringsum, die einen schauen empor, die andern auf die Mittelgruppe.

Hochreliefs ohne Grund. Lindenholz. H. 18, Br. 18. Die Locken des Gekreuzigten sind rechts abgestoßen. Die alte Bemalung abgewaschen. — Kunstkammer. Erworben 1835 (Sammlung Nagler).

Nürnberger Meister aus der Schule des Veit Stoß, um 1520. — Zur »Rosenkranztafel« gehörig, die, angeblich aus der Frauenkirche zu Nürnberg stammend, jetzt im Germanischen Museum bewahrt wird. Von den ursprünglich dreißig kleinen Reliefs, die die Tafel einrahmen, fehlen in Nürnberg sieben; das siebente soll nach Bergau in Regensburger Privatbesitz sein; vgl. Nr. 392. Kugler, Beschreibung der K. Kunstkammer (1838), S. 96 f.; Bergau, Veit Stoß, Nürnberg, o. J., S. 14; Bode, Geschichte der deutschen Plastik, S. 122; Berthold Daun, Veit Stoß und seine Schule in Deutschland, 2. Aufl. (1916) S. 127 ff. Erschöpfende Literatur-Angaben im Katalog des Germ. Museums von Josephi (1910) unter Nr. 273. — Loßnitzer, Veit Stoß (1912) S. 149 f. hat mit Recht auf die wesentlichen Verschiedenheiten hingewiesen, die die Art des Schnitzers von der des Stoß trennen. Auch seine Datierung ist (gegen Daun a. a. O.) zutreffend. Auf der andern Seite sind die »Beziehungen zu schwäbischen Werskttätten«, die Loßnitzer annimmt, schwer erkennbar. Der Bildhauer bringt die überall durchschimmernden Ideen des Veit Stoß in einer etwas gewöhnlicheren Form, ohne das Temperament des Meisters, zum Ausdruck,

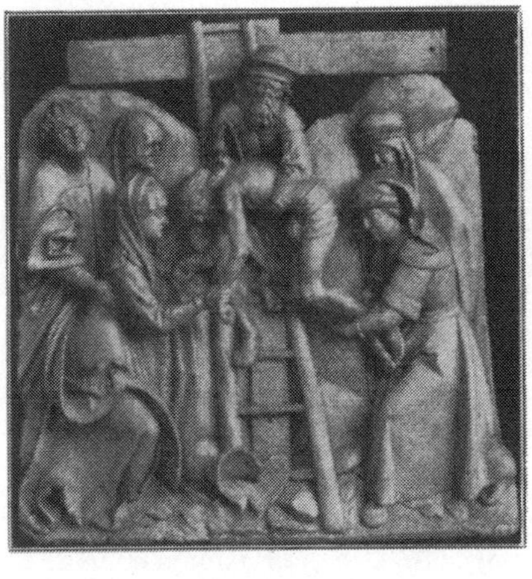

389

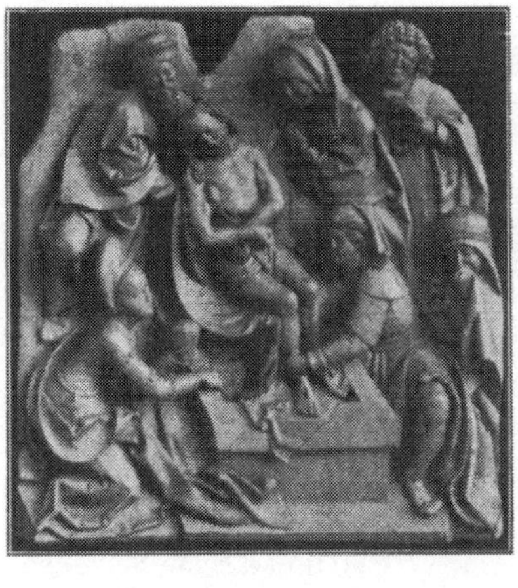

390

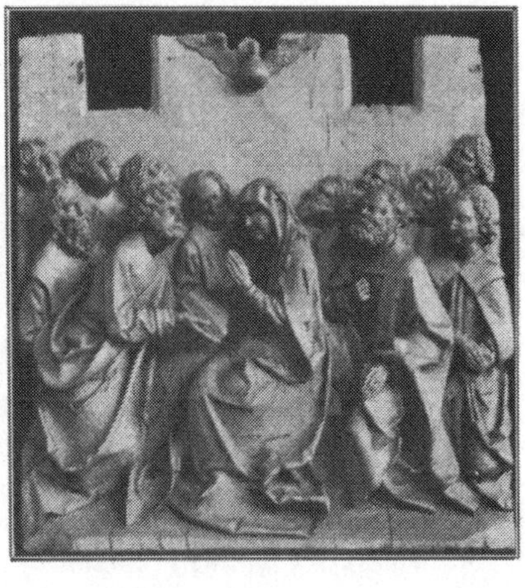

391

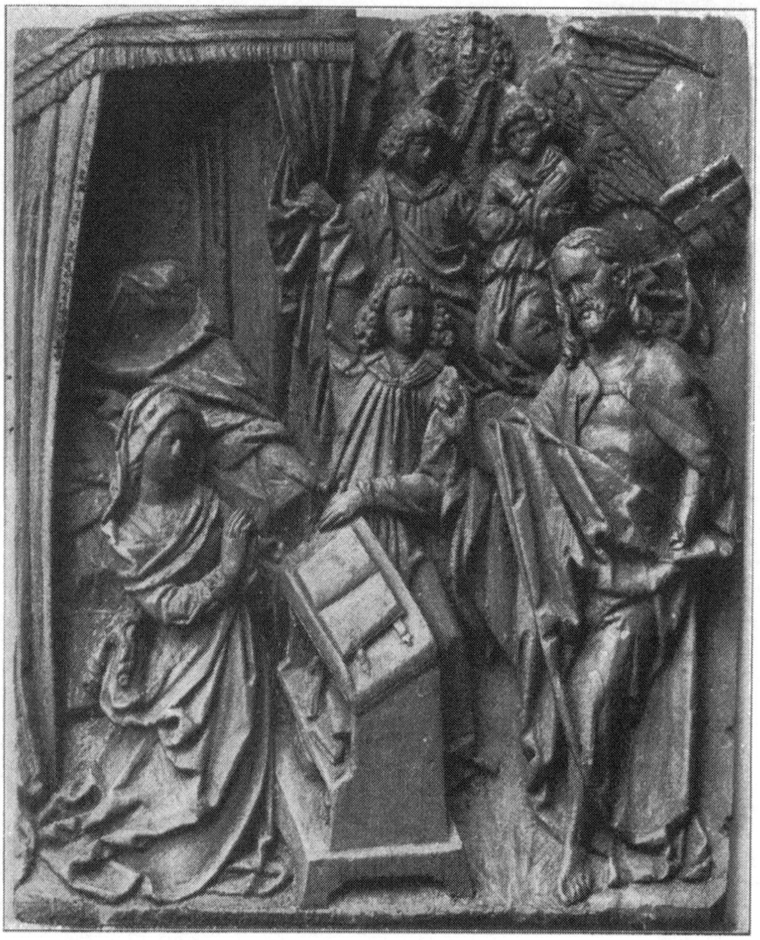

392

wie dies in ähnlicher Weise noch andere Nürnberger Schnitzer tun. Daun erklärt in der 2. Auflage S. 132: »Stoß ist der Urheber des Werks, und Gesellenhände sind daran tätig gewesen«. Mir scheinen die Reliefs von einer Hand zu sein, aber nicht von der des Stoß.

392. Christus erscheint seiner Mutter. (Vöge 185). Links kniet Maria vor einem Betpult am Fußende des Himmelbettes, dessen Vorhang ein Engel zurückzieht. Von rechts tritt Christus segnend heran, in der (jetzt abgebrochenen) Linken ursprünglich die Kreuzfahne haltend. Hinter ihm drei schwebende Engel.

Hochrelief. Lindenholz. H. 18,5 Br. 16. Das Relief hat durch scharfes Putzen an der Oberfläche gelitten. — Kunstkammer. Erworben 1849.

Nürnberger Meister um 1510—20. — Der Vordergrund mit den Gestalten von Christus u. Maria sowie dem Betpult ist nach Dürers Holzschnitt B. 46 in der kleinen Passion (1509—11) kopiert. Der Schnitzer hat beide Figuren aus dem Profil etwas nach vorn gedreht, ebenso den Betpult, dessen offene Seite bei Dürer nicht sichtbar ist. Auch der Betthimmel ist in der Achse verschoben, die Engelgruppe hinzugefügt. — Mit der Rosenkranztafel hat das Relief nichts zu tun. Vgl. Vöge, Monatshefte für Kunstwissenschaft 1910, S. 242. B. Daun, Veit Stoß und seine Schule, 2. Auflage (1915) S. 128, Anmerkung 2. Der Meister ist von Veit Stoß beeinflußt, ohne ihm besonders nahe zu stehen.

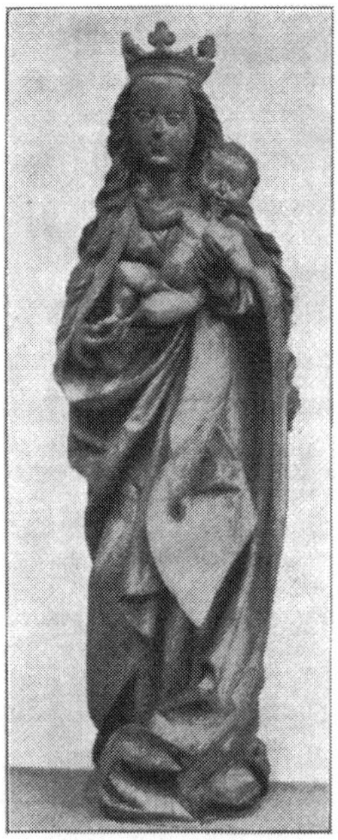

384 S. 192

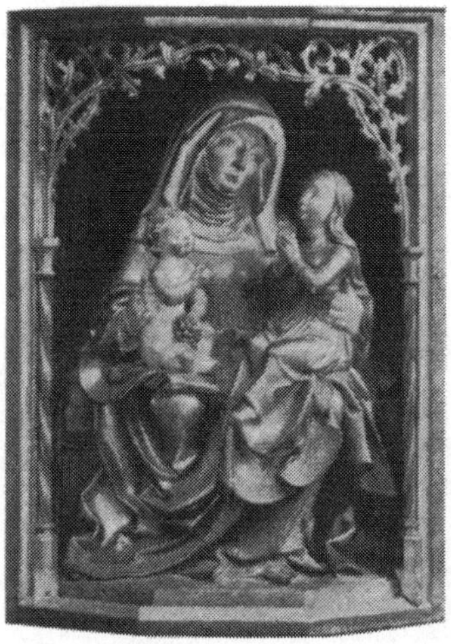

2298

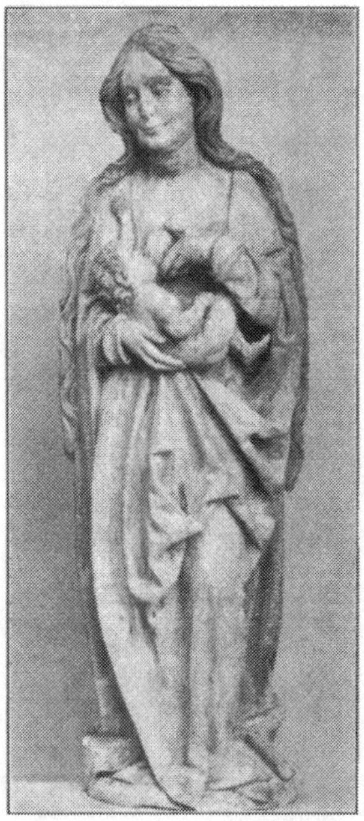

5554

2298. Anna selbdritt (Vöge 184). In Mantel, Kopfschleier und Kinntuch hält sie die mädchenhafte Maria und das Christuskind auf den Knien, das, eine Traube im Schoß, mit der Rechten eine Beere zum Munde führt; Maria, rechts, mit langen offenen Locken, blickt mit gefalteten Händen empor. In altem Gehäuse.

Wandgruppe. Lindenholz. H. 64 (mit dem Gehäuse, dessen Untersatz ergänzt ist). Die Quasten des Kissens waren eingesetzt; Säulenschäfte, Basen, Kapitelle aus besonderen Stücken, das Laubwerk in drei Teilen gearbeitet. Auf dem Kopf der Anna eine Bohrung. Ergänzt der rechte Unterarm des Kindes. Mit alter Vergoldung (Mantel der Anna, Gewand der Jungfrau), Versilberung (Mantelfutter der Anna) und Bemalung. Das Gewand der Anna zeigte ein gold-silber-purpurnes Brokatmuster auf Menniggrund. Am Rahmen außer Silber und Gold etwas Rot und Blau. Die Rückwand mit goldenen Papiersternen. — Erworben 1896 in München. Geschenk eines Ungenannten.

Richtung des Veit Stoß. Um 1500. Die Gruppe ist in den Typen wie der Behandlung der Hände, des Haares für V. Stoß nicht charakteristisch genug, um ihm selbst zugewiesen werden zu können. Vgl. unter den Nürnberger Arbeiten die (etwas geringere) Anna selbdritt in der Bekrönung des Hauptaltars der Kirche zu Katzwang bei Schwabach.

5554. Säugende Maria. (Vöge 181). Stehend, im Mantel, mit langem Lockenhaar, nach links niederblickend; dem nackten Knaben auf ihrer Linken die Brust reichend.

Wandstatue. Lindenholz. H. 73. Rückseite ausgehöhlt. Die Bohrung auf dem Kopf durch einen Pflock geschlossen. Ergänzt der linke Daumen Mariae; die Fußspitze. Spuren von Bemalung an Augen und Lippen. — Erworben 1908 in München.

Meister aus der Richtung des Veit Stoß. — Von Vöge richtig bestimmt; Loßnitzers Vermutung, daß es sich um ein schwäbisches Werk handle (Veit Stoß, S. 120) ist haltlos. An Stoß selbst zu denken, verbietet vor allem die Form des Kopfes und die in spitzem Winkel in die Stirn fallenden Haare. Die von Vöge erwähnte Katharina des Germ. Museums (Katalog Josephi Nr. 319) ist nur entfernt verwandt. Dagegen steht das Kind dem der Halbfigurenmadonna in der Sammlung Jacob Goldschmidt (früher B. Oppenheim) in Berlin auffallend nahe. Abb. bei B. Oppenheim, Originalwerke aus meiner Sammlung (1907) Tafel 14, Nr. 22.

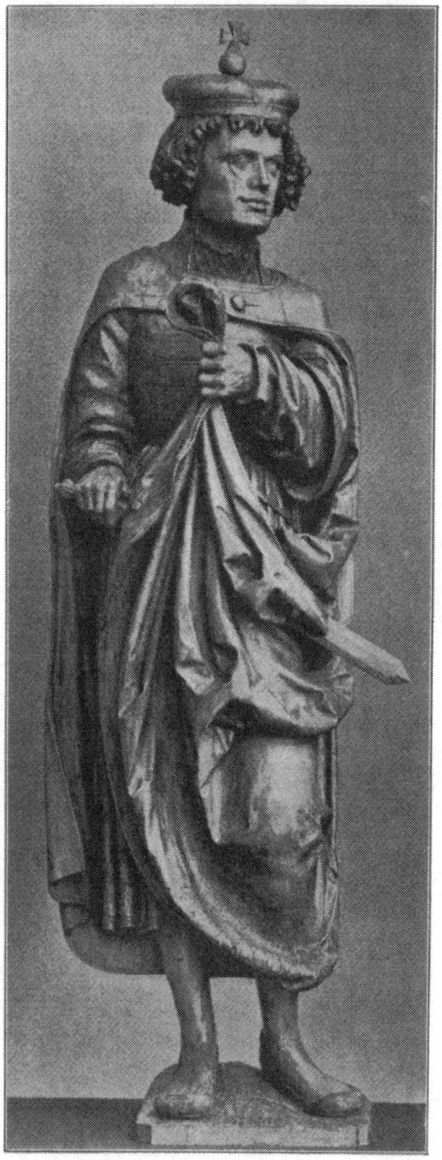

459

384. Maria mit dem Kinde (Vöge 187). Stehend, mit beiden Händen den nackten Knaben haltend, der, in der Linken die Weltkugel, den Segen erteilt, die Lippen öffnend. Maria trägt eine Krone, die Locken fallen tief über den Mantel herab, der sie in unruhig geschwungenen Falten umgibt. Abb. S. 191.

Wandstatue. Lindenholz. H. 113. Rückseite ausgehöhlt. Der rechte Arm des Kindes aus besonderem Stück und mit einem Holzpflock befestigt; ergänzt: der linke, die Zehen des Kindes, die rechte Hand der Madonna, Teile an den Säumen; die Fußplatte vorn unterlegt. Bemalung entfernt. Spuren von Blau am Gewand, von Rot am Mantel und den Locken. — Kunstkammer.

Schule des Veit Stoß, Anfang 16. Jahrhundert. Nächstverwandt der Madonnenstatue aus Sandstein am Hause Weinmarkt 12 in Nürnberg, die Höhn, Nürnberger gotische Plastik (1922) S. 120 Abb. S. 98 unter den eigenhändigen Werken des Veit Stoß aufführt und »um 1520« wohl etwas spät datiert. Unsere Madonna rührt von einem tüchtigen Schüler des Veit Stoß her. Abgesehen von der charakteristischen Gewandbildung sind die Züge von Mutter und Kind unverkennbare Ableitungen aus seinen Werken. Vgl. besonders die Marienstatue vom Wohnhaus des Meisters, German. Museum, Katalog Josephi, Nr. 278. Die Prägnanz der eigenhändigen Arbeiten wird nicht erreicht, aber die künstlerische Absicht ist dieselbe.

459. Martinus-Statue (Vöge 190). In Barett und enganschließendem, bis über die Knie reichendem Rock wendet er, stehend, das jugendliche Haupt nach rechts, im Begriff, den Mantel, den er hoch empornimmt, mit dem Schwert in seiner Rechten zu zerteilen; dieser ist vorn durch einen Knopf zusammengehalten; der hochstehende Kragen des Rockes läßt vorn einen feingefalteten hohen Hemdkragen sehen. Schuhe in Form der »Kuhmäuler«.

Wandstatue. Lindenholz. H. 153. Rückseite ausgehöhlt. An verschiedenen Stellen ist das Holz durch Wurmfraß beschädigt, besonders am unteren Mantelsaum, an andern zerrissen. Schwertspitze und -Knauf, der vordere Teil des linken Fußes, die Bodenplatte und die Kugel mit dem Kreuz auf dem Barett sind ergänzt; letztere jetzt entfernt. — Alte Bemalung abgelaugt, braun getönt. — Kunstkammer.

Nürnberger Meister, Anfang 16. Jahrhundert. — Von der gleichen Hand wie die beiden Statuen eines Laurentius und eines Mönchs im German. Museum, Nürnberg, Katalog Josephi Nr. 396. 397. Fr. Haack, der die Zusammengehörigkeit zuerst ausgesprochen hatte (Repertorium 29, 245), gibt in der Schrift: »Funde und Vermutungen zu Dürer und zur Plastik seiner Zeit« (1916) S. 39 ff. eine ausführliche Stilanalyse, und reiht den oben genannten noch drei weitere Figuren in Effeltrich B. A. Forchheim an (Abb. a. a. O. Tafel 12, 14, 15). Diese letzteren zeigen durch ihren Standort, daß der Meister in Nürnberg ansässig war, was schon vorher als das Wahrscheinliche gelten mußte. Auszuscheiden ist aus der Gruppe der von Haack u. Josephi mit Vorbehalt zugerechnete Laurentius, Nr. 398 des German.

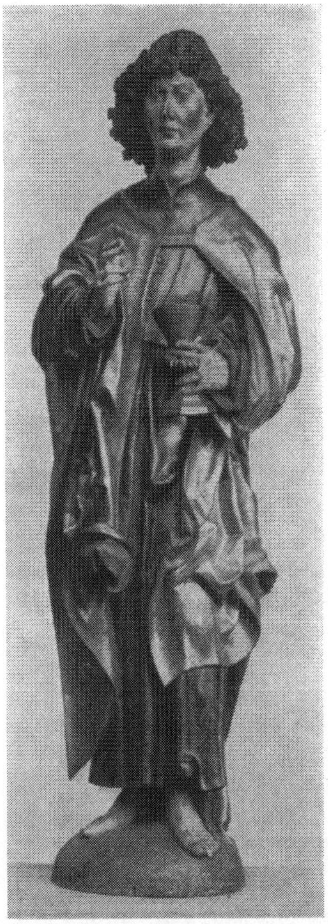

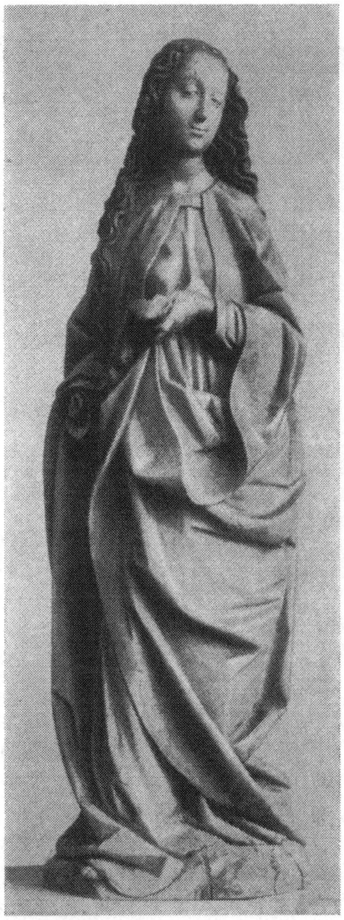

2327 S. 194 7752

Museums, nicht bloß wegen seiner andern Kopfform, sondern vor allem, weil die Gewandbehandlung bei ihm eine frühere Stilstufe zeigt. Die Zuschreibungen von P. F. Schmidt in »Monatshefte für Kunstwissenschaft« II (190) S. 338 sind durch Haack widerlegt und können als erledigt gelten.

7752. Weibliche Heilige (Maria aus der Verkündigung?). Stehend, vor sich niederblickend, mit leicht nach rechts gewandtem Haupt. Sie hebt mit der Linken einen Zipfel des weiten Mantels empor, der, am Halsausschnitt mit einem Band zusammengehalten, in weichen Falten herabfällt und sich am Sockel ausbreitet. Reiches, offenes Lockenhaar. Mit der Standplatte, die aus dem Achteck genommen ist, aus einem Stück.

Wandstatue. Lindenholz. H. 129. Rückseite ausgehöhlt. Es fehlt die rechte Hand, die aus besonderem Stück war. Die Abarbeitung am Kopf, für eine Krone, ist aus neuerer Zeit. Einige Risse an der Sockelplatte. — Bemalung durch scharfes Putzen entfernt. — Erworben 1916 in München. 1909 versteigert in Berlin mit dem Nachlaß Emil Goldschmidt: Versteigerungs-Katalog Lepke Nr. 59.

Nürnberger Meister, Anfang 16. Jahrhundert. — Eine Arbeit derselben Hand läßt sich vorerst nicht nachweisen. Doch zeigt der Marienaltar der Jakobskirche in Nürnberg, und in ihm vor allem die Marienstatue selbst, deutlich verwandte Tendenzen; nur ist unsere Figur, die vielleicht an einem Pfeiler stand, freier in der Haltung und von einem Streben nach Monumentalität erfüllt, im Typus einer Judith ähnelnd. Das Gesicht verrät die Kenntnis der weiblichen Figuren des Veit Stoß in der Bildung

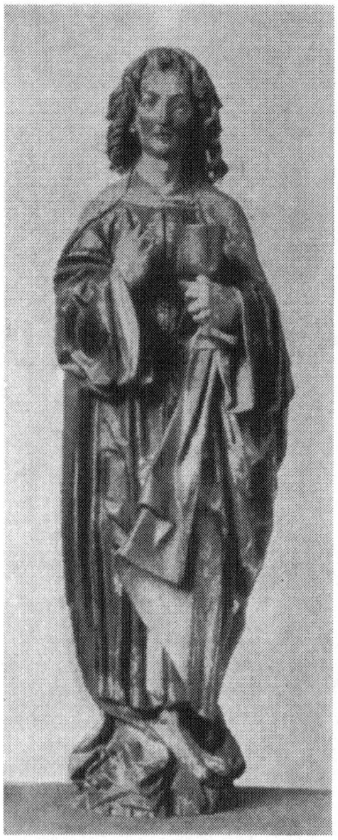

8122

von Stirne, Augen und Mund; für die der Art des Stoß weniger nahe untere Hälfte des Gewandes vgl. immerhin die zwei weiblichen Figuren des German. Museums, Katalog Josephi 318—319.

2327. Johannes der Evangelist (Vöge 183). Stehend, den Kelch in der Linken, die Rechte segnend erhoben. In Schultermantel und bis zum Gurt geknöpftem Gewande. Abb. S. 193.

Wandstatue. Die Rückseite ausgehöhlt. Lindenholz. H. 128. Auf dem Kopf eine Bohrung. Die rechte Hand ergänzt. Mit teilweise aufgefrischter alter Vergoldung (Mantel, Gürtel, Kelch), Versilberung (das jetzt rotbraune Gewand?) und Bemalung (blaues Mantel-, grünes Rockfutter). — Erworben 1896 in München. Geschenk eines Ungenannten.

Meister aus der Richtung des Veit Stoß. Um 1500. — Die Statue wurde neuerdings irrtümlicherweise Tilmann Riemenschneider zugewiesen (B. Daun, Veit Stoß und seine Schule zweite Auflage (1916) S. 235 f. Weizsäcker, Jahrbuch der preuß. Kunstsammlungen 18 (1897) S. 71 f. (Abb.). Sie hat aber mit der Würzburger Schule weder im Ausdruck des Kopfes noch in der charakteristischen Behandlung des Gewandes Verwandtschaft. Zu der merkwürdig zugespitzten Schädelform vgl. unsere Nr. 5554; ferner eine — ebenfalls ausgezeichnete — Sebastiansfigur der früheren Sammlung Lippmann: M. J. Friedländer, Deutsche und niederländische Holzbildwerke in Berliner Privatbesitz (1904) Nr. 40. Taf. 19. Doch geben diese Stücke für die Lokalisierung keinen Anhalt.

8122. Johannes der Evangelist. Der Heilige steht frontal und hält in der Linken den Kelch; die Rechte ist segnend erhoben. Das bis an die Knöchel reichende Gewand mit langen weiten Ärmeln ist gegürtet. Über Schultern und Rücken liegt ein Mantel, der durch zwei Schnüre vor der Brust gehalten und von der linken Hand vorn hochgezogen wird. Sockel aus geschichteten Erdschollen.

Wandstatue. Lindenholz. H. 111. Rücken hohl. Über den Kopf zieht von Ohr zu Ohr ein 1 cm breiter, 3 cm tiefer Einschnitt, der zur Aufnahme eines Heiligenscheines diente. Stirnlocken, seitliche Lockenspitzen, vier Finger der rechten Hand, vorderer Teil des Kelchfußes, vordere Kante des rechten Ärmels und große Zehe des linken Fußes sind abgebrochen. — Ausgezeichnete alte Bemalung mit einzelnen Fehlstellen: Mantel außen gold, innen dunkelgrün, Rock purpurrot mit eingestreuten goldenen stilisierten Blumen, Ärmel innen blau. — Erworben 1918. Sammlung J. Simon.

Fränkischer Meister um 1500. — Im Entwurf der vorangehenden Nr. 2327 verwandt, doch von anderer Hand.

2964. 2965. Die beiden Johannes. (Vöge 179. 180).

2964. Johannes der Evangelist. (Vöge 180). Stehend, in gegürtetem Rock, mit halberhobenen Armen, den Kopf etwas nach links wendend. Der vom Wind bewegte Mantel ist auf der rechten Schulter durch kleine Knöpfe zusammengehalten. Gegenstück zur folgenden Nr.

Wandstatue. Lindenholz. H. 134. Rückseite ausgehöhlt. Auf dem Kopf ein jetzt geschlossenes Loch. Ergänzt der halbe linke Unterarm nebst Hand und Kelch, die rechte Hand, die Füße nebst Teilen der Basis; Kleinigkeiten an den Locken und Falten. Mit Resten alter Vergoldung (Mantel, Kragen und Saum des Rockes, Haare) und Bemalung (blaues Mantelfutter, grüner Rock); unter dem Inkarnat und der Vergoldung Spuren von Leinenunterlage. — Erworben 1905 in München.

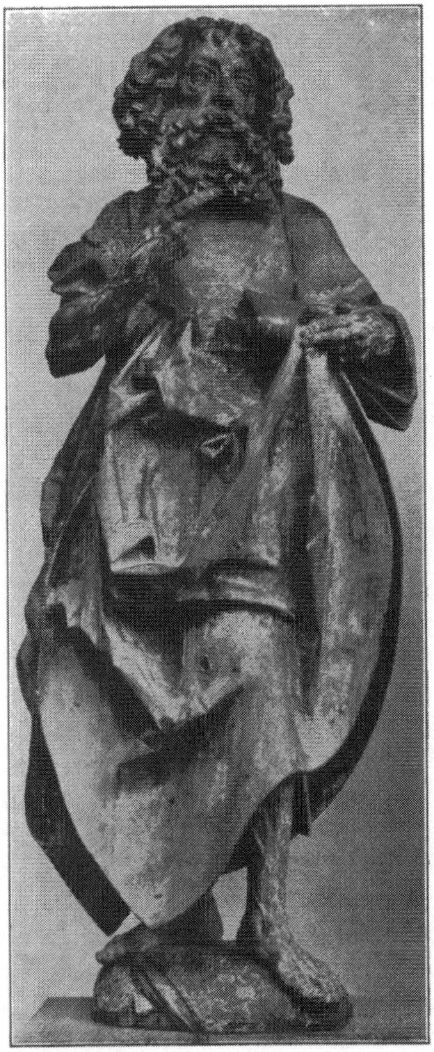

2965

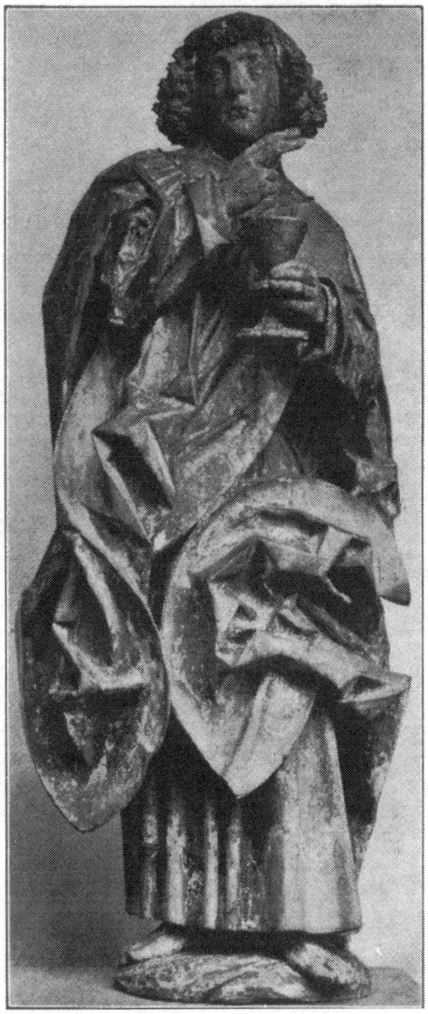

2964

2965. Johannes der Täufer. (Vöge 179). Stehend, das Haupt etwas nach rechts wendend, mit der zeigend erhobenen Rechten seine Rede begleitend; in einem die Brust freilassenden Fellkleide, ein Buch und den Zipfel des faltigen Mantels in der Linken.

Wandstatue. Lindenholz. H. 135. Rückseite ausgehöhlt. Der rechte Arm auf Fuge gearbeitet und mit Holzpflöcken befestigt, das Loch oben auf dem Kopf jetzt geschlossen. Ergänzt Daumen, Zeigefinger und Teile der übrigen Finger der rechten Hand, der linke Fuß zur Hälfte, vom rechten die Zehen, ein Teil der Basis, Teile des Haares, des Bartes, der Falten. Mit Resten alter Vergoldung (Mantel, Haar) und Bemalung (gelbes Fellkleid mit rotem Futter). — Erworben 1905 in München.

Bayrischer Meister unter dem Einfluß des Veit Stoß, Anfang 16. Jahrhundert. Die Täuferstatue ist im Motiv der vom Mittelschrein des Schwabacher Hochaltars (1507) auffallend verwandt, zeigt aber in der Behandlung des Kopfes wie des Gewandes eine andere Hand; und zwar weist die flächigere, reliefmäßige Gesamterscheinung und der Typus der Köpfe auf einen bayrischen Meister, der durch die Schule des Veit Stoß gegangen ist. An künstlerischer Geschlossenheit und Reife stehen die beiden Statuen eher höher als der Schwabacher Hochaltar, dessen Schnitzer sich enger und äußerlicher an das

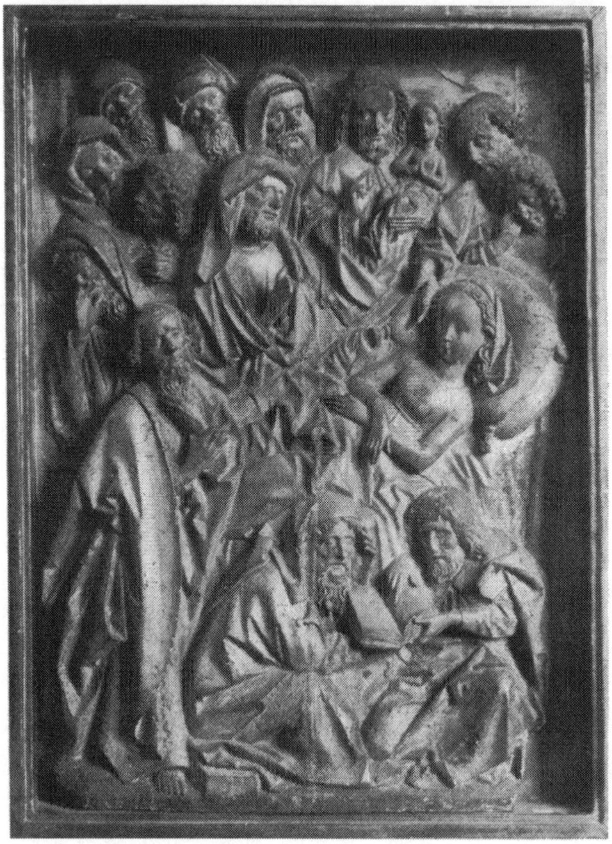

8124

Stoßsche Vorbild hält. B. Dauns Zuschreibung (»Veit Stoß« 2. Aufl. S. 23 Tafel 25) an den sogenannten »Meister Paul«, der die beiden ganz durchschnittlichen Johannesstatuen in Radeln geschaffen hat, zeigt, daß Daun den außerordentlichen Abstand in der Qualität, der schon bei den Abbildungen evident ist, gar nicht bemerkt hat. Die Einzelheiten, die nicht einmal wirklich ähnlich sind —, würden doch nur dann etwas beweisen, wenn das künstlerische Niveau etwa dasselbe wäre.

8124. Marientod. In einem schräg nach hinten gestellten Bett ruht Maria mit geschlossenen Augen, als junge Frau dargestellt, in enganschließendem Ärmelgewand, auf dem Haupte ein rechts herabhängendes, zurückgeschobenes Kopftuch, unter dem das gescheitelte, wellige Haar das Gesicht umrahmt. Ihr Oberkörper ist durch zwei unterlegte Kissen mit Quasten aufgerichtet, die Hände in ruhiger Haltung übereinander gelegt; den Unterkörper deckt ein Tuch. Hinter dem Bett steht in der Mitte Christus, die Rechte segnend erhoben, auf dem linken Arm die Seele der Verstorbenen, ein kleines Abbild der Toten. Rechts von ihr zwei Apostel, von denen einer zu Häupten des Bettes sinnend auf Maria blickt, der andere mit der Hand ihr Haupt berührt. Links von Christus im Hintergrund sieben Apostel in zwei Reihen, einer betend der Entschafenen gegenüber, zwei sich abwendend. Ein weiterer, in ganzer Figur sichtbar, schließt stehend links im Vordergrund die Szene ab; er greift mit seiner Linken in seinen Bart, die Rechte umfaßt das linke Handgelenk (die alte Gebärde der Trauer). Die letzten beiden Jünger sitzen rechts unten vor dem Bett und lesen aus einem Buch die Sterbegebete. Christus und fünf Apostel sind barhäuptig, die übrigen haben ihre Mäntel als Kapuze über den Kopf gezogen.

Relief ohne Grund. Lindenholz. H. 72, Br. 55. Kleine Stücke fehlen: am linken Rand eines, am rechten zwei. An mehreren Stellen stark wurmstichig. Der Kopf des Apostels rechts unten ist an der Oberfläche vermorscht, ein kleines Stück in Gips ergänzt. Durch die Mitte geht ein senkrechter, mehrfach gespähnter Riß. — Von der alten Bemalung ist vor allem das Schwarz in den Haaren und Augensternen z. T. erhalten; außerdem Farbspuren von Rot und Blau an den Mänteln, und vielfache Reste von Kreidegrund. — In nicht zugehörigem Rahmen. — Erworben 1918. Sammlung J. Simon.

Fränkischer, wahrscheinlich Nürnberger Meister, Ende 15. Jahrhundert. Der Zwölfapostelaltar der Jakobskirche in Nürnberg (Photo Stödtner 31940) zeigt Apostel von sehr ähnlichem mildem Typus; ebenso wie bei unseren fällt auf, daß sie unter sich in der Gesichtsbildung sehr verwandt sind. Für den Typ der Maria ist die Madonnenstatue aus Ergersheim (B.A. Uffenheim-Mittelfranken) des German. Museums zu vergleichen. (Abb. im Katalog von Josephi Nr. 309 und bei Bier, Nürnbergisch-Fränkische Bildnerkunst (1922) Tafel 48. 49). — M. J. Friedländer, Deutsche und niederländische Holzbildwerke im Berliner Privatbesitz (1904), Nr. 40, Taf. 19.

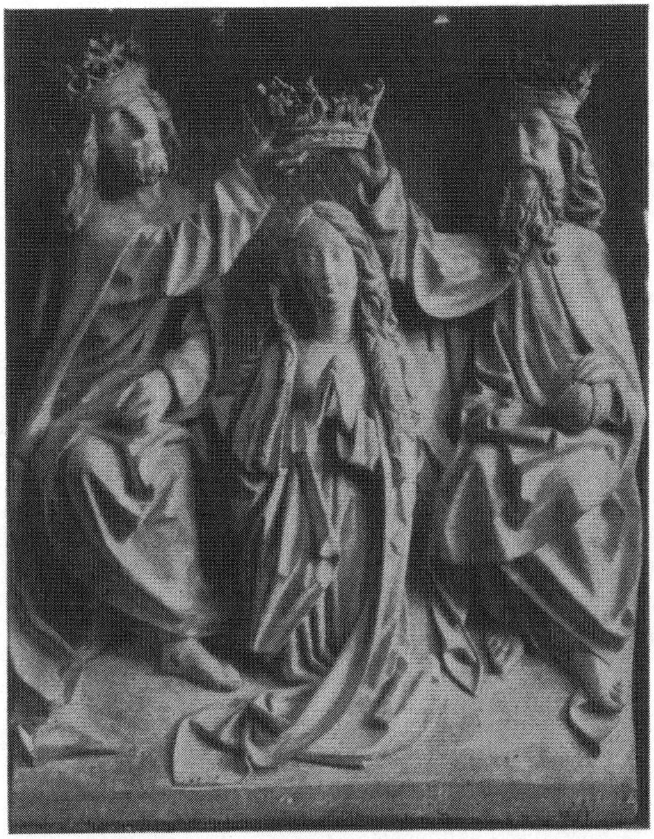

8113

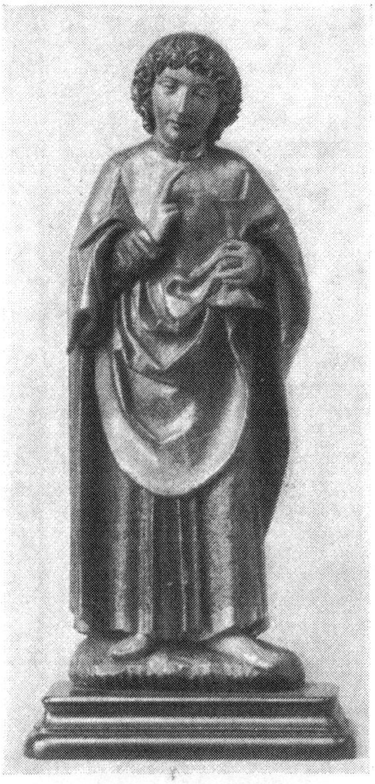

8125

8113. Krönung der Maria. Maria kniet in frontaler Haltung mit betend zusammengelegten Händen. Sie trägt offenes Lockenhaar und über dem Ärmelgewand einen vorn offenen Mantelüberwurf, dessen eines Ende sich vor ihr am Boden ausbreitet. Gott Vater (rechts) und Sohn (links), durch Altersunterschied charakterisiert, beide gekrönt, halten, beide mit der Rechten, die Krone über ihrem Haupte. Gott Vater hält mit der Linken die Weltkugel auf seinem Schoße. Abschüssige Bodenfläche, auf der die Zipfel der Mäntel die Gruppe unten abschließen.

Wandgruppe. Lindenholz. H. 42, B. 33. In moderner Baldachinrahmung. Eine Locke am Bart Gott Vaters und die linke Ecke der Bodenplatte ergänzt. — Die alte Bemalung entfernt; an den Lippen, Augen und Haaren geringe Farbreste. — Erworben 1918 (Sammlung J. Simon).

Fränkisch (Nürnberg), Anfang 16. Jahrhundert.

8125. Johannes der Evangelist. Johannes steht mit nackten Füßen auf einer Erdscholle in voller Frontansicht, den Kopf etwas nach rechts geneigt, die Rechte segnend vor der Brust erhoben, in der Linken den Kelch. Über dem bis auf die Füße reichenden Gewand mit langen Ärmeln trägt er einen über der rechten Schulter geknöpften Chormantel mit niedrigem, eng anliegenden Halskragen. Das eine Ende des Mantels ist über den rechten Unterarm hinaufgezogen und fällt über diesen in einem Bausch nach links herab; auch der linke Arm greift unter dem Mantel hervor, so daß in der Mitte ein Mantelstück schürzenartig herabfällt.

Wandstatuette. Lindenholz. H. 23. Rückseite flach. Der Heiligenschein hinter dem Kopf ist abgebrochen. Die Vergoldung des Mantels, Haares und Kelches und die Bemalung (Gewand: Brokatmuster

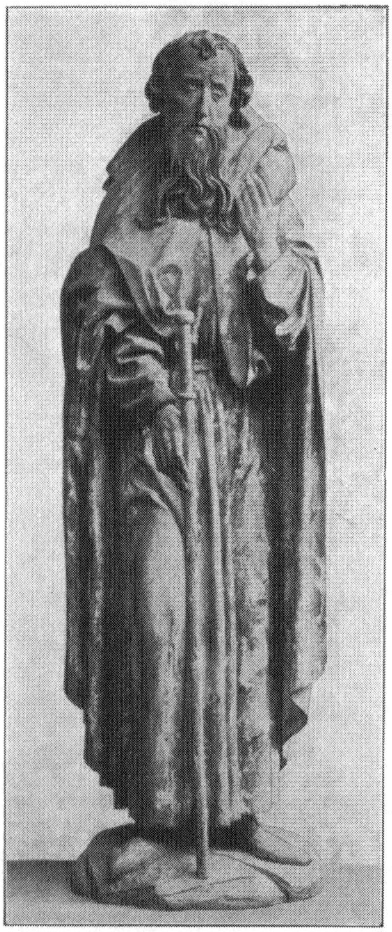

M. 73

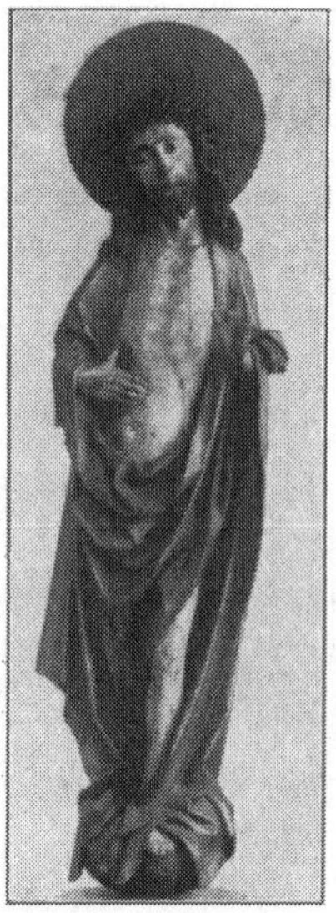

382

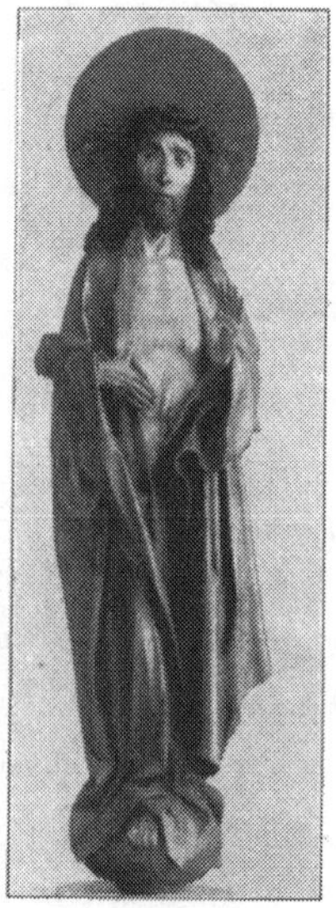

382

in Rot und Gold mit roter Fütterung, Erdscholle: grün) erneuert. — Erworben 1918. Sammlung J. Simon.

Nürnberg, Ende 15. Jahrhundert. Für den Stil des Figürchens ist an Vorbilder aus der älteren Vischer-Werkstatt zu erinnern, vor allem an die Apostel vom Grabmal des Ernst von Sachsen in Magdeburg, Abb. bei Meller, Peter Vischer der Ältere und seine Werkstatt (1925) S. 43 ff.

M. 73. Jacobus der Ältere (Vöge 224). Stehend, das Haupt, mit sorgenvollem Ausdruck, leicht zur linken Schulter neigend. Auf dieser ruht ein Turban, den er mit der linken Hand herüberzuziehen sucht; die rechte ist auf den Pilgerstab gestützt. Gegürtetes Gewand. Die Fußplatte als Erdscholle charakterisiert.

Wandstatue. Lindenholz. H. 125. Rückseite ausgehöhlt. Der untere Teil des Stabes aus besonderem Stück. Spuren alter Bemalung. Der Rock zeigte eine goldenes Brokatmuster auf Karmin. — Erworben 1908. Eigentum des Kaiser-Friedrich-Museums-Vereins.

Unbekannter fränkischer Meister, Anfang 16. Jahrhundert. — In der Stimmung den Werken der Vischer-Werkstatt verwandt, doch von selbständigem Typ, und ohne nähere Analogieen in der Gewandbildung. Die von Vöge herangezogene Jakobusstatue T. Riemenschneiders im Münchener Nationalmuseum zeigt einen ähnlichen Entwurf, aber eine stark abweichende Empfindung in den Einzelheiten. — Bode, Bericht des Kaiser-Friedrich-Museums-Vereins, 1907—1908, S. 6 f.

382. Prozessions-Christus (Vöge 186). In der Art der Doppelmadonnen nach zwei Seiten blickend; auf einem Kugelknauf stehend, in Mantel und Schurz, auf die Wundmale weisend.

Statue. Lindenholz. H. 128. Aus zwei Stücken gearbeitet; der Nimbus, die Dornen der Krone und z. T. die Hände für sich gearbeitet. Ergänzt die erhobene Linke des einen Bildes; kleine Teile an der Krone, den Händen, Füßen, Säumen; die obere Hälfte des Nimbus. Mit z. T. aufgefrischter alter Bemalung (Mantel rot mit schwarzem Futter; auf dem gelben Nimbus ein rotes Lilienmuster). — Kunstkammer. Erworben 1853 in München.

Fränkisch, Ende 15. Jahrhundert. Derartige Doppelbilder pflegten auch auf Säulen aufgestellt zu werden, vgl. Jahrbuch der Preuß. Kunstsammlungen 21 (1900), S. 275, Anm. 4.

2023. 2024. Zwei Szenen aus dem »Abschied der Apostel« (Vöge 228. 229).

2023. Ein bärtiger kahlköpfiger Apostel, die Reise-

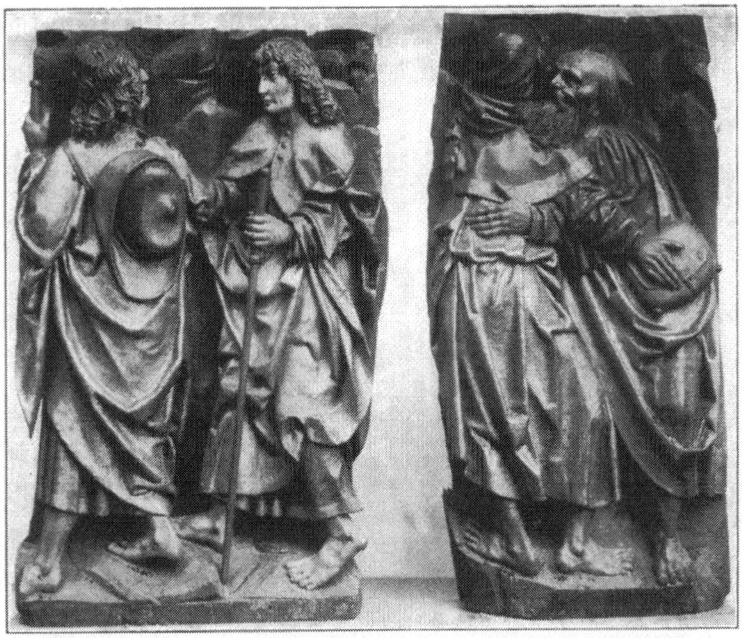

2023. 2024

tasche auf der Hüfte, umarmt einen anderen, dessen bartloses Gesicht in der roten, mit einem Kragen versehenen Kapuze verschwindet.

Hochrelief. Weidenholz. H. 95, Br. 50. Aus einem Stück. Ergänzt die Rechte des linken Apostels. Mit übergangener alter Vergoldung (Gewand des Linken, der Mantel des Rechten) und Bemalung; das Gewand links zeigt ein rot auf Silber lasiertes Blumenmuster auf schwarzem Grunde. — Erworben 1893 in München. Geschenk des Herrn O. Wesendonck.

2024. Zwei Apostel, bartlos, mit Mantel und Pilgerstab, hintereinander herschreitend; der Rechte legt dem Vorangehenden die Hand auf die Schulter. Dieser, der den Reisehut auf dem Rücken hat, wendet sich um.

Hochrelief. Weidenholz. H. 93, Br. 62. Mit übergangener alter Vergoldung und Bemalung; die rote Lüsterfarbe des Mantelfutters ist neu. Aus mehreren Stücken zusammengesetzt; der Stab rechts ergänzt. — Erworben 1893 in München. Geschenk des Herrn O. Wesendonck.

Oberfränkisch (?), Anfang 16. Jahrhundert. — Früher in der Sammlung Seitz in München. — Die nächste Analogie bietet der schöne Altar in der Nagelkapelle des Bamberger Domes, der, in modernem Schrein und Flügeln, den Abschied der zwölf Apostel (nach Marc. 6,7 und Luc. 10,1) in Reliefs vor landschaftlichem Hintergrund enthält. Unsere Darstellungen entstammen einem ähnlichen, doch etwas späteren Altar, der die Apostel paarweise zusammenordnet, während in Bamberg auf den Flügeln neben zwei Abschiednehmenden ein Dritter sich zum Gehen wendet. Für die spätere, kompositionell noch freiere Ausgestaltung der Szene vgl. Altdorfers Bild im Berliner Kaiser-Friedrich-Museum (um 1523).

8126. Der Auszug der Apostel. Zwölf Apostel sind über felsiges Gelände verteilt in vier Paaren und vier Einzelfiguren. Der Maßstab der Figuren nimmt nach oben ab. Die Paare Abschied nehmend, die einzelnen als Wanderer, einer unten links an einer gefaßten Quelle rastend und aus der Feldflasche trinkend. Links oben eine befestigte Stadt mit Türmen und Treppengiebeln. Dahinter Bergspitzen. Über ihr erscheint Christus, als Halbfigur, mit der Rechten segnend, in der Linken die Weltkugel. Abb. S. 200.

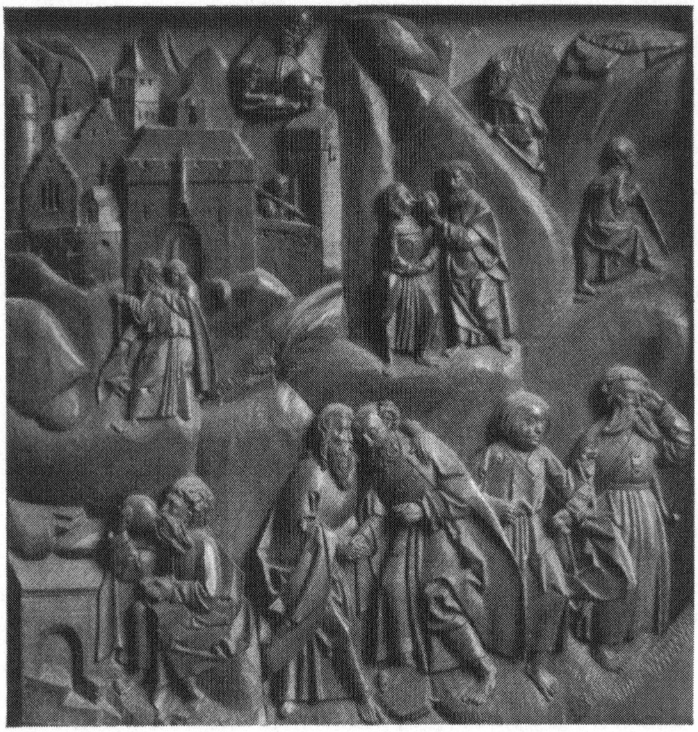

8126 S. 199

Halbrelief. Lindenholz. H. 76,5 Br. 77. — Aus drei Stücken senkrecht zusammengesetzt. Die Rückseite an den Rändern durch (moderne) aufgeleimte Brettchen verstärkt. Alte Bemalung: Mantel vergoldet, Gewänder rot, eines grün, zwei dunkelbraun, die meisten mit breiten Bordüren.

Fränkischer Meister vom Ende des 15. Jahrhunderts. — Das Schema der Darstellung und auch eine Reihe von Einzelmotiven weisen noch deutlich auf den Zusammenhang mit Wohlgemuts Tafel in der Münchener Pinakothek. Die Giebelformen der Häuser und der alpine Charakter der Berge brauchen nicht auf einen alpenländischen Bildschnitzer zu deuten: dem widersprächen Ausdruck und Einzelformen der Figuren. Über die von Wohlgemut ausgehende Darstellung der Apostelteilung, die im späten Mittelalter erst beliebt wird, handelt Betty Kurth im Jahrbuch der Zentralkommsion 10 (1916).

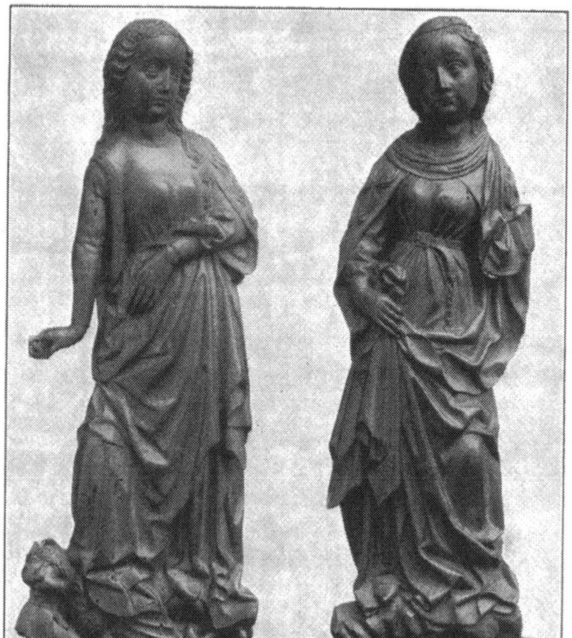

426. 427

e) Schwaben

2222. König David (Vöge 96). Die Lippen öffnend, weist er auf die Inschrift des Spruchbandes in seiner Rechten: David terra nra (nostra) dabit [fructum suum] ps. 84 [v. 13]. Ein Mantel bedeckt die Schultern.

Wandbüste. Lindenholz. H. 51. Oben auf dem Kopf eine kreisrunde, jetzt geschlossene Bohrung. Ergänzt die Krone, der Daumen der linken Hand, einige Fingerspitzen an der rechten, das obere Ende der Schriftrolle. — Mit Resten der alten Vergoldung (der Mantel, bei schwarzem Futter) und Bemalung. Der Stoffwulst unter der Krone zeigt abwechselnd goldene und bräunliche Streifen, dazwischen grüne und rote Rillen; Rock kirschrot; Schrift rot und schwarz auf Weiß. — Erworben 1895. Geschenk des Herrn Julius Böhler in München.

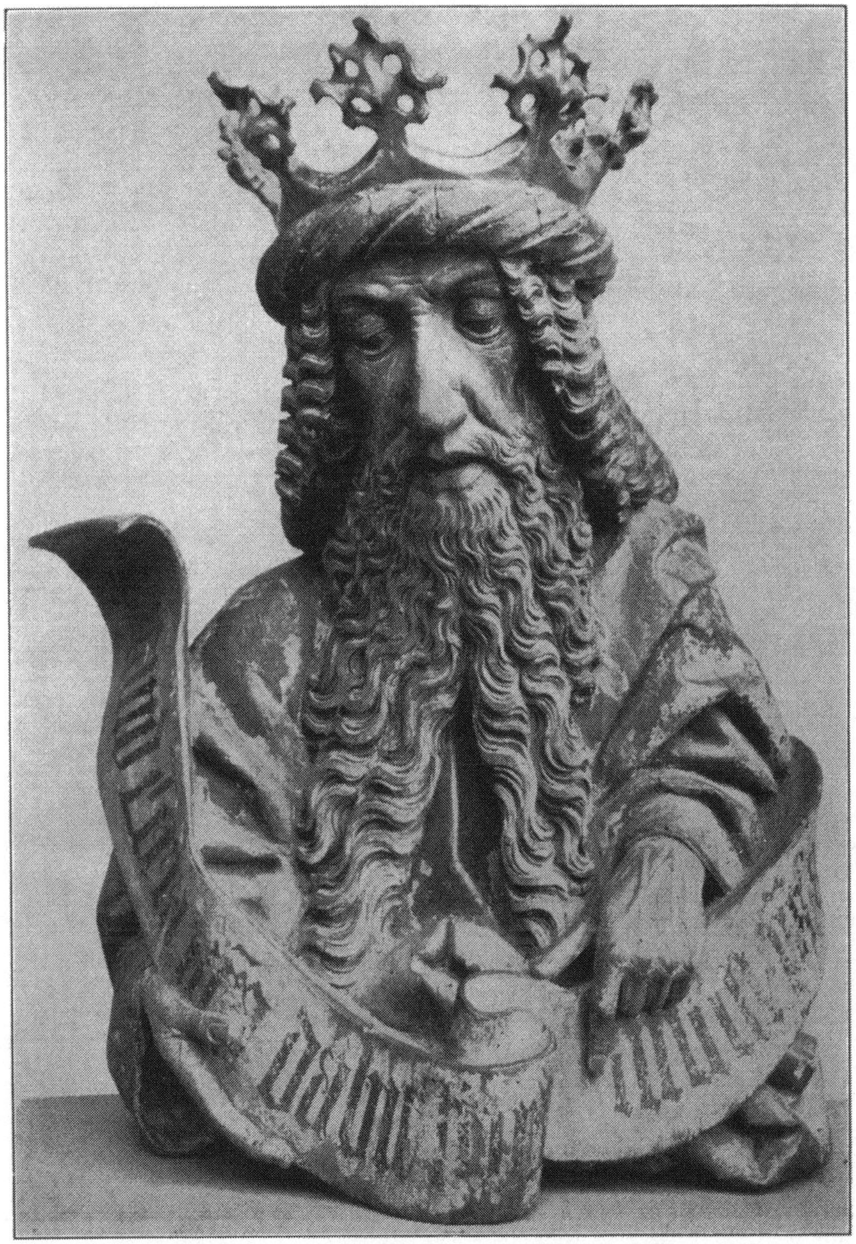

2222

Schwäbisch (Ulm?) um 1470. Den Büsten des Gestühls im Ulmer Münster nicht nah genug, um Sürlin oder einem seiner Mitarbeiter zugewiesen werden zu können. Eine Prophetenbüste des Städtischen Museums Frankfurt a. M. (Liebieghaus), verwandt im Entwurf, wohl ebenfalls von den Dorsalien eines Chorgestühls, zeigt etwas spätere Stilformen.

426. 427. Zwei weibliche Heilige, Gegenstücke (Vöge 147. 148).

426. Margareta. Das (ursprünglich gekrönte) Haupt nach rechts wendend, steht sie in Mantel und ärmellosem Überkleide auf dem Drachen, in der Rechten den Ring der (abgebrochenen) Kette, mit der sie ihn gefesselt hatte; er verschlingt einen Mann.

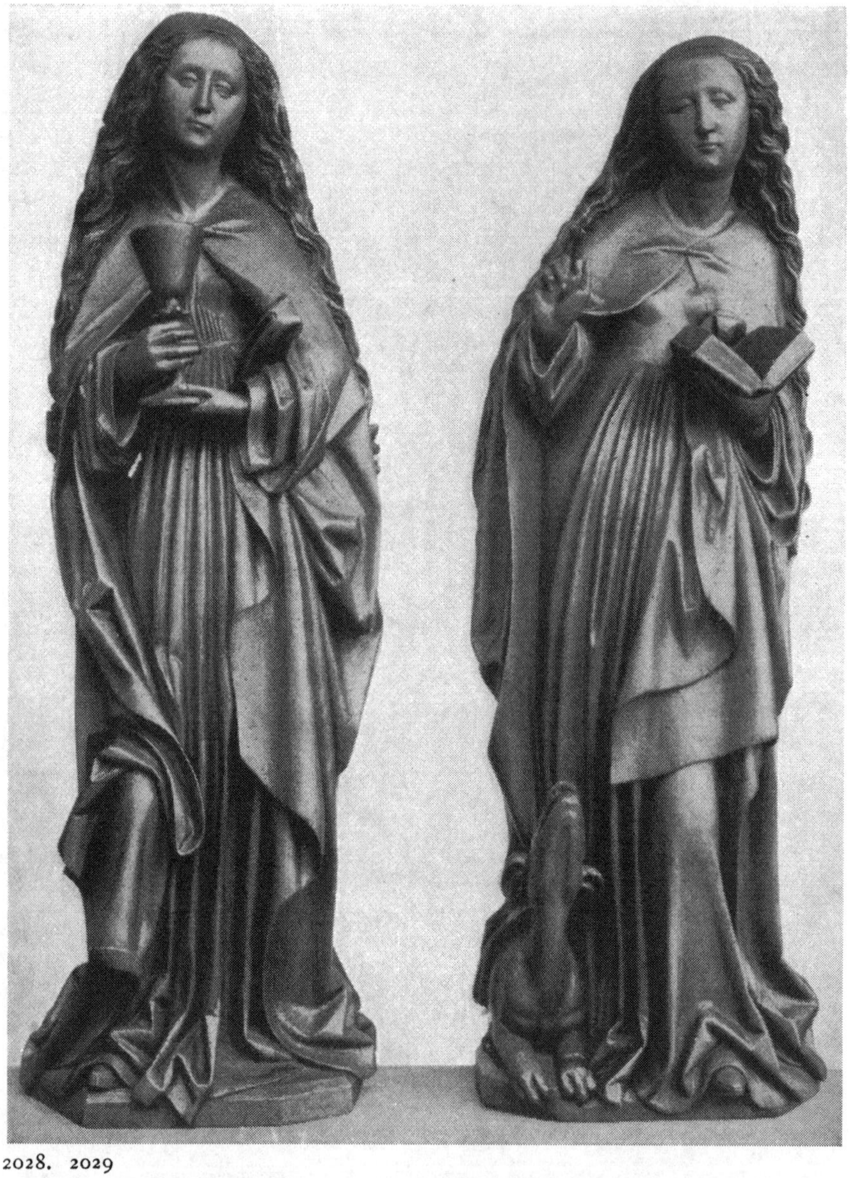

2028. 2029

427. Eine Heilige. Jungfrau in Schultermantel und lose umgelegtem Kopftuch, auf einer felsigen Bodenerhebung stehend, die beiden Zipfel des Mantels in der rechten Hand; die Linke war nach rechts ausgestreckt; am Gürtelende ist eine Kette befestigt. Abb. S. 200.

Halbreliefs ohne Grund. Birnbaumholz. H. 37,5 Mit Stanzen eingepreßtes Muster an den Gürteln, bei Margarete auch am Saum. In den Bodenflächen je zwei Bohrungen. Margarete mit kleinen Verletzungen an den Fingern; der anderen Heiligen fehlt der linke Unterarm, ihr Kopf war abgeschnitten und ist aufgeleimt, an der linken Seite desselben ein Stück ergänzt. — Erworben 1883 in München.

Schwäbisch um 1470.

2029 u. **2028. Zwei weibliche Heilige,** Gegenstücke (Vöge 233 u. 234).

2029. Barbara. Stehend, in den Händen den Kelch; in enganschließendem, gegürtetem Gewande und vor der Brust zusammengeknüpftem Mantel neigt sie das Haupt leicht zur linken Schulter, den Blick nach unten richtend. Das Fußbrett an den Ecken abgeschrägt.

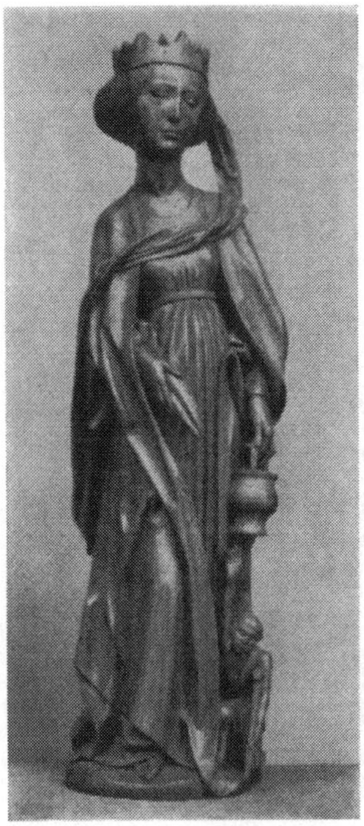

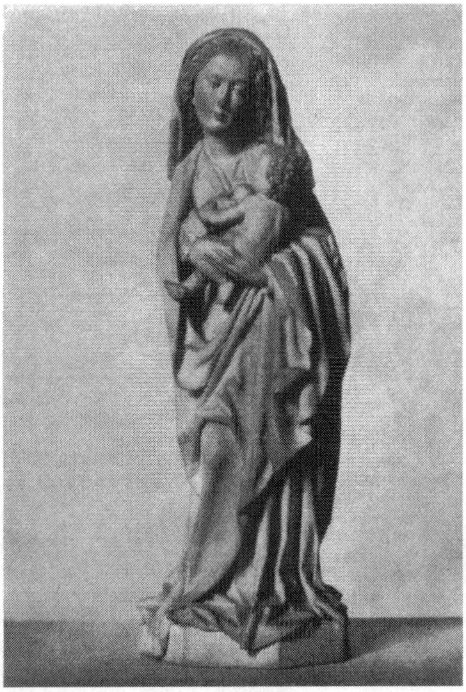

5602 8154 S. 204

2028. Margareta. Stehend, nach links niederblickend, erhebt sie lehrend die Rechte, in der Linken ein offenes Buch haltend. Der Mantel fällt auf den links liegenden Drachen, der den Kopf emporwendet; das Gewand ist ungegürtet, das Fußbrett ist an den Ecken abgeschrägt.

Wandstatuen. Lindenholz. H. 92 bzw. 90,5. Rückseiten ausgehöhlt. Kronen abgearbeitet. Ergänzt bei Barbara die rechte Hand mit dem oberen Teil des Kelches, bei Margareta einige Fingerspitzen an der rechten Hand, die Fußspitze; die Zunge des Drachen alt, aus besonderem Stück. — Bräunlich getönt. — Erworben 1893 in München. Geschenke der Herren Gustav Salomon (Barbara) und C. v. Hollitscher (Margareta).

Oberschwäbisch um 1480. Vielleicht aus demselben Altar wie eine Madonna in Schweinhausen (Oberschwaben, Oberamt Waldsee) Höhe 97 cm mit Krone. Verwandt eine ganze Anzahl von Holzskulpturen Oberschwabens, die neuerdings Weise zusammengestellt hat: Mittelalterliche Bildwerke des Kaiser-Friedrich-Museums (1924) S. 117 ff. — Weise erkannte richtig, daß die Figuren unter dem Einfluß des späten Multscherstils geschaffen sind. Seine Lokalisierung in Ulm und ebenso die daran von ihm und von Gertrud Otto geknüpften Folgerungen können nicht als gesichert angesehen werden. Vgl. G. Otto, Die Ulmer Plastik der Spätgotik (1927) S. 96 ff.

5602. Elisabeth. Stehend, ein Brot in der Rechten, einen Kessel in der Linken. Rechts zu ihren Füßen ein kleiner kniender Krüppel mit Krücke. Sie trägt ein gegürtetes Gewand, darüber den Mantel und ein Kopftuch, das ihre um den Kopf gelegten Zöpfe ganz verdeckt und mit einem Ende quer über die Brust zur rechten Seite läuft, darüber die Krone. Rundlicher Terrainausschnitt.

Wandstatue. Lindenholz. H. 93. Rückseite ausgehöhlt. — Kleine Beschädigungen durch Wurmfraß. — Jetzt ohne Bemalung. Das Holz gelblich getönt. — Erworben 1909 in München.
Schwäbisch um 1480. Aus Wörishofen, B.-A. Mindelheim.

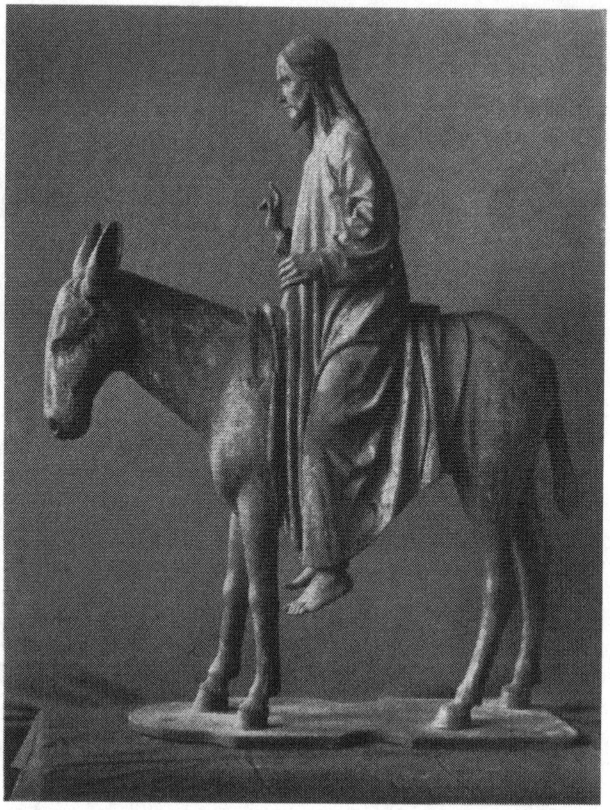

8144

8154. Maria mit dem Kinde. Stehend mit ausgebogener linker Hüfte, das nackte Kind mit der Linken tragend, reicht sie dem Kind die Brust. Gewand mit spitzem Brustausschnitt, darunter das Hemd sichtbar. Mantel und Kopftuch, in das der Knabe mit der Rechten greift. Marias Gesicht von gewelltem Lockenhaar umrahmt. Der Mantel fällt über die als halbes Achteck gebildete kräftige Plinthe. Abb. S. 203.

Wandfigur. Lindenholz. H. 51. Rückseite glatt. Alle Fleischteile mit altem Inkarnat, am Kopftuch größere Reste alter Bemalung (Weiß mit brauner Strichelung), die übrige Fassung beseitigt bis auf Vergoldungsspuren im Haar. — Erworben 1918. Sammlung J. Simon.

Ulmisch um 1480. Der Meister steht stilistisch zwischen Multscher und den in Verbindung mit Syrlin schaffenden Bildschnitzern, ist aber wesentlich feiner und zierlicher. Neuerdings hat P. Wescher in den »Amtlichen Berichten« 47 (1926) S. 44 ff. den Versuch gemacht, ihn mit dem Meister der Vanitasgruppe im Wiener Kunsthistor. Museum zu identifizieren.

8144. Christus auf dem Esel (Palmesel). Christus sitzt auf dem ungesattelten Tier, das Haupt kaum geneigt. Langes regelmäßig gesträhntes Haupthaar, kurzer ebenso behandelter Vollbart. Das lange Ärmelgewand breitet sich schabrackenartig vor und hinter ihm aus. Die Rechte segnet, die Linke hielt ehedem die Zügel; die Beine sind straff abwärts gerichtet. Der Esel halb schreitend, halb stehend. Unter ihm das Wagenbrett, am vorderen Ende in großer Kurve ausgerundet, die Längsseiten in der Mitte halbkreisförmig eingebuchtet.

Freigruppe. Lindenholz. H. (ohne das Brett) 155. Im wesentlichen aus drei Stücken zusammengesetzt; die Fugen senkrecht vor und hinter dem nicht abnehmbaren Körper Christi. Der letztere und der Bauch des Tieres innen hohl, der Rücken Christi aus einem eingesetzten Stück; angestückt seine Hände

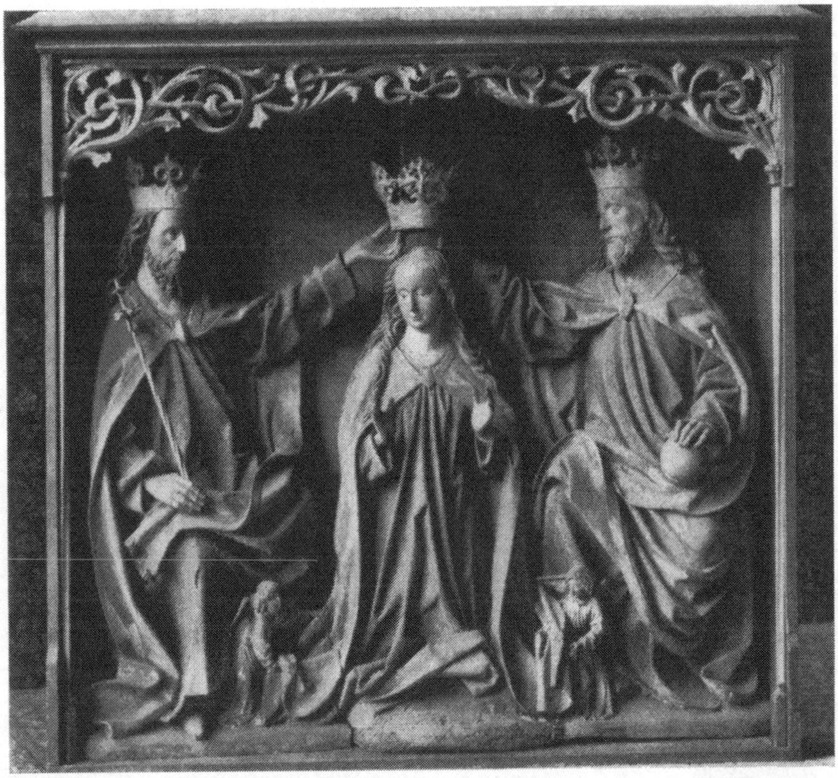

M. 34

und der rechte Fuß beim Tier Kopf und Schwanz. Am Maul beiderseits ein Eisenring. Auf dem Kopf Christi eine Bohrung. — Die Fugen haben sich z. T. erweitert. — Mit größeren Resten von Bemalung. Unter einem späteren Grün des Gewandes ein wohl originales Dunkelviolett, der Halssaum mit späterem Gold. Das Haar Christi schwärzlich, das Tier mit z. T. erneuertem Grau. Erneuertes Inkarnat. Reste des Kreidegrundes. — Erworben 1918. Sammlung J. Simon.

Schwäbisch um 1470—80. Wohl ulmisch.

M. 34. Krönung Mariae (Vöge 149). Maria kniet, die Hände erhebend, zwischen Gottvater und Christus, die, links und rechts sitzend, eine Krone über sie halten. Jener trägt das Szepter, dieser den Reichsapfel. Alle drei in vorn zusammengehaltenem Mantel, den der Maria zwei kleine Engel tragen helfen.

Wandgruppe. Lindenholz. H. 137, Br. 141,5 (mit dem ergänzten Schrein). Die einzelnen Figuren, an der Rückseite ausgehöhlt, sind für sich gearbeitet, desgleichen die Fußplatte für Maria. Ergänzt die Hände, an der rechten Hand Gottvaters vier Finger; Oberkörper und Kopf des rechten Engels, Flügel und Nasenspitze des linken. Das Rankenwerk und seine Seitenstützen alt. — Mit Resten alter Vergoldung (Mäntel, Mariae Haar, Gewänder der Engel) und Bemalung (Mantelfutter blau oder rot, Marias Gewand oliv mit roten Streifen; das Gottvaters mit Musterung in roter Lüsterfarbe) Spuren von Leinwandüberzug (Gewänder und Erdboden). — Erworben 1902 in München. Eigentum des Kaiser-Friedrich-Museums-Vereins.

Schwäbisch, Ende des 15. Jahrhunderts.

7699. Trauernde Maria (von einer Kreuzigung). Stehend mit ineinander gelegten Händen, in gegürtetem Gewand, Haube mit plissiertem Rand, Kinntuch und Mantel, der über den Kopf gelegt ist. Achtseitige Plinthe. Abb. S. 206.

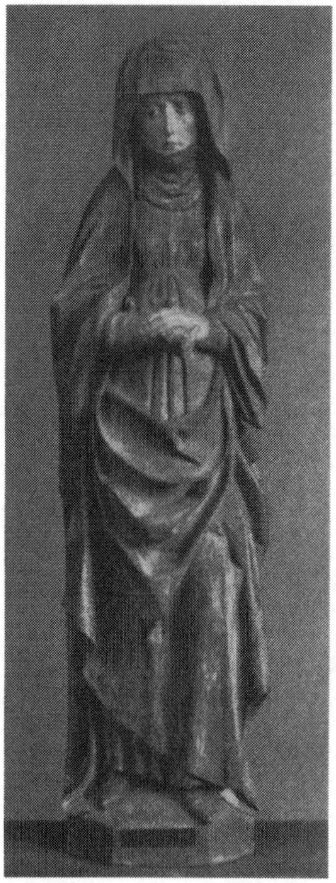

7699

Vollrund. Lindenholz. H. 113. Rückseite etwas einfacher behandelt. Figur und Plinthe aus einem Stück. Die Hände samt dem Ende des rechten Unterarms ergänzt. — Mit größeren Resten von Bemalung in zwei gleichfarbigen Schichten, deren untere vielleicht ursprünglich ist; Gewand grün, Mantel rot mit goldenem Saum und grüner Innenseite, Kinntuch weißlich. — Erworben 1915. Geschenk der Frau A. Weinberg-Charlottenburg, zum Andenken an ihren im Krieg gefallenen Sohn, den Studenten der Kunstgeschichte Martin Weinberg, der die Figur in der Ulmer Gegend erworben hatte.

Schwäbisch, Ende 15. Jahrhundert.

8112. Dorothea. Stehend mit ausgebogener linker Hüfte, gekrönt, in weitärmeligem gegürtetem Gewand, mit Halskette und Mantel. Ihr zu Füßen hält der Knabe das Körbchen empor. Terrainausschnitt.

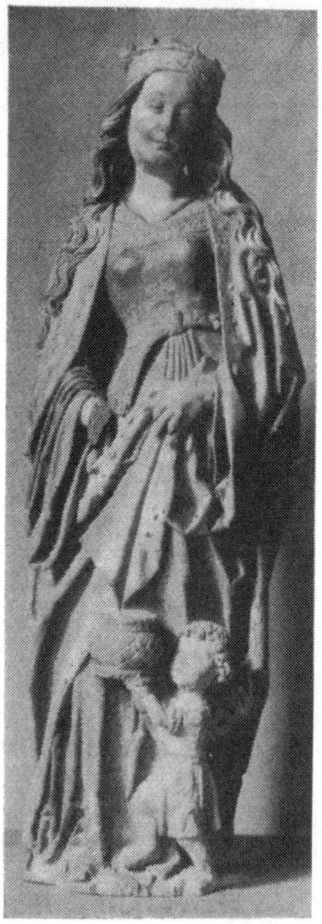

8112

Wandfigur. Lindenholz. H. 105. Rückseite ausgehöhlt. — Es fehlen die rechte Hand und vier Finger der linken. Die Standfläche rings bestoßen (ihre Form nicht mehr erkennbar), ebenso die Krone. — Mit alter Vergoldung am Mantel (teilweise verdeckt von späterem Farbüberzug), am Halssaum des Kleides und an der Krone, die beide mit geschnitzten Ranken verziert sind, sowie an der Halskette; beim Knaben an Gürtel und Säumen. Das Gewand der Heiligen zeigt späteres Grün, die Ärmel ein ursprüngliches Rot (Bolusgrund?) mit späterer Übermalung, die Innenseite des Mantels zwei spätere Farbschichten (blau und grün). Das Inkarnat erneuert. Die Fassung an einer Anzahl Stellen bestoßen. Die Mäntelsäume mit geschnitzten Edelsteinimitationen, der Gürtel mit eben solchen Rosetten verziert. — Erworben 1918. Sammlung J. Simon.

Schwäbisch um 1480—90. Vielleicht aus der Neckargegend.

421. Maria als Mutter des Erbarmens (Vöge 97). Mit blonden Locken und Kopftuch breitet sie stehend den Mantel über die Gläubigen aus, zehn kleine männliche und weibliche Figuren, geistlich und weltlich und von verschiedener Tracht.

Wandgruppe. Lindenholz. H. 135. Rückseite ausgehöhlt. Aus einem Stück; alte Stückungen an den Händen der Knienden. Die Nasenspitze der Madonna, die Hände der vorn rechts Knienden ergänzt. — Mit alter Vergoldung (das Gewand, am Mantel Reste eines Blumenmusters auf geripptem Goldgrund) und fast ganz alter Bemalung. Mantelfutter blau; das Kopftuch mit weißem Carreau auf Hellbraun und Rot. — Kunstkammer. Erworben 1850 aus der Sammlung des Domherrn Hirscher in Freiburg.

Oberschwäbisch (Friedrich Schramm von Ravensburg?) um 1480. — Wahrscheinlich vom Hochaltar der Pfarrkirche zu Ravensburg; wenigstens bezeugt dies ausdrücklich der Dekan Dursch in den »Nachträgen« zu seiner »Ästhetik der christl. bild. Kunst«, Tübingen 1856, S. 569. Vgl. K. A. Busl in Kepplers Archiv für christl. Kunst, VII, Stuttgart 1889, S. 58. An diesem Hochaltar befand sich eine von Hirscher miterworbene, aber nicht erhaltene Inschrift: »Diese Tafel hat Meister Friedrich Schramm geschnitten und Meister Christof Kelltenhofer gemalt und gefaßt 1480«. Friedrich Schramm ist wahrscheinlich identisch mit einem Friedrich bildhower, der 1505—1506 und 1515 in den Ravensburger Steuerbüchern (Busl a. a. O. S. 58) vorkommt, zumal in denselben Steuerbüchern von 1505—06 der Name jenes Malers Chr. »Keltenhofer« vorkommt. Letzterer ist, laut Bürgeraufnahmebuch, 1509 als Bürger aufgenommen worden. Die Vermutung, daß die Berliner Mantelmadonna ein Werk des Meisters Friedrich Schramm von Ravensburg sei, ist danach nicht von der Hand zu weisen. Von den Steuer- und Bürgeraufnahmebüchern Ravensburgs aus den beiden letzten Dezennien des 15. und den beiden ersten des 16. Jahrhunderts fehlen fast alle Jahrgänge, so auch die entscheidenden aus der Zeit um 1480. — J. Probst (Archiv f. christl. Kunst VII, 1889 S. 80, 90 u. 99) hat, aufbauend auf Dursch, aus Zuwendungen einer Katharina Hager für einen Seitenaltar in der unteren Pfarrkirche zu Ravensburg 1479 auf Herstellung eines Altarschreiners mit unserer Madonna schließen wollen. — Der gleichen Hand wie die Madonna gehören die beiden folgenden Gruppen (422, 423) an. Dem Meister sind neuerdings eine hl. Magdalena in Füramoos, O.-H. Biberach, und vier Passionsgruppen in der Fürstl. Sammlung zu Sigmaringen aus Kloster Petershausen bei Konstanz zugeschrieben worden: G. Otto, Die Ulmer Plastik der Spätgotik (1927) S. 79 u. 100. Die kniende Maria der Samml. Ullmann in Frankfurt a. M. (s. Lübbecke in »Cicerone« VIII 1916 S. 392) hat dagegen wieder auszuscheiden.

Bode, Geschichte der deutschen Plastik S. 64; Münzenberger und Beissel, Zur Kenntnis und Würdigung der ma. Altäre in Deutschland, Lief. XVI, 2 (Abb.) J. Veth, Eine deutsche Madonna, Kunst und Künstler, II, Berlin 1904, S. 352 ff. (Abb.). Fleischhauer in Thieme-Becker XX, 1927, S. 130 (Keltenhofer).

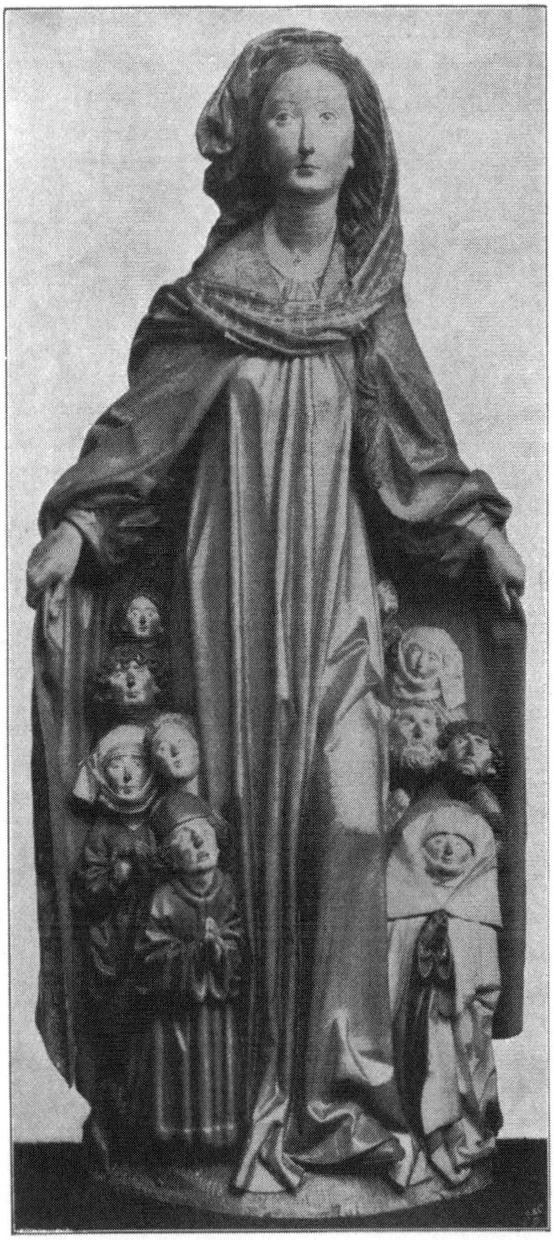

421

422. 423. Zwei Gruppen aus einem Schnitzaltar: Die Messe des hl. Gregor. Die Marter der hl. Katharina (Vöge 99. 98).

422. Die Messe des hl. Gregor. Der Papst kniet, im Profil nach links, vor dem Altar, mit geöffneten Lippen den Blick nach oben richtend; er ist kahlköpfig; hinter ihm steht ein Diakon, seine Tiara haltend. Auf dem Altar erscheint Christus mit den Wundmalen, der Kelch ist umgestürzt. Abb. S. 208.

Wandgruppe. Lindenholz. H. 69,5. Bohrung am Hinterkopf des Diakons; ein Pflock am rechten Arm des Papstes. Christi linker Unterarm abgebrochen; desgleichen das Band der Tiara. Mit wohl-

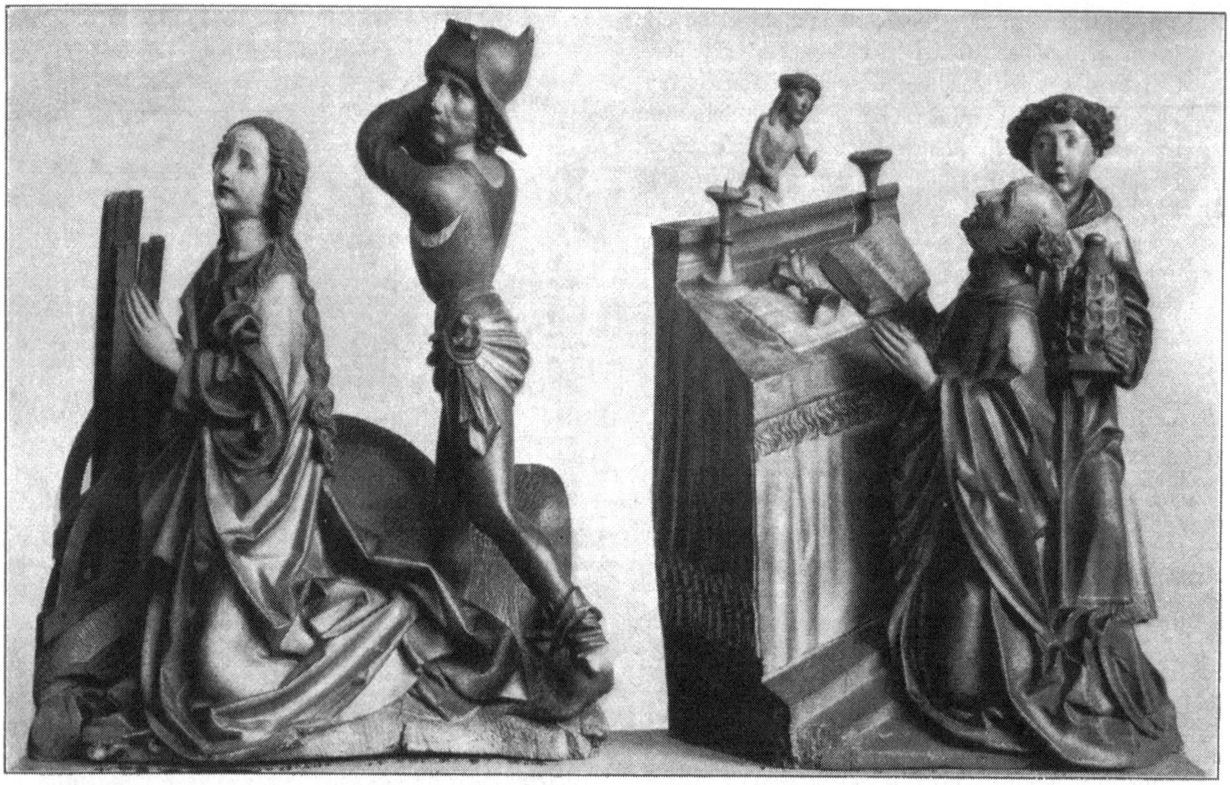

422. 423

erhaltener Vergoldung (Kasel des Papstes, Dalmatika des Diakons, beide mit blauem Futter; das Haar des letzteren, Altargerät, Fransen und vorderer Behang des Altars, Zacken der Tiara), Versilberung (Untergewänder, Altardecke) und Bemalung (Fußboden und Altarbau rot und blau wechselnd). — Erworben 1882 in München vom Bildhauer Gedon; aus der Sammlung des Münchner Bildhauers Entres stammend. — Aus demselben Altar wie 423.

423. Martyrium der hl. Katharina. Neben dem Rad kniend und klagend aufwärtssehend. Der bartlose Henker, rechts, holt zum Streiche aus.

Wandgruppe. Lindenholz. H. 74. Das fehlende Rad war aus besonderem Stück gearbeitet; die Rechte und das Schwert des Henkers sind abgebrochen. — Mit wohlerhaltener alter Vergoldung (Haar und Mantel der Heiligen, Schurz des Henkers), und Bemalung (rot und grün vorherrschend, das Mantelfutter blau, das Radgestell holzfarben bemalt). An einzelnen Stellen Stoffunterlage (Kappe des Henkers, Erdboden). — Erworben 1882 in München; aus der Sammlung des Münchner Bildhauers Entres. — Aus demselben Altar wie 422.

Oberschwäbisch (Friedrich Schramm von Ravensburg?) um 1480. Von derselben Hand wie die Schutzmantelmadonna Nr. 421 (s. d.), was der Vorbesitzer Entres bereits erkannte. Eine angeblich mit den beiden Gruppen zusammengehörige Darstellung des hl. Onofrius blieb s. Zt. im Besitz des Bildhauers Entres (Teilabb. bei Ernst Förster, Denkmale . . . . II 1856 2. Abt. Taf. 2). — Förster a. a. O.; Bode, Geschichte der deutschen Plastik (1887) S. 187, Busl im Archiv für christl. Kunst, Stuttgart, VII (1889) S. 61 f.; Schütte, Der schwäbische Schnitzaltar (1907) S. 127 Anm. 1.

8344. Der hl. Sebastian. Stehend an einem Baumstamm, die Arme mit Stricken an zwei Aststümpfe gefesselt. Die Beine in Schrittstellung. Nackt, nur mit schmalem Schurz gegürtet. Mit mehreren Pfeilwunden. Unregelmäßig begrenzter gewölbter Bodenausschnitt.

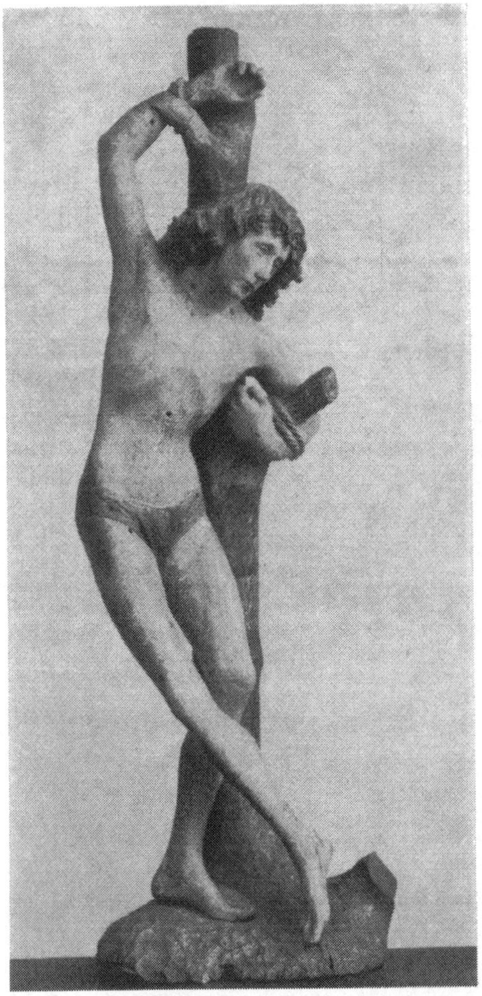

8344

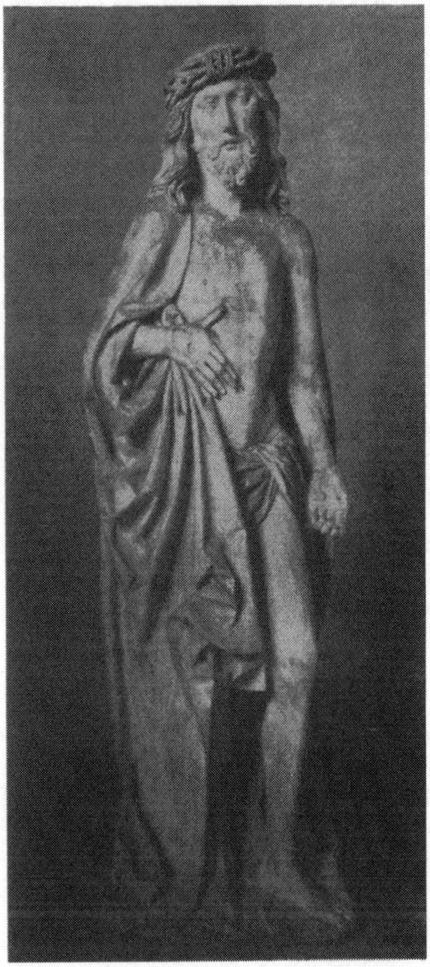

8115

Wandfigur. Lindenholz. H. 115. Rückseite des Baumes flach; die Figur an der Rückseite bearbeitet. Die Pfeile fehlen. Eine Pfeilwunde in der rechten Achselhöhle jetzt ausgefüllt. Ergänzt der rechte Zeigefinger. Geringfügige Bestoßungen am Erdreich unten. — Mit dem alten Inkarnat, das z. T. bedeckt ist von späterem Anstrich. Das Haar braun, der Schurz rötlich, z. T. mit späterem Blaugrün. Erdreich und Baum grün. — Erworben 1925 aus der Sammlung Professor Schnell in Ravensburg.

Schwäbisch (ulmisch?) um 1480. Aus Günzburg oder Umgegend stammend. Von Gröber (Schwäbische Skulptur der Spätgotik 1922 Nr. 80 mit Abb.) der gleichen Hand zugeschrieben wie die ebenfalls aus Günzburg stammende Gruppe des schreitenden Christusknaben mit dem Engel (München, National-Museum, Abb. Gröber a. a. O. Nr. 79); die Sebastiansfigur ist jedoch eine ungleich feinere Arbeit und zeigt in den Proportionen des spitz zulaufenden Gesichtes eine andere Formgebung.

8115. Auferstandener Christus. Stehend in Lendenschurz und Mantel, der den Rücken und die rechte Körperseite bedeckt. Das Haupt mit der Dornenkrone etwas zur Seite gewandt, der Mund leicht geöffnet. Die Rechte liegt flach auf der Brust, zwischen dem abgespreizten Daumen und dem Zeigefinger die geöffnete Seitenwunde. Die linke Hand abwärts gehalten mit der Innenseite nach vorn. Hände und Füße mit den Wundmalen. Runder Bodenausschnitt.

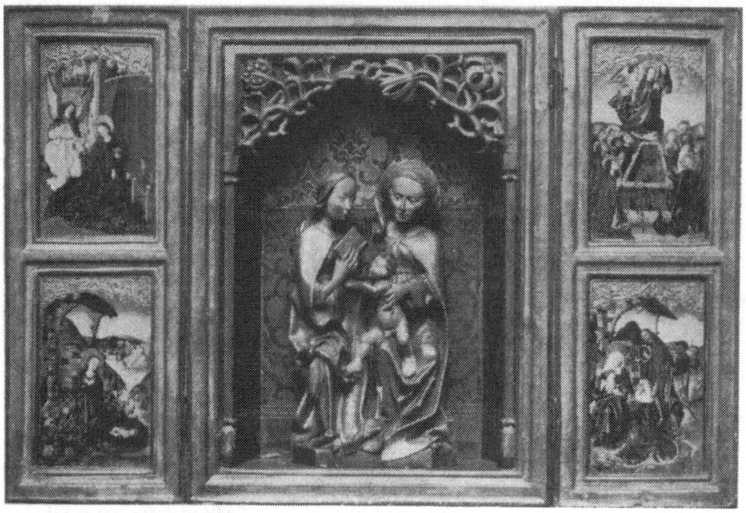

457

Wandfigur. Lindenholz. H. 125. Rückseite ausgehöhlt. Die Finger der linken Hand bis auf den Daumen ergänzt. — Abgelaugt, nur unter der Seitenwunde noch Reste roter Farbe. — Erworben 1918. Sammlung J. Simon.

Ulmisch um 1490—1500. Verwandt u. a. die Holzskulpturen am Westportal des Ulmer Münsters, die jedoch qualitativ etwas geringer sind. — Vormals im Münchener Kunsthandel (vgl. Zeitschrift des Münchener Altertumsvereins 1903/04 Taf. 7). M. J. Friedländer, Deutsche und niederländische Holzbildwerke in Berliner Privatbesitz 1904 Nr. 79, Taf. 38. Ausstellung des Kaiser-Friedrich-Museums-Vereins 1906 Nr. 179 mit Taf. — Zum Thema vgl. E. Panofsky, Imago pietatis (in Festschrift für Max J. Friedländer 1927 S. 261 ff.).

457. Flügelaltärchen mit Anna selbdritt (Vöge 102). Das nackte Jesuskind auf ihrem rechten Knie strebt, die Ärmchen ausstreckend, zur links sitzenden Maria hin.
Flügel: Auf den gemalten Innenseiten links oben die Verkündigung Mariae (unterhalb der kleinen Bort die Jahreszahl 1498), unten die Anbetung des Kindes; rechts unten die Anbetung der Könige (die Jahreszahl 1498 am Türpfeiler), oben Mariae Himmelfahrt.
Auf den Außenseiten oben vier weibliche, unten vier männliche Heilige vor einer Mauer stehend. Oben (von links nach rechts) Magdalena, Martha (die Mutter des Symon Stylites des J.?), Ursula, Odilia. Unten ein Bischof, Martin, ein Mönch mit Kelch und Schwert, Antonius.

Wandgruppe. Lindenholz. H. (des Schreiners) 52, B. (bei geschlossenen Flügeln) 39,5. Es fehlen die Hände Mariae und des Kindes (auf der Abb. noch die früheren Ergänzungen). Ergänzt das rechte Wandsäulchen. — Mit alter Vergoldung (Gewänder und Mäntel) und Bemalung (blaues Futter); das Muster des Goldgrundes oben durch Pressung, unten durch rote Lasurfarbe bewirkt. — Kunstkammer.

Schwäbisch (Ulm?) 1498. Richard Fischer, Historisch-kritische Beschreibung der Kunstkammer, Berlin 1859, S. 33, Nr. 313. M. Schuette, Der schwäbische Schnitzaltar, Straßburg 1907, S. 242. Das ähnliche »Schongaueraltärchen« im Besitz der Ulmer Münsterstiftung (R. Pfleiderer, Das Münster zu Ulm 1905 Taf. 28) ist in den Skulpturen mehr als in den auf Schongauer zurückgehenden Gemälden verwandt; von denen des Berliner Altärchens sind die Verkündigung, die Anbetung des Kindes und die der Könige mehr oder minder frei nach Schongauer B. 3, 5 und 6 kopiert.

2570. Crucifixus (Vöge 104). Mit nach links geneigtem Haupt und auf die Schultern fallenden Locken. Seine Lippen sind geöffnet; das Ende des Schurzes flattert im Winde.

Wandstatue. Lindenholz(?). H. ca. 175. Die Figur ist für sich gearbeitet; die Arme, der der Figur nur vorgelegte Schurz, der wehende Zipfel desselben, die Krone aus besonderen Stücken. — Dunkelbraunes Haar; weißer Schurz. — Erworben 1900 in München, aus dem Nachlaß Lucia van Gelder.

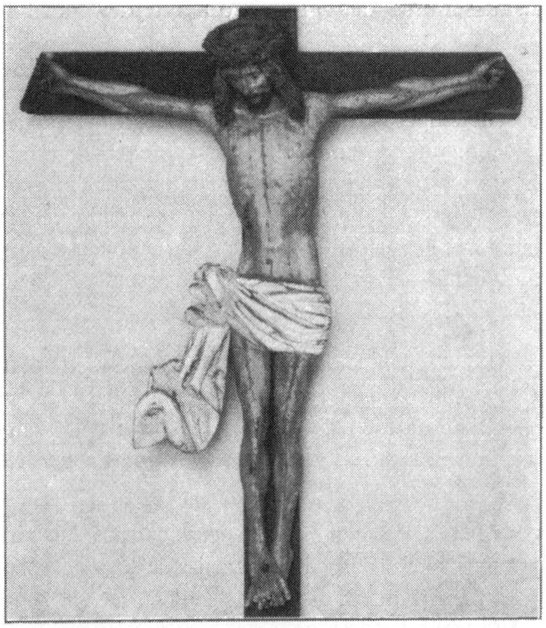

2570

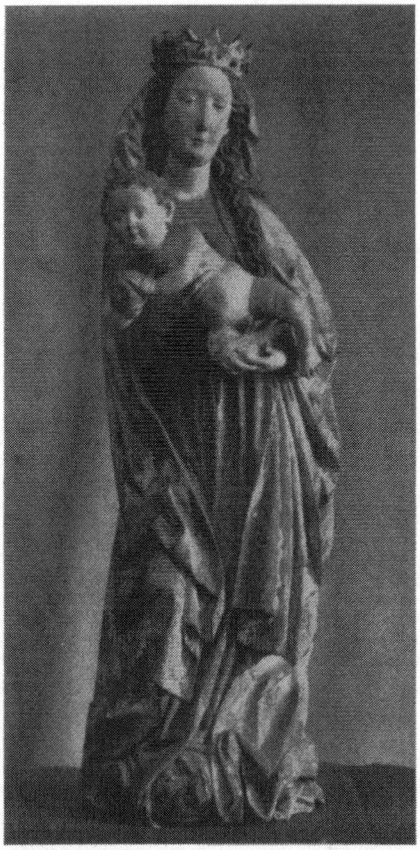

8145

Schwäbisch (wohl ulmisch) um 1500. Die Statue ist dem Crucifixus am Portal der Blaubeurer Klosterkirche verwandt, an dessen Skulpturen ein Zeichen begegnet, das auf Zusammenhang mit den Syrlins schließen läßt; das Zeichen, abgeb. im Inventar Donaukreis, O.-A. Blaubeuren 1911 S. 30. findet sich auch an der Empore der Stuttgarter Hospitalkirche. Unser Crucifixus hat jedoch stilistisch keine bestimmtere Verwandschaft mit den Skulpturen von Syrlin.

8145. Maria mit dem Kinde. Stehend mit stark ausgeschwungener linker Hüfte und etwas vorgestelltem rechtem Bein; zu ihren Füßen wird die Mondsichel mit nach vorn gewandtem vollem Antlitz sichtbar. In gegürtetem Gewand, Mantel, Kopfschleier und Krone. Das Kind, nackt, einen Apfel in den Händen, wird fast frei vor dem Körper der Mutter gehalten; Kopf nach vorn.

Wandfigur. Lindenholz. H. 125. Rückseite hohl; nachträglich mit einem Brett geschlossen, das skulpiert ist und Haar, Mantel und Kopftuch nach hinten fortsetzt. Die Krone mit Holzperlen verziert. — Der rechte Arm des Kindes war samt dem Apfel und den Fingern der Linken abgebrochen und ist wieder angefügt. Die Spitzen der Mondsichel bestoßen. Ein Stück der Mantelfalten am Boden links weggeschnitten. — Die alte Fassung jetzt größtenteils wieder freigelegt: Krone und Mantel vergoldet; Kleid rot in mehreren Schichten; Kopftuch weiß. — Erworben 1918. Sammlung J. Simon.

Oberschwäbisch oder ulmisch um 1480. Die Figur steht stilistisch zwischen Arbeiten der Multschernachfolge, wie der Madonna in Steinhausen a. d. Rottum, Annen-Kapelle (Abb. Inventar Donaukreis I S. 289) und solchen des Meisters des Blaubeurer Hochaltars.

452. Schutzmantelmadonna auf der Mondsichel (Vöge 100). Stehend, mit langem Lockenhaar, Kopfschleier und Krone. Auf den Händen das nackte Kind haltend, dem das Ende ihres langen Kopftuchs als Pfühl dient, blickt sie nieder auf die Gemeinde, welcher der Knabe, leicht den Mund öffnend, den Segen zu geben im Begriff ist. Unter dem Mantel der Madonna bergen sich vorgebeugt sechs Zisterzienser; in dem aufgeschlagenen Buch des vordersten links: Sancta dei genitrix. Die über dem linken Fuß der Madonna schwebende Mondsichel birgt einen weiblichen Kopf mit feingefalteter Haube und Kinntuch. Der weite Halsausschnitt des gegürteten Kleides Mariae zeigt eine Verschnürung.

Wandgruppe. Lindenholz. H. 216. Rückseite ausgehöhlt. Aus einem Stamm. Am Bauche des Kindes wie am Kopf der Madonna sind streifenartige Stücke eingesetzt und mit Stoffbezug überdeckt. Die linke Hand des Kindes wieder angesetzt. Mehrere Bestoßungen, wesentlichere nur an den Füßen des Kindes. — Die alte Bemalung ist, soweit sie überstrichen war, 1928 wieder freigelegt und im übrigen gereinigt worden. Kleid rot bei blauem Ärmelfutter, Brustlatz dunkelgrün; Mantel blau mit gelbbraunem, rot untermaltem Futter. Die Kutten der Mönche weiß, bei den bärtigen mit schwarzen Kapuzen. Die Bemalung teilweise beschädigt, so am linken Bein der Madonna. — Erworben 1886 in Augsburg.

Gregor Erhart. Bildhauer und Bildschnitzer.

Geboren um 1470 (oder früher) als Sohn des Michel Erhart zwischen Oktober 1540 und Oktober 1541 verstorben. Aus Ulm stammend; seit 1494 in Augsburg tätig. Durch seine Schwester mit Adolf Daucher verschwägert. — Das Urkundliche bei J. Baum, Die Ulmer Plastik um 1500 (1911) S. 160 ff.; vgl. auch E. Spaeth in den Monatsheften für Kunstwissenschaft 14 (1922) S. 180 f. J. Baum in Thieme-Becker X, 1914 S. 597 f. — Die stilkritische Lit. s. u.

Entstanden 1502—04. Nach Angabe des Vorbesitzers aus dem ehemaligen Zisterzienserkloster Kaisheim a. d. Donau. An der Richtigkeit der Angabe zu zweifeln besteht kein Grund. Weiter ist dann, ebenfalls höchstwahrscheinlich mit Recht, zu gleicher Zeit von J. Baum (a. a. O. S. 88 ff.) und A. Schröder (Archiv für die Geschichte des Hochstifts Augsburg I, Dillingen 1909/11 S. 732 ff.) eine Nachricht des zeitgenössischen Kaisheimer Chronisten Johann Knebel (1531) herangezogen worden (abgedruckt bei Baum a. a. O. S. 161 Nr. 87); die Stelle, unter dem Jahr 1502, lautet: »...... dieser Abbt Georg ..... hat im obgemelten jar ain costlich Chortaffel [machen] lasen, daran die besten III maister zu Augsburg haben gemacht, als sy zu der Zeit weit und prait mochten sein, der schreiner mayster Adolf Kastner in Kaisshamer hof, pildhauer maister Gregori, der maler Hanns Holpain. Diese taffel gestond vil geldts.« Daß die Madonna einen großen Altar angehört hat, ist das Wahrscheinlichste; Schröder (a. a. O.), der die Mönche als Zisterzienser identifizierte, weist darauf hin, daß die Klosterkirche und deren Hauptaltar Maria geweiht waren. Der Hauptaltar wurde 1671 von seinem Platze entfernt (zugunsten des jetzigen Barockaltars) und auseinandergenommen. Seine Flügelbilder sind offenbar die Gemälde Hans Holbeins in der Alten Pinakothek in München (Kat. 1922 Nr. 721—36) und in der Galerie zu Augsburg (Kat. 1912 Nr. 2071—73, darunter 2073 mit der Signatur: Hans Holbain); sie wurden 1803 in Kaisheim erworben. Die von Vöge erwähnte mündliche Tradition, daß die Bemalung der Schnitzfigur von Holbein stamme, scheint eine mißverständliche Auslegung der Knebelschen (Vöge unbekannten) Nachricht zu sein. — O. Wiegand, Adolf Dauer, Straßburg 1903 S. 26 hat angenommen, daß »Kastner« so viel wie Kastenmacher bedeute und man deshalb auf den Augsburger Adolf Daucher, den Schwager Gregor Erharts, schließen dürfe. Daher wird in der seitherigen Literatur oft Daucher fälschlich im Zusammenhang mit unserem Altar genannt; vgl. dagegen Spaeth, a. a. O. S. 189.

Die Figur ist als das am ehesten gesicherte Werk Gregor Erharts anzusehen. Stilistisch befaßte sich zuerst und grundlegend W. Vöge mit dem Künstler, den er als »Meister des Blaubeurer Hochaltars« in die Literatur einführte und dem er die große Madonna des Augsburger Maximilians-Museums zuweisen konnte (Monatshefte für Kunstwissenschaft II, 1909 S. 11 ff.). Weitere Literatur J. Baum a. a. O. S. 88 ff. (besprochen von Habicht, Repertorium f. Kunstwissensch. 34, 1911, S. 558). Th. Demmler im Auktions-Katalog der Sammlg. Örtel 1913 Nr. 57 Taf. 43 (diese Madonna jetzt im Nat.-Museum München). F. Winkler im Jahrbuch der preußischen Kunstsammlgn. 45 (1924) S. 62 ff. Die von H.

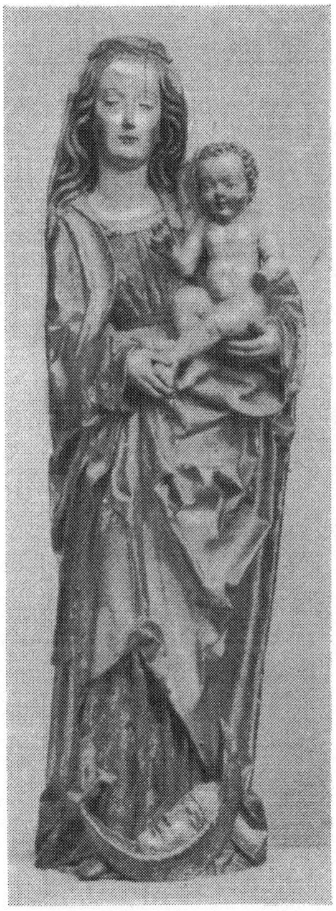
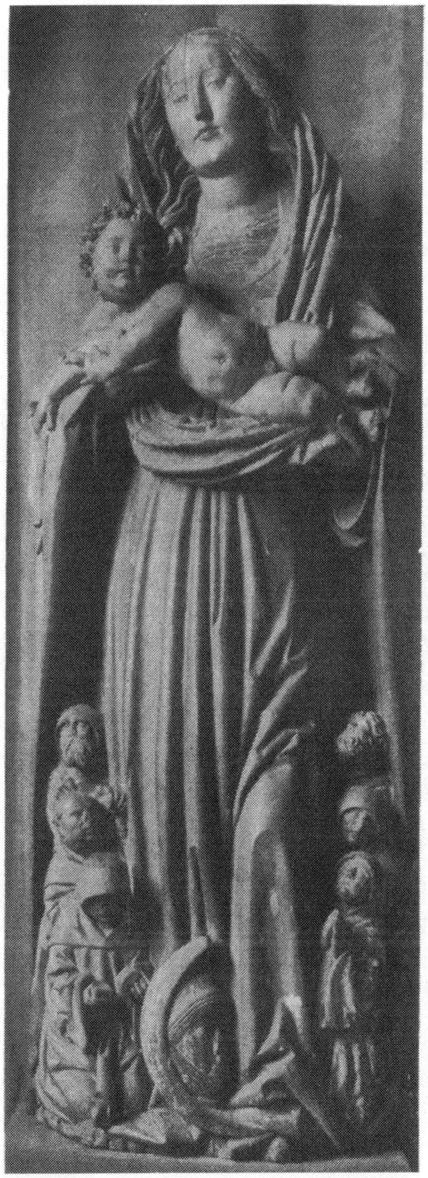
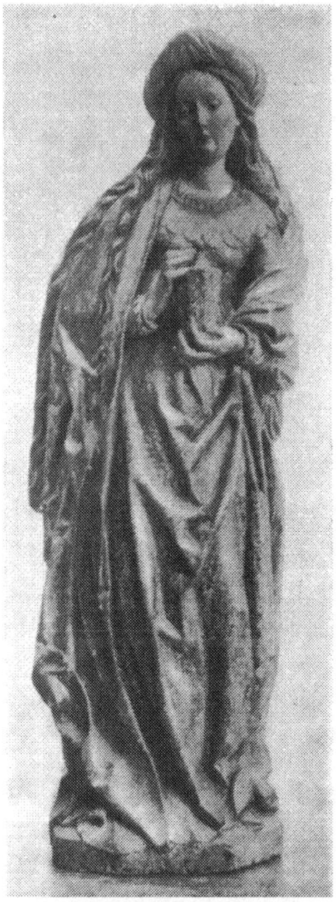

5861 S. 214 452 8158

Beenken (Cicerone XV 1923 S. 454 f.) dem Meister zugeschriebene Madonna in Weißenau dürfte eher oberschwäbisch sein. Die Madonna in Feldhausen in Hohenzollern, von Waldenspul (Die got. Holzplastik des Lauchertales 1923 S. 30) dem Meister gegeben, ist nur Werkstattgut. Neuerdings wies K. Feuchtmayr (Zeitschr. für bildende Kunst 60, 1926/27 S. 27 ff.) ihm die Rosenkranzmadonna in Frauenstein (Oberösterreich) mit Recht zu; Abbildungen dieses Hauptwerkes auch bei Feulner, Die deutsche Plastik des 16. Jahrhunderts, Taf. 12, 13.

8158. Hl. Magdalena. Stehend mit achtseitigem Salbgefäß in den Händen. In Gewand, Mantel und Wulsthaube, deren Schleierbinde zwischen ihrem linken Oberarm und der Hüfte verschwindet. Polygonale Plinthe.

Wandfigur. Lindenholz. H. 85. Rückseite hohl. — Große Reste ursprünglicher Vergoldung auf

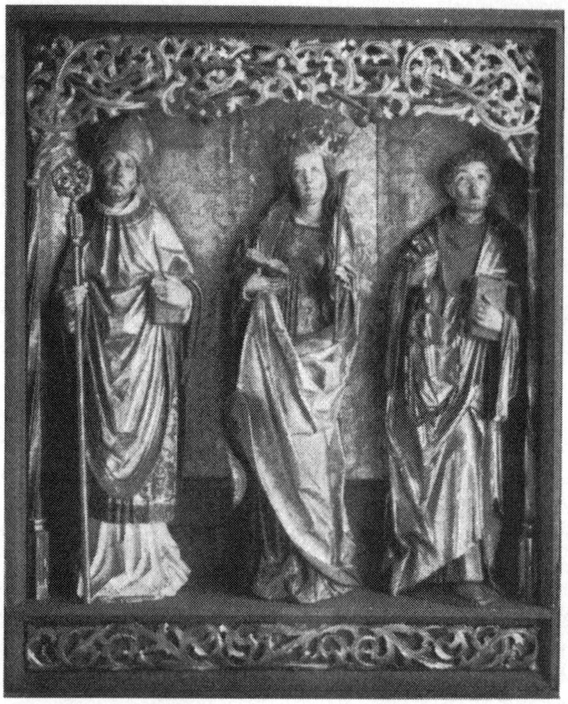

1982

Gewand und Mantel außen; Innenseite des Mantels rot; die Binde weiß. — Erworben 1918. Sammlung J. Simon.

Schwäbisch um 1510. Ausstellung aus dem Privatbesitz von Mitgliedern des Kaiser-Friedrich-Museums-Vereins 1914, Kat. Nr. 218.

5861. Maria mit dem Kinde. Stehend über der Mondsichel; in gegürtetem Gewand, Mantel und Kopftuch, zu dem ehedem noch die Krone trat. Das nackte Kind sitzt auf ihrem linken Arm, segnend. In der Mondsichel Gesicht mit gefältelter Haube und Kinntuch. Abb. S. 213.

Wandstatue. Lindenholz. H. 105. Rückseite ausgehöhlt. — Es fehlen drei Finger an der Rechten des Kindes und seine linke Hand, die Krone der Mutter, auf die der Wulst hinweist. — Mit der alten Vergoldung des Mantels und der Säume des Kleides, das auf rotem Grunde ein Muster aus weiß und schwarz zeigt. Kopftuch weiß, das Antlitz des Mondes silbern. Erneuert das Blau des Mantelfutters. — Erworben 1909 als Geschenk des Herrn Murray Marks in London.

Oberschwäbisch um 1500. Von P. Kautzsch (Amtliche Berichte 32 (1910) 21 ff.) als mittelrheinisch angesprochen, doch am Mittelrhein ohne Analogien. Einem größeren Kreis von Schnitzfiguren zugehörig, unter denen enger verwandt und gleichzeitig entstanden sind eine stehende Madonna, 1906 im Münchener Kunsthandel (Böhler; H. 175 cm) und zwei weibliche Heilige, ehemals in der Sammlung Roettgen-Bonn (Aukt.-Kat. 1912 Nr. 238 Taf. 7); in der Kirche zu Bellamont eine kleine Madonna (Abb. Inv. Donau-Kreis I, O.-A. Biberach, S. 98). — G. Otto, Die Ulmer Plastik der Spätgotik 1928 S. 260 hat die Lokalisierung von Kautzsch übernommen.

1982. Altar mit einzelnen Heiligen (Vöge 153). Im Mittelschrein stehen drei Heilige auf einem mit durchbrochener Ranke geschmücktem Sockel; links ein Bischof mit Buch und Stab, in der Mitte eine gekrönte Märtyrerin mit (ergänztem) Palmenzweig und aufgeschlagenem Buch, rechts der hl. Leonhard. Über ihnen ein durchbrochener gotischer Rankenbaldachin, von Blumen durchflochten.

Die Innenseiten der Flügel und die Staffel sind mit Gemälden geschmückt. Linker Flügel: ein Bischof, in einem Buche lesend. — Rechter Flügel: der hl. Leonhard. — Auf der Staffel: die vierzehn Nothelfer (von links nach rechts): Christophorus, Pantaleon, Eustachius, Blasius, Georg, Dionysus, Katharina, Barbara, Erasmus, Margaretha, Cyriacus, Vitus, Aegidius, Achatius. Zu den Seiten die Wappen von Limburg und Öttingen.

Wandstatuen. Lindenholz. H. 105,5 (der Schrein). Br. 128. Die Flügel nur 56. Ergänzt die linke Hand der Heiligen mit dem Palmzweig, der Bischofsstab. — Vergoldung und Bemalung alt, doch aufgefrischt. Vergoldet das Brokatmuster des Grundes, Übergewänder, Mantel und Krone der Heiligen. Die Brokatstoffe erneuert; desgl. die Inschriften an der Bischofskasel. — Erworben 1893 in Berlin.

Schwäbisch um 1500. Die Flügel dienten ursprünglich als Blendflügel, wie die Maße der Falze auf dem Untersatz zeigen. »Die Wappen von Limpurg und Öttingen finden sich auf dem Herberger Schrein von 1497—1498 (Stuttgart, Gemäldegalerie) als die des Schenken Albrecht von Limpurg und seiner Gemahlin Elisabeth von Öttingen († 1509). Danach gehört dieser Altar in dieselbe Zeit. Er wird aus dem schwäbisch-

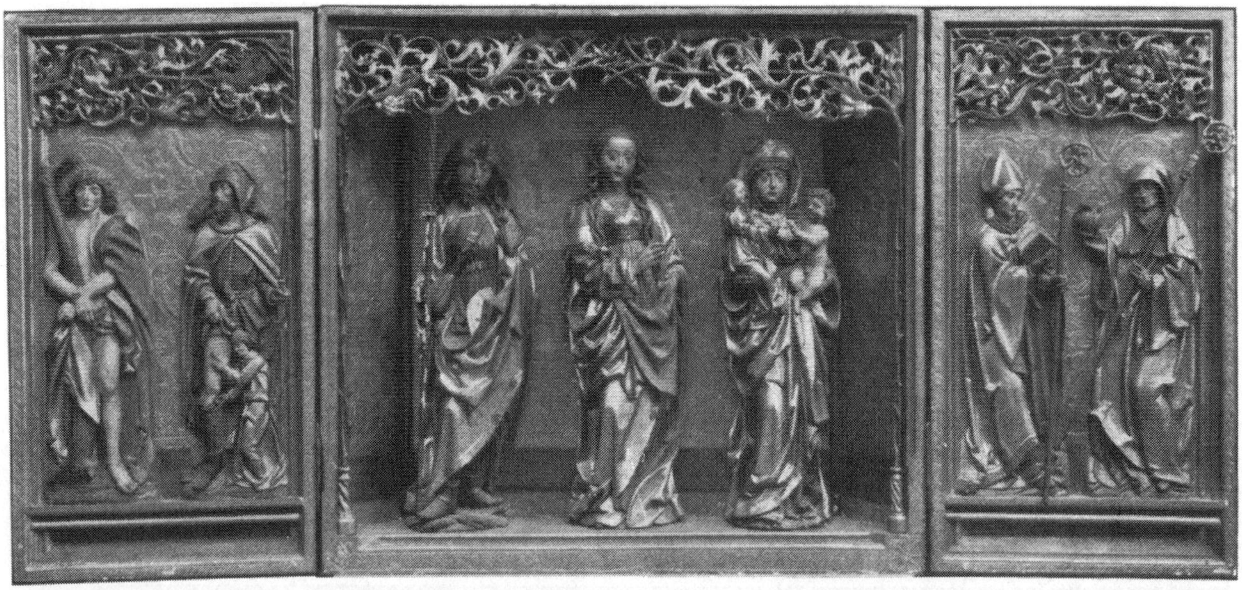

3135

fränkischen Grenzgebiet stammen. »Dahin weist der Stil, der unterfränkischen Einfluß zeigt und sich mit dem Wolfgangsaltar in Tullau (O.-A. Hall) berührt.« (M. Schuette, Der schwäbische Schnitzaltar, Straßburg 1907, S. 241). Die Gemälde deuten nach M. J. Friedländer auf Zusammenhang mit der Schule von Nördlingen (Seb. Daig).

3135. Flügelaltar mit der hl. Agathe und andern Heiligen (Vöge 105). — Im Schrein steht in der Mitte Agathe, links Jacobus d. Ae., rechts Anna selbdritt. Auf den Innenseiten der Flügel links Sebastian und Rochus, rechts Leodegar im Gespräch mit Benedict. Schrein und Flügel haben als oberen Abschluß durchbrochenes Rankenwerk; das der Flügel enthält die Evangelistensymbole in Halbfiguren, das im Schrein wächst hervor aus dünnen Säulen, die aus zwei geflochtenen Ästen gebildet sind. Die Rückwände mit gepreßtem Brockatmuster. Unter den Figuren Schriftstreifen in Gold gepreßt, im Schrein Inschrift: Sanctus Jacobus. Sancta Agatha. Sancta Anna. 1. 5. 1. 2. An den Flügeln sind die Inschriften fast ganz zerstört. Außenseiten der Flügel: Heilige Sippe, gemalt. In einem gewölbten Zimmer sieht man links Anna selbdritt, rechts Maria Cleophae und Maria Salomae mit ihren Kindern auf zwei Bänken einander symmetrisch gegenüber. Hinter den vier Frauen ihre Männer. Auf dem Balken, der das Gewölbe absteift, Putten mit Girlanden.

Altarschrein. Im Schrein Wandstatuen, in den Flügeln Hochrelieffiguren, auf den Grund aufgelegt. Lindenholz. H. des Schreins 109, Br. 120,5. — Der Mittelschrein hat im Innern schräge Seitenwände. Die Stäbe der Flügel des Engels, die Rosetten an den Mantelsäumen aus besonderen Stücken. — Alte Vergoldung und Bemalung. Die goldenen Mäntel mit Blau gefüttert. Rote und grüne Lasurfarbe auf Gold. Am Gewand der Agathe braunes Arabeskenmuster auf weißlichem Grunde. — Erworben 1907 in München.

Schwäbisch (Ulm) von 1512. — Angeblich aus Augsburg. Der Stil der Figuren weist eher nach Ulm, während (nach M. J. Friedlaender) die Gemälde nicht von einer schwäbischen Hand herzurühren scheinen. Vgl. Vöge in den Amtlichen Berichten 29 (1908) S. 151.

397—400. Zwei Altarflügel mit Heiligenpaaren (Vöge 109—110).

400. 399. Jodocus und Barbara. Nebeneinander stehend vor einem Vorhang mit Brokatmuster;

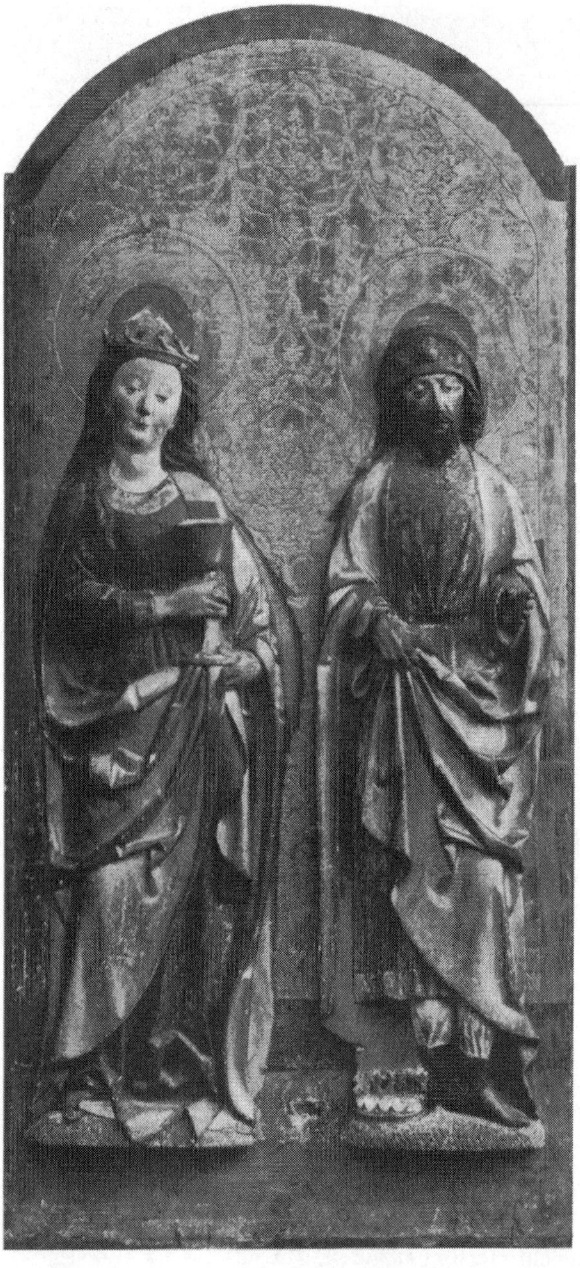

399. 400

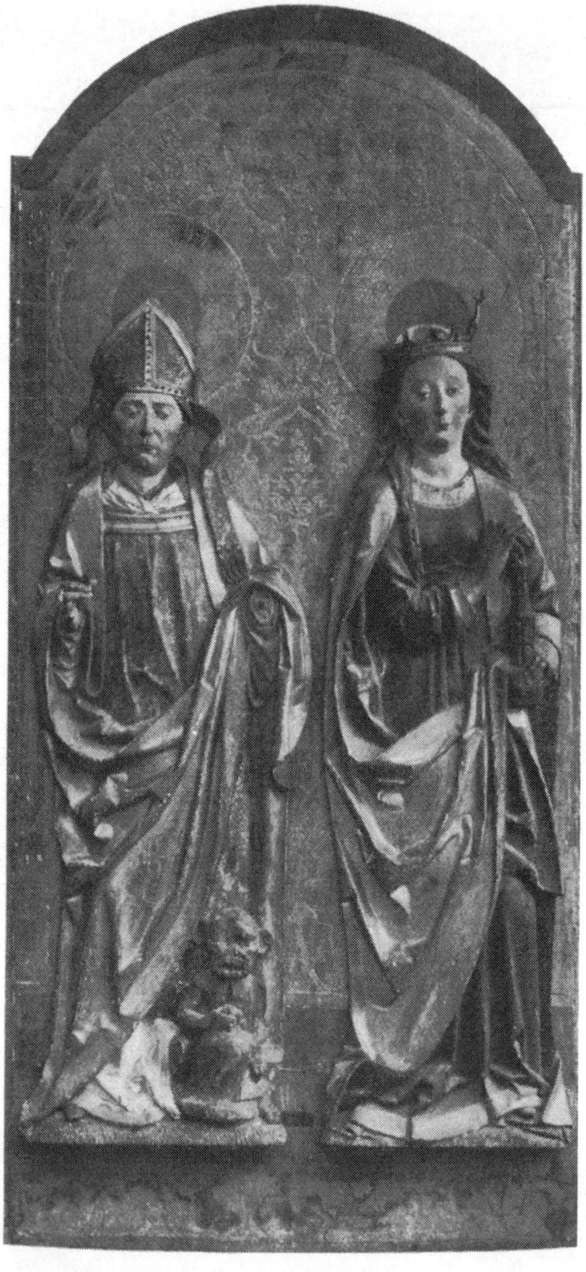

397. 398

rechts Jodocus, mit der rechten Hand das Ende des Mantels empornehmend, die Linke jetzt ohne Attribut; in Pilgermütze, halblangem Rock, Beinlingen und Lederschuhen, zu seinen Füßen eine Krone. Links Barbara, das gekrönte Haupt zur linken Schulter zurückbiegend; den Kelch in ihrer Rechten mit der Linken stützend, die zugleich das Ende des Mantels hält.

397. 398 Theodul und Katharina. Ebenfalls vor einem Vorhang stehend; links Theodul im bischöflichen Ornat, den Zipfel des Pluviale über dem linken Arm tragend; in der Rechten urspünglich den Bischofsstab. Zu seinen Füßen ein hockender Teufel mit einer Kirchenglocke. Rechts Katharina, auf den Knauf des großen Schwertgriffs in ihrer Linken die rechte Hand legend.

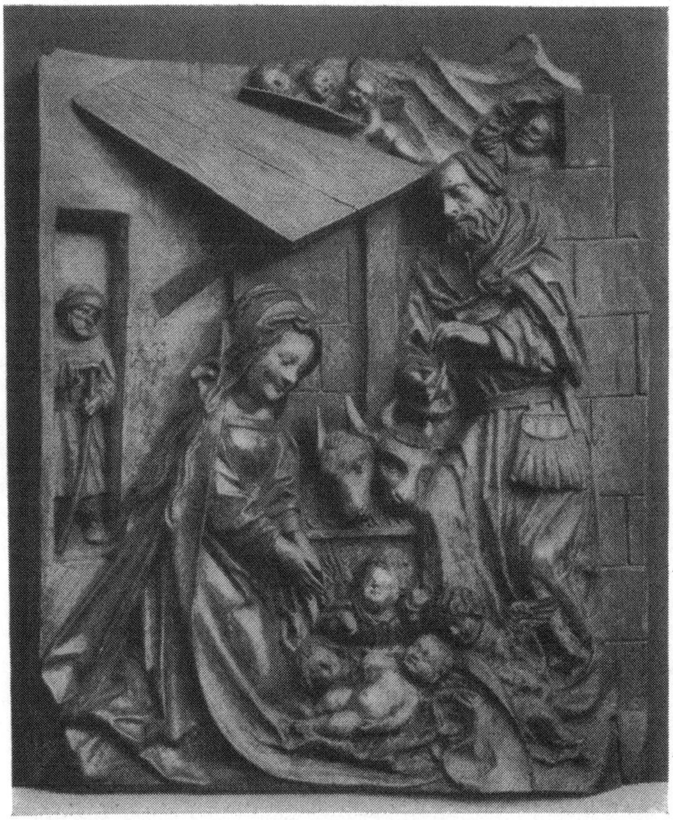

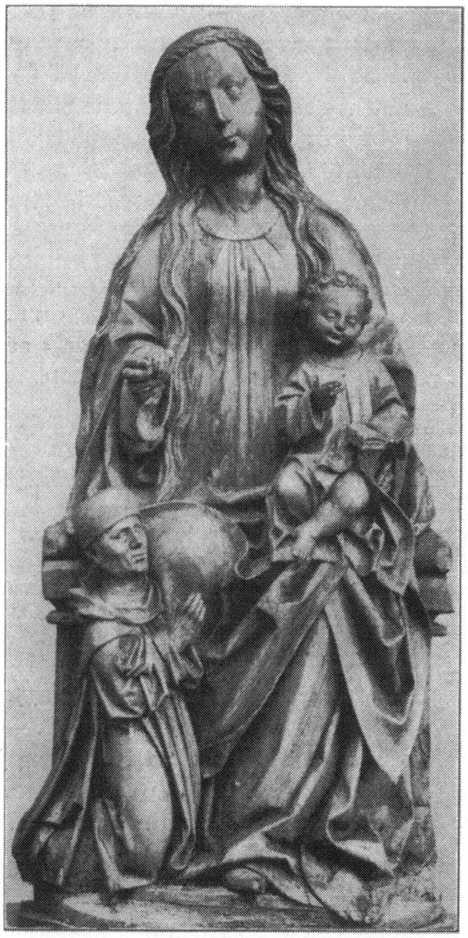

8153 S. 218 5544

Flachreliefs. Lindenholz. H. 151,5. Br. 73,5. Auf Brettern befestigt. Auf der Rückseite Reste einer Anbetung der Könige in Malerei. Die Rechte Theoduls, die Linke des Jodocus und die Schwertscheide aus besonderen Stücken. Beschädigungen an der Krone der Katharina, dem Gesicht des Teufels. — Mit alter Vergoldung (Mäntel, Kronen, Bordüren), Versilberung und Bemalung. Die Frauengewänder mit kleinen, kreisrunden, vergoldeten Plättchen gemustert; das Gewand des Jodocus, die Mitra und Dalmatika Theoduls mit gepreßtem Muster; die Perlen an den Säumen aus Masse (?) und mit Drähten eingesetzt. Die Flügelflächen mit goldenem Brokatmuster und mit Nimben für die Heiligen; in den Nimben der männlichen Heiligen Reste ihrer Namen.

Oberschwäbisch (Memmingen), Anfang 16. Jahrhundert. Aus der Kirche zu Damuls in Vorarlberg, Bezirk Bludenz, stammend, doch sichtlich von der Hand eines schwäbischen Meisters und wahrscheinlich aus der Werkstatt des Schnitzers, der Ivo Strigels Altar im Dom zu Frankfurt vom Jahre 1505 gearbeitet hat Dazu stimmt auch der Charakter des Rankenwerks, das (nach älteren Photographien im Besitz des Museums) den oberen Teil der Flügel bedeckte. Übrigens hat Ivo Strigel viel für das benachbarte Graubünden gearbeitet.

5544. Thronende Madonna mit dem Kinde und ein Benediktiner als Stifter (Vöge, 103). Das Haupt nach links neigend, mit träumerischem Blick. Das Kind sitzt in einem Röckchen, ein offenes Gebetbuch in der Linken, auf ihrem linken Knie. Links unten kniet in seiner Ordenstracht der Stifter.

Wandgruppe. Lindenholz. H. 75,5. Rückseite ausgehöhlt. Auf das gewundene Band im Haar der Madonna waren kleine Perlen oder Blüten aus besonderen Stücken aufgestiftet. Ergänzt die rechte Hand der Madonna und des Kindes, die linke Fußspitze des Kindes, ein Stück des Ordenskleides links unten; das Gesicht der Mutter mit schmalen Streifen Holz, der Hals durch einzelne breitere Stücke ausgebessert. Am Hinterkopfe und am Rücken entlang durch Gips verstärkt. Die Plinthe war vermorscht und ist aus Holz und Gips ergänzt. — Spuren von Bemalung. Blauer Mantel, rotes Kleid. Der Stifter in Schwarz. — Erworben 1908 in München.

Schwäbisch um 1500. Das Stück befand sich früher (vgl. Schröder im Archiv f. d. Geschichte des Hochstifts Augsburg I 1909/11 S. 734 f.) im Besitz eines Bauern zu Oberfinningen bei Dillingen. Schröder will daraus folgen, daß es aus dem Augsburger Kloster St. Ulrich stamme. — Vöge hatte als Herkunft »ein Dorf in der Nähe von Ulm« augegeben, was auf einer Verwechslung mit dem bei Ulm liegenden Dorf Finningen beruhen dürfte.

8153. Die Geburt Christi. Im Winkel der Stallruine kniet links unter einem Holzdach die Jungfrau, die Hände betend gesenkt; das Kind liegt auf einem Zipfel ihres Mantels, den zwei Engel aufnehmen, ein dritter breitet die Arme aus. Darüber die Köpfe von Ochs und Esel. Rechts Joseph mit gebeugten Knien, eine Kerze haltend; an seinem Gürtel eine Reisetasche und ein Messer. Über dem Dach drei singende Engel mit Schriftband. Hinter dem Gemäuer Andeutung einer Felslandschaft, an deren Rande vorn ein Hirt sichtbar wird. Ein zweiter tritt durch eine Türöffnung links ein. Abb. S. 217.

Hochrelief. Lindenholz. H. 35. Br. 32. Es fehlt der Mittelfinger der Rechten Josephs. Der Flügel des Engels rechts wieder angefügt. — Alte Bemalung in größeren Resten: vergoldet Gewand und Mantel Marias und die Säume der Kleidung Josephs. Gewand des letzteren graublau, rot sein Schulterumhang, ebenso das Gewand des Hirten oben. Der Hirt links in grüner Kleidung. Die Mauern grünlich. — Erworben 1918. Sammlung J. Simon.

Ulmisch um 1510. Aus der Gegend von Ulm.

1842. Die heilige Sippe (Vöge 106). Vor einer Mauer sitzen, einander zugewendet, rechts Maria, das hüpfende Kind auf ihrem Knie, links Anna, die ihm eine angeschnittene Granatfrucht reicht; Das Kind hält einen Kern der Frucht in der erhobenen Rechten. Die Frauen in langem Mantel, Maria einen Blumenkranz in den blonden Locken, Anna mit Kopfschleier und Kinntuch. Oben erscheinen, paarweise mit einander disputierend, Joseph (rechts) und die drei Männer der Anna. Die Schriftstreifen der Säume ergeben nichts als die Namen MARIA, ANA.

Hochrelief. Lindenholz. H. 159. Br. 110,5. Aus zwei größeren Stücken, die in der Mitte ein ergänzter Streifen verbindet. Ergänzt Kleinigkeiten an den Händen des Kindes, der Schrein bis auf die Blumenranken des Baldachins. — Mit Resten von Vergoldung (Gewand der Maria, Mantel der Anna, die Säume, Vorsprünge der Profile, die Kissen) und Versilberung (Mantelfutter der Anna, ihr Gewand Silber mit schwarzer Streifung, desgleichen bei dem Bärtigen darüber). Die Bemalung aufgefrischt. Der blaue Mantel der Maria mit schwarzem Rankenmuster, Futter rot; Gewänder der Männer rot und grün, letzteres über Gold, das weiße Kopftuch der Anna mit olivgrünen Streublumen. Der gemusterte Goldgrund modern. — Erworben 1891 in New Orleans, wohin es ein deutscher Bildhauer einige Jahrzehnte früher mitgenommen hatte.

Ulmer Meister, Anfang 16. Jahrhundert. »Vielleicht identisch mit dem von Jäger, Kunstbl. 1833, Nr. 103 erwähnten Altar im Archivgebäude zu Ulm«, vgl. M. Schuette, Der schwäbische Schnitzaltar, (1907) S. 121, wo eine Anzahl nahe verwandter Schnitzwerke zusammengestellt ist. Zeitlich zwischen den Altären aus Talheim (O.-A. Rottenburg) im Stuttgarter Museum (Kat. v. Baum 1917 Nr. 193 Taf. 10) und im Ulmer Münster von 1521 (Hutzaltar, Abb. Pfleiderer, Das Münster zu Ulm, Stuttg. 1905 Taf. 30) entstanden, dabei ersterem stilistisch näher stehend. Nahe verwandt auch eine sitzende Madonna (wohl

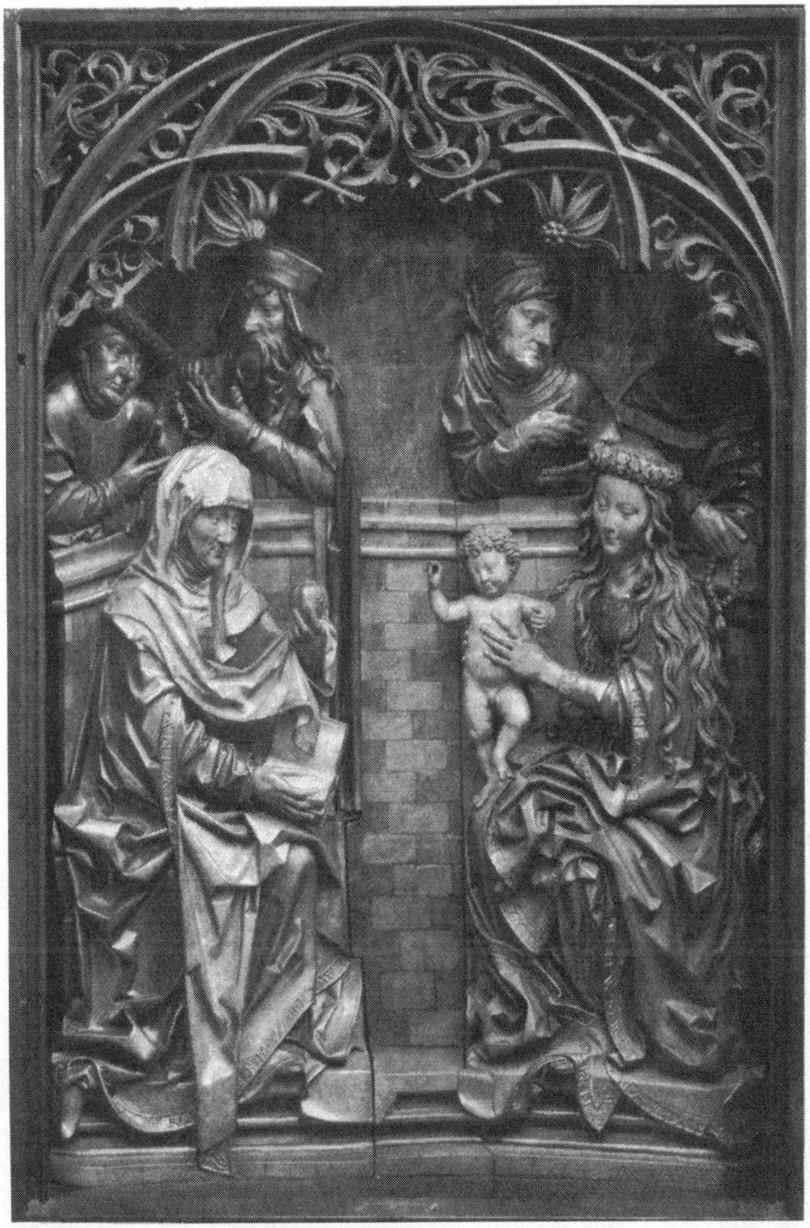

1842

ebenfalls aus einer Sippe oder Selbdrittgruppe) in der Kirche zu Attenhofen (B.-A. Neuulm, Abb. Otto, Ulmer Plastik der Spätgotik S. 167), bei der auch die Besetzung des Saums mit Buchstaben wiederkehrt. Bei unserm Altar und dem in Frage stehenden Kreis von Bildwerken ist früher oft irrtümlich der Name Mauch genannt worden. — Baum, Die Ulmer Plastik um 1500 (1911) S. 116 und Altschwäbische Kunst (1923) S. 90. G. Otto a. a. O. S. 168.

8141. Maria mit dem Kinde (aus einer Selbdrittdarstellung). Auf einer Bank mit runder Rückenlehne sitzend, in Dreiviertelprofil nach rechts. Das nackte Kind auf ihrem Schoß, von beiden Händen der Mutter gehalten, nackt; in seiner Rechten eine Birne. Marias Gewand ge-

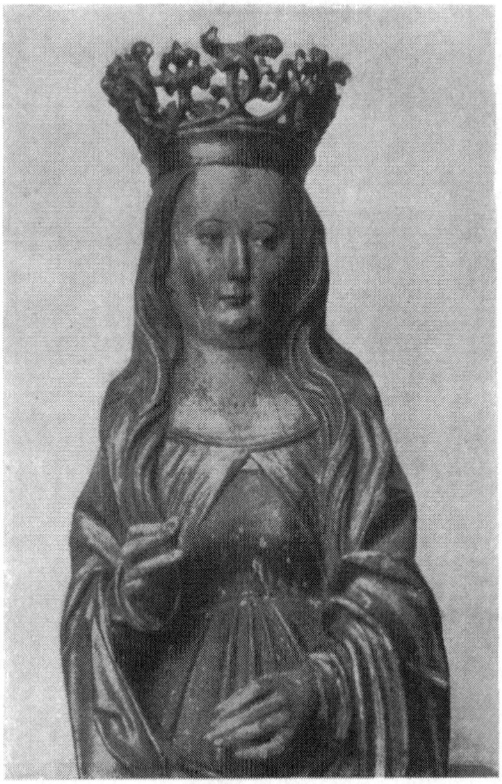
5936

gürtet; im Haar Kronreif; Kopfschleier, der über den Mantel fällt. Die Pfosten der Bank (links zwei hintereinander, rechts ein einzelner hinten) aus Balustersäulchen, verziert mit Akanthus, bekrönt von Knäufen. Abb. S. 220.

Wandfigur. Lindenholz. H. 39. Rückseite ausgehöhlt. Figur und Bank aus einem Stück. Die letztere wird um die gleiche Länge rechts weitergegangen sein mit der hl. Anna; auch die Plinthe fehlt. An den Basen der Säulchen links und am Faltenwerk vorn am Boden geringfügige Ergänzungen. Der linke Zeigefinger des Knaben fehlt. — Die Figur jetzt farblos (Spuren eines Blaugrün am Mantel). Die Bank bräunlich, ihr Schnitzwerk mit Rot und Grün getönt. — Erworben 1918. Sammlung J. Simon.

Schwäbisch um 1520. War 1887 auf der Auktion M. Raoul Richards in Paris (Aukt.-Kat. Nr. 23 mit Abb. im Gegensinn).

434. Verkündigung an Maria (Vöge 163). In einem Gemache, dessen gewölbte (?) Decke eine jonische Säule trägt, kniet rechts vor ihrem Bett Maria an einem Betpult, den Kopf zaghaft nach links gewendet, wo segnend der Engel durch die Tür geschritten ist, in der Rechten ein Szepter (abgebrochen). In der Türlünette die Halbfigur Gottvaters, mit der Weltkugel. Neben der Tür ein Fenster mit Butzenscheiben.

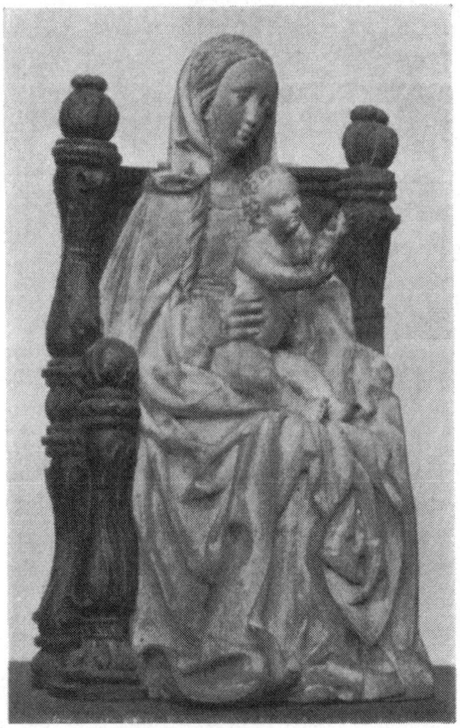
8141

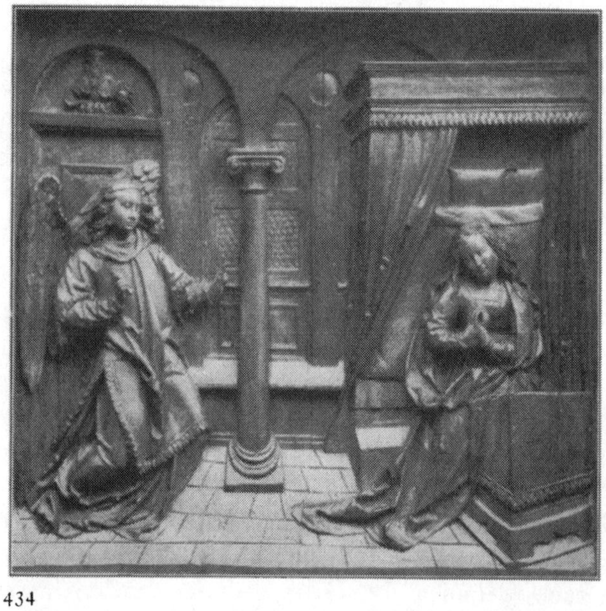
434

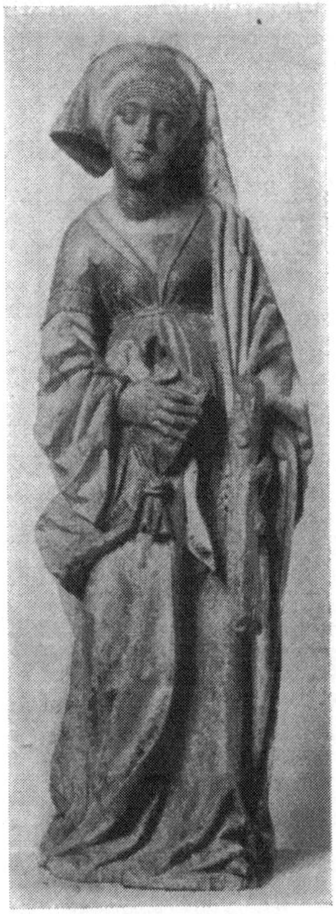

8149

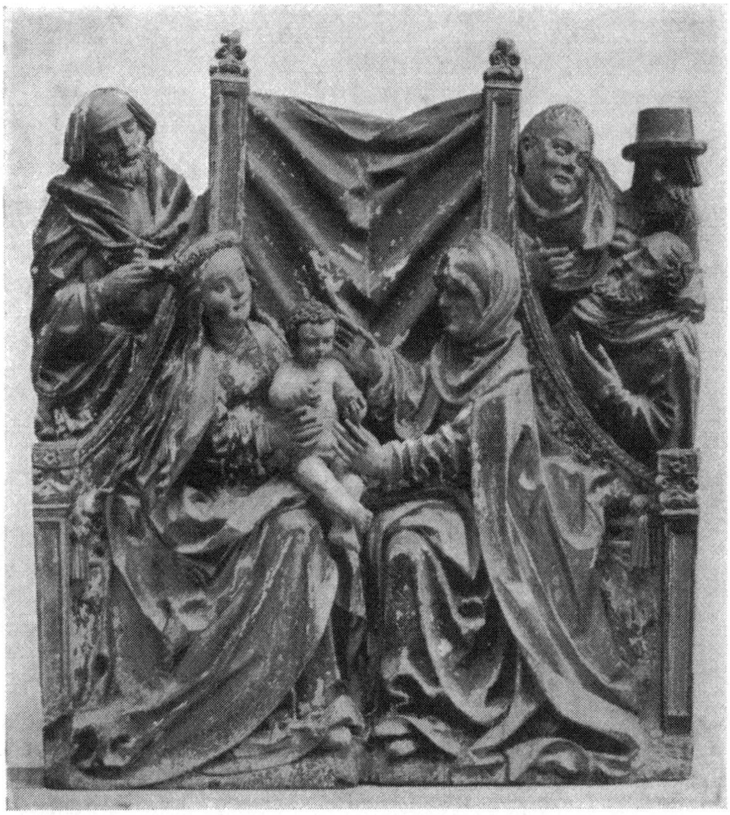

5607

S. 222

Hochrelief. Lindenholz. H. 31. Br. 34,5. Ohne Bemalung. Die rechte Hand Gottes abgestoßen. Ergänzungen an der Basis der Säule und an den unteren Ecken. — Erworben 1887 in Heiligenberg (Kr. Konstanz).

Schwäbisch um 1520.

5936. Weibliche Heilige (Torso). Ursprünglich stehend, ihre beiden jetzt leeren Hände hielten ein Attribut. In Gewand und Mantel, auf dem Haupt eine Krone mit reicher Rankenverzierung.

Wandfigur. Lindenholz. H. 38. Der Rücken flacher bearbeitet. — Abgeschnitten unterhalb der Hüften. Jetzt auf polygonalem Untersatz, der ungefähr gleichzeitig ist. Eine Kronenzacke bestoßen. — Mit alter Vergoldung der Kleidung und Krone. Das Gewand später rot überstrichen. — Erworben 1910 in München.

Schwäbisch, Anfang 16. Jahrhundert.

8149. Afra. Stehend; in der Linken den Baumstamm, in der Rechten ein Buch mit Beutel. Das Unterkleid, das am Brustausschnitt sichtbar wird, bedeckt mit langen Ärmeln die Unterarme; kurzärmeliges Kleid mit Gürtel. Der Mantel bedeckt die linke Schulter und fällt quer über den Rücken, von der Rechten aufgenommen. Haube mit feingetollten Säumen; das eine Ende derselben fällt über die linke Schulter nach vorn herab. Rundlicher Terrainausschnitt.

Wandfigur. Lindenholz. H. 107. Rückseite hohl. Es fehlt der untere Teil des Baumstammes bis zur Kniehöhe. Die Standfläche bestoßen. — Mit Resten der alten Vergoldung am Mantel. Von der Bemalung alt das Weiß der Haube und der langen Ärmel; Kleid und Buchbeutel zeigen erneuertes Rot. — Erworben 1918. Sammlung J. Simon.

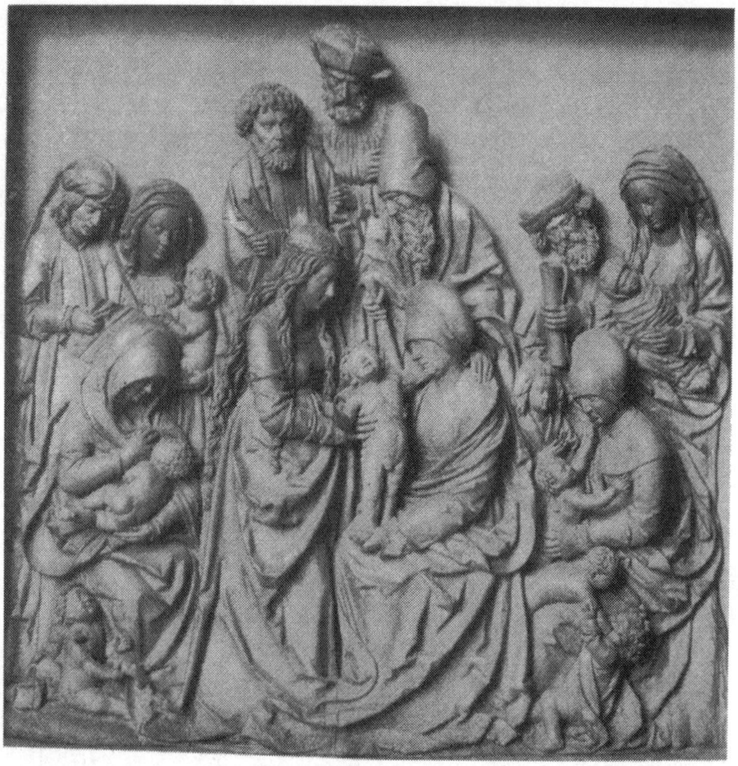

5585

Schwäbisch (oberes Neckartal), Anfang des 16. Jahrhundert. Die Figur stand, nach freundlicher Mitteilung von Professor Weise-Tübingen, früher in einer Kapelle zwischen Rottenburg und Horb, zusammen mit der Figur eines hl. Georg.

5607. Heilige Sippe. Auf einem kissenbedeckten Thron mit geschweiften Seiten und hoher, durch eine Draperie gebildeter Rückwand sitzen links Maria, rechts Anna. Maria, mit Schapel im Haar, reicht das nackte, einen Apfel haltende Kind der Großmutter; diese hat den Mantel über den Kopf gelegt und trägt darüber eine bis zur Brust reichende Haube. Hinter den Seitenwänden stehend links Joseph, rechts die drei Männer Annas. Abb. S. 221.

Hochrelief. Lindenholz. H. 98. Br. 90. Aus zwei Stücken; die Fuge geht senkrecht durch die Mitte, so daß die Hände Annas schon deshalb besonders eingesetzt werden mußten; sie sind jetzt ergänzt; der rechte Zeigefinger des Kindes fehlt. — Die Vergoldung (Mäntel der Frauen u. a.) größtenteils erneuert; von der Bemalung alt nur Reste roter Farbe am Holz des Thrones, das übrige erneuert. — Erworben 1909 in Paris.

Ulmisch, Werkstatt des Daniel Mauch um 1510—20. Näher verwandt mehrere Sippendarstellungen, die an Mauchs signierten Bieselbacher Altar (F. Mader in die Christl. Kunst VIII, 1912 S. 216 ff.) angeschlossen werden, vor allem das Relief im Bayr. Nat.-Mus. zu München (Abb. bei Mader a. a. O. S. 223). Weitere Sippen- und Selbdrittreliefs in Rottweil (Fragment), s. J. Baum, Die Bildwerke der Rottweiler Lorenzkapelle (1929) Nr. 120, im German. Nat.-Mus. zu Nürnberg (Kat. v. Josephi 1910 Nr. 375 Taf. 43) und in Tomerdingen (O.-A. Blaubeuren, Abb. Inv. Donaukreis I S. 450), letztere wohl schon ziemlich spät entstanden. — C. Glaser, Amtl. Berichte 31 (1910) 89 ff.; J. Baum a. a. O. und im Cicerone 18 (1926) S. 39 f. G. Otto, Die Ulmer Plastik der Spätgotik (1927) S. 320.

5585. Heilige Sippe. Maria hält stehend ins Profil nach rechts gewandt mit beiden Händen das nackte Kind fest, das auf dem Schoß der rechts sitzenden Anna steht. Hinter den beiden Frauen eine Gruppe dreier Männer, zwei mit Kopfbedeckungen, der barhäuptige links wohl Joseph. Neben dieser Mittelgruppe anschließend links und rechts je eine Gruppe, bestehend je aus einer sitzenden Frau vorn und einer Frau und einem Mann, beide stehend, hinten; die Frauen mit Kindern verschiedenen Alters.

Hochrelief. Lindenholz. H. 113. Br. 133. Aus mehreren Stücken. Die Fugen laufen senkrecht. Die Teile, die sich voneinander gelöst hatten, neu befestigt. Ergänzt der Kopf der stehenden Frau links, der rechte Arm des Christusknaben und Kleinigkeiten. — Ohne Fassung. Die Augensterne zeigen z. T. noch eine Lavierung mit schwarzer Farbe. — Erworben 1909 in Rom aus der Sammlung Stroganoff.

Schwäbisch (wohl Augsburg) um 1520.

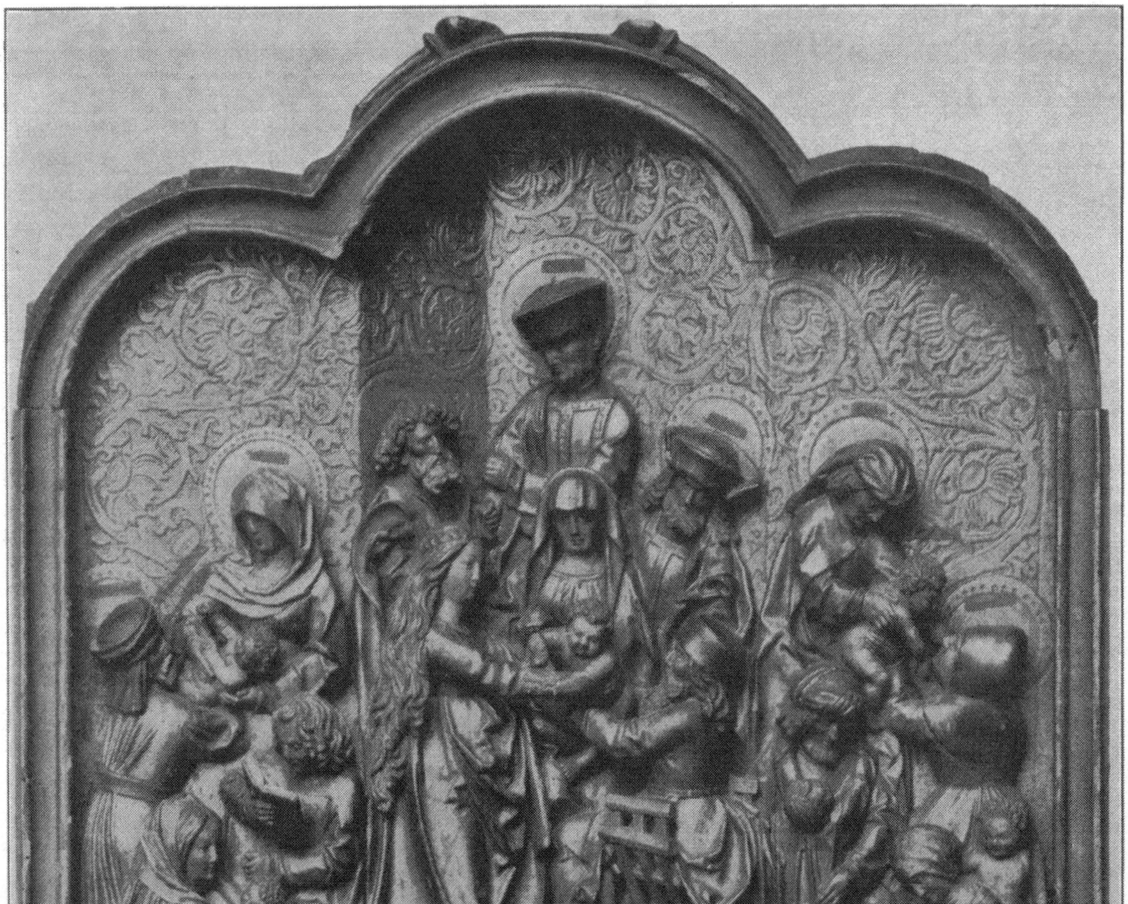

M. 78 S. 224

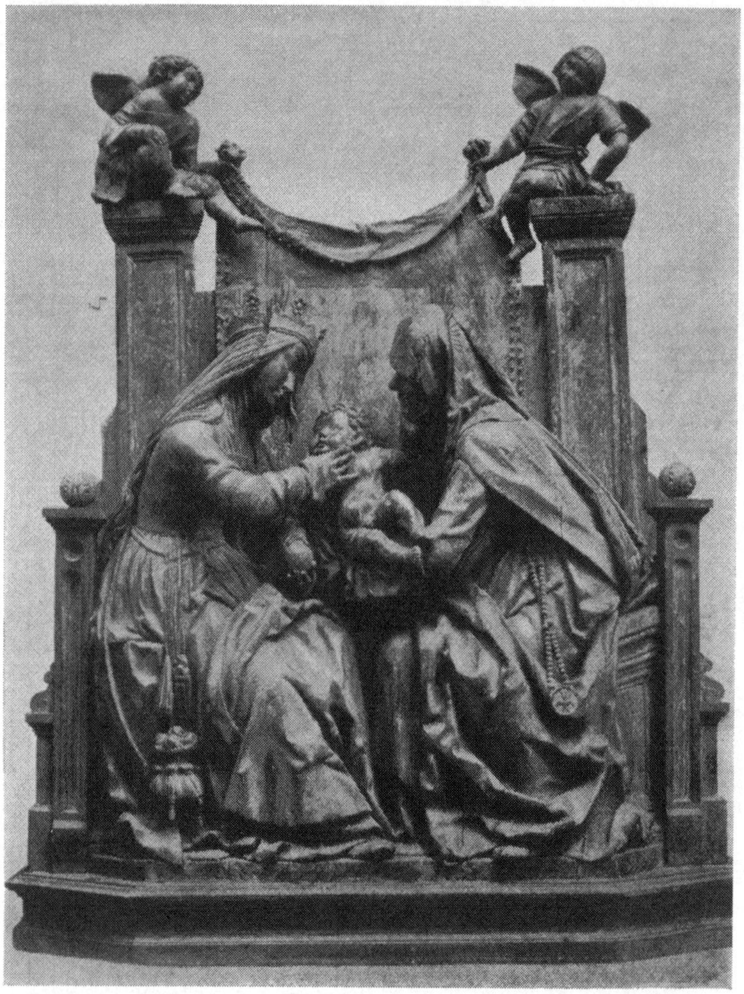

M. 130

M. 78. Hausaltärchen mit der hl. Sippe (Vöge 113). In der Mitte in nischenartiger Vertiefung des Grundes Anna, Maria und Joseph mit dem Christuskinde; es strebt vom Schoß der Großmutter, die es vergeblich mit einer Birne lockt, der Mutter zu; Joseph, rechts auf einem Faltstuhl sitzend, müht sich, es Maria zuzureichen. Hinter dieser Gruppe die drei Männer der Anna, »Joachim«, »Cleofas« und »Saloma«, wie die meisten anderen Figuren durch gleichzeitige Beischriften auf Papierstreifen bezeichnet. Links vorn sitzt Maria »Salme« (Salomae) mit ihrem jugendlichen Gatten Zebedäus und den kleinen Söhnen Johannes und Jakobus, deren einer auf einem Steckenpferd reitet; dahinter stehen Zacharias und Elisabeth, den kleinen Johannesknaben auf den Armen. Rechts vorn säugt Maria Cleophae ihren jüngsten Sohn, umgeben von zwei älteren Knaben und ihrem Gatten Alphäus, an dem der vierte Sohn Simon emporstrebt. Hinter ihm steht ein bartloser Mann, seiner Frau sein kleines Kind hinreichend; hier sind die Beischriften unleserlich.

Unter der Mittelgruppe rechteckige Öffnung für ein herausnehmbares Reliquienkästchen, jetzt durch ein modernes Brettchen verschlossen.

Als Predella sind acht kleine oberitalienische Reliefs in Knochen aus der Werkstatt der Embriachi eingesetzt; sie stellen Hirten mit ihren Rindern, zwei Frauen mit einem Wickelkind und zwei weitere schreitende Frauen dar; die Rahmung ist die alte; nur fehlt die linke Ecksäule ganz, von der rechten das Kapitell. Abb. S. 223.

Hochrelief. Lindenholz. H. (ohne die Staffel) 54,3. Br. 51. Das Sippenrelief mit wohlerhaltener alter Vergoldnung und Bemalung. Vergoldet der mit reichem gepreßten Blumenmuster bedeckte Grund, die meisten Gewänder und Mäntel, deren Bordüren in grüner und roter Lasurfarbe gegeben, einmal auch graviert sind; z. T. sind auch die Haare vergoldet. Farben der Untergewänder und Mützen blau und rot. Aufgeklebte alte Papierstreifen mit den Namen in Tinte. Die Rückseite mit dem vortretenden Mittelteil ist mit einem marmorierten Muster alt bemalt, die Rahmenstäbe der einzelnen Felder rot. Der gekehlte alte Rahmen schließt oben im Kleeblatt. Das Relief aus drei Stücken gearbeitet und auf den Grund aufgelegt. Das krönende Rankenwerk in und auf dem Schrein ist weggeschnitten. Es fehlt die linke

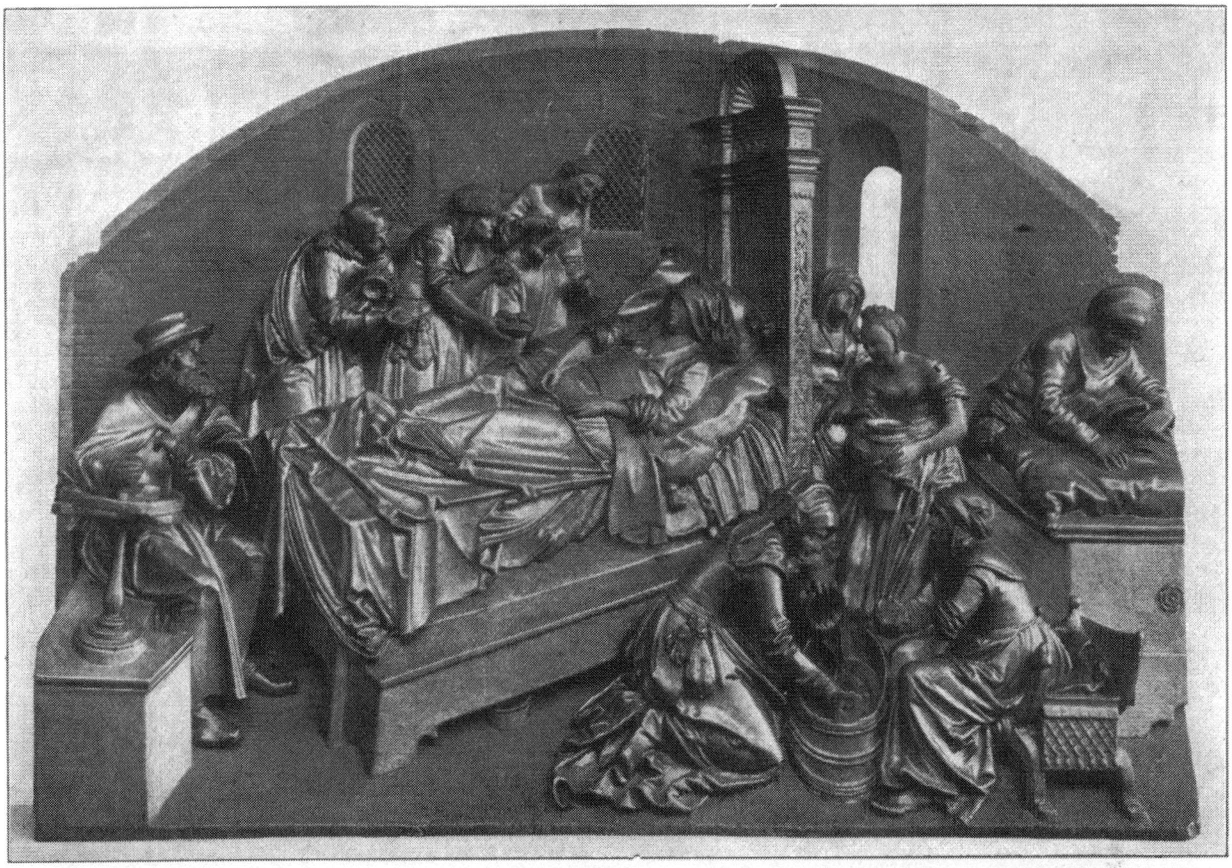

453

Hand des Christuskindes und der rechte Arm des Knaben ganz rechts. — Erworben 1906 in München. Eigentum des Kaiser-Friedrich-Museums-Vereins.

Schwäbisch (Augsburg) um 1510—20. — Bode, Bericht des Kaiser-Friedrich-Museums-Vereins, 1906—1907, S. 8 (mit Abb.); M. Schütte, Der schwäbische Schnitzaltar (1907) S. 242. Über die Werkstatt der Embriachi vgl. Die Bildwerke des deutschen Museums Bd. I (1923), S. 53 ff.

453. Geburt der Maria (Vöge 160). In der Mitte des Zimmers ruht Anna in reicher Renaissancebettstatt; von links nähern sich ihr drei Frauen mit Speise und Trank, während Joachim, am Fußende des Bettes neben einer Garnwinde sitzend, ihr etwas zuruft. Rechts vom Bette drei Frauen, im Begriff, das (jetzt fehlende) Kind zu baden; hinter ihnen eine andere zur Tür hereinkommend; weiter rechts eine Dienerin, hinter einer mit Kissen belegten Truhe.

Hochrelief. Lindenholz. H. 59 (in der Mitte der in flachem Stichbogen abschließenden Rückwand). Br. 83. Aus einem Stück bis auf die schon ursprünglich angestückten beiden Ecken der Rückwand und die Unterarme der rechts sitzenden Amme (ebenfalls alt angestückt, mit Holzpflöckchen befestigt). — Mit im ganzen wohlerhaltener, alter Vergoldung (Gewänder und Gerät, erstere mit rotem oder grünem Futter), Versilberung (mit weißem Streifenmuster: die Kopftücher, das Futter der Decken) und Bemalung (das Kissen vorn auf dem Stuhl purpurrot); die Bemalung der Köpfe und der Rückenwand aufgefrischt. — Kunstkammer. Erworben 1852.

Augsburgisch um 1520. Der Meister muß mit der Kunst Adolf Dauchers bekannt gewesen sein. — Die Gruppe der Wöchnerin und der beiden ersten vor ihr stehenden Frauen, ebenso die Frau auf dem Klappsessel rechts gehen auf Dürers Marienleben (B. 80) zurück. Bode, Geschichte der deutschen Plastik, S. 186 (Abb.)

M. 130. Maria und Anna mit dem Kinde. Die beiden Frauen sitzen auf einem breiten thronartigen Stuhl mit hoher Rückenlehne und seitlichen Pilastern. Auf den Rückenpilastern sitzt je ein geflügelter Putto. Die Putten sitzen einander zugewendet und halten einen Vorhang, der hinter der Figurengruppe herabfällt. Abb. S. 224.

Wandgruppe. Zirbelholz. H. 97. Br. 83. Ohne Bemalung; Sockel und vordere Seitenpfosten sind modern. Ergänzt sind ferner die Flügel der Putten und die rechte obere Ecke des von den Putten gehaltenen Tuches. Die Gruppe ist aus einem Block gearbeitet. — Erworben 1914 in Innsbruck. Angeblich aus einer Privatkapelle nicht weit von Innsbruck. Eine moderne, gleichfalls aus Innsbruck stammende Kopie befand sich 1927 im Kunsthandel.

Augsburger Meister um 1520/30. Vielleicht, wie Gröber, Schwäbische Skulptur der Spätgotik S. 82 vermutet, von einem Augsburger Meister in Tirol gearbeitet, da das zur Verwendung gekommene Zirbelholz für Augsburg ungewöhnlich ist. — Vgl. Berichte des Kaiser-Friedrich-Museums-Vereins 1914. S. 9 (mit Abb.).

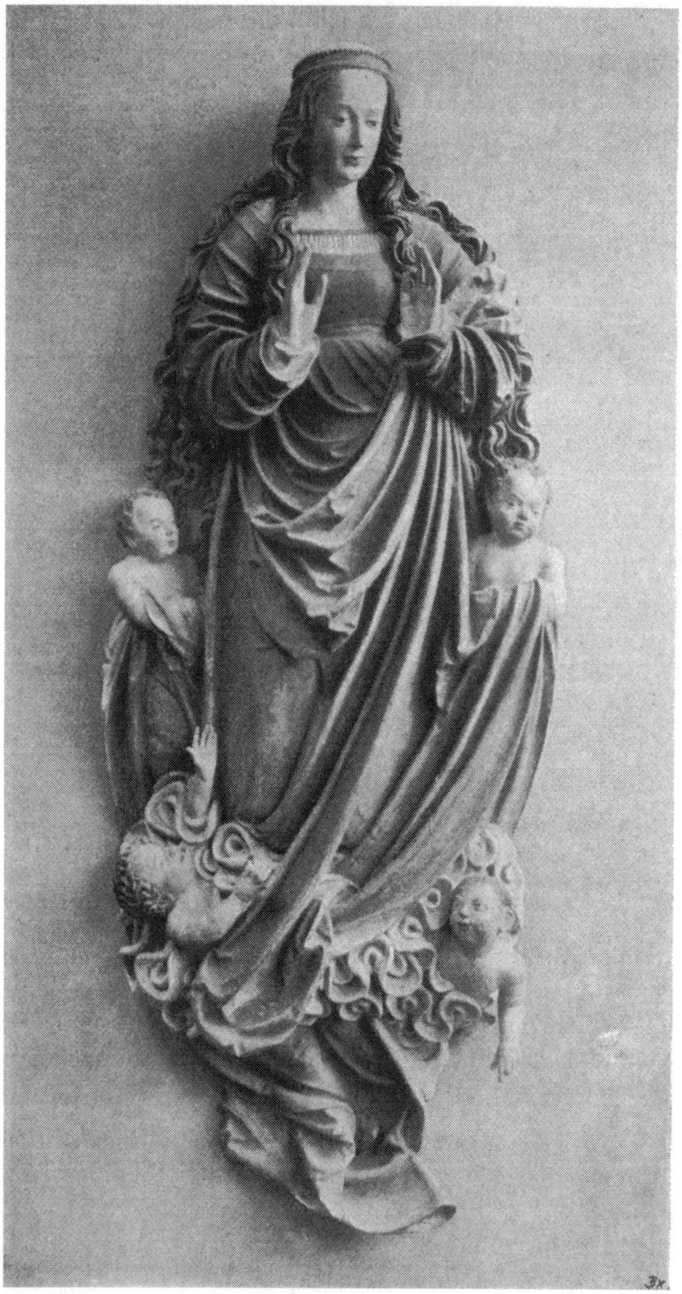

7043

7043. Himmelfahrt der Maria. Die Jungfrau schwebt, die Hände betend vor die Brust haltend, über Wolken empor, aus denen unten zwei Engelknaben mit den Oberkörpern auftauchen; zwei weitere Engel heben weiter oben die Säume ihres langflatternden Kleides empor. Das Kleid gegürtet; ein Bausch liegt gerafft über ihrem linken Unterarm. Im Haar ein Kronreif mit einem Perlenstreifen am oberen Rand.

Wandgruppe. Lindenholz. H. 180. Br. 75. Rückseite ausgehöhlt. — Mit erneuerter Bemalung, wobei die obere Hälfte des Kleides rote, die untere Hälfte blaue Farbe erhalten hat; das Futter weißlich. — Erworben 1913 in München. Geschenk der Bodestiftung.

Südschwäbischer Meister um 1520. Aus Sontheim, B.-A. Memmingen, wo die Gruppe sich in einer Privatkapelle befand. Sie gehört ebenso wie die folgenden Skulpturen (Nr. 461, 5600 und 2963; die Statuette eines Johannes-Ev., Nr. 7818, s. Bd. IV dieses Werkes) zu einem großen Kreise von Arbeiten, die über das heute bayrische Schwaben verteilt sind, aber auch im württembergischen Oberschwaben und in der Schweiz vorkommen (vgl. die Altäre von Jörg Kendel aus Biberach). U. a. gehören dazu die beiden Heiligenpaare im German. Museum zu Nürnberg (Kat. Josephi 1910 Nr. 380, 381). Diese Bildwerke sind früher nach Oberschwaben lokalisiert worden, dann nach Augsburg. Es spricht jedoch manches für eine Werkstatt in dem südlich von Augsburg gelegenen Teil von Schwaben. Die Meister, die ohne genaue Abgrenzung ihres Werkes in der Literatur der letzten Jahre häufig genannt werden, der »Meister von Ottobeuren«, ebenso der (tüchtigere) »Meister der Mindelheimer Sippe«, können nach dem heutigen Stande der Forschung als faßbare Einzelpersönlichkeiten noch nicht bezeichnet werden. Es erscheint daher richtiger, auf Meisternamen vorerst zu verzichten. — Eine der unsern verwandte Himmelfahrt Mariae in Oberliezheim B.-A. Dillingen, abgebildet bei Demmler Amtl. Berichte 37 (1916) 121 f. Vielleicht gehört zu unserer Gruppe das Fragment einer Apostelgruppe, ein Relief, das sich im Museum des Klosters Ottobeuren (bei Memmingen) erhalten hat; jedenfalls

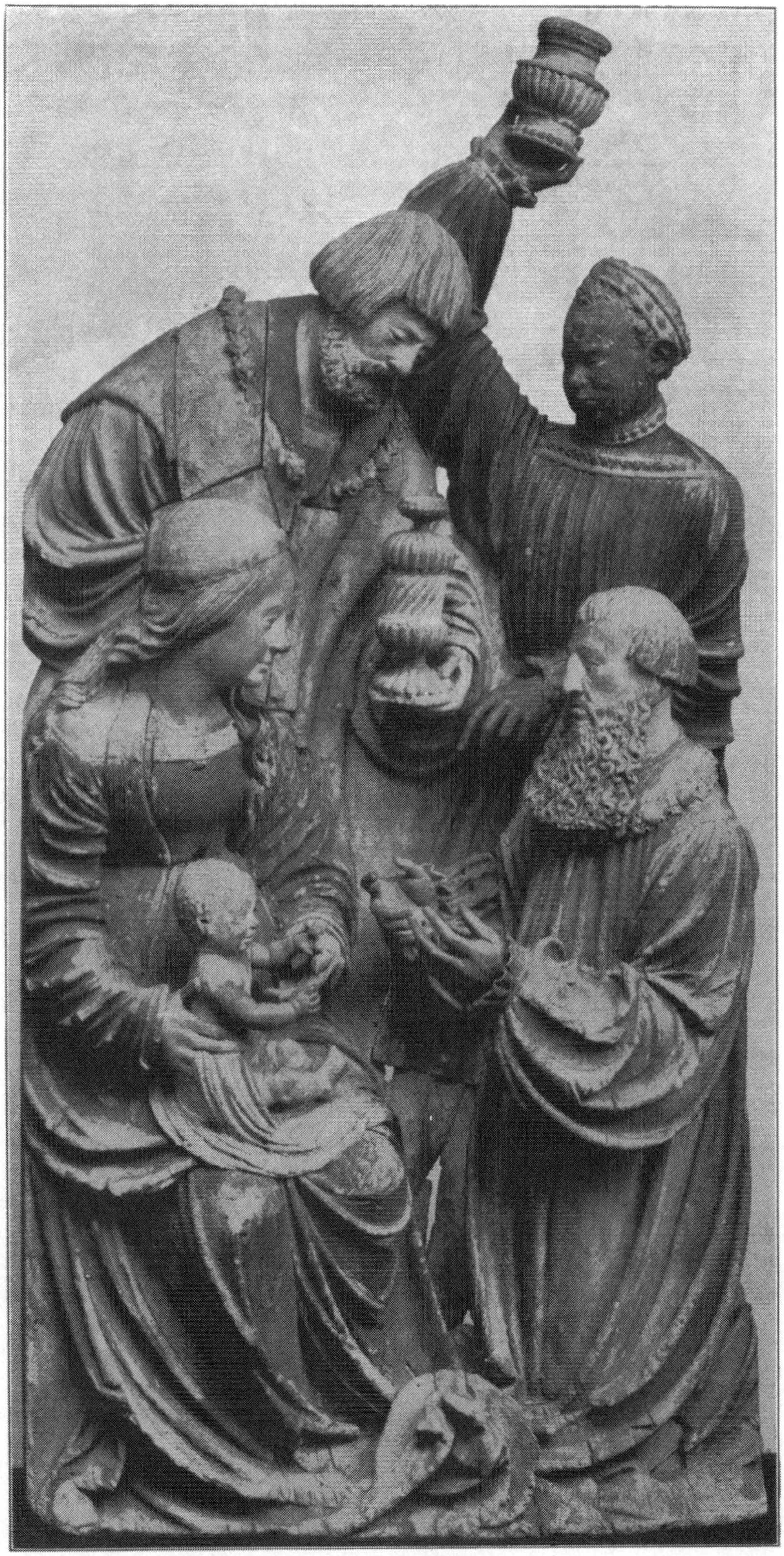

461 S. 228

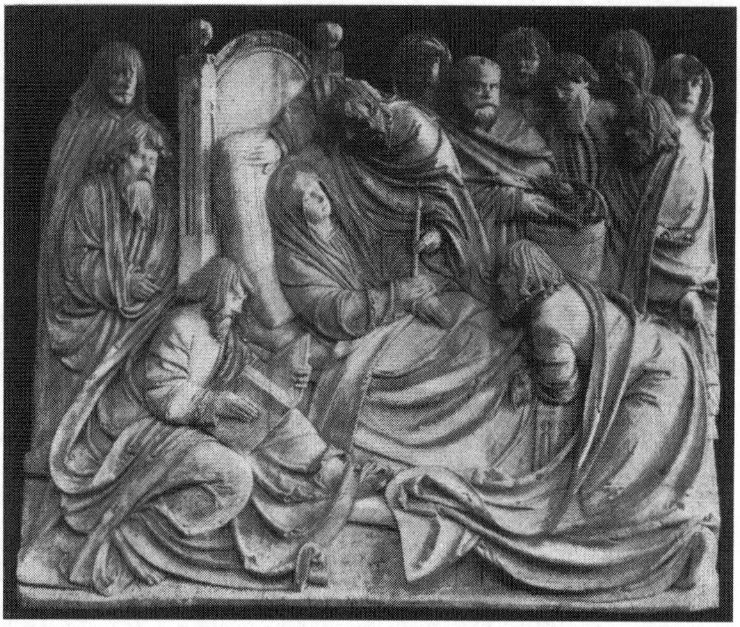

2963

steht es ihr noch näher als der Oberlinzheimer Arbeit. Abgebildet bei F. Wolter in der Festschrift des Münchener Altertums-Vereins (1914) S. 90. — Vgl. über die ganze Gruppe schwäbischer Werke: Probst im Archiv für christl. Kunst 1895 S. 4 ff.; Katalog des Bayer. National-Museums VI (1896) von Graf, Nr. 1158, 1278 f., 1238; F. Mader in »Die christl. Kunst« III 1907 S. 150 ff.; M. Schuette, Der schwäbische Schnitzaltar (1907) S. 99 f.; W. Josephi a. a. O.; F. Wolter a. a. O. S. 82 ff.; Th. Demmler a. a. O. S. 117 ff.; J. Baum, Altschwäbische Kunst (1923) S. 102 ff.; K. Gröber, Schwäb. Skulptur der Spätgotik 1922 Nr. 64 ff. und 71 ff.; G. Weise, Mittelalt. Bildwerke des Kais.-Friedr.-Mus. (1924) S. 19 ff.

461. Anbetung der Könige (Vöge 114). Links sitzt Maria, ein perlengesäumtes Band um das Haupt, das nackte Kind auf dem Schoße; sie wendet sich dem vor ihr knienden Kaspar zu. Hinter diesem steht der Mohr, der, das Weihrauchgefäß mit der Rechten hoch emporhebend, auf das Kind blickt; links neigt sich Melchior, einen Doppelbecher in der Linken, über die Madonna. Kaspar in gürtellosem Rock mit gebauschten Ärmeln und Halskette, Melchior in Schaube und Kette, der Mohr in gegürtetem Knierock. Abb. S. 227.

Hochrelief. Lindenholz. H. 113. Br. 58. Aus drei größeren und einer Reihe kleinerer Stücke zusammengesetzt, ein förmliches Holzmosaik. Kaspars rechter Arm und Melchiors linker aus besonderen Stücken auf dem Grunde festgeheftet. Die Hände Kaspars, die Linke Melchiors, die Arme des Kindes, die Finger der linken Hand der Madonna ergänzt. — Mit Resten der alten Bemalung. Rot, Grün und Gelb vorherrschend; etwas Blau. — Erworben in München 1888 (Sammlung A. Günther).

Südschwäbischer Meister um 1520. Vgl. unter 7043 die allgemeinen Bemerkungen über den ganzen Kreis und den sog. Meister von Ottobeuren, als dessen Arbeit J. Baum (Altschwäbische Kunst 1923 S. 107 Nr. 29) und K. Gröber (Schwäbische Skulptur der Spätgotik 1922 Nr. 74) das Relief aufführen. Das »Meisterwerk eines hervorragenden Künstlers« war von W. Vöge, der an Augsburg dachte, der gleichen Hand wie die beiden Heiligenpaare im German. Nat.-Mus. zu Nürnberg (Kat. v. Josephi 1910 Nr. 380 f.) zugeschrieben worden. Eine eingehende Untersuchung der ganzen Gruppe von Bildwerken fehlt noch.

2963. Tod Mariae (Vöge 115). Maria liegt auf ihrem Sterbelager, das Antlitz nach rechts, in der rechten Hand die Kerze, die Johannes, sich über sie beugend, tragen hilft. Petrus, hinter

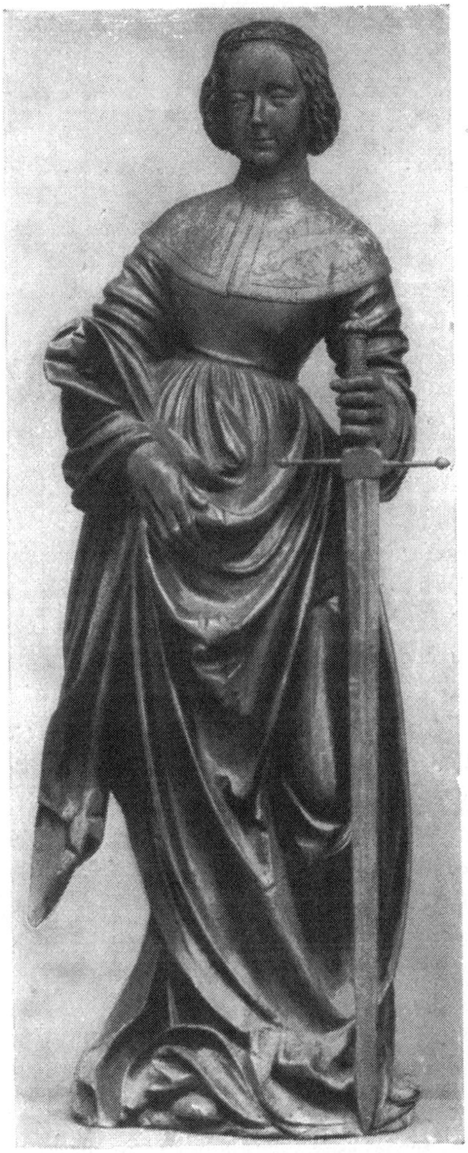

5600

ihm, taucht den Sprengwedel in das Weihwasser, das ein bärtiger Apostel ihm darreicht; am Fußende des Bettes ein vierter, hockend, über die Lehne sich vorbeugend; ein fünfter, links, ihm gegenüber, liest auf einer Bank die Sterbegebete. Die übrigen Apostel stehen links und rechts im Grunde.

Halbrelief, ohne Grund. Lindenholz. H. 84,5. Br. 116. Schwache Spuren lavierter Pupillen. — Erworben 1905 in München.

Südschwäbischer Meister um 1520. Vgl. die allgemeinen Bemerkungen unter Nr. 7043. Eine näher verwandte Darstellung des gleichen Themas im Bayer. Nat.-Museum zu München (Kat. von 1896, Band VI Nr. 1158). Die Berliner Tafel ist etwas derber in den Köpfen und etwas altertümlicher in der Perspektive.

5600. Hl. Katharina. Stehend mit ausgebogener linker Hüfte, in der linken Hand das Schwert. In Leibchen und vorn geschlitztem Rock. Der eine Saum des Schlitzes, den andern bedeckend, ist von der rechten Hand gerafft und liegt in einem Bausch über dem rechten Unterarm. Die Schultern deckt ein Koller aus gemustertem Brokat. Das feingelockte Haar ist gescheitelt und nach hinten zusammengenommen. Auf dem Haupt ein Kronreif mit Rankenmuster. Runder Terrainausschnitt.

Wandfigur. Lindenholz. H. 105. Rückseite hohl. — Von dem Schwert die Klinge und die beiden Stäbe der Parierstange neu. — Hellbraun getönt; daneben Spuren grüner und roter Farbe. — Erworben 1909 in München.

Südschwäbischer Meister um 1520. Vgl. die allgemeinen Bemerkungen unter Nr. 7043 S. 226. Bei der Verbreitung dieser Skulpturen erscheint die Hypothese G. Weises (Mittelalterliche Bildwerke des Kais.-Fried.-Museums 1924 S. 163 ff.), die Figur sei in Memmingen entstanden, zwar möglich, aber nicht zwingend.

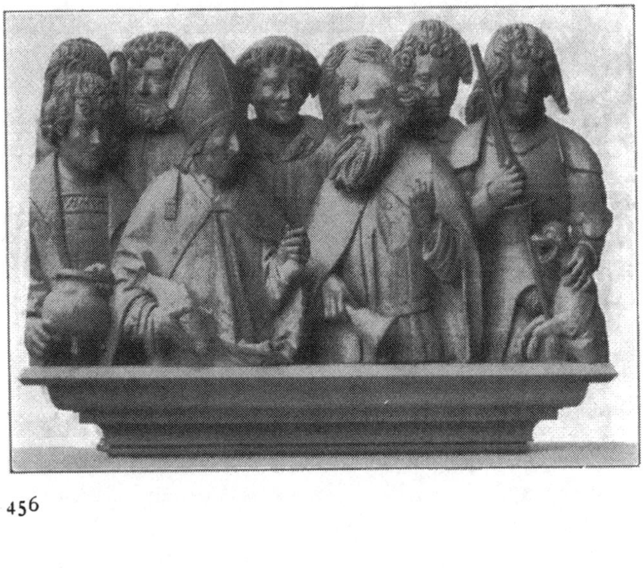

456

456. Neun Heilige in Halbfiguren (Vöge 159). In der vorderen Reihe (von links nach rechts): Vitus, Ulrich oder Arnulf (mit dem Fisch), Antonius (mit der Glocke), Georg. Von den fünf, z. T. verdeckten Gestalten der hinteren

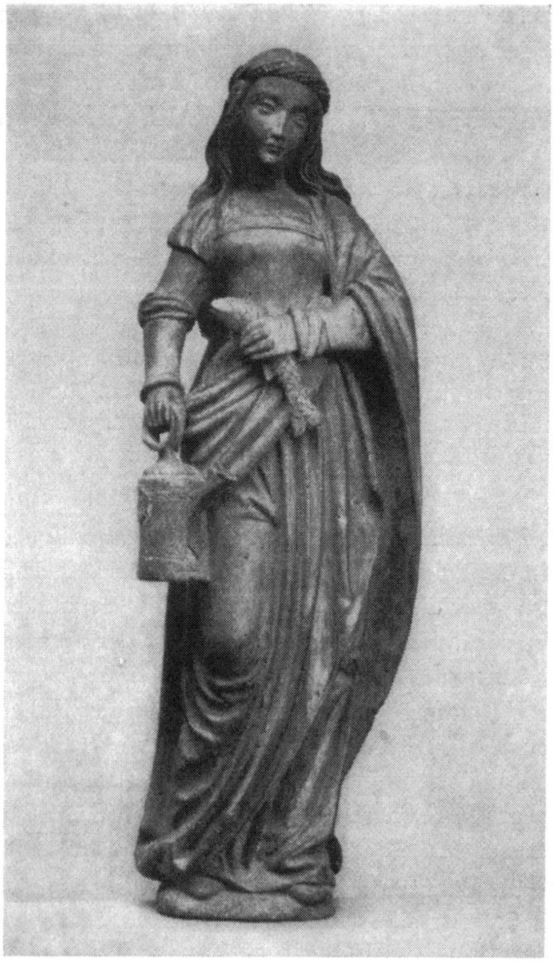

5937

Reihe ist der zweite von links durch einen Pilgerstab charakterisiert.

Auf dem Wams des hl. Vitus einige Buchstaben. Abb. S. 229.

Hochrelief. Lindenholz. H. 35. Br. 61. Aus drei Stücken gearbeitet. Ergänzt die rechte Hand Georgs mit der Lanze, die Vordertatzen des Drachen, die Linke des Antonius, das Maul des Fisches, der Pilgerstab. — Kunstkammer. Erworben 1855.

Schwäbisch, Anfang des 16. Jahrhunderts. Wohl aus der Predella eines Altars (Rest einer Gruppe der vierzehn Nothelfer?).

5937. Hl. Elisabeth (?). Stehend, in einem Kleid mit gepufften Ärmeln und einem Mantel, der oben nur die linke Schulter bedeckt; im Haar ein Schapel. In der abwärts gestreckten Rechten trägt sie eine Kanne, die Linke, quer vor den Körper gelegt, hält einen Fisch. Auf der Kanne ein Wappenschild, darauf eingeschnitten ein Winkeleisen und eine Keule (?), gekreuzt, über den letzteren das Monogramm D H Terrainausschnitt.

Wandfigur. Lindenholz. H. 62,5. Rückseite ausgehöhlt. In Holzton überstrichen. — Erworben 1910 in München.

Schwäbisch um 1520—30. Aus Türkheim an der Wertach (B.-A. Mindelheim). Die Darstellung der Elisabeth, als Wohltäterin der Armen, in bürgerlicher Zeittracht ist in dieser Zeit nicht ungewöhnlich.

Ob das Monogramm D. H. als Künstlersignatur gedeutet werden darf, erscheint sehr fraglich. Jedenfalls besteht keine auffallende Stilverwandtschaft mit dem Paris-Urteil unseres Museums, das mit D. H. und einem schräggestellten Fisch (= Hering?) bezeichnet ist. Abb. bei Vöge Nr. 140 und im Band IV dieses Katalogs, ferner bei E. F. Bange, Die Kleinplastik der deutschen Renaissance, Tafel 22. Das Relief in Kelheimer Stein und unsere Holzfigur stehen sich örtlich und zeitlich nahe, und müssen daher in allgemeiner Weise verwandt sein.

5882. Krönung Mariae. Maria kniet in reiner Frontansicht, auf einer mit Kissen belegten Thronstufe, die Hände betend zusammengelegt. Vier kleine geflügelte Engel auf jeder Seite ergreifen Zipfel ihres am Boden weit ausschleifenden Mantels. Sie trägt einen perlenbesetzten Kronreif im Haar. Über Maria schwebend in Sitzstellung, leicht zur Mitte gewandt, links Christus, rechts Gottvater, beide gekrönt. Christus nur mit Mantelüberwurf, der den Körper z. T. freiläßt; die ausgebreitete Linke hielt die Krone, die Rechte das Szepter. Gottvater mit langem Bart, in Gewand und Mantel, in der Linken die Weltkugel, mit der Rechten segnend.

Wandgruppe. Lindenholz. H. der drei Figuren, die einzeln gearbeitet sind: Maria (einschl. Thronstufe) 47, Christus 61, Gottvater 56. Br. der Stufe 65. Rückseiten hohl. Es fehlt die Taube des

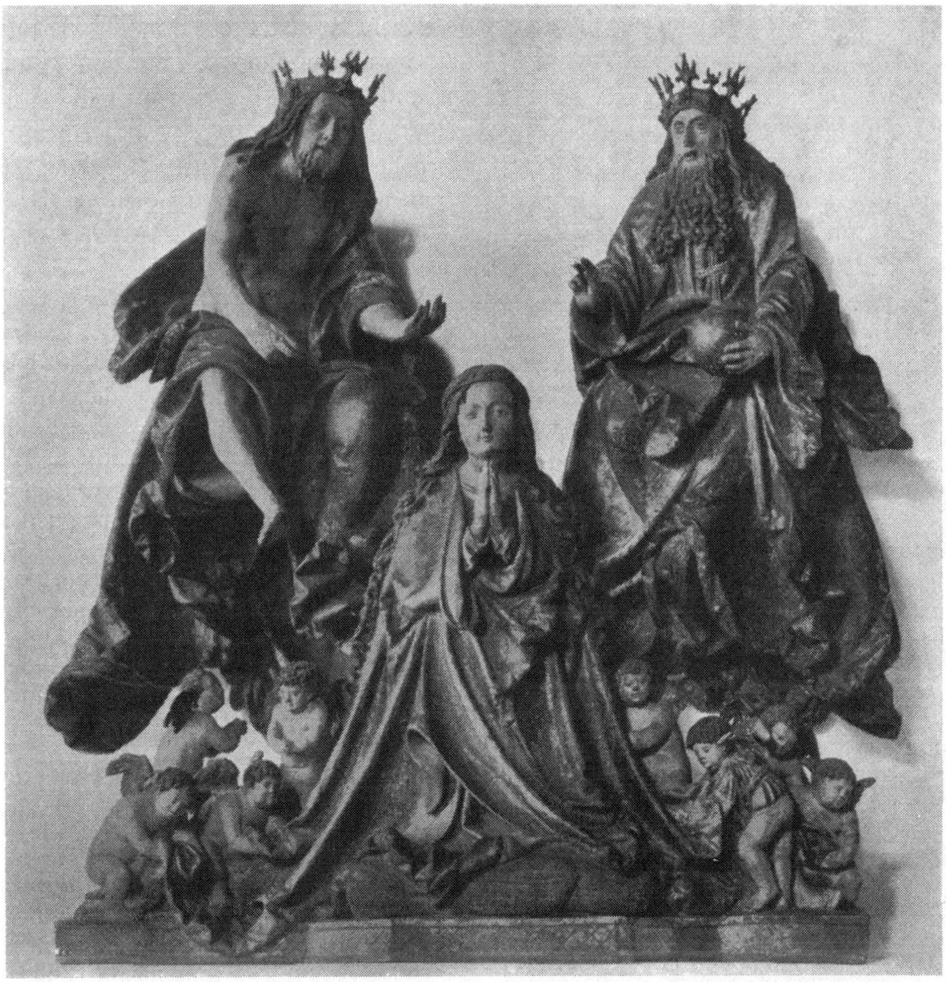

5882

hl. Geistes, sowie der alte Schrein.— Gut erhaltene reiche Vergoldung der Gewänder. — Erworben 1910 in Mainz. Vorher in der Sammlung Rosen in Wiesbaden.

Jörg Lederer, Bildhauer

Geboren wohl gegen 1475, vielleicht in Füssen, wird er 1499 daselbst Bürger. 1519 unter den Kaufbeurer Bildhauern genannt, kommt er 1528 in Urkunden der Stadt Kaufbeuren vor, und ist 1530 und 1532 als Stadtamtmann daselbst nachzuweisen. 1542 und 1548 begegnet er dort weiter in Urkunden und wird 1550 als verstorben erwähnt. — Die erste kunstgeschichtliche Untersuchung, verbunden mit Wiedergabe der Quellennachrichten, bei Th. Hampe, Allgäuer Studien zur Kunst und Kultur der Renaissance, Festschrift für Gustav v. Bezold (Mitt. aus dem German. Nat.-Mus. 1918/19) S. 50 ff. u. 100 ff.

Nach 1515. Angeblich früher in Innsbruck. Auf Grund der Ähnlichkeit mit der Mittelgruppe des Altars in der Pestkapelle zu Hindelang (B.-A. Sonthofen), den laut Tradition Jörg Lederer 1515 geschaffen hat, wurde die Gruppe schon bei ihrer Erwerbung dem Jörg Lederer zugeschrieben. Als solche wurde sie von Th. Hampe a. a. O. S. 59 (mit Abb. des gen. Altars und unserer Gruppe, Taf. IV u. V) veröffentlicht.

8165. Maria mit dem Kinde über der Mondsichel, sitzend. Auf einer einfachen Bank sitzt die Mutter, das auf ihrem Schoß stehende nackte Kind mit einem Gängelband haltend. Mit der

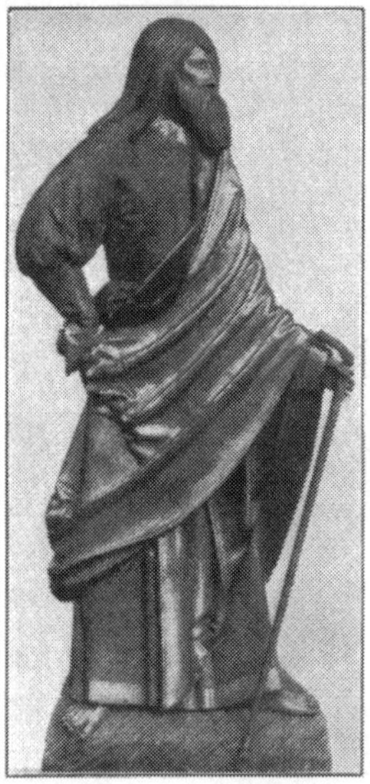
455

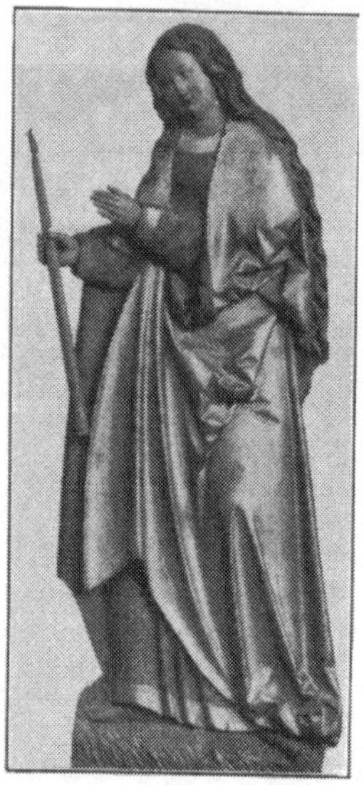
454

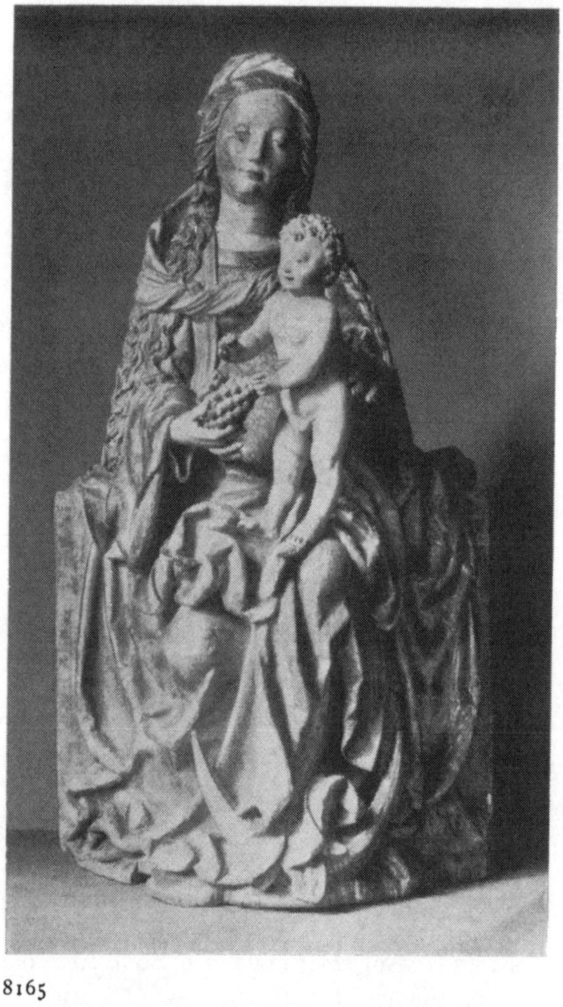
8165

Rechten bietet sie ihm eine Traube dar. In Gewand und Mantel, auf dem Haupt Schapel und Schleier, der sich über die Brust zieht.

Wandfigur. Lindenholz. H. 126. Rückseite hohl. — Mit der alten Vergoldung (Mantel) und Bemalung (Reste von Braun am Kleid, von Blau am Mantelfutter; Schleier weiß). — Erworben 1918. Sammlung J. Simon.

Vor 1515. Von Cl. Sommer (Amtl. Berichte 49, 1928, S. 94 ff.) dem Meister zugeschrieben und mit den beiden verwandten Heiligenfiguren im Bayer. Nat.-Museum zu München (vgl. über sie G. Lill in den Beiträgen zur Geschichte der deutschen Kunst, hrsg. v. Buchner u. Feuchtmayer, I 1924 S. 219 ff.) in die Zeit vor dem Hindelanger Altar datiert. — Früher Sammlung Thiem, S. Remo.

454. 455. Zwei Heilige, stehend. Gegenstücke (Vöge 156. 157).

454. Weibliche Heilige. In langen Locken und Mantel, nach links schreitend, mit erhobener Linken, in der Rechten eine Kerze (ergänzt).

455. Männlicher Heiliger. Mit grauem Vollbart, in Mantel; nach rechts schreitend, einen Stock in der Linken.

Flachreliefs ohne Grund. Lindenholz. H. 88,5 bzw. 90. Br. 31 bzw. 35,5. Ergänzt bei 454 Hände und Kerze, bei 455 die Linke und der mit gemusterten Papier überklebte Stab (?). — Mit alter Vergoldung (Mäntel, Säume der Gewänder) und Bemalung. Gewänder mit gepreßtem Brokatmuster, bei der männlichen Figur schwarz-braungolden; Mantelfutter der letzteren grün über Gold; das rote Mantelfutter der weiblichen Heiligen aufgefrischt. — Erworben 1883/84.

Kaufbeuren (Schwaben), Werkstatt des Jörg Lederer. Nr. 454 trägt auf der Rückseite eine Bleistiftnotiz: 1515 in Kaufbey(ren) gemacht. Von der Predella oder den Flügeln eines Altars herrührend. Vgl. Nr. 7027—30.

7027—7030. Vier Heilige, stehend.

7027. Hl. Bischof. In Pluviale. Das Haupt mit der Mitra nach rechts gewandt.

7028. Männlicher Heiliger. Mit langem Barthaar und kahlem Scheitel. In Mantel, unter dem linken Arm ein Buch. Nach links sich wendend.

7029. Hl. Agnes. In Mantel; den Kopf, der ein Schapel trägt, nach rechts gewandt. Mit dem rechten Arm drückt sie das Lamm an die Brust.

7030. Weibliche Heilige. In Mantel, gekrönt, nach links sich wendend. Mit der Linken seitwärts weisend.

Flachreliefs ohne Grund. Lindenholz. H. 50—45—46—47. Die linke Hand des Bischofs, die rechte der gekrönten Heiligen fehlen, ebenso die Attribute, außer bei Agnes; der Kopf ihres Lammes ergänzt. Bestoßungen an den Fingern. — Mit alter Vergoldung der Mäntel außen, bei den weiblichen Heiligen auch an den Gewändern; das übrige hat erneuerte Bemalung, nur das weinrote Mantelfutter der gekrönten Heiligen alt. — Erworben 1912 in Frankfurt a./M.

Kaufbeuren (Schwaben), Werkstatt des Jörg Lederer. Von der Predella oder den Flügeln eines Altars herrührend, in Stil und Bestimmung den zwei Pilgern entsprechend, die jetzt an beiden Seiten des Altars von Lederer in der Pestkapelle zu Hindelang (B.-A Sonthofen) angebracht sind und dort jedenfalls aus der Predella herrühren (Abb. bei Th. Hampe a. a. O. Taf. IV).

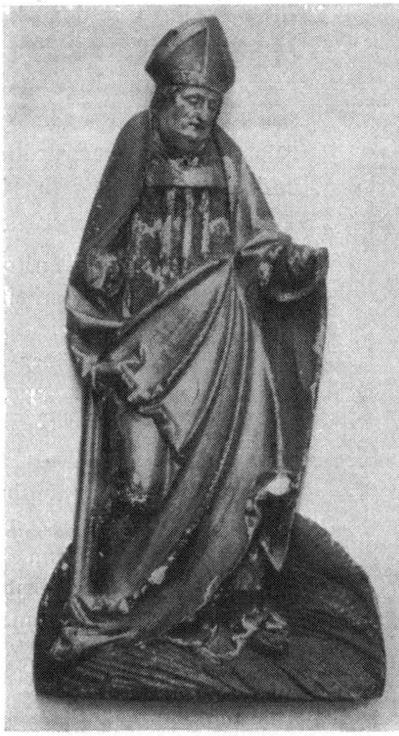

7027

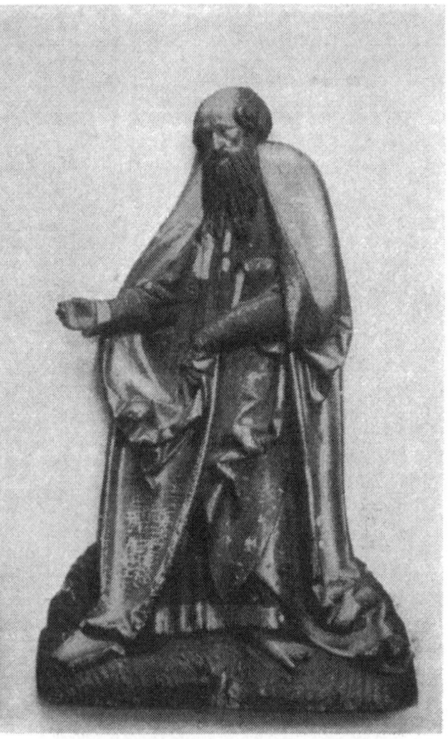

7028

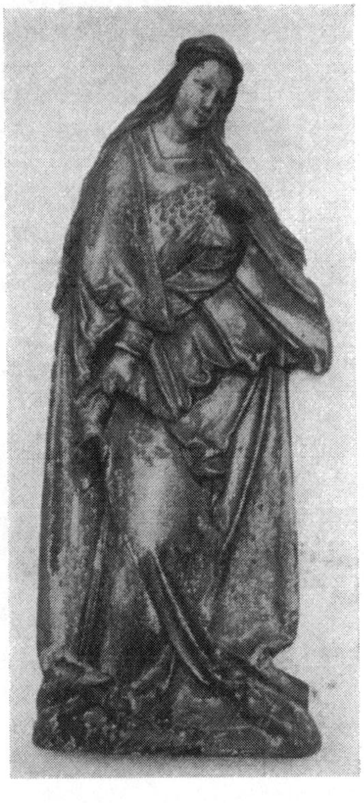

7029

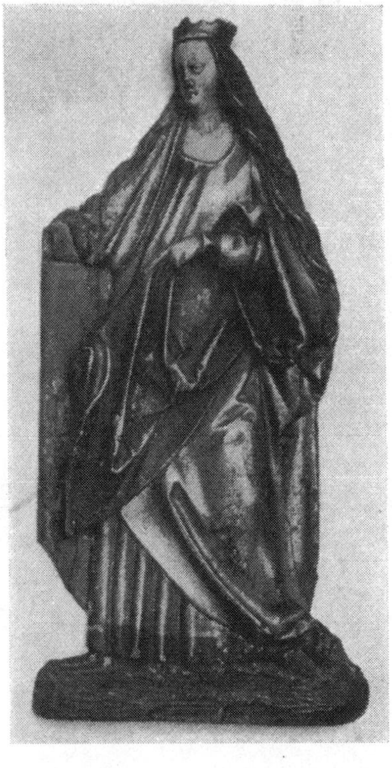

7030

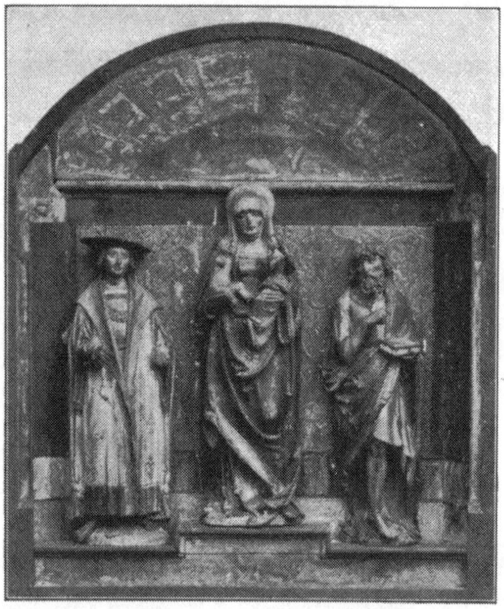

2085

7974. Maria mit dem Kinde. Sitzend, das nackte Kind mit beiden Händen haltend und mit dem linken Knie stützend. Ihr Oberkörper etwas nach vorn und stark nach rechts geneigt. Das Kind faßt mit der Rechten eine Haarsträhne der Mutter. In Gewand und Mantel, auf dem Haupt eine Krone. Runder Terrainausschnitt mit Gestein.

Wandfigur. Lindenholz. H. 68. Fast vollrund. Rücken teilweise unbearbeitet. Es fehlt das rechte Füßchen des Kindes und die Spitze des linken. — Mit älterer graubrauner Tönung über Kreidegrund. Teilweise liegt farbige Bemalung zutage, so ein späteres Blau am Mantelfutter. — Erworben 1921 als Geschenk des Herrn Prof. Podio in Bologna.

Schwäbisch, wohl augsburgisch um 1525. Die Figur befand sich seit alter Zeit in einer Kirche in der Nähe von Padua. Sie kann aus Deutschland importiert, ebensogut aber die Arbeit eines in Italien arbeitenden süddeutschen Meisters sein.

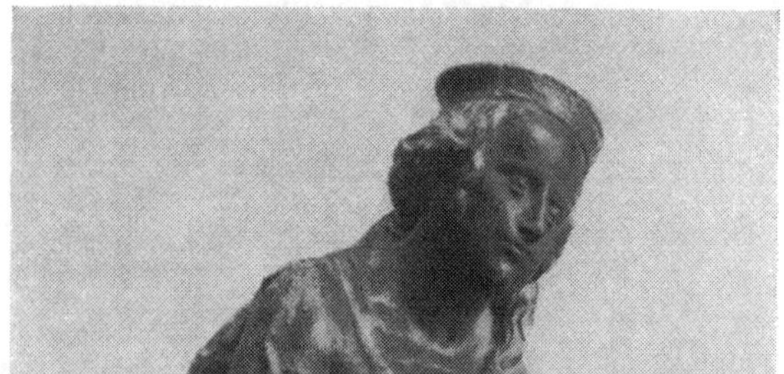

7974

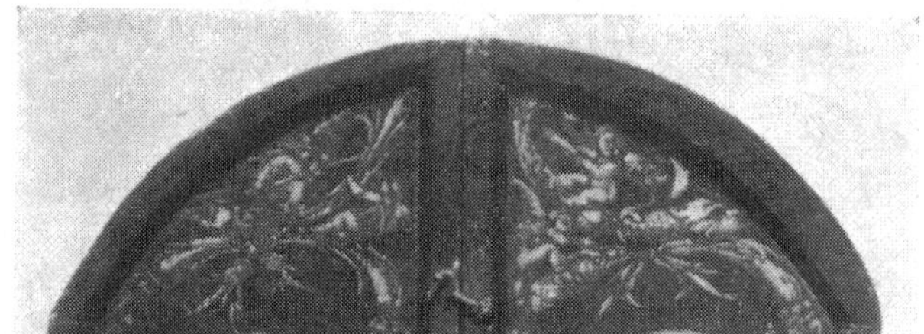

7013 (bei geschlossenen Flügeln) S. 236

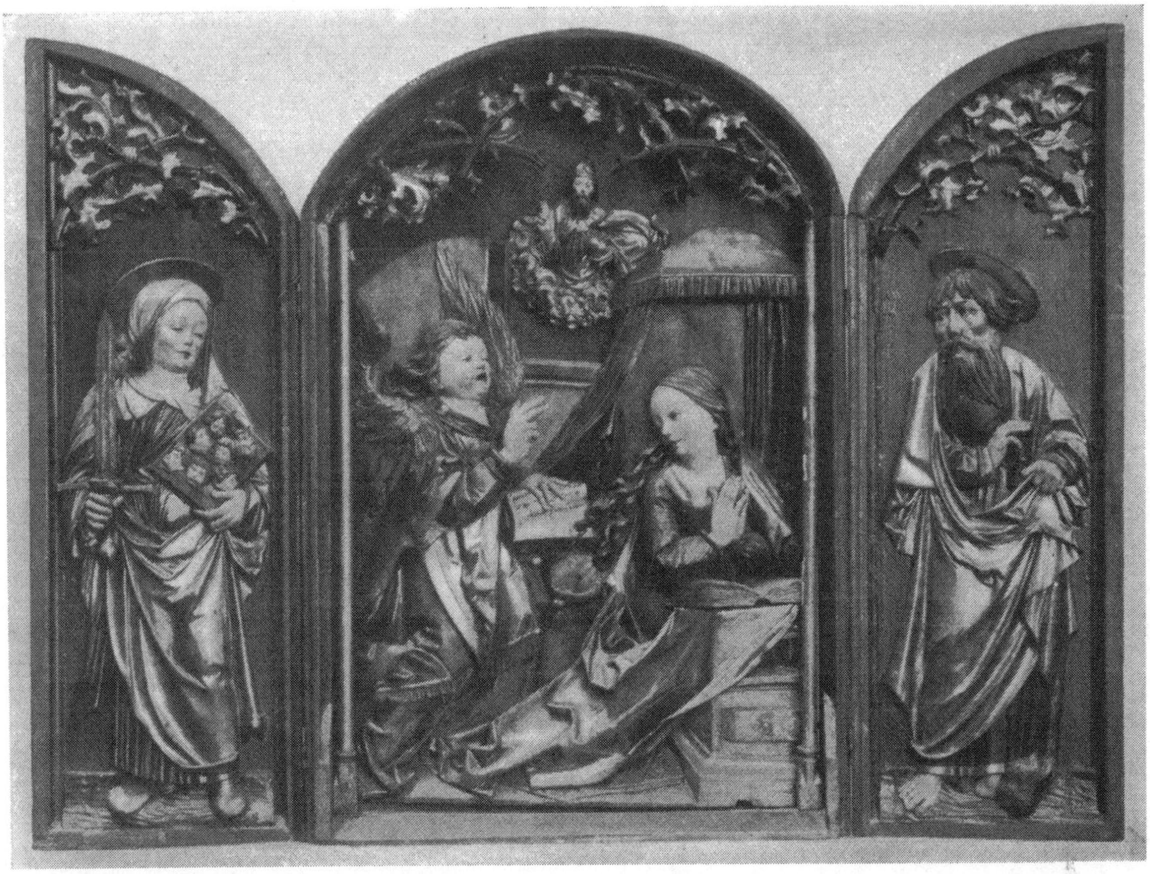

7013 (Flügel geöffnet) S. 236

2085. Schrein eines Flügelaltars mit Anna selbdritt zwischen Johannes dem Täufer und dem hl. Oswald. (Vöge 132). In langem Gewand, Kopftuch und Mantel steht Anna vor gemustertem goldenen Vorhange auf erhöhtem Sockel, Maria und das nackte Christkind auf den Armen. Rechts von ihr, in Mantel und einem Knierock mit Halbärmeln, Johannes der Täufer, ein Buch in der Linken, mit der Rechten anscheinend auf das Lamm weisend, das auf dem Buche lag. Links steht, ursprünglich ein Szepter (?) in der Rechten, Oswald in Wams und Schaube (mit langen Hängeärmeln zum Durchgreifen) und Barett mit Kronreif.

Unter den Figuren die Namen: S. ANNA und (in gotischer Minuskel) S. Johannes, S. Oschwalld (sic!).

Wandstatuetten (reliefartig). Lindenholz. H. (des Schreines) 119. Br. 99. Die Figuren auf dem Grund festgenagelt, Auf den Köpfen der Heiligen mit Pflöcken geschlossene Bohrungen. Ein Stück des Buches nebst anliegenden Fingern ist angesetzt. Es fehlen die linke Hand des Oswald, die Arme des Christkinds und der Maria, zwei Finger an der Hand des Täufers. — Die Figuren mit alter, 1930 freigelegter Vergoldung und Bemalung. Vergoldet der Hintergrund, das Haar, die Untergewänder, mehrfach die Säume, die Rosetten auf dem roten Mantel der Anna. Die weiße Schaube des Oswald mit blaßpurpurnen und grünen Blumen gemustert bei blauem Futter und breiten roten Bordüren. Johannes Mantel grün, blaugefüttert. Der Schrein Gold mit Blau und Rot. Der den Schrein abschließende Flachbogen zeigt ein Kasettenmotiv in Gold und Blau, die Rückseite Reste gleichzeitigen Rankenornaments in bunten Farben auf grauem Grunde und (im Bogenfelde) ein Muschelmotiv. Die Seitenwände des Schreins mit Renaissanceornamenten (Kandelaber, Masken, gekreuzte Schwerter) in Grau auf Gelbbraun bemalt. — Erworben 1875.

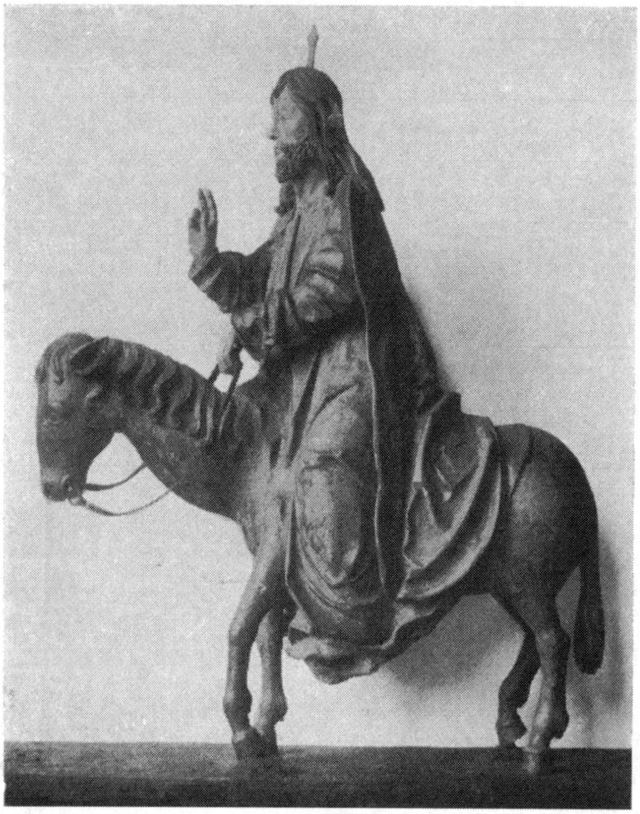

7710

Schwäbisch (Augsburg?) um 1520. Aus einer Kapelle in Kaisers in Tirol, auf der Grenze nach Vorarlberg, stammend; nach M. Schuette, Der schwäbische Schnitzaltar, Straßburg 1907, S. 241 f., vermutlich augsburgisch.

7013. Flügelaltärchen mit der Verkündigung, der hl. Felicitas und dem hl. Jacobus d. J. Im Schrein die Verkündigung; Maria kniet rechts an einem Pult, in der Tiefe des Gemaches hinter ihr das Bett mit Himmel und eine Bank mit Kissen. Von links naht der Engel mit gebeugten Knien, mit der Rechten segnend, in der Linken eine Rolle mit dem englischen Gruß. Oben in der Mitte die Halbfigur des segnenden Gottvaters mit der Weltkugel in der Linken, über Wolken. Auf dem linken Innenflügel die hl. Felicitas, stehend, ein Schwert in der Rechten, in der Linken eine Tafel mit den abgeschlagenen Häuptern ihrer sieben Söhne; auf dem rechten Innenflügel Jakobus d. J., stehend, mit Buch und Keule. — Auf den Außenflügeln gemalt links Katharina, mit Schwert, Rad und Buch, rechts Apollonia, mit Zange und Buch, beide stehend, mit Kronen. Abb. S. 234, 235.

Halbrelief (Mittelgruppe) und Flachreliefs (Flügel). Lindenholz. H. (des Schreines) 66,5. Br. (geschlossen) 46,5. Mit der reichen alten Vergoldung (alle Mäntel, die Nimben, das Rankenwerk); die Bemalung im späteren 16. oder im 17. Jahrhundert erneuert mit Verwendung von unterlegtem Silber und Gold. — Erworben 1911 in Frankfurt a. M. Früher Sammlung Streber in Tölz.

Schwäbisch um 1510—20. Wohl augsburgisch. Von A. Feulner, Deutsche Plastik des 16. Jahrhunderts (1926) S. 60, Tafel 31 zusammen mit dem Selbdrittaltar im Victoria and Albert-Museum zu London dem Martin Schaffner zugewiesen, doch ist der Londoner Altar, angeblich aus Boppard stammend, jedenfalls rheinisch; vgl. Cl. Sommer in »Berliner Museen« 48 (1927) 112 ff.. Unser Altärchen hat weder mit diesem Altar noch mit den Altären, die man mit Schaffner in Verbindung gebracht hat, Verwandtschaft.

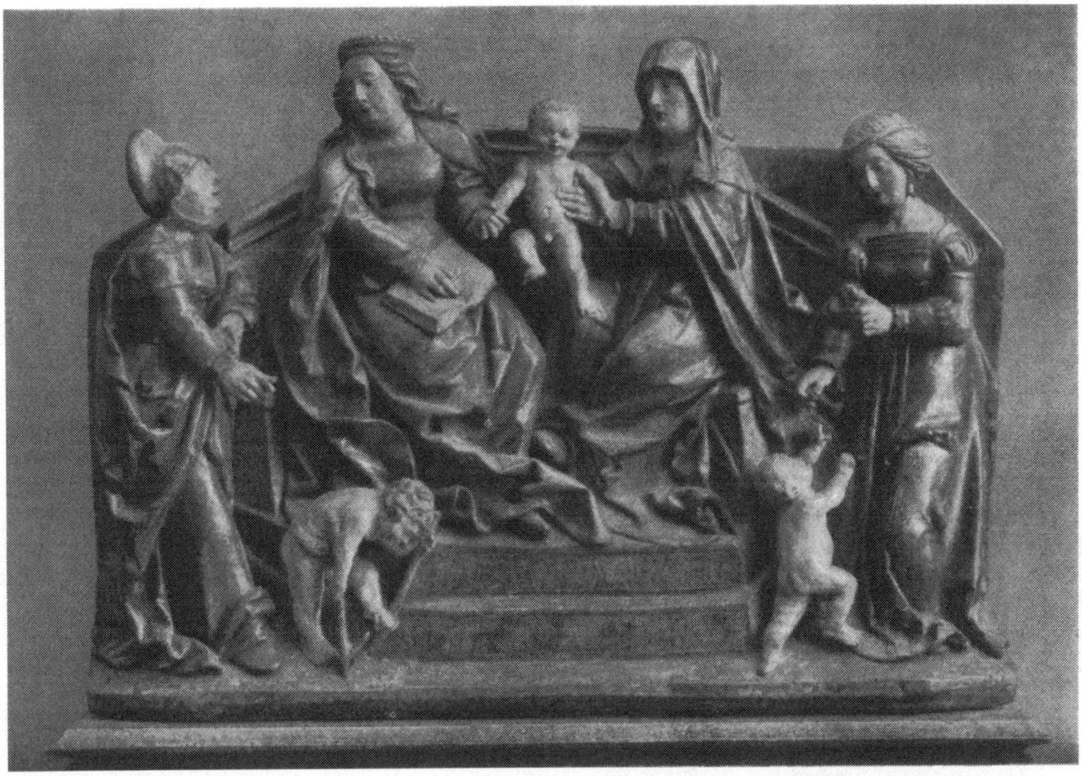

8169

7710. Christus auf dem Esel (Palmesel). Nach links reitend, in Gewand und Kapuzenmantel, der sich hinter ihm schabrackenartig auflegt, sitzt Christus rittlings auf dem Esel. Die Linke führt den Zügel, die Rechte ist segnend erhoben. Auf dem Haupt der Kreuznimbus. Vierseitige Wagenplatte. Die Figur Christi ist etwas nach vorn gedreht, so daß die in der Abb. gegebene Ansicht als Vorderseite zu gelten hat.

Freigruppe. Lindenholz. H. 150. Länge der Platte 160. Vollrund. — Ergänzt Zeige- und Mittelfinger der rechten Hand Christi, die Ohren des Esels. — Der Mantel zeigt große Reste eines (vielleicht ursprünglichen) Rots; die übrige Bemalung, ebenfalls in Resten, ist später. — Erworben 1915 in Braunschweig. Geschenk eines Ungenannten.

Schwäbisch-fränkisch um 1530. Vormals in der Sammlg. Roettgen-Bonn. Laut Versteigerungskatalog Köln 1912 (Nr. 244 Taf. 28) in der Nähe von Gaildorf im württ. Franken erworben. Beziehungen zur Ulmer Plastik aus den beiden ersten Jahrzehnten des 16. Jahrhunderts sind deutlich.

8169. Heilige Sippe. Auf einer Bank mit ansteigenden Seitenlehnen sitzen über einer Doppelstufe links Maria, rechts Anna, das Kind zwischen sich; Maria, mit aufgeschlagenem Buch auf dem Schoß, wendet sich nach links zu einer neben den Stufen stehenden Frau, die auf ein mit Stelzen spielendes Knäblein zu ihren Füßen hinweist; auf der andern Seite eine zweite Frau, die einem vor ihr stehenden Kinde eine Traube darreicht. Auf die Stufen verteilt die Inschrift:

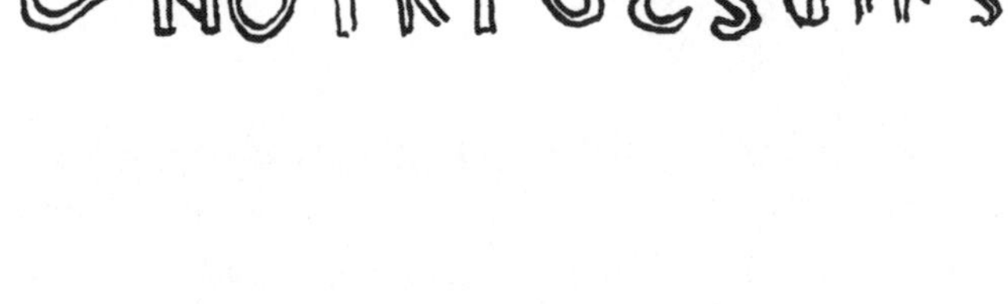

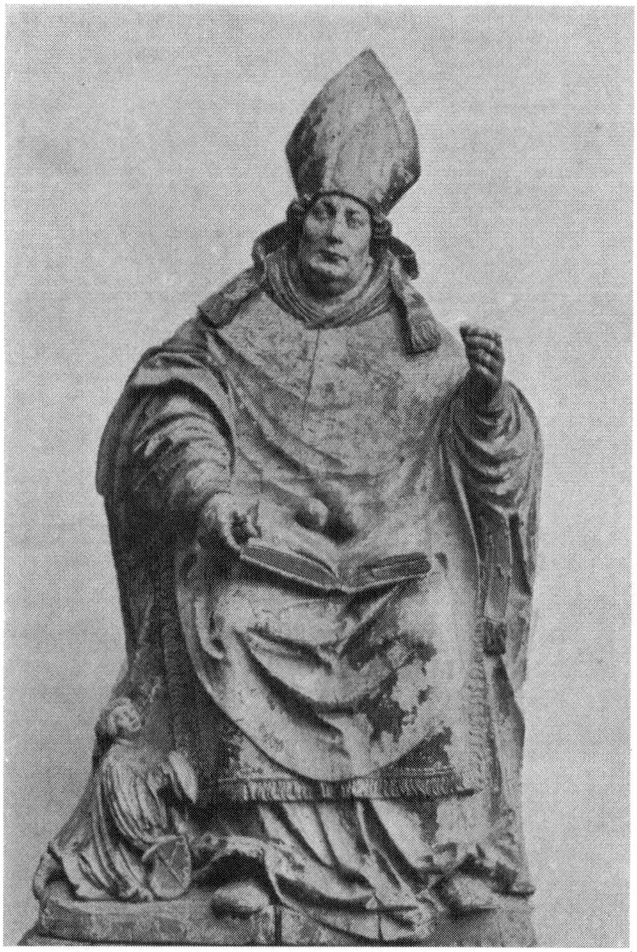

5885

Hochrelief. Lindenholz. H. 46. Br. 65. Mit der alten Vergoldung (z. T. durchscheinender Bolusgrund), die alles bis auf das dunkle Mantelfutter Mariae und das Inkarnat bedeckt. — Erworben 1918. Sammlung J. Simon.

Schwäbisch (Bayerisch-Schwaben?) von 1517. Das Kind mit den Stelzen nach Dürers Stich B. 76 (Der Traum).

5885. Hl. Nicolaus. Sitzend, im Bischofsornat; auf den Knien ein aufgeschlagenes Buch, darauf die drei goldenen Kugeln. Zu seinen Füßen kniet links die kleine Figur eines geistlichen Stifters, in den Händen ein Barett haltend, vor sich ein Wappenschild mit zwei gekreuzten Hacken. Abgeschrägte Standplatte.

Wandstatue. Lindenholz. H. mit Sockel 116. Rückseite ausgehöhlt. Reste der alten Fassung: Gold auf rotem Grund an der Mitra, dem Pluviale u. den Handschuhen des Bischofs, Blau im Futter. Es fehlt der Bischofsstab in der Linken. — Erworben 1910. Geschenk des Herrn S. Drey in München.

Eichstätt, Werkstatt oder Nachfolger des Loy Hering, um 1530. Bruhns bei Thieme-Becker (Künstlerlexikon XVI 469) hat das Werk dem Loy Hering selbst gegeben; doch weisen die Einzelheiten auf eine andere, temperamentvollere Künstlerpersönlichkeit. Die Werke L. Herings in dem Buch von F. Mader, München 1903.

f) Oberbayern und Niederbayern

8346. Hl. Sebastian. Auf gerundetem, unregelmäßigen Terrainausschnitt steht der Heilige, das rechte Bein als Standbein abgespreizt, das linke rechtwinklig dazu vorgesetzt, wobei der Fuß nur mit dem Ballen auftritt. Mit dem Handgelenk des hochgezogenen rechten Armes ist er an einen Baum gefesselt. Langes Haupthaar, das mit gedrehten Lockenendigungen das Gesicht umrahmt. Schmaler Schädel und kleiner Mund, besonders charakteristisch die Einbeziehung der groß geschnittenen Augen in die Schläfenpartie. Um den nackten Körper, der eine Reihe von Pfeilwunden aufweist, ist ein großes Tuch als Mantel geworfen, unter dem Hals mit zwei Schließen zusammengehalten. Der linke Arm, dessen Hand ursprünglich den in der Brustwunde steckenden Pfeil umfaßte, hebt den einen Zipfel empor und preßt ihn an den Körper. Von der linken Schulter fällt das Tuch in glattem Fall herunter und staut sich in eckigen Brüchen am Boden.

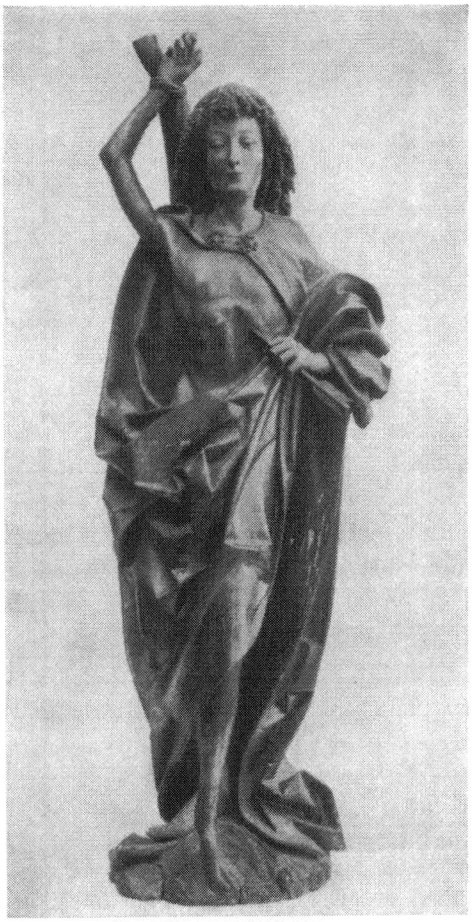

8346

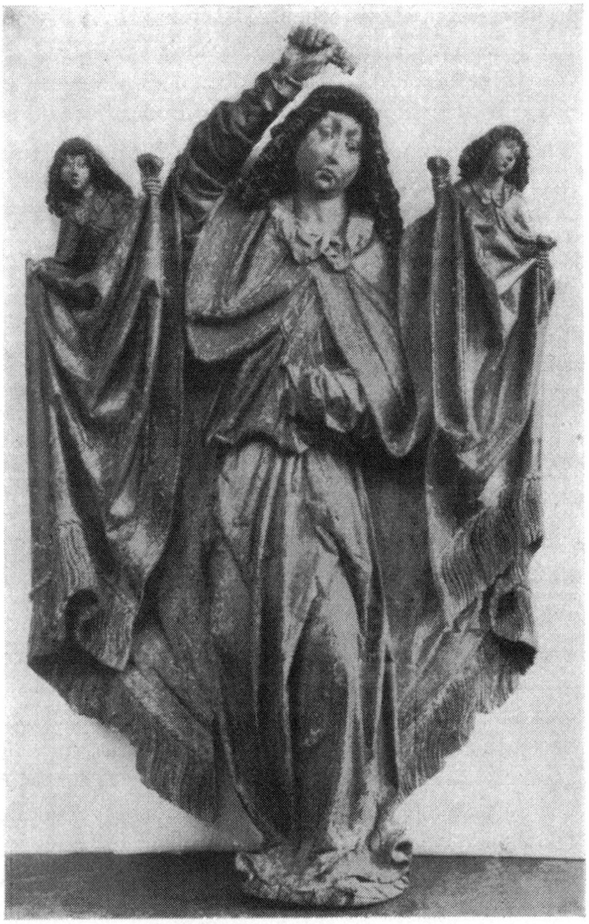

7086

Wandfigur. Lindenholz. H. 155. Rücken ausgehöhlt. Alte Bemalung und Vergoldung mit Erneuerungen: Inkarnat, braune Haare, goldener Mantel mit blauem Futter; Baum und Sockel grün. Im Sockel und im Gewand einige Risse und Beschädigungen. — Erworben 1913 als Geschenk.

Bayrischer Meister um 1480. — Vorstufe zum Stil des Erasmus Grasser. Der sehr selbständige Meister steht vielleicht unter dem Eindruck der Nördlinger Altarfiguren. Vgl. Demmler im Jahrbuch der Preuß. Kunstsammlungen 46 (1925) S. 179. — Früher Sammlung Heß, München.

7086. Hl. Michael. Stehend, in der über den Kopf erhobenen Rechten das Schwert, in der Linken (ursprünglich) die Waage. In frontaler Haltung, Haupt und Blick leicht abwärts gesenkt. Über der in der Hüfte gegürteten Alba trägt er eine über der Brust gekreuzte Stola und ein Pluviale mit breitem Rand, das unten mit langen Fransen besetzt ist. Zwei kleinere Engel, die bis zur Brust sichtbar sind, fassen in Schulterhöhe die Zipfel des Pluviale und halten es empor; sie tragen ebenfalls Alba und Pluviale. Alle drei Figuren mit langem Lockenhaar, das bei Michael einen Kranz trägt. Geschichteter, vorn halbrunder Bodenausschnitt, über den die Gewandfalten sich ausbreiten.

Wandfigur. Lindenholz. H. 170. Br. 120. Die seitlichen Engel mit den betr. Teilen der Draperie je aus besonderem Stück angesetzt. Die Rückseiten aller drei Figuren ausgehöhlt. In der Höhe des linken Knies und des rechten Unterschenkels Michaels sind Teile des Pluviale ausgebrochen. Seine Hände besonders gearbeitet; die linke samt der Waage fehlt jetzt, die Klinge und die Parierstange des Schwertes in der rechten abgebrochen. Die Standfläche bestoßen. — Mit der alten Vergoldung und erneuerter Bemalung. Vergoldet die Alba Michaels und alle drei Pluvialien. Die breiten Säume am blaugefütterten Mantel des Erzengels und die Alben der seitlichen Engel grün (ursprünglich rot oder braun?). — Erworben 1913 in München. Geschenk der Bodestiftung.

Oberbayrisch, Ende 15. Jahrhundert. Von einem Schnitzer, der den Stil des Meisters des Freisinger Hochaltars (vgl. unsere Nr. M. 80 S. 119, namentlich auch in den Engelköpfen), weiter fortgebildet hat. Näher verwandt u. a. ein thronender Gottvater im Bayr. Nat.-Museum zu München, aus Oetz bei Westerham B.-A. Miesbach, den Ph. M. Halm (Erasmus Grasser, Augsburg 1928 S. 45 Taf. 39 f.) als eigenhändige Arbeit Grassers ansieht. Die Ähnlichkeit erstreckt sich bis in die Fransenbordüren der Pluvialien. Auch unsere Gruppe ist vielleicht von Grasser gearbeitet.

8184. Kalvarienberg. Auf treppenartig in zwei Stufen ansteigendem Gelände stehen oben die drei Kreuze, Christus erhöht in der Mitte, die beiden Schächer an die Kreuze gebunden. Unter dem linken Schächer eine Gruppe von fünf Reitern mit Longinus, der den Lanzenstich ausführt; rechts auf gleicher Höhe wiederum fünf Reiter, die den Hügel nach vorn hinabreiten. Auf der untersten Stufe ganz links Veronika, dahinter zwei Frauen, rechts davon Maria, ohnmächtig zwischen einer Frau und Johannes niedersinkend. In der Mitte zwei raufende Krieger. Rechts der Hauptmann mit vier Kriegern, stehend. Zu beiden Seiten der Schächer die Halbfiguren der Propheten Sacharia und Maleachi mit Spruchbändern. Den oberen Abschluß bilden drei Baldachine, unter denen je ein Paar gefiederter Engel, diedie Enden von drei Spruchbändern halten, eingestellt sind.

Hochrelief mit einzelnen freiplastisch gearbeiteten Figuren. Zirbelholz. H. 143, Br. 79. Aus einem Stück, abgesehen von den beiden raufenden Kriegern, dem Reiter ganz rechts, dem Reiter mit den gepufften Ärmeln unter dem Kreuz Christi und den drei Kreuzen. Vorzügliche alte Bemalung und Vergoldung mit geringen Erneuerungen: Körper der Schächer braun, die Gewänder der Propheten, die Mäntel der Frauen und die Rüstungen der Krieger vergoldet, rote und blaue Untergewänder, die Hosen der raufenden Krieger rot und weiß und blau und weiß gestreift. Die Schreinrückwand und die drei Kreuze modern ergänzt, ebenso das untere Ende der Lanze. Auf der oberen Geländestufe fehlt ganz rechts ein Reiter; ferner fehlen die aus besonderem Stück gearbeitete rechte Hand des Hauptmanns, die linke Hand der Maria, die rechte Hand des Reiters mit der Kapuze auf dem Schimmel zwischen den Kreuzen Jesu und des Schächers rechts von ihm. Abgebrochen sind vier Finger der linken Hand des Reiters vor Longinus, einige Fingerspitzen der linken Hand Christi, die zwei Dolche in den Händen der raufenden Krieger, die Zügel von fünf Pferden und mehrere Pferdeohren. Einzelne kleine Beschädigungen an den Spruchbändern der Engel und Propheten. Auf dem Mantelsaum des Johannes die Inschrift: .... RNOE (?) VALDE HONORANDUS EST BEATUS JOHANNES QUI SUPRA ... — Erworben 1918. Sammlung J. Simon.

Erasmus Grasser und seine Werkstatt. Um 1490. — Aus dem Fuggerhaus in Schwaz (Tirol) stammend. Vgl. Katalog der Münchener Renaissance-Ausstellung von 1901, Nr. 188 und Katalog der Ausstellung des K. F. M.-Vereins 1906, Nr. 172. Von Halm, Erasmus Grasser, S. 66, Taf. 56) als Arbeit aus der Werkstatt Grassers, vielleicht unter eigener Beteiligung des Meisters selbst bezeichnet. Die hohe Qualität der Einzelheiten und die trefflich ausgeführte Bemalung machen es wahrscheinlich, daß der Meister an dem von der Familie Fugger bestellten Werk sich selbst beteiligt hat. — Die Gruppe der Kriegsknechte in der Ecke unten rechts nach Schongauer B. 22, vgl. Halm a. a. O.

2021. 2022. Zwei Halbfiguren aus dem Chorgestühl der Münchener Frauenkirche.

2021. König (Salomon oder David) (Vöge 238). Halbfigur, mit Krone, Szepter und Reichsapfel, das bartlose Lockenhaupt nach links wendend. Der Mantel mit halbweiten Ärmeln und Pelzkragen.

Hochrelief. Eichenholz. H. 49, Br. 46. Ergänzt die rechte Hand mit dem Szepter und das Kreuz auf der Kugel; einige Zacken der Krone geflickt. — Erworben 1893 in München. Geschenk des Herrn Valentin Weisbach in Berlin.

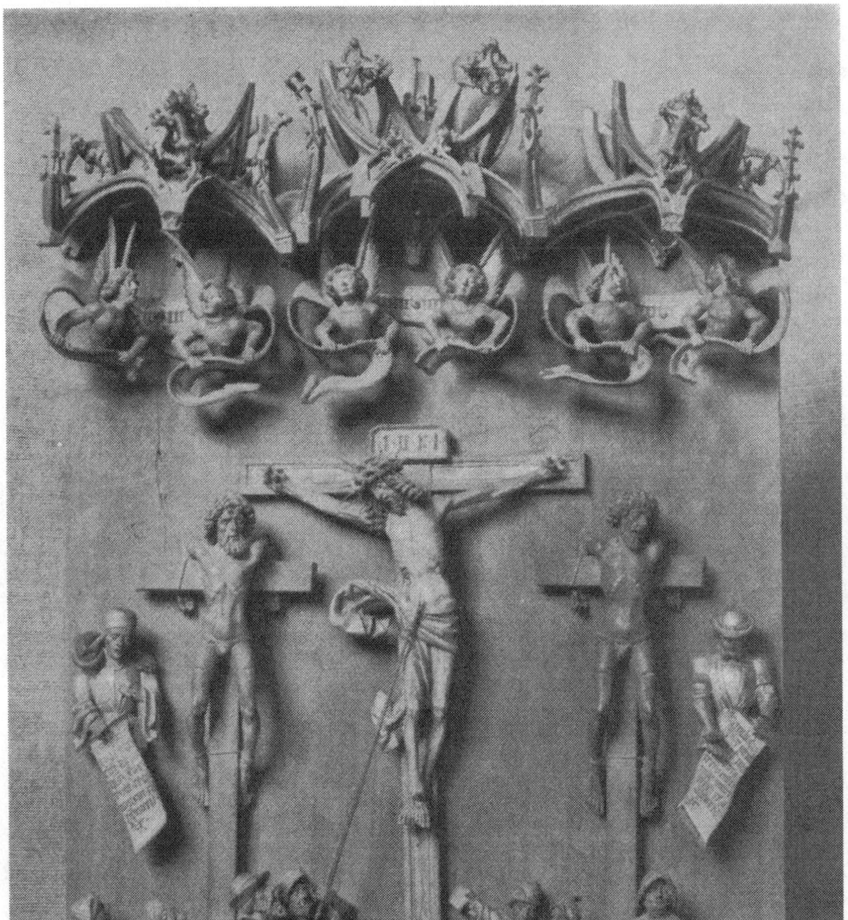

8184

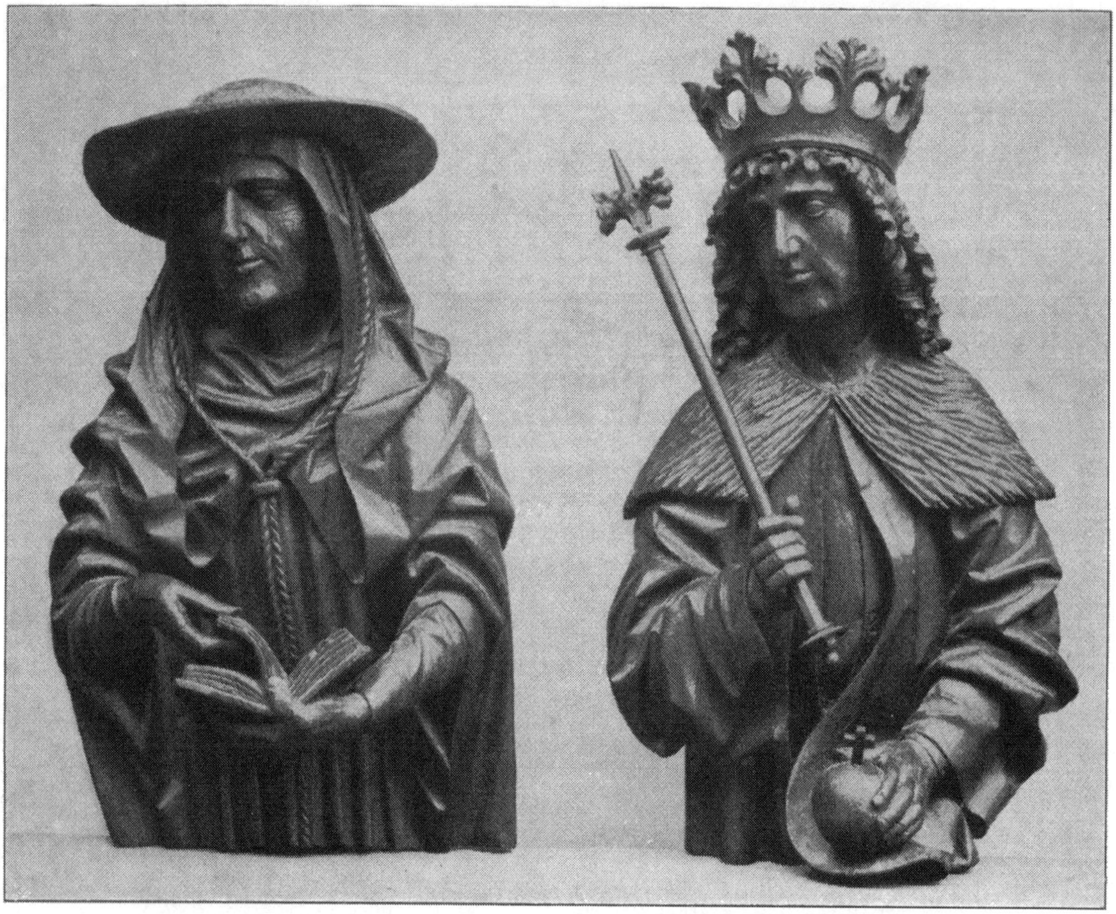

2021 S. 240 2022

2022. Hl. Hieronymus (Vöge 237). Halbfigur, mit der Rechten in einem Buche blätternd. Das Haupt bedeckt die Kapuze seiner Kutte und der Kardinalshut.

Hochrelief. Eichenholz. H. 74, Br. 46,5. Einzelne Teile der Schnüre aus besonderen Stücken aufgenagelt. Am rechten Handgelenk ein Streifen eingelegt. — Erworben wie 2021.

Werkstatt Erasmus Grassers. München um 1500—1512. — Von der Rückwand des Chorgestühls der Münchener Frauenkirche, die mit Halbfiguren von Aposteln, Propheten und Kirchenvätern geschmückt ist. Von ihnen sind 28 noch am Ort, 7 jetzt im Bayr. Nat.-Museum und auf Burg Kreuzenstein; vgl. Kunstdenkmale des Königreiches Bayern, I, S. 967. Halm, Erasmus Grasser (1928), S. 56 ff. Taf. 45—55, zählt unsere beiden Stücke mit Recht zu den nicht eigenhändigen Werkstattarbeiten. Abb. auch bei Burger-Feulner, Erasmus Grasser, Meisterwerke der Plastik Bayerns Bd. II.

5875—77. Drei Teile aus einem Kreuzigungs-Altar. Erste Gruppe: vorn die niedersinkende Maria, von Johannes gehalten, dahinter eine Frau, die über dem Kopf die Hände ringt, rechts daneben die lange Gestalt einer Frau, die nach rechts zum Kreuz aufblickt und in ihrer Linken das Tränentuch hält. Zweite Gruppe: Veronika mit dem Schweißtuch nach links gewendet, rechts neben ihr Magdalena, vom Rücken gesehen, mit gerungenen Händen und nach oben gewendetem Kopf, dahinter zwei Reiter, offenbar Longinus und sein Helfer. Dritte Gruppe: fünf Reiter, von denen zwei durch ihre Tracht als Krieger gekennzeichnet sind.

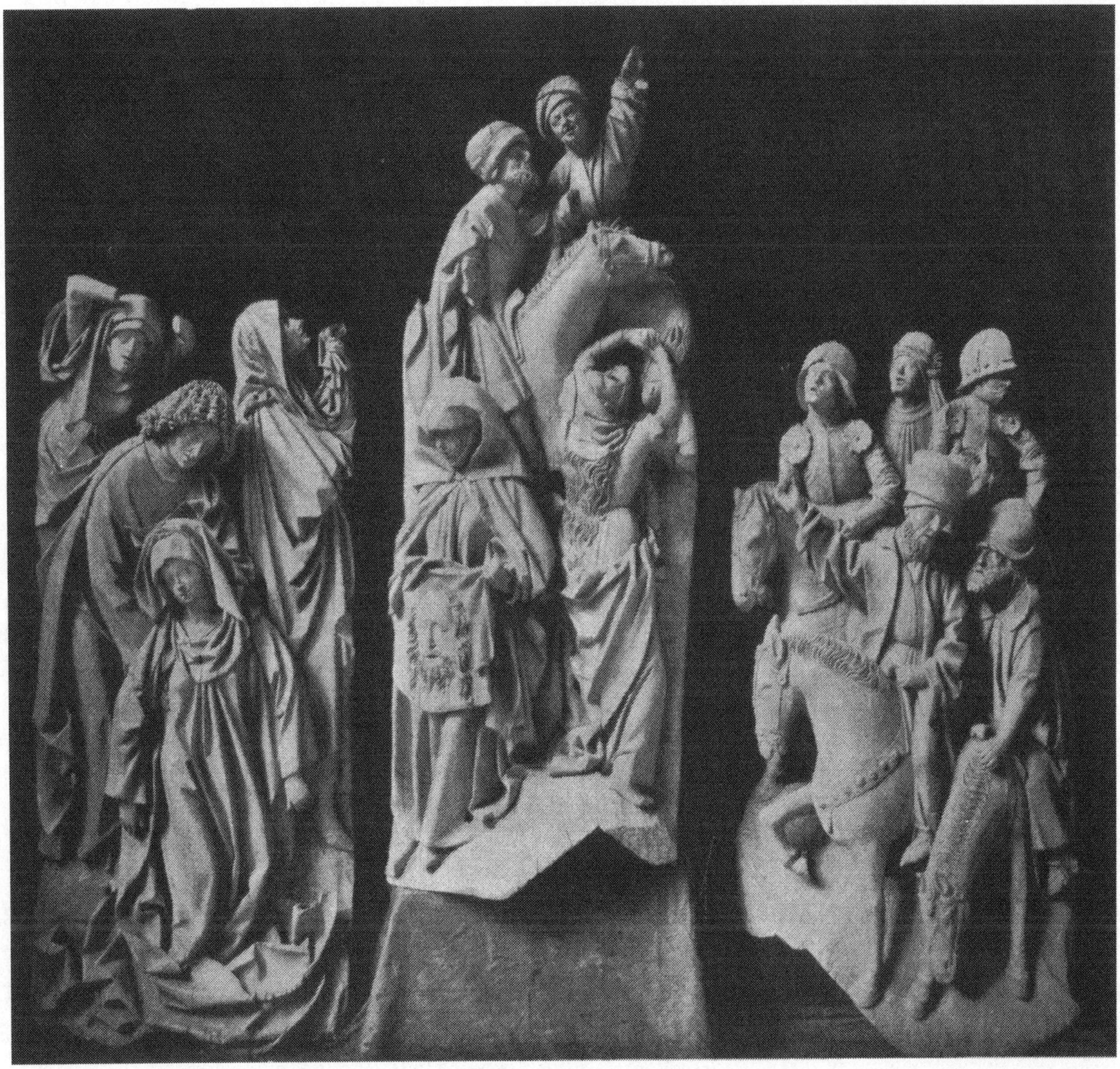

5875—77

Hochrelief mit rundplastischen Teilen. Lindenholz, abgelaugt. Jede Gruppe aus einem Stück gearbeitet.

Erste Gruppe: H. 121, Br. 52. — Unterer Rand verwurmt und ausgebrochen, ebenso Stücke des am Boden aufliegenden Gewandes. Teile der Finger der linken Hand der Maria sowie die Unterarme und Hände der linken rückwärtigen Frau fehlen.

Zweite Gruppe: H. 130, Br. 47. Der Grund am Gewand der Veronika ist links unten durchgebrochen; lange Risse des Reliefgrundes zwischen den beiden Frauen. Es fehlen beide Hände und der Oberarm des vorderen Reiters sowie die Finger der linken Hand des rückwärtigen Reiters. Die Nase des vorderen Reiters abgestoßen; starke Beschädigungen durch Risse bei Magdalena.

Dritte Gruppe: H. 116, Br. 54. Unter dem Leib des mittleren Pferdes zwischen den beiden vorderen Reitern ist der Reliefgrund zum Teil ausgebrochen. Es fehlen die Fingerspitzen der rechten Hand des mittleren und der Daumen der rechten Hand des vorderen Reiters sowie die Zügel an allen Pferden. Beschädigungen am Rande des Hutes des vorderen Reiters und am Helmrand des Kriegers oben links. Ausgebrochen ein Stück zwischen dem mittleren Reiter und dem Soldaten rechts in der oberen Zone. — Erworben 1910 in München.

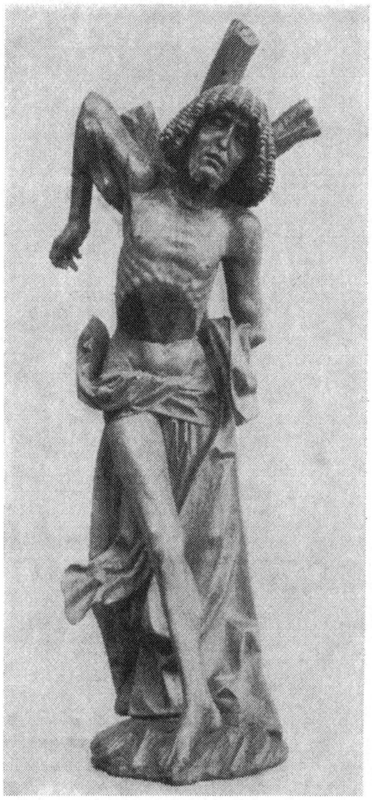

7656

Oberbayrischer Meister, dem Erasmus Grasser nahestehend, um 1480. Die drei Gruppen müssen zu einem Altar gehört haben, der in der Art niederländischer und niederrheinischer Vorbilder aufgebaut war, und viele Einzelgruppen zu einem Gesamtbild des Kalvarienbergs vereinigte. Solche Altäre kommen in Süddeutschland vor; vor allem in Schwäbisch-Hall und Umgebung besteht eine, allerdings ältere, Schule, deren Erzeugnisse Baum in der Einleitung zum Stuttgarter Katalog von 1917, S. 38 ff. abgebildet und besprochen hat. Halm weist bei der Besprechung unserers Stückes in seinem Buch »Erasmus Grasser« auf eine weitere Analogie, den aus München stammenden Passionsaltar in der Wiener Votivkirche hin (a. a. O. S. 68). Unsere Fragmente wären nach Halm so zu verteilen, daß die Veronikagruppe links zur Seite stand, als Teil einer Kreuztragung, (womit die Gebärde der zum Kreuz empor Klagenden Frau schwer zu vereinigen ist), die beiden andern im (überhöhten?) Mittelteil. Die Art, wie die Terrainstücke ausgeschnitten sind (s. Abb.) scheint eher darauf zu deuten, daß die Magdalena dem Kreuz benachbart war.

7656. Sebastian. Mit starker Überkreuzung der Beine vor einem Baumstamm stehend. Der rechte Arm legt in einer Astgabel, die linke Hand verschwindet hinter dem Körper. Lendentuch mit wehenden Zipfeln. Der Mantel verdeckt den unteren Teil des Stammes und das linke Bein. Mit einer Anzahl Pfeilwunden. Runder felsiger Bodenausschnitt.

Wandfigur. Lindenholz. H. 155. Rückseite ausgehöhlt. Die Pfeile fehlen. — Abgelaugt. — Erworben 1914 in Mainz.

Oberbayrisch (?) um 1480. Die Statue ist den Arbeiten des Erasmus Grasser verwandt, (vgl. an Einzelheiten z. B. das Motiv der rechten Hand mit dem des Johannes in Ilmmünster, Abb. bei Halm, Erasmus Grasser, Tafel 28, für den Mund den Pippinger Johannes, ebenda Tafel 29), doch scheint mir der Ausdruck und auch der Gesamtkontur auf eine andere, kraftvolle, Künstlerindividualität hinzuweisen. Daß der Schnitzer der Ulmer Schule angehörte, wie ich früher vorgeschlagen habe, ist mir zweifelhaft geworden. Vgl. »Kunst für alle« 37 (1921) S. 186 und 190.

3101. Vespergruppe (Vöge 243). Maria, in Kopfschleier und breit niederwallendem Mantel über eng anliegendem Kleid, sitzt, etwas nach links gewendet, auf einer schlichten Bank, den mit einem Schurz versehenen Leichnam Christi auf dem Schoße. Sie stützt sein Haupt mit der Rechten, seinen linken Arm mit der Linken; sein rechter Arm fällt fast senkrecht herab. Die Fußplatte ist unregelmäßig abgeschrägt.

Wandgruppe. Lindenholz, braun gebeizt. H. 89,5. Br. 77. Christi Unterschenkel sind aus besonderem Stück und mit großen Holzpflöcken an den Knien befestigt. Die Dornen der Kronen einzeln eingesetzt. Christi Nasenspitze und rechter Daumen ergänzt. Beschädigungen an der Krone; einige größere Risse sind durch Holzstreifen ausgefüllt. — Erworben 1908 in München. Aus der Sammlung Heß in München.

Bayrischer Meister vom Anfang des 16. Jahrhunderts. — Aus der Gegend von Tegernsee. — Im Entwurf der dem Erasmus Grasser zugeschriebenen Pietà des Bayr. Nat.-Museums eng verwandt, doch von anderer Hand, nach Halm »etwa 10—15 Jahre später entstanden, größer gesehen, von monumentaler Gesinnung getragen«. (Erasmus Grasser S. 40; Abb. beider Stücke Tafel 32). In der Tat zeigt ein Vergleich beider Werke nicht nur den Wandel der künstlerischen Gesinnung, sondern eine spezifisch andere Künstlerpersönlichkeit. Vgl. Burger, Zeitschrift für bildende Kunst 1907, S. 58. Habich, Münchener Jahrbuch für bildende Kunst I (1907) S. 87 f.

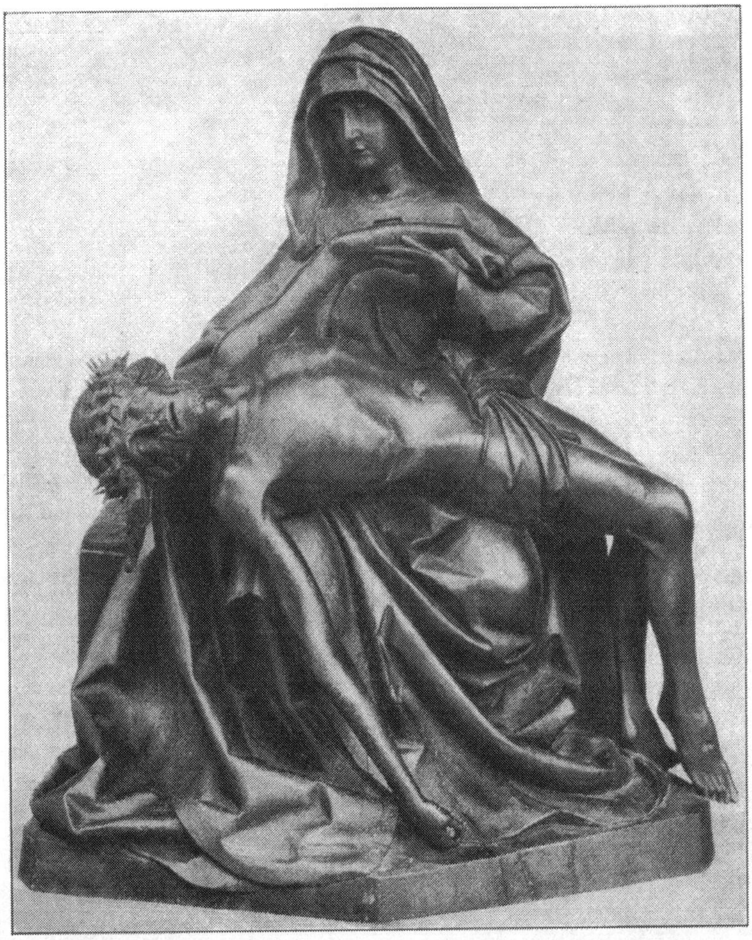

3101

7042. König. Mit abgespreiztem rechtem Spiel- und linkem Standbein auf einer Bodenplatte mit Terrainandeutung stehend. In seiner Rechten hält er das jetzt abgebrochene Szepter, in der Linken den Apfel. Auf dem langen Lockenhaar eine Zackenkrone. Er ist bekleidet mit einem in langen Röhrenfalten herabfallenden pelzbesäumten Gewand, über dem ein stoffreicher und mit einem breiten Ornamentsaum besetzter Mantel liegt, der über der Brust durch ein Band zusammengehalten wird. Der kleine Finger der linken Hand des Königs zieht den Saum des Mantels empor. An den Füßen spitze Tuchschuhe. Abb. S. 246.

Wandstatue. Lindenholz. H. 136. Rücken z. T. bearbeitet und ausgehöhlt. Bedeutende Reste alter Fassung: Mantel und Untergewand rot, Pelzbesäumung weiß, Mantelsaum mit aufgelegtem Palmettenmuster: rot auf goldenem Grund. Das Szepter und die Zacken der Krone abgebrochen, die Haare beiderseits beschädigt; auf dem Apfel fehlt das Kreuz. — Erworben 1913 in München.

Oberbayrischer Meister um 1500. Aus St. Quirin bei Tegernsee. Die früher versuchte Zuschreibung an Erasmus Grasser läßt sich nicht halten. Sowohl die untersetzte Gestalt, wie das kraftvoll breite Standmotiv und die kontrastreiche, wirkungsvolle Anordnung des Gewandes weisen auf einen Plastiker von ausgeprägter Eigenart. Weitere Arbeiten seiner Hand sind noch nicht nachzuweisen.

5866. Heimsuchung. Maria und Elisabeth stehen, sich begrüßend, einander gegenüber, beide in langem Gewand und Mantel, Maria mit einem Reifen in dem offen herabfallenden Haar, Elisabeth mit Kopfhaube und Kinntuch. Am Boden Terrainandeutung.

Flachrelief. Lindenholz. H. 98, Br. 63. Aus zwei aneinander gefügten Stücken. Mit Resten alter Bemalung und erneuerter Vergoldung. Ergänzt der linke Daumen der Elisabeth. Zwischen den Köpfen der Grund ausgebrochen und wieder eingesetzt. Rechts und links am Rande ist der Grund gerissen und z. T. ausgebrochen. — Erworben 1909 als Geschenk.

Münchner Schule um 1500. — Von Paul Kautzsch in den »Amtl. Berichten« 32 (1910) 26 ff mit Unrecht für mittelrheinisch (mit Anklängen an Würzburgisches) gehalten; eng verwandt den vier Flügelreliefs aus der Schloßkapelle in Grünwald bei München, jetzt im Bayr. Nat.-Museum, Katalog VI (1896) 599—602; jedoch von anderer, geringerer Hand. Flügelrelief eines Altars. Die Grünwalder Reliefs gibt Ph. M. Halm neuerdings dem Meister des Bötschner-Grabsteins in der Peterskirche in München, einem dem Erasmus Grasser nahestehenden Bildhauer. (Ph. M. Halm, Erasmus Grasser, S. 71).

379. Hl. Laurentius (Vöge 236). Stehend, mürrisch vor sich hin sehend, mit der Linken, die ein Buch hält, die Dalmatika emporschiebend, in der Rechten den Rost.

Statue. Lindenholz, abgelaugt. H. 100 (ohne die moderne Basis). Die Rückseite ist aus besonderem Stück gearbeitet. Die rechte Hand mit dem Rost, die linke Schulter und einiges an den Gewandsäumen ergänzt. — Erworben 1855 in München.

Münchener Meister vom Ende des 15. Jahrhunderts. — Nach Schongauers Stich B. 56. Aus

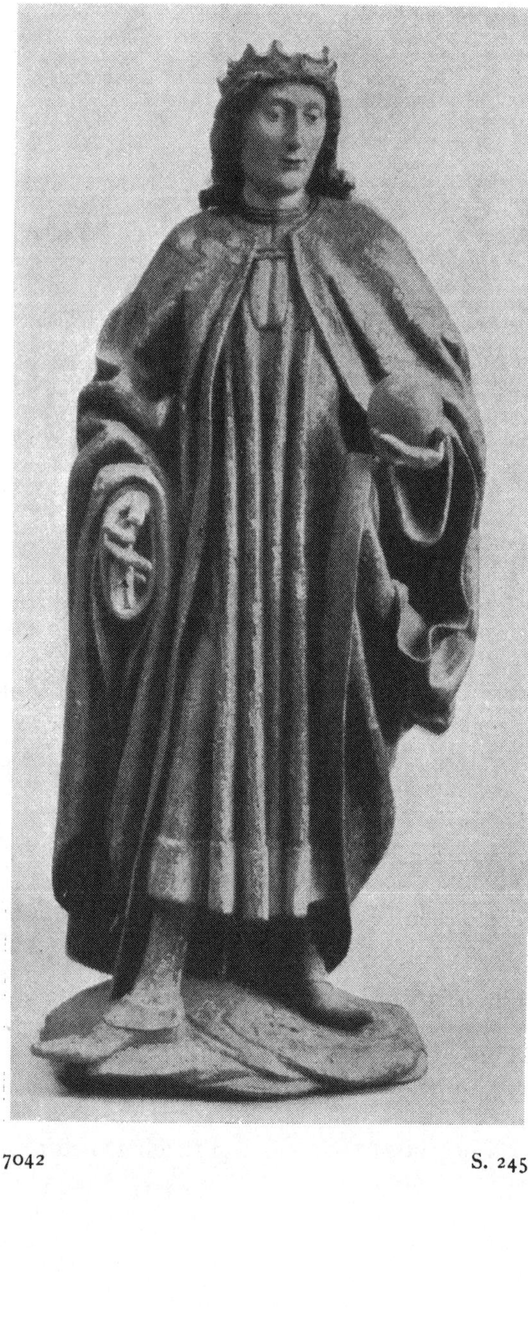

7042 S. 245

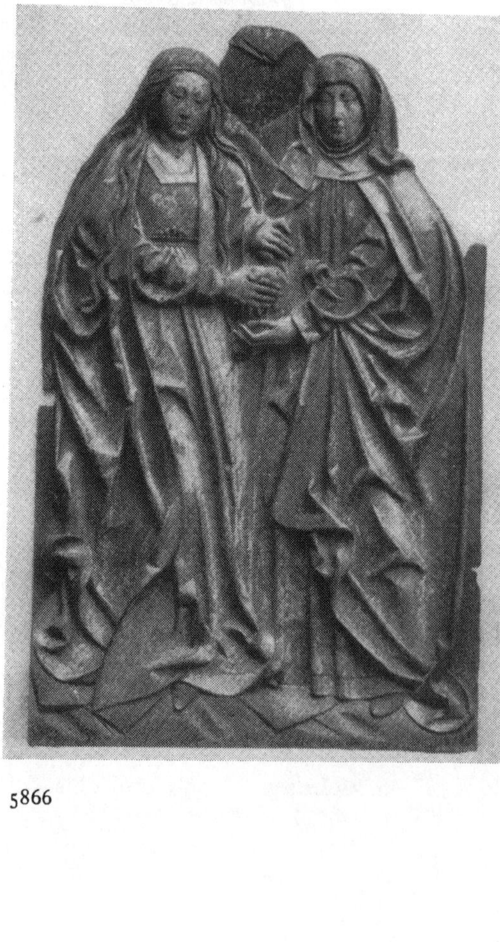

5866

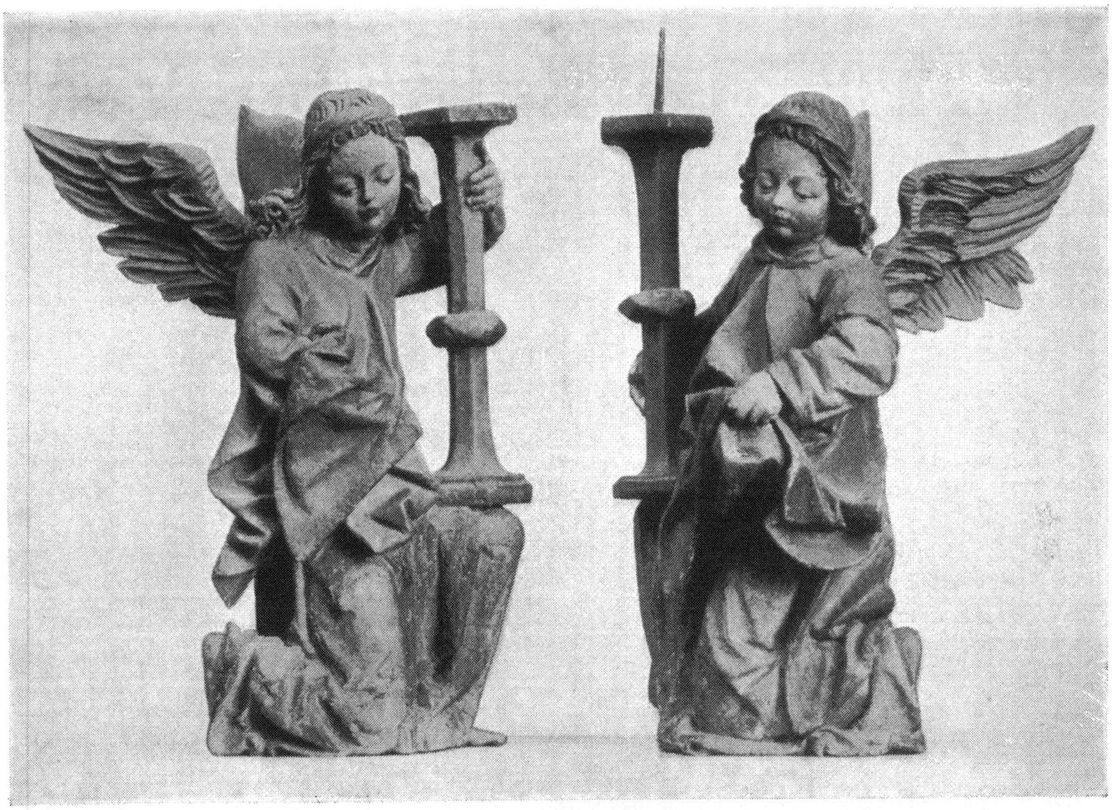

7823. 7824

der Schloßkapelle zu Grünwald bei München; sehr verwandt den vier Reliefs gleicher Herkunft im Bayr. National-Museum, die Halm dem Meister des Bötschner-Grabsteins in S. Peter in München zugeschrieben hat: Halm, Erasmus Grasser (1928) S. 71 f. Tafel 60. 61. Bayr. Nat.-Museum, Katalog von 1896, Nr. 599—602.

7823. 7824. Zwei Leuchterengel, einander zugewendet und schräg abwärts blickend. Sie halten auf den aufgesetzten Knien je einen großen Leuchter und fassen mit der anderen Hand in die Dalmatika. Im Haar tragen beide einen geflochtenen Reif.

Freifiguren. Nadelholz. H. 35. B. 17. Spätere Bemalung: rote Dalmatika mit blauem Futter, grünlich-weißes Untergewand. Reste der ursprünglichen Bemalung: Grün am Futter, Gold am Sockel der rechten Figur. Ergänzt bei 7823 Engel der linke Flügel, bei 7824 der linke Fuß und der rechte Flügel, die linke Hand alt angestückt. — Erworben 1917. — Geschenk der Frau Geheimrat v. Kaufmann, Berlin.

Bayrisch, Ende 15. Jahrhundert. — Versteigerungskatalog der Sammlung v. Kaufmann Bd. III, Nr. 319.

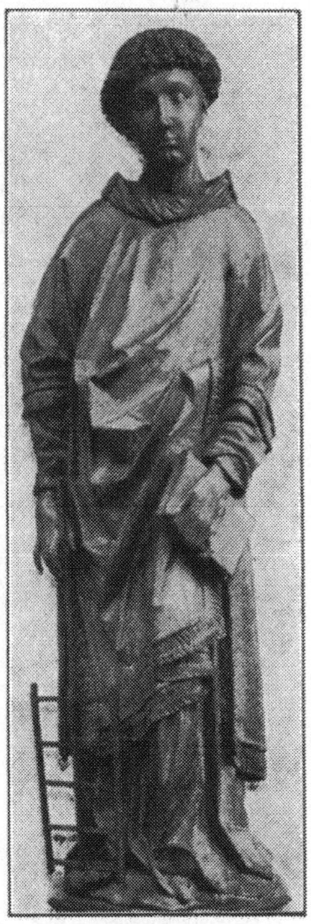

379

8110. Jacobus. — Nach vorn schreitend. Er trägt ein gegürtetes Gewand und einen am Hals geschlossenen Umhang als Mantel, darüber geschnallt einen Ranzen auf dem Rücken. Auf dem Haupt ein Pilgerhut mit breitem Rand, an den Füßen Schuhe mit drei Riemenschnallen. Die in

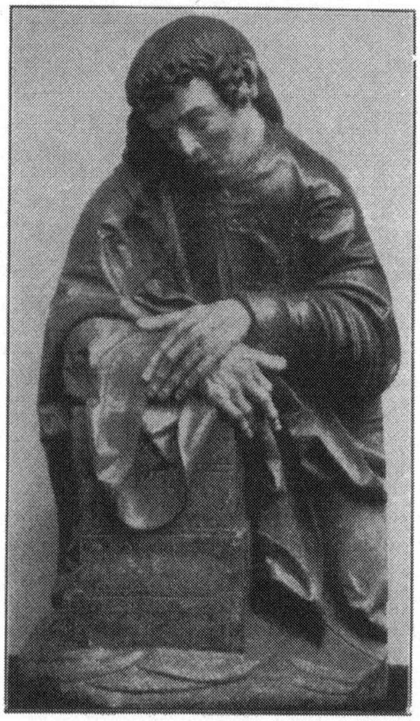

3025

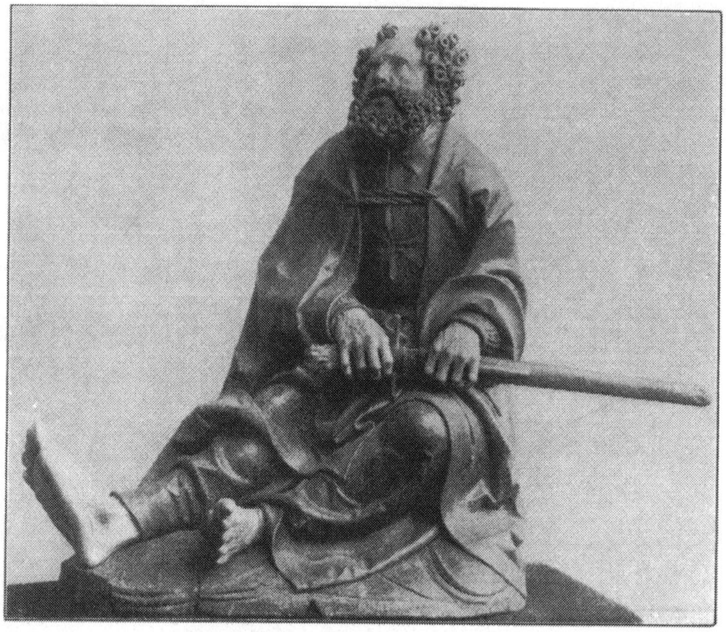

3025

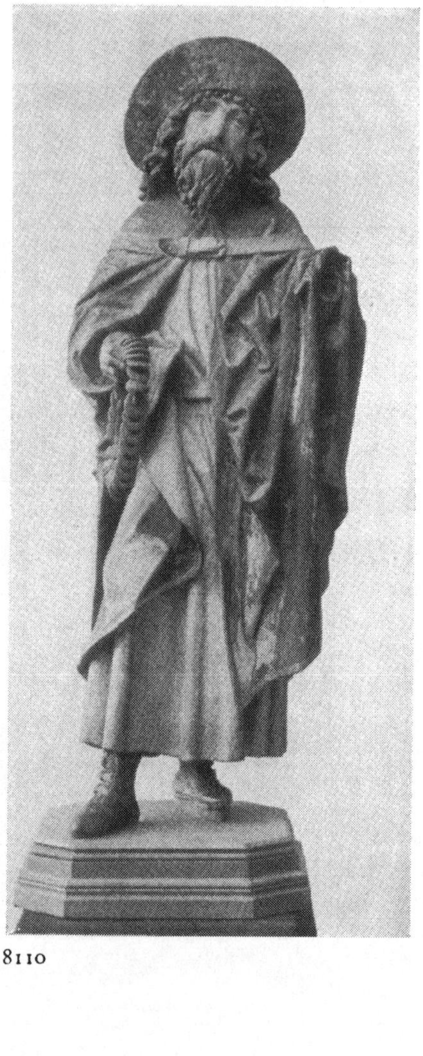

8110

Hüfthöhe erhobene Rechte hält einen Rosenkranz; die Linke, in Brusthöhe, führte den Pilgerstab.

Statue. Zirbelholz. H. 97. Vollrund. Innen hohl. Rückseite durch ein eingesetztes Stück wieder geschlossen. Die Füße sind für sich gearbeitet; sie reichen bis wenig oberhalb der Schuhe und sind mit Dübeln an die Innenseite des Gewandes angefügt. — Linke Hand und Standfläche fehlen. Rechte Fußspitze ergänzt. — Alte, doch wohl nicht ursprüngliche Bemalung: weißliches Gewand, manganfarbiger Mantel; schwarzer Hut, auf dessen Krempe links eine sitzende Madonna, rechts ein Papstkreuz in roter Farbe aufgemalt ist. Rosenkranz grau; Schuhe, Ranzen, Riemen schwarz mit abgeriebenen Stellen. Reste neuerer Farbe besonders am Mantelfutter. — Erworben 1918. Sammlung J. Simon.

Chiemgauer Meister um 1500. — Eng verwandt den Werken des sog. Meisters von Rabenden (s. unten 3025). Nicht nur technische Einzelheiten erinnern an ihn, so das Einsetzen der Füße in die ausgehöhlte Figur, sondern auch der Typus des Dargestellten, die Umrahmung des Gesichtes durch Lockenhaar und Hutkrempe: vgl. besonders die Abb. 46. 53 ff. bei Halm, Studien zur süddeutschen Plastik Band II (1927) S. 42 ff. Der Gewandstil jedoch mit den spitzwinkligen Falten (in sehr individueller Prägung) verrät eine etwas frühere Entstehung als die bisher bekannten Arbeiten des Meisters. Ob unsere Figur ein Jugendwerk von ihm ist, läßt sich erst entscheiden, wenn die Plastik der Inn- und Salzachgegend noch mehr erschlossen ist.

3025. Ölberggruppe (Vöge 244—247). Christus: auf länglichem Rasenstück kniet er mit gefalteten Händen nach

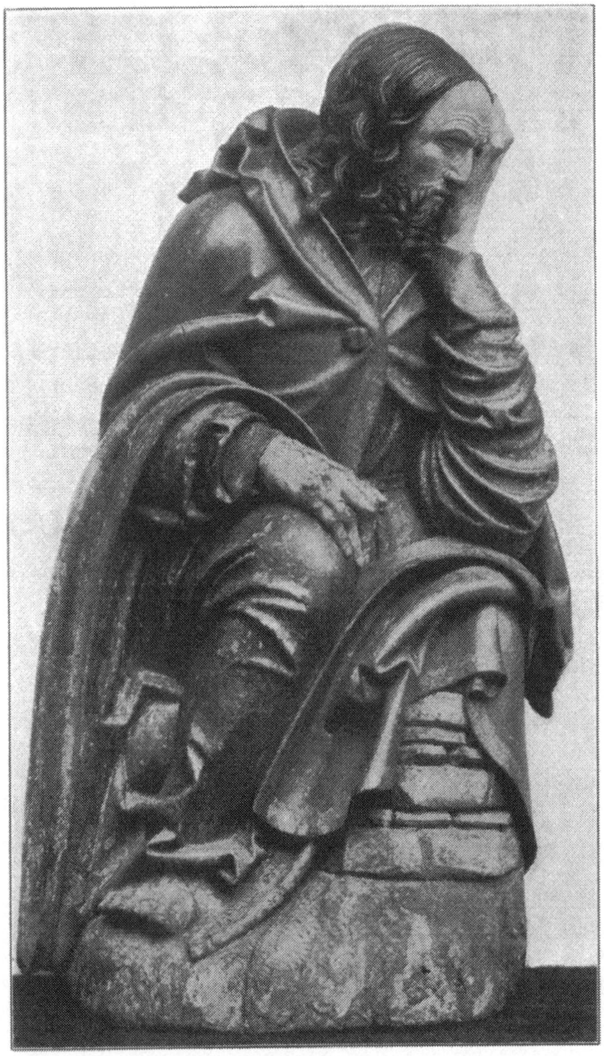

3025

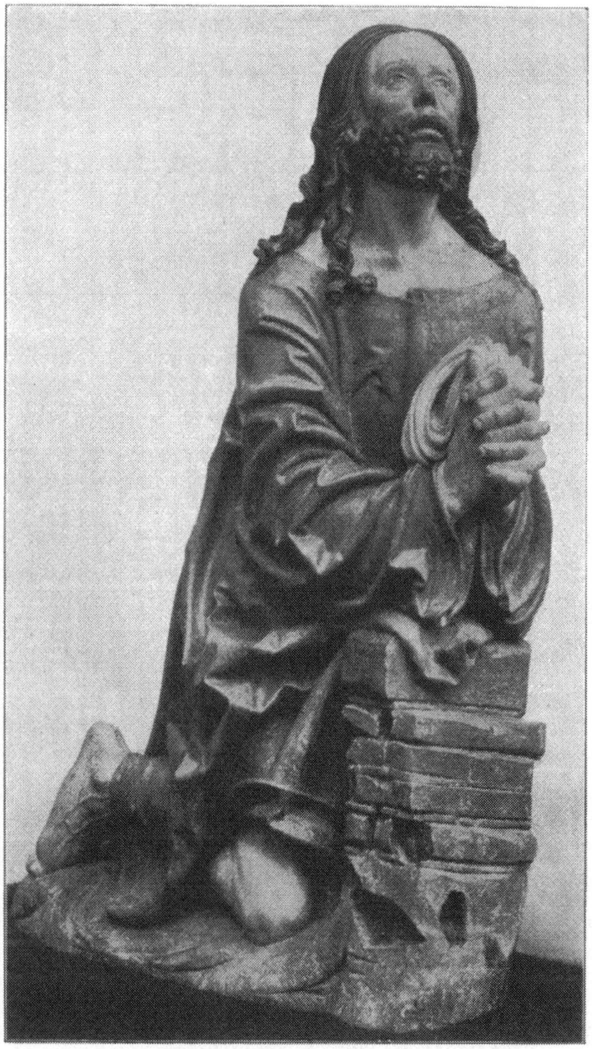

3025

rechts gewendet vor einem Felsstück, das ihm als Stütze dient. Das Antlitz ist mit geöffneten Lippen nach oben gerichtet. Er trägt einen den Hals frei lassenden Rock mit weiten Ärmeln; rechtes Knie und rechter Fuß bleibt unbedeckt. In den gefalteten Händen ein Tuch. — Apostel Petrus: am Boden sitzend, im Begriff, das Schwert zu ziehen, blickt er zornig nach oben. Über einem vorn mit zwei Knöpfen geschlossenen Rock, der über den Hüften durch einen Riemen mit Schnalle gegürtet ist, trägt er einen Mantel, der über der Brust mit einer Schnur zusammengehalten wird. Die Füße unbekleidet. Der Griff des Schwertes ist mit einem Löwenkopf verziert. — Apostel Jakobus: den Kopf in die linke Hand gestützt sitzt er schlafend am Boden; den linken Ellbogen stützt er auf einen Felsen rechts. Seine Rechte liegt auf dem rechten Knie. Über einem vorn zugeknöpften Rock mit langen Ärmeln liegt ein Mantel, der über der Brust mit einem Knopf zusammengehalten wird. Der eine sichtbare Fuß ist unbekleidet. Das Felsstück rechts wird teilweise von dem Mantel bedeckt. — Apostel Johannes: jugendlich, mit langem Lockenhaar halb aufgerichtet, über einen kleinen Steinpfeiler geneigt, schlafend. Über einem mit zwei Knöpfen geschlossenen Rock mit langen Ärmeln trägt er einen auf der rechten Schulter liegenden

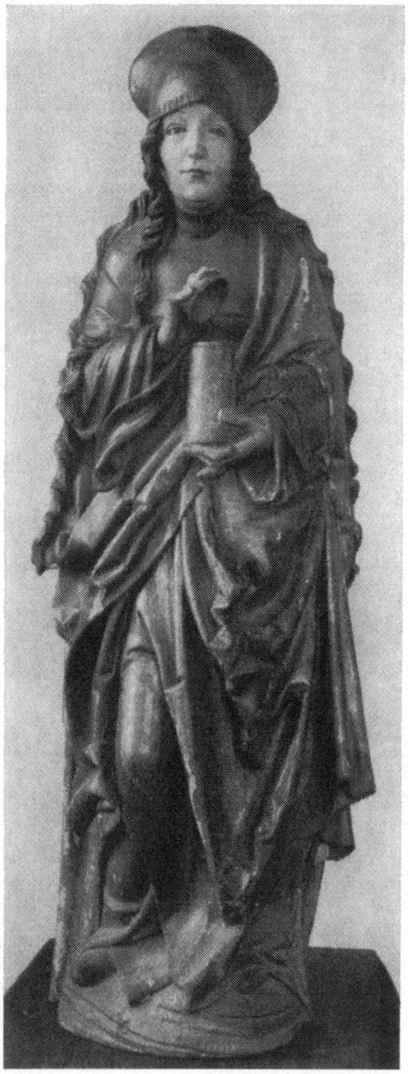

8371

Mantel, dessen rechte Hälfte von der Schulter herabgeglitten ist und sich unter dem linken Arm hinzieht.

Wandgruppe. Lindenholz. H. 110 (Christus), 110 (Petrus), 103 (Jakobus), 91 (Johannes). Rückseiten hohl. Jede der vier Figuren für sich gearbeitet. Alle außer Jacobus, aus mehreren Stücken zusammengesetzt. Alte Bemalung, teilweise etwas abgeblättert: Christi Mantel grau, Petri Mantel rot, sein Gewand grün, Mantel des Jakobus rot mit grünem Futter, sein Rock violett, des Johannes Mantel grün mit rotem Futter, sein Rock ebenfalls grün. Die Gewand- und Mantelsäume gold, großenteils abgeblättert. Einige Zehen Petri waren abgebrochen, das eine Ende der Parierstange an seinem Schwert und einige seiner Locken ausgebrochen. Die aus besonderen Stücken gearbeiteten Unterschenkel des Johannes fehlen. — Erworben 1906 in Frankfurt a. M.

Meister von Rabenden, um 1510. — Aus der Sammlung von Savigny. Hauptwerk des Chiemgauer Meisters, nach Halm zeitlich dem Hochalter der Kirche von Rabenden, B. A. Traunstein, unmittelbar vorangehend. Zuschreibung durch Ph. M. Halm, zuerst im Jahrbuch der Preuß. Kunstsammlungen 32 (1911) S. 59 ff; wieder abgedruckt in Halms Studien zur süddeutschen Plastik Bd. II (1927) S. 46 ff; vgl. A. Feulner, Die deutsche Plastik des 16. Jahrhunderts (1926) S. 61.

8371. Magdalena. Die Heilige steht in ruhiger Haltung auf einem geschichteten Terrainsockel und hält mit der Linken das Salbgefäß, von dem sie mit der Rechten den Deckel hebt. Auf dem Haupt, von dem das Lockenhaar in einzelnen langen Strähnen über Schultern und Brust herabfällt, trägt sie eine hohe Haube mit gefälteltem unteren Rande, über dem Gewand mit Brusteinsatz und Stehkragen einen weiten Mantel, der am Rücken und von der linken Schulter herabfällt und vorn über den Leib gezogen ist.

Wandstatue. Lindenholz. H. 125. Rückseite hohl. Gut erhaltene alte Bemalung und Vergoldung mit Fehlstellen. Haube schwarz, Gewand dunkelrot mit dunkelblauer Musterung, Mantel vergoldet mit dunkelrotem Futter und breitem Saum. — Erworben 1925. Geschenk der Herren Duveen Brothers, New York, zu Wilhelm von Bodes 80. Geburtstag.

Oberbayrisch (Inngebiet) Anfang 16. Jahrhunderts. Früher in der Sammlung O. Hainauer, Berlin. — Vgl. Halm, Studien zur süddeutschen Plastik II, S. 93, Abb. 92. — Th. Demmler, Amtl. Berichte 47 (1926) S. 41. — Deutsche und niederländische Holzbildwerke im Berliner Privatbesitz (1904) Tafel 40, Nr. 84.

2548. Flügelaltar mit der Anbetung der Könige (Vöge 248). Maria, in Mantel und Kopfschleier, umfaßt mit den Händen das auf ihrem linken Schenkel stehende nackte Kind, das, den Kopf nach vorn wendend, die Ärmchen nach dem Kästchen ausstreckt, das der vor ihm kniende graubärtige Melchior ihm hinhält. Hinter diesem steht der Mohrenkönig, ein Horn in der Rechten, das Barett in der Linken, bekleidet mit einem enganliegenden, gegürteten Obergewand mit Hemdeinsatz und Kragen. Über der Brust eine Kette aus großen Gliedern mit Schmuckstück.

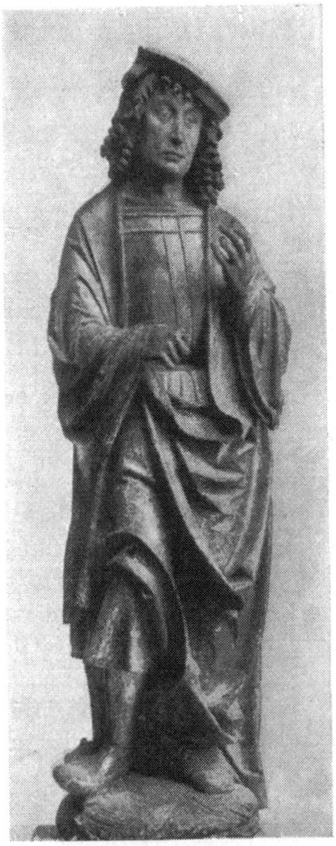

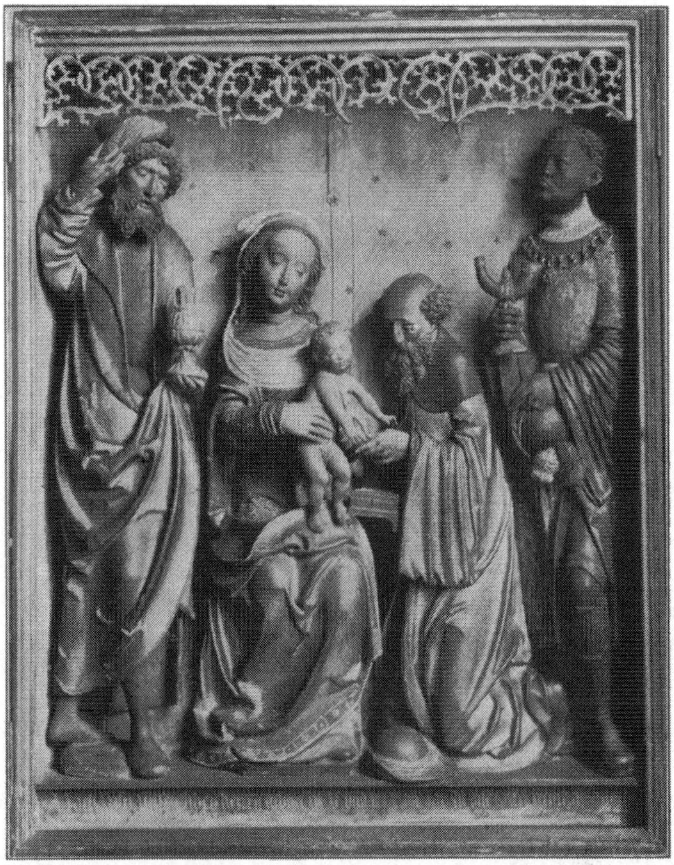

7679 S. 252 2548

Unter dem Obergewand ein langärmliges Kleid, das bis zu den Knien reicht. An den Füßen Holzpantinen mit Lederkappe. Links neben Maria Balthasar, einen Doppelpokal in der Linken, mit der Rechten den Turban lüftend. Er und Melchior in weitem Überrock und Kragen. Der Grund des Schreins mit Sternen aus Metall benagelt, oben durchbrochen gearbeitetes Rankenwerk. Am Sockel in gotischer Minuskel weiß auf blau die Unterschrift: Nach Christi unsers liben herren geburt m° v^c und im XVIIII iar Ist dise taffel gemacht worden.

Auf den gemalten Flügeln: rechts innen Bartholomäus, außen die Geißelung Christi, links innen Andreas, außen Christus am Ölberg. (Auf der modern bemalten Predella Schweißtuch der Veronika auf blauem Grund).

Wandgruppe. Lindenholz. H. (ohne die Staffel) 166,5. Br. (des Schreins) 134. Die Vergoldung (Mäntel, Gerät, das Gerank des Baldachins), Versilberung (Ärmel des Mohren) und Bemalung ist teilweise aufgefrischt; das blaue Gewand der Maria mit aufgelegter Blumenpressung, das Mantelfutter rot über Gold (aus barocker Zeit). Auf dem Mantelsaum der Maria Reste von Holzperlen. Die einzelnen Figuren für sich gearbeitet. Der rechte Arm des Kindes auf Fuge gearbeitet und mit Holzpflöcken befestigt; desgleichen das Horn des Mohren und der Knauf daran aus besonderen Stücken. Ergänzt der linke Arm des Kindes, die Finger der rechten Hand, die der linken des Melchior und dessen Kästchen. Es fehlt die Bekrönung des Pokals; durch das Gesicht des Balthasar ein senkrecht laufender Riß. — Erworben 1900 in München. Geschenk eines Ungenannten.

Oberbayrisch (München) 1519. — Angeblich aus einer Münchener Kirche.

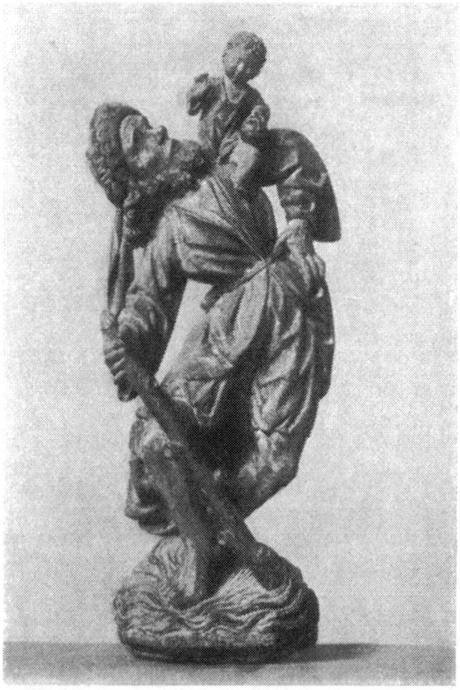

8175

7679. Männlicher Heiliger (Sebastian?). Stehend, das rechte Bein zur Seite gestellt, vor sich hinblickend. Er hielt mit beiden Händen ein Attribut schräg vor der Brust. Über dem Panzer trägt er einen von beiden Schultern herabfallenden, an den Armen geschlitzten Mantel, der vorn herübergezogen ist. Breite ausgeschnittene Schuhe. Das lange, unter einem schräg sitzenden, niederen Barett in gedrehten Locken vortretende Haupthaar fällt auf die Schultern herab. Rundliche Standplatte mit Andeutung des Terrains.

Wandstatue. Lindenholz. H. 139. Rückseite hohl. Die alte Bemalung bei der Befreiung von neuerer Übertünchung teilweise aufgefrischt. Rotes Gewand, goldener Mantel, rotes Futter. Rechte Hand angesetzt, Daumen und Zeigefinger dieser Hand fehlen ganz, ebenso die Fingerspitzen der drei übrigen Finger. Der Mantelsaum rechts unten am rechten Ärmel ausgebrochen. — Erworben 1915 in München. Abb. S. 251.

Oberbayrischer oder Alpenländischer Meister um 1510—20. — Früher Sammlung v. Lanna, vgl. Katalog Bd. I, Nr. 183 Tafel 17; hier hatte die Figur noch die neuere Bemalung. Vgl. den Sebastian des Barbara-Altars in der Knappschaftskapelle zu Gossensaß (Halm, Studien zur süddeutschen Plastik II, Abb. 74); andererseits ein Stück wie die vorangehende Nr. 2548.

8175. Christophorus. In tänzelnder Haltung, den Oberkörper weit nach links gebogen, das langgelockte, bärtige Haupt, das einen Fürstenhut mit hinten herabfallendem Tuch trägt, aufschauend zu dem auf seiner linken Schulter sitzenden bekleideten Christuskind, das seine Rechte segnend erhebt. In der Rechten ein Knotenstock, die Linke in die Hüfte gestützt. Langer mantelartiger Rock, gegürtet und nach hinten zurückwehend, so daß die nackten Beine und die hoch geschürzte Hose sichtbar werden. Auf der achteckigen profilierten Bodenplatte naturalistische Wasserandeutung.

Wandstatue. Zirbelholz. H. 45. Rückseite flach. Alte Bemalung, teilweise aufgefrischt: Inkarnat, Hose blau, Rockfutter und Wasserandeutung grün. Geringe Reste der alten Vergoldung auf blauem und rotem, jetzt vielfach sichtbarem Grund am Rock, Hut und an der Bodenplatte. Ein Stück des wehenden Rockzipfels, zwei Finger der segnenden Hand und eine Zehe am linken Fuß des Kindes sind ergänzt. Die rechte Hand des Heiligen mit dem oberen Stück des Knotenstockes alt angestückt. — Erworben 1918. Sammlung J. Simon.

Bayrischer Meister, Ende 15. Jahrhundert.

M. 14. Krönung Mariae (Vöge 182). Maria kniet in einem eng anliegenden Gewand, dessen Gürtel vorn mit einem großen Ornament besetzt ist und über dem ein weiter Mantel liegt, betend zwischen Gott Vater und Sohn. Diese halten eine Krone über ihr Haupt, die andere Hand auf den Reichsapfel legend. Die steil profilierte Fußplatte springt in flachen Bögen unter den Figuren aus; der Thron ist nur links angedeutet.

Wandgruppe. Lindenholz. H. 128, Br. 105 (ohne den modernen Schrein). Die Rückseite unbearbeitet. Die drei Figuren aus einem Stück. Die Hände nebst Attributen mit Ausnahme der Linken Gottvaters für sich gearbeitet. Mit ausgebesserter alter Vergoldung (Gewänder und Attribute der göttlichen Personen, Mariae Mantel, ihr Gewand weiß mit goldenen Streifen), Versilberung (innere Säume der Mäntel)

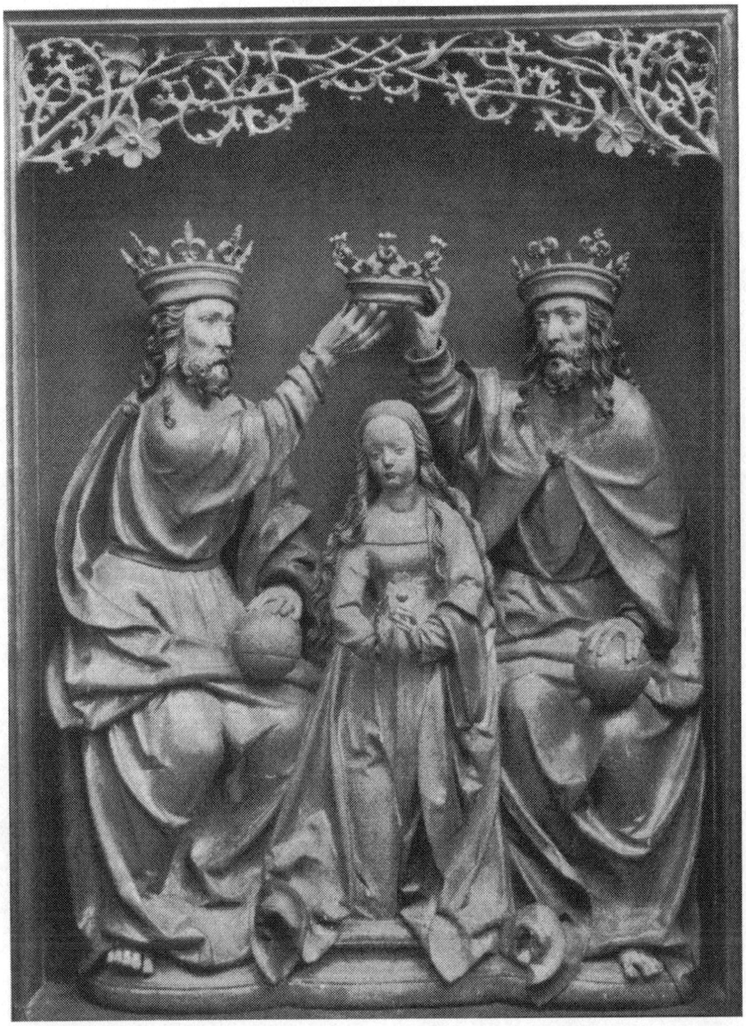

M. 14

und Bemalung (Mantelfutter rot und grün über Gold), letztere aus späterer Zeit. Ergänzt die Krone der Maria, die Zacken der beiden anderen Kronen, vier Finger an Christi rechter Hand und eine Zehe an Christi Fuß. — Erworben 1896—97 in München. Eigentum des Kaiser-Friedrich-Museums-Vereins. Bayrischer Meister unter Einfluß des Veit Stoß. Um 1510—20. Das Relief steht in den Typen wie in manchem kostümlichen Detail (die eigenartige Bildung der Kronen, der tiefe, die Schultern freilassende Halsausschnitt Mariae, von einer breiten, schlichten Bordüre eingefaßt, die merkwürdige Art, wie der Mantel an einer Seite wie ein weiter Ärmel niederhängt) den beiden Statuen nahe, die früher in der Sammlung B. Oppenheim in Berlin waren und von ihrem damaligen Besitzer dem Veit Stoß zugeschrieben wurden. (B. Oppenheim, Originalbildwerke aus meiner Sammlung, Berlin 1907, Taf. 34, Nr. 69, 70). Dieser Zuschreibung ist mehrfach, so vor allem von Lossnitzer, Veit Stoß (1912), S. 120 mit Recht widersprochen worden. Nur weist die teigige Formbehandlung nicht nach Schwaben, wie Loßnitzer glaubte, sondern nach Bayern; dorthin scheint auch unsere Krönung zu gehören, wie schon Vöge vermutete; doch ist sie wohl nur aus derselben Werkstatt wie die ehemals bei B. Oppenheim befindlichen Statuen, nicht von derselben Hand. Wie weit sie sich von der trockeneren Nürnberger Art entfernt, lehrt gerade der Vergleich mit der Marienkrönung aus der Stoßwerkstatt im Germanischen Museum (Kat. Josephi, Nr. 269), Abb. auch bei Daun, Veit Stoß (2. Auflage) Taf. 35.

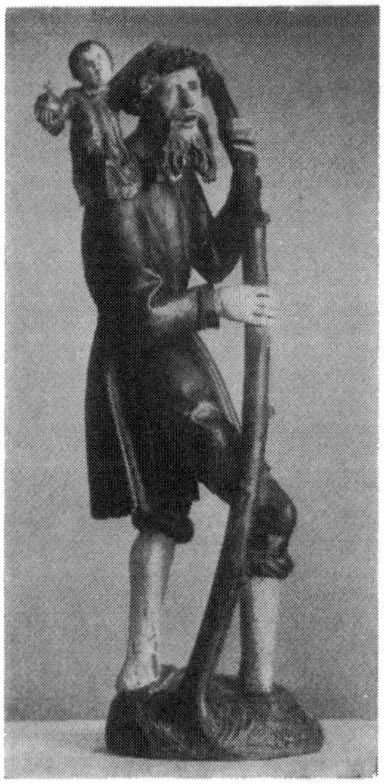

7057

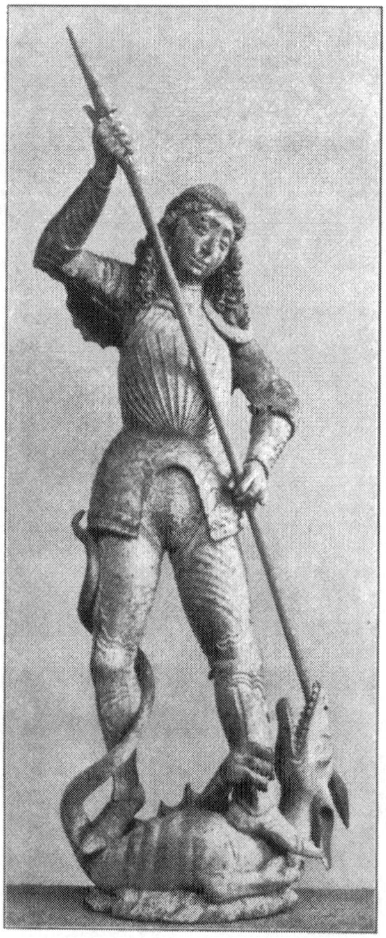

3096

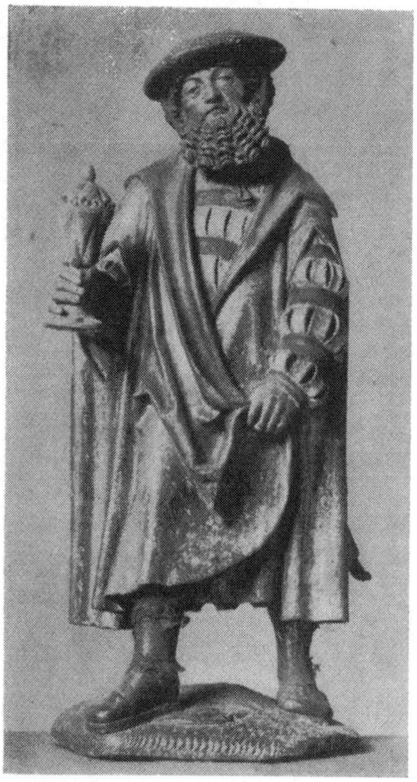

8168

3096. Georg (Vöge 241). Der Heilige steht spreizbeinig auf dem Drachen, und stößt ihm mit beiden Händen die Lanze in den Rachen. Um das gelockte Haar eine mit Perlen durchflochtene Binde. An der Rüstung ist rechts eine Achselscheibe angebracht, am Rücken flügelartige Schulterplatten.

Wandstatue. Lindenholz. H. 94,5. Rückseite flach bearbeitet. Geringe Reste der alten Bemalung. Ergänzt der Lanzenschaft, die Finger der rechten Hand, Gold- und Mittelfinger der Linken; der kleine Finger der Linken ist abgebrochen. Wurmstichig. — Erworben 1907 als Geschenk des Herrn Professor Leinhaas in München.

Oberbayrisch, Anfang 16. Jahrhundert. — Aus einer Mühle in der Schöffau am Hechtsee an der bayrisch-österreichischen Grenze, westlich von Kiefersfelden.

8168. König aus einer Anbetung. Schreitend, auf einer dünnen Bodenplatte. In der Rechten trägt er einen Becher, die Linke greift in den weiten ärmellosen Mantel, der über dem reichen Renaissancegewand mit langen gepufften Ärmeln liegt. Auf dem Kopf sitzt ein barettartiger Hut, der durch eine unter dem Kinn verschnürte Tuchbinde gehalten wird. An der linken Hüfte hängt unter dem Mantel das Schwert. An den Beinen alte Stoffreste.

Wandstatue. Pappelholz. Rückseite hohl. H. 54. Mit alter Vergoldung und Bemalung, die an einigen Stellen aufgefrischt ist. — Erworben 1918. Sammlung J. Simon.

Bayrisch um 1520.

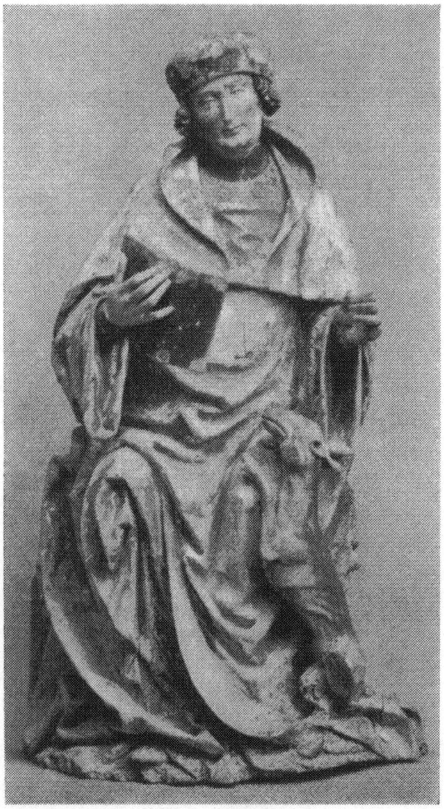

5858

5858. Aegidius. Auf einer Bank sitzend, als Abt gekleidet, in der Rechten ein Buch, in der Linken den (jetzt fehlenden) Abtstab. Er trägt ein schwarzes Gewand, von dem der zugeknöpfte Kragen, die vorderen Teile der Ärmel und ein Stück abwärts vom rechten Knie sichtbar wird, darüber einen weiten Mantel mit heruntergelassener Kapuze. Von rechts kommt die Hirschkuh, die am Hals eine Pfeilwunde hat, und schmiegt sich flüchtend an sein linkes Knie.

Wandstatue. Lindenholz. H. 99. Rückseite etwas ausgehöhlt. Aus zwei großen und einem kleinen Stück Holz; die große Fuge geht von der linken Schulter abwärts, außerdem ist die Ecke rechts unten mit dem Ende der Gewandfalten angestückt. Von der Vergoldung des Mantels sowie dem roten Futter sind erhebliche Reste vorhanden. Bei der Hirschkuh zeigt sich ein wohl späteres Rot. Das Buch ist schwarz. An mehreren Stellen ist der Leinwandüberzug sichtbar. An der Hirschkuh fehlen der linke Hinterfuß sowie Stücke der Ohren, bei dem Heiligen der kleine Finger der wieder angesetzten linken Hand. In den unteren Teilen stark verwurmt, der vordere Rand der Standfläche vermorscht und bestoßen. — Erworben 1909 als Geschenk des Herrn Murray Marks in London.

Bayrischer Meister vom Anfang des 16. Jahrhunderts. — Die Lokalisierung nach Altbayern gründet sich nur auf stilistische Merkmale.

7057. Christophorus. Auf einen Baumstamm gestützt, das Kind auf der rechten Schulter, kommt er durch die Wellen watend nach vorn. Der Rock, durch einen Ledergurt zusammengehalten, reicht bis zu den Knien, die Hose ist hoch aufgekrempelt. Langer in der Mitte geteilter lockiger Vollbart; das oben kahle Haupt umgibt ein Kranz abstehender Locken. Auf der rundlichen Fußplatte sind die Wellen durch Rillung angegeben.

Statuette. Lindenholz. H. 66. Rundplastisch. Alte Bemalung: Inkarnat, Haare schwarz, Rock rotbraun, Hose dunkeloliv. — Erworben 1913. Geschenk.

Oberbayrisch um 1520—30. Aus der Sammlung Oertel: Aukt.-Kat. Lepke 1913, Nr. 122, Taf. 76.

7850. Weibliche Gewandfigur, in leichter Kurvung stehend; über dem Gewand, das an der Brust und rechts unten sichtbar wird, ein weiter Mantel, mit beiden Armen emporgehalten, so daß vorn ein dreieckiges Stück heruntersinkt. Auf dem Kopf eine Hörnerhaube, das Ganze eingebunden in ein Kopftuch, daß das Gesicht völlig umrahmt. Abb. S. 256.

Wandfigur. Sandstein. H. 37. Rückseite gerundet. Von der alten Bemalung haben sich Reste von Rot am Gewand und Mantel erhalten, die vielleicht die Unterlage für Gold gewesen sind; darüber zeigt das Gewand und Kopftuch ein späteres Olivgrün, unter dem Gelb zum Vorschein kommt. Die Plinthe, über die der Mantel herabfällt, stark bestoßen. Es fehlen die aus dem Mantel hervorkommende rechte Hand und kleinere Teile am Saum des Mantels. — Erworben 1917 als Geschenk eines Ungenannten.

Bayrisch, Ende 15. Jahrhundert; angeblich aus Regensburg.

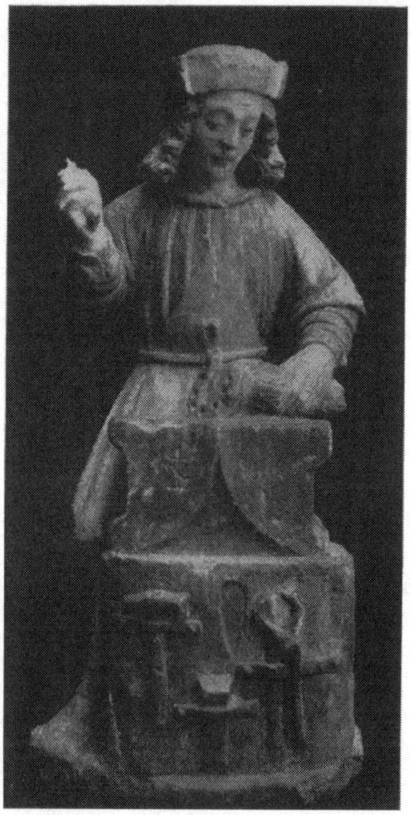

7698

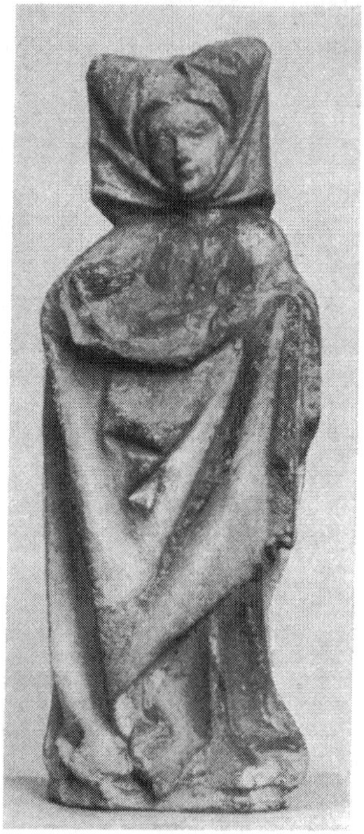

7850 S. 255

7756. Büste eines jugendlichen Diakonen. Nach vorn blickend; die Haare liegen perückenartig über dem Kopf; mit Tonsur. Hochschließende Kutte.

Fragment einer Statue. Kalkstein. H. 38. Durch Witterungseinflüsse stark beschädigt (besonders an Stirn, Nase und Ohren). Die rechte Schulter und ein Teil des Halses abgehauen. Vorn rechts eine Aussparung für eine Klammer. — Erworben 1917 als Geschenk des Herrn H. Heilbronner in Berlin.

Bayrisch, Ende 15. Jahrhundert. — Nach Angabe des Vorbesitzers aus Regensburg.

7698. Eligius. Hinter dem Amboß stehend, mit der Linken den Fuß des Pferdes auf den Amboß haltend, die Rechte mit dem Hammer zum Schlage erhoben. Bekleidet mit einem die Brust eng umschließenden kurzen Rock, der den Hals frei läßt; vor dem Leib ein durch einen Hüftriemen gehaltenes Schurzfell, das nach oben dreieckig ausläuft. Auf dem Kopf eine runde Mütze, unter der lange Locken hervorkommen, die den Kopf umrahmen. Am Sockel des Ambosses Hammer, Zange und Hufnagel, am oberen Teil links ein Steinmetzzeichen (oder die Hausmarke des Hufschmieds). Es hat folgende Form: 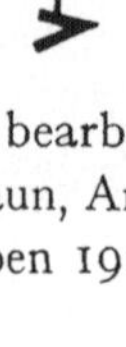

Wandgruppe. Kalkstein. H. 63, Br. 31. Rücken flach bearbeitet. Alte Bemalung in bedeutenden Resten erhalten: Obergewand grün, Ärmel rot, Schurz gelbbraun, Amboß rot, Sockel braun. Der Hammer in der Rechten abgebrochen, der Sockel bestoßen. — Erworben 1915 in München.

Oberbayrisch (?) um 1510.

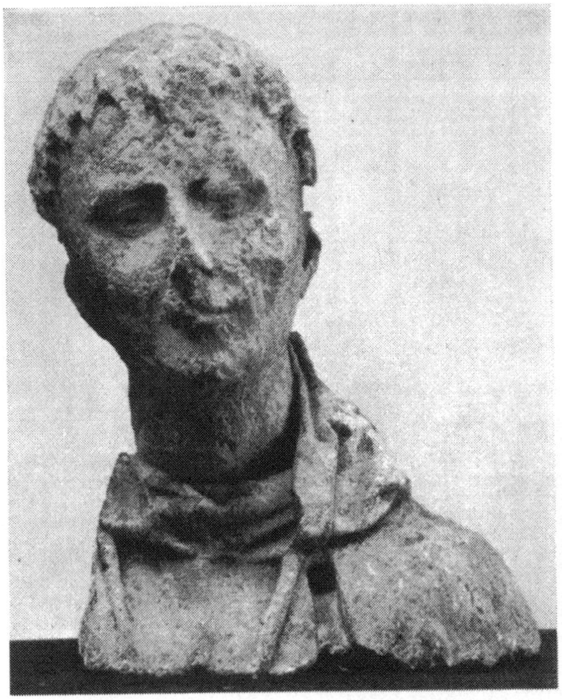

7756

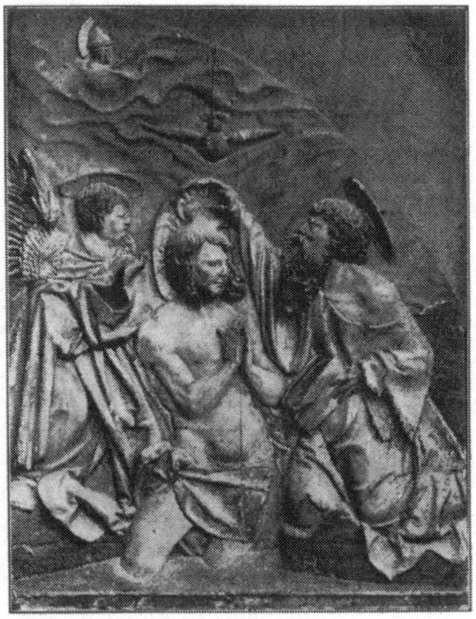

3026

Hans Leinberger, Bildhauer in Holz und Stein
tätig in Landshut, Moosburg, Dingolfing u. a. Orten, nachweisbar von 1513 bis etwa 1528.

3026. Taufe Christi (Vöge 257). Mit kurzem Bart und fliegendem Haar steht Christus — den Kopf nach rechts gewandt — bis an die Knie im Jordan. Rechts kniet der Täufer am Ufer, während ein Engel am Ufer gegenüber das Gewand Christi hält. Oben links von der Taube das Brustbild des segnenden Gottvaters mit der Tiara, im Profil. Bezeichnet **HL** (ligiert) unterhalb des rechten Knies des Täufers.

Halbrelief. Lindenholz. H. 90, Br. 71. In Form einer Halblünette; ursprünglich von der linken oberen zur rechten unteren Ecke im Flachbogen verlaufend. Aus zwei Brettern zusammengesetzt. Links ein schmaler Streifen angesetzt (alt); rechts unten fehlt ein schmaler Streifen. — Erworben 1906 in Frankfurt a. M. aus der Sammlung Savigny; früher in Münchner Privatbesitz.

Eigenhändig, 1515. — Von G. Habich, Münchner Jahrbuch 1906, S. 122 und 129 als ein Stück des Moosburger Hochaltars bezeichnet (vgl. Bezold und Riehl, Kunstdenkmäler des Königreichs Bayern, Taf. Bd. I, Tafel 50) und als zusammengehörig mit dem Gegenstück im Sighart-Museum in Freising. Feulner (Hans Leinbergers Moosburger Altar, 1923) wies nach, daß die beiden Reliefs zu dem 1515 bestellten Johannesaltar der Johannis-Kirche in Moosburg gehört haben, von dem nur diese beiden Reste erhalten sind. Vgl. Hans Buchheit, Landshuter Tafelgemälde des XV. Jahrhunderts und der Landshuter Maler Hans Wertinger (1907), S. 32 und Demmler im Jahrbuch der preußischen Kunstsammlungen 35 (1914) S. 124; Abb. 12.

8142. Maria mit dem Kinde. Maria, in enganliegendem Gewand und einem Mantel mit kurzen, weiten Ärmeln, sitzt, den Unterkörper ins Profil, Oberkörper und Gesicht ganz en face gedreht. Sie hält das Kind, das auf ihrem Schoß steht, mit beiden Händen an den Hüften fest und drückt es eng an sich. Das Kind legt seine rechte Wange an die Mutter und will mit seinen kurzen Ärmchen die Mutter umfangen.

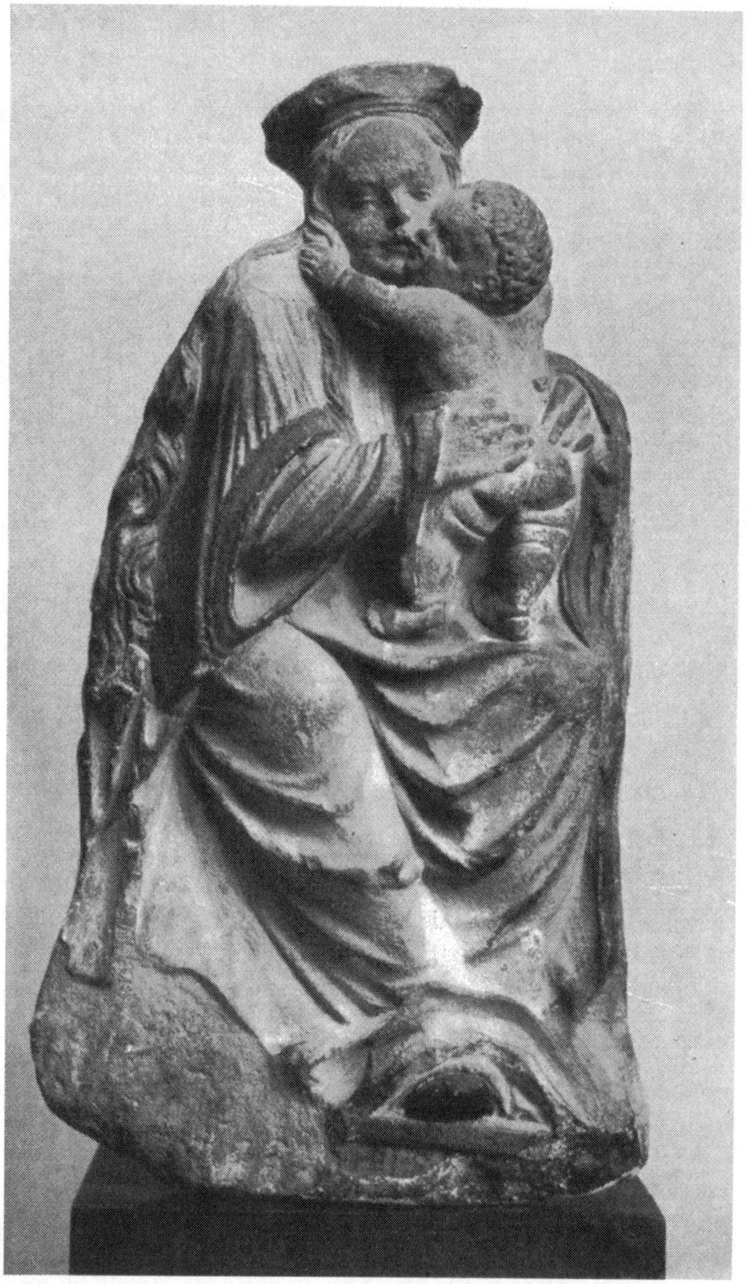

8142

Sandstein. Relief. Hinten flach. H. 45, Br. 25,5. Alte, zum Teil erneuerte Fassung: Mantel rot, Untergewand blau, Haare braun. — Erworben 1923 aus der Sammlung B. Oppenheim-Berlin.

Eigenhändig; aus der Zeit nach dem Moosburger Altar um 1515—20. Vgl. Adolf Feulner, Hans Leinbergers Moosburger Altar (1923), S. 20 und Abb. 11. Derselbe, im Jahrbuch der Preuß. Kunstsammlungen 48 (1927) S. 121 ff.— B. Oppenheim, Originalbildwerke aus meiner Sammlung, Nr. 123. Otto Bramm im Münchener Jahrbuch der bildenden Künste (1928) S. 149 hat m. E. den Wert des Stückes verkannt, wenn er ihm »ängstliche Steifheit« nachsagt und meint, der Meister habe die Wirkung der dritten Dimension zwar erstrebt, aber nicht erreicht. Richtig, d. h. von unten her, betrachtet, wirkt das

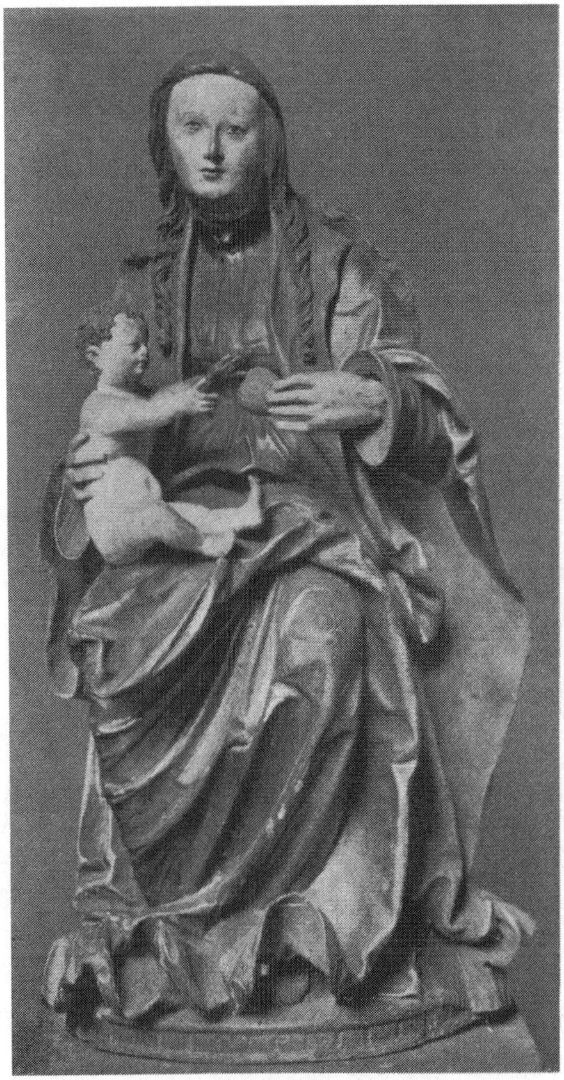

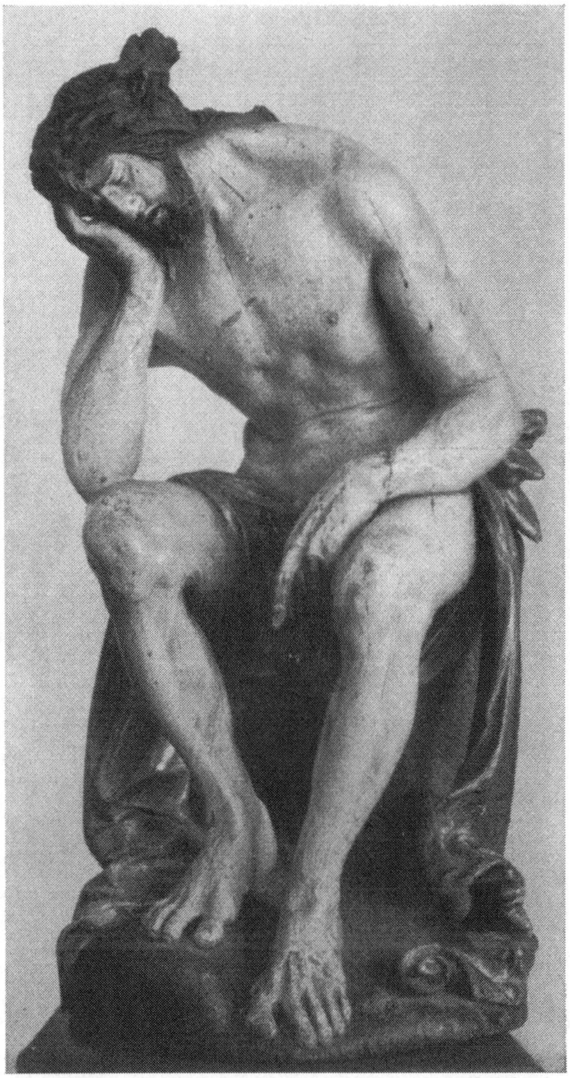

5557 8347 S. 260

Stück als eine der überzeugendsten Schöpfungen des Meisters, durch Zusammendrängung stärksten Ausdrucks auf bescheidenem Raum. Typus und Gesten sind zudem so einmalig und unnachahmlich, daß konventionellere Werke wie die Kölner Madonna, nach Bramm von derselben Hand wie unser Stück, weit dahinter zurückbleiben.

5557. Thronende Maria mit dem Kinde. (Vöge 259). Der auf ihrem rechten Knie sitzende nackte Knabe streckt beide Hände nach der Birne aus, die sie ihm darreicht; den Busen Mariae bedeckt ein fest um den Hals schließender Kragen; ein Diadem aus gewundenen Bändern liegt auf dem offenen Lockenhaar.

Wandstatue. Lindenholz. H. 120,5. Rückseite ausgehöhlt. Oben auf dem Kopf ein Streifen Holz alt eingesetzt; darin die übliche Ausbohrung. Die aus besonderem Stück gearbeitete Linke, an der die Birne nebst vier Fingern ergänzt sind, stammt aus der Barockzeit. Ergänzt ferner der rechte Arm des Kindes. Mit alter Vergoldung (Mantel), Versilberung (Gewand) und Bemalung. Verwendung von roter und grüner Lüsterfarbe. — Erworben 1909 in München.

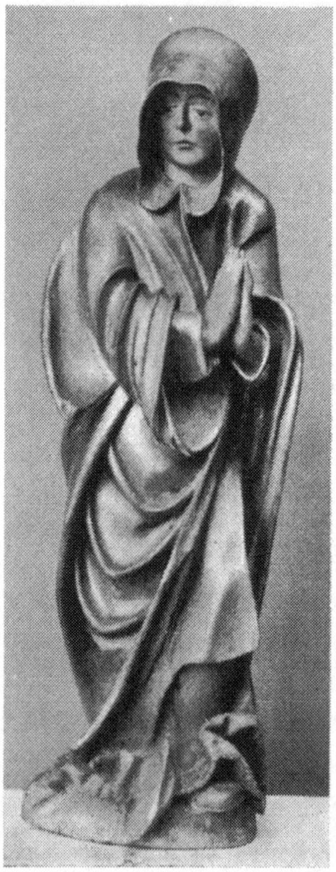

3098 S. 262

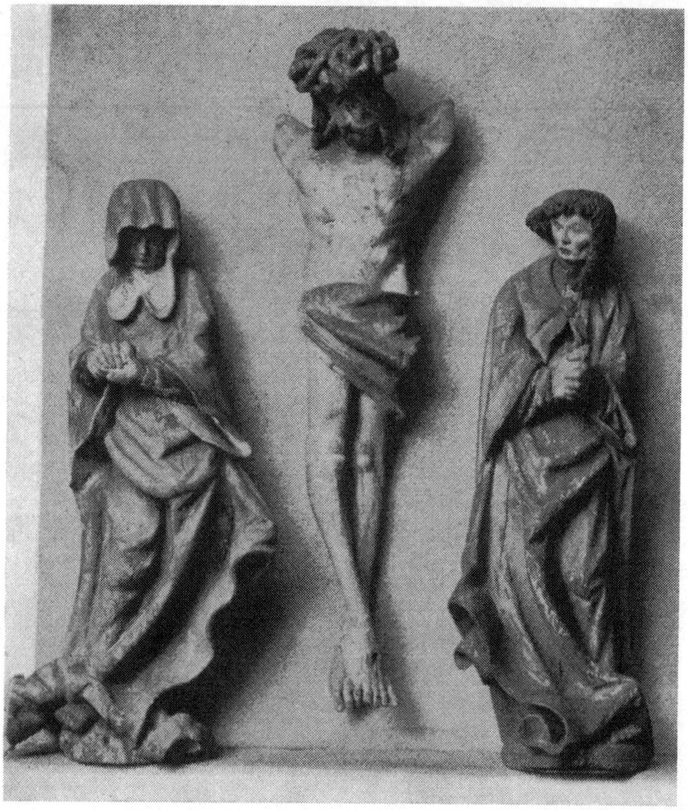

7775

Eigenhändig, aus der Zeit nach den Moosburger Altären, etwa 1516—20. Stammt aus der Nähe von Landshut. Vgl. Feulner im Jahrbuch der Preuß. Kunstsammlungen 48 (1927) S. 121. Die ganz individuelle Behandlung des Kindes sowie viele andere Einzelheiten, z. B. die Verschiedenheit der Augen bei der Madonna veranlassen mich, gegen Bramm (a. a. O. S. 120) daran festzuhalten, daß es sich nicht handelt um einen »Leinberger sehr nahestehenden Schnitzer, der sich des Meisters Werke der 20er Jahre zum Vorbild genommen hat«, sondern um den Meister selbst.

8347. Schmerzensmann. Christus, mit einem rechts geknoteten und beiderseits herabflatternden Lendentuch, sitzt auf einer Rasenbank. Er hat sein Haupt in seine rechte Hand gestützt, so daß der schwere Oberkörper nach links vorwärts gebeugt ist. Sein linker Arm ruht auf dem Oberschenkel, die Hand hängt leicht herab. Abb. S. 259.

Wandstatue. Lindenholz (?). H. 75. Rücken abgeflacht. Es fehlt eine Locke des Haupthaars. Ergänzt der vierte Finger der rechten Hand, der fünfte alt angestückt; linke Hand angestückt, jedoch alt. Das Werk ist von barocker Übermalung nicht vollständig befreit; das Inkarnat mit den Blutspuren gibt nicht mehr ganz den ursprünglichen Eindruck; Lendentuch: aufgefrischte Vergoldung, Haare braun, Standfläche grün. — Erworben 1925 in Ergoldsbach bei Landshut.

Eigenhändig, aus der späteren Zeit des Meisters; um 1525—30. Soll aus dem Franziskaner-Kloster in Landshut stammen. Es existieren mehrere Werkstatt- und Schulrepliken, außerdem noch eine Kopie aus der Rokokozeit von Chr. Jorhan in Landshut; vgl. Feulner im Jahrbuch der Preuß. Kunstsammlungen 48 (1927) S. 130, Abb. 11. Derselbe, Hans Leinbergers »Christus in der Rast« in: Beiträge zur Geschichte der deutschen Kunst I. S. 215 ff. Otto Bramm (Münchner Jahrbuch N. F. V (1928) S. 142 will nur den Entwurf und vielleicht die Ausführung des Kopfes, diese zum Teil, als eigenhändig

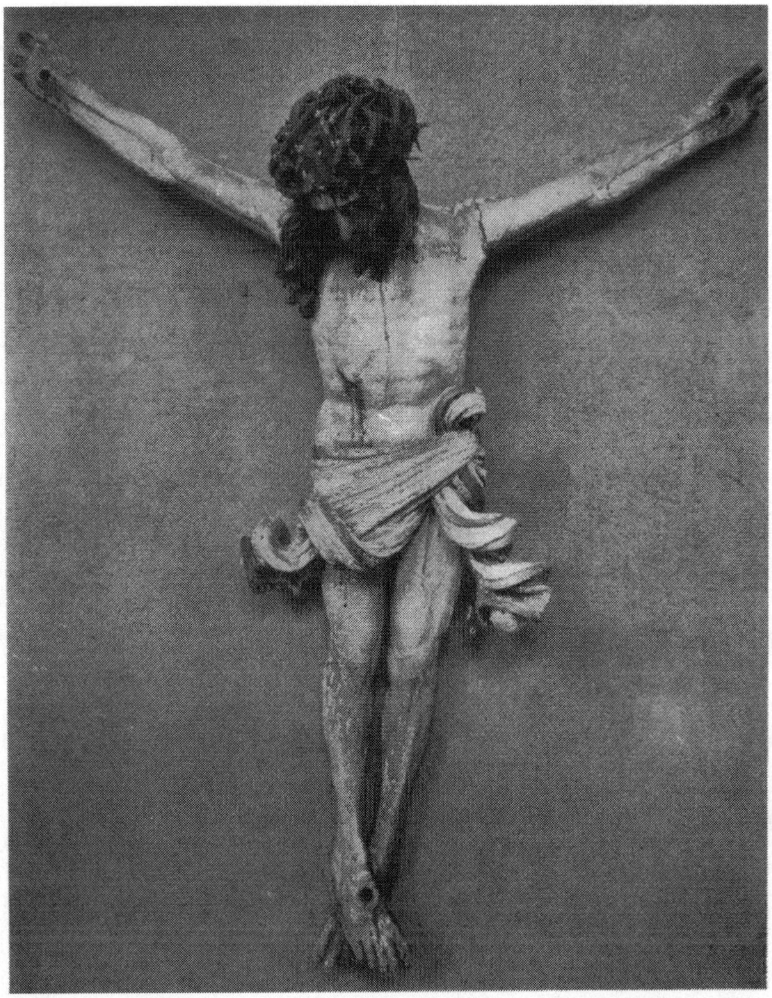

7053 S. 262

anerkennen, während er in der Oberflächenbehandlung des Körpers die manieristische Hand eines Schülers sieht, desselben, der 1522 den riesigen Crucifixus der Dingolfinger Kirche, und früher schon den Crucifixus im Aufsatz des Moosburger Altars schuf. Abgesehen davon, daß eine solche Scheidung verschiedener Hände bei dem einheitlichen Stilcharakter des Werks mehr als bedenklich erscheint, vermag ich eine von Leinbergers Art abweichende kleinliche Detailbehandlung der Epidermis nirgends zu erkennen.

Drei weitere eigenhändige Werke von Hans Leinberger, nämlich zwei Buchsreliefs (Kreuzabnahme und Beweinung) und ein Buchs-Crucifixus, sind in Band IV (Kleinplastik) beschrieben; die Bronzestatuette der Maria mit dem Kinde in Band II S. 21 (Nr. 381).

7775. Christus mit Maria und Johannes. Der Gekreuzigte in gestreckter Haltung, sein Haupt leicht nach rechts geneigt, um die Hüfte ein Lendentuch. Maria und Johannes mit gerungenen Händen, in weite bewegte Mäntel gekleidet, Maria mit kapuzenartigem Kopftuch, Johannes mit nach rechts abwehendem langen Lockenhaar.

Wandgruppe. Lindenholz. H. 70,5 (Christus), 61 (Maria), 60 (Johannes). Rückseite wenig bearbeitet. Bemalung des 18. Jahrhunderts: Maria Mantel blau, Futter weiß, Untergewand rot; Johannes: Mantel rot mit grün, Futter blau; Lendentuch gelb, Bodenplatte grün. Es fehlen das Kreuz, die Arme Christi und das linke Ende seines Lendentuches. — Erworben 1917 auf der Auktion Georg Schwarz-Berlin.

Nachfolger Hans Leinbergers. Vgl. etwa den Gewandstil der Figuren im Hochaltar der Gottesackerkapelle in Velburg; Inv. Oberpfalz Bd. IV (B.-A. Parsberg), S. 226. Für die eigenartige Form der Dornenkrone vgl. den Buchscrucifixus 7082 unseres Museums (Band IV, Kleinplastik), für die Haartracht des Johannes die Nummern 8166 und 8167 (S. 264). — F. Goldschmidt, Amtl. Berichte 39 (1918), 188 ff. Abb. 66. — Aukt.-Kat. der Sammlung Georg Schwarz, Berlin 1917, Nr. 37.

3098. Maria als Schmerzensmutter (Vöge 193). Sie steht halb nach rechts gewendet, mit nach vorn gedrehtem Kopf und hat betend die Hände zusammengelegt. In schleppendem Gewand und Mantel mit hochgenommener Kapuze. Abb. S. 260.

Wandstatue. Pappelholz. Rückseite bearbeitet. H. 75. Erhebliche Reste alter Vergoldung am Mantel; erneuert das Blau des Mantelfutters, das Rot des Mantelfutters, das Gold der Kapuze und das Inkarnat. — Erworben 1907/08 in Mainz.

Werkstatt Hans Leinbergers, wohl nach einem Modell des Meisters. Vgl. Maria unterm Kreuz im Moosburger Altaraufsatz. Eine verwandte Schmerzensmutter in der Stuttgarter Altertümersammlung. Vöge, der das Werk wegen der angeblichen Herkunft aus der Nürnberger Gegend noch bei den fränkischen Arbeiten aufführt, erkannte schon die Verwandtschaft mit den niederbayrischen Arbeiten. Für Leinberger charakteristisch vor allem die Kapuzenform (vgl. die vorige Nr. 7775) ebenso der pathetische Faltenstil. Doch fehlen die Merkmale der Eigenhändigkeit.

7053. Crucifixus. Von dem auf die Brust nach links gesenkten Haupt fällt das Lockenhaar links in geschlossener Masse, rechts in einzelnen Strähnen herab. Dornenkrone aus Astwerk mit Nägeln. Knie und Fußgelenke stark durchgedrückt. Das rechts geknotete Lendentuch flattert in eigenwilligen, spiralförmigen Windungen, in vielteiliger, enger Fältelung herab. Abb. S. 261.

Triumphkreuz. Pappelholz. H. 117, Br. 110. Es fehlt das Kreuz, die Mittelfinger der rechten Hand, kleinere Teile der Dornenkrone und der Locken. Arme und Kopf angesetzt. Bemalung des 18. Jahrhunderts, grau und weiß, Lendentuch mit Gold eingefaßt. — Erworben 1913 auf der Auktion Dr. Oertel in Berlin. Geschenk der Bodestiftung.

Werkstatt des Hans Leinberger um 1520—30. Stammt aus Haindlfing bei Landau a. d. Isar. Vgl. die beiden Kruzifixe in Moosburg, mit denen dieses Werk eng verwandt ist. Feulner, Hans Leinbergers Moosburger Altar, Taf. VI. Demmler, Auktionskatalog Dr. Oertel, Nr. 119, Tafel 73.

3066. 3067. Georg und Petrus, zwei Statuen aus Schäftlarn.

3066. Georg (Vöge 250). Etwas nach links blickend, die Lanze in der Linken, steht er in leichtem Kontrapost mit beiden Füßen auf dem Drachen, der auf dem Rücken liegend, den geringelten Schweif emporstreckt. Über der Plattenrüstung ein Lendner mit langen Schößen und fünf Schlitzen auf der Brust, der sich über dem rechten Oberschenkel öffnet; schräg über dem Leib hängt ein aus einem Tuch gewundener Schwertgurt. Eisenhandschuhe an den Händen; das Gesicht umrahmen abstehende Korkzieherlocken. Gegenstück zu der folgenden Nummer.

Wandstatue. Lindenholz. H. 154,5. Die Rückseite ausgehöhlt und durch ein Brett geschlossen. Alte, z. T. erneuerte Bemalung: Haar blond, Rock gold mit blauem Futter, Rüstung und Handschuhe ursprünglich silbern, z. T. vergoldet, der Drache grün. Alte Anstückungen: ein Teil des linken Ärmels, die Spitze des linken Fußes, der Schweif des Drachen. Die Lanze aus besonderem Stück, ihre Spitze ergänzt. Das Schwert fehlt, die Schnalle am Gürtel vorn ist ausgebrochen. — Erworben 1907 in München.

3067. Petrus (Vöge 249). Der Heilige steht mit nackten Füßen auf einem halbkreisförmigen Sockel mit Renaissanceprofil und Kannelüren, die Lippen öffnend, in der Linken ursprünglich den Schlüssel, die Rechte vor die Brust erhebend. Er ist bekleidet mit einem langen, vorn geknöpften Rock und einem im Winde sich kräuselnden Mantel, dessen Saum sich über dem linken Fuß spiralförmig aufstaut. Gegenstück zur vorigen Nummer.

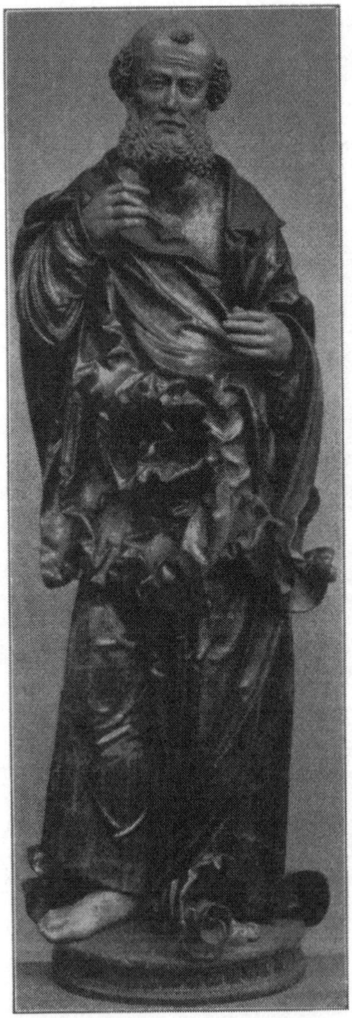

3061

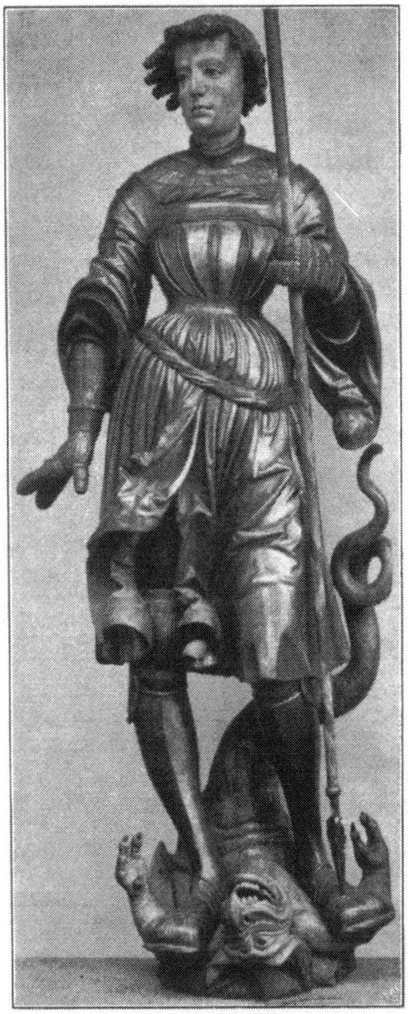

3066

Wandstatue. Lindenholz. H. 153. Rücken hohl. Aufgefrischte alte Vergoldung (Mantel), Versilberung (Rock) und Bemalung (grünes Ärmel- und blaues Mantelfutter). Alte Anstückungen: die rechte Langfalte des Mantels, das von der rechten Achsel fallende Mantelstück und die Zehen des rechten Fußes. Die linke Hand ergänzt. Eine Bohrung auf dem Kopf. — Erworben 1907 in München.

Bayrischer Meister um 1520. — In der früher meist zusammengeworfenen Gruppe von Holzbildwerken in München (Frauenkirche), Dingolfing, Moosburg und Berlin versuchte Bramm neuerdings drei Meister zu scheiden, die er Rasso-Meister, Georgs-Meister, Dingolfinger Meister nennt. Alle stehen unter Hans Leinbergers Einfluß, und wären nach Bramm gelegentlich von ihm zur Mitarbeit herangezogen worden. Dem Meister unseres »Georg« teilt Bramm u. a. den großen Crucifixus im S. Castulus-Münster in Moosburg und die Corbinianus-Statue im Aufsatz des Hochaltars daselbst zu. — Die frühere Auffassung, die unsere Figuren meist dem »Dingolfinger« zuschrieb, stützt sich im wesentlichen auf die Gewandbehandlung, läßt jedoch Unterschiede im seelischen Ausdruck außer acht. Da unsere Figuren, die aus der Münchener Sammlung Heß erworben wurden, aus Schäftlarn stammen, sind sie wohl sicher in München oder Umgebung entstanden. — Vgl. A. Feulner, Hans Leinbergers Moosburger Altar, München 1922, S. 66, 17. J. M. Ritz, Beiträge zur Geschichte der deutschen Kunst, Bd. I, S. 208 ff. O. Bramm, Münchener Jahrbuch (1928) S. 165 f.

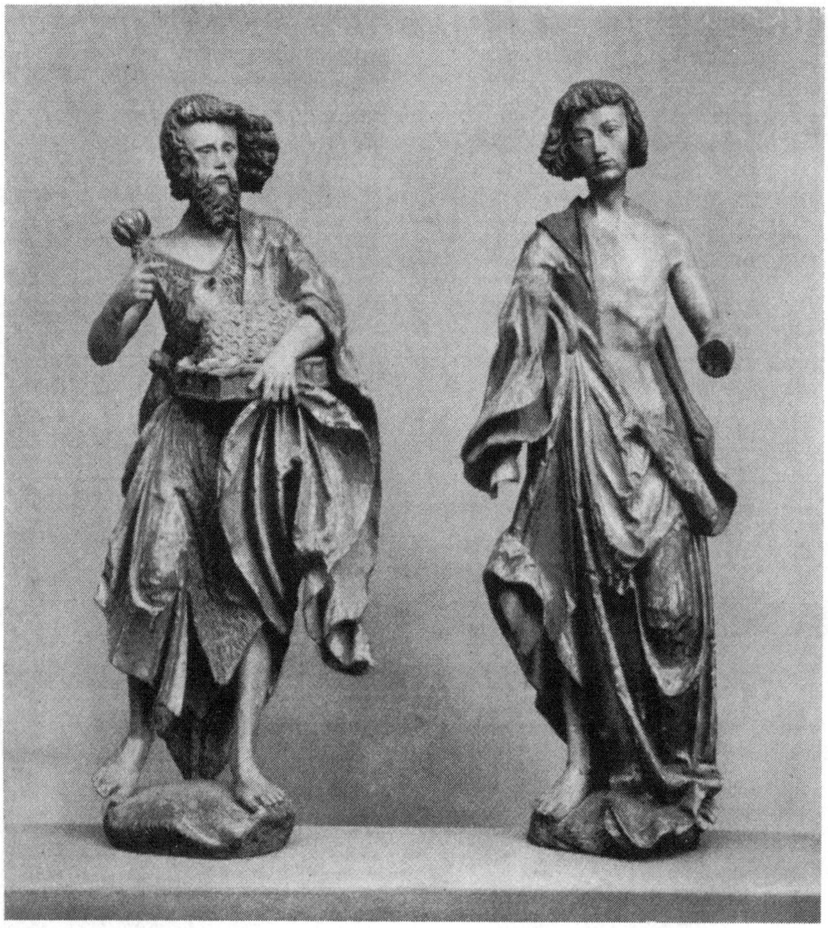

8166. 8167

8166. 8167. Zwei Heiligenstatuen. Gegenstücke.

8166. Johannes der Täufer. Der bärtige Heilige, mit nach rechts wehenden Haaren, weist mit seiner Rechten auf das Lamm; dieses liegt auf dem Buch, das er mit der Linken gegen die Hüfte drückt. Über einem Kamelhaarfell, das Arme und Hals frei läßt, ein an der rechten Hüfte geschürzter Mantel, der von der Linken hochgenommen wird. Auf rundlichem Terrainsockel. Gegenstück zur folgenden Nummer.

Wandstatue. Lindenholz. H. 93. Rückseite flach, teilweise ausgehöhlt. Die alte Bemalung und Vergoldung zum größten Teil erneuert: Mantel gold, Futter blau. Ergänzt der Knoten auf der rechten Schulter. Es fehlen einige Lockenenden; der linke Vorderfuß des Lammes angestückt. — **Erworben** 1918. Sammlung J. Simon.

8167. Sebastian. Der junge bartlose Heilige trägt einen stoffreichen, stark bewegten Mantel, dessen eine Seite er von der Schulter hat herabgleiten lassen, so daß der Oberkörper rechts bis zur Hüfte frei bleibt. Auf der anderen Seite nimmt der erhobene rechte Arm den Mantel hoch. Auf rundlicher Bodenplatte mit Terrainandeutung. Gegenstück zur vorigen Nummer.

Wandstatue. Lindenholz. H. 96. Rückseite hohl. Die alte Bemalung zum größten Teil erneuert: Mantel gold, Futter rot. Es fehlen der linke Unterarm, die rechte Hand und einige Locken über der Stirn. — Erworben 1918. Sammlung J. Simon.

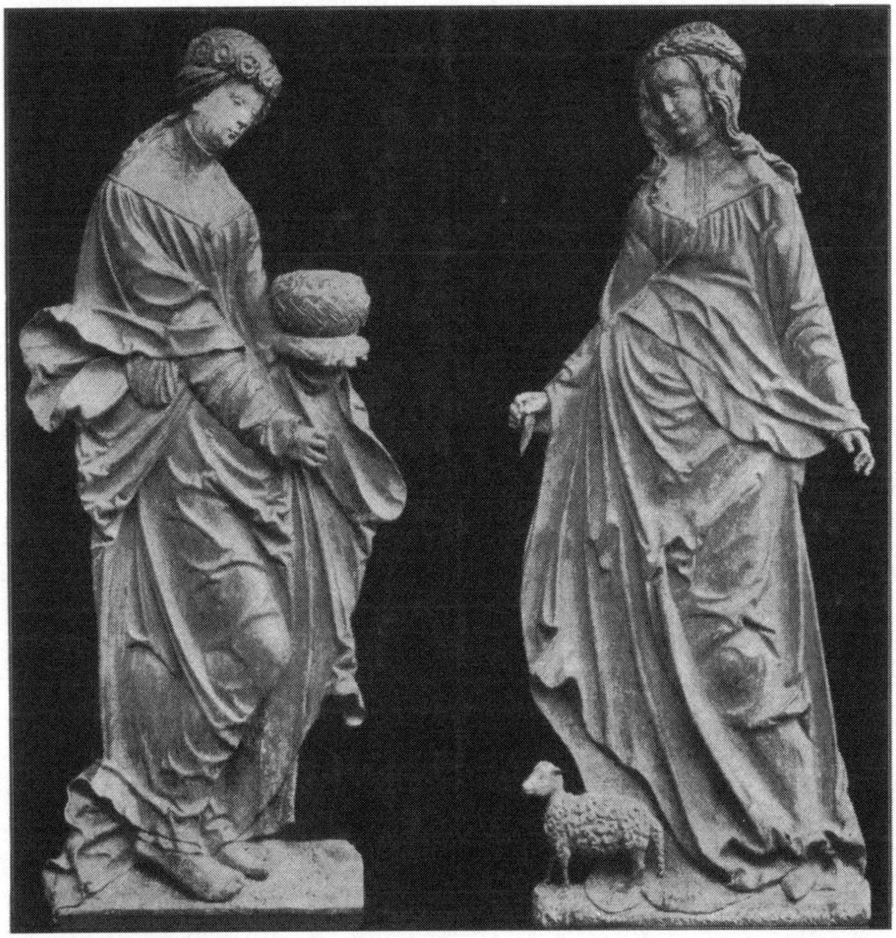

3182 3183

Niederbayrisch um 1530. — Verwandt ein sitzender Johannes der Täufer, früher in der Sammlung Dr. Oertel; abgebildet im Auktionskatalog (Lepke 1913) Tafel 74. Ferner die beiden folgenden Nummern Agnes und Dorothea, und das dort angeführte Relief der Verkündigung an Joachim in Freising.

3182. 3183. Dorothea und Agnes, Gegenstücke (Vöge 252. 253).

3182. Dorothea (Vöge 252). Stehend, nach rechts, in der Linken den Blumenkorb, in der Rechten ursprünglich ein Attribut (Palme?). Um das leicht gesenkte Haupt ein mit Rosen besetztes breites Band. Gegenstück zur folgenden Nummer.

Flachrelief ohne Grund. Lindenholz. H. 84. Schwache Reste früherer Bemalung. Es fehlt das Attribut in der Rechten. — Erworben 1908 als Geschenk des Herrn Julius Böhler in München.

3183. Agnes (Vöge 253). Stehend, nach links, in der Rechten die (abgebrochene) Leine, an der sie das Lamm führte; ursprünglich mit einem zweiten Attribut in der Linken. Gegenstück zur vorigen Nummer.

Flachrelief ohne Grund. Lindenholz. H. 83,5. Schwache Reste früherer Bemalung. Es fehlen die Leine und das Attribut in der Linken. — Erworben 1908 als Geschenk des Herrn Julius Böhler in München.

Niederbayrisch um 1530. — Aus Braunau am Inn. Zu vergleichen vor allem eine Verkündigung an

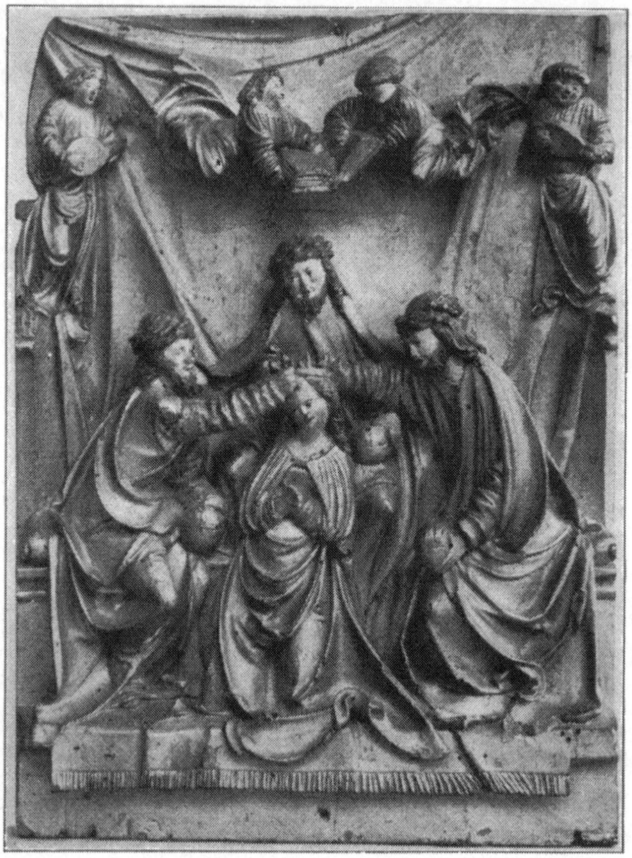

2096

Joachim im Klerikalseminar Freising; abgebildet und besprochen bei Bramm, Münchner Jahrbuch N. F. Bd. V (1928) S. 183.

2096. Krönung der Maria (Vöge 260). Auf einer Bank mit hoher Lehne, über die von oben ein Vorhang herabfällt, sitzen, mit Dornenkronen, einen Reichsapfel in der Linken, die drei göttlichen Personen, der in ihrer Mitte knienden Maria die Krone aufs Haupt drückend. Über ihnen zwei fliegende Engel, aus einem Buche singend; zwei andere, auf der Laute spielend, stehen rechts und links auf der Lehne des Thrones.

Hochrelief. Lindenholz. H. 29, Br. 22. Vergoldet; die Köpfe in natürlichen Farben bemalt; Vergoldung und Bemalung aufgefrischt. Die aus besonderen Stücken gearbeiteten Flügel der Engel fehlen bis auf einen, ebenso die Hände der Maria. Kleine Beschädigungen an den Gewändern und der Banklehne. Wurmstichig. — Erworben 1893 als Geschenk eines Ungenannten.

Niederbayrisch, vielleicht Passauer Gegend, um 1510. Ikonographisch an das Epitaph H. Leinbergers in Landshut erinnernd (vgl. Habich, Münchener Jahrbuch I (1906), S. 113). Vgl. auch ein Hausaltärchen im Bayr. Nat.-Museum. Vom selben Altar und von derselben Hand ein Marientod in gleicher Größe, im Besitz von Frau Dr. J. Trübner in Berlin. Die nicht häufige Darstellung der Trinität durch drei gleiche Personen findet sich z. B. auch auf dem Hauptaltar der Wallfahrtskirche in Grades (Kärnten).

463. 464. Zwei Darstellungen aus dem Armeseelen-Kultus (Vöge 261. 262).

463. Die Altarspende (Vöge 261). Auf einen Altar in offener Renaissancehalle, an dem ein Priester die Messe zelebriert, schreiten von rechts drei Frauen herzu, Brot und Wein darbringend. Vom

Gewölbe flattert ein Engel herab, die Gaben zu holen; links sieht man ihn mit einem Brot und einer Kanne zu einem Einsiedler fliegen. Hier und da ragen Köpfe und Füße aus den Klüften des Berges.

Flachrelief. Lindenholz. H. 33,5. Br. 33,5. Mit alter Bemalung und Vergoldung. Aus zwei aneinandergefügten Brettern gearbeitet. — Kunstkammer. Erworben 1841.

464. Bischof von Toten bedroht (Vöge 262). Im Vorhof einer Renaissancekirche umringen zwei in Laken gehüllte Gerippe einen Bischof; ein drittes in Kapuze, das rechts aus einem Grabe herausfährt, zerrt an des Bischofs Pluviale. Links schreitet ein Kirchendiener aus dem Tor des Vorhofs, in dem rechts zwei Tannen stehen; links vorn ein Taufbecken.

Flachrelief. Lindenholz. H. 34, Br. 33. Mit alter Bemalung und Vergoldung. Aus zwei zusammengefügten Brettern gearbeitet; oben leicht beschädigt. Kunstkammer. Erworben 1841.

Niederbayrisch um 1520—30. — v. Ledebur, Königl. Museen, Abteilung der Kunstkammer (Berlin 1871), S. 22. — Zur Deutung vgl. Halm, Altbayrische Totendarstellungen, Münchener Jahrbuch IV (1909), S. 143 ff. Ders., Ikonographische Studien zum Armeseelenkultus, Münchener Jahrbuch XII (1921 bis 22), S. 1 ff. I. A. Endres, Zwei Armeseelendarstellungen, Zeitschrift für christliche Kunst XXVII (1914), S. 157 ff. — Verwandt, doch geringer sind die Reliefs der Pfarrkirche in Eggenfelden, Inv. Niederbayern, B.-A. Eggenfelden, Abb. 21, 22. — Vgl.

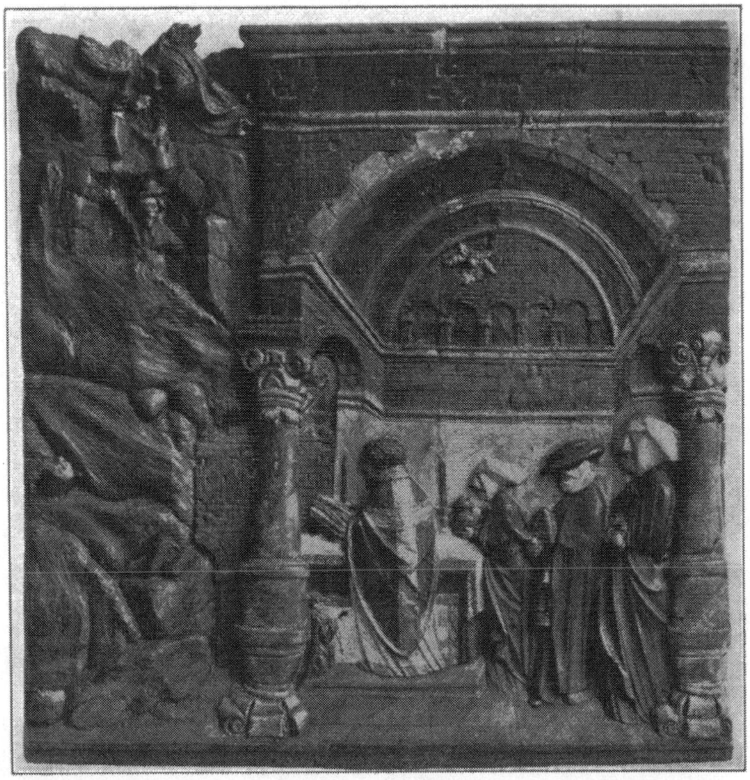

463

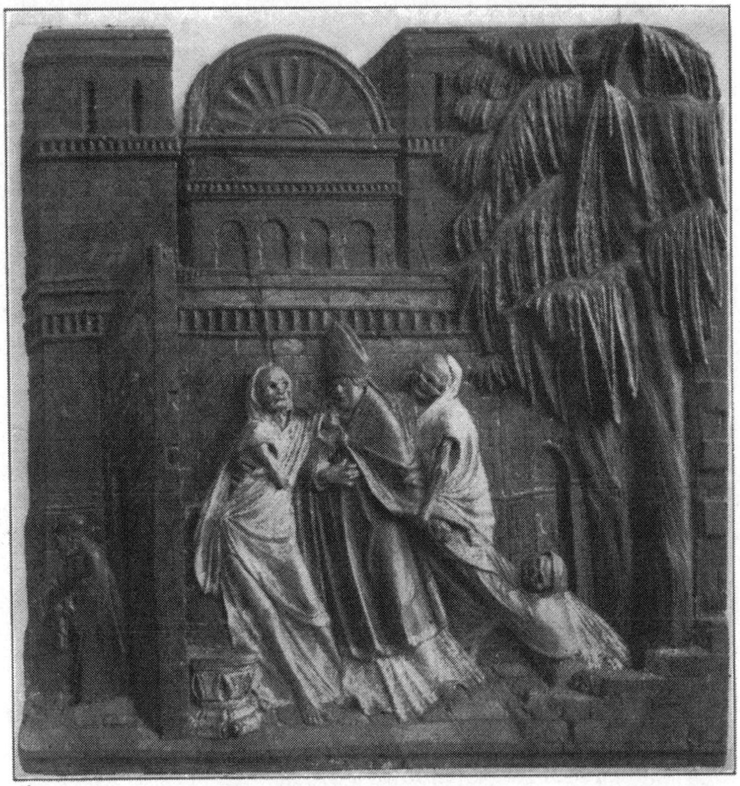

464

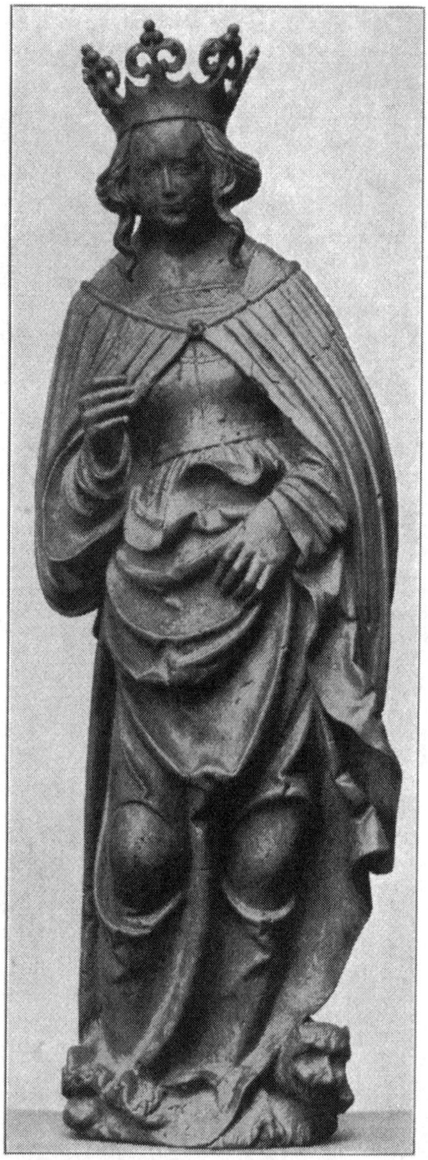

M. 80

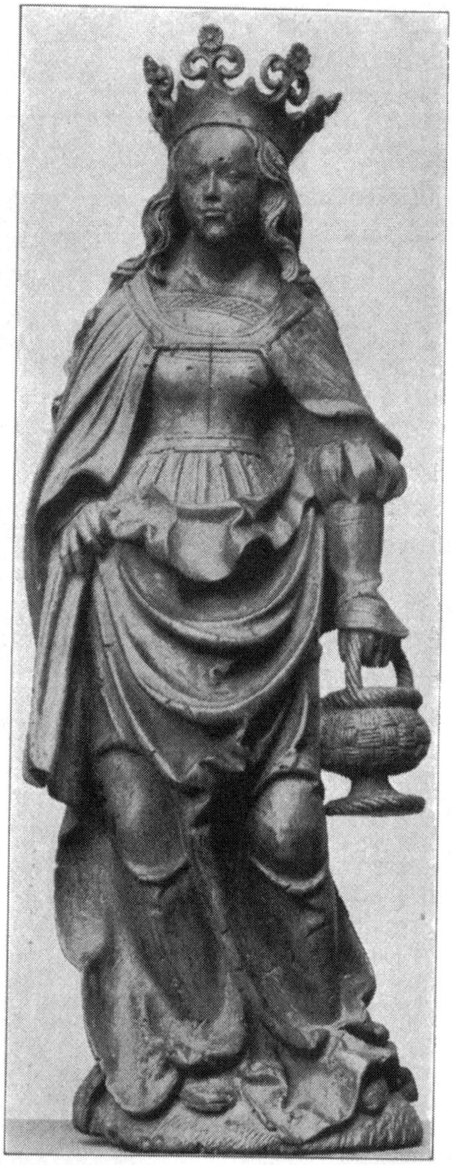

M. 81

ferner Wilm, Mittelalterliche Plastik im Germanischen Museum, Abb. 103. — Für den fliegenden Engel ist Altdorfers Holzschnitt B. 4 zu vergleichen.

M. 80. 81. Zwei Heiligenstatuetten: Margareta und Dorothea.

M. 80. Margareta (Vöge 254). Auf dem Drachen stehend, den Oberkörper ein wenig nach links neigend, auf dem Haupt eine Krone; mit aufgenommenem Haar, von dem rechts und links vom Gesicht je eine Locke herabfällt. Über dem gegürteten Gewand mit Halsausschnitt ein durch eine Spange vor der Brust zusammengehaltener Mantel, der vorn heraufgenommen und von der Linken an den Körper gepreßt wird; unten auf der Bodenplatte staut er sich breit auf. In der Rechten ursprünglich ein Attribut. Gegenstück zur folgenden Nummer.

Wandstatuette. Lindenholz, abgelaugt. H. 53,7. Rückseite unbearbeitet. Große Teile der Krone

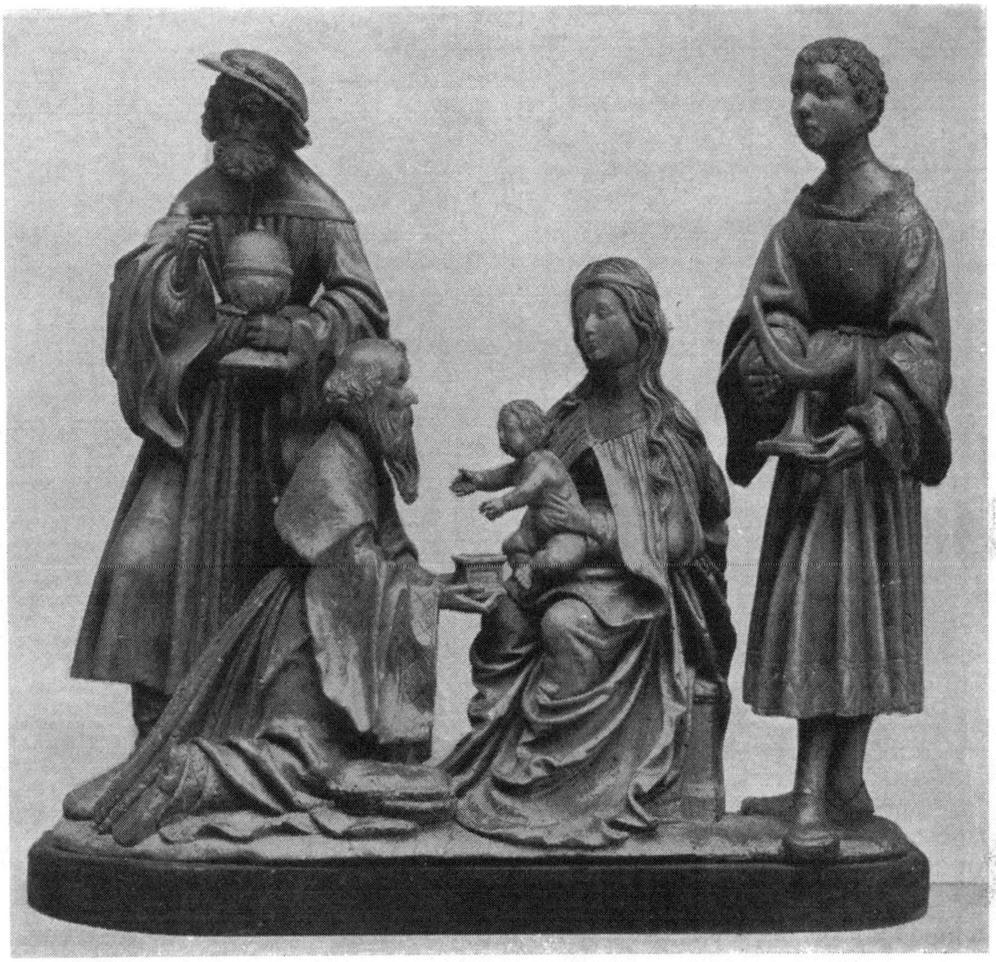

5886

erneuert. Ausbesserungen im Gesicht. Die Finger der rechten Hand sowie der kleine und Goldfinger der linken angestückt; ausgebrochene Stellen an den Gewandrändern und eine durchbrochene Stelle rechts am Mantel. Wurmstichig. — Erworben 1906 in Mainz. Eigentum des Kaiser-Friedrich-Museums-Vereins.

M. 81. Dorothea (Vöge 255). Stehend, den Kopf mit Krone auf lang herabfallendem Lockenhaar leicht nach links emporhebend, in der linken Hand den geflochtenen Korb, mit der Rechten das Ende des Mantels haltend, der vorn durch ein Band zusammengehalten wird. Gepuffte Ärmel mit breiten Manschetten. Auf rundlichem Sockel mit Terrainandeutung.

Wandstatuette. Lindenholz, abgelaugt. H. 53,2. Rückseite hohl. Große Teile der Krone erneuert. Eine Spitze der Locke rechts abgebrochen. Wurmstichig. — Erworben 1906 in Mainz. Eigentum des Kaiser-Friedrich-Museums-Vereins.

Matthäus Kreniß, der Meister der Türen von Altötting, um 1515—20. Vgl. Halm, Studien zur süddeutschen Plastik II, S. 13, Abb. 16.

5886. Anbetung der Könige. Maria, sitzend, hält auf ihrem Schoß das nackte Christuskind, das mit den Ärmchen zu dem links vor ihm knienden bärtigen König strebt; dieser, in reicher mit Pelzkragen besetzter Schaube, bringt ein Kästchen mit Goldstücken dar; sein Hut liegt zu Füßen der Maria im Vordergrund. Die Gruppe wird eingefaßt von den beidenn anderen stehenden

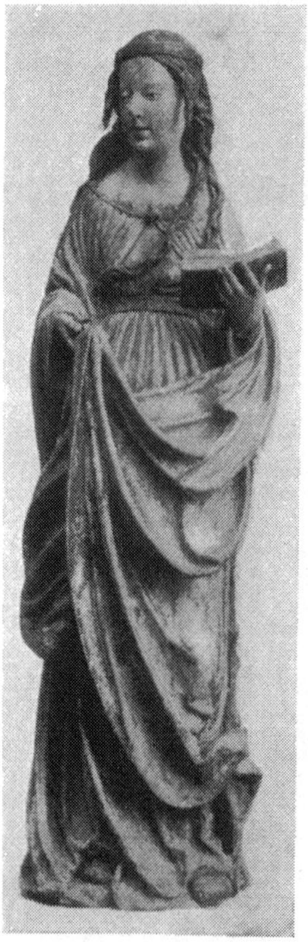
7663

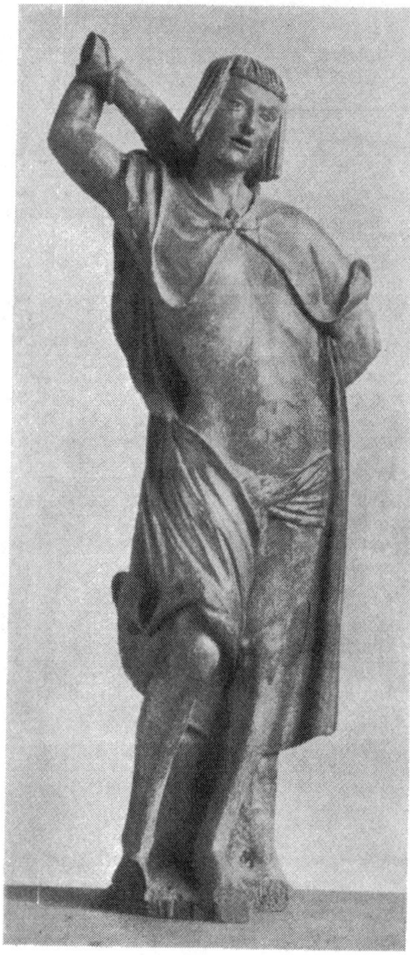
8176

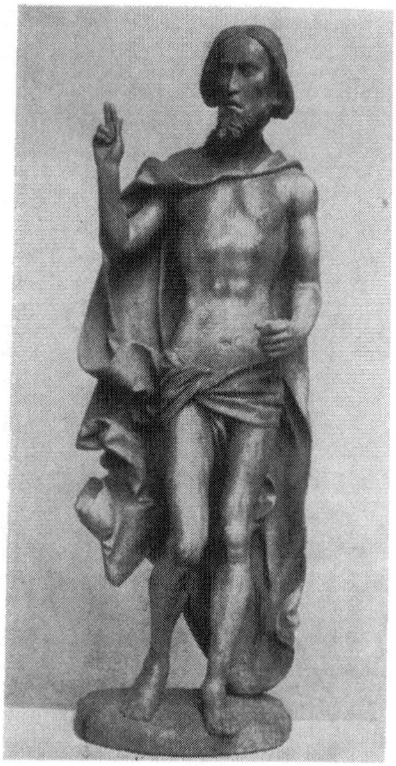
5918

Königen, von denen der eine, barhäuptig, rechts hinter Maria, als junger Mohr charakterisiert ist; der andere, vollbärtig, trägt ein Barett auf dem Kopfe. Beide sind wie Maria nach links gewendet; der Mohr trägt ein Füllhorn auf Kelchfuß, der andere einen oben geschlossenen Kelch. Alle drei Könige sind reich gekleidet; unter dem Gewand des Mohren, das den Hals frei läßt, wird die Hemdkrause sichtbar. Standplatte: unregelmäßig begrenzter ovaler Bodenausschnitt.

Wandgruppe. Lindenholz. H. 61,5, Br. 66. Die einzelnen Figuren rundplastisch. Die alte Bemalung (Reste an den Gewändern) abgelaugt. Die Hände und der Rand des Barettes aus besonderen Stücken. Alte Beschädigungen durch Wurmfraß, teilweise verkittet. An der Bodenplatte mehrere Stücke eingesetzt. — Ergänzt sind die Hände des Mohren und des knienden Königs samt den Gaben. Nach der gegenwärtigen Form der Bodenplatte erscheint es möglich, daß der Mohr ursprünglich links, dem bärtigen König zugewandt, gestanden hat. — Erworben 1910 als Geschenk der Herren J. u. S. Goldschmidt in Frankfurt a. M.

Matthäus Kreniß, der Meister der Türen von Altötting (?). Um 1515—20. Früher Sammlung Leinhaas (Aukt. Kat. Helbing 1908, Nr. 40). Schon von Leinhaas dem Kreniß zugeschrieben (Christliche Kunst 1907—1908, S. 130). Vgl. die Sippendarstellungen in der Pfarrkirche zu Obernberg (Ph. M. Halm, Studien zur süddeutschen Plastik II, S. 9, Abb. 8, und in der Annakirche zu Neuötting (ebenda S. 8, Abb. 7) sowie in der Pfarrkirche zu Höhenstadt (S. 17, Abb. 20). Früher als unsere Anbetung ist die Anna selbdritt im Kloster Gnadenthal zu Ingolstadt von 1513 (S. 10, Abb. 9). Der kniende König unserer Anbetung ist fast identisch mit der entsprechenden Figur am rechten Türflügel des Südportals der Stiftskirche zu Altötting (ebenda S. 7, Abb. 6). — Die selbständige, charaktervolle Bildung der Köpfe und auch der Standmotive läßt es als möglich erscheinen, daß der Schöpfer der Gruppe ein dem sog. Kreniß verwandter, zu größerer Reife gediehener Meister ist.

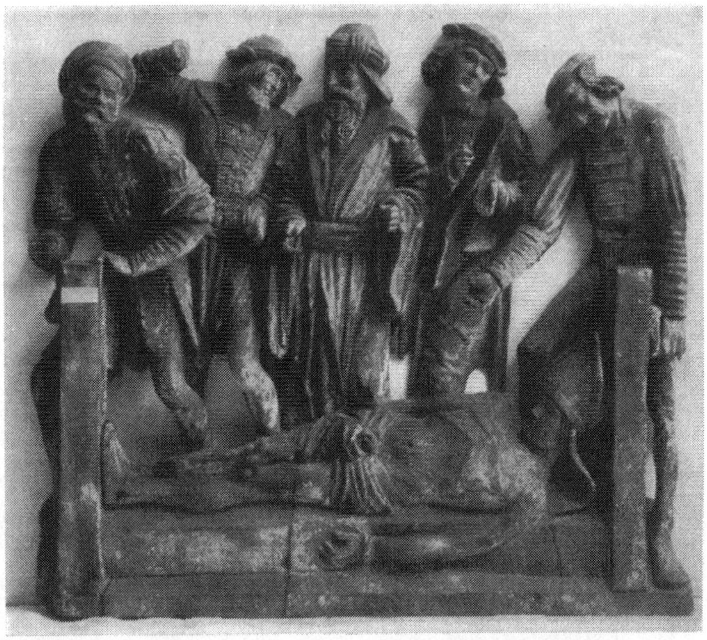

M. 139 S. 272

7663. Weibliche Heilige. Stehend, nach links blickend. Über das Haar, das in offenen langen Locken über die Schläfen und den Oberkörper herabfällt, ist ein schmaler Kronreif gelegt. Hochgegürtetes Gewand mit langen, weiten Ärmeln und Parallelfalten vorn, darüber ein oben am Halsausschnitt mit einer Schließe zusammengehaltener Mantel, der in schwungvoller Gliederung über die beiden Unterarme herabfällt und mit der rechten Hand emporgehoben wird; tief eingeschnittene Schüssel- und Parallelfalten.

Wandstatue. Lindenholz. H. 97. Rückseite hohl. Reste der alten Bemalung: vom Inkarnat meist nur der Kreidegrund, am Gewand Spuren von Rot; Gürtel, Haare und Schuhe schwarz. Am Mantel und an den Unterärmeln erhebliche Reste alter Vergoldung; Mantelfutter blau, größtenteils erneuert. Ergänzt die rechte Hand mit dem oberen Teil des aufgenommenen Mantels und die linke Hand mit dem Buch. — Aus den Mantel- und Gewandbordüren sowie aus dem Gürtel sind die Steine ausgebrochen. — Erworben 1914 als Geschenk eines Ungenannten.

Bayrischer Meister um 1520. — Aus der Sammlung Aynard-Lyon. Aukt.-Katalog G. Petit, Paris 1913, Nr. 251. In der Gewandung, der Haartracht, dem Kopfschmuck und ebenso in der Bildung des Kopfes selbst dem Kreis des Matthäus Kreniß nahestehend, doch straffer und gratiger in der Faltenbildung; offenbar unter schwäbischem Einfluß.

5918. Christus als Auferstandener. Stehend, mit Lendentuch bekleidet. Der über die Schulter gelegte Mantel fällt am Rücken herab, links lebhafte Faltenkaskade. Die Rechte ist segnend erhoben, die Linke trug die Siegesfahne. Haupt- und Barthaar in der Mitte gescheitelt. Auf halbrunder Standplatte.

Wandstatue. Lindenholz. H. 82. Abgelaugt. Rechter Arm und Hand, eine Haarsträhne rechts und der Sockel ergänzt. — Erworben 1910 in München.

Niederbayrisch um 1520. Von derselben Hand eine Pietà aus der Sammlung Hans Schwarz-Wien, Aukt.-Katalog (Berlin 1910) Nr. 40. Verwandt sind auch die Figuren des Hochaltars der Pfarrkirche in Reisbach B. A. Dingolfing, abgebildet bei Halm, Studien zur süddeutschen Plastik (1928) Band II, S. 150. Die Zuschreibung dieser Statuen an Rottaler scheint mir nicht ganz überzeugend.

8176. Sebastian. Stehend, an einem Baumstumpf gebunden, mit geöffnetem Mund. Das Haar ist glatt gestrichen und wagerecht abgeschnitten. Außer dem Lendentuch trägt er einen Mantel, der vor der Brust durch eine Schließe gehalten wird und sich um den Oberschenkel schlägt; der übrige Körper nackt.

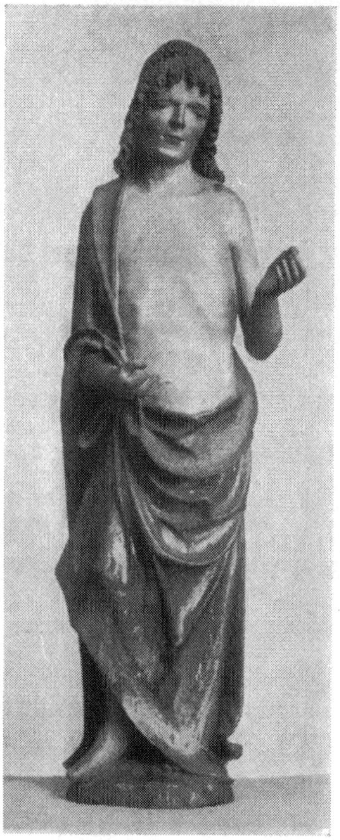

7836

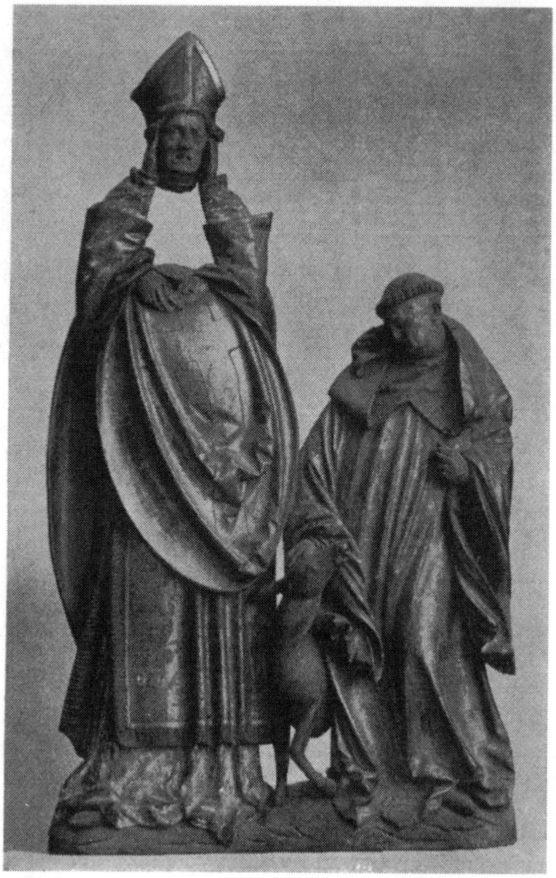

8177

Wandstatue. Lindenholz. H.74. Rückseite hohl. Bemalung alt, z. T. nachgeschwärzt, Mantel gold mit roter Schließe, Futter grün, Lendentuch gold mit roten und grünen Streifen. Das Grün am Mantel und Baumstamm etwas erneuert. Vorderseite der Füße und Teile des Sockels ausgebrochen; die rechte Hand und die Fortsetzung des Baumastes fehlen. Am Rücken ein ausgebrochenes Stück durch einen Pflock geschlossen. Im Körper des Heiligen mehrere Pfeilwunden. — Erworben 1918. Sammlung J. Simon. Stephan Rottaler, Werkstatt, um 1520. Der Zusammenhang mit Rottaler erhellt aus einem Vergleich mit den Reliefs in der Sammlung des historischen Vereins zu Landshut und dem hl. Florian der Sammlung Böhler, München (vgl. Halm, Studien zur süddeutschen Plastik II, Abb. 146 ff. und 156 f.).

M. 139. Marter des hl. Erasmus. Der Heilige, nur mit einem Lendenschurz bekleidet, auf dem Haupt die Mitra, liegt auf einem Balken, an den er mit der linken Hand gefesselt ist, an Kopf und Füßen in die Stützpfosten der Winde eingezwängt. Aus einer schmalen Wunde des Leibes dringen seine Gedärme, die über die Winde laufen. Diese wird am Kopf- und Fußende von zwei Schergen bedient. In der Mitte hinten ein Mann mit langem Bart und Turban; ein Begleiter links hält ein nicht genauer erkennbares Instrument in der Linken und hebt den rechten Arm, ein zweiter, rechts, gestikuliert. Abb. S. 271.

Hochrelief ohne Grund. Lindenholz. H. 69, Br. 78. Rückseite flach. Aus zwei Stücken; die Fuge geht vom rechten Ohr des mittleren Mannes abwärts durch die Oberschenkel des Heiligen. Es fehlen ein Stück des Turbans und des Haupthaars bei der Mittelfigur (ehedem besonders angesetzt) sowie die Winde fast ganz und die rechten Hände zweier Männer. Die Finger an allen Händen bestoßen. — Von der reichen alten Vergoldung größere Reste erhalten. Die Bemalung stark verblaßt, nur die Schaubenaufschläge des

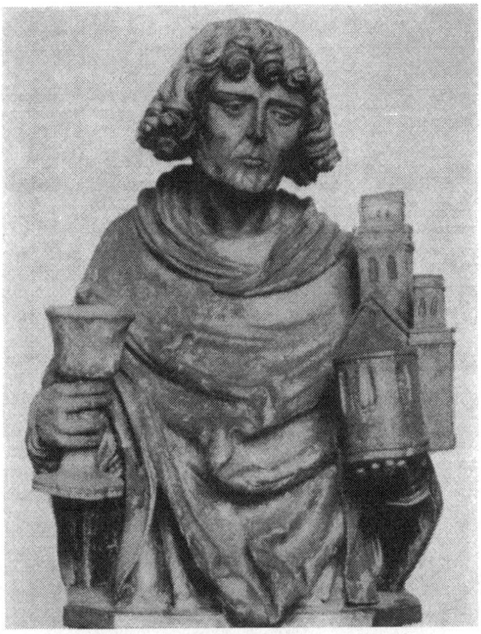

8188 S. 274

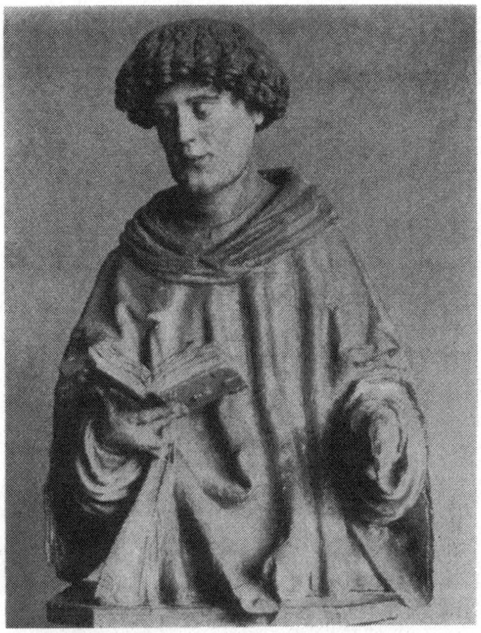

8189 S. 274

mittleren und des gestikulierenden Mannes zeigen noch deutlich Rot bzw. Blaugrün. — Erworben 1915 in Stuttgart. Eigentum des Kaiser-Friedrich-Museums-Vereins.

Niederbayrisch, Anfang des 16. Jahrhunderts. Aus Privatbesitz in Simbach am Inn (B.-A. Pfarrkirchen).

7836. Männlicher Heiliger (wohl Sebastian). Stehend, vor sich niederblickend, in den erhobenen Händen ursprünglich ein Attribut haltend. Von der rechten Schulter fällt ein als Mantel drapiertes Tuch, das den Rücken bedeckt, während von der Vorderseite der Oberkörper mit Ausnahme des rechten Oberarms freibleibt. Den schmalen kantigen Kopf umrahmt reiches, nach vorn lockig gedrehtes Haar. Rundlicher Terrainausschnitt als Fußplatte.

Wandfigur. Lindenholz. H. 78. Rücken flach bearbeitet. Alte Bemalung. Mantel gold mit grünem (aufgefrischten) Futter. Der linke Arm alt angestückt, die Fingerspitzen der linken Hand ergänzt. — Erworben 1918 als Geschenk der Frau Eugen Schweitzer.

Niederbayrisch um 1510. Aus der Sammlung Eugen Schweitzer (Aukt.-Katalog Cassirer 1918, Nr. 89. Verwandt einigen Figuren in Hofkirchen B. A. Vilshofen, und vor allem dem Christophorus in Windorf, Inventar B. A. Vilshofen S. 395.

8177. Hl. Dionysius und Aegidius. Auf schmalem Terrainsockel steht links Dionysius in vollem Ornat, mit beiden Händen sein abgeschlagenes Haupt mit der Mitra hoch emporhebend. Rechts Aegidius als Benediktinermönch mit Tonsur. Er trägt Kutte und Kapuze und legt die Rechte der zu ihm aufblickenden Hindin auf den Kopf. Zügige Faltenbildung mit Stauungen am Fußboden.

Flachrelief ohne Grund. Lindenholz. H. 89, Br. 52,5. Alte Bemalung und Vergoldung, die letztere aufgefrischt. Die Dalmatika des Bischofs mit eingepreßtem Damastmuster. Über dem rechten Fuß des Dionysius ein Stück des Gewandsaumes ausgebrochen. An der Kapuze des Aegidius zwei alte Nägel, der eine mit altem Metallrest; am Hals des Dionysius eine durchgehende Bohrung. — Erworben 1918. Sammlung J. Simon.

Niederbayrisch um 1520. Sehr wahrscheinlich bildete das Relief zusammen mit einem zweiten im Bayr. Nat.-Mus. zu München (Ph. M. Halm, Studien zur süddeutschen Plastik II, S. 179, Abb. 170)

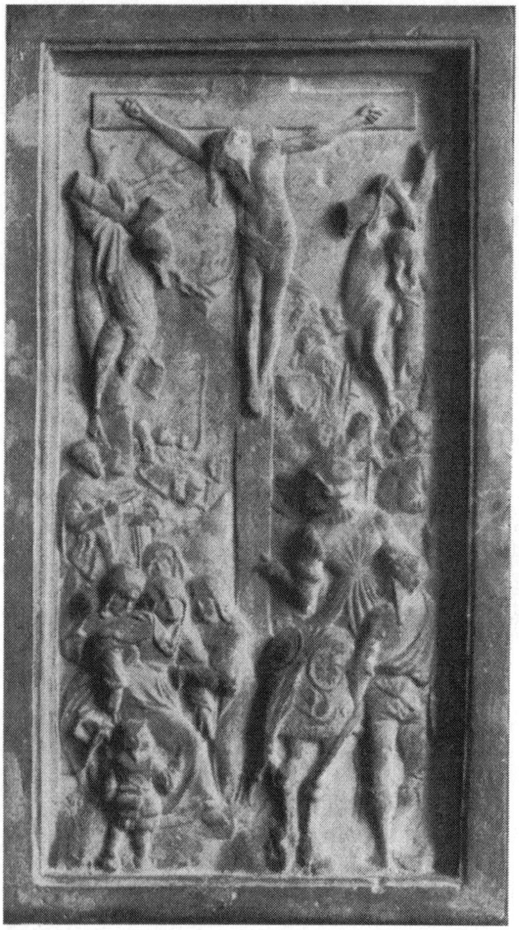

8362

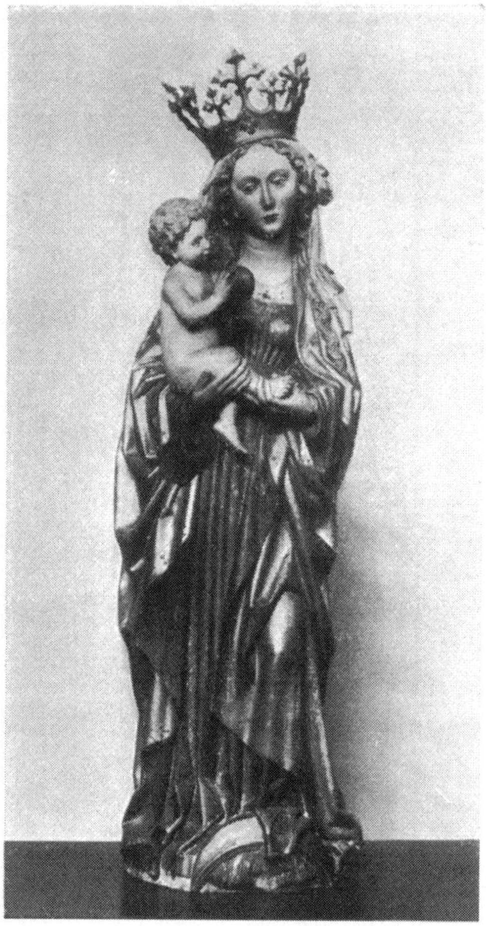

8147

die halbrunde Bekrönung eines Altars; Maße und Stil sowie die Komposition (im Gegensinn) übereinstimmend.

8188. Halbfigur eines Heiligen, mit einem Kirchenmodell in der Linken und einem Kelch in der Rechten. Bartlos, mit lang fallendem Lockenhaar. Bekleidung: Alba und Dalmatika. Gegenstück zu 8189. Abb. S. 273.

Halbfigur. Lindenholz. H. 54 (ohne Sockel). Rückseite flach mit kleiner Eintiefung. Rest einer in der Mitte durchgesägten Figur. Alte Bemalung und Vergoldung mit Fehlstellen. Gesicht in späterer Zeit übergangen; das Grün am Kirchenmodell nicht sicher alt. Bohrloch auf der Tonsur. Sockel modern.— Erworben 1918. Sammlung J. Simon.

Niederbayrisch um 1520.

8189. Halbfigur eines Heiligen. Er blickt in ein aufgeschlagenes Buch, das er in der Rechten hält. Mit dem kleinen Finger derselben Hand greift er in den Saum des Diakonengewandes. Lockenhaar. Gegenstück zu 8188. Abb. S. 273.

Halbfigur. Lindenholz. H. 56 (ohne Sockel). Rückseite flach. Rest einer in der Mitte durchgesägten Figur. Alte Bemalung und Vergoldung, mit Fehlstellen, besonders an der linken Schulter. Gesicht in späterer Zeit übergegangen. Das Blau am Ärmel der Alba grün übermalt. Die fünf Finger der Linken fehlen; Bohrloch auf der Tonsur. Sockel modern. — Erworben 1918. Sammlung J. Simon.

Niederbayrisch um 1520.

8362. Kreuzigung Christi. Unter den drei Kreuzen, von denen die der beiden Schächer aus Baumstämmen mit Querbalken gebildet sind, zwei Gruppen von Menschen: rechts der Hauptmann zu Pferde und ein Krieger mit gezogenem Schwert zu Fuß, beide vom Rücken gesehen und das Antlitz zurückgewandt zu der Gruppe links vom Kreuz Christi, wo Maria in die Arme zweier Frauen und des Johannes sinkt; davor ein Kind, das zu dem Hauptmann rechts hinaufschaut. Den Mittelgrund füllen Gruppen von Juden und Kriegern in flacher werdendem Relief.

Relief. Gebrannter Ton. H. 27, Br. 21. Mit Resten von Farben. Mehrfach gesprungen. — Erworben 1925. Geschenk des Herrn Leo Blumenreich in Berlin.

Landshuter Meister um 1530/40.

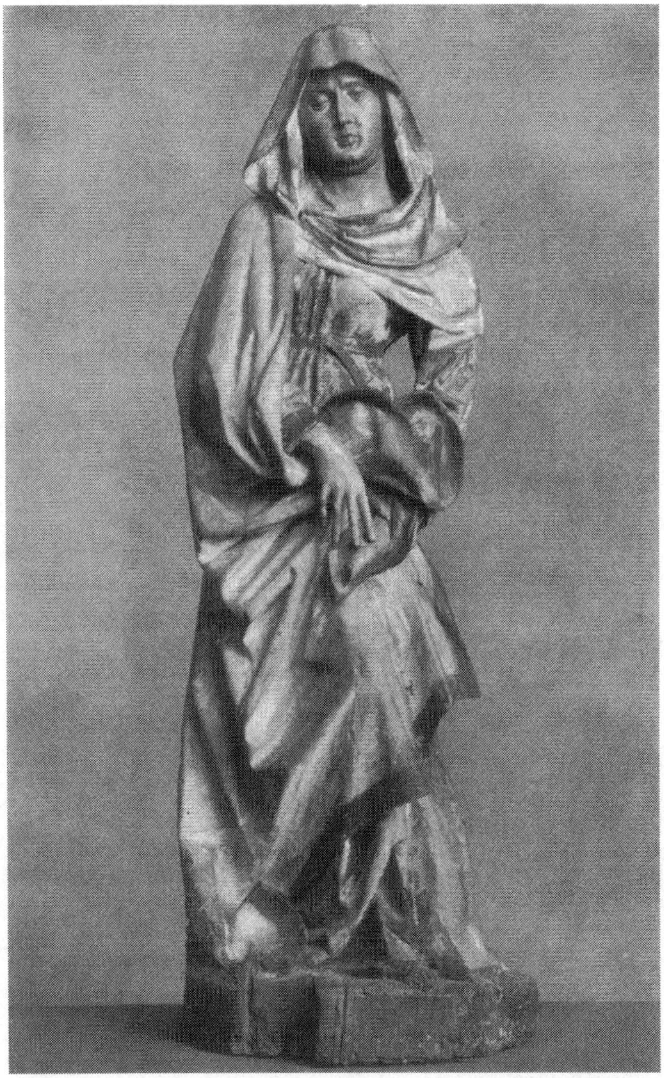

8114 S. 276

g) Tirol und die übrigen Alpenländer

8147. Maria mit dem Kinde. Stehend über der Mondsichel. Auf dem rechten Arm sitzt das nackte Kind mit einer Frucht in den Händen. Maria trägt ein gegürtetes Kleid, darüber Mantel, Kopfschleier und hohe Krone. In der abwärts gekehrten Mondsichel ein weiblicher Kopf mit Stirn- und Kinnbinde. Rundlicher Bodenausschnitt, über den der Mantel herabfällt.

Wandfigur. Lindenholz. H. 140. Rückseite ausgehöhlt. — Je eine Kronenzacke rechts und links hinten beschädigt. — Ausgezeichnet erhaltene alte Fassung: Vergoldung (Mantel, Gewandsäume oben und unten, Mondsichel) und alte, dunkel gewordene Versilberung (Gewand, Gesicht des Mondes samt den Binden). Das Gold an einigen Faltengraten und am Knie abgerieben, so daß der Bolusgrund zutage liegt. Das Inkarnat alt; das Weiß des Kopftuches vielleicht ebenfalls, das Mantelfutter zeigt späteres Blau (ursprünglich Versilberung?), der Gürtel späteres Rot. Halssaum des Kleides, Säume des Mantels, Gürtel und Krone mit imitierten Edelsteinen aus farbigen Pasten besetzt, die Mantelsäume von einem eingepunzten Streifen begleitet. Das Pastenornament z. T. beschädigt. Am Reif der Krone kreuzförmige Zinnbeschläge aus barocker Zeit. — Erworben 1918. Sammlung J. Simon.

Tirolisch um 1460—70. — Nach glaubwürdiger Überlieferung aus der Gegend von Meran. — C. Th. Müller hat im Münchner Jahrbuch der bildenden Kunst N. F. VI (1929) S. 77 ff. gezeigt, daß unsere Figur unter Einfluß der Sterzinger Arbeiten Multschers oder anderer oberschwäbischer Skulpturen entstanden ist. Ähnlich wie die drei Figuren aus dem Aufsatz des Sterzinger Altars, die sich

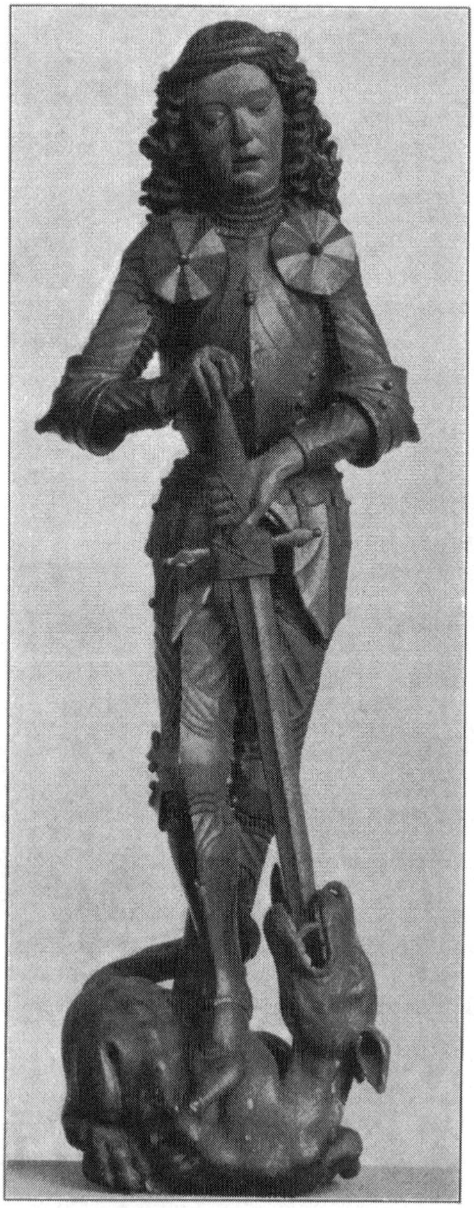

419

jetzt in der Kapelle von Schloß Ambras befinden, übersetzt sie Multschers Stil der sechziger Jahre in eine vereinfachte, gestraffte Form.

8114. Trauernde Maria. Der stark durchgebogene, schlanke Körper ist mit enggegürtetem Gewand und Kopftuch bekleidet. Der über der rechten Schulter hängende Mantel fällt vom Rücken nach links vorne herab, wo er unten in knittrigen Falten wieder sichtbar wird. Der vorne herabfallende Mantelteil ist hochgenommen und fällt in bauschigem Zipfel über den linken Unterarm. Die rechte Hand gespreizt, berührt mit einer Fingerspitze die linke, die offen auf dem linken Oberschenkel liegt. Abb. S. 275.

Statue. Weißtannenholz. H. 67. Rücken voll bearbeitet. Der unregelmäßige achteckige Sockel aus einem Stück mit der Figur. Bemalung nur an den Fleischteilen ursprünglich, sonst barock und schlecht erhalten. Mantel weiß mit schwarzbraunem Rand und blauem Futter, rotes Untergewand. Die Finger der linken Hand fehlen, Fußspitze vom Wurm zerfressen, ebenso der Sockel, von dem links und rechts Stücke fehlen; an den freistehenden Säumen Teile ausgebrochen. Die Spitzen der Haare im Rücken teilweise abgebrochen. Ergänzt Stücke in der linken Kopftuchfalte von der Höhe des Scheitels bis zum Kinn, ebenso Falten auf der Brust (z. T. in Wachs); ferner der äußerste Mantelzipfel des linken Unterarmes. — Erworben 1918. Sammlung J. Simon.

Südtirol, Ende 15. Jahrhundert. Kreis des Michael Pacher. — Die treffliche Figur steht im engsten Zusammenhang mit dem Meister; vgl. Standmotiv und Gewandbildung des hl. Georg im Mittelschrein des Altars von Gries bei Bozen, Abb. Robert Stiaßny, Pachers S. Wolfganger Altar (1919) Tafel 42, sowie der trauernden Maria und der Katharina im Aufsatz des Altars von S. Wolfgang, Abb. ebenda Tafel 12. 14. Noch größere Abbildungen bei Fr. Wolff, Michael Pacher (1909) Tafel 4, 69, 71. Carl Th. Müller bin ich für die Mitteilung verpflichtet, daß der frühere Besitzer, der verstorbene Theodor J. Ethofer, Aufzeichnungen hinterließ, wonach er die Figur »in den Bergen in der Umgebung von Sterzing« gekauft hat. Eine sitzende Madonna aus einem Bildstock bei Sterzing, heute in Sterzinger Privatbesitz, bietet eine Analogie zu unserem Stück; auch sie dem Michael Pacher sehr nahe, in der Qualität ihm ebenbürtig, doch nicht von seiner Hand.

419. Georg (Vöge 269). Er setzt den rechten Fuß zierlich auf den sich krümmenden Lindwurm und stößt ihm mit beiden Händen das Schwert in den Rachen. Er trägt über dem Kettenhemd und den roten Beinlingen einen Plattenpanzer und um die reich auf die Schultern herabfallenden Locken eine Binde aus zwei Schnüren und einer Perlschnur. Der Mund ist geöffnet.

Wandstatue. Zirbelholz. H. 89,5. Rückseite hohl, die Beine sind vollrund gearbeitet. Die alte Bemalung ist am besten im Gesicht erhalten. Panzer silbern, Haar und Binde, Schulternschilde,

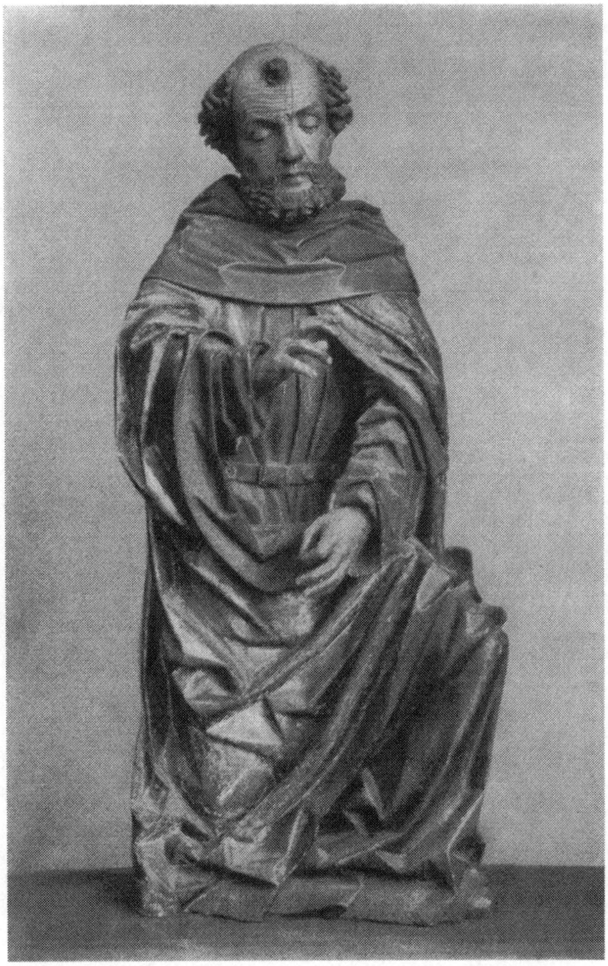

8300

Ellenbogen- und Kniestücke vergoldet (aufgefrischt). Hände und Schwert ergänzt, ursprünglich war dem Drachen eine Lanze durch den Rachen gestoßen, die Spitze ist noch zu sehen. Der Lindwurm aus besonderem Stück gearbeitet, die linke Vordertatze angestückt. Letztes Ende des Drachenschwanzes angestückt. — Erworben 1847 (s. unten). Kunstkammer.

Brixener Meister um 1490. — Von derselben Hand stammt, nach Mitteilung von Carl Th. Müller, der Grabchristus (Holz) aus der Brixener Pfarrkirche, der jetzt im Diözesan-Museum in Brixen verwahrt wird. Wenn eine Rechnung, die sich bei den Akten der Kunstkammer (1847, Nr. 1653) befindet, auf unsere Figur bezogen werden darf, was sehr wahrscheinlich ist, so stammt der hl. Georg aus einem »sehr reich geschnitzten und gemalten Altar in Brixen«.

8300. Joseph. Kniend und den Blick schräg nach unten gerichtet. Die Linke hielt die jetzt fehlende Kerze, die Rechte schützt die Flamme. Der bärtige Alte mit der Petruslocke über der Stirn ist bekleidet mit einem langärmeligen, in der Hüfte gegürteten Gewand, über dem ein stoffreicher Mantel und eine kragenartige Kapuze liegt.

Wandstatue. Zirbelholz. H. 118. Rückseite ausgehöhlt. Das Gold des Mantels mit stark sichtbarer roter Untermalung alt, das Rot des Kragens, das Grün des Untergewandes und das Inkarnat teilweise erneuert. Die Kerze in der Linken fehlt. — Erworben 1911 in München. Geschenk.

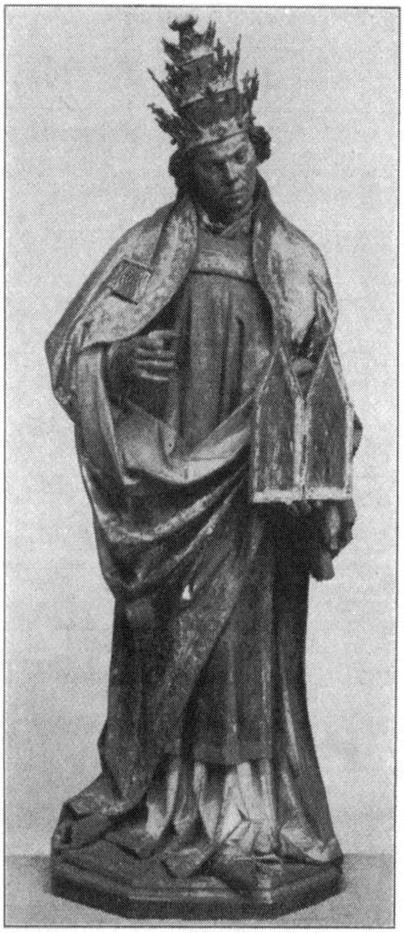

2598

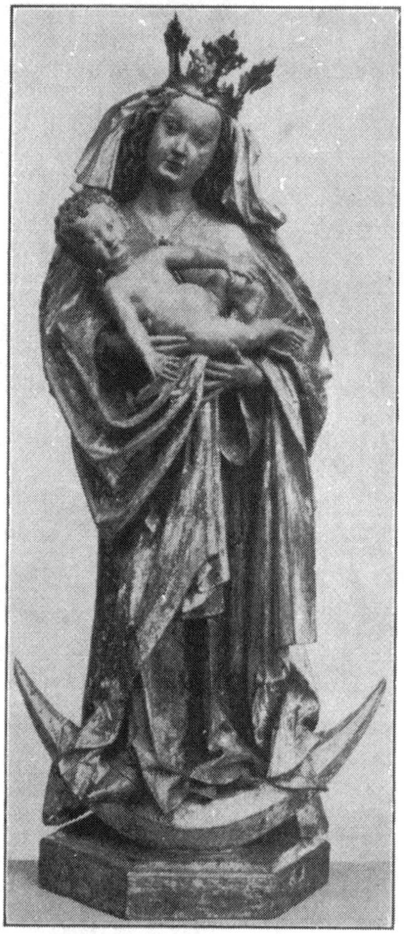

375

Brixener Meister um 1490; unter unmittelbarem Einfluß Michael Pachers. Gehörte — zusammen mit einer knienden Maria der früheren Sammlung Albert Figdor, Wien (H. 114) — zu einem der in Tirol beliebten Altäre mit der Anbetung des Kindes. Die Maria, zuletzt ausgestellt in Wien 1926 im Österreich. Museum (Katalog »Gotik in Österreich«, Nr. 153) ist abgebildet bei Leisching, Figurale Holzplastik (1908) Band I Nr. 23 Tafel XII. Die beiden Skulpturen befanden sich früher auf Schloß Saltaus im Passeiertal in der Sammlung eines Herrn v. Haller. Carl Th. Müller hat mit Recht diese Brixener Gruppe, im Gegensatz zu Semper, von den Bozener und Meraner Arbeiten getrennt und die Vermutung geäußert, es könnte sich bei den beiden Figuren um Reste des Fronaltars der Kirche in S. Leonhard (Passeiertal) handeln, der 1486 dem »Meister Hans Klocker Bildschnitzer zu Brichsen« in Auftrag gegeben und 1488 bzw. 1490 bezahlt wird. In diesem Altar war »oben in dem Corpus unseres lieben Herren gepurd« dargestellt. Amtliche Berichte 50 (1929) S. 62 ff.

375. Maria auf der Mondsichel (Vöge 270). Stehend, mit Krone, Kopfschleier, und vor der Brust geknöpftem Mantel, hält sie das nackte Kind, das die Rechte den Gläubigen entgegenstreckt und mit seinem linken Fuße spielt. Der Kopfschleier rechts lang herunterfallend. Sechseckige Fußplatte mit gotischer Kehle.

Wandstatue. Zirbelkieferholz. H. 133. Rückseite ausgehöhlt. Mantelspange aus besonderem Stück. Ergänzungen an den Extremitäten des Kindes, an der Krone. — Mit Resten alter, an der Krone erneuter Vergoldung (Mantel, Mondsichel) und aufgefrischter Bemalung. Das Gewand war weiß. Gepreßter Mantelsaum. — Erworben 1884 in Bozen. Geschenk eines Ungenannten.

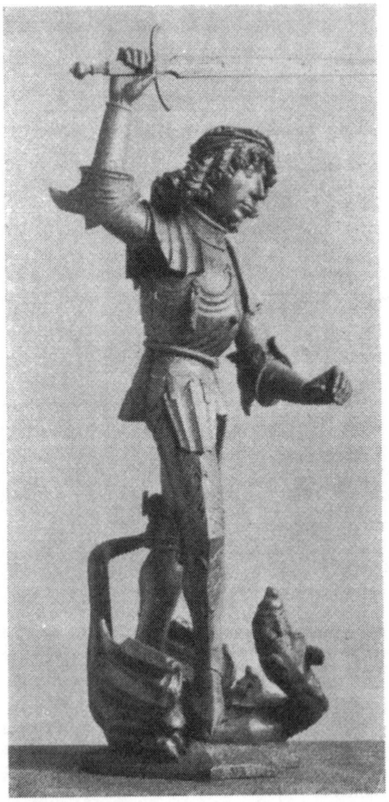

8179 S. 280

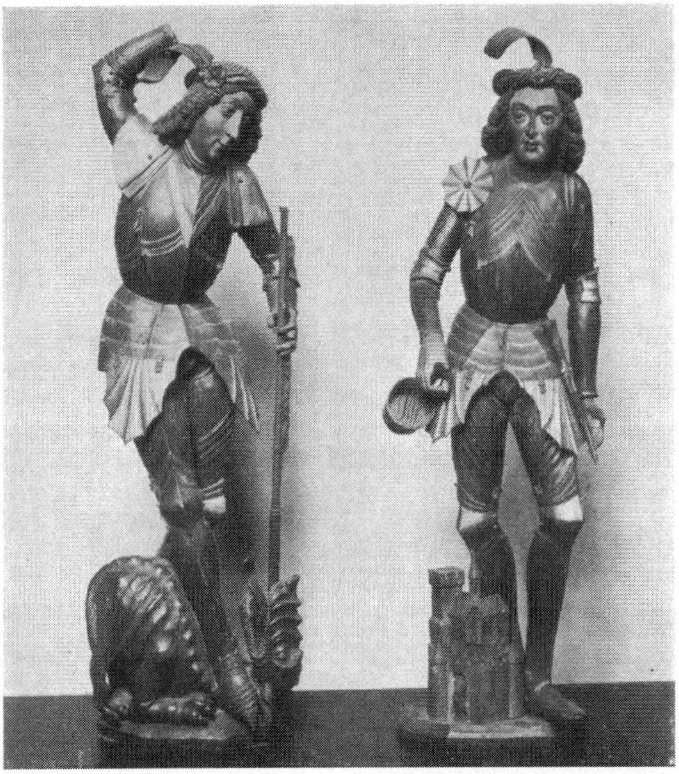

8181 8182

Südtirol, Bozener Meister, Ende 15. Jahrhundert. — Von derselben Hand, vielleicht vom selben Altar wie die folgende Nr. 2598. W. von Bode wies mit Recht demselben Meister eine Statue der Sammlung Albert Figdor zu; dieselbe stellt nicht einen Hl. König dar, sondern S. Oswald, u. stammt, nach Mitteilung von Carl Th. Müller, aus der S. Oswaldkirche bei Atzwang; Abb. bei Leisching, Figurale Holzplastik ... I Nr. 120 Tafel 57. — Zum selben Werkstattbetrieb gehört noch ein Florian, ehemals Sammlung Eugen Miller zu Aichholz in Wien, Abb. ebda. Nr. 111 Tafel 53.

2598. Papst (Vöge 271). Vor sich niederblickend, in der Linken ein aufgeklapptes Diptychon mit aufgemalter Darstellung des Petrus und Paulus (nur schwache Reste), in der erhobenen Rechten ursprünglich ein Attribut haltend. Tiara, Altar und Pluviale, das über den linken Arm gezogen ist. Auf achteckiger Fußplatte mit gotischer Kehlung.

Wandstatue. Zirbelkieferholz. H. 125. Rückseite ausgehöhlt. Perlen und Edelsteine an Krone und Handschuhen aus besonderen Stücken. Ergänzt die Finger der rechten Hand und die Blätterzacken bis auf eine. — Reste alter Vergoldung (Krone, Pluviale); Bemalung aufgefrischt. Mantelfutter blau; Dalmatika grün mit gepreßtem Muster und rotem Futter; Schuhe rot, Alba weiß; Profil der Plinthe rot und blau. — Erworben 1901 aus dem Nachlaß von Carl Becker.

Südtirol, Bozener Meister, Ende 15. Jahrhundert. Von derselben Hand wie die vorangehende Nr. 375. Vgl. die Bemerkungen zu dieser.

8181. 8182. Georg und Florian.

8181. Georg, in voller Rüstung, steht, den Kopf nach links unten gewendet und setzt den rechten Fuß auf den Hals des am Boden liegenden Drachen. Er hielt in der erhobenen Rechten das Schwert, in der Linken die Lanze. Langgelocktes Haar mit einer Binde, die seitlich mit einem Schmuckstück verziert ist. Gegenstück zum folgenden.

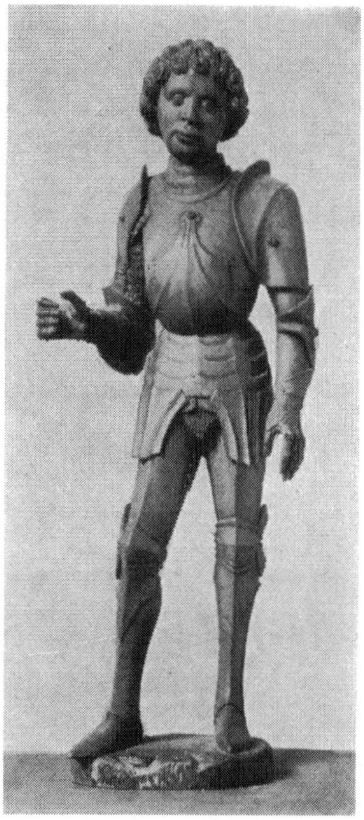

8180

8182. Hl. Florian, stehend in voller Rüstung mit darunter sichtbarem Panzerhemd. Mit langem auf die Schulter herabfallendem Lockenhaar; darüber ein aus Tuch gewundener Kranz, der vorne mit einem Schmuckstück geziert ist. In der Rechten hält er einen Wasserkübel, den er auf ein festungsartiges Gebäude ausgießt. Links vorne an der Rüstung ein Dolch. Abb. S. 279.

Wandstatuen. Zirbelkieferholz. Georg H. 136, Florian H. 138. Rückseiten flach. Bemalung alt, Rüstung versilbert, schwarz oxydiert, Ränder der einzelnen Platten, Schulterschild und Oberschenkelblätter vergoldet. — Es fehlen je eine Feder am Kopfputz, ferner bei Georg die rechte Hand mit Schwert, die vorderen Glieder des Zeige- und Mittelfingers an der linken, der Drachenschwanz; alt ist die mit einer Schraube befestigte Schwertscheide. Bei Florian ist unten am rechten Fuß ein Stück ausgebrochen, die Sockelplatte nicht ursprünglich, vielleicht auch der lose in der Hand hängende Kübel. — Erworben 1918. Sammlung J. Simon. — Ausgestellt 1906 vom Kaiser-Friedrich-Museums-Verein in Berlin.

Südtirol, Ende 15. Jahrhundert.

8179. Hl. Georg. Auf dem Drachen stehend, die Rechte zum Schlag mit dem Schwerte erhoben, die jetzt leere Linke vorgestreckt. In voller Rüstung. Die reiche Lockenfülle wird durch ein kranzartig um den Kopf gelegtes schmales Tuch zusammengehalten. Abb. S. 279.

Statue. Lindenholz, abgelaugt. H. 75, bis zum Kopf 66. Vollrund. Ergänzt ist der vordere Teil der Bodenplatte und des Drachen, einige weitere Teile an dessen Flügeln und Schwanz, ferner das Schwert und ein Stück links am Kopftuch. Die Lanze in der Linken fehlt. Mehrere Wurmlöcher. — Geringe Spuren von roter Bemalung an der Rüstung. — Erworben 1918. Sammlung J. Simon.

Tirolisch (Pustertal?) um 1490.

8180. Stehender Ritter (Mauritius). In voller Rüstung, ohne Kopfbedeckung. Durch die wulstigen Lippen die breite Nase, das gelockte Haar als Mohr charakterisiert. In seiner Rechten hielt er eine Lanze, in der Linken den Schild. Bodenplatte mit Terrainandeutung.

Statue. Lindenholz, vollrund gearbeitet. H. 62 (mit Sockel), abgelaugt. Spuren roter Farbe an den Lippen. Lanze und Schild fehlen. — Erworben 1918. Sammlung J. Simon.

Tirolisch (Pustertal?) um 1490. — Früher in der Sammlung Julius Böhler-München.

3112. Flügelaltar mit der Maria zwischen Heiligen (Vöge 272). Der im stumpfen Winkel nach vorn herausspringende Schrein birgt eine Statue der Maria mit dem Kinde. Sie steht in wallendem Gewand, Mantel und Kopfschleier vor einer Strahlenglorie, dem nackten Kind auf ihrer Linken, das wie sie nach vorn schaut, einen Apfel reichend. Die Schrägwände des Schreins zeigen zwei im Kielbogen geschlossene, maßwerkgeschmückte Fenster, aus denen Vorhänge heraushängen; über die Brüstung neigen sich zwei Engel, in geistlichen Gewändern, der linke mit einer Binde im Haar; sie legen schüchtern die Hände an den Mantel der Maria. Der Baldachin, auf drei ineinandergehenden Rippengewölben ruhend, zeigt eine reiche Schwebearkatur aus einander überschneidenden Kielbogen, deren Zwickel dicht gestelltes, frei vor der Wandung liegendes Stabwerk verkleidet. In den Kehlen des Rahmens eine Blattwelle, um einen Stab sich windend.

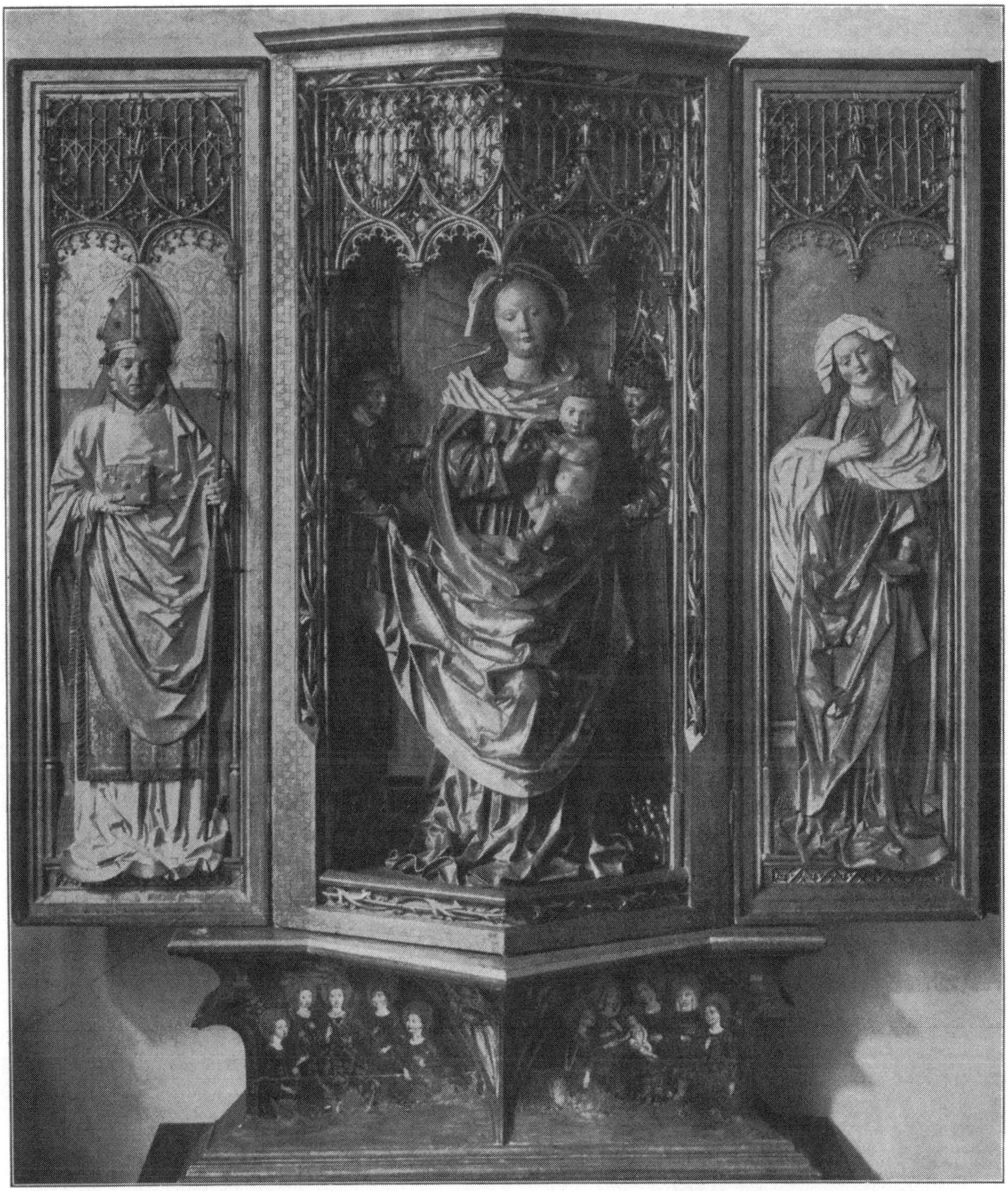

3112

Die Innenseiten der Flügel zeigen links einen hl. Bischof in vollem Ornat, ein Buch in der Rechten; rechts die hl. Lucia (?), ein Schälchen in der Linken (das Attribut fehlt), die Rechte vor der Brust.

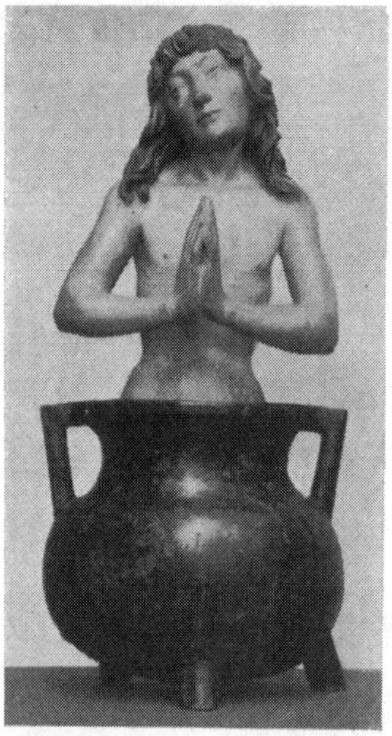
8132

Die Außenseiten der Flügel stellen in vier Gemälden die Geschichte der Maria Magdalena dar. 1. (links. oben) Magdalena, Christus die Füße salbend. 2. (rechts oben) Noli me tangere. 3. (rechts unten) Maximus spendet ihr vor ihrem Tode die Hostie. 4. (links unten) Magdalena, von Engeln zum Himmel getragen.

Die Predella zeigt, ebenfalls in Malerei, rechts die Verlobung der hl. Katharina (in Gegenwart von Amalberga, Magdalena und einer dritten Heiligen); links Ursula zwischen Barbara, Agatha, Dorothea und Margareta (?). An den Zwickeln der Konsole zwei musizierende Engel.

Zirbelkieferholz. Die Madonna und die Engel als Wandstatuen ausgebildet, mit ausgehöhlter Rückseite. Die Flügelheiligen Flachreliefs, ausgeschnitten und auf den Grund aufgelegt. H. des Schreines mit der Predella 280, des Schreins für sich 221. B. des Schreines 124, des linken Flügels 63, des übergreifenden rechten 69. Die Engel des Schreins einzeln gearbeitet. Die Hände der Heiligen, der Bischofsstab, die Edelsteine, die fehlenden Augen (?) auf der Schale der Heiligen aus besonderen Stücken. Es fehlt die Krümme des Bischofsstabes. Mit reicher alter Vergoldung und Bemalung. Die Madonna vor Goldgrund mit gepreßtem Rautenmuster, die Heiligen vor grünen Vorhängen. Der vergoldete Baldachin mit blauem Gewölbekappen und Kehlungen und mit roten Bogenläufen. Die silbernen Säulenschäfte von goldenem Blatt umwunden. Die goldenen Gewänder der Madonna und der Engel sind übergangen. An Farben dominieren Blau und Weiß; Rot nur vereinzelt an Säumen und Rändern. Das gepreßte Brokatmuster auf dem linken Flügel in Schwarz und Oliv. — Erworben 1908 in Berlin. Aus der Sammlung Krüger.

Nordtiroler, wohl Inntaler, Werkstatt, gegen 1500. — Aus Gmarr bei Landeck. Die öfters behauptete Schulverwandschaft mit der Bozener und sonstigen Tiroler Plastik, insbesondere dem Traminer Altar, ist nicht vorhanden. Das Stück ist gegenüber dem ganzen Pacherkreis durchaus selbständig. Schon Stiaßny wollte es einer Werkstätte des Vintschgaus oder des Oberinntals zuweisen. — Nah verwandt, auch im Dekor der Baldachine, und vielleicht von derselben Hand sind zwei kleinere Altarflügel aus der Sammlung R. v. Kaufmann; vgl. Friedländer, Deutsche und niederländische Holzbildwerke im Berliner Privatbesitz, Berlin 1904, Abb. 42 und 43 (Taf. 23).

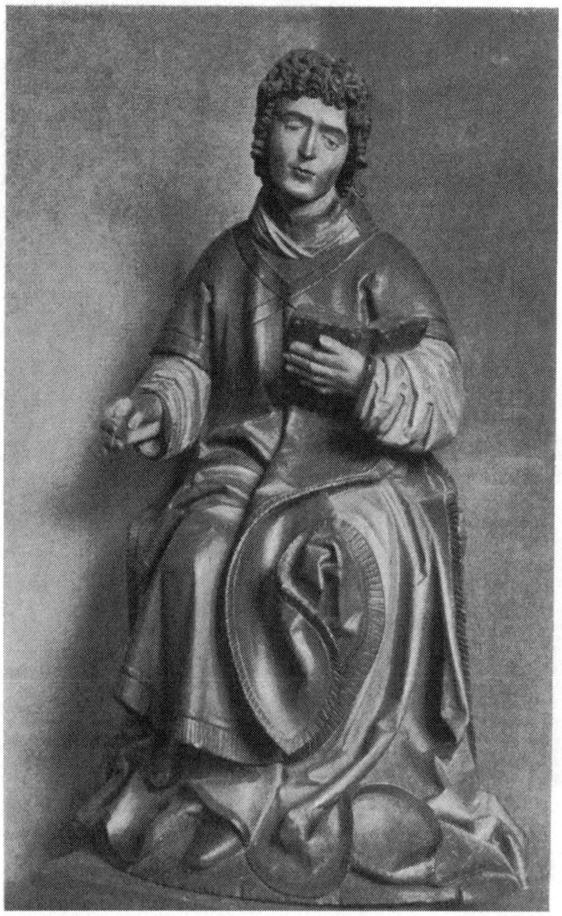
8187

8132. Der hl. Veit im Kessel. Der langgelockte nackte Heilige sitzt bis zu den Hüften in einem

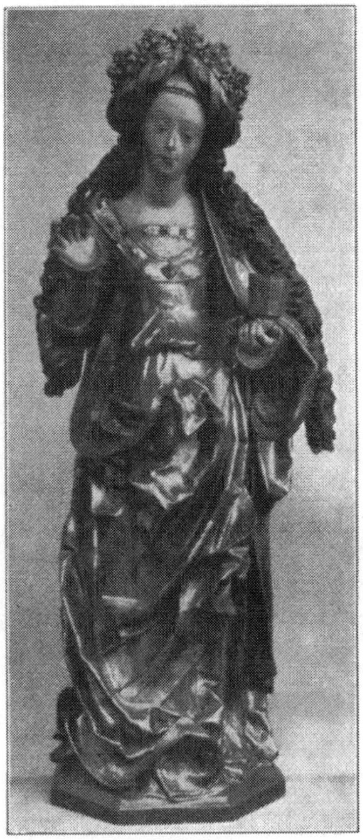
2031

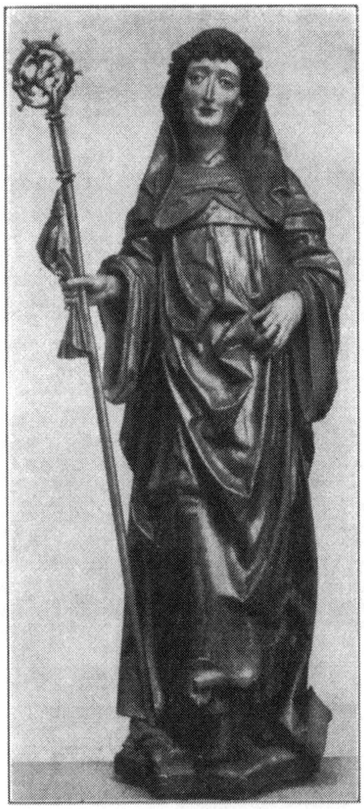
2032 S. 284

bauchigen doppelhenkligen Kessel, der auf drei kurzen Füßen ruht. Der Kopf ist nach links geneigt, der Blick nach oben gerichtet; die Hände sind betend vor der Brust erhoben.

Vollrunde Figur. Lindenholz. H. 58. Die Rückseite des Kessels abgeflacht. Alte Bemalung. — Erworben 1918. Sammlung J. Simon.

Tirol, Ende 15. Jahrhundert.

8187. Diakon (Laurentius?). Mit reichem Lockenhaar, sitzend; mit Alba und Pluviale bekleidet. Auf dem linken Unterarm hält er ein aufgeschlagenes Buch, während die Rechte ein jetzt fehlendes Attribut umfaßte. Sockelplatte mit Terrainandeutung.

Wandstatue. Lindenholz. H. 130. Rückseite hohl. Bemalung übergangen, rot mit goldenen Säumen und blaugrünem Futter. Bohrlöcher am Kopf. Die Finger der rechten Hand angesetzt, der Sockel links und rechts angestückt; das Gewand unter dem rechten Ellenbogen ausgebrochen. Rechte Buchecke angestückt. — Erworben 1918. Sammlung J. Simon.

Nordtirol, Ende 15. Jahrhundert. — Weitere Werke des charaktervollen Bildschnitzers sind bisher nicht bekannt geworden. Die Verwandschaft mit Pachers Spätstil ist nur allgemeiner Art.

2031. Magdalena (Vöge 273). Stehend, in ausgeschnittenem, anliegendem Kleid und weitem Mantel, der von der rechten Schulter herabgeglitten ist, auf dem Kopfe eine Turbankrone. Die Heilige blickt vor sich nieder und hält die Rechte hoch, aus der sie scheinbar den Mantelbausch vor ihrem Leibe fallen ließ. Die Linke hält das Salbgefäß. Fußplatte aus dem Achteck konstruiert.

Wandstatue. Lindenholz. H. 143. Rückseite ausgehöhlt. Die Perlen aus besonderen Stücken. Auf dem Kopfe eine Bohrung. Starke Sprünge im Gewand am Boden. Haare z. T. geflickt. Bemalung

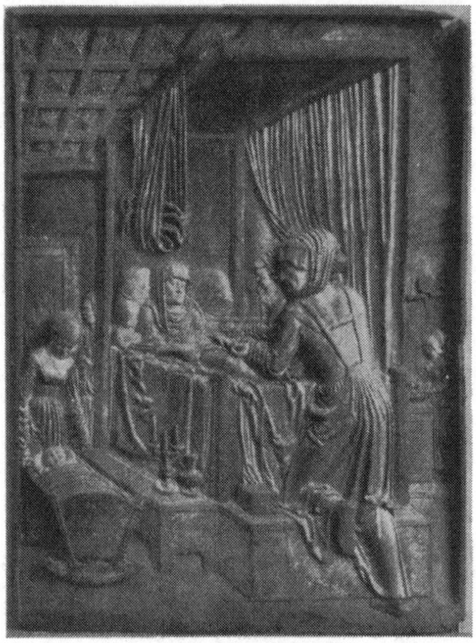

8173

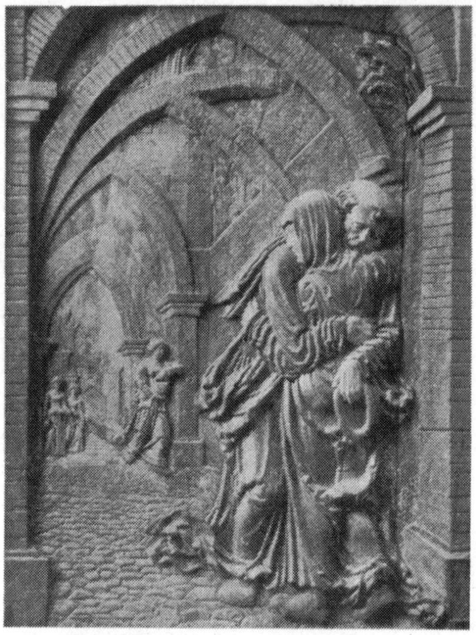

8111

und Vergoldung erneut; Krone, Gewand, Mantel, Salbbüchse golden; Bänder des Turbans, Saum am Halse, Teile der Ärmel versilbert. Rot und Grün als Lasur über Gold und Silber. — Erworben 1893 in München aus der Sammlung Seitz. Geschenk des Grafen Dönhoff-Friedrichstein.

8174

Tirolisch, Anfang 16. Jahrhundert. Herkunft noch nicht sicher bestimmbar. Zusammengehörig mit 2032.

2032. Abt (Vöge 274). Stehend, den Krummstab in der Rechten, während die Linke in die Falten des Gewandes faßt. In langer, faltiger Kutte, deren Kapuze leicht über das von braunem Lockenkranz umrahmte Haar gelegt ist. Basis sternförmig. Abb. S. 283.

Wandstatue. Lindenholz(?). H. 144. Rückseite ausgehöhlt. Die rechte Hand mit Stab ergänzt. Ausbesserung am Gewand rechts unten. Vergoldung und Bemalung aufgefrischt. Kutte, Gewandsäume golden, Futter der Kutte blau, Gewand schwarz. — Erworben 1893 in München. Geschenk des Herrn Geheimrat Schöller.

Tirolisch, Anfang 16. Jahrhundert. — Herkunft noch nicht genauer bestimmbar, vielleicht nördliches Tirol. Zusammengehörig mit 2031.

8111. 8173. Zwei Reliefs aus der Marienlegende.

8111. Joachim und Anna unter der goldenen Pforte. Am rechten Eingangspfeiler einer perspektivisch sich verkürzenden Halle mit spitzbogigen Gurten umarmen sich Joachim und Anna. Aus dem Hintergrund kommen drei Frauen, die vordere mit einem Körbchen. Aussicht auf eine Stadt.

Flachrelief. Lindenholz. H. 71,5, Br. 55,5. Reste alter Bemalung, Architektur rötlich, zum größten Teile abgelaugt, Grasbüsche grün, Gewänder vergoldet, rotes Futter. — Erworben 1922 aus der Sammlung B. Oppenheim, Berlin, für die Sammlung J. Simon.

8173. Geburt der Maria. Ein Himmelbett mit z. T. hochgeschürzten Vorhängen, an dessen Seiten Sitztruhen mit Geräten angeschoben sind, steht schräg in einem Zimmer mit kassettierter Decke. Auf dem Bett ruht Anna. Zwei Frauen, davon eine am oberen Bettrande stehend, bemühen sich um sie. Eine Magd schaukelt das Kind in der Wiege links. Zu äußerst rechts Blick in eine Küche, in der eine Frau kocht, links durch eine Tür in die Landschaft.

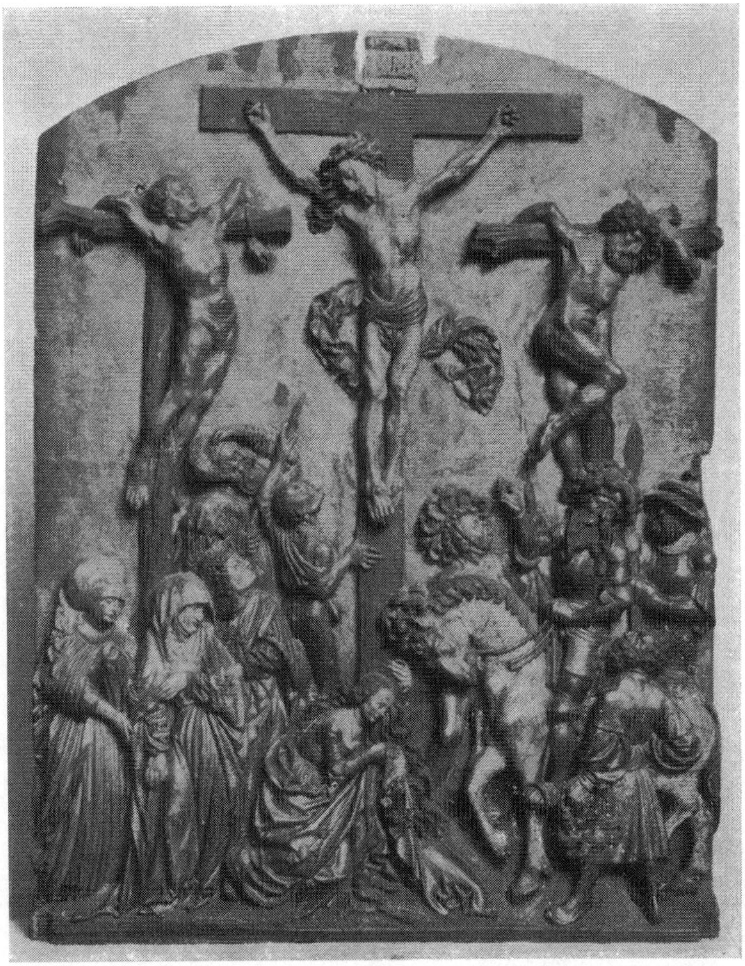

8178 S. 286

Flachrelief. Lindenholz. H. 71, Br. 55. Alte Bemalung und Vergoldung z. T. erhalten, silbernes Untergewand der Frau am Bettrand, grünes Bettlaken. Rechte obere Ecke ausgebrochen. — Erworben 1918. Sammlung J. Simon.

Salzburg oder Passau um 1520—25. — Verwandt den Reliefs aus Irrsdorf, die sich jetzt im Salzburger Museum befinden; vgl. W. Stechow, Amtl. Berichte 43 (1922) S. 84 ff. Der Irrsdorfer Meister ist neuerdings von E. F. Bange mit dem Kleinplastiker J. P. von 1521 identifiziert worden: Die Kleinplastik der deutschen Renaissance in Holz und Stein (München 1928) S. 46 ff. Tafel 42 ff. — Unsere beiden Reliefs, die zusammengehören, sind im Museum in einem Rahmen vereinigt worden. — Vgl. B. Oppenheim, Meine Sammlung, Nachtragsband (1911) Nr. 126. O. von Falke, Deutsche Möbel des Mittelalters und der Renaissance (1924) S. LV und LVI. Feulner, Jahrbuch der preuß. Kunstsammlungen 50 (1929) S. 194.

8174. Begegnung an der goldenen Pforte. Von links tritt die bräutlich mit Kopftuch geschmückte Anna auf den von rechts kommenden Joachim zu, der sie bei der Hand nimmt; er trägt einen langen Mantel; der Hut hängt ihm über den Rücken. Hinter Joachim ein Hirte mit kurzem Wams, Hut, Tasche und einem Hund an der Leine. Als Hintergrund Fragment einer Renaissancearchitektur.

Relief. Oberteil eines rechten Altarflügels. Lindenholz. H. 99, Br. 71. Alte gut erhal-

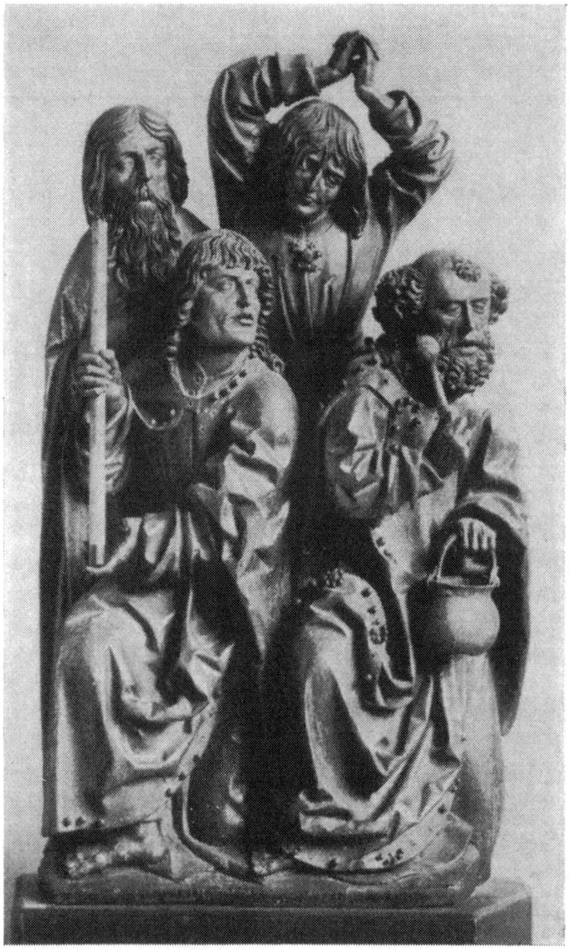

8171

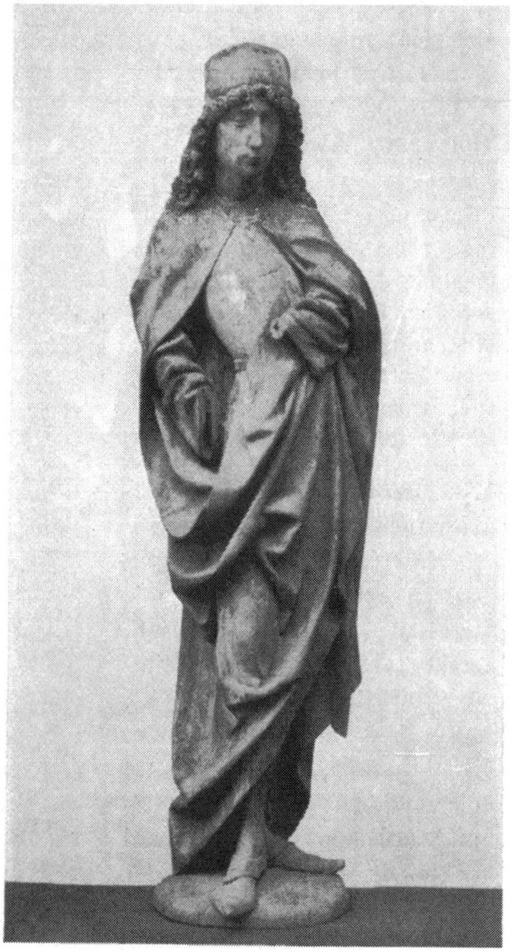

7668

tene Vergoldung und Bemalung; nur am Kleid des Joachim — bis auf den Goldsaum — beschädigt. Im Hintergrund und im Gewand des Joachim mehrere Bohrlöcher. — Erworben 1918. Sammlung J. Simon.

Österreichisch (?) um 1520—30. — Ausstellung des Kaiser-Friedrich-Museums-Vereins 1906 Nr. 199 als »Südddeutsch um 1540«. — Die Komposition läßt an schwäbische Einflüsse denken, die Typen sprechen für einen Meister des Alpen- oder Voralpenlandes. Salzburg dürfte, wie Carl Th. Müller richtig beobachtet hat, nicht in Frage kommen.

8178. Kreuzigung. Die drei Kreuze sind frontal angeordnet; von den beiden Schächern, die die Arme über den Querbalken haben, wendet sich der gute links Christus zu, der andere rechts von ihm ab. Der Vordergrund ist mit drei Gruppen von Menschen eng gefüllt. Vorn rechts kommt auf weißem Pferd der Hauptmann, begleitet von drei Männern; alle drei in reicher Renaissancetracht, der Hauptmann und der Krieger hinter ihm gepanzert. In der Mitte ist Magdalena, das Kreuz umfassend, in die Knie gesunken, ein Stück ihres weiten Mantels breitet sich rechts vor ihr am Boden aus. Links Maria, von einer Frau und von Johannes gehalten; dieser selbst blickt zu dem Kreuz empor und stellt die Verbindung dar mit einer Gruppe von zwei Männern, die wohl den Stab mit dem Essigschwamm zum Gekreuzigten hinaufreichten; der eine, bärtig in reicher Gewandung, der andere ein Knecht, in Hose und Hemd, das von der rechten Schulter herabgeglitten ist. Abb. S. 285.

Hochrelief. Lindenholz. H. 87, Br. 67. Alte Bemalung und Vergoldung. Die beiden unteren Ecken sowie einige Stücke am rechten Rand und oben neben der Inschrifttafel des Kreuzes Jesu ausgebrochen. Die oberen Enden der Lanze des Kriegers rechts und des Stabes der beiden Männer links abgebrochen. Oberer Abschluß des Reliefs im Flachbogen. — Erworben 1918. Sammlung J. Simon.

Österreichisch (vielleicht Oberösterreich?) um 1510—20. — Bestimmte Lokalisierung bis jetzt nicht möglich. Doch ist deutlich, daß der Bildschnitzer Darstellungen, wie sie in der österreichischen Malerei der vorangehenden Periode (um 1480 und früher) vorkommen, gekannt und als Vorbild verwendet hat.

8171. Vier Apostel (von einem Marientod). Die beiden vorderen kniend, der rechte (Petrus?) mit einem Weihwasserkessel und Wedel, der linke mit einer Kerze in den Händen. Stehend rückwärts zwischen beiden ein Apostel mit langen ins Gesicht hängenden Haaren, die Hände über dem Kopf zusammenschlagend. Links daneben ein Bärtiger, den Blick nach rechts gewandt.

Wandgruppe. Lindenholz. H. 90. Rückseite hohl. — Bemalung auf altem Grund z. T. erneuert, matt goldene Gewänder mit grünem Futter. Die Gewandsäume mit Edelsteinen besetzt, die Rosetten mit einem Glasflußstein in der Mitte bilden, z. T. ausgebrochen. Der rechte Daumen des Apostels mit der Kerze ist abgebrochen. — Erworben 1918. Sammlung J. Simon.

Österreichisch, Ende 15. Jahrhundert. — Genauere Lokalisierung in Ober- oder Niederösterreich zurzeit noch nicht möglich. Die Bezeichnung »Nürnberg« (so im Ausstellungs-Katalog des K.-F.-Museums-Vereins 1914 unter Nr. 214) scheint mir unbegründet.

7668. Männlicher Heiliger (Cosmas?). Stehend, die beiden Füße rechtwinklig aneinandergesetzt. Das bartlose jugendliche Gesicht mit langer Nase und wohlgebildetem kleinem vorstehendem Mund umrahmt reiches auf die Schultern fallendes Lockenhaar; auf dem Kopf eine Mütze mit hochgeklappter Krempe. Der schlanke nach rechts ausgebogene Körper ist bedeckt von einem enganliegenden Wams mit stoffreichen faltigen Ärmeln, darüber fällt ein über der Brust zusammengehaltener Mantel vom Rücken herab, wird vorn emporgenommen und vom linken Arm festgehalten; schön disponiertes, tief eingeschnittenes Faltenwerk. Die Füße stecken in spitzen Schuhen. Rundlicher Sockel mit Terrainandeutung.

Wandstatue. Lindenholz. H. 138. Rückseite ausgehöhlt. Fassung entfernt bis auf wenige Reste am Mantelfutter, an den Beinen und an anderen Stellen. Die Hände mit dem Salbgefäß, eine moderne Münchener Ergänzung, jetzt entfernt. Unbedeutende

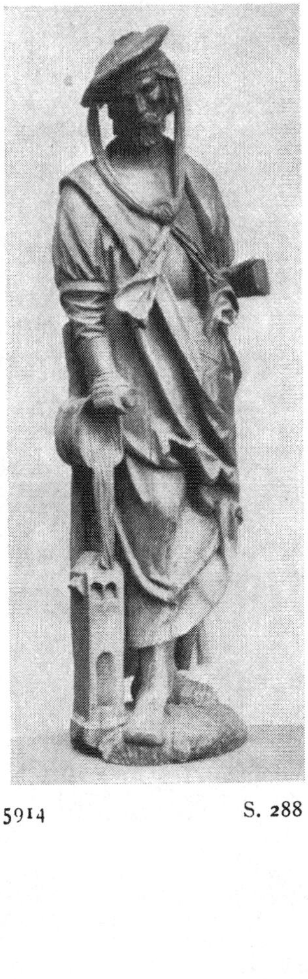

5914 S. 288

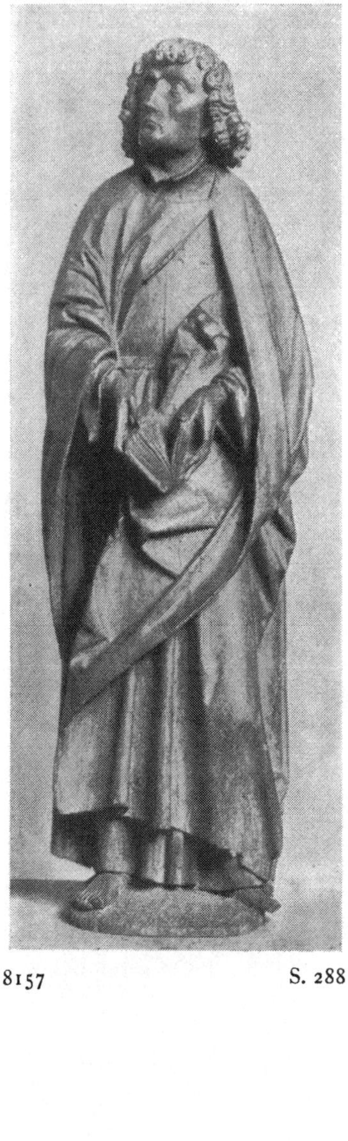

8157 S. 288

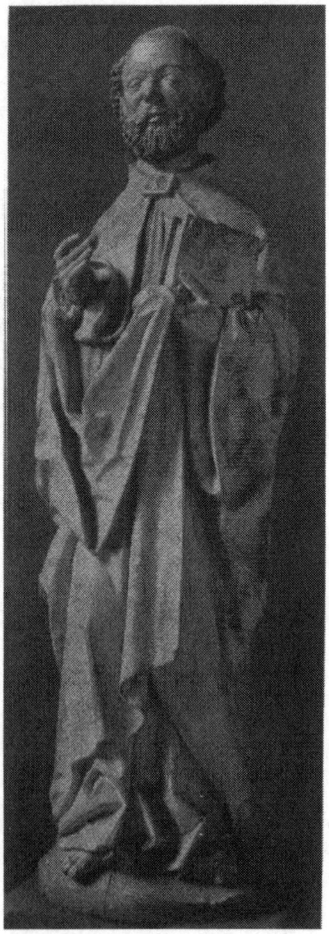

8327

Bruchstellen an den Kanten der Mütze und des Mantels; ebenso an den Haaren. Rechte Fußspitze aus besonderem Stück, vielleicht ergänzt. — Erworben 1914 in München.

Oberösterreichisch, Ende 15. Jahrhundert. — Aus Lambach in Oberösterreich, wahrscheinlich aus dem Stiftsgebäude.

5914. Florian. Auf einer Bodenplatte stehend, das bärtige Antlitz nach rechts geneigt, gießt er mit seiner Rechten aus einem kleinen Schöpfkübel Wasser auf ein turmartiges Haus zu seinen Füßen. Er trägt Fausthandschuhe und eine Rüstung, über der ein Mantel liegt. Unter dem Barett eine Mütze, die mit zwei herunterhängenden Tuchbändern vor der Brust geknotet ist. Abb. S. 287.

Wandstatue. Lindenholz. H. 102. Rücken abgeflacht. Abgelaugt; mit geringen Resten roter Farbe in den Ritzen. — Die Lanze in der Linken fehlt. Ein Sprung durch die Figur in Richtung des rechten Unterschenkels. — Erworben 1910 in Wien (Dorotheum). — Geschenk eines Ungenannten.

Oberösterreichisch um 1520. — Vgl. Auktions-Katalog des Dorotheum (1910) Nr. 51; dort als »fränkisch« bezeichnet.

8157. Johannes der Evangelist. Stehend, in Mantel und langem, gegürtetem Gewand, nach rechts emporblickend, hält er das Buch in beiden Händen. Ein großes Stück des linken inneren Mantelteiles wird dadurch sichtbar, daß er es zwischen Leib und Unterarm preßt. Bodenplatte mit Terrainangabe. Abb. S. 287.

Statue, vollrund. Lindenholz. H. 98. Fassung abgelaugt, auf den Faltenrückseiten noch stellenweise Farbreste. Am Buch, an den Fingern, am Mantelsaum, besonders, wo der Mantel den Boden berührt, Stücke ausgebrochen. Ergänzt ein Stück des rechten Mantelsaumes in Höhe der Hand, der vordere Teil der Bodenplatte und die Füße (Platte aus vielen kleinen Teilen zusammengeleimt). — Erworben 1918. Sammlung J. Simon.

Vorarlberg um 1500—1510. — Eine auffallend übereinstimmende, doch geringere Johannesfigur im Bregenzer Landesmuseum.

8327. Stehender Heiliger (Petrus?). In losem Untergewand und weit darüberfallendem Mantel, der unter dem Hals mit einer Schließe geschlossen ist, und dessen angesetzte Kapuze auf dem Rücken herabhängt. Das kegelförmig spitze, oben kahle Haupt mit Vollbart und langem Lockenkranz im Nacken. In der Linken, deren Finger in den Mantelsaum greifen, hält er ein geschlossenes Buch.

Statue. Zirbelkieferholz. Vollrund. H. 132,5. Ältere Fassung im Gesicht. Auf altem Kreide- und Leinwandgrund neuere Bemalung, namentlich am Untergewand. Am Mantel geringe Reste von alter Vergoldung auf altem rotem Untergrund. Rechte Hand fehlt jetzt; die frühere Ergänzung ist entfernt. Abarbeitung späterer Zeit am Haar in der Schläfengegend. — Erworben 1924 in Berlin.

Kärntner Meister um 1490. — Eine Bischofsfigur, eng verwandt, aus S. Paul im Lavantthal, war 1929 im Münchener Kunsthandel.

2770. Flügelaltar mit einem Apostel (Petrus?) und dem hl. Georg (Vöge 107). Im Mittelschrein, leicht einander zugewendet: links Georg, in vergoldeter Rüstung, eine perlendurchfloch-

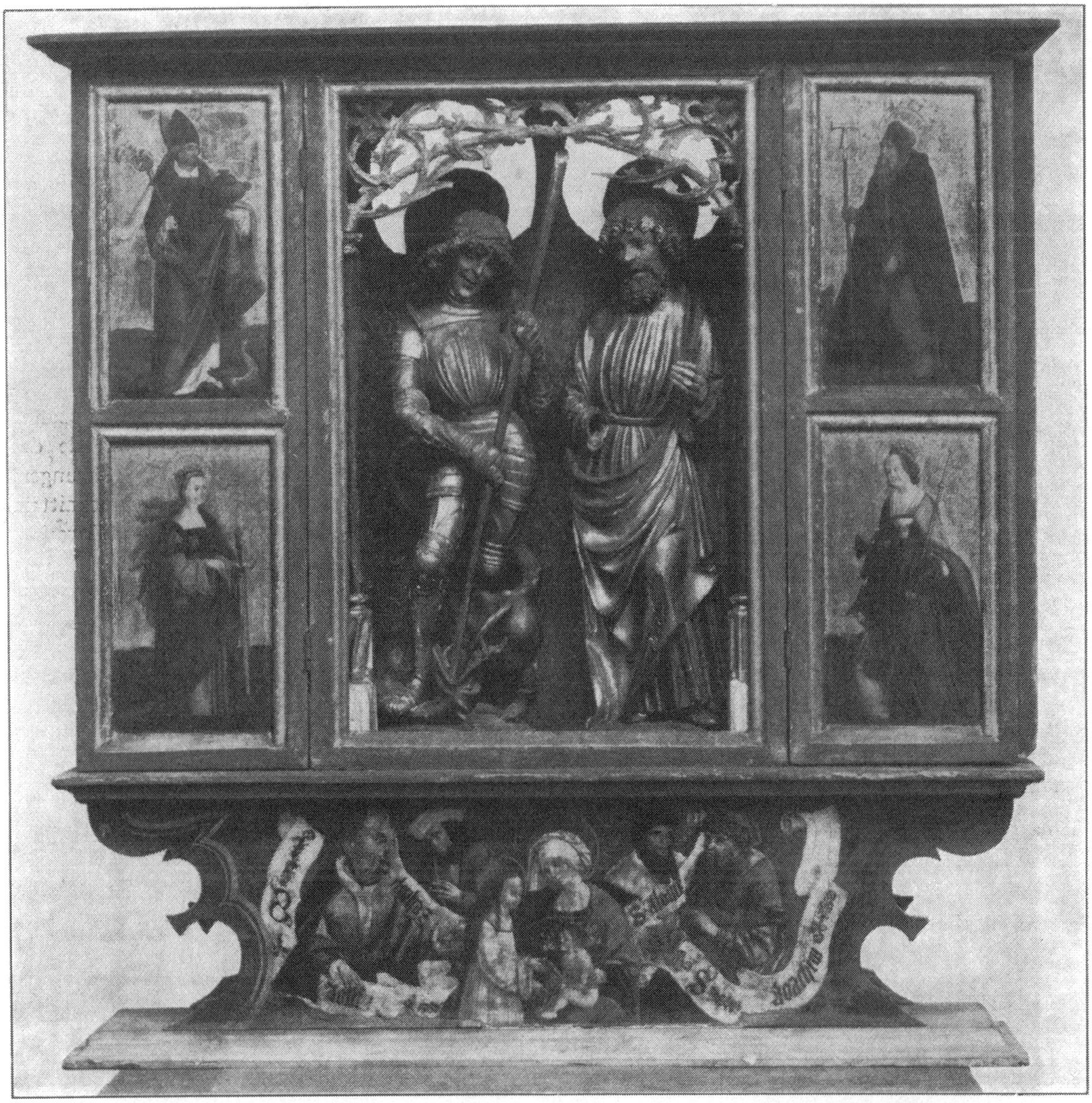

2770

tene Binde in dem blonden Haar; sein Mund ist geöffnet; er setzt den linken Fuß auf den Hals des Drachen und stößt ihm die Lanze in den Rachen. Der Apostel rechts scheint ihm etwas zuzurufen; er erhebt die Arme. Über den Figuren durchbrochenes gotisches Laubwerk auf Säulen.

Die Flügel mit Gemälden. Die Innenseiten zeigen links oben Martinus, unten Katharina, rechts Antonius, darunter Margareta. Auf den Außenseiten und den Blendflügeln Gemälde der vier Kirchenväter.

Die Staffel zeigt eine gemalte hl. Sippe: Anna selbdritt, umgeben von Joseph und ihren drei Männern, die Schriftstreifen mit ihren Namen halten.

An der Rückseite des Schreins und der Blendflügel Reste einer reichen Renaissanceornamentik in schwarzer, weißgehöhter Zeichnung auf Grün; in der Mitte ein delphingeschmückter Kande-

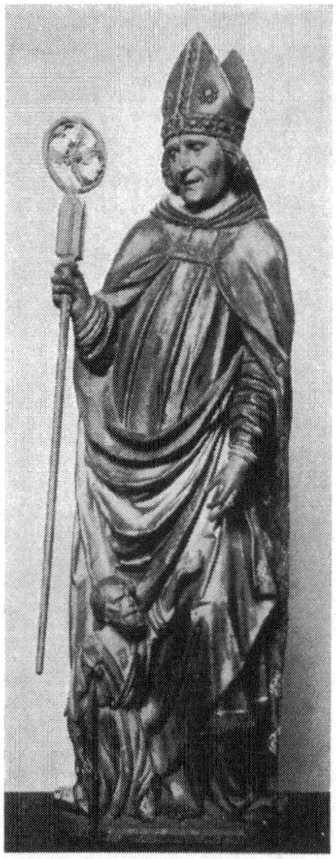

8170

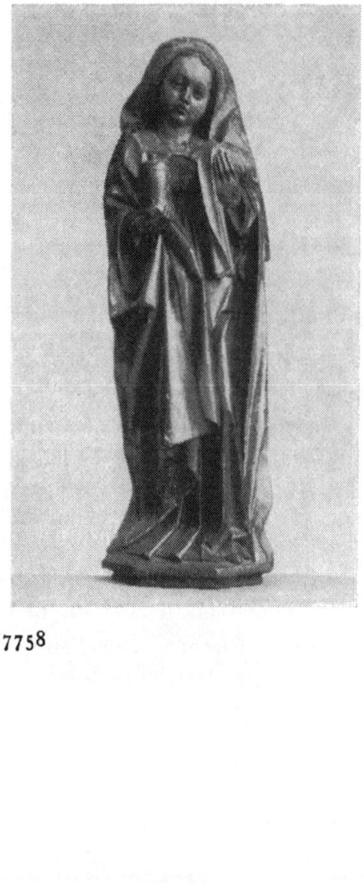

7758

laber; auf dem linken Blendflügel ebenfalls Spuren eines solchen mit Putten. Auf der Rückseite der Staffel zwei Putten in Rankenwerk, ein in natürlichen Farben gegebenes Schweißtuch der Veronika haltend. An der Schmalseite der Staffel Gerank in schwarzer, weißgehöhter Zeichnung auf Grün.

Die alte Bemalung und Vergoldung der plastischen Teile im ganzen gut erhalten. Vergoldet Rüstung und Stirnband des Georg, der blaugefütterte Mantel des Apostels, die Kapitelle und Basen der bräunlichen Säulen wie das Laub. Versilbert der Rock des Apostels. Der Hintergrund zeigt Reste eines Brokatmusters, Mennig auf Grau.

Statuetten. Lindenholz. Die Rückseiten flüchtig oder nicht bearbeitet. Maße des Schreines: H. 116,5, Br. 110. Zunge, Stoßzähne und Schwanz des Drachen, wie ursprünglich schon die Hände des Apostels, aus besonderen Stücken. Die Köpfe zeigen Bohrungen. Später wurden in die Rückwand nimbenartige Scheiben eingeschnitten. Auf dem Schrein ein Falz für einen krönenden Aufsatz. — Erworben 1904. Geschenk des Herrn Eduard Simon in Berlin.

Villacher Meister, Anfang 16. Jahrhunderts. Die richtige Bestimmung hat zuerst Wilhelm Suida im Belvedere II (1927) S. 78 f. ausgesprochen. Enger verwandt mit unserem Altar sind zwei von Suida nicht ausdrücklich aufgeführte Statuen in der Schloßkapelle des Stiftes S. Lambrecht; zu vergleichen im übrigen der Band der österreichischen Kunsttopographie über S. Lambrecht (Steiermark) von P. Othmar Wohnisch, dessen Erscheinen bevorsteht.

8170. Valentin. Er steht in vollem Ornat mit Mitra und (jetzt fehlendem) Krummstab auf einer dünnen Bodenplatte, den Kopf nach links gewendet und abwärts blickend zu dem knienden Krüppel, der seine linke Hand ausgestreckt hält, um von dem Heiligen eine Gabe zu empfangen.

Wandstatue. Lindenholz. H. 147. Rückseite hohl. Alte z. T. erneuerte Vergoldung des Gewandes des Heiligen, die übrige Bemalung barock. An der rechten Hand fehlen die vorderen Glieder des kleinen und des Zeigefingers, außerdem in der Linken der Gegenstand, den der Heilige dem Bettler reichte. Der Krummstab, der modern ergänzt war, jetzt entfernt. — Erworben 1918. Sammlung J. Simon.

Kärntener Meister um 1520. — Die Herkunft des Stückes ist unbekannt. Der eng verwandte Nicolaus in Afritz wohl von derselben Hand. Vgl. Inv. von Kärnten, Bezirk Villach (1930). S. 313 f.

h) Mitteldeutschland: Thüringen, Sachsen, Schlesien

7758. Magdalena, stehend, in Gewand, vorn geschlossenem Mantel und Kopfschleier, den die Linke aufnimmt; in der Rechten das Salbgefäß. Auf polygonalem Sockel.

Wandfigur. Lindenholz. H. 64,7. Rückseite flach. Alte, z. T. ergänzte Vergoldung (Mantel, Salbgefäß), die Bemalung erneuert. — Erworben 1917. Geschenk des Herrn Julius Böhler, München.

Mitteldeutsch (Thüringen?) um 1470—80.

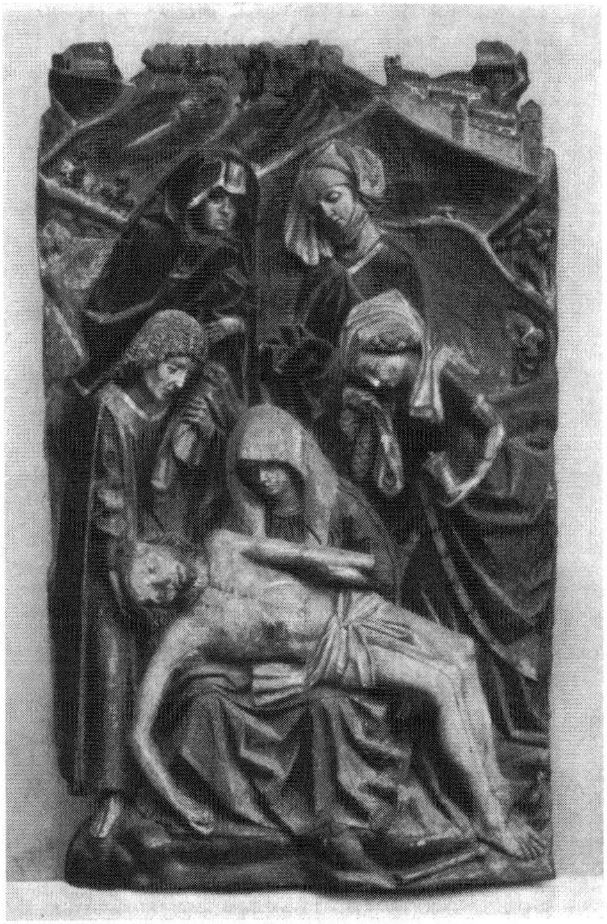

5930

5930. Beweinung Christi. Maria, im Vordergrund sitzend, blickt, das Haupt nach links neigend, zu dem toten Christus auf ihrem Schoß. Sie stützt den nach vorn gedrehten Körper unter der rechten Schulter und dem linken Unterarm. Zu seinen Füßen ein Totengebein. Hinter Maria rechts Magdalena, links Johannes, beide weinend. Johannes führt ein Stück seines Mantels, Magdalena das Ende des Kopftuches zum Auge, um die Tränen zu trocknen. Hinter ihnen, die Figurengruppe nach oben abschließend, blicken die beiden andern Frauen trauernd auf den Toten hinab. Maria trägt ein einfach gelegtes Kopftuch, Gewand und Mantel, einzelne Strähnen des offenen Haars fallen über die Schulter. Magdalena trägt das Haar in Flechten aufgebunden, darüber ein kunstvoll geschlungenes Kopftuch mit zwei langen Enden, die, auf den Schultern aufliegend, vorn und hinten herabfallen. Modisches Gewand mit engen, geschlitzten Ärmeln, in der Linken das Salbgefäß. Johannes: Ärmelgewand mit einem an den Schultern zusammengeknöpften Überwurf. Von den beiden Frauen hinten hat die ältere links den Mantel über den Kopf gezogen, die junge rechts das Kopftuch unter dem Kinn festgebunden, Gewand und Mantel lassen den Hals frei. Reliefgrund: Bergige Landschaft mit Wanderern, Reitern, Hirt und Herde, Stadt und Burg.

Hochrelief. Lindenholz. H. 140, Br. 90. Rückseite mehrfach ausgehöhlt. — Im ganzen wohlerhaltene Bemalung, die an einzelnen Stellen (Landschaft, Unterteil des Mantels der Maria) in neuerer Zeit schlecht erneuert wurde. Hauptfarben: Kopftücher weiß (mit Riefelung). Mantel links oben tiefrot. Überwurf des Johannes dunkelgrün. Borten gold. Gewänder im übrigen rotbraun mit undeutlicher

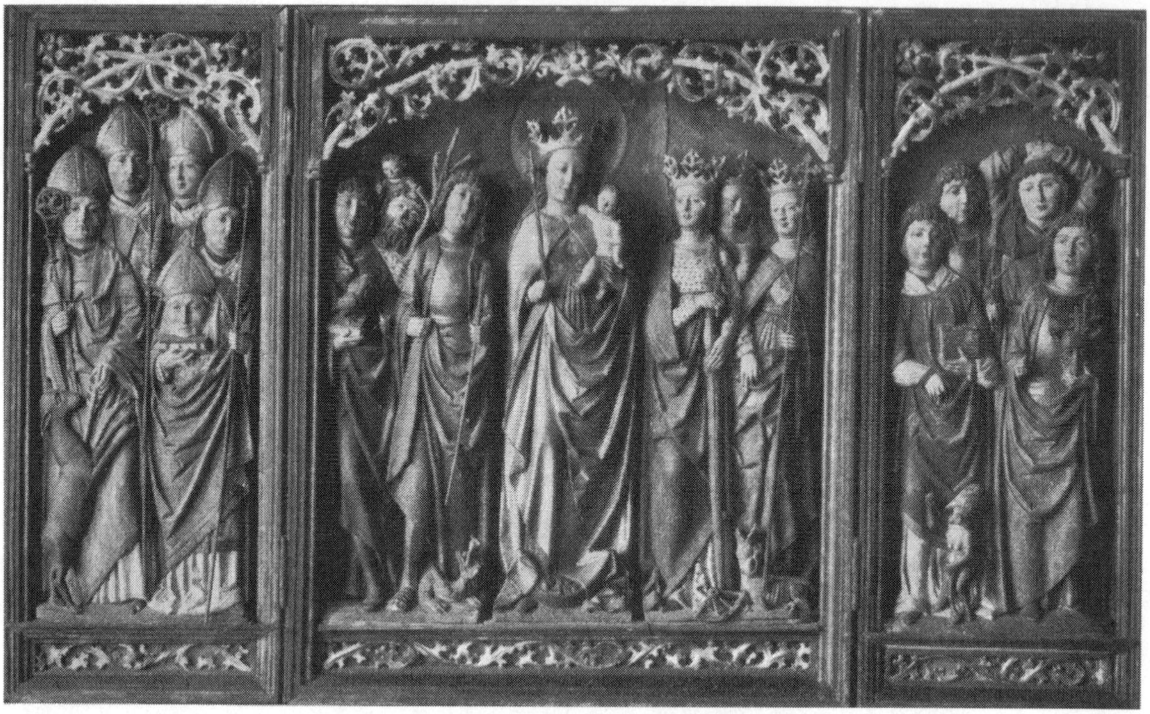

8128

Musterung. — Aus zwei Stücken, die in der Mitte zusammengefügt sind. Es fehlt die linke Hand Christi; der rechte Daumen durch Wurmfraß beschädigt. — Erworben 1910 in Berlin.

Erfurter Meister um 1480. — Früher Sammlung Hans Schwarz-Wien (Auktionskatalog Lepke von 1910, Nr. 66 Tafel XII). Zu den zwei Fuldaer Reliefs, mit denen ich das Stück bei seiner Erwerbung 1911 in Verbindung brachte, treten noch eine größere Zahl anderer, die zeigen, daß der Ort der Produktion Erfurt gewesen ist. Dies betonte mit Recht Overmann in den »Kunstdenkmälern der Stadt Erfurt« (1912) S. 129. In jüngster Zeit hat R. J. Hartenstein versucht, innerhalb der verwandten Stücke die verschiedenen Hände und Werkstätten zu scheiden. Er gibt unser Relief demselben Schnitzer wie die beiden von mir beschriebenen im Dom zu Fulda. Der Werkstatt dieses in Erfurt tätigen Meisters gibt er folgende in Einzelheiten deutlich von ihnen abhängige Reliefs: eines im Gothaer Museum (aus Neukirchen), zwei im Erfurter Dom, eines in Stolberg am Harz, und eines, das sich bisher im rheinischen Kunsthandel befand. Diese Arbeiten, die alle die Beweinung darstellen, sind 1490—1500 entstanden. Die Fuldaer Stücke, die ältesten bis jetzt bekannten, wird man 1470 zu datieren haben, unser Relief liegt dazwischen; Hartenstein setzt es um 1485. — Vgl. Demmler in Amtl. Berichte 32 (1911) S. 100. R. J. Hartenstein im Vogtländischen Jahrbuch 5 (1927) und 6 (1928).

8128. Schnitzaltar. Maria mit den 14 Nothelfern. Im Mittelschrein steht Maria mit dem nackten Christkind auf dem Arm, das Szepter in der Rechten und die Mondsichel zu ihren Füßen, inmitten zweier Gruppen von je drei eng zusammenstehenden Heiligen: zu ihrer Rechten Vitus, Christophorus und Georg, zu ihrer Linken Katharina, Barbara und Margareta; alle sechs mit ihren Attributen, die drei männlichen barhaupt und mit langem Lockenhaar, die drei weiblichen wie Maria mit einer Zackenkrone auf dem offen fallenden Haar. Der Schreingrund blau bemalt mit aufgeklebten Papiersternchen. Oberer Abschluß des Schreines: ein Flachbogen aus Rankenwerk, unten Blattwellen in rechteckiger Rahmung. In den beiden Flügelschreinen je eine Gruppe von vier eng zusammenstehenden Heiligen, links die vier Bischöfe Ägidius, Blasius,

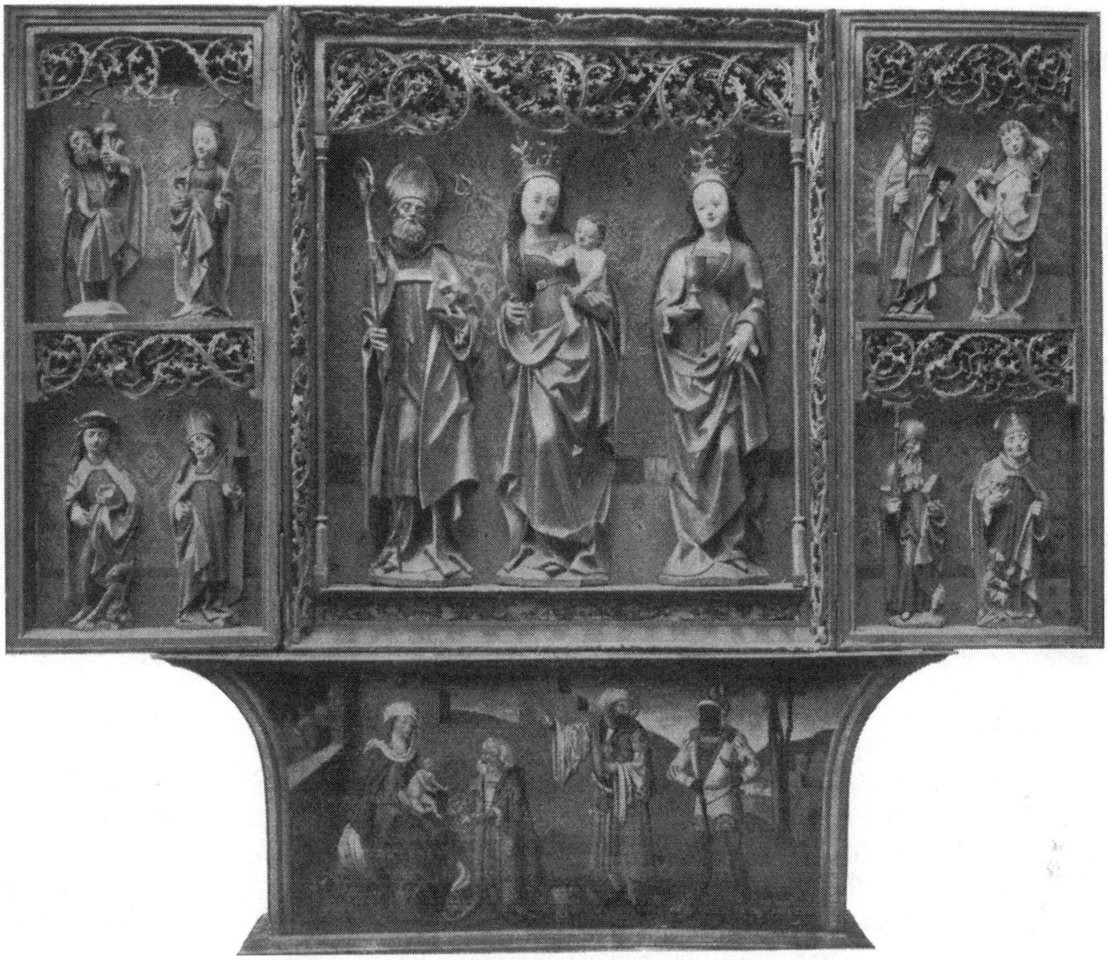

7711

Erasmus und Dionysius; rechts Cyriacus, Achatius, Pantaleon und Eustachius, diese barhäuptig und mit langem Lockenhaar. Alle Heiligen auf den Flügeln, bis auf den Blasius, tragen ihre Attribute. Rankenwerk und Schreingrund wie im Mittelschrein. Auf den Außenseiten der Flügel die gemalten Figuren der hl. Katharina (links) und der hl. Margaretha (rechts). Abb. S. 293, 294.

Schreinaltar mit Relieffiguren. Lindenholz. H. 111, Br. 186 (mit Flügeln) B. der Flügel je 46. Die Maria und die vier Nothelfergruppen je aus einem Stück, auf Sockel mit Terrainandeutung. Bemalung und Vergoldung alt, doch großenteils aufgefrischt. Der linke Arm des Christkindes alt angestückt, sein linker Daumen abgebrochen; dem Vitus fehlt ein Attribut in der Linken, dem Georg eines in der Rechten. In der rechten Hand der Margareta ein Rest des alten Bandes, an dem sie den Drachen hielt; dem Bischofsstab des Dionysius fehlt die Curva, dem Cyriacus die Kette, an der er den Dämon hielt. Das Rankenwerk ist im Mittelschrein und im linken Flügel, beide Male oben links, zerbrochen und geleimt. — Erworben 1918. Sammlung J. Simon.

Thüringisch um 1500.

7711. Schnitzaltar. Im Mittelschrein steht die gekrönte Maria, mit dem nackten Christuskind auf dem Arm, zwischen Nikolaus (links) und Barbara (rechts). Auf den Innenseiten der beiden Flügel je vier Heilige in zwei Reihen übereinander, stehend; linker Flügel oben: Christophorus und Katharina, unten: Martin und Wolfgang; rechter Flügel oben: Papst (Fabian?) und Sebastian,

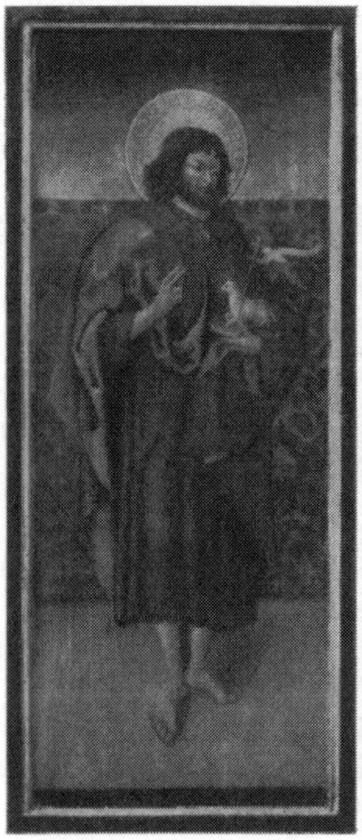

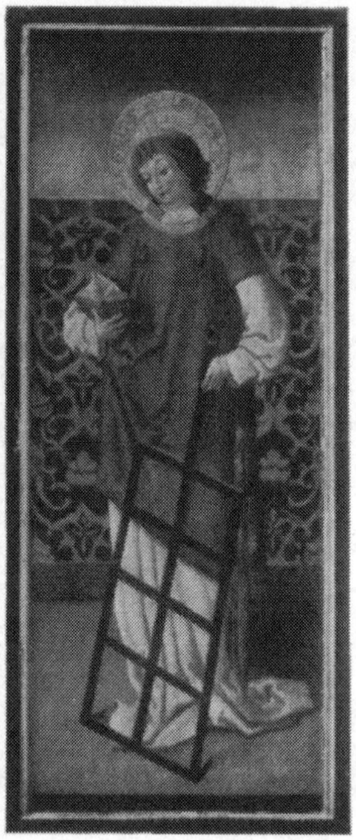

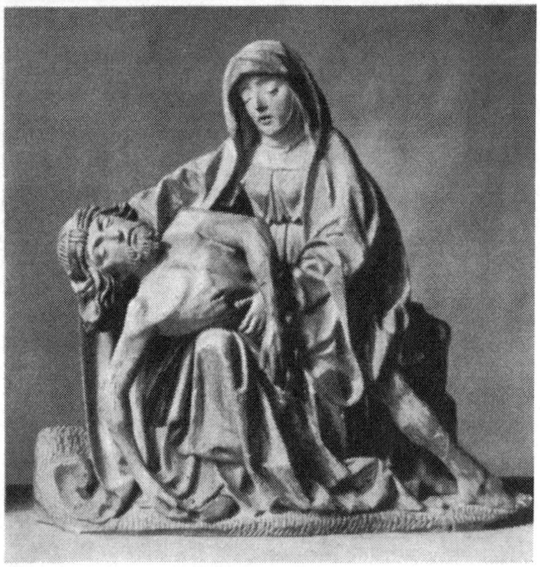

7711 (Flügel, Außenseite) S. 292 8133

unten: Antonius und Bischof. Der Schreingrund ist zum größten Teil als Teppich in gepreßtem Goldmuster mit Fransen charakterisiert, das untere Viertel blau mit neuen aufgeklebten Papiersternen. In dem Goldmuster die Heiligenscheine der elf Figuren mit den z. T. stark verwischten Namensinschriften. Verschlungenes Blattrankenwerk bildet den oberen Abschluß des Mittelschreins und der vier Abteilungen der Flügel; der Mittelschrein ist außerdem von einem Rankenornament umrahmt. Auf den Außenseiten der Flügel die gemalten Figuren Johannes des Täufers (links) und des hl. Laurentius (rechts), auf der Predella die Anbetung der Könige, ebenfalls gemalt.

Schreinaltar mit Figuren. Lindenholz. H. 129 (ohne Predella), Br. 114 (geschlossen) H. der Predella 53. Die Figuren auf der Rückseite flach. Bemalung und Vergoldung alt, jedoch größtenteils erneuert. Der Goldfinger der rechten Hand Mariä geleimt, zwei Finger der rechten Hand des Christkindes abgebrochen, einige Stücke der Kronen ausgebrochen, vom Bischofsstab des Nikolaus nur die Curva alt. Die rechte Hand des Christophorus geleimt, von der Krone der Katharina einige Zacken abgebrochen, die Schwertklinge des Martin abgebrochen, dem Papst fehlt das Attribut in der rechten Hand, dem Antonius der Stab in der Rechten. Aus den Standplatten des Nikolaus und Martin sowie aus dem Rankenwerk einige Stücke ausgebrochen. — Erworben 1915 in Halle.

Sächsisch-thüringisch um 1510—20. — Aus Eisdorf im Mansfelder Seekreis; Flechsig, in den Mitteilungen aus dem Provinzial-Museum der Provinz Sachsen, Heft 3 (1912) S. 50, schreibt den Altar mit Wahrscheinlichkeit dem Altenburger Meister Franz Prüfer zu. Die Schreinbekrönung, eine Anna selbdritt, im Provinzial-Museum zu Halle a. S.

8133. Vespergruppe. Maria sitzt nach links gewandt auf einer Bank und hält, etwas vornüber gebeugt, den Leichnam schräg auf ihrem Schoß; ihre rechte Hand stützt den Kopf Christi, die linke umfaßt seinen Leib. Gesicht und Brust Christi sind dem Beschauer zugekehrt; seine Arme fallen nach vorn herab, das rechte Bein ist diagonal nach rechts unten ausgestreckt. Um den Kopf des Toten ist ein gewundenes und an vier Stellen quer gebundenes Tuch gelegt. Maria ist in einen weiten über den Kopf gezogenen Mantel gehüllt, darunter trägt sie ein hochgegürtetes Gewand mit

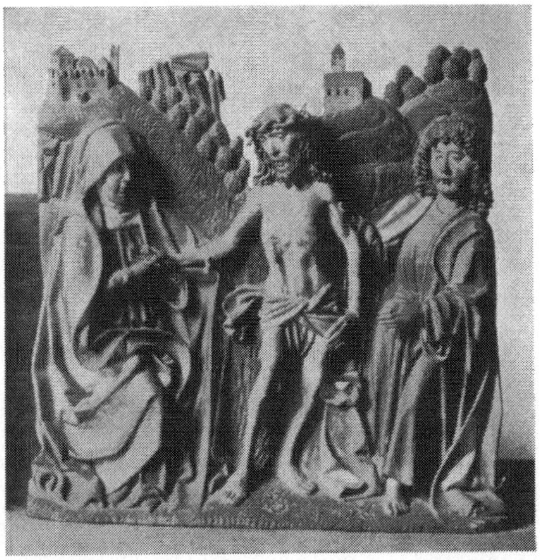

8139

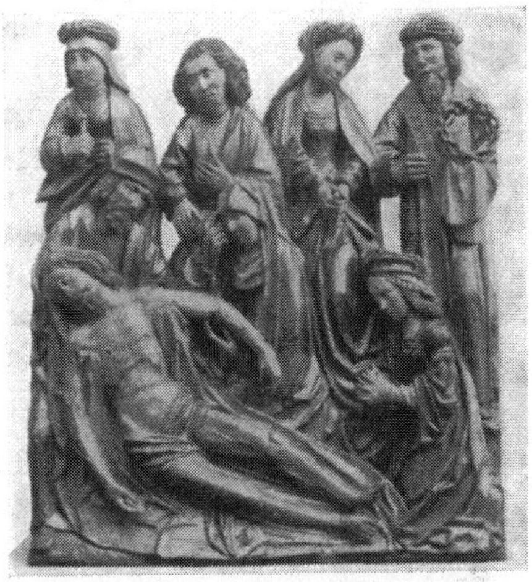

415

langen Ärmeln und ein eng anschließendes Kopftuch mit gekräuseltem Rand. Länglicher Sockel mit Terrainandeutung.

Wandgruppe. Buchenholz. H. 59, Br. 62. Rückseite hohl. Alte Bemalung und Vergoldung erhalten; das Gold z. T. stark abgerieben. Mantel gold, Futter blau, Gewand rot, Kopftuch weiß, Bank und Terrainandeutung grün, Haare Christi schwarz. Die Finger der rechten Hand Christi bis auf den kleinen abgebrochen und geleimt, ebenso die Zehen des rechten Fußes Christi. Der rechte Unterschenkel und Fuß Christi zweimal alt angestückt. Am Kopf Mariae ein starker Riß; die Bodenplatte an mehreren Stellen gesprungen. — Erworben 1918. Sammlung J. Simon.

Thüringisch um 1500. Die Haltung des Toten mit dem starr ausgestreckten Bein, ist für Mitteldeutschland in dieser Zeit charakteristisch. Vgl. das Vesperbild in Goslar, abgeb. Zeitschrift für bildende Kunst N. F. 32 (1921) S. 33 ff.; ferner etwa das in Großballhausen, Abb. Overmann, Kunstdenkmäler der Stadt Erfurt (1911) Abb. 22a, Nr. 176. In der Maria folgt unser Stück der älteren Tradition. Vgl. auch Passarge, Das deutsche Vesperbild im Mittelalter (1924) S. 80 f.

8139. Maria und Johannes mit dem Schmerzensmann. Christus, nur mit einem Lendentuch bekleidet, auf dem langgelockten Haar die Dornenkrone, wendet sich stehend nach links zu der mit einem weiten über den Kopf gezogenen Mantel und Kopftuch bekleideten Maria, die in beiden Händen seinen rechten Arm hält. Rechts neben Christus steht Johannes mit reichem Lockenhaar, bekleidet mit einem bis auf die Füße reichenden gegürteten Gewand und einem über Schultern und Arme gelegten Mantel. Er hält mit der Rechten Christus am linken Oberarm. Oberer Abschluß: Berglandschaft mit Burg, Kirche, Felsen und Bäumen.

Hochrelief. Lindenholz. H. 43, Br. 44. Alte Bemalung und Vergoldung, z. T. aufgefrischt. Mehrere Dornen aus der Krone Christi und die Spitze des Kirchturms abgebrochen. In der Bodenplatte vor Christus eine durchgehende Bohrung. — Erworben 1918. Sammlung J. Simon.

Thüringisch (Erfurt) um 1500. — Zur Ikonographie vgl. Panofsky »Imago Pietatis« in der Festschrift für Max J. Friedlaender (1927) S. 261 ff.

415. Beweinung Christi (Vöge 314). Der Leichnam Christi liegt, von Joseph von Arimathia unter den Armen gestützt, auf einem Bahrtuch. Zu seinen Füßen kniet betend Magdalena, in der Mitte hinter Christus die weinende Maria, hinter ihr steht Johannes mit klagender Gebärde. Zu bei-

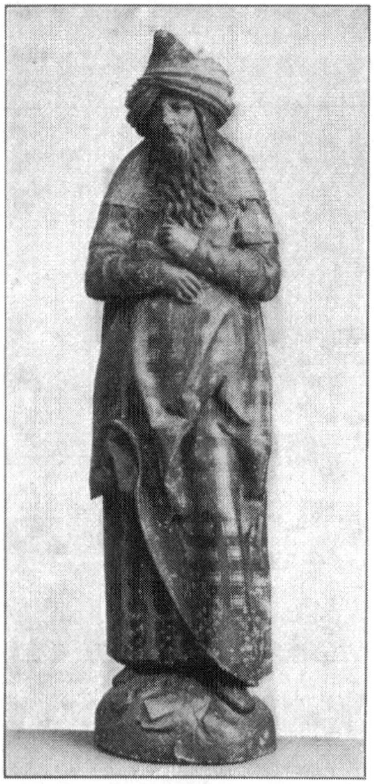

2768

den Seiten von ihm je eine der heiligen Frauen, die eine mit den Kreuznägeln in der Rechten, die andere die Hände ringend. Ganz rechts ein bärtiger Mann mit der Dornenkrone in der verhüllten Rechten. Die Gestalten tragen die niederländische Kopftracht der Zeit um 1500. Abb. S. 295.

Hochrelief ohne Grund. Lindenholz. H. 47, Br. 43,5. Das Holz zeigt eine Reihe Wurmlöcher. Der rechte Arm der weiblichen Figur ganz links angesetzt. Die Bemalung und Vergoldung aufgefrischt. Die Gewänder meist in Gold mit farbigen Mustern. Das Bahrtuch weiß mit feiner Bordüre in Rot und Gold. — Kunstkammer.

Mitteldeutsch (?), Ende des 15. Jahrhunderts.

2768. Ein Hohepriester (Vöge 154). Auf gewölbter Plinthe mit Terrainandeutung stehend, das Haupt mit langem geflochtenem Bart leicht nach links geneigt, die Linke zeigend oder redend vor die Brust erhoben. Mit der Rechten hält er den emporgezogenen kurzärmligen Überwurf fest, den er über einem bis auf die Füße reichenden Gewand mit langen Ärmeln trägt; auf dem Überwurf ein Hermelinpelzkragen. Auf dem Kopf eine Kapuze mit etwas nach vorn stehendem Zipfel und langen Ohrenklappen, darüber ein Turban.

Wandstatue. Lindenholz. H. 89. Rückseite ausgehöhlt. Mit alter Vergoldung und Bemalung. Der Überwurf mit grüner Karrierung über Goldgrund, das Futter blau; die grüne Lüsterfarbe des Rockärmels barock; an den breiten Bordüren liefen Papierstreifen hin, mit Knöpfen aus Masse besetzt; die Knöpfe an den Ärmeln plastisch, in Holz. An den Ohrenklappen saßen Rosetten, deren metallene Stifte noch erhalten sind. Der Turban wurde ursprünglich durch eine Agraffe zusammengehalten; eine Einkerbung dafür und die Stifte sind noch erhalten. Spuren von Leinenüberzug am Rock, Kopfputz und an der Plinthe. Der Zeigefinger der linken Hand abgebrochen. Auf dem Kopf eine Ausbohrung. — Erworben 1904 in Berlin. Geschenk des Geh. Justizrats R. Lessing.

Niedersächsisch um 1520—30. Verwandt mit dem Altar in der Michaelskirche in Hildesheim; Abb. bei Herbert Kunze, Die gotische Skulptur Mitteldeutschlands (1925) Abb. 72, ferner mit dem von derselben Hand herrührenden Altar in Heineckenrode und mit einem die Händewaschung des Pilatus darstellenden Relief im Provinzial-Museum zu Hannover (Nr. 2195, aus der Sammlung Oppler).

7036. Schnitzaltar. Im Mittelschrein drei Statuen: Maria auf der Mondsichel, mit dem nackten Jesuskind auf den Armen, Katharina mit dem Schwert (links) und Barbara mit dem Kelch (rechts). Das Christuskind wendet sich zu Katharina, um ihr den Ring an ihre Rechte zu stecken. Maria in weitem Mantel, den Kopf mit dem offen fallenden Haar unbedeckt; die beiden Heiligen tragen unter dem Mantel ein enganliegendes Gewand mit weitem Hals- und Brustausschnitt und langen gepufften Ärmeln, auf dem Kopf über einer Haarhaube eine Zackenkrone, die bei Barbara durch ein Stirnband mit Medaillon gehalten wird und alles Haar umschließt, während bei Katharina zu beiden Seiten des Gesichtes je eine Locke herabfällt. Der Grund des Schreines trägt im oberen Drittel ein gepreßtes Goldmuster und ist im unteren Teil bemalt; hinter der Maria die Strahlenglorie, hinter allen drei Köpfen Heiligenscheine. In den beiden oberen Ecken des Schreines verschlungenes Rankenwerk. In der drei Seiten des Schreins umrahmenden Hohlkehle ursprünglich eine Blattranke, die nur noch oben erhalten

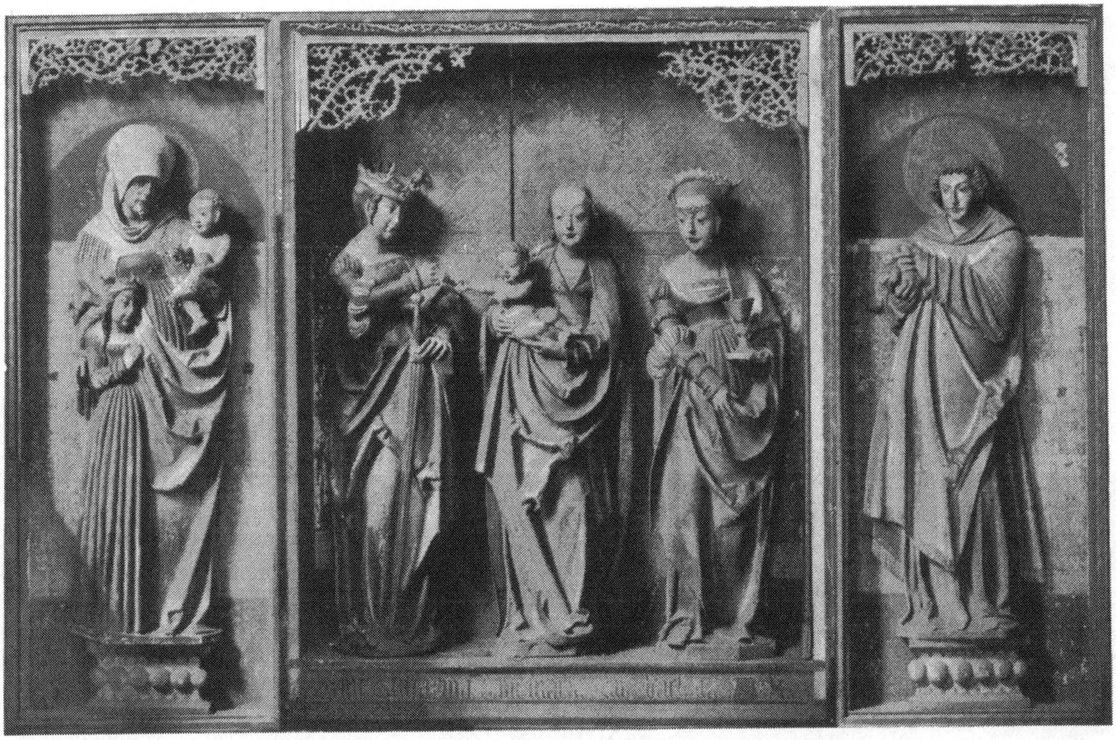

7036

ist. An Stelle der Hohlkehle unten eine Leiste mit den Namensangaben der drei dargestellten Frauen, in gepreßtem Gold.

Im linken Flügelschrein Anna selbdritt mit dem nackten Christkind, das auf ihrem linken Arm sitzt, und der gekrönten, mit einem langen Gewand bekleideten Maria, die sich stehend an die rechte Seite der Mutter schmiegt. Anna trägt eine hohe Haube, deren Tuchende von links her vor dem Hals zur rechten Schulter herübergezogen ist. Das Christkind hält in der Rechten einen Apfel.

Im rechten Flügelschrein Stephanus, als Diakon gekleidet, mit beiden Händen Steine haltend. Das Gesicht ist von halblangen Korkzieherlocken umrahmt.

Beide Flügelfiguren stehen auf einem profilierten Sockel mit Perlstab. Oberer Abschluß der beiden Flügelschreine: verschlungenes Rankenwerk. Der Schreingrund vergoldet und bemalt. Auf den Außenseiten der Flügel die gemalten Figuren des hl. Wolfgang (links) und Ulrich (rechts).

Schreinaltar. Lindenholz. Mittelschrein: H. 178, Br. 144. Flügel: B. 71. Figuren: H. ca. 120. Die Figuren des Mittelschreines sind Wandstatuen auf dünnen Bodenplatten, am Rücken flach bearbeitet, die der Flügel Reliefs. Gut erhaltene alte Vergoldung und Bemalung der Figuren und des Schreingrundes. An dem Mantel Mariae ein gemalter Saum mit den Buchstaben AMNRHOMEMNM. Beschädigungen: Mittelschrein: es fehlen am Christkind zwei Finger der linken und vier Finger der rechten Hand (mit dem Ring), an der Katharina alle fünf Finger der rechten Hand, das Ende der rechten Schläfenlocke und die Zacken der Krone bis auf zwei Reste; an der Barbara der Zeigefinger der rechten Hand, ein Stück des Stirnbandes rechts und alle Zacken der Krone bis auf einen Rest. Das Rankenwerk ist in der rechten Ecke defekt. Im Grunde des Schreins ein Spalt, jetzt ausgefüllt. Linker Flügel: an der Krone der Maria einige Zacken ausgebrochen. Rechter Flügel: aus dem Rankenwerk ist in der Mitte ein Stück ausgebrochen. — Erworben 1912 in Greiz.

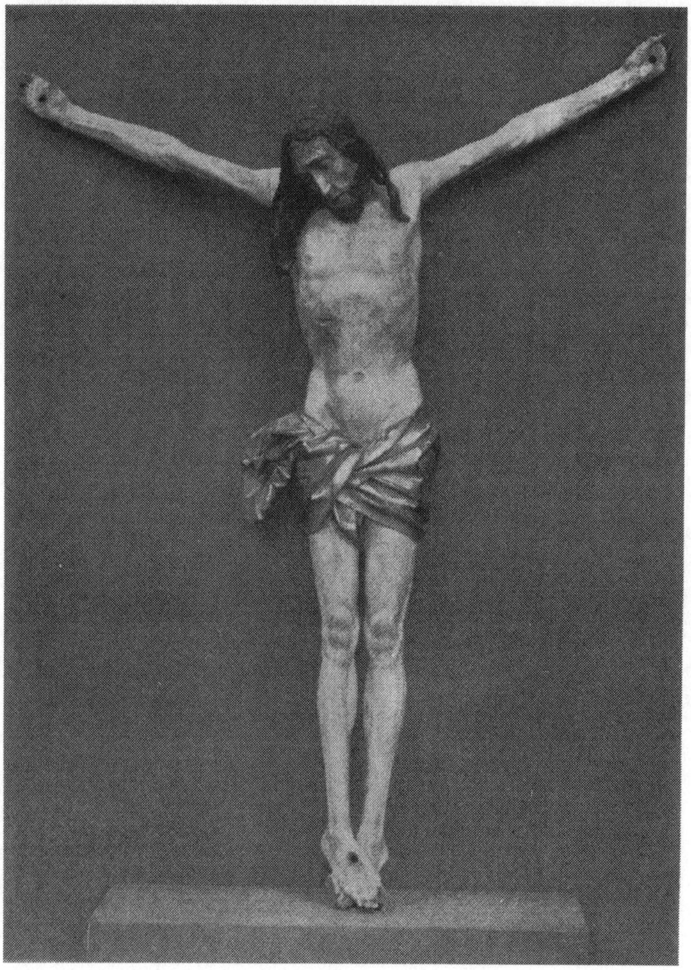

5603

Sächsisch (Vogtland) um 1520. Aus der Kirche in Hohndorf bei Elsterberg. Vgl. Hartenstein, Die Werkstatt des Thossener Flügelaltars, im Vogtländischen Jahrbuch 1925, S. 65 ff.; ferner Walter Hentschel, Sächsische Plastik um 1500 (Dresden 1926) S. 23 Tafel 65.

5603. Crucifixus. Der Kopf, mit halb offenen Augen und schmerzlich geöffnetem Mund, ist nach der rechten Schulter geneigt, der rechte Fuß mit einem Nagel über den linken geheftet. An der rechten Seite die Lanzenwunde. Das Lendentuch ist so geschlungen, daß es an der rechten Hüfte einen Überschlag bildet.

Statue. Lindenholz. H. 205. Rückseite bearbeitet. Alte Bemalung des Körpers und Vergoldung des Lendentuches. Das Kreuz fehlt; die Finger außer dem linken Daumen und zwei Zehen am rechten sowie drei Zehen am linken Fuß abgebrochen. — Erworben 1909 in Nürnberg.

Schlesisch um 1490. — Nach Angabe des Vorbesitzers aus Neiße. Erich Wiese versetzt das Stück in den Kreis des von Veit Stoß beeinflußten Meisters, der den Altar mit dem Marientod in der kath. Pfarrkirche von Schweidnitz geschaffen hat. Dieser ist auf den gemalten Flügeln 1492 datiert. Ein Crucifixus aus Kunau Kr. Sagan vom sog. Gießmannsdorfer Meister, einem Nachfolger des vorigen, ist dem unsern in der Proportion, wie auch in Einzelheiten verwandt.

8191. Hl. Sippe. Auf einer Bank mit Rückwand und dachartiger Vorkragung sitzen in der Mitte Maria und Anna mit dem unbekleideten Christkind, das von dem Schoß Mariae nach rechts zu Anna hinüberstrebt. Maria trägt auf dem offen fallenden Haar eine Krone, der Kopf der Anna ist in ein Kopf- und Kinntuch gehüllt, in ihrer Linken hält sie ein aufgeschlagenes Buch. Rechts und links von dieser Gruppe sitzt je eine Mutter, links mit zwei, rechts mit vier teils bekleideten, teils nackten Kindern. Zu Füßen der Frau links ein emporblickendes Hündchen. Oberhalb der Bedachung in lockerer Anordnung acht Männer und zwei Frauen als Halbfiguren sowie 2 nackte Kinder. Alle Männer und Frauen in reicher zeitgenössischer Tracht. Die vier Frauen unten haben Heiligenscheine mit Namensinschriften. Die Benennung der Frau rechts von Anna als Maria Salomo (e?) beruht auf einem Irrtum, da die Frau links von der Mutter Jesu bereits Maria Salome benannt ist; es müßte richtig Maria Kleophas heißen.

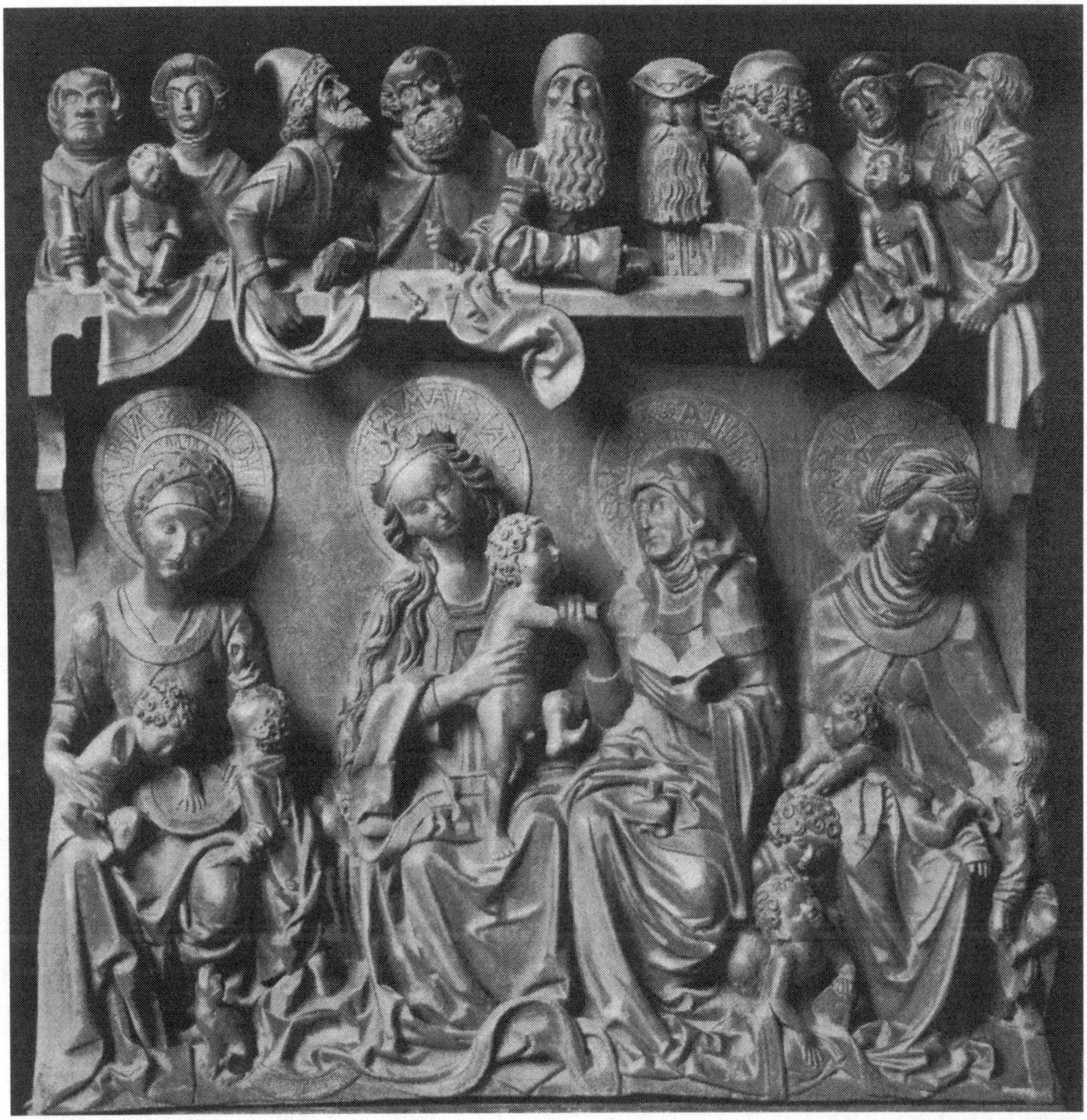

8191

Reliefgruppe. Buchenholz. H. 122 (ohne Sockel und Baldachin), B. 122. Alte gut erhaltene Bemalung und Vergoldung; die gemusterte Rückwand in jüngerer Zeit blau überstrichen, die Unterseite der Bedachung noch in der alten gemusterten Bemalung erhalten. An einigen Stellen ist die Bemalung aufgefrischt. Es fehlen die beiden Unterarme des Christkindes, der rechte Arm des Kindes ganz links auf dem Schoß der Maria Salome, die linke Fußspitze des stehenden Kindes ganz rechts und die Zacken der Krone Mariae. Zwischen Anna und Maria Kleophas ein Stück des Grundes ausgebrochen. Von den Fingern der Männer oben und von den Zehen der Kinder sind einige abgebrochen, ebenso ein Teil des Rosenkranzes in den Händen des barhäuptigen Alten mit der Petrusfrisur. — Erworben 1918. Sammlung J. Simon.

Schlesisch um 1500. — Nächstverwandt ein Sippenaltar in Petershain, Kr. Rothenburg (Schlesien). Abb. in dem »Bilderwerk schlesischer Kunstdenkmäler« herausg. von Lutsch Tafel 66, 3. Es handelt sich hier offenbar um dieselbe Werkstatt, in der ein bestimmtes Schema von verschiedenen Schnitzern mehr

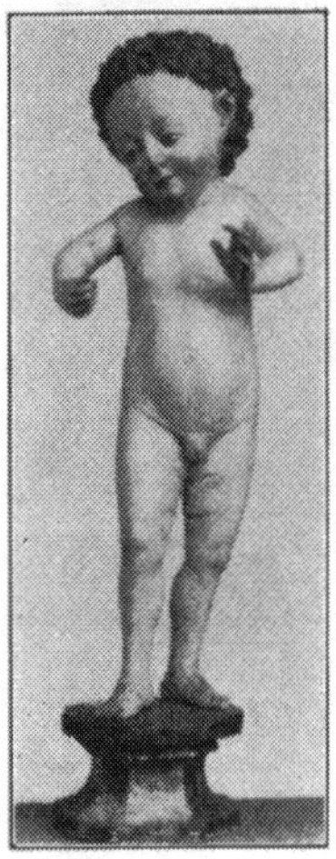

oder minder frei wiederholt wird. Ein ähnlicher Altar, der jedoch nicht sicher demselben Werkstattbetrieb entstammt, war 1916 im Frankfurter Kunsthandel. Erich Wiese betont, daß der in unserem Stück vorliegende Stilcharakter der des »Gießmannsdorfer Meisters« ist, der etwa 1500—1520, wohl in Sagan, arbeitete. Die Abbildungen in dem Werk »Schlesische Malerei und Plastik des Mittelalters«, herausg. von Braune und Wiese Tafel 140 ff., zeigen in der Tat Ähnlichkeit, doch scheint mir die Arbeit unseres Meisters technisch und künstlerisch höher zu stehen. — Dr. Simon erwarb die Gruppe in Paris.

i) Süd- und mitteldeutsche Bildwerke unbestimmter Herkunft

3063. Christuskind (Vöge 277). Nackt auf runder Platte stehend. Der Körper und Kopf biegen sich in leichter Neigung nach links, in zierlichem Tanzschritt ist das rechte Bein vorgesetzt, die Hände sind zierlich bewegt.

3063

Statue, vollrund. Lindenholz. H. 40 (ohne die Platte und den nicht zugehörigen Sockel) — Brustwarzen eingesetzt. Abgebrochen der kleine Finger der linken Hand. — Bemalung alt, stellenweise abgesprungen. — Erworben 1907. Geschenk.

Süddeutsch um 1470.

8155. Petrus. In der üblichen Barttracht, stehend mit nach rechts ausgebogener Hüfte. Er trägt in der Linken, die einen Zipfel des Mantels gerafft hält, ein aufgeschlagenes Buch, in der Rechten, über der der Mantel zurückgeschlagen ist, zwei (ergänzte) Schlüssel. Der Mantel über einem langen, auf dem Boden sich stauenden, gegürteten Gewand ist vor der Brust mit einem Band zusammengehalten. Der rechts unter dem Gewand hervorblickende Fuß ist nackt.

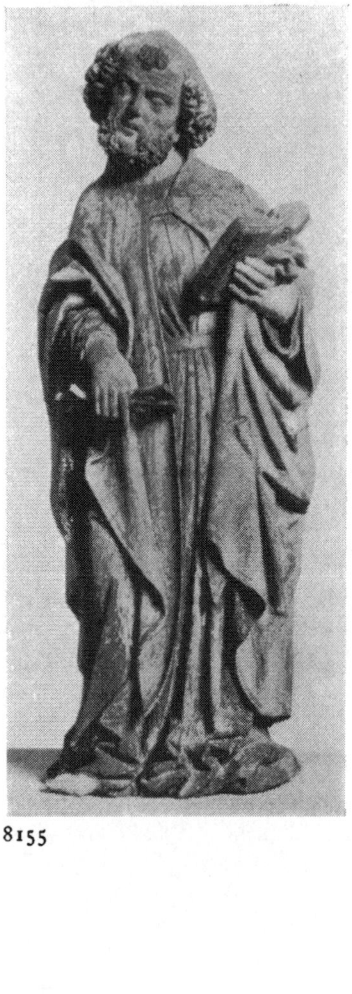

8155

Wandstatue. Lindenholz. H. 72,5. Rückseite hohl. Reste alter Bemalung (vor allem blau, rot und grün). Die beiden Schlüssel, und der Zeigefinger der rechten Hand ergänzt. Erworben 1918, Sammlung J. Simon.

Süddeutsch um 1460—70. (Alpenländisch?)

2027. Margareta. (Vöge 231). Sie steht mit vorgeschobenem Leib und nach rechts gedrehter Hüfte und setzt den Fuß auf den Rücken des im Vordergrund liegenden Drachen, dessen langer Hals sich emporreckt. Das Haupt mit der Krone ist von schweren Haarflechten gerahmt und von einem Kopftuch umschlungen, das auf die linke Schulter herabfällt und von der rechten Schulter lang nach vorn herabhängt. Modisches Gewand mit Pelzbordüre und breitem Brustausschnitt. Um den Hals ist eine Kette gelegt, die unter der Bordüre des Hemdes verschwindet; auf dieser die Buchstaben M H S 3(?)G. Von den Schultern fallen am Rücken lange, breite Stoffbahnen herab, deren eine über den linken Unterarm gelegt ist. Beide Hände ziehen das Vorderteil des Gewandes bis zum Knie empor; der Stoff bricht sich in eckigen Falten. Das bis unter die Füße reichende, in senkrechten Falten zu Boden ziehende Untergewand wird sichtbar.

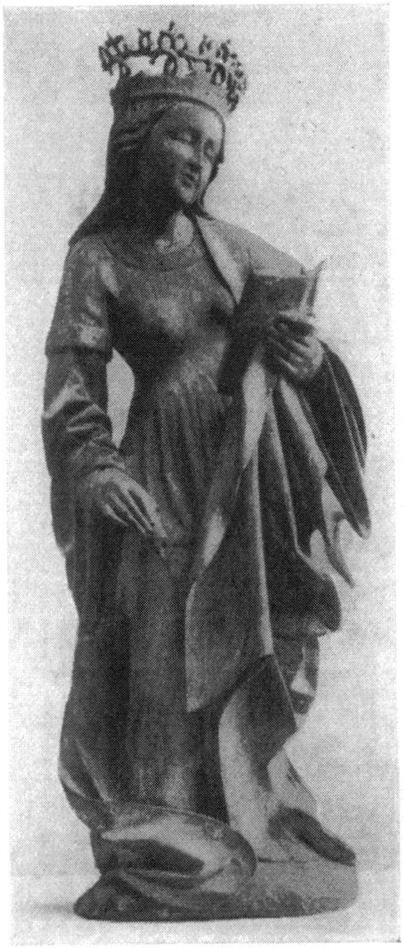

7681

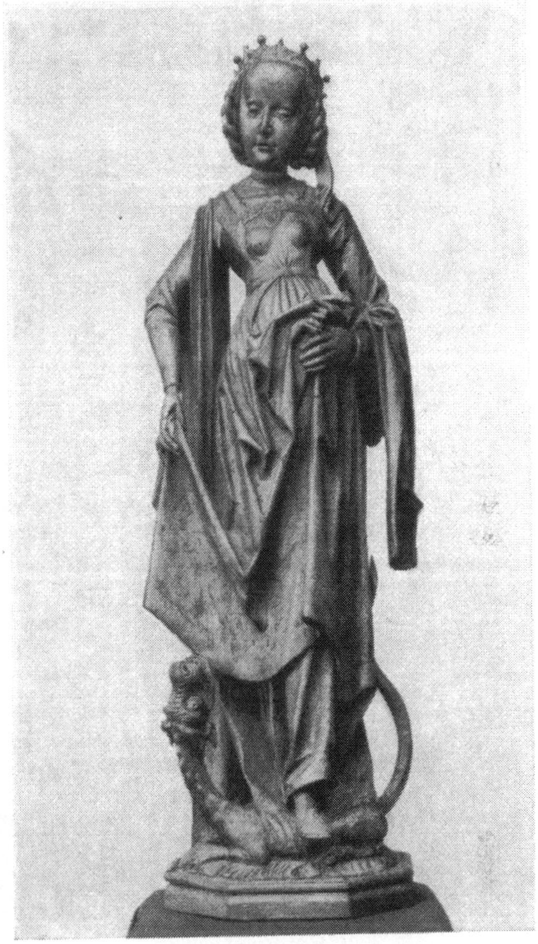

2027

Wandfigur. Lindenholz. H. 92 (ohne die moderne Basis). Rückenbehandlung etwas flacher, aber im Motiv vollständig durchgeführt. Die alte Bemalung, von der noch Spuren roter Farbe sich finden, ist schon früher, die dunkelbraune Beizung des 19. Jahrhunderts in jüngster Zeit entfernt worden. Ergänzt die Kronenzacken, ein Stück am Hals (der Kopf war abgebrochen und ist wieder angefügt), das Stück der Vorderseite des Leibes von der Brust abwärts bis zu dem angedrückten Faltenstück, ferner das auf die Schulter herabführende Stück des Kopftuches, zwei Finger der rechten und zwei der linken Hand, die linke Fußspitze und der Sockel einschließlich der Terrainandeutung vorne und der linken Pranke des Drachen. Die Ergänzungen ebenfalls in Lindenholz, das sich durch hellere Farbe deutlich vom alten abhebt. — Nicht Gegenstück zu 2026, wie Vöge annahm. — Erworben 1893 in München. Geschenk des Herrn O. Huldschinsky.

Fränkisch oder oberrheinisch (?) um 1470. — Im Stellungsmotiv und in der Tracht noch den etwa 25 Jahre älteren Bronzefiguren des J. von Gérines verwandt, die sich im Amsterdamer Rijksmuseum befinden. Eine dieser Figuren hat auch die gleiche Haartracht mit den seitlich den Kopf umrahmenden Flechten; vgl. Pit, La sculpture hollandaise an Musée national d'Amsterdam, Tafel X.

7681. Weibliche Heilige, stehend, nach rechts gewandt, mit nach rechts ausgebogener Hüfte; sie blickt sinnend über das Buch hin, das in ihrer Linken liegt; mit der Rechten hielt sie einen (abgebrochenen) Palmzweig. Auf dem Kopfe mit lang zu den Schultern herabfließenden Haaren

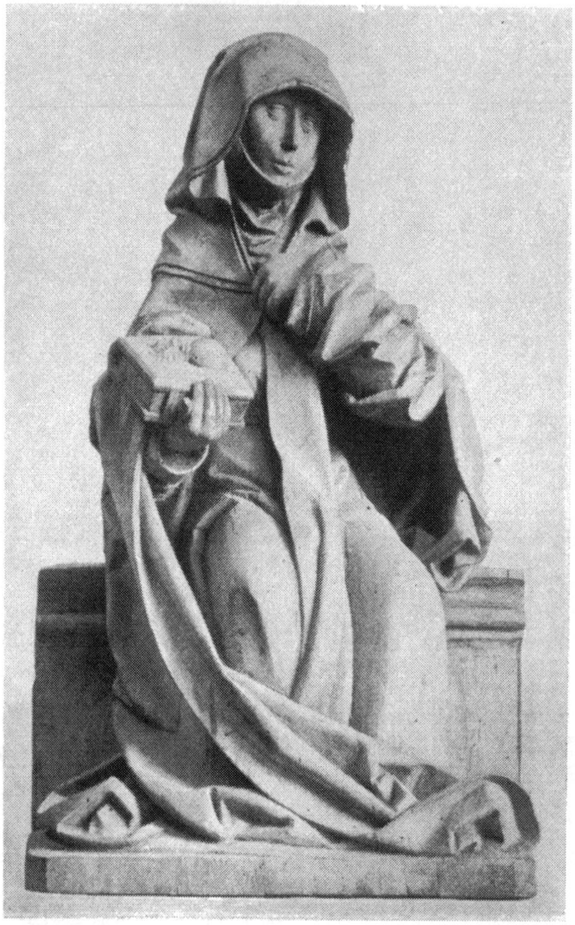

7776

trägt sie eine Krone. Über ihrer linken Schulter liegt ein Mantel, der über den Rücken hinabgleitend auf der rechten Seite am Boden einen kurvigen Bausch bildet. Rechts ist er von der Linken mit einem Zipfel, auf dem zugleich das Buch ruht, emporgenommen und hängt in tiefen bauschigen Falten herab. Abb. S. 301.

Wandstatue. Rückseite ausgehöhlt. Lindenholz. H. 90. — Abgebrochen ein Zacken und einige Astwerkspitzen der Krone, das Attribut in der Rechten (Palmzweig). Ergänzt an der Sockelplatte in einem etwa 1 cm starken Stück der ganze Boden und ein Teil des Bausches, auf der Rückseite ein Stück des Mantels unter dem rechten Arm. — Reste weißer Untermalung und Fassung. — Erworben 1915 als Geschenk Wilhelm von Bodes.

Süddeutsch, 2. Hälfte 15. Jahrhundert.

7776. Ottilia. Sie sitzt in Nonnentracht auf einer Bank und blickt sinnend nach rechts. Das Skapulier hängt von der Brust über das gegürtete Untergewand herab. Der weite Mantel, ebenso das doppelt gelegte Kopftuch, wird auf der Brust zusammengehalten; die Linke greift an die Schließe. Die rechte Hand hält das Attribut, ein Buch mit den daraufliegenden Augen. Die linke Mantelseite staut sich auf der Bank, die rechte fällt in großem, die Beine überschneidendem Bogen herab und lagert sich breit, mit umgeschlagenem Rand, auf der Bodenplatte.

Wandstatue. Lindenholz. H. 55,5. Rückseite ausgehöhlt. Bemalung abgelaugt, verschwindende Spuren in den Ecken. Ausgebrochen: kleine Stellen am Rand des Kopftuches und das rechte Auge des

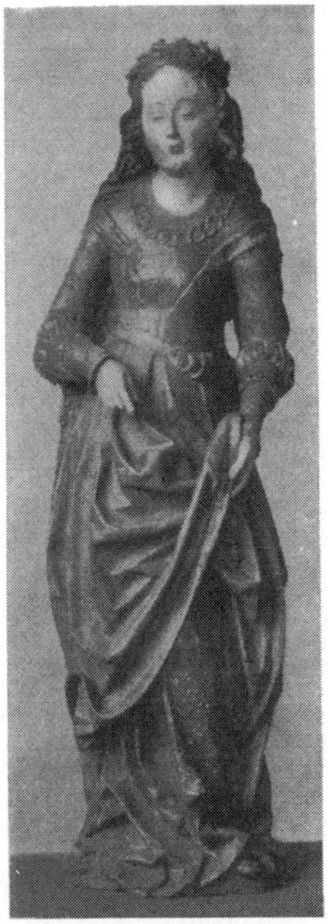

8162

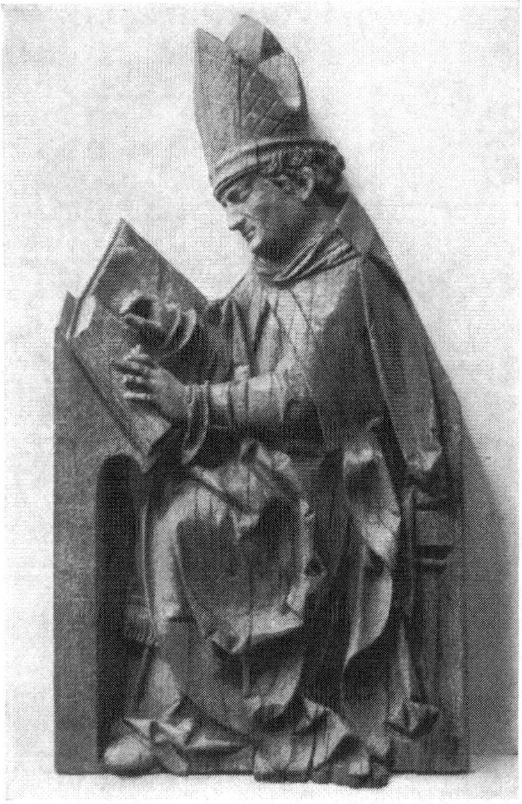

7730

Attributes. Ergänzungen: Fingerspitzen der rechten Hand, ausgenommen der kl. Finger, die Nase; Stücke eingesetzt im Buch, im Kopftuch, am Mantelsaum, in der Bodenplatte. — Erworben 1917 in Berlin.

Süddeutsch, Ende 15. Jahrhundert. — Aus der Auktion Georg Schwarz-Berlin (Katalog Cassirer-Helbing 1917, Nr. 27). — Früher im Besitz von Fr. Wolter, München, der die Figur aus Mittelfranken erworben hatte. Vgl. seine »Bayrische Plastik des 15. und 16. Jahrhunderts« in der Festschrift des Münchener Altertumsvereins (1914) S. 94. Eine genauere Bestimmung des Stückes ist heute noch nicht möglich.

8162. Weibliche Heilige, mit ausgebogener rechter Hüfte, auf Grasboden stehend. Die Linke hält das Obergewand, ein reiches Zeitkostüm mit offenem Mieder, gepufften Ärmeln, Ringhalskette und Gürtel. Darunter wird das lange, bis auf den Boden reichende, nur die Fußspitze frei lassende Untergewand sichtbar. Auf dem Kopfe eine Krone mit abgebrochenen Zacken; welliges Haar fließt auf beiden Seiten herab.

Wandstatue. Lindenholz. Rücken ausgehöhlt. H. 110. Haar links alt angestückt. — Reste alter und neuerer Fassung: Untergewand ziegelrot, Übergewand hell- und dunkelgrün, Spuren von Vergoldung an Mieder, Gürtel und Gewandsaum. — Erworben 1918. Sammlung J. Simon.

Süddeutsch, Anfang 16. Jahrhunderts (Alpenländisch?).

7730. Schreibender Kirchenvater. Mit den Insignien des Bischofs, und zwar Alba, Dalmatika, Amiktus, Kasula, Mitra und Ring, sitzt er auf einer Bank nach links gewendet, beide Hände auf den Blättern des Buches, das auf der steilen Pultfläche vor ihm aufgeschlagen liegt. Volles Lockenhaar kommt unter der Mitra hervor.

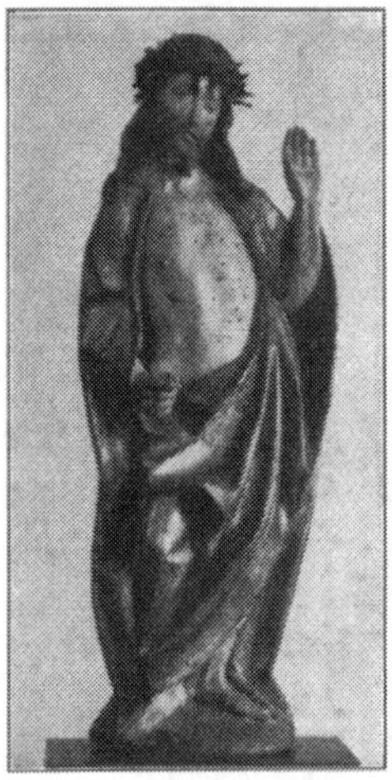

3039

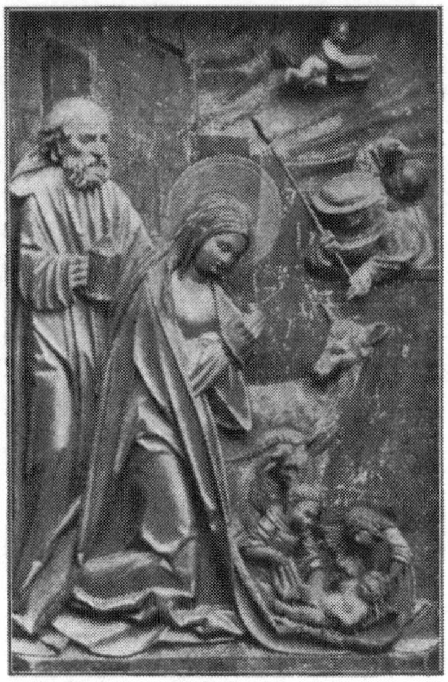

M. 79

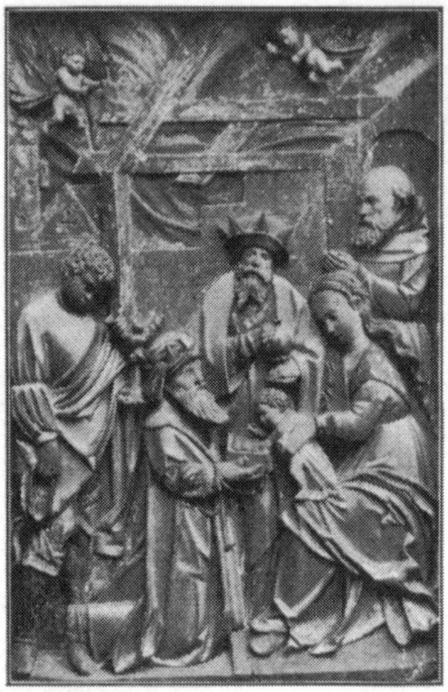

M. 79

Relief (ohne Reliefgrund). Lindenholz. H. 65,5; Br. 36,5. Aus zwei senkrecht zusammengeleimten Stücken. An dem Gesicht und am Mantel Reste einer neueren Bemalung. An der Unterkante des Reliefs, am Mantelsaum und an der Mitra sind einige Stücke ausgebrochen. — Erworben 1916 in Leutkirch.

Süddeutsch, wohl schwäbisch, frühes 16. Jahrhundert. — Brüstungsrelief von einer Kanzel, wie in Nördlingen und in vielen anderen Kirchen.

3039. Auferstandener Christus (Vöge 282). Schräg nach rechts auf Grasboden stehend mit Mantel und Dornenkrone, die Linke erhebend, in der Rechten ursprünglich die Kreuzfahne haltend.

Statuette. Lindenholz. H. 35. Rückseite abgeflacht. — Wurmstichig; abgebrochen der Daumen der linken Hand und die vier Finger, diese ergänzt. — Alte Bemalung z. T. gut erhalten, Reste neuerer Übermalung. Mantel gold, Mantelfutter blau (aufgefrischt), Boden grün. — Erworben 1906. Geschenk eines Ungenannten.

Süddeutsch, um 1500.

M. 79. Zwei Reliefs aus einem Marienaltar.

Geburt Christi (Vöge 283). Maria, das Kind anbetend, kniet links; vor ihr liegt das nackte Kind im Strahlenscheine auf dem Saume ihres Mantels, von zwei Engeln verehrt. Links hinter ihr steht Joseph mit einer Laterne; rechts über dem Christuskinde Ochs und Esel und hinter einer Mauer zwei Hirten, deren einer sich zu einem Engel emporwendet.

Anbetung der Könige (Vöge 284). Rechts sitzt Maria mit dem Kinde, das segnend in den mit Goldstücken gefüllten Kasten des vor ihm knienden Kaspar greift. Zwischen diesem und Maria steht Melchior einen goldenen Pokal haltend, links Balthasar mit einem kostbarem Horn, rechts hinter Maria Josef, aus der Tür tretend, die Linke erhoben. Über dem Balkenwerk des Stalles zwei nackte Engel mit flatternden Tüchern; links hinter der Mauer ein Turm mit Erker und ein Haus.

Halbreliefs. Lindenholz. H. je 85, Br. je 58,5 (ohne die neuen Rahmen). Es fehlt bei der Geburt: ein Verkündigungsengel und der rechte Flügel des vorhandenen fliegenden Engels. Ergänzt die Strahlen, der rechte Fuß des schwebenden und die Flügel der anbetenden Engel, der Hirtenstab und die Hörner und das Ohr des Ochsen. — Bei der Anbetung der Könige fehlt je ein Engelflügel, eine Zacke vom Turban

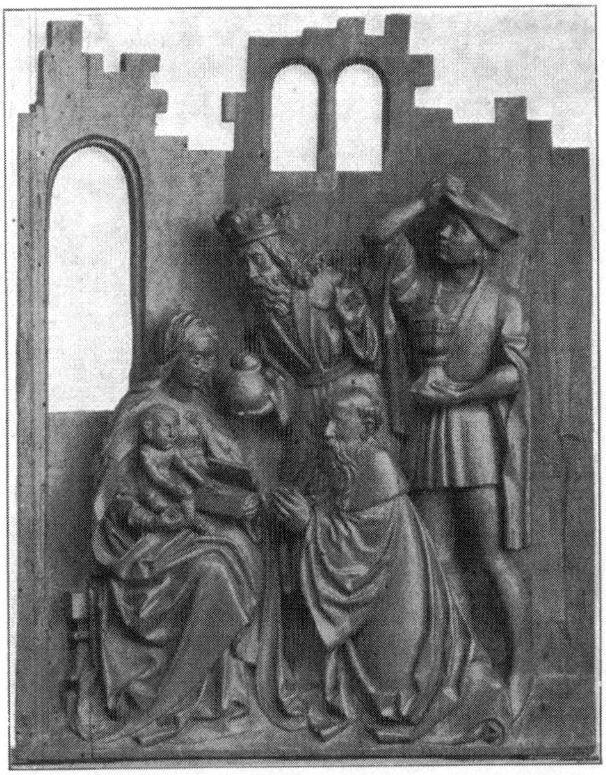

484

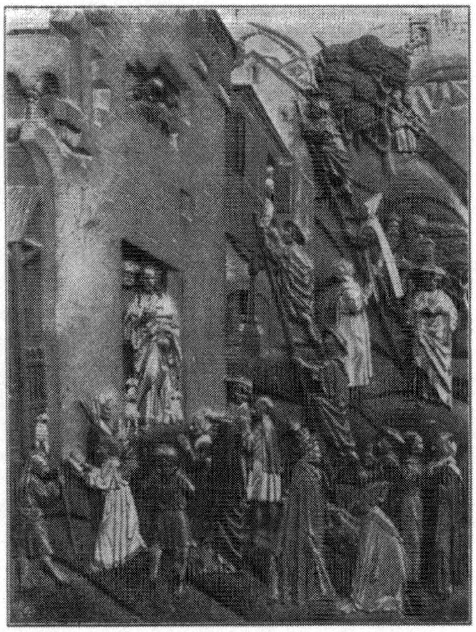

462

und ein Sporn Kaspars. Die Zacken an den Turbanen, die Flügel der Engel aus besonderen Stücken eingesetzt. — Bemalung und Vergoldung alt; z. T. aufgefrischt: Mäntel gold mit blauem Futter, rotbraune Gewänder, Hirtengewänder rot, grün und weiß; violettrotes Gemäuer, Gelände grün-rot. — Erworben 1907 in München. Eigentum des Kaiser Friedrich-Museums-Vereins.

Süddeutsch, 2. Jahrzehnt des 16. Jahrhunderts. — Die Anbetung der Könige mit Benutzung von Dürers Holzschnitt B. 3 von 1511. — Früher in Lausanner Privatbesitz (Eugène Baud).

484. Anbetung der Könige (Vöge 281). Der links sitzenden Madonna hat der alte Kaspar kniend ein Kästchen überreicht, der nackte Knabe greift hinein. Neben Kaspar steht Melchior, mit der Linken empordeutend, in der Rechten eine Büchse. Der bartlose Balthasar, hinter ihm stehend, blickt, die Kappe lüftend, empor, in der Linken einen Deckelpokal. Ruine mit rundbogiger Tür und Doppelfenstern.

Hochrelief. Lindenholz. H. 35, Br. 28,5. Links unter dem Fenster ein Brettchen hinterlegt; an der rechten Seite ist ein Streifen eingesetzt. Abgebrochen eine Zacke der Krone, Daumen der rechten Hand des Kindes. — Unbemalt. — Erworben 1854. Kunstkammer. Geschenk des Herrn Professor Daege.

Süddeutsch um 1490.

462. Christi Predigt vom Schafstall; nach Ev. Joh. 10 (Vöge 290). Links tritt Christus, von Aposteln und Lämmern begleitet, aus der Tür eines weitläufigen Stallgebäudes, vor welchem Männer und Frauen betend seiner harren, unter ihnen ein Engel, aus einem Buche vorlesend. Während dessen steigen rechts auf zwei Leitern, die der Papst und ein Dominikaner halten, der Clerus und einige Vornehme in den ersten Stock des Gebäudes ein, in dem bereits Mönche ihr Unwesen treiben. Im Grunde eine Stadt, aus der eine Mönchsprozession, Leitern tragend, auszieht.

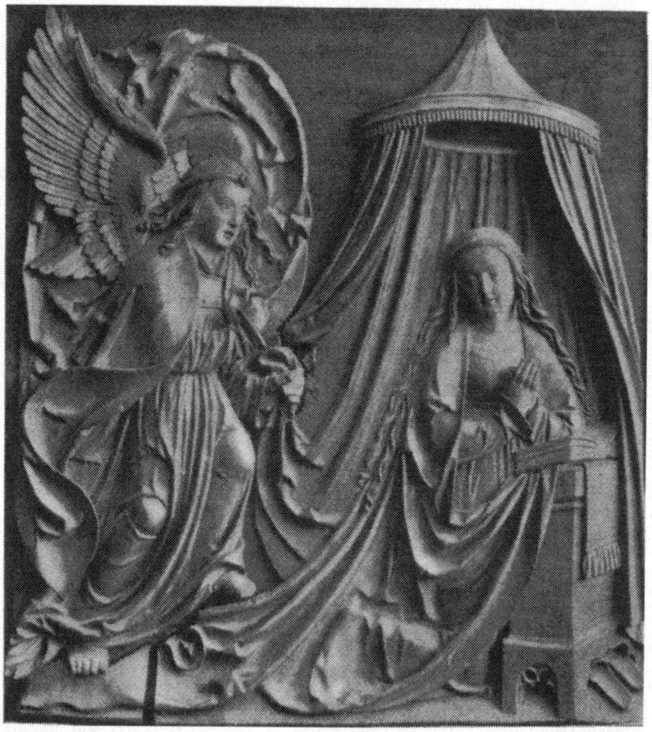

8161

Flachrelief. Fichtenholz. H. 43, Br. 34,3. Ringsum ein Absatz für die Rahmung. — Mit alter Bemalung und Vergoldung; an den Figuren ist neben Weiß, Grau und Schwarz besonders Rot verwendet. — Kunstkammer. Erworben 1705.

Süddeutsch, 1. Hälfte 16. Jahrhunderts. — Die Darstellung, als Satire auf die katholische Kirche, findet sich auch auf Holzschnitten, als Illustration zu Hans Sachs' »Der gut Hirt und böß Hirt«, vgl. Hans Sachs im Gewand seiner Zeit, Gotha 1821, Taf. 11. Das Gebäude links ist eine Copie nach Dürers Holzschnitt »Ruhe auf der Flucht« B. 190 aus dem »Marienleben« mit Weglassung der Treppe vor der Tür und mehrerer für unsere Darstellung unwesentlicher Einzelheiten. — R. Fischer, Historisch-kritische Beschreibung der Kunstkammer, Berlin 1895, S. 40, Nr. 1578. Nikolai, Beschreibung von Berlin und Potsdam, Berlin 1786, II3, S. 793; Beschreibung der Kunstkammer, Berlin 1838, S. 144.

8161. Verkündigung Mariae. Der Engel, im Diakonengewand, von seinem Mantel umweht, tritt zu der rechts unter einem zeltartigen Baldachin am Pult knienden Maria, die betend die Hände vor der Brust zusammengelegt hat. Die Rechte des Engels hielt ein Szepter, die Linke erfaßt einen Zipfel des Baldachinvorhangs. Vorn rechts unter dem Betpult, auf dem eine fransenbesetzte Decke und ein Buch liegen, stehen die Schuhe Marias.

Relief. Lindenholz. H. 87, Br. 81. Mit alter, an mehreren Stellen erneuerter Vergoldung und Bemalung. Das Relief, jetzt auf moderner Unterlage und in modernem Rahmen, ist mehrfach gestückt. Die linke Hand des Engels bis zum Ellenbogen und ein Stück des Vorhangs ausgebrochen und wieder eingesetzt. Abgebrochen an der Figur des Engels die Zehen des linken Fußes und die Spitze des rechten Flügels; von seiner rechten Hand, die ein jetzt fehlendes Szepter (oder Lilie?) hielt, sind Zeige- und Mittelfinger abgebrochen. Der Mantel hat am oberen Rand eine Bruchstelle. — Erworben 1918. Sammlung J. Simon.

Süddeutsch, um 1510. — Ausstellung des Kaiser-Friedrich-Museums-Vereins 1906, Katalog Nr. 197.

8116. Maria zwischen Heiligen. In der Mitte thront Maria, das offen fallende Haar über der Stirn durch ein perlendurchzogenes Band gehalten, das unbekleidete Christkind auf dem Schoß, umgeben von zwölf knienden geistlichen und weltlichen Personen, von denen der Papst links und der Kaiser rechts je einen Rosenkranz von Maria und dem Christkind empfangen. Über der dichtgedrängten Gruppe zwei Engel, die eine Krone über das Haupt der Maria halten.

Flachrelief ohne Grund. Lindenholz. H. 43, Br. 38. Die krönende Engelgruppe aus besonderem Stück gearbeitet. Unbemalt. Ursprünglich in Tondoform; die beiden das Rund unten zum Rechteck ergänzenden Stücke modern. Ergänzt die untere Spitze am Flügel des linken Engels. — Erworben 1918. Sammlung J. Simon.

Süddeutsch, Anfang 16. Jahrhundert. — Früher in der Sammlung Wenke; vgl. Aukt.-Katalog Lempertz, Köln 1898, Nr. 222.

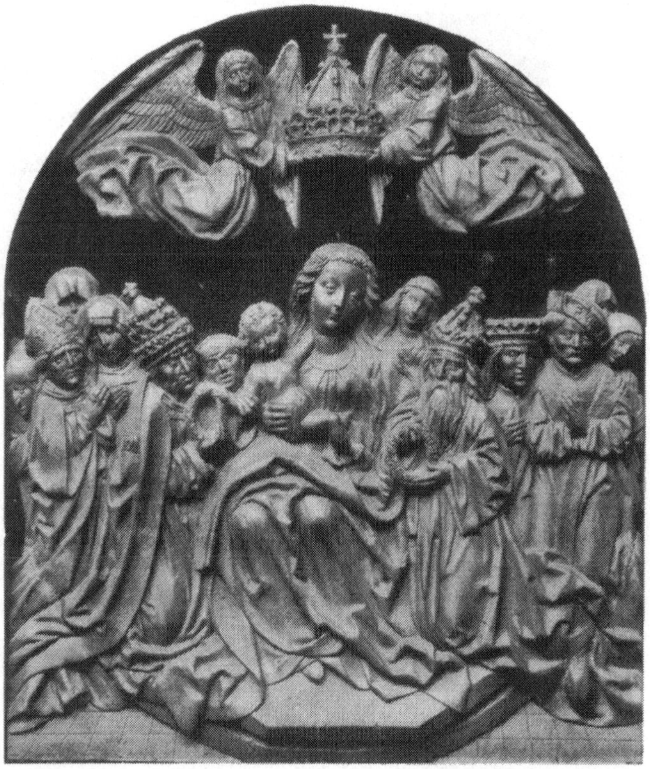

8116

5595. Nikodemus mit dem Leichnam Christi, Teil einer Grablegungsgruppe. Christus liegt auf dem von Nikodemus mit beiden Händen gehaltenen Leichentuch. Haupt und Oberkörper sind im Schoß des Nikodemus aufgerichtet. Nikodemus, kniend, blickt trauernd über den Leichnam hinweg nach rechts. Er trägt ein Kleid mit langen Ärmeln und Schulterkragen; auf dem Kopfe eine Kapuze. Grund: Andeutung von Rasen.

Hochrelief ohne Grund. Buchenholz. H. 33, Br. 14. Aus mehreren Stücken zusammengeleimt, die seitlichen Randteile neu angestückt, links auf der Rückseite ein Keil eingesetzt, rechts ein Stück des Grasbodens. — Alte Bemalung und Vergoldung; von barocker, besonders auf dem Lendentuch noch erhaltener Bemalung befreit. Gewand, Kapuze, Lendentuch und Leichentuch ver-

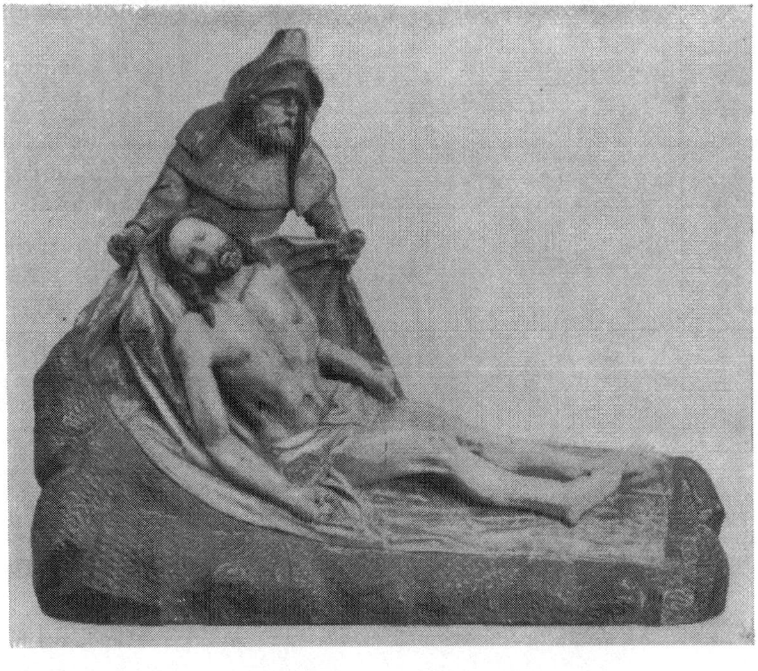

5595

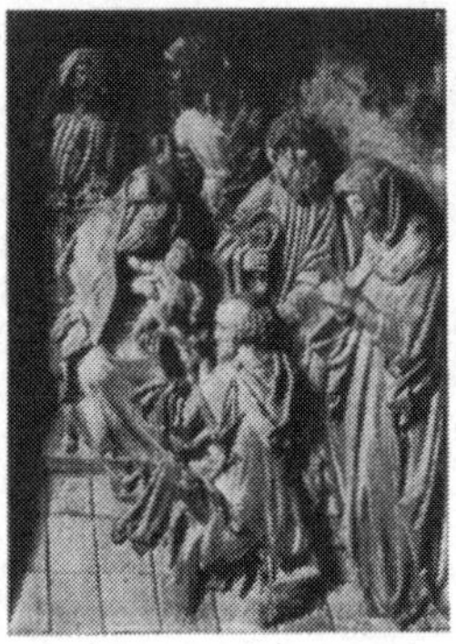

8138

5606

goldet, Futter der Kapuze blau, Gelände grün. — Abgebrochen: Finger der rechten Hand Christi, Ballen unter den Zehen (die Stelle übermalt), Daumen der linken Hand des Nikodemus, ein Stück aus dem vorderen Kapuzenrande. Ergänzt die Finger der linken Hand des Nikodemus. — Erworben 1909 in München.

Süddeutsch, Anfang 16. Jahrhundert.

8138. Beschneidung Christi. Vereinfachte Copie nach Dürers Holzschnitt B. 86 aus dem Marienleben; die Figur des Joseph etwas verändert und nach vorn gedreht; zwei Gestalten zwischen Joseph und dem Priester sind weggelassen.

Relief ohne Grund. Lindenholz. H. 33, Br. 26. — Mit dem Rahmen, der die untere Hälfte einfaßt, aus einem Stück. — Hinter Joseph und Maria standen ursprünglich noch weitere Figuren, wie Gewandreste und die Abarbeitung am Kopf des Joseph zeigen. Bemalung aus neuerer Zeit. — Erworben 1918. Sammlung J. Simon.

Süddeutsch, nach 1505.

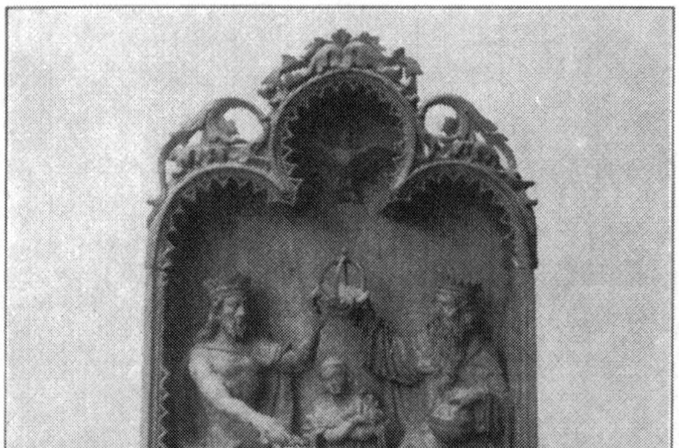

417

5606. Schweißtuch der Veronika. Das Tuch wird links von Petrus, rechts von Paulus hochgehalten, die als Halbfiguren mit der für sie charakteristischen Haartracht dargestellt sind; Wolken als Reliefgrund.

Flachrelief. Lindenholz. H. 14,5, Br. 36,2. Dunkel gebeizt. Der obere Rand des Tuches mit den beiden Händen, die beiden Heiligenscheine Petri und Pauli und ein Stück Gewand und Wolken zwischen der Brust Pauli und dem Schweißtuch ergänzt. Der Schlüssel in der rechten Hand des Petrus und die Schwertklinge in der Linken vom Griff ab fehlen. — Erworben 1909 in München.

Süddeutsch, Anfang 16. Jahrhunderts.

417. Hausaltärchen mit der Krönung Mariae (Vöge 226). Maria kniet mit gekreuzten Armen zwischen Christus und Gottvater, die, auf Wolken, eine Krone über sie halten; Christus nur

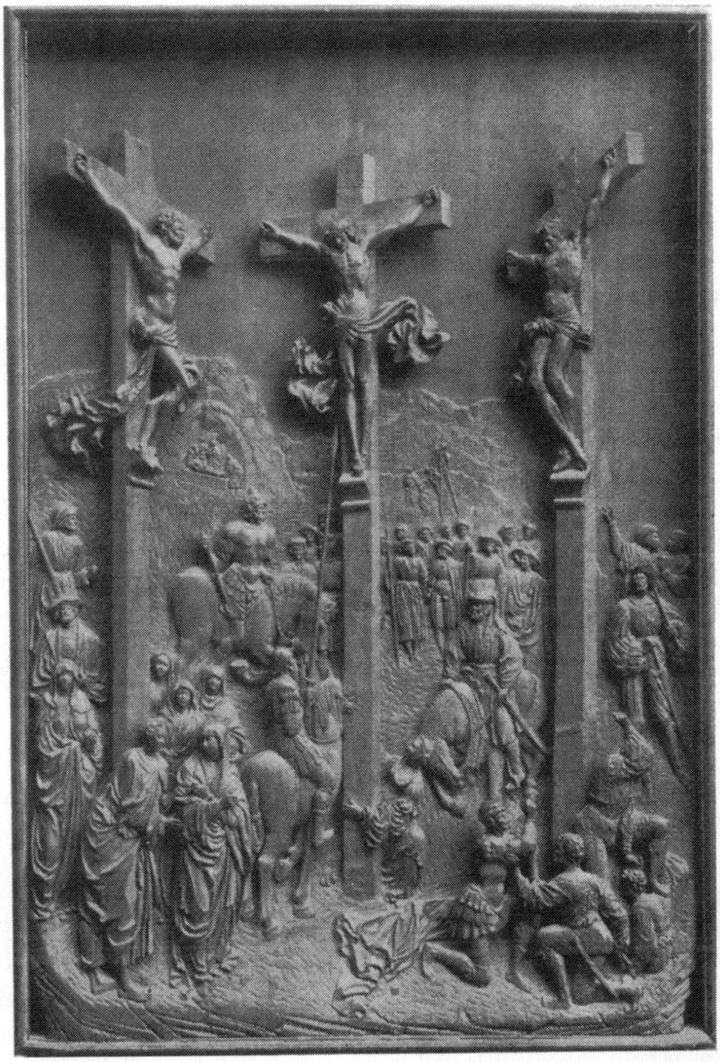

5933

im Mantel; oben die Taube in der mittleren Rundung des abschließenden Kleeblattbogens, den Blätterwerk bekrönt. Auf der Staffel stehen in Nischen zwischen Balustersäulchen Katharina, Barbara, Margareta und eine vierte gekrönte Heilige mit fehlenden Attribut. Die Nischen von Laubwerk überwölbt. Zu den Seiten der Staffel Voluten, in den Zwickeln Drachenköpfe.

Hochrelief ohne Grund. Lindenholz. H. 43,5, Br. (des Schreins) 22,4. Mit Spuren alter Bemalung. Die Krone Mariae aus besonderem Stück; die Arkatur der Staffel aus einzelnen Stücken zusammengesetzt. Der rechte Arm Christi, die Taube, die Umrahmung des Schreins ergänzt. — Erworben 1887 in Würzburg.

Süddeutsch, 1. Hälfte 16. Jahrhundert. — Die Marienkrönung erinnert an die am Marienaltar in der Jakobskirche zu Rothenburg; doch vgl. Dürers Marienleben, B. 94.

5933. Kreuzigung Christi. Eine nach links hinten ansteigende Berglandschaft wird überragt von den drei hohen, schräg zum Hintergrund gestellten Kreuzen, an denen Christus und die beiden Schächer, mit langen wehenden Lendentüchern bekleidet, hängen; die Füße auf Konsolen nach Art eines spätgotischen Wasserschlags. Den Stamm des Kreuzes Christi umfaßt kniend

Magdalena, links daneben Longinus mit der Lanze, zu Pferd, in starker perspektivischer Verkürzung; unter dem Schächerkreuz links im Vordergrund Johannes, neben Maria stehend und sie tröstend, dahinter, staffelartig übereinander gestellt, vier Frauen und zwei Männer. Unter dem Schächerkreuz rechts im Vordergrund vier Soldaten, die beim Würfeln um den vorn liegenden Mantel Christi in Streit geraten sind und aufeinander losschlagen, dahinter ganz rechts ein Landsknecht und zwei Gestalten, von denen die eine zum Kreuz emporweist. Im Mittelgrund zwei Reiter und Gruppen von stehenden Soldaten und Zuschauern in zeitgenössischer Tracht. Im Hintergrund an den Bergabhängen in flachem Relief die Szenen der Kreuzabnahme und Grablegung Christi; rechts in der Ferne erscheint Jerusalem. Abb. S. 309.

Hochrelief mit einzelnen rundplastisch gearbeiteten Teilen. Lindenholz. H. 93, Br. 65. Alte Bemalung abgelaugt, Spuren davon nicht mehr vorhanden. Die Konsolen an den Kreuzen Christi und des rechten Schächers modern; vorn unter dem Kreuz Christi ein Stück Boden und Mantel neu eingesetzt; kleine Teile am Relief ergänzt; kleinere Beschädigungen. Die rechte Hälfte des Reliefs stark vom Wurm zerfressen. Unterlage und Rahmen modern. — Erworben 1909 in München.

Süddeutsch, vielleicht alpenländisch um 1530—40. — Die Gestalten an den Kreuzen scheinen eine Nachwirkung Backoffenseher Typen; doch besagt dies wenig für die Lokalisierung des Reliefs. Für die überlangen Gestalten kann an Bilder von Woensam erinnert werden. Das Zusammentreffen italienischer Gepflogenheiten im Relief (vgl. die Unterschneidungen) und der deutschen Renaissancetypen würde sich in einem der nach Süden führenden Alpentäler besonders gut erklären.

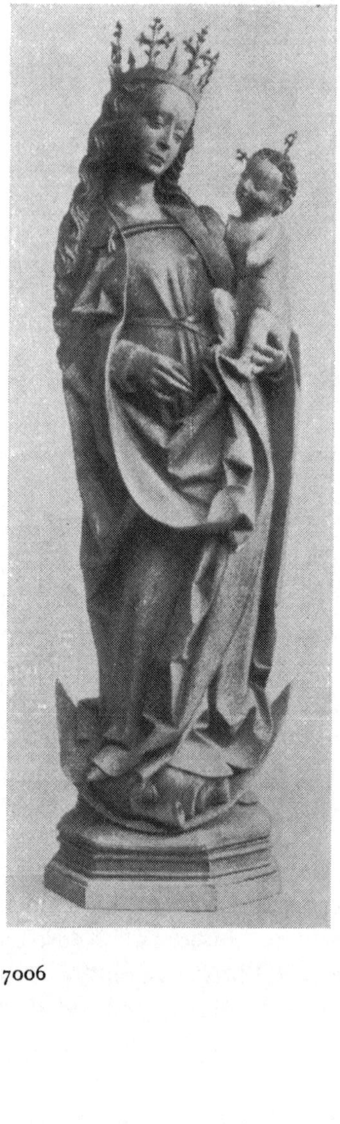

7006

k) Nördliche Rheinlande

7006. Maria mit dem Kinde. Stehend über der Mondsichel, in gegürtetem Gewand und Mantel, der über der Brust von einem Riemen zusammengehalten wird. Auf ihrem linken Arm sitzt das nackte Kind. Ihre linke Schulter ist etwas zurückgenommen, ihr gekröntes Haupt dem Kinde zugewandt und leicht geneigt. Die Mondsichel nach oben offen; das Antlitz des Mondes darin ist abwärts gerichtet. Auf polygonaler, leicht ansteigender Standfläche über einer profilierten Plinthe.

Wandfigur. Lindenholz. H. 122 (ohne Krone und untere Platte der Plinthe). Figur und Standfläche aus einem Stück. Rückseite beider ausgehöhlt, die für sich gearbeitete Plinthe massiv. — Es fehlen die rechte Hand Mariae (die Abb. gibt noch eine moderne Ergänzung wieder), der rechte Arm und der linke Unterarm des Kindes. Ergänzt jetzige Krone und Gürtelschnalle bei Maria, Reste eines Kreuznimbus beim Kind, eine Spitze der Mondsichel und die untere Platte der Plinthe, ferner das linke Füßchen des Kindes. — Das Kind sowie das Gesicht und die linke Hand der Mutter mit dem alten, z. T. erneueten Inkarnat; sonst keine Bemalung erhalten. — Erworben 1911 in Aachen. Geschenk.

Rheinisch um 1490. Angeblich aus der Eifel stammend.

8089. Hl. Elisabeth. In reichem Franziskanerinnengewand mit einer Krone auf dem Haupt; zwei weitere Kronen, übereinander gestellt, hält sie auf der vom Mantel verhüllten Rechten. Sie

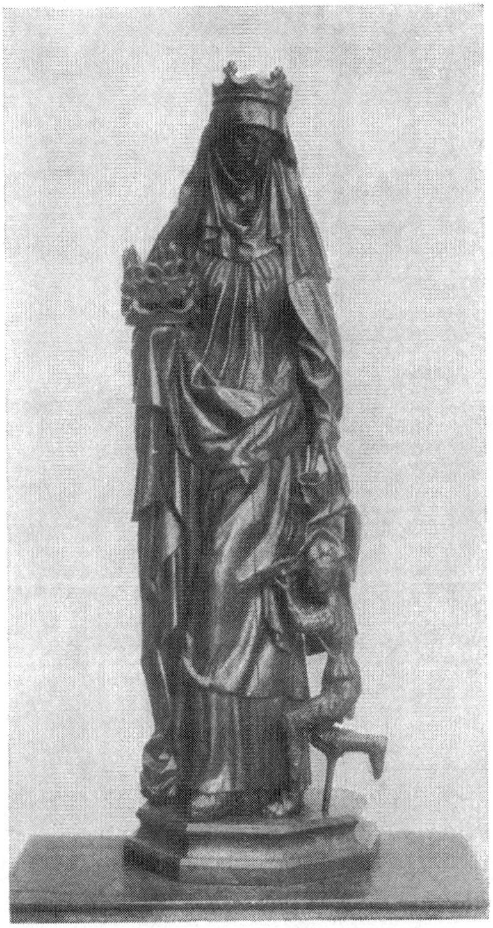

8089

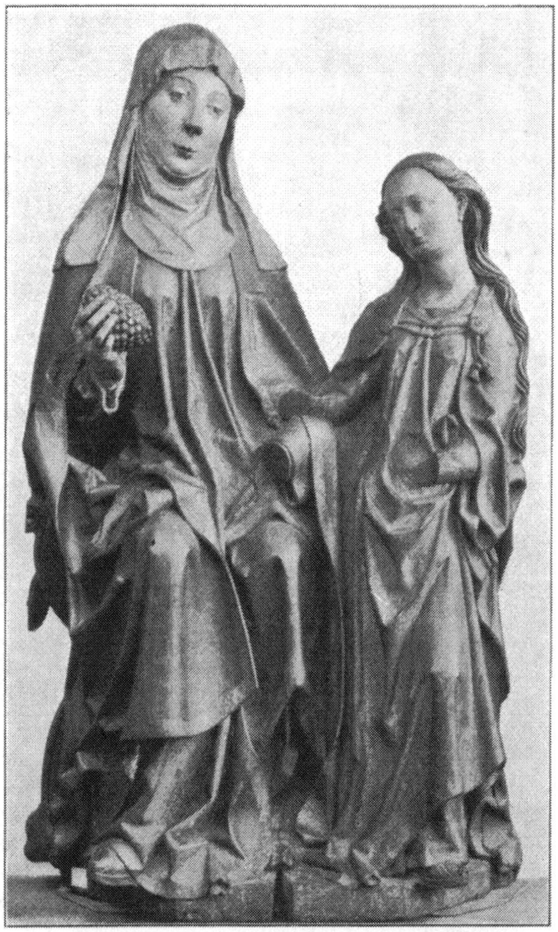

3141

blickt nach rechts hinab, wo sie einem kleinen Krüppel mit Stelzfuß ein Gewand über den Kopf wirft.

Statue. Eichenholz. H. 111. Rückseite flach. Ohne Bemalung, dunkel gebeizt. Mehrere Zacken der Krone sind beschädigt. Einige der oberen Zacken der Doppelkrone sind ergänzt. — Erworben 1918. Sammlung J. Simon. Früher Sammlung Friedrich Lippmann-Berlin.

Aachener Meister um 1480. — Von derselben Hand finden sich zwei Paare Maria—Johannes, Assistenzfiguren des Gekreuzigten, die unter sich so verwandt sind, daß es sich nur um Wiederholung desselben Modells in derselben Werkstatt handeln kann. Das eine Paar, jetzt im Aachener Suermondt-Museum, (Katalog v. Schweitzer Tafel 24) stammt aus Cornelimünster bei Aachen. Das andere, unserer Elisabeth in den Einzelheiten noch näher, ist 1909 ins Germ. Museum gelangt (Katalog Josephi Nr. 457. 458). Ein weiteres Paar im Suermondt-Museum (Schweitzer Tafel 12) zeigt den Kalkarer Stil, der sich von der Aachener Werkstatt deutlich abhebt. — Ausstellungen des Berliner Kaiser-Friedrich-Museums-Vereins 1906 (Katalog 169) und 1914 (Katalog 213). — Amtl. Berichte 41 (1920) 199.

3141. Maria und Anna, ursprünglich Anna selbdritt (Vöge 308). Rechts steht die jugendliche Maria, ein Stirnband im Haar, in vorn verschnürtem Mantel. Sie hielt der auf einem Faltstuhl sitzenden Anna ursprünglich den Knaben hin. Diese hält eine Traube in ihrer Rechten. Anna in Mantel, Kopf- und Kinntuch, beide Frauen in spitzen Schuhen. Abgeschrägte Fußplatte.

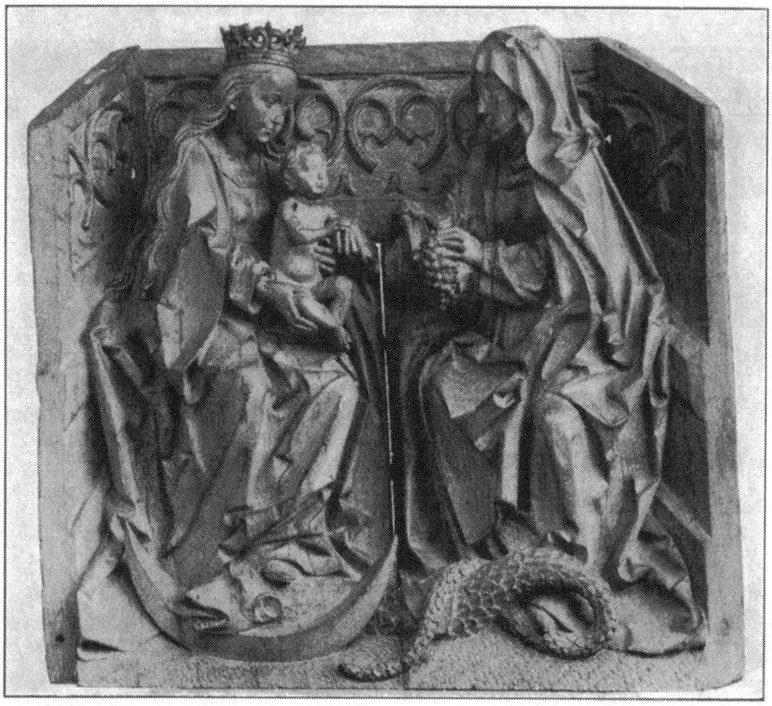

479

Wandgruppe. Eichenholz. H. 110. Rückseite ausgehöhlt. Der Zeigefinger an Annas rechter Hand aus besonderem Stück. Vorn an der Plinthe ein Stück herausgeschnitten. — Von der ursprünglichen Bemalung und Vergoldung sind nur geringe Reste unter dem späteren Anstrich erhalten. Das Gewand der Anna zeigte ein Brokatmuster mit teilweiser Vergoldung. — Erworben 1908. Geschenk eines Ungenannten.

Niederrheinisch um 1490. Eine ähnliche Gruppe aus derselben Werkstatt in der kathol. Pfarrkirche zu Braunsrath nahe der holländischen Grenze, vgl. Inv. Kreis Heinsberg (1906) S. 24, Abb.; dem Stile nach zugehörig auch eine Madonnenstatuette des Münchener Nationalmuseums (Katalog VI, Nr. 964). — Das Kind lag wohl, wie in Braunsrath und auch in anderen niederrheinischen Selbdrittgruppen, bäuchlings auf den Händen Marias und strebte nach links. Vgl. auch die Anna selbdritt in Goch, Frauenhaus.

479. Anna selbdritt (Vöge 318). Auf einer mit Maßwerk verzierten Bank sitzen, einander zugewendet, rechts Anna, links Maria, den nackten Knaben auf dem Schoß. Er streckt den Arm nach einer Traube aus, die Anna ihm hinreicht, mit der Rechten sein linkes Ärmchen stützend. Zu Füßen der beiden Frauen ein Drache mit gewundenem Schweif, dessen Kopf auf der Mondsichel unter Mariens linkem Fuße liegt.

Hochrelief. Eichenholz. H. 53, Br. 59. Jede Figur mit der zugehörigen Seitenlehne aus einem Stück. Ergänzt Annas Nase und linke Hand mit der Traube, die rechte des Kindes, die Spitzen an der Rücklehne der Bank. — Kunstkammer.

Niederrheinisch um 1500 (unter fränkischem Einfluß?). Lüthgen, die Niederrheinische Plastik (1917) S. 409 setzt das Stück an den oberen Niederrhein.

475. Klage um den Leichnam Christi (Vöge 311). Vorn sitzt Maria, den Leichnam auf dem Schoß; zwei heilige Frauen knien links und rechts, die eine Christi Haupt haltend, die andere mit gefalteten Händen. Hinter Maria steht, sie stützend, Johannes; zu seiner Rechten Magdalena mit der Salbbüchse, im Begriff ihre Tränen zu trocknen, hinter ihm Joseph von Arimathia und Nicodemus.

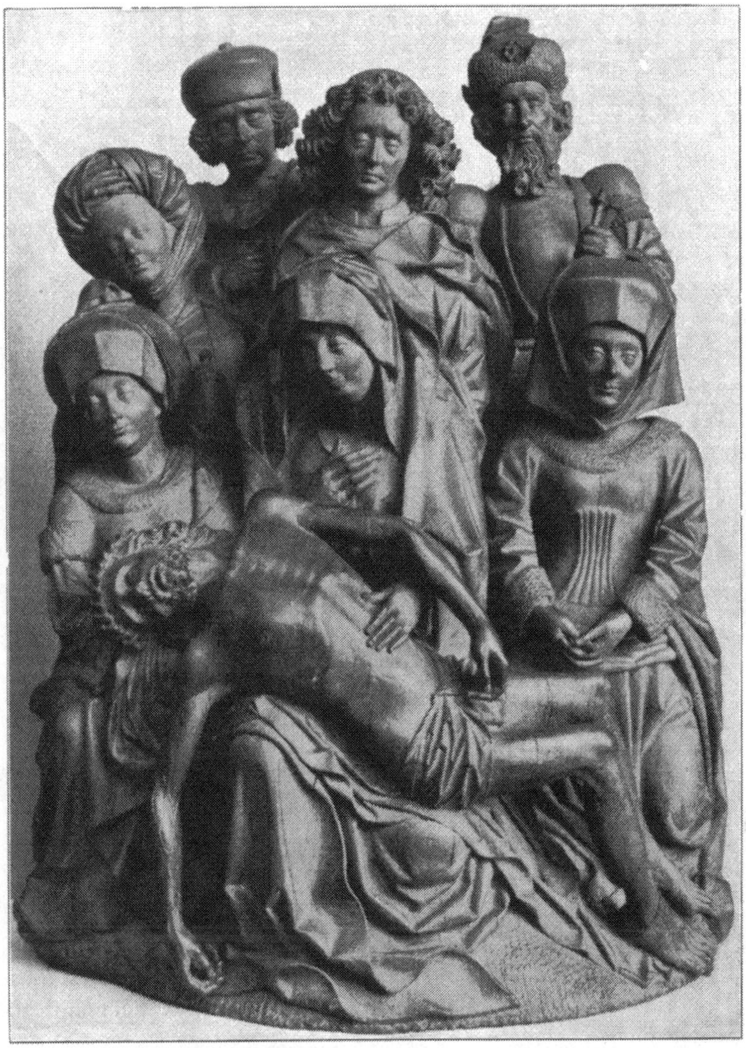

475

Wandgruppe. Eichenholz. H. 92, Br. 74. Rückseite unbearbeitet. Aus einem Stück. Ergänzt der Kopf des links hinten stehenden Mannes, die Nägel in der Hand des andern, Marias Nase, Teile an ihren wie an Christi Fingern; zwei Zehenspitzen am rechten Fuße Christi. — Ohne Fassung. — Kunstkammer. Erworben 1855 in Köln.

Niederrheinisch um 1490—1500. Nahe Verwandschaft zeigt der fragmentarisch erhaltene Schnitzaltar in St. Kunibert-Köln (Abb. Inv. Köln I, 4 S. 279, 283 f); über ihn vgl. O. Isphording, Zur Kölner Plastik des XV. Jahrh., Diss. Bonn 1912 S. 136 ff.

458. Anna selbdritt (Vöge 312). Links sitzt Anna, in Schleier und Kinntuch, in der Linken ein Buch, dem Christkind eine Frucht anbietend, das hüpfend auf dem Schoße der Mutter steht.

Wandgruppe. Lindenholz. H. 47,5, Br. 35. Die Rückseite unbearbeitet. Aus zwei durch einen Zwischenstreifen verbundenen Stücken zusammengesetzt. Das Bodenstück unter der Anna schon ursprünglich angesetzt. Bohrungen für die Nimben auf den Köpfen der Frauen. Die Hände des Kindes, die Finger der rechten Hand der Anna und Einzelnes an der linken Marias ergänzt. — Mit Resten alter Vergoldung und besonders in den nackten Teilen erhaltener alter Bemalung. Vergoldet Mantel und Gewand

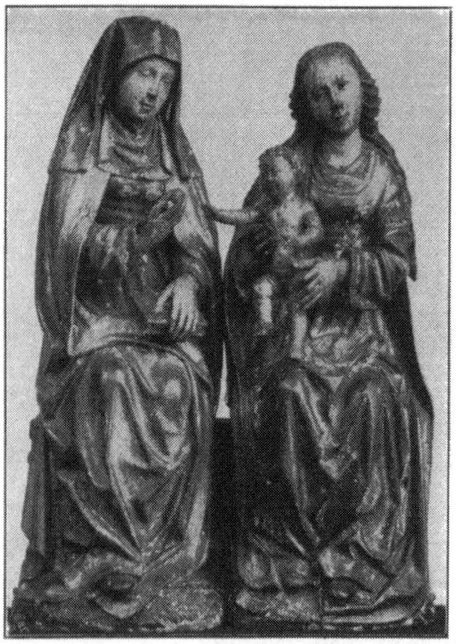

458 S. 313

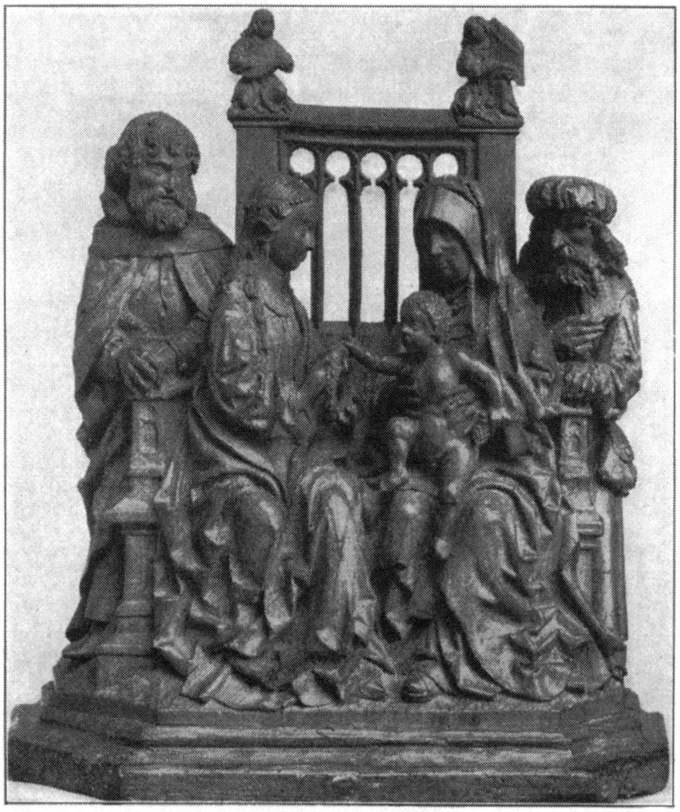

482

der Maria, am roten Gewand wie am weißen Mantel der Anna die breiten Saumstreifen, der Saum ihres Kopftuches; dieses grau mit feiner brauner Strichelung und Musterung. Das blaue Futter der Mäntel aufgefrischt. — Kunstkammer.

Niederrheinisch um 1490—1500. Nahe verwandt vier weibliche Heilige und eine sitzende Maria im Suermondt-Museum zu Aachen (H. Schweitzer im Skulpturenkatalog des Museums Textbd. 1910 S. 19 mit Abb. 15 und Tafelbd. I Taf. XXXIII) sowie eine sitzende Madonna des Schnütgen-Museums (Katalog v. Witte Taf. 34,4).

482. Die heilige Sippe (Vöge 310). In einem gotischen Gestühl, dessen Lehne zwei musizierende Engel krönen, sitzt rechts Anna, das nackte Kind auf dem Schoß. Eine Traube in der Linken, greift es mit der Rechten nach dem Rosenkranz, den Maria, links sitzend, ihm hinhält. Links und rechts stehen Joseph und Joachim, auf die Armlehnen des Gestühls sich stützend.

Gruppe. Nußbaumholz. H. 39, Br. 34. Rückseite des Gestühls, mit Faltwerk, besonders sorgfältig ausgearbeitet. Ergänzt die Finger an Joachims rechter Hand. — Unterhalb des Stuhles an der Rückseite Spuren roter und grüner Farbe. — Kunstkammer. Erworben 1853.

Niederrheinisch um 1500. Vgl. für die Komposition Israel von Meckenem, Geisberg 186. — Lüthgen, Die niederrheinische Plastik (1917) S. 409: oberer Niederrhein.

8381. Trauernder Johannes (aus einer Kreuzigung). Stehend mit etwas vorgesetztem linkem Bein, nach links aufwärts blickend, die Hände betend verschränkt. Im Gewand, an dessen Gürtel Schreibgerät hängt, mit umgeschlagenem Kragen, den ein Knopf zusammenhält, und Mantel, der den linken Arm, den Rücken und die Seiten bedeckt. Rundlicher Terrainausschnitt.

Vollfigur. Eichenholz. H. 119. — Die Hände ergänzt, ferner ein Stück am Gewand zwischen linkem Knie und Saum. Ein Stückchen des Terrainausschnitts fehlt links am Rande. Einige schmale Risse. — Ohne Bemalung. Braun getönt. — Erworben 1926 in Berlin.

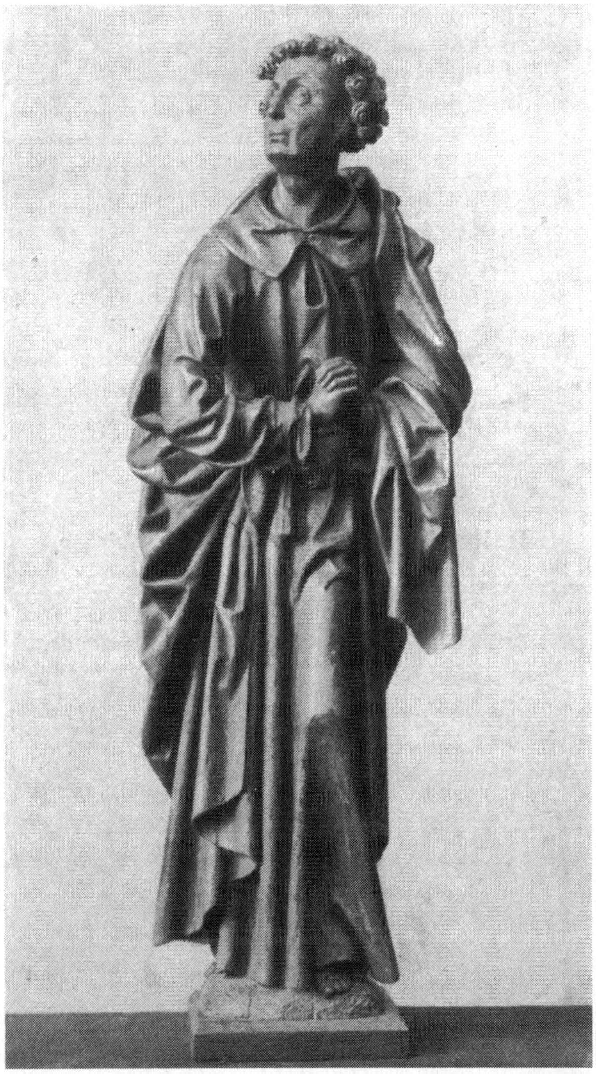

8381

Kalkarer Meister, Ende 15. Jahrhundert. — Der ausgezeichnete Schnitzer dieser Figur ist noch nicht näher bekannt. Nah verwandt, vielleicht von seiner Hand, eine Helena in der Sammlung Victor Hahn in Berlin sowie ein Christophorus der Sammlung Kramer in Kempen: ferner ist zu verweisen auf den Anna-Altar in Kalkar, dessen Herstellung durch Derick Boegert I. A. Wolff aus den Rechnungsakten auf 1484—90 bestimmt hat. Man wird daher auch unsere Figur wohl vor 1500 anzusetzen haben. Vgl. Wolff, Geschichte der Stadt Kalkar während ihrer Blüte (1893) S. 85. Worauf Lüthgen, Die Niederrheinische Plastik (1917) S. 337 die Ansicht stützt, Boegert »habe den Altar im beginnenden 16. Jahrhundert vollendet«, ist angesichts der Feststellungen Wolffs nicht ersichtlich.

7720. Engel mit dem Wappenhelm Christi. Stehend, in Alba, Stola und Pluviale mit Fransenborte, auf dem nach links geneigten reichgelockten Haupte ein Schapel. Die unter dem Mantel verborgene Linke trägt mit Unterstützung der Rechten einen Helm, auf dem ein Tuch und der Dornenkranz Christi liegt. Sechsseitige Standplatte mit einwärts geschweiften Seiten (aus demselben Stück). Abb. S. 316.

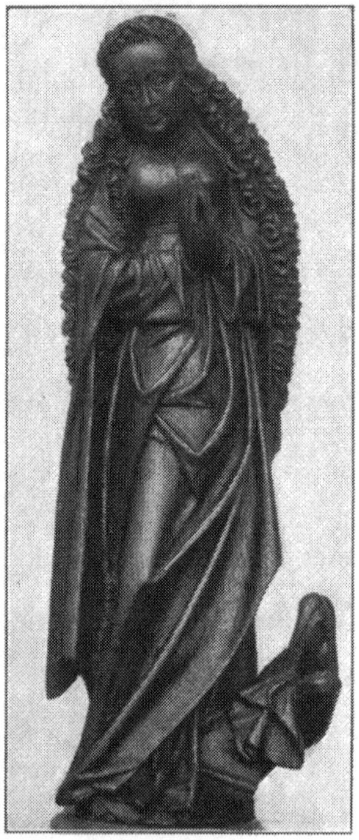

473

Vollfigur. Eichenholz. H. 79. Rückseite einfacher behandelt. — Von der rechten Hand ist nur der Handteller erhalten. Auf dem Rücken Einschnitte für die jetzt fehlenden Flügel. Nasenspitze und Spangen vor dem Sehspalt des Helms ergänzt. Auf der Brust eine Bohrung, von der fehlenden Schließe des Rauchmantels. Die Spitze des linken Fußes und ein Stückchen vorn am Schapel abgebrochen. An der rechten Körperseite ist die Oberfläche durch Kerzenlicht angesengt. — Ohne Fassung. — Erworben 1916 in Krefeld.

Niederrheinisch um 1510—20. Aus Xanten. Das Gegenstück war ein Engel mit einem Schild, der verschiedene Leidenswerkzeuge Christi zeigte. Über die Darstellung der »Arma Christi«, der »Waffen Christi«, d. h. der Leidenswerkzeuge, die erst seit dem 16. Jahrhundert auch als »Wappen Christi« d. h. als Wappenembleme dargestellt wurden, vgl. Detzel, Christliche Ikonographie I (1894) S. 458. — Zwei Engel von anderer Hand, ebenfalls niederrheinisch, mit derselben Darstellung, in der Sammlung Kramer in Kempen.

Heinrich Douvermann, Bildschnitzer.

Geboren vielleicht in Dinslaken. Tätig in Kleve (nachweisbar dort 1510 bis 1515) und hauptsächlich in Kalkar (nachweisbar seit 1517). Zuletzt in Xantener Rechnungen von 1544 genannt. Vgl. H. Reiners in Thieme-Beckers Künstlerlexikon IX (1913) S. 520 ff.

7963. Maria mit dem Kinde. Stehend, in Gewand und Mantel, der die Brust frei läßt; gekrönt. Auf der stark ausgebogenen linken Hüfte trägt sie das Kind, das mit einem Röckchen bekleidet ist. Mit der rechten Hand hat sie einen Schlitz ihres Gewandes geöffnet und bietet dem Kind, das sich in lebhafter Bewegung ihr zuwendet, die linke Brust. Die linke Schulter der Mutter ist zurückgenommen, das Gesicht ins Dreiviertelprofil gewendet. Flacher Terrainausschnitt von rundlicher Form.

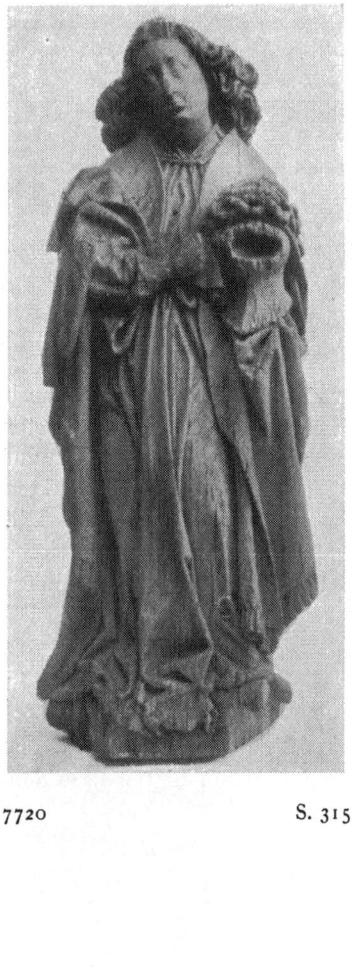

7720 S. 315

Vollfigur. Eichenholz. H. 94 (ohne die Krone). Die Figur stand ehedem wohl auf einer für sich gearbeiteten Plinthe. Die Krone und die Spitze der Nase des Kindes ergänzt. Mit Resten roter Farbe am Gewand, Mantelfutter und Röckchen und blauer Farbe am Mantel; letztere modern. — Erworben 1920 aus der Sammlung B. Oppenheim-Berlin.

Um 1510. — Die Madonna bildet stilistisch die Vorstufe zu dem Altar der »Sieben Schmerzen Mariae« in der Kirche von Kalkar, den Douvermann 1518—21 herstellte (einzelne Teile erst 1528). Die Besonderheiten des Meisters zeigen sich vor allem im Schnitt der Augen und am deutlichsten im Typus und im Bewegungsmotiv des Kindes; vgl. zu ihm die Madonna in der Bekrönung des genannten Altars, abgebildet bei Stephan Beißel in der Zeitschrift für christliche Kunst 16 (1903) S. 357. 358. — B. Oppenheim, Originalbildwerke aus meiner Sammlung. Nachtragsband (1911) Nr. 119 Tafel 62.

473. Margareta (Vöge 316). Auf dem Drachen stehend, der an dem Saum ihres Kleides zerrt, faltet Margareta, nach links niederblickend, die Hände, das Oberkleid mit dem linken

Arm empornehmend. Eine von Perlen durchzogene Binde ruht auf den langen Locken; ein Mantel bedeckt die Schultern.

Statuette. Eichenholz. Die Rückseite ist flüchtig bearbeitet. H. 26,5. Ergänzt das Ohr des Drachen. — Kunstkammer. Erworben 1852. Geschenk.

Kalkar um 1525—30. Die Statuette ist eng verwandt mit der Maria in der Strahlenglorie an Douvermanns Altar der »Sieben Schmerzen Mariae« in der Pfarrkirche zu Kalkar. Der Altar wurde 1522, das bekrönende Marienbild erst 1528 vollendet. Vgl. Otto Wertheimer im »Pantheon« 1928, S. 535 ff.

8095. Kreuztragung. Christus rechts, unter der Last des Kreuzes in die Knie sinkend, hinter ihm links, in Mantel und Kapuze, Simon von Kyrene, im Begriff, ihm das Kreuz abzunehmen. Abb. S. 318.

Relief. Eichenholz. H. 46, Br. 40. Ohne Bemalung. Aus zwei Stücken zusammengesetzt. Das Mittelstück am Kreuzesbalken, kleine Teile des Sockels ergänzt. Sockel und Fuß des Simon durch Feuchtigkeit vermorscht und wurmstichig. Kleine Beschädigungen an den Fingern und Zehen. — Erworben 1918. Sammlung J. Simon.

Werkstatt Heinrich Douvermanns: Kalkar, Anfang 16. Jahrhundert. — Früher in der Sammlung Hans Schwarz-Wien; Auktions-Katalog Lepke (1911) Nr. 83 Tafel 19.

8096. Christophorus. Frontal gesehen, auf einer Kelchkonsole. Er schreitet etwas zusammensinkend an seinem langen, knorrigen Stabe, der unten mit einer Eisenspitze versehen ist, durch das Wasser. Der gegürtete Leibrock hört über den Knien auf, darüber ein Umhang, der von den Schultern und den Armen herabflattert. Das Christkind in langem Kleidchen, trägt in der Linken die Weltkugel. Abb. S. 318.

Statuette. Eichenholz. H. mit Konsole 78. Rücken flach. Unbemalt. Die Hohlkehle über der Konsole ist mit der Figur aus einem Block. Die Konsole selbst aus einem anderen, aber zugehörig. Nasenspitze vorn alt angestückt. Kleine Beschädigungen bei Christophorus an den Locken, am Mittelfinger der linken Hand und den Gewandsäumen. Bei dem Kind fehlt die rechte Hand und das linke Bein. — Erworben 1918. Sammlung J. Simon.

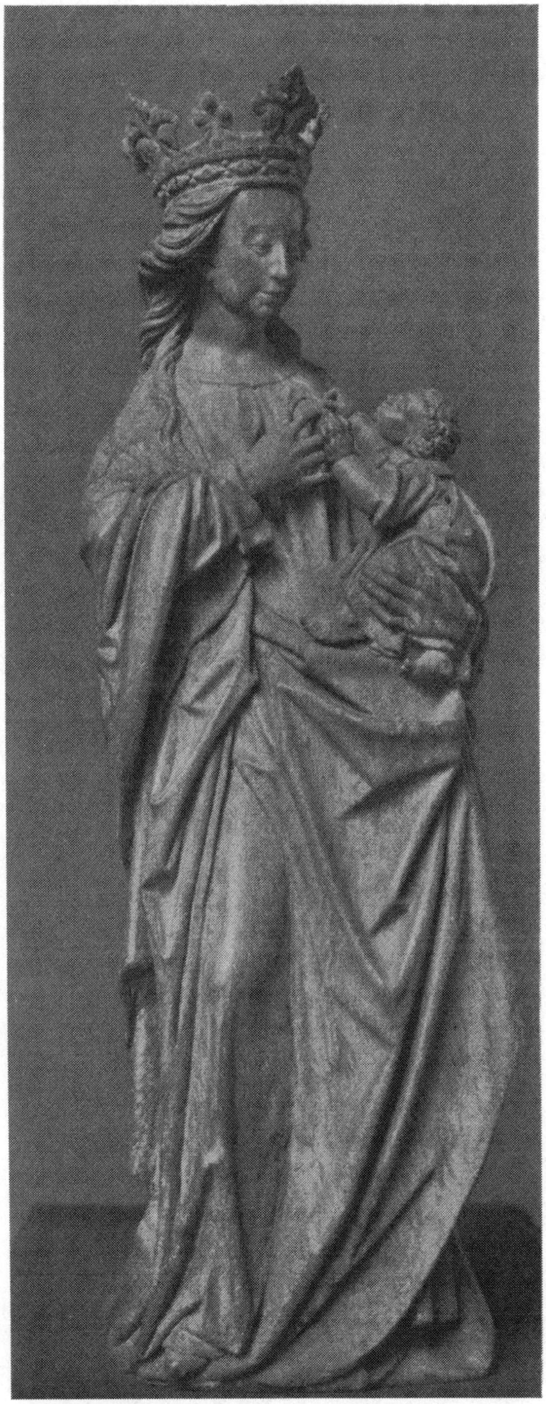

7963

Schule H. Douvermanns: Kalkar, Anfang 16. Jahrhundert. — Nach einem Zettel auf der Rückseite früher in der Sammlung Desmottes, Paris.

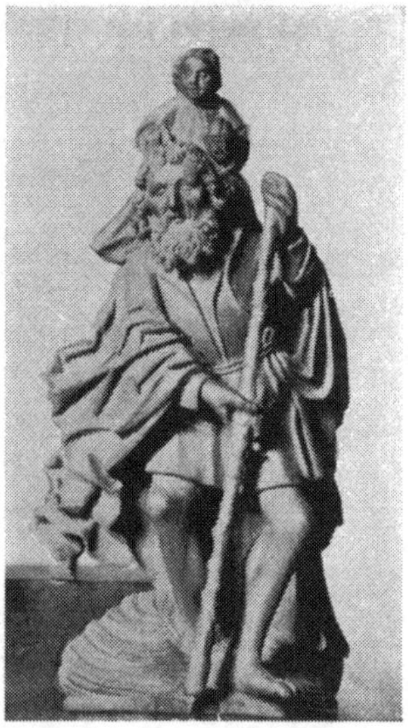

8096 S. 317

8109. Kreuzschleppung. Christus und Simon von Kyrene tragen das Kreuz (T Kreuz). Zwei Kriegsknechte treiben ihn an. Der links stehende schlägt Christus auf den Rücken, der andere, von dessen linkem Arm der Strick herabhängt, reißt mit der Rechten an seinen herabhängenden Locken. Auf ansteigendem Sockel mit Terrainandeutung durch Rillen.

Gruppe. Eichenholz. H. 58, Br. 55. Rückseite glatt. Erhebliche Reste der alten Vergoldung und des Bolusgrundes. Am Sockel mehrere Risse. Der obere Querbalken des Kreuzes ist angestückt. In der linken Hand des hinter Christus stehenden Kriegsknechtes fehlt ein Instrument (Stock oder Geißel). — Erworben 1918. Sammlung J. Simon.

Art des Everard von Monster. Kalkar, Ende 15. Jahrhundert. — Vgl. die Predella des Siebenfreuden-Altars in Kalkar, von 1493.

M. 140. Abendmahl. Christus sitzt an der Rückseite des runden Tisches. Er faßt mit beiden Händen das auf der Schüssel liegende Lamm. An seiner Brust wird das lockige Haupt des Johannes von hinten sichtbar. Um den Tisch verteilt zehn Jünger, die auf einer lehnenlosen Bank sitzen. Vorn in der Mitte Judas mit dem Beutel auf dem Rücken. Auf dem Tisch zwei Weinkannen. Die Gruppe in perspektivischer Sicht nach hinten ansteigend.

Gruppe. Eichenholz, aus einem Stück. H. 49, Br. 57. Rückseite ausgehöhlt. Ohne Bemalung. Mehrfache Risse, einzelne Stellen vermorscht. Auf der Tischfläche zwei Bohrungen. Die Figur des zwölften Apostels, des zweiten neben Christus, ist abgebrochen; die Hand mit dem Messer ist erhalten. An der

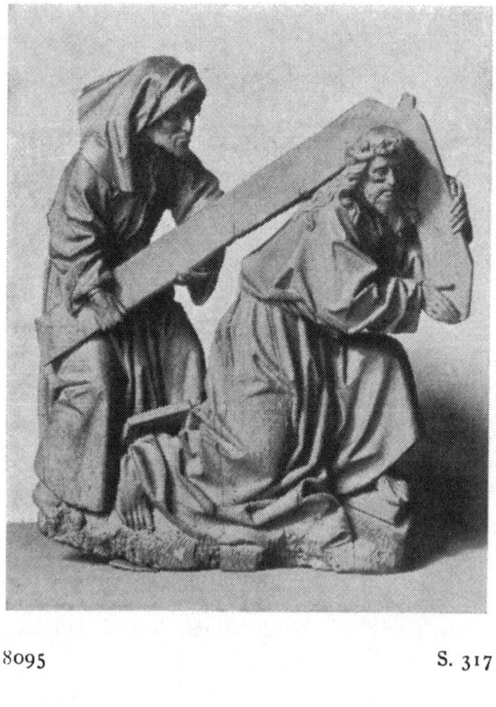

8095 S. 317

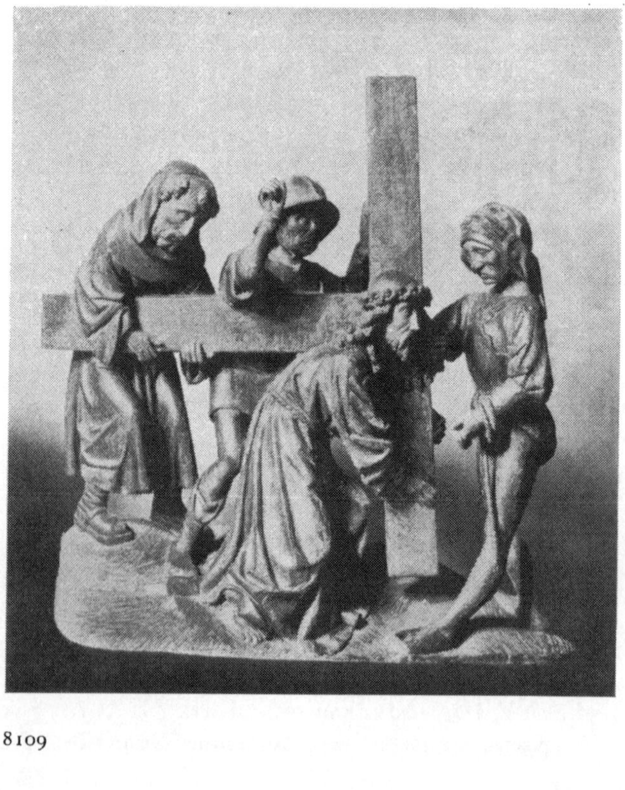

8109

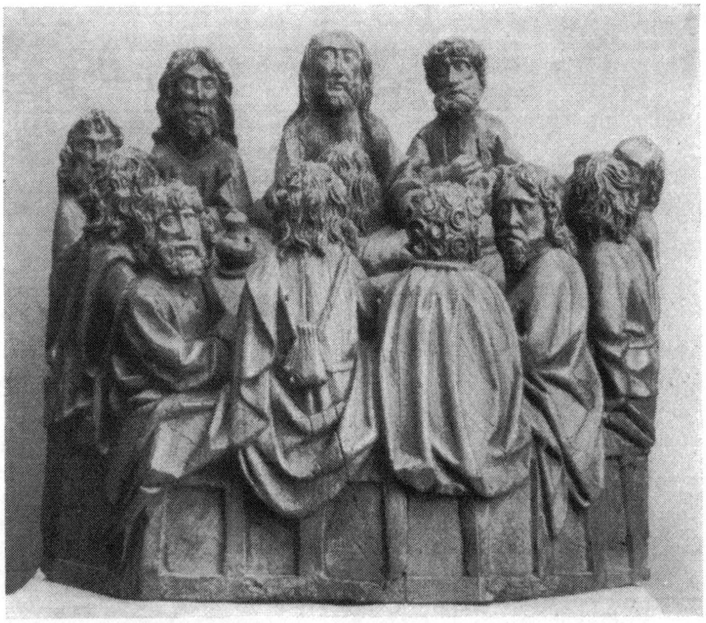

M. 140

Bank einzelne moderne Anstückungen. — Erworben 1915 aus niederrheinischem Privatbesitz. Eigentum des Kaiser-Friedrich-Museums-Vereins.

Kalkar um 1500. — Verwandt den von Derik Jeger ausgeführten Rahmengruppen am Hochaltar der Kalkarer Pfarrkirche. — Die Abendmahlsgruppe des Kölner Kunstgewerbemuseums, abgebildet im Jahresbericht des Kölner Kunstgewerbemuseums 22 (1912) S. 19, ist trotz der Übereinstimmung mancher Motive, von allem bei dem Christus, von anderer Hand: reicher in der Detaillierung, lockerer und steifer im kompositionellen Gefüge.

8097. Anna selbdritt. Anna auf einem mit spätgotischem Laubwerk geschmückten Sessel, Maria auf einem schräggestellten Faltstuhl, sitzend, letztere in modischer Kleidung. Das Christuskind blättert in dem Buch, das sie auf dem Schoße hält. Auf seitlich zurückspringender Sockelplatte mit gekehlten Rändern. Abb. S. 320.

Gruppe. Eichenholz. H. 98. Rückseite der Anna ausgehöhlt, die Gestalt der Maria vollrund. Ohne Bemalung. Reste von Kreidegrund in den Tiefen. Ein Stück von der rechten Schulter der Maria abwärts alt angestückt. Zahlreiche Sprünge. Von dem Stuhl der Anna fehlt links oben ein Stück der Lehne mit der Blattknolle und vielleicht die Bekrönung, worauf die Zapfenlöcher schließen lassen. Auf dem Kopf der Anna eine wieder geschlossene Bohrung. Am Kopf der Maria sind die Haare für eine aufzusetzende Krone angeordnet. — Erworben 1918. Sammlung J. Simon.

Niederrhein (Cleve?) um 1480. — Nächst verwandt, wohl sicher von derselben Hand, eine Madonnenfigur des Utrechter Museums (Abb. Vogelsang, Holzskulptur in den Niederlanden I Tafel IV Nr. 48). H. Reiners möchte unsere Gruppe dem Dries Holthuys aus Cleve zuschreiben (mündliche Mitteilung). Eine weitere Madonna, in der Sammlung Clemens des Kölner Kunstgewerbemuseums, ist in der Schärfe der Formgebung verwandt, doch nicht sicher vom selben Meister.

5915. Agnes. Stehend mit leicht ausgebogener rechter Hüfte. Offenes, gewelltes Haar, das üppig auf beide Schultern herabfällt. Über der Stirn ein mit Edelsteinen besetzter Kronreif. An der Hüfte gegürtetes Gewand mit rundem Halsausschnitt, darüber ein Mantel, der vorn bis zur Hüfte heraufgenommen ist und sich am Boden ausbreitet. Die Rechte hält auf dem Mantel-

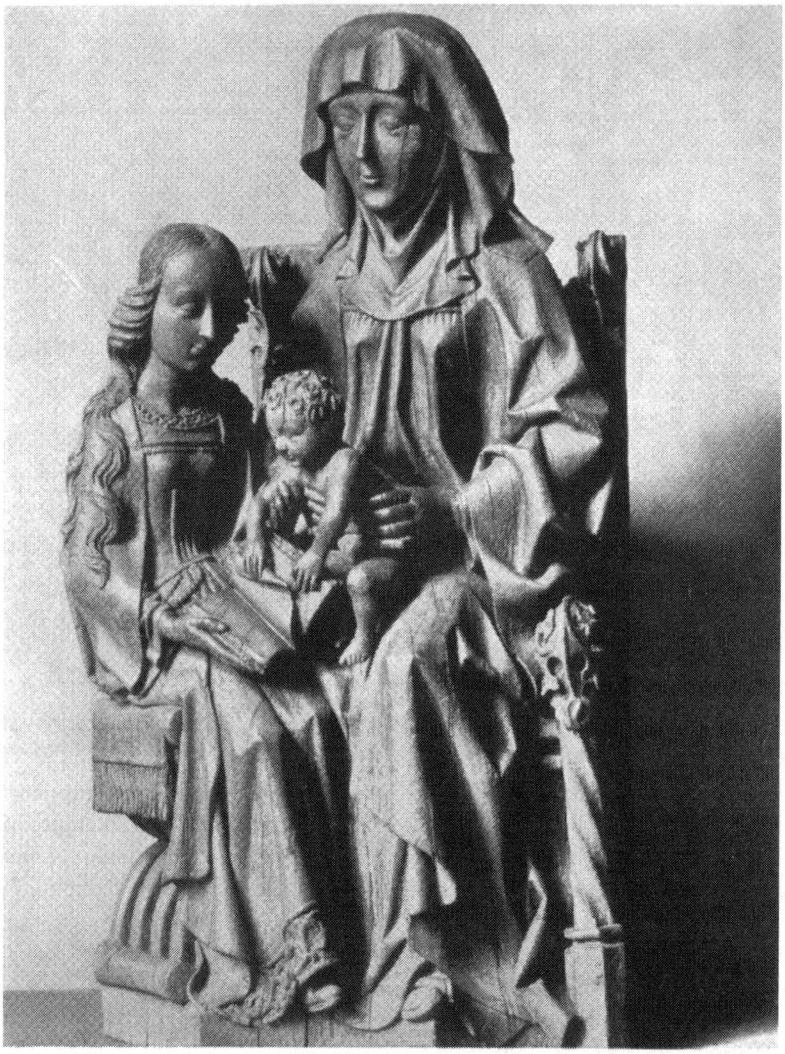

8097 S. 319

ende ein aufgeschlagenes Buch (Buchbeutel), die Linke blättert darin. Vorn links springt das Lamm an der Heiligen empor. Unregelmäßig abgerundeter Sockel mit Terrainandeutung.

Statue. Eichenholz. H. 116. Rückseite flach. Mit der Standplatte aus einem Stück. Von der Bemalung haben sich geringe Reste von Kreidegrund in den Tiefen erhalten. Mehrere Risse; rechts und links unten und auf dem Kopf je eine Bohrung. Kleine überstehende Verzierungen am Kronreif sind abgebrochen. An der linken Hand sind alle Fingerspitzen ergänzt. An der Nase eine kleine Ausbesserung. Das Lamm war abgebrochen, es fehlt das rechte Ohr. — Erworben 1910.

Niederrheinisch, Ende 15. Jahrhundert. — Aus dem Privatbesitz eines Geistlichen in Rheine Vgl. Inventar von Westfalen, Kr. Steinfurt, Tafel 76,4. — Am nächsten verwandt erscheinen die Werke des sogenannten Emmericher Meisters, vor allem die beiden ausgezeichneten Heiligenstatuen der Adelgundiskirche in Emmerich, abgebildet bei Creutz, Zeitschrift für christliche Kunst 27 (1924) S. 125. Doch verrät die massigere Bildung des Körpers eine andere Künstlerindividualität, und der malerische, weniger tief eingegrabene Charakter der Gewandfalten eine etwas spätere Entstehung. Vgl. auch Lüthgen, Die niederrheinische Plastik (1917) S. 270.

505. Tod Mariae (Vöge 309). Sie ruht mit offenen Augen auf ihrem Lager, von den wehklagenden Aposteln umgeben. Johannes, vorn in der Mitte, drückt ihr eine Kerze in die Hände, auf die Stufe des Bettes tretend. Auf dieser sitzt rechts ein bärtiger Apostel, die Sterbegebete lesend, ihm gegenüber kauert links am Boden, die Hände um das Knie spannend, ein anderer. Jenseits des Betts in der Mitte sieht man Petrus; über ihm, von drei Engeln umschwebt, die Halbfigur Christi, die bekleidete Seele der Mutter im linken Arm. Die Apostel sind, bis auf einen, durch Tonsuren ausgezeichnet. Fußboden mit Fliesen. Am Bettpfosten die lavierte Signatur: 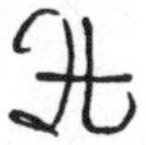 Abb. S. 322.

Hochrelief. Lindenholz. H. 48, Br. 48. Aus mehreren Stücken gearbeitet und auf einer modernen Rückwand befestigt. Ergänzt der Engel rechts von Christus, z. T. auch der Engel unter Christus; der Kopf des aufwärts blickenden Apostels (dritter von rechts in der hinteren Reihe), mehrere Hände. Der Apostel ganz rechts am Rande hielt nach Verlust des ursprünglichen ein ergänztes Weihrauchfaß, das neuerdings beseitigt ist. — Ohne Fassung. — Kunstkammer. Erworben 1846.

Niederrheinisch, Ende 15. Jahrhundert. Aus Köln stammend. Der niederrheinische Charakter — im allgemeinen Sinne — erhellt aus einem Vergleich mit den Reliefs in der Predella des Kalkarer Hochaltars von Jan van Haldern (Abb. zweier Gruppen im Textband von Schweitzers Katalog des Aachener Museums, S. 8 f.). — Das für den Niederrhein auffallende Material könnte darauf hinweisen, daß die Gruppe von einem dort gebildeten Meister gearbeitet wurde, der nachher im Süden tätig war.

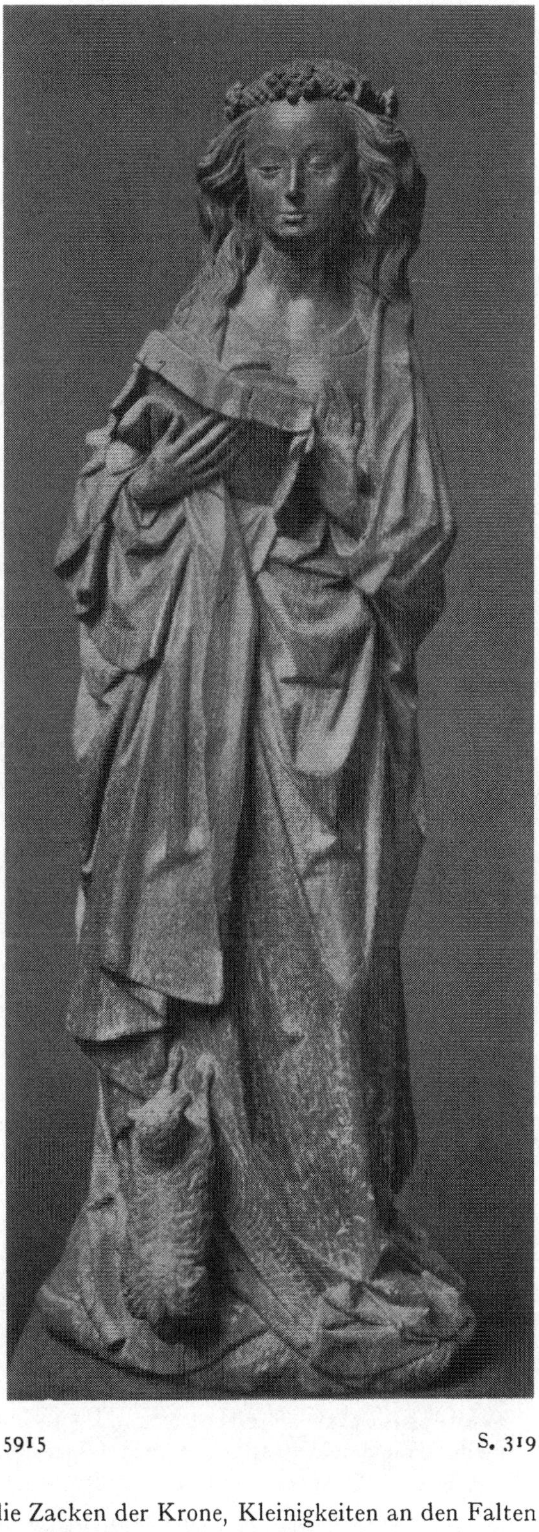

5915 S. 319

3193. Maria mit dem Kinde (Vöge 307). Stehend, in Mantel und Krone, den Oberkörper nach rechts zurücklehnend, den Kopf nach links geneigt, hält Maria das bekleidete Kind auf dem linken Arm, das einen Vogel in beiden Händen hält. Abb. S. 323.

Wandstatuette. Nußbaumholz. H. 43. Die Rückseite ausgehöhlt. Ergänzt die linke Seite der Standfläche mit dem zugehörigen Stück der Draperie, die Zacken der Krone, Kleinigkeiten an den Falten des linken Ärmels und unter der linken Hand Marias. — Späterer Anstrich (blauer Mantel, rotes Kleid), zum großen Teil abgeblättert. — Erworben 1908 in Köln a. Rh. Aus der Sammlung Moest.

Niederrheinisch um 1480—90.

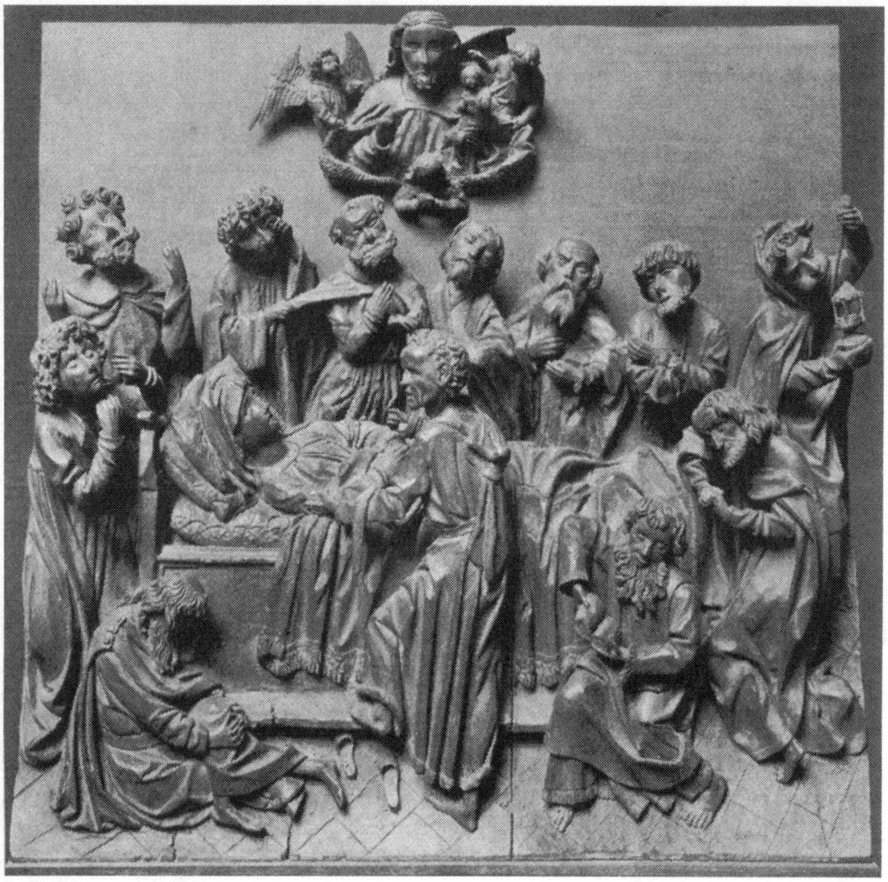

505 S. 321

502. Betende Maria, aus einer Anbetung des Kindes (Vöge 313). Mit gefalteten Händen am Boden kniend. Das offene Lockenhaar bedeckt ein Kopftuch, das von der linken Schulter zum rechten Ellenbogen herabfällt. Auf der runden Sockelplatte mit Terrainandeutung breiten sich vorn die Mantelenden aus. Das Kind, das darauf gebettet war, fehlt.

Statuette. Nußbaumholz. H. 35,5. Auf dem Kopf eine Bohrung. Die Hände und die Nase ergänzt. — Kunstkammer.

Niederrheinisch um 1500. — Zu den Kalkarer Arbeiten der Zeit sehe ich keine engere Beziehung.

470. Maria mit dem Kinde auf der Mondsichel (Vöge 315). Stehend, in langem Gewand, Mantel und Kopftuch, den rechten Fuß auf den Kopf eines phantastischen Ungetüms setzend. Der leicht mit einem Tuch bedeckte nackte Knabe sieht, auf dem Bauche liegend, an einem Stabe empor, den er in den Händen hält.

Wandstatuette. Eichenholz. H. 59,5. Rückseite unbearbeitet. Der linke Unterschenkel und beide Arme des Christkindes ergänzt. — Reste von Blau in den Tiefen der Mantelfalten; schwache Spuren von Rot am Gewande, von Weiß am Kopftuch. — Kunstkammer. Erworben 1856 in Köln.

Niederrheinisch, wohl Kalkar, um 1530—40. Den Skulpturen des Crispinus-Altars in der Kalkarer Pfarrkirche nahestehend, vgl. namentlich die hl. Magdalena darin: Abb. Lüthgen, Got. Plastik in den Rheinlanden (1924) Tafel 73. Gegen die frühe Datierung Vöges (um 1500) spricht neben Gesichts- und Gewandbehandlung Marias vor allem der Kopftypus des Kindes.

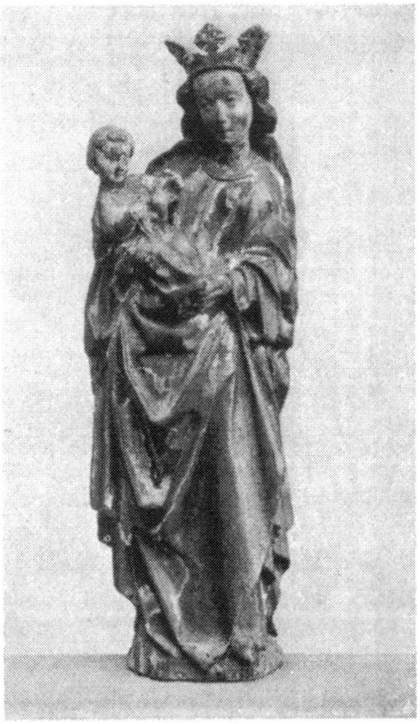

3193 S. 321

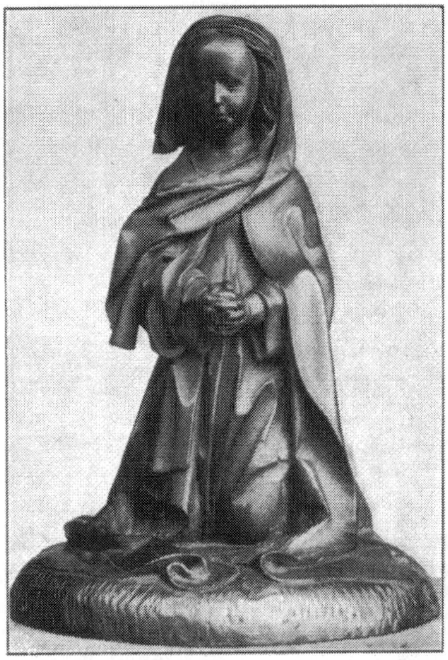

502

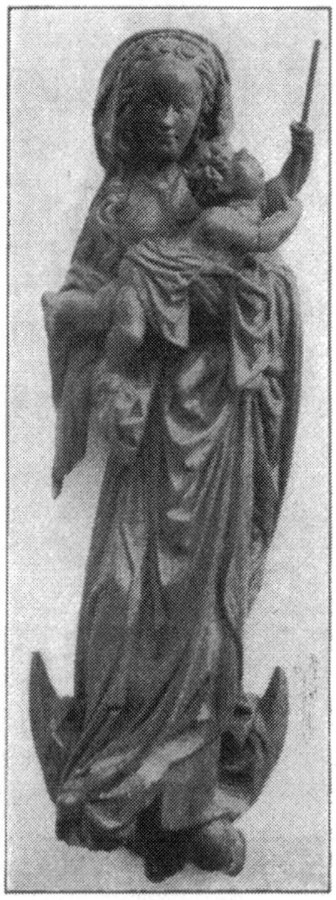

470

8106. Katharina. Stehend, in der Linken das Schwert, in der Rechten ein aufgeschlagenes Buch; das Ende des Buchbeutels hängt herab. Sie hat über den am Boden liegenden König den rechten Fuß hinweggesetzt. Beide in reicher modischer Tracht. Katharina trägt über dem Hemd mit plissierter Brust und langen engen Ärmeln ein gegürtetes Gewand mit tiefem Ausschnitt; seine Ärmel sind an den Schultern geschlitzt und mit Fransen besetzt, unten setzen sie sich in zunehmender Weite fort. Der Mantel umhüllt den größten Teil der unteren Körperhälfte. Auf dem Haupt eine turbanartige Haube mit Krone. Halskette mit Anhänger. Der König hat das linke Bein aufgestützt und das rechte gestreckt. Sein Kopf nach rechts gewandt. Hoher runder Terrainsockel mit kleinen Höhlungen, in denen Schlangen, Eidechsen und dgl. sitzen, und zutage liegendem Wurzelwerk. Abb. S. 324.

Wandfigur. Eichenholz. H. 120. Rückseite flach bearbeitet. Der Terrainsockel aus zwei Stücken mit horizontaler Fuge unter dem linken Arm des Königs. Ergänzt der Knopf am Buchbeutel, der Anhänger, die Parierstange des Schwertes; beim König, dem die Krone jetzt fehlt, der rechte Unterschenkel und das Szepter. Die Oberfläche z. T. geglättet. — Ohne Bemalung. Brauner moderner Beizton. — Erworben 1918. Sammlung J. Simon.

Niederrheinisch um 1520—30. Früher in der Sammlung Hans Schwarz-Wien, versteigert 1910 bei Lepke, Aukt.-Kat. Nr. 48 Taf. 9. Demmler in Amtl. Berichte 41 (1920) Sp. 199 f. Im Aachener Museum eine wenigstens motivisch verwandte Katharina (Abb. Katalog von Schweitzer I Taf. XLVII).

l) Westfalen und Norddeutschland

7968. Maria mit dem Kinde auf der Mondsichel. Maria steht mit leichter Ausbiegung der linken Hüfte auf einem rundlichen Sockel mit Terrainandeutung, über dem seitlich die beiden Spitzen der Mondsichel sichtbar werden. Sie hält in beiden Händen das unbekleidete Christkind, das

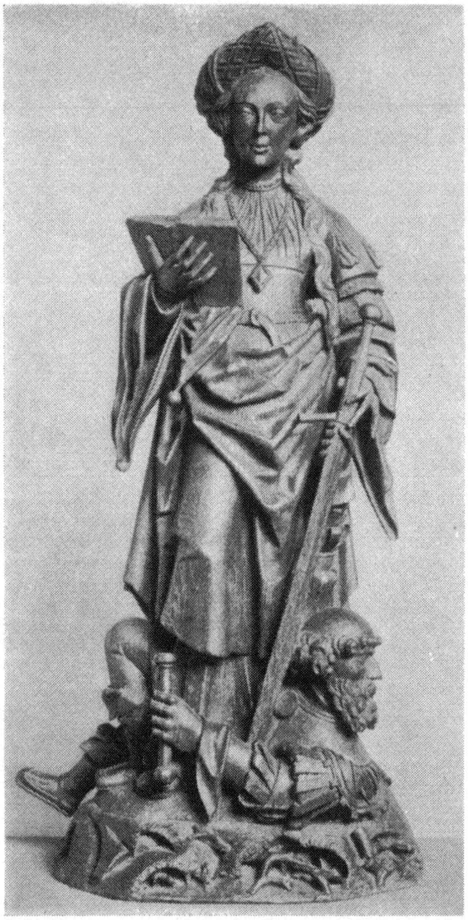

8106 S. 323

beide Arme ausbreitet und mit der Rechten segnet. Von dem offenen, in der Mitte gescheitelten Haar der Maria fällt zu jeder Seite ihres Kopfes je eine lange Locke über die Schultern nach vorn herab. Sie trägt über einem ausgeschnittenen Kleid, das über der Brust ein Stück des Hemdes sehen läßt, einen langen Mantel und an den Füßen, von denen der rechte unter dem Mantel sichtbar wird, spitze Schuhe mit Trippen.

Wandstatue. Eichenholz. H. 112. Rückseite hohl. Abgelaugt, in den Falten des Gewandes geringe Spuren roter und blauer Bemalung. Die beiden Arme des Christkindes alt angestückt. Ein langer Riß, von der linken Hüfte des Kindes über die rechte Hand der Maria und in der von dort abwärts laufenden Faltenfurche entlang, ist später gespähnt. Durch die Unterschenkel des Kindes und die rechte Hand Mariae ein senkrecht verlaufender Riß, der an der Hand gespähnt ist. Am linken Zeigefinger Mariae zwei Stücke ausgebrochen; die Finger dieser Hand bis auf den Daumen modern verkürzt. Die Spitze des Mittelfingers der Rechten Mariae, zwei Finger der rechten Hand des Kindes sowie der Daumen und drei Fingerspitzen seiner linken Hand abgebrochen; der Daumen an seiner Rechten ergänzt. Aus den Gewandsäumen vor dem Leib und unten rechts zwei Stücke ausgebrochen. Die Enden der Mondsichel und der Rand der Bodenplatte ein wenig beschädigt. — Erworben 1920 in Berlin.

Westfälisch um 1470. Aus der Sammlung B. Oppenheim-Berlin. (B. Oppenheim, Originalbildwerke aus meiner Sammlung Tafel 3, Nr. 6.). Näher verwandt als die dort angeführten Bildwerke ist ein (geringeres) Stück in Wiedenbrück (Westfalen), abgebildet im Inventar von Westfalen, Kr. Wiedenbrück S. 81.

7777. Paulus. Auf einem profilierten polygonalen Sockel stehend, das linke Bein als Spielbein etwas seitlich vorgestellt, in der erhobenen Rechten ein (jetzt fehlendes) Attribut (Schwert?) Die Linke hält den sehr bewegt flatternden Saum des Mantels, der auf der linken Schulter aufliegt und von der rechten abgeglitten ist. Unter diesem Überwurf trägt der Heilige ein bis an die Füße reichendes gegürtetes Gewand mit langen Ärmeln, das mit einem breiten Schulterkragen besetzt ist und den Hals frei läßt. Auf der reichen Lockenfülle des Kopfes eine Tuchmütze und darüber barettartig eine Pelzhaube. Auf dem Saum des Mantels die Inschrift: S PAULUS ORA P....... NNO.......DNI 1512 I.

Wandstatue. Nußbaumholz. H. (mit Sockel) 94. Rücken abgeflacht. Alte Vergoldung; die Bemalung der Pelzkappe, des Rock- und Mantelfutters und des Sockels erneuert. Auf dem Rücken und im Haar Reste einer weißen Übermalung. Starke Beschädigungen durch Wurmfraß, besonders an den Haaren und dem Sockel. — Erworben 1917 in Berlin auf der Auktion Georg Schwarz.

Kreis des Meisters von Osnabrück 1512. — Wohl nicht aus dem im 17. Jahrhundert gegründeten Kloster Werne an der Lippe, wie der Auktionskatalog der Sammlung Georg Schwarz (1917) unter Nr. 48 angab, sondern aus Lüchtringen, Kr. Höxter. In der dortigen Kirche befindet sich ein hl. Hieronymus, abgebildet im Inventar S. 145, der nicht nur im Stil übereinstimmt, sondern auch in den Maßen

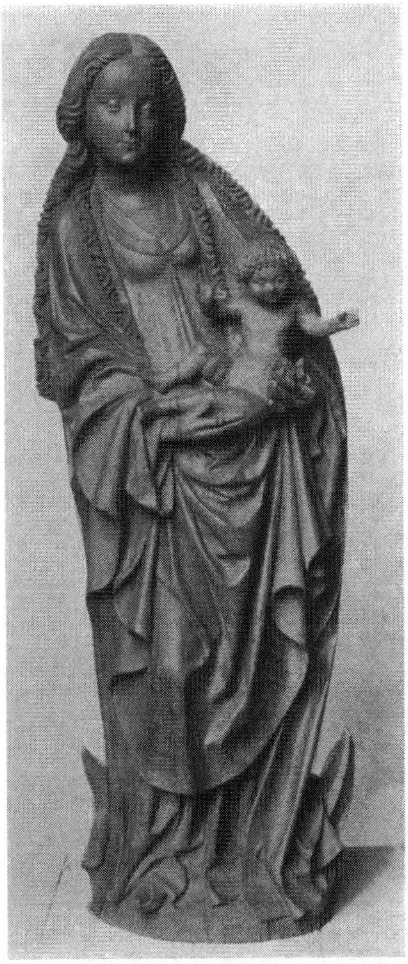

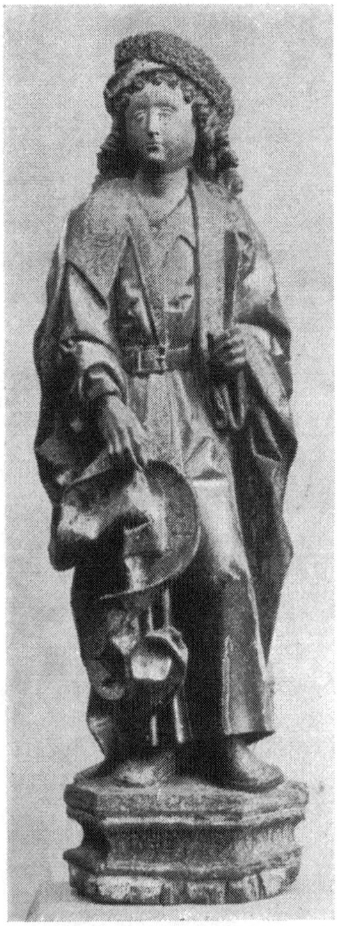

7968 S. 323 7777

und in dem nicht häufigen Nußholzmaterial; er dürfte als Gegenstück zu unserer Figur anzusprechen sein; vgl. Verres in den Sitzungsberichten der kunstgeschichtlichen Gesellschaft Berlin 1925—26, S. 6. — Im Paderborner Diözesan-Museum ein hl. Martin, kleiner, wohl alte Kopie nach unserer Figur.

Die Gruppe von Werken, zu der unser »Paulus« gehört, hat zuerst W. Vöge umschrieben im Berliner Katalog von 1910 unter Nr. 302. Die Literatur seither findet sich in der 1928 erschienenen Monographie von Hans Meinhard, »Der Meister von Osnabrück. Sein Werk und seine Werkstatt«. Meinhard gibt unsere Figur (und die folgenden Reliefs) einem Genossen des Osnabrücker Hauptmeisters, den er nach einem Osnabrücker Epitaph von 1517 den »Snetlage-Meister« nennt. Der Paulus wäre darnach ein Frühwerk, das noch mehr Stoßische Einflüsse zeigt. Erst in den Reliefs (s. die folgenden Nummern) ist er ganz der Schüler des »Meisters von Osnabrück«. Für die Einzelheiten, die noch manche Korrektur erfahren werden, ist auf diese Arbeit zu verweisen: S. 72 ff. Die bei Meinhard fehlenden Abbildungen findet man z. T. bei Beenken, Bildwerke Westfalens, Nr. 64—69.

485. Darstellung Christi im Tempel (Vöge 302). Um ein Chorpult gruppiert stehen links der Hohepriester, aus einem Buch vorlesend, rechts Maria mit Barett und Halskette, das Kind auf dem linken Arm, hinter ihr Josef, mit einer links stehenden Frau sprechend. Alle vier Personen, besonders die beiden Frauen, in reicher zeitgenössischer Tracht. Auf dem Pult zwei Decken und ein Kneifer. Abb. S. 326.

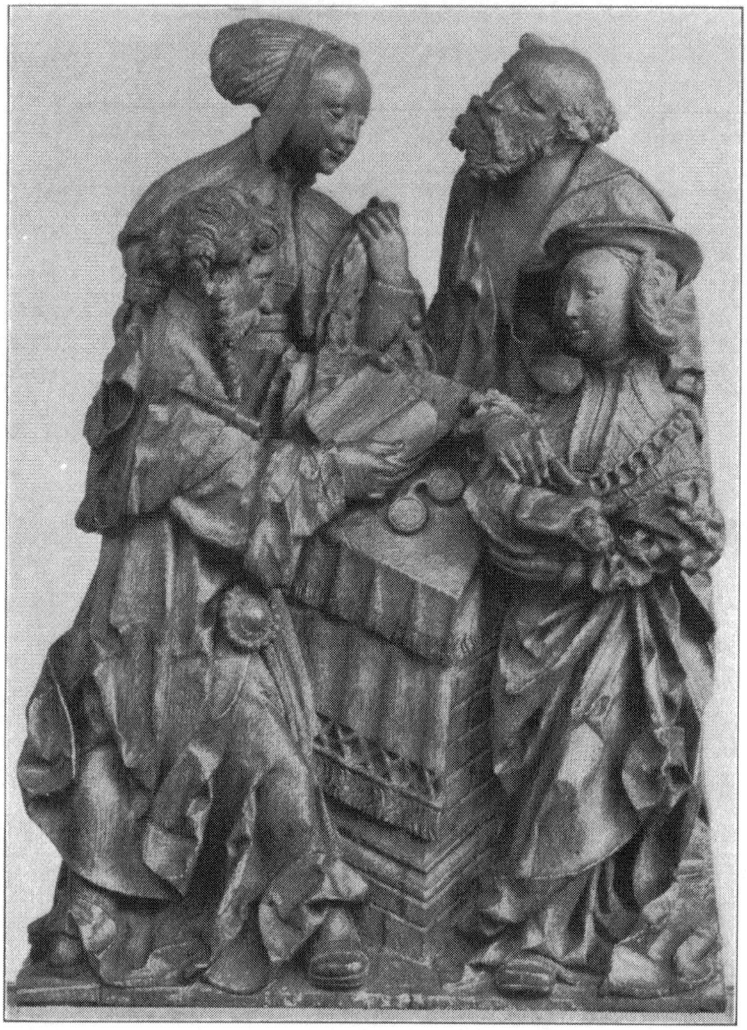

485 S. 325

Wandgruppe. Eichenholz. H. 41, Br. 30. Ohne Spuren von Bemalung. Ergänzt die Hände des Hohenpriesters mit dem Ärmelrand und dem Buch, die rechte Hand der Maria und das Kind. In die Fußplatte sind drei neue Stücke eingesetzt. — Kunstkammer. Erworben 1841.

Kreis des »Meisters von Osnabrück« um 1517—20. — Vgl. die vorige Nummer und die ausführliche Besprechung bei Meinhard a. a. O. S. 85 ff. Unsere Nr. 485 betrachtet Meinhard als eigenhändiges Werk des Snetlage-Meisters. Zugehörig die beiden folgenden Stücke 486. 474 sowie eine Anna selbdritt auf Schloß Surenburg, Kr. Tecklenburg; diese letztere, die noch die alte Fassung besitzt, ist bei Meinhard nicht erwähnt.

486. Der zwölfjährige Jesus im Tempel (Vöge 303). Vier Schriftgelehrte sitzen einander gegenüber mit aufgeschlagenen Büchern in den Händen. Sie sind in reicher zeitgenössischer Tracht dargestellt, zwei tragen als Kopfbedeckung ein Barett, der links vorn darunter noch eine haarnetzartige Haube, der rechts hinten ebenfalls; auf seinem Rücken hat er einen breitkrämpigen Hut hängen. Der Schriftgelehrte vorn rechts blickt zu dem Jesusknaben auf, der,

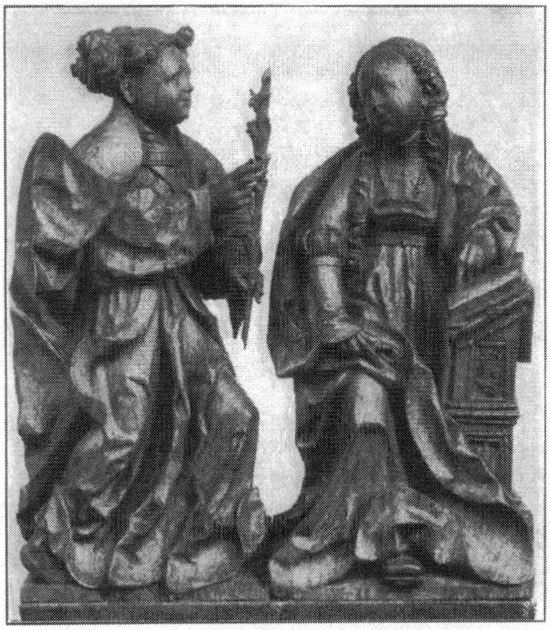

474

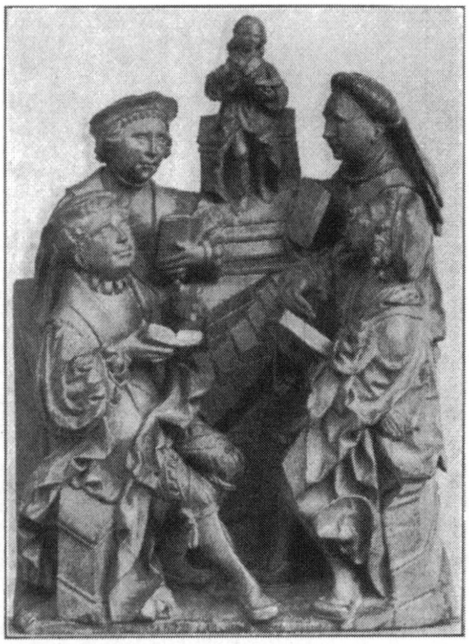

486

nur im Rock, ein offenes Buch in der Linken und die Rechte erhebend auf einem Thron sitzt, zu dem eine Stiege hinaufführt.

Wandgruppe aus einem Altar. Eichenholz. H. 39, Br. 30. Geringe Spuren blauer Farbe rechts unten. An der linken Hand des vorderen Schriftgelehrten links sind vier Fingerspitzen abgebrochen. Aus dem Rand des Hutes, den der eine Schriftgelehrte auf dem Rücken trägt, ist ein Stück ausgebrochen, ein anderes kleines Stück ergänzt. Ferner ergänzt der Kopf und die rechte Hand Christi sowie an der rechten Hand des vorderen Schriftgelehrten rechts der Daumen und Zeigefinger. — Kunstkammer. Erworben 1847.

Kreis des »Meisters von Osnabrück«. Um 1517—1520. — Aus Westfalen stammend. Vgl. die vorige und die folgende Nr. — Meinhard a. a. O. S. 86 ff.

474. Verkündigung Mariae (Vöge 304). In flatterndem Pluviale und über der Brust gekreuzter Stola eilt der Engel von links herbei, die Rechte segnend erhoben. Maria, in ausgeschnittenem Kleide mit langen Puffärmeln, das ein hochgeschlossenes Hemd sehen läßt, und einer Medaillonkette um den Hals, erhebt sich vom Betpult, wobei der weite Mantel von der rechten Schulter sich löst, und wendet sich zu dem Engel.

Wandgruppe. Eichenholz. H. 34,5, Br. 32,5. Ohne Spuren von Bemalung. Aus zwei Stücken gearbeitet. Ergänzt die Hände des Engels mit den Ärmelrändern; die moderne Lilie in der linken Hand jetzt beseitigt. Die vordere linke Ecke der Gruppe ergänzt; auf eine moderne dünne Bodenplatte montiert. — Kunstkammer. Erworben 1848.

Kreis des »Meisters von Osnabrück«. — Um 1520. — Mit den beiden vorangehenden Nummern vielleicht zusammengehörig; der Engel namentlich schließt sich eng an das Werk des von Meinhard umschriebenen »Snetlage-Meisters« an; die ausdrucksärmere Maria hat eine Parallele in Münster (Museum). Zu vergleichen noch die Verkündigung des Altares aus Heimsen, Kr. Minden, ebenfalls im Museum zu Münster; Abb. im Inventar, Kr. Minden, Tafel 6.

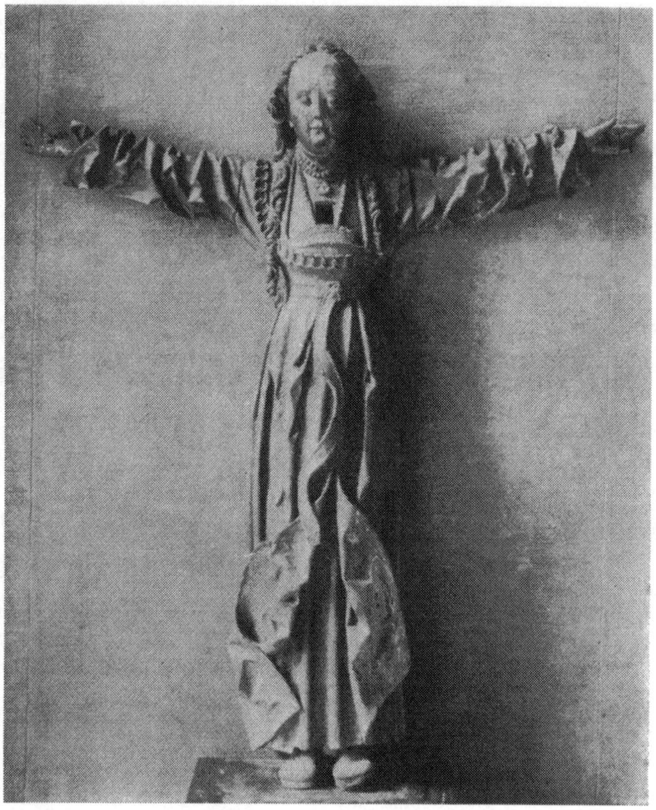

7727

7727. Julia, am Kreuze hängend, den Blick gesenkt. Von dem offenem Lockenhaar, das über den Rücken bis zum Gürtel herabfällt, hängen über die Brust zwei Strähnen herab. Das Obergewand, mit langen Ärmeln und weitem, eckigem Brustausschnitt, liegt miederartig an und wird unter der Brust von einem Gürtel, dessen eines Ende lang herabschwingt, zusammengehalten, die zur Seite gewehten Gewandzipfel lassen vorne das lange Untergewand sehen. Um den Hals eine aus großen Gliedern gebildete Ringkette, eng um den Hals geschlungen eine Perlenkette, an der ein Medaillon hängt. In der Brust rechteckige Öffnung für eine Reliquie.

Wandstatue. Rückseite ausgehöhlt, Eichenholz. H. 144, Br. 132. — Arme und Füße alt angestückt; Fingerspitzen der Linken und einige der Rechten abgebrochen, geringe Bestoßungen am Gewand. — Das Kreuz, an dem die Heilige hängen müßte, nicht mehr vorhanden. — Alte Bemalung, z. T. erneuert. Braunes Obergewand, rot untermalt, mit schwarzem Blumenmuster. — Erworben 1916 in Westfalen.

Osnabrück, um 1520—30. — Dem Werk des Osnabrücker Meisters, speziell den drei vorangehenden Nummern eng verwandt. Vgl. Meinhard a. a. O. S. 90. — Mit Unrecht »hl. Kümmernis« genannt.

8059. Johannes der Täufer. Stehend, mit der erhobenen Rechten auf das Lamm weisend, das auf dem Buch in seiner Linken liegt. Der bärtige, lockenumrahmte Kopf ist leicht nach rechts geneigt, der Mund ein wenig geöffnet. Über dem den linken nackten Fuß freilassenden und in einen Tierkopf auslaufenden Fell trägt er einen langen Überwurf, dessen einer Zipfel in Form eines Bausches so aufgenommen ist, daß sich über dem Leib schwere Schüsselfalten bilden.

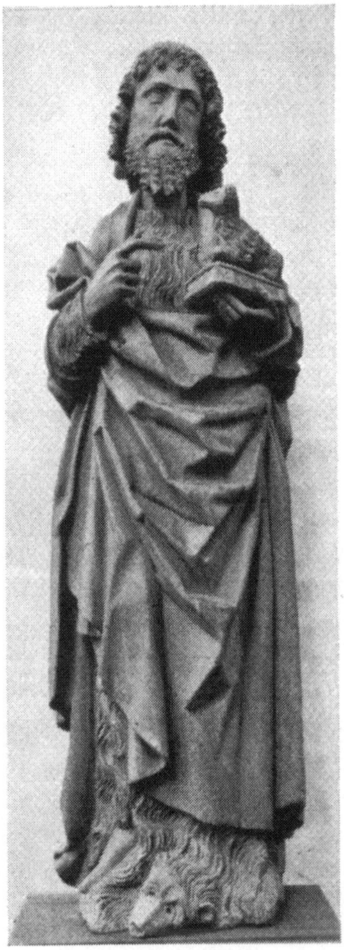

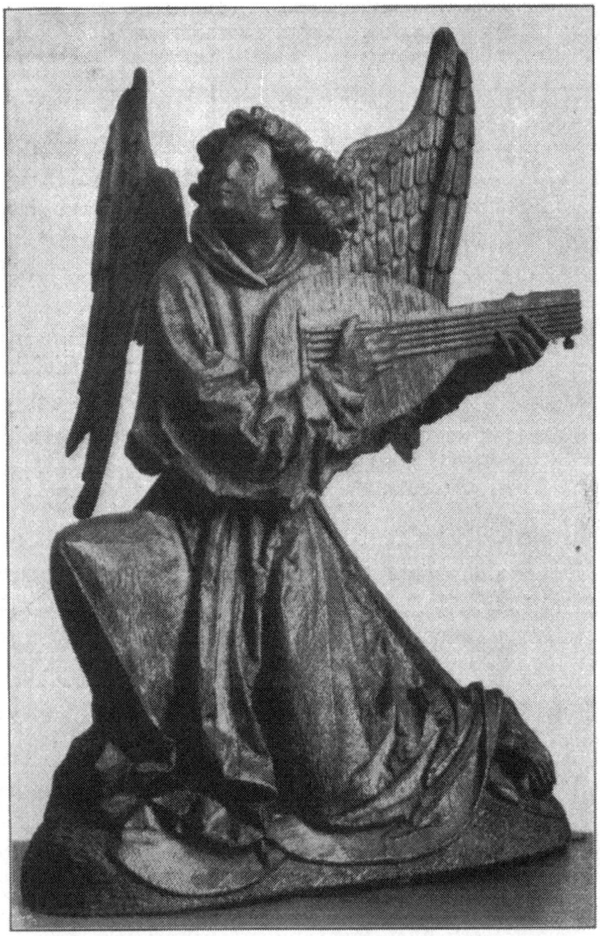

8059 503

Wandstatue. Lindenholz. H. 109. Rückseite hohl. Von der Bemalung sind keine Spuren erhalten. Die rechte Hand bis auf die Handwurzel ergänzt. Geringfügige Beschädigungen an den Locken. — Erworben 1922 in Berlin.

Henning von der Heide, Bildschnitzer in Lübeck, Schüler Bernt Notkes. Um 1500—1510. Die Lübecker Ausstellung von 1926 bestätigte die Bestimmung der Statue auf einen der Lübecker Meister, die trotz des dort ungewöhnlichen Lindenholzes aus dem Stil sich mit Sicherheit ergab. — Seither hat Walter Paatz das Werk mit überzeugenden Gründen dem Henning von der Heide zugeschrieben; vgl. die Zeitschrift Ur Fornvännen 1929, S. 155 ff.

503. Lautespielender Engel. Kniend, den Kopf mit den zurückfliegenden Locken nach links emporgerichtet, die fünfsaitige Laute wagerecht nach rechts haltend. Das gegürtete Gewand mit langen, weiten Ärmeln läßt den Hals und den unbekleideten linken Fuß frei. Auf länglich ovaler Bodenplatte mit Terrainandeutung.

Wandstatue. Eichenholz. H. 40. Rückseite abgeflacht. Unbemalt. Die beiden Flügel, der Kragen und die Stöpsel der Laute aus besonderen Stücken. Der eine Stöpsel fehlt. Die Nasenspitze und die Locken leicht beschädigt. — Erworben 1846.

Hans Brüggemann, Bildhauer. Geboren zu Walsrode in der Lüneburger Heide. Haupt der schleswig-holsteinischen Bildschnitzerschule. Tätig in Husum, für Walsrode und Bordesholm. Sein Hauptwerk ist der für das Augustinerkloster Bordesholm ausgeführte, 1521 datierte Hochaltar im Dom zu Schleswig.

Um 1520. — Wahrscheinlich von dem Sakramenthäuschen, das Brüggemann 1520 für die Husumer Marienkirche gearbeitet hat; darauf deuten auch die auf der Rückseite befindlichen Spuren einer Aufschrift mit Tinte: ..... ist 1520 .... Hanß Brügmann(?) ...... (jetzt kaum noch zu lesen) vgl. Adalbert Matthaei, Werke der Holzplastik in Schleswig-Holstein bis zum Jahre 1530, Leipzig 1901, S. 160 ff. und Taf. XXXV, Nr. 111. . — Früher in der Sammlung Jürgensen.

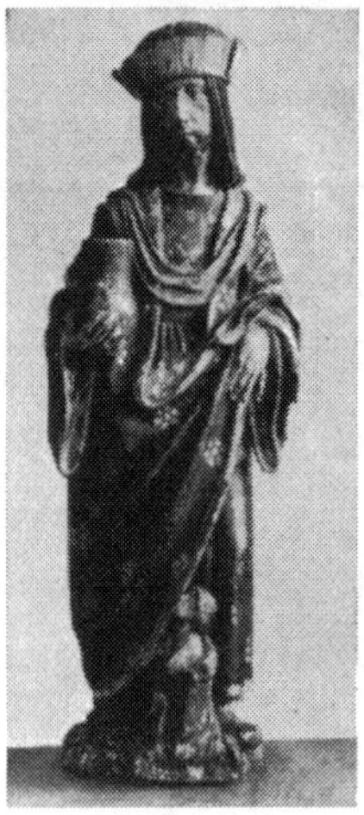

2707

2707. Männlicher Heiliger, vielleicht S. Cosmas (Vöge 162). Stehend, mit seitlich vorgesetztem linken Fuß, das bärtige Haupt mit glatt bis auf die Schultern herabfallendem Haar leicht nach links geneigt, in der Rechten ein Apothekertopf. Über dem erhobenen linken Unterarm liegt das eine Ende des mit Hermelin gesäumten und gefütterten und mit einem Hermelinkragen besetzten Überwurfes. Über die Brust ist ein Schal so gelegt, daß er in zwei Enden rückwärts über die Schultern lang herabfällt. Unter dem als Kurfürstenmantel charakterisierten Überwurf wird vor der Brust ein enganliegendes geschnürtes Gewand sichtbar. Auf dem Haupt ein Kurfürstenhut. Zu den mit Ochsenmaulschuhen bekleideten Füßen des Heiligen kniet eine kleine bittflehend zu ihm aufblickende männliche Figur mit entblößter linker Schulter und Brust (Bettler oder Kranker?). Auf rundlichem Sockel mit Terrainandeutung.

Statue. Lindenholz. H. 67. Rückseite bearbeitet. Alte gut erhaltene Bemalung: Gewand blau mit eingeritzter alter Bordüre, Überwurf und Barett rot, mit Hermelinbesatz, ersterer überdies mit goldenen Rosetten besetzt. Die kleine Begleitfigur mit Sockel, von dem links ein Stück ausgebrochen ist, mit altem Nagel an den Hauptsockel angefügt. An den Mantelfalten über dem linken Arm des Heiligen einige Stücke ausgebrochen, ebenso am Gewand der Begleitfigur, deren Unterarme fehlen. Geringfügige Beschädigungen an den Händen des Heiligen. Im Sockel eine große Bohrung. — Erworben 1902 in München.

Niederdeutsch (?) um 1520.

m) Niederlande

7072. Maria, Johannes und eine Frau aus einer Kreuzigung Christi. Die auf steil ansteigendem Felsterrain zusammensinkende Maria wird von links hinten durch Johannes, von rechts durch eine Frau, die sie am linken Arm gefaßt hat, gestützt. Maria trägt über dem langärmeligen Gewand und dem Kopftuch einen stoffreichen Mantel, der sich vorn auf dem Boden ausbreitet. Die andere Frau trägt ein modisches Gewand mit hoher turbanartiger Kopfbedeckung, Johannes, barhäuptig, über dem langen Gewand einen auf der rechten Schulter geknöpften Überhang.

Wandgruppe. Eichenholz. H. 73, Br. 62. Rückseite hohl. Gut erhaltene alte Fassung; Maria: Gewand blau, Kopftuch weiß, Mantel golden mit blauem Saum und rotem Futter. Johannes: Gewand dunkelrot (barocke Lüsterfarbe), Mantel golden mit blauem Futter. Frau: Gewand rot mit goldenen ornamentalen Mustern, Ärmel grün, Mantel golden mit blauem Futter, Kopfbedeckung golden mit weißer Binde. Standfläche grün. — Der Hintergrund und der Terrainsockel mehrfach alt gestückt und genagelt. Ein Loch zwischen Maria und der Frau mit Leinwand geflickt. Ein großer Riß läuft mitten durch den Unterkörper Mariae, ihre linke Hand und die Linke der Frau. Die Finger der rechten Hand Mariae bis

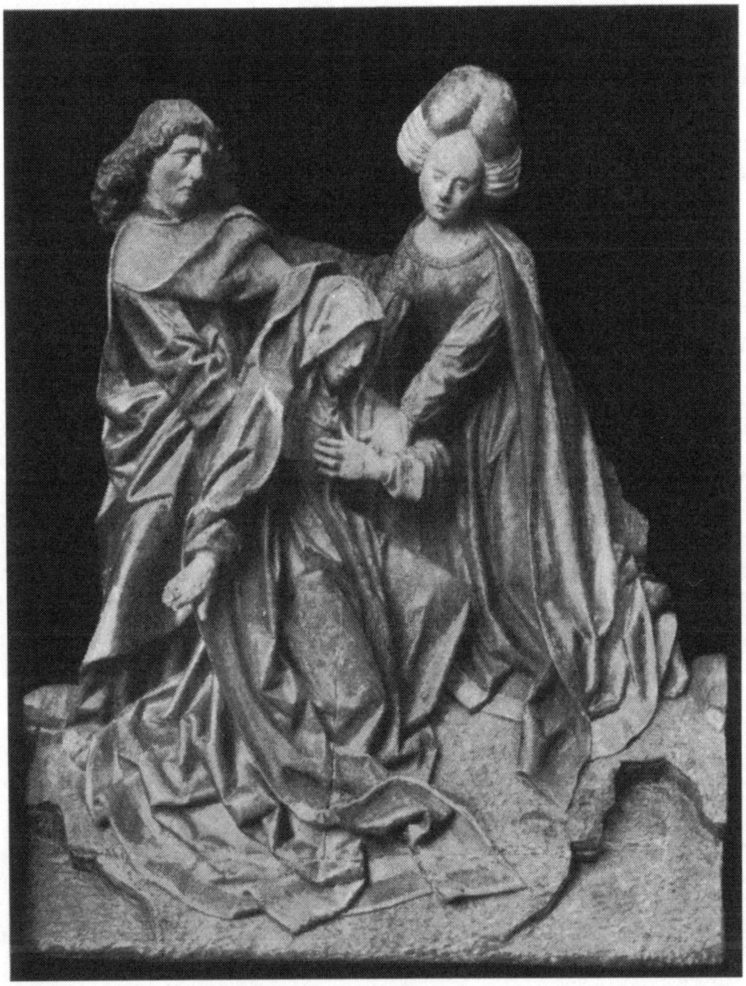

7072

auf den Daumen abgebrochen. Am Mantelsaum des Johannes gepunzte Buchstaben. — Erworben 1913 als Geschenk der Bodestiftung.

Antwerpen um 1470—80. — Der Katalog der Ausstellung frühholländischer Malerei und Plastik vor 1575 in Utrecht (1913) verzeichnet die Gruppe unter Nr. 203 als »Nordniederländisch (?)«. Allein die zum selben Altar gehörige Gruppe würfelnder Kriegsknechte in der Sammlung Julius Böhler-München trägt die Antwerpener Marke. In derselben Sammlung noch eine zugehörige Statuette, eine klagende Frau. Der Altar in der Wiener Votivkirche, der aus Pfalzel bei Trier stammt, enthält eine Beweinungsgruppe, wo Maria Magdalena u. Johannes in demselben Typus und in derselben Tracht wiederkehren; vgl. Münzenberger u. Beißel, a. a. O. Lieferung XVI, 5 u. II, S. 146.

M. 82. Maria, Johannes und eine hl. Frau, aus einer Kreuzigung Christi (Vöge 326). Der links stehende, emporblickende Johannes hält die zu Boden sinkende Maria, während rechts eine Frau in modischer Tracht mit ihrer Rechten den linken Arm Mariä gefaßt hat und sich mit einem Tuch in der Linken die Tränen trocknet. Auf Sockel mit Terrainandeutung. Abb. S. 332.

Wandgruppe. Eichenholz. H. 43,5. Br. 38,5. Rückseite flach. Aus zwei Stücken gearbeitet; die senkrechte Fuge durchschneidet das Gesicht der Frau rechts. Bei Entfernung der modernen Übermalung kam die gut erhaltene alte Fassung zum Vorschein: die Gewänder vergoldet, Futter und Bordüren schwärz-

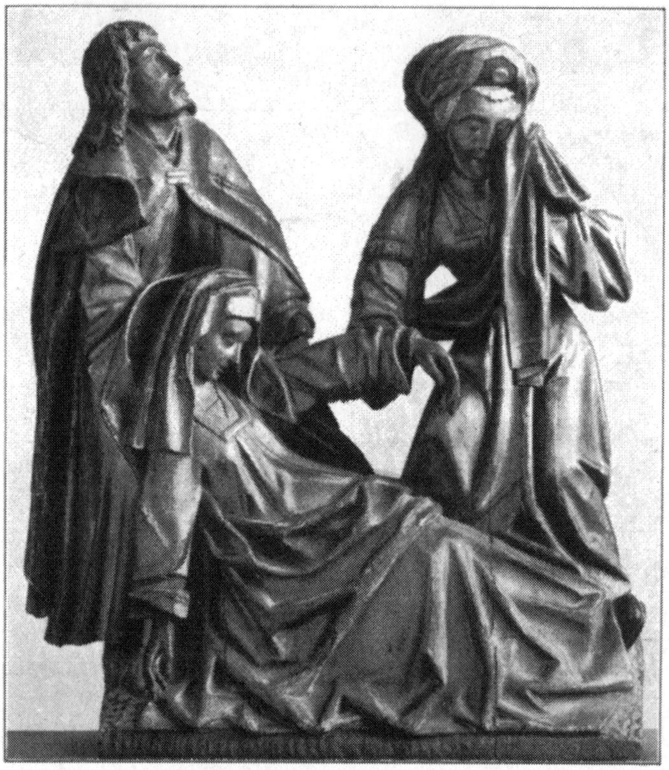

M. 82 S. 331

lich, grün und rot mit goldener Musterung; eine Bordüre aus Buchstaben am Mantel des Johannes. Die Spitze des rechten Zeigefingers Mariä und die Nasenspitze des Johannes abgebrochen. — Erworben 1907 in München. Eigentum des Kaiser-Friedrich-Museums-Vereins.

Antwerpen, Ende 15. Jahrhundert. — Die Gruppe kehrt genau entsprechend, nur gelegentlich durch manieristische Zutaten bereichert, an folgenden Stellen wieder: Altar in Hulshout (Provinz Antwerpen), Abb. bei Bosschère, La sculpture anversoise [1909] S. 95 ff. Tafel 22; in Elmpt, Kr. Erkelenz (Abb. bei Schweitzer, Skulpturensammlung des Suermondtmuseums, Tafel 52—54, als Leihgabe), in Arlon, Archäologisches Museum, einzeln in der Sammlung Silten-Berlin (Katalog von Volbach, Tafel XV). Der Altar in Arlon trägt die Antwerpener Marke. — Verwandt ferner die Altäre in Kirrlach, Baden, früher in Bruchsal, ausgestellt 1881 in Karlsruhe, in Rhynern Kreis Hamm, Abb. Inv. von Nordhoff (1881) S. 88; in Vånå, Finnland; veröffentlicht von Tikkanen in Finsk Tidskrift, September 1908, S. 23. Gegenüber dem Berliner u. Hulshouter Werk handelt es sich meist um jüngere Fortbildungen.

487. Beschneidung Christi (Vöge 334). An dem nackten Kinde, das, von Maria, links, gehalten, auf dem Altare sitzt, vollzieht der Hohepriester rechts die Beschneidung, den Fuß auf den Sockel des Altars setzend. Weiter zurück, in Vorderansicht, eine Frau in Barett (Hanna?) und ein bartloser Mann mit einer Kapuze (Josef?).

Wandgruppe. Eichenholz. H. 30,5. Br. 29,5. Rückseite flach. Ohne Bemalung. Ein kleines Stück an der Kopfbedeckung des Hohenpriesters ergänzt. — Kunstkammer. Erworben 1847.

Antwerpen um 1520. — Aus Westfalen stammend. Zu demselben Altarwerk gehörig wie Nr. 488. — Verwandt die Beschneidungsdarstellung auf dem Altar des Grafen van der Straeten-Ponthoz, Abb. bei Bosschère, La sculpture anversoise (1909) Tafel 21.

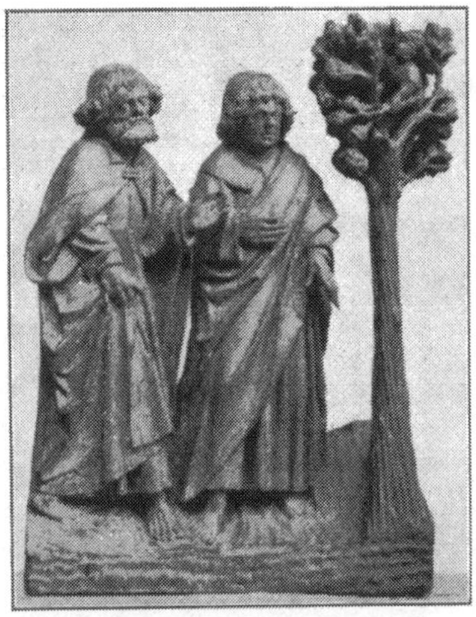

480

488. Anbetung des Christkindes (Vöge 333). Links kniet Maria, rechts Josef, eine Kerze in der Linken; das nackte Kind, das zwischen ihnen auf einem Tuche liegt, faltet die Hände. Hinter Maria steht ein Hirt, den Hut lüftend, ihm gegenüber eine Frau, eine Laterne in der Linken. In der Mitte hinter der Krippe Ochs und Esel. Als Hintergrund eine Stallmauer mit Zinnenabschluß.

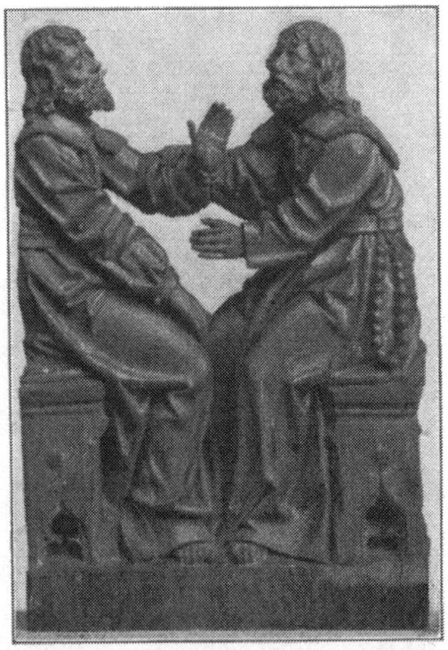

481 S. 334

Hochrelief. Eichenholz. H. 34, Br. 23,5. Ohne Bemalung. Das Kind nebst dem Tuch aus besonderem Stück gearbeitet (ergänzt?), der Stab des Hirten ergänzt. — Kunstkammer. Erworben 1847.

Antwerpen um 1520. — Aus Westfalen stammend und mit Nr. 487 zu demselben Altarwerk gehörig; von einem Nachfolger des Meisters des Hulshouter Altars. Vgl. unsere Nummer M. 82 (S. 331), die Anbetung des Kindes auf der Predella in Hulshout, die des Altars in Vana und die des Elmpter Altars (Schweitzer Katalog des Suermondtmuseums in Aachen, Taf. 52).

480. Zwei Apostel (Fragment eines Einzuges in Jerusalem) (Vöge 322). Der linke Apostel bärtig, nach rechts schreitend, in der rechten Hand ein Buch, die linke erhebend. Der bartlose neben ihm in Vorderansicht. Weiter rechts ein Baum, darauf, kleingebildet, ein Mann in eng anschließender Tracht und einem Barett, Zweige brechend.

Wandgruppe. Eichenholz. H. 40,5, Br. 30. Abgelaugt; Reste grüner Bemalung vorn rechts und in der Baumkrone. Etwas Blau am Mantel des rechten Apostels. Der rechte Zeigefinger des rechten Apostels beschädigt. — Kunstkammer.

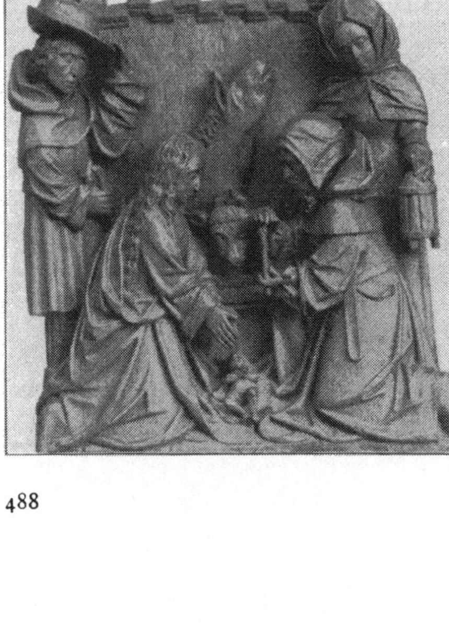

488

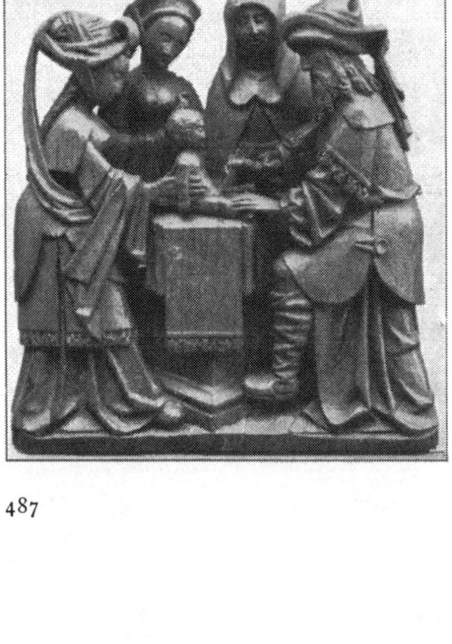

487

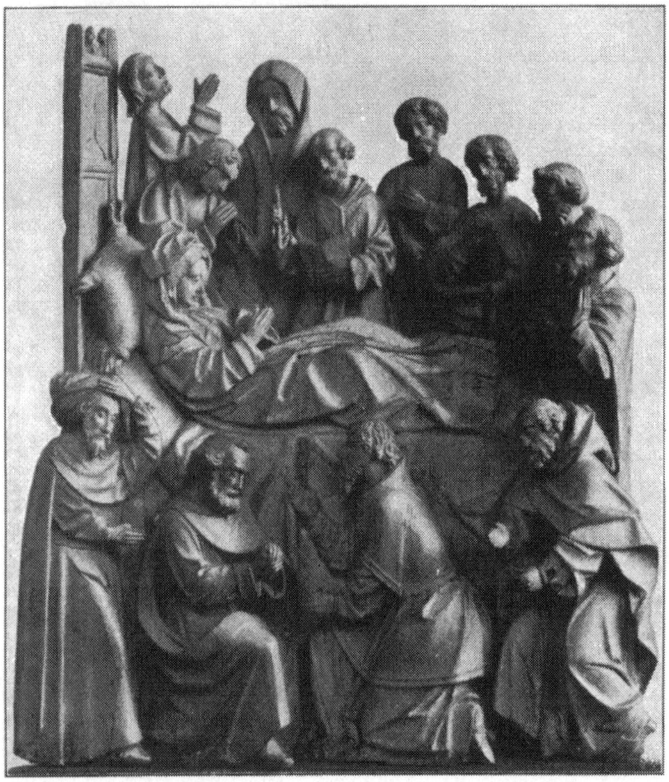

476

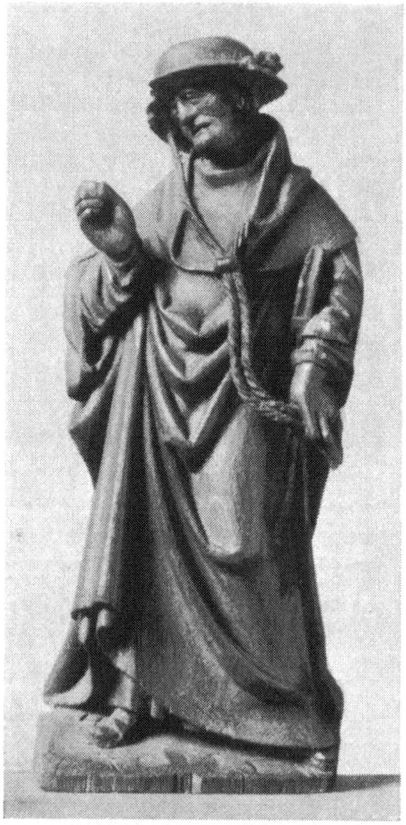

8102

Antwerpen um 1500. — Die Stilstufe entspricht der bei Bosschère, La sculpture anversoise (1909) Fig. 13 abgebildeten Gruppe.

481. Zwei Apostel (?) im Gespräch (aus einem Marientode?) (Vöge 329). Bärtig, in langen gegürteten Röcken mit Halskragen, auf zwei Schemeln einander gegenübersitzend. Der rechts, mit einem Rosenkranz am Gürtel, fällt dem andern, der in begeisterter Rede die linke Hand erhebt, beschwichtigend in den Arm. Abb. S. 333.

Wandgruppe. Eichenholz. H. 39, Br. 26,5. Rückseite flach. Geringe Spuren alter Bemalung. Der linke Daumen des rechts Sitzenden ergänzt. Die beiden rückwärts liegenden Arme modern hinterlegt. Bezeichnet auf dem Kopf des linken Apostels mit der Hand, der Marke von Antwerpen. — Kunstkammer. Antwerpen um 1500.

476. Tod der Maria (Vöge 336). Sie liegt, die Hände faltend, mit offenen Augen auf einem Bett mit hoher Rückenlehne. Hinter ihr steht Petrus mit einer (ergänzten) Kerze und einem offenen Buch, um ihn, wehklagend, fünf Apostel; zwei weitere am Fußende des Bettes. Vier Apostel, davon die beiden mittleren kniend, im Vordergrunde vor dem Bett.

Wandgruppe. Eichenholz. H. 75,5, Br. 66. Aus vielen, mindestens zehn verschiedenen Stücken zusammengesetzt. Spuren roter Farbe am Haar des Apostels links von Petrus. Ergänzt die zwei Apostel am Fußende des Bettes, im Vordergrund der zweite links, einzelne Hände und ein Stück am Kopf des Petrus. Mit der Marke von Antwerpen, der Hand, auf dem Kopfe des Petrus, dem Kopf rechts von ihm (hier fast ausgelöscht) und dem des Apostels vorn rechts. — Kunstkammer.

Antwerpen um 1510.

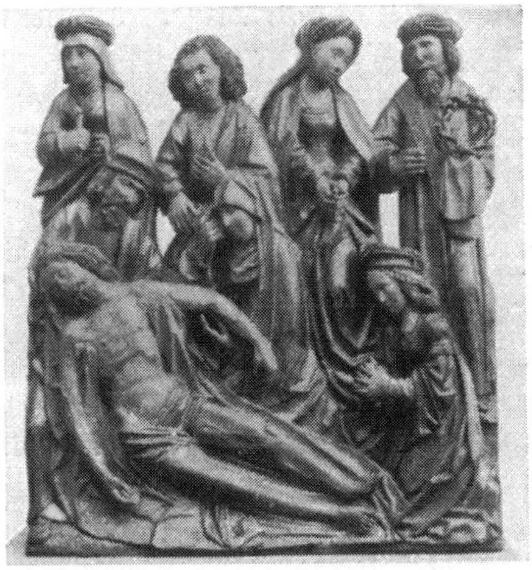

415

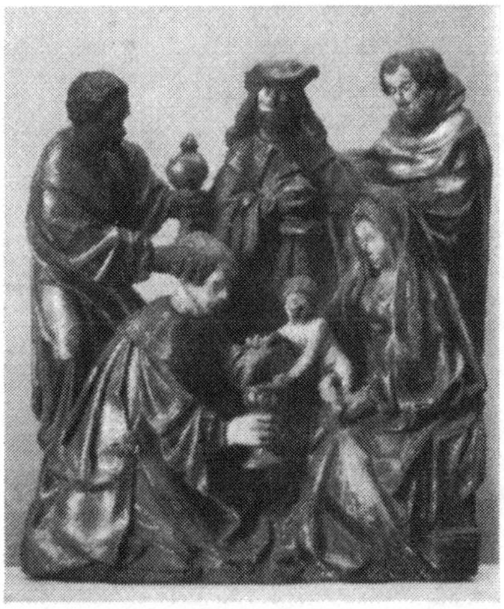

8069

8102. Kardinal. Im Ornat, nach links schreitend, den Kopf nach links geneigt, in der Rechten einen Stab (jetzt verloren), unter dem linken Arm ein Buch. Die linke Hand greift in die vom Hut herabhängenden und vor der Brust zusammenlaufenden Schnüre. An den Füßen Sandalen. Auf schräg ansteigender Fußplatte.

Wandstatuette. Eichenholz. H. 36. Rückseite flach. Ohne Bemalung. Aus dem Hutrand verschiedene Stellen, besonders links, ausgebrochen, vorn ein Stück ergänzt; drei Stücke der Hutschnüre und der Stab fehlen. Der Sockelrand vorn etwas beschädigt. Auf der Fußplatte neben dem rechten Fuß die sehr verwaschene Hand, die Marke von Antwerpen. — Erworben 1918. Sammlung J. Simon.

Antwerpen um 1500. —Wohl die Assistenzfigur aus der Messe des Hl. Gregor, die im Mittelschrein des Altars in Kirchlinde bei Dortmund dargestellt ist. Dieser Altar selbst soll früher in der Peterskirche in Dortmund gestanden haben. Vgl. Inventar von Westfalen, Landkreis Dortmund S. 54. Tafel 23. 24.

415. Beweinung Christi (Vöge 314.) Christus liegt ausgestreckt auf dem Bahrtuch, links von Josef von Arimathia gestützt. Zu seinen Füßen kniet Magdalena, die Hände ringend, während Maria, in der Mitte kniend, seinen Arm hält. Johannes steht klagend hinter ihr, links und rechts von ihm eine heilige Frau, die eine mit den Nägeln, die andere die Hände faltend. Ihr zugewendet ganz rechts ein Bärtiger mit der Dornenkrone (Nikodemus?).

Wandgruppe. Lindenholz. H. 47, Br. 43,5. Rückseite flach. Die Bemalung und Vergoldung aufgefrischt. Der Lendenschurz, die Mäntel und meist auch die Gewänder vergoldet; die farbigen sämtlich mit bunter Musterung; weißes Bahrtuch mit feiner Bordüre in Gold und Braun. Die Nase Christi ist abgebrochen, die Dornenkrone aus besonderem Stück (alt?) und mit Draht, Nagel und Leim an der Nikodemusfigur befestigt. Die Brustwarzen Christi besonders eingesetzt. — Kunstkammer.

Antwerpen (?) um 1510. — Verwandte Grablegungen im erzbischöflichen Museum zu Köln und im Münchener Nationalmuseum, Katalog des Bayer. Nat.-Mus. VI (1896), Nr. 1336. — Unser Relief, das ganz den Charakter der Antwerpener Arbeiten aufweist, ist vielleicht eine deutsche Nachbildung aus alter Zeit; darauf könnte das Lindenholz hinführen.

8069. Anbetung der Könige. Maria sitzt rechts auf einer Bank ohne Lehne und hält das nackte Kind auf dem Schoß; dieses klappt den Deckel des Pokals auf, den ihm der vorn kniende König hinhält; hinter diesem die zwei anderen Könige, stehend, ebenfalls mit Pokalen in den Händen, und hinter Maria Josef mit abgenommenem Hut.

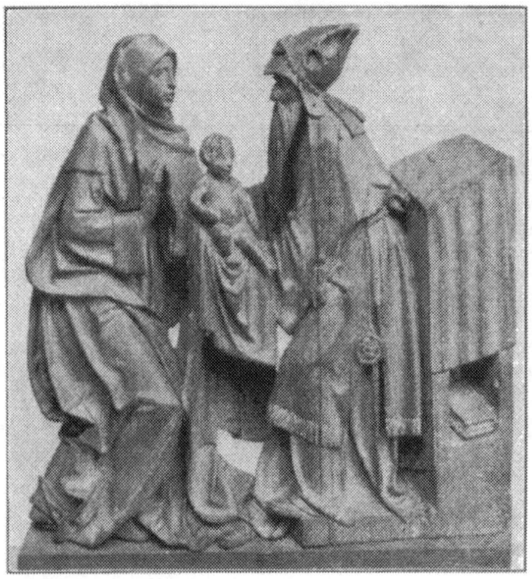

477

Wandgruppe. Eichenholz. H. 32. Rückseite flach. Die alte Vergoldung der Gewänder teilweise abgesprungen; die leeren Stellen mit rotbrauner Farbe überstrichen; die Säume mit eingestochenen und schwarz gemalten Mustern; auf dem schwarzen Mantelsaum Mariae gotische Majuskeln ohne Zusammenhang. Von dem Hut und den Locken des in der Mitte stehenden Königs und dem Pokaldeckel des knienden je ein Stück ausgebrochen, die Nase des Kindes bestoßen; der vordere Rand der Bodenplatte etwas beschädigt. — Der Kopf des Mohren modern ergänzt. — Vor dem linken Fuß Mariae die sehr verwischte Hand, die Marke von Antwerpen. — Erworben 1918. Sammlung J. Simon.

Antwerpen um 1500.

495. Beschneidung Christi (Vöge 340). Sie wird von dem rechts stehenden Hohenpriester an dem auf dem Altar sitzenden Knaben vollzogen, den die Mutter, links, mit beiden Händen hält. Hinter ihr steht Hanna, die Hand im Bausche ihres Obergewandes.

Wandgruppe. Eichenholz. H. 41, Br. 49. Rückseite flach. Aus zwei Stücken gearbeitet. Abgelaugt; geringe Reste von roter Farbe an der Kopfbedeckung des Hohenpriesters. Ergänzt die linke Hand des Kindes. Eine Figur Josefs scheint rechts abgeschnitten zu sein. — Kunstkammer. Erworben 1850.

Antwerpen, frühes 16. Jahrhundert. — Vgl. die Beschneidung des Elmpter Altares (Schweitzer, Katalog des Suermondtmuseums in Aachen Taf. 52 und 54).

477. Darstellung Christi im Tempel (Vöge 335). Rechts der langbärtige Hohepriester, in vollem Ornat, vor dem Altar, das Kind auf einem Tuche Maria hinhaltend, welche, die Hände faltend, sich vor ihm verneigt.

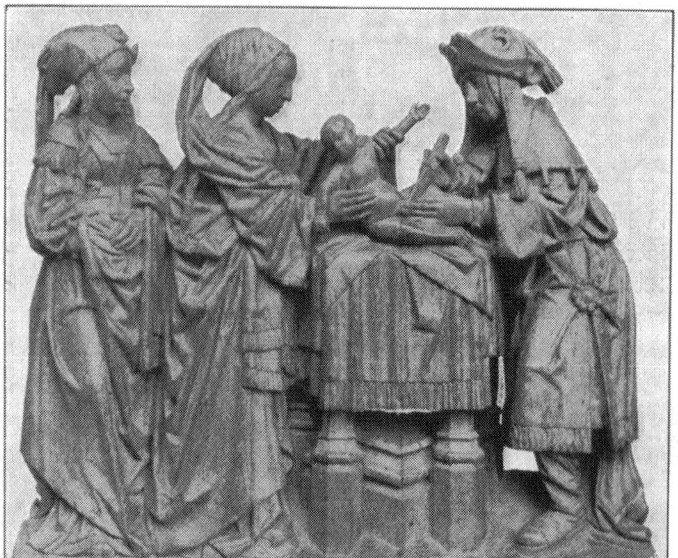

495

Wandgruppe. Eichenholz. H. 37, Br. 36. Abgelaugt; zahlreiche Reste des weißen Kreidegrundes; an den Fransen der Dalmatika Spuren von Vergoldung. Ein Teil des Altartisches aus besonderem Stück gearbeitet. Auf modernen Sockel montiert. Bezeichnet mit der Hand, der Marke von Antwerpen, auf dem Kopf der Maria. — Kunstkammer.

Antwerpen, frühes 16. Jahrhundert.

7700. Dreiteiliger Passionsaltar. In dem überhöhten, gerade abgeschlossenen Mittelfeld die Kreuzigung Christi in zwei Zonen übereinander: in der oberen in kleinerem Maßstab die drei Kreuze; die beiden Schächer sind an Baumkreuze ge-

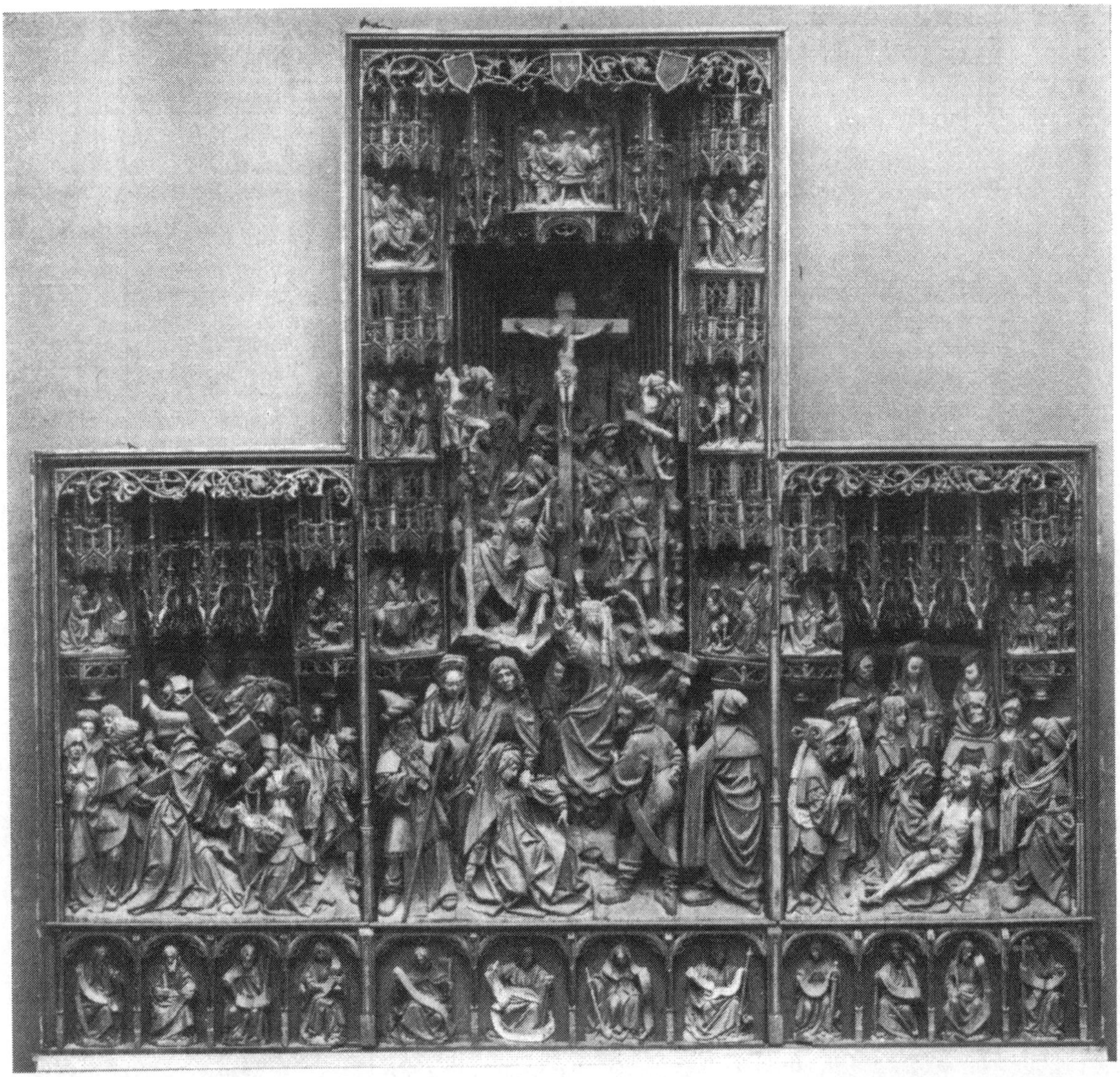

7700

bunden; unter ihnen, dicht gedrängt, Kriegsknechte und Reiter. In der unteren Zone eine Gruppe größerer Figuren: in der Mitte die zusammensinkende Maria mit dem sie haltenden Johannes und einer klagenden Frau, vier Kriegsknechte und die zum Kreuz empor klagende Magdalena, die die Verbindung mit der oberen Zone herstellt. Im linken Seitenfeld die Kreuztragung mit der das Schweißtuch darreichenden Veronika, Simon von Kyrene, Frauen, den beiden an Halsstricken geführten Schächern, Kriegsknechten und Reitern. Im rechten Seitenfeld die Beweinung Christi mit Maria, Johannes, Magdalena, Joseph von Arimathia, Nikodemus und anderen männlichen und weiblichen Begleitpersonen. Alle Figuren der drei Felder außer Christus, Maria, Johannes und den Schächern in reicher Fantasietracht. Der blaue Schreinhintergrund ist durch aufgelegtes Maßwerk als Chorabschluß einer gotischen Kathedrale charakterisiert. — Unter diesen drei Hauptdarstellungen befindet sich ein predellenartiger Streifen mit zwölf von Maßwerk bekrönten Nischen, in denen die zwölf Apostel, jeder mit Spruchband und Attribut, sitzen. — Reiches Baldachinwerk bekrönt die drei Hauptfelder, die außerdem an den Rändern mit kleinen Darstellungen aus dem Leben Jesu, auf Konsolen und unter Baldachinen, ausgestattet sind. An den beiden Seiten des Mittelfeldes je drei solcher Wandgruppen übereinander. Über dem Kreuz Christi das Abendmahl; im linken Seitenfeld die Verkündigung Mariae und die Anbetung des Kindes, im Mittelfeld links (von unten nach oben) Flucht nach Ägypten, Einzug in Jerusalem, Abschied von der Mutter, rechts (von oben nach unten) Fußwaschung, Vorführung vor Pilatus und Geißelung, im rechten Seitenfeld Verspottung Jesu und Predigt des Auferstandenen (?) — Den oberen Abschluß der drei Felder bildet ein Streifen aus Rankenwerk, der über dem Mittelfeld drei Wappen trägt. Abb. S. 337.

Schreinaltar. Hochreliefgruppen mit vielen rundplastisch gearbeiteten Teilen. Eichenholz. Mittelfeld: H. 244, Br. 112, Seitenfelder: H. 113, Br. 94, Predellenstreifen: H. 38. —Vielfach alt gestückt; die kleinen Gruppen unter den Baldachinen jedesmal aus besonderem Stück. — Bei Entfernung der Übermalung des 19. Jahrhunderts kam die alte Polychromie zum Vorschein. Sie ist auf allen Fleischteilen, an einem Teil der Kopfbedeckungen, einzelnen Gewändern, Terrainstücken gut erhalten, im übrigen aber im 19. Jahrhundert entfernt worden. Reste alter Vergoldung an mehreren Stellen bei den Figuren. Die Vergoldung der Architekturteile ist erneuert. Der um den Schrein herumlaufende schmale Ornamentstreifen ist jetzt entfernt. — Beschädigungen und Ergänzungen: Mittelfeld: es fehlen die oberen Enden der Lanzen, die die beiden einander zugekehrten Kriegsknechte im Vordergrund neben Maria tragen und der obere Teil der Lanze in den Händen des aufblickenden Kriegers links neben dem rechten Schächerkreuz; die oberen Teile von drei Lanzen der Krieger unter den Kreuzen sind abgebrochen, aber noch vorhanden. Abgebrochen sind ferner zwei Fingerspitzen an den Händen der zum Kreuz emporgewandten Magdalena sowie der kleine Finger und Daumen der rechten Hand Mariae. An dem Krieger im Vordergrund rechts von Maria sind zwei Stücke der Schwertkette und ein Stück der Parierstange ergänzt. An der Wandgruppe mit dem Abschied von der Mutter fehlt die linke Hand Jesu. Linkes Seitenfeld: zwei Finger der linken Hand der Veronika ergänzt. — Rechtes Seitenfeld: die rechte Hand des Mannes vorn ganz links und das Kreuz hinter der Magdalena ergänzt. Predella: Bei dem vierten und neunten Apostel von links ist aus der Bodenplatte ein rechteckiges Stück herausgeschnitten. — Am fünften, achten und neunten Apostel (von links) geringe Beschädigungen an den Attributen.

An verschiedenen Stellen des Altars ist die Marke von Antwerpen, die Hand, angebracht. — Erworben 1915 in Köln.

Antwerpen, Anfang 16. Jahrhundert. Früher in den Sammlungen Weber-Hamburg und Soltykoff-Paris. Abgebildet bei Lüthgen, Niederrheinische Plastik Taf. 40 (vgl. auch S. 320) und bei Münzenberger und Beißel II, Taf. 14. Galerie Weber, Hamburg; Auktionskatalog (Lepke Berlin 1912) Nr. 103, Tafel 98. Zeitschrift für christl. Kunst 4 (1891) 15. — In der Anordnung der Reliefs verwandt der Passionsaltar zu Gheel (Münzenberger und Beißel I, 17).

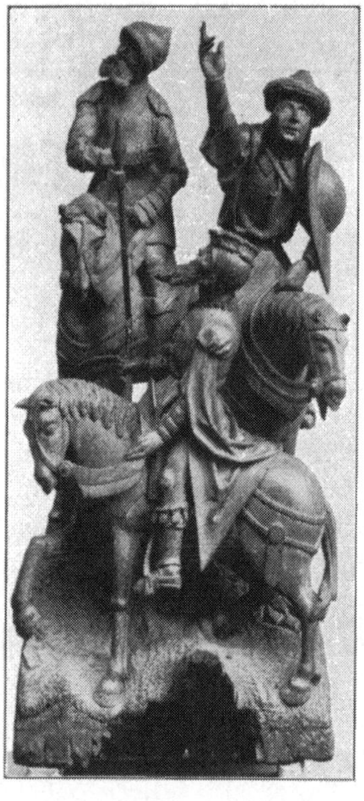

496

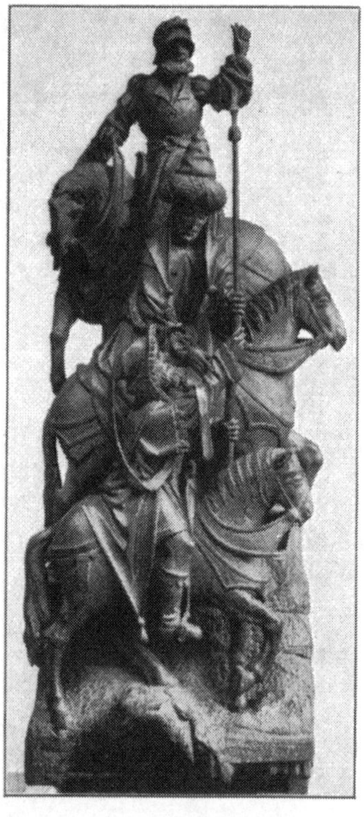

497

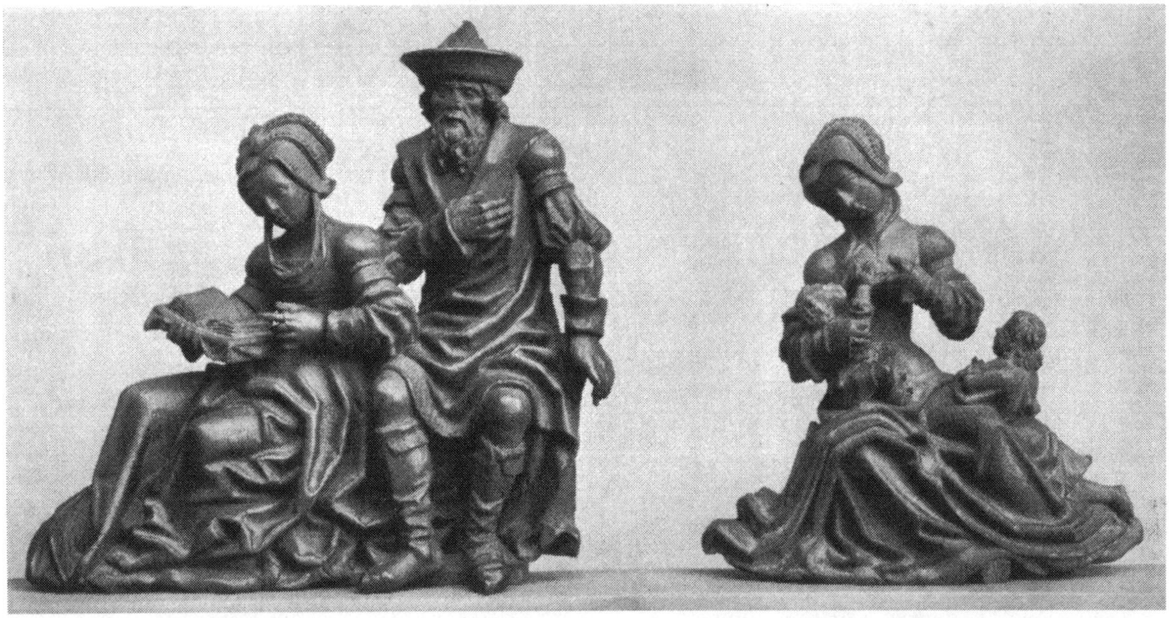

490 491 S. 340

496. 497. Zwei Reitergruppen aus einer Kreuzigung Christi.

496. Drei Reiter (Vöge 328). Der vorderste im Profil nach links emporblickend, einen Spieß in der Rechten; hinter ihm, erhöht, zwei andere in Vorderansicht, der links, in einer Rüstung, auf den anderen weisend, der mit hocherhobener Hand empordeutet. Auf Untersicht gearbeitetes felsiges Gelände.

Wandgruppe. Eichenholz. H. 85, Br. 36. Abgelaugt, geringe Spuren früherer Bemalung. Aus drei aufeinandergelegten Bohlen gearbeitet. Ergänzt der Speer oberhalb der Hand und Stücke aus dem Zaumzeug der Pferde. — Kunstkammer.

497. Drei Reiter (Vöge 327). Der vorderste, mit langer Sendelmütze, nach rechts reitend, reicht dem ebenfalls nach rechts reitenden zweiten über ihm eine Lanze zu, während der oberste in Helm und Panzer, nach links reitend, mit hocherhobener Linken emporweist. Auf Untersicht gearbeitetes felsiges Gelände.

Wandgruppe. Eichenholz. H. 95, Br. 35. Wie das zugehörige Stück aus drei aufeinander gelegten Bohlen gearbeitet. Ein Stück des linken Zeigefingers des obersten Reiters und das rechte Ohr von dessen Pferd abgebrochen. Ergänzt der hintere Teil des Kopfes und das linke Vorderbein des mittleren Pferdes, der Schwanz des vorderen und der obere Teil der Lanze. Die vordere Seite des zweiten Pferdes, und die rechten Vorderbeine des ersten und dritten Pferdes alt angestückt. — Kunstkammer.

Antwerpen, frühes 16. Jahrhundert. Verwandt, aber älter die bei Bosschère, La sculpture anversoise (1909) Fig. 8 abgebildete Reitergruppe, die die Marke von Antwerpen trägt.

490. 491. Zwei Gruppen aus einer Darstellung der hl. Sippe.

490. Ehepaar (Vöge 337). Die Frau in reicher Haube und anschließendem Gewande sitzt links, in einem Buche lesend, auf das sie mit der Linken deutet. Der rechts von ihr sitzende bärtige Mann trägt eine Kappe und legt die rechte Hand vor die Brust.

Wandgruppe. Eichenholz. H. 30,5, Br. 31. Rückseite flach. Geringe Spuren von Bemalung. Die Nasenspitze des Mannes fehlt. Ergänzt ein Stück Sockel mit Gewand links, die beiden Fußspitzen des

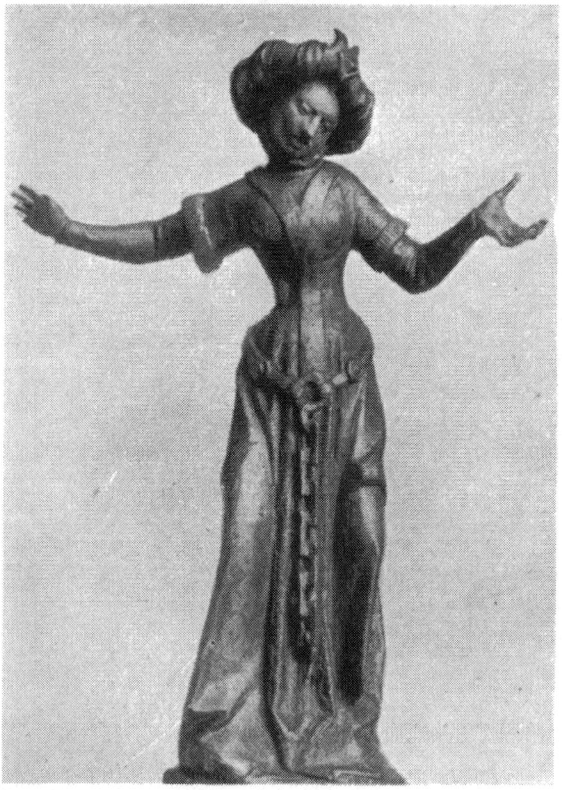

8071

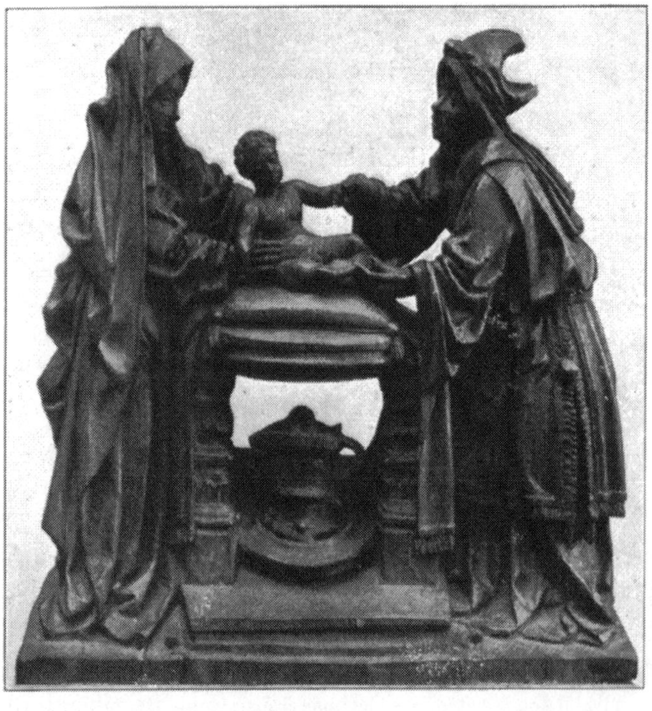

489

Mannes und ein Stück vorn an seiner Hutkrempe; der linke Zeigefinger der Frau geleimt. Ein Teil des linken Unterarmes und der linken Hand des Mannes alt angestückt. In neuerer Zeit auf ein Brett montiert. Bezeichnet mit der Hand, der Marke von Antwerpen, auf dem Kopf der Frau. — Kunstkammer. Erworben 1841.

491. Sitzende Frau mit zwei Kindern (Vöge 338). In reicher Haube und anschließendem Gewand, dem mit einem Hemde bekleideten Knaben auf ihrem Schoß die Brust reichend, während sich von rechts der Ältere an sie drängt. Abb. S. 339.

Wandgruppe. Eichenholz. H. 24,5, Br. 24. Rückseite flach. Spuren von Vergoldung am linken Ärmel der Frau. Rechts und links unten ist je ein Stück modern angesetzt. Die rechte unter dem Gewand hervorkommende Fußspitze abgebrochen. — Kunstkammer. Erworben 1848.

Antwerpen um 1510—20.

8071. Weibliche Figur aus einer Beweinung Christi. Stehend, mit leicht vorgesetztem linkem Bein, den Kopf mit Wulsthaube nach rechts geneigt, breitet sie in lauter Klage beide Arme aus. Langes, auf der dünnen Bodenplatte sich stauendes Gewand mit kurzen Ärmeln und Pelzbesatz, das Brust und Hüfte eng umschließt und in dem Halsausschnitt ein Stück des Untergewandes mit langen, engen Ärmeln frei läßt. Über dem Leib ein Gürtel, an dem vorn eine aus rechteckigen Gliedern gefügte Kette herabhängt.

Wandstatuette. Nußholz. H. 33 (ohne Sockel). Rücken etwas abgeflacht. Die alte Vergoldung und Bemalung weitgehend erneuert (barock?). Alle fünf Fingerspitzen der rechten Hand abgebrochen. Die Kopfbedeckung vorn leicht beschädigt. Der Sockel modern. — Erworben 1918. Sammlung J. Simon.

Niederländisch, wahrscheinlich Antwerpen, um 1510—20. Ähnlich z. B. die Prophetenstatuetten bei Vogelsang, Die Holzskulptur in den Niederlanden, Band 2, Tafel 31, Nr. 80.

489. Beschneidung Christi (Vöge 342). Das nackte Kind sitzt, von Maria gehalten, auf dem mit Decke und Kissen belegten Altartisch. Der von rechts herzutretende Hohepriester faßt des Kindes Fuß, in der Rechten (ursprünglich) das Messer haltend. Die Pfeiler des Altars mit Blattornamenten verziert.; unter demselben ein Becken mit Henkelkanne.

Wandgruppe. Eichenholz. H. 28,5, Br. 28,5. Rückseite flach. Ohne Bemalung. Die rechte Hand des Kindes fehlt; die Finger an der rechten Hand des Hohenpriesters ergänzt bis auf den Daumen. Vorn rechts und links vom Altar je eine Bohrung (für Kerzenhalter?). Bezeichnet vorn vor der Schale und rechts vom Altar mit der Hand, der Marke von Antwerpen. — Kunstkammer. Erworben 1848.

Antwerpen um 1520. — Nächst verwandt zwei in Deutschland stehenden Antwerpener Altären, dem Hochaltar in Straelen Kr. Geldern, vgl. die dortige Beschneidungsgruppe, sowie dem Märtyreraltar in S. Victor zu Xanten, der derselben Werkstatt angehört. Abb. Inv. Kreis Geldern S. 69, Kreis Mörs S. 116f.

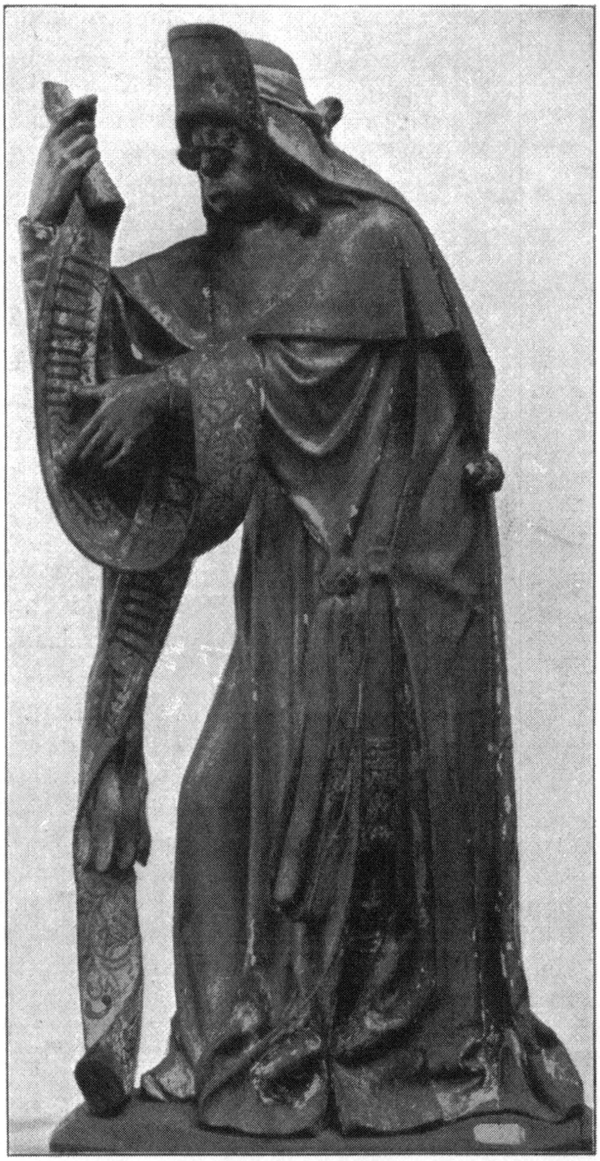

508

508. Prophet (Vöge 341). Nach links gewendet hält er in der Rechten eine lange Schriftrolle, die über den linken Unterarm herabfällt, und weist mit der Linken auf sie hin. Er trägt ein halblanges Gewand mit Fransen und gemusterten Säumen, darüber einen gesäumten Mantel mit weiten Ärmeln und einem geschlitzten Schulterkragen; an den Ärmeln lange Quasten. Auf der Nase ein Klemmer. Auf der Schriftrolle in gotischen Minuskeln: stellabus super creabit.

Hochrelief. Eichenholz. H. 58. Rückseite flach. Mit alter Vergoldung und Bemalung. Die Arme mit der Schriftrolle aus besonderem Stück gearbeitet. Zwei Stücke unten am Mantelsaum und an der Schriftrolle ergänzt, ebenso der obere Teil des Hutes und der Knoten des Tuches am Hut. — Kunstkammer. Erworben 1865.

Antwerpen um 1520. — Wahrscheinlich aus der Sammlung Essingh in Köln. — Aus einer Darstellung der Wurzel Jesse, wie sie z. B. erhalten ist in dem Altar von Pailhe, abgebildet bei Bosschère, La sculpture anversoise (1909) Fig. 24. Nah verwandt unsere Nr. 8083 (S. 342). Ähnliche Statuetten im Wallraf-Richartz-Museum in Köln (s. Münzenberger u. Beißel a. a. O. Lieferung XIV, 60 f.) und vielfach sonst.

8081. Nikodemus (?) aus einer Beweinung Christi. Er schreitet in leicht gebückter Haltung nach rechts und trägt mit den beiden vorgestreckten Händen die große Dornenkrone, von der das Schweißtuch herabhängt. Der bärtige Kopf ist von einem großen vorn aufgeschlagenen Hut

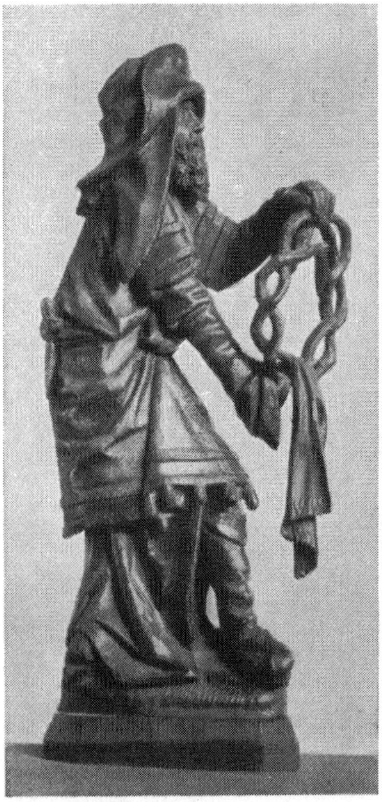

8081

mit seitlich bis auf die Schultern herabhängenden Klappen bedeckt. Der bis an die Knie reichende breitgesäumte und unten mit Quasten verzierte Überrock mit kurzen Ärmeln ist in der Hüfte gegürtet; in dem Gürteltuch steckt hinten links ein Dolch. Unter dem Überrock wird unten links ein langes Untergewand sichtbar, das das vorgesetzte, mit hohem Stoffschuh und übergezogener Trippe bekleidete rechte Bein frei läßt. Auf Sockel mit Terrainandeutung.

Wandstatuette. Eichenholz. H. 41. Rückseite flach. Alte Vergoldung und Bemalung. Die Säume mit Goldbrokat und Punktierungen verziert. Ergänzt die Dornenkrone und das Schweißtuch, drei Fingerspitzen der rechten Hand und der linke Unterarm mit Hand sowie die untere Partie des Sockels. Die Spitze der vorderen Hutklappe etwas beschädigt; ausgebrochen ein Stück der Hutkrempe hinten, eine Bartlocke und ein Stück aus dem Terrainsockel links. — Erworben 1918. Sammlung J. Simon.

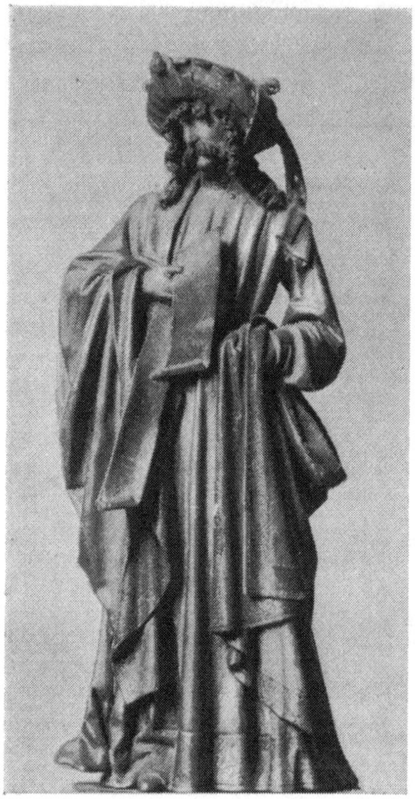

8083

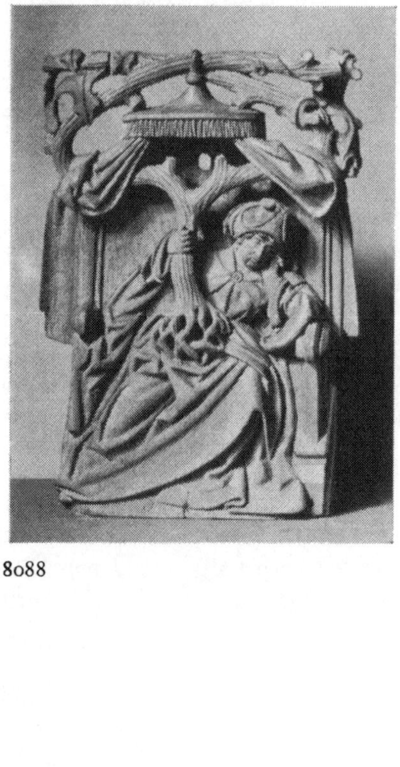

8088

Antwerpen um 1525. — Früher in der Sammlung Desmottes-Paris; vgl. Katalog (Objets d'art et de haute curiosité, Paris 1900) Nr. 322. — Amtl. Berichte 41 (1920) S. 197, Anm. 1. — Vgl. die Grablegungsdarstellung bei Bosschère, La sculpture anversoise (1909) Fig. 20. Eher aus einer Beweinung Christi: vgl. die Beweinung auf unserem Antwerpener Altar Nr. 7700 (S. 337), wo eine ganz entsprechende Gestalt vorkommt.

8083. Prophet. Stehend, Oberkörper und Kopf nach links gewendet, mit Schnurbart und langen gedrehten Locken; auf dem Kopf ein großer, phantastisch geformter Hut, festgehalten durch ein in der Art der Sendelbinde verwendetes Tuch, dessen eines Ende auf die linke Schulter herabfällt. In der vor die Brust erhobenen Rechten ein Spruchband; die Linke nimmt den Mantel auf, der auf der rechten Schulter liegt und von der linken über den Rücken herabgeglitten ist. Unter dem Mantel wird das lange hochschließende und gegürtete Gewand sichtbar.

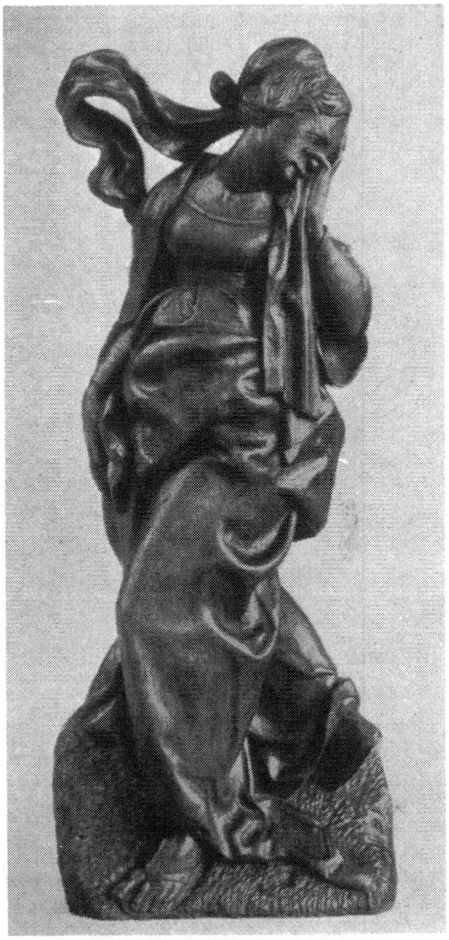

7059

Wandstatuette. Eichenholz. H. 59,7. Rückseite flach. Die gut erhaltene alte Vergoldung und Bemalung nur an wenigen Stellen aufgefrischt. Gewand und Mantel vergoldet, Mantelsaum schwarz mit goldenen Mustern und gotischen Majuskeln ohne Zusammenhang; Hut gold und rot, Binde grün und gold, Haare schwarz, Inkarnat rötlich. Die Fußpartie in ungefährer Höhe des Saumes ergänzt; Konsole modern. — Auf dem Kopf die Hand, die Marke von Antwerpen. — Erworben 1918. Sammlung J. Simon.

Antwerpen um 1520. Aus einer Darstellung der Wurzel Jesse; vgl. Nr. 508 (S. 341). — Ausstellung des Kaiser-Friedrich-Museums-Vereins 1906, Katalog Nr. 195. — Amtl. Berichte 41 (1920) S. 197 Anm. 1.

8088. Jesse. Er sitzt schlafend, schräg in einem baldachinbekrönten Armsessel gelehnt, eingehüllt in einen vor der Brust durch eine Agraffe gehaltenen Mantel mit langen Ärmelgehängen, auf dem Kopf einen phantastischen turbanartigen Hut. Mit der Rechten umfaßt er den aus seinem Schoß emporwachsenden Baumstamm, dessen zwei Äste sich oberhalb des Baldachins verranken; von diesem fallen zwei Vorhänge herab, die rechts und links über die Äste gelegt sind.

Wandgruppe. Eichenholz. H. 41, Br. 30. Abgelaugt; vereinzelte Reste des weißen Grundes und roter Farbe, letztere besonders an dem Baum. Oben links ein Teil des Geästes alt angestückt. Die Standplatte modern. — Erworben 1918. Sammlung J. Simon.

Antwerpen (?) um 1520. — Fast identisch der Jesse in dem Altar aus der Kirche von Skarkind, jetzt im Nationalmuseum in Stockholm; ungenügende Abbildung bei Bosschère a. a. O. Fig. 25.

7059. Magdalena. Nach links schreitend, den Kopf in heftiger Bewegung des Schmerzes nach rechts zurückwendend und die Linke mit dem Tränentuch gegen die linke Wange drückend. Die Heilige trägt ein hoch gegürtetes Gewand mit weitem runden Halsausschnitt und darüber einen auf der rechten Schulter liegenden und von der linken abgeglittenen Mantel, der vorn über den Leib gezogen und von der rechten Hand rechts an den Körper gepreßt wird; ein Ende schleift auf dem Boden. Auf dem gescheitelten Haar ein hinten geknotetes Kopftuch, dessen eines Ende nach links flattert. An den Füßen Sandalen. Auf steil ansteigendem Terrainsockel.

Wandstatuette, reliefmäßig. Eichenholz. H. 39. Rückseite flach. Ohne Bemalung. — Erworben 1912 als Geschenk der Bodestiftung.

Niederländisch um 1530. — Früher in der Sammlung Fr. Lippmann-Berlin (Katalog von 1910, Nr. 153) Aus einer Kreuzigung Christi. — Von derselben Hand eine Gruppe »Maria u. Johannes unter dem Kreuz« Katalog Lippmann Nr. 154 ,Tafel 65. Nah verwandt eine Reitergruppe mit der Marke von Antwerpen in der ehemaligen Sigmaringer Sammlung, Abb. Katalog von Sprinz (1925) Nr. 116 Tafel 63; ferner zwei Reliefs des Amsterdamer Rijks-Museums, Verspottung Christi u. Kreuztragung, abgebildet bei Vogelsang, Die Holzskulptur in den Niederlanden II, Nr. 52, 53.

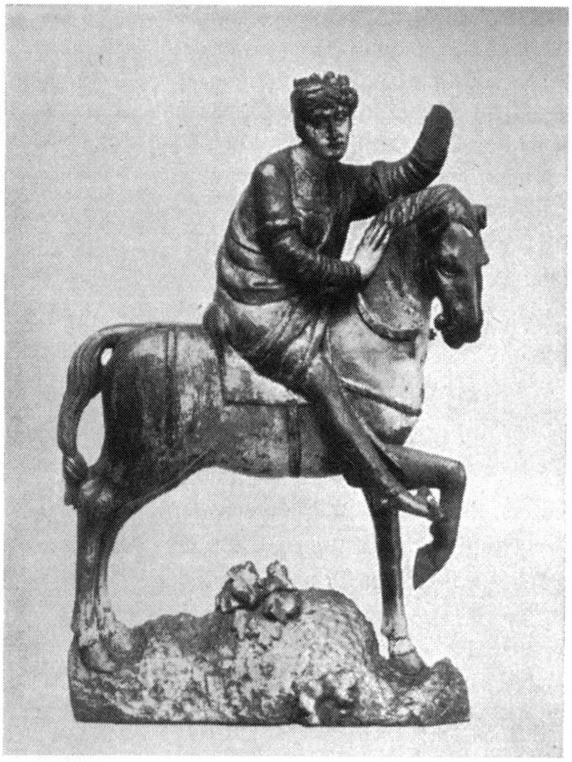

7060

7060. Reitender König. Er sitzt vornüber gebeugt auf dem kleinen Pferde und wendet dem Beschauer das Gesicht zu, die rechte Hand liegt auf dem Hals des Pferdes, der linke Arm ist erhoben. In antikisierender Tracht, mit einer kleinen Krone über einem Lorbeerkranz auf dem Kopf. Auf länglichem Sockel mit Terrainandeutung.

Wandstatuette. Eichenholz. H. 37. Rückseite flach. Bedeutende Reste der alten Fassung: Mantel, Sattel, Zaumzeug, Krone und Sockel vergoldet, Pferd weiß mit verwaschener roter Tönung. Reiter und Pferd mit zwei kleinen Sockelteilen aus einem Stück, der größere Mittelteil des Sockels alt eingesetzt. Am Zaumzeug drei Stücke ausgebrochen; die Ohren des Pferdes beschädigt. — Erworben 1912 als Geschenk der Bodestiftung.

Niederländisch um 1530. — Früher in der Sammlung Fr. Lippmann-Berlin; Auktionskatalog von 1910, Lepke-Berlin, Nr. 123. — Wahrscheinlich Antwerpener Arbeit. Die im Stil verwandte Reitergruppe, die sich früher in der Sigmaringer Sammlung befand, ist mit der Antwerpener Marke gezeichnet; vgl. Sprinz, Bildwerke der Fürstl. Hohenzollernschen Sammlung in Sigmaringen (1925) Nr. 116, Tafel 63.

8077. Flügelaltar. Der Mittelschrein ist durch vier fialenbekrönte dünne Pfeiler mit je einem Propheten als Konsolenfigur in drei Teile geteilt, von denen der mittlere überhöht ist. In diesem die Anbetung des Kindes durch Maria und Joseph unter dem Stalldach, darüber in felsiger Landschaft die Ankunft der Könige (kleine Figürchen) und in der Überhöhung die Halbfigur Gottvaters, segnend, von zwei schwebenden Engeln mit Spruchbändern begleitet. In dem linken Schreinabschnitt die Verkündigung Mariae in ihrem Gemach mit Bett und Kamin im Hintergrund, im rechten die Beschneidung des Kindes mit Maria und dem Priester vorn und drei Assistenzfiguren im Hintergrund. Den oberen Abschnitt der drei Schreinteile bildet eine reiche spätgotische Baldachinarchitektur, den unteren ein schmaler durchbrochener Maßwerkstreifen. Die Flügel sind bemalt:

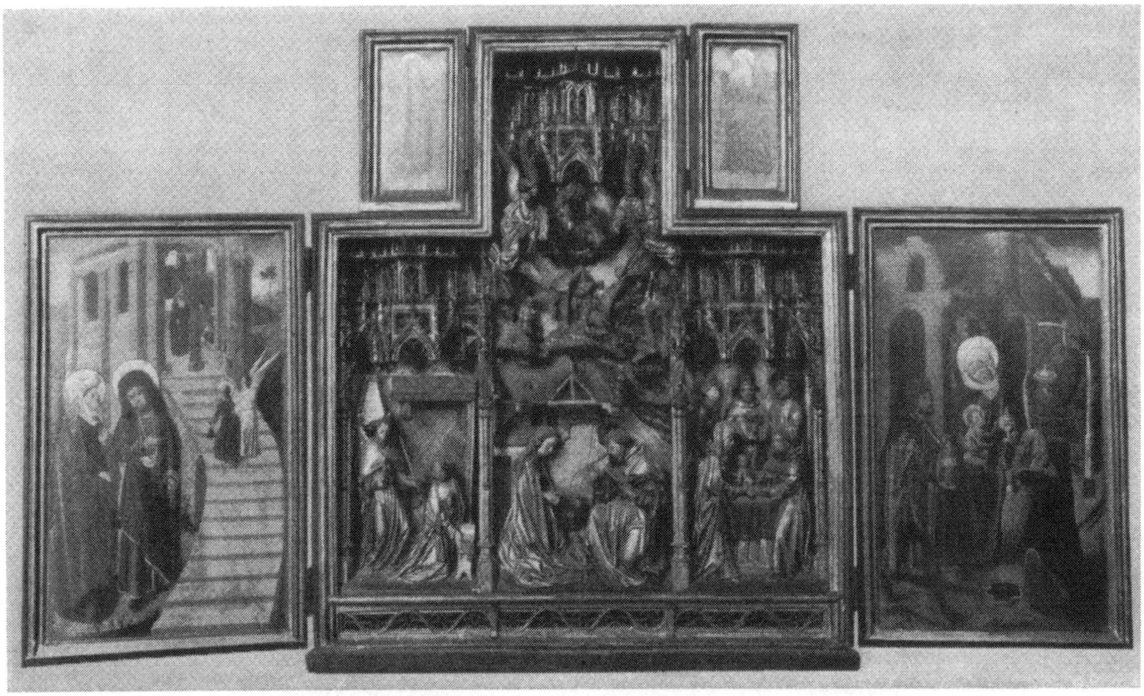

8077

links innen Mariae Tempelgang, außen Maria mit Kind und Katharina, rechts innen Anbetung der Könige, außen Barbara und Margareta. Die Überhöhung des Mittelteils wird durch zwei besondere Flügel geschlossen, auf denen innen die Heimsuchung (links Maria, rechts Elisabeth) und außen die Verkündigung Mariae (links Gabriel, rechts Maria) gemalt sind.

Schreinaltar. Eichenholz. H. 123, Br. 105,5 (mit geöffneten Flügeln 218). Die drei Wandgruppen aus je einem Stück, die beiden Engel und Gottvater in der Überhöhung des Mittelteiles aus drei besonderen Stücken gearbeitet. Das Szepter Gabriels, Kerze und Messer im rechten Schreinteil, die Sternstange auf dem Stalldach und das Kreuz auf dem Reichsapfel Gottvaters im mittleren Schreinteil aus besonderen Stücken; der Esel ist an der Stallarchitektur mit einer alten Schnur angebunden. Zwischen Maria und Joseph fehlt wahrscheinlich die Figur der Zelomi, die auf der Pariser Darstellung erhalten ist. Gut erhaltene, stellenweise aufgefrischte alte Vergoldung und Bemalung. In der Mitte der unteren Abschlußleiste (unter dem Maßwerk) die Signatur BRUESEL. Auf der Außenseite verschiedene Marken. — Erworben 1918. Sammlung J. Simon.

Brüssel um 1480. Aus dem Clarissenkloster zu Megen (Nordbrabant). Die verschiedenen Marken der Außenseite des Altars abgebildet bei Comte Maurin Nahuys, Annales de l'académie de l'archéologie de Belgique 35 (1879), S. 17 ff. — Im Programm und in der Anordnung verwandt der etwas jüngere, bei Destrée (Tapisseries et sculptures bruxelloises Pl. 43) abgebildete Altar; ferner der ebenfalls mit der Marke »Bruesel« versehene, ehemals im Besitz von Frl. Müller in Montjoie, der 1920 zusammen mit der Sammlung P. Wangemann-Aachen bei Lempertz-Köln versteigert wurde; Aukt. Katalog (1910) Nr. 2260 (Taf. 34); vgl. auch das Vorwort von Lüthgen. — Über die Beziehungen zu der (älteren) Gruppe niederländischer Altäre, die sich in Schwäbisch Hall u. Umgebung erhalten hat, vgl. Baum in der Einleitung zum Stuttgarter Museums-Katalog von 1919, S. 38 ff. 45. Wichtig ist innerhalb dieser Gruppe für unser Stück vor allem der Altar auf Schloß Lichtenstein und der von Rieden. Sonstige Literatur: Ausstellung des Kaiser-Friedrich-Museums-Vereins Mai 1914, Katalog Nr. 217. — Amtl. Berichte 41 (1919—20), Sp. 193—196. — Destrée, Mémoires de la Société nationale des Antiquaires de France, Bd. 52 (Paris 1891) S. 55 ff. — Destrée, Etude sur la sculpture Brabançonne S. 135, 157. — Münzenberger und Beißel II, S. 6.

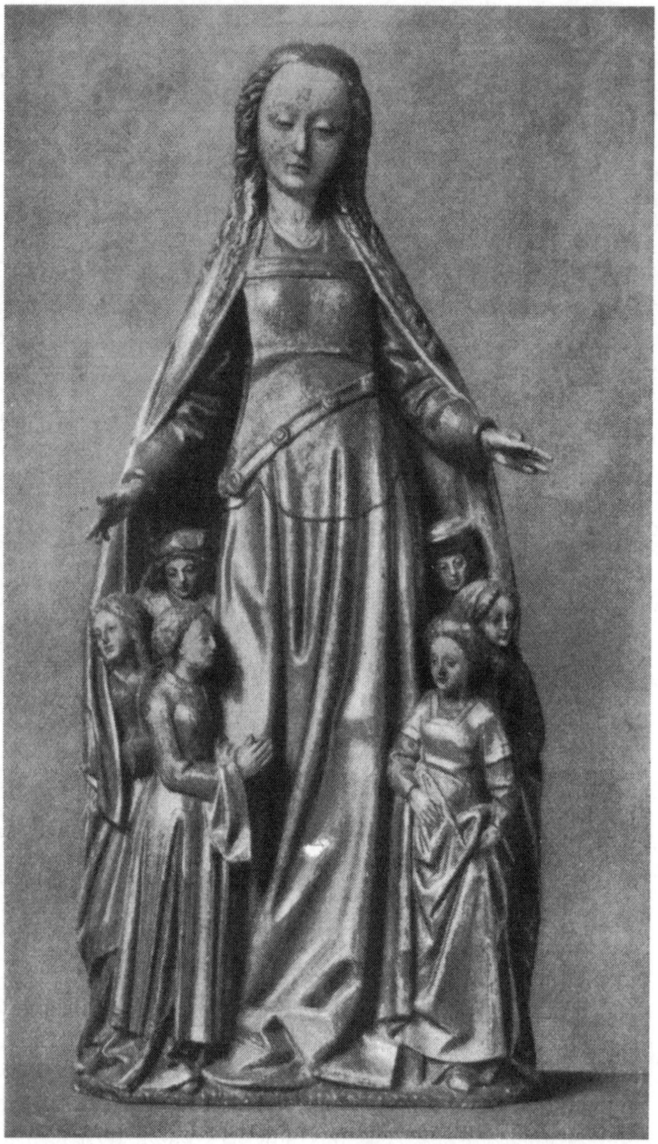

8076

8076. Hl. Ursula. In der Art einer Schutzmantel-Maria, mit vier Frauen und zwei Männern unter dem Mantel, auf jeder Seite zwei Frauen und ein Mann, beide Arme im Segensgestus über die Schutzbefohlenen ausgestreckt. Von dem leicht nach links geneigten Haupt fällt das Haar offen über Rücken und Schultern; es wurde auf dem Kopf durch einen jetzt fehlenden Reif (oder Krone?) zusammengehalten. Die Heilige ist bekleidet mit einem Unterkleid mit langen Ärmeln und Manschetten, über dem ein ärmelloses Überkleid liegt, mit langen seitlichen Schlitzen, einem eckigen Brustausschnitt, der etwas von dem Unterkleid und dem Hemd sehen läßt, und einem westenartigen Einsatz mit Goldbrokatmuster; darüber ein schräg über den Leib laufender Gürtel. Über dem Oberkleid der Mantel, der vor der Brust durch ein Band zusammengehalten und unten an beiden Seiten von einem der Schutzbefohlenen aufgenommen wird. Auf der Unterseite der dünnen Bodenplatte die in das Holz eingepreßten Marken von Brüssel: Klöppel und Muschel.

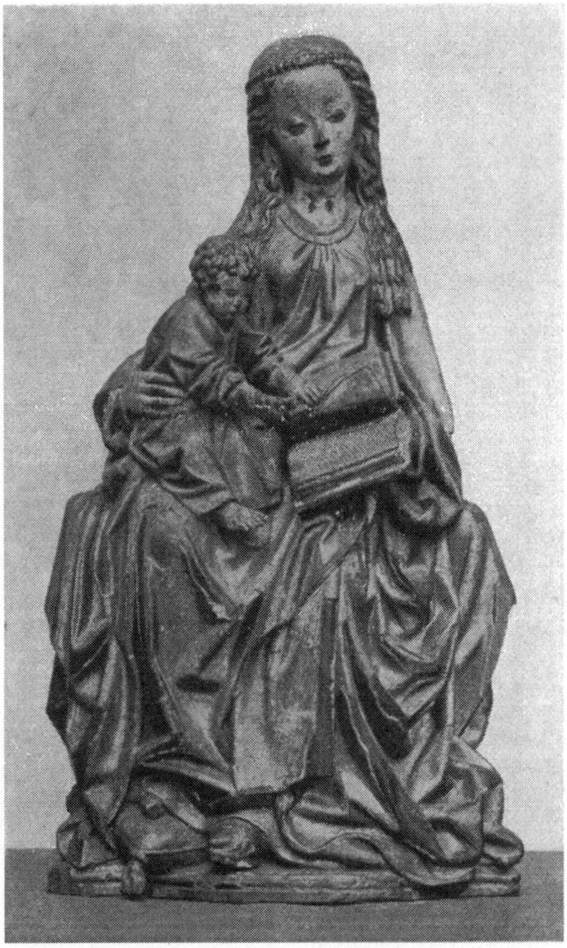

8104

Wandstatuette. Eichenholz. H. 56. Rückseite flach bearbeitet. Alte, sehr gut erhaltene Vergoldung; die blaue Bemalung aufgefrischt. Die Inschrift auf dem Saum des Mantels blau übermalt, so daß sie nicht mehr einwandfrei zu entziffern ist. An der rechten Hand der Heiligen fehlen Daumen und Zeigefinger, an ihrer linken der Zeigefinger und ein Glied des kleinen Fingers, ebenso der Haarreif (oder Krone?). Aus der Bodenplatte rechts hinten ein kleines Stück ausgebrochen. — Erworben 1918. Sammlung J. Simon. Brüssel um 1480. Ehemals in den Sammlungen Steinmetz-Brügge, Mohl-Paris. Vgl. die Ursula des Altares in Vadstena (Schweden): Roosval, Schnitzaltäre in schwedischen Kirchen und Museen aus der Werkstatt des Brüsseler Bildschnitzers Jan Bormann (1903) Abb. 35. — Demmler, Amtl. Berichte 41 (1920) S. 196 f. — Destrée, Etude sur la sculpture brabançonne au moyen âge, Brüssel 1894, S. 132 und 136.

8104. Maria mit dem Kinde. Auf einem reich verzierten Faltstuhl mit Löwenfüßen sitzend und sinnend vor sich niederblickend. Das Haar, in dem sie einen Perlenreif trägt, fällt gelöst über Rücken und Schultern herab. Der rechte Fuß ist auf ein Kissen mit Quaste gesetzt, das unter dem langen, reich gefältelten Mantel sichtbar wird. Das mit einem Hemd bekleidete Kind sitzt auf dem rechten Knie der Mutter und blättert in einem Buch, das diese mit der Linken auf ihrem Schoß hält. Auf profilierter, vorn geschweifter Bodenplatte.

Statuette. Eichenholz. H. 43, Br. 24. Rückseite flach, aber vollständig bearbeitet. Unter der neueren blauen Übermalung ist die alte gut erhaltene Vergoldung und Bemalung (Fußkissen rot) freigelegt. Die linke Ecke der Fußplatte ausgebrochen. — Erworben 1918. Sammlung J. Simon.

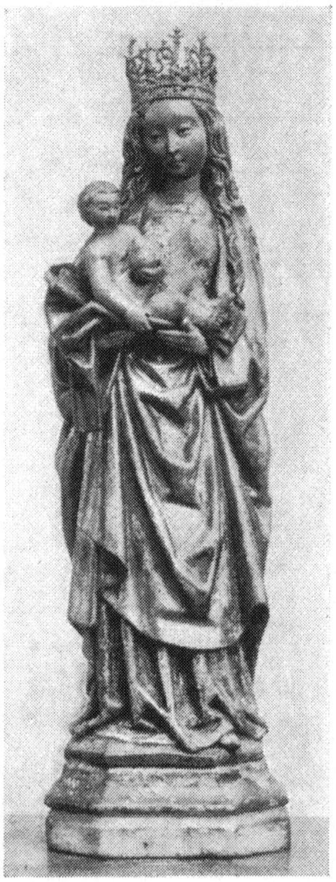

8103

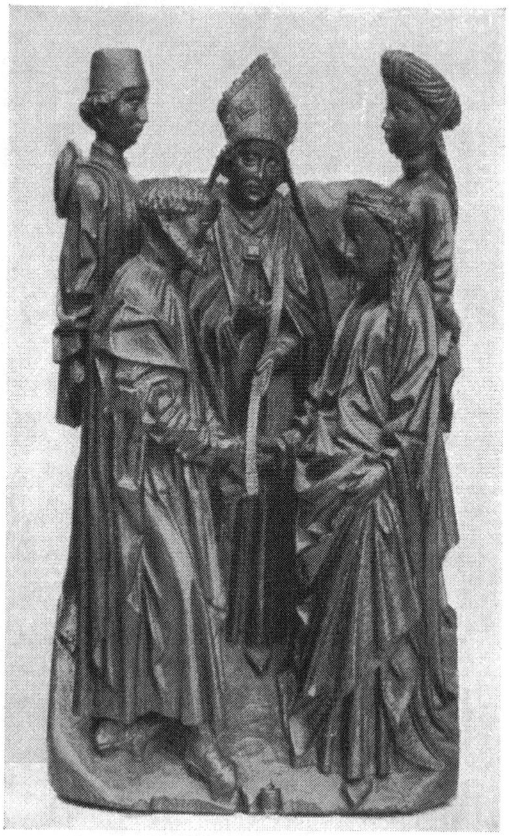

5922

Brüssel um 1480—90. — Die Gruppe findet sich noch zweimal. Ein Exemplar, ohne Bemalung, im Louvre (Katalog von 1922, Nr. 517); es könnte sich dabei um die erste Konzeption handeln; unsere nicht sklavisch kopierte, sondern in den Einzelheiten variierte würde dann die reifere Ausführung darstellen. Ein drittes Exemplar, das ich nicht gesehen habe, war nach frdl. Mitteilung von P. Vitry als zur Kollektion van Herck gehörig, in Mecheln ausgestellt; Abb. in dem Ausstellungsbericht von P. Vitry, in der Zeitschrift »Les Arts« Nr. 122 (Febr. 1912) S. 10. Unser Stück war ausgestellt vom Kaiser-Friedrich-Museums-Verein im Mai 1914, Katalog »Ausstellung von Werken alter Kunst«, Nr. 227.

8103. Maria mit dem Kinde. Auf flacher sechseckiger Fußplatte stehend, die rechte Hüfte leicht ausgebogen, mit beiden Händen auf einem Tuch das Christuskind tragend, das in der Linken einen Apfel hält. Über dem langen Kleid mit Halsausschnitt ein stoffreicher Mantel; auf dem offen fallenden Haar eine Krone aus Blei. Auf altem, besonders geschnitztem Sockel mit der Marke »Bruesel« vorn in der Mitte.

Wandstatue. Nußbaumholz (Sockel Eichenholz). H. 38,5 (ohne Sockel, mit Krone). H. des Sockels 4,3. Rückseite flach. Alte Vergoldung und Bemalung. Reste eines Lacküberzuges, der den größten Teil der Figur bedeckt hatte. Die Haare und die Bleikrone modern bronziert. Die Krone ist hinten etwas beschädigt. Der Sockel mit der Brüsseler Marke alt und auch wohl ursprünglich mit der Figur verbunden. — Erworben 1918. Sammlung J. Simon.

Brüssel, 2. Hälfte 15. Jahrhundert. — Vgl. die bei Destrée, Etude sur la sculpture brabançonne, Nr. 37 abgebildete Figur. Sie ist sehr verwandt und hat dieselbe Marke.

5922. Vermählung Mariae. Der Priester steht im Bischofsornat in der Mitte hinter Joseph und Maria

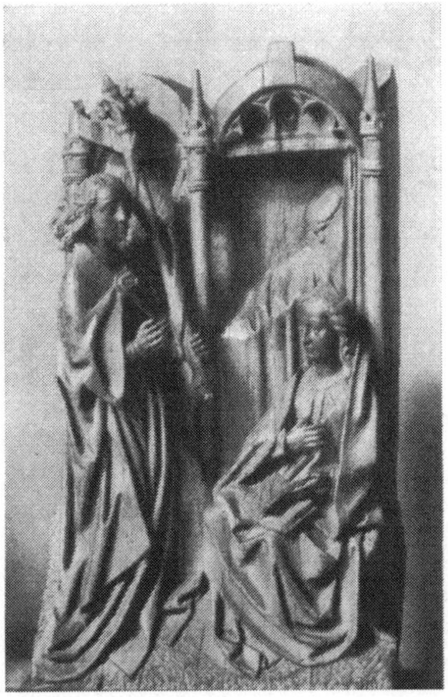

8107

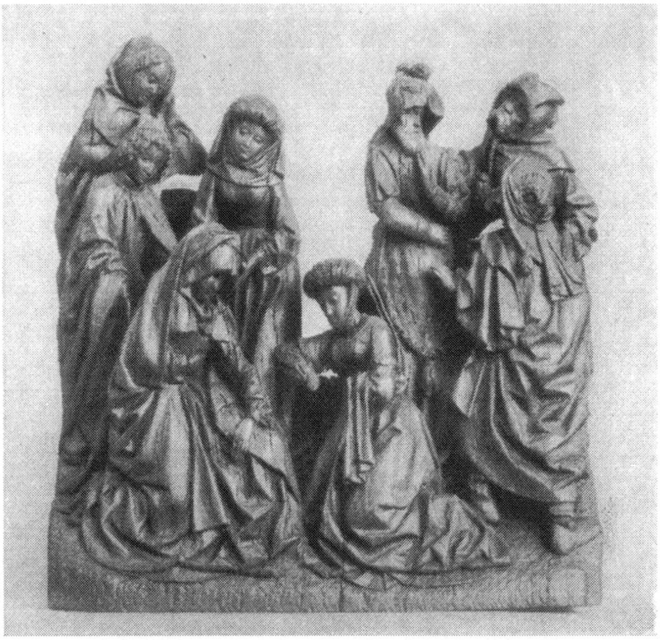

8092

und legt das Ende seiner Stola über ihre ineinander gelegten rechten Hände. Joseph hält in der Linken eine Schriftrolle. Neben dem Priester stehen zwei im Profil gesehene gerade aufgerichtete Figuren, links ein Mann, rechts eine Frau mit Turban und Sendelbinde; der Mann trägt einen kurzen gegürteten Rock, eine zylinderförmige Kappe und, auf dem Rücken hängend, einen runden flachen Hut. Maria hat auf ihrem offen fallenden Haar einen schmalen Kronreif. Die ganze Gruppe auf steil ansteigendem Boden.

Wandgruppe. Eichenholz. H. 58,5. Rückseite unten ausgehöhlt. Ohne Bemalung. Das letzte Glied des rechten Zeigefingers des Priesters abgebrochen. Der vordere Rand des Bodens bestoßen; mitten darin eine eiserne Kerzenöse (eine zweite links daneben fehlt). Auf der Rückseite die Brüsseler Marken: Klöppel und Muschel. — Erworben 1911. Geschenk des Herrn Dr. J. Simon.

Brüssel um 1480—90. Früher in der Sammlung Hans Schwarz-Wien, Auktionskatalog Lepke-Berlin (1910) Nr. 60. — Vgl. die ähnliche, aber spätere Gruppe Nr. 492, S. 350.

8092. Gruppe aus einer Kreuzigung Christi. Links sitzt die zusammengesunkene Maria, hinter ihr stehen, sie leicht stützend, Johannes und eine Frau, darüber eine Klagende. Vorn rechts vor Maria eine auf den Knien liegende Frau, welche die Hände ringt. Rechts eine Gruppe von drei stehenden Männern im Gespräch, in zeitgenössischer Tracht; zwischen beiden Hälften, in der Mitte, hinter der Knienden, eine Vertiefung für das fehlende Kreuz.

Wandgruppe. Eichenholz. H. 27, Br. 26. Rückseite flach, unten etwas ausgehöhlt. Ohne Bemalung. Die Hände der rechts vor Maria knienden Frau abgebrochen. — Erworben 1918. Sammlung J. Simon.

Brüssel um 1495, Werkstatt Jan Bormans. Dem Georgsaltar von 1493 in Kopftypen, Bewegungsmotiven und Faltenbildung aufs engste verwandt. Roosval, Schnitzaltäre in schwedischen Kirchen etc. (1903) S. 31, Fig. 35.

8107. Verkündigung Mariae. Vor einer das Bett umschließenden Nische, die oben von einem mit Maßwerk verzierten Rundbogen abgeschlossen wird, sitzt Maria auf einem Faltstuhl, im Schoß ein aufgeschlagenes Buch, und wendet sich zu dem Engel, der vor einer zweiten Nische steht.

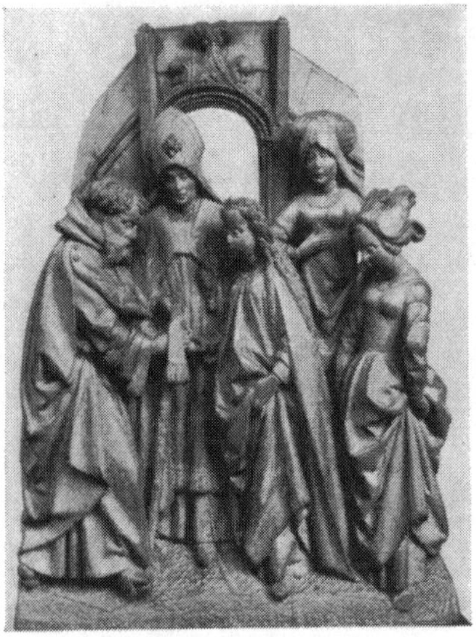

492

Er hat reiches Lockenhaar und trägt in der Linken ein von einem Spruchband umwundenes Szepter. Auf stark ansteigendem Boden mit Terrainandeutung. Abb. S. 349.

Wandgruppe. Eichenholz. H. 50, Br. 30,5. Unbemalt. Rückseite in den unteren Partien ausgehöhlt. Auf dem Rücken des Engels zwei Löcher für die jetzt fehlenden Flügel. Auf altem, nicht zugehörigem, profiliertem Sockelbrett. Auf der Rückseite die Brüsseler Marken: Klöppel und Muschel. — Erworben 1918. Sammlung J. Simon.

Brüssel um 1510. Aus einem Altar. — Verwandt die bei Destrée (Etude sur la sculpture brabançonne Fig. 44) abgebildete Verkündigung im Musée des antiquités, Brüssel.

492. Vermählung Mariae (Vöge 324). Vor einem gotischen Portal steht der Hohepriester in Pluviale und phantastisch gebildeter Mitra, den Bund Josephs und Mariae einsegnend, indem er das Ende seiner Stola über ihre zusammengelegten rechten Hände gleiten läßt. Rechts stehen zwei Frauen in anliegenden Kleidern und reichem Kopfputz. Auf dem Haupt Mariae ein schmaler Kronreif.

Wandgruppe. Eichenholz. H. 63, Br. 46,5. Unbemalt. Ergänzt der vordere Rand der Sockelplatte und ein Stück am linken Rand der Portalarchitektur. — Kunstkammer.

Brüssel um 1510. Vgl. Nr. 5922.

Das Relief erinnert in den Kopftypen an das aus der Kirche von Auderghem stammende Relief der heiligen Sippe im Cinquantenaire-Museum zu Brüssel, vgl. J. Destrée, Tapisseries et sculptures bruxelloises à l'exposition d'art ancien bruxellois, Brüssel, 1906, Pl. XXXIX, wo das Relief einem Brabanter Atelier zugewiesen wird; vgl. J. Roosval, Schnitzaltäre in schwedischen Kirchen und Museen aus der Werkstatt des Jan Bormann (1903), S. 44 f. Verwandt auch die Vermählung Mariae auf dem Bormannaltar in Strängnäs und die bei Destrée (Etude sur la sculpture brabançonne Fig. 35) abgebildete Magdalenenstatuette des Brüsseler Museums, die durch den Klöppel als Brüsseler Erzeugnis gekennzeichnet ist.

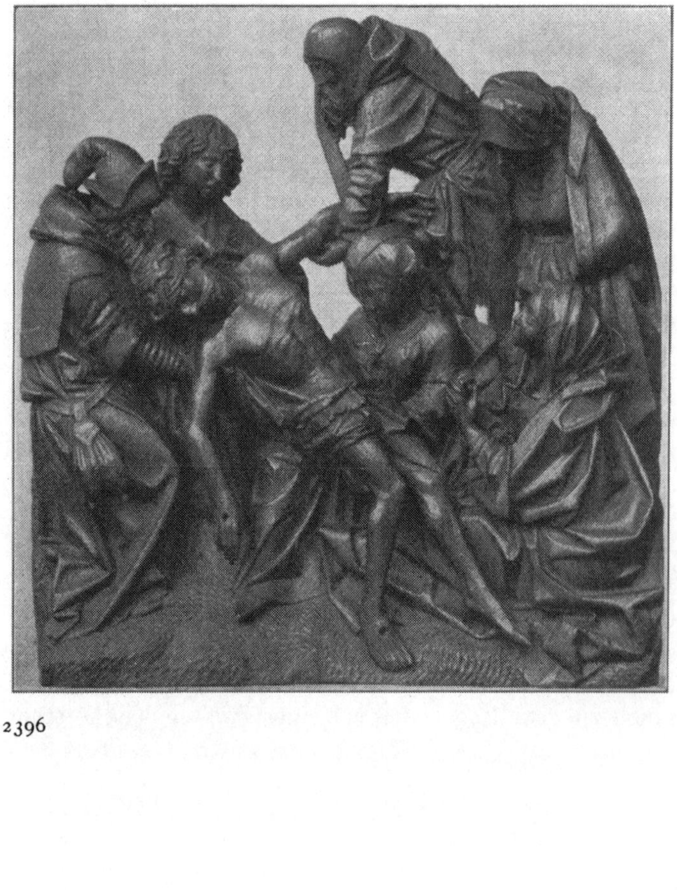

2396

2396. Beweinung Christi (Vöge 349). Maria hält, in der Mitte kniend, den Leichnam Christi auf dem Schoß, den links Johannes und Nikodemus stützen, während Joseph von Arimathia, hinter Maria und etwas höher stehend, Christi linken Arm hält. Rechts vorn sitzt eine der heiligen Frauen, die Hände ringend, am Boden, eine zweite steht hinter ihr; neben Joseph von Arimathia sieht man ein Stück der Leiter.

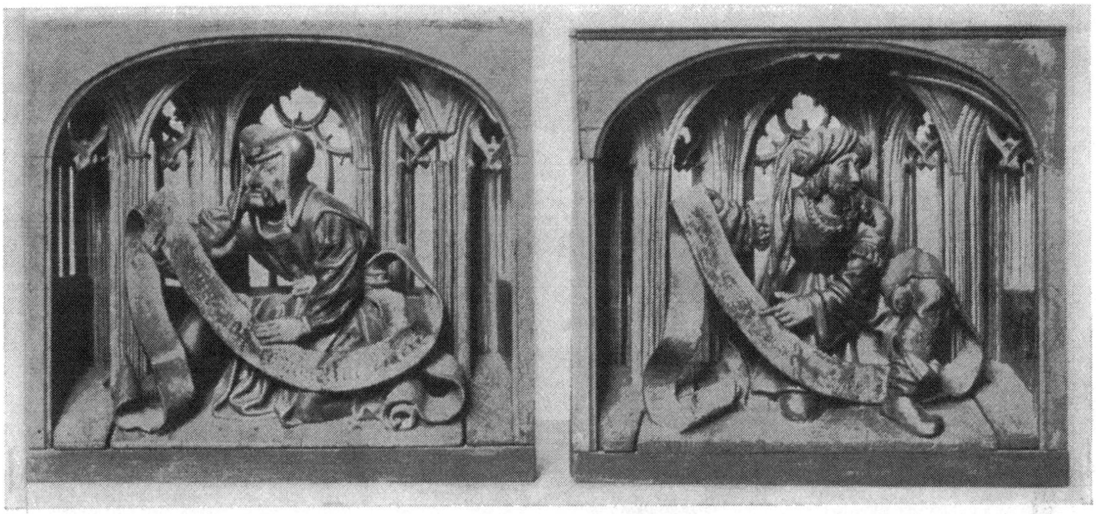

8086 8087

Wandgruppe. Eichenholz. H. 49,5, Br. 49,5. Rückseite hohl. Unbemalt. Aus zwei Stücken zusammengesetzt. Der Gewandsaum der sitzenden Frau rechts bestoßen; kleine Beschädigungen am Lendentuch Christi. — Erworben 1898 in München. Geschenk des Herrn Gustav Salomon.

Brüssel um 1510.

8086. 8087. Zwei Propheten. Hockend in reicher Phantasietracht in einem als spätgotischer Kirchenchor charakterisierten Gehäuse auf ansteigendem Fußboden; der eine, mit Vollbart (8087), trägt einen Turban, der andere (8086) eine bizarr geschnittene Mütze. Beide halten je ein langes, an beiden Enden sich aufrollendes Schriftband; auf dem einen (bei 8086) die Inschrift ARDET NON COMBURITUR.....

Wandstatuetten. Eichenholz. H. (mit Gehäuse) 27, Br. 31. Rücken der Figuren flach. Die Figuren mit den mittleren Teilen der Bodenplatten jedesmal aus einem Stück; je zwei seitliche Bodenplatten besonders gearbeitet. Die Architekturen im wesentlichen aus je vier Stücken geschnitzt; einzelne Fenster besonders eingesetzt. Die Vergoldung und Bemalung in Lüsterfarben wohl barock. Bei 8086 das Spruchband links unten durchgebrochen, im Gewölbe oben rechts ein Riß, aus dem rechten Chorpfeiler oben rechts ein Stück ausgebrochen. Der vorgelegte Rahmen an beiden Gehäusen modern. — Erworben 1918. Sammlung J. Simon.

Brüssel um 1520. Den späten Werken des Jan Bormann (Güstrower Altar von 1522) nahestehend. — Über die Anbringung in dem Altar, zu dem sie gehört haben, unterrichten die sehr verwandten Prophetenfiguren in dem der Bormannwerkstatt entstammenden Altar von

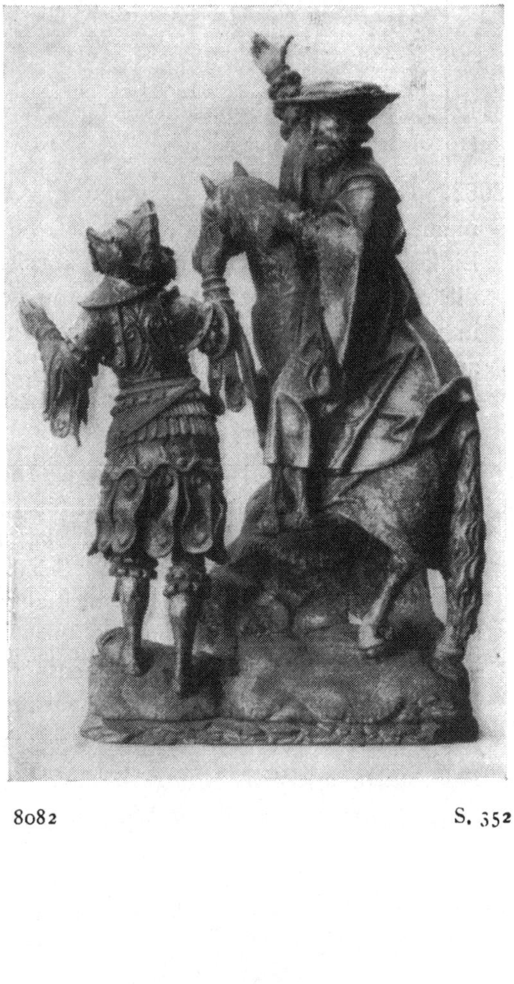

8082 S. 352

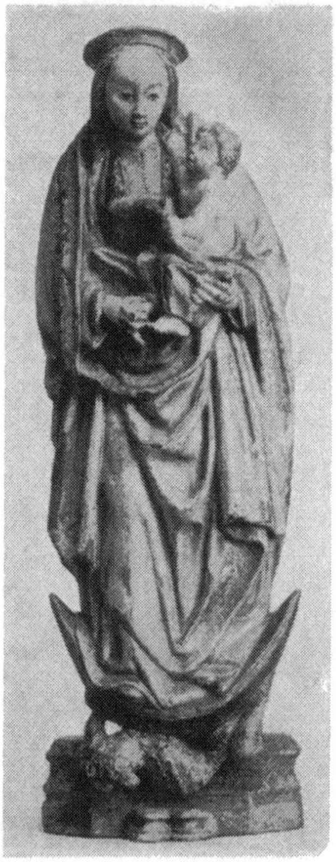

8073

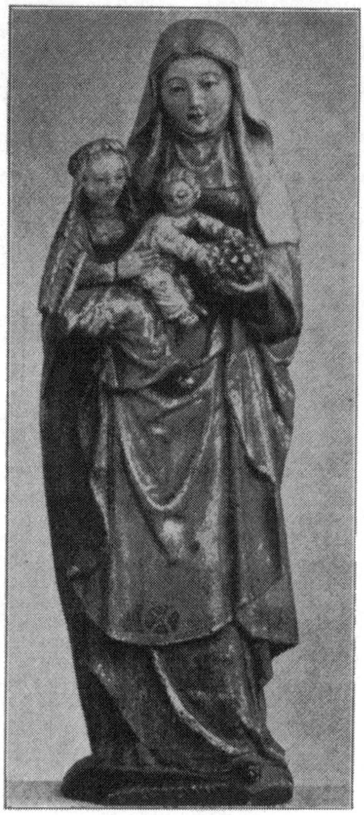

471

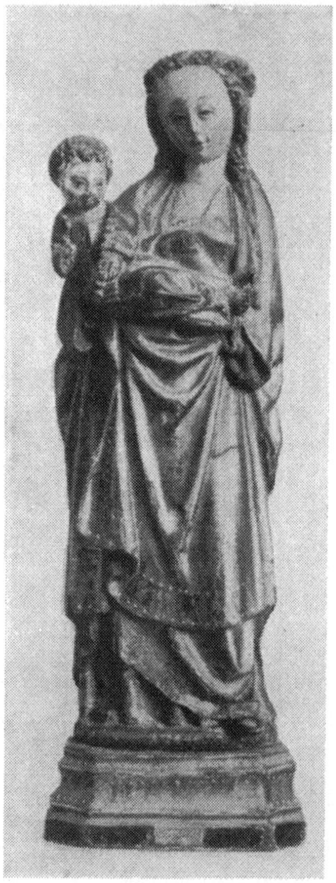

8074

Lombeck (Destrée, Tapisseries et sculptures bruxelloises (Brüssel 1906) Pl. 11. — Amtl. Berichte 41 (1920) S. 197, Anm. 1.

8082. Gruppe aus einer Kreuzigung. Auf ansteigendem Felsboden rechts ein bärtiger Hauptmann zu Pferde, in der Linken den Kommandostab, die Rechte zum Kreuz weisend erhoben. Links neben ihm steht ein Kriegsknecht, dem Beschauer den Rücken kehrend, den Kopf über die rechte Schulter zum Hauptmann gewandt, beide Arme redend erhoben. Der Hauptmann in weitem Mantel mit Schulterkragen über einem Gewand mit reich geschlitzten Puffärmeln; auf dem Kopf ein flacher, breitkrämpiger Hut. Das Pferd in Schabracke. Der Kriegsknecht in ganz phantastischer soldatischer Tracht mit reichem Zaddelwerk und Helm mit aufgeschlagenem Visier. Abb. S. 351.

Wandgruppe. Eichenholz. H. 58. Die Rückseiten der beiden Figuren und des Terrainsockels ausgehöhlt. Der Reiter mit Pferd und Terrainstück und der Krieger in gleicher Weise aus besonderen Stücken. Zwischen beiden ein Stück Terrain alt eingesetzt. Reichliche Reste der alten Vergoldung und Bemalung. Die Zügel des Pferdes fehlen; an der Schabracke des Pferdes fehlt rechts hinten ein viereckiges Stück; von dem Kommandostab ist ein Stück abgebrochen. Die Finger der linken Hand des Kriegsknechtes, sein Helm und der vordere Rand der Bodenplatte etwas beschädigt. Der Hauptmannshut und ein Teil der Schabracke vorn rechts geleimt. — Erworben 1918. Sammlung J. Simon.

Brüssel um 1525. Dem späteren Stil Jan Bormanns (Güstrower Altar von 1522) nahestehend, aber noch etwas entwickelter. — Amtl. Berichte 41 (1920) S. 197 Anm. 1.

8074. Maria mit dem Kinde. Stehend hält sie mit beiden Händen den völlig bekleideten, mit einem Rosenkranz spielenden Knaben. Maria in reicher Zeittracht mit einem weitfaltigen Mantel,

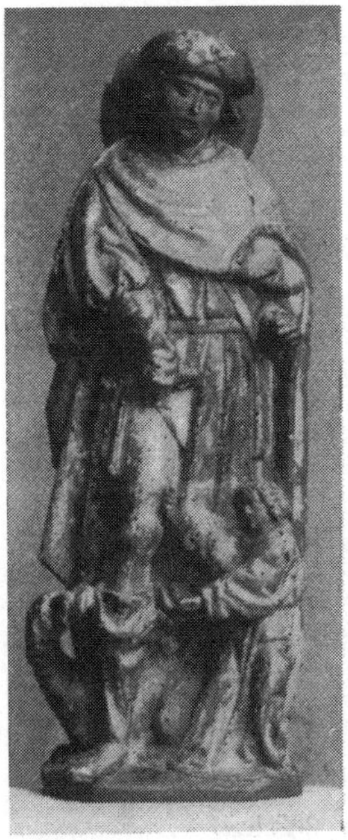

8137 S. 354

dessen breite Borten mit aufgemalten Ornamenten und Schriftzügen geschmückt sind, trägt auf dem lang herabfallenden Haar eine aus Perlschnüren und Bändern geflochtene Krone.

Wandstatuette. Eichenholz mit alter Bemalung. Rückseite flach. H. (mit dem alten Sockel) 35, (ohne Sockel 31); am Saum des Mantels die Inschrift MARIA. HOI und andere keinen Sinn ergebende Buchstaben. Am Sockel gleichfalls — auf gepunztem Grunde — die Inschrift MARIA; darunter in rechteckigem Felde mit erhöhten Buchstaben Weiß auf Gold: DOERMAEL. Im Faltendreieck vor dem Leib der Maria die Marke »M«, auf der Unterseite des Sockels die aus vier parallelen kurzen Strichen zusammengesetzte Mechelner Marke (IIII). — Erworben 1918. Sammlung J. Simon.

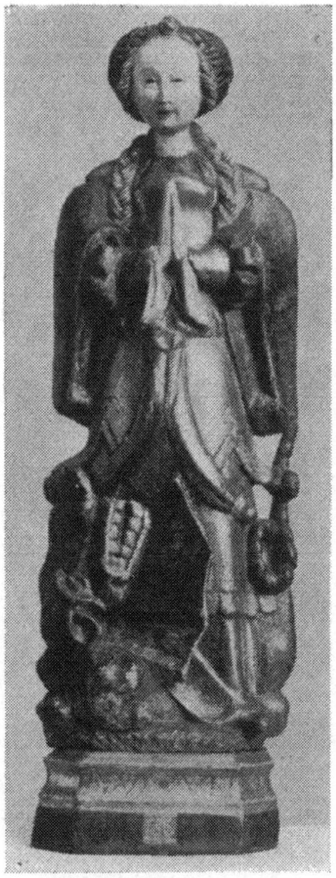

8072 S. 354

Mecheln um 1500. Der Vergolder Doermael, der sich am Sockel nennt, ist auch sonst bekannt. Die gleiche Bezeichnung findet sich an der bemalten Holzfigur der Ursula aus dem »Jardin clos« im Spital Notre Dame zu Mecheln. Ein Jean van Dormael ist 1523 als Maler in Mecheln nachweisbar. Vgl. auch Thieme-Becker, Künstlerlexikon unter Dormael, Bd. IX, S. 477. Die Mechelner Figur der Ursula ist abgebildet bei Marcus, Die Mechelner Jardins clos, Cicerone Bd. V. 1913, S. 98. Hiernach ist es sicher, daß die Maria ebenso wie die sich anschließenden Statuetten ursprünglich sich alle in ähnlichen Jardins clos befunden haben. — Ein bei Vogelsang, Holzskulptur in den Niederlanden II. 76, abgebildete und beschriebene Marienstatuette ist fast identisch mit der hier besprochenen. Ähnliche Figuren lassen sich vielfach nachweisen, z. B. im Suermondt-Museum zu Aachen, im Kestner-Museum zu Hannover und anderwärts.

471. Anna selbdritt (Vöge 325). Stehend, in langem Mantel mit Kopfschleier und Kinntuch. Auf ihrem rechten Arm trägt sie die kleingebildete Maria, die auf ihrem Schoß das nackte Christkind hält. Es greift eine Traube, die ihm Anna hinhält. Auf dem Haupte der Maria eine aus Tuchstreifen geflochtene Krone.

Wandstatuette. Eichenholz. H. 36; mit Sockel 39. Rückseite unbearbeitet. Mit alter Bemalung und Vergoldung. Das Kleid silbern mit roter Lasur, an dem goldenen Mantel eine breite, gepreßte, dann mit Blumen übermalte Bordüre. Das blaue Mantelfutter ist aufgefrischt. Maria trug anscheinend eine metallene Krone, die an kleinen Stiften aus Blei befestigt war. Eine Bohrung auf dem Kopf der Anna. Vorn auf dem Mantel ein eingepreßtes M (vgl. 8074) auf dem zugehörigen alten Sockel ein Stempel des Vergolders mit den Buchstaben J E. — Kunstkammer. Erworben 1867 in Köln.

Mecheln um 1510/20. Vgl. 8074. Ein fast identisches Stück befindet sich im Musée Cluny zu Paris. Verwandt auch eine Statuette der ehem. Sammlung Gumprecht. Abb. Deutsche u. niederl. Holzbildwerke aus Berliner Privatbesitz, Berlin 1904, Taf. 12, Nr. 30. Vgl. ferner Vogelsang, Die Holzskulptur in den Niederlanden, Bd. I (Berlin 1911) Nr. 70, Taf. XXI u. Witte, Skulpturen der Sammlung Schweitzer Tafel 41, 3.

8073. Maria mit dem Kinde. Maria, in reicher Zeittracht, mit einem die Gestalt fast völlig einhüllenden Mantel, der nur die Brust frei läßt, hält mit der linken Hand das halbbekleidete Kind, das mit der Rechten in die Haare der Mutter greift. Auf dem Haupte trägt sie eine glatte, einfach profilierte Krone ohne Zacken. Sie steht auf einer Mondsichel, an deren unterem Rande ein Drache hängt. Abb. S. 352.

Statuette. Eichenholz. H. ohne den nicht zugehörigen Sockel 28. Rückseite flach. Alte, z. T. gut erhaltene Bemalung. — Erworben 1918. Sammlung J. Simon.

Mecheln um 1520. — Vgl. 8074 (S. 352). Wahrscheinlich identisch mit der Statuette in der ehem. Sammlung Roettgen-Bonn. (Abb. in Aukt.-Katalog Lempertz-Köln 1912, Nr. 57.)

8072. Margareta. Betend die Hände vor der Brust zusammengelegt, steht sie auf einem Drachen, der seinen Kopf nach oben reckt. Sie trägt ein reiches, etwas phantastisch anmutendes Kostüm. Das Haar fällt in zwei dicken Zöpfen, die Brust rahmend, herab. Auf dem Kopfe trägt sie eine Haube, die über der Stirn mit einem Schmuckstück verziert ist. Abb. S. 353.

Statuette. Eichenholz. H. 32,7, ohne Sockel 29. Rückseite flach. Alte Bemalung und Vergoldung.

Auf dem alten Sockel eine Vergoldersignatur 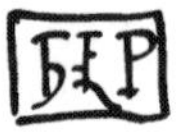 ; auf der Rückseite der Statuette das Mechelner Zeichen IIII. — Erworben 1918. Sammlung J. Simon.

Mecheln um 1520/25. Vgl. Nr. 8074 (S. 352). Die Statuette muß sich besonderer Beliebtheit erfreut haben, da sie in vielen Exemplaren nachweisbar ist. Als Halbfigur befand sie sich in der ehemaligen Sammlung Albert Figdor, Wien.

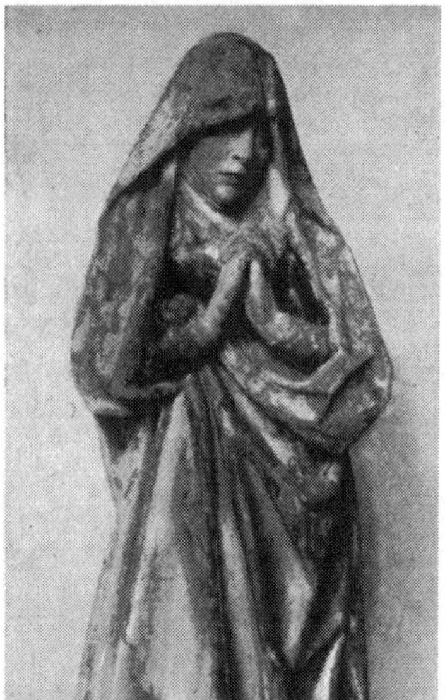

7023

8137. Rochus. Stehend, das rechte Bein etwas vorgesetzt, mit der Rechten das eine Ende des gegürteten, pluderärmligen Leibrocks emporhebend und die Pestwunde auf dem entblößten Oberschenkel zeigend. Über dem Rock hängt rechts eine Tasche, die von dem auf der rechten Schulter geknöpften Mantel zum Teil verdeckt wird. An den Füßen hohe Stoffschuhe, auf dem Kopf eine Mütze, im Nacken hängend der Pilgerhut. Zu Füßen des Heiligen auf der an den Ecken abgeschrägten Bodenplatte links ein Hund mit Halsband, liegend, einen Laib Brot für den Heiligen im Maul; rechts ein Engel, den Hund anblickend mit der auffordernden Gebärde, das Brot dem Heiligen zu geben. Abb. S. 353.

Wandstatuette. Nußbaumholz. H. 37. Rückseite flach. Alte Vergoldung; die alte Bemalung teilweise erneuert: Mantel, Rocksaum, Tasche, Schuhe und das Gewand des Engels vergoldet; Mantel- und Schuhfutter blau (aufgefrischt), Rock rot (Lüsterfarbe) mit Goldbrokatmuster, Mütze und Pilgerhut rot, Sockel und Rockfutter grün. Der Mantelsaum mit eingepreßtem Punktmuster. — Ein Schmuckstück (Pilgermuschel?) an der Kappe ist abgeschnitten; aus dem Gewand des Engels ist unten rechts ein kleines Stück ausgebrochen. Am Rücken des Engels ein Loch für einen jetzt fehlenden Flügel. Durch Wurmfraß, besonders an den Rändern, beschädigt. An der Rückseite unten die Marke von Mecheln (drei Striche). — Erworben 1918. Sammlung J. Simon.

Mecheln um 1520. — Früher Sammlung Gaston Lebreton in Rouen; 1910 im Pariser Kunsthandel. — Vgl. Nr. 8074 und den Rochus sowie andere Heilige der urkundlich für Mecheln gesicherten Orgelbühne in St. Maria im Kapitol, Köln.

7023. Maria (aus einer Kreuzigung). Stehend, nach rechts gewandt, die hochgenommenen Hände vor der Brust gefaltet. Ein langer, weiter Mantel, der auch über den mit einem Kopftuch bedeckten Kopf kapuzenartig herabhängt, umhüllt die Gestalt. Sein links vor den Leib hochgenommenes Ende wird von dem rechten Unterarm an den Körper gedrückt und läßt nur das Mieder und unten ein kleines Stück des langen faltigen Gewandes sehen. Sockel oben mit Geländeangabe, unten aus dem Achteck genommen.

Wandstatue. Nußbaumholz. H. 96. Rückseite abgeflacht; Sockel und Figur aus einem Stück gearbeitet. — Infolge von Wurmfraß sind die Kanten der Mantelfalten unter beiden Armen, die Spitze des hochgenommenen Mantelteiles und die rechte Fußspitze abgebrochen. — Alte Vergoldung und Bemalung, z. T. zerstört; Untergewand braun-rot, Kopftuch weiß, Mantel golden, innen ein helles Graublau (modern?), Boden grün. — Erworben 1912 als Geschenk.

Niederländisch oder nordfranzösisch um 1470. — Die Statue gehört zu einer Gruppe großfiguriger Skulpturen, deren Werkstatt noch nicht bestimmt ist. Diese muß sehr bedeutend gewesen sein und auch exportiert haben. Denn der Altar in der früheren Sammlung B. Oppenheim-Berlin (Tafelwerk, Nachtragsband Tafel 78), der eine Beweinung darstellt, enthält unsere Figur auch, nur in einer charakteristisch spanischen Umbildung des Gesichtes und der Bemalung. Auch die vor Jahren in die Städt. Galerie Frankfurt a. M. gelangten Teile einer Beweinungsgruppe sind vom gleichen Typ, wenn auch nicht von der gleichen Hand (Abb. z. B. Kunst und Künstler 10 (1912) S. 392). Ferner gehört hierher eine reizvolle Gruppe der Anna selbdritt mit musizierenden Engeln, die sich vor Jahren im Londoner Kunsthandel befand.

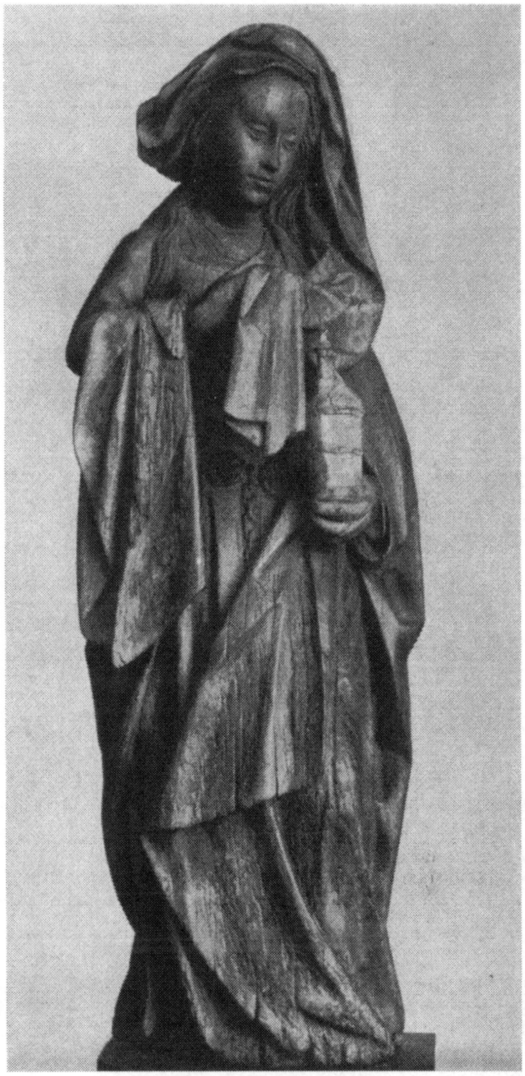

8345

8345. Magdalena. Stehend nach rechts gewandt, hält sie in der Linken das Salbgefäß. Mit der Rechten hat sie das von der linken Kopfseite herabhängende Kopftuchende ergriffen und hält es vor der Brust. Ihr um die Brust miederartig eng anliegendes Gewand ist durch einen Gürtel mit zwei Spangen, zwischen denen eine Kette herabhängt, zusammengehalten. Am runden Halsausschnitt eine Bordüre mit eingeschnittenem Muster. Der Mantel läßt die rechte Schulter und den Oberarm frei und hängt nur mit dem einen Ende über den rechten Unterarm herab.

Wandstatue. Nußbaumholz. H. 91,5. Rücken abgeflacht. Ohne Bemalung. Ein schmaler Streifen zwischen linkem Arm und Hand eingesetzt, der kleine Finger ergänzt. Die Figur ist unten infolge Verwitterung verkürzt, mehrfache Bestoßungen am Mantel. — Erworben 1925.

Flämisch, Ende 15. Jahrhundert. — Früher Sammlung B. Oppenheim-Berlin. Vgl. das Tafelwerk »Meine Sammlung«, Nachtragsband (1911) Nr. 134 Tafel 77.

8079. Gottvater mit dem toten Christus auf dem Schoß. Gottvater mit langem Haar und einem

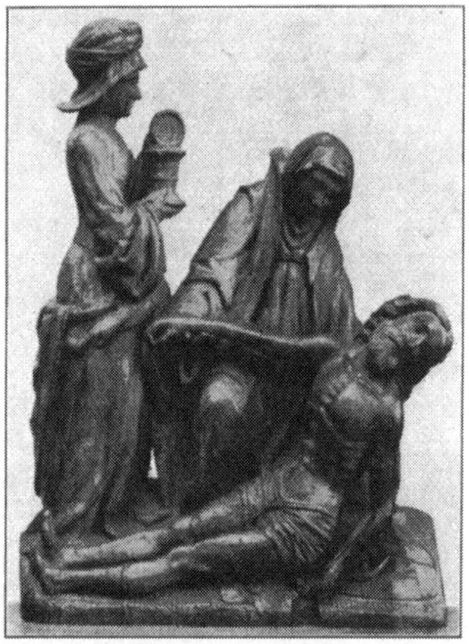

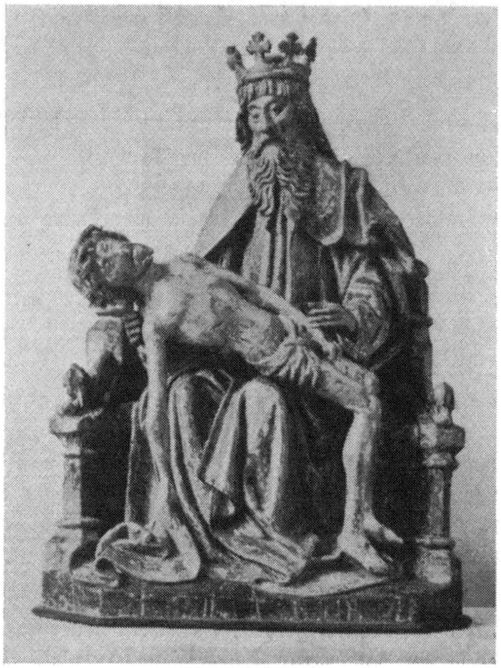

478 8079 S. 355

breit gekämmten, in zwei Spitzen endigenden Bart, bekleidet mit einem breit fallenden Gewand und einem weiten Mantel darüber, sitzt auf einer thronartigen Bank, die mit Maßwerk verziert ist. Er trägt eine Krone auf dem Haupt und hält mit beiden Händen den Toten. Dieser trägt Dornenkrone und Lendentuch. Am Körper die Wundmale.

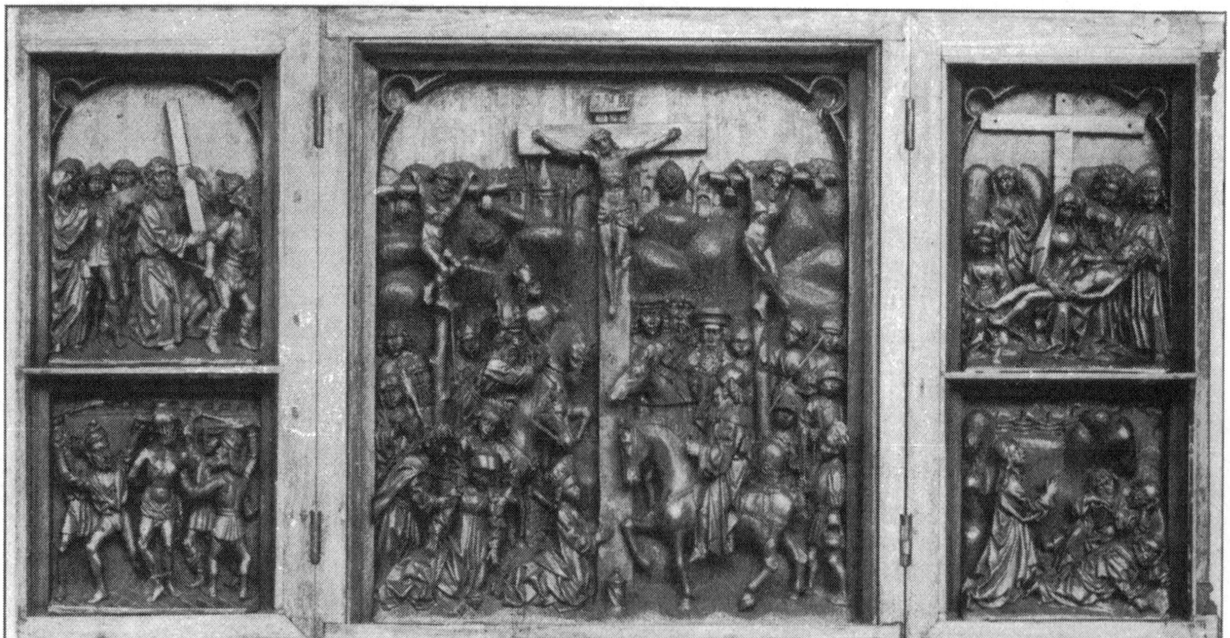

506

Wandgruppe. Lindenholz. H. 27, Br. 18,5. Mit erheblichen Resten alter Vergoldung und Bemalung. Ergänzt sind die Zacken der Krone und die rechte Hand Christi. An der linken Hand Gottvaters fehlt der rechte kleine Finger. Auf dem Kopf Gottvaters eine Bohrung für den Heiligenschein. Das untergeleimte 5 mm starke Standbrett ist modern. — Erworben 1918. Sammlung J. Simon.

Niederländisch, Ende 15. Jahrhundert.

478. Beweinung Christi (Vöge 317). Am Boden kniend, stützt Maria den zu ihren Füßen liegenden Leichnam, mit der rechten seinen ausgestreckten Arm haltend. Links steht Magdalena, von dem Salbgefäß in ihrer Rechten den Deckel hebend.

Wandgruppe. Nußbaumholz. H. 35,5, Br. 26. — Rest einer rötlichen Bemalung. — Ein Teil des Hauptes Christi und rechts unten ein Stück des Geländes mit dem Saum des Mantels der Maria angesetzt. Vorn ein Stück des Geländes ausgesprungen. — Kunstkammer. Erworben 1850.

Niederländisch (?) um 1500. — Vom Niederrhein stammend. — Die gleiche Gruppe, um mehrere Figuren bereichert, gibt Israel von Meckenem in einem Stich (Geisberg 107). Wahrscheinlich ist der Zusammenhang ein indirekter.

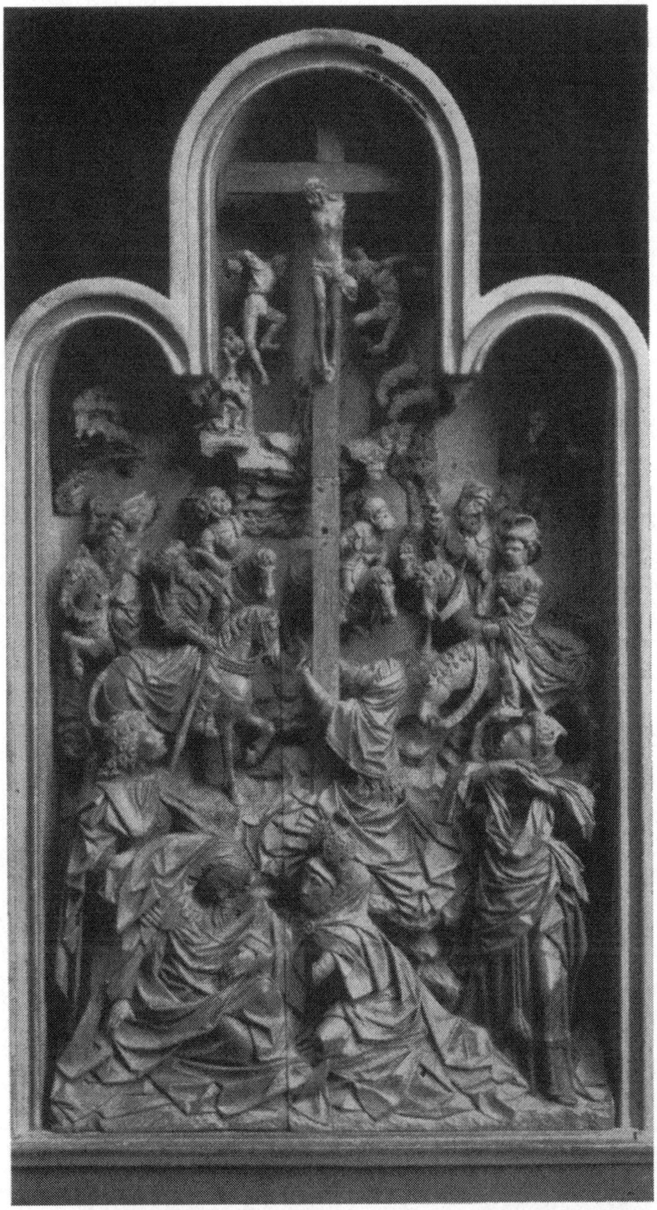

8091

506. Flügelaltärchen mit der Passion Christi (Vöge 344). Die figurenreiche Kreuzigung füllt den Schrein; man sieht im Grunde die Giebelhäuser von Jerusalem. — Die Innenseiten der Flügel zeigen Christus am Ölberg (rechts unten), Christi Leichnam im Schoß seiner Mutter, von Johannes und drei heiligen Frauen umgeben (rechts oben), die Geißelung Christi (links unten) und die Kreuztragung (links oben).

Wandgruppen. Lindenholz. H. 28, Br. 26,7 (Schrein). Spuren alter Bemalung. Schrein und Flügel sind modern. Der Gekreuzigte, der linke Fuß des linken Schächers, die Linke des Hauptmanns, einige Kreuzarme, der linke Arm Christi auf der Pietà und zwei Arme der geißelnden Knechte sind ergänzt. — Kunstkammer. Erworben 1848.

Niederländisch (?), Ende 15. Jahrhundert.

8091. Passionsaltar. Der Schrein oben durch drei Rundbogen abgeschlossen, der mittlere über-

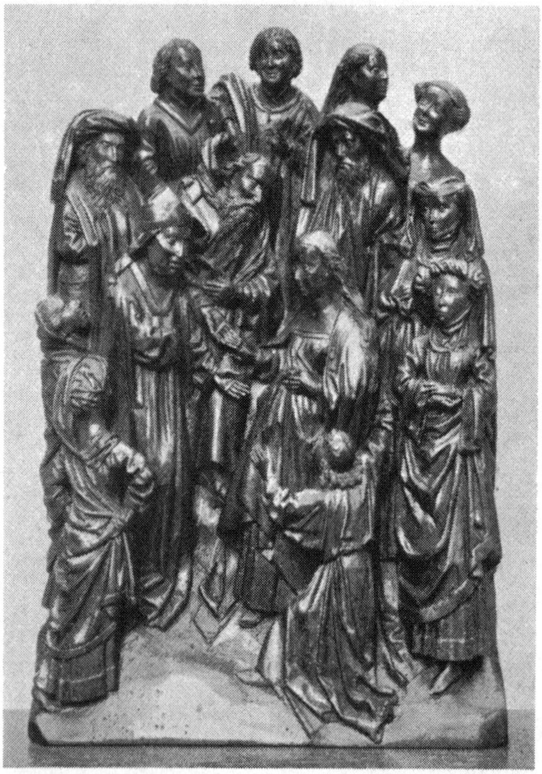

8080

höht. Innen die Kreuzigung Christi. Im Vordergrund, auf ansteigendem Felsgelände, vor dem hoch aufragenden Kreuz Christi, links die zusammengesunkene Maria, gehalten von dem emporblickenden Johannes, rechts neben ihr knieend und sie fassend, eine Frau, rechts vom Kreuz eine zweite, stehend und die erhobenen Hände ringend, beide in phantastischem Kopfputz. Den Fuß des Kreuzes umklammert Magdalena, mit reichem, quastenbesetztem Überwurf. Im Mittelgrund über dieser Gruppe, in Figuren, die nach dem Hintergrund zu kleiner werden, eine Anzahl Reiter, um das Kreuz Christi gruppiert, in reicher soldatischer Tracht. Darüber, auf besonderem Terrainstück mit Bäumen, in kleinen Figuren rechts und links vom Kreuz Christi die beiden Schächer, an Baumkreuze gebunden. In der rechten und linken oberen Ecke des Schreines je ein Terrainstück mit Felsgestein und Baumwuchs. — Auf den gemalten Innenseiten der Flügel links die Kreuztragung und das Bildnis des Stifters, rechts die Auferstehung Christi und das Bildnis der Stifterin; die Außenseiten der Flügel modern angestrichen. Die alte Predella fehlt. Abb. S. 357.

Wandgruppe. Eichenholz. H. 84, Br. 92 (ohne Flügel). Unbemalt. Die Bemalung des Schreingrundes und der rahmenden Teile neu. Die Hauptgruppe unten aus vier Stücken gearbeitet. Die eine Fuge läuft senkrecht links vom Kreuz, parallel zu diesem und rechtwinklig zur Schreinwand, die andere parallel zur Schreinwand, mitten durch die Figur der Magdalena. Das Terrain mit den zwei Schächerkreuzen und die zwei Terrainteile in den oberen Schreinecken aus besonderen Stücken gearbeitet und auf den Schreingrund genagelt; ebenso Christus aus besonderem Stück geschnitzt; der obere Teil des Kreuzes ergänzt. — Es fehlen der linke Unterarm der Frau rechts neben Maria, ein Gegenstand (Lanze?) in der Rechten des fortgaloppierenden Reiters ganz links, der obere Teil der Lanze des Reiters links vom Kreuz, der die linke Hand vor das Auge nimmt, der linke Arm und die rechte Hand des aufblickenden Reiters hinter diesem, die beiden Vorderbeine, der Schweif und ein Zügel des Pferdes hinter dem Kreuz und von dessen Reiter ein Teil der rechten Hand. Dem emporweisenden Reiter rechts vom Kreuz fehlt der Zeigefinger der rechten Hand und dem Reiter rechts von ihm, zu dem er sich redend

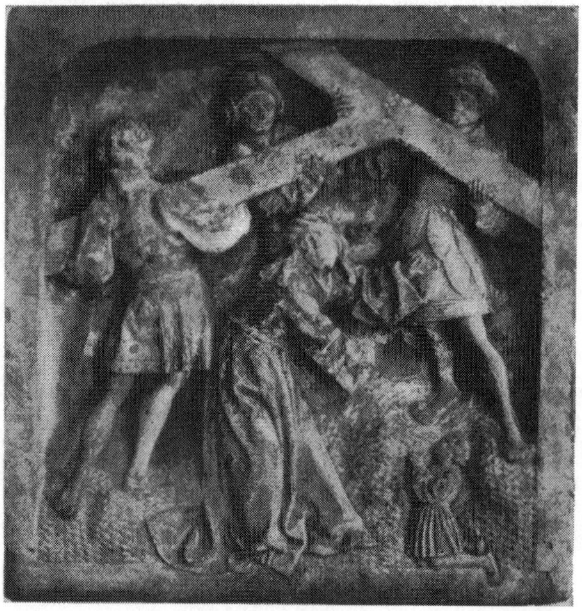

7008

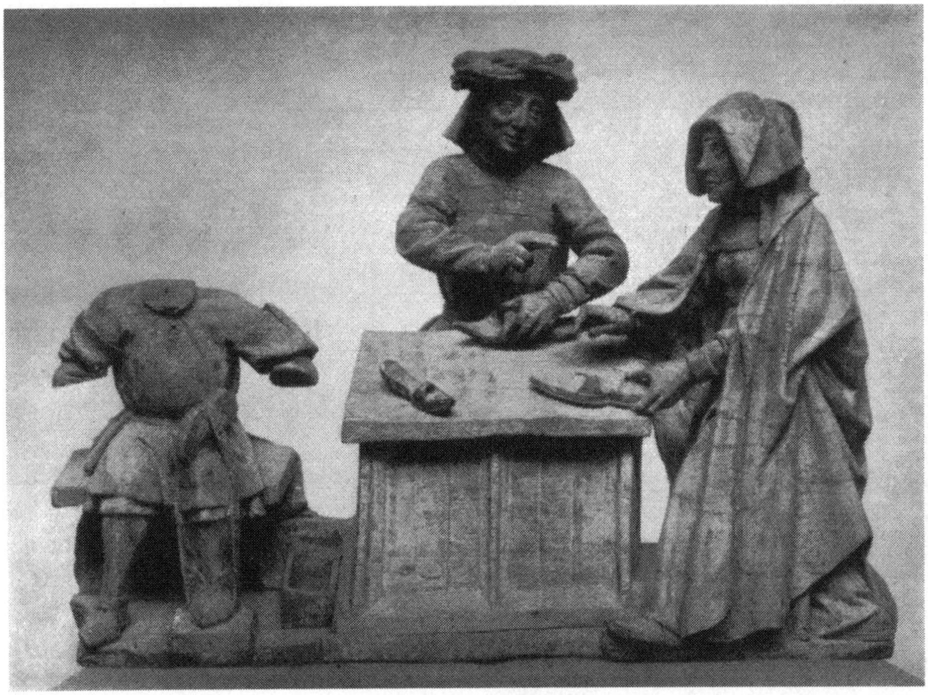

8050 S. 360

wendet, der rechte Unterarm mit Hand und ein Gegenstand in seiner Linken, dem Pferd im Hintergrund rechts von ihm das rechte Vorderbein und seinem Reiter der Kopf. Ferner fehlen beide Arme Christi, ein Stück an seinem rechten Fuß und und am linken Unterschenkel des rechten Schächers; zwei der Bäume neben den Schächerkreuzen sind beschädigt. — Ob die gemalten Flügel, die der Schule Jan Scorels angehören, ursprünglich zugehörig sind, erscheint zweifelhaft. — Erworben 1918. Sammlung J. Simon.

Niederländisch um 1520. — Vgl. Ausstellung des Kaiser-Friedrich-Museums-Vereins 1906, Katalog Nr. 193. — Amtliche Berichte 41 (1920) S. 195.

7008. Kreuztragung. Das T-förmige Kreuz wird von drei mit kurzen Leibröcken bekleideten Knechten über dem gebückt in der Mitte stehenden Christus gehalten. Unten rechts die kleine Figur eines knienden Stifters. Schematische Terrainandeutung. Die Szene wird von einem einfachen Steg gerahmt.

Relief. Kalkstein. H. 58,5, Br. 58. (mit Rahmen). Reste von roter Bemalung. — Erworben 1911 in München als Geschenk eines Ungenannten.

Nordniederländisch um 1530. — Aus einem Stationenweg, von dem sich dreizehn aus Aalten stammende Stationen im Diözesan-Museum zu Utrecht befinden.

n) Nordfrankreich

8080. Vermählung Mariä. Maria, von einem Engel herangeführt, legt ihre Hand in die Josephs, der schräg von hinten herzutritt. Links der Priester, um die Gruppe schließen sechs Frauen und vier Männer in reicher, modischer Tracht einen Halbkreis. Stark ansteigende Bodenplatte.

Wandgruppe. Nußbaumholz. H. 35, Br. 23,5. Rückseite unten ausgehöhlt. Ohne Bemalung. Die rechte Hand des Priesters fehlt, seine Linke und die beiden rechten Hände von Joseph und Maria sind

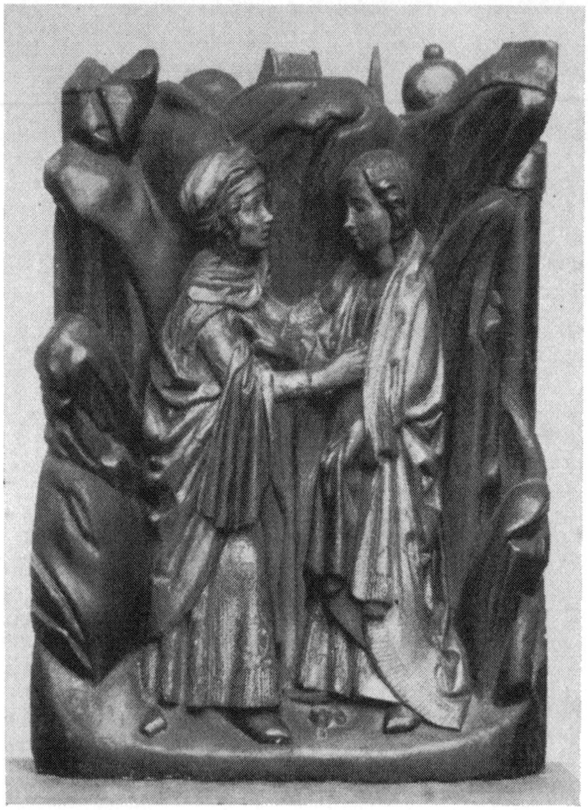

8093

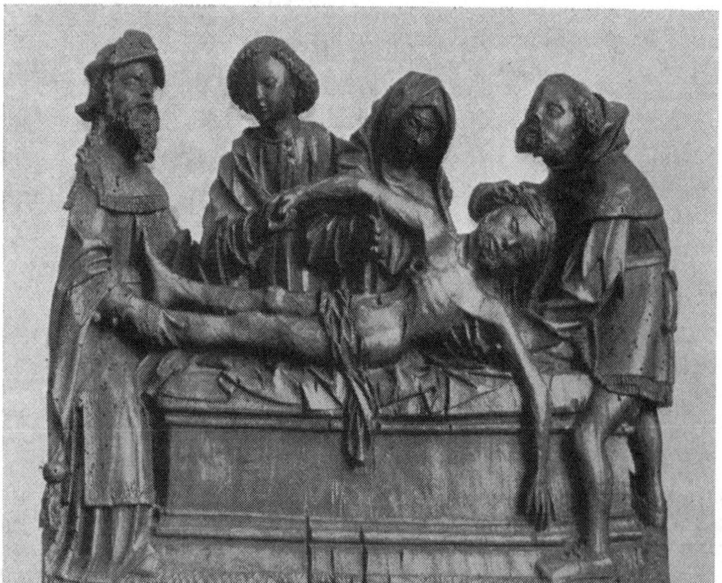

8068

ergänzt. Die linke Hand des Mannes rechts über Joseph ist beschädigt. — Erworben 1918. Sammlung J. Simon.

Nordfranzösisch um 1470. — Früher in den Sammlungen Desmottes, Paris (Katalog »Objets d'art et de haute curiosité« 1900, Nr. 359) und Spitzer (Ausstellung des Kaiser-Friedrich-Museums-Vereins 1914, Katalog Nr. 222). — Amtliche Berichte 41 (1920), S. 199.

8050. Die Werkstatt des hl. Crispinus. Der Heilige, hinter dem Tisch sitzend, ist im Gespräch mit einer von rechts herantretenden, in Mantel, Hals- und Kopftuch gehüllten Frau; sie hat in der Linken einen Schnabelschuh, auf den sie mit der Rechten weist. Der Heilige mit turbanartiger Kopfbedeckung, der in der Linken einen Schuh über dem Tisch hält, während er die Rechte im Segensgestus erhoben hat, trägt über dem hochschließenden Gewand mit langen Ärmeln eine oben vor der Brust befestigte Schürze. Links neben dem Tisch sitzt auf einer Bank ein Geselle, wohl der hl. Crispinianus, und hält auf dem hochgestellten linken Knie mit einem Knieriem einen Schuh; er hat die Ärmel hochgeschlagen und trägt, wie der Meister, eine Schürze; neben ihm steht ein Kasten. Abb. S. 359.

Wandgruppe. Eichenholz. H. 36, Br. 53. Rückseite summarisch behandelt. Abgelaugt; geringe Reste alter Bemalung. Hals, Kopf und beide Unterarme des Gesellen fehlen. Die Spitze des rechten Zeigefingers der Frau ist geleimt; der Schuh in der Linken der Frau beschädigt. — Erworben 1918. Sammlung J. Simon.

Französisch um 1470. — Amtl. Berichte 41 (1920), S. 199—201.

8093. Heimsuchung. Die beiden, in Mäntel über enganliegenden Gewändern gehüllten, schlanken Figuren begegnen sich vor einer felsigen Landschaft, über der oben Dächer und Türme, rechts am Rande ein zinnengekrönter Turm sichtbar werden. Elisabeth trägt eine haubenähnliche Kopfbedeckung mit lang über die Schulter gezogenem Kopftuchende, ihr Mantel ist über die rechte Schulter geglitten und hängt mit einem Zipfel über den rechten Arm.

Hochrelief. Nußbaumholz. H. 55, Br. 40. Rückseite etwas ausgehöhlt. Alte, z. T. erneuerte Vergoldung und Bemalung. Gewänder vergoldet, Mantelfutter der Maria blau, der Elisabeth rot, deren Kopftuch weiß. Gelände schwärzlich-braun, zum größten Teil mit Gold unterlegt. — Erworben 1918. Sammlung J. Simon.

Nordfranzösisch oder niederländisch um 1480.

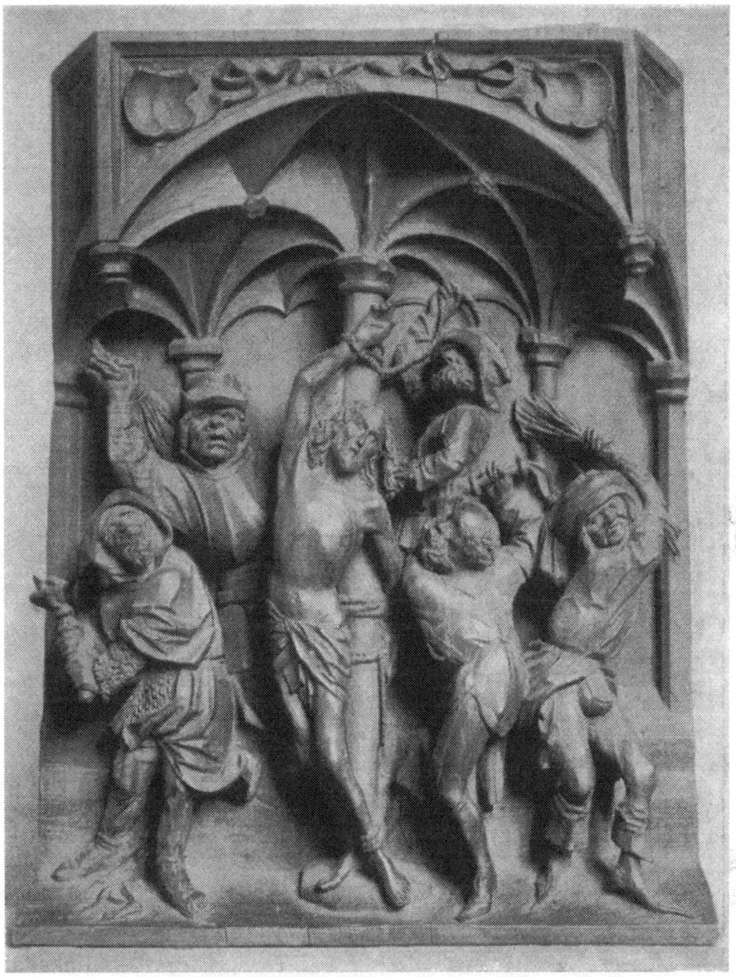

8051

8068. Grablegung Christi. Der Leichnam Christi, mit einem schmalen Lendentuch bekleidet, wird von zwei Männern auf den mit einem Tuch bedeckten Sarkophag niedergelegt: Joseph von Arimathia, in langem Gewand, langem Mantel und mit einem vorn aufgeklappten Hut steht links am Fußende und hat die Beine Christi gefaßt, während Nikodemus, in modischem kurzem Rock, mit gezaddelten Ärmeln, einen Kapuzenkragen um die Schultern, am Kopfende den Oberkörper Christi stützt. Hinter dem Sarkophag steht links Johannes und hält die Rechte Christi; rechts neben ihm Maria, in Mantel und Kopftuch gehüllt, die Hände unter dem rechten Arm Christi betend zusammengelegt. Sockel mit Andeutung felsigen Terrains.

Wandgruppe. Eichenholz. H. 29, Br. 31. Rückseite flach. Ungefaßt. Der Hut des Joseph von Arimathia leicht beschädigt. An der rechten Hand des Johannes fehlt der Daumen; alle Finger der Maria verkürzt. Die große Zehe am rechten Fuß Christi abgebrochen. Wurmstichig. Unten kurze, breite Risse. — Erworben 1918. Sammlung J. Simon.

Nordfranzösisch oder niederländisch um 1500. — Deutsche und niederländische Holzbildwerke in Berliner Privatbesitz (1904) Nr. 21; hier als »Niederländisch um 1490«. Vgl. die bei Bosschère, La sculpture anversoise, Abb. 12 abgebildete, die Marke von Antwerpen tragende Grablegung des Antwerpener Museums. Die schwammartige Bildung der Haare öfters bei französischen Stücken. Vgl. auch die folgende Nummer 8051 sowie einen Marientod im Cluny-Museum, Katalog von 1925, Nr. 190.

8051. Geißelung Christi. Christus steht an eine Säule gefesselt, die mit mehreren anderen ein spätgotisches Gewölbe trägt. Ein Henkersknecht bindet seinen rechten Arm oben an der Säule

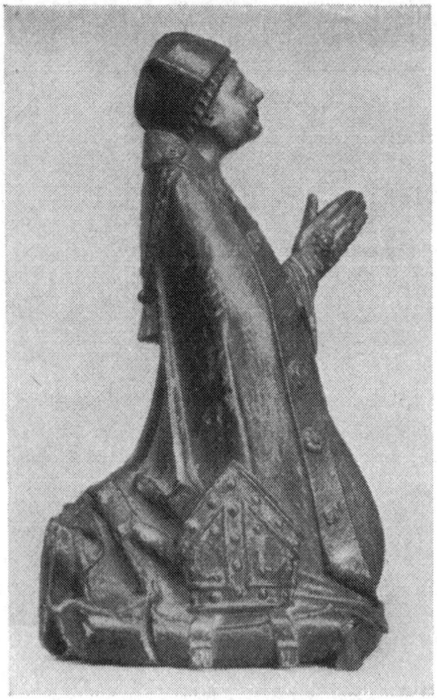

8061

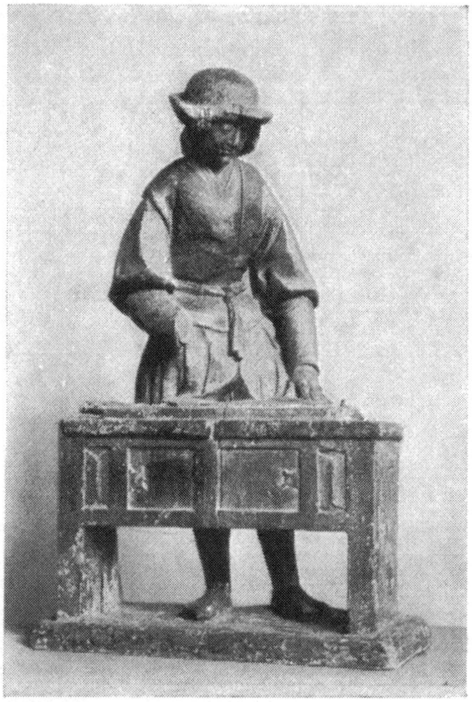

8055 S. 364

fest, vier weitere schlagen auf ihn ein. Vorn oben in den beiden Zwickeln je ein Wappen ohne Emblem, seitlich rechts und links gotisches Maßwerk. Abb. S. 361.

Wandgruppe. Nußbaumholz. H. 37,5, Br. 29. Ohne Bemalung. Ergänzt die linke Hälfte der Gewölbekrönung und der Hintergrund. Die linke Ecke unten mit der am Boden liegenden Geißel und einem Teil des linken Fußes des Knechtes ganz links alt angestückt. Ein Stück der linken großen Zehe Christi abgebrochen. — Erworben 1918. Sammlung J. Simon.

Nordfranzösisch oder niederländisch (?) um 1490. — Früher in den Sammlungen Albert von Oppenheim-Köln; (Auktionskatalog vom Jahr 1917, Nr. 370) und v. Kaufmann (Holzbildwerke in Berliner Privatbesitz Nr. 15). Ähnliche Darstellungen kommen öfter auf französischen Altären vor.

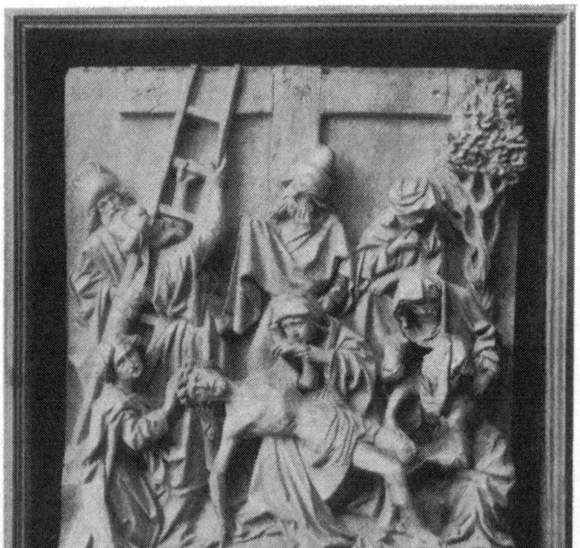

8085

8085. Kreuzabnahme. Maria mit dem Leichnam Christi auf dem Schoß sitzt in der Mitte vor dem Stamm des Kreuzes und führt die linke Hand Jesu an ihre Lippen. Rechts zu seinen Füßen kniet Magdalena, den Leichnam salbend; ein Salbgefäß steht vor ihr; hinter ihr zwei Frauen, von denen sich die eine mit einem Salbgefäß in der Rechten zu Magdalena niederbeugt. Ganz rechts ein Baum. Links stützt der kniende Johannes

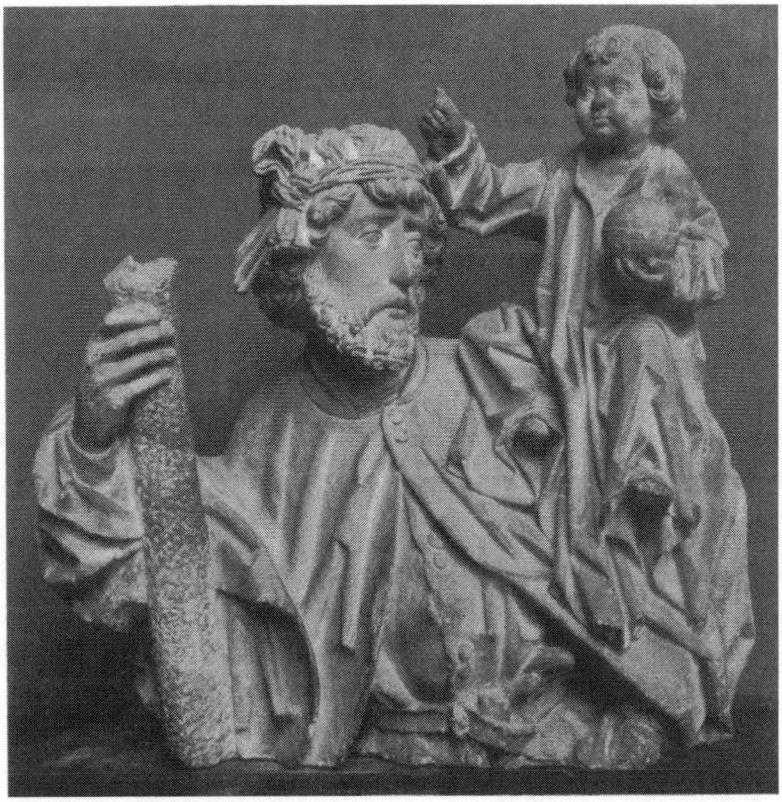

8053

den Kopf Christi, hinter ihm drei Männer, von denen zwei mit der Leiter beschäftigt sind, während der dritte, vor dem Kreuzesstamm in der Mitte stehend, auf den Leichnam niederblickt und weinend sein Mantelende zum Auge führt. Terrainandeutung.

Hochrelief. Nußbaumholz. H. 35, Br. 31. Geringe Reste von Farben, besonders am Kleid der Magdalena. Verschiedene Teile des Reliefgrundes angestückt. Ein Stück von dem am Boden stehenden Salbgefäß der Magdalena ausgebrochen. Der Kastenrahmen modern. — Erworben 1918. Sammlung J. Simon.

Niederländisch oder französisch um 1490.

8061. Bischof. Die Hände vor der Brust erhoben und betend zusammengelegt, nach rechts auf einem Kissen mit Quasten kniend; neben ihm die Mitra. Er trägt das Pluviale, auf dem Haupte das Biret, an den Händen Handschuhe. Vorn gegen ihn gelehnt der Bischofsstab (ohne Krümme).

Satuette. Nußbaumholz. H. 48. Vollrund. Die alte Bemalung in jüngerer Zeit (Barock?) aufgefrischt; aus dieser Zeit vielleicht auch die leicht hingestrichene Musterung des Pluviale. Ein Stück der Kissenquaste vorn rechts und die linke vordere Ecke des Kissens abgebrochen; rechts daneben ein breiter Riß. Mehrere Stuckornamente des Pluvialesaumes und der Mitra fehlen. Drei Bohrlöcher an der Rückseite der Figur in Höhe des linken Ellenbogens und Oberarms. Die Schuhe und der untere Pluvialesaum an der Rückseite der Figur durch Wurmfraß beschädigt. — Erworben 1918. Sammlung J. Simon.

Französisch um 1490.

8053. Christophorus. Halbfigur; Fragment einer Statue. Mit der Rechten hält er sich an seinem derben Stock, den Kopf wendet er zu dem auf seiner linken Schulter sitzenden Christkind zurück. Er trägt über dem gegürtetem und vorn geknöpften Gewand einen am Hals mit zwei Knöpfen zusammengehaltenen Mantel und in dem reichgelockten Haar eine fein gefältelte und über der rechte Schläfe geknotete Binde. Das mit einem langen Hemd bekleidete Christuskind erhebt segnend die rechte Hand; in der linken hält es die Weltkugel. Abb. S. 363.

Statue. Sandstein. H. 62, Br. 60. Vollrund. Ungefaßt. Der rechte Zeigefinger des Heiligen alt gestückt, sein Gewand verschiedentlich bestoßen. Das letzte Glied des rechten Zeigefingers des Kindes abgebrochen. Das Kreuz auf der Weltkugel fehlt. — Erworben 1918. Sammlung J. Simon.

Nordfranzösisch, Ende 15. Jahrhundert.

8055. Crispinus. Er steht hinter dem truhenartigen Arbeitstisch und hält mit der Linken das zugeschnittene Leder auf der Platte fest. Auf dem vollen Lockenhaar trägt er einen Pelzhut mit hinten hochgeschlagener Krempe. Über dem bis auf die Knie herabfallenden Gewand mit glockenförmigen Oberärmeln ein anschließendes Wams mit spitzem Halsausschnitt, in dem ein Stück des Hemdes sichtbar wird; um die Hüfte ein Gürtelband. Abb. S. 362.

Statue. Eichenholz. H. 78, Br. 51. Vollrund. Alte Bemalung zum großen Teil erhalten. Untergewand blau, Ärmel gelb mit schwarz gezeichnetem Granatapfelmuster, Wams rot mit gelben Säumen und Ornamenten, Hut schwarz, Tisch erdbraun. Die rechte Hand, die ein Werkzeug hielt, fehlt; von diesem ein Rest auf dem Tisch. Ein Stück der Hutkrempe vorn ist ausgebrochen. Mitten durch den Arbeitstisch geht ein breiter, senkrecht verlaufender Riß. — Erworben 1918. Sammlung J. Simon.

Französisch um 1510. — Amtl. Berichte 41 (1920) S. 201—202.

Die Renaissance-Bildwerke des 16. Jahrhunderts

1. Werke bekannter Künstler

Adolf Daucher (Dauer, Dawer, Dawher, Daher, Dowher, Tauher, Tawher, Tuwer). Schwäbischer Schreiner, Schnitzer und Bildhauer. Geb. in Ulm um 1460—65; zieht 1491 von Ulm nach Augsburg. Tätig in Augsburg und Annaberg. Wahrscheinlich um 1523 gestorben.

Büsten und Puttengruppen vom Gestühl der Fuggerkapelle zu St. Anna in Augsburg

A) Propheten, Sibyllen und Vorfahren Christi in Halbfiguren (Vöge 116—130)

440. Ältlicher Mann mit Backenbart und Turbankrone und einem Gewand mit kurzen Hängeärmeln; er wendet das Haupt halb nach rechts. H. 59,5 cm. Ergänzt die beiden Hände mit dem Szepter, die Zacken der Krone. Abb. S. 366.

449. Gekrönte Frau in mittleren Jahren, in einem Buche blätternd; die Zöpfe in einen Delphinschmuck auslaufend. H. 53,5 cm. Ergänzt der kleine Finger der linken Hand, an der rechten der Daumen; Teile des Kopfputzes, des Buches. Abb. S. 366.

447. Jugendliche Frau, die Arme vor der Brust kreuzend, etwas nach links gewendet; Gewand mit Puffärmeln; über dem von Bändern umflochtenen Haar liegt ein Kopftuch. H. 54,5 cm. Ergänzt der halbe rechte Unterarm nebst Hand, an der linken Hand Zeige- und Mittelfinger, der Ringfinger zerfressen. Abb. S. 366.

448. Ältlicher Mann. In Panzer und Schultermantel, das bartlose Haupt von einer Haube bedeckt; etwas nach rechts gewendet. H. 62,5. Ergänzt die Hände, der Knoten des Mantels, ein Stück desselben links unten. Abb. S. 366.

451. Jugendliche Frau mit Gebände und geflochtenem Turban; sie wendet sich nach links, die Lippen leicht öffnend. H. 58,5. Ergänzt die Nasenspitze, die Hände, Kleinigkeiten am Gewand.

450. Junge Frau mit Haube und einem Stirnband aus Perlen, die Rechte beteuernd auf die Brust legend. H. 57 cm. Ergänzt die linke Hand mit der Taube, die Finger der rechten, an der Haube der Knopf, ein Stück am Hinterkopf. Abb. S. 366.

437. Fürst in mittlerem Alter, mit Turbankrone, Panzer und Schultermantel; er öffnet die Lippen, sich nach rechts wendend. H. 57,5. Ergänzt die linke Körperseite nebst dem Arm, die rechte Hand, die Zacken der Krone. Abb. S. 367.

443. Bartloser Mann in mittleren Jahren mit Pelzbarett und Kopfnetz, den Kopf etwas nach rechts wendend. H. 58 cm. Ergänzt die linke Körperseite nebst Arm und Buch, der rechte Unterarm nebst Hand; Teile des Baretts. Abb. S. 367.

439. Frau in mittlerem Alter, einen Ziegenbock im Arm; die Haube an den Seiten mit Delphinköpfen; etwas nach links geneigt. H. 61 cm. Ergänzt der linke Arm außer der Hand, kleine Teile am Kopfputz, der Kopf des Bockes, und Teile an seinen Vorderfüßen. Abb. S. 367.

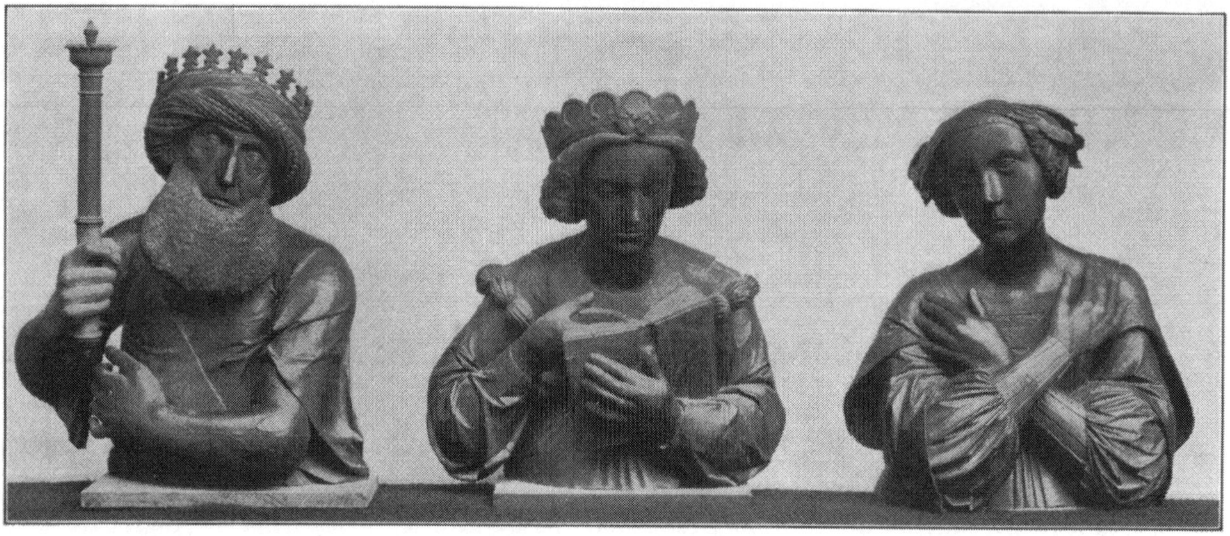

440 449 447

441. Jüngerer Mann mit Anflug von Backenbart; er wendet sich nach rechts, in der Linken eine Schriftrolle. In Haube, Panzer und Mantel. H. 59,5. Ergänzt die rechte Hand, der größte Teil der Schriftrolle.

444. Bartloser Fürst in Panzer und Lorbeerkranz, in der Linken den Fürstenhut. H. 58,5 cm. Ergänzt der halbe rechte Unterarm mit der Hand, kleine Stücke am linken Arm und am Harnisch.

445. Judith, mit Diadem und Halsband, das Haupt des Holofernes in den Händen. Auf dem Halsband die Inschrift:

ꝗ IVDID ∘ OLIFERNI

Auf der Mitte des Stirnbandes: IVDIT, links und rechts eine Reihe eingestanzter Buchstaben ICSICS usw.; mitten in dieser Buchstabenfolge an der linken Seite ein H. H. 58. Ergänzt der

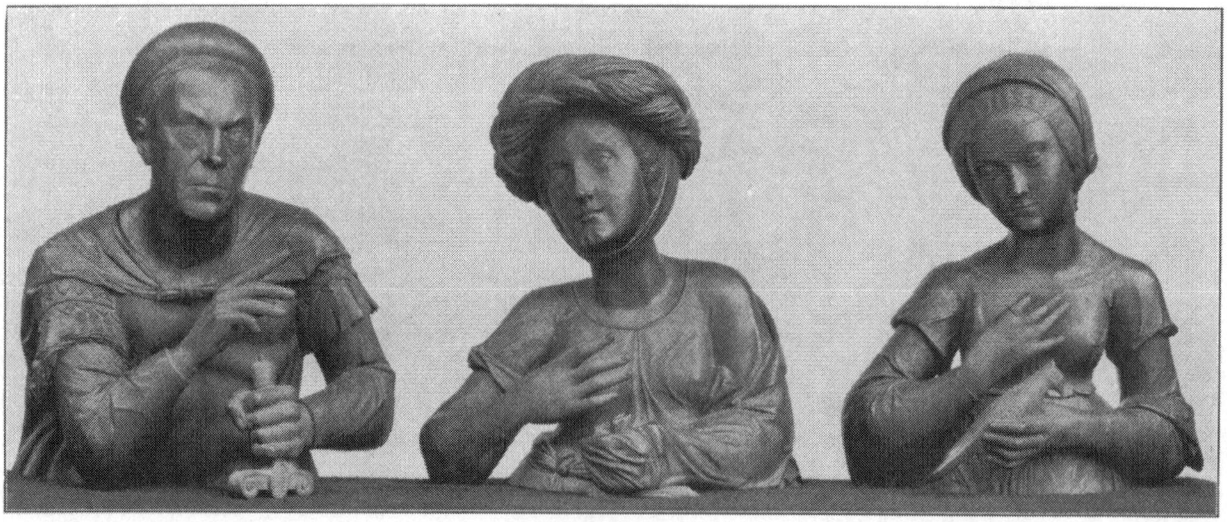

448 451 450

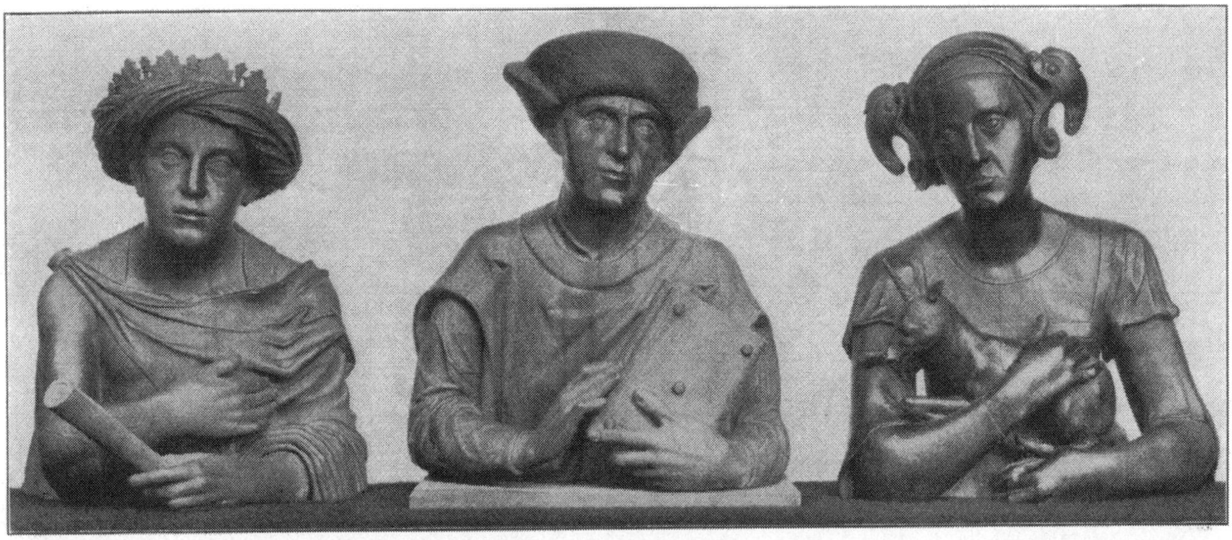

437 443 439

rechte Unterarm, die rechte Hand außer den Fingern, drei Finger der linken, die Nase des Holofernes.

446. Ältlicher Mann, etwas nach rechts gewendet, in der Linken einen Zipfel des Gewandes; der Überwurf aus Brokat mit pelzbesetzter Kapuze, die Kappe mit Pelzkrempe. H. 68 cm. Ergänzt die rechte Hand, ein Streifen von der linken Schulter zum Ellenbogen; kleine Stücke an den Säumen. Abb. S. 368.

438. Jugendliche Fürstin. Das gekrönte Haupt nach links neigend, erhob sie die rechte Hand vor die Brust. H. 64,5 cm. Ergänzt die Spitze und rechte Seite der Krone, die rechte Hand, die Fingerspitzen der Linken. Abb. S. 368.

442. Alte Frau, einen Knaben an sich ziehend, etwas nach links gewendet; über der gefalteten Haube ein Kopftuch. H. 58,5 cm. Ergänzt die Nasen, ein Stück an der rechten Hand und einige

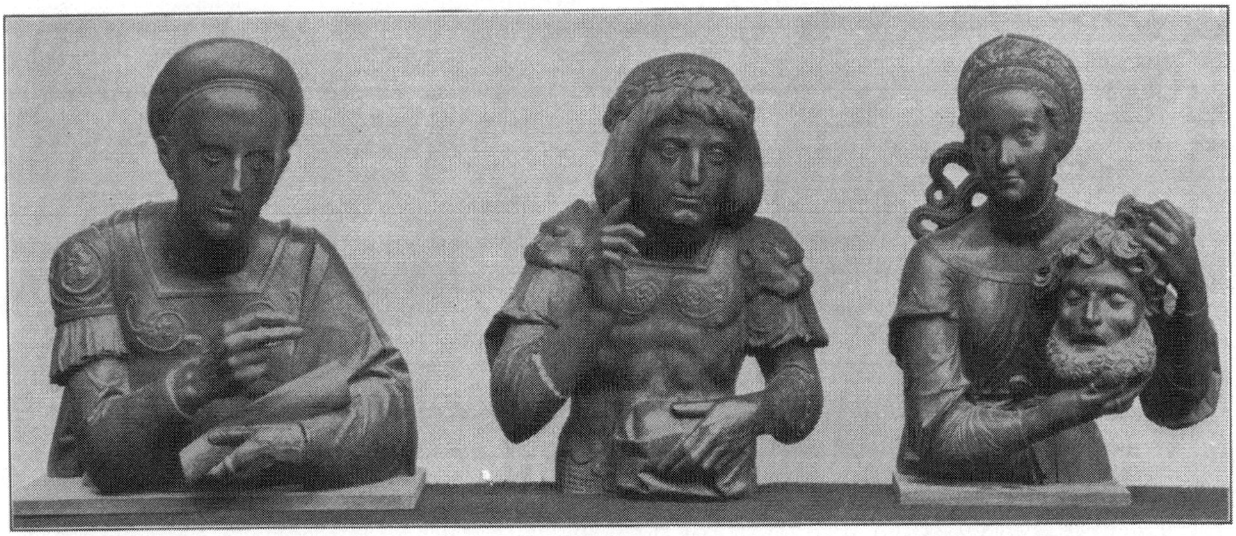

441 444 445

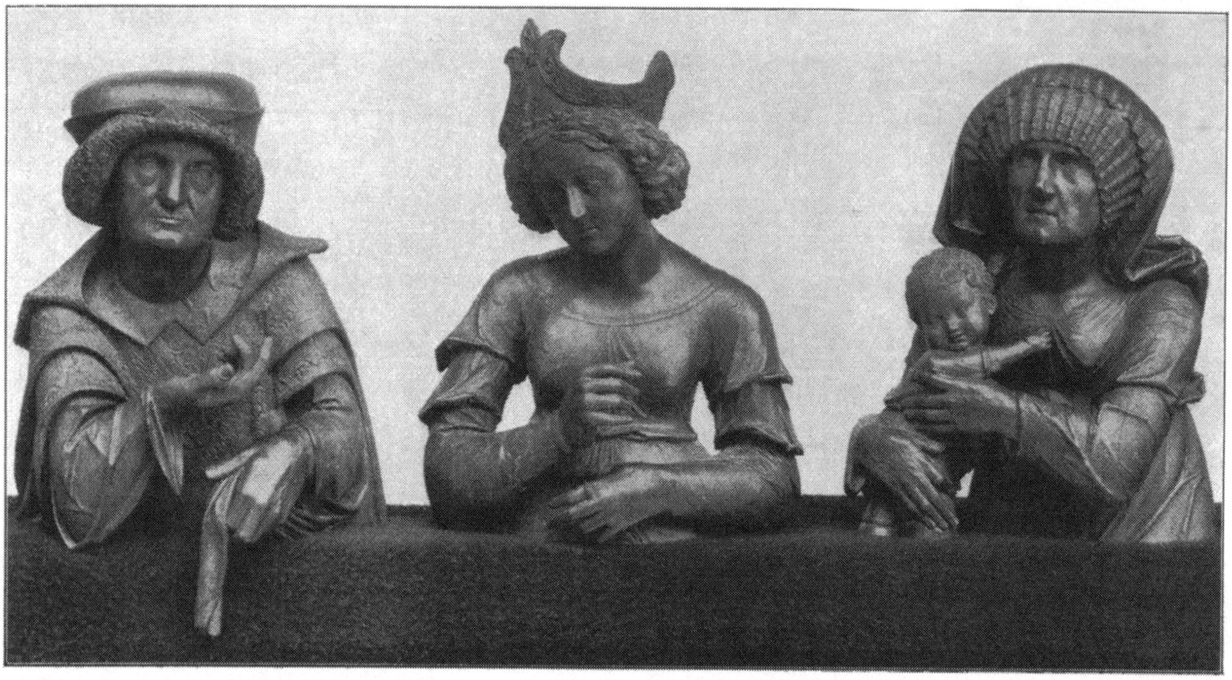

446 438 442

Fingerspitzen der Frau, der rechte Unterarm des Kindes, Kleinigkeiten am Kopftuch und den Ärmeln.

Wandbüsten. Birnbaumholz. Die Mehrzahl der Figuren zeigen mit Stanzen geprägte Muster auf den Gewändern und Kopfbedeckungen. — Erworben teils 1848, teils erst nach 1850; zeitweilig in der Sammlung von Minutoli-Liegnitz.

Vor 1518. — Die fünfzehn Halbfiguren bildeten zusammen mit einer sechzehnten, bisher in der Sammlung Albert Figdor-Wien (Abb. bei Leisching, Figurale Holzplastik Bd. I, Wien 1908, Taf. LX, Nr. 127) und zahlreichen Puttengruppen, von denen sich einige erhalten haben (s. unten), den Schmuck des im Jahre 1832 abgebrochenen Gestühls der Fuggerkapelle zu St. Anna in Augsburg. Da die Kapelle 1518 vollendet war, ist das Gestühl annähernd datiert. Es nahm, an den Seitenwänden stehend, die ganze Länge der Kapelle ein. Die Büsten waren oberhalb der Sitze an den Rückwänden, je acht an jeder Seite, angebracht. Über den ursprünglichen Zustand des Gestühls vgl. Ph. M. Halm, Studien zur Fuggergeschichte 6 (1921): Adolf Daucher und die Fuggerkapelle zu St. Anna in Augsburg S. 39ff.

B) Drei Puttengruppen

5878. Gruppe von zwei Putten, einem stehenden, einem liegenden. Der aufrechtstehende, lebhaft bewegte Knabe blickt nach rechts oben; er trägt einen geflügelten Schuppenhelm auf dem Kopf; sonst ist er unbekleidet. An seiner Seite hängt an einem Lederriemen ein Jagdhorn. Die rechte Hand umfaßt den Griff eines Dolches(?), der linke, abgebrochene Arm war erhoben und hielt wohl eine Jagdbeute. Neben ihm ein zweiter Putto, der auf dem Bauche liegend schläft und sich mit beiden Ellenbogen auf einen Kugelknauf stützt.

Hochrelief. Birnbaumholz. Durch Wurmfraß stark angegriffen. Ohne Bemalung. Der linke Arm des stehenden und der linke Fuß des liegenden Puttos sind abgebrochen; Zehen und Finger teilweise be-

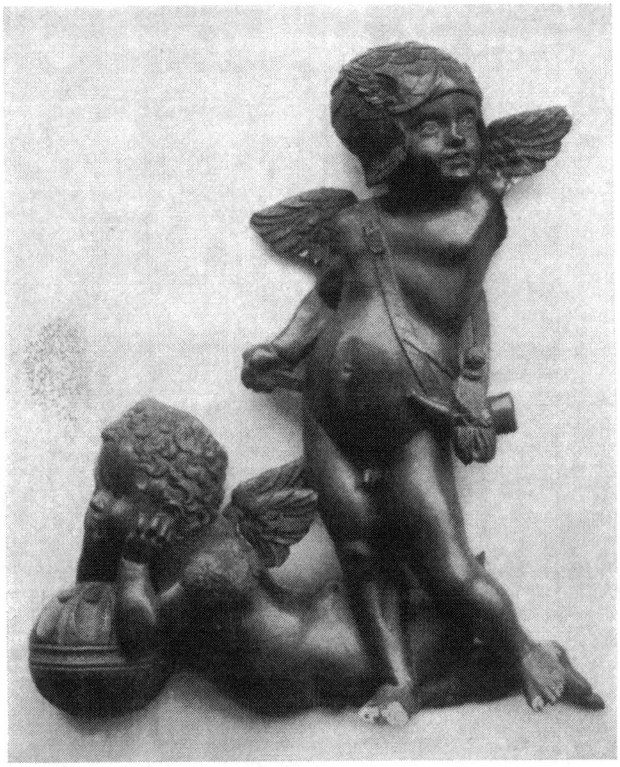

5878

schädigt. H. 57, Br. 48 cm; — 1910 zusammen mit Nr. 5879 und 5880 aus dem Kunstgewerbemuseum überwiesen.

Werkstatt Adolf Dauchers. Vor 1518.

Die Gruppe hat mit den beiden folgenden, einem einzelnen Putto (von einer entsprechenden Gruppe) im Berliner Privatbesitz und zusammen mit den voranstehend genannten Büsten den plastischen Schmuck des Fuggergestühls gebildet; (vgl. die Bemerkungen zu den Büsten S. 365 ff.). Die Gruppen sind am Rücken glatt und werden im Sinne der Baseler Zeichnung (vgl. den S. 368 genannten Aufsatz von Ph. M. Halm) die unteren Ecken der Rückwandfüllungen des Gestühls belebt haben. Die drei erhaltenen Puttenpaare sind von drei sich unterscheidenden Werkstattgehilfen Dauchers nach dessen Plan gearbeitet. Über die hiermit sich verknüpfenden Werkstattfragen vgl. E. F. Bange, Peter Flötners Augsburger Aufenthalt, Jahrbuch der Pr. Kunstsammlungen 44 (1923) S. 107 ff. mit den Abbildungen aller hier in Frage kommenden Stücke. Dem Meister der vorliegenden Gruppe schließen sich an: der schon genannte Putto im Berliner Privatbesitz sowie von der Kapellenschranke der behelmte Putto am weitesten rechts, der mit den übrigen von Halm wiederentdeckt und bei der Restaurierung an die alte Stelle verbracht worden ist. Bange versucht auf Grund stilistischer Zusammenhänge mit den wappenhaltenden Knaben auf dem Hirschvogelkamin in Nürnberg (1534) den Nachweis, daß die genannten Arbeiten der Fuggerkapelle auf Peter Flötner zurückzuführen seien, der sicher den Entwurf für die Kapellenorgel geliefert und aller Wahrscheinlichkeit nach in der Daucherwerkstatt gearbeitet hat.

5879. Gruppe von zwei Putten. Der eine, stehend, mit kurzem Jäckchen und Schärpe bekleidet, hält in seiner Rechten ein Messer und greift mit der anderen Hand nach links. Der zweite Putto, mit einer Zipfelmütze auf dem Kopfe, liegt schlafend nach rechts gelagert, auf einen Kugelknauf gestützt. Abb. S. 370.

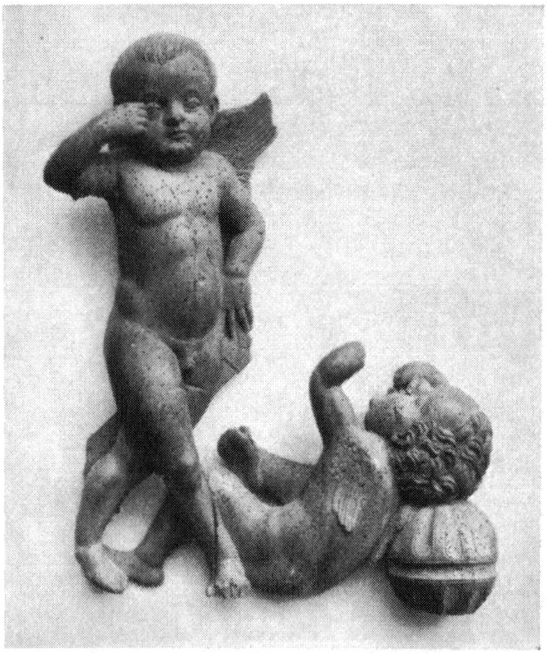

5880

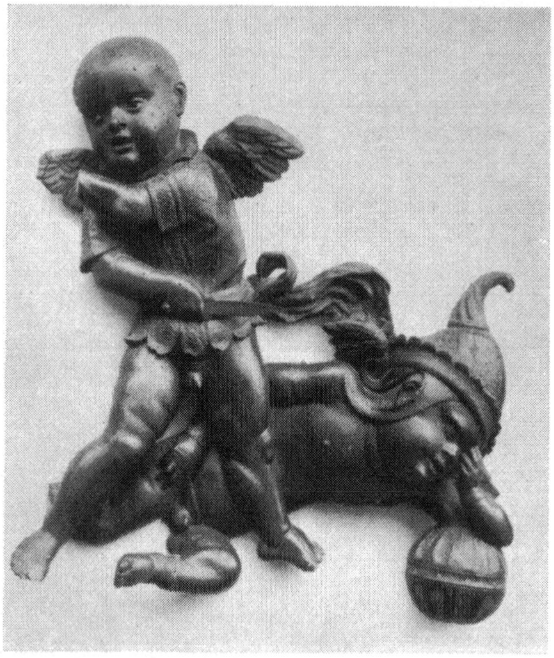

5879 S. 369

Hochrelief, ohne Bemalung. Birnbaumholz, wurmstichig. H. 55, Br. 51 cm. Die linke Hand des stehenden und der rechte Fuß des liegenden Puttos sind abgebrochen. Beschädigungen an den Flügeln und Zehen. — 1910 zusammen mit 5878 und 5880 aus dem Kunstgewerbemuseum überwiesen.

Werkstatt Adolf Dauchers. Vor 1518. Vom Gestühl der Fuggerkapelle; vgl. die Bemerkung zu Nr. 5878.

5880. Gruppe von zwei Putten. Der eine stehend, mit gekreuzten Beinen, hat die Rechte zum Gesicht erhoben und greift mit der Linken einen Köcher. Er ist nackt und ohne Kopfbedeckung. Der zweite, schlafende Putto liegt auf dem Rücken, den Kopf auf einen Kugelknauf gelehnt.

Hochrelief. H. 58, Br. 46. Birnbaumholz, wurmstichig. Ohne Bemalung. Stark beschädigt und vom Wurm zerfressen. Ein Teil des linken Beines ganz links und die linke Hand des Schlafenden sind abgebrochen. Am rechten Bein des stehenden Puttos ein Riß. Zehen und Flügel teilweise abgebrochen. — 1910 zusammen mit 5878 und 5879 aus dem Kunstgewerbemuseum überwiesen.

Werkstatt Adolf Dauchers. Vor 1518. Vom Gestühl der Fuggerkapelle. Vgl. die Bemerkung zu Nr. 5878.

Werkstatt des Hans Daucher

Hans Daucher, Bildhauer, Sohn des Adolf Daucher. Tätig in Augsburg, Wien, Stuttgart. Geb. um 1485, gest. 1538 — vgl. Bd. IV dieses Katalogs.

435. 1983—86. Hausaltar (Vöge 137). Auferstehung Christi im Mittelfeld, Verkündigung an Maria und Geburt Christi auf dem linken, Kreuzigung und Himmelfahrt auf dem rechten Flügel. Auf dem Mittelfelde kniet links der Stifter mit dem Wappen der Eggenberg aus Augsburg. Den unteren Abschluß bildet ein 18 cm hoher Sockelstreifen, den eine gemalte Inschrift bedeckt haben wird.

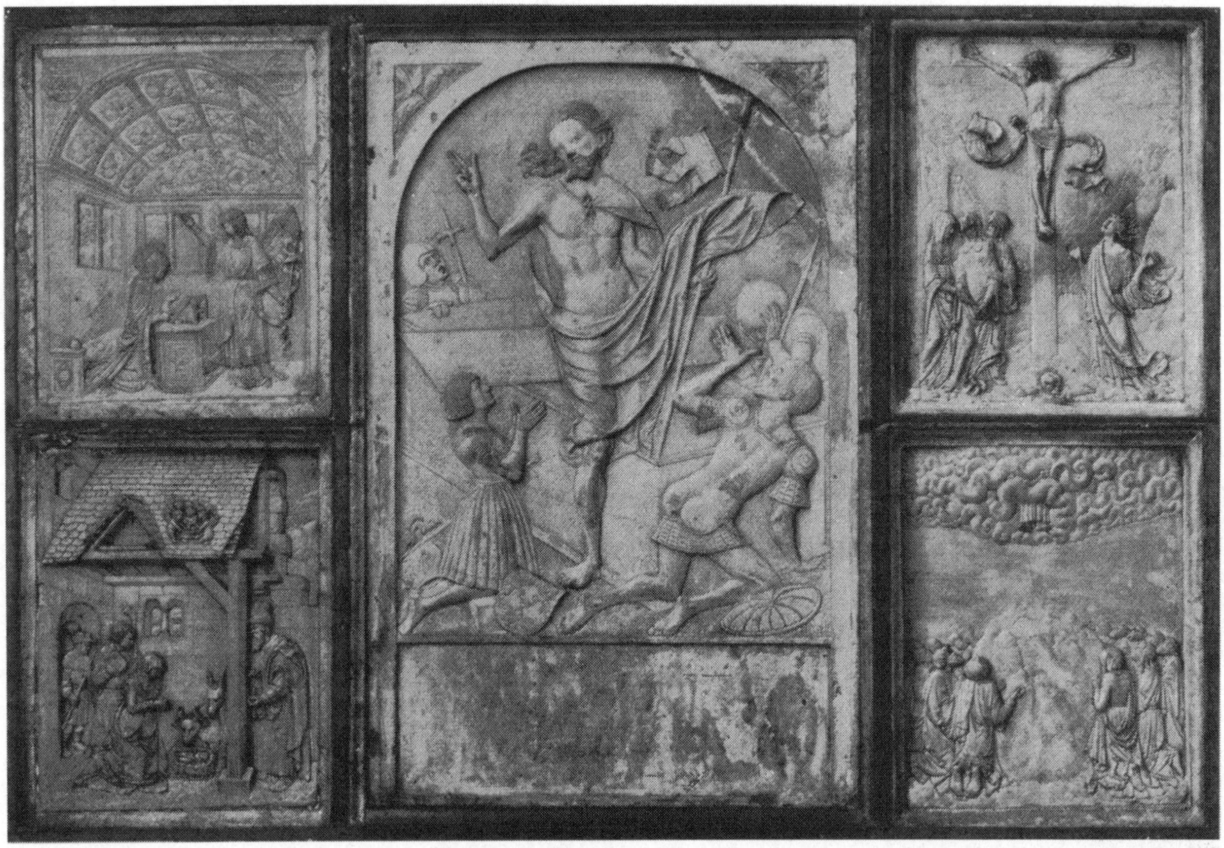

435. 1983—86.

Auf dem Verkündigungsrelief befinden sich in den Zwickeln Medaillons mit Inschriften; links: ▾ECCE▾ ANCILLA ▾ DOMINI ▾ FIAT ▾ M̄I ▾ SD̄M ▾ V̿M ▾ TVVM; rechts: MISSVS ▾ Ē ▾ ANGELVS ▾ GABRIHEL ▾ ADEO IN ▾ CIVITATEM ▾ GALILEE.

Flachrelief. Solnhofener Stein. H. 96, Br. 145 cm. Jede Darstellung ist aus einem besonderen Stück gearbeitet; von dem Mittelteil fehlt der obere und untere Rand. Die Rahmen der Flügel sind für sich gearbeitet, für jede Szene aus einem Stück. An der Mitteltafel kleine Ausbesserungen. — Erwerbung der Mitteltafel (435) 1887 in Augsburg, der Flügel (1983—86) 1893 von Generalkonsul A. Thieme †. Früher Sammlung Alexander Günther in München.

Der Altar befand sich früher in der Antoniuskapelle des Imhoffschen Hauses zu Augsburg, welches 1527 von seinem damaligen Besitzer Eggenberg umgebaut wurde. Dieses Jahr dürfte wohl auch das der Entstehung unseres Altars sein. In dem Stifter glaubt G. Habich Johann Eggenberg zu erkennen, von dem eine 1528 datierte Medaille erhalten ist. Der Altar entstand unter dem Einfluß Hans Dauchers, in dessen Werkstatt. Beteiligt sind mehrere Hände. Daß H. Daucher selbst nicht der Urheber sein kann, hat Ph. M. Halm, Studien zur Augsburger Bildnerei der Frührenaissance, Jahrbuch der Preuß. Kunstsammlungen 41 (1920) S. 328 ff. glaubhaft gemacht. Die stärksten Anklänge an H. Daucher zeigt das Verkündigungsrelief (1983). Die drei anderen kleinen Reliefs von einer Hand. Das Mittelrelief wohl von dem Gehilfen Dauchers, der das Vellenburger Epitaph schuf. Die Komposition des Mittelfeldes benutzt den Stich Schongauers B 20. Von älterer Literatur vgl. W. v. Bode, Jahrbuch der Preuß. Kunstsammlungen 8 (1887) S. 1 ff.; G. Habich, Monatsberichte über Kunst u. Wissenschaft III, S. 56 ff.

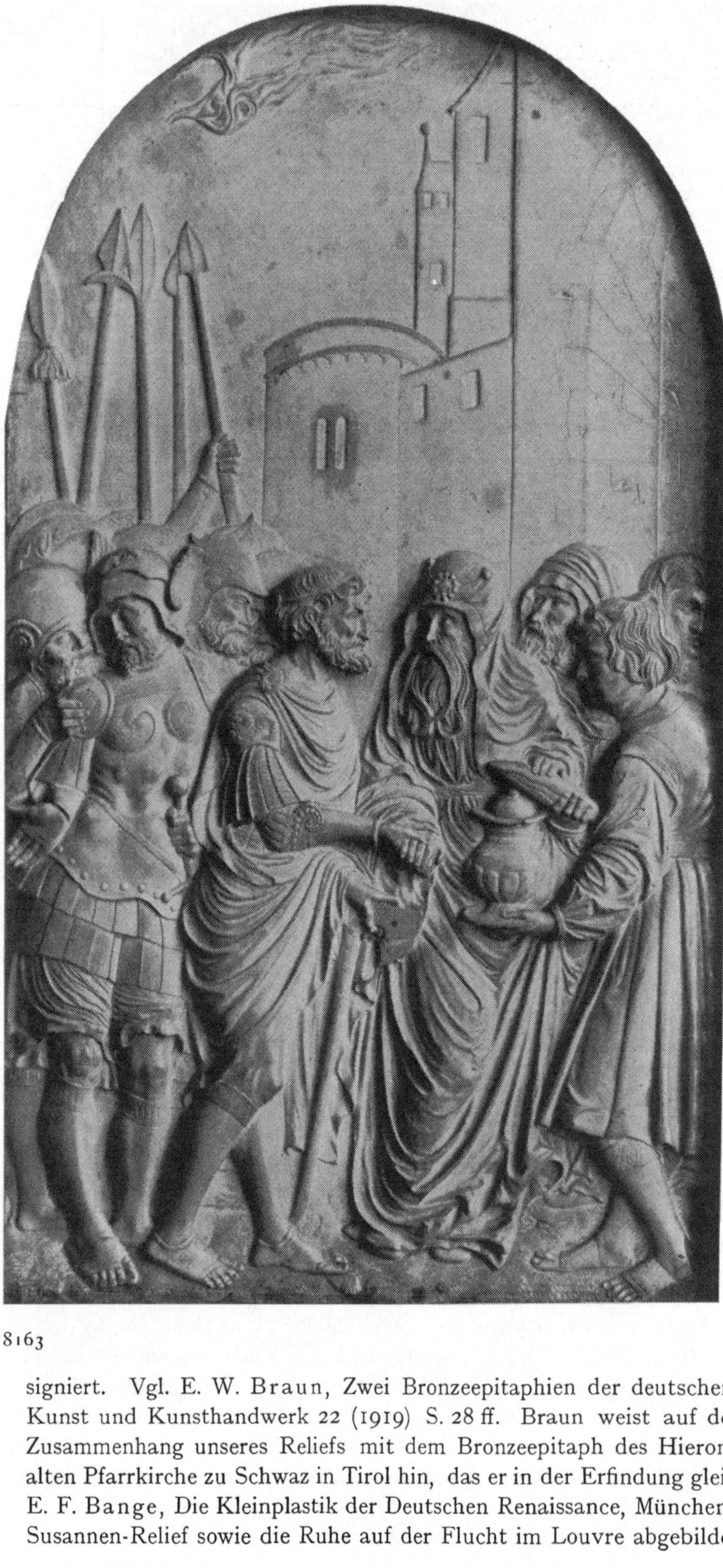

8163

Victor Kayser

Bildhauer, nachweisbar in Augsburg 1516, gest. 1552 oder 53.

8163. Abraham und Melchisedek. Melchisedek begrüßt Abraham vor dem Tor einer befestigten Stadt. Rechts ein Diener, der Abraham Brot und Wein reicht. Hinter Abraham zwei seiner Begleiter, hinter Melchisedek mehrere Krieger mit langen Lanzen. Auf der Axt, auf die sich Melchisedek wie auf einen Stock stützt, die aus V und K zusammengesetzte Signatur.

Relief. Solnhofener Stein. H. 59, Br. 34,5. Kleine Beschädigungen am unteren Rande. — Erworben 1918. Sammlung J. Simon.

Um 1525. — Die Auflösung des Monogramms in Victor Kayser, der bei Stetten, Kunst-Gewerbe- und Handwerksgeschichte der Reichsstadt Augsburg (1779) S. 452, erwähnt wird, geht auf eine von G. Habich ausgesprochene Vermutung zurück. Eine zweite, gleichfalls signierte Arbeit des Künstlers, ein Relief mit der Darstellung der Susanna im Bade, befindet sich unter den Kleinplastiken des Museums (Bildwerke des Deutschen Museums, Bd. IV). Zwei weitere Arbeiten, ein Relief mit der Ehebrecherin vor Christus, im Bayer. Nat. Museum, und ein anderes, mit der Ruhe auf der Flucht, im Louvre, sind nicht signiert. Vgl. E. W. Braun, Zwei Bronzeepitaphien der deutschen Frührenaissance und ihre Meister. Kunst und Kunsthandwerk 22 (1919) S. 28 ff. Braun weist auf den kompositionellen und stilistischen Zusammenhang unseres Reliefs mit dem Bronzeepitaph des Hieronymus Fugger im Presbyterium der alten Pfarrkirche zu Schwaz in Tirol hin, das er in der Erfindung gleichfalls unserem Künstler zuweist. — E. F. Bange, Die Kleinplastik der Deutschen Renaissance, München 1928, Taf. 23 u. 24, wo das Berliner Susannen-Relief sowie die Ruhe auf der Flucht im Louvre abgebildet sind.

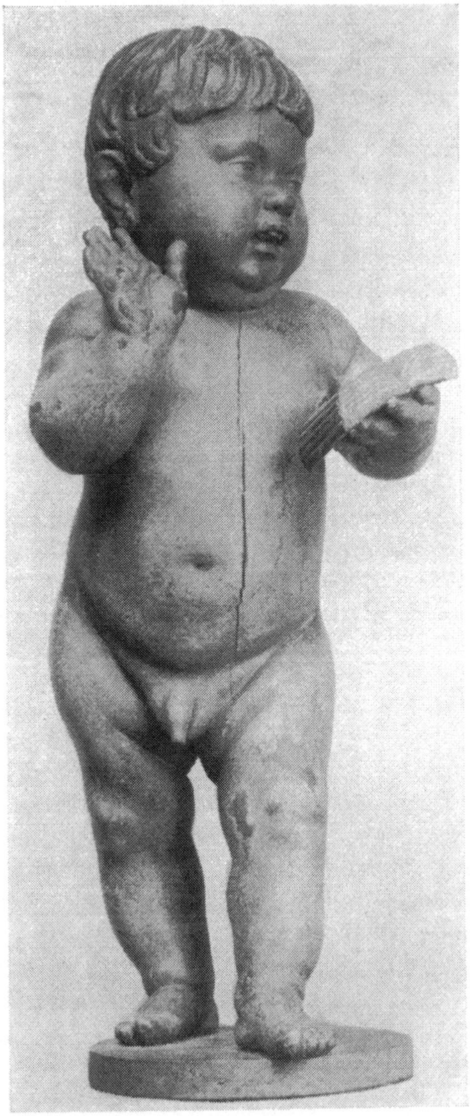

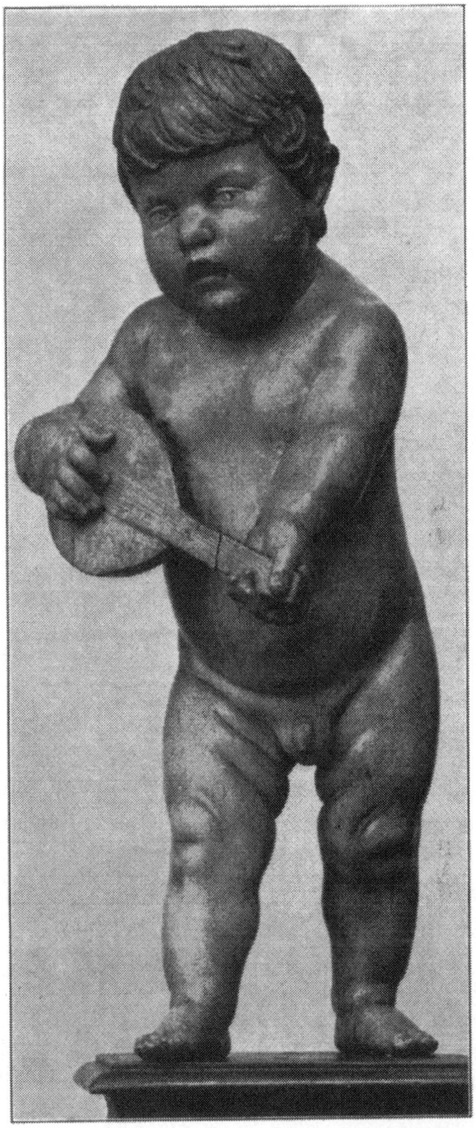

7945 S. 374 1759

Peter Flötner

Architekt, Bildschnitzer, Steinschneider, Medailleur, Goldschmied, Kunsttischler und Holzschneider. Geboren in der Schweiz (Thurgau). In jüngeren Jahren in Augsburg (unter Adolf Daucher) tätig. 1522 von Ansbach nach Nürnberg verzogen, 1523 Nürnberger Bürger. Mehrfach in Italien. Gestorben am 23. Oktober 1546. Vgl. K. Lange, Peter Flötner, ein Bahnbrecher der deutschen Renaissance, Berlin 1897. E. F. Bange, Peter Flötner: Meister der Graphik, Band 14 (o. J. 1926).

1759. 7945. Zwei musizierende Putten.

1759. Lautespielender nackter Knabe (Vöge 199). Stehend, den rechten Fuß vorsetzend, begleitet er seinen Gesang auf der Laute. Der Kopf mit strähnigem Lockenhaar ist leicht geneigt, der versonnene Blick geht nach vorn in der Richtung des vorgesetzten Fußes. Auf profiliertem Holzsockel.

Statuette. Lindenholz. Rundplastisch. H. 55,5 (ohne Sockel). Sprünge auf dem Rücken und am linken Fuß. — Wohlerhaltene alte Bemalung in Ölfarbe, von der am Gesäß rechts ein Stück abgesprungen ist. Hellblondes Haar, Laute weißlich. — Erworben 1890. Geschenk des Herrn Dr. Georg Reichenheim in Berlin. — Angeblich früher in einer Pariser Privatsammlung.

7945. Singender und taktierender nackter Knabe. Stehend, in der Linken ein Buch, die geöffnete Rechte taktschlagend erhoben. Der lebhafte Blick geht über das Buch hinweg nach rechts zu dem Begleiter. Der linke Fuß vorgesetzt. Auf runder glatter Holzplatte.

Statuette. Lindenholz. Rundplastisch. H. 57,5. Ein senkrechter Sprung geht durch die linke Körperhälfte, kleinere durch den Kopf. Der kleine Finger der rechten Hand leicht beschädigt. Alte Bemalung in Ölfarbe, die an mehreren Stellen abgesprungen ist. Haare dunkel. — Erworben 1921 in Berlin. — Früher in einer Privatsammlung auf Schloß Kochel, Oberbayern.

Um 1540—45. — Die zwei Figuren, beide gekennzeichnet durch dieselbe Art der Bemalung, die kleine Schäden zeigt, aber nie restauriert wurde, sind sicher als Gegenstücke entworfen. — Konrad Lange hat die eine, damals allein bekannte, dem Peter Flötner zugeschrieben und in seine Spätzeit gesetzt: Jahrbuch der Preuß. Kunstsammlungen 17 (1896) S. 222 f. und 26 (1905) S. 164 ff. Die Zuschreibung ist, wenn auch nicht in der Literatur, mannigfach angezweifelt worden. Sicher ist, daß die einzigen unmittelbaren Vergleichsobjekte, Flötners behelmte Wappenputten auf dem Kamin des Hirschvogelsaals in Nürnberg, die vor 1534 entstanden, zwar eng an die Augsburger Arbeiten sich anschließen, von unseren aber noch durch einen ziemlichen Abstand getrennt sind: der entwickeltere Naturalismus, die menschliche Bewußtheit eignet den früheren Kinderfiguren Flötners nicht, auch nicht den zahlreichen Putten der Plaketten und der Holzschnitte. Aber unsere Musikanten sind dennoch von den Flötnerschen Schöpfungen am leichtesten abzuleiten, wie alle Einzelheiten der Anatomie (Mund, Nase, Haare, Bildung der Beine, Proportionen) zeigen. Ich möchte daher zwei so ausgezeichnete Werke eher der späteren Entwicklung Flötners selbst zutrauen, als einem Unbekannten, der Anregungen von ihm fortgebildet hätte. — Gegen eine Datierung ins 17. Jahrhundert scheint mir das Fehlen aller manieristischen Züge und ebenso die Schlichtheit des Motivs und der Bewegungen zu sprechen, gegen eine Entstehung in Italien die liebevolle, individualisierende Beobachtung der Einzelheiten. — Die Nürnberger Kamingruppe in guten Teilaufnahmen abgebildet bei E. F. Bange im Jahrbuch der Preuß. Kunstsammlungen 44 (1923) S. 114 f.; ebenda die zugehörigen Stücke in Augsburg (Fuggerkapelle).

Weitere Werke von Flötner s. Band II S. 76 ff. (die Plaketten) und Band IV (Steinmodel).

Johann Gregor von der Schardt (Jan de Zar)

Geboren um 1530 in Nymwegen, tätig in Rom und Florenz, nachweisbar um 1570 in Nürnberg, wo er noch 1581 gelebt hat.

538. Willibald Im Hof (Vöge 372). Mit gelichtetem Scheitel und langem, schwarzem Bart, einen Ring betrachtend, den er in der Linken hält. Unter der schwarzen, mit kurzen Puffärmeln versehenen Schaube liegt ein Wams, dessen hohen Halskragen eine kleine weiße Krause säumt.

Halbfigur. Gebrannter Ton. H. 81,5 (mit der zum Teil in Gips ergänzten Platte). Ausgehöhlt, unten gerade abgeschnitten, die Rückseite flüchtig bearbeitet, mit kreisrunder Öffnung. Die alte Bemalung ist ausgebessert. Die Fingerspitzen der linken Hand mit dem Ring waren abgebrochen. — Erworben 1858 (Sammlung Minutoli). Aus der Kapelle des Imhofschen Hauses zu Nürnberg.

Nürnberg 1570. — Gegenstück zur folgenden Nummer. — Bötticher, Nachtrag zum Verzeichnis der Bildhauerwerke, Berlin 1867, S. 18, Nr. 149. Bode, Geschichte der deutschen Plastik, S. 230. — Willibald Im Hof d. Ä., geb. am 16. Nov. 1519, gest. am 25. Jan. 1580, der Enkel Pirkheimers und Erbe der Pirkheimerschen Kunstkammer, ist bekannt als Sammler von Münzen, Medaillen und Schmucksachen, und besonders von Gemälden und Zeichnungen Dürers. Das Bildnis ist wohl identisch mit dem im Inventar Willibald Imhoffs aus dem Jahr 1580 angeführten Bildnis des ehemaligen Besitzers. Dort heißt es »Item des herrn Willibalden Imhofs seeligen bildtnuss vnd lebendige förmliche gestaldt biss uf den halben leib von Meister Jan gemacht umb funf und zwaintzig gulden« (Original im Germ. Museum). In dem Unkost-

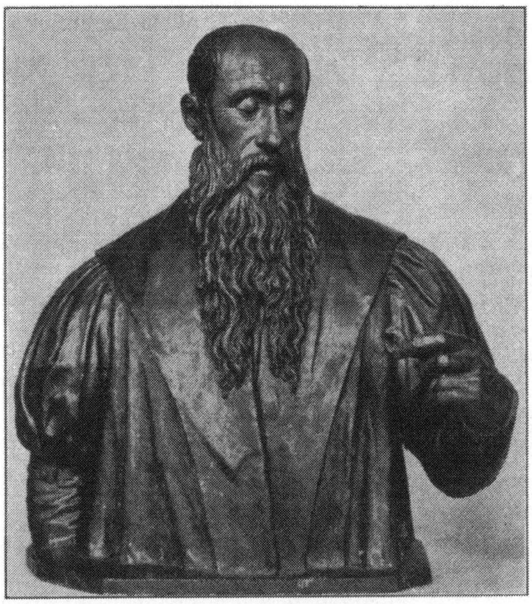

538

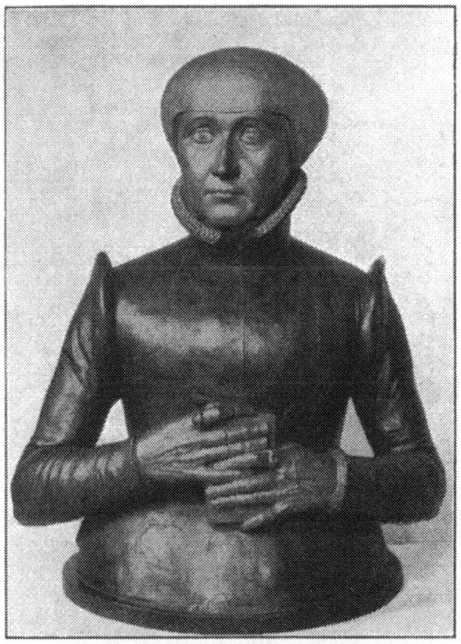

539

buch seiner Haushaltung (Original auf der Nürnberger Stadtbibliothek) findet sich auf das J. 1570 eingetragen: »6. August zaltt Meister Jan de Zar von Neumgn (Nymwegen) von meiner Contrafectur ... 22 fl 5 k ... 18 dn«. Daß es sich um Johann Gregor von der Schardt handelt, ist von Peltzer im Münchener Jahrbuch nachgewiesen worden. Eine Hauptquelle für die Tätigkeit des Künstlers in Nürnberg bildet der von Murr im Jahre 1797 geschriebene Katalog der Sammlung Paul von Praun (Murr, Description du Cabinet de Monsieur Paul de Praun a Nuremberg).

Vgl. R. A. Peltzer, Johann Gregor von der Schardt (Jan de Zar) aus Nymwegen, ein Bildhauer der Spätrenaissance. Münchener Jahrbuch der Bildenden Kunst, Bd. X (1916—18) S. 198 ff.

539. Anna Im Hof (Vöge 373). Als ältere Frau, in engem, schwarzem Kleide, steilem Kragen und Halskrause; etwas nach links blickend, ein Gebetbüchlein in den mageren Händen. Über dem Rock eine schwarze Schürze, um die Taille ein schmaler, rechts verschnallter Lederriemen, dessen Ende rechts herabhängt.

Halbfigur. Unten gerade abgeschnitten, die Rückseite wenig bearbeitet. Gebrannter Ton. Die alte Bemalung ist ausgebessert. Die Halskette mit Goldfarbe aufgemalt. H. 65,5 cm (ohne das hinzugefügte Holzbrett). — Erworben 1858 (Sammlung Minutoli).

Nürnberg um 1580. Gegenstück zur vorigen Nr. — Bötticher, a. a. O.; Bode, a. a. O. — Anna Im Hof geb. Hassdörffer, geb. 1528, vermählt 1545, gest. 1601. In dem genannten Inventar (vgl. die vorhergehende Nr.) fehlt jeder Vermerk über das Bildnis der Frau Imhof; doch kann kein Zweifel bestehen, daß die Büste demselben Meister zugewiesen werden muß. Da ein Vermerk auch in dem Unkostbuch fehlt und die Büste in dem Nachlaßinventar nicht aufgeführt wird, darf man annehmen, daß sie erst nach dem Tode Imhofs entstanden ist.

7063. Brustbild eines bärtigen Mannes; im Profil nach rechts, in schwarzem Wams mit kleinem Mühlsteinkragen. Links die Bezeichnung: AETATIS SVAE XXXIX
ANNO MDLXXX

Flachrelief. Gebrannter Ton. Rund. Dm. 28,5. Mit alter Bemalung. — Erworben 1912. Geschenk

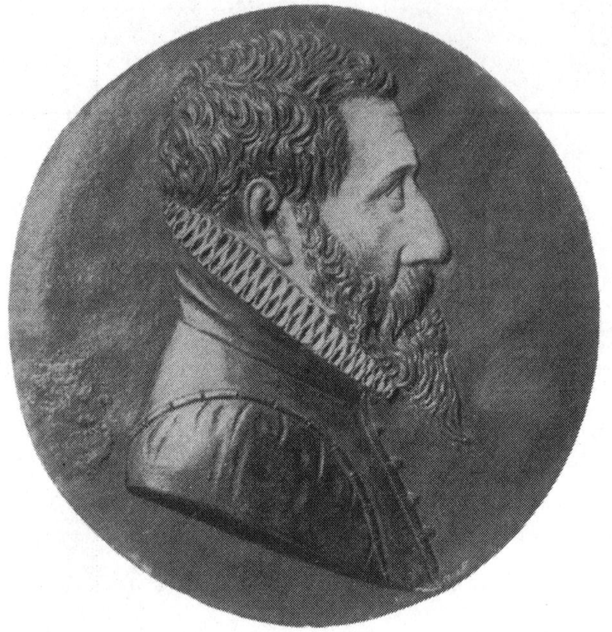

7063

der Bode-Stiftung. Früher Sammlung Friedrich Lippmann, Berlin.

1580. — Das Relief ist zuerst von Peltzer a. a. O. S. 210 zusammen mit einem zweiten ähnlichen Relief der Sammlung Lippmann (Auktionskatalog Nr. 130) für Gregor von der Schardt in Anspruch genommen worden. Der Dargestellte ist unbekannt. Die Ähnlichkeit mit dem Maler Nicolas Juvenel auf dem Stich des Michael Kestner vom Jahre 1570, auf den Peltzer hingewiesen hat, ist nur ganz allgemeiner Natur. Das von Murr unter Nr. 84 der Tonarbeiten des Praunschen Kabinetts genannte »Porträt peint 1580«, das Peltzer mit dem Relief des Museums glaubte identifizieren zu können, hat sich im Stuttgarter Altertümermuseum erhalten.

R. A. Peltzer a. a. O. S. 210; Auktions-Katalog der Sammlung F. Lippmann, Berlin 1912, Nr. 129, 130; E. F. Bange, Ein Tonrelief des Johann Gregor von der Schardt, Münchener Jahrbuch der Bildenden Kunst 1925, S. 169 ff.

Alexander Colin

Bildhauer und Architekt. Geb. in Mecheln 1527 oder 1529. Tätig in Heidelberg, seit 1562 in Innsbruck, Prag und Wien (in Diensten des Erzherzogs Ferdinand von Österreich 1566, 1570, 1575). Am 17. August 1612 in Innsbruck begraben.

1976—78. Drei Fragmente von einem Grabmal.

1976. Engel als Fackelträger (Vöge 374). Er schreitet tänzelnd nach rechts, die Fackel in den Händen, mit der Linken das Ende des Gürtels haltend. In langem, ärmellosem Gewande, das von den Schultern gleitet, eine Perlschnur im Haar. Die Figur war von schlichten Pilastern gerahmt; von dem linken sieht man nur den (abgearbeiteten) Ansatz; an den rechten schließt sich ein zweiter, die Tiefe des Blockes einnehmend. — Gegenstück zum folgenden.

Halbrelief. Pentelischer Marmor(?). H. 67,5, Br. 39,5. Der Block ist links abgeschrägt; am rechten Rande verletzt. Mit Resten der alten Vergoldung und Bemalung. — Erworben 1892. Geschenk des Herrn Professor Sussmann-Hellborn.

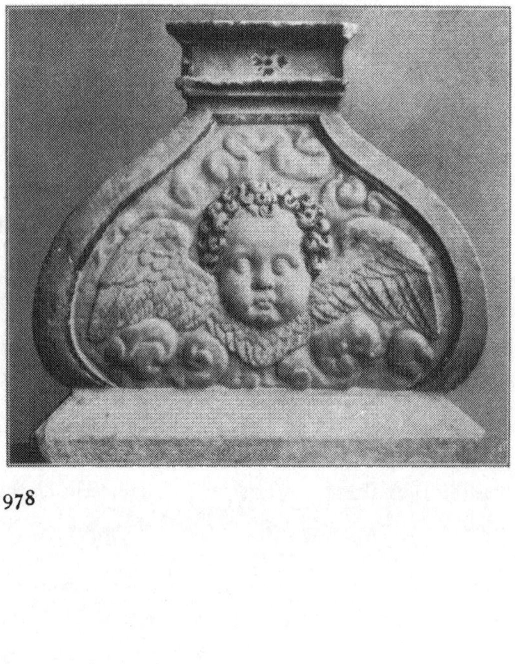

1978

1977. Engel als Fackelträger (Vöge 375). Wie Nr. 1976, doch im Gegensinne; er scheint herabzuschweben; das Gewand läßt die linke Schulter frei, die Gürtelenden fliegen im Winde. In dem langen, herabfallenden Haar eine Perlschnur, vorn bekrönt von einem Reichsapfel. Von den rahmenden Pilastern ist nur der linke aus diesem Block genommen; an ihn schließt sich wie bei Nr. 1976 ein zweiter, die Tiefe des Blockes einnehmend. — Gegenstück zum vorangehenden.

Halbrelief. Pentelischer Marmor(?). H. 67,5,

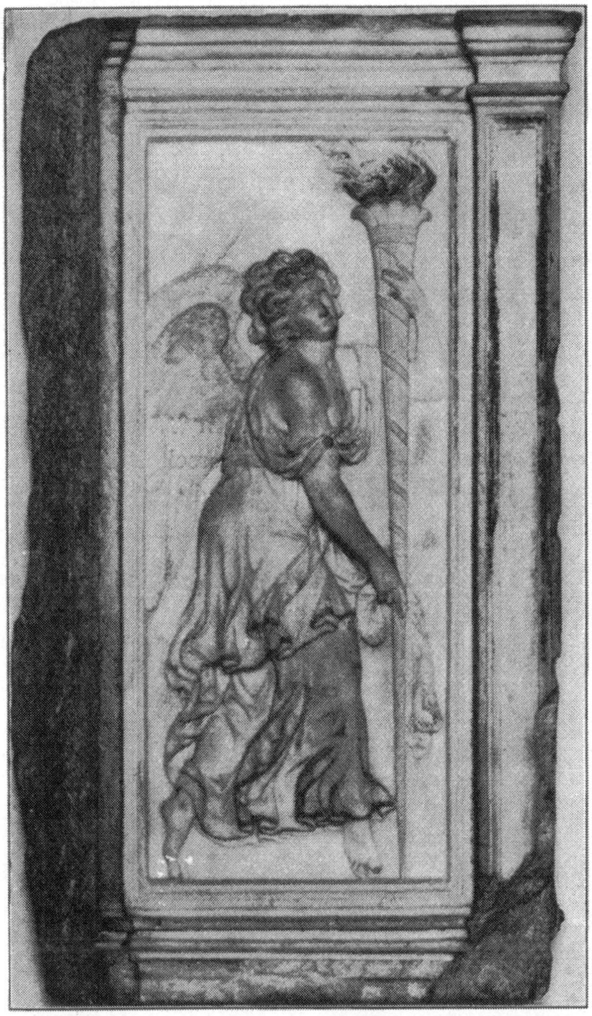

1976

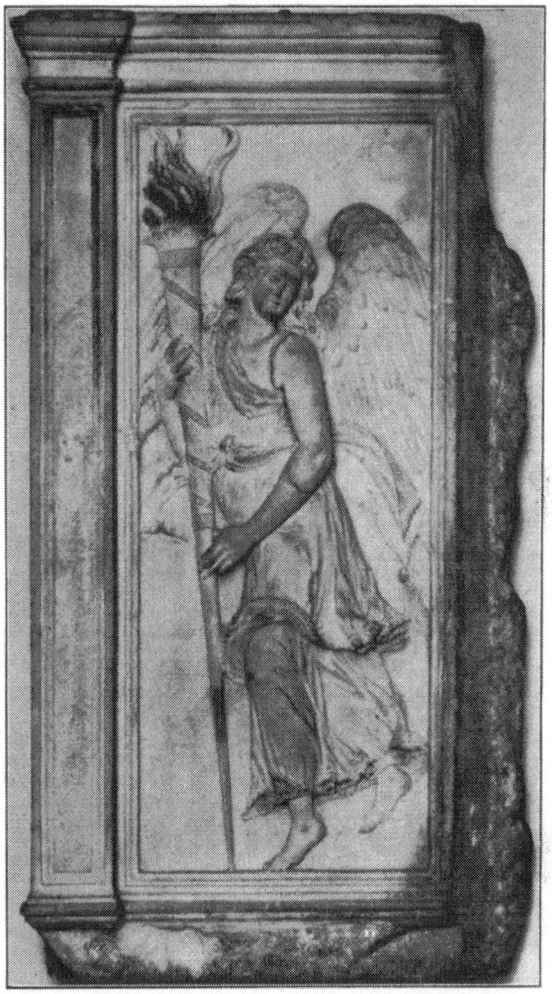

1977

Br. 37,5 cm. Der Block an der rechten Seite abgeschrägt. Ein Stück des linken Armes ausgebrochen und wieder eingesetzt. Mit Resten der alten Vergoldung und Bemalung. — Erworben 1892. Geschenk des Herrn Professor Sussmann-Hellborn.

1978. Architekturfragment (Vöge 376). Volutenförmig ausgebaucht, konvex gewölbt. Innerhalb der Umrahmung ein Cherub in Wolkengeringel, von vorn gesehen.

Flachrelief. Pentelischer Marmor(?). H. 49. Hinten unbearbeitet. Spuren alter Bemalung und Vergoldung in den Haaren und Flügeln des Engels sowie in der Laibung des Rahmens. — Erworben 1892. Geschenk des Herrn Professor Sussmann-Hellborn.

Ende 16. Jahrhundert. — Nr. 1976—1978 stammen von einem Grabmal in Innsbruck; und zwar nach Mitteilung H. Sempers von dem des Ulrich Hohenhauser von und zu Thierburg † 1600 und seiner Gattin. Dieses Grabmal, von dem sich noch zwei Reliefs im Ferdinandeum in Innsbruck erhalten haben, stand früher auf dem alten Friedhof in Innsbruck; vgl. Semper in der Zeitschrift des Ferdinandeums 3. Folge, Heft 40, S. 139; sowie Mitteilungen zur Geschichte des Heidelberger Schlosses Bd. II (1890) S. 141 ff. Nr. 1978, wohl der Untersatz für einen Pilaster oder eine hermenartige Figur, wird als Werkstattarbeit anzusehen sein.

2. Werke unbekannter Künstler

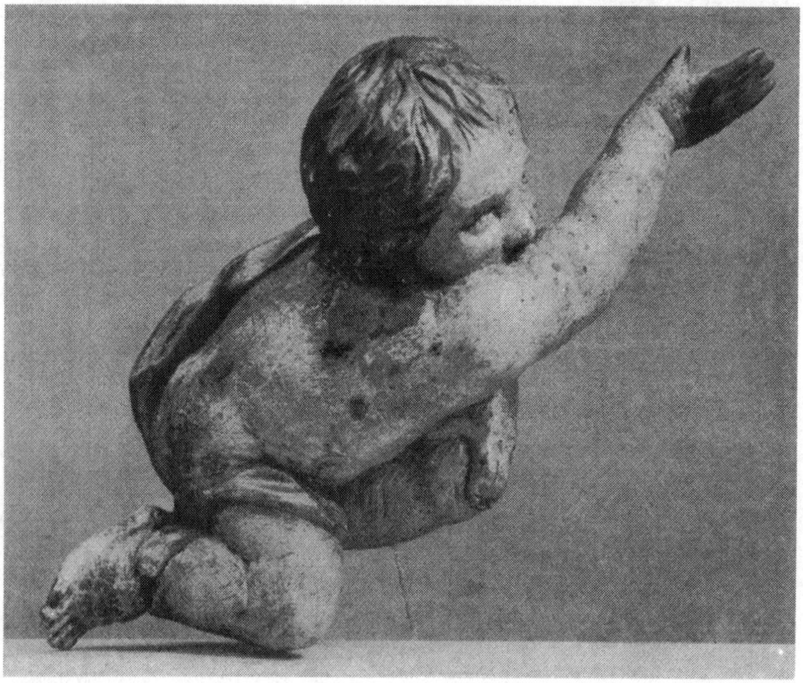

8318

8318. Putto, nach oben blickend, mit stark angewinkelten Beinchen fliegend, nur mit leichtem Tuch bekleidet, das den rechten Oberschenkel und die linke Rückenseite zur Schulter hinauf bedeckt. Der große Kopf wird von dem hochgehaltenen Arm bis zur Nase überschnitten. Die linke Hand stützt sich auf das linke Knie.

Lindenholz. Vollrund. Aufhängefläche am Rückentuche gekennzeichnet. Größtes Ausmaß 41,5. — Verlorengegangen die in Bohrungen auf der Schulter und im Nacken und in Ansatzfläche und Bohrung auf dem Hinterkopf befestigten Flügel. Abgebrochen der Daumen der rechten Hand, ergänzt die vier übrigen Finger. Rechter Fuß, alt angestückt, neu mit Nägeln befestigt; an seinem Gelenk hinten ein Stück eingesetzt. — Bemalung alt, rosa Fleischton, gelbblondes Haar, goldenes, rot grundiertes Tuch. An der Stelle, wo der Flügel saß, fehlt die Fassung. — Erworben 1922 aus Berliner Privatbesitz.

Süddeutsch, 16. Jahrhundert. — Wohl zu einer Marienkrönung gehörig.

5944. Kreuztragung. Christus ist unter der Last des Kreuzes zusammengebrochen. Simon von Kyrene, vom Rücken gesehen, hat den Kreuzesstamm ergriffen, um Christus zu helfen. Links ein sich nach Christus umwendender Krieger, der höhnisch grinsend zu Maria hinüberblickt. In der Rechten hält er den Strick, der um Christi Hüften gebunden ist. Hinter dem Kreuz zwischen Simon von Kyrene und Christus ein Jude, der ein Horn bläst. Hinter diesem eine klagende Frau, Maria, die von einer Begleiterin gestützt wird, und Johannes, der sich schmerzerfüllt abwendet. Im Hintergrund die Stadtmauer von Jerusalem. Links vorn in kleinerem Maßstabe der kniende Stifter mit seinem Wappen (zwei gekreuzte Hämmer, das Wappen der Nürnberger Familie Pilsacker).

In der ornamental gestalteten oberen Abschlußplatte zwei gegenständige Delphine mit Totenkopf, Sanduhr und Rankenwerk im Halbkreis und je einem Granatapfel mit füllenden Ranken in den Zwickeln.

Flachrelief. Solnhofener Stein. Die obere rechteckige Platte: H. 34,5, Br. 72; die untere fast quadratische: H. 75,5, Br. 73. Geringe Beschädigungen. — Erworben 1911. Geschenk des Herrn Julius Böhler, München.

Nürnberg um 1530. Es ist nicht unwahrscheinlich, daß der oberen Platte entsprechend eine gleichfalls rechteckige Tafel mit Inschrift den unteren Abschluß gebildet hat.

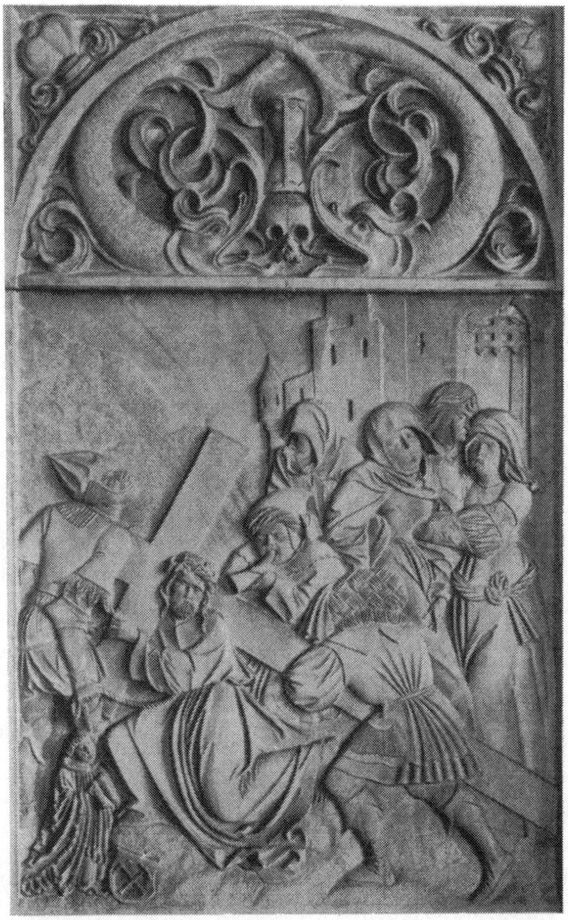

5944

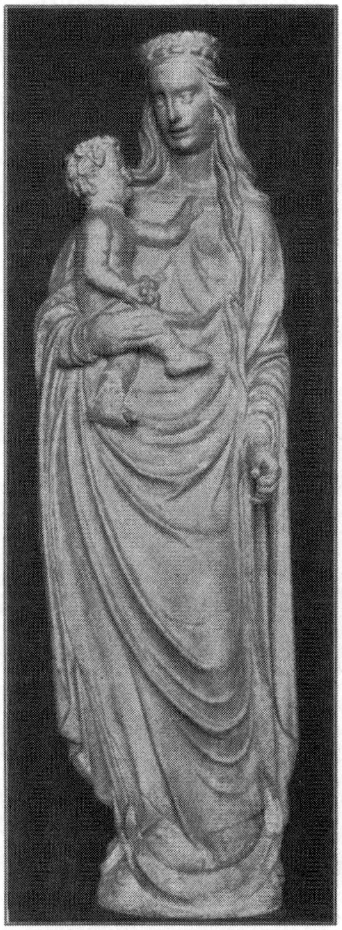

520

Zu vergleichen vor allem das dem Paul Vischer zugeschriebene Bronzeepitaph der Familie Eissen von 1522 in der Nürnberger Aegidienkirche; abgebildet bei Meller, Peter Vischer der Aeltere und seine Werkstatt (1925) S. 225; die etwa gleiche Reliefhöhe und das Fehlen von Unterschneidungen legt den Gedanken nahe, daß unser Epitaph ein Gußmodell sein könnte. Der Stil weicht von dem der Vischer-Werkstatt sowohl in der Raumfüllung, wie in der starken, nicht immer geglückten Bewegtheit der Figuren stark ab.

520. Madonna auf der Mondsichel (Vöge 197). Stehend, in leicht geschwungener Haltung, eine Krone auf dem langsträhnigen Haar, in der Linken ursprünglich ein Szepter, dem nackten Kind auf ihrem rechten Arme zusprechend. Auch der Mund des Kindes ist geöffnet, es streckt die Rechte der Mutter entgegen, in der Linken eine Traube haltend. Die Madonna in langem, glockenförmigem Überwurf (Paenula). An dem abgerundeten Sockel schwebt die Sichel.

Wandstatue. Sandstein. H. 161. Rückseite unbearbeitet. An den vorspringenden Teilen etwas beschädigt. — Erworben 1882 in Nürnberg.

Nürnberg um 1530—40. — Die Statue schmückte früher die Fassade des Rupprechtschen Hauses von 1534 in der Hirschelgasse zu Nürnberg (dort durch einen Abguß ersetzt).

383. Dudelsackpfeifer (Vöge 192). Stehend, im rechten Arm den Dudelsack, mit der Linken in seine Ledertasche greifend und schelmisch vor sich niederblickend; der vorgesetzte rechte Fuß

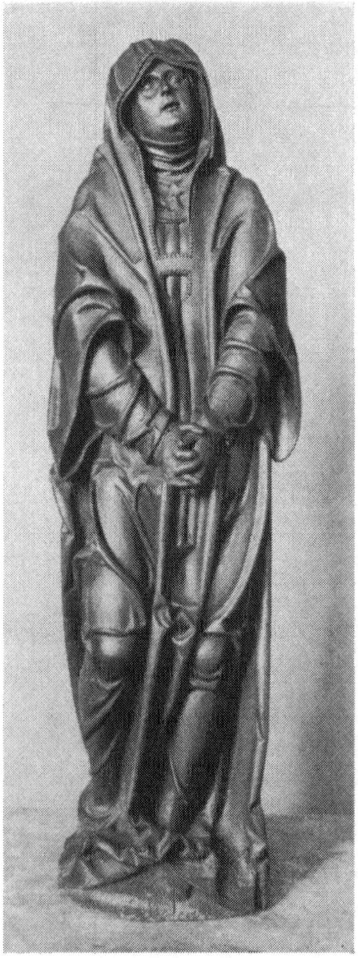

8355

berührt nur mit der Spitze den Boden. In gürtellosem, kurzem Rock mit Puffärmeln, einer Kapuze, um die ein Tuch geknotet ist, weiten Lederschuhen und Beinlingen.

Statuette. Lindenholz. Rückseite unbearbeitet. H. 68. Mit geringen Resten früherer Bemalung und Vergoldung in mehreren Schichten. Die (ursprünglich schon angesetzten) Mundstücke des Dudelsacks abgebrochen. Vier Finger der Rechten und ein Stück am Rücken ergänzt. — Erworben 1881 in Nürnberg.

Nürnberg um 1550/60. Mit Benutzung von Dürers Stich B. 91 von 1514.

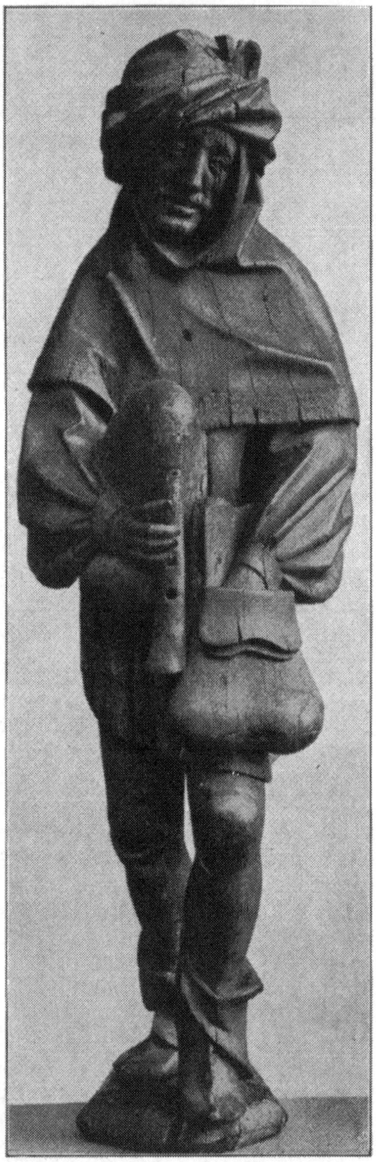

383 S. 379

8355. Klagende Maria aus einer Kreuzigungsgruppe. Maria steht mit schmerzvoll erhobenem Blick und gerungenen Händen da, den rechten Fuß etwas zurückgesetzt. Sie trägt ein Gewand mit langen anliegenden Ärmeln und ein Kopf und Hals umhüllendes Kopftuch, darüber einen langen Mantel mit weiten Ärmeln, dessen oberer Teil als Kapuze mit ornamental gezacktem Saum über den Kopf gezogen ist.

Wandstatue. Lindenholz, abgelaugt. H. 121 cm. Das letzte Glied des rechten Zeigefingers und die rechte Fußspitze fehlen. An der nur wenig bearbeiteten Rückseite ein vom Kopf bis zu den Füßen durchgehender fingerbreiter Spalt. — Erworben 1925 in München.

Süddeutsch um 1550.

515. Ritter Graenroth (Vöge 361). In reich verzierter Plattenrüstung kniet der Ritter nach links auf seinen Handschuhen am Kreuzesstamm, den Helm neben sich. Im Grunde die Auferstehung Christi: neben dem Engel, der, vor einer Grotte, die Grabplatte hält, links ein enteilender, rechts ein schlummernder Krieger.

Hochrelief. Gebrannter Ton. H. 39, Br. 22,5. Ergänzungen am rechten Fuß, den Händen, dem Schwert, an den oberen Ecken, dem Boden. — Kunstkammer (aus der Sammlung v. Hefner-Alteneck).

Aschaffenburg um 1580. Modell zu dem Bronzeepitaph des kurfürstlich mainzischen Rats Melchior von Graenroth († 1578?), das, 1584 von Hieronymus Hack gegossen, in der Stiftskirche zu Aschaffenburg hängt. (J. H. von Hefner-Alteneck, Trachten, Kunstwerke und Gerätschaften usw. IX, Frankfurt a. M. 1888, Taf. 609). Die andere Hälfte des Modells befindet sich in der städtischen Sammlung zu Aschaffenburg. — H. Hack, Rotgießer und kurfürstlich mainzischer Zeug- und Büchsenmacher, gestorben 4. Mai 1599; vgl. auch Bruhns, Würzburger Bildhauer der Renaissance (1923) S. 97.

2300. Apostel Petrus (Vöge 286). Stehend, das Haupt, wie im Gespräch, leicht nach links emporwendend, in der Rechten ein Buch und die Schlüssel, in der Linken das Ende des Mantels, der, togaartig über ein Untergewand mit Ärmeln geworfen, auf der linken Schulter aufliegt und vorne abgeglitten ist.

Statue, vollrund, die Rückseite nur abbozziert. Dolomitmarmor, H. 69,5. Auf viereckiger Plinthe. Rissig geworden. — Erworben 1898 in München.

Süddeutsch, Ende 16. Jahrhundert. — Nächstverwandt den Werken Hans Morincks aus Kärnten, der 1582 bis 1616 in Konstanz am Bodensee als Bildhauer wirkte; doch kaum eigenhändig. Zu vergleichen die Seitenstatuen des Annenaltars im Konstanzer Münster, sowie die Verkündigungsmadonna in Mühlhofen bei Überlingen; Abb. bei Feulner, Die Plastik des 17. Jahrhunderts (1926) Tafel 31; dort als Anna bezeichnet; beide Werke um 1590. Eine

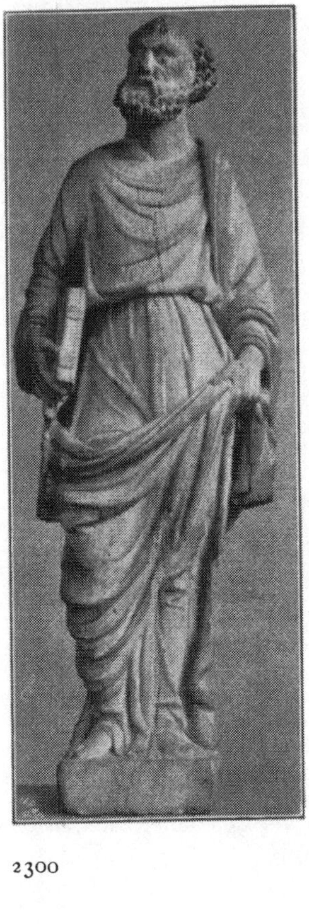

2300

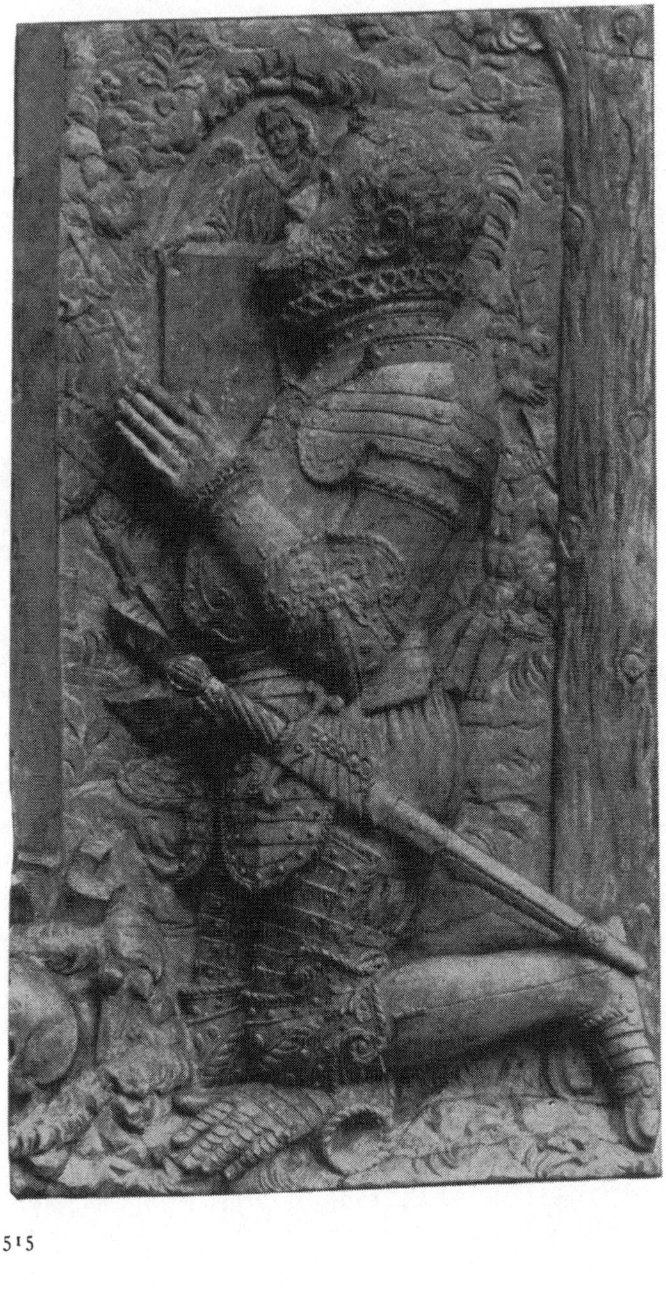

515

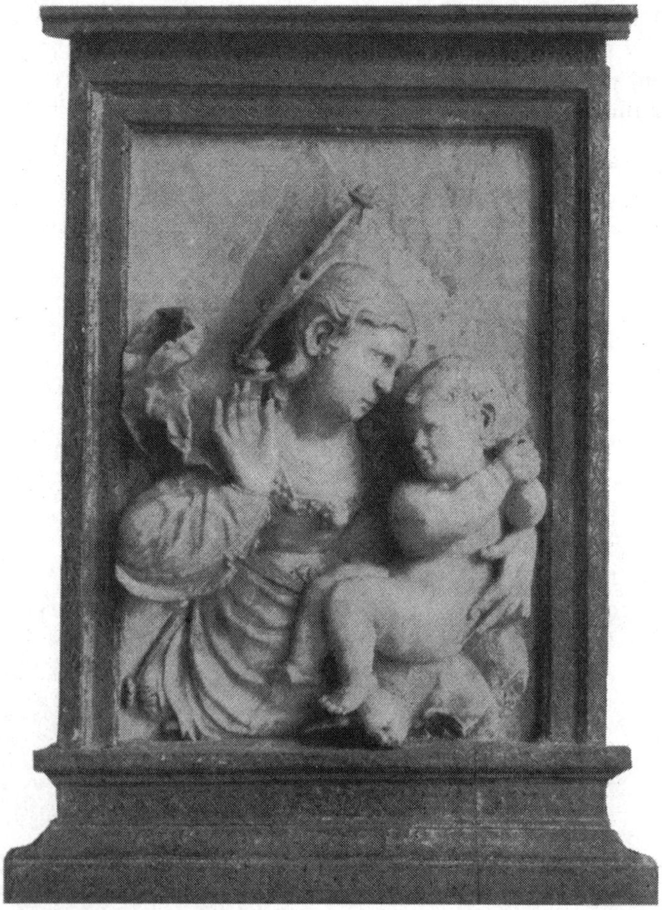

7770

Zusammenstellung der Arbeiten des Künstlers gab Fritz Hirsch im Repertorium für Kunstwissenschaft 20 (1897) S. 257 ff. Seither sind einige Stücke, ebenfalls in der Bodenseegegend, hinzugekommen.

7770. Maria mit dem Kinde. Maria, bis zu den Knien sichtbar, sitzt nach rechts gewendet auf einer gepolsterten Bank. Auf ihren Knien hält sie das lebhaft bewegte Kind, das ursprünglich in den zusammengepreßten Händchen einen Gegenstand hielt. Maria, die ihre rechte Hand erhoben hat, ist reich gekleidet. Auf dem Kopfe ein eigenartiger, unter dem Kinn mit einem Bande gehaltener Kopfputz: eine geflochtene, am Rande mit Edelsteinen besetzte Scheibe, auf der eine Krone ruht. Unter dem Fuß des Kindes ein geflügeltes Engelköpfchen. Hinter dem Zeigefinger der Maria ein Gegenstand, der vielleicht als Spielzeug (Kreisel oder Klapper) zu deuten ist.

Hochrelief. Alabasterartiger Marmor. H. 54,5, Br. 41,5. Mehrfach gebrochen. An einigen Stellen Reste alter Vergoldung. Der vergoldete, mit gepunzten Rankenornamenten verzierte Rahmen ist alt. Unter der vorstehenden oberen Abschlußleiste die Inschrift: AVE MARIA GRACIA PLENA DOMI. — Erworben 1917 aus dem Nachlaß des Herrn F. v. Harck, Schloß Seußlitz in Sachsen. Geschenk.

Niederländisch um 1530—35.

7037. Petrus. Stehend, mit vorgestelltem rechtem Fuß, in einem langärmeligen, bis zu den Füßen herabhängenden Gewand, das am Halse rund ausgeschnitten ist. Über den Schultern liegt ein Umhang, der über den Hüften breit gerafft ist. In der Linken hält er ein Buch, in der Rechten einen großen Schlüssel, an dem ein zweiter kleinerer hängt. Auf quadratischer Sockelplatte.

Statuette. Weißer Marmor. Rückseite abgeflacht. H. 52,5. — Erworben 1912. Geschenk des Herrn Dimitri Stschoukine, Moskau.

Niederländisch, Mitte 16. Jahrhundert.

7798. Der verlorene Sohn, im Vordergrunde inmitten seiner Herde kniend. Oben als Abschluß der Szene, unter einer Laube, an die sich nach rechts ein Haus anschließt, ein Gelage. Links zwei Musikanten. Rechts zwei Frauen, die aus dem Hause hervortreten, eine dritte blickt aus dem Fenster, vor dem ein Faß steht.

Halbrelief. Alabaster, z. T. vergoldet. H. 34,7, Br. 29. — Am Rande an verschiedenen Stellen beschädigt. Die rechte obere Ecke ist abgebrochen. — Erworben 1917. Geschenk.

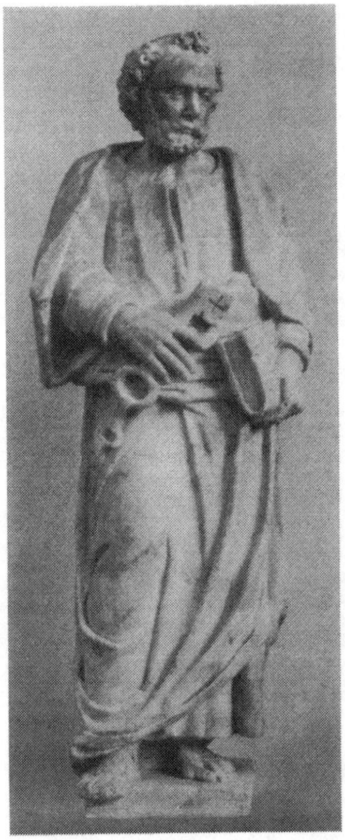

7037

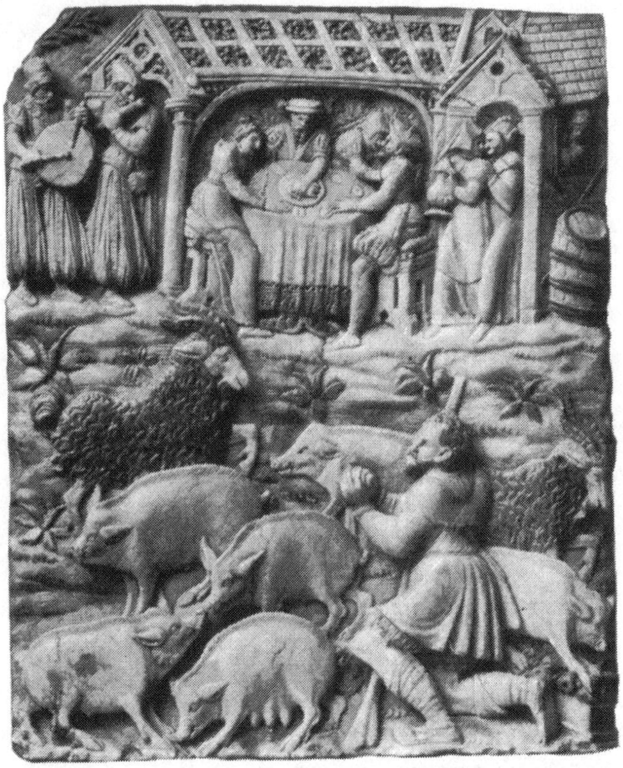

7798

Um 1570/80. Der verlorene Sohn mit Benutzung des Dürerschen Stiches von 1495 (B. 28). Die beiden Musikanten vielleicht nach Stichvorlagen des Melchior Lorch oder Franz Brun.

8058. Das Gastmahl des Herodes. Hinter einem gedeckten Tisch sitzen Herodes und Herodias. Rechts, am Kopfende des Tisches steht Salome mit warnend erhobenem Finger. Sie hat die Schüssel mit dem Haupt des Johannes auf den Tisch gestellt. Herodias, herabblickend, versucht mit einem Messer das Auge des Enthaupteten zu öffnen. Links, Salome gegenüber, steht ein Hofbeamter des Herodes. Im Vordergrunde, vor dem Tisch, ein Hündchen. Die Szene wird von einer reichen Renaissancedekoration gerahmt. Abb. S. 384.

Relief. Eichenholz, unbemalt. H. 52,5, Br. 59. Das Relief ist gewölbt; an zwei Stellen senkrecht gerissen. — Erworben 1918. Sammlung J. Simon.

Normandie, um 1510. Vom Chorgestühl der Kapelle des Schlosses Gaillon, vgl. W. Stechow, Ein Relief aus Schloß Gaillon, Amtl. Berichte der Berliner Museen 43 (1922) S. 33. Das Gestühl hat Kardinal Georg I. von Amboise nach 1501 anfertigen lassen. Wer der Künstler war, ist unbekannt. Die im Zusammenhang mit dem Gestühl genannten Künstler sind: Colin Castille, Pierre Cornedieu, Richard Guerpe und Richard de la Place. Reste des Gestühls befinden sich heute in der Kathedrale von St. Denis. Zwei Reliefs des Gestühls sind 1927 mit der Sammlung Amédée Prouvost, Roubaix bei Müller in Amsterdam versteigert worden (Katalog Nr. 477). Die Stücke waren gewölbt, H. 55, Br. 56 cm; dargestellt waren: »Esau verkauft seine Erstgeburt« und »das Haupt Johannes des Täufers wird Salome übergeben«.

8065. Jüngling. Stehend, in reicher Tracht mit einer Kette um den Hals, greift er mit der Rechten in eine mit Quasten geschmückte Tasche, die an einem schärpenartigen, vorn zusammengeknoteten

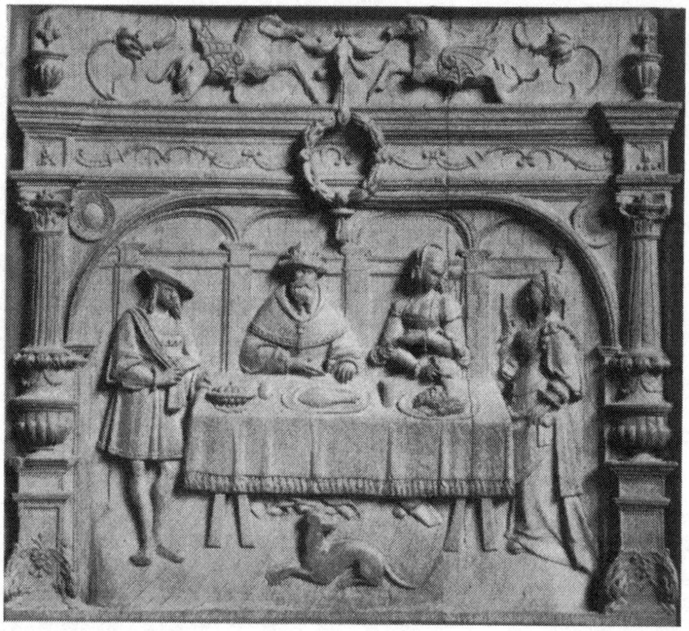

8058 S. 383

Bande befestigt ist. Der Rock reicht bis über die Knie herab. Er ist vorn offen und wird über der Brust mit einem Bande zusammengehalten. Die breiten Säume sind mit Buchstaben, die aber keine Worte ergeben, verziert. Vom Rücken fällt ein weiter, über den Armen zurückgeschlagener Mantel bis auf den Boden herab. Auf dem langen Lockenhaar ein Barett, das vorn mit einem Herz geschmückt ist. Die Schäfte der Lederstiefel, die in vorn geschlitzten und mit einem Lederriemen über dem Spann gehaltenen Kuhmäulern (franz. souliers camus) stecken, hängen herab.

Statue. Sandstein. H. 61. Rückseite bearbeitet. Reste alter Bemalung und Vergoldung. An den Mantelsäumen beschädigt. Ein Gegenstand, den er in der Linken hielt, ist abgebrochen. — Erworben 1918. Sammlung J. Simon.

Französisch um 1520. — Früher Sammlung Gavet.

8164. Maria mit dem Kinde. Maria, mit einer Krone auf dem in langen Locken herabfallenden Haar, hält mit beiden Händen das bekleidete Kind. Dieses hält in der Linken eine kleine Krone, mit der Rechten spielt es mit seiner Halskette. Über dem linken Arm hängt ein Spruchband. Maria trägt ein gegürtetes, den Hals frei lassendes Kleid und einen Mantel darüber, der über beiden Armen liegt und in breiten Falten sich über den Leib hinzieht. Sie steht auf einem rechteckigen, an den vorderen Ecken abgeschrägten Sockel, der mit breitvorstehenden Profilen und einem Schriftband im vorderen Felde verziert ist.

Statuette. Sandstein. H. ohne Sockel 35, mit Sockel 41. Rückseite flach bearbeitet. Reste alter Vergoldung und Bemalung. Das Ornament am Mantelsaum ist erneuert. Beschädigungen an der Krone der Maria und an vier Stellen des Sockels. Die Statuette scheint in den Sockel eingelassen zu sein. — Erworben 1918. Sammlung J. Simon.

Französisch um 1520. — Die Anklänge an den Stil der Gotik des 14. Jahrhunderts sind bei französischen Werken dieser Zeit nicht auffallend. Interessante Beispiele bei Paul Vitry, Michel Colombe (1901), der auf S. 309 seines Buches diese stilgeschichtliche Erscheinung gewürdigt hat; vgl. auch die Abbildungen daselbst S. 309, 316, sowie bei Köchlin und Marquet de Vasselot, La sculpture à Troyes (1900) Abb. 37—39.

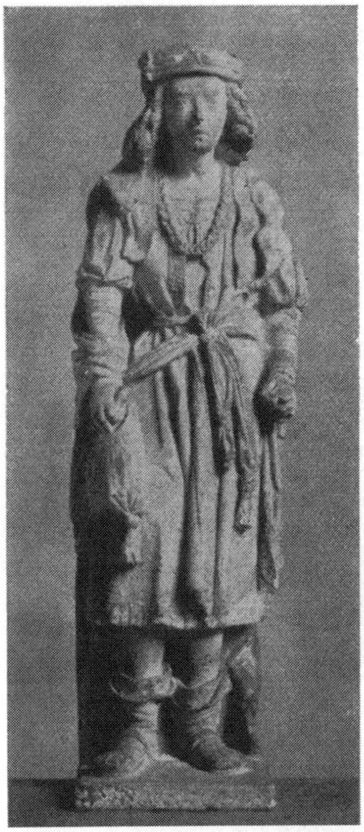

8065 S. 383

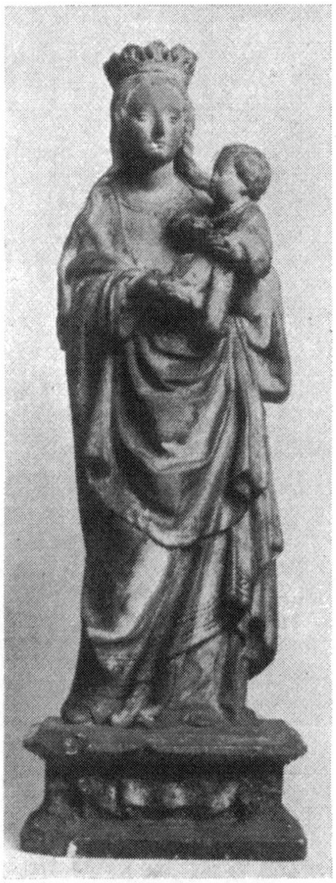

8164

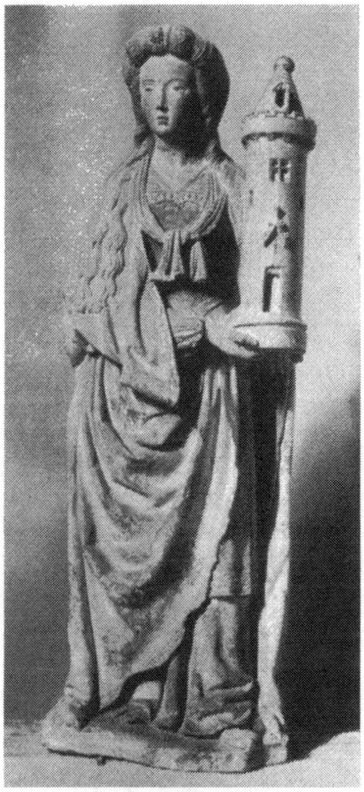

8063

8063. Barbara. Die Heilige, stehend, hält mit beiden Händen den Turm an ihrer linken Seite. Sie trägt ein Kleid mit engem Mieder und einen Mantel, der von den Schultern bis auf den Boden herabfällt und vorn unter dem linken Arm hochgezogen ist. Auf dem in langen Locken herabfallenden Haar ein turbanartig gebundenes Tuch, dessen beide Enden vorn herabhängen und über der Brust übereinander geschlagen sind.

Statue. Sandstein. H. 121. Rückseite flach berarbeitet. Mit Resten der alten Bemalung und Vergoldung. Von der Plinthe ist vorn ein Stück abgebrochen. — Erworben 1918. Sammlung J. Simon.

Nordfrankreich (Normandie?) um 1520. Das weiche, wenig artikulierte Gesicht in vielen gleichzeitigen französischen Arbeiten; vgl. z. B. im Cluny-Museum die Steinstatue einer Barbara Nr. 351 (Katalog von 1922), die etwas früher anzusetzen ist; für die Tracht vor allem die Madonna von Le Breuil (Marne) ebenda Nr. 705, und die Susanna von Schloß Chantelle (Allier) im Louvre, Katalog von 1922, Nr. 300.

8060. Bathseba im Bade. Sie sitzt im Hofe eines Schlosses, nur mit Hemd und Kopftuch bekleidet, auf einer Steinbank am Rande eines Wasserbeckens. Eine Dienerin trocknet ihr das rechte Bein. Links eine Brunnensäule, die durch einen Löwenkopf ihr Wasser in das Becken ergießt; auf der Säule ein Flammenbecken; unten, an dem breiteren Teil, ein Medaillon mit Darstellung vom Tod des Urias. Der Hof wird begrenzt links von dem Palast, hinten einer Säulenhalle mit Terrasse und rechts einem mit Zinnen abgeschlossenen Gebäude, über dem ein Turm sichtbar ist. Fensterrahmung, Friese und Balustraden sind mit Renaissancedekoration versehen. Links auf dem Dache des Palastes David mit der Harfe, zu Bathseba herabblickend, und ein Begleiter;

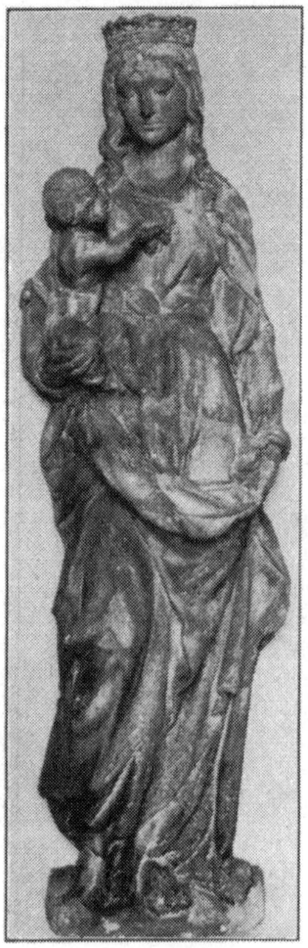

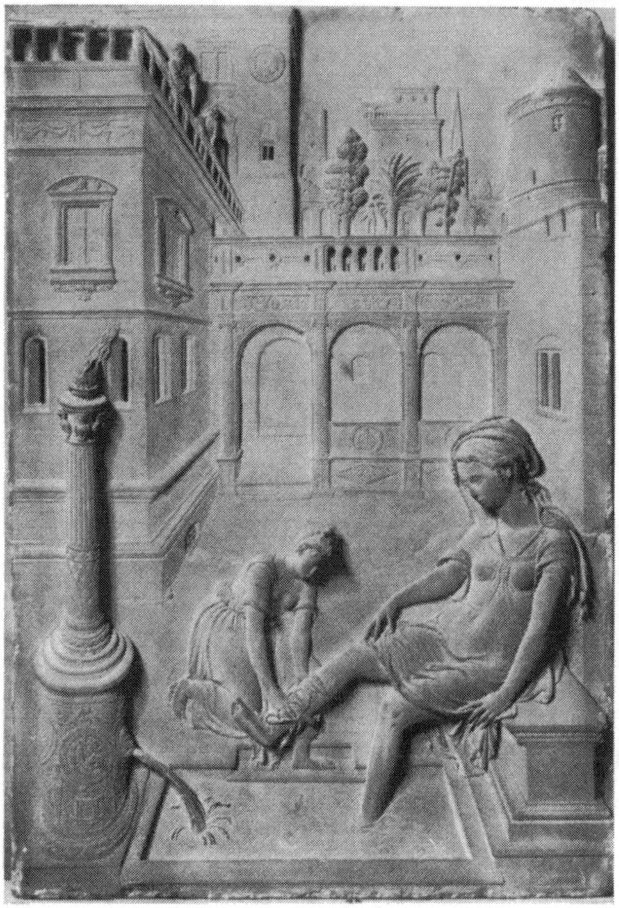

2421 8060 S. 385

rechts über ihm an der Palastfassade eine Sonnenuhr. Über dem Säulengang Blick auf eine Stadt mit Bäumen davor und einer breiten Freitreppe, auf der ein Mann geht.

Flachrelief mit einzelnen scharf unterschnittenen Teilen und Vertiefungen in den Fenstern. Sandstein. H. 72, Br. 51. Unbemalt. In der unteren Hälfte ein horizontal verlaufender Bruch. Links oben an der Balustrade eine Auskittung. Der Wasserstrahl der Brunnensäule ergänzt. Kleine Bestoßungen an verschiedenen Stellen. — Erworben 1918. Sammlung J. Simon.

Französisch um 1530. — Früher Sammlung Foulc in Paris.

2421. Maria mit dem Kinde (Vöge 353). Stehend, mit Krone, zu dem Kinde niederblickend, das, mit einem leichten Schurz bekleidet, auf ihrer rechten Hand sitzt, ihr eine Traube und eine Birne (?) entgegenhaltend. Maria ist barfuß, um die Taille legt sich ein Zeuggürtel; ihr Mantel, den sie mit der Linken empornimmt, ist vorn durch ein Band zusammengehalten. Viereckige Fußplatte.

Wandstatue. Kalkstein. H. 100. Rückseite glatt. Mit Spuren von Bemalung und Vergoldung, die Farbe schwärzlich und zusammengetrocknet. In der Mitte gebrochen; der linke Fuß und beide Füße des Kindes beschädigt. Die Oberfläche ist durch langen Aufenthalt im Freien mitgenommen. — Erworben 1899 in Paris.

Französisch um 1550. Eine verwandte Madonna befindet sich in der Sammlung Besse-Paris (Exposition des Primitifs français en 1904, Nr. 336, Phot. Giraudon 4669). Ebenso wie dieses ist auch unser

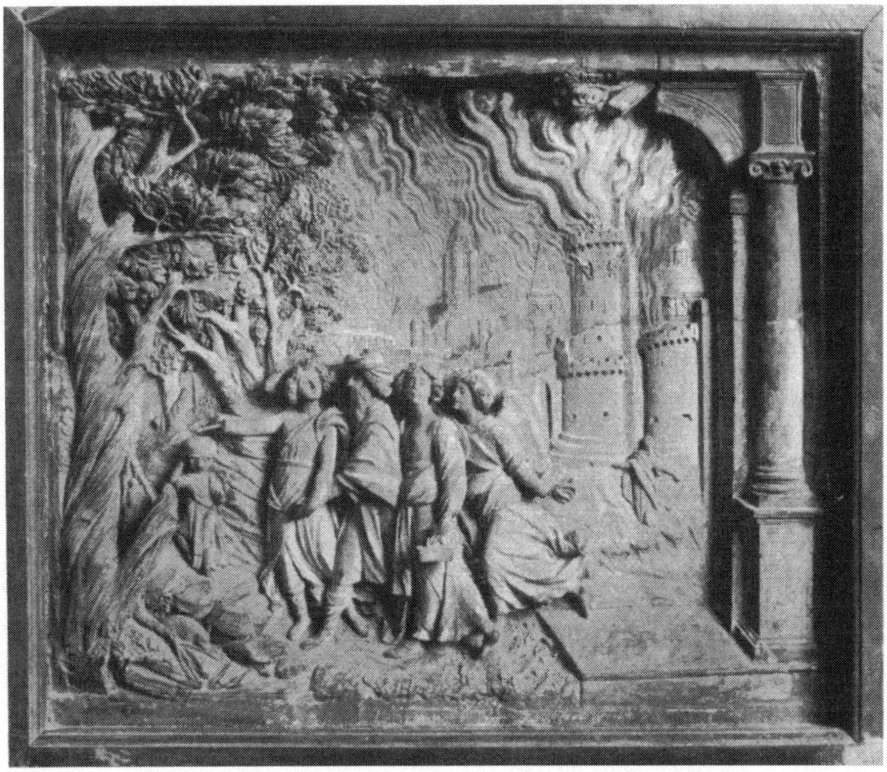

7838

Stück kaum in der Champagne zu lokalisieren, da die Verwandtschaft mit dortigen Arbeiten nicht deutlich genug erscheint.

7838. Loths Flucht aus Sodom. Loth mit einer Tochter, von zwei Engeln geleitet, flüchtet aus dem brennenden Sodom. Links in einer von Bäumen überschatteten Felsschlucht die vorausgeeilte zweite Tochter, die einen Korb auf ihrem Kopfe trägt. Loths Frau, zur Salzsäule erstarrt, rechts im Hintergrunde vor der Stadtmauer. Am rechten Bildrand eine größeres Architekturfragment, ein Pfeiler mit dem Stück eines Bogens und vorgestellter Säule. Unten links die eingeritzte Signatur: F. S. F.

Hochrelief. Gebrannter Ton, an einigen Stellen in neuer Zeit mit roter Farbe überstrichen. H. 46, Br. 56. Mehrfach gesprungen und gekittet. Abgebrochen die rechte Hand des führenden Engels und die linke Hand des Engels am weitesten rechts. — Erworben 1918. Geschenk des Herrn H. Klausner, Berlin.

Monogrammist F. S. — Frankreich, spätes 16. Jahrhundert.

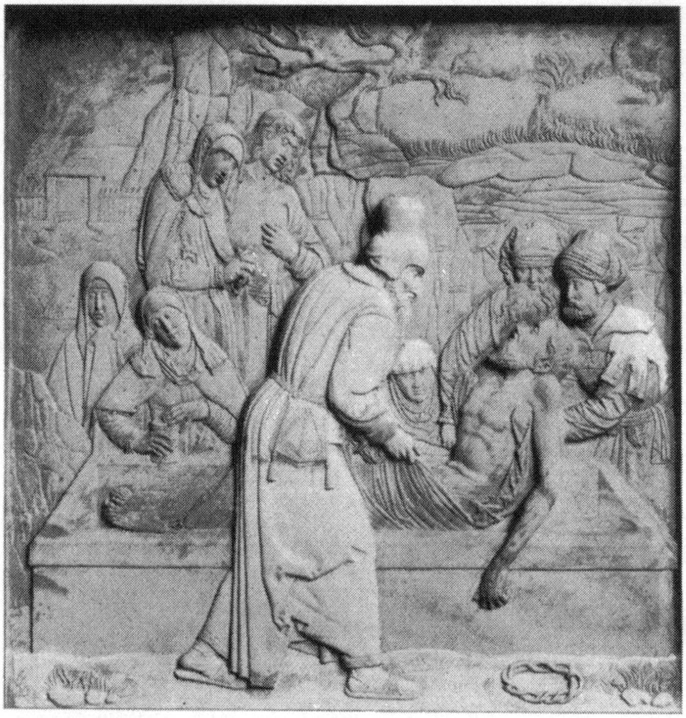

1589

Die Bildwerke des 17. Jahrhunderts

1. Süddeutschland

1589. Die Grablegung Christi (Vöge 288); nach Dürers Holzschnitt B. 44 in der kleinen Passion.

Halbrelief. Solnhofener Stein. H. 70, Br. 75,5. — Erworben 1889 in München. Geschenk des Herrn Generalkonsul Thieme in Leipzig.

Süddeutsch. Erste Hälfte 17. Jahrhundert. Das Relief gehört zu den retrospektiven Arbeiten des Schweigger-Kreises. Eng verwandt sind die verschiedenen von Schweigger selbst gearbeiteten Reliefs (in Wien, Braunschweig und Brügge) nach Dürerschen Vorlagen.

8338. Die Dreieinigkeit, auf Wolken thronend, rechts Gottvater, links Christus mit entblößtem Oberkörper und ausgebreiteten Armen, in der Mitte oben die Taube des hl. Geistes. Rechts und links je ein Engel mit Leidenswerkzeugen. In den Wolken geflügelte Engelköpfchen.

Lünettenrelief. Sandstein. H. 48,5, Br. 115,5. Unbemalt. Aus zwei Stücken zusammengesetzt; die Fuge verläuft senkrecht rechts von der Figur Gottvaters. Das Relief weist mehrere horizontal und schräg verlaufende lange Risse auf. Ergänzt sind Teile der Marmorsäule und der rechte Arm des sie fassenden Engels, die linke Hand Gottvaters und das Kreuz mit den Armen und Händen des Engels rechts. — Erworben 1924 aus Privatbesitz in Freiburg (Baden).

Oberschwäbisch, Anfang 17. Jahrhundert. Aus Biberach a. d. Riß. Stilistisch mit den Werken der aus Waldsee in Oberschwaben gebürtigen Brüder Zürn nächstverwandt, doch mehr mit der Holz-

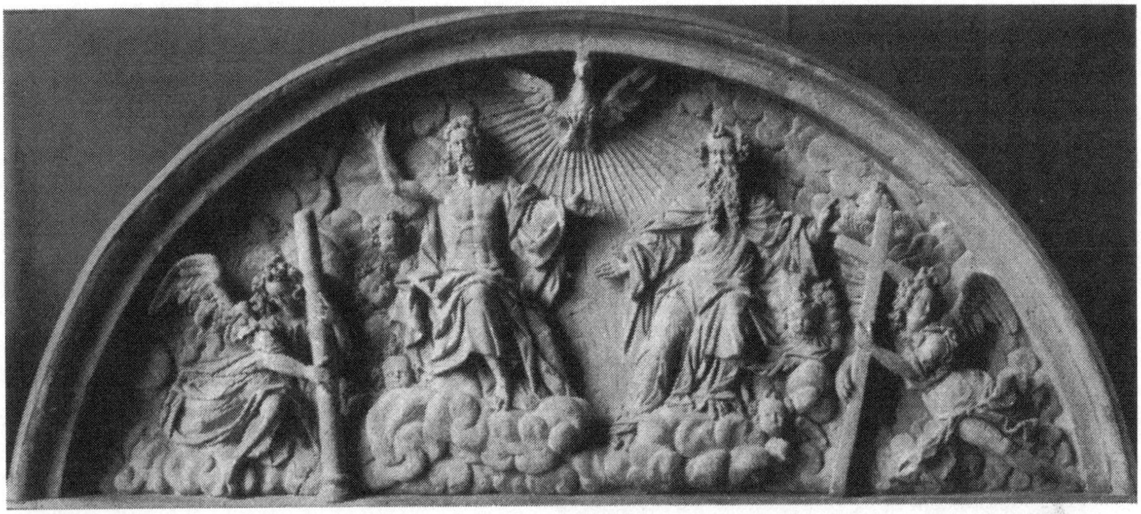

8338

plastik, als mit den von Guby veröffentlichten weit geringeren Grabsteinen, die Martin u. Michael Zürn während ihres Wirkens im östlichen Oberbayern schufen. — Vgl. R. Guby, Die Bildhauer Martin und Michael Zürn, Passau 1927; Abb. 7—10. — Ein Trinitäts-Relief, das gegenständlich und auch stilistisch dem unsern sehr nahe steht, findet sich im Kreuzgang des Benediktinerklosters Metten in Niederbayern, dort von dem Abt Johannes Nablas 1613 gestiftet: Inventar B. A. Deggendorf S. 172 Abb. 129. Ein zweites von 1615 (Himmelfahrt Mariae) ebenda, ohne Abbildung. — Guby, hierin A. Feulner folgend, hat beide einem Straubinger Meister geben wollen, der dem Christoph Murmann (Augsburg) ähnelt. Allein gegenüber der festgeschlossenen Komposition des Augsburger Meisters bezeichnen die Mettener Arbeiten und unser Steinrelief deutlich eine spätere Stufe. Der Unterschied oder Fortschritt ist etwa dasselbe wie der von Hans Morinck zu den Gebrüdern Zürn. Vgl. Guby, Die niederbayrischen Donauklöster S. 34 Tafel 19; Feulner über Christoph Murmann in Monatshefte für Kunstwissenschaft (1914) S. 219 sowie in dem Tafelband »Die deutsche Plastik des 17. Jahrhunderts« (1926) S. 39, Tafel 20. An der letzteren Stelle eine Charakteristik der Murmannschen Kunst, die den oben genannten Unterschied ebenfalls hervortreten läßt. — Vgl. Möhle, Jahrbuch der Preuß. Kunstsammlungen 51 (1930).

7957. Weibliche Heilige, in geschwungener Haltung stehend; in der hochgenommenen Linken und der schräg nach unten ausgestreckten Rechten hielt sie ursprünglich ein Attribut. Auf dem nach rechts gewandten Kopf eine sehr reiche Frisur mit einem Band im Haar. Bekleidet mit einem bis auf die Füße fallenden langärmeligen Gewand, das den Hals frei läßt, und mit einem darüber liegenden bis zu den Knien reichenden weit ausgeschnittenen Überkleid mit kurzen Ärmeln; auf dem rechten Ärmel ein kugeliges Schmuckstück. Dicht unter der Brust eine Gürtung durch ein Tuch. Auf der linken Schulter und dem linken Oberarm liegt ein mantelartiger Überwurf, der quer über den Rücken gezogen ist und unter dem rechten Arm seitlich in den Gürtel gesteckt ist, so daß sich ein fallender Bausch bildet. Abb. S. 390.

Wandstatue. Lindenholz. H. 166. Rückseite hohl. Mehrfach alt gestückt (beide Arme und Hände sowie zwei seitliche Stücke der Gewandung). Die alte Bemalung und Vergoldung ist zum Teil unter späterer Übermalung erhalten. — Erworben 1920 in Stuttgart.

Oberschwäbisch, Anfang 17. Jahrhundert. Aus der Gegend von Waldsee (Oberschwaben). Verwandt den frühen Arbeiten des älteren Zürn. Die Figur stammt aus dem gleichen Altar wie eine hl. Katharina, die sich jetzt im German. Museum in Nürnberg befindet; doch dürfte die letztere Figur, stärker und graziöser bewegt, von anderer Hand geschnitzt sein.

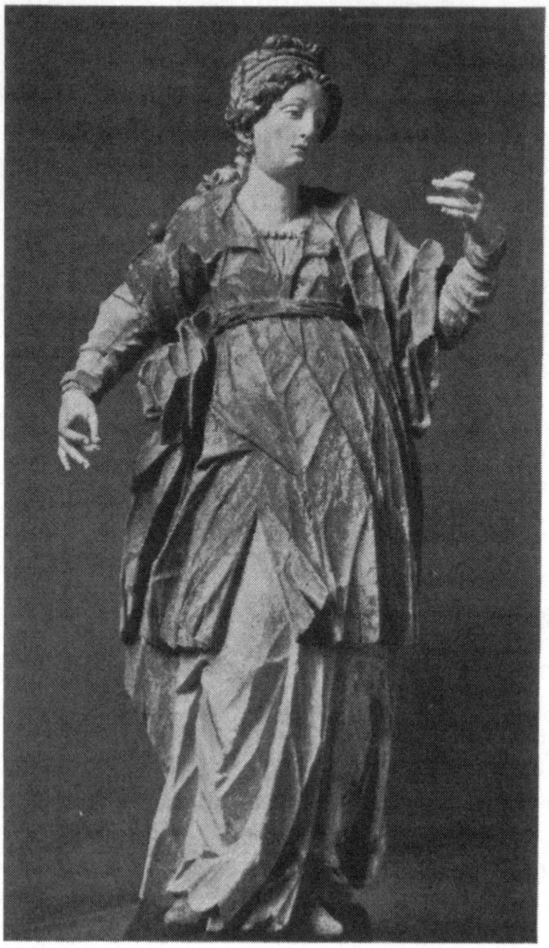

7957 S. 389

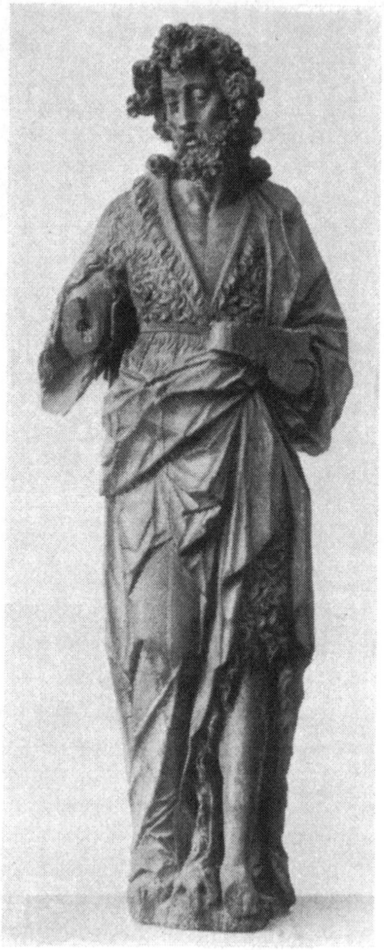

8294

8294. Johannes der Täufer. Stehend mit etwas zurückgesetztem rechtem Bein und leicht nach links gewandtem bärtigem und lockenreichem Kopf. In der Linken hielt er ein Buch mit dem Lamm, in der Rechten wird er ein Stabkreuz getragen haben. Auf der linken Schulter liegt ein langer Mantel, der quer über den Rücken und unter dem rechten Arm her vorn über den Leib gezogen ist und von dem linken Arm an den Körper gedrückt wird. Darunter ein in der Hüfte gegürtetes Fell, das Hals und Brust, die Arme und das linke Bein frei läßt; es endigt neben dem linken Fuß in einem Tierkopf. Auf kleiner runder Standplatte.

Wandstatue. Lindenholz. H. 134. Vollrund, der Rücken etwas flacher gearbeitet. Reste der alten Bemalung, besonders am Mantel (rot). Es fehlen der rechte Unterarm, der angestückt und verdübelt war, ferner die linke Hand mit dem vorderen Teil des Buches, das Lamm und an drei Stellen des Gewandes vorstehende Faltenstücke, die angeleimt waren. Abgebrochen sind mehrere Lockenenden vorn am Kopf, der Rand der Standplatte sowie die vorderen Teile der beiden Füße und des Tierkopfes; die Bruchstellen sind vermorscht. Die Mantelsäume und Faltengrate mehrfach bestoßen. — Erworben 1922 in Berlin.

Jörg Zürn (Überlingen) um 1612—13. — Die Statue, die in der gelockerten Behandlung der Haare, wie in der Anatomie die Hand des Meisters zeigt, vertritt in der Geschlossenheit des Umrisses und in der zurückhaltenden Feinfühligkeit, mit der das Geistige wiedergegeben wird, seinen frühen Stil. Unter

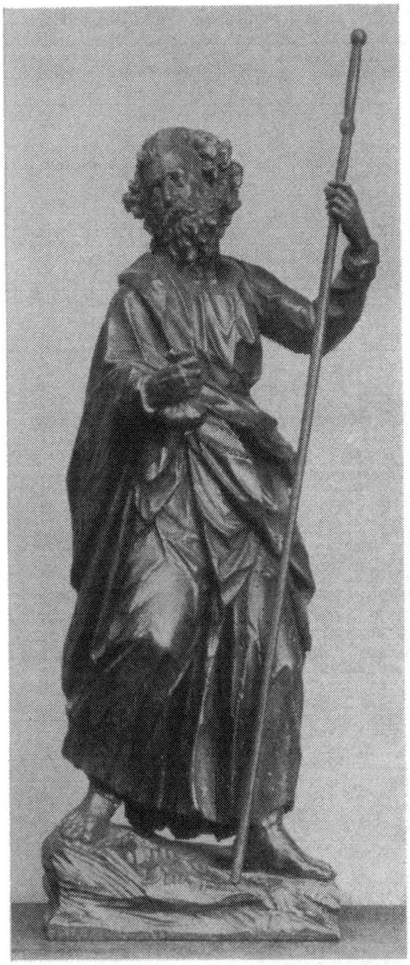

7826 S. 392

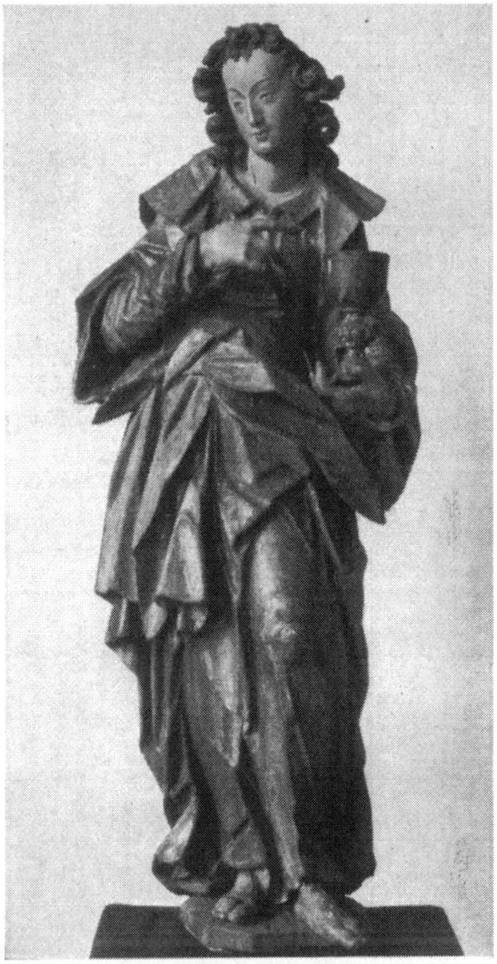

8433

den Werken am Bodensee steht ihr am nächsten Jörg Zürns Marientod vom Betzaltar im Überlinger Münster (1610). — Vgl. Möhle in der Zeitschrift »Berliner Museen« 51 (1930) S. 30.

8433. Johannes der Evangelist. In geschwungener Haltung mit vorgesetztem linken Bein stehend, in der Linken den Kelch, auf den er mit der Rechten weist. Bekleidet mit einem bis auf die Füße reichenden langärmeligen Gewand mit umgeschlagenem Kragen; darüber liegt ein seitlich links hochgenommener langer Mantel. Die unbekleideten Füße stehen auf einer kleinen polygonalen Standplatte.

Wandstatue. Lindenholz. H. 100. Rückseite ausgehöhlt, aber durch ein altes, flach gearbeitetes Stück geschlossen. Alte, teilweise beschädigte Fassung: Gewand grün, Mantel gold lackiert auf Silber, Futter rot, Haar dunkelbraun. Mehrfach alt gestückt (seitliche Gewandpartien, rechter Unterarm mit Hand); die linke Hand ist besonders geschnitzt und eingesetzt. Der ebenfalls aus besonderem Stück gearbeitete Kelch wohl nicht zugehörig. Der linke Zeigefinger zur Hälfte abgebrochen. Die Locken leicht beschädigt; an Hals und Schultern drei Risse. — Erworben 1929 in München.

Martin und Michael Zürn. Gebürtig aus Oberschwaben, tätig im östlichen Oberbayern und im Innviertel, später auch in Konstanz. — Um 1640. — Ein mit dem unsrigen fast identischer Johannes befand sich in der Bekrönung des 1906 abgebrochenen Altars der Stephanskirche in Braunau. Kleine Abb. bei Guby, Die Kunstdenkmäler des österreichischen Innviertels (1921) Abb. 66. — Vgl. Möhle in »Berliner Museen« 51 (1930) S. 32. Feulner, Die deutsche Plastik des 17. Jahrhunderts, Tafel 53.

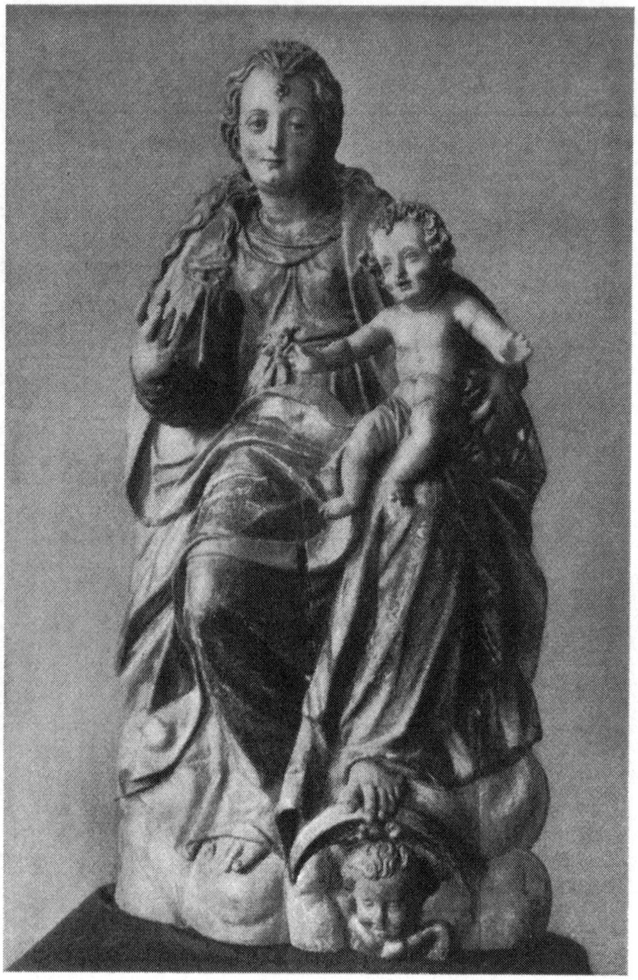

8430

7826. Judas. Mit lockigem Haar und halblangem Bart. Er wendet sich, noch einmal zurückblickend, zum Fortgehen. In der Rechten hält er den Beutel. Der linke Arm, der jetzt falsch ergänzt ist, war erhoben. Er trägt ein bis an die Knöchel reichendes, mit langen Ärmeln versehenes Gewand, das in der üblichen Weise gegürtet ist. Über dem Gewand liegt ein Mantel, der von der rechten Schulter über Arm und Rücken herabfällt. Ein Mantelende ist unter dem linken Arm nach vorne genommen. Abb. S. 391.

Statuette. Lindenholz. H. 47,3. Braun gebeizt. Mit geringen Resten alter Vergoldung. Der linke Arm und der Terrainsockel sind ergänzt. An beiden Füßen Bruchstellen. Der Kopf und der rechte Arm sind besonders geschnitzt und angestückt. — Erworben 1918. Geschenk eines Ungenannten.

Süddeutsch, 1. Hälfte 17. Jahrhundert. — Eng verwandt, vielleicht von derselben Hand, zwei sitzende Figuren, Christus und ein bärtiger Apostel, einem größeren Zyklus entstammend, die sich 1927 im holländischen Kunsthandel befanden.

8430. Maria mit dem Kinde, auf Wolken sitzend, setzt ihren linken Fuß auf die Mondsichel, unter der ein Engelskopf hervorsieht. Sie hält mit der Linken das Kind, das lebhaft die Arme ausbreitend auf ihrem linken Oberschenkel sitzt. Die Rechte hielt, wie meist bei diesem Typus, ein Szepter. Sie blickt sinnend auf den Beschauer, das Kind heiter geradeaus. Maria ist mit

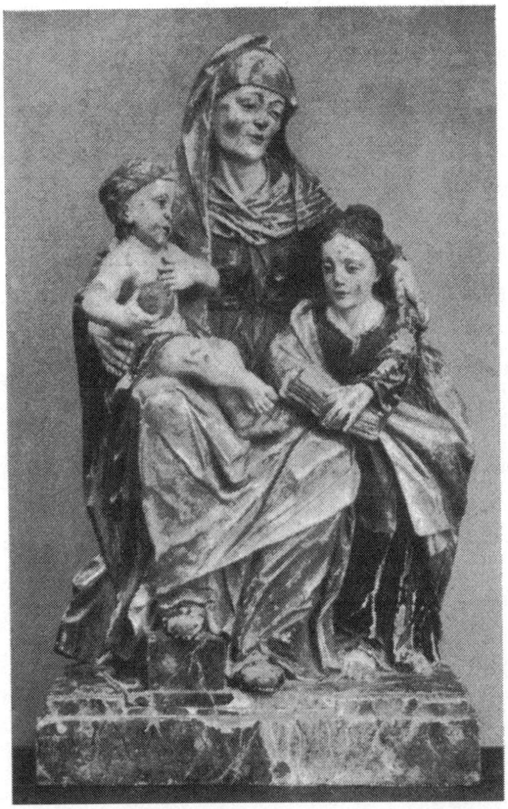

7835 S. 394

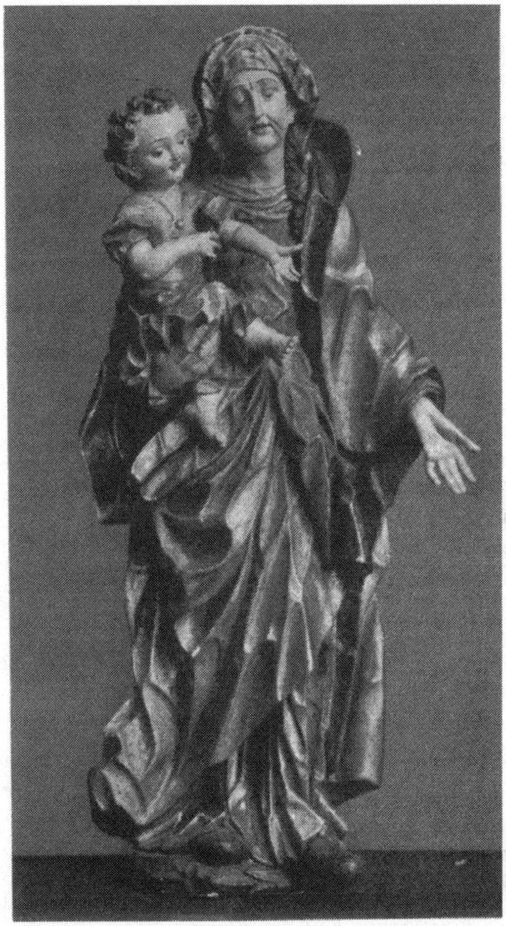

8368 S. 394

einem langärmeligen Kleide und einem weit darüber fallenden, die linke Schulter und den rechten Oberschenkel bedeckenden Mantel bekleidet, das Kind nur mit einem Lendentuch. Auf dem Haar der Mutter ein Kopftuch, an dessen einem Zipfel ein Schmuckstück über die Stirne herabhängt.

Wandstatue. Lindenholz. Rücken leicht ausgehöhlt. H. 136,5. Ein großer vertikaler Sprung im rechten Oberschenkel der Maria, ein kleinerer im Leib des Kindes; die Finger der linken Hand des Kindes sind abgebrochen. Alte Bemalung und Vergoldung, letztere stellenweise erneuert. — Erworben 1928 in Donauwörth. Geschenk der Herren Alfons Heilbronner und Arthur Goldschmidt in Berlin.

Bayrisch um 1640. — Aus Penzing bei Wasserburg am Inn. Es liegt nahe, die beiden Brüder Martin und Michael Zürn aus Waldsee, die damals die Wasserburger Kanzel u. a. Werke schufen, als Urheber anzunehmen. Doch ist nicht zu übersehen, daß sowohl die Wasserburger Figuren der Zürn, wie ihre in der Anordnung mit unserer übereinstimmende, auf Wolken thronende Mondsichelmadonna in Braunau einen weit manierierteren Charakter tragen: vgl. bei Guby, Die Bildhauer Martin und Michael Zürn (1927) im Titelbild und Abb. 1—6 den Typus des Kindes wie den der Mutter, die Behandlung der Haare, des Mundes, der Gewandfalten. Die weiche und natürlichere Schönheit unseres Stückes, der ruhige Fluß der Gewandung, der offene Blick und die viel stärkere Innerlichkeit nähert sich der schwäbischen Art des Hans Degler, vor allem dessen Hauptwerken, dem Mittelstück des Hochaltars von Unterhausen bei Weilheim (Bayern), 1621, sowie der Hausmadonna in Weilheim selbst, abgebildet bei Feulner, Die

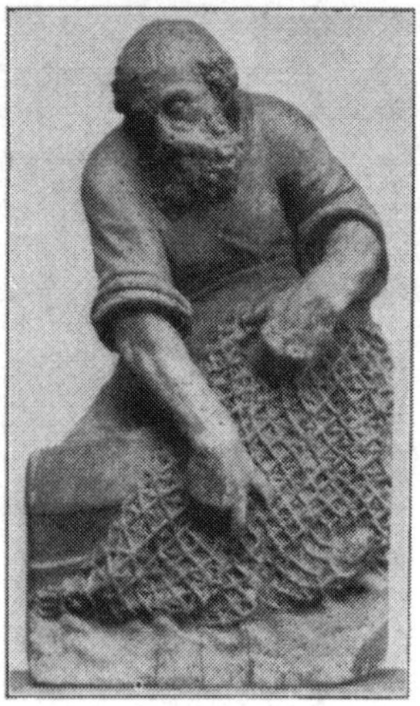

526

deutsche Plastik des 17. Jahrhunderts, Tafel 45. Doch ist unsere Madonna entwicklungsgeschichtlich etwas später anzusetzen als diese beiden Werke.

8368. Anna mit dem Christuskind. Stehend, das linke Bein etwas vorgesetzt, die linke Hand ausgestreckt; auf ihrer Rechten sitzt das Kind mit spielend bewegten Ärmchen; es trägt ein langes Kleid mit weit aufgeschlagenen Ärmeln; in dem lockigen Haar sitzt vorn ein Schmuckstück. Die mit ihrem Oberkörper und Kopf leicht vorgebeugte Anna ist bekleidet mit einem bis auf die Füße fallenden langärmeligen Gewand, das in der Hüfte geschnürt ist. Darüber trägt sie einen weiten Mantel, dessen Saum oben am Nacken und vorn rechts neben der Brust umgeschlagen ist und kragenartig hochsteht. Ein Stück des Mantels ist von links her vor dem Leib hochgezogen und an der Schnürung des Gewandes befestigt. Über den Kopf ist ein Tuch gelegt, unter dem rechts eine lange Locke hervorquillt. Die Füße stecken in großen, derben Schuhen. Die runde Sockelplatte ist mit einem Lorbeerkranz umwunden. — Rechts eine jugendliche Maria zu denken, die Hand der Anna wohl anders als jetzt zu drehen. Abb. S. 393.

Wandstatue. Lindenholz. H. 116. Rücken hohl. Die beiden Arme des Kindes und die linke Hand der Anna sind aus besonderen Stücken gearbeitet und eingesetzt. Die alte Fassung ist gut erhalten (Inkarnat, Mantel golden, sein Futter grünblaue Lüsterfarbe, Gewand grüne Lüsterfarbe, Kopftuch weiß mit blaugrünen und roten Streifen, Haar braun, Gewand des Kindes versilbert). Am Sockel fehlt rechts ein Stück. — Erworben 1925 in Cöln.

Bayrisch, 1. Hälfte 17. Jahrhundert. — Nach Angabe des Vorbesitzers aus Landshut stammend.

7835. Anna selbdritt. Anna sitzend, das rechte Bein hochgestellt, hält mit der Rechten den nackten Christusknaben, der auf ihrem rechten Oberschenkel sitzt. Rechts, sich an die Mutter anlehnend, die jugendliche Maria, die ein Buch in den Händen hält. Auf zugehörigem Stufensockel. Abb. S. 393.

Wandgruppe. Lindenholz. H. 71 (mit Sockel). Mit alter Bemalung und Vergoldung. Die Bemalung ist an einigen Stellen abgerieben. Die Arme der Maria, sowie der linke Fuß und der linke Unterarm des Kindes sind ergänzt. Alte Anstückungen am Kopf des Kindes, an den Gewändern und am Sockel. An der rechten Schulter der Anna ein tiefer Riß; am Gewand der Maria ist ein Stück ausgebrochen. — Erworben 1918. Geschenk.

Oberrheinisch, zweite Hälfte 17. Jahrhundert. Aus Freiburg i. B.

8415. Crucifixus. Stark herabhängend mit nach vorn geneigtem Kopf, hochgezogenen Knien und übereinandergelegten Füßen. An der rechten Seite eine klaffende Wunde. Auf dem Haupt eine dicht geflochtene Dornenkrone. Das Lendentuch ist mit einem rechts sichtbaren doppelten Strick festgehalten.

Statue. Lindenholz. Rückseite bearbeitet. H. 202, Br. 142 (Spannweite der Arme). Der Kopf durch Feuchtigkeit beschädigt, von der Dornenkrone vorn ein Stück ergänzt. Arme und Unterschenkel angesetzt; Bruchstellen unterhalb der Knie. Am Oberkörper mehrere ausgekittete Risse; an verschiedenen Stellen, am Oberkörper, an den Armen und Beinen, alt eingesetzte Stücke. — Erworben 1928 in Berlin.

Oberbayrisch, Mitte 17. Jahrhundert. — Aus einer Feldkapelle bei Reutte, wo ihn der frühere Besitzer, der Maler Schulte im Hofe, erwarb.

526. Petrus fischend (Vöge 359). Ein bärtiger Fischer mit kahlem Schädel neigt sich über Bord, ein Netz aus dem Wasser ziehend; im Netz ein Fisch.

Hochrelief, ohne Grund. Lindenholz. H. 49. Ohne Bemalung. Wurmstichig. Die Nasenspitze, der Daumen der rechten Hand und die Ecke unten rechts sind abgebrochen. — Erworben 1882 in Nürnberg.

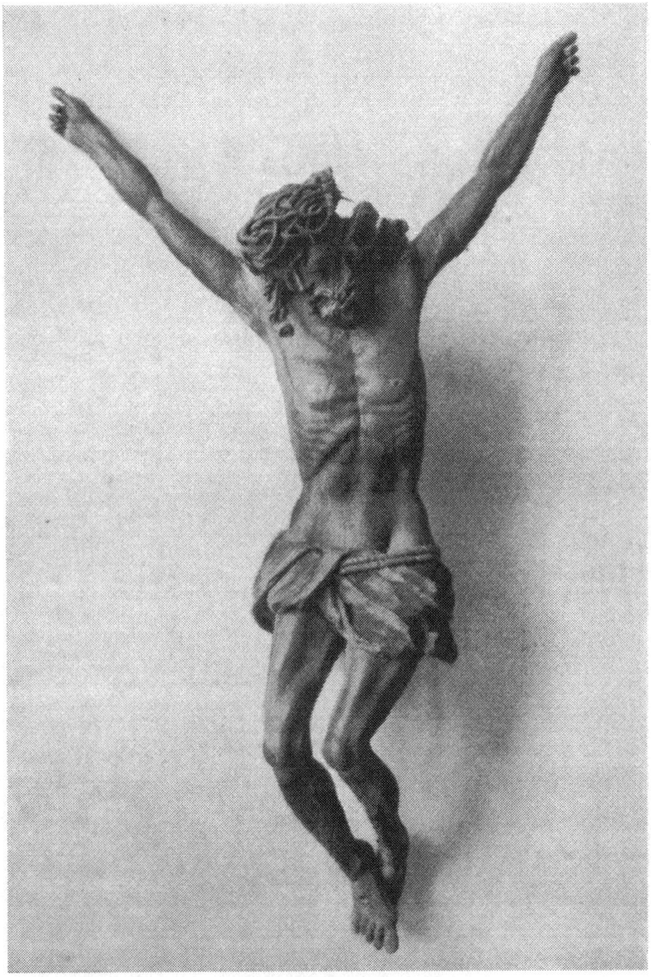

8415

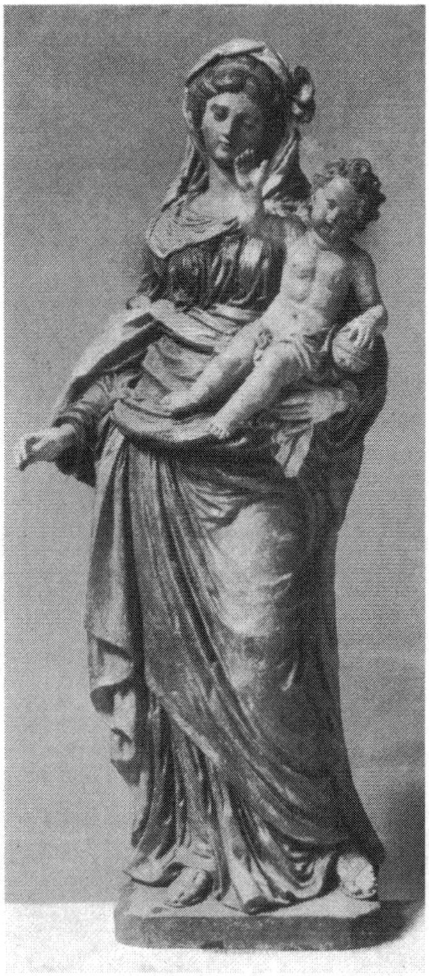

5919

Süddeutsch 17. Jahrhundert. — Unter dem Einfluß venezianischer Arbeiten des 16. Jahrhunderts; vgl. bei Planiscig, Venezianische Bildhauer der Renaissance (1921) besonders die Reliefs des Sansovino-Schülers Tiziano Minio S. 394. 395; von Jacopo Sansovino selbst, in dem Relief im Santo in Padua, ebenda S. 359, die Figur des bärtigen Alten ganz links. In Deutschland wird der Einfluß dieser Meister erst später wirksam, vor allem in den Arbeiten Hans Morincks in Konstanz; ich glaube nicht, daß unsere Figur mit der weichen, malerisch zusammenfassenden Behandlung der Haare und auch des Netzes vor dem 17. Jahrhundert entstanden ist.

5919. Maria mit dem Kinde. In leicht geschwungener Haltung stehend, das linke Bein in schreitender Bewegung zurückgesetzt. Mit der Linken hält sie das nackte Kind, das auf einem Tuch sitzt; seine Rechte ist segnend erhoben, die Linke liegt auf einer Weltkugel. Maria in einem langärmeligen Kleid mit weitem Umhang darüber und einem Kopftuch auf dem reichfrisierten Haar. An den nackten Füßen trägt sie Sandalen. Auf rechteckiger, an den Ecken abgeschrägter Fußplatte.

Wandstatue. Gebrannter Ton. H. 103. Rücken flach bearbeitet. Alt bemalt. Von zwei Zehen des linken Kinderfußes sind die Spitzen abgebrochen. Am rechten Arm der Maria ist ein Stück der Ärmelfalten weggebrochen. Ergänzt sind die rechte Hand der Maria und die Finger der rechten Hand des

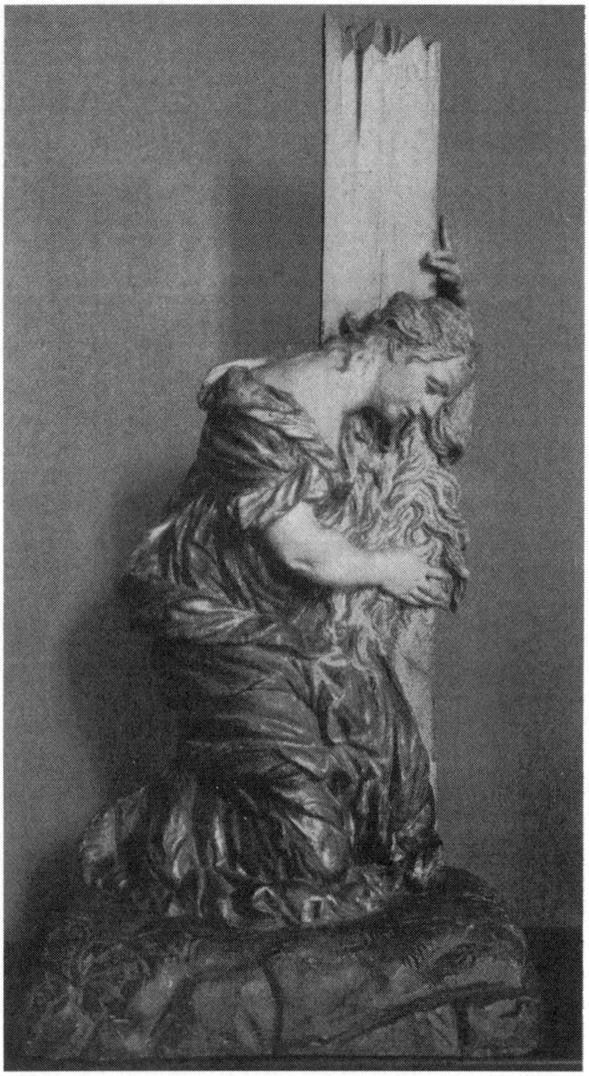

7721

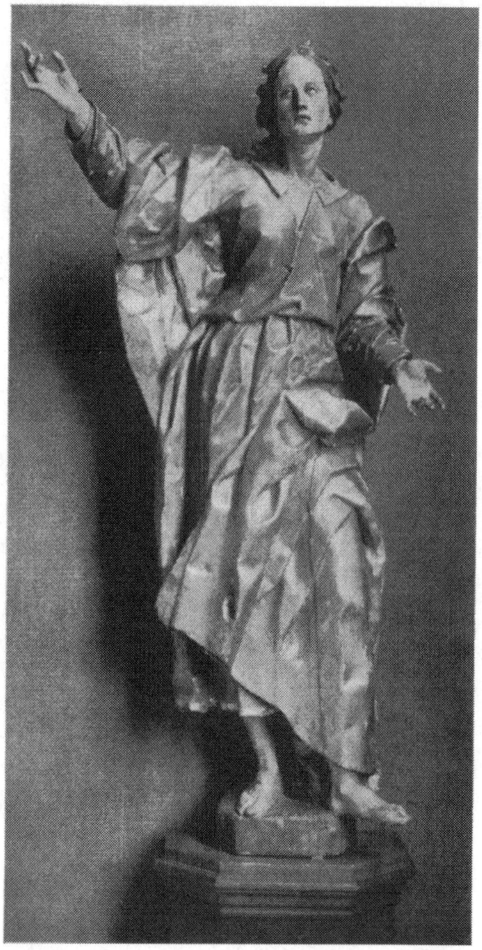

8211

Kindes mit einem kleinen Teil der Handfläche. Auf dem Rücken eine 8 cm hohe und 4,5 cm breite Aussparung. — Erworben 1910 in München.

Lothringisch, 17. Jahrhundert. — Eine offenbar derselben Werkstatt entstammende Madonnenfigur befindet sich im Musée Lorrain in Nancy (unter Nr. 175); eine zweite in Privatbesitz in Potsdam; die letztere stammt ebenfalls aus Lothringen.

7721. Hl. Magdalena. Mit lang herabfallendem Haar am Kreuzesstamm kniend und ihn umfassend. Sie trägt ein Kleid mit weitem Halsausschnitt und hochgeschlagenen Ärmeln, darüber einen Mantel, der von der rechten Schulter herabgeglitten ist. An den Füßen Sandalen.

Wandstatue. Lindenholz. H. 175 (H. der Fig. 123). Rückseite hohl. Alte, an einigen Stellen erneuerte Fassung. Der obere Teil des Kreuzes und der untere Rand der Figur samt dem Sockel war abgefault und wurde von Professor Wackerle ergänzt. — Erworben 1915 in Frankfurt a. M.

Mittelrheinisch (Gegend von Mainz), Ende des 17. Jahrhunderts. Der zugehörige Cruzifixus angeblich noch in einer Kirche der Mainzer Diözese, doch waren die Nachforschungen nach ihm bisher erfolglos. Abgebildet und besprochen bei L. Bruhns, Deutsche Barockbildhauer (1925) S. 25 f. Abb. 22.

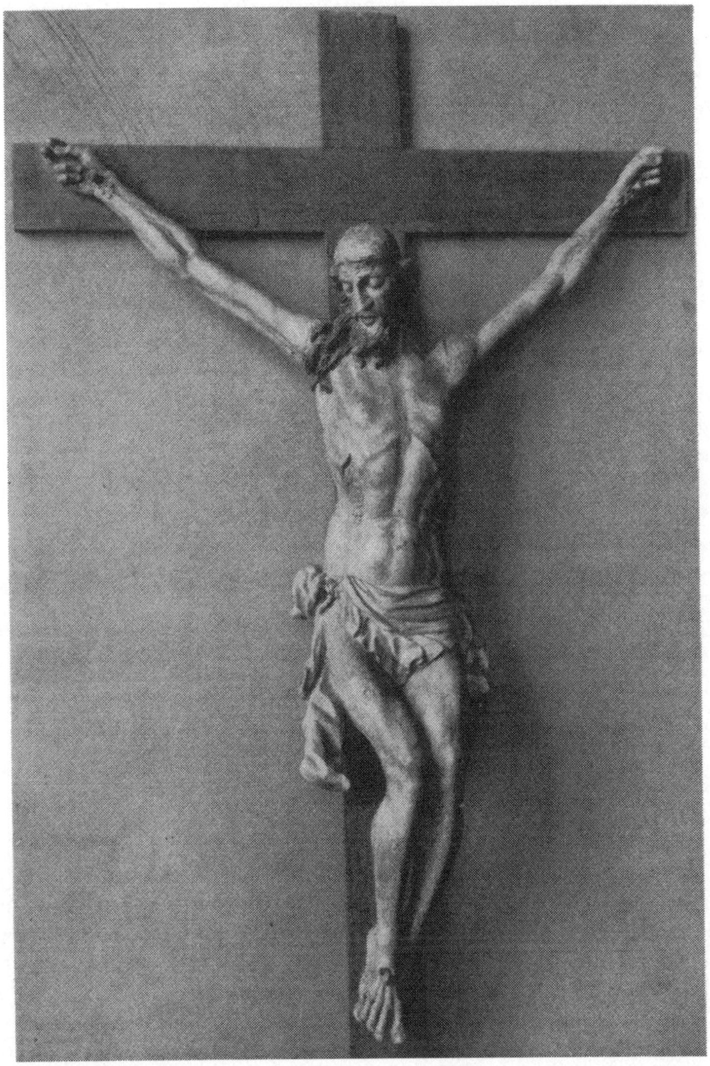

8212

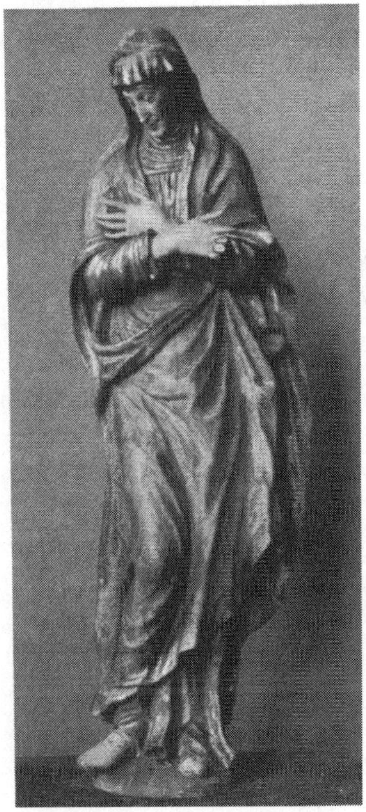

8213

8212. 8213. Crucifixus mit trauernder Maria.

8212. Crucifixus mit übereinandergenagelten Füßen und nach vorn gebogenen, zusammengepreßten Knien. Das bärtige Haupt leicht nach links geneigt.

Wandfigur. Lindenholz. H. 186. Rückseite hohl. Die Arme aus besonderen Stücken gearbeitet. Alte Fassung. Das Kreuz modern. — Erworben 1922 in München.

8213. Trauernde Maria, mit leicht seitlich gestelltem rechtem Bein auf einer kleinen rundlichen Standplatte stehend, den Kopf nach links gewandt, den Blick abwärts gerichtet. Die Arme sind vor der Brust zusammengelegt. Über dem bis auf die Füße reichenden langärmeligen Kleid trägt sie einen über den Kopf gezogenen Mantel; Kopf und Hals sind außerdem in ein festschließendes Tuch gehüllt.

Wandfigur. Lindenholz. H. 173. Rückseite hohl. Die alte Fassung freigelegt. Die Hände aus besonderen Stücken. Vier Finger der rechten Hand beschädigt. Am Mantelsaum rechts einige Stücke ausgebrochen, im Sockel vorn ein Stück ergänzt. — Erworben 1922 in München.

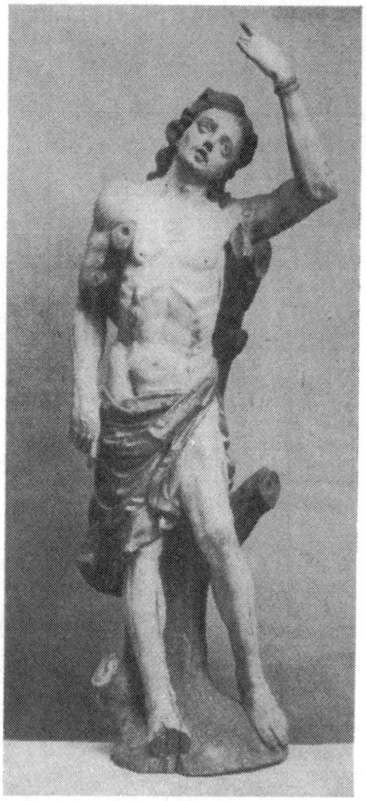
7999

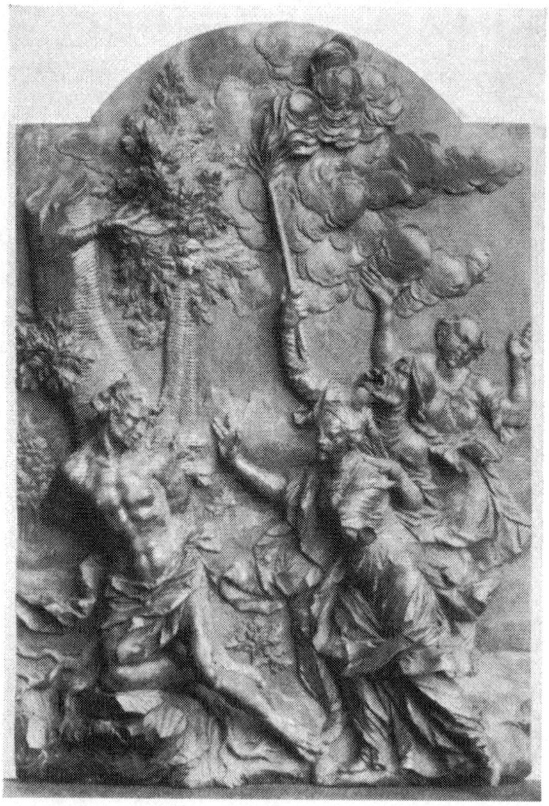
8435

Bayrisch oder österreichisch (Inngegend), Ende des 17. Jahrhunderts. — Auf derselben Stilstufe, doch derber in der Mache, der von R. Guby 1690 datierte Gnadenstuhl eines unbekannten Meisters in der Spitalskirche zu Braunau am Inn; vgl. R. Guby, Die Kunstdenkmäler des oberösterreichischen Innviertels (1921) S. 53. 85 Abb. 95.

8211. Johannes unter dem Kreuz, mit pathetischer Klagegebärde. Den rechten Arm hat er zum Kreuz erhoben. Er trägt ein am Halse offenes, in den Hüften geschürztes Gewand mit einem Mantel darüber. Langes Lockenhaar fällt bis in den Nacken herab. Auf kleinem viereckigem, an den Ecken abgeschrägten Sockel.

Wandstatue. Lindenholz. H. 152. Rückseite ausgehöhlt. Mit alter, nur wenig beschädigter Bemalung. — Erworben 1921. Geschenk des Herrn M. v. Nemes, München.

Schwäbisch(?), Ende 17. Jahrhundert. — Die Stilstufe und Empfindungsweise entspricht ungefähr den Arbeiten des Thomas Schwanthaler; doch stammt unsere Figur offenbar aus einer andern, noch nicht näher bestimmbaren Bildhauerwerkstatt.

7999. Sebastian. Nackt, nur mit einem Schurz bekleidet, an einen Baumstumpf gelehnt. Starke, unter den Armen vorkommende Äste stützen ihn. Um das Handgelenk des hocherhobenen linken Armes ist ein Strick geschlungen. Langes Lockenhaar fällt bis auf die Schultern herab.

Wandstatue. Lindenholz. Rückseite bearbeitet. H. (bis zum Scheitel) 144; (bis zur Hand) 153. Alte Bemalung. Der linke Fuß und ein Stück des Terrainsockels sind abgebrochen. An der rechten Hand fehlt der kleine Finger, die übrigen Finger sind beschädigt. Der linke Arm ist an der Schulter angesetzt und mehrfach gestückt. Die Finger der Hand sind abgebrochen. Mehrere Pfeillöcher. — Erworben 1921 in München.

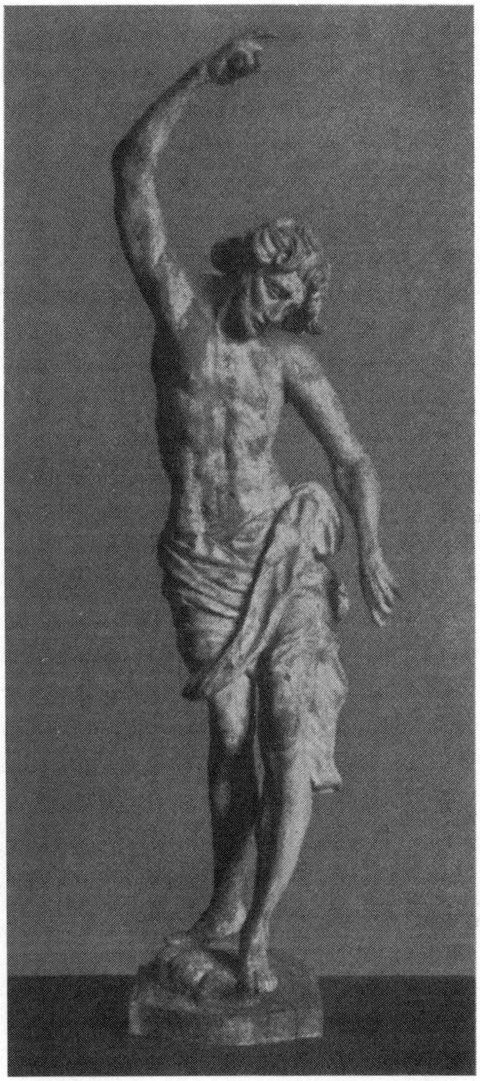

8455

Oberösterreichisch (Innviertel) um 1660—70. — Vergleiche die Sebastiansfigur des Thomas Schwanthaler in Eitzing, abgebildet bei R. Guby, Die Kunstdenkmäler des oberösterreichischen Innviertels (1921) S. 48 f. Abb. 83. Ob unsere Figur von derselben Hand ist, oder nur im engsten Zusammenhang mit Schwanthalers Arbeiten entstand, bleibt noch zu untersuchen. Die Gesamtauffassung, die Anordnung und auch das Physiognomische zeigen enge Verwandtschaft.

8435. Sebastian, in einer Landschaft links an einen Baum gebunden, wird von der hl. Irene und zwei Frauen gefunden. Der nur mit einem Lendentuch bekleidete Heilige kniet mit dem rechten Knie auf Felsgestein, während er sein Haupt den Frauen zuwendet. Diese eilen mit klagenden und erschreckten Gesten in fliegenden Gewändern hintereinander aus der Tiefe rechts auf den Heiligen zu. Die mittlere, mit Hals- und Kopftuch, hält in der Rechten eine brennende Fackel empor; ihr Rauch mischt sich mit den Wolkengebilden rechts oben. Bezeichnet links unten auf einem Stein AF 1. 34 (die zweite Ziffer, wohl eine 6, ist ausgekratzt). — In altem, architektonischem Rahmen, der der Form des Reliefs folgend, oben im Flachbogen geschlossen ist; darüber wagerechtes Gebälk, seitlich zwei gewundene Säulen.

Hochrelief mit einzelnen rundplastisch gearbeiteten Teilen. Lindenholz. H. 55,5, Br. 39. Unbemalt. Die höchsten Reliefteile sind aus besonderen Stücken gearbeitet und aufgeleimt. Die linke Hand der letzten Frau wird vom Rand überschnitten. Abgebrochen sind der linke Arm und der rechte kleine Finger der vordersten Frau sowie eine Locke über der Stirn des Sebastian. Kleine Beschädigungen an den Gewändern. — Erworben 1929 in Aachen.

Monogrammist A. F. Süddeutsch 1634.

Georg Petel (Betle).

Bildhauer. Geboren um 1590 in Weilheim in Bayern als Sohn des Kistlers Clemens Betle. Tätig zunächst in Augsburg, dann in Rom und 1622 in Genua. Anschließend in den Niederlanden bei Rubens; seit 1625 wieder in Augsburg, wo er 1634 starb.

8455. Sebastian. Stehend, den rechten Arm hoch erhoben, den linken abwärts gestreckt. Das Haupt, mit langem Lockenhaar und kurzem Bart, nach rechts geneigt, der Mund leicht geöffnet. Die Beine, in den Knieen etwas einknickend, sind in Schrittstellung vor einander gesetzt. Um die Hüften ein Lendentuch, das rechts an der Rückseite lang herabfällt. Mehrere Pfeilwunden. Rundliches Terrainstück auf viereckiger, vorn gerundet vorspringender Sockelplatte.

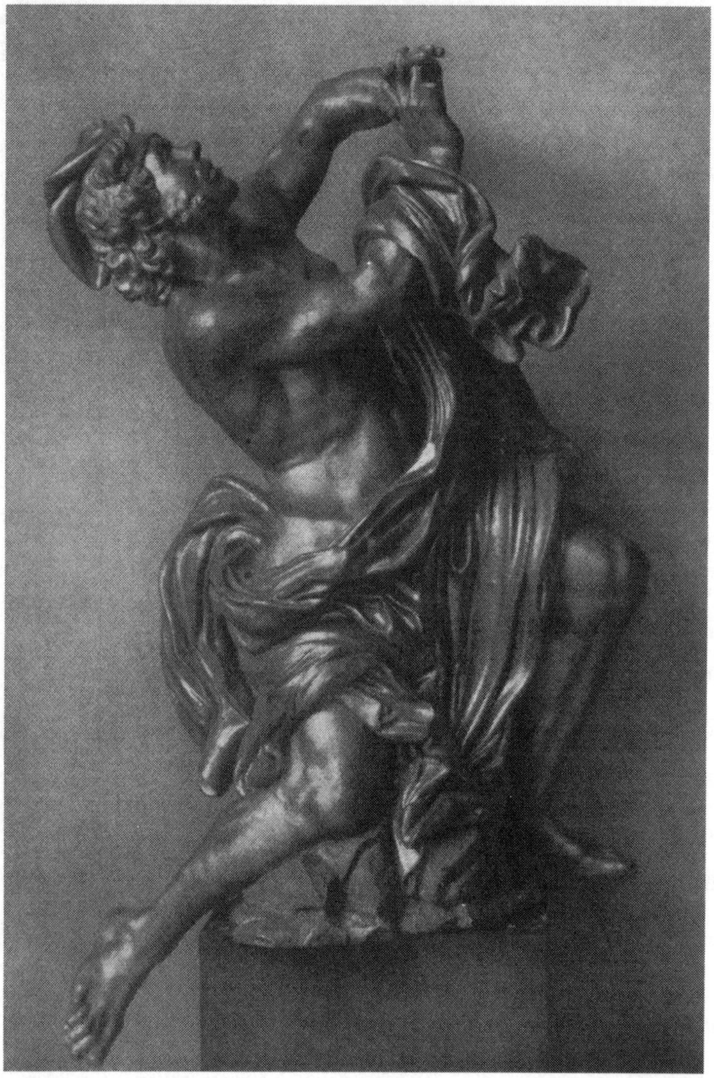

8386

Wandstatue. Lindenholz. H. bis zum Kopf 163, bis zur rechten Hand 204 (einschließlich Sockelplatte). Vollrund, Rückseite etwas summarischer behandelt. Alte Bemalung in Resten erhalten, das Lendentuch war außen gold mit eingepreßtem Blumenmuster, innen blau gemustert. Das Inkarnat war an den Fehlstellen mit einem späteren Rot ausgebessert, das wieder entfernt wurde. — Erworben 1930 in Berlin.

Um 1625—30. — Das Anatomische und das Stellungsmotiv (Knie!) gleichermaßen charakteristisch für den Künstler. Von den bisher bekannten Werken sind zu vergleichen vor allem der Sebastian in der S. Max-Kirche (früheren Franziskanerkirche) in Augsburg, sowie die beiden 1927 für unser Museum erworbenen Schächer in Bronze, die im Band II dieses Werkes noch nicht aufgenommen werden konnten. — Über Petels sonstiges Schaffen vgl. Karl Feuchtmayr, Georg Petel, im Münchner Jahrbuch der bildenden Kunst N. F. III (1926), S. 89ff. Derselbe in der Zeitschrift »Das schwäbische Museum« (1926) S. 157ff. Feulner, Die deutsche Plastik des 17. Jahrhunderts (1926) S. 32ff.

8386. Dismas. Auf einem felsigen Terrainstück nach rechts kniend, mit hochgestelltem linkem und schräg nach hinten ausgestrecktem rechtem Bein. Der Oberkörper mit dem Kopf ist stark zurückgebogen, während beide Arme erhoben und die Hände in ringendem Flehen gefaltet sind. Blick und Arme sind nach rechts oben gerichtet. Der Heilige ist nur mit einem faltenreichen Tuch bekleidet, das um die Hüfte gelegt ist, vorn von dem rechten Arm hochgezogon wird und über diesen in einem wehenden Zipfel herabhängt; Oberkörper und beide Beine läßt es frei. Auf dem Kopf ein mützenartiges Tuch, das durch ein um die Stirn gewundenes Band gehalten wird und nach hinten zurückgeschlagen ist, so daß vorn das reiche Lockenhaar sichtbar wird. Der Heilige trägt einen kleinen Backen- und Schnurrbart.

Wandfigur. Lindenholz. H. 142. Rückseite hohl. Die alte Vergoldung der ganzen Figur ist ausgezeichnet erhalten. Mehrfache alte Anstückungen. Der rechte kleine Finger fehlt. — Erworben 1926 in Elberfeld.

Um 1630. — Die Ähnlichkeit mit Petels Arbeiten, vor allem mit dem kleinplastischen Bocciaspieler unserer Sammlung (Nr. 3116, siehe Band IV) erstreckt sich nicht bloß auf Einzelheiten, wie die das Haar freilassende improvisierte Mütze, sondern vor allem auf die großzügige, im Sinne des Rubens durchgeführte Anatomie; (für die Behandlung des Rückens vgl. insbesondere die Bronzefiguren der beiden Schächer unseres Museums, J. 8396. 8397, erworben 1927). Bezeichnend für Petel ist ferner die Kunst, den bewegten, in Aktion befindlichen Körper wiederzugeben.

Unsere Figur befand sich früher im Privatbesitz in Graz, und wurde dann in Wien versteigert. Daß Petel auch in Österreich tätig war, wird durch die von Feuchtmayr angezogenen Stellen aus Fuhrmanns sowie aus Küchelbeckers Beschreibung von Wien erhärtet. Einzeldarstellungen des hl. Dismas, d. h. des guten Schächers, der Christus um Rettung seiner Seele anfleht (Ev. Luc. 23, 42), finden sich in Steiermark öfters. Ein Beispiel aus späterer Zeit in der Kirche des ehemaligen Augustiner-Chorherrnstifts zu Stainz, worauf mich Dr. Hempel freundlichst hingewiesen hat.

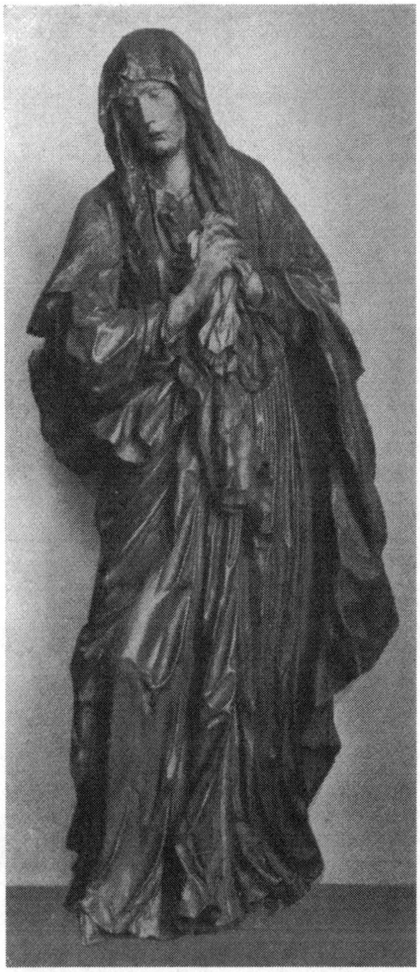
8295

Johann Meinrad Guggenbichler, Bildhauer.

Geb. 1649 in Maria Einsiedeln, gest. am 10. Mai 1723 in Mondsee. Tätig in Salzburg und Mondsee.

8295. Trauernde Maria. Stehend, nach links gewandt, das rechte Bein etwas vorgesetzt, Oberkörper und Kopf leicht nach links geneigt; der Blick ist abwärts gerichtet. Die beiden vor der Brust erhobenen Hände halten ein Tränentuch. Bekleidet mit einem bis auf die Füße reichenden langärmeligen Gewand, das in der Hüfte von einem Tuch gürtelartig umwunden ist. Darüber ein langer, über den Kopf gezogener Mantel ohne Ärmel, der über Schultern, Rücken und den linken Arm herabfällt. Ein Mantelende ist vorn unter den Tuchgürtel gesteckt und bildet einen kleinen Überschlag. Ohne Bodenplatte.

Statue. Lindenholz. H. 177. Ausgehöhlt, Rückseite geschlossen und bearbeitet. Die alte Bemalung (Inkarnat aufgefrischt, Gewand rot, Mantel blau, Tränentuch weiß) und die vergoldeten Säume der Gewandung gut erhalten. Die beiden unter dem Kleid hervorkommenden Fußspitzen sind abgebrochen. Aus den Gewand- und Mantelsäumen sind an mehreren Stellen Stücke ausgebrochen, besonders neben dem rechten und rechts unterhalb des linken Ellbogens. — Erworben 1922 in Wien.

Um 1700. — Die Figur ist eine Variation, vielleicht eine Vorstufe zu der trauernden Maria des Meisters in S. Wolfgang, wo Johannes (rechts) und Maria (links) als Statuen das gemalte Altarblatt mit dem Gekreuzigten flankieren. Gegenüber dem Altar von Michaelbeuren (1691), aus dem Feulner den hl. Ruppert abbildet (Die deutsche Plastik des 17. Jahrhunderts, Tafel 61) zeigt sich bei den beiden Marienstatuen ein bemerkenswerter Wandel zu geschlossener Form, feiner und zügiger Faltenbildung, und stärkerer Verinnerlichung. Von derselben Art dann die für sich an einem Pilaster stehende Statue des Ecce Homo in S. Wolfgang, die den Gipfelpunkt im Schaffen Guggenbichlers bedeutet. Über Guggenbichler vgl. die Angaben bei Thieme-Becker, Künstlerlexikon.

2. Niederlande

544. Liegender Knabe (Vöge 399). Den linken Ellbogen auf ein Kissen stützend, ruht er ausgestreckt auf einem Tuch, den Zeigefinger sinnend zum Mund erhebend. Abb. S. 402.

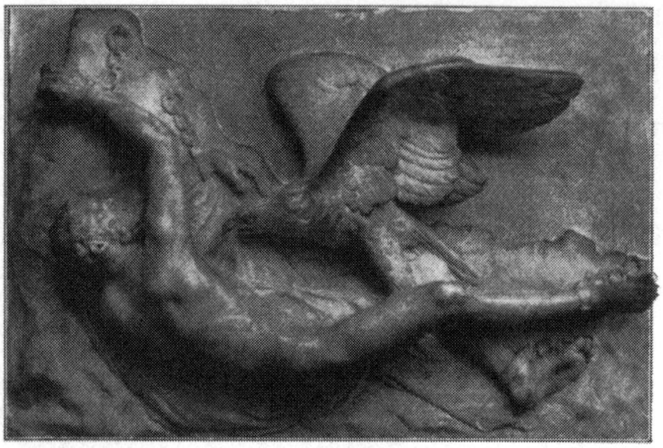

525

Statue. Alabaster. H. 30, L. 63,5. Die linke große Zehe fehlt, eine Quaste ist angestückt. — Seit 1690, als »deus silentii« bezeichnet, in der kurfürstlichen Kunstkammer.

Holländisch, 17. Jahrhundert. Tieck, Verzeichnis von Werken der della Robbia usw., Berlin, 1835, S. 11. Kunstblatt 1846, S. 258.

525. Prometheus (Vöge 366). Mit Händen und Füßen angekettet, hängt er wagrecht, einen Schrei ausstoßend, an dem Felsen. Der Adler steht über ihm, mit dem Schnabel ihm den Mantel von der Brust ziehend.

Hochrelief. Alabaster. H. 33, Br. 51. Der Grund oben fortgenommen. Die an den Rändern nur wenige Millimeter starke Platte wohl für Aufheftung auf eine Unterlage gearbeitet; jetzt auf Gips befestigt. — Kunstkammer.

Niederländisch. Erste Hälfte 17. Jahrhundert. Tieck, Verzeichnis von Werken der della Robbia usw., Berlin 1835, S. 12. Kunstblatt 1846, S. 258.

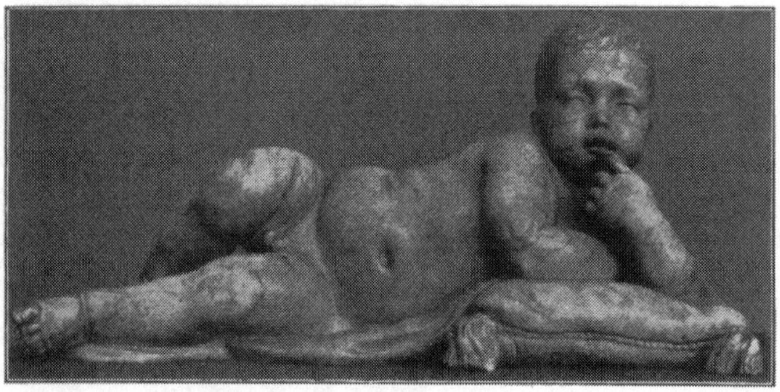

544 S. 401

8243. Porträtbüste eines jungen Mannes mit Schnurrbart, Kinnfliege, leichtem Knebelbart und kurzem, lockigem Haar. Mit enganliegender, vorn geknöpfter Jacke, weiten Ärmeln und umgelegtem Spitzenkragen.

Büste. Gebrannter Ton. H. 23, Br. 29. Alte Bemalung. Auf der Rückseite war eine Inschrift eingeritzt, die z. T. abgeschlagen ist. Die wenigen noch erhaltenen Buchstaben ergeben keinen Sinn. Auf dem Rücken unter dem Kragen ist mit roter Farbe eine jetzt unleserliche Sammlermarke(?) angebracht. — Erworben 1918. Sammlung J. Simon.

Niederländisch um 1620/30. Früher Sammlung Spitzer, Paris: Katalog von 1893, Nr. 1298.

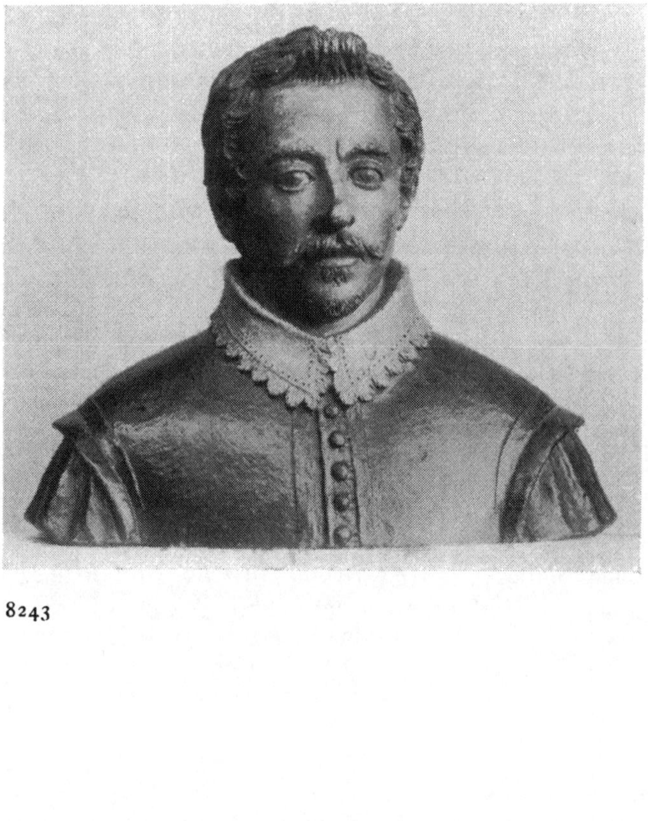

8243

Hendrik de Keyser, Architekt, Bildhauer und Maler.

Geb. am 15. Mai 1567 zu Utrecht. Schüler des Cornelis Bloemaert. Seit

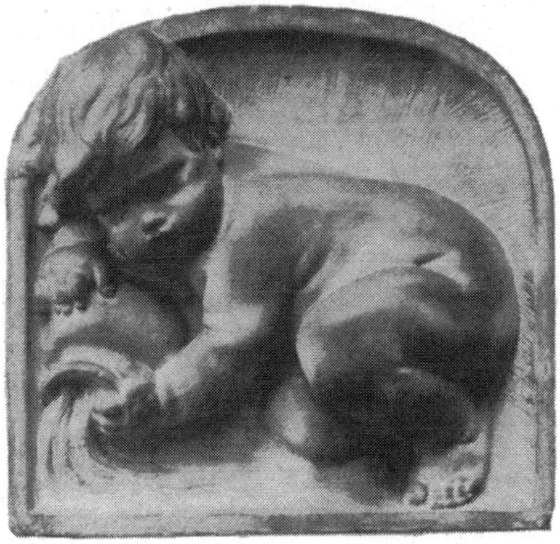

542 S. 404

1591 in Amsterdam, wo er 1595 als Steinhauer der Stadt vereidigt wird. Gest. am 15. Mai 1621.

M. 10. Männliche Büste (Vöge 396). Mit kurzgeschorenem Haar, Schnurr- und Kinnbart, um den Hals eine Krause. Der Kopf ist nach vorn, der müde Blick nach links gerichtet.

Büste. Gebrannter Ton. H. 23 (ohne den Sockel). — Erworben 1896. Eigentum des Kaiser-Friedrich-Museums-Vereins.

W. v. Bode, Bericht des Kaiser-Friedrich-Museums-Vereins, 1896—1897, S. 9. — I. Six, Hendrik de Keyser als beeldhouwer. Overdruck der Bylage van het Iaarverslag van het Koninklyk Oudkeidkundig Genootschap, uitgebracht in 1910 p. XLVI f.

François Duquesnoy (oder Francesco Duquesnoy) von den Italienern »il Fiammingo« genannt.

Geb. 1594 in Brüssel, gest. 1643 in Livorno. Schüler seines Vaters. Seit 1618 in Rom. Arbeiten in Holz, Marmor, Ton, Elfenbein und Bronze.

540. Cupido, sich einen Bogen schnitzend (Vöge 401). Vorn über-

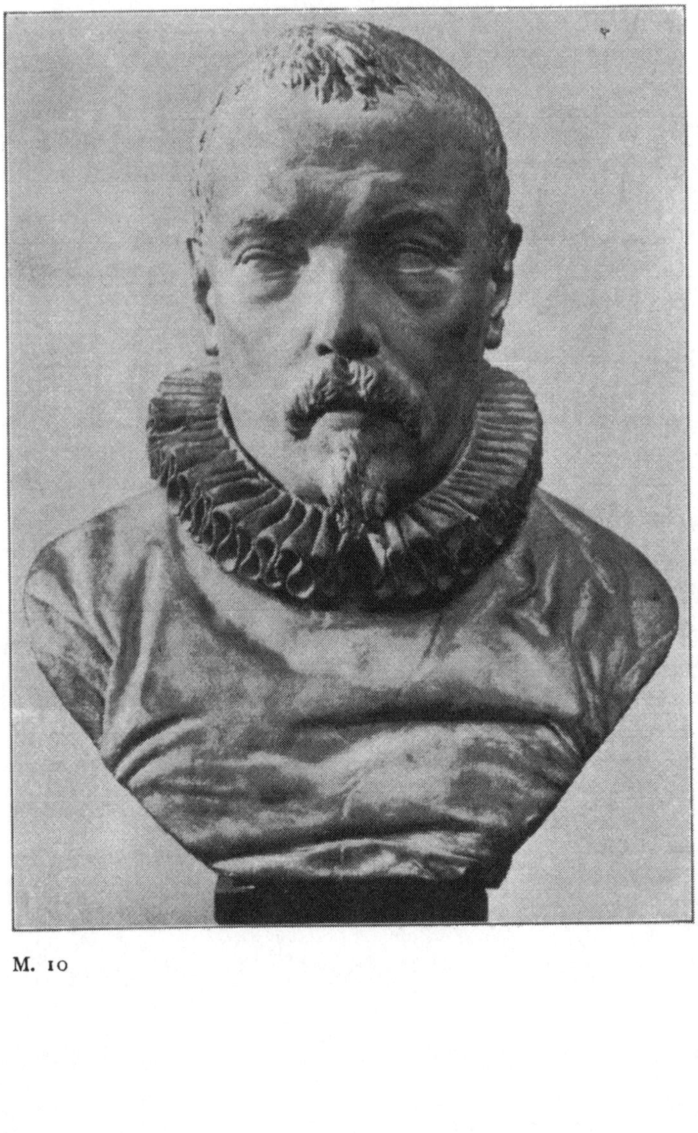

M. 10

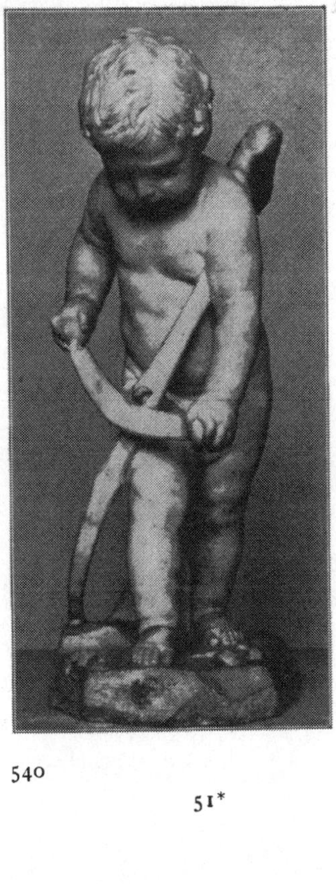

540

geneigt, den rechten Fuß vorstellend, bearbeitet Cupido den Bogen mit einem sichelförmigen Messer, das er mit beiden Händen faßt. Abb. S. 403.

Statue. Carrarischer Marmor. H. 76,5. Die Figur ist über den Füßen gebrochen, desgleichen der rechte Arm, der Bogen und das Messer. — Kunstkammer. Erworben 1689.

Der Putto wurde von Duquesnoy in Rom gearbeitet, wo ihn Sandrart gesehen hat. Durch Vermittlung Sandrarts erwarb ihn ein holländischer Kunstsammler Lucas von Uflen, der die Figur nach Amsterdam brachte. Nach seinem Tode wurde sie vom Magistrat der Stadt Amsterdam um den Preis von 6000 Gulden erworben und der Prinzessin von Oranien geschenkt, die ihn im Haag in ihrem Garten aufstellen ließ. Sandrart, Deutsche Malerakademie II, 348; Nicolai, Beschreibung von Berlin u. Potsdam, Berlin, 17863, S. 794; Tieck, Verzeichnis von Werken der della Robbia, Berlin 1835, S. 11 f.; Kunstblatt 1846, S. 254. Baert, Mémoires sur les sculpteurs et architectes des Pays-Bas Brüssel 1848, S. 61.

Art des Duquesnoy

542. Putto als Flußgott (Vöge 402). Nach links gewandt am Boden kauernd, eine Urne, aus der das Wasser läuft, in den Händen. Schlichter Rand. Abb. S. 403.

Hochrelief. Marmor. H. 24, Br. 26. Der Grund muldenförmig vertieft. Oben im Korbbogen abschließend. — Kunstkammer.

Tieck, Verzeichnis der antiken Bildhauerwerke, Berlin 1847, S. 98, Nr. 720.

Otto Mangiot (?) Brabanter Meister des 17. Jahrhunderts.

541. Cupido, sich einen Bogen schnitzend (Vöge 403). Kopie der Statue Duquesnoys Nr. 540 mit kleinen Abweichungen. Am Sockel ist links ein Monogramm MD eingemeißelt (Mangiot-Duquesnoy?).

Statue. Carrarischer Marmor. H. 7,8 cm. Der rechte Arm war abgebrochen, desgleichen mehrfach der Bogen. Am Messer ein Stück ergänzt. — Kunstkammer. Erworben 1713 von den Erben des Bildhauers Döbel. Die Statue stand früher im Lustgarten in Berlin.

Nicolai, Beschreibung von Berlin u. Potsdam, Berlin 1763 (3) S. 794 nach einer handschriftlichen Beschreibung des Lustgartens von Elsholtz v. J. 1657; vgl. Tieck a. a. O. S. 12.

Andreas Schlüter, Bildhauer und Baumeister.

Geb. am 20. Mai 1664 in Hamburg. Schüler des Bildhauers David Sapovius in Danzig; 1689 tätig in Diensten des Polenkönigs Johann Sobieski, seit 1694 als Hofbildhauer und Schloßbaudirektor in kurbrandenburgischen Diensten; zwischen 1693 und 94 weilte er in Paris, im Jahre 1696 in Italien. 1706 wurde er aus kurbrandenburgischen Diensten entlassen. Er ging später nach Rußland, wo er — in Petersburg — im Mai des Jahres 1714 gestorben ist.

8388. Kopf eines jugendlichen Gottes; im lockigen Haar ein Lorbeerkranz.

Kopf. Fragment einer Statue. Sandstein. H. 36. Stark beschädigt. — Erworben 1926.

Der Kopf gehörte zusammen mit dem folgenden und einem dritten im Märkischen Museum zu Berlin zu neun lebensgroßen Sandsteinfiguren, die den Schmuck des schon vor Jahren abgebrochenen Wartenbergschen Palais in Berlin (1701) gebildet haben. Die Figuren sind damals sorgfältig heruntergenommen und später bei dem Neubau, der an der gleichen Stelle errichtet wurde, wieder benutzt worden. Im Jahre 1926 wurden sie bei einer Renovierung des Baues von ihren Standorten entfernt, in unverantwortlicher Weise zertrümmert und als Schutt abgefahren. Einem glücklichen Zufall ist es zu verdanken, daß drei Köpfe gerettet wurden.

8389. Kopf einer Göttin. Über der Stirn im gescheitelten, hinten geknoteten Haar ein aus Steinen zusammengesetztes Schmuckstück.

Kopf. Fragment einer Statue. Sandstein. H. 35. Mehrfach bestoßen. — Erworben 1926.

Vgl. die vorhergehende Nr.

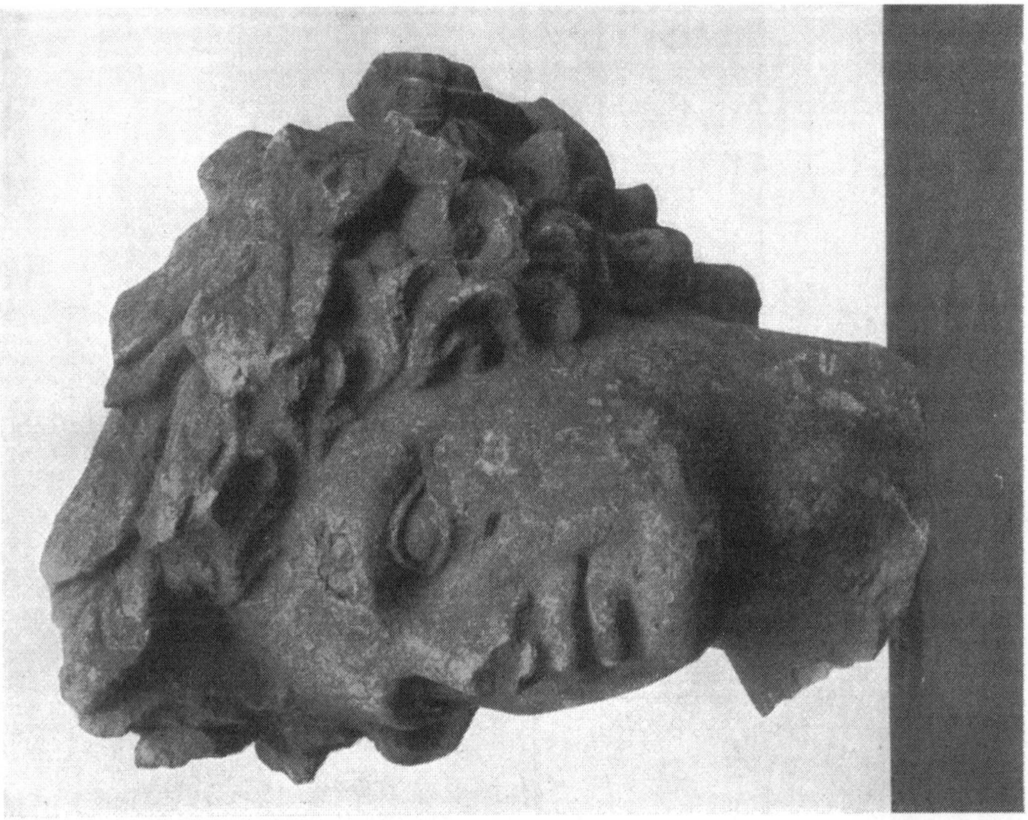

8388

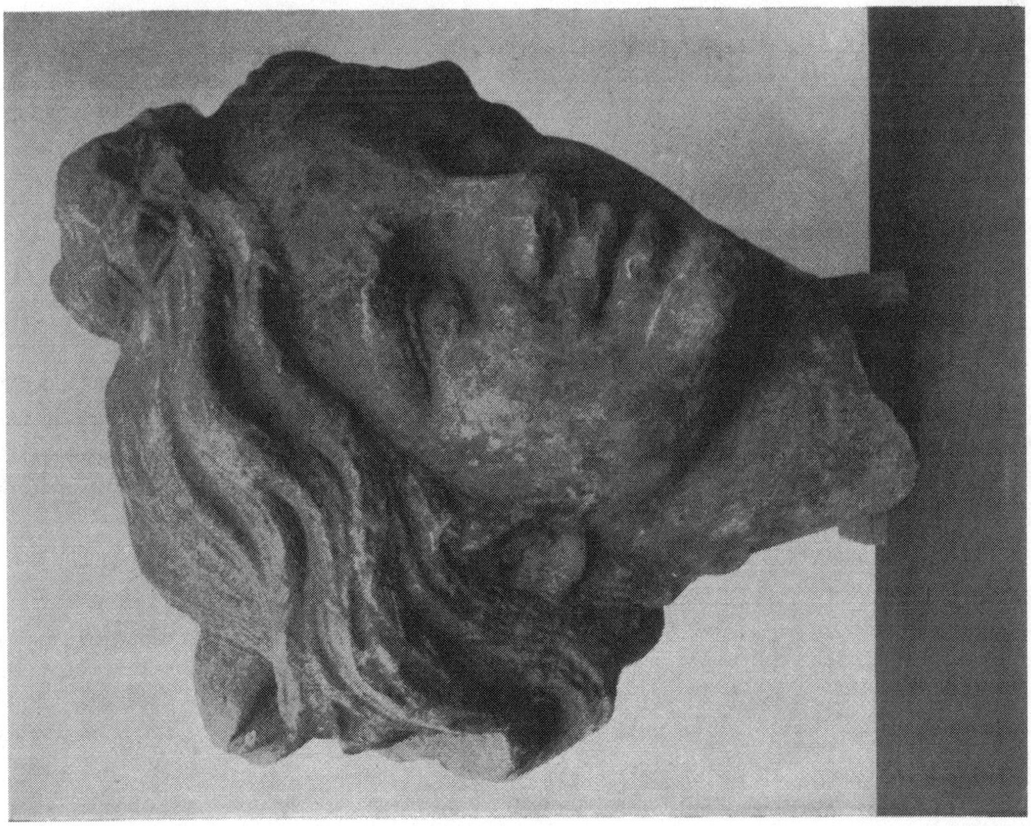

8389

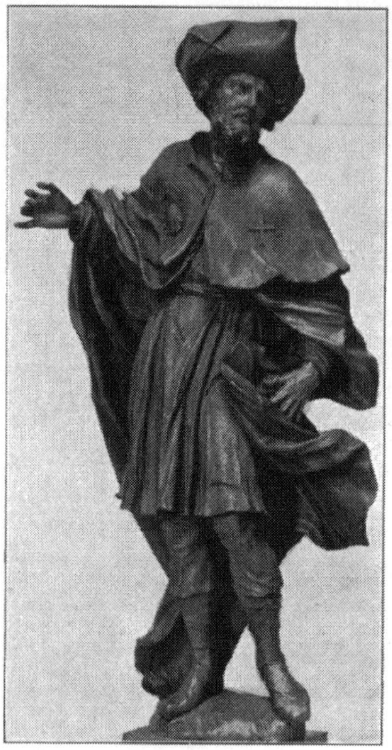

3191

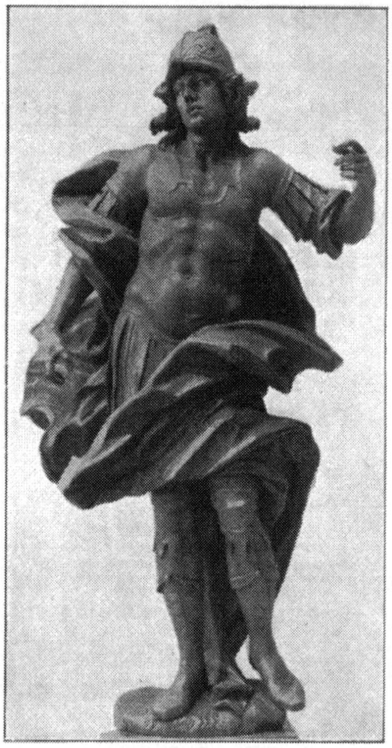

3190

Die Bildwerke des 18. Jahrhunderts

1. Süd- und Mitteldeutschland

a) Werke bekannter Künstler

Giovanni Giuliani, Bildhauer venezianischer Herkunft.

Geb. 1663, gest. 1744 in Kloster Heiligenkreuz, in das er als Familiaris eingetreten war. Tätig in Wien, seit 1694 in Heiligenkreuz. Er war der Lehrer Raphael Donners.

3191. Rochus (Vöge 410). Über dem gegürteten, bis zu den Knien reichenden Gewande liegt ein weiter, langer Mantel, auf dessen Bruststück Muschel und Kreuz befestigt sind. In der ausgestreckten Rechten ehemals den Pilgerstab haltend, wendet der stehende Heilige in lebhaftem Kontrapost das Haupt über die linke Achsel, mit der linken Hand den Mantel raffend. Dreimastiger Hut, ebenfalls mit Kreuz und Muschel. Gleichzeitiger Sockel mit Kartuschen.

Freifigur. Lindenholz. Aus mehreren Stücken gearbeitet. Ohne Bemalung. Rückseite hohl. H. 167 cm (ohne den Sockel). — Erworben 1908 in Wien.

Gegenstück zur folgenden Figur. Die Bestimmung von Dr. E. Tietze-Conrat; nach ihr waren die beiden Statuen früher in der Heiligenkreuzer Stiftskirche (vgl. auch Neue Freie Presse v. 29. Nov. 1907). Ausgestellt mit zwei weiblichen Heiligen auf der Donnerausstellung von 1893 (Phot. Wlha 1869, 1870); zwei vermutlich zugehörige Statuen sind in der Bibliothek des Schlosses Grafenegg (Hans Tietze, Die Sammlungen des Schlosses Grafenegg, Beiheft zum I. Bd. der Österr. Kunsttopographie).

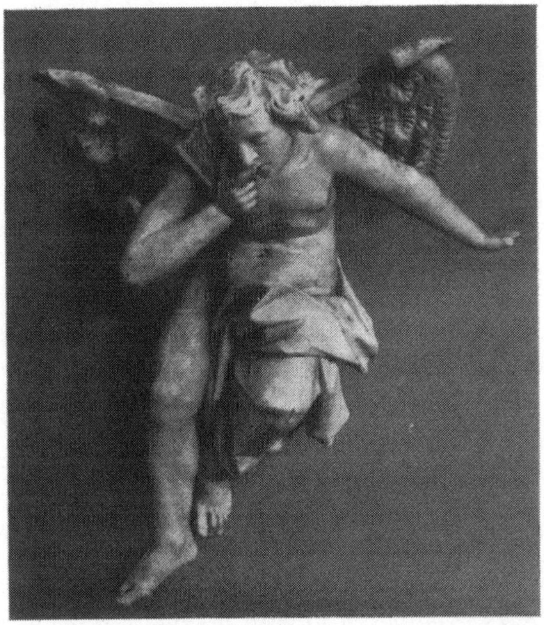

7741

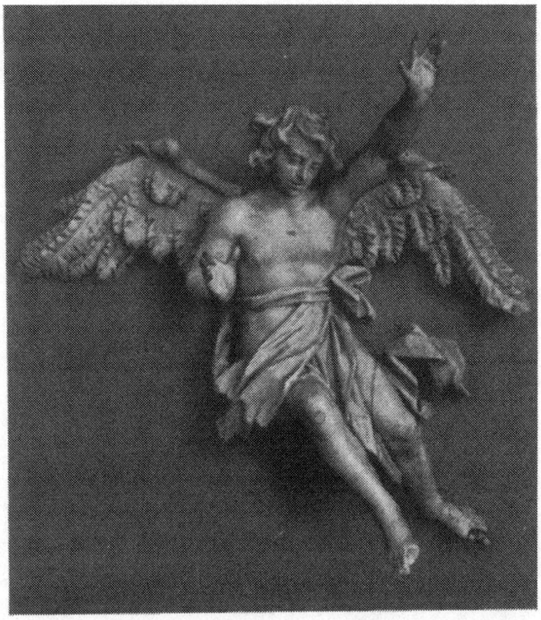

7742

3190. Sebastian (Vöge 411). In Panzer, Helm und flatterndem Mantel, steht Sebastian in lebhaftem Kontrapost, den Kopf nach links wendend, in der Linken ehemals einen Speer. Gleichzeitiger Sockel mit Kartuschen.

Statue. Lindenholz. H. 161 cm (ohne Sockel). Ohne Bemalung. Rückseite hohl. — Erworben 1908 in Wien.

Gegenstück zur vorigen Figur; vgl. diese.

Nachfolger des Raphael Donner (1695—1741).
Tätig in Wien, Salzburg und Preßburg.

7741. 7742. Zwei Engel.

7741. Engel, geflügelt, in schwebender Haltung, den rechten Zeigefinger auf den Mund legend, den linken Arm ausstreckend. Nur mit einem Tuch bekleidet, das über dem linken Oberschenkel liegt und schräg über den Rücken zur rechten Schulter hinaufgezogen ist. Gegenstück zur folgenden Nummer.

Wandfigur. Lindenholz. H. 90, Br. 79. Rückseite hohl. Mehrfach alt gestückt. Alte Bemalung in Weiß. Alle Finger der linken Hand und das vorderste Glied des rechten Mittelfingers abgebrochen. — Erworben 1916 in Wien. Geschenk eines Ungenannten.

7742. Engel, geflügelt, in schwebender Haltung, beide Arme ausbreitend. Nur mit einem um die Hüfte geschlungenen Tuch bekleidet. Gegenstück zur vorigen Nummer.
Wandfigur. Lindenholz. H. 100, Br. 90. Rückseite hohl Mehrfach alt gestückt (Beine, Arme und Flügel). Alte Bemalung in Weiß. Die rechte große Zehe fehlt, die linke war abgebrochen und ist wieder angesetzt. Zwei Finger der linken Hand z. T. abgebrochen, der Daumen der Rechten angestückt. Leichte Bestoßungen an den Flügeln. — Erworben 1916 mit der vorigen Nummer.

Aus Preßburg stammend.

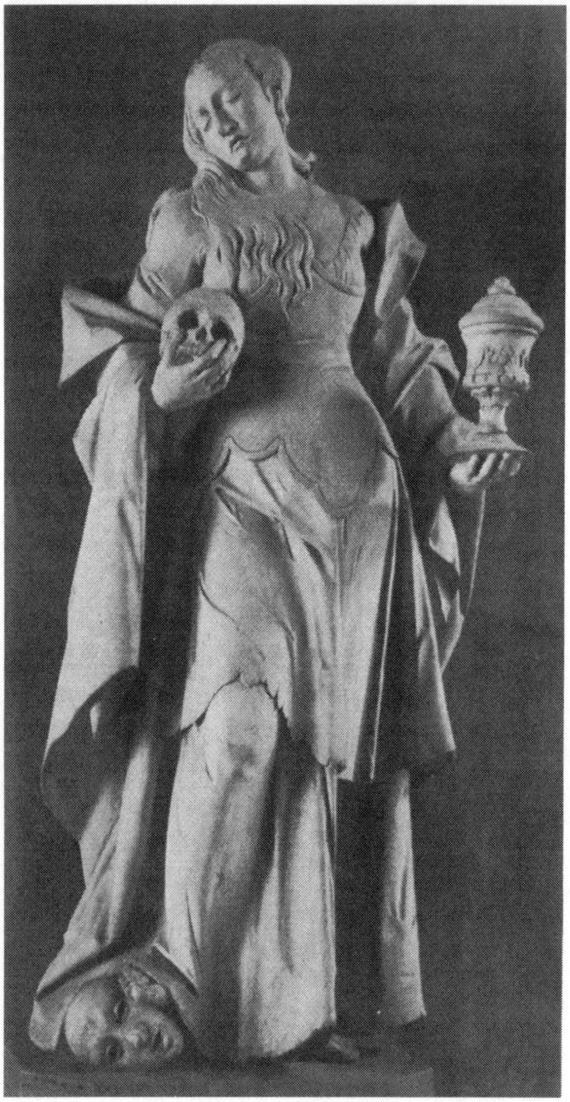

7989

Verhelst, Ignaz (1726—92) und Placidus (1727—78).

Söhne des Bildhauers Egid Verhelst des Älteren, beide als Bildhauer in Augsburg tätig, öfters gemeinsam.

7989. Magdalena. Stehend, mit dem rechten Fuß auf eine Maske tretend, den Kopf mit offen über den Rücken und die rechte Brust fallendem Haar nach links geneigt; die Augen sind geschlossen, der Mund ist ein wenig geöffnet. In der Rechten hält sie einen Totenschädel, die Linke trägt das Salbgefäß. Bekleidet ist die Heilige mit einem bis auf die nackten Füße fallenden hemdartigen Gewand; darüber liegt ein Brust und Hüften fest umschließendes Gewandstück mit einem bis an die Knie reichenden Rock. Der lange Mantel ist von den Schultern herabgeglitten und fällt, von den Armen gehalten, über den Rücken herab.

Wandstatue. Lindenholz. H. 155. Rückseite hohl. Abgelaugt und scharf geputzt. Die vorderen Teile der rechten Hand und des Totenschädels alt angestückt, ebenso die linke Hand mit dem Fuß des Salbgefäßes; dieses selbst wiederum aus besonderem Stück, wohl ergänzt. Unten links und oben rechts am Mantel alte Stückungen (rechts ein durchgehender Holzdübel). Mehrere Astlöcher und leichte Bestoßungen am unteren Mantelsaum. — Erworben 1921 in München.

Um 1740. — Von derselben Hand wie die Statuen am Hochaltar der Kirche S. Stephan in Augsburg; vgl. Feulner, Skulptur und Malerei des 18. Jahrhunderts, S. 81.

Paul Egell, Bildhauer und Stuckator.

Geb. 1691; Geburtsort unbekannt. Mit 21 Jahren (1712) Geselle bei Permoser in Dresden; 1717 zusammen mit Permoser auf einer Reise nach Salzburg; von 1721 bis zu seinem Tode (1752) in Mannheim, wo er seit 1731 dauernd für den Hof Carl Philipps beschäftigt war.

8443—45. A 529. 530. Altar des Gekreuzigten und der Heiligen Sebastian und Rochus. Bestehend aus dem Altarrelief, dem mit dem Relief verbundenen rundplastisch gebildeten Kruzifix, den Statuen Sebastian und Rochus, zwei knienden Engeln, rechts und links des nicht mehr vorhandenen Tabernakels, zwei Büsten und zwei Kartuschen.

Das Altarrelief mit breit ausladender, oben offener Bekrönung wird zu beiden Seiten von je einem Palmbaum gerahmt. Die Tafel selbst ist links mit der Gruppe der Trauernden — Maria, Johannes und Magdalena — und rechts einer Gruppe spielender Kinder belebt. Ein naturalistisch gebildeter Baumstamm mit ausladendem Buschwerk zieht sich diagonal nach rechts

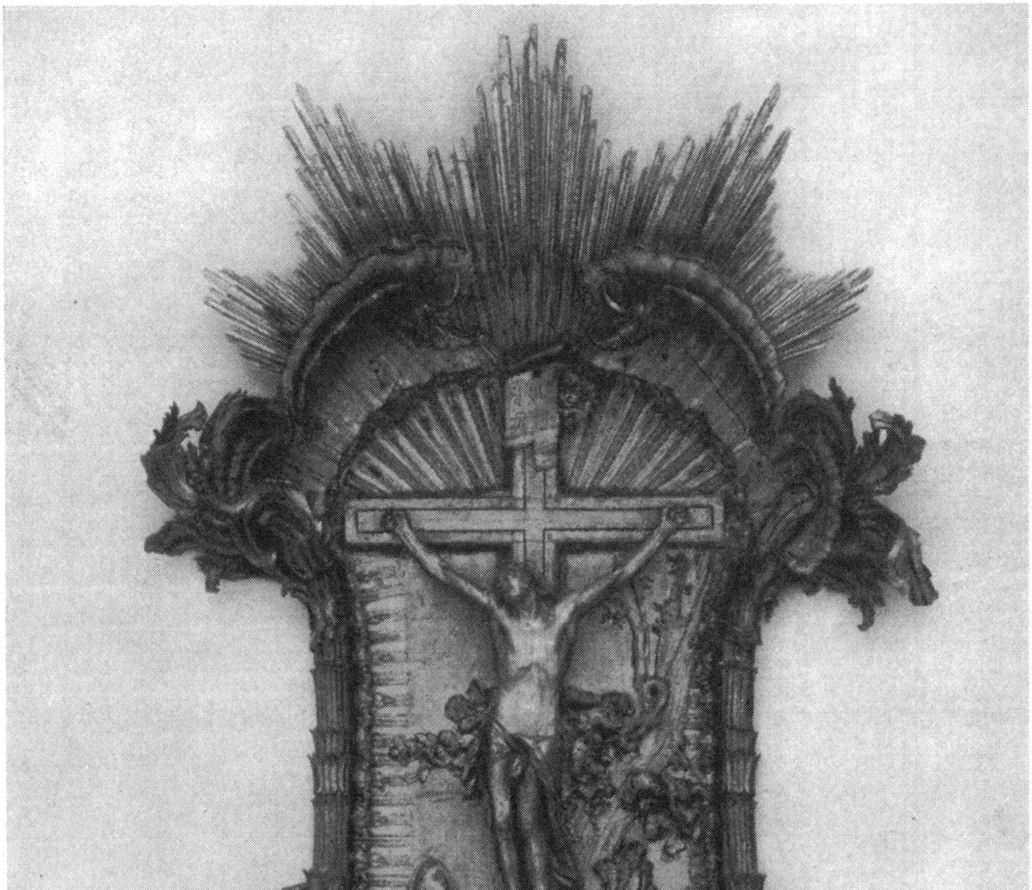

8443

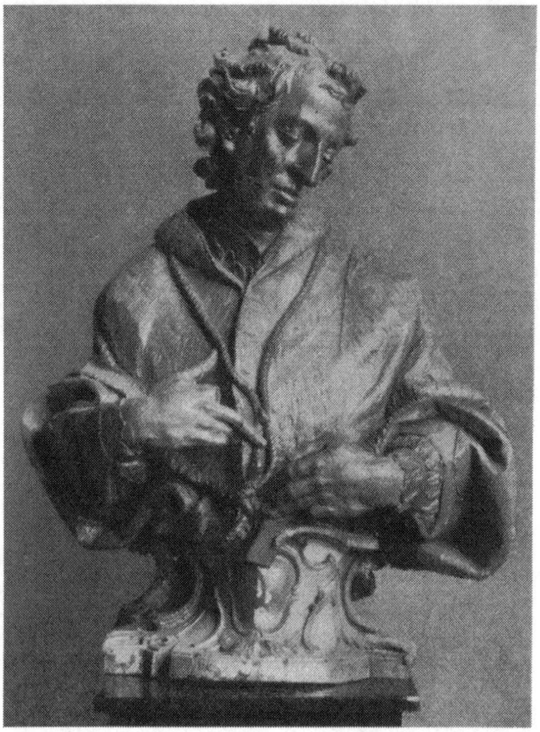

8444

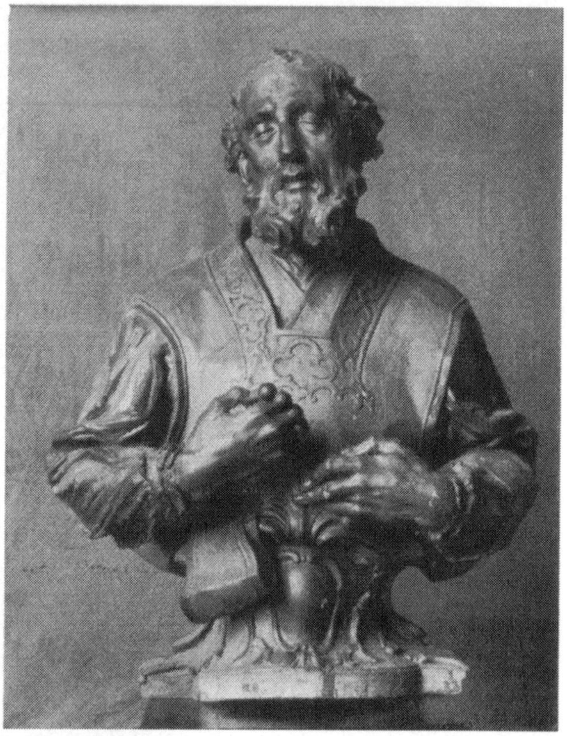

8445

oben. Christus, mit einem Lendentuch bekleidet, hängt tot am Kreuz; oben ein Schriftband mit den Buchstaben I. N. R. I. Rechts, von dem Schriftband halb verdeckt, ein geflügelter Engelskopf.

Links Sebastian als Krieger, mit Helm, Brustpanzer und Beinschienen. Über dem linken Oberarm hängt an einer Kette eine Medaille mit dem Bildnis des Kaisers Diocletian. Er trägt einen weiten Überwurf, der ihn fast völlig einhüllt. Sein Blick ist nach rechts oben gerichtet. Rechts Rochus als Pilger in einem einfachen Rock mit darüber hängendem Mantel, Pilgerhut und Stab. Mit der Rechten weist er auf die Pestwunde am Oberschenkel. Zu seinen Füßen ein Hund.

Der Engel links, kniend mit vor der Brust zusammengelegten Händen, den Blick zum Tabernakel gerichtet, ist nur mit einem Manteltuch bekleidet, das den Oberkörper, die Arme und das rechte Bein frei läßt. Langes lockiges Haar fällt bis in den Nacken. Er kniet auf einer Wolke, aus der ein Engelköpfchen nach vorn herausblickt, von dem herabfallenden Mantel z. T. verdeckt. Der Engel rechts, gleichfalls kniend und entsprechend gekleidet, hält die Arme vor der Brust gekreuzt. Der Blick ist nach unten gerichtet. Er kniet auf einer Wolke, aus der, dem Tabernakel zugewendet und von dem herabfallenden Mantel z. T. verdeckt, das Profil eines Engelkopfes hervorkommt.

Die beiden Büsten (8444. 8445), die rechts und links des Altars über den seitlich sich öffnenden Türen angebracht waren, ruhen auf geschweiften Sockeln, die vorn mit einem Kartuschenornament verziert sind, einer Wiederholung der großen Kartuschen, die unterhalb der Büsten im Bogen über der Tür angebracht waren (A 529. 530). Der Heilige links, in der Tracht eines

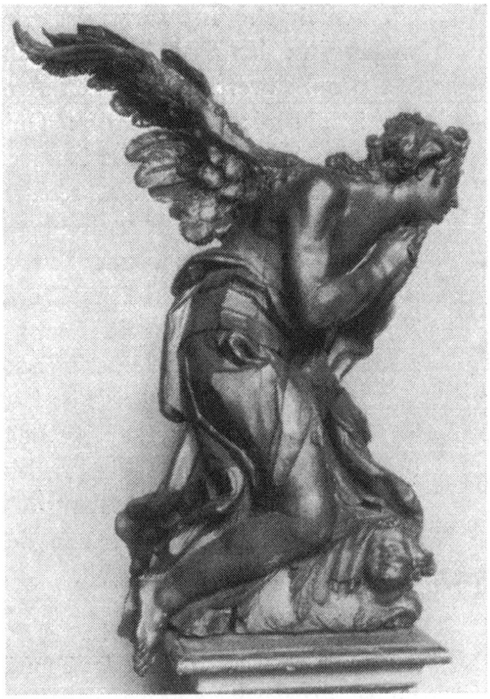

zu 8443

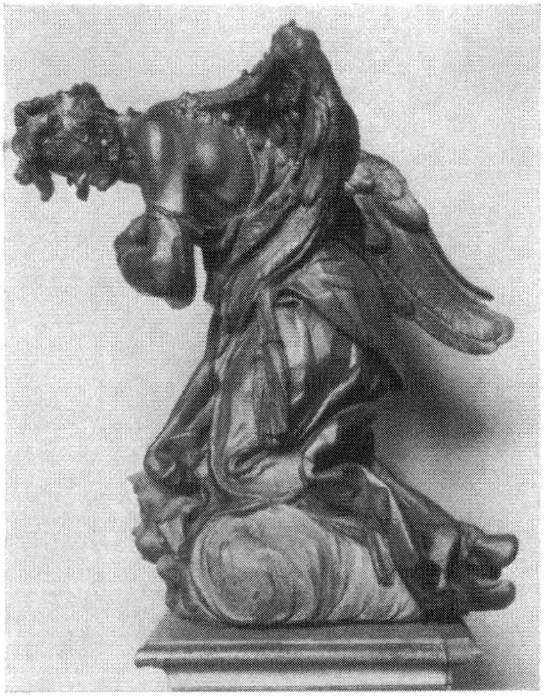

zu 8443

Domherrn, hielt im linken Arm ein Kreuz (auf einer alten Abb. des Altars zu erkennen), das er anblickt. Der Heilige rechts, bärtig, in der Tracht eines Bischofs, hält in den Händen einen Rosenkranz.

Altar. Lindenholz, gleichmäßig vergoldet bzw. bronziert. Die Sockel der Engel und der Büsten gold auf weißem Grund. Weiß war ferner der Altartisch, dessen vergoldete Stabwerkzier in Mannheim noch erhalten ist, und der Tabernakelaufbau. Es fehlt ein Stück der unten, links von Sebastian, ausschwingenden Volute (neuerdings ergänzt), sowie kleine Teile an der Bekrönung und am Stabwerk der Strahlenglorie, die den oberen Abschluß bildet. Sonst ist die Erhaltung tadellos. Gesamthöhe (ohne Strahlenglorie) 600, Breite 320. Höhe der Seitenstatuen: Sebastian 198, Rochus 189. Engel links 137, Engel rechts 110. Sockel der Engel 60. Büsten H. 86, Kartuschen H. 95, Br. 85. — Erworben in Mannheim 1880 für das Berliner Kunstgewerbemuseum; der Altar war 1872 aus der Kirche entfernt und durch einen modernen ersetzt worden. — 1930 aus dem Kunstgewerbemuseum überwiesen.

Aus der Unteren Pfarrkirche in Mannheim. Der Altar wird 1744 bei einer Kirchenvisitation erwähnt, muß aber 10—15 Jahre vorher entstanden sein. Über den Künstler, die Geschichte des Altars und seine Erwerbung vgl. Th. Demmler, Der Bildhauer Paul Egell in Mannheim (1691—1752) im Jahrbuch der Preußischen Kunstsammlungen 43 (1922) S. 135 ff.; mit 2 Tafeln u. Abbildung der alten Aufstellung in Mannheim.

Franz Ignaz Günther, Bildhauer und Architekt.

Geb. am 22. November 1725 in Altmannstein in der Oberpfalz, gest. am 26. Juni 1775 in München. Gegen 1743 in der Lehre bei J. B. Straub in München, seit 1750 auf der Wanderschaft, nachweisbar in Salzburg und Mannheim; 1753 lernte er an der Wiener Akademie, wo er unter M. Donner, J. Schlatterer und B. Moll tätig war. Seit 1754 in München. — Vgl. A. Feulner, Ignaz Günther, Kurfürstlich bayrischer Hofbildhauer. Wien 1920.

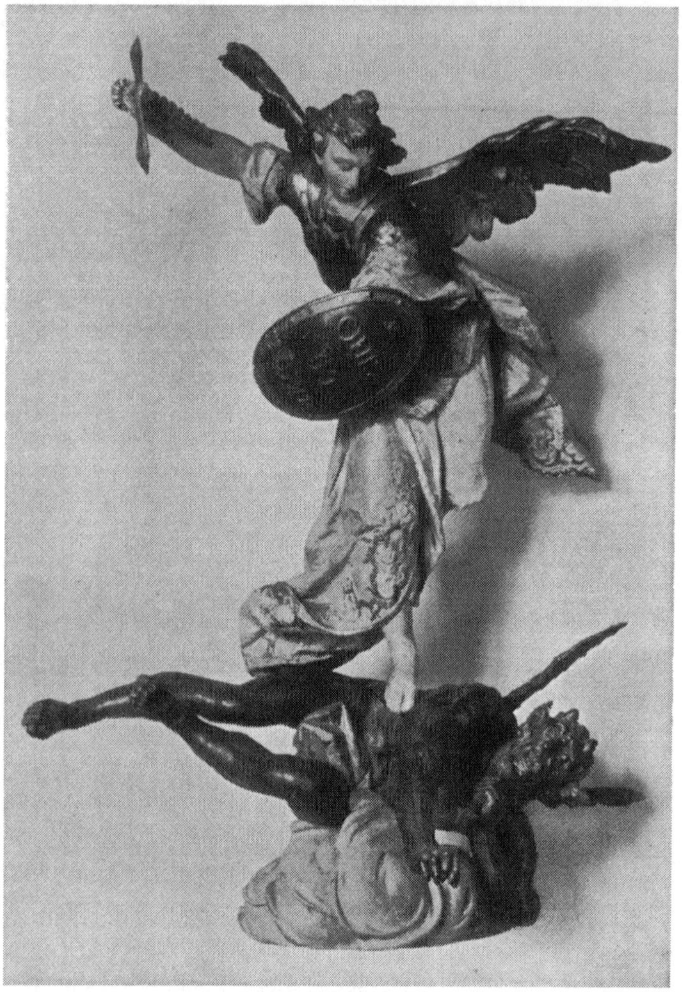

8286

8286. Michael. In fliegender Bewegung, in der ausholenden Rechten das Schwert, am linken Arm den Schild mit der Inschrift: »Quis ut Deus« (Übersetzung des Namens Michael). Er setzt den rechten Fuß auf den Leib des nackten geflügelten Satan, der, stark bewegt auf einer Wolke liegt. Michael trägt ein langes Gewand mit hochgeschlagenen Ärmeln und einen wehenden geschürzten Mantel mit breiten Bordüren in Stuckornamentik; Leib und Brust umschließt ein Lederpanzer. Der Satan hat übergroße Ohren und zwei Hörner, mit der Linken umfaßt er einen Pfeil.

Wandgruppe. Lindenholz. H. 95. Vollrund; an der Rückseite des Teufels etwas abgeflacht. Die alte Bemalung und Vergoldung z. T. erneuert. Mehrfache alte Stückungen. Das Schwert bis auf den Griff ergänzt. Die Flügel des Satan leicht beschädigt. — Erworben 1921 aus Münchener Privatbesitz.

Aus der Frühzeit des Meisters. A. Feulner, der in seinem Buche über I. Günther, Wien 1920, S. 34, Anm. 2 das Werk für I. B. Straub in Anspruch nimmt, hat diese Zuschreibung späterhin nicht aufrecht erhalten. In dem Buch über die »Münchner Barockskulptur« (1922) Anm. 42, S. 7 bezeichnet er die Gruppe als ein Frühwerk Günthers, das vielleicht noch in der Werkstatt Straubs entstanden ist.

5552. Maria, auf Wolken kniend (Vöge 420). Gesenkten Blickes, in der Rechten eine Blume, die Linke gegen die Brust legend, setzt Maria, sich neigend, den rechten Fuß auf den Kopf der Schlange. Über dem gestickten Kleide liegt ein gestickter Mantel; schmucke Sandalen.

Wandstatue. Lindenholz(?). H. 67,5. Alter Ölanstrich, blauer Mantel, weißes Kleid; erhabene Goldornamente an den Säumen. An den Fingern und der Blume im Haar etwas beschädigt. Die Blume in der Rechten ergänzt. — Erworben 1908 in München.

Um 1770. Wiederholung (im Gegensinn) des apokalyptischen Weibes vom Mallersdorfer Altar. Der Mallersdorfer Altar ist 1770 entstanden. Vgl. A. Feulner, Skulptur und Malerei des 18. Jahrhunderts, S. 69.

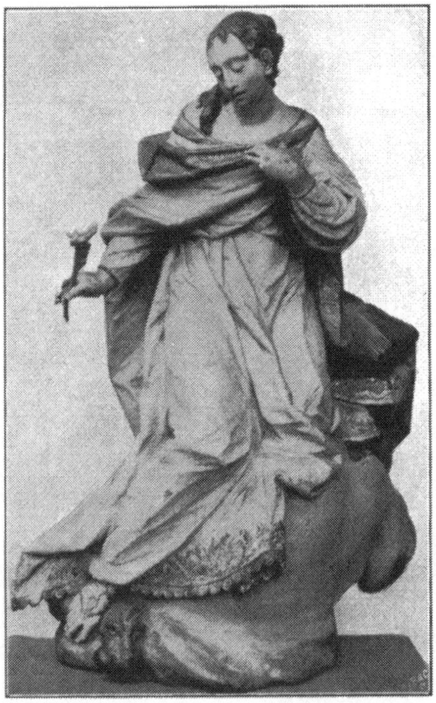

5552

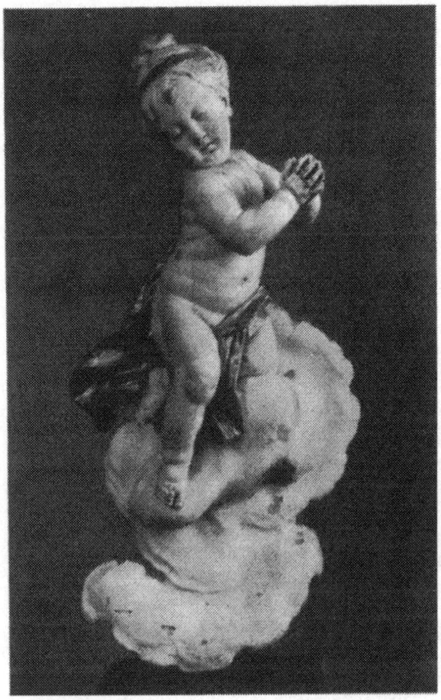

8431

8431. Engelputto, geflügelt, mit dem linken Bein auf einer Wolke nach rechts kniend, den Kopf nach links unten zurückgewandt. In dem hochgenommenen Haar ein Band. Die Händchen sind betend erhoben. Unbekleidet; nur ein Tuch liegt über dem linken Oberschenkel, zieht sich um die linke Hüfte und flattert mit dem andern Ende nach links hinten.

Wandfigur. Lindenholz. H. 95. Rückseite der Wolken flach, der Engel vollrund gearbeitet. Alte Bemalung (weiß) und Vergoldung (Haarband, Tuch und Flügel). Aus zwei Stücken gearbeitet. Der rechte Flügel fehlt, der linke aus besonderem Stück geschnitzt und mit einer Schraube am Körper befestigt. An den Wolken leichte Beschädigungen; mehrfach gesprungen. — Erworben 1929 in Frankfurt a. M.

8364. Schwebender Engel, nach rechts fliegend. Im Haar ein Band, an dem Blumen befestigt sind. Der nur lose mit einem Bande befestigte Mantel flattert nach hinten. Gegenstück zum folgenden. Abb. S. 414.

Statuette. Lindenholz. H. 55. Mit alter Vergoldung. Die große Zehe des rechten Fußes, der kleine Finger der linken und alle Finger der rechten Hand sind abgebrochen. Die Flügel sind besonders geschnitzt. Am linken Knie ein Dübelloch. — Erworben 1914 in München.

Von einer Kreuzigung (?). Ausgestellt 1914 in Darmstadt auf der Jahrhundertausstellung deutscher Kunst 1650—1850. Katalog Nr. 25.

8365. Schwebender Engel. Gegenstück zum vorigen. Nach links fliegend. Die Händchen auf der Brust zusammengelegt. Der nur lose mit einem Band gehaltene Mantel flattert nach hinten. Abb. S. 414.

Statuette. Lindenholz. H. 57. Mit alter Vergoldung. Der Daumen der rechten Hand und

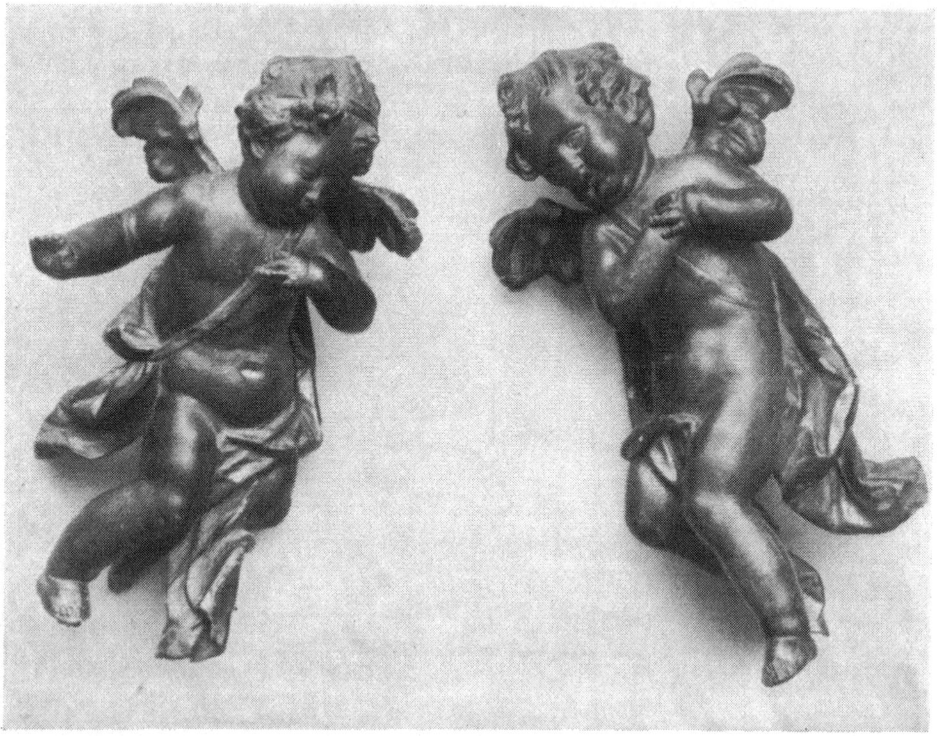

8364. 8365 S. 413

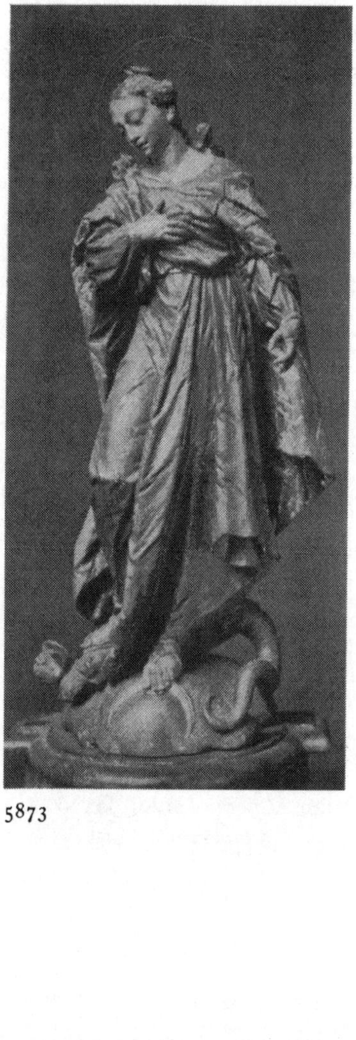

5873

die Zehen des linken Fußes sind abgebrochen. Die Flügel sind besonders geschnitzt. Am rechten Knie ein Dübelloch. — Erworben 1914 in München.

Von einer Kreuzigung (?). Ausgestellt 1914 in Darmstadt auf der Jahrhundertausstellung deutscher Kunst 1650—1850. Katalog Nr. 25. — Vgl. die adorierenden Engel am Starnberger Hochaltar, Abb. bei Feulner, Ignaz Günther (1920) Tafel 6.

5873. Immaculata. Maria, auf Wolken stehend, drückt in Verzückung die rechte Hand an die Brust, während die Linke, leicht vorgestreckt, eine Lilie hielt. Der Blick ist gesenkt. Mit dem rechten Fuß tritt sie auf die Schlange, die eine Blume im Rachen hält, mit dem linken Fuß berührt sie den Halbmond.

Wandstatue. Lindenholz. H. 59 (ohne Sockel). Alte, teilweise aufgefrischte Bemalung. An der linken Hand leicht beschädigt. — Erworben 1909 in Freising.

Werkstatt Günthers; Wiederholung der Atteler Madonna auf einem der Altäre der Klosterkirche zu Attel (Oberbayern). Feulner, I. Günther (1920) S. 19 nennt die Figur eine Schulkopie. Eine zweite bessere Wiederholung in Privatbesitz in Ebersberg (Oberbayern).

7750. Johannes von Nepomuk, auf einer Seitenvolute sitzend, die Hände über dem rechten hochgestellten Knie gefaltet.

Der Kopf mit langen Locken und Spitzbart ist nach rechts geneigt, der Blick gesenkt, der Mund geöffnet. Der Heilige ist in der für ihn üblichen Domherrentracht dargestellt. Die unter dem Pelzüberwurf liegende Alba zeigt einen reich gestickten Ornamentsaum; das lange hochschließende Gewand unter der Alba ist mit einer Reihe Knöpfe versehen. Links neben dem Heiligen liegt auf dem Sitz sein Barett.

Statue. Lindenholz. H. 172,5. Vollrund. Alte Bemalung und Vergoldung. Ein Teil der Standfläche unter dem linken Fuß ist ergänzt; am Sockel links eine Stückung. Links fehlt ein Teil der Volute. Senkrecht durch die Hände läuft ein Riß. — Erworben 1916 in München.

Früher dem Joachim Dietrich zugeschrieben. (So bei Feulner, Bayerisches Rokoko, Tafel 132.) Ein von Günther bezeichnetes Modell in Münchener Privatbesitz steht dem Werk so nah, daß man angesichts der vorzüglichen Ausführung der Einzelheiten unsere Statue in Günthers Werk einreihen muß; Feulner selbst hat seine frühere Zuschreibung im Nachtrag des obigen Werkes (S. 212) berichtigt.

Weitere Werke von Günther sind im Band IV (Kleinplastik) beschrieben.

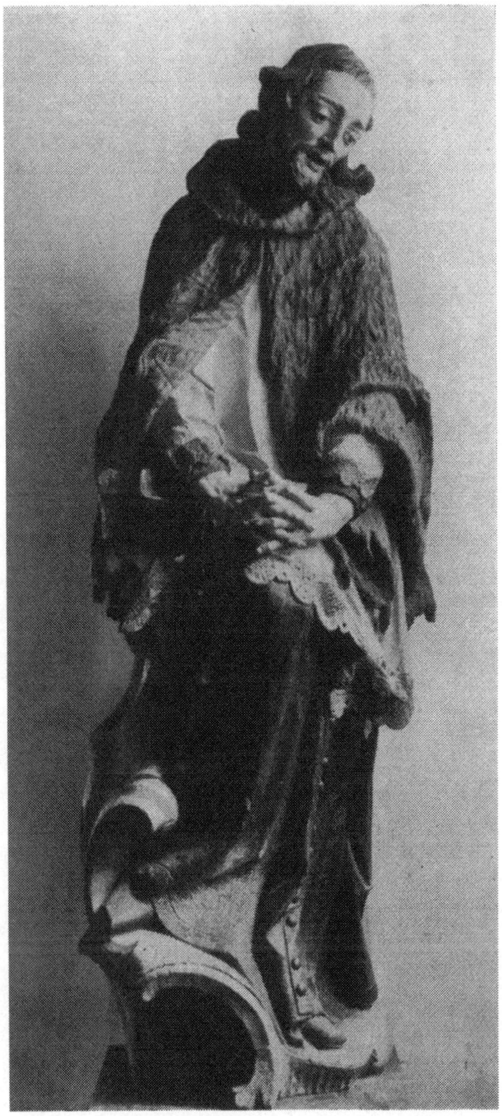

7750

Joseph Götsch, Bildhauer.

Sohn eines tiroler Schreiners, tätig in Aibling, wo er am 21. November 1791 starb. Schüler und Mitarbeiter des Ignaz Günther.

8288. **Valentinus;** als Bischof gekleidet mit der Mitra auf dem Kopfe, blickt nach links unten, wo ein Fallsüchtiger flehend den linken Arm zu ihm emporstreckt. Abb. S. 416.

Wandstatue. Lindenholz. H. 115. Rückseite ausgehöhlt. Mit alter Vergoldung und Bemalung. Die linke Fußspitze ist ergänzt. — Erworben 1921. Geschenk des Herrn M. v. Nemes in München.

Nach einem Modell von F. J. Günther, ähnlich der Statue einer Nonne (vor Jahren bei Julius Drey in München), die nach dem Güntherschen Modell im Deutschen Museum (Nr. 7705, Band IV) gearbeitet ist.

Christian Jorhan der Ältere.

Geboren in Griesbach (Niederbayern) 1727, gest. in Landshut am 8. Oktober 1804. Tätig in München, Zwiefalten, Salzburg, Augsburg und Landshut. Seine Gesellenzeit verbrachte er bei Straub in München.

8289. **Johannes der Evangelist.** Stehend, den Blick aufwärts gerichtet. In der linken Hand hält er das aufgeschlagene Buch; in der rechten Hand hielt er die Feder. Abb. S. 416.

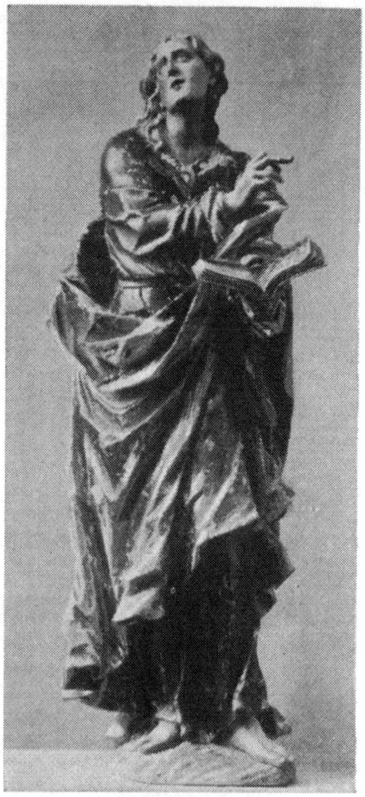

8289 S. 415

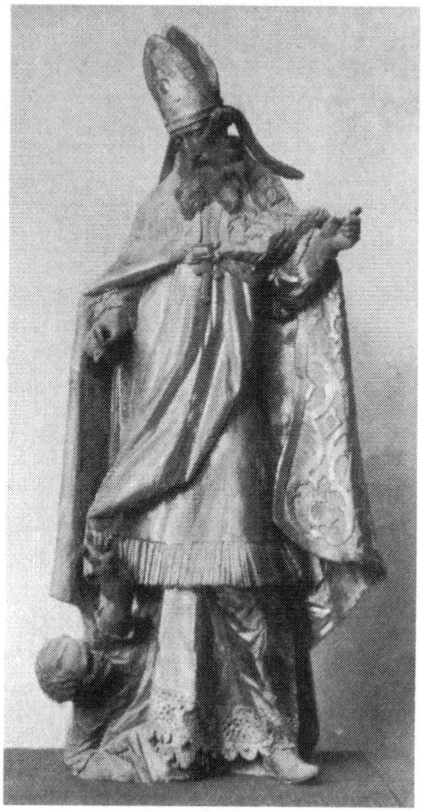

8288 S. 415

Wandstatue. Lindenholz. H. 113. Rückseite ausgehöhlt. Alte Bemalung mit geringen Beschädigungen. Ergänzt die große Zehe, drei Finger der linken und der kleine Finger der rechten Hand. — Erworben 1922 in München.

Um 1760—70. Christian Jorhan d. Ä. schuf zusammen mit dem Möbelschreiner Matth. Fackler von Dorfen in den Jahren 1764—70 gelegentlich einer Renovation der Kirche Maria Thalheim (Oberbayern, B. A. Erding) die bildnerische Ausstattung. In der Art dieses Meisters auch die folgenden drei Büsten (8360. 61. 63). Früher wurden diese Arbeiten einem Meister der Werkstatt des Johann Michael Hiernle zugeschrieben (Thieme-Becker, Künstlerlexikon Band XVIII, S. 59); es ist jedoch urkundlich belegt, daß die 1741 bei Hiernle in Auftrag gegebenen Altäre in Maria Thalheim 1764—70 entfernt und durch neue ersetzt worden sind; vgl. Thieme-Becker, Künstlerlexikon Band XIX S. 166 ff.

8361. Anna. Mit gefalteten Händen, den Blick nach rechts gewendet. Auf dem Kopf ein an der Seite herabfallendes Tuch. Auf dreibeinigem Rocaillesockel.

Büste. Lindenholz. H. 85. Rückseite ausgehöhlt. Alte Vergoldung und Bemalung. — Erworben 1914 in München. Geschenk.

Gehört mit den beiden folgenden Büsten zu einem Zyklus vergoldeter Holzbüsten von Heiligen, von denen sich zwei in der Städt. Skulpturensammlung in Frankfurt a. M., zwei im Hessischen Landesmuseum zu Darmstadt und eine in Frankfurter Privatbesitz (Meisterwerke der Bildhauerkunst in Frankfurter Privatbesitz, Bd. II, Nr. 148) befinden. Eine Büste des Hl. Lukas derselben Serie befand sich in der 1926 bei Lepke zur Versteigerung gekommenen Sammlung J. Mühsam, Berlin; vgl. Auktionskatalog R. Lepke 1962, Nr. 127. Vgl. die Bemerkung zur vorangehenden Nr. 8289.

8360. Evangelist Markus. Nach links blickend. Er hielt in der nur wenig erhobenen rechten Hand eine Feder. Die linke Hand liegt vor der Brust. Auf dreibeinigem Rocaillesockel; an diesem ein Löwenkopf.

Büste. Lindenholz. H. 89. Rückseite ausgehöhlt. Alte Vergoldung und Bemalung. Zwei Finger der rechten Hand sind ergänzt. — Erworben 1914 in München. Geschenk.

Vgl. die Bemerkung zur vorhergehenden Nr. 8361. Die Büste des Evangelisten Johannes befindet sich in der Städt. Skulpturensammlung in Frankfurt a. M.

8363. Ein Heiliger. Bärtig, das kahle Haupt von Locken umrahmt; die linke Hand vor die Brust legend, die Rechte erhoben. Sein Blick ist nach rechts unten gerichtet. Auf dreibeinigem Rocaillesockel.

Büste. Lindenholz. H. 85. Rückseite ausgehöhlt. Alte Vergoldung und Bemalung. — Erworben 1914 in München.

Vgl. die Bemerkung zu 8289 und 8361.

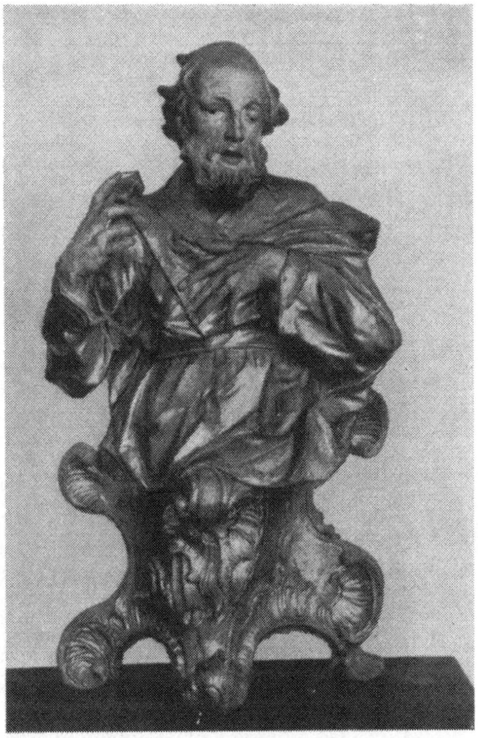

8363

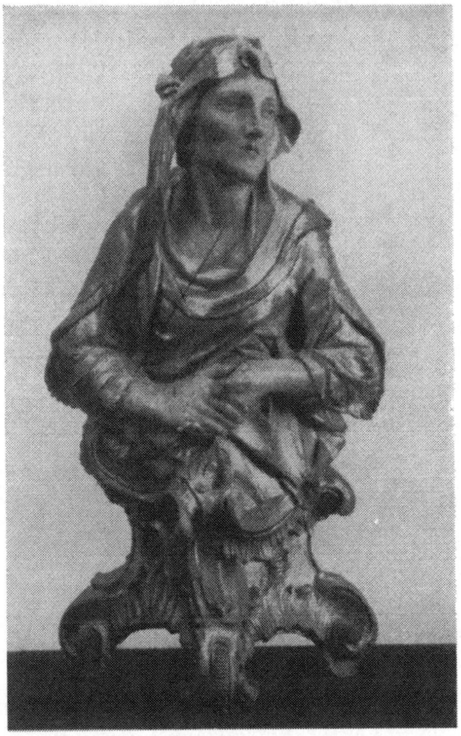

8361

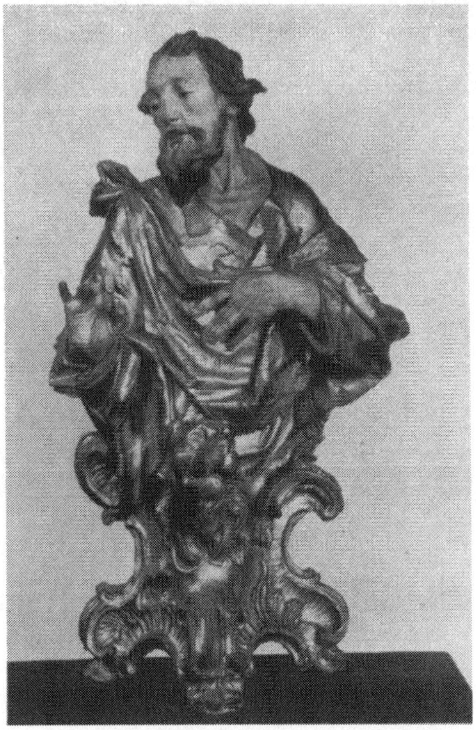

8360

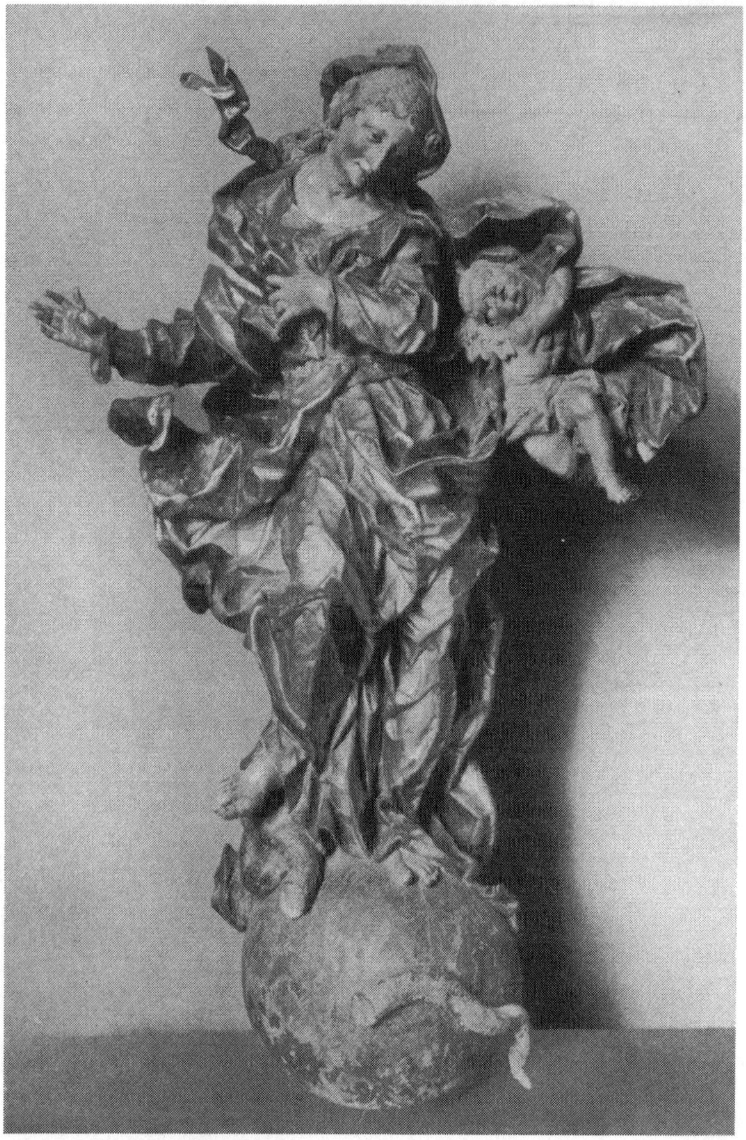

7695

Hans Georg Bschorer

Bildhauer in Oberndorf (Bayrisch-Schwaben, B. A. Donauwörth) 1692—1764.

7695. Maria Immaculata. Auf der Weltkugel stehend, tritt sie mit dem rechten Fuß auf die Schlange, die sich um die Kugel ringelt. Der rechte Arm leicht erhoben, der Kopf nach vorn geneigt, im Haar eine Rose. Die linke Hand liegt vor der rechten Brust. In dem nach rechts flatternden Gewandzipfel ein lebhaft bewegter Putto.

Wandstatue. Lindenholz. H. 191. Rückseite ausgehöhlt. Mit alter, verschiedentlich ausgebesserter Bemalung. Zahlreiche Bruchstellen. Ein Stück des Schlangenleibes ausgebrochen. Die rechte Hand ist ergänzt. — Erworben 1915 in München.

Aus Eggelstetten bei Donauwörth. Die Statue stand noch vor 40 Jahren auf dem Hochaltar in Eggelstetten. Entstanden um 1735. Von demselben Meister die Figuren eines Seitenaltars in der Heiligenkreuz-Kirche zu Donauwörth, andere Arbeiten in Oberndorf (Ortskapelle) und Buggenhofen bei Donauwörth. — Vgl. Jahrbuch des Hist. Vereins Dillingen 30 (1907) S. 95—119. — Neuerdings A. Feulner in der Zeitschrift »Schwäbisches Museum« (1929) S. 65ff.; mit Abb. aller zugehörigen Stücke.

Joseph Anton Feichtmayr.

Geb. 1696 in Linz, gest. am 2. Jan. 1770 in Mimmenhausen am Bodensee. Tätig in Mimmenhausen.

8391. Maria Immaculata. Auf Wolken stehend, gesenkten Blicks, die Linke gegen die Brust legend. Der Mund ist ein wenig geöffnet. Sie trägt ein eng anliegendes, mit langen Ärmeln versehenes Kleid, das den Körper durchscheinen läßt. Hals und Schultern liegen frei. Ein weitfallender, mit einem Spitzenkragen geschmückter Umhang wird von einer großen Knopfbrosche vor der Brust zusammengehalten. Das Tuch, das auf dem Rücken lang herabfällt, liegt mit einem Ende breit gerafft über dem linken Arm. Modische Frisur mit starkem, hochsitzendem Knoten.

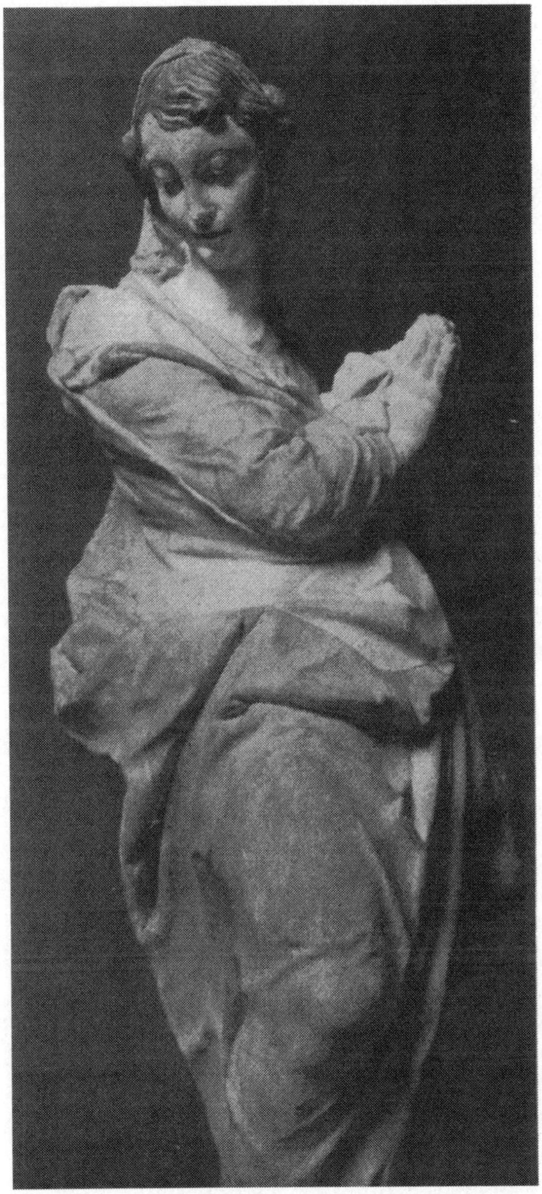

7997

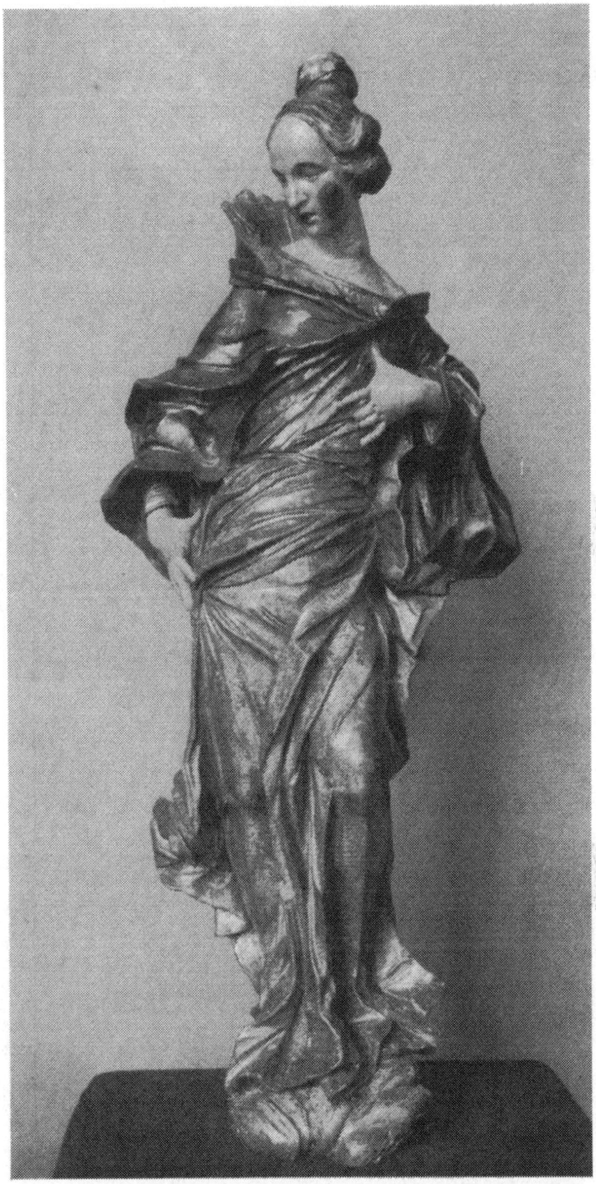

8391

Wandstatue. Lindenholz. H. 162. Rückseite ausgehöhlt. Verschiedene Beschädigungen — durch Sturz — sind ausgebessert. Alte Bemalung freigelegt. Das Muster am Rande des Umhangtuches ist gepunzt. Das Kleid war groß gemustert. — Erworben 1926 aus Berliner Privatbesitz.

Aus einem Kloster am Bodensee. Um 1760. — Über den Künstler vgl. A. Feulner, Bayerisches Rokoko (1923) S. 131. Die Statue, die Feulner 1923 noch nicht gekannt hat, kam 1924 aus Freiburger Privatbesitz vorübergehend nach Frankfurt a. M. Damals war sie noch mit einer modernen Übermalung versehen, die im Berliner Museum entfernt worden ist. Vgl. Schmitt-Swarzenski, Meisterwerke der Bildhauerkunst in Frankfurter Privatbesitz, Bd. II 1924 Nr. 149, Abb. 149—153.

7997. Maria aus einer Krönung, die Hände zum Gebet zusammengelegt. Der Kopf ist zur rechten Schulter gewendet. Diese nach vorn genommen. Sie trägt ein eng anliegendes

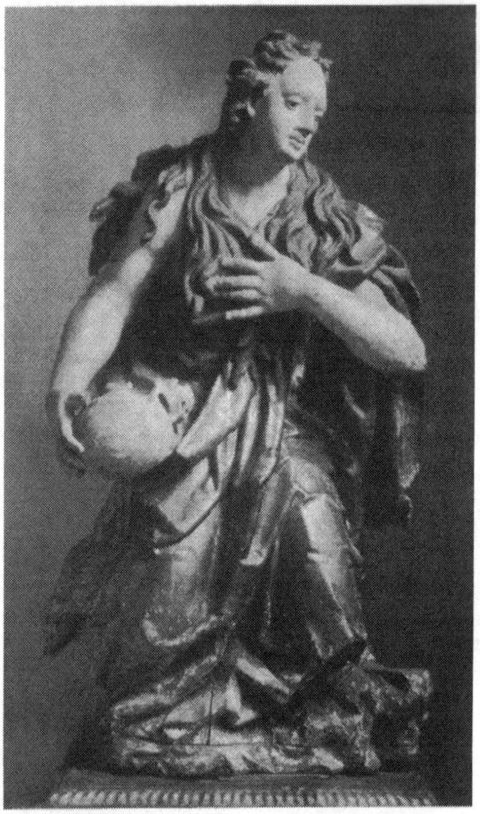

Kleid mit langen Ärmeln, darüber einen Mantel, dessen eines Ende über den Hinterkopf gezogen ist. Abb. S. 419.

Statue. Sandstein. H. 116. Reste alter Bemalung. Unterhalb der Knie falsch ergänzt. — Erworben 1921 in Weinheim.

Die Zuschreibung an Joseph Anton Feichtmayr, die Feulner in dem Werk über »Bayerisches Rokoko« (1923) Abb. 223. 224, wenn auch mit Fragezeichen übernahm, scheint mir immer noch die richtige, während ich die neuerdings vorgeschlagene an den jüngeren Christian nicht einleuchtend begründet finde. Zur Darstellung und zur Haltung der Hände ist vor allem Feichtmayrs Krönungsgruppe an der Außenseite des Münsters in St. Gallen (Ostfront) zu vergleichen. In der Bodenseegegend ist eine Holzfigur in Herdwangen bei Pfullendorf (Seitenaltar der Kirche) ähnlich, doch an Qualität viel geringer. Unsere Statue ist, wohl am Ende des 18. Jahrhunderts, von einem Stümper zu einer stehenden Verkündigungsmadonna umgearbeitet worden. Dabei wurden die Beine, deren ursprüngliche Richtung ganz unverkennbar ist, gerade abwärts geführt, und die Figur erhielt eine andere Front, so daß die linke Schulter nach vorn genommen und der Kopf sinnlos nach links gedreht erschien. — Vgl. Ergänzungen am Schluß des Bandes.

Johann Paul Seitz (1755).

7849. Magdalena, auf felsigem Boden nach rechts kniend, in der Rechten den Totenschädel haltend, während die Linke auf die Brust gelegt ist. Gewand und Mantel, der über die linke Schulter nach hinten geworfen ist, lassen die beiden Arme frei. Das reiche Haar fällt offen über Rücken und Brust herab. Über der kleinen runden Scheibe auf dem Kopf saß ursprünglich ein Heiligenschein. Im Innern der Figur oben die Signatur in roter Farbe: JOHAN PAUL SEITZ 1755.

Wandstatue. Lindenholz. H. 126. Rückseite hohl. Mehrfach alt gestückt. Alte Vergoldung (Mantel mit eingeritztem Muster) und Bemalung (Mantelfutter und Gewand in blauer Lüsterfarbe, Haare braun, Terrainsockel grün, Inkarnat.) An der rechten Hand fehlt das vordersten Glied des Daumens, der Zeigefinger ist ganz, Mittel- und Goldfinger zur Hälfte abgebrochen und wieder geleimt. An der linken Hand ist die Spitze des Zeigefingers leicht beschädigt. — Erworben 1919 in Berlin. Geschenk eines Ungenannten.

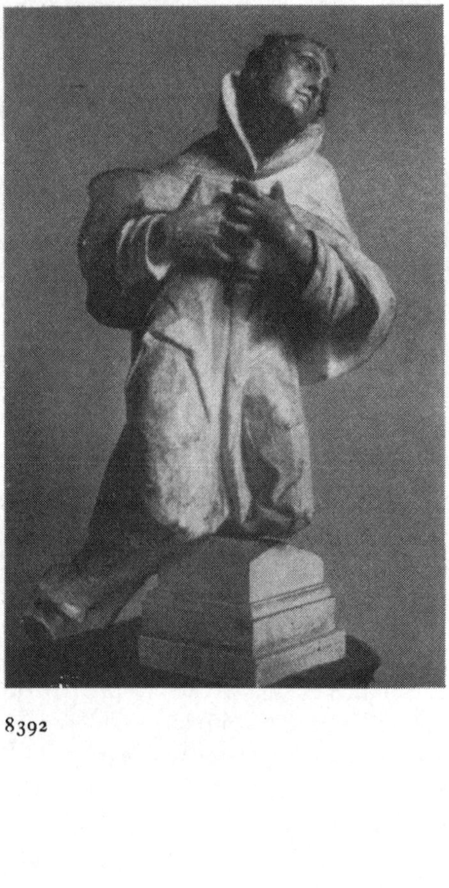

8392

Über den Künstler ist bis jetzt nichts bekannt. Vielleicht gehörte er einer Familie Seitz an, die in

Passau ansässig war. Ein Medailleur Seitz war zu Anfang des 18. Jahrhunderts in Diensten des Fürstbischofs von Passau tätig und ein Johann Seitz, der aller Wahrscheinlichkeit nach mit dem Medailleur verwandt war, wird im 17. Jahrhundert, gleichfalls in Passau lebend, als Bildhauer genannt.

Franz Xaver Nissl. Tirol 1731—1804.

8392. Anbetender Mönch (Zisterzienser). Kniend nach rechts gewendet, mit vor der Brust gehaltenen Händen.

Statue. Lindenholz. H. 75. Rückseite bearbeitet. Die Bemalung alt und verhältnismäßig gut erhalten. Ergänzt die Nasenspitze. Zwei Finger der linken Hand sind gebrochen. Der rechte Fuß fehlt. — Erworben 1926 in Berlin.

Nach der Mitte des 18. Jahrhunderts. Die Figur gehörte zu einer größeren Gruppe verehrender oder anbetender Mönche. Drei weitere zugehörige Figuren (unter diesen zwei von anderer Hand) befanden sich zusammen mit der hier besprochenen in der Sammlung J. Mühsam, Berlin (Auktionskatalog Lepke 1926, Nr. 140—143). Verwandte Figuren besonders in Wilten bei Innsbruck. Zuschreibung von A. Feulner.

Christian Wenzinger, Bildhauer, Maler und Architekt. Geb. am 10. Dez. 1710 in Ehrenstetten in der Nähe von Freiburg i. B. Studienaufenthalt in Paris (1737) und Italien; tätig vorwiegend in Freiburg, wo er 1755 das Bürgerrecht erwarb. Er starb in Freiburg am 1. Juli 1797.

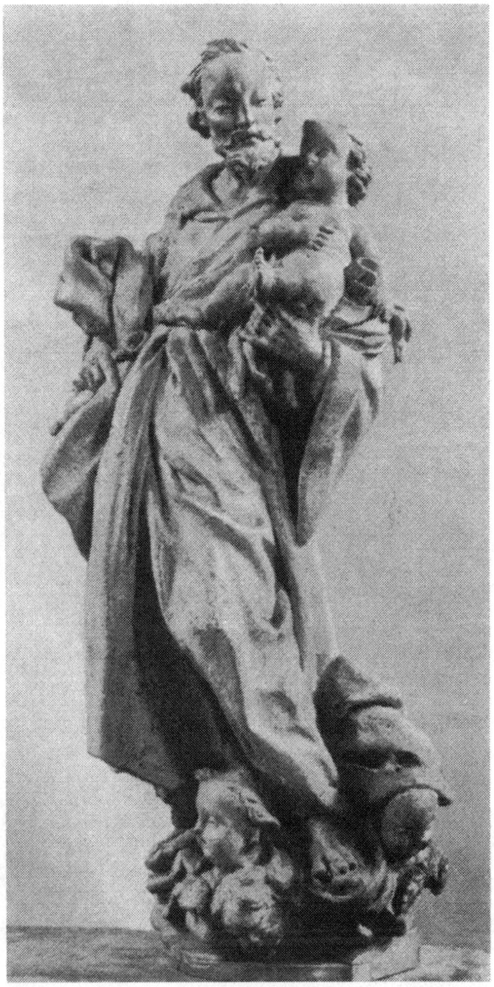

8296

8296. Joseph. Auf einer von Engelköpfen belebten Wolke stehend, hält er das zu ihm aufblickende Kind im linken Arm. Die rechte Hand, die einen Blütenzweig umschließt, hält einen mächtigen Mantelbausch, der die starke Auswölbung des Körpers unterstreicht. Der Oberkörper ist zurückgebogen.

Statue. Gebrannter Ton. H. 98. Rückseite bearbeitet. Mit gelbgrauer Ölfarbe überstrichen. Auf dem Kopf des vorderen Putto unten befindet sich eine runde Öffnung, die zur Anbringung einer Kerze gedient haben wird. Die Sockelplatte ist modern. — Erworben 1922 in München.

Um 1750. Die Statue stammt vom Hause Nußmannstr. 15 in Freiburg i. B., wo sie zusammen mit einer Immaculata (von einem anderen Künstler) als Fassadenschmuck angebracht war; vgl. Gustav Münzel, Beiträge zur Christian Wenzinger, in der Zeitschrift für bildende Kunst 1922, S. 79 ff., 107 ff. Die Engelköpfe am Fuße der Figur finden sich ähnlich noch bei anderen Statuen Wenzingers, bei einer Immaculata, Freiburg, Kaiserstr. 138 (Münzel, a. a. O., Abb. 17) und der Josephsstatue an der Außentreppe zur Kirche in Ebringen (ebenda Abb. 15). Stilistisch steht die Berliner Figur den Ebringer Treppenfiguren (Gipsabgüsse im Freiburger Museum) und dem Staufener Ölberg, jetzt in der Städt. Skulpturensammlung Frankfurt a. M., nahe, der 1745 vollendet wurde (Münzel a. a. O. Abb. 12. 13. 1—4).

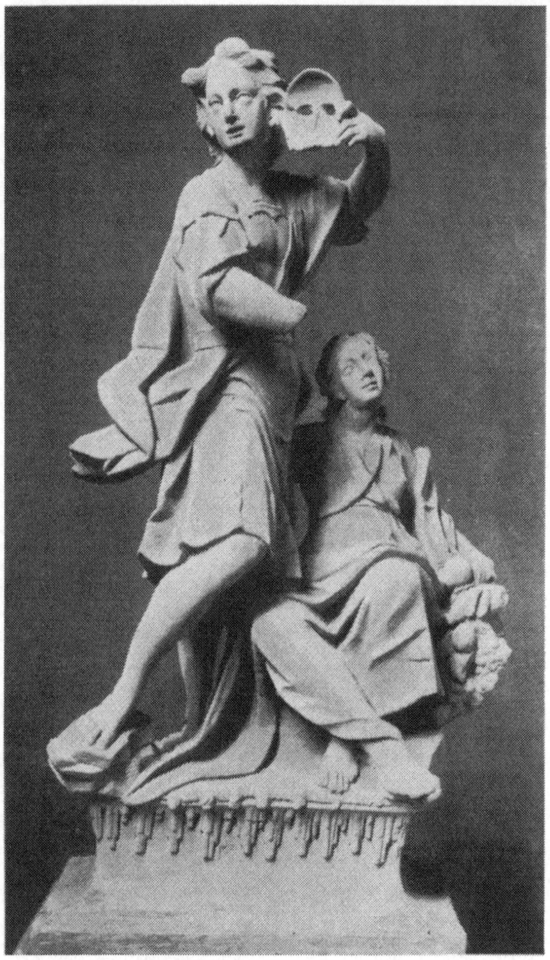

7978

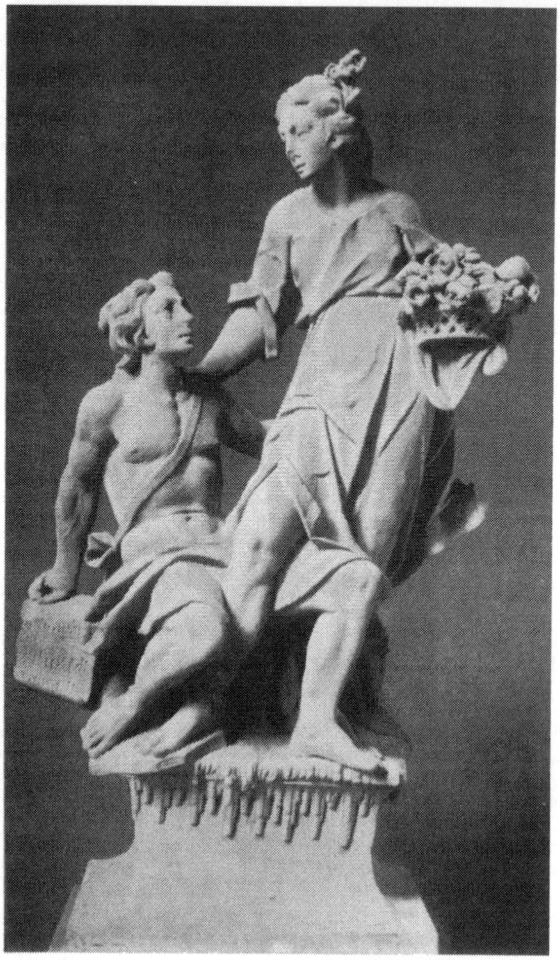

7977

Johann Peter Alexander Wagner, Hofbildhauer in Würzburg.

Geb. 1730 in Oberthcres (Unterfranken). Schüler seines Vaters; er studierte auf der Akademie in Wien, bereiste die Schweiz und die Niederlande, war eine Zeitlang in Mannheim und kam 1756 nach Würzburg, vielleicht im Zusammenhang mit dem in diesem Jahr erfolgten Ableben der beiden Hofbildhauer Jacob und Johann Wolfgang Auvera. Wagner arbeitete zunächst wohl in der Auveraschen Werkstatt. Im Jahre 1771 wurde er zum Hofbildhauer ernannt. Er starb 1809. — Vgl. H. G. Lempertz, Johann Peter Alexander Wagner. Ein Beitrag zur Geschichte der Deutschen Plastik des 18. Jahrhunderts. Köln 1904.

7977. Der Frühling. Gruppe eines sitzenden Jünglings und eines stehenden Mädchens auf einem Sockel mit Rasenandeutung. Der Jüngling ist unbekleidet; sein Mantel, von einem quer über den Oberkörper laufenden Band gehalten, liegt auf seinem Schoß. Mit der Rechten stützt er sich auf einen Stein, über dem ein Notenblatt liegt, während er mit der Linken das Mädchen umfaßt, das ihm ihre Rechte auf die Schulter legt; in der Linken trägt es einen mit Rosen gefüllten Korb.

Gartenfigur. Rötlicher Sandstein. H. 110, Br. des Sockels 46. Ein Teil der rechten Hand und zwei Finger der linken Hand des Jünglings ergänzt, die Nasenspitze des Mädchens abgebrochen. Kleine Ausbesserungen am Mantel des Jünglings (Rückseite), ferner am Sockel. — Erworben 1921 in Berlin.

Aus einem Hause in Würzburg. — Aus der frühesten Zeit von Wagners Würzburger Tätigkeit, um 1750—60.

7978. Der Herbst. Gruppe eines sitzenden Mädchens mit Fruchtkorb in der Linken und eines stehenden Jünglings, der sich mit der Linken eine Maske von dem nach links gewandten Gesicht abnimmt; Sockel wie bei 7977. Das Mädchen sitzt mit gekreuzten Beinen und umfaßt mit der Rechten den Jüngling.

Gartenfigur. Rötlicher Sandstein, an einigen Stellen mit gelbgrauem Ton. H. 114, Br. des Sockels 55. Gegenstück zu 7977. Die rechte Hand des Jünglings fehlt; an der Bruchstelle ein Dübelloch. Ein Zipfel seines Gewandes ganz links abgebrochen. Die rechte Hand des Mädchens hinter dem Rücken der stehenden Figur über dem Handgelenk abgebrochen und wieder angesetzt; ebenso ein Stück des Fruchtkorbes. Ausbesserungen am Sockel. — Erworben 1921 in Berlin.

Um 1750—60. Vgl. die Bemerkung zur vorangehenden Nummer.

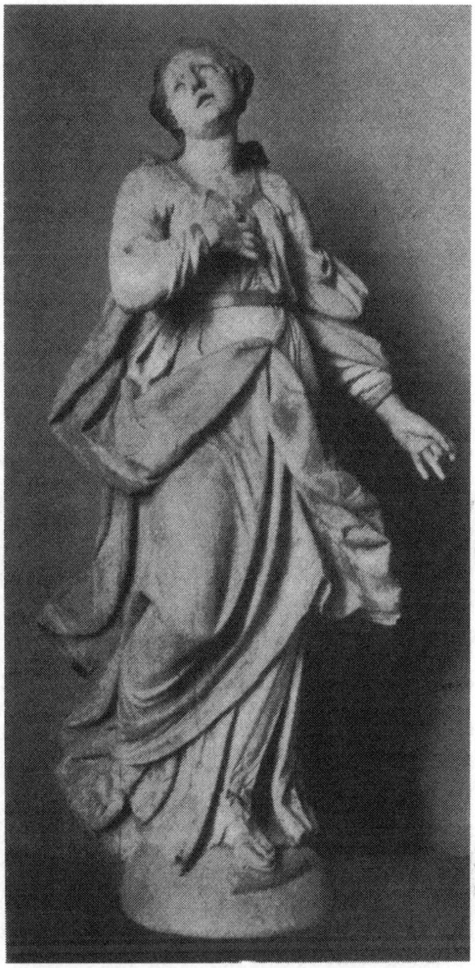

7045

7045.. Maria Immaculata. Auf der Weltkugel, in schwebender Haltung, den Blick nach oben gerichtet, die Linke ausgestreckt, die Rechte vor der Brust erhoben. Die Kleidung besteht aus einem bis auf die Füße reichenden gegürteten Gewand mit langen Ärmeln und einem weiten Mantel, der, von der Schulter über den Rücken herabgeglitten, vom linken Arm gehalten und vor dem Leib durch ein Band hochgenommen wird. An den Füßen Sandalen. Unter dem linken Fuß ein Rest des Schlangenkörpers.

Wandstatue. Lindenholz. H. 182. Rückseite hohl. Alte Bemalung (Gewand weiß, Mantel und Weltkugel blau, Haare braun, Inkarnat weißlich) und Vergoldung (Mantel- und Ärmelsäume sowie der Gürtel). An der rechten Hand sind drei vordere Fingerglieder ergänzt, ebenso der ganze linke Unterarm vom Ellbogen an, ferner die Spitze des vorstehenden Fußes, und der gerundete Sockel; die ursprüngliche Weltkugel war vermorscht; der vordere Teil fehlte ganz. — Erworben 1913 aus Berliner Privatbesitz.

Würzburg, Ende 18. Jahrhundert. Nach Angabe des Vorbesitzers südwestlich von Würzburg erworben. — Die Figur ist das beste Exemplar eines von Wagner in der Spätzeit des Jahrhunderts öfters variierten Typus. Man vergleiche die ganz übereinstimmende, neu gefaßte Madonna von 1798 in Fährbrück (Abb. Inventar von Unterfranken, B. A. Karlstadt, S. 71), ferner die Immaculata in Rohrbach (ebenda Abb. S. 158) und die Marienkrönung in Trimberg (ebenda, B. A. Hammelburg, Tafel VI), Beispiele, die sich noch vermehren ließen.

7998. Johannes von Nepomuk. Stehend, in der für ihn üblichen Domherrentracht, von einem

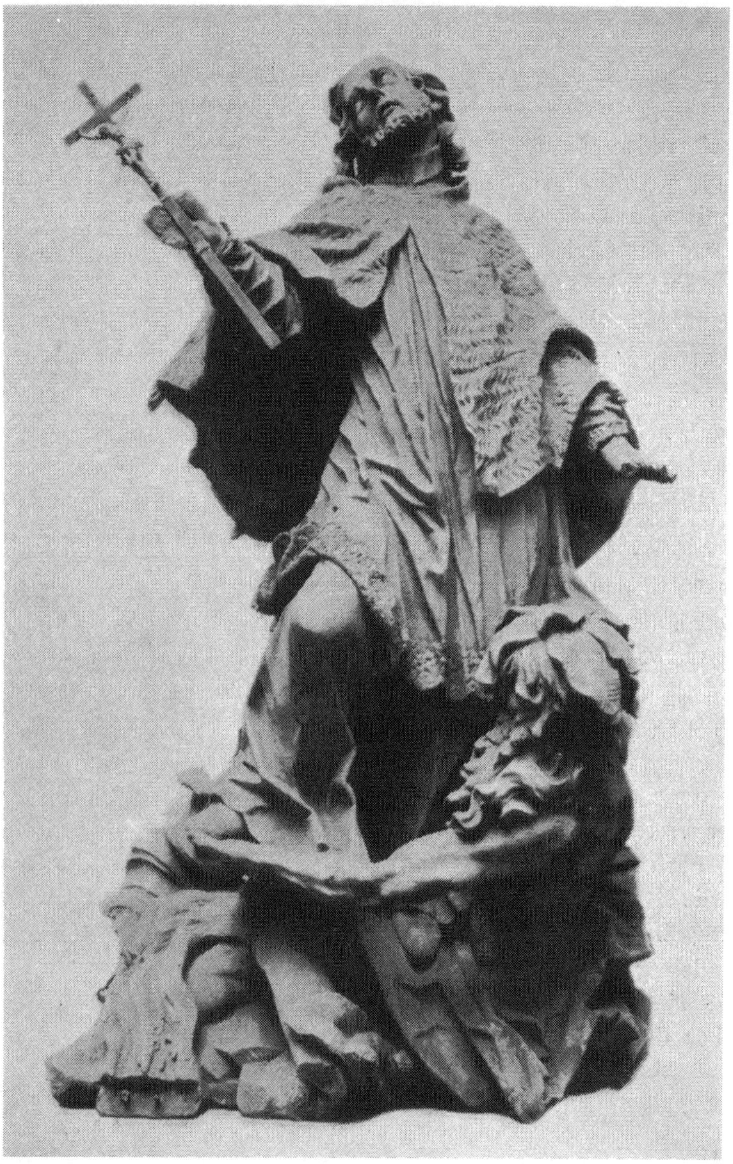

7998 S. 423

Flußgott getragen, in lebhaft bewegter Stellung, den Blick nach oben gerichtet. Die erhobene Rechte hielt ein Kreuz, die Linke ist seitlich ausgestreckt. Der aus zwei Stücken bestehende Sockel trägt vorn eine Stiftungsinschrift, von der in der Mitte ein Streifen abgeblättert ist:

St
Johannes [von] Nepomuck
Dieses [Bild] zum Schild
wider S[pott] und Hohn
dem [heili]gen Patron
für [diese] Strassen
[hat errichte]n lassen
Johannes [Geo]rg Oehrlein
Sch 1774

Statue. Roter Sandstein. H. der Gruppe 175; H. des Sockels 98. Br. 145. Rückseite z. T. ausgehöhlt. Grauer Ölfarbenanstrich mit Vergoldung an dem Spitzenbesatz des Gewandes. Stark beschädigt besonders die Hände des Heiligen, die angedübelt sind. — Erworben 1921 in Würzburg.

Würzburg um 1774. — Die Gruppe trägt noch manche Züge der Auveraschen Art; doch waren der Vater Auvera und beide Söhne 1774 nicht mehr am Leben. Sie wird auf Peter Wagner zurückgehen, der Johann Wolfgang Auveras Witwe 1759 heiratete, und zunächst als Angestellter des Auveraschen Betriebes arbeitete. Der Sockel, der im Unterschied von der Statue aus gelbem Sandstein gearbeitet ist, scheint von anderer Hand hinzugefügt zu sein. Die Statue selbst könnte also etwas älter sein, als die Jahreszahl 1774, die der Sockel für die Aufstellung angibt.

Ein Brunnenentwurf von J. B. Straub in München, Graphische Sammlung, abgebildet bei C. Giedion-Welcker, J. B. Straub (1922) S. 84, zeigt den Heiligen in ähnlicher Darstellung, auf einer Brunnensäule stehend. Die Einzelheiten sind aber alle anders. Es kann sich also nicht um den Originalentwurf zu unserer Gruppe handeln. Möglich, daß eine Anregung von Straubs Idee ausgegangen ist. Doch ist nicht zu übersehen, daß damals, nach der Heiligsprechung Johanns von Nepomuk, überaus zahlreiche (graphische und andere) Bilder von ihm in Umlauf kamen, und daß im allgemeinen die Würzburger Meister dieser Zeit von den Münchnern kaum beeinflußt erscheinen. — Vgl. E. W. Braun im II. Band des Kunsthistorischen Jahrbuchs der Görres-Gesellschaft (1930).

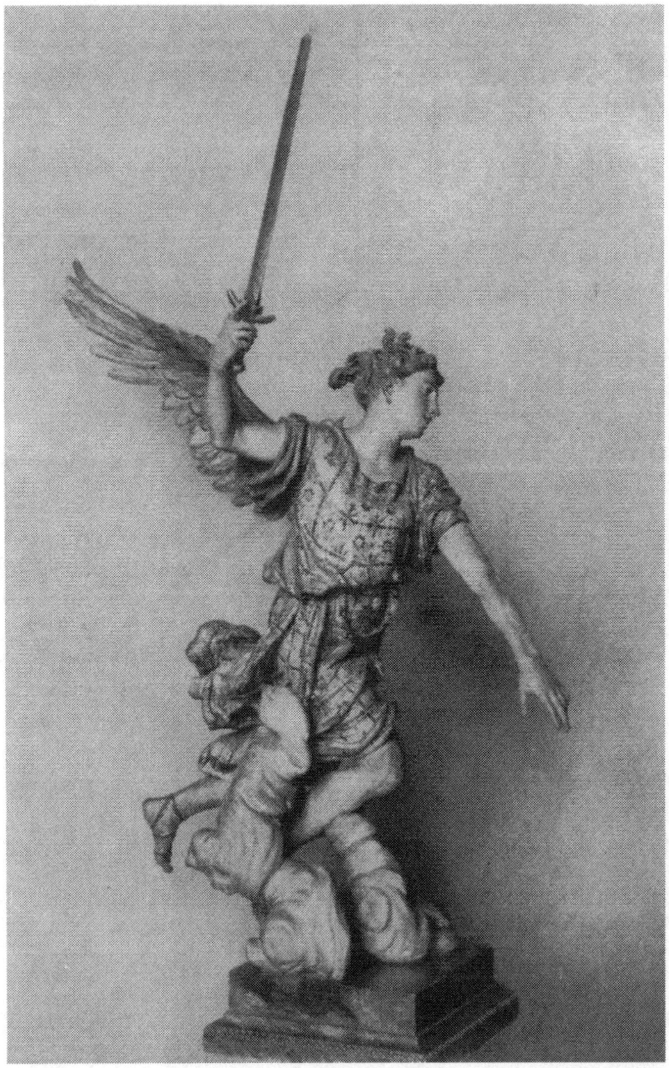

2025

Ignaz Alexander Breitenauer, Bildhauer.

Geb. am 3. Mai 1757 in Eichstätt, gest. daselbst im Jahre 1838. Schüler des Bildhauers Angerer in Freising und des R. A. Boos in München; tätig in München, Augsburg und seit 1785 in Eichstätt, wo er als Hofbildhauer angestellt war.

2025. Der Erzengel Michael (Vöge 412). Die Flügel breitend, mit flatterndem Haar und Gewand, schwebt er auf Wolken hernieder, leicht geöffneten Mundes nach abwärts weisend, während die erhobene Rechte das Schwert schwingt. Das Gewand läßt die Arme und den rechten Unterschenkel frei; die Füße sind von Bändern umwunden. Links hinten an der Wolke die Signatur:

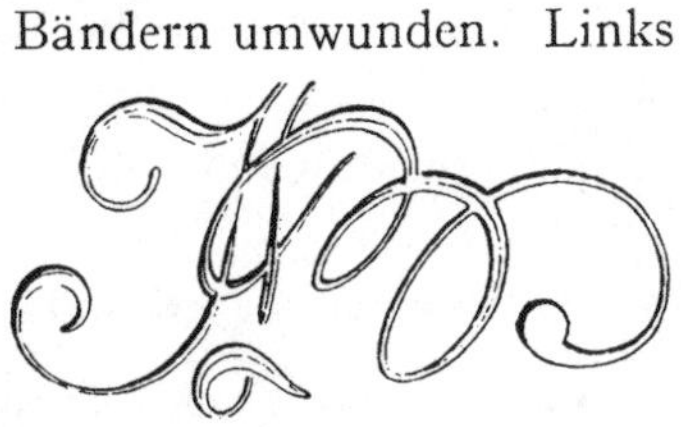

Auf quadratischer Plinthe.

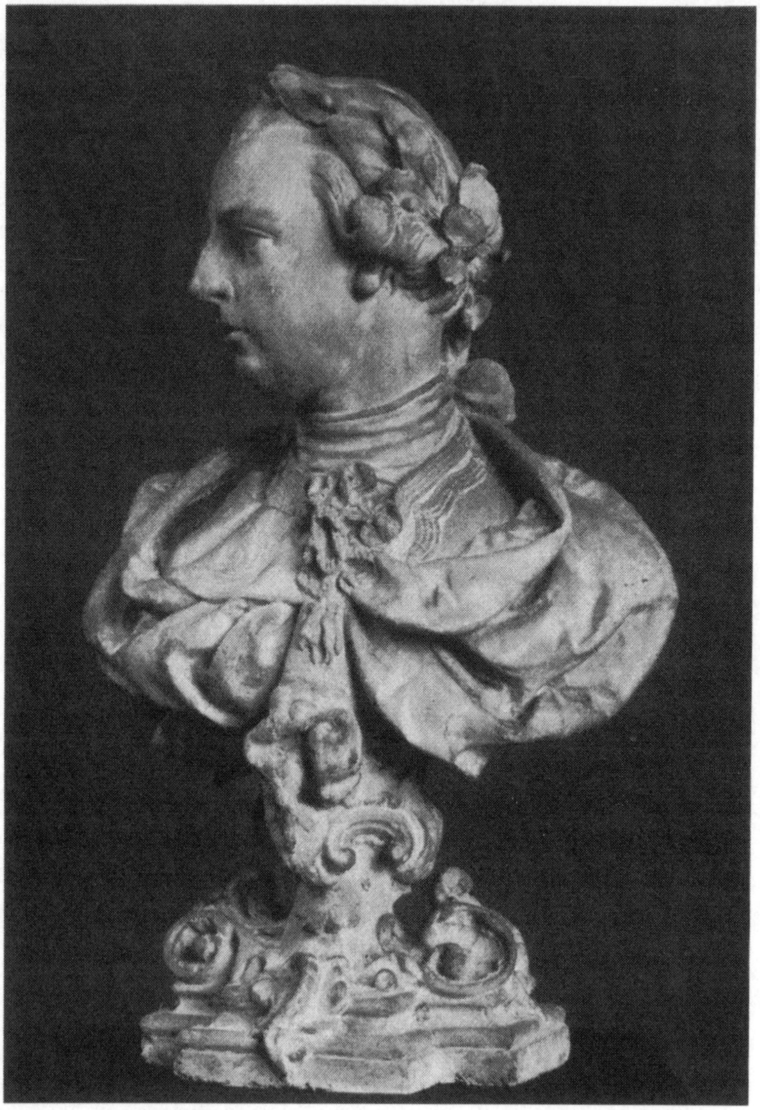

8377

Statue. Holz. H. 125 (ohne das Schwert und die Plinthe). Mit alter Bemalung. Weißes Gewand mit silbernen Sternen und vergoldeten Säumen; die Flügel abschattend. Die Flügel, das Schwert, der linke Fuß, das linke Wolkenstück, vielleicht auch die Arme aus besonderen Stücken. — Erworben 1893 in München. Geschenk des Herrn Geheimrat Robert Lessing.

Bode, Amtl. Berichte a. d. Preuß. Kunstsamml. 30 (1909), S. 117. Früher, so auch von A. E. Brinckmann im Handbuch der Kunstwissenschaft, Barockskulptur S. 397, dem Augsburger Joh. Andreas Bergmüller zugeschrieben. Die richtige Auflösung der Signatur in Ignaz Alexander Breitenauer bei A. Feulner, Münchener Barockskulptur, wo die wichtigsten Arbeiten des Künstlers abgebildet sind. Eine unvollendet gebliebene Monographie von O. Lochner v. Hüttenbach in: Sammelblatt des Hist. Vereins Eichstätt 25, S. 52 ff.

Franz Xaver Messerschmied.

Geb. 1737 zu Wiesensteig in Württemberg. Schüler seines Oheims Johann Straub in München. 1765 in Rom. Tätig in Wien und seit 1776 in Straßburg, wo er 1783 starb.

8377. Büste Kaiser Josephs II. auf einem Roccaillesockel. Der Kopf ist scharf nach links gewandt; auf dem hinten in einem Zopf mit Schleife fallenden, seitlich gelockten Haar liegt ein Lorbeerkranz. Mantel und Gewand sind vorn unter einer Rüsche zusammengenommen, aus der das Goldene Vliess herabhängt. Um den Hals ist ein Tuch gebunden.

Büste. Hartgips. H. 70. Unbemalt. Am oberen Teil des Sockels eine Nietstelle. Die Sockelplatte an den Rändern und Kanten etwas bestoßen. — Erworben 1925 in Wien.

Um 1765—70. Joseph II., geb. 1741, war König seit 1764, Kaiser seit 1765. Die Büste wird in den Anfang von Messerschmidts Wiener Tätigkeit fallen.

Ein weiteres Werk von Messerschmied, Bronzekopf, siehe Band II, S. 40 f. Nr. 5582.

Friedrich Wilhelm Eugen Doell, Thüringer Bildhauer 1750—1816.

Nach längerem Aufenthalt in Paris (1770 ff.) und Rom (1773—82) tätig in Gotha.

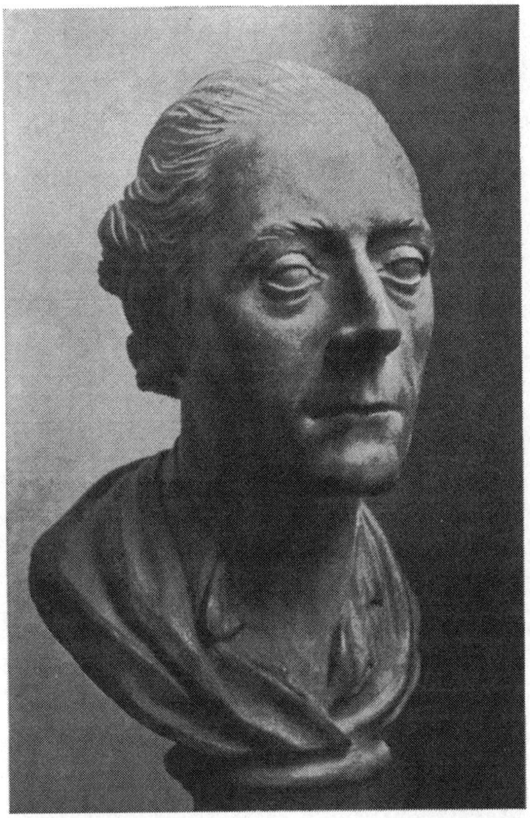

8326

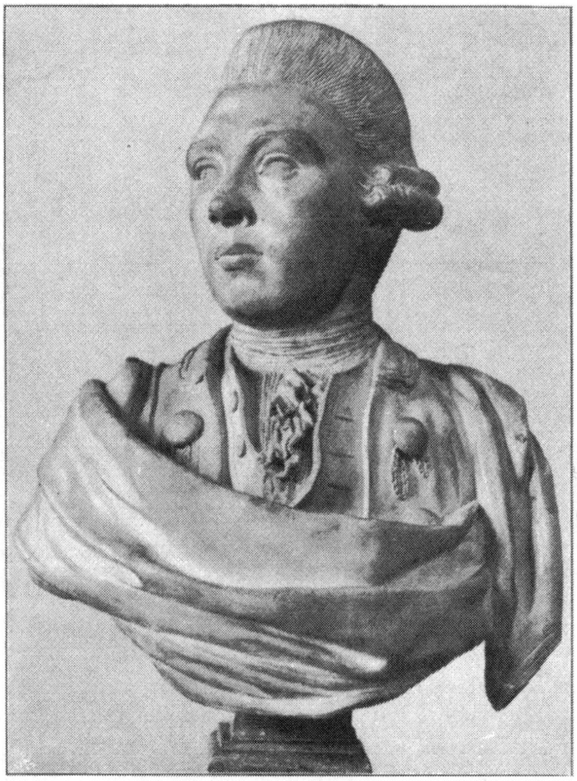

536

536. Herrenbildnis (Vöge 428). Bartlos, etwa dreißigjährig, in die Ferne blickend, halb nach links gewendet. Das lange Haar ist im Nacken von einem Bande zusammengefaßt, der Mantel um die Schultern geschlungen; an den Knöpfen des Rockes kleine Ketten zum Schließen.

Büste mit Brustausschnitt. Gebrannter Ton. H. 39,5 cm. — Kunstkammer.

Um 1780—90.

Martin Gottlieb Klauer, Bildhauer.

Geb. am 29. August 1742 in Rudolstadt. Von der Herzogin Anna Amalia von Weimar 1772 zum Hofbildhauer ernannt. Zunächst in Berka, seit 1778 in Weimar tätig. Gest. in Weimar am 4. April 1801.

8326. Johann Kaspar Lavater. Bildnisbüste auf einfachem runden Sockel. — Lavater, geb. 15. Nov. 1741 in Zürich, gest. 2. Juni 1801.

Büste. Gebrannter Ton. H. 44,5. Unbemalt. — Erworben 1923 in München.

Von derselben Büste zwei Exemplare in Weimar (Bibliothek und Goethehaus), die nach alter Überlieferung Klauer zugeschrieben werden. Da die Büste stilistisch den anderen in Weimar noch erhaltenen Porträtbüsten Klauers nahesteht und Klauer nachweislich eine Büste Lavaters modelliert hat, darf ihm unser Stück mit großer Wahrscheinlichkeit zugeschrieben werden.

8369. Bildnisbüste eines jungen Mannes, den Kopf mit langem, bis in den Nacken herabfallendem Haar nach rechts wendend. Abb. S. 428.

Büste. Gebrannter Ton. H. 47,5. An verschiedenen Stellen gekittet. — Erworben 1925. Geschenk des Herrn Geheimrat G. Mügge in Berlin.

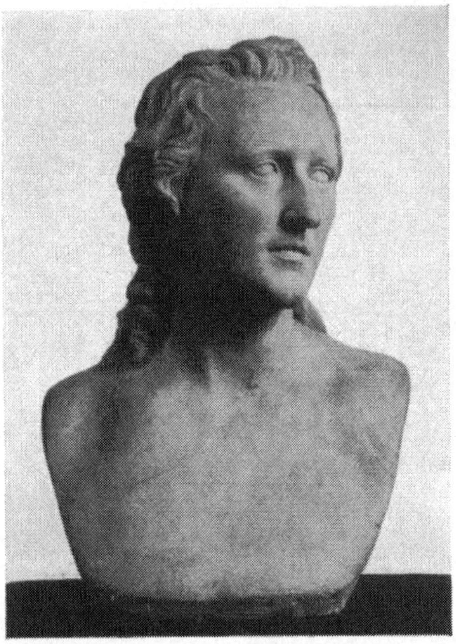

8369

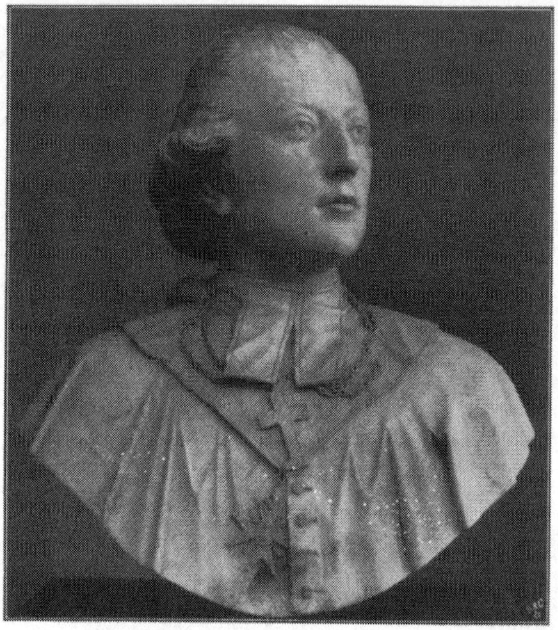

3189

Die Büste stammt aus dem Besitz der Bettina von Arnim. Nach einer Familientradition soll es sich um ein Bildnis Schillers handeln. Daß Schiller nicht der Dargestellte sein kann, ergibt ein Vergleich mit den erhaltenen Schillerporträts, Büsten und Gemälden; man darf jedoch vermuten, daß es sich um eine Persönlichkeit des Weimarer Kreises handelt. Als Künstler könnte am ehesten Klauer in Frage kommen, der sich als außerordentlich wandlungsfähig erweist.

Johann Probst.

Bildhauer aus Sterzing in Tirol. Schüler J. Hagenauers in Wien. Tätig um 1800.

3189. Maximilian Franz, Kurfürst von Köln (Vöge 432). Mit Perücke und Käppchen, den Kopf nach rechts wendend. Um den Hals das päpstliche Hauskreuz und ein Ordensstern. Auf der Rückseite bezeichnet:

Johann Probst
Fecit.
1799.

Maximilian Franz, Erzherzog von Österreich, Sohn der Kaiserin Maria Theresia, geb. 1756, seit 1785 Kurfürst von Köln. Gest. 1801.

Büste. Marmor. Sockel aus grauem Marmor. H. 82. Im Gesicht kleine Risse. — Erworben 1908 in Wien.

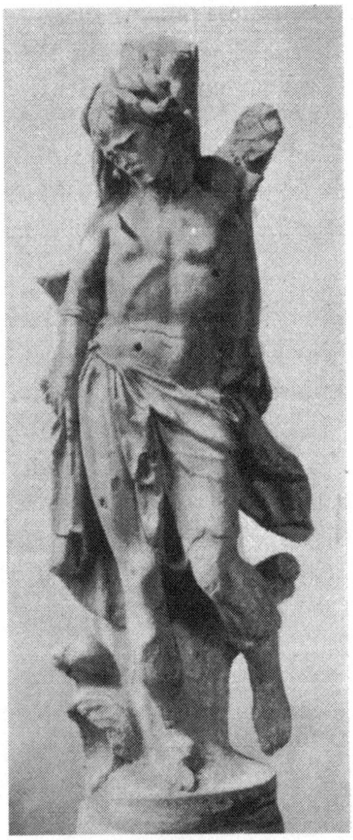

8297

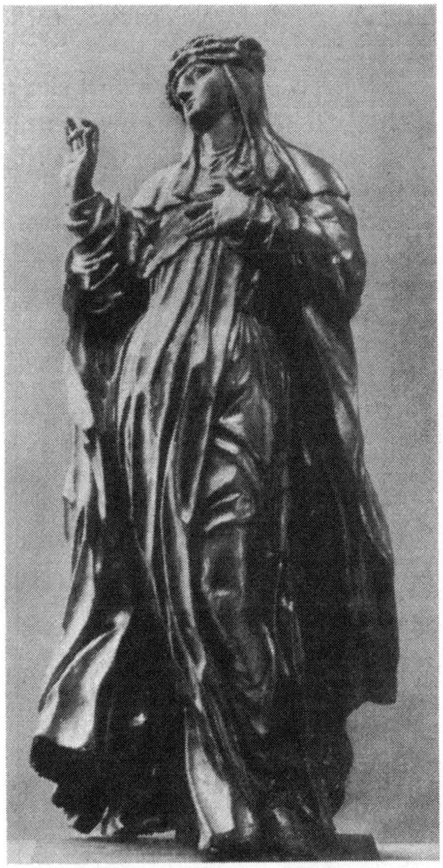

8307

b) Werke unbekannter Künstler

8297. Sebastian. Der Gemarterte, mit einem Lendentuch bekleidet, ist mit Stricken an einen Baumstamm gefesselt. Der Körper ist von zahlreichen Pfeilen durchbohrt. Der Kopf ist nach vorn gesunken.

Statue. Sandstein. H. 128. Mit grauem Ölfarbanstrich. Stark beschädigt. Es fehlen der linke Arm, Teile des Baumes, das Strauchwerk am Sockel und ein großes Stück am linken Unterschenkel. Der rechte Fuß war abgebrochen. — Erworben 1922. Geschenk des Herrn L. v. Buerkel, München.

Würzburg, 18. Jahrhundert.

8307. Rosa von Lima. Als Nonne mit Dornenkrone; die Rechte erhoben, die Linke auf die Brust gelegt, der Blick aufwärts gerichtet.

Wandstatue. Lindenholz. H. 120. Rückseite flach bearbeitet. Alte Bemalung und Vergoldung. Der rechte Fuß ist zerstört. An der erhobenen rechten Hand zwei Finger angeleimt. An verschiedenen Stellen des Gewandes kleine Stückchen ausgebrochen. — Erworben 1922.

Mainz(?), Mitte des 18. Jahrhunderts. B. Zamels und dem in Mainz mit ihm zusammen arbeitenden Bayern Franz Matthias Hiernle am nächsten stehend.

7827. Kruzifix. Auf dreiteiligem Roccaillesockel, auf dem vier flügellose, mit Lendentuch bekleidete Engelputten in lebhaft bewegter Stellung sitzen. Ein fünfter schwebt oben links neben dem Kreuz auf einer Wolke und trocknet sich mit einem Tuch die Tränen.

Wandgruppe. Lindenholz. H. 140, Br. 70. Rückseite teilweise abgeflacht. Der Roccaillesockel ist aus vier Stücken zusammengesetzt. Die Putten und die Christusfigur aus besonderen Teilen gearbeitet und mehrfach gestückt. Alte vollständige Vergoldung. Der linke Daumen des Engels unten rechts abgebrochen. Das Kreuz modern hinterlegt und nach unten verlängert. — Erworben 1918 in Berlin.

Mittelrheinisch, Mitte 18. Jahrhundert. — Aus der Sammlung des Prälaten Friedrich Schneider in Mainz († 1907). Nach mündlicher Mitteilung von Dr. Peter Metz wohl dem Bildhauer Heinrich Jung, der 1753 in Mainz Bürger wurde, zuzuschreiben.

7716. Weibliche Heilige auf Wolken (Maria aus einer Krönung?), mit einem nackten Engelputto neben sich, der in die Falten des Mantels geschmiegt zu ihr aufblickt. In langem, gegürtetem Gewand mit aufgeschlagenen Ärmeln, über dem in bewegter Drapierung ein Mantel liegt. Das Haar ist geflochten und hochgenommen.

Wandgruppe. Lindenholz. H. 113, Br. 72. Rückseite glatt. Alte Bemalung und Vergoldung. Es fehlen der verdübelte linke Unterarm

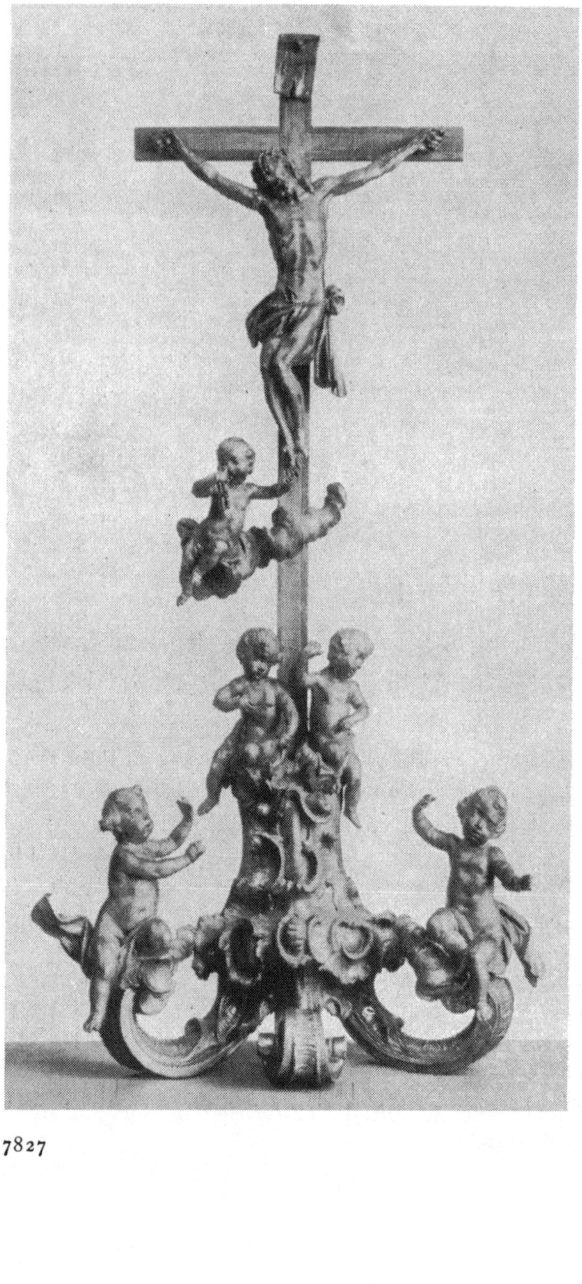

7827

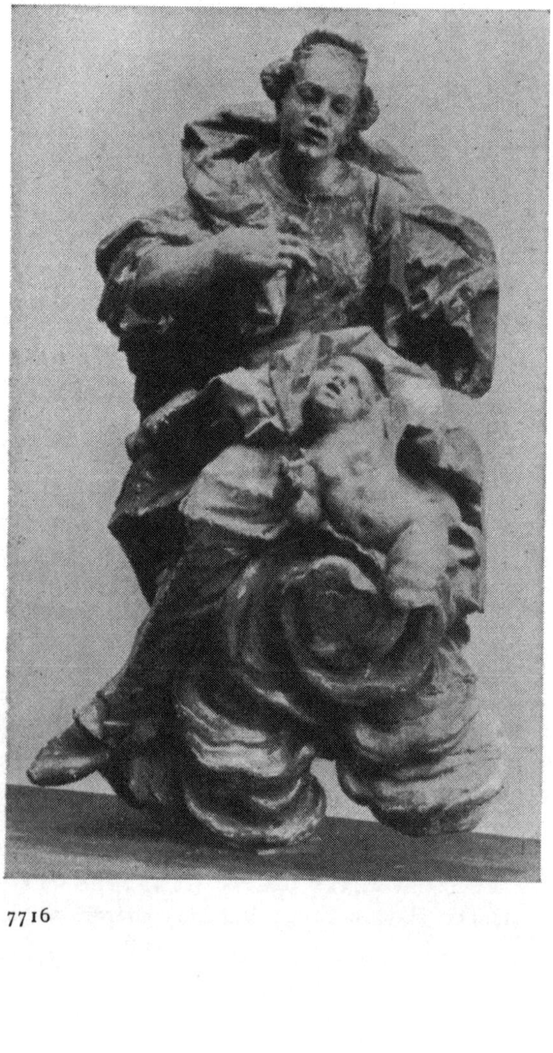

7716

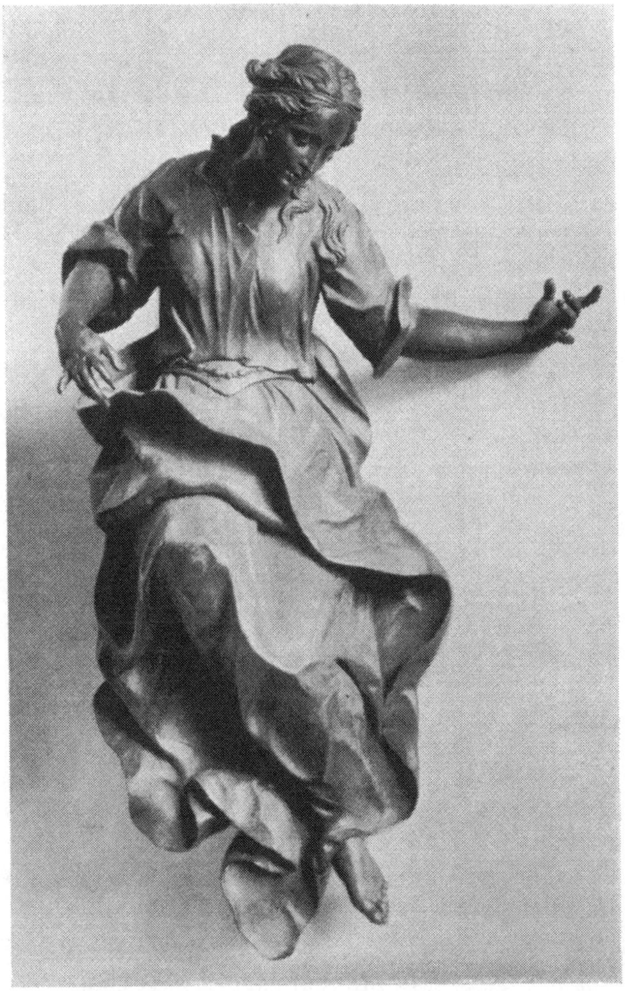

8293

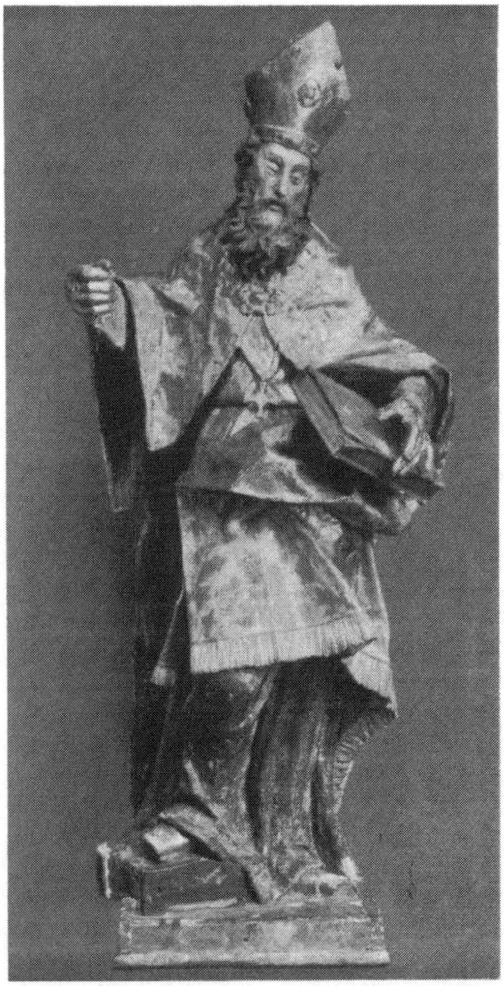

8367 S. 432

der Maria, die beiden Beine des Kindes von den Knien ab und sein linker Arm, sowie ein Teil des Mantels der Heiligen rechts neben dem Putto (Anstückung). Drei Finger an der rechten Hand des Kindes sind z. T. abgebrochen, der rechte kleine Finger der Heiligen ist ergänzt. — Erworben 1916 in München.

Oberbayerisch (?) um 1730—40.

8293. Schwebende weibliche Figur, wohl eine Allegorie; mit offenem, bis auf die Schultern herabfallendem Haar und leichtem, gegürtetem Gewand, das Hals und Unterarme freiläßt. Über dem Schoß liegt ein weiter Überwurf. Um die Hüften ist eine Schmuckkette geschlungen; der Blick ist nach unten gerichtet. Die Bewegung der Arme, denen ein Attribut fehlt, nicht sicher zu deuten.

Wandfigur. Pappelholz, braun gebeizt. H. 135, Br. 84. Rückseite hohl. Kopf, rechter Arm, linke Hand und untere Partie der Figur mit den Füßen alt angestückt. Spitze des rechten kleinen Fingers abgebrochen. — Erworben 1922 in Berlin.

Westdeutsch (vielleicht lothringisch), Mitte 18. Jahrhundert. — Früher Sammlung Thiem in S. Remo. Gesichtstyp und Frisur deuten auf französischen Einfluß.

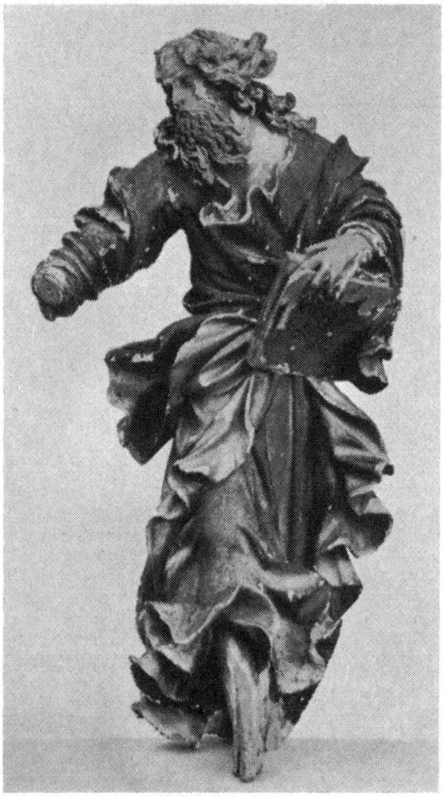

5871

8367. Eligius. Als Bischof, mit der Mitra auf dem Kopf. In der erhobenen Rechten hielt er den (nicht erhaltenen) Krummstab. Der rechte Fuß steht auf einem am Boden liegenden Amboß. Mit der Linken hält er ein großes Buch. Abb. S. 431.

Statue. Lindenholz. H. 157. Alte, an einzelnen Kanten abgeblätterte Bemalung. Rückseite bearbeitet. Der Saum des Mantels verschiedentlich ausgebrochen. Der Krummstab fehlt, die Finger der linken Hand sind gebrochen. — Erworben 1925. Geschenk des Herrn Hugo Helbing, München.

Unterfränkisch, Mitte 18. Jahrhundert. — Aus der Gegend von Haßfurt am Main.

5871. Evangelist. In lebhaft bewegter Stellung, das rechte Bein vor das linke setzend, in flatternder Gewandung und langem wehendem Bart und Haupthaar. Der rechte Arm ist ausgestreckt, die Linke hält ein Buch gegen den linken Oberschenkel, in das der Zeigefinger hineingreift.

Wandstatue. Lindenholz. H. 68,5. Rückseite flach bearbeitet. Alte Bemalung und Vergoldung. Der rechte Unterarm alt angestückt. Es fehlen die verdübelte rechte Hand, zwei Finger der Linken und beide Füße vom Spann ab. Die Locken des Bartes und Haupthaares mehrfach beschädigt. Der Mantelsaum ist verschiedentlich bestoßen, besonders unten links. — Erworben 1909 in Straßburg.

Süddeutsch, vielleicht oberrheinisch, 1. Hälfte des 18. Jahrhunderts.

7761. Gottvater auf Wolken, von drei geflügelten Engelputten umgeben, die Weltkugel mit dem Kreuz unter sich. Die Rechte segnet, die Linke mit dem Szepter ruht auf dem rechten Knie. Der Kopf mit langem, wehendem Bart und reichem Lockenhaar ist leicht nach links geneigt, der Blick nach unten gerichtet. Über dem gegürteten Gewand Gottvaters liegt in bewegter Anordnung ein Mantel, dessen Enden nach oben und nach links hin zwei flatternde Zipfel bilden. — Die beiden folgenden Nummern zugehörig.

Wandgruppe. Lindenholz. H. 159, Br. 166. Rückseite hohl. Aus mehreren Stücken zusammengesetzt. Geringe Reste der alten Fassung; das Inkarnat ist großenteils erneuert. Von dem Szepter in der Linken Gottvaters ist nur der Griff erhalten. An der rechten Hand ist der Zeigefinger abgebrochen, der vierte Finger zur Hälfte angestückt. Aus dem Mantelsaum ist am Nacken ein Stück ausgebrochen. — Erworben 1916. Geschenk eines Ungenannten.

Oberbayrisch, 1. Hälfte des 18. Jahrhunderts. — Altarbekrönung. Aus Kloster Scheyern, B. A. Pfaffenhofen (Oberbayern). Zum gleichen Altar gehörten die beiden folgenden Heiligen. Abb. auch Amtliche Berichte aus den Preuß. Kunstsammlungen 39 (1917) S. 36.

7762. 7763. Zwei männliche Heilige. Gegenstücke.

7762. Männlicher Heiliger, in Schrittstellung nach links, den bärtigen Kopf mit reichem Lockenhaar emporgewandt. In der erhobenen Rechten hält er ein Attribut, in der Linken ein Buch, das er gegen die Hüfte stemmt. Über dem langen gegürteten und vorn geknöpften Gewand mit hochgeschlagenen Ärmeln liegt in reicher Drapierung ein weiter Mantel. An den Füßen kunstvolle Sandalen. Auf einfacher viereckiger Standplatte. Gegenstück zur folgenden Nummer.

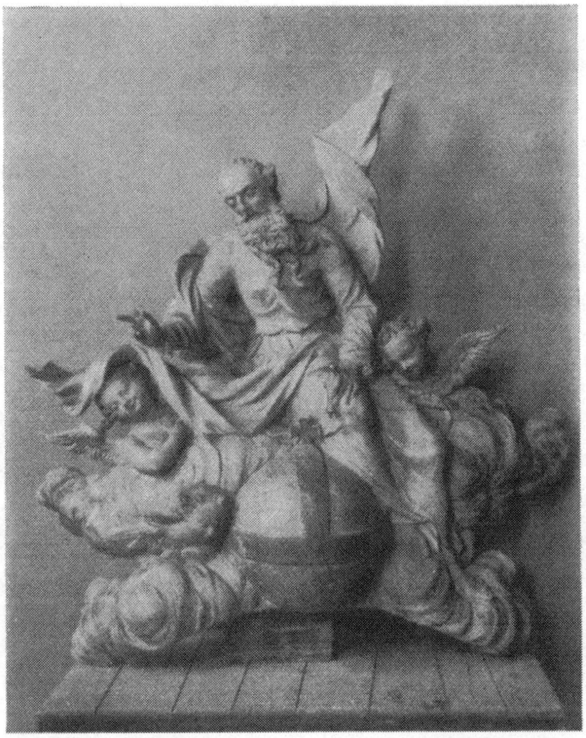

7761

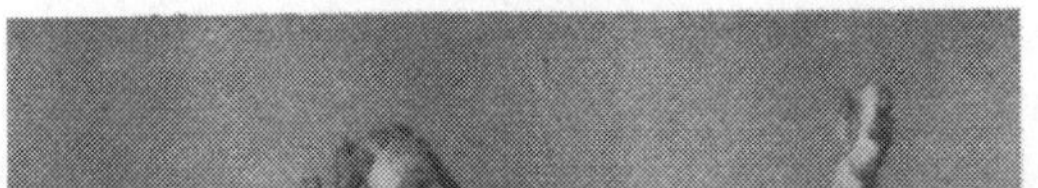

7763

S. 434

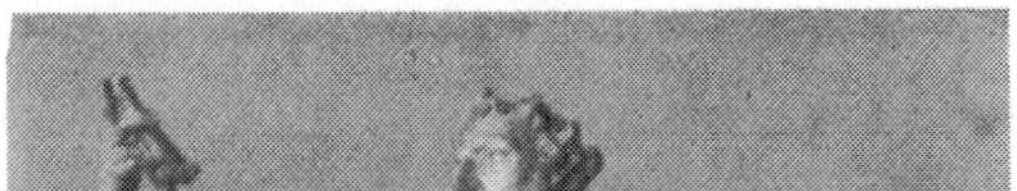

7762

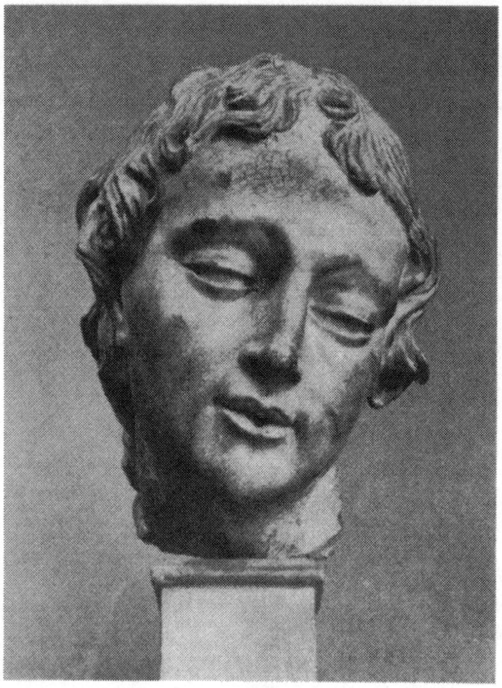

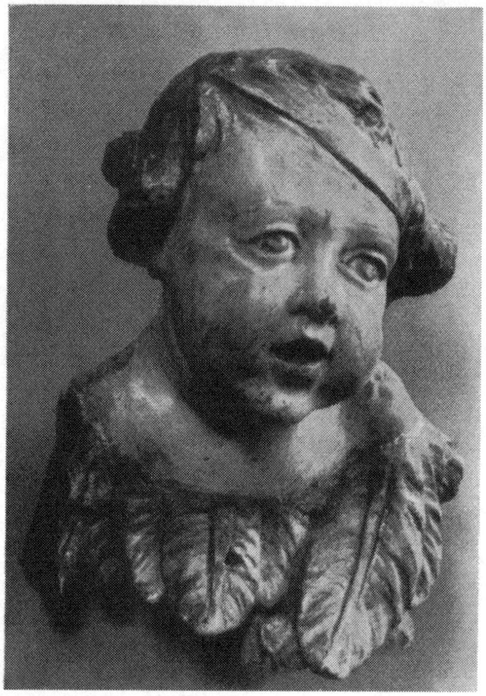

8315 8382

Wandstatue. Lindenholz. H. 158. Rückseite flach bearbeitet. Reste der alten Vergoldung und Bemalung auf Gewand und Mantel; das Inkarnat aufgefrischt. Mehrfach alt gestückt (Arme und seitliche Gewandpartien). Das Attribut (Schwert?) nur im unteren Teil erhalten. Zwei Finger der rechten Hand beschädigt. Eine Ecke des Buches ist abgebrochen; die Sockelplatte vorn links ergänzt. — Erworben 1917 als Geschenk eines Ungenannten.

Vgl. die vorhergehende Nr. 7761.

7763. Männlicher Heiliger, in Schrittstellung nach links, den Kopf nach rechts umwendend. In der erhobenen Linken hielt er ein Attribut, in der Rechten ein Buch, das er gegen die Hüfte stemmt. Über dem langen gegürteten Gewand liegt in reicher Drapierung ein weiter Mantel. Die Füße sind unbekleidet. Auf einfacher viereckiger Standplatte. Gegenstück zur vorigen Nummer. Abb. S. 433.

Wandstatue. Lindenholz. H. 160. Rückseite flach bearbeitet. Fassung und Stückungen wie bei 7762. Alle Finger der linken Hand und das Attribut fehlen, ebenso zwei Zehen des linken Fußes; die große Zehe des rechten Fußes ist angestückt. — Erworben wie 7762.

Oberbayrisch. Erste Hälfte des 18. Jahrhunderts. Aus Scheyern. Vgl. die Bemerkung zu 7761.

8382. Engelkopf. Im lockigen Haar ein breites Band. Mit gesenkten kurzen Flügeln, die mit den über der Brust liegenden Federn einen Kranz bilden. Der Mund wenig geöffnet.

Kopf. Pappelholz. H. 30. Rückseite oberflächlich bearbeitet. Alte, nur an wenigen Stellen beschädigte Bemalung. In den Federn unterhalb der Brust drei Bohrungen. Links sind einige Flügelfedern abgebrochen. Der rechts unten vorkommende kleine Sockel hat auf der Unterseite zwei Dübellöcher. — Erworben 1926. Geschenk des Herrn N. Fischmann, München.

Münchener Schule. Mitte des 18. Jahrhunderts. Den Güntherschen Putten verwandt, doch nicht von Günthers Hand.

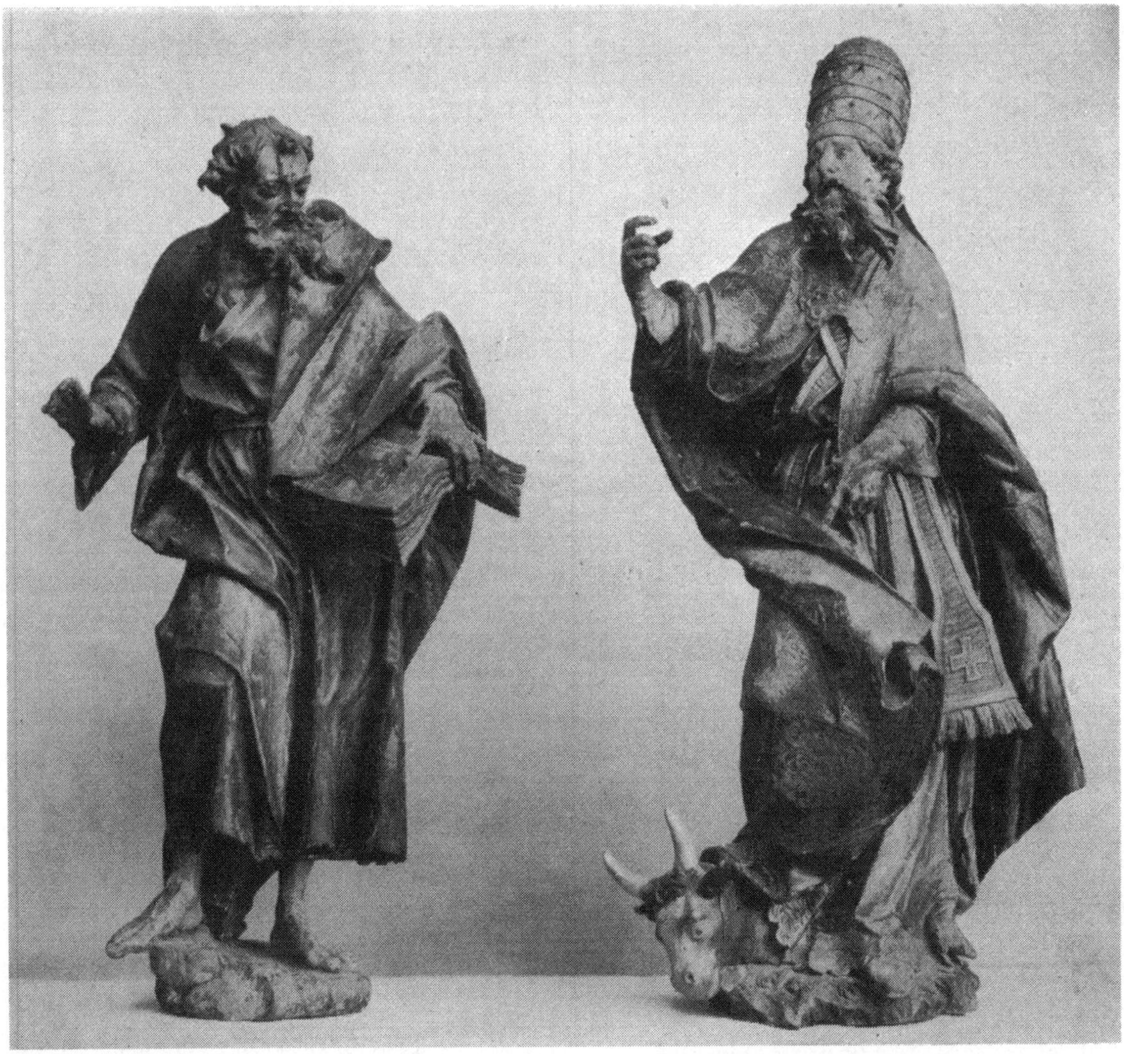

5939 5940

8315. Kopf eines Engels. Nach rechts unten blickend, mit lockigem Haar. Fragment einer lebensgroßen Statue.

Kopf. Lindenholz. H. 28. Alte grauweiße Bemalung. — Erworben 1922 in München.

Süddeutsch (München?). Erste Hälfte des 18. Jahrhunderts.

5939. Apostel oder Prophet, stehend, in lebhaft bewegter Haltung, nach rechts unten in das aufgeschlagene Buch blickend, das er mit der Linken hält. Die rechte Hand ist seitlich erhoben. Gegenstück zum folgenden.

Wandstatue. Lindenholz. H. 105. Rückseite hohl. Alte Bemalung, die an einigen Stellen abgeblättert ist. Die Figur ist aus verschiedenen Stücken zusammengesetzt. Links unten fehlt — an der Schnittstelle und den Dübellöchern zu erkennen – ein größeres Stück, wahrscheinlich eine Attributfigur. — Erworben 1909 in München.

Niederbayrisch, Mitte des 18. Jahrhunderts. Nach Feulner wohl dem in Passau tätigen Joseph Deutschmann (1717—87) zuzuschreiben. Über diesen Künstler vgl. Feulner, Bayerisches Rokoko, Text S. 129; ders., Skulptur und Malerei des 18. Jahrh. S. 74.

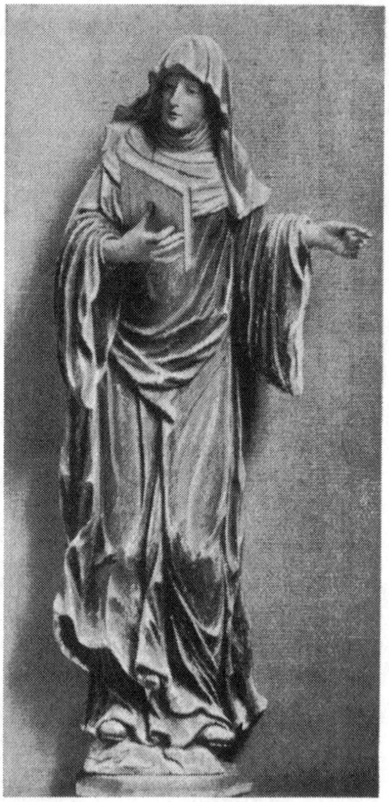

7947

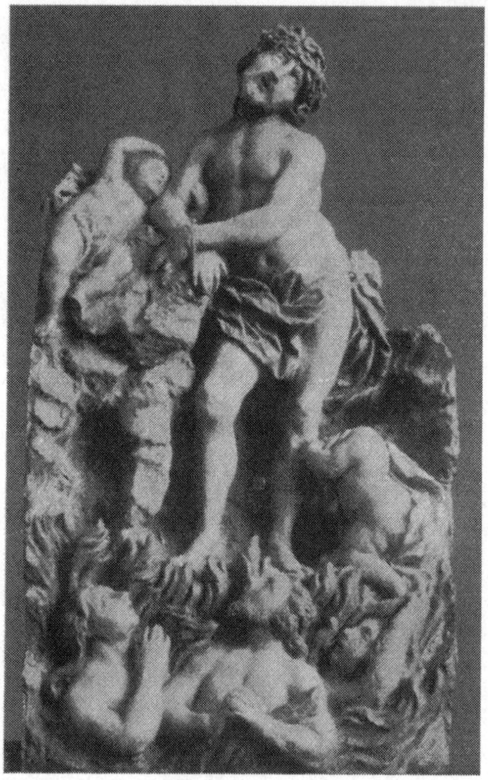

8000

5940. Sylvester, stehend, in päpstlichem Ornat, mit der Tiara auf dem Kopfe, nach links sich wendend. Die rechte Hand, die ein Kreuz gehalten haben kann, ist erhoben. Mit der Linken weist er auf den Stier zu seinen Füßen. Gegenstück zum vorhergehenden.

Wandstatue. Lindenholz. H. 107. Rückseite hohl. Alte Bemalung, an verschiedenen Stellen abgeblättert. Aus verschiedenen Stücken zusammengesetzt. — Erworben 1909 in München.

Niederbayrisch, Mitte des 18. Jahrhunderts. Vgl. die vorangehende Nummer.

8000. Christus als Schmerzensmann. Er steht, den Blick nach oben gerichtet, mit gebundenen Händen an einen Felsen gelehnt. Links oben neben ihm ein Engelputto, der seinen rechten Oberarm umfaßt, rechts unten ein zweiter, zu seinen Füßen kniend. Darunter die Hölle, aus deren Flammen die Oberkörper zweier Frauen und eines Mannes, mit flehender Gebärde zu Christus gewandt, hervorragen. Das Ganze in einem alten Kasten mit Roccaillerahmen.

Wandgruppe. Gebrannter Ton. H. 34. Alt bemalt. In der Oberfläche einzelne Glassplitter; in die Dornenkrone sind vor dem Brand metallene Nägel gedrückt. Es fehlen der Kopf des Engels rechts und der linke Fuß des Engels links von Christus. Kastenrahmen beschädigt. — Erworben 1921 in Stuttgart.

Süddeutsch, frühes 18. Jahrhundert.

7947. Ottilia, als Äbtissin in Ordenstracht. Sie wendet sich ein wenig nach links und hält mit ihrer Rechten ein Buch, auf dem die beiden Augen liegen. In der erhobenen Linken könnte sie eine Palme gehalten haben.

Wandstatue. Pappelholz. H. 142. Rückseite flach. Alte, etwas beschädigte Bemalung. Die Hände und das Buch aus besonderen Stücken. Über dem rechten Fuß ein kleines Stück ein-

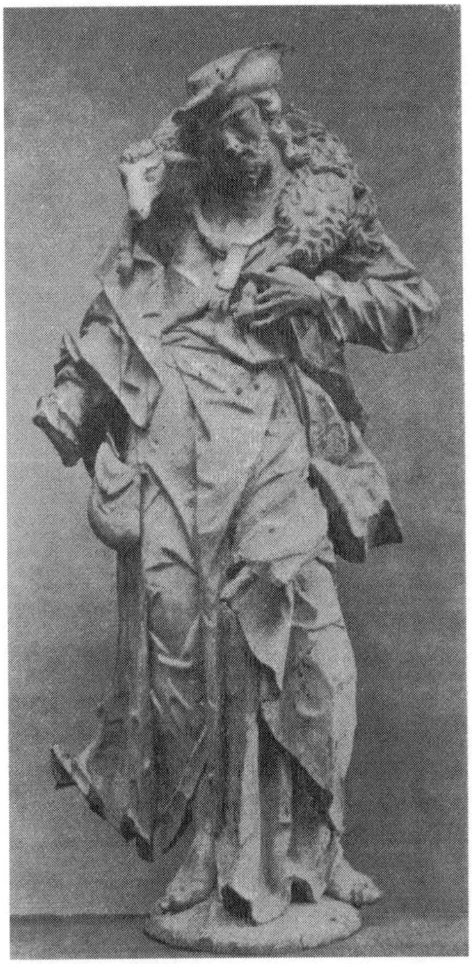

5599

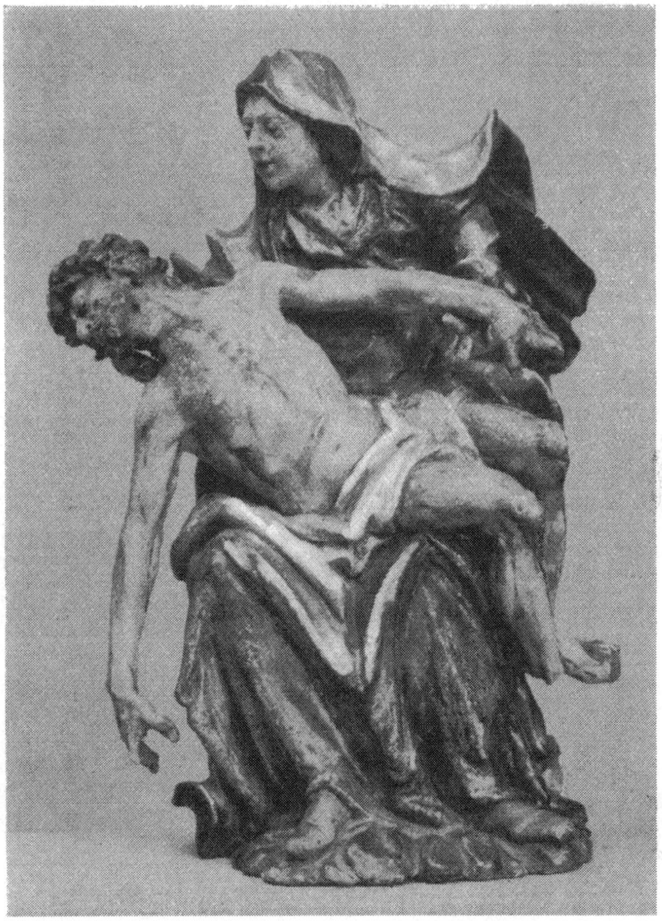

5897

gesetzt. Das Holz an verschiedenen Stellen gerissen. Auf dem Kopf eine Bohrung. — Erworben 1920 in München.

Südostbayrisch. Erste Hälfte des 18. Jahrhunderts.

5897. Vespergruppe. Maria sitzt und hält auf dem Schoß den mit einem Schurz bekleideten Leichnam des Sohnes. Sie blickt nach dem herabsinkenden Haupt des Toten, das sie mit der Rechten stützt. Christus trägt die Dornenkrone.

Wandgruppe. Zirbelkieferholz. H. 35. Rückseite teilweise ausgehöhlt. Alte Bemalung und Vergoldung. Es fehlen bei Christus die Hälfte des rechten Zeigefingers und der linke kleine Finger, die Zehen des linken Fußes und der ganze rechte Fuß; außerdem eine Locke; bei Maria der halbe linke Zeigefinger und ein Stück vom Gewand unten rechts. — Erworben 1910 in Innsbruck.

Tirolisch, erste Hälfte des 18. Jahrhunderts. — Angeblich aus Sellrain bei Innsbruck.

5599. Christus als guter Hirte, ein Lamm auf den Schultern tragend, mit Hut und Hirtentasche In der Rechten hielt er den Stab. Sein Blick ist nach links unten gerichtet.

Wandstatue. Lindenholz. H. 149. Rückseite ausgehöhlt. Mit Resten alter Vergoldung, sonst unbemalt. Die rechte Hand und der Stab fehlen. Das rechte Ohr des Lammes ist abgebrochen. — Erworben 1909.

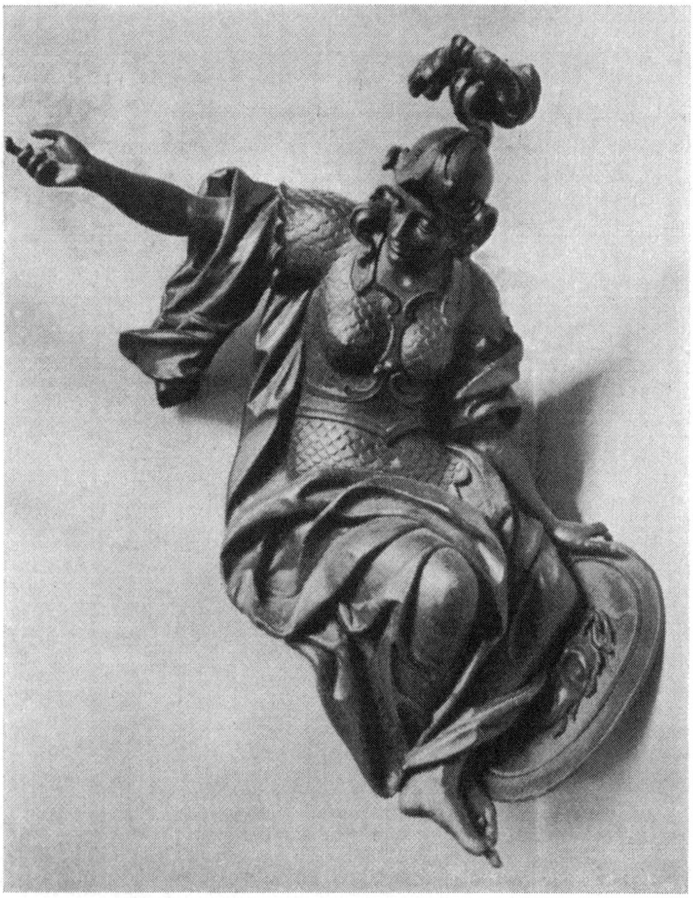

8292

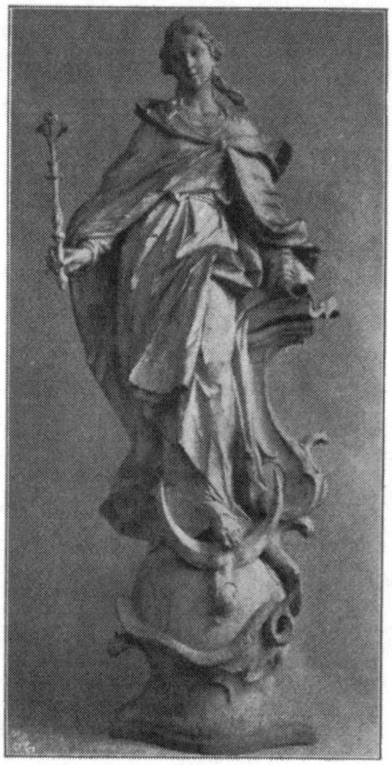

5561

Schwäbisch (Gegend nördlich von Augsburg). Mitte des 18. Jahrhunderts. Die gleiche Darstellung findet sich als Bekrönung der Kanzel in der St. Gallener Stiftskirche und öfters.

8292. Athene. Sitzend, mit wagrecht ausgestrecktem, rechtem Arm. Der Kopf, ein wenig zur Seite gewendet, ist vorgeneigt; der Blick ist nach links unten gerichtet. Sie trägt einen Schuppenpanzer, über den ein Mantel gebreitet ist. Auf dem Haupte ein reich verzierter und mit Federn geschmückter Helm. In der Linken hält sie einen Schild mit dem Haupt der Medusa im Mittelfelde. Die Füße sind nackt.

Wandstatue. Lindenholz. H. 119, Br. 125. Dunkel gebeizt. Rücken flach. Kopf, rechter Arm, linker Fuß und halber Schild alt angestückt. Spitze des rechten Zeigefingers angeleimt. Abgebrochen: linke große Zehe sowie der kleine und Mittelfinger der linken Hand. — Erworben 1922 in Berlin.

Süddeutsch (?). Erste des Hälfte 18. Jahrhunderts. Früher in der Sammlung Thiem in S. Remo, angeblich in Tirol erworben.

5561. Maria auf der Weltkugel (Vöge 421). Stehend, ein Lilienszepter in der Rechten, die Linke auf ein Buch stützend, das aufgeschlagen auf einem Pulte liegt, setzt sie, leicht geneigten Hauptes vor sich niederblickend, den linken Fuß auf den Kopf der Schlange, die sich um die Mondsichel und die Weltkugel windet. Diese geht unten, von leichtem Rokokoornament umzogen, in den geschweiften Sockel über.

Wandstatue. Rückseite ausgehöhlt. Lindenholz. H. 145. Reste alter blauer Farbe an der Rückseite. Die rechte Hand aus besonderem Stück. Ergänzt die linke große Zehe und ein Stückchen an der Schlange. — Erworben 1909 in München.

Bayerisch. Zweite Hälfte des 18. Jahrhunderts. Die Statue stammt aus der Pfarrkiche in Gerolsbach bei Schrobenhausen (Oberbayern).

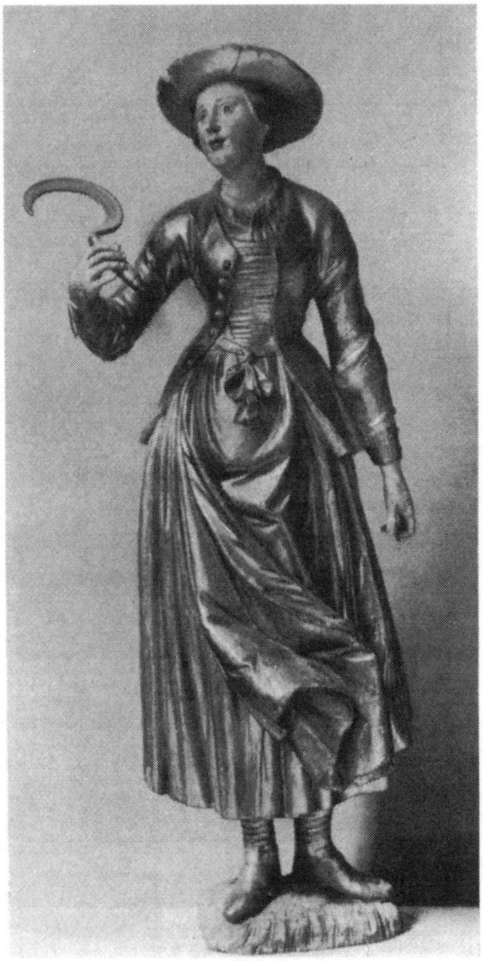

5924

5924. Notburga. Stehend, als Schnitterin, mit einem breitrandigen Hut auf dem Kopf. Sie trägt hohe Schuhe, einen fußfreien Rock mit geschnürtem Mieder, eine Schürze, deren Bänder vorn in eine Schleife gebunden sind, und eine enganliegende, die Taille umschließende Jacke mit langen Ärmeln, die vorn zugeknöpft werden kann. Die rechte Hand, die eine Sichel hielt, ist erhoben.

Wandstatue. Lindenholz. H. 133. Rückseite hohl. Mit alter Vergoldung und Bemalung. Einige Stellen sind abgeblättert, andere modern ergänzt. Die Arme besonders geschnitzt und angesetzt. Ergänzt die Sichel, fünf Finger der rechten Hand und ein Teil der Sockelplatte. — Erworben 1910 in München.

Fränkisch um 1770/80. Die Statue, die einem größeren Altarwerk entstammt, gehört mit den beiden folgenden Figuren dem gleichen Kunstkreise an. Verwandte, in der Qualität jedoch geringere Bildwerke aus dem Kreise des Martin Mutschelle und seines Schülers Friedrich Theiler aus Ebermannstadt finden sich in Unter- und Oberfranken. Vgl. K. Kupfer, Der Bildhauer Friedrich Theiler aus Ebermannstadt und die Künstlerfamilie Mutschelle; Beiträge zur fränkischen Kunstgeschichte. Bd. 7. Erlangen 1919. — Eine der Berliner Figur eng verwandte Statue im Germ. Nat. Museum. Katalog der Bildwerke von Josephi, Nr. 597, als »Oberdeutsch, 18. Jahrhundert«.

5895 A. Hirte (Wendelin?). Aus einem Notburga- oder Schnitteraltar. In langem Schoßrock, Kniehosen und Schnallenschuhen. Hemd und Rock lassen den Hals frei. An der rechten Seite an einem über der linken Schulter gelegten Bande die breite Hirtentasche, charakteristisch für Wendelin-Darstellungen. In den Händen kann er einen Stab gehalten haben. Über den linken Arm ist das eine Ende eines weiten Mantels geschlungen, der sich über den Rücken hinzieht und in breiten Falten auf dem Boden aufsteht. Auf dem Kopfe ein breitrandiger Hut. Abb. S. 440.

Wandstatue. Lindenholz. H. 137. Rückseite flach. Bemalt und vergoldet. Vergoldung erneuert. Aus mehren Stücken zusammengesetzt. An der Spitze des rechten Rockärmels ist ein kleines Stückchen abgebrochen. Der Hut besonders geschnitzt. — Erworben 1910 in Würzburg.

Fränkisch um 1770/80. Vgl. die vorhergehende Nr. 5924.

5895 B. Hirte (Rochus). Stehend, mit erhobenem rechten Arm nach links gewendet; die Tracht wie bei der vorigen Figur. Der lange Schoßrock, der dort mehrere Knöpfe hat, ist nur mit einem Knopf versehen. Über der Brust ist der Quergurt des Hosneträgers sichtbar. Auf dem Kopf trägt er einen breitrandigen Hut. Mit der Linken kann er einen Stab gehalten haben.

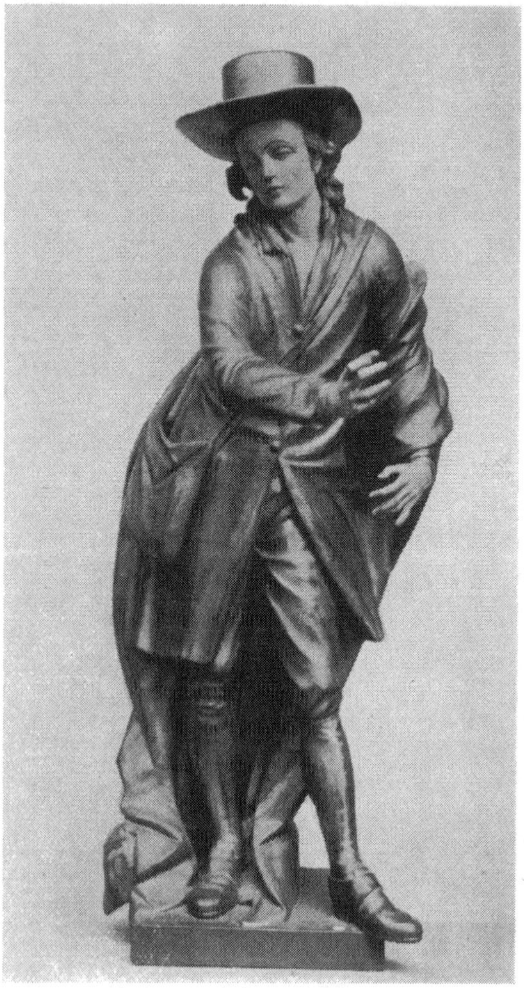

5895 A

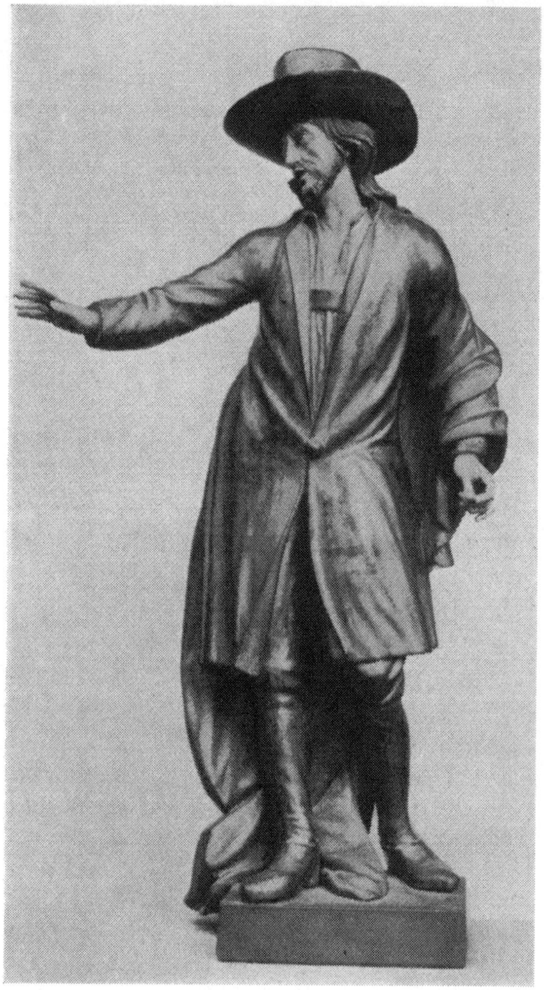

5895 B

Wandstatue. Lindenholz. H. 135. Rückseite flach bearbeitet. Bemalt und vergoldet. Vergoldung erneuert. Aus mehreren Stücken zusammengesetzt. Der Hut für sich geschnitzt und jetzt mit einer Schraube befestigt. — Erworben 1910 in Würzburg.

Fränkisch um 1770/80. Die Figur gehört mit den beiden vorhergehenden Figuren zu dem gleichen Kunstkreis. Da Wendelin und Rochus mit Vorliebe zusammen dargestellt worden sind, liegt es nahe — wenn die vorhergehende Figur als Wendelin angesprochen werden darf — hier an den Hl. Rochus zu denken, wenn auch der Engel, der Hund und die Pestbeule fehlen. Vgl. die Bemerkung zu Nr. 5924.

7691. Wendelin (?). Er trägt einen halblangen, über den Hüften mit einem Lederriemen gehaltenen Kittel, der vorn geschlossen ist, eine kurze, die Knie freilassende Pluderhose, ein zweites, unter dieser vorkommendes Beinkleid, das unterhalb der Knie rund gezaddelt ist, lange Strümpfe und Halbschuhe. Ein Hut mit breiter Krempe hängt auf dem Rücken am Halse, den Kragen des Kittels verdeckend. Das Hemd zeigt als oberen Abschluß eine Rüsche, die Ärmel an den Schultern epoulettеartige Aufschläge. An der linken Seite eine Hirtentasche. Der Blick aufwärts gerichtet.

Wandfigur. Lindenholz. H. 114. Oberkörper an der Rückseite ausgehöhlt. Bemalt und vergoldet. Vergoldung erneuert. Hände besonders geschnitzt. Der Zeigefinger der rechten Hand sowie zwei Finger

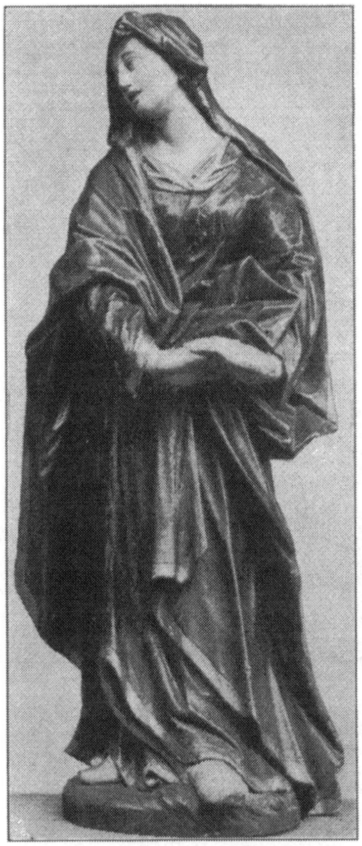

2853

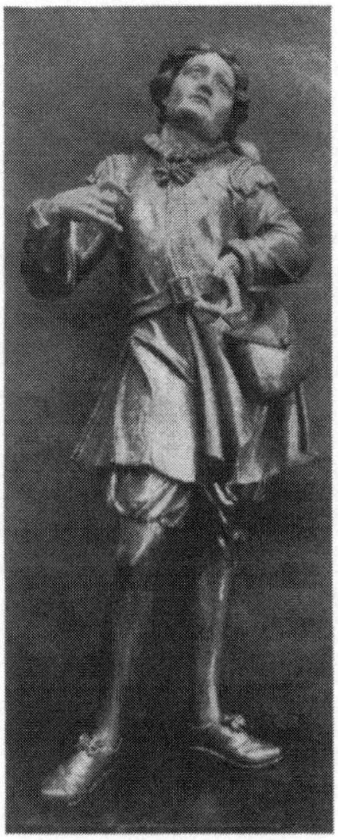

7691

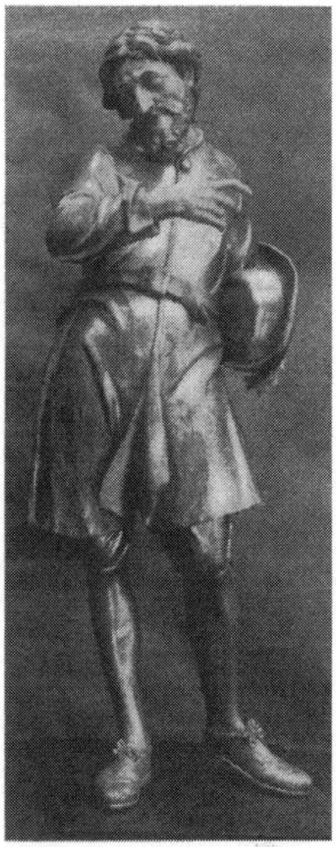

7692

der linken Hand waren abgebrochen. Ein Stückchen des kleinen Fingers der linken Hand fehlt. — Erworben 1915 in Innsbruck.

Tirolisch(?) um 1770. Die Statue gehörte mit der folgenden zu einem Schnitter- oder Notburga-Altar, ähnlich den vorangehenden drei Figuren.

7692. Heiliger (Rochus?) bärtig, den Blick abwärts gerichtet. Er trägt einen halblangen, über den Hüften mit einem Gürtel gehaltenen Kittel, Pumphosen, die bis über die Knie reichen, lange Strümpfe und Halbschuhe. Mit der Linken hält er den Hut, die Rechte ist vor der Brust erhoben.

Wandfigur. Lindenholz. H. 114. Oberkörper an der Rückseite ausgehöhlt. Bemalt und vergoldet; Vergoldung erneuert. Die Hände sind besonders geschnitzt. Die Schleife auf dem linken Schuh war abgebrochen. — Erworben 1915 in Innsbruck.

Tirolisch(?) um 1770. Vgl. die vorhergehende Nr. 7691.

2853. Mater Dolorosa (Vöge 414). Von einer Kreuzigungsgruppe. Stehend, die Hände ringend, den Kopf klagend zur rechten Schulter neigend. Der Mantel bedeckt das Haupt. Die abgerundete Plinthe ist als Rasen charakterisiert.

Wandstatue. Lindenholz. H. 82,5. Rückseite ausgehöhlt. Auf dem Kopfe eine Bohrung für einen Nimbus. An der Fußplatte links ein Stück angesetzt. Alte Bemalung: Mantel blau, Gewand kirschrot, beides auf Silber lasiert, goldene Säume. — Erworben 1907.

Niederbayrisch um 1770—80. Den Spätwerken Jorhans verwandt.

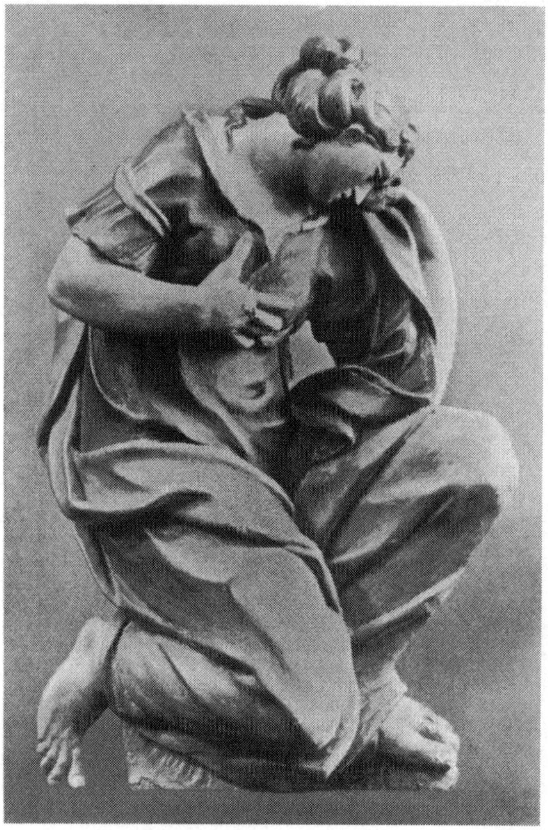

8314

8314. Trauernde Magdalena. Mit aufgestütztem linkem Arm und vor die Brust gelegter Rechten nach rechts kniend. Die Linke führt ein Ende des Mantels zum Auge, der über dem weit ausgeschnittenen kurzärmeligen Kleid liegt, von der rechten Schulter herabgeglitten und an den Oberarmen mit einem Band befestigt ist. Das Haar ist in einen Knoten aufgenommen, zwei Locken fallen über Hals und Nacken. Die Füße sind unbekleidet. Auf einem kleinen Brett mit Terrainandeutung.

Wandfigur. Lindenholz. H. 65, Br. 46. Rückseite flach. Alte, stellenweise aufgefrischte Fassung. Am linken Knie und rechten Arm alt gestückt. — Erworben 1922 in Meersburg.

Meister der Bodenseegegend. Ende des 18. Jahrhunderts.

7990. 7991. Maria und Johannes aus einer Kreuzigung Christi.

7990. Klagende Maria. In geschwungener Haltung mit zurückgesetztem rechten Bein stehend, den Kopf weit zurückgebogen, den Blick nach rechts emporgerichtet. Die Linke ist vor der Brust erhoben, die Rechte greift hoch in den über den Kopf gelegten mantelartigen Überwurf und zieht ihn zurück, so daß ein Teil des offen fallenden gelockten Haares sichtbar wird. Bis auf die Füße fallendes langärmeliges Gewand. Auf rundlichem Terrainsockel. Gegenstück zur folgenden Nummer.

Wandstatue. Lindenholz. H. 194. Rückseite hohl. Abgelaugt. Mehrfach alt gestückt. Vier Finger der linken Hand abgebrochen. Am unteren Teil der Figur und am Sockel vielfach geflickt; mehrere Risse. — Erworben 1921 in Stuttgart.

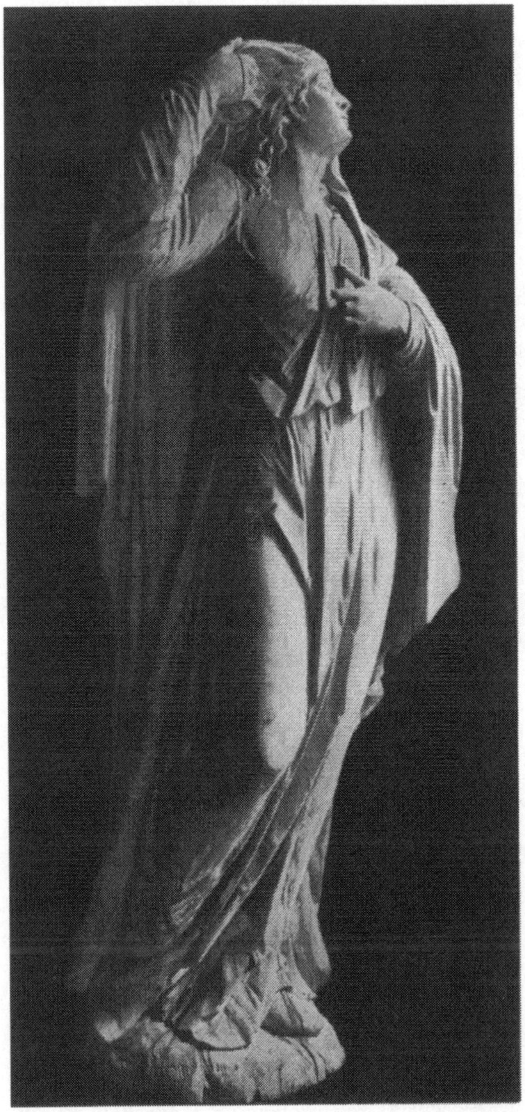

7990

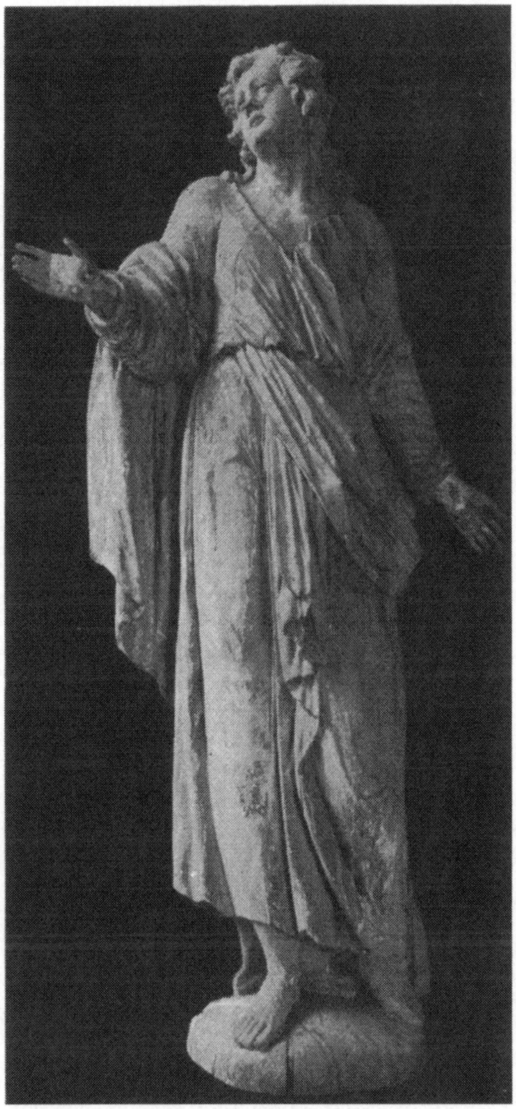

7991

7991. Klagender Johannes, in geschwungener Haltung stehend, nach links gewandt, Kopf und Blick emporgerichtet, beide Arme klagend ausgebreitet. Das reiche Lockenhaar fällt lang über den Nacken. Die Kleidung besteht aus einem bis auf die Füße reichenden Gewand mit langen Ärmeln und einem mantelartigen Überwurf, der, um den rechten Arm geschlungen, über den Rücken unter dem linken Arm her nach vorn gezogen und in die Gürtelung des Gewandes gesteckt ist, so daß ein Ende gerade herabfällt. Die nackten Füße stehen auf rundlichem Terrainsockel. Gegenstück zur vorigen Nummer.

Wandstatue. Lindenholz. H. 201. Rückseite hohl. Reste alter Fassung. Mehrfach alt gestückt (Hände, Arme und seitliche Gewandpartien). Die Spitzen des kleinen Fingers der rechten und des Goldfingers der linken Hand sind abgebrochen. Mehrere Risse. — Erworben 1921 in Stuttgart.

Würzburg oder Mainz, Ende des 18. Jahrhunderts. Vgl. die Kreuzigungsgruppe auf dem Friedhof in Vilsbiburg von 1770—80. Inventar von Niederbayern. B. A. Vilsbiburg S. 273 f. Taf. XII. Unsere beiden Stücke wurden nach Angabe eines früheren Besitzers in der Würzburger Gegend erworben.

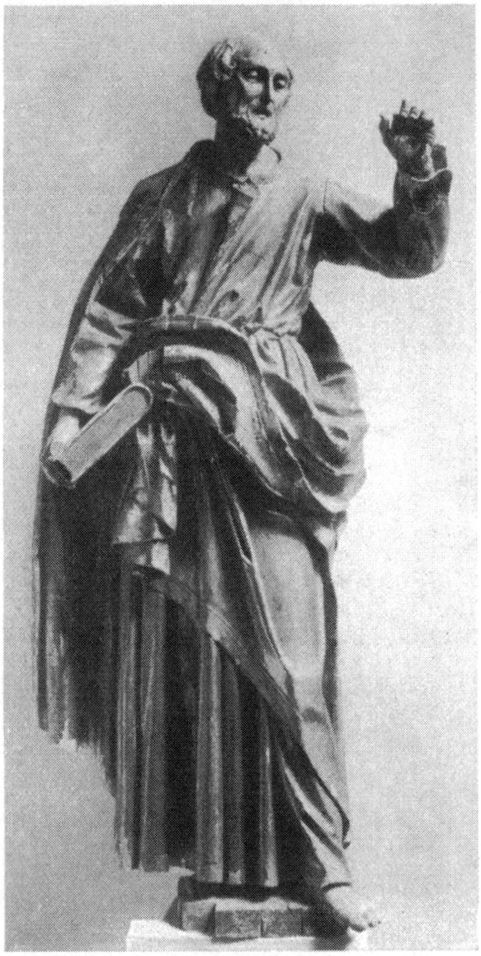

7654

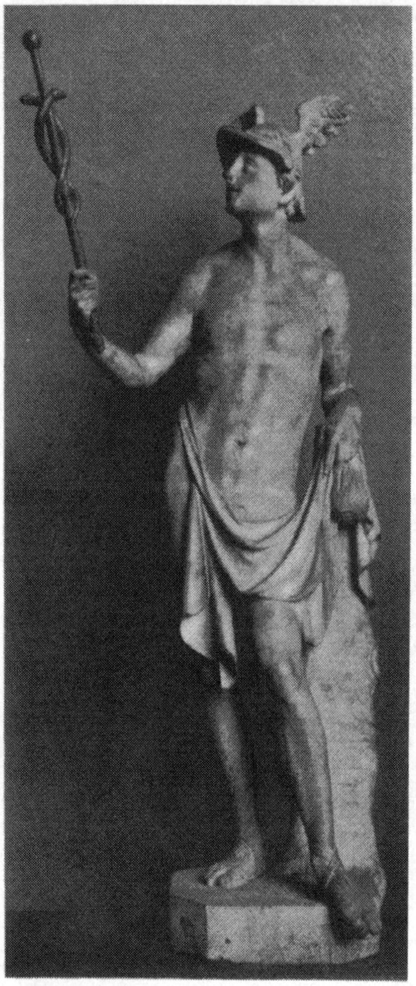

5917

7654. Männlicher Heiliger (Apostel?) mit kurzem Vollbart, Glatze und seitlichen Locken, stehend, die Linke predigend erhoben, in der abwärts gestreckten Rechten ein Buch. Er ist mit einem bis auf die Füße fallenden gegürteten Gewand bekleidet; darüber liegt ein Mantel, der von der linken Schulter quer über den Rücken herabfällt, unter dem linken Arm nach vorn über den Leib gezogen ist und dort von dem Buch gehalten wird. Barfuß, auf kleiner rechteckiger Standplatte.

Wandstatue. Lindenholz. H. 178. Rückseite hohl. Alte Fassung, stark beschädigt. Vielfache alte Stückungen. Die Hände sind eingesetzt. Ergänzt sind an der linken Hand der ganze Zeigefinger und drei Fingerspitzen, an der rechten der Daumen, ferner an dem linken Fuß alle fünf Zehen und am Mantel ein Faltenstück rechts über dem Buch und ein Stück Saum neben dem rechten Arm, außerdem eine vordere Ecke der Standplatte. — Erworben 1914 in Berlin.

Deutsch, 18. Jahrhundert.

5917. Hermes. Stehend, mit dem linken Unterarm sich auf einen Baumstumpf stützend. Mit Flügelhut, Lendentuch und Sandalen. Der Blick ist nach links oben gerichtet. In der Linken hält er zusammen mit einem Beutel das eine Ende des lose um die Hüften gelegten Lendentuchs. In der erhobenen Rechten hielt er den Caduceus (der jetzige ist ergänzt).

Statue. Lindenholz. H. 127. Vollrund. Stark geputzt. Die Flügel am Hute, der Caduceus und die fünf Finger der rechten Hand sind ergänzt. Verschiedentlich alt gestückt. — Erworben 1910 in München.

Münchener Schule vom Ende des 18. Jahrhunderts.

5560. Vespergruppe (Vöge 415). Zu Füßen eines Kreuzes, an dessen oberem Ende zwei Engel und drei Cherubim angebracht sind, sitzt Maria, den Leichnam Christi auf dem Schoß. Seinen rechten Arm stützt sie mit den Händen, während der linke herabhängt. Der linke Engel ist beschäftigt, eine Inschrift (erneuert) am Kreuze zu befestigen:

Chyro
Graph
Um
Pec-
cati

Wandgruppe. Lindenholz. H. 100 (bis zum Scheitel der Maria), 186 (bis zum oberen Ende des Kreuzes). Rückseite ausgehöhlt und verschlossen. Christus aus besonderem Stück gearbeitet, desgleichen seine Arme und sein Kopf. Mit wohlerhaltener alter Bemalung. Maria in Hellblau, Rosa und Weiß, Christus mit blassem Karnat. — Erworben 1908 in München.

Oberbayerisch, Ende des 18. Jahrhunderts. Aus einer kleinen Münchener Sammlung.

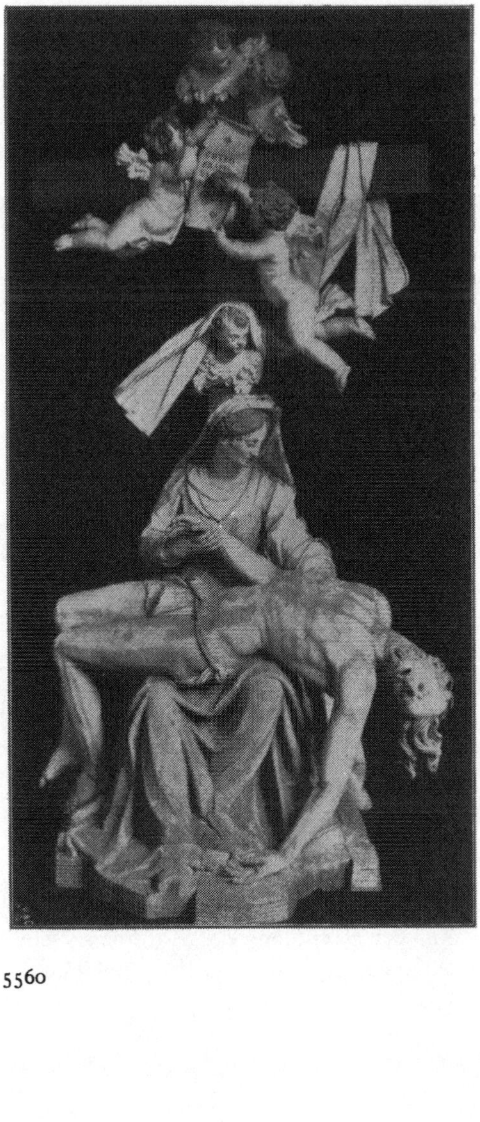

5560

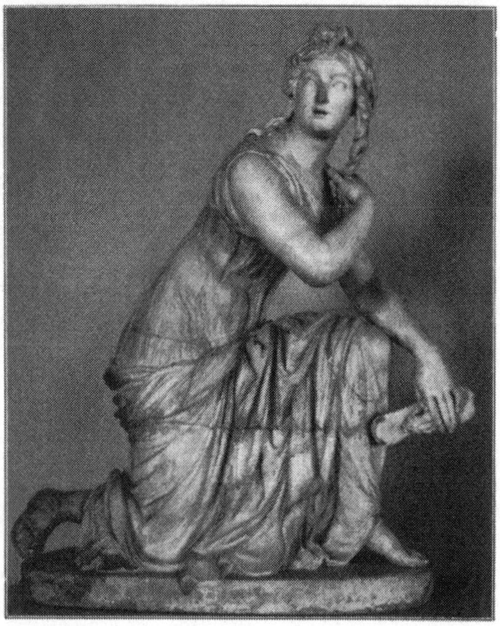

2170

2. Norddeutsche, niederländische und französische Künstler

Lambert-Sigisbert Adam der Aeltere.

Getauft in Nancy am 10. Oktober 1700. Seit 1719 in Paris, vermutlich als Schüler Dumonts; seit 1723 in Rom als Pensionär der Académie de la France; von 1737 an wieder in Paris. Gest. daselbst am 13. Mai 1759.

2170. Junges Mädchen, die Sandalen anlegend (Vöge 447). Kniend, im Profil nach rechts; den Blick erschreckt über die rechte Schulter zurückwerfend, in der Linken die eine ihrer Sandalen, mit der Rechten an ihre Locken greifend. In dünnem, ärmellosem Chiton; der Mantel ist auf die Knie gesunken. Auf ovaler Plinthe.

Statue. Carrarischer Marmor. H. 100 cm. Der Torso ist antik. — Von der Antikenabteilung überwiesen.

Aus der Antikensammlung des Kardinals Melchior de Polignac, vgl. Nr. 355. Polignac hatte eine Anzahl von Torsen in Rom durch Lambert-Sigisbert Adam, der damals Pensionär der Académie de France in Rom war, zu einer »Familie des Lykomedes« ergänzen lassen. Diese Statuen wurden später zu Apoll und den Musen von Rauch umrestauriert; verschont blieb nur unsere Statue, vgl. P. Seidel, Jahrbuch der preußischen Kunstsammlungen 13 (1892) S. 199 und Französische Kunstwerke usw., S. 162.

8457. Bacchus-Statue. — Antiker Torso, Replik des Westmacott'schen Epheben, zu einem Bacchus ergänzt.

Carrarischer Marmor. Vollrund. H. 157. Sockel 10,5. — Folgende Teile sind im 18. Jahrhundert ergänzt: Der Kopf bis zur Halsgrube, beide Arme, die Beine von der Oberkante des Tuches an, Baumstumpf und Tuch, Sockel. — Aus der Sammlung des Kardinals Melchior de Polignac, und für diesen, ebenso wie die vorangehende Nummer, ergänzt. Die Stilähnlichkeit mit der vorangehenden Nummer berechtigt zu der Vermutung, daß auch diese Ergänzung auf L. S. Adam d. Ä. zurückgeht. — Die Statue stand früher am Schloß Sanssouci, in der Rundung vor der Bibliothek und wurde dort 1842 durch eine Kopie von Carl Gramzow ersetzt. — 1930 überwiesen aus der Antiken-Abteilung.

Österreich, Description . . . des Groupes, Statues . . . qui forment la Collection de S. M. Le Roi de Prusse (Berlin 1774) S. 15. Nr. 18. — Gerhard, Berlins antike Bildwerke, S. 76. Nr. 107. — Hans Huth, Der Park von Sanssouci, S. 45. Nr. 33 a. — Zu dem antiken Epheben vgl. Furtwängler, Meisterwerke, S. 454, Anm. 2. — Mahler, Polyclet und seine Schule, S. 46 Anm. 3, Nr. 5. — Anti, Monumenti XXVI, 1920, S. 592, Anm. 3. Nr. 10.

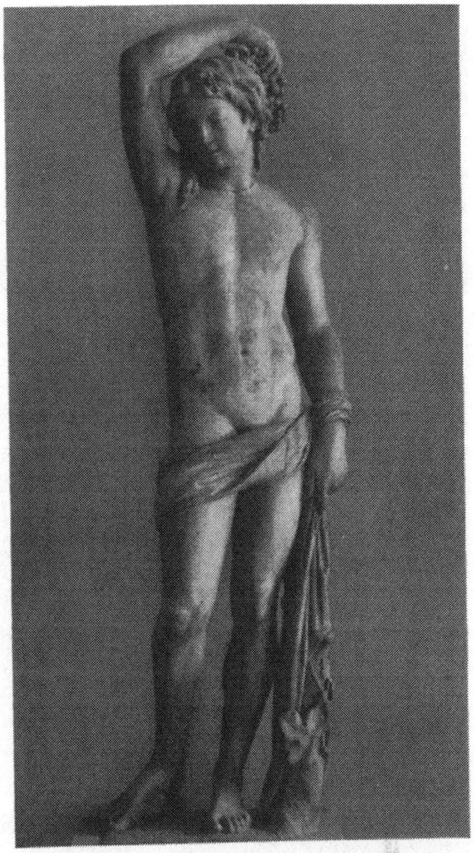

8457

Edmond Bouchardon, Bildhauer und Architekt.

Geb. 1698 zu Chaumont; Schüler des jüngeren Coustou; studierte in Rom 1723—1732; seit 1733 Mitglied der Pariser Akademie. Sein Hauptwerk war die 1763 in Paris errichtete Reiterstatue Ludwigs XV. Gestorben 1762 in Paris.

355. Genius des Überflusses (Vöge 445). Ein nacktes Mädchen, auf einem Füllhorn sitzend, Blumen und ein Diadem in dem aufgeknoteten Haar, neigt sich nach vorn, Rosen darreichend. Aus dem Füllhorn, über das ein Tuch gelegt ist, fallen unter Blumen und Früchten einige Schmuck- und Geldstücke. Ovale Plinthe.

Statue. Der Torso in parischem, das übrige in carrarischem Marmor. H. 76,5 cm. Der kleine Finger der linken Hand abgebrochen. — Königliche Schlösser; früher in der Galerie von Sanssouci.

Der (männliche) Torso ist antik; er stammt (wie Nr. 2170) aus der Antikensammlung des Kardinals Melchior de Polignac, die 1742 von Friedrich d. Großen erworben wurde. Für Polignac wurde der Torso 1731 von Bouchardon als Genius des Überflusses ergänzt, vgl. P. Seidel, Jahrbuch der preußischen Kunstsammlungen 13 (1892) S. 199; derselbe, Französische Kunstwerke des 18. Jahrhunderts im Besitz Sr. Majestät des Deutschen Kaisers, Berlin 1900, S. 162; Tieck, Verz. der antiken Bildhauerwerke, Berlin 1833, S. 34, Nr. 261. A. Roserot, Edme Bouchardon, Paris 1910, S. 19.

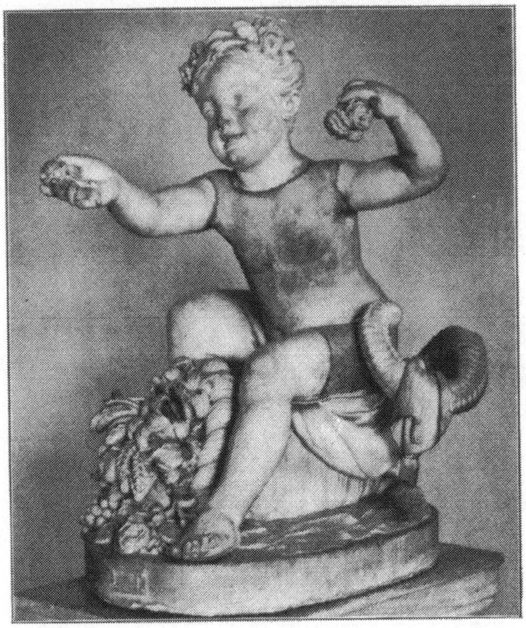

355

Jean-Baptiste Pigalle.

Geb. am 26. Januar 1714 zu Paris. Schüler Robert Le Lorrains; Mitglied der Akademie seit 1744. Tätig in Rom, Lyon, Paris. Gest. am 8. Januar 1785 in Paris.

356. Merkur (Vöge 448). Im Hut auf einer Wolke

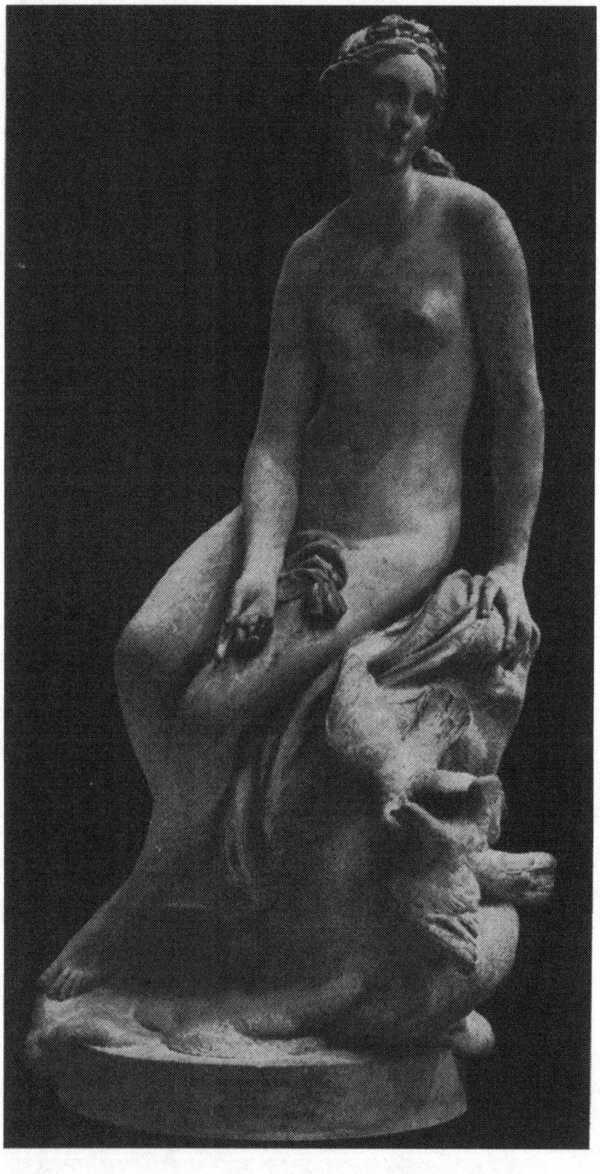

2836

sitzend, schnallt er die Flügel an den emporgezogenen linken Fuß, den Blick über die rechte Schulter auf Venus richtend, die ihn bittet, Psyche zurückzuführen. Auf der Rückseite des runden Sockels:

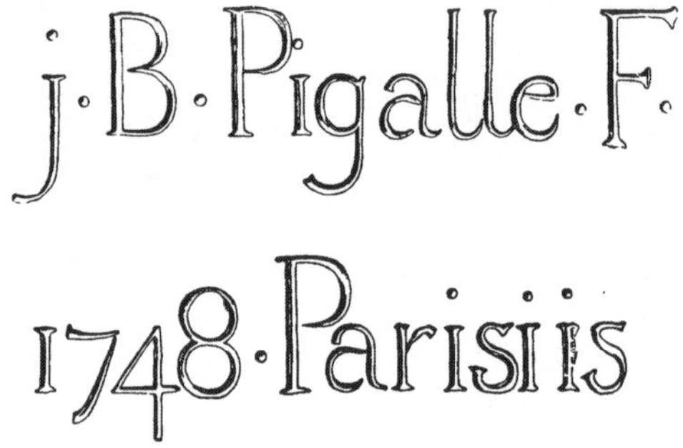

Statue. Carrarischer Marmor. H. 185 cm. — Aus dem Garten von Sanssouci, wo das Original durch eine Kopie von Berges ersetzt ist. Gerhard, Verzeichnis der Bildhauer-Werke, Berlin 1861, Nr. 606[a].

Nach S. Rocheblave (Jean-Baptiste Pigalle, Paris 1919, S. 162) befindet sich ein Abguß des noch in die römische Studienzeit des Künstlers fallenden Entwurfs (datiert von 1741) in der Sammlung des Dr. Dagencourt in Paris; über die verschollene Tonskizze der Sammlung Julienne vgl. Seidel, Französische Kunstwerke usw., S. 175. 1742 wurden die Modelle in Paris ausgestellt. Die erste Ausführung in Marmor, in kleinem Maßstabe, v. J. 1744 (jetzt im Louvre, Katalog von 1922, Nr. 1442) trug Pigalle die Aufnahme als »agréé« in die Akademie ein. Ein alter Abguß dieses Louvreexemplares ist im Besitz der Akademie S. Fernando zu Madrid (Rocheblave a. a. O. S. 163). Die Berliner Statue, gleichzeitig mit der Venus (vgl. die folgende Nr.) 1746 von Ludwig XV. bei Pigalle bestellt, war jedenfalls schon Oktober 1748, zusammen mit der Venus, als Geschenk für Friedrich d. Großen in Aussicht genommen (vgl. Seidel a. a. O. S. 31 f. und derselbe im Jahrbuch der preußischen Kunstsammlungen 13 (1892) S. 200 f.); beide Statuen langten jedoch erst, zusammen mit drei Werken Lambert-Sigisbert Adams, 1752 in Berlin an. Eine große, aus Schloß Anet stammende Wiederholung in Blei, jetzt im Louvre (Katalog Nr. 1443) zeigt kleine Abweichungen; über die Wiederholung in Stein in Millemont vgl. Rocheblave a.a.O. S. 169. Tarbé, La vie et les oeuvres de Jean-Baptiste Pigalle, Paris 1859, S. 38—46, 250; Gonse, La sculpture française, Paris 1895, S. 216 ff. Dilke, French architects and sculptors of the XVIIIth century, London 1900, S. 82 f.

2836. Venus (Vöge 449). Auf einer Wolke sitzend, den bittenden Blick über ihre linke Schulter

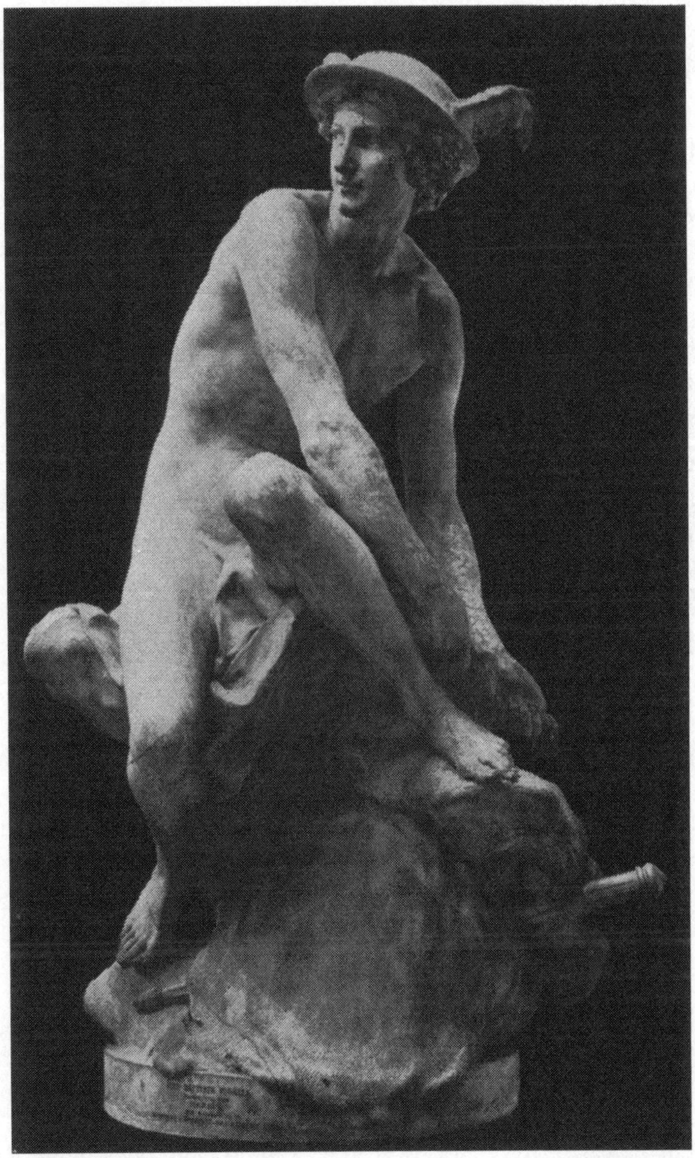

356 S. 447

auf Merkur richtend, mit der Rechten zur Erde deutend. Rechts zwei schnäbelnde Tauben. Auf der Rückseite des kreisrunden Sockels:

j·B·Pigalle·F·1748·Parisiis

Statue. Carrarischer Marmor. H. 180. — 1904 von Kaiser Wilhelm II. überwiesen. Aus dem Garten von Sanssouci. — Aufgestellt wie 356 im Kaiser-Friedrich-Museum.

Als Gegenstück des Merkur, vgl. die vorige Nr., von Ludwig XV. in Auftrag gegeben. Ein Modell in Gips in Originalgröße wurde nach Dilke schon 1745 in Paris ausgestellt. 1750 war die Statue noch in Arbeit,

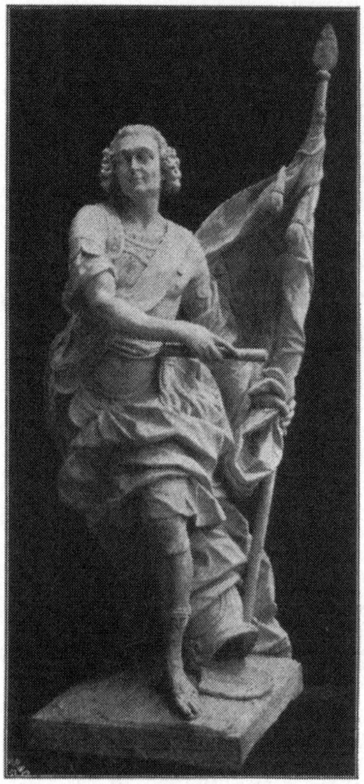

2832

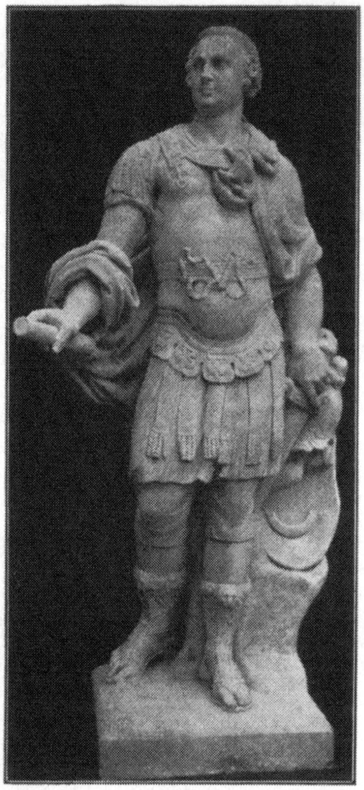

2834

vgl. Seidel, Französische Kunstwerke usw. S. 31, 175. Die in den Louvre gelangte kleine Tonstatuette (Katalog Nr. 1451) scheint eine Nachschöpfung zu sein, vgl. Rocheblave, a. a. O. S. 169.

François Gaspard Adam (der Jüngere), Bildhauer.

Am 23. Mai 1710 in Nancy getauft. Schüler seines Vaters Jacob Sigisbert Adam; seit 1729 oder 1730 in Rom, wo er, wie auch später in Paris, als Gehilfe seines Bruders Lambert-Sigisbert tätig war. Seit 1791 als Pensionär der Académie de France in Rom. 1747—1759 als Hofbildhauer in Berlin. Gestorben am 18. August 1761 in Paris.

2832. Schwerin (Vöge 450). In der Linken die Fahne, eilt der Generalfeldmarschall leichten Schrittes nach rechts, wohin er auch mit dem Marschallstab in seiner rechten Hand deutet; der Kopf ist nach vorn gewendet. Über dem römischen Panzer trägt er Schärpe und Ordensband. Am Boden ein Helm. Bezeichnet rechts an der quadratischen Plinthe:

commence par ADAM et fini par SIGISBERT. 1769.

Kurt Christoph Graf von Schwerin, preußischer Generalfeldmarschall. Geb. 1684; gefallen am 6. Mai 1757 bei Prag.

Statue. Carrarischer Marmor. H. 213 cm. — 1904 von Kaiser Wilhelm II. überwiesen. — Aufgestellt im Kaiser-Friedrich-Museum.

Der Künstler hinterließ die Statue abbozziert, als er Berlin 1759 verließ. Sein Neffe Sigisbert-François Michel (gen. Sigisbert), geb. in Nancy a. 24. Sept. 1728, gest. in Paris nach 1774, seit Februar 1764 Berliner Hofbildhauer, vollendete die Statue 1768/69 (die gleiche Doppelsignatur zeigt die Statue des Mars an der

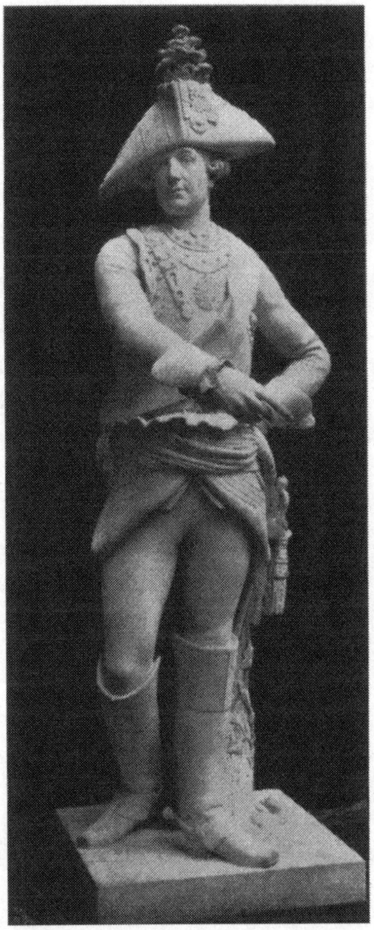

2833 S. 452

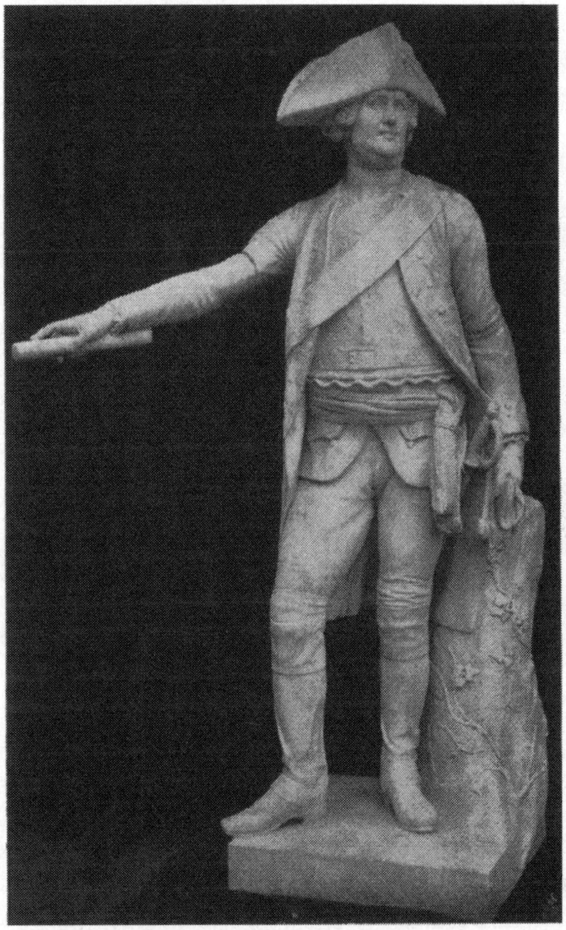

2835 S. 452

großen Fontäne in Sanssouci). Am 28. April 1769 wurde sie an der Nordwestecke des Wilhelmsplatzes zu Berlin aufgestellt, wo sie zwischen 1857 und 62 durch eine Neuschöpfung von A. Kiss ersetzt wurde. Seitdem im Kadettenhause zu Lichterfelde. Vgl. R. Borrmann, Die Bau- und Kunstdenkmäler von Berlin, Berlin 1893, S. 397; Mackowsky, Sitzungs-Berichte der Kunstgeschichtlichen Gesellschaft zu Berlin vom 9. Dez. 1904.

Joh. David Raentz d. Ä. und Lorenz Wilh. Raentz d. J. Bildhauer.

Joh. David, geb. 1729, gest. 1783 — Lorenz Wilhelm, geb. 1735, gest. 1777, aus Bayreuth kommend, wo ihr Vater Hofbildhauer war, seit 1764 in Potsdam tätig.

2834. Winterfeldt (Vöge 451). Der General steht, den Feldherrnstab in der Rechten, das Schwert in der Linken, in römischer Rüstung neben einem Baumstamm, den Blick etwas nach rechts in die Weite richtend. Am Baumstamm lehnen Helm und Schild. Quadratische Fußplatte.

Hans Karl von Winterfeldt, preußischer Generalleutnant. Geb. 1709; tödlich verwundet 1757 bei Moys.

Statue. Carrarischer Marmor. H. 248. — 1904 von Kaiser Wilhelm II. überwiesen. — Aufgestellt im Kaiser-Friedrich-Museum.

Zu der Statue lag beim Fortgange Adams i. J. 1759 nur ein gezeichneter Entwurf vor; ausgeführt von den Brüdern Raentz. 1777 wurde die Statue an der Südwestecke des Wilhelmsplatzes in Berlin aufgestellt, wo sie zwischen 1857 und 62 durch eine Neuschöpfung von A. Kiss ersetzt wurde. Seitdem

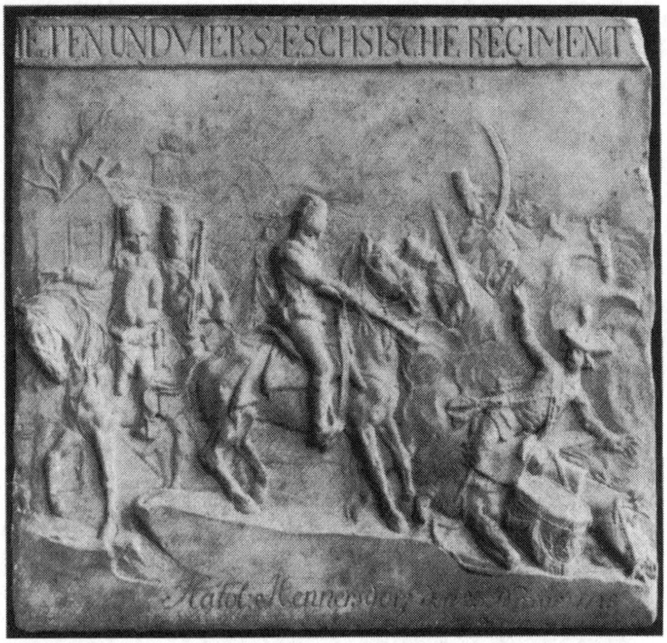

2839

im Kadettenhause zu Lichterfelde; vgl. Mackowsky a. a. O., Borrmann a. a. O.

Jean Pierre Antoine Tassaert, Bildhauer.

Geb. 1729 in Antwerpen; tätig in London und Paris; seit dem 1. Januar 1775 als Hofbildhauer in Berlin angestellt. Gest. in Berlin 1788. — Vgl. Hans Mackowsky, Johann Gottfried Schadow (1927) S. 17 ff.

2833. Seidlitz (Vöge 455). Der General, in der Uniform des nach ihm benannten Kürassier-Regiments, gibt in Schrittstellung einen Befehl, den Kopf etwas nach links wendend, die Linke auf die Hüfte stützend. Rechts ein Baumstamm mit Efeu berankt. Quadratischer Sockel. Abb. S. 451.

Friedrich Wilhelm von Seidlitz, preußischer General der Kavallerie. Geb. 1721; gest. 1770. Der Block war ursprünglich für eine Bacchantengruppe bestimmt: Seidel, Französische Kunstwerke usw. S. 176.

Statue. Marmor. H. 245 cm. — 1904 von Kaiser Wilhelm II. überwiesen. — Aufgestellt im Kaiser-Friedrich-Museum.

Die Statue wurde 1779 von Friedrich dem Großen bestellt, im April 1781 an der Nordostecke des Wilhelmsplatzes enthüllt; hier 1861 durch eine Bronzenachbildung ersetzt; seitdem im Kadettenhause zu Lichterfelde; vgl. Mackowsky, Sitzungs-Berichte der Kunstgeschichtlichen Gesellschaft zu Berlin vom 9. Dez. 1904; Borrmann, a. a. O.; Seidel a. a. O. S. 64.

2835. Keith (Vöge 456). Der Generalfeldmarschall deutet, neben einem Baumstamm stehend, mit dem Marschallstab in seiner weit vorgestreckten Rechten in die Ferne, den Blick nach der andern Seite wendend. Quadratische Plinthe. Abb. S. 451.

Jakob Keith, der Bruder des Lordmarschalls, preußischer Feldmarschall. Geb. 1696 in Schottland, gefallen am 14. Oktober 1758 bei Hochkirch.

Statue. Marmor. H. 231. — 1904 von Kaiser Wilhelm II. überwiesen. Aus dem Kadettenhause zu Lichterfelde. — Aufgestellt im Kaiser-Friedrich-Museum.

Nach Verwerfung der ersten Skizze durch Friedrich den Großen wurde eine zweite am 13. August 1781 eingereicht und vom König genehmigt. Die Statue wurde am 5. Mai 1786 an der Südostecke des Wilhelmsplatzes zu Berlin aufgestellt; dort 1857 durch eine Bronzenachbildung ersetzt, vgl. Borrmann a. a. O.; Mackowsky a. a. O.; Seidel a. a. O. S. 64 f.

Johann Gottfried Schadow.

Geb. am 20. Mai 1764 zu Berlin; Schüler J. P. A. Tassaerts; 1785—1787 in Italien; erhielt nach Tassaerts Tode 1788 dessen Stelle eines Hofbildhauers in Berlin; 1805 zum Rektor, 1810 zum Direktor der K. Akademie ernannt. Gestorben am 27. Jan. 1850. — Hans Mackowsky, Johann Gottfried Schadow (1927).

2831. Zieten (Vöge 433). Der General in der Uniform der Zietenhusaren steht mit übergeschlagenen Beinen an einen Baumstamm gelehnt; die Rechte greift ans Kinn, die Linke stützt sich auf den Säbel. Quadratische Fußplatte.

Hans Joachim von Zieten, preußischer Reitergeneral. Geb. 1699, gest. Anfang 1786.

Statue. Carrarischer Marmor. Überlebensgroß. — 1904 von Kaiser Wilhelm II. überwiesen. — Aufgestellt im Kaiser-Friedrich-Museum.

Ursprünglich für den Dönhoffsplatz in Berlin bestimmt, doch an der Ostseite des Wilhelmsplatzes im März 1794 aufgestellt; dort 1857 durch eine Bronzekopie ersetzt; seitdem im Kadettenhause zu Lichterfelde.

Die Ausführung fällt in die Jahre 1791—1794. Die in der Nationalgalerie zu Berlin befindliche erste Tonskizze vom Jahre 1790 (Katalog der k. National-Galerie zu Berlin, (1908) Nr. 202, und F. Laban, Jahrbuch der preußischen Kunstsammlungen 24 (1903) S. 34 Abb.) zeigt den General, ähnlich der späteren Statue des alten Dessauers (vgl. Nr. 2830) mit dem Kommandostab in der Rechten; über eine zweite Tonskizze vgl. J. Friedlaender, Gottfried Schadow, Aufsätze und Briefe, Berlin 1890², S. 110; die Ausführung erfolgte auf Grund einer dritten. Eine Tuschzeichnung in der Nationalgalerie (Katalog der Handzeichnungen, Berlin 1902, S. 486, Nr. 10) nach dem Denkmal. Ein Hilfsmodell des Denkmals in Gips, im Besitz des Grafen von Zieten-Schwerin in Wustrau (K. Akademie der Künste, J. G. Schadow, Ausstellung Berlin 1909, Nr. 6), zeigt den General, dem Entwurf in der Nationalgalerie entsprechend. Der Sockel dieses Modells, von dem die Akademie der Künste in Berlin einen Abguß besitzt, ist jedoch eine Ergänzung nach dem Denkmal, aus den sechziger Jahren des 19. Jahrhunderts. Ein zweites Modell in Papiermasse ist im Besitz der Frau Baurat Martens in Berlin.

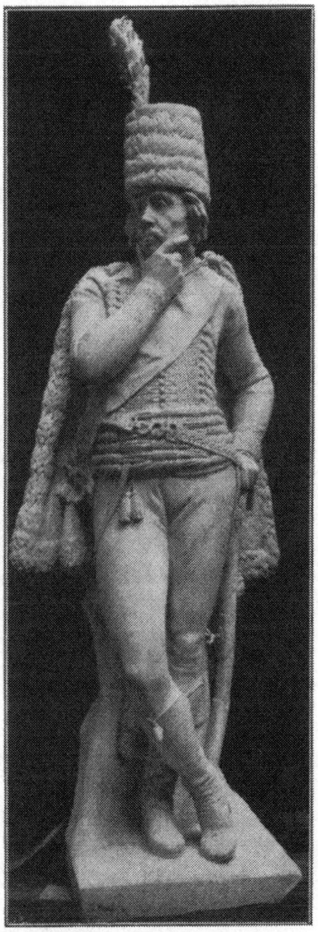

2831

Beschreibung der am 27. Februar d. J. 1794 zu Berlin errichteten Bildsäule des Generals Zieten, Berlin 1794 (mit einer Radierung von Schadow, Abb. bei Friedlaender a. a. O. S. 145); Schadow, Kunstwerke u. Kunstansichten, Berlin 1849, S. 24ff.; J. Friedlaender a. a. O. S. 109 f., 148; R. Borrmann, Die Bau- und Kunstdenkmäler von Berlin, (1893) S. 98 (Abb.); F. Laban a. a. O., S. 35; H. Mackowsky im Sitzungs-Bericht der Berliner kunstgeschichtlichen Gesellschaft v. 9. Dez. 1904.

2838. Tigerfell (Vöge 434). Mit einer Inschrift: Hans Joachim von Zieten / General der Cavallerie/ Diente von MDCCXIIII bis MDCCLXXXVI / unter Friedr. Wilh. I und Fried. II / Ihm errichtet/ Von Frie. Wilh. II /

Flachrelief. Carrarischer Marmor. H. 83, Br. 85 cm. 1904 von Kaiser Wilhelm II. überwiesen. — Aufgestellt im Kaiser-Friedrich-Museum.

Das Relief schmückte die Vorderseite des Sockels vom Zietendenkmal (vgl. Nr. 2831).

2839. Zieten und die sächsischen Regimenter bei Kath.-Hennersdorf (Vöge 435). »Die Zietenschen Husaren nehmen mehrere sächsische Regimenter, Infanterie und Kavallerie, gefangen und erbeuten die silbernen Pauken des Regiments Obyrn. Links hält Zieten zu Roß neben einem Trompeter und scheint Befehle zu erteilen.« Oben auf dem flachen Rande: (Z)IETEN UND VIER SÆCHSISCHE REGIMENT =; unten: Katol. Hennersdorf den 23 Novbr: 1745.

Flachrelief. Carrarischer Marmor. H. 70, Br. 78. Am Rande etwas beschädigt. 1904 von Kaiser Wilhelm II. überwiesen. — Aufgestellt im Kaiser-Friedrich-Museum.

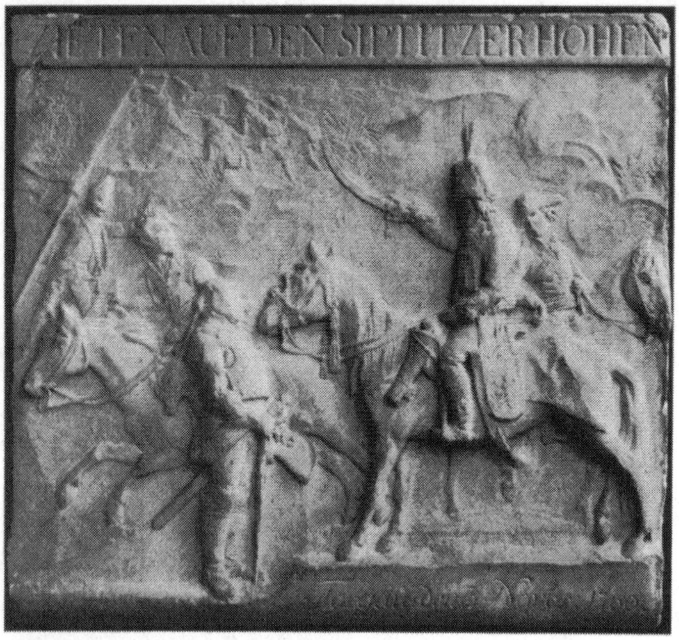

2841

Das Relief befand sich am Sockel des Zietendenkmals (vgl. Nr. 2831), zur rechten Hand. Eine Rötelskizze, im Gegensinn und in den Einzelheiten mannigfach abweichend, befindet sich in der Bibliothek der Akademie der Künste; vgl. E. Dobbert, Handzeichnungen von Gottfried Schadow, herausgegeben von der Akademie der Künste zu Berlin (1886) Taf. XXXVI, Nr. 48; Berliner Schadow-Ausstellung 1909, Nr. 64 und 117 (Abb.); J. Friedlaender a. a. O. S. 41.

2841. Zieten auf den Siptitzer Höhen (Vöge 436). »Zieten, zu Roß, mit gezogenem Säbel, begleitet von einem Adjutanten des Regiments von Kuhnheim, erteilt einem Wachtmeister vom Regiment Gensdarmes einen Befehl. Eine Ordonnanz sprengt grüßend davon. Im Hintergrunde sieht man preußisches Fußvolk die verschanzten Anhöhen stürmen.« Oben auf dem flachen Rande: ZIETEN AUF DEN SIPTITZER HÖHEN; unten: Torgau den 3. Novbr.: 1760.

Flachrelief. Carrarischer Marmor,. H· 71, Br. 79. 1904 von Kaiser Wilhelm II. überwiesen. — Aufgestellt im Kaiser-Friedrich-Museum.

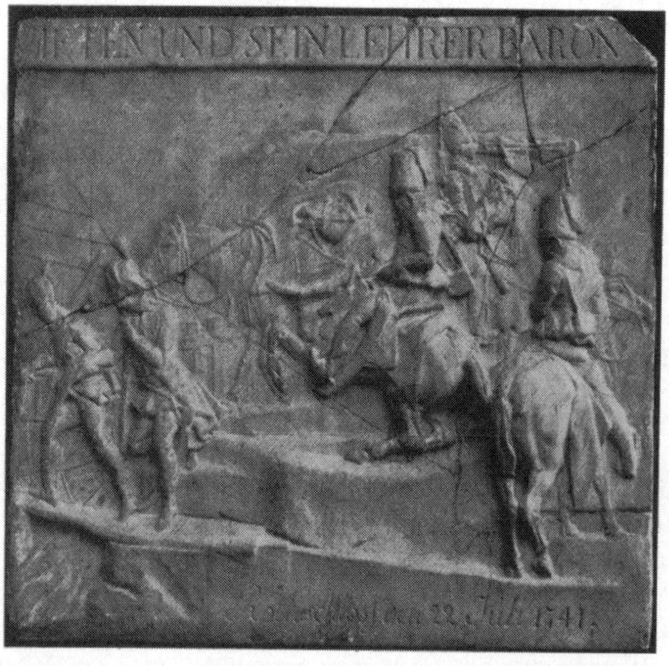

2840

Das Relief befand sich am Sockel des Zietendenkmals (vgl. Nr. 2831), linker Hand. Von der Skizze in Rötel in der Bibliothek der Akademie der Künste (Dobbert, a. a. O., Taf. XXXVI, Nr. 49 u. Berliner Schadow-Ausstellung 1909, Nr. 65 u. 116, Abb.) in Einzelheiten abweichend. Eine Bleistiftskizze, bez. Sept. 1802, die 1904 für die Nationalgalerie in Berlin erworben wurde, ist eine Nachzeichnung nach dem Relief.

2840. Zieten und sein Lehrer Baronay bei Rothschloß (Vöge 437). »Zieten treibt als Husarenoberst das Korps des österreichischen Generals Baronay, seines ehemaligen strategischen Lehrers, in die Enge. Baronay flüchtet über einen schmalen Brückensteg.« Oben auf dem flachen Rande: ZIETEN UND SEIN LEHRER BARON; unten: Rothschloß den 22 Juli 1741.

Flachrelief. Carrarischer Marmor. H. 70, Br. 75. Mehrfach gebrochen, an der rechten oberen Ecke beschädigt. — 1904 von Kaiser Wilhelm II. überwiesen. — Aufgestellt im Kaiser-Friedrich-Museum.

Das Relief schmückte die Rückseite des Sockels vom Zietendenkmal (vgl. Nr. 2831). Eine Skizze in Rötel in der Bibliothek der Akademie der Künste (vgl. Dobbert a. a. O., Taf. XXXV und Berliner Schadow-Ausstellung 1909, Nr. 55 u. 112, Abb.), zeigt verschiedene Abweichungen.

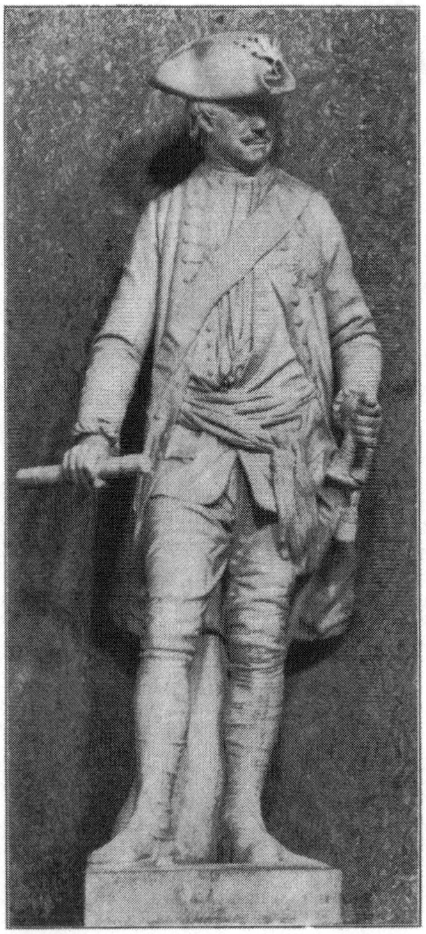

2830

2830. Fürst Leopold von Dessau (Vöge 438). Stehend, in Generalsuniform, mit vorgesetztem rechten Fuß, die Rechte mit dem Kommandostab nach vorn streckend, die Linke am Degengriff. Quadratische Fußplatte.

Leopold I., Fürst von Anhalt-Dessau, geb. 1676, gest. 1747.

Statue. Carrarischer Marmor. H. 215 cm. — 1904 von Kaiser Wilhelm II. überwiesen. — Aufgestellt im Kaiser-Friedrich-Museum.

Der Auftrag datiert vom 13. Februar 1798 (J. Friedlaender, a. a. O. S. 39 ff.). Der Kontrakt wurde, nach Anfertigung zweier neuer Skizzen, am 1. September d. J. abgeschlossen; die Ausführung fällt in die Zeit von Ende 1798 bis 1800. November 1800 fand die Aufstellung im Lustgarten statt; 1828 wurde das Denkmal nach dem Wilhelmsplatz übertragen; dort 1862 durch eine Bronzekopie in verändertem Maßstab ersetzt; seitdem im Kadettenhaus zu Lichterfelde. Eine Tonskizze in der Nationalgalerie (Katalog von 1908, und F. Laban im Jahrbuch der preußischen Kunstsammlungen 24 (1903) S. 34, Abb.). Das Hilfsmodell, dessen Sockelreliefs von den ausgeführten (vgl. Nr. 2844 und 2849) einige Abweichungen zeigen, ist in der Akademie der Künste zu Berlin (Berliner Schadow-Ausstellung, 1909, Nr. 32). Bronzeabguß in der Nationalgalerie. Schadow, Kunstwerke und Kunstansichten (1849) S. 39 f.; E. Dobbert a. a. O. Taf. XXIV; J. Friedlaender, a. a. O., S. 116; Borrmann, a. a. O.; F. Laban a. a. O.: H. Mackowsky, a. a. O.

2843. Inschrifttafel (Vöge 439): »Dem Andenken des regierenden Fürsten Leopold von Anhalt-Dessau Königlich Preußischen General Feld-Marschalls weihet dies Denkmal Friedrich Wilhelm der dritte im dritten Jahre seiner Regierung.«

Carrarischer Marmor. H. 68, Br. 62 cm. — 1904 von Kaiser Wilhelm II. überwiesen. — Aufgestellt im Kaiser-Friedrich-Museum.

Die Tafel schmückte die Vorderseite des Sockels am Denkmal des Fürsten Leopold v. Dessau; vgl. die vorige Nr. Die Inschrift ist wie die von Nr. 2842 von Hofrat Hirt verfaßt; vgl. J. Friedlaender a. a. O., S. 40 f.

2842. Inschrifttafel (Vöge 442): »Siegreich leitete er die preußischen Hülfsvölker in Flandern, am Rhein, an der Donau und am Po. Er eroberte Stralsund und die Insel Rügen. Die Schlacht von Kessels- dorf krönte seine kriegerische Laufbahn. Das preußische Heer verdankt ihm die strenge Mannszucht und die Verbesserung seiner Krieger zu Fuß. Er lebte vom 3ten Julius 1676 bis den 7ten April 1747.«

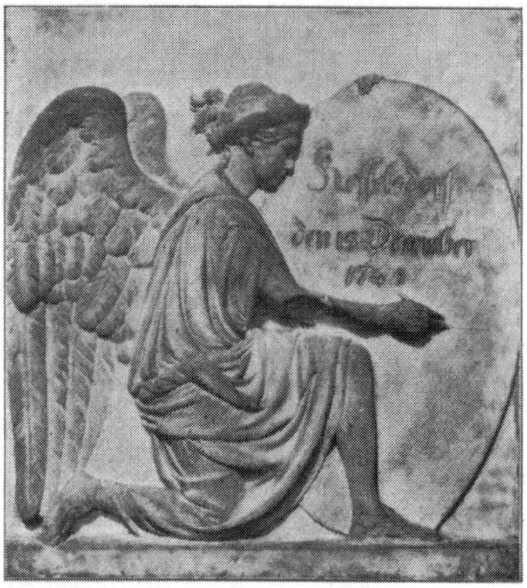

2849

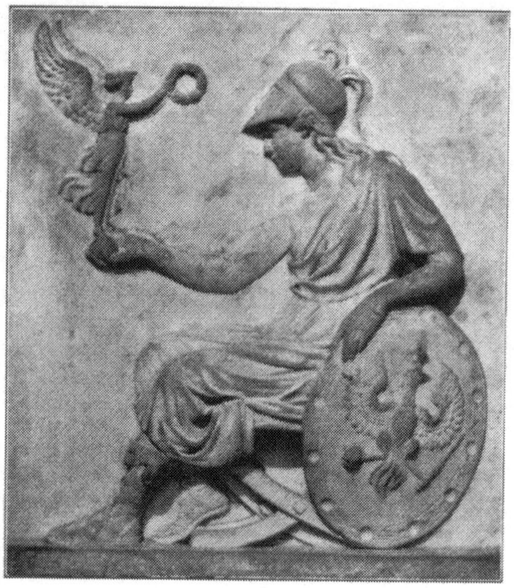

2844

Carrarischer Marmor. H. 68, Br. 63 cm. — 1904 von Kaiser Wilhelm II. überwiesen. — Aufgestellt im Kaiser-Friedrich-Museum.

Schmückte ursprünglich die Rückseite am Sockel des Denkmals Leopolds von Dessau; vgl. Nr. 2830 und 2843.

2844. Borussia (Vöge 441). Als sitzende weibliche Gestalt, nach links, einen Helm mit Eichenlaub auf dem Haupte, die Linke auf einen Schild mit dem preußischen Adler stützend, auf der rechten Hand eine Viktoria tragend, die ihr den Kranz entgegenstreckt.

Flachrelief. Carrarischer Marmor. H. 68, Br. 63. — 1904 von Kaiser Wilhelm II. überwiesen. — Aufgestellt im Kaiser-Friedrich-Museum.

Schmückte den Sockel des Denkmals Leopolds von Dessau, linker Hand, vgl. die vorangehenden Nummern. Das Hilfsmodell in der Akademie der Künste zeigt die Gestalt im Gegensinne und einzelne Abweichungen. J. Friedlaender a. a. O. S. 40 u. 42.

2849. Viktoria (Vöge 440). Ein geflügelter, weiblicher Genius schreibt kniend auf einen Schild: »Kesselsdorf den 15. Dezember 1745.«

Flachrelief. Carrarischer Marmor. H. 67, Br. 63. — 1904 von Kaiser Wilhelm II. überwiesen. — Aufgestellt im Kaiser-Friedrich-Museum.

Ursprünglich am Sockel des Denkmals Leopolds von Dessau, rechter Hand, vgl. die vorangehenden Nummern. Das entsprechende Relief am Hilfsmodell der Akademie der Künste zeigt Abweichungen. J. Friedlaender a. a. O. S. 40.

8437. Die Religion. Nach rechts sitzende Frauengestalt, in einem auf ihren Knien liegenden Buch lesend. Die Rechte ist vor die Brust gelegt, die Linke faßt das Buch an einer Ecke. Die Bekleidung besteht aus einem hochgegürteten kurzärmeligen Gewand mit rundem Halsausschnitt, einem über Kopf, Rücken und Schoß gelegten Mantel und Sandalen.

Relief. Hartgips. Oval. H. 75, Br. 115. Geringe Bestoßungen am unteren Rand. — Erworben 1929 aus Berliner Privatbesitz.

Um 1790. Aus dem Landhaus der Gräfin Lichtenau in Charlottenburg. — Für den 1787 mit acht Jahren verstorbenen Grafen Alexander von der Mark hatte Schadow in den folgenden drei Jahren das wohlbekannte Grabmal in der Dorotheenstädtischen Kirche zu Berlin geschaffen; gleichzeitig richtete

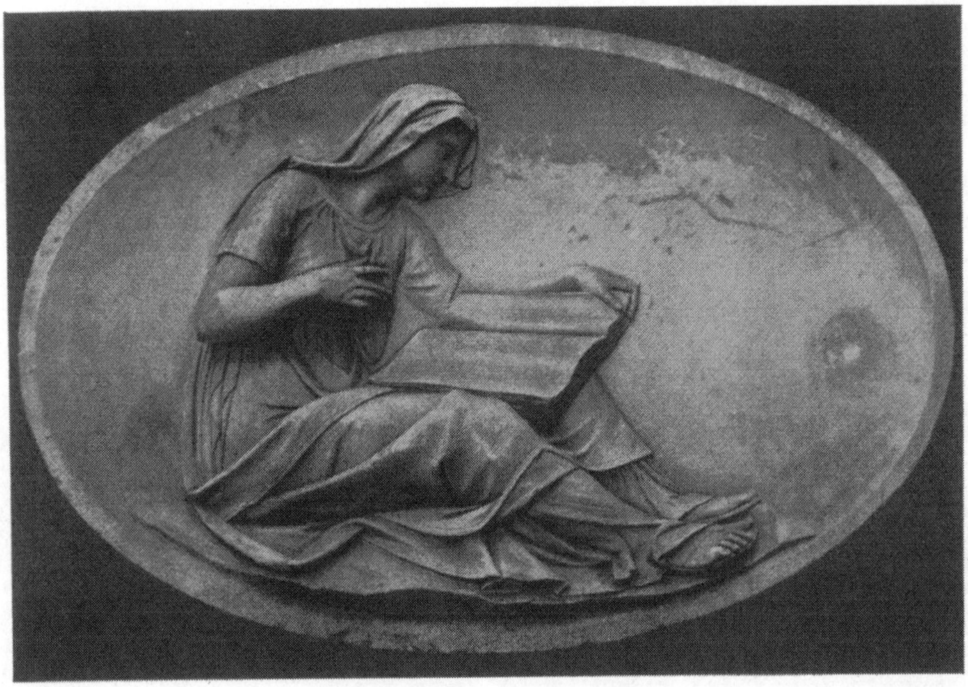

8437

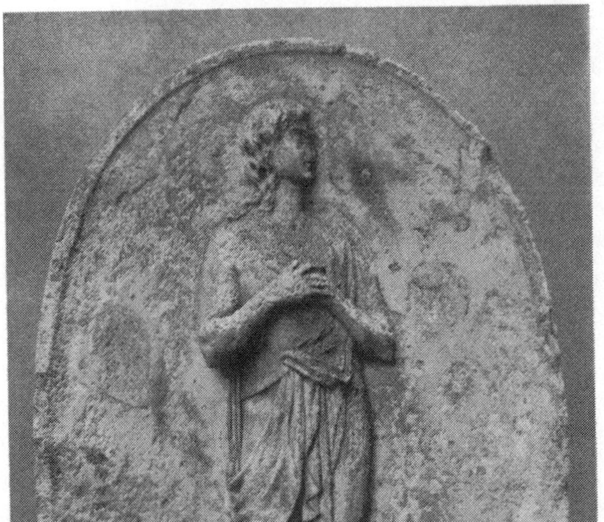

8441 S. 459

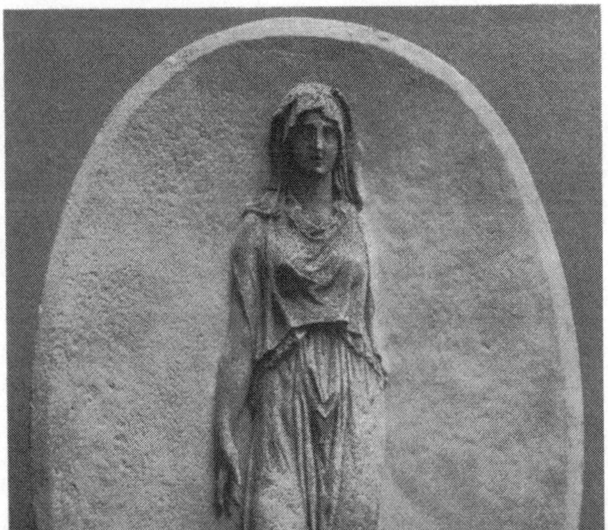

8442 S. 459

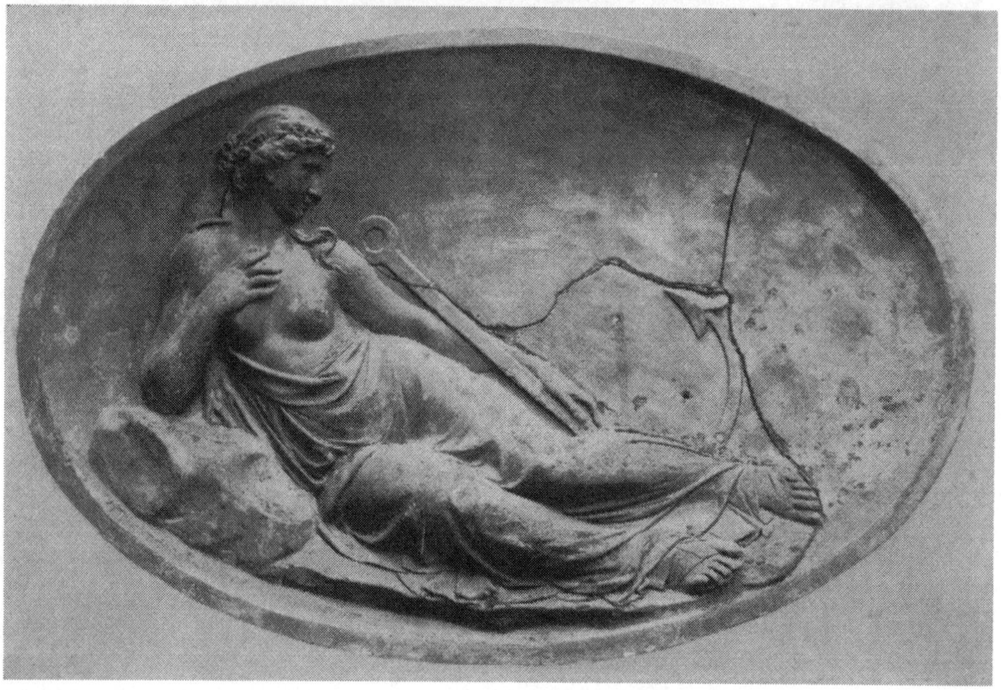

8438

die Mutter des Kindes, die Gräfin Lichtenau, in ihrem Landhaus an der Spree (erbaut vom jüngeren Boumann) einen Erinnerungsraum an das Kind ein, und beauftragte Schadow mit seiner Ausschmückung. In den Vertäfelungen der Wände waren sechs Reliefs (Nr. 8437—42) eingelassen. Nach der Zerstörung des Hauses, seit etwa 1870, waren sie lange verschollen und wurden endlich durch Hans Mackowsky wieder aufgefunden. 1929 gingen sie durch Ankauf in den Besitz des Deutschen Museums über. — Vgl. Mackowsky, Johann Gottfried Schadow (1927) S. 201—210.

Eine Wiederholung des Reliefs 8437 brachte Schadow 15 Jahre später an der Fassade des Predigerhauses der Werderschen Kirche (Berlin, Oberwallstraße Nr. 21) an. Die leere Stelle rechts füllt dort eine antike Lampe mit Büchern.

8438. Die Hoffnung. Nach rechts liegende Frauengestalt, den rechten Ellbogen auf einen Fels stützend; die ausgestreckte Linke ist an den Anker, die Rechte auf die Brust gelegt. Das lange mantelartige Gewand läßt beide Arme und Brüste frei. In dem aufgenommenen und mit einem Band zusammengebundenen Haar ein Rosenkranz. Über die linke Schulter fällt eine einzelne Locke, über die rechte ein Ende des Haarbandes herab.

Relief. Hartgips. Oval. H. 74, Br. 115. Alte, stark abgeriebene Bemalung. Drei große Sprünge in der linken Ovalhälfte. Verwitterte Stellen, besonders an den Füßen und Beinen. Geringe Bestoßungen am unteren Rand. — Erworben 1929 aus Berliner Privatbesitz.

Um 1790. Aus Charlottenburg. Vgl. die Bemerkung zu 8437.

8439. Der Glaube. Nach links sitzende Frauengestalt, mit betend erhobenen Händen gegen ein links aufragendes Kreuz gewandt. Die Bekleidung besteht aus einem hochgegürteten Gewand, das die linke Brust und den linken Arm freiläßt und einem über den Schoß gelegten Mantel. An den Füßen Sandalen, in dem aufgenommenen Haar ein schmaler Dornenkranz.

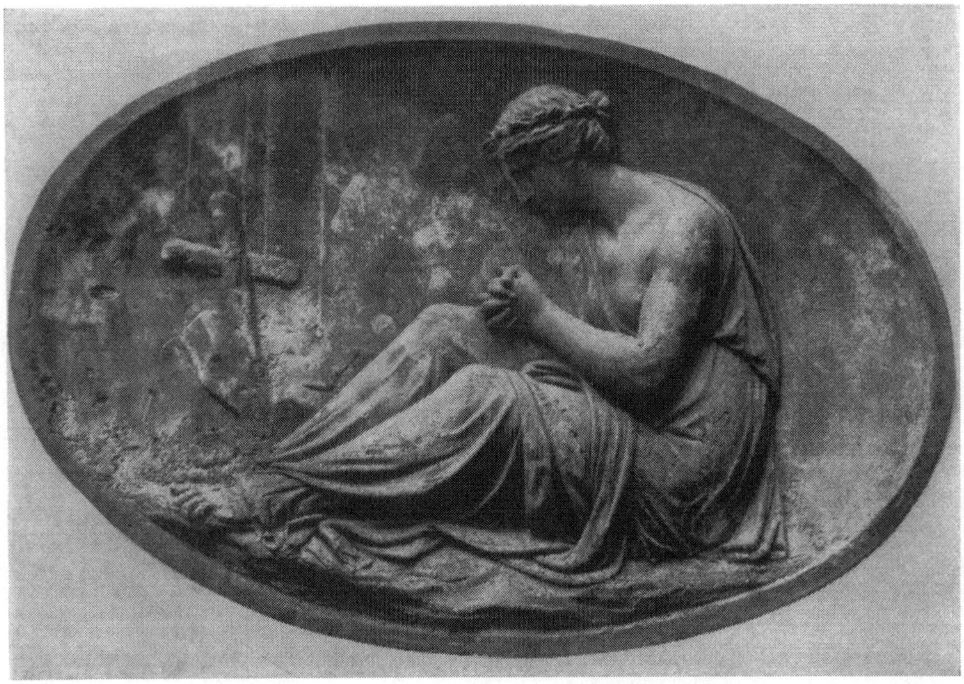

8439

Relief. Hartgips, oval. H. 74,5, Br. 115. Bemalung erneuert. Teilweise stark verwittert und beschädigt (Haarpartie über dem linken Ohr). Zwei Risse im Reliefgrund. — Erworben 1929 aus Berliner Privatbesitz.

Um 1790. Aus Charlottenburg. Vgl. die Bemerkung zu 8437.

8440. Der Todesengel. In weitem, fliegendem Gewand nach links oben schwebend, einen nach links gewandten schlafenden Knaben im Schoß, in der erhobenen Rechte einen Palmenzweig. Abb. S. 460.

Relief. Hartgips. Oval. H. 76, Br. 51. Stark verwitterte Oberfläche. Am Rande rechts Ausbesserungen. Unten in der Mitte ein durchgehendes Dübelloch. — Erworben 1929 aus Berliner Privatbesitz.

Um 1790. Aus Charlottenburg. Vgl. die Bemerkung zu 8437. Mackowsky hat (a. a. O. S. 208) als Vorbild dieser Darstellung den Stich von Bartolozzi nach einem Gemälde des William Peters nachgewiesen, der 1787 veröffentlicht wurde und die Unterschrift trug: »The spirit of a child arriv'd in the presence of the Almighty«. Schadow hat das — offenbar von der Bestellerin gewählte — Vorbild ins Plastische übersetzt und den Zügen des Kindes Porträtähnlichkeit mit dem verstorbenen Grafen Alexander von der Mark gegeben.

8441. Die Menschenliebe. Stehende Jünglingsgestalt. Das Haupt mit langen Locken, nach rechts gewandt. Die Hände vor der Brust aufeinandergelegt. Der Jüngling ist nur mit einem leichten Tuch bekleidet, das über der linken Schulter liegt und in einen quer über den Leib laufenden Gürtel gesteckt ist. Unten rechts neben den Füßen ein Pelikan mit Jungen. Abb. S. 457.

Relief. Hartgips. Oval. H. 76,5, Br. 51,5. Bemalung erneuert. Sehr stark verwitterte Oberfläche. Der Rand ist mehrfach bestoßen. — Erworben 1929 aus Berliner Privatbesitz.

Um 1790. Aus Charlottenburg. Vgl. die Bemerkung zu 8437.

8442. Die Ewigkeit. Stehende Frauengestalt en face, mit gegürtetem Chiton und Kopftuch bekleidet. Der rechte Arm hängt gerade herab, der Linke (jetzt verloren) hielt als Attribut den Schlangenreif (Rest über der linken Schulter). Abb. S. 457.

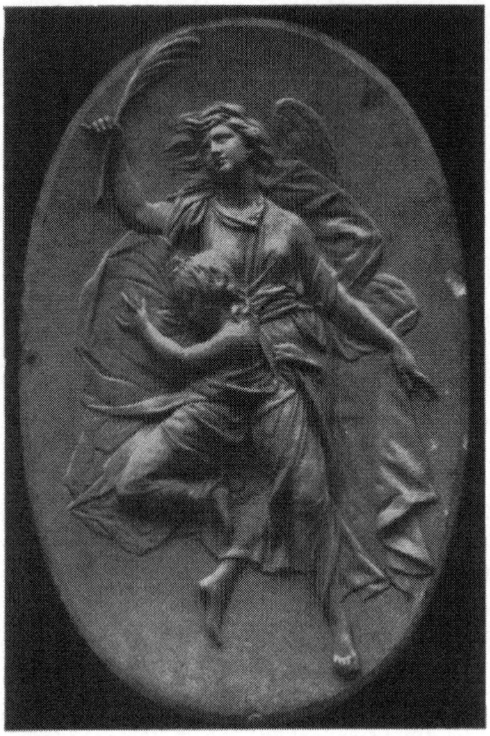

8440 S. 459

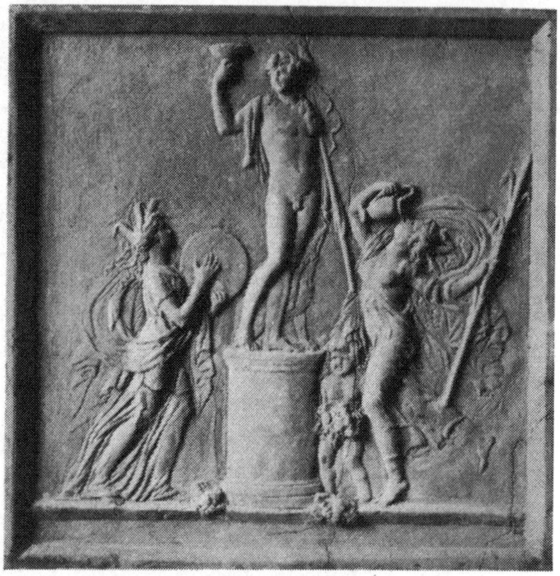

7851

Relief. Hartgips. Oval. H. 77, Br. 52,5. Grau gestrichen. Es fehlt der linke Arm mit dem Attribut. Der obere Teil des Kopfes und die Füße verwittert. — Erworben 1929 aus Berliner Privatbesitz.

Um 1790. Aus Charlottenburg. Vgl. die Bemerkung zu 8437.

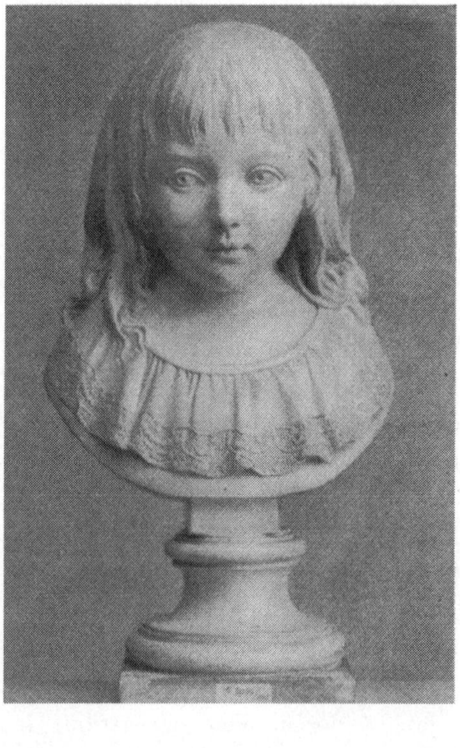

5900

5900. Büste der Julie Mölter. In voller Vorderansicht, auf rundem Sockel mit untergelegter quadratischer Platte. Das Haar fällt offen auf Stirn, Schultern und Nacken herab. Feiner Spitzenkragen mit rundem Halsausschnitt. An der Rückseite die Signatur Schadow fec. 1792, darüber: Eigenthum G. Eichler, Berlin.

Büste. Gips. H. (mit Sockel) 47,5. Mit weißer Emaillefarbe bemalt. — Erworben 1910 in Frankfurt a. M.

In mehreren Exemplaren existierend. Vgl. Katalog der Schadow-Ausstellung von 1909, Nr. 20. J. Friedländer, G. Schadow (2. Aufl. 1890) S. 125. Zeitschrift für bildende Kunst 17 (1882) 210 ff.

7851. Dionysos mit zwei tanzenden Mänaden. Dionysos, nackt, auf einem runden Postament stehend, hält in der erhobenen Rechten eine Schale. Mit der Linken faßt er das Pinienszepter; ein Panter hockt zu seinen Füßen. Links eine Mänade mit einem Cymbel, rechts eine zweite in Verzückung tanzend. Zwischen ihr und dem Postament ein Putto mit Blumen in den Händen.

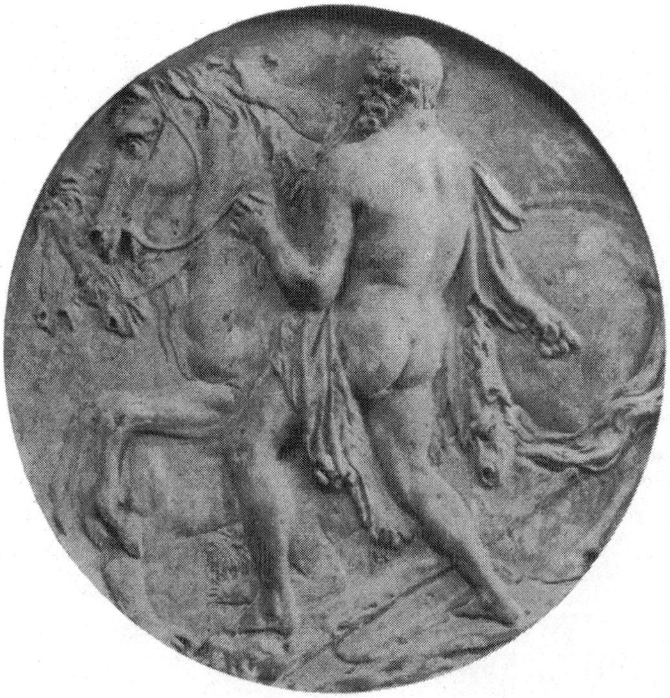

7799 (S. 462)

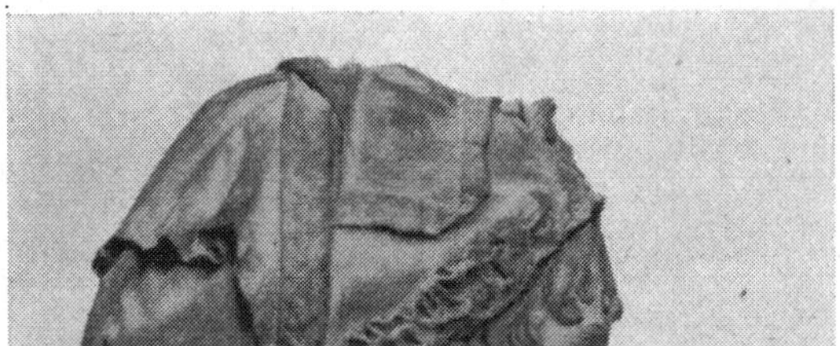

5891

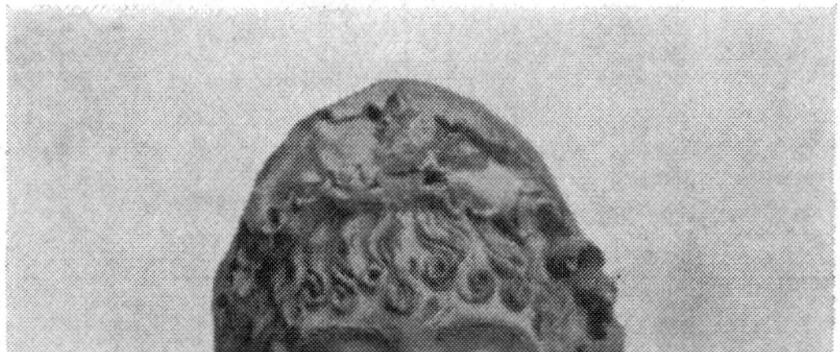

5891 S. 462

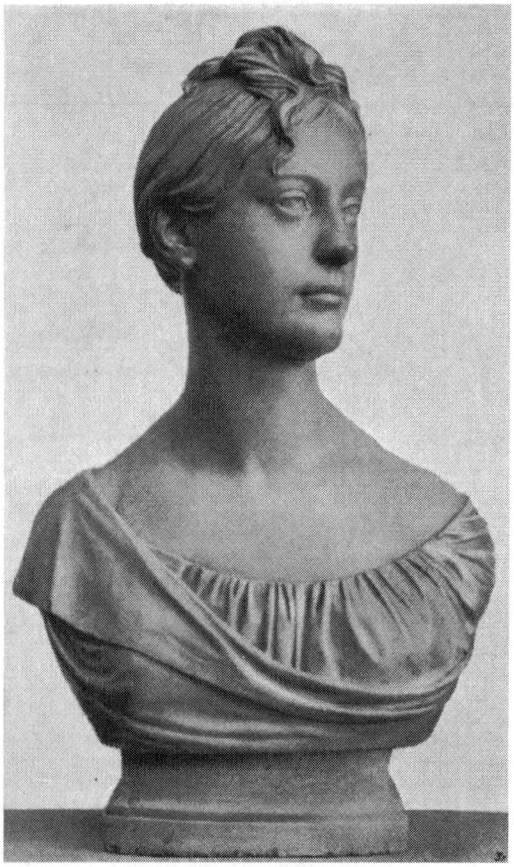

5920

Flachrelief. Gebrannter Ton. H. 30,8. Br. 30,8. Verschiedentlich gekittet. — Erworben 1919 (aus dem Magazin der Gipsabgüsse übernommen).

Werkstatt Gottfried Schadows.

7799. Herkules und die Rosse des Diomedes. Herkules, nur mit dem Löwenfell bekleidet, hält, halb vom Rücken gesehen, die schnaubenden Rosse; am Boden die Keule. Abb. S. 461.

Hochrelief. Gebrannter Ton. Dm. 43. — Erworben 1917. Geschenk eines Ungenannten.

Nach einer Zeichnung von B. Rohde. Modell zu einem der Reliefs am Brandenburger Tor.

5891. Porträtbüste einer alten Frau. Streng frontal, mit Haube, Halstuch und eng anliegendem Umhangtuch. Das Haar fällt in einzelnen Löckchen unter der Haube hervor. Abb. S. 461.

Büste. Gebrannter Ton. H. 55. Haubenschleife, Stirn und Nase beschädigt. Der vordere Rand des Sockels fehlt. — Erworben 1910. Gefunden bei Ausschachtungsarbeiten gegenüber der alten Garnisonkirche in Berlin.

Berliner Meister um 1790. — Der Art Gottfried Schadows nahestehend, doch von anderer Hand. Vgl. Demmler in »Amtliche Berichte« 33 (1912) S. 230.

Ridolfo Schadow (mit vollem Namen Karl Zenon Ridolfo).

Geboren in Rom 1786, gestorben daselbst 1822; ältester Sohn Gottfried Schadows; von 1806—1810 Gehilfe in der Werkstatt seines Vaters; seit 1811 mit seinem Bruder, dem Maler Wilhelm Schadow in Rom, wo er mit kurzen Unterbrechungen bis zu seinem Tode blieb. Einen Ruf nach Düsseldorf (1818) lehnte er ab.

5920. Büste der Friederike Unger. Der Kopf ist nach rechts gewandt, das vorn gescheitelte Haar zu einem Knoten aufgenommen; eine Locke fällt links über die Stirn. Das Gewand ist weit ausgeschnitten. Auf einfach profiliertem Sockel. An der Rückseite die Signatur R. Schadow.

Büste. Gips. H. 60. Mit graugrüner Ölfarbe angestrichen. Vorn rechts am Sockel eine Ecke geleimt. — Erworben 1911 in Berlin aus dem Nachlaß einer früheren Hausgehilfin des Regisseurs Stawinsky.

Um 1810. Aus der Zeit, als Rudolf Schadow im Atelier seines Vaters arbeitete. — Friederike Unger, die Tochter eines Berliner Bildhauers, hatte als Mädchen schon Gottfried Schadow zum Modell gedient. Ihre Büste vervollständigte er zwischen 1797 und 1802 zu einer Statue der Hoffnung (jetzt im Museum Schloß Monbijou). Später heiratete sie den Regisseur Stawinsky und kam wohl noch öfters von auswärts als Besuch in Schadows Haus. Bei einer dieser Gelegenheiten muß die Büste entstanden sein, bei der der jüngere Schadow das von seinem Vater geschaffene Vorbild in einer etwas festeren, trockeneren Art neu gestaltete. — Vgl. Amtl. Berichte 33 (1912) S. 223 ff. über die Schicksale der Büste; doch fehlt dort die Erwähnung der Signatur Ridolfos.

Christian Daniel Rauch, Bildhauer.

Geb. am 2. Januar 1777 in Arolsen. Zunächst (1795) in Kassel im Atelier von Christian Ruhl, dann nach einer Tätigkeit als Kammerdiener unter Friedrich Wilhelm II. auf der Berliner Akademie, wo er unter

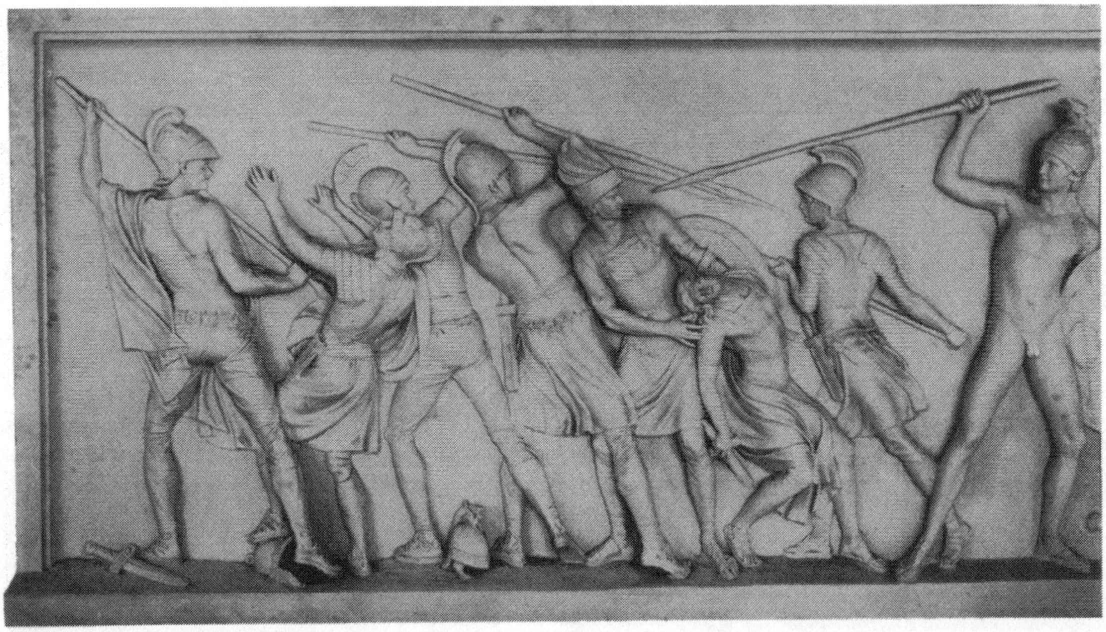

5892

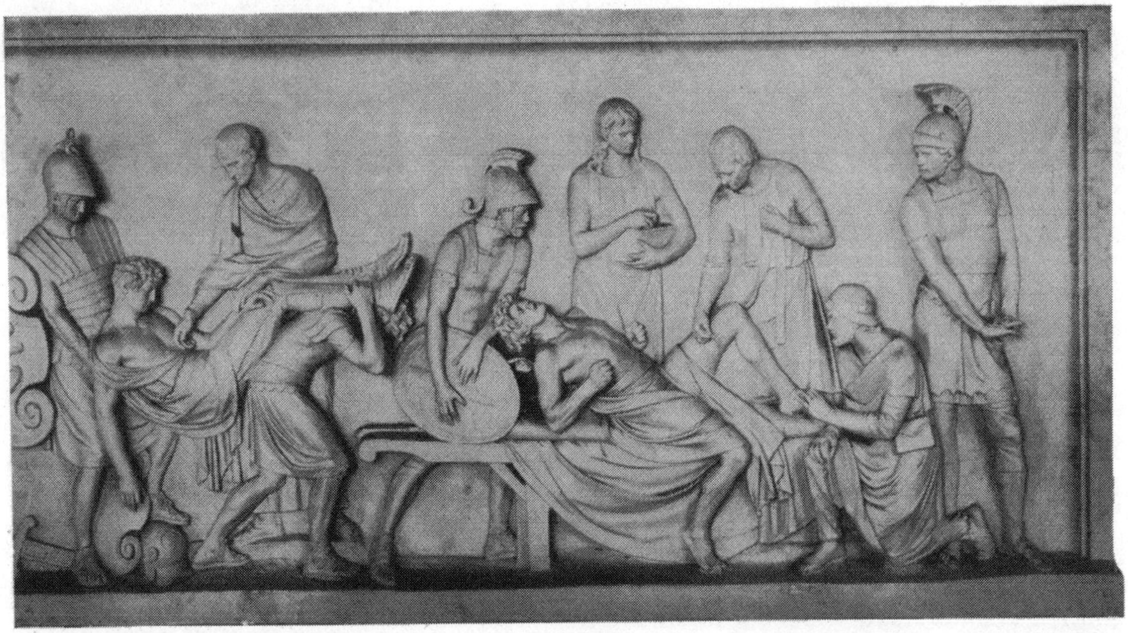

5892

Schadow arbeitete. 1805 reiste er nach Rom und 1811 wurde er — von Canova empfohlen — nach Berlin berufen. Gest. am 3. Dezember 1857 in Dresden.

5892. **Verwundete im Kampf.** In der Mitte ein unbekleideter Krieger in Abwehrstellung; links von ihm sieben Kämpfende, von denen zwei verwundet zurücksinken. Rechts wird ein Verwundeter von zwei Kriegern herangetragen, der Arzt prüft seinen Herzschlag. Ein zweiter, von mehreren Begleitern umgeben, liegt auf einer Tragbahre und wird von einem Arzt am linken Fuß untersucht.

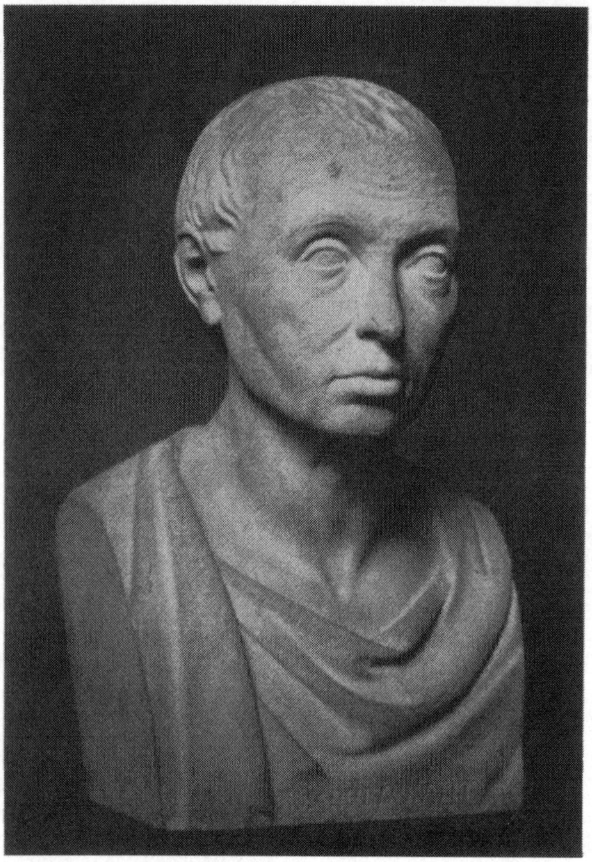

8321

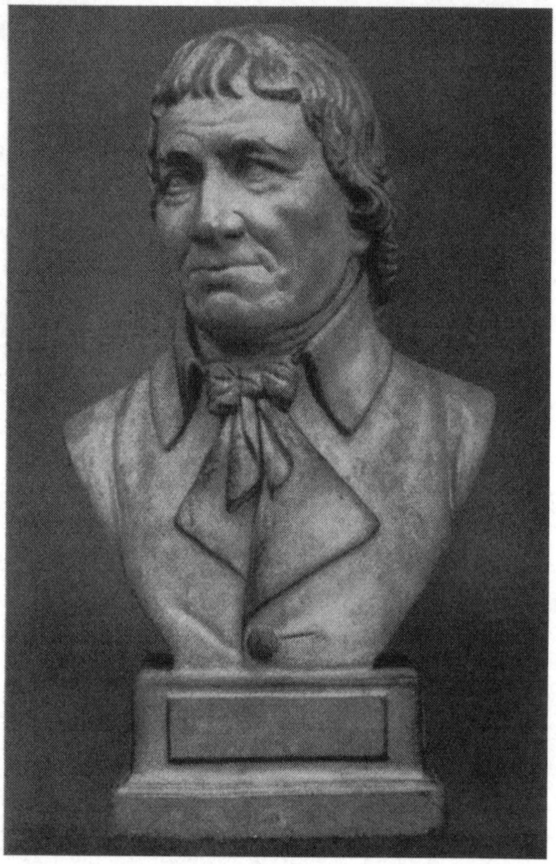

8349

Hochrelieffries. Gips. H. 128,5, Br. 485. — Erworben 1910. Geschenk der Kaiser-Wilhelm-Akademie. Nach dem Entwurf Gottfried Schadows. — Vgl. Eggers, Chr. D. Rauch, Berlin 1873 Bd. I S. 28. Das Relief war für einen Hörsaal der chirurgischen Pépinière im Hause des Generalchirurgen Göhrke bestimmt, wo es auch zunächst aufgestellt wurde. Später befand es sich in dem Haus der Friedrichstraße, das König Friedrich Wilhelm III. der Anstalt geschenkt hat. Beim Abbruch der Pépinière im Jahre 1910 wurde das Relief den Staatl. Museen überwiesen.

Emanuel Bardou, Bildhauer.

Geb. 1744 in Basel, war seit 1775 Modelleur an der kgl. Porzellanmanufaktur in Berlin. Er starb 1818 in Berlin.

8321. Emanuel Kant. Bildnisbüste in strenger Vordersicht. Vorn bez.: EMANUEL KANT; auf der Rückseite: E. Bardou fecit 1798.

Büste. Marmor. H. 46. Die Oberfläche hat durch Witterungseinflüsse etwas gelitten. — Erworben 1923.

Ob die Büste nach dem Leben gearbeitet worden ist, läßt sich nicht entscheiden. Da Bardou eine Zeitlang in Rußland war und sich auf dem Hin- oder Rückwege in Königsberg aufgehalten haben kann, ist es möglich, daß er Kant gesehen hat. Die Büste stammt aus dem Atelier Rauchs, von wo sie nach Halle gekommen ist. Rauch stattete in den Jahren nach 1834 das Haus seines in Halle lebenden Schwiegersohnes mit Bildwerken aus. Die Büste schmückte dort eine Säule, die im Garten des Hauses aufgestellt war. Vgl. Th. Demmler, Emanuel Bardous Kantbüste vom Jahre 1798. Kantstudien Bd. XXIX, Heft 1/2, S. 316 ff.

8349. Büste des Daniel Chodowiecki. Nach links blickend. Auf dem Kopfe eine Perücke. In der Tracht vom Ende des 18. Jahrhunderts.

Daniel Chodowiecki, geb. Danzig 1726, gestorben Berlin 1801.

Büste. Hartgips mit gelblichem Ölfarbenanstrich. H. 45. Der zugehörige Sockel — gleichfalls aus Gips — ist durch einen Holzdübel mit der Büste verbunden. — Erworben 1925 durch Tausch von Dr. W. v. Dallwitz in Berlin; früher im Besitz von Nachkommen des Künstlers.

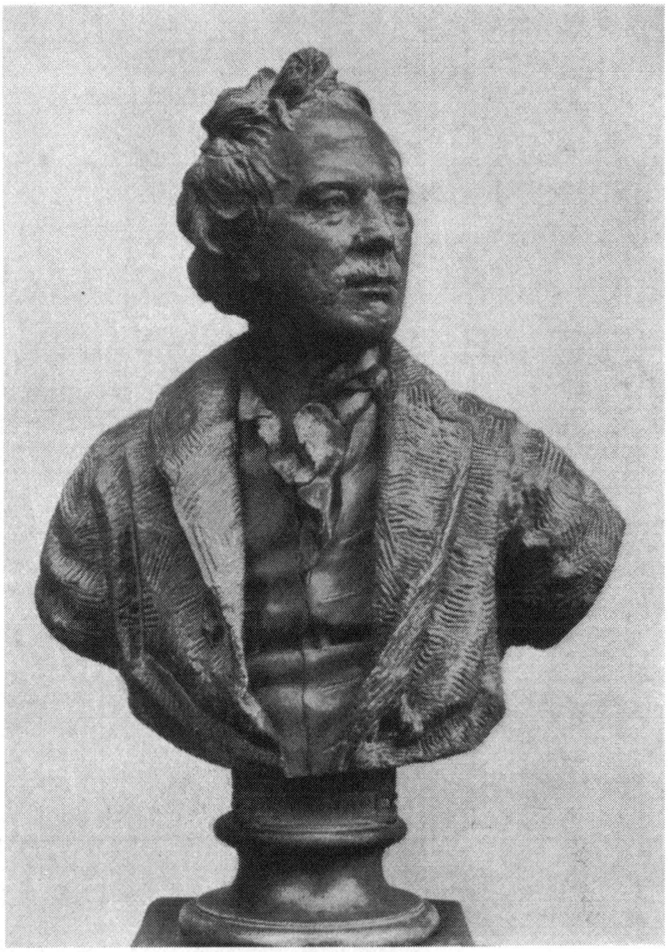

1960

Die Büste soll nach einer Familientradition gleichzeitig mit einer zweiten kurz nach dem Tode des Künstlers (im Jahre 1801) entstanden sein. Daß sie mit einer im Katalog der Berliner Akademie-Ausstellung von 1802 (Joh. Friedr. Ungersche Buchhandlung) unter Nr. 266 erwähnten Büste »Emanuel Bardou, Büste des verstorbenen Direktors der Akademie Herrn Chodowiecki nach der Todtenmaske« identisch ist, darf angenommen werden. Von dieser in der Familie als »die mit der Peruque« bezeichnete Büste müssen mehrere Abgüsse vorhanden gewesen sein. Die gleiche Büste, doch ohne Perücke und mit anderem Sockel, die gleichzeitig entstanden ist, wird — wie auch die Familientradition annimmt — als Vorstudie zu der soeben besprochenen entstanden sein. Ein Exemplar dieser zweiten Büste, von der gleichfalls mehrere Abgüsse existiert haben müssen, befindet sich als Leihgabe des Vereins für die Geschichte Berlins im Museum. Vgl. R. Walden, Die Chodowiecki-Büste des Vereins für die Geschichte Berlins, Berlin 1900 (Mittler u. Sohn, 1900).

Jean Antoine Houdon, Bildhauer.

Geb. am 20. März 1741 zu Versailles. Schüler des René-Michel Slodtz zu Paris; seit 1764 in Rom als Pensionär der Académie de France, seit 1768 wieder in Paris. Gest. am 15. Juli 1828 zu Paris.

1960. Gluck (Vöge 453). Als Brustbild; das bartlose, pockennarbige Gesicht leicht nach rechts und etwas empor wendend. In Rock, Weste und Spitzenjabot. Auf dem runden Sockel: Gluck.

Christoph Willibald Ritter von Gluck, Komponist. Geb. 1714, gest. 1787.

Büste. Gips. Rötlich getönt. H. 88 cm. — 1892 von der Kgl. Bibliothek überwiesen.

Trefflicher, vom Künstler übergangener Abguß nach dem im Salon von 1777 ausgestellten Marmorexemplar, das 1873 beim Brande der Pariser Oper zugrunde ging. Ein anderer, minder guter Abguß befindet sich nach P. Vitry in der Sammlung Moreau-Nélaton in Paris (Büste und Arme sind hier höher abgeschnitten), ein dritter in der (großherzoglichen) Bibliothek zu Weimar mit der Signatur »Houdon Sculpteur de Roy Bibliothèque Royal 1775« und ein vierter, Gips terrakottafarben getönt mit dem Stempel ohne Signatur

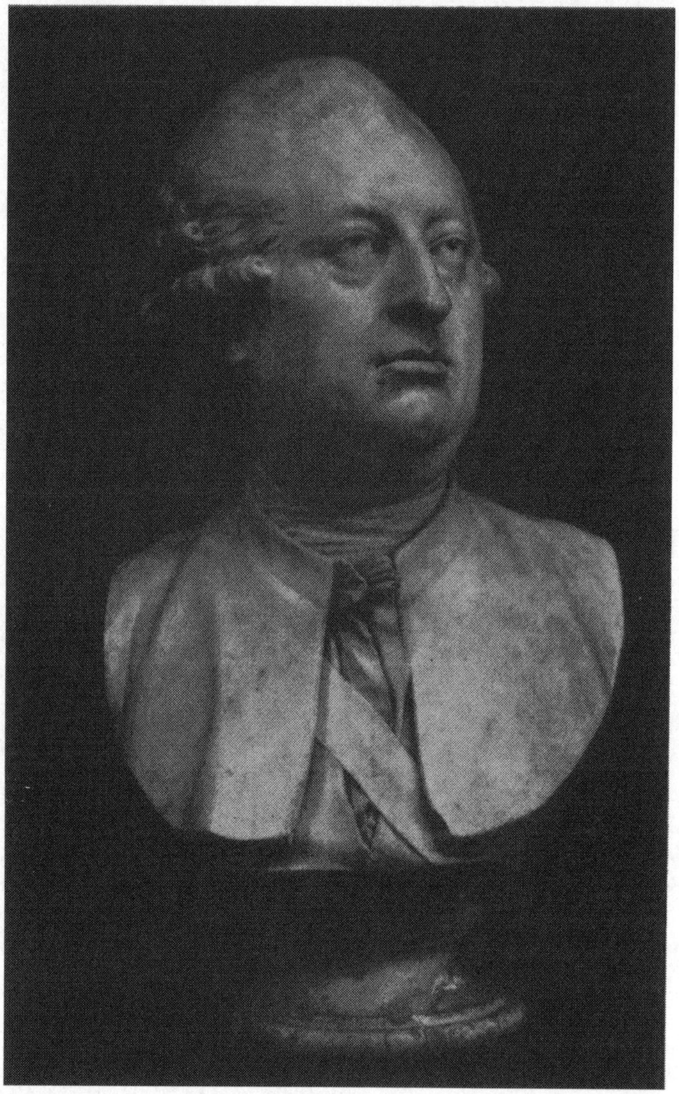

8374

im Schloßmuseum zu Schwerin. Der Louvre bewahrt eine Kopie des Marmororiginals von Francin; vgl. P. Seidel, Die Kunstsammlungen des Prinzen Heinrich, Jahrbuch der preußischen Kunstsammlungen 13 (1892) S. 63 u. 68; E. Steinmann, J. Antoine Houdon im Großherzoglichen Museum zu Schwerin, Monatshefte f. Kunstwissenschaft 4 (1910) S. 213; E. Hildebrandt, Malerei und Plastik des achtzehnten Jahrhunderts in Frankreich (Handbuch d. Kunstwissenschaft) S. 88 mit Abb.; Th. Demmler, Unbekannte Büsten Houdons, Jahrbuch der preußischen Kunstsammlungen 47 (1926) S. 208.

8374. Otto Hermann v. Vietinghoff. Als Brustbild; den Kopf ein wenig nach rechts gewendet, mit Haarbeutelfrisur und seitlichen Locken; mit Rock, Weste, Halstuch und Spitzenjabot. Über der Weste liegt ein Ordensband. Am rechten Büstenschnitt die Signatur:

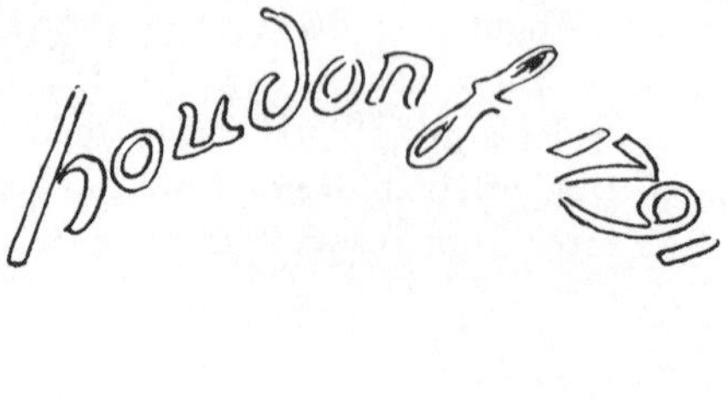

Büste. Marmor. H. 63 (mit Sockel); H. 53,2 (ohne Sockel). Zwei geringfügige Beschädigungen am Spitzenjabot und am Rande des Sockels. — Erworben 1925. Von Mitgliedern des Kaiser-Friedrich-Museums-Vereins und andern Kunstfreunden Wilhelm von Bode zum 80. Geburtstag (10. 12. 1925) geschenkt, von diesem dem Museum überwiesen.

O. H. von Vietinghoff, eine der bekanntesten Persönlichkeiten Livlands im 18. Jahrhundert, geb. um 1722 in Riga, gest. 1792, vermögend und einflußreich, hat sich um seine Heimat und besonders seine Vaterstadt große Verdienste auf kulturellem Gebiete erworben. Zahlreiche Reisen führten ihn u. a. nach Italien und Frankreich.

Vietinghoff hat Houdon im Jahre 1777 in Paris aufgesucht. Bei dieser Gelegenheit ist eine Büste (»Porträt de M. le Baron de Vietinghoff, buste plâtre«) entstanden, die sich aber nicht erhalten hat. Es ist wahrscheinlich, daß diese später in Marmor ausgeführt worden ist. Warum die uns erhaltene Marmorausführung erst 1791 vollendet worden ist, läßt sich nicht mehr feststellen. Die erhaltenen Gipsbüsten, die sich in Riga befinden, erweisen sich ausnahmslos als Nachbildungen unsres Marmorexemplars. —

Vgl. Th. Demmler, Unbekannte Büsten Houdons, Jahrbuch der Preußischen Kunstsammlungen 47 (1926) S. 208 ff. mit ausführlichen Nachweisen.

L. Lecointe. Caen um 1775.

7690. Diana, stehend, unbekleidet, in waldiger Landschaft, dem Pfeil nachblickend, den sie soeben abgeschossen hat. Links unten am Rande die Signatur: L LECOINTE

Relief. Grünlicher Speckstein. H. 51, Br. 23,5. — Erworben 1915.

Der Künstler ist sonst nicht bekannt. Vgl. A. E. Brinckmann, Barockskulptur Bd. II, S. 390, Abb. S. 392.

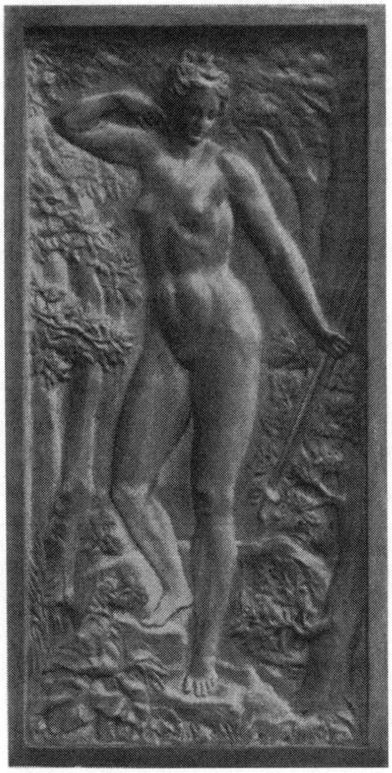

7690

Berichtigungen und Zusätze.

Zu S. 54—56. Nr. 5863 B (Mindener Altar) vgl. auch den Altar in Hoyer, Kr. Tondern, bei Matthäi, Werke der Holzplastik in Schleswig-Holstein (1901) S. 76 mit Abb. Tafel IX.

S. 68 in der Überschrift ist statt d) Südostdeutschland zu lesen: 4) Südostdeutschland.

S. 82 in der Überschrift ist statt e) Südwestdeutschland zu lesen: 5) Südwestdeutschland.

S. 82—84 zu Nr. 5896 (Geburt Christi). Die seltene Hinzufügung der Magd, die das Kind der Mutter reicht, findet sich z. B. im Bremer Chorgestühl, Abb. Repertorium für Kunstwissenschaft, 1913, S. 233; und in Magdeburg, ebenda S. 272.

Zu S. 133. Nr. 507 (Kreuzabnahme). Vgl. das bei Baum im Stuttgarter Katalog von 1917 S. 43 abgebildete Fragment der Sammlung Harry Fuld.

Zu S. 150. Nr. 7054 (Der schlafende Krämer). Vorletzte Zeile lies 1512 (statt 1912).

Zu S. 166. Die Nummer unter der Abbildung links muß heißen 7962 (wie richtig im Text steht).

Zu S. 198 f. Die beiden Reliefs 2023. 2024 sind nicht Weidenholz, sondern, wie eine neuere Untersuchung ergab, Lindenholz.

Zu S. 200. Nr. 8126 (Auszug der Apostel). Am Schluß des ersten Abschnitts auf S. 200 ist hinzuzusetzen: Erworben 1918 (Sammlung J. Simon).

Zu 206. Nr. 8112 (Dorothea). Nicht schwäbisch, sondern mittelrheinisch, worauf mich Herr Dr. Metz hingewiesen hat. Zugehörig die Marienfiguren aus Eltville, Rauenthal, Finthen bei Mainz und Niederolm (Rheinhessen), sowie eine Maria und zwei Apostel vom Hochaltar in Dasbach im Taunus, jetzt im Wiesbadener Museum; vgl. Katalog der Darmstädter Ausstellung von 1927, unter Nr. 173—176. 178—80.

Zu S. 209. Nr. 8115. Statt der Bezeichnung: »Auferstandener Christus« lies: »Schmerzensmann«.

Zu S. 268. Die Nummern der zwei Heiligenstatuetten sind M. 81 A u. B. Die Nummer M. 80 ist auf S. 119 behandelt.

Zu S. 288. Nr. 8327. Stehender Heiliger (Petrus)? Die in Abschnitt 3 erwähnte, eng verwandte Bischofsstatue ist unterdessen ins Schweizerische Landesmuseum in Zürich gekommen; Abb. im 38. Jahresbericht (Winterthur 1930) Tafel III. Gegenüber der Provenienzangabe im Text des Jahresberichts, S. 18, »angeblich aus Graubünden« möchte ich an der Herkunft aus Kärnten festhalten.

Zu S. 295. Nr. 415 ist hier zu streichen. Richtig behandelt auf S. 335.

Zu S. 306. Nr. 8116. Richtiger zu bezeichnen als »Rosenkranzfest«.

S. 404. Nr. 541. Über einen gleichzeitigen »Francisco Mangiotti« vgl. List in »Beiträge zur Kunstgeschichte, Wickhoff gewidmet«. Wien 1903. S. 163 ff.

Zu S. 419. Nr. 8391; vgl. Feulner, Skulptur und Malerei des 18. Jahrhunderts (Handbuch der Kunstwissenschaft) S. 83 und Tafel VI.

Zu S. 420. Nr. 7997; vgl. ebenda S. 91.

Sachregister

Ortsregister

Künstlerverzeichnis

Übersicht

über die im Katalog von Vöge (1910) und in diesem Band behandelten Kunstwerke

Vöge Nr.	Inv. Nr.	Seite dieses Bandes	Vöge Nr.	Inv. Nr.	Seite dieses Bandes	Vöge Nr.	Inv. Nr.	Seite dieses Bandes
1	2739	5	70	3139	44	123	443	365
2	3145	3	71	2019	41	124	439	365
3	2969	5	72	2086	41	125	441	366
4	1789	11	74	3118	64	126	444	366
29	3137	9	77	3198	19	127	445	366
30	2559	9	78	3002	61	128	446	367
31	2766	8	79	3140	37	129	438	367
32	362	6	81	3038	41	130	442	367
34	2651	4	83	372	60	132	2085	235
36	3186	11	84	509	59	137	435, 1983–86	370
38	3053	12	85	510	59	147	426	201
39	3113	18	86	511	59	148	427	202
40	3023	19	87	512	59	149	M. 34	205
41	3144	19	88	2301	30	151	408	142
42	2020	37	90	2647	25	153	1982	214
43	467	34	91	2791	26	154	2768	296
44	1893	39	94	371	92	156	455	232
45	1894	39	95	777	92	157	454	232
46	2422	21	96	2222	200	159	456	229
47	3090	34	97	421	206	160	453	225
48	2018	90	98	423	208	161	460	153
49	1993	76	99	422	207	162	2707	330
50	424	52	100	452	212	163	434	220
51	370	67	101	3180	119	165	1843	154
52	367	66	102	457	210	166	2240	144
53	365	48	103	5544	217	167	3031	110
54	366	48	104	2570	210	168	425	158
55	2743	79	105	3135	215	170	5553	163
56	369	114	106	1842	218	172	5551	166
57	368	114	107	2770	288	173	386	187
58	M. 97	128	109	399/400	215	174	387	188
59	2185	69	110	397/98	216	175	388	188
60	2970	68	113	M. 78	224	176	389	188
61	3087	48	114	461	228	177	390	188
62	2631	120	115	2963	228	178	391	189
63	378	74	116	440	365	179	2965	195
64	5545	75	117	449	365	180	2964	194
65	5542	74	118	447	365	181	5554	191
66	5543	99	119	448	365	182	M. 14	252
67	2709	116	120	451	365	183	2327	194
68	2710	116	121	450	365	184	2298	191
69	373	43	122	437	365	185	392	190

Vöge Nr.	Inv. Nr.	Seite dieses Bandes	Vöge Nr.	Inv. Nr.	Seite dieses Bandes	Vöge Nr.	Inv. Nr.	Seite dieses Bandes
186	382	198	253	3183	265	337	490	339
187	384	192	254	M. 81 A	268	338	491	340
190	459	192	255	M. 81 B	269	340	495	336
192	383	379	257	3026	257	341	508	341
193	3098	262	259	5557	259	342	489	341
197	520	379	260	2096	266	344	506	357
199	1759	373	261	463	266	347	2769	96
200	2628	167	262	464	267	348	507	133
201	3027	172	269	419	276	349	2396	350
202	402	169	270	375	278	350	3024	137
203	404	169	271	2598	279	353	2421	386
204	403	170	272	3112	280	359	526	394
205	405	170	273	2031	283	361	515	380
206	2549	174	274	2032	284	366	525	402
207	1559	171	277	3063	300	372	538	374
208	407	178	281	484	305	373	539	375
209	414	170	282	3039	304	374	1976	376
210	409	172	283	M. 79	304	375	1977	376
211	410	177	284	M. 79	304	376	1978	377
212	411	177	286	2300	381	396	M. 10	403
213	412	178	288	1589	388	399	544	401
214	413	178	290	462	305	401	540	403
215	401	174	298	396	162	402	542	404
216	2302	176	299	774	106	403	541	404
217	2931	173	301	2095	135	410	3191	406
218	406	181	302	485	325	411	3190	407
219	2708	183	303	486	326	412	2025	425
220	2418	185	304	474	327	414	2853	441
221	416	185	305	503	329	415	5560	445
222	380	187	307	3193	321	420	5552	412
223	2706	186	308	3141	311	421	5561	438
224	M. 96	198	309	505	321	428	536	427
225	465	185	310	482	314	432	3189	428
226	417	308	311	475	312	433	2831	452
228	2024	199	312	458	313	434	2838	453
229	2023	198	313	502	322	435	2839	453
231	2027	300	314	415	335	436	2841	454
232	2026	185	315	470	322	437	2840	454
233	2029	202	316	473	316	438	2830	455
234	2028	203	317	478	357	439	2843	455
235	M. 80	119	318	479	312	440	2849	456
236	379	246	324	492	350	441	2844	456
237	2022	242	325	471	353	442	2842	455
238	2021	240	326	M. 82	331	445	355	447
241	3096	254	327	497	339	447	2170	446
243	3101	244	328	496	339	448	356	447
244—247	3025	248	329	481	334	449	2836	448
248	2548	250	332	480	333	450	2832	450
249	3067	262	333	488	333	451	2834	451
250	3066	262	334	487	332	453	1960	465
251	3117	118	335	477	336	455	2833	452
252	3182	265	336	476	334	456	2835	452

Übersicht

der in diesem Band behandelten Inventarnummern nach der Nummernfolge

Inv. Nr.	Seite	Inv. Nr.	Seite	Inv. Nr.	Seite	Inv. Nr.	Seite	Inv. Nr.	Seite	Inv. Nr.	Seite
355	447	411	177	461	228	520	379	2027	300	2770	288
356	447	412	178	462	305	525	402	2028	203	2791	26
362	6	413	178	463	266	526	394	2029	202	2830	455
365	48	414	170	464	267	536	427	2031	283	2831	452
366	48	415	335	465	185	538	374	2032	284	2832	450
367	66	416	185	467	34	539	375	2085	235	2833	452
368	114	417	308	470	322	540	403	2086	41	2834	451
369	114	419	276	471	353	541	404	2095	135	2835	452
370	67	421	206	473	316	542	404	2096	266	2836	448
371	92	422	207	474	327	544	401	2170	446	2837	456
372	60	423	208	475	312	774	106	2185	69	2838	453
373	43	424	52	476	334	777	92	2222	200	2839	453
375	278	425	158	477	336	779	96	2240	144	2840	454
378	74	426	201	478	357	784	98	2298	191	2841	454
379	246	427	202	479	312	1559	171	2300	381	2842	455
380	187	434	220	480	333	1589	388	2301	30	2843	455
382	198	435	370	481	334	1759	373	2302	176	2844	456
383	379	437	365	482	314	1789	11	2327	194	2849	456
384	192	438	367	484	305	1842	218	2396	350	2853	441
386	187	439	365	485	325	1843	154	2418	185	2931	173
387	188	440	365	486	326	1893	39	2421	386	2963	228
388	188	441	366	487	332	1894	39	2422	21	2964	194
389	188	442	367	488	333	1960	465	2548	250	2965	195
390	188	443	365	489	341	1976	376	2549	174	2969	5
391	189	444	366	490	339	1977	376	2559	9	2970	68
392	190	445	366	491	340	1978	377	2570	210	3002	61
396	162	446	367	492	350	1982	214	2598	279	3023	19
397	216	447	365	495	336	1983	370	2628	167	3024	137
398	216	448	365	496	339	1984	370	2631	120	3025	248
399	215	449	365	497	339	1985	370	2647	25	3026	257
400	216	450	365	502	322	1986	370	2651	4	3027	172
401	174	451	365	503	329	1993	76	2706	186	3031	110
402	169	452	212	505	321	2018	90	2707	330	3038	41
403	169	453	225	506	357	2019	41	2708	183	3039	304
404	170	454	232	507	133	2020	37	2709	116	3053	12
405	170	455	232	508	341	2021	240	2710	116	3063	300
406	181	456	229	509	59	2022	242	2739	5	3066	262
407	178	457	210	510	59	2023	198	2743	79	3067	262
408	142	458	313	511	60	2024	199	2766	8	3087	48
409	172	459	192	512	60	2025	425	2768	296	3090	34
410	177	460	153	515	380	2026	185	2769	96	3096	254

Inv. Nr.	Seite	Inv. Nr.	Seite	Inv. Nr.	Seite	Inv. Nr.	Seite	Inv. Nr.	Seite	Inv. Nr.	Seite
3098	262	5865	76	7022	121	7659	107	7773	51	8017	91
3101	244	5866	245	7023	355	7660	105	7774	94	8018	91
3112	280	5871	432	7025	64	7661	111	7775	261	8019	93
3113	18	5873	413	7027	232	7663	271	7776	302	8020	93
3117	118	5874	82	7028	232	7668	287	7777	324	8021	94
3118	64	5875—77	242	7029	233	7670	51	7778	32	8022	53
3135	215	5878	368	7030	233	7671	51	7798	382	8023	38
3137	9	5879	369	7032	89	7672	51	7799	462	8024	89
3139	44	5880	370	7036	296	7679	252	7810	10	8027	46
3140	37	5882	230	7037	382	7680	128	7823	247	8028	47
3141	311	5885	238	7039	99	7681	301	7824	247	8030	131
3144	19	5886	269	7041	106	7689	30	7826	392	8032	78
3145	3	5887	28	7042	245	7690	467	7827	430	8033	68
3180	119	5891	462	7043	226	7691	440	7831	157	8034	64
3182	265	5892	463	7045	423	7692	441	7835	394	8035	43
3183	265	5895 A.	439	7051	110	7693	147	7836	273	8036	69
3186	11	5895 B.	439	7053	262	7694	147	7837	122	8038	66
3189	428	5896	82	7054	149	7695	418	7838	387	8039	117
3190	407	5897	437	7055	143	7696	18	7841	102	8040	128
3191	406	5898	138	7056	75	7698	256	7848	111	8041	80
3193	321	5900	460	7057	255	7699	205	7849	420	8042	72
3198	19	5901	137	7059	343	7700	336	7850	255	8043	46
5542	74	5910	165	7060	344	7701	134	7851	460	8049	120
5543	99	5914	288	7063	375	7710	237	7911	39	8050	360
5544	217	5915	319	7067	156	7711	293	7942	63	8051	361
5545	75	5916	87	7071	180	7716	430	7945	374	8053	363
5546	20	5917	444	7072	330	7718	117	7946	61	8054	136
5551	166	5918	271	7073	77	7719	80	7947	436	8055	364
5552	412	5919	395	7086	239	7720	315	7949	100	8058	383
5553	163	5920	462	7089	11	7721	396	7950	36	8059	328
5554	191	5921	88	7090	12	7722	164	7953	125	8060	385
5556	84	5922	348	7091	128	7723	38	7957	389	8061	363
5557	259	5923	122	7092	20	7724	36	7962	166	8063	385
5560	445	5924	439	7094	71	7725	86	7963	316	8065	383
5561	438	5929	69	7095	147	7726	126	7964	84	8068	361
5585	222	5930	291	7632	56	7727	328	7968	323	8069	335
5586	43	5931	10	7633	56	7729	86	7969	153	8071	340
5587	33	5933	309	7634	56	7730	303	7974	234	8072	354
5592	187	5935	39	7635	56	7731	70	7975	45	8073	353
5593	62	5936	221	7636	56	7732	62	7976	10	8074	352
5594	150	5937	230	7637	56	7741	407	7977	422	8076	346
5595	307	5939	435	7638	56	7742	407	7978	423	8077	344
5597	138	5940	436	7639	57	7749	101	7982	81	8078	96
5598	138	5944	378	7640	57	7750	415	7983	109	8079	355
5599	437	5946	49	7641	57	7751	126	7989	408	8080	359
5600	229	7006	310	7643	57	7752	193	7990	442	8081	341
5601	76	7008	359	7644	56	7756	256	7991	443	8082	352
5602	203	7009	62	7645	57	7758	290	7997	419	8083	342
5606	308	7010	148	7646	59	7761	432	7998	423	8085	362
5607	222	7013	236	7647	154	7762	432	7999	398	8086	351
5858	255	7014	129	7648	154	7763	434	8000	436	8087	351
5861	214	7016	142	7654	444	7770	382	8010	27	8088	343
5863 A.	12	7018	183	7655	140	7771	6	8011	18	8089	310
5863 B.	54	7019	44	7656	244	7772	16	8012	42	8090	103

Inv. Nr.	Seite	Inv. Nr.	Seite	Inv. Nr.	Seite	Inv. Nr.	Seite	Inv. Nr.	Seite	Inv. Nr.	Seite
8091	357	8133	294	8176	271	8300	277	8371	250	8443	408
8092	349	8134	125	8177	273	8307	429	8374	466	8444	408
8093	360	8137	354	8178	286	8314	442	8377	426	8445	408
8094	134	8138	308	8179	280	8315	435	8381	314	8455	399
8095	317	8139	295	8180	280	8318	378	8382	434	8457	446
8096	317	8141	219	8181	279	8321	464	8386	400		
8097	319	8142	257	8182	280	8323	27	8387	146		
8100	104	8143	126	8183	157	8326	427	8388	404		
8101	104	8144	204	8184	240	8327	288	8389	404		
8102	335	8145	211	8187	283	8329	115	8391	418		
8103	348	8147	275	8188	274	8330	160	8392	421		
8104	347	8149	221	8189	274	8333	132	8394	100		
8106	323	8151	151	8191	298	8336	146	8395	108	**Nummern im Inventar des Museums-Vereins**	**Seite dieses Bandes**
8107	349	8153	218	8211	398	8337	164	8399	50		
8108	131	8154	204	8212	397	8338	388	8400	94		
8109	318	8155	300	8213	397	8340	124	8401	94	M. 10	403
8110	247	8157	288	8243	402	8344	208	8406	33	14	252
8111	284	8158	213	8246	14	8345	355	8408	57	34	205
8112	206	8160	160	8247	14	8346	238	8409	140	73	198
8113	197	8161	306	8248	15	8347	260	8411	180	78	224
8114	276	8162	303	8249	16	8349	465	8412	136	79	304
8115	209	8164	384	8252	161	8355	380	8415	394	80	119
8116	306	8165	231	8286	412	8360	417	8417	12	81	268
8117	182	8166	264	8288	415	8361	416	8430	392	82	331
8118	181	8167	264	8289	415	8362	275	8431	413	97	128
8122	194	8168	254	8291	106	8363	417	8433	391	130	226
8124	196	8169	237	8292	438	8364	413	8435	399	135	187
8125	197	8170	290	8293	431	8365	414	8438	458	137	175
8126	199	8171	287	8294	390	8366	71	8439	458	138	141
8128	292	8173	285	8295	401	8367	432	8440	459	139	272
8131	186	8174	285	8296	421	8368	394	8441	459	140	318
8132	282	8175	252	8297	429	8369	427	8442	459	155	30

Meister Francke. Von Bella Martens, Dr. phil., Wissenschaftlicher Hilfsarbeiterin an der Kunsthalle zu Hamburg. Quart. 2 Bände: Textband 296 Seiten mit 106 Abbildungen auf 50 Tafeln, Tafelband 16 Seiten mit 50 Tafeln. 1929. (Verlag Friederichsen, de Gruyter u. Co. m. b. H., Hamburg.) 100.—, geb. 120.—

Die Arbeit versucht nachzuweisen, daß die Kunst Meister Franckes unmittelbar aus der eines bestimmt abgrenzbaren französischen Kunstkreises hervorgegangen ist. Davon abgesehen bringt sie zum erstenmal eine vollständige Publikation des Helsingforser Francke-Altars, dessen Eigenhändigkeit nachgewiesen wird, versucht eine Entwicklungsgeschichte der Franckeschen Kunst zu konstruieren und stellt auch die Anschauungen über die schon früher bekannten Werke in vieler Beziehung richtig. Sämtliche Abbildungen des Tafelbandes sind nach eigens für das Buch aufgenommenen Photographien hergestellt worden, sie geben die Farbwerte der Franckeschen Werke wesentlich richtiger wieder als die alten Aufnahmen.

Studien zur spätantiken Kunstgeschichte. Herausgegeben von Richard Delbrueck und Hans Lietzmann.

Band I: Der syrische Kirchenbau. Von Herm. Wolfgang Beyer. Mit 105 Abbildungen und 3 Tafeln. Quart. VIII, 183 Seiten. 1925. 28.—, geb. 32.—

Diese Arbeit soll ein erster Baustein sein zu dem Gebäude einer Entwicklungsgeschichte des christlichen Kirchenbaus in den ersten drei Jahrhunderten, in denen er sich frei entfalten konnte. Sie gibt in ihrem ersten, einleitenden Teil einen Überblick über die örtlichen Typen der altchristlichen Basilika. Im zweiten Teil wird die Architektur Syriens im einzelnen untersucht und ihre Entwicklung dargestellt, um dann im dritten Teil in den großen Zusammenhang der antiken Kunstgeschichte eingegliedert zu werden. Der vierte Teil zeigt dann, wie die bisher zwischen Antike und Mittelalter klaffende Lücke zu schließen und in der Geschichte der Baukunst die Einheit in der Entwicklung der Menschheit des Mittelmeerkreises aufzuweisen ist.

Band II: Die Consulardiptychen und verwandte Denkmäler. Von Richard Delbrueck, o. Professor an der Universität Gießen. Lieferung 1 bis 6: 60 Tafeln mit Text im Format 36 × 48 cm. Groß-Folio. Zusammen 210.—

Textband. Quart. XLVII, 295 Seiten. 1929. Geb. 45.—

Die vorliegende, mit dem Textband nunmehr abgeschlossene Veröffentlichung über die Diptychen — elfenbeinerne Brieftafeln, die von den Konsuln beim Amtsantritt verschenkt wurden — gibt alle irgend erreichbaren Stücke in natürlicher Größe, durchweg nach neu aufgenommenen Photographien, auch die technisch wichtigen Rückseiten, vermittelt also eine unvergleichlich bessere Anschauung, als sie bisher möglich war. Der Text beschränkt sich auf Feststellung der Tatsachen, der Herkunft der einzelnen Stücke und der Voraussetzungen für die Datierung; er soll dazu dienen, die Verwertung des abgebildeten Materials für die umfassende Forschung zu ermöglichen. Fast überall beruht er auf neuer, eigener Untersuchung der Stücke.

Band III: Altspanischer Kirchenbau. Von A. S. Frischauer. Mit 115 Textabbildungen und 9 Tafeln. IX, 99 Seiten. Erscheint im Oktober 1930

Kunstwissenschaftliche Studien. Band I: Das Zisterzienserkloster Eldena in Pommern. Von Hans Kloer. Oktav. 92 Seiten Text mit rund 70 Textbildern, 1 Grundriß und 32 Lichtdrucktafeln. 1929. (Deutscher Kunstverlag Berlin W). Kart. 7.50

Band II: Herrenhausen, die Sommerresidenz der Welfen. Von Udo von Alvensleben. Oktav. 1929. 160 Seiten Text und 48 Lichtdrucktafeln. In Glanzbütten geb. 15.—, kart. 12.—

Band III: Das deutsche Element in der italienischen Malerei des 16. Jahrhunderts. Von Theodor Hetzer. Oktav. 160 Seiten Text und 48 Lichtdrucktafeln. 1929. Kart. 21.—

Band IV: Ein englisches Bestiar des 12. Jahrhunderts in der Staatsbibliothek zu Leningrad. Von Alexandra Konstantinowa. Mit einem Vorwort von Adolph Goldschmidt. 32 Seiten Text mit 32 eingedruckten Bildern. Oktav. 1929. Kart. 4.50

Band V: Nicolaes Berchem, ein Vorläufer des Rokoko. Von Ilse v. Sick. 80 Seiten Text und 32 Lichtdrucktafeln. 10.—, geb. 12.—

Band VI: Das Kostüm der Blütezeit Hollands. (1600—1660.) Von Frithjof van Thienen. 180 Seiten Text, 6 Tabellen, welche die Entwicklung der Mode veranschaulichen, und 32 Tafeln in Lichtdruck. 25.—, geb. 29.—

Band VII: Die deutsche Geschichtsmalerei im 19. Jahrhundert. Von Peter Brieger. Oktav. 56 Seiten Text und 16 Lichtdrucktafeln. 7.50

Geschichte der deutschen Kunst. Von Professor Dr. Georg Dehio. In drei Doppelbänden. Quart.

I. Band. Vierte, durchgearbeitete Auflage. Text u. Abbildungsband. 1930. Beide Teile 27,—, in Leinen 35.—, in Halbleder 42,—, in Ganzleder 70.—

Der Bezug des ersten Bandes verpflichtet zur Abnahme auch der folgenden Bände. Der zweite und dritte Doppelband sollen in ihrer neuen Gestalt baldigst folgen.

Dehios berühmte Kunstgeschichte beginnt jetzt in neuer, zum Teil umgearbeiteter Auflage zu erscheinen. Zahlreiche Abbildungen wurden durch neue ersetzt, besondere Sorgfalt erfuhr die äußerer Ausstattung.

Georg Dehio, Handbuch der deutschen Kunstdenkmäler. 5 Bände. Größe 13 × 19. Jeder Band geb. 9.— (Deutscher Kunstverlag Berlin W).

I. Mitteldeutschland. Vierte Auflage. 1924.
II. Nordostdeutschland. Dritte Auflage. 1926.
III. Süddeutschland. Dritte Auflage. 1925.
IV. Südwestdeutschland, im Anhang Elsaß-Lothringen und die deutsche Schweiz. Zweite Auflage. 1926.
V. Nordwestdeutschland. Zweite Auflage. 1928.

FSC
www.fsc.org
MIX
Papier | Fördert gute Waldnutzung
FSC® C083411

Kolibri 360 GmbH
Ferdinand-Jühlke-Straße 7
99095 Erfurt, Deutschland
produktsicherheit@kolibri360.de